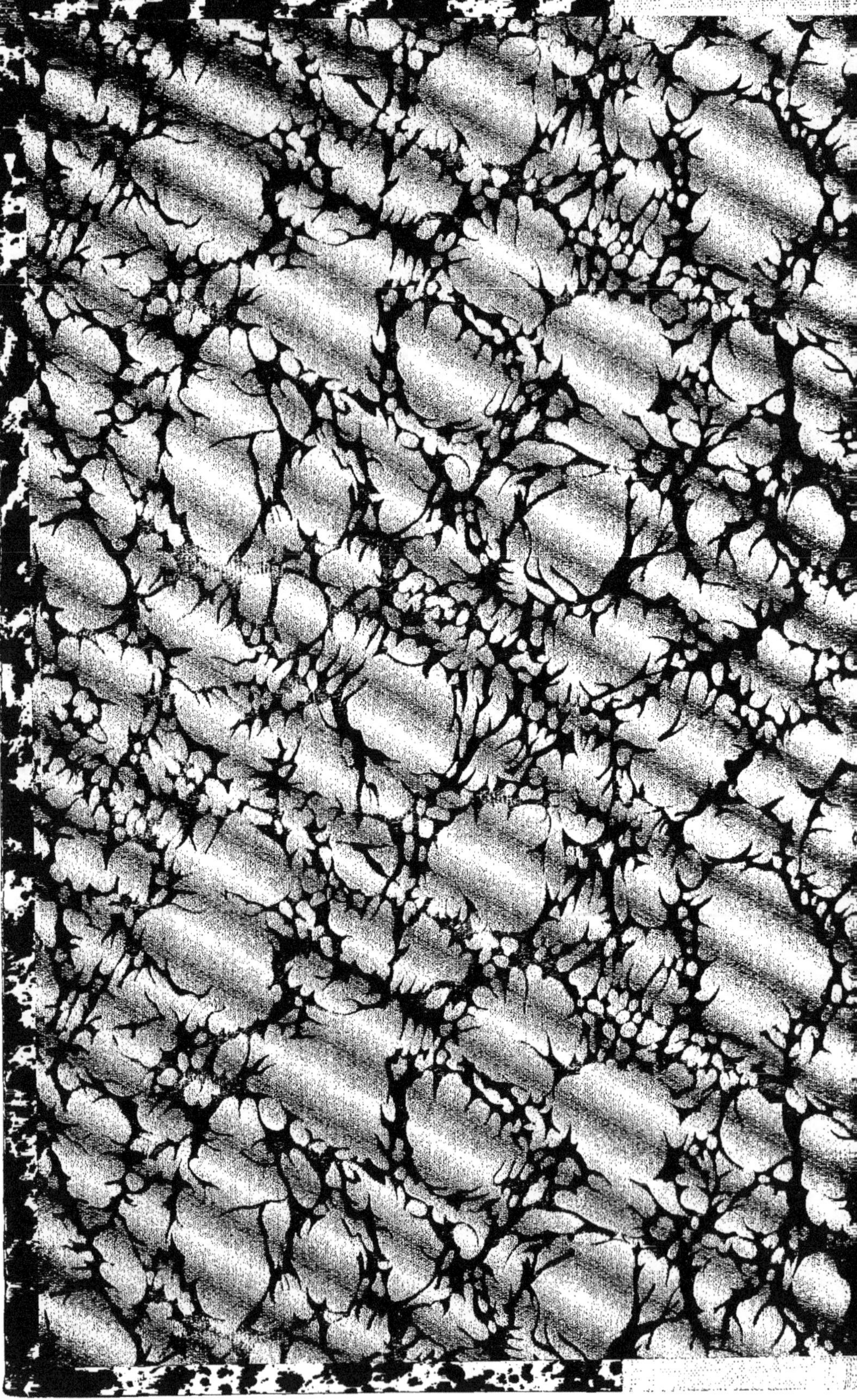

TOURING-CLUB DE FRANCE

CONGRÈS FORESTIER INTERNATIONAL

TENU A PARIS DU 16 AU 20 JUIN 1913

SOUS LA PRÉSIDENCE DE

M. HENRY DEFERT

VICE-PRÉSIDENT DU TOURING-CLUB DE FRANCE
PRÉSIDENT DE LA COMMISSION DES PELOUSES ET FORÊTS

PARIS

65, AVENUE DE LA GRANDE-ARMÉE, 65

CONGRÈS FORESTIER INTERNATIONAL

Tenu à Paris du 16 au 20 Juin 1913

SOUS LA PRÉSIDENCE

de M. **Henry DEFERT**

Vice-Président du Touring-Club de France
Président de la Commission des Pelouses et Forêts

TOURING-CLUB DE FRANCE

CONGRÈS FORESTIER INTERNATIONAL

TENU A PARIS DU 16 AU 20 JUIN 1913

SOUS LA PRÉSIDENCE DE

M. HENRY DEFERT

VICE-PRÉSIDENT DU TOURING-CLUB DE FRANCE
PRÉSIDENT DE LA COMMISSION DES PELOUSES ET FORÊTS

PARIS

65, AVENUE DE LA GRANDE-ARMÉE, 65

COMITÉ D'HONNEUR

PRÉSIDENTS D'HONNEUR

MM.

CLÉMENTEL, ministre de l'Agriculture.

KLOTZ, ministre de l'Intérieur et des Cultes.

LÉON BÉRARD, sous-secrétaire d'État des Beaux-Arts.

MEMBRES

MM.

ÉMILE LOUBET, président d'honneur de la *Société Nationale d'Encouragement à l'Agriculture.*

AUDEBRAND, président de l'*Association Dauphinoise pour l'Aménagement des montagnes.*

H. BARBIER, président de la *Fédération des Syndicats du Commerce des bois et des industries qui s'y rattachent.*

LÉON BARBIER, vice-président de la *Chambre Syndicale des Bois à œuvrer.*

BEAUQUIER, président de la *Société pour la protection des Paysages de France.*

BÉRARD, président de la *Ligue du reboisement de l'Algérie.*

M. BOUVET, président de la *Société forestière de Franche-Comté et Belfort,* membre de la *Société Nationale d'Agriculture.*

BRALLY, directeur de la Compagnie des Chargeurs réunis, membre du Comité de Tourisme colonial du Touring-Club.

CALVET, membre du Conseil de la *Société Nationale d'Encouragement à l'Agriculture,* président de la *Société forestière française des Amis des Arbres,* membre de la Commission des Pelouses et Forêts du Touring-Club.

CLAVEILLE, directeur des Chemins de fer de l'État.

Dr CRUVEILHIER, président du *Groupe d'Études limousines.*

DAL PIAZ, directeur de la Compagnie générale Transatlantique, membre du Comité de Tourisme colonial du Touring-Club.

P. DESCOMBES, président de l'*Association centrale pour l'Aménagement des montagnes,* membre de la Commission des Pelouses et Forêts du Touring-Club.

CH. GARIEL, inspecteur général des Ponts et Chaussées, président de l'Académie de Médecine, membre du Conseil d'administration du Touring-Club.

C. GIRERD, ancien sous-secrétaire d'État au Ministère de l'Agriculture et du Commerce, vice-président de la *Société Nationale d'Encouragement à l'Agriculture.*

GOMOT, ancien ministre de l'Agriculture, président de la *Société Nationale d'Encouragement à l'Agriculture.*

F. GUILLAIN, ancien ministre des Colonies, membre du Conseil d'administration du Touring-Club.

Ch. GUYOT, ancien directeur de l'École nationale des Eaux et Forêts.

HÉBRARD de VILLENEUVE, président de Section au Conseil d'État, président du Conseil d'administration de l'*Office national du Tourisme.*

LEDDET, conservateur des Eaux et Forêts en retraite.

Le GENDRE, président de la *Société Botanique et d'Etudes scientifiques du Limousin.*

Léopold MABILLEAU, directeur du *Musée social.*

P. MASSOT, président de la *Société forestière provençale le « Chêne ».*

MAURIS, directeur de la Compagnie des Chemins de fer de Paris à Lyon et à la Méditerranée, membre du Comité des Sites et Monuments pittoresques du Touring-Club.

MONGENOT, administrateur-vérificateur général des Eaux et Forêts en retraite, membre de la *Société Nationale d'Agriculture* et de la Commission des Pelouses et Forêts du Touring-Club.

MOUGEOT, ancien ministre de l'Agriculture, membre du Conseil supérieur de l'Agriculture.

G. PINCHOT, ancien directeur général des Eaux et Forêts des Etats-Unis.

Émile PLUCHET, ancien président de la *Société Nationale d'Agriculture,* président de la *Société des Agriculteurs de France.*

D. RECOPÉ, administrateur-vérificateur général honoraire des Eaux et Forêts, membre de la Commission des Pelouses et Forêts du Touring-Club.

De ROQUEMAUREL, directeur de la Compagnie de Chemins de fer départementaux.

SARTIAUX, ingénieur en chef du service de l'Exploitation de la Compagnie du Chemin de fer du Nord, membre du Comité des Sites et Monuments pittoresques du Touring-Club.

SAUVAGE, président du *Club-Alpin Français.*

TATIN, président de la *Société des Amis des Arbres et du reboisement des Alpes-Maritimes.*

TISSERAND, membre de l'Académie des sciences, directeur honoraire de l'Agriculture, président de la *Société Dendrologique de France.*

VIGER, ancien ministre de l'Agriculture, membre du Conseil supérieur de l'Agriculture.

WEISS, directeur de la Compagnie des Chemins de fer de l'Est, membre du Comité des Sites et Monuments pittoresques du Touring-Club.

COMITÉ D'ORGANISATION

PRÉSIDENT D'HONNEUR

M. L. DABAT, conseiller d'État, directeur général des Eaux et Forêts, membre de la Commission des Pelouses et Forêts du Touring-Club.

PRÉSIDENT

M. HENRY DEFERT, vice-président du Touring-Club, président de la Commission des Pelouses et Forêts.

SECRÉTAIRE GÉNÉRAL

M. CHAPLAIN, inspecteur des Eaux et Forêts, membre de la Commission des Pelouses et Forêts du Touring-Club.

TRÉSORIER

M. J. BERTHELOT, trésorier du Touring-Club.

MEMBRES

MM.

ALGAN, inspecteur des Eaux et Forêts en retraite, secrétaire général de la *Société forestière de Franche-Comté et Belfort.*

ANTONI, sous-directeur des Eaux et Forêts.

L. AUSCHER, membre du Conseil d'administration du Touring-Club, président du Comité de Tourisme en montagne.

BÉNARDEAU, inspecteur général des Eaux et Forêts.

BRIOT, conservateur des Eaux et Forêts en retraite, correspondant de la *Société Nationale d'Agriculture.*

F. CAQUET, propriétaire forestier, membre du Conseil supérieur de l'Agriculture et du Conseil de la Société nationale d'Encouragement à l'Agriculture.

E. CARDOT, conservateur des Eaux et Forêts. chef du service des Améliorations pastorales, secrétaire général de la *Société forestière française des Amis des Arbres*, membre de la Commission des Pelouses et Forêts du Touring-Club.

CARRIER, inspecteur général des Améliorations agricoles.

Ed. CHAIX, président de la Commission de Tourisme de l'*Automobile-Club*, membre du Conseil d'administration du Touring-Club, vice-président du Comité des Sites et Monuments pittoresques.

L. CHANCEREL, inspecteur des Eaux et Forêts.

A. CHANGEUR, secrétaire général de la *Société pour la protection des Paysages de France.*

André CHARGUERAUD, conseiller d'État, directeur des Routes, de la Navigation et des Mines au ministère des Travaux publics, membre du Comité des Sites et Monuments pittoresques du Touring-Club.

R. CLAUDE, président de la *Section Lorraine des Amis des Arbres.*

A. COLLIN, président de la Chambre syndicale du sciage et du travail mécanique des bois.

G. FAMECHON, inspecteur général de la Météorologie agricole, membre du Conseil d'administration du Touring-Club et de la Commission d'aménagement des Bois et Forêts des environs de Paris.

Ch. FLAHAULT, directeur de l'Institut de botanique de l'Université de Montpellier.

GARRIGOU-LAGRANGE, secrétaire général du *Congrès permanent de l'Arbre et de l'Eau*, secrétaire général du Comité des Sites et Monuments pittoresques de la Haute-Vienne.

HICKEL, inspecteur des Eaux et Forêts, membre de la *Société Nationale d'Agriculture*, secrétaire général de la *Société Dendrologique.*

J. HOLLANDE, président de la *Chambre syndicale des bois des Iles et d'ébénisterie*, membre du Comité de Tourisme en montagne du Touring-Club.

HÜFFEL, sous-directeur et professeur d'Economie forestière à l'École Nationale des Eaux et Forêts, correspondant de la *Société Nationale d'Agriculture.*

JOLY de SAILLY, inspecteur des Eaux et Forêts en retraite, membre de la Commission des Pelouses et Forêts du Touring-Club, délégué de l'*Association centrale pour l'Aménagement des Montagnes.*

A. KEIM, docteur ès lettres.

KUSS, conservateur des Eaux et Forêts, directeur des Forêts de l'Algérie.

LAFOSSE, inspecteur général des Eaux et Forêts.

de LAGORSSE, secrétaire général de la *Société Nationale d'encouragement à l'Agriculture*, membre du Conseil supérieur de l'Agriculture.

LAPORTE, conservateur des Eaux et Forêts.

Vicomte de LARNAGE, président du *Syndicat forestier de Sologne.*

L. LAVEUR, directeur de la *Revue des Eaux et Forêts.*

LECOQ, président de la *Section d'Auvergne et du Plateau central des Amis des Arbres.*

LINYER, président de la *Loire navigable.*

LORIEUX, ingénieur en chef des Ponts et Chaussées, directeur de l'*Office National du Tourisme*, membre du Comité de Tourisme en montagne du Touring-Club.

MAIRE, inspecteur des Eaux et Forêts en retraite.

MARINGER, conseiller d'État, directeur de l'administration départementale et communale au ministère de l'Intérieur, membre du Comité de Tourisme en montagne du Touring-Club.

A. MATHEY, conservateur des Eaux et Forêts, correspondant de la *Société Nationale d'Agriculture.*

A. MATHIEU, syndic-président de la *Communauté des marchands de bois à œuvrer, charpente, sciage et charronnage réunis.*

R. MATHIS DE GRANDSEILLE, vice-président de la *Section de Sylviculture* de la *Société des Agriculteurs de France.*

GERMAIN MAYER, directeur des Manufactures de l'État.

COMTE J. DE NICOLAY, président du *Syndicat des Propriétaires forestiers de la Sarthe.*

DE NUSSAC, secrétaire général du *Groupe d'Études limousines.*

PARDÉ, inspecteur des Eaux et Forêts.

PÉLISSIER, inspecteur général des Améliorations agricoles.

PLACIDE PELTEREAU, président du Syndicat général des cuirs et peaux de France.

P. PINGAULT, syndic-président de la *Chambre syndicale des bois à brûler.*

P. POUPINEL, président de la *Chambre syndicale des bois de sciage et d'industrie.*

MARQUIS DE PRACOMTAL, propriétaire forestier.

ONÉSIME RECLUS, membre du Comité des Sites et Monuments pittoresques du Touring-Club.

R. ROULLEAU, conservateur des Eaux et Forêts en retraite, secrétaire général du *Comité des Forêts.*

HENRY SAGNIER, membre de la *Société Nationale d'Agriculture*, rédacteur en chef du *Journal d'Agriculture pratique.*

THIBAULT, sous-directeur de l'Hydraulique agricole.

L. VIELLARD, correspondant de la *Société Nationale d'Agriculture*, vice-président de *Société Forestière de Franche-Comté et Belfort.*

VILLAME, secrétaire de la *Fédération des Syndicats du Commerce des bois et des industries qui s'y rattachent.*

M. DE VILMORIN, membre de la *Société Nationale d'Agriculture* et de la Commission des Pelouses et Forêts du Touring-Club.

VIVIER, conservateur des Eaux et Forêts, Directeur de l'Ecole Nationale des Eaux et Forêts.

WATIER, conservateur des Eaux et Forêts.

SECRÉTAIRE ADMINISTRATIF

M. A. UMBDENSTOCK, secrétaire de la Commission des Pelouses et Forêts du Touring-Club.

COMITÉ EXÉCUTIF

PRÉSIDENT

M. Henry DEFERT;

VICE-PRÉSIDENT

M. ANTONI;

SECRÉTAIRE GÉNÉRAL

M. CHAPLAIN;

TRÉSORIER

M. BERTHELOT;

MEMBRES

MM. AUSCHER,
CARDOT,
CHAIX,
FAMECHON;

SECRÉTAIRE

M. A. UMBDENSTOCK.

DÉLÉGUÉS DES PUISSANCES

RÉPUBLIQUE ARGENTINE

MM.

MIGUEL F. CASARES, sous-secrétaire d'État au Ministère de l'Agriculture.
JULIO LLANOS, directeur général de l'Agriculture et de l'Élevage.

AUTRICHE-HONGRIE

Autriche :

M. LE BARON DE HENNET, délégué permanent du Ministère I. R. autrichien de l'Agriculture.

Hongrie :

MM.

EUGÈNE VADAS, conseiller ministériel, directeur des stations de recherches forestières.

JULES ROTH, inspecteur des Forêts, adjoint à la Station centrale des expériences forestières.

GERARD DE POTTERE, inspecteur au Service des Forêts domaniales et royales hongroises.

BELGIQUE

MM.

DE SÉBILLE, membre du Conseil supérieur des Forêts du Royaume.
DIERCKX, membre du Conseil supérieur des Forêts du Royaume.
BLONDEAU, sous-inspecteur des Eaux et Forêts.
DUBOIS, sous-inspecteur des Eaux et Forêts.

BRÉSIL

MM.

LUCIEN Le COINTE, ingénieur agricole, directeur du Poste Zootechnique Fédéral, à Ribeirao Preto.

État de Parana :

MM.

FERREIRA CARDOSO.
Dr JOSÉ MARIA PINHINO LIMA.
J. EUGENIO MARQUES, colonel.

CHILI

M. RAMON ELZO BAQUEDANO, ingénieur agronome.

COLOMBIE

M. Don José PABLO URIBE, conseiller commercial de la Légation Colombienne, à Paris.

DANEMARK

M. KRARUP, inspecteur des Forêts, chef de Bureau de la Direction des forêts d'État.

ESPAGNE

M. Miguel del CAMPO, professeur de sylviculture à l'Ecole forestière espagnole.

ÉQUATEUR

MM.

E. DORN y de ALZÚA, chargé d'affaires, à Paris.

Pedro VALDEZ, consul général, à Paris.

ÉTATS-UNIS D'AMÉRIQUE

M. WOLSEY, conservateur-adjoint des Forêts.

GRANDE-BRETAGNE ET COLONIES

Irlande et Union Sud-Africaine :

MM.

Arthur C. FORBES, inspecteur en chef des Forêts.

Augustin HENRY, professeur de sylviculture au Collège royal des sciences.

Écosse :

M. J. D. SUTHERLAND, administrateur attaché à la Direction de l'Agriculture.

Gouvernement du Commonwealth Australien :

M. P. GROOM, professeur au Collège impérial de Science et Technologie de Londres.

Gouvernement de Victoria. — Nouvelle-Galles du Sud. — Queensland. — Tasmanie :

Honorable Peter Mc BRIDE, agent général du Gouvernement de Victoria, à Londres.

Gouvernement de l'Australie du Sud :

M. BEAUMONT-ARNOLD MOULDEN.

Gouvernement de l'Australie Occidentale :

Honorable Sir Newton MOORE, agent général de ce Gouvernement à Londres.

Gouvernement des Indes :

MM.

R. S. TROUP, Indian Forest Service.

A. CACCIA.

GRÈCE

M. ROMANOS, ministre plénipotentiaire à Paris.

HAITI

M. le Dr NEMOURS AUGUSTE, ministre plénipotentiaire à Paris.

HONDURAS

M. Désiré PECTOR, consul général, à Paris.

JAPON

M. S. MIMURA, ingénieur forestier.

LUXEMBOURG

M. BADU, directeur des Eaux et Forêts du Grand-Duché de Luxembourg.

MONACO

Comte Justinien CLARY, président du Saint-Hubert-Club de France.

NORVÈGE

M. SAXLUND, directeur général des Eaux et Forêts.

PAYS-BAS

M. Van DISSEL, inspecteur des Forêts de l'État.

PORTUGAL

MM.

Antonio MENDES d'ALMEIDA, ingénieur sylviculteur, chef de l'Intendance forestière.

Joaquim FERREIRA BORGES, chef du Bureau des Forêts au Ministère des Travaux publics.

ROUMANIE

M. TANASSESCO, inspecteur général des Forêts, chef du Service des Aménagements des Forêts au Ministère de l'Agriculture.

RUSSIE

M. KERN, conseiller d'État, vice-inspecteur du Corps forestier. Membre du Conseil de l'Administration générale de l'Agriculture.

SALVADOR

M. GUERRERO, ministre plénipotentiaire à Paris.

SUÈDE

MM.

WAHLGREN, inspecteur des Forêts, chef intérimaire de l'Académie forestière du Royaume, à Stockholm.

De SCHULZENHEIM, chef de Section à l'Administration des Eaux et Forêts, secrétaire général par intérim.

URUGUAY

M. R. L. LOMBA, consul général, à Paris.

DÉLÉGUÉS DES MINISTÈRES

Ministère de l'Agriculture. — M. JEANNIN, chef-adjoint du Cabinet de M. le Ministre de l'Agriculture.

Ministère des Finances. — M. FÉRET DU LONGBOIS, directeur du Contrôle des Administrations financières et de l'Ordonnancement.

M. TACHÉ, administrateur à la Direction générale de l'Enregistrement, des Domaines et du Timbre.

Ministère des Travaux publics. — M. LORIEUX, ingénieur en chef des Ponts et Chaussées, directeur de l'Office National du Tourisme.

Ministère de l'Instruction publique : M. GAL, inspecteur général de l'Instruction publique.

Ministère des Colonies : M. CAPUS, délégué du Gouvernement général de l'Indo-Chine à l'Office Colonial.

Sous-Secrétariat d'Etat des Beaux-Arts. — M. BERR DE TURIQUE, inspecteur général des Monuments historiques.

MEMBRES

MM.

ALAN, inspecteur des Eaux et Forêts, Sens.

ALLOTTE (Alfred), inspecteur des Eaux et Forêts, Bayeux.

ALTMANN (Mme), 36, avenue du Chemin-de-Fer, Rueil (Seine-et-Oise).

ALVEAR (Carlos de), 42, Cours-la-Reine, Paris.

ANCELET (Gabriel-Paul), docteur en médecine, 104, rue de Rennes, Paris.

ANGIBOUT (Eugène), directeur de la Société du Charbon de Paris, 56, rue de Londres, Paris.

ANISSON du PERRON (Jacques-Henri-Joseph), propriétaire, château de Saint-Fargeau (Yonne).

ANTONESCO (Pierre), directeur de l'École supérieure de Sylviculture de Branesti (Roumanie).

ARAMON (Comte Guillaume d'), agriculteur, 34, rue de Chaillot, Paris.

ARANJO COSTA (Dr Arthur L. de), membre de la *Société nationale d'Agriculture de Rio de Janeiro*, 790, Avenida Atlantica, Rio-de-Janeiro (Brésil).

ARBOUIN (Maurice), attaché de banque, 15, rue de Naples, Paris.

ARNOULD, inspecteur des Eaux et Forêts, 7, rue d'Assas, Paris.

ARTUS (Gustave), syndic de la *Chambre syndicale des Bois de sciage et d'industrie*, 26, rue Saint-Bernard, Paris.

ASSOCIATION AMICALE DES INGÉNIEURS DU SERVICE DES AMÉLIORATIONS AGRICOLES, 210, rue du Faubourg-Saint-Martin, Paris, représentée par son président : M. ROLLEY, ingénieur des Améliorations agricoles.

ASSOCIATION « JEDNOTA CESKYCH LESNIKU ZEMI KORUNY CÈSKÉ », représentée par : M. HOLUB (Antonin), ingénieur forestier, géomètre civil, à Plzèn (Pilsen), Bohême, *président*; M. SIMAN (Karel), professeur de l'École forestière à Jemnice (Moravie).

ASSOCIATION DU CULTE DE L'ARBRE, de Lisbonne, représentée par M. MENDES D'ALMEIDA (Antonio), ingénieur sylviculteur, chef de l'Intendance Forestière.

ASSOCIATION RURALE DE L'URUGUAY, représentée par M. RAMON LOPEZ LOMBA, Consul général de la République de l'Uruguay, 6, rue Villebois-Mareuil.

AST (Georges), entrepreneur de travaux publics, 13, rue Carpeaux, Paris.

ASTIER DE LA VIGERIE (BARON RAOUL D'), 11, rue de Courcelles, Paris.
AUBER DE PEYRELONGUE (D'), inspecteur adjoint des Eaux et Forêts, 80, rue de Varennes, Paris.
AUBERT (Charles), inspecteur adjoint des Eaux et Forêts, Alençon.
AUSCHER (Mme), Neuilly-sur-Seine (*membre associé*).
AUTIER (ALFRED), Sainte-Menehould (Marne).
BACH (PAUL), sylviculteur paysagiste, la Chapelle-en-Serval (Oise).
BACON DE LA VERGNE. Voir *Société d'Agriculture du département de la Gironde.*
BAILLE, chef d'escadron au 7e chasseurs, Rouen.
BAILLY (ALPHONSE-LOUIS), membre de la *Chambre syndicale des Agents et commissionnaires en bois d'industrie*, 2, rue Charles-Nodier, Paris.
BAILLY (Me) (*membre associé*).
BAKER (HUGUE), Dean New-York State College Of Forestry at Syracuse University, Syracuse, New-York (U. S. A.).
BAKER (J. FRED), chargé de cours de sylviculture, au collège de Michigan U. S. A.
BANCHEREAU (JULES), sylviculteur, 6, quai Barentin, Orléans.
BARBEY (AUGUSTE), expert forestier, Montcherand-sur-Orbe (Vaud), Suisse.
BARBEY (Mme) (*membre associé*).
BARBIER (ÉTIENNE), 22, rue Carnot, Avallon (*membre associé*).
BARBIER (RENÉ), membre de la *Communauté des Marchands de bois à œuvrer*, 14, rue Cimarosa, Paris.
BARBUAT (COMTE PIERRE DE), à Pommard (Côte-d'Or).
BARBIER DE LA SERRE (LOUIS-GASTON-ERNEST), inspecteur adjoint des Eaux et Forêts, Amiens (Somme).
BAREEL (LUCIEN), avocat, bourgmestre de Calmpthout (province d'Anvers), 14, rue de la Vallée, Bruxelles.
BARREY. Voir *Comice agricole et viticole d'Auxerre.*
BARRION (GEORGES), ingénieur agronome, Tunis.
BARTHÉLEMY (HENRI), garde général des Eaux et Forêts, Saint-Laurent-du-Pont (Isère).
BAUBIET (HENRI), propriétaire sylviculteur, la Romagère par Saint-Gaultier (Indre).
BAUCHERY, sylviculteur, Crouy (Loir-et-Cher).
BAUCHET (LOUIS-NOEL), négociant en bois d'industrie, 41, rue Crozatier, Paris.
BAUDOUX (AUGUSTIN), industriel, 10, rue Saint-Pierre, Noyon (Oise).
BAZELAIRE DE LESSEUX (CHARLES DE), inspecteur des Eaux et Forêts, Bar-sur-Aube.
BEAU (EUGÈNE), avoué honoraire, 9, rue des Saints-Pères, Paris.
BEAUCORPS (HENRI DE), propriétaire, Gy (Loir-et-Cher).
BECQUEY (XAVIER-LAURENT-MICHEL), garde général des Eaux et Forêts, Souk-Ahras (département de Constantine).
BÉLINAY (BARON MAURICE DE), propriétaire, château de Marèges par Liginiac (Corrèze).
BELLET (HENRI), ingénieur civil, 35, quai Saint-Vincent, Lyon.
BELLIARD (ROBERT-HENRI-FERNAND), inspecteur des Eaux et Forêts, 49, rue Jeanne-d'Arc, Rouen.

BELLIN (Louis), rentier, 28, boulevard Péreire, Paris.
BELOUIN, capitaine au 2e étranger, Oued-Ben-Kiffa, par Fez (Maroc).
BÉNARD (Jules), Régent de la Banque de France, 81, rue de Maubeuge, Paris.
BENEX (Albert), négociant en bois, 27, quai d'Ivry, Ivry.
BÉRAL (Paul-Joseph-Maurice), inspecteur des Eaux et Forêts, Bagnères-de-Luchon (Haute-Garonne).
BERGER (Pierre), procureur de la République, ancien député, Beauvais.
BERNARD (Claudius), inspecteur des Eaux et Forêts, professeur de mathématiques appliquées à l'École nationale des Eaux et Forêts, Nancy.
BERNARD (Charles), négociant en bois, Gray (Haute-Saône).
BERNHEIM (Émile), propriétaire, 23, rue de l'Arcade, Paris.
BERNIER (Léon), marchand de bois, secrétaire de la Chambre syndicale des Bois à brûler, 1, rue Lejemptel, Vincennes.
BERTHELIER, directeur des Services agricoles du département de la Haute-Savoie, membre du Comité d'administration de la Société d'Agriculture, Annecy.
BERTHON (Étienne), inspecteur adjoint des Eaux et Forêts, Albertville.
BERTIN (André-Joseph), inspecteur adjoint des Eaux et Forêts, Royan.
BERTIN (Mme) (*membre associé*).
BERTRAND (Paul), conservateur des Eaux et Forêts, Rouen.
BÉTHERY de LA BROSSE, conservateur des Eaux et Forêts, Tours.
BEYRAND (Alferd), docteur, 59, Grande-Rue, Enghien-les-Bains (Seine-et-Oise).
BÉZIER (Émile), inspecteur des Eaux et Forêts, Poitiers.
BILLEY, avoué, 25, rue de la République, Besançon.
BIZOT de FONTENY (Pierre), conservateur des Eaux et Forêts, Nîmes.
BLANC (Gaston-Léon), 20, boulevard Magenta, Paris.
BLANCHET (Marius), commerce de bois et exploitations forestières, juge au Tribunal de commerce, 6, place Victor-Hugo, Grenoble.
BLEIN (Antonin-Joseph), Inspecteur-adjoint des Eaux et Forêts, Constantine).
BLET fils (Edmes), marchand de bois, ancien vice-président de la Chambre syndicale des Bois à œuvrer, 38, rue de Seine, Ivry-Port (Seine).
BLONDEL (Edouard), notaire honoraire, 32, rue Chabot-Charny, Dijon.
BLONDEL. Voir *Comité du Commerce et de l'Industrie de l'Indo-Chine.*
BLOT (Jacques), propriétaire agriculteur, 9, rue Émile-Zola, Tours.
BOCQUET (Édouard), syndic de la *Chambre syndicale du Sciage et du Travail mécanique des bois*, 215, rue Championnet, Paris.
BOCQUET (Mme Édouard) (*membre associé*).
BOITEUX (Augustin), 19, rue des Roses, Dijon.
BOIXO (Pierre de), inspecteur-adjoint des Eaux et Forêts, Toulouse.
BOMMER (Charles), professeur à l'Université, membre du Conseil supérieur des Forêts, conservateur au Jardin Botanique de l'État, Bruxelles.
BOMMER (Mme) (*membre associé*).
BONNEFOY (Lucien), professeur au lycée Bernard-Palissy, 51, boulevard Scaliger, Agen.
BONNEVAL (Comte Armand de), propriétaire, 30, rue Las-Cases, Paris.

BONNICHON (Louis). Voir *Chambre syndicale des Fabricants de parquet chêne.*

BOPPE (Jules), inspecteur des Eaux et Forêts, Toul.

BORDET (Louis), industriel, à Froidvent, par Voulaines (Côte-d'Or).

BORY (Paul), ingénieur, la Tuilière, Saint-Chamond.

BOUCHER de LA BRUÈRE, surintendant de l'Instruction publique, palais législatif, Québec.

BOUCHERON (Albert), marchand de bois, vice-président de la Chambre syndicale des Bois de Sciage et d'Industrie, 11, quai d'Ivry, Ivry-sur-Seine.

BOUIN (Dr Paul), professeur à la Faculté de Médecine, 19, rue Israël-Sylvestre, Nancy.

BOUISSET (Ferdinand), président honoraire du Syndicat d'Initiative de l'Aude, 39, boulevard de Strasbourg, Toulouse.

BOULANGER, inspecteur des Eaux et Forêts, Montbéliard.

BOULLENOIS (Marie-Robert de), propriétaire, Senuc (Ardennes).

BOULOGNE (Eugène), négociant en bois, 13, rue de l'Église, au Vésinet (Seine-et-Oise).

BOURCY (Henri-Joseph), négociant en Bois, 5, rue Marbeau, Paris.

BOURCY (Mme) (*membre associé*).

BOURGOING (Vicomte de), 24, quai de Béthune, Paris.

BOURGOUGNON (J.), ingénieur en chef des Ponts et Chaussées, 120, cours Lieutaud, Marseille.

BOUSQUET (André-Henri), directeur de la Société forestière d'Isolaccio et Serra, Pietrapola-les-Bains (Corse).

BOUVET (Georges), docteur en droit, 20, rue de Beauvau, Versailles.

BRETON (Louis), inspecteur des Eaux et Forêts, 3, rue Félix-Poulat, Grenoble.

BRETON BONNARD (Lucien), publiciste, villa Bonne-Espérance, Renancourt-lès-Amiens (Somme).

BRION (Emmanuel), maire, secrétaire de la *Chambre syndicale des Marchands de bois de la Seine-Inférieure et de l'Eure*, Saint-Saëns (Seine-Inférieure).

BRIOT (Augustin), professeur, 60 *bis*, avenue de Breteuil, Paris.

BROUSSAIS (Ivan), avocat à la Cour, 3, place de Rivoli, Paris.

BROUSSAIS (Mme) (*membre associé*).

BROUSSE (Emmanuel). Voir *Club touriste du Canigou.*

BRUAND (Léon-Louis-Joseph-Victor), conservateur des Eaux et Forêts en retraite, 11 *bis*, rue de la Planche, Paris.

BUFFAULT (Pierre), inspecteur des Eaux et Forêts, Périgueux.

BUISSON (François-Émile-Victor), conservateur des Eaux et Forêts, Pau.

BUNODIÈRE d'ESMALLEVILLE (Marquis de la), inspecteur des Eaux et Forêts en retraite, Lyons-la-Forêt (Eure).

BURIN des ROZIERS, inspecteur adjoint des Eaux et Forêts, Moulins.

BUXAREO ORIBE (Félix), secrétaire honoraire de la Légation de l'Uruguay, 17, rue d'Astorg, Paris.

CABLAN, inspecteur-adjoint des Eaux et Forêts, Bourmont (Haute-Marne).

CACCIA (Mme), Oxford (Angleterre) (*membre associé*).

CAMUS (Paul), propriétaire, 13, boulevard Péreire, Paris.

CAMUS (Paul), inspecteur adjoint des Eaux et Forêts, Montargis.

CANNON (David), propriétaire aux Vaux, membre de la *Société nationale d'Agriculture*, la Ferté-Imbault (Loir-et-Cher).

CARBONNIER (Henrick). Voir *Société forestière suédoise.*

CARDE (Paul), ingénieur, 33, quai de Queyries, Bordeaux.

CAREZ (Léon), 18, rue Hamelin, Paris.

CARRAZ (Benjamin), château Miqui, près Saint-Claude.

CARRÉ (Étienne), négociant en bois, 128, rue de Paris, Clamart.

CAUBERT (Jules), propriétaire, 49, avenue Victor-Hugo, Paris.

CERISE (Baron Guillaume), président du *Comité des Intérêts généraux de l'Assurance Incendie*; directeur de la Compagnie d'assurances *L'Union-Incendie*, 9, place Vendôme, Paris.

CERQUEIRA MACHADO (Jean Maria), ingénieur forestier, Ponte da Barca (Portugal).

CHABRAND (Armand), ancien bâtonnier de l'Ordre des Avocats, président du *Syndicat d'Initiative de Grenoble et du Dauphiné*, 5, rue de la Liberté, Grenoble.

CHAMBEAU (Henri), inspecteur des Eaux et Forêts, Oloron.

CHAMBON (Gustave-Étienne-Désiré), avoué honoraire, 2, rue Villaret-de-Joyeuse, Paris.

CHAMBRE DE COMMERCE DE CARCASSONNE, représentée par M. NICOLEAU (Paulin), Carcassonne.

CHAMBRE DE COMMERCE DE CHAMBÉRY.

CHAMBRE DE COMMERCE DE LYON, représentée par son président M. COIGNET.

CHAMBRE DE COMMERCE DE MELUN.

CHAMBRE DE COMMERCE DE NEVERS, représentée par M. VAGNE.

CHAMBRE DE COMMERCE D'ORLÉANS, représentée par M. LETURQUE.

CHAMBRE DE COMMERCE DE PARIS.

CHAMBRE DE COMMERCE DE ROUEN.

CHAMBRE SYNDICALE DES FABRICANTS DE PARQUET CHÊNE, 163, rue Saint-Honoré, Paris, représentée par M. BONNICHON (Louis), son vice-président.

CHAMBRE SYNDICALE DU COMMERCE DES BOIS DE LYON ET DE LA RÉGION, 72, rue Pierre-Corneille, Lyon.

CHANTREAU (Francis), secrétaire de la *Chambre syndicale des Bois de sciage et d'industrie*, négociant en bois, 24, rue Beccaria, Paris.

CHARPENAY (Georges), banquier, 26, rue du Lycée, Grenoble.

CHATELAIN (Louis), inspecteur des Eaux et Forêts, Laon.

CHATELET (Jules), vice-président de la *Communauté des Bois à œuvrer*, 72, quai de la Rapée, Paris.

CHATELET (André), 72, quai de la Rapée, Paris (*membre associé*).

CHAUDEY, inspecteur des Eaux et Forêts, Lons-le-Saunier.

CHAUMONNOT (Henri), inspecteur-adjoint des Eaux et Forêts, Senlis.

CHEVALIER (Pol). Voir *Syndicat d'initiative de Tourisme de Bar-le-Duc.*

CHEVALLIER (Raymond). Voir *Société d'Agriculture de Compiègne.*

CLAUDE (Joseph-François-René), ingénieur des Arts et Manufactures, 49, avenue de la Garenne, Nancy.

CLAUDOT, inspecteur des Eaux et Forêts, Mirecourt.

CLERMONT (RAOUL DE), avocat à la Cour d'appel, 10, rue de l'Université, Paris.
CLOAREC (PAUL-JEAN-ARMAND-MARIE), membre du Comité de Tourisme Nautique du T. C. F., 28, rue de Ponthieu, Paris.
CLUB TOURISTE DU CANIGOU, rue de la Poste, Perpignan, représenté par M. BROUSSE (EMMANUEL), député.
COCHON (JULES-FRANÇOIS), conservateur des Eaux et Forêts en retraite, 5, avenue du Comté-Vert, Chambéry.
CODORNIU (RICARDO), inspecteur général de Montes, Madrid.
COGNAT (FRANÇOIS), carbonisateur de bois, Saint-Rambert-d'Albon (Drôme).
COGNAT (ALEXIS), (*membre associé*).
COIGNET. Voir *Chambre de Commerce de Lyon.*
COINCY (HENRI DE), inspecteur adjoint des Eaux et Forêts, 7, rue d'Astorg, Toulouse.
COLIN (Ernest), agent de change, 6, rue Danton, Paris.
COLIN (HENRY), Bulgnéville (Vosges).
COLMET D'AAGE. Voir *Société des Agriculteurs de France.*
COMBELÉRAN (GASTON), secrétaire général du *Syndicat d'Initiative de Carcassonne et de l'Aude*, 15, rue de la Gare, Carcassonne.
COMICE AGRICOLE ET VITICOLE D'AUXERRE, représenté par son président, M. BARREY, avocat.
COMICE AGRICOLE DE PHILIPPEVILLE.
COMITÉ CENTRAL AGRICOLE DE LA SOLOGNE, Lamotte-Beuvron (Loir-et-Cher), représenté par M. DENIZET, secrétaire-général.
COMITÉ DÉPARTEMENTAL DES SITES ET MONUMENTS PITTORESQUES DU PUY-DE-DOME, (T. C. F.), Clermont-Ferrand.
COMITÉ DU COMMERCE ET DE L'INDUSTRIE DE L'INDO-CHINE, 7, rue des Italiens, Paris, représenté par M. BLONDEL.
COMITÉ D'INITIATIVE DE DUNKERQUE ET MALO-LES-BAINS, 42 *bis*, rue de l'Église, Dunkerque.
COMMISSION DÉPARTEMENTALE DES SITES ET MONUMENTS NATURELS DE CARACTÈRE ARTISTIQUE des Basses-Pyrénées représentée par M. HOERTER, conseiller de Préfecture, Pau.
COMTE (ERNEST), industriel, Bar-sur-Aube.
COMTE (JULES-FÉLIX), inspecteur des Eaux et Forêts, Rennes.
CONSTANT (Docteur), villa Marie-Louise, Vittel (Vosges).
CORMIER, directeur de la *Société française de Tranchage des Bois*, 16, passage Charles-Dallery, Paris.
CORNEFERT, inspecteur des Eaux et Forêts, Saint-Dié.
CORNET (CHARLES-FRANÇOIS), bois en gros, Sellières (Jura).
COSTA (Dr ARTHUR), membre de la *Société Nationale d'Agriculture de Rio de Janeiro*, 50, rue des Mathurins, Paris.
COSTAZ, ingénieur agricole, membre du Comité d'Administration du *Syndicat agricole de la Haute-Savoie*, place aux Bois, Annecy.
COSTE (GUSTAVE), président du *Syndicat Forestier du Midi*, 7, rue des Frères-Mineurs, Nîmes.
COULET (PAUL), avocat à la Cour d'appel, 5, rue Greffulhe, Paris.
COULON (JEAN-PIERRE-MAURICE), garde général des Eaux et Forêts, Versailles.

CREUZÉ DE LESSER (EDOUARD), propriétaire, 12, rue Volney, Paris.

CUIF (ÉMILE), inspecteur des Eaux et Forêts, attaché à la Station de recherches et expériences de l'École nationale des Eaux et Forêts, 49, rue Sigisbert-Adam, Nancy.

CUSSAC (JOSEPH DE), conservateur des Eaux et Forêts, Amiens.

DAMONGEOT (ALFRED), géomètre forestier, 5, rue Millotet, Dijon.

DANLOUX-DUMESNILS (MARIE-PAUL-ROGER), ingénieur civil, 15, rue d'Astorg, Paris.

DANNIN. Voir *Société Nationale d'acclimatation de France.*

Da RIOS, sous-inspecteur forestier, Salerno (Italie).

DECAUVILLE (Paul), ingénieur, ancien sénateur, à Port-Toutevoye-Gouvieux (Oise).

DECENCIÈVE FERRANDIÈRE (JEAN-FÉLIX), 7, rue du Pré-aux-Clercs, Paris.

DECROCK. Voir *Société forestière provençale de chêne.*

DEDET (GASTON), directeur des Mines de fer, à Wassy (Haute-Marne).

DELAHAYE, inspecteur-adjoint des Eaux et Forêts, docteur en droit, Les Sables-d'Olonne.

DELASSASSEIGNE (LÉON), ancien inspecteur des Eaux et Forêts, 9, rue du Réservoir, Bordeaux.

DELASSASSEIGNE (Mme) (*membre associé*).

DELAVAIVRE (HENRI), conservateur des Eaux et Forêts, directeur de l'École des Barres, Nogent-sur-Vernisson (Loiret).

Del CAMPO (FRANCISCO), ingénieur, 182, quai d'Auteuil, Paris.

DELICOURT (ÉMILE), négociant en bois, président du *Syndicat des Marchands de bois de l'arrondissement de Compiègne*, Compiègne.

DELPECH (CHARLES-RAYMOND), président du Conseil d'Administration du *Syndicat Forestier de France*, 4, rue de Lille, Paris.

DELPECH (JEAN), administrateur-délégué de l'*Est Asiatique Français*, 3, rue Vignon, Paris.

DELVILLE. Voir *Touring-Club de Belgique.*

DEMORLAINE, inspecteur des Eaux et Forêts, professeur à l'*Institut national agronomique*, Compiègne.

DENIZET. Voir *Comité central agricole de la Sologne.*

DEROYE, conservateur des Eaux et Forêts, docteur en droit, Nancy.

DERQUE, agent forestier des Manufactures des glaces et produits chimiques de Saint-Gobain, Cirey-sur-Vezouze (Aisne).

DESLANDRES, ministre plénipotentiaire, 28, quai du Louvre, Paris.

DESPATYS (BARON), 4, rue Sainte-Sophie, Versailles.

DESWERT (JOSEPH), commerce de bois, 37 *bis*, rue de Montreuil, Paris.

DETHAN (GEORGES), trésorier de la *Société Nationale d'Encouragement à l'Agriculture*, 16, rue Stanislas, Paris.

DÉTRICHÉ (CHARLES), horticulteur, 123, route des Ponts-de-Cé, Angers.

DEVARENNES (E.), inspecteur des Eaux et Forêts, 26, rue Charles-Nodier, Besançon.

DOÉ, inspecteur des Eaux et Forêts, Épernay.

DÔLE, inspecteur adjoint des Eaux et Forêts, secrétaire de la Section d'Annecy de la *Société Forestière française des Amis des Arbres*, avenue de Chambéry, Annecy.

DOMENGET (Louis), président du *Club des Sports d'Hiver*, 3 place Carnot, Aix-les-Bains.

DORIZON (Louis), vice-président de la Société Générale, 48, rue Ampère, Paris.

DOUET DE GRAVILLE (Comte du), membre du Comité de Tourisme Hippique du T. C. F., 85, avenue Victor-Hugo, Paris.

DUBOURG (Henri), 28, rue Charles-Nodier, Besançon.

DUCAMP (Gaston-Roger), conservateur des Eaux et Forêts, chef du service forestier de l'Indo-Chine en congé, Lascours (Gard).

DUCHEMIN (René), ingénieur chimiste, secrétaire de l'*Union syndicale des Usines de Carbonisation des Bois de France*, 6, rue Chanoinesse, Paris.

DUCHIRON, secrétaire de la *Chambre syndicale des Bois des Iles et d'Ebénisterie*, 14, passage Gatbois, Paris.

DUFAURE (Charles), propriétaire, 9, rue Jean-Goujon, Paris.

DUFAY (Jules), notaire, trésorier de la *Société Forestière de Franche-Comté et Belfort*, Baume-les-Dames (Doubs).

DUMESNIL, notaire honoraire, membre de la *Commission des Pelouses et Forêts du T. C. F.*, 47, avenue de l'Alma, Paris.

DUPARC (Émile), géomètre, vice-président de la Section d'Annecy de la *Société Forestière française des Amis des Arbres*, 10, rue Royale, Annecy.

DUPLAQUET (Charles), conservateur des Eaux et Forêts, administrateur du domaine de Chantilly (Oise).

DUPONT (Charles), 182, faubourg Saint-Honoré, Paris.

DUPONT (Paulin), régisseur, Bourg-Fidèle (Ardennes).

DUPRÉ LA TOUR (Laurent), inspecteur des Eaux et Forêts, 2, rue Duplâa, Pau.

DUPUICH (Paul), docteur en droit, avocat à la Cour d'appel, membre du *Comité de Contentieux du Touring-Club*, 20, rue Chauchat, Paris.

DUPUY (Charles). Voir *Société Centrale des Architectes.*

DURAND (Eugène), conservateur des Eaux et Forêts en retraite, 6, rue du Cheval-Blanc, Montpellier.

DURAND (Alexandre), Voir *Syndicat d'initiative de Rambouillet.*

DURAS-CHASTELLUX (Marquis de), 10, boulevard du Montparnasse, Paris.

DUVERGIER DE HAURANNE (Edouard-Prosper-Emmanuel), président de la *Société d'Agriculture du Cher*, château d'Herry (Cher).

ECKLEY LECHMERE, docteur de l'Université de Paris, attaché au Laboratoire botanique du Collège Royal de sciences, South Kensington, Londres.

EGROT (Alfred), administrateur de la Société Anonyme des Établissements Egrot, membre du *Conseil supérieur de l'Agriculture*, 23, rue Mathis, Paris.

ELLIE (Joseph), garde général des Eaux et Forêts, Saint-Martin-Vésubie (Alpes-Maritimes).

EMERY, inspecteur des Eaux et Forêts, chef de Section à la Direction générale, 80, rue de Varennes, Paris.

ENCAUSSE DE LABATUT (Baron d'), 4, allée Saint-Étienne, Toulouse.

ESPEUILLES (Comte d'), 5 *bis*, rue de Berri, Paris.

EVE (Alphonse). Voir *Union syndicale des marchands de bois de Seine-et-Oise.*

EYMIEU (Michel), Villa « la Terrasse », rue de la Butte, Blois.

FABRE (L.), inspecteur des Eaux et Forêts en retraite, Dijon.

FELTZ (PAUL), ancien notaire, Luxeuil (Haute-Saône).
FERNOW (B. E.), Dean *Faculty of Forestry University of Toronto*, member Commission of Conservation, Université de Toronto, Canada.
FERNOW (Mme B.-E.) (*membre associé*).
FERRAND (CHARLES), ingénieur en chef de la Marine en retraite, 48, rue de Grenelle, Paris.
FERREAUD (Mme G.) (*membre associé*).
FERRASSE (PAUL-ÉMILE), négociant en bois, Courtenay (Loiret).
FERTRE (GEORGES), négociant en bois, 103, rue de Charenton, Paris.
FLOURY, éditeur, 83, rue de la Victoire, Paris.
FOCQUET (PIERRE), docteur en droit, notaire, sénateur, membre du Conseil supérieur des Forêts de Belgique, Romedenne-Surice (Belgique).
FORDOXEL, Longuyon (Meurthe-et-Moselle).
FORGET, conservateur des Eaux et Forêts, Bar-le-Duc.
FORTIER (EMMANUEL-LOUIS-HONORÉ), conservateur des Eaux et Forêts en retraite, 46, rue de Verneuil, Paris.
FORTUNET (JEAN-MARCEL), inspecteur des Eaux et Forêts, Nevers.
FOURTIER-MARGUET, fabricant de placages, 21, rue des Charbonniers, Paris.
FOUSSÉ (PAUL), propriétaire, 4, square du Roule, Paris.
FRÉDÉRIC-MOREAU (LUCIEN-PAUL), ingénieur des Arts et Manufactures, 83, avenue Malakoff, Paris.
FREDET (HENRI), industriel, 1 *bis*, boulevard des Italiens, Paris.
FRON (LOUIS-ALBERT), inspecteur des Eaux et Forêts, Besançon.
FRON (G.), maître des Conférences à l'Institut national Agronomique, 16, rue Claude-Bernard, Paris.
FRUCHARD (GASTON-HENRI), ingénieur des Arts et Manufactures, 2, avenue Alphand, Paris.
GABIAT (CAMILLE), ancien député, conseiller général de la Haute-Vienne, maire de Saint-Sulpice-les-Feuilles (Haute-Vienne).
GABIAT (Mme) (*membre associé*).
GAIL (DE), ancien conservateur des Eaux et Forêts, 127, rue de Toul, à Nancy.
GAILLARD (ACHILLE), industriel forestier, président de la Chambre de commerce, Béziers.
GALL (HENRY), administrateur-délégué de la *Société d'Electro-Chimie*, 2, rue Blanche, Paris.
GAGNEUR (DÉSIRÉ), avoué, Dôle.
GAGNEUR (Mme) (*membre associé*).
GALLICE (GEORGES), ingénieur, 1, rue Basse-de-la-Terrasse, Bellevue (Seine-et-Oise).
GANTOIS, (*Société des Etablissements Joseph*), Saint-Dié (Vosges).
GARDE SAINT-ANGEL (MARQUIS THIBAUT DE LA), président du *Syndicat Forestier de l'arrondissement de Nontron*, Saint-Angel par Nontron (Dordogne).
GARDIER, trésorier de la Section d'Annecy de la *Société Forestière française des Amis des Arbres*, Annecy.
GASSELIN, colonel, 13, rue de Paris, le Mans.
GAVOTY (RAYMOND), président de l'*Union des Syndicats Agricoles des Alpes et de Provence*, 30, rue de Lubeck, Paris.

GAY (ALBERT), maire du Vigan, membre du Conseil général du Gard.
GAZEAU (ERNEST), président du *Syndicat Forestier de Touraine et départements limitrophes*, 12, avenue Grammont, Tours.
GAZIN (AUGUSTE), ancien inspecteur des Eaux et Forêts, administrateur des Forêts de la Maison d'Orléans, Arc-en-Barrois (Haute-Marne).
GEISSER (ALBERTO), 33 Via dell' Arsenale, Turin (Italie).
GELIN (MAURICE-ALFRED), inspecteur adjoint des Eaux et Forêts, Abbeville.
GÉNEAU, conservateur des Eaux et Forêts, 6, rue Coëtlogon, Paris.
GÉRARD (VICTOR), inspecteur-adjoint des Eaux et Forêts, 33, quai Voltaire, Paris.
GERMAIN (LÉON), président du Tribunal civil, Yssingeaux (Haute-Loire).
GIBERT, inspecteur des Eaux et Forêts en retraite, 9, rue Bassano, Paris.
GILLES DEPERRIÈRE (ÉMILE), conseiller d'arrondissement, président du Comité départemental des Sites et Monuments pittoresques du T. C. F., 4, rue Talot, Angers.
GILLET (CHARLES), conservateur des Eaux et Forêts en retraite, 5, avenue de la Pajaudière, Nantes.
GIRARD (J. M.), directeur des travaux de l'*Association centrale pour l'Aménagement des Montagnes*, 142, rue de Pessac, Bordeaux.
GIRAUD (ANDRÉ), inspecteur adjoint des Eaux et Forêts, 80, rue de Varenne, Paris.
GIROD-GENET, inspecteur des Eaux et Forêts, Ajaccio.
GODRON (ALEXANDRE-HENRI), ingénieur des Ponts et Chaussées, 73, rue Crevier, Rouen.
GORODICHE (LÉON), docteur, 11, avenue d'Iéna, Paris.
GOUGET (GASTON), notaire honoraire, propriétaire, membre de la *Commission des Pelouses et Forêts du Touring-Club*, 74, rue Madame, Paris.
GOUILLY (PAUL), garde général des Eaux et Forêts, Rouen.
GOUREAU (GUSTAVE), rentier, 3, avenue Desambrois, Nice.
GOUREAU (Mme) (*membre associé*).
GRAFFIN (ROGER-LOUIS-MARIE), propriétaire forestier, château de Belval par Nouart (Ardennes).
GRAFFIN (XAVIER), 6, rue Albert-Maignan, le Mans.
GRANCEY (COMTE CHARLES DE), propriétaire, 17, rue Vernet, Paris.
GRAND. Voir *Société d'Agriculture du département de la Gironde.*
GRAND D'ESNON (GASTON), domaine de Vaudepart, Payns (Aube).
GRANDJEAN (CHARLES), inspecteur des Eaux et Forêts, 232, boulevard de Caudéran, Bordeaux.
GRANGER (ANDRÉ-FRANCIS-HENRI), inspecteur des Eaux et Forêts, Rambouillet.
GRANGIÉ (PIERRE-PAUL-EUGÈNE), secrétaire général du *Syndicat d'Initiative de Cahors et du Quercy*, Cahors.
GRÉA (PIERRE), propriétaire, Rotalier, par Vincelles (Jura).
GRIMAL, inspecteur des Eaux et Forêts, Chambéry.
GRISON (THÉODORE), ingénieur des Arts et Manufactures, 15 *bis*, rue de Sébastopol, Tours.
GRIVART DE KERSTRAT, conservateur des Eaux et Forêts, Moulins.
GUENYVEAU (COMTE DE), officier de cavalerie, 103, rue La Boëtie, Paris.

GUÉRARD (CHARLES), professeur, Seattle (Wash.).
GUILLEMIN (AUGUSTE), inspecteur d'assurances, 34, rue Ernest-Renan, Besançon.
GUILLOT (MAURICE), ingénieur agriculteur, Panissot Saint-Caprais (Gironde).
GUILLOU (HENRI), négociant en bois de sciage, 72, boulevard Barbès, Paris.
GUINIER, inspecteur des Eaux et Forêts, professeur de botanique à l'École nationale des Eaux et Forêts, Nancy.
GUYOT (JOSEPH), ingénieur en chef des Ponts et Chaussés, Besançon.
GUYOT (RAOUL), marchand de bois, 180, rue Lafayette, Paris.
HATT, inspecteur adjoint des Eaux et Forêts, Épinal.
HENRIQUET, inspecteur des Eaux et Forêts, Sedan.
HENRY (JULES), architecte, 89, boulevard Exelmans, Paris.
HERRGOTT (PAUL-MARIE), sous-préfet, Toul.
HERMANS (EDMOND). Voir *Ponts et Chaussées et Pépinière de l'Etat Belge.*
HIRSCH (PAUL), inspecteur des Eaux et Forêts, 18, rue de Labordère, Neuilly-sur-Seine.
HIRSCHAUER (LOUIS), garde général des Eaux et Forêts, Saulieu (Côte-d'Or).
HIVERT (ALFRED), propriétaire, 8, rue Blanche, Paris.
HŒRTER. Voir *Commission départementale des Sites et Monuments naturels de caractère artistique des Basses-Pyrénées.*
HOLUB. Voir *Association Jednota Ceokych Lesniku zemi Koruny Cèské.*
HOREAU (RÉMY), directeur de la *Société anonyme des Produits chimiques*, Chimay (Belgique).
HUBAULT (ÉTIENNE), garde général des Eaux et Forêts, Chambéry (Savoie).
HUDAULT (ANDRÉ-MARIE-JOSEPH), garde général des Eaux et Forêts, Raon-l'Étape (Vosges).
HUET (AUGUSTE), 5, rue Bara, Paris.
HUGUET (ANDRÉ), docteur en droit, 21, rue Gay-Lussac, Paris.
HULIN, inspecteur-adjoint des Eaux et Forêts, Grenoble.
HUMBERT et ROSSIGNOL, marchands de bois, 62, rue de Cléry, Paris.
HURAULT DE VIBRAYE (MARQUIS), propriétaire, 32, cours la Reine, Paris.
HURAULT DE VIBRAYE (VICOMTE), général de brigade du cadre de réserve, 42, avenue de la Bourdonnais, Paris.
HUSBERG (KARL-SIGFRID), gouverneur de la province d'Affsborg, président de l'*Association pour la protection des Forêts de l'Ouest de la Suède*, Wenersborg (Suède).
HUTCHINS (DAVID-ERNEST), « chief Conservator of forests » en retraite, Medo House, Cobham, Kent (Angleterre).
HUYARD (RENÉ-ALCIDE), marchand de bois, président du *Syndicat des Marchands de bois de l'Aube*, Brienne-le-Château.
IMBART DE LA TOUR (COMTE). Voir *Société des Agriculteurs de France.*
IMBERT (IWAN), membre du *Comité de Tourisme en Montagne du Touring-Club*, Ramonchamp (Vosges).
IRISH FORESTRY SOCIETY, représentée par M. le marquis MAC SWINEY DE MASHANAGLASS, 8, rue Edouard-Fournier, Paris, et par M. le capitaine R. F. LOMBARD, 9 Corrig Avenue, Kingstown, Ce Dublin.
JAGERSCHMIDT, inspecteur-adjoint des Eaux et Forêts, Rambouillet.

JANNIARD (VICTOR), gérant d'immeubles, 153, boulevard Malesherbes, Paris.

JANZÉ (VICOMTE ÉDOUARD DE), 9, place des Ternes, Paris.

JAUFFRET, inspecteur des Eaux et Forêts, Bar-sur-Seine.

JOBEZ (HENRI), ingénieur civil des Mines, Pont-de-Poitte (Jura).

JOLAIN (JOSEPH), avocat, 3, rue des Saintes-Maries, Blois.

JOLLY, inspecteur des Eaux et Forêts, Troyes.

JOLY (HENRI), conservateur des Eaux et Forêts, Grenoble.

JOLYET, inspecteur des Eaux et Forêts, détaché à la Station de recherches et d'expériences de l'École nationale des Eaux et Forêts, Nancy.

JOUBERT (LÉON), garde général des Eaux et Forêts, Pont-Saint-Esprit (Gard).

JOUSSET, inspecteur-adjoint des Eaux et Forêts, rédacteur à la direction générale, 80, rue de Varenne, Paris.

KALKER (ANDRÉ), 8, avenue des Ternes, Paris.

KIRWAN (CHARLES-JEAN-JOSEPH DE), inspecteur des Forêts en retraite, chalet Dalmassière, par Voiron (Isère).

KORN (HENRY), garde général des Eaux et Forêts, Pithiviers.

KREITMANN (LOUIS-JULES), garde général des Eaux et Forêts en disponibilité, 6, rue de l'Athénée, Genève.

LABORDERIE (JEAN), maire, Marnes (Seine-et-Oise).

LACOURTE (JULES-ALFRED), conseiller du Commerce extérieur de la France, 8, rue Euler, Paris.

LADAM (OVIDE), inspecteur-adjoint des Eaux et Forêts, la Feuillie (S.-Inf.).

LAFARGUE (SYLVAIN-ELIE-RENÉ), inspecteur-adjoint des Eaux et Forêts, 68 *bis*, Route Basse de Paris, Blois.

LAFOND (ANDRÉ), inspecteur des Eaux et Forêts, Limoges.

LAHAUSSOIS (CHARLES-ÉMILE-THÉODORE), avocat, président des « *Naturalistes Parisiens* », 2, rue de la Planche, Paris.

LALLEMAND (EUGÈNE). Voir *Syndicat des propriétaires de Forêts de chênes-liège d'Algérie.*

LANDANWERS COOPERATIVE FORESTRY SOCIETY OF SCOTLAND, 33, queen Street, Edimbourg, représentée par M. SCOTT-ELLIOT, son vice-président.

LAPORTE BISQUIT (ÉDOUARD), maire de Jarnac (Charente).

LARNAUDE (FERDINAND), professeur à la Faculté de droit de Paris, 92, boulevard Maillot, Neuilly-sur-Seine.

LARROQUETTE (ALBERT-JACQUES), professeur agrégé d'histoire au Lycée de Mont-de-Marsan.

LARTILLEY (HENRI), négociant en bois, Estravaux près Fresnes-Saint-Mamès (Haute-Saône).

LARUE (PIERRE), ingénieur-agronome, 2, place du Chapitre, Saint-Dié.

LASCOUX (ANTOINE), ingénieur-agronome 15, rue de Grenelle, Paris.

LAVAL (ANDRÉ), exploitant de bois de pin, scieries mécaniques, 71, avenue d'Antin, Paris.

LAVAL (JEAN), propriétaire, Nohanent par Durtol, (Puy-de-Dôme).

LAYRE (BARON DE), propriétaire, 8, rue de la Baume, Paris.

Le BEC (Dr EDOUARD), chirurgien de l'hôpital Saint-Joseph, 26, rue de Grenelle, Paris.

Le BRECQ (René), propriétaire, Praslins, par Nogent-sur-Vernisson (Loiret).
LECOQ (Jules). Voir *Touring-Club de Belgique.*
LECOQ (Mme), Bruxelles (*membre associé*).
LEDDET, conservateur des Eaux et Forêts, chef de bureau à la Direction générale, 80, rue de Varenne, Paris.
LEFÉBURE (Amédée-Albert), marchand de bois, 9, boulevard du Calvaire, Neufchâtel-en-Bray (Seine-Inférieure).
LEGRAND (Ad.), 12, place Nationale, Gournay-en-Bray (Seine-Inférieure).
LEGUY (René), expert en immeubles, 18, rue d'Hauteville, le Mans.
LEGUY (Mme) (*membre associé*).
LEJOUR (Henri-Louis-Marie-Joseph), instituteur, Nogent-sur-Marne (Seine).
LEMAITRE (Lucien), administrateur délégué de la *Société anonyme des Usines de Champlan et de la Société Corse pour le traitement des bois*, Bastia.
Le MIRE (Paul), château de Mirevent, par Pont-de-Poitte (Jura).
Le MIRE, 39, avenue de Breteuil, Paris (*membre associé*).
Le PÈRE (Jacques), inspecteur des Eaux et Forêts, Bagnères-de-Bigorre (Hautes-Pyrénées).
LEROY-MOULIN (Jules), négociant, Ferrières, près Gournay-en-Bray (Seine-Inférieure).
LESCOUZÈRES (Gaston), industriel, Roquefort (Landes).
LESCOUZÈRES (Mme) (*membre associé*).
LESCURE (Jean), propriétaire, Selongey (Côte d'Or).
LESSEUX (Comte de), 95, boulevard Malesherbes, Paris.
LESTRANGE (Baron Hubert de), 92, avenue des Champs-Elysées, Paris.
Le TELLIER, conservateur des Eaux et Forêts en retraite, 33, rue Alphonse-de-Neuville, Paris.
LETURQUE (Paul). Voir *Chambre de Commerce d'Orléans.*
LIÈVRE (Adrien), trésorier de la *Chambre syndicale des Bois de sciage et d'industrie*, 56, quai de la Rapée, Paris.
LIÈVRE (Hector), marchand de bois, 65, quai de la Gare, Paris.
LIÈVRE (Pierre), membre de la *Chambre syndicale des bois de sciage et d'industrie*, 56, quai de la Rapée, Paris.
LIGNOT (André), docteur en droit, maire de Nettancourt (Meuse).
LIGUE DU REBOISEMENT DE L'ALGÉRIE, 25, rue d'Isly, Alger.
LIGUE FRANÇAISE POUR LA PROTECTION DES OISEAUX, 33, rue de Buffon, Paris, représentée par M. MICHAUD, garde général des Eaux et Forêts.
LILLO SANZ (José), ingénieur de Montes, 8, Almagro, Madrid.
LINNEAN SOCIETY, représentée par Sir William SCHLICH, 29, Banbury Road, Oxford (Angleterre).
LIPPENS (Raymond), membre du Conseil supérieur des Forêts de Belgique, 23, rue de Flandre, Gand.
LIRMAN. Voir *Ville de Paris.*
LOMBARD (Capitaine). Voir *Irish Forestry Society.*
LONGUEVILLE (Édouard de), inspecteur des Eaux et Forêts, 14, rue de Tournon, Paris.

LORIN DE REURE (JEAN), inspecteur adjoint des Eaux et Forêts, la Tronche (Isère).

LOTH (ANDRÉ), négociant et importateur de bois, 60, avenue Daumesnil, Paris.

LOUVEL (M.-F.-C.), garde général des Eaux et Forêts, Tananarive.

LOUVET (JEAN-EUGÈNE), marchand de bois, 25, quai d'Austerlitz, Paris.

LOYEZ (GABRIEL), avocat, Vesoul.

LUZARCHE D'AZAY (ALFRED), propriétaire forestier, 3, Square de Messine, Paris.

MAC SWINEY (MARQUIS). Voir *Irish Forestry Society.*

MADARIAGA Y CASADO (JUAN-ANGEL), ingénieur forestier, chef de la Division hydrologique forestière du Tajo, San Mateo, 11, Madrid.

MADELIN, inspecteur des Eaux et Forêts, docteur en droit, chef de section à la Direction générale, 80, rue de Varenne, Paris.

MAIGE (HENRY), propriétaire, Montagnole-sur-Chambéry (Savoie).

MAIGE (Mme) (*membre associé*).

MAITRE, ingénieur des Mines, Morvillars, Territoire de Belfort.

MALEISSYE-MELUN (COMTE DE), capitaine de cavalerie, 134, rue de Grenelle, Paris.

MALET (MARQUIS DE), colonel d'artillerie en retraite, propriétaire, 59, rue de Varenne, Paris.

MALET (ROBERT), négociant et propriétaire, 14, rue Jean-Jacques-Rousseau, Bordeaux.

MANDEL (PHILIPPE), marchand de bois, 34, quai d'Ivry, Ivry-Port.

MANGIN, inspecteur-adjoint des Eaux et Forêts, Chantilly (Oise).

MARCEL (JULES), conseiller du Commerce extérieur, négociant en bois de France et des colonies, 161, avenue Malakoff, Paris.

MARCHAL (CHARLES-FRANCIS), ancien député d'Alger, 34, rue Jouffroy, Paris.

MARCIGUEY, docteur en médecine, 92, avenue Victor-Hugo, Paris.

MARCILLAC (PAUL), retraité, villa Pervenche, Montélimar.

MARCILLAC (Mme) (*membre associé*).

MARGAINE, inspecteur des Eaux et Forêts, vice-président de l'*Union des Syndicats agricoles, horticoles et viticoles de la Marne*, Sainte-Menehould.

MARTIN (ANDRÉ), agriculteur, la Tricherie (Vienne).

MARTIN (EDOUARD), inspecteur adjoint des Eaux et Forêts, 10, rue Daubigny, Paris.

MARTIN (JEAN), inspecteur-adjoint des Eaux et Forêts, 80, rue de Varenne, Paris.

MARTIN (PAUL), secrétaire général de la Section Lorraine de la *Société Forestière française des Amis des Arbres*, place de la République, Toul.

MASSE (PIERRE), avocat à la Cour, 97, avenue Victor-Hugo, Paris.

MASSOT. Voir *Société forestière provençale « Le Chêne ».*

MASUREL-BARATTE (EDMOND), président de la *Société Industrielle*, 63 *bis*, rue Nationale, Tourcoing.

MASUREL (Mme) (*membre associé*).

MATUSSIÈRE (LOUIS), fabricant de papier, Fourneaux-Modane (Savoie).

MAZET (ALBERT), propriétaire, Saint-Sulpice-le-Donzeil (Creuse).

MENDES, inspecteur-adjoint des Eaux et Forêts, 31, rue Croix-Nivert, Paris.
MENDES D'ALMEIDA (Mme), Lisbonne (*membre associé*).
MENGET (PAUL-VICTOR), propriétaire forestier et foncier, 16, rue Belzunce, Paris.
MENTQUE (ROBERT DE), chef de division à la Compagnie le *Soleil Incendie*, 44, rue de Châteaudun, Paris.
MERMET, docteur, 5, rue du Puits-Salé, Lons-le-Saunier.
MERODE (COMTE HERMANN DE), propriétaire, 28, rue Saint-Dominique, Paris.
MESSEY (COMTE GUILLAUME DE), propriétaire, 1, rue Barbet-de-Jouy, Paris.
MICHAUD. Voir *Ligue Française pour la protection des oiseaux*.
MICHELEZ (PAUL), notaire, 50, avenue de Wagram, Paris.
MIGUET (CHARLES), secrétaire de la *Chambre syndicale des Bois des Iles*, 50, avenue Daumesnil, Paris.
MILCENT (LOUIS), Vaux, par Poligny (Jura).
MILLE (CHARLES), ingénieur des Arts et Manufactures, 36, rue Juliette-Lamber, Paris.
MILLISCHER (JULES), inspecteur des Eaux et Forêts, Vesoul.
MONCHY (DE), inspecteur-adjoint des Eaux et Forêts, 5, square La Tour-Maubourg, Paris.
MONCHY (FERNAND), négociant en bois, Albert (Somme).
MONNIN (MARCEL-LOUIS), inspecteur adjoint des Eaux et Forêts, Dijon.
MONTAGU (COMTE DE), château de Couches-les-Mines (Saône-et-Loire).
MONTAGU (Mlle DE), 21, rue Pierre-Sauvage, Abbeville.
MONTGOLFIER (CHARLES-ANTOINE DE), industriel, Mauvent (Ardèche).
MONTMORENCY-MORRÈS (HERVEY DE). Voir *Syndicat des propriétaires de Forêts de chênes-liège d'Algérie*.
MOREL (JULIEN-MARC), ingénieur forestier, 10, avenue de la Raonde, Lausanne (Suisse).
MOREL-HERCULE. Voir *Société nationale d'acclimatation de France*.
MORINERIE (ARMAND-ARTHUR DE LA), président honoraire de la Chambre de commerce, 43, rue Libergier, Reims.
MORINERIE (Mme DE LA) (*membre associé*).
MOTARD (EUGÈNE), villa « Mon Désir », Cancade-Nice (Alpes-Maritimes).
MOTARD (ADOLPHE), Clion-sur-Indre (Indre) (*membre associé*).
MOTTE-SAINT-PIERRE (BERNARD DE LA), propriétaire, château de Montpoupon (Indre-et-Loire).
MOUGIN, conservateur des Eaux et Forêts, Valence (Drôme).
MOUGIN (MARCEL), 102, rue Erlanger, Paris.
MOYAT (LUCIEN), propriétaire, Château-Thierry (Aisne).
MURET (LOUIS), propriétaire sylviculteur, membre de la Commission des Pelouses et Forêts du Touring-Club, 4, place du Théâtre-Français, Paris.
MUTEAU (HENRI), sous-directeur honoraire au Ministère de la Guerre, 166, rue du Faubourg-Saint-Honoré, Paris.
NAZELLE (MARQUIS ERHARD-HENRI DE), ancien officier, château de Guignicourt (Aisne).
NAVARRO DE ANDRADE (EDMUNDO), chef du Service Forestier du Brésil Caixa 1322, Sao Paulo (Brésil).

NEDERLANDSCHE HEIDEMAATSCHAPPIJ, Nieuwegracht, 94, Utrecht (Hollande), représenté par M. Van LONKHUYZEN, directeur.

NÈGRE (Max), inspecteur adjoint des Eaux et Forêts, Montpellier.

NICODÈME (Abel), commissaire de la Marine, 20, rue Lafayette, Versailles (*membre associé*).

NICOLEAU (Paulin). Voir *Chambre de Commerce de Carcassonne.*

NICOLEAU (Louis), secrétaire général du *Centre de tourisme de l'Aude et du Canigou*, Quillan (Aude) (*membre associé*).

NOAILLES, pépiniériste, Laignes (Côte d'or).

NOEL (Paul-Hubert), inspecteur-adjoint des Eaux et Forêts, Longuyon (Meurthe-et-Moselle).

NORERO (Henri), secrétaire général de la *Société d'Horticulture*, propriétaire, 1, rue des Granges, Montmorency (Seine-et-Oise).

NOTTIN (Ernest), notaire, 23, rue Danjou, Paris.

NOUGUIER (Charles), propriétaire agriculteur, la Vallée, par Château-Renard (Loiret).

OFFICE NATIONAL DU TOURISME, 1, avenue d'Iéna, Paris, représenté par M. LORIEUX (Edmond), ingénieur en chef des Ponts et Chaussées, directeur.

ORLYE (Marie-Philibert d'), maire de Menthon, président de la Section d'Annecy de la *Société Forestière française des Amis des Arbres*, 10, rue Royale, Annecy.

ORMESSON (Comte Olivier d'), ambassadeur de France, ancien préfet, 7, rue Lamennais, Paris.

OTIN (Pierre). Voir *Société de Crédit Foncier Rural de Roumanie.*

OUVRÉ (André), président d'honneur de la *Chambre syndicale des Bois à brûler*, ancien député, Chancepoix (Seine-et-Marne).

PAGEOT (Gaston), propriétaire forestier, 205, faubourg Saint-Honoré, Paris.

PALLIER (Léon-Ernest-André), membre du Conseil supérieur de l'Agriculture, propriétaire forestier, viticulteur, 12, rue Court-de-Gébelin, Nîmes.

PALLOT (Paul), notaire, 17, rue Guibal, Béziers.

PALLOT (Mlle Thérèse) (*membre associé*).

PARADIS (Henri), administrateur de la *Société d'Exploitations forestières et d'imprégnation des bois*, 26, rue du Rocher, Paris.

PARENT (Henri), rentier, 14, avenue de la Grande-Armée, Paris.

PARENT (Paul), négociant en bois, 37, quai de la Gare, Paris.

PASCAL (Paul). Voir *Union syndicale des Marchands de Bois de Seine-et-Oise.*

PAYRET, Perpignan.

PEIFFER. Voir *Syndicat d'initiative de Compiègne.*

PELET-HERMET, inspecteur-adjoint des Eaux et Forêts, en disponibilité, Genolhac (Gard).

PELLETIER de MARTRES (Auguste-Marie-Martial), 6, boulevard de Clichy, Paris.

PERRIN (Henri), inspecteur-adjoint des Eaux et Forêts, 37, avenue Duquesne, Paris.

PERROCHE (Paul), maire d'Outines (Marne).

PETITCOLLOT (Marie-Émile-André), garde général des Eaux et Forêts, Senones (Vosges).

PETIT-JEAN, directeur du journal *Bois et Charbons*, 70, boulevard Beaumarchais, Paris.

PETITON SAINT-MARD (COMTE), inspecteur général des Eaux et Forêts en retraite, 1, rue François Ier, Paris.

PHILIPPE (ALICE), 101, boulevard Carl Vogt, Genève.

PIERRAIN (CHARLES), négociant en bois, 36, rue Picpus, Paris.

PIERRONNE (MODESTE), ingénieur, 17, avenue de Madrid, Neuilly-sur-Seine.

PIGOT (A.), ancien notaire, 15, rue Vavin, Paris.

PINGUET-GUINDON, horticulteur, 21, avenue du Mans, la Tranchée-Tours,

PINTIAU (ERNEST), inspecteur des Eaux et Forêts, Lyons-la-Forêt (Eure).

PIOT (ROGER), expert-forestier, 52, boulevard Malesherbes, Paris.

PLUMENAIL (ARMAND), président fondateur de la *Société scolaire Forestière*, Daglan (Dordogne).

PLUNKETT (COMTE GEORGES), directeur du Musée National d'Irlande, avocat, 26, Upper Fitzwilliam Street, Dublin.

POISSON (ALBERT), maire de Rion, ancien conseiller général, château de Bellegarde, Rion-des-Landes.

POISSON (EUGÈNE), secrétaire de la *Chambre syndicale des Bois de sciage et d'industrie*, 63, rue d'Allemagne, Paris.

POLAKO (ISAAC), fabricant de tapis d'Orient, 125, rue du Ranelagh, Paris.

POLAKO (Mme) (*membre associé*).

PONTS ET CHAUSSÉES ET PÉPINIÈRES DE L'ÉTAT BELGE (ADMINISTRATION DES), représentée par M. HERMANS (EDMOND), conducteur des Ponts et Chaussées, Brée (Belgique).

POUPARD (ERNEST), inspecteur des Eaux et Forêts, Angoulême.

POUPINEL (GASTON), propriétaire cultivateur, Mesnil-Saint-Arnoult (Seine-et-Oise).

POUPINEL (PAUL-HENRI), négociant en bois, 37, quai de la Gare, Paris.

POUSSARD (LÉON), inspecteur des Eaux et Forêts, 15, avenue de Compiègne, Senlis.

POUSSARD (Mme) (*membre associé*).

PRAL (RÉGIS), commerce de bois, Valence.

PRÉ DE SAINT-MAUR (RENÉ DU), ancien président du *Syndicat Forestier du Morvan*, 53, avenue de Ségur, Paris.

PRETREL. Voir *Société internationale des Amis des Arbres de Tunisie.*

PROUTEAU (RAYMOND-MARIE-FERDINAND), ingénieur des Arts et Manufactures, 153, rue de Rennes, Paris.

PRUD'HOMME (ANDRÉ), 32 *bis*, boulevard Haussmann, Paris.

PUTEAUX (AUGUSTE), vice-président de la *Chambre syndicale du sciage et du travail mécanique des bois*, 42, rue Dunois, Paris.

PUYO (HENRI), notaire, 1, rue de Grassi, Bordeaux.

RABOUILLE, inspecteur-adjoint des Eaux et Forêts, Valenciennes (Nord).

RACHET (GEORGES), syndic de la *Chambre syndicale des Bois de sciage et d'industrie*, 32, avenue Philippe-Auguste, Paris.

RAISIN (VICTOR), directeur de la Compagnie Industrielle des Alcools de l'Ardèche, 48, boulevard Haussmann, Paris.

RAVENEAU (Louis), secrétaire de la rédaction des *Annales de Géographie*, 76, rue d'Assas, Paris.

RAVERDEAU (Henri), propriétaire pépiniériste, domaine de Faverolles par Romilly-sur-Seine (Aube).

REAULX (Marquis de), 81, rue de Grenelle, Paris.

REGAL (José), ingénieur en chef du District forestier de Teruel (Espagne).

RENARD (Paul), lieutenant-colonel du Génie, en retraite, ancien directeur du Parc aérostatique de Chalais-Meudon, président de la *Société météorologique de France*, 41, rue Madame, Paris.

RENAULD (Léon). Voir *Syndicat d'initiative du Viverais.*

REVIERS (Vicomte Richard de), ancien officier, propriétaire, 50, rue Satory, Versailles.

REY, inspecteur du Service de la Météorologie agricole, 27, rue Vaneau, Paris.

REYNARD. Voir *Société forestière des Amis des Arbres* (section d'Auvergne).

RICARD (Eugène), négociant, propriétaire de forêts, Nebias par Quillan (Aude).

RICHOUX (Eugène), président d'honneur de la Chambre syndicale du Commerce des Bois de Lyon, 299, avenue de Saxe, Lyon.

RIDER (William), directeur du *Journal du Commerce des Bois*, 24, cité Trévise, Paris.

RIGOIGNE (Marcel-Auguste), inspecteur des Eaux et Forêts, Vouziers (Ardennes).

RISACHER (Marie-Stanislas), inspecteur des Eaux et Forêts, Chalon-sur-Saône.

RIVÉ (André), garde général des Eaux et Forêts, Charolles (Saône-et-Loire).

RIZIER (Édouard), membre du Bureau de la *Chambre syndicale des Bois à brûler*, 42, avenue de Breteuil, Paris.

ROCHÉ, garde général des Eaux et Forêts, Lapierre, par Brosses (Yonne).

ROCHE AYMON (Comte Raoul de La), château de Saint-Aignan-sur-Cher (Loir-et-Cher).

ROCHEQUAIRIE (Marquis Daniel de), château de Purnon par Verrue (Vienne).

ROËSER (Pierre), ingénieur, Crécy-en-Brie (Seine-et-Marne).

ROLLEY. Voir *Association amicale des ingénieurs du Service des Améliorations agricoles.*

ROMILLAT (Maurice), attaché titulaire à la Chancellerie, 37, rue du Château, Asnières.

RONSERAY (Comte Arnold de), directeur de la Compagnie l'*Aigle-Incendie*, 44, rue de Châteaudun, Paris.

ROQUETTE-BUISSON (Comte de), 9, rue du Quatre-Septembre, Tarbes.

ROTIVAL (Georges), membre de la *Communauté des Bois à œuvrer*, 40, avenue Ledru-Rollin, Paris.

ROUCY (Louis de), ancien conservateur des Eaux et Forêts, 6, rue des Huguenots, Épernay.

ROULARD (Henry), président honoraire du *Syndicat des Bois de la Meuse* Aulnois, par Essommes-sur-Marne (Aisne).

ROUSSEAU (Frédéric), 75, boulevard de Strasbourg, Paris.

ROUSSELET (Louis), assureur conseil, 49, rue Berger, Paris.

ROUSSELLE (ANTOINE), publiciste, 49, avenue Malakoff, Paris.
ROUSSELOT (EDOUARD), inspecteur des Eaux et Forêts en retraite, Noiron, par Pothières (Côte-d'Or).
ROUSSET (ANTONIN), inspecteur des Eaux et Forêts en retraite, rue Libre-Pensée, l'Isle-sur-la-Sorgue (Vaucluse).
ROUVRAY (GEORGES DE), inspecteur des Eaux et Forêts, Clermont-Ferrand.
ROUX, garde général des Eaux et Forêts, Villers-Cotterets (Aisne).
ROUX (FÉLIX-SIMON), garde général des Eaux et Forêts, Orgelet (Jura).
ROUX (MARIE). Voir *Syndicat d'initiative de Rambouillet.*
ROUZÉ (DE). Voir *Syndicat forestier de l'arrondissement de Château-Thierry.*
ROY (ALEXANDRE), ancien inspecteur des Eaux et Forêts, Précy, par Livry (Nièvre).
ROY (EDOUARD), président du *Syndicat des Fabricants d'Extraits tanniques et tinctoriaux de France*, 28, rue de Châteaudun, Paris.
ROYAL SCOTTISH ARBORICULTURAL SOCIETY, 19, Castle Street, Edinburgh (Ecosse).
ROZAN (LÉONCE), ingénieur civil des Mines, 34, rue de l'Arsenal, Marseille.
RUDAULT (LOUIS), inspecteur-adjoint des Eaux et Forêts, Compiègne.
SALABERRY (COMTESSE DE), (*membre associé*).
SAINTE-CLAIRE DEVILLE (GEORGES), conservateur des Eaux et Forêts en retraite, 92, rue Le Merchier, Amiens.
SAINTE-CLAIRE-DEVILLE. Voir *Société entomologique de France.*
SAINT-SEINE (MARQUIS DE), 4, rue de Berri, Paris.
SALVAT (FERDINAND), président du *Centre de Tourisme de l'Aude et du Canigou*, Quillan (Aude).
SALVAT, inspecteur adjoint des Eaux et Forêts, 11, rue de la Sous-Intendance, Saint-Germain-en-Laye.
SARTIAUX (EUGÈNE-HENRI), ingénieur, maire de Saint-Gobain, 48, rue de Dunkerque, Paris.
SCHLICH (WILLIAM). Voir *Linneam Society.*
SCHLICH (Mme), Oxford (Angleterre), (*membre associé*).
SCHLŒSING (HENRY-EDOUARD), 36, avenue Niel, Paris.
SCHÆFFER, conservateur des Eaux et Forêts, Vesoul.
SCHOTSMANS (AUGUSTE), 9, boulevard Vauban, Lille.
SCOTT-ELIOT. Voir *Landawners Cooperative Forestry Society.*
SÉBASTIEN (PAUL-LOUIS), membre de la *Chambre syndicale des Bois de sciage et d'industrie*, 7, rue Rataud, Paris.
SEGONZAC (BARON DE). Voir *Société des Agriculteurs de France.*
SEGUIN (ADRIEN), négociant, rue aux Cordiers, Autun.
SEIGNETTE (ADRIEN), inspecteur général honoraire de l'Instruction publique, directeur du *Journal des Instituteurs*, 1, rue Dante, Paris.
SENARD, inspecteur des Eaux et Forêts, en retraite, Dôle (Jura).
SENART (HENRI), avoué honoraire, 16, rue d'Abbeville, Paris.
SERRET (Antoine), professeur d'agriculture, Largentière.
SERVICE GÉOLOGIQUE ET ÉCONOMIQUE DE LA CAROLINE DU NORD, DÉPARTEMENT DES FORÊTS, Chapel Hill N. C., représenté par M. SPRUNT HILL (JOHN).
SEURRE, inspecteur des Eaux et Forêts en retraite, Bourg.

SIMAN. Voir *Association Jednota Ceskych Lesniku zemi Koruny Cèské.*

SIMON, ingénieur des Manufactures de l'État, chargé de la Direction de la Manufacture d'allumettes de Saintines (Oise).

SIMON (Mme RENÉE), 133, avenue Malakoff, Paris.

SIMON GROSDIDIER, Mauvages.

SINTUREL, inspecteur-adjoint des Eaux et Forêts, Fontainebleau.

SOCIÉTÉ D'AGRICULTURE, INDUSTRIE, SCIENCES, ARTS ET BELLES LETTRES DU DÉPARTEMENT DE LA LOIRE, 27, rue Saint-Jean, Saint-Etienne.

SOCIÉTÉ D'AGRICULTURE DE COMPIÈGNE, représentée par son président, M. CHEVALLIER (RAYMOND).

SOCIÉTÉ D'AGRICULTURE DU DÉPARTEMENT DE LA GIRONDE, 7, cours de l'Intendance, à Bordeaux, représentée par M. GRAND, président de la *Section de Sylviculture*, et M. BACON DE LA VERGNE.

SOCIÉTÉ DES AGRICULTEURS DE FRANCE, 8, rue d'Athènes, représentée par MM. COLMET D'AAGE, propriétaire; IMBART DE LA TOUR (COMTE), docteur en droit); SEGONZAC (BARON DE), propriétaire; VILLENEUVE-ESCLAPON (COMTE DE), propriétaire; VILLIERS-TERRAGE (BARON DE), secrétaire d'ambassade.

SOCIÉTÉ DES BUCHERONS DU GOUVERNEMENT D'AMOUR, Vladivostock (Russie).

SOCIÉTÉ CENTRALE D'AGRICULTURE DE L'AUDE, 6, rue Courtejaire, Carcassonne.

SOCIÉTÉ CENTRALE DES ARCHITECTES, 8, rue Danton, Paris, représentée par son vice-président, M. DUPUY (CHARLES), architecte du gouvernement.

SOCIÉTÉ CENTRALE FORESTIÈRE DE BELGIQUE, 3, rue de Louvain, Bruxelles, représentée par M. SÉBILLE (ALBERT-LOUIS DE), membre du Conseil supérieur des Forêts du Royaume de Belgique, vice-président de la Société.

SOCIÉTÉ DE CRÉDIT FONCIER RURAL DE ROUMANIE, à Bucarest, représentée par M. PETRE OTIN, ingénieur forestier.

SOCIÉTÉ ENTOMOLOGIQUE DE FRANCE, 28, rue Serpente, Paris, représentée par son président, M. SAINTE-CLAIRE-DEVILLE (J.), capitaine d'artillerie,

SOCIÉTÉ FORESTIÈRE ARGENTINE, 883, Victoria, Buenos-Aires, représentée par MM. THAYS (CH.), directeur général des Promenades publiques et du Jardin botanique de Buenos-Aires; TOBAL (MIGUEL-ANGEL), ingénieur agronome.

SOCIÉTÉ FORESTIÈRE FRANÇAISE DES AMIS DES ARBRES (Section d'Auvergne et du Plateau Central), représentée par son secrétaire général M. REYNARD (J.), conservateur des Eaux et Forêts, en retraite, 9, rue Savaron, Clermont-Ferrand.

SOCIÉTÉ FORESTIÈRE FRANÇAISE DES AMIS DES ARBRES (Section Lorraine à Nancy), représentée par son secrétaire général, M. MARTIN (PAUL).

SOCIÉTÉ FORESTIÈRE PROVENÇALE « LE CHÊNE », 3a boulevard Dugonnier, Marseille, représentée par M. MASSOT (PIERRE), président; M. DECROCK (ÉLIE), professeur de botanique à la Faculté des Sciences; M. BAUCHERY (A.), pépiniériste sylviculteur.

SOCIÉTÉ FORESTIÈRE SUÉDOISE, à Stockholm, représentée par MM. WAHLGREN (Anders-Nils-Henrick), chef de l'Académie Forestière de Suède ; CARBONNIER (Henrick), inspecteur des forêts.

SOCIÉTÉ FORESTIÈRE SUÉDOISE, représentée par MM. WAHLGREN (Anders-Nils-Henrik), chef de l'Académie Forestière de Suède ; CARBONNIER (Henrick), inspecteur des forêts.

SOCIÉTÉ DE GÉOGRAPHIE DE LISBONNE, rue Eugénio-Santos, Lisbonne.

SOCIÉTÉ INTERNATIONALE DES AMIS DES ARBRES DE TUNISIE, hôtel des Sociétés françaises, Tunis, représentée par M. PRETREL (Ch.), secrétaire général.

SOCIÉTÉ NATIONALE D'ACCLIMATATION DE FRANCE, 33, rue de Buffon, Paris ; représentée par M. DANNIN, ingénieur cynégétique, M. MOREL HERCULE, propriétaire, 36, rue de Laborde, Paris.

SOCIÉTÉ DES TOURISTES DU DAUPHINÉ, hôtel de la Caisse d'Épargne, boulevard Edouard-Rey, Grenoble.

SOCIÉTÉ POUR LA PROTECTION DES FORÊTS DE LA NOUVELLE HAMPSHIRE, 6, Hancoch Avenue, Boston (Mass.), représentée par M. WELSH (Herbert), artiste peintre.

SPRUNT HILL (John). Voir *Service géographique et économique de la Caroline du Nord.*

STACY (Ralph.), banquier, président de *The Pacific National Bank*, Tacoma, Wash, U. S. A.

STEINER (Louis), inspecteur des Eaux et Forêts, 31, rue Gambetta, Épinal.

SUREAU, ingénieur agricole, 51, rue des Eaux-Minérales, Forges les-Eaux.

SYNDICAT D'INITIATIVE D'ARCACHON, 193, boulevard de la Plage, Arcachon, représenté par M. VALLEAU (Daniel), président.

SYNDICAT D'INITIATIVE DE COMPIÈGNE, représenté par M. PEIFFER, conservateur des Eaux et Forêts.

SYNDICAT D'INITIATIVE DE RAMBOUILLET, représenté par MM. ROUX (Marie), président, maire de Rambouillet, DURAND (Alexandre), propriétaire.

SYNDICAT D'INITIATIVE DE TOURISME DE BAR-LE-DUC, représenté par son président, M. CHEVALIER (Pol), avocat.

SYNDICAT D'INITIATIVE DE TOURISME DE VERSAILLES ET ENVIRONS, 39, rue Duplessis, Versailles.

SYNDICAT D'INITIATIVE DU VIVARAIS, Vals-les-Bains (Ardèche), représenté par M. RENAULD (Léon).

SYNDICAT FORESTIER DE L'ARRONDISSEMENT DE CHATEAU-THIERRY, représenté par MM. DE ROUZÉ et MOYAT.

SYNDICAT DES PROPRIÉTAIRES DE FORÊTS DE CHÊNES-LIÈGE D'ALGÉRIE, 60, rue du Rocher, Paris, représenté par son président M. LALLEMAND (Eugène), et M. DE MONTMORENCY-MORRÈS.

TALANSIER (Jules), maire de Montrodat, par Marvejols (Lozère).

TALANSIER (Mme) (*membre associé*).

TESSIER (Louis-Ferdinand), propriétaire forestier, Saint-Martin-de-la-Place (Maine-et-Loire).

TESSIER, conservateur des Eaux et Forêts, 13, rue Peyras, Toulouse.

THAYS. Voir *Société forestière argentine.*

THÉLIN (René de), inspecteur général des Ponts et Chaussées et de l'Hydraulique agricole, 11, rue Michel-Ange, Paris.

THÉRON (Albert), inspecteur des Eaux et Forêts, 57, rue de l'Université, Paris.

THÉVIN (Fernand), éditeur, Saint-Germain-en-Laye (Seine-et-Oise).

THIÉBAULT (Jules), ancien receveur des Domaines, 65, rue de Metz, Nancy.

THIL (André), inspecteur des Eaux et Forêts, en retraite, 27, rue de Fleurus Paris.

THIOLLIER (Joseph), inspecteur des Eaux et Forêts, 6, rue Louis-David, Paris.

THIOLLIER (Mme) (*membre associé*).

THIVEL (Georges), 24, rue Madeleine, Tarare (Rhône).

THOMAS (Émile), marchand de bois, Les Islettes (Meuse).

TISSOT (Ernest), négociant en bois, Brazey-en-Plaine (Côte-d'Or).

TOBAL. Voir *Société forestière argentine.*

TORITCH. Voir *Société des Bûcherons du gouvernement d'Amour.*

TORTEL (Pierre), propriétaire forestier, château de Chapeau, par Montbeugny (Allier).

TOUCHALEAUME (René), château de Grandpré, par Lormes (Nièvre).

TOURING-CLUB ARGENTIN, à Buenos-Aires, représenté par M. TOBAL (Miguel-Angel), ingénieur agronome.

TOURING-CLUB DE BELGIQUE, 2, passage de la Bibliothèque, Bruxelles, représenté par MM. DELVILLE, inspecteur des Eaux et Forêts; LECOQ (Jules), avocat près la Cour d'appel.

TOURING-CLUB ITALIEN, 14, via Monte-Napoleone, Milan, représenté par M. A. GEISSER,

TOURING-CLUB DES PAYS-BAS, 64, Laan Copeo v. Cattenburch, Gravenhague, représenté par M. Van DE POLL, gentilhomme des Chasses de S. M. la Reine des Pays-Bas.

TOURRIOL (Henry), courtier en bois, 16, rue Taine, Paris.

TOURTEL (Jules), conservateur des Eaux et Forêts, à Nice.

TOYTOT (Albert de), ancien conseiller général du Jura, Rainans (Jura).

TOYTOT (Auguste de), inspecteur de la Compagnie P.-L.-M., en retraite, Amange, par Rochefort (Jura).

TRIBOT-LASPIÈRE, ingénieur civil, 7, rue de Madrid, Paris.

TRIPIER (Félix), 19, rue Marbeuf, Paris.

TRIPONEY (Eugène), maire de Glainans, par Clerval (Doubs).

TRUTAT (Henri-Jacques-Marie), inspecteur adjoint des Eaux et Forêts, Belley (Ain).

UNION SYNDICALE DES MARCHANDS DE BOIS DE SEINE-ET-OISE, à Versailles, représentée par M. PASCAL (Paul), vice-président; M. EVE (Alphonse), trésorier.

URVOY de PORTZAMPARC (Edmond-François), chef de bataillon en retraite, 7, rue de la Motte, Saint-Servan (Ille-et-Vilaine).

URVOY de PORTZEMPARC (Mme) (*membre associé*).

VAGNE (Louis). Voir *Chambre de Commerce de Nevers.*

VAILLANT (Jules), directeur de la revue *Le Cuir*, 54, rue de Bondy, Paris.

VALENTIN (Augustin), négociant, président du *Syndicat des Exploitants de forêts du Var*, Vidauban (Var).

VALLEAU (Daniel). Voir *Syndicat d'initiative d'Arcachon.*

VALLET (Léon-Adolphe), osiériste, 52, quai de Seine, La Frette (Seine-et-Oise).

VALLOT (Henri), ingénieur des Arts et Manufactures, 62 *bis*, rue Duplessis, Versailles.

Van de POLL. Voir *Touring-Club des Pays-Bas.*

Van der VORST (Paul), sous-inspecteur des Eaux et Forêts, 14, rue J.-Plateau, Gand.

Van LONKHUIJZEN. Voir *Nederlandsche Heidemaatschappij.*

VANTROYES (Henri), inspecteur-adjoint des Eaux et Forêts, Laon.

VERLUISE (Henri), négociant en bois, maire de Vincennes.

VERNET, inspecteur des Eaux et Forêts, Grenoble.

VERPILLIÈRE (Marquis Charles de la), propriétaire, Lagnieu (Ain).

VESSIOT (Paul), inspecteur des Eaux et Forêts, Langres.

VEYSSIÈRE (de), inspecteur-adjoint des Eaux et Forêts, 80, rue de Varenne, Paris.

VEZIN (Alexandre), directeur des Services agricoles de Loir-et-Cher, Blois.

VIBRAYE (Comte Paul de), 5, rue Saint-Dominique, Paris.

VIBRAYE (Louis de), propriétaire, 42, avenue du Trocadéro, Paris.

VICENTE (Valdivia), ingénieur agronome, 1, rue Racine, Paris.

VIDAL (Dr Léon-Émile), secrétaire général de la *Société Forestière des Maures*, Hyères.

VIELHOMME (Émile), administrateur délégué de la *Société Electro-Métallurgique française*, Froges (Isère).

VIELHOMME (Henry), usine de la Saussaz, Saint-Michel-de-Maurienne (Savoie) (*membre associé*).

VIELMOMME (Charles), usine de Largentière (Hautes-Alpes) (*membre associé*).

VIELLARD (Charles-Henri), ingénieur des Arts et Manufactures, Forges de Morvillars (Territoire de Belfort).

VIGNON, Capitaine à l'École de cavalerie de Saumur.

VIGNON (Alfred), secrétaire d'ambassade, 8, rue Freycinet, Paris.

VIGNON (Jules), La Chassagne, par Pont-de-Pany (Côte-d'Or).

VILLATTE DES PRUGNES (Robert), ingénieur agronome, 37, avenue d'Antin, Paris.

VILLE BAUGE (Marquis de la), 52, avenue Bosquet, Paris.

VILLEFRANCHE (Comte de), 19, rue Auguste-Vacquerie, Paris.

VILLEFRANCHE (Comte Henri de), ingénieur agronome, propriétaire, château de Villarceaux, par Bray-et-Lû (Seine-et-Oise).

VILLE DE LUXEMBOURG, représentée par M. WENGER (Tony), conseiller communal, délégué du T. C. F.

VILLE DE PARIS, usine municipale de Fabrication de Pavés de bois, représentée par M. LIRMAN, directeur.

VILLEMEREUIL (de), 52 *bis*, boulevard Saint-Jacques, Pars.

VILLENEUVE (Vicomte Charles de), Bussy-le-Grand (Côte-d'Or).

VILLENEUVE-ESCLAPON (Comte de). Voir *Société des Agriculteurs de France.*

VILLEPLÉ (Émile), négociant en bois, Saint-Ouen-l'Aumône (Seine-et-Oise).

VILLIERS-TERRAGE (Baron de). Voir *Société des Agriculteurs de France.*

VILMORIN (Philippe de), membre de la Société Nationale d'Agriculture, 66, rue Boissière, Paris.

VIOLETTE, inspecteur des Eaux et Forêts, Brignoles (Var).

VOELCKEL (Eugène), négociant en bois, vice-président de la Chambre syndicale des bois de sciage et d'industrie, 48, avenue Henri-Martin, Paris.

VOGELI (Félix), inspecteur des Eaux et Forêts, Chambéry.

VOLMERANGE (Raymond), garde général des Eaux et Forêts, à Coulommiers.

VUILLAUME (Henry), 8, rue Notre-Dame, Arbois (Jura).

WEILL RAYNAL (Horace), ingénieur en chef des Ponts et Chaussées, 66, rue de la Chaussée-d'Antin, Paris.

WELSH (Herbert), Voir *Société pour la protection des Forêts de la Nouvelle Hampshire.*

WENGER (Tony). Voir *Ville de Luxembourg.*

WINKENWERDER, doyen du Collège of Forestry, à l'Université de Washington.

ZEILLER (Charles Paul), ancien garde général des Eaux et Forêts, 47, rue Charles-Laffitte, Neuilly-sur-Seine.

ZURLINDEN (Alfred), conservateur des Eaux et Forêts en retraite, 90, boulevard Raspail, Paris.

ZURLINDEN (Mme) (*membre associé*).

RÈGLEMENT

Article premier. — Un Congrès forestier international se tiendra en 1913 à Paris, du 16 au 20 juin.

Art. 2. — Ce Congrès a pour but :

De réunir tous ceux qu'intéresse la forêt ;

D'étudier les questions économiques et techniques qui s'y rattachent, y compris celles que soulève le tourisme, étroitement lié à la richesse des régions pittoresques ;

D'étudier les réformes législatives ou administratives de nature à assurer la conservation et l'amélioration des forêts, la restauration des montagnes dégradées et la mise en valeur des terres incultes ;

De rechercher les améliorations à apporter par les particuliers dans la gestion de leurs bois et dans l'utilisation des produits des forêts.

Art. 3. — Le Congrès se compose de membres français et étrangers.

Toute personne qui désire faire partie du Congrès doit en adresser la demande au Président du Comité d'organisation, au siège du Touring-Club de France (65, avenue de la Grande-Armée, Paris), en indiquant la section dont elle désire suivre plus particulièrement les travaux,

La demande doit être accompagnée d'un mandat-poste de 20 francs, montant de la cotisation.

Les Sociétés, Syndicats et généralement toute association, peuvent faire partie du Congrès et y envoyer des délégués. La cotisation est due pour chaque délégué.

Peuvent également participer au Congrès, à titre de membres associés, les personnes de la famille d'un membre du Congrès, moyennant le versement d'une cotisation dont le montant est fixé à 10 francs.

Art. 4. — Les membres inscrits au Congrès reçoivent une carte personnelle ; ils ont droit :

1° A l'accès aux salles de conférences et de réunion ;

2° A l'envoi gratuit du compte rendu et des autres publications émanant du Congrès ;

3° Aux autres avantages qui seront ultérieurement indiqués : réceptions, excursions, facilités de transport, etc.

Les membres associés reçoivent également une carte qui leur permet d'assister aux séances du Congrès, de prendre part aux réceptions et excursions, et de bénéficier des facilités de transport.

Les frais des excursions ne sont pas compris dans la cotisation, chaque membre ou associé ne paie que les frais des excursions auxquelles il prend part.

Art. 5. — Les travaux du Congrès sont dirigés par le Comité exécutif.

Art. 6. — Le Congrès se partage en cinq sections, conformément au programme.

Art. 7. — Les travaux de chaque section sont réglés par leur bureau d'après le programme. Les membres du bureau sont désignés par le Comité exécutif ; il pourra leur être adjoint des membres étrangers.

Art. 8. — Les sujets d'étude inscrits au programme de chaque section feront l'objet de rapports qui seront discutés en séances de section.

Le Comité exécutif a tous pouvoirs pour accueillir ou rejeter toutes les demandes de communications qui lui seront adressées, sans qu'il soit tenu de faire connaître les motifs de son refus.

Les rapports devront être déposés au siège du Touring-Club de France avant le 15 avril 1913.

Art. 9. — La publication des rapports sera faite en français. La langue française sera seule employée pour les communications verbales.

Toutefois, les délégués étrangers qui seraient dans l'impossibilité de s'exprimer en français, seront autorisés à employer leur langue nationale.

Dans ce dernier cas, les orateurs devront remettre au bureau de la section, dans les vingt-quatre heures, le résumé en français des paroles qu'ils auront prononcées.

Art. 10. — Les rapports, qui devront ne constituer qu'un résumé sommaire des questions mises à l'étude, seront imprimés et distribués d'avance aux membres du Congrès.

A l'égard des questions qui n'auraient pas été l'objet de rapports préalablement imprimés, le Secrétaire général du Congrès en préparera un résumé succinct qui sera lu avant la discussion.

Art. 11. — Le Comité exécutif fixera, d'accord avec les bureaux de section, l'ordre du jour de chaque séance.

Art. 12. — Les membres du Congrès ont seuls le droit de présenter des travaux et de prendre part aux discussions.

Les délégués des Gouvernements étrangers et des Administrations publiques jouissent des mêmes avantages.

Les associés n'ont pas ce droit et ne reçoivent pas les publications du Congrès.

Les membres du Congrès qui désirent prendre part à la discussion ne pourront le faire qu'en section, ils devront en faire la demande et donner leur nom par écrit au Président de section.

Ils ne pourront intervenir plus de deux fois sur le même sujet et chacune de ces interventions ne pourra pas durer plus de 10 minutes.

Art. 13. — Les vœux adoptés dans les diverses sections seront soumis à l'approbation du Congrès.

Art. 14. — Deux séances plénières se tiendront, l'une le jour de l'ouverture, l'autre le jour de la clôture.

Art. 15. — Pendant la tenue du Congrès, il ne pourra être introduit de modifications dans l'ordre des travaux que sur la proposition des présidents de section.

Art. 16. — La direction des discussions appartiendra, dans chaque section, au Président et la police générale du Congrès appartiendra exclusivement à son Président.

Art. 17. — Un compte rendu *in extenso* des travaux du Congrès sera publié par les soins du Touring-Club de France.

Le Comité exécutif pourra demander, et au besoin imposer aux auteurs des rapports et communications, des réductions ou suppressions ; il pourra, s'il y a lieu, les opérer d'office afin de limiter l'étendue du rapport général.

Art. 18. — Tous les documents relatifs au Congrès doivent être adressés à M. le Secrétaire général du Congrès, au siège social du Touring-Club de France, 65, avenue de la Grande-Armée, Paris.

PROGRAMME DES TRAVAUX

PREMIÈRE SECTION

TECHNIQUE FORESTIÈRE OU SYLVICULTURE

Enseignement sylvicole et Sylvo-Pastoral. — Encouragements et récompenses à la sylviculture. — Propagande en faveur de l'arbre et de l'eau. — Sociétés scolaires forestières. — Fêtes de l'arbre.

Répartition des végétaux ligneux en France.

Les Forêts coloniales.

Allongement des révolutions des taillis et taillis sous-futaie. — Diminution de la proportion des bois de petite dimension. — Conversion des taillis et taillis sous-futaie en futaie.

Amélioration des taillis à faible rendement situés en plaine ou en montagne, par l'introduction de résineux.

Les taillis d'acacia.

Le noyer. — Sa disparition. — Moyens d'y remédier. — Nécessité de donner une nouvelle extension à sa culture.

Le châtaignier. — Sa disparition. — Moyens d'y remédier. — Nécessité de donner une nouvelle extension à sa culture.

Les engrais chimiques en Sylviculture.

Essences exotiques et naturalisées.

La capitalisation forestière.

La collaboration des forestiers au service de la météorologie agricole.

DEUXIÈME SECTION

ÉCONOMIE ET LÉGISLATION FORESTIÈRES

Assurances contre l'incendie.

Législation forestière comparée. — Le rôle forestier de l'État. — Comparaison entre les différents pays.

Établissement de forêts de protection.

Intervention de l'État dans la gestion des bois particuliers. — Législations diverses réglant cette intervention.
L'impôt forestier.
Ligues. — Syndicats. — Caisses de crédit forestier.
Utilité de l'acquisition par l'État, les communes ou autres collectivités publiques, les établissements ou associations d'utilité publique, de forêts ou terrains à reboiser. — Mesures législatives, administratives et financières à prendre pour faciliter cette acquisition.
Utilité pour les syndicats de propriétaires de créer un *Office forestier international* (Stations de recherches, d'expériences et de renseignements).
Production forestière dans les divers pays du globe.
Droits de douane.
Transport des bois.

TROISIÈME SECTION

TECHNOLOGIE FORESTIÈRE. — COMMERCE ET INDUSTRIE DU BOIS.

Exploitation des bois.
Outillage.
Utilisation des bois. — Bois bruts, Chauffage, Charbon. — Étais de mines.
Utilisation des menus bois par les nouveaux procédés chimiques et mécaniques.
Plantations des routes.
Poteaux télégraphiques.
Bois équarris. — Poutres, charpentes, traverses.
Subventions industrielles.
Conservation des bois. — Procédés naturels, procédés artificiels (enduits, injections, immersion, ignifugation).
Bois utilisés dans l'industrie des allumettes pour débitage ou la confection des boîtes.
Emplois divers. — Fabrication du papier, laine de bois, sabotage, cerclage, bois courbé, bois plaqué, bois coloré artificiellement.
Bois de sciage. — Outillage, débit, menuiserie, pavé.
Produits accessoires. — Déchets du bois. — Utilisation des sciures.
Bois de fente. — Bardeau, Merrain.
Écorces. — Tanin. — Extraits tanniques. — Liège.
L'industrie des résines. — La carbonisation des bois en vases clos.

QUATRIÈME SECTION

GRANDS TRAVAUX FORESTIERS

Améliorations pastorales. — Création, restauration, entretien des pâturages. — Aménagement et réglementation des pâturages appartenant à des communes ou collectivités. — Affouage pastoral. — Troupeaux transhumants. — La chèvre. — Le mouton.

Grands travaux. — Barrages. — Dérivations, canalisations. — Tunnels. — Restauration des montagnes. — Lutte contre les torrents et les avalanches.

Petits travaux. — Fascinage. Clayonnage. Façonnage de lits. Enrochement. Drainage. Enherbement. Reboisement (semis et plantations. Essences). — Eessences à employer. — Graines. — Pépinières.

Tourbières. Marécages. — Leur assèchement et leur mise en valeur par leur reboisement. — Essences à employer. — Mode de plantation.

Les dunes. — Leur fixation. Leur reboisement. Défense contre la mer. — Moyens d'action donnés par la législation actuelle. Mesures législatives à prendre.

Alliance de l'arbre et de l'eau. — Lutte contre les inondations.

CINQUIÈME SECTION

DE LA FORÊT DANS LE DÉVELOPPEMENT DU TOURISME ET L'ÉDUCATION ESTHÉTIQUE DES PEUPLES

L'éducation forestière du public.

Beauté du pays par la forêt.

Beauté des routes. Plantations le long des routes. Leurs avantages. Choix des essences.

Jardins alpins. Arboretums.

Beauté des paysages. — Mesures prises dans les différents pays pour leur protection. Nouvelles mesures à prendre.

Beauté des cours d'eau (L'arbre sur la montagne, c'est l'eau dans la rivière).

Aménagements de forêts en vue du tourisme. — Création, amélioration des routes et chemins. Sentiers forestiers.

Plaques. Poteaux. Signes indicateurs. — Abris. Bancs. Points de vue. Tables d'orientation, etc. — Livrets-guide ou plans des forêts à l'usage des touristes. Catalogue des arbres remarquables.

Parcs nationaux. — Réserves et séries artistiques.

ORDRE DES TRAVAUX

LUNDI 16 JUIN.

A 10 heures. — Séance d'ouverture du Congrès, sous la présidence de M. CLÉMENTEL, ministre de l'Agriculture.

de 11 h. à midi. }
de 2 h. à 6 h. } Séances des Sections.

MARDI 17, MERCREDI 18, JEUDI 19 JUIN

de 9 h. à midi. }
de 2 h. à 6 h. } Séances des Sections.

VENDREDI 20 JUIN

à 2 h. ½. — Séance de clôture sous la présidence de M. DABAT, Directeur général des Eaux et Forêts.

à 5 heures. — Réception à l'Hôtel de Ville de Paris.

SAMEDI 21 JUIN

Excursion dans la forêt domaniale de Lyons.

DIMANCHE 22 JUIN

à midi. — Banquet de clôture du Congrès.

à 7 h. 30 du soir. — Départ pour Grenoble et les Alpes-Dauphinoises.

SÉANCES DU CONGRÈS

Les séances du Congrès se sont tenues à l'Hôtel des Sociétés Savantes, 28, rue Serpente et 8, rue Danton.

Le Secrétariat du Congrès y a été installé pendant sa durée.

EXCURSIONS

Les congressistes ont pris part à deux excursions : l'une, le 21 juin, à Rouen et la forêt de Lyons, l'autre, du 23 au 28 juin, à Grenoble et les Alpes Dauphinoises.

COMPTES RENDUS DES SÉANCES

SÉANCE GÉNÉRALE D'OUVERTURE DU CONGRÈS

Le lundi, 16 juin 1913, les membres du Congrès Forestier International organisé par le Touring-Club de France se sont réunis à l'Hôtel des Sociétés Savantes sous la présidence de M. Clémentel, Ministre de l'Agriculture.

La séance est ouverte à 10 h. 15 minutes.

M. LE PRÉSIDENT. — La séance est ouverte. La parole est à M. Ballif, Président du Touring-Club de France.

M. BALLIF. — Messieurs, aux termes de notre règlement, le Comité exécutif est chargé d'assurer les travaux du Congrès.
Le bureau de ce Comité est ainsi composé :

Président : M. DEFERT, Vice-Président du Touring-Club de France, Président de la Commission des Pelouses et Forêts.
Vice-Président : M. ANTONI, Sous-Directeur de l'Administration générale des Eaux et Forêts.
Secrétaire général : M. CHAPLAIN, Inspecteur des Eaux et Forêts.
Trésorier : M. Berthelot, Trésorier du Touring-Club de France.

Nous vous demandons de compléter ce bureau par l'adjonction, en qualité de Vice-Présidents, des représentant officiels des États prenant part à ce Congrès.
Nous pensons, Messieurs, que vous serez heureux de donner ce témoignage de gratitude aux personnalités distinguées qui viennent de si loin nous apporter leur précieux concours (*Assentiment*).

Le bureau se trouve donc composé ainsi que je viens de le dire, et il comprend, comme vice-présidents, les représentants officiels, par ordre alphabétique, de :

La RÉPUBLIQUE ARGENTINE.
L'Empire d'AUTRICHE-HONGRIE.
Le Royaume de BELGIQUE.
Les États-Unis du BRÉSIL.
La République du CHILI.
La République de COLOMBIE.
Le Royaume de DANEMARK.
La République de l'ÉQUATEUR.
Le Royaume d'ESPAGNE.
Les ÉTATS-UNIS d'Amérique.
La GRANDE BRETAGNE et les COLONIES
Le Royaume de GRÈCE.
La République de HAITI.
La République de HONDURAS.
L'Empire du JAPON.
Le Grand Duché de LUXEMBOURG.
Le Royaume de la NORVÈGE.
Le Royaume des PAYS-BAS.
La République du PORTUGAL.
Le Royaume de ROUMANIE.
L'Empire de RUSSIE.
La République du SALVADOR.
Le Royaume de la SUÈDE.
La République Orientale de l'URUGUAY.
La Principauté de MONACO.

Messieurs, tout à l'heure, Monsieur le Ministre, avec sa haute autorité, avec cette élégance de parole dont il a le secret, vous parlera de cette passionnante question des forêts qui nous réunit aujourd'hui. Le Président du Touring-Club de France se gardera bien de s'aventurer dans cette voie. Il se bornera, prudemment, au rôle infiniment plus modeste et plus aisé d'un maître de maison qui souhaite la bienvenue à ses hôtes; et c'est de grand cœur, Messieurs, que je vous adresse ces souhaits (*Applaudissements*).

Soyez donc tous les bienvenus, en particulier vous, Messieurs les Étrangers, en notre doux pays de France, sur ce vieux sol gaulois qu'on ne saurait frapper du pied sans y éveiller l'écho de quelque haut fait, si plein de souvenirs historiques et artistiques, si pittoresque, si fertile enfin, qu'on a pu le dire « aimé des Dieux ! » Vous y trouverez, Messieurs, cet accueil aimable et cordial que de tout temps la France a réservé aux étrangers.

Pour notre part, nous ferons en sorte que tous ici, Français et Étrangers, vous emportiez de votre séjour parmi nous un agréable et durable souvenir.

Messieurs, au nom du Touring Club de France, j'ai à vous remercier de vous être rendus en si grand nombre à notre appel, et, pour plusieurs, de si loin.

Nous devons des remerciements particuliers aux divers États qui nous font l'honneur de prendre part à ce Congrès, et nous prions leurs très distingués délégués de vouloir bien être auprès de leurs gouvernements respectifs les interprètes de nos sentiments de gratitude.

Ce Congrès réunit 700 membres. Le Congrès de l'Exposition Universelle de 1900 en avait réuni 225. De tels chiffres sont éloquents et montrent le haut intérêt que soulèvent actuellement dans le monde entier les questions forestières. Votre savoir, votre expérience, votre amour du bien public sauront être à la hauteur de la tâche qui vous incombe, et jamais, on peut le dire, la cause de la forêt n'aura été remise en des mains plus dignes, ni plus expertes (*Applaudissements*).

Le tourisme profitera l'un des premiers de vos efforts. Ne puise-t-il pas sa raison d'être, en effet, dans la beauté de nos pays, et nos montagnes, nos vallées, nos rivières ne sont-elles pas d'autant plus belles que nos forêts sont plus prospères !

Je forme donc, en son nom, les vœux les plus ardents pour le succès de vos efforts. Non seulement ils serviront la cause du tourisme, mais aussi les intérêts économiques les plus importants pour l'avenir de nos pays ; en se plaçant à un point de vue plus élevé encore, on peut dire qu'ils sont appelés à servir la cause même de l'humanité. (*Applaudissements.*)

Soyez-en fiers, Messieurs, et que l'espoir d'atteindre un tel but vous soutienne et vous inspire. Par avance tous les esprits éclairés, tous les cœurs généreux applaudissent à vos travaux (*Applaudissements*).

M. CLÉMENTEL, *Ministre de l'Agriculture.*

Messieurs,

J'ai tenu à venir présider la séance d'ouverture de votre Congrès pour exprimer moi-même les remerciements du Gouvernement aux organisateurs de cette grande manifestation internationale.

Le metteur en scène de cette fête de l'arbre, la plus imposante qui se soit tenue jusqu'à ce jour, est le Touring-Club.

Je salue en lui, en ses dirigeants et spécialement en ses dévoués Président et Vice-Président, MM. Ballif et Defert, en tous ceux qu'ils ont su grouper autour d'eux pour la préparation de ce Congrès, de précieux collaborateurs du ministère dont j'ai la charge.

Avec leur sens profond des nécessités économiques et sociales, avec leur souci constant de l'embellissement de notre pays, ils exercent, depuis la fondation de leur puissante association, leur action bienfaisante en faveur de l'épanouissement de notre richesse pastorale et forestière.

Les sacrifices qu'ils consentent, leurs nobles efforts de propagande ont déjà porté des fruits abondants.

En tenant ces assises, ils ont voulu couronner une première étape de leur œuvre, et prendre, dans la constatation des résultats obtenus, dans l'enseignement qui va se dégager de la grande semaine forestière qui commence, des forces nouvelles, une nouvelle ardeur pour l'œuvre de demain (*Applaudissements*).

Je vous félicite, Messieurs, d'avoir si nombreux, répondu à leur appel, d'être venus nous prêter le précieux concours de votre sympathie et de votre compétence.

Je salue tout spécialement les quarante-deux délégués accourus des quatre coins de l'Europe, d'Amérique, d'Asie, d'Océanie, au nom du Gouvernement de la République, au nom de la vieille France qu'ils vont, en travaillant dans la ruche qu'est cette Assemblée, en parcourant les paysages émouvants de nos Alpes dauphinoises, apprendre à mieux connaître, c'est-à-dire à mieux aimer (*Applaudissements*).

Vous nous avez apporté, MM. les délégués étrangers, les dons de votre savoir et de votre expérience, vous emporterez dans vos pays respectifs la moisson de nos propres travaux et l'exemple de nos efforts.

Vous emporterez surtout cette conviction que la France hospitalière, malgré les ardeurs des compétitions économiques, en dépit des passions et des conflits de la politique, reste fidèle à l'idéal de solidarité universelle qui s'exerce à la fois par la communauté des plus nobles idées, des plus purs sentiments de l'humanité et par les échanges nécessaires à la vie et à la prospérité des nations (*Applaudissements*).

Cette solidarité internationale trouve l'un de ses champs d'action les plus vastes dans le culte de la forêt.

Le bois est une richesse mondiale.

Or, la production ligneuse de l'univers deviendra un jour, si l'on n'y prend garde, insuffisante aux besoins sans cesse accrus de la consommation. Le péril grandit chaque jour.

Macbeth, à l'heure de sa mort, voyait une forêt hérissée et formidable qui marchait et s'avançait vers lui. Nous la voyons, nous, qui recule, qui recule sans cesse (*Applaudissements*).

Pendant des siècles, on a inconsidérément dévasté les domaines forestiers, on a poussé les exploitations sylvestres très au-delà du rendement régulier. Beaucoup de pays d'Europe semblent menacés dès maintenant d'une disette prochaine de bois d'œuvre.

Si les nations privilégiées de l'Europe septentrionale et orientale et de l'Amérique du Nord, qui détiennent encore de grandes réserves forestières, ne s'attachaient pas à la défense de leurs trésors par l'application des règles de l'exploitation rationnelle, si les pays déjà appauvris ne consacraient pas tous leurs efforts à reconstituer ceux que l'imprévoyance ou l'ignorance a dilapidés, nous pourrions redouter pour les générations prochaines une crise mondiale d'autant plus grave qu'elle serait sans remède, et qu'elle retentirait sur l'avenir et la vie même de la planète.

« La France périra faute de bois ». A travers les siècles, ce cri d'alarme de Colbert retentit douloureusement. Après les inondations de 1910, il était devenu dans notre pays comme un cri de détresse et de deuil.

Si nous assistions impassibles à l'œuvre de destruction, si nous ne nous efforcions pas à rétablir et à maintenir l'équilibre des forces de la nature, si nous laissions la terre se dénuder lentement, mais sûrement, si nous donnions raison à l'affirmation de Chateaubriand que « les forêts précèdent les peuples et que les déserts les suivent », nous pourrions sans crainte de démenti élargir la triste prophétie de Colbert et affirmer « que non seulement la France, mais le monde civilisé périra faute de bois ». (*Applaudissements.*)

Votre initiative, Messieurs, nous est une raison d'espérer que les calamités, que les causes de décadence et de ruine provenant de la disette de bois seront épargnés à l'humanité.

Aidés par vos gouvernements, vous arrêterez l'œuvre de vandalisme qui devient un péril mondial et vous lui substituerez l'application des règles tutélaires qui sortiront plus précises et plus impérieuses des travaux de votre Congrès.

Le Gouvernement que je représente ici donne l'assurance de sa collaboration active à l'œuvre qu'ont entreprise au Parlement les groupes de défense forestière, sur tous les points du territoire : le Touring-Club, les Sociétés d'Amis des arbres et leurs émules. (*Applaudissements*).

Nous savons que la France est parmi les nations qui ont le plus souffert du dépeuplement forestier.

Voilà plus de quatre siècles que le grand poète de la Pléiade, dans son Élégie aux bûcherons de la forêt de Gastine, s'écriait :

« Écoute bûcheron, arrête un peu le bras,
« Ce ne sont pas des bois que tu jettes à bas,
« Ne vois-tu pas le sang, lequel dégoutte à force,
« Des Nymphes qui vivaient dessous la rude écorce ? »

Depuis lors, l'agonie de nos forêts, ces grandes victimes d'une civilisation mal comprise, a continué et c'est non le sang des Nymphes de Ronsard, mais le sang même de la France qui a coulé à chaque coup de hache. (*Applaudissements.*)

La plainte du peuple contre ces déprédations s'est affirmée avec véhémence lors de notre grande Révolution. Les cahiers retentissent des doléances de la France rurale sur les malheurs qui résultent de la dévastation des forêts.

Avec le siècle dernier, l'œuvre réparatrice a commencé.

Elle fut lente d'abord, incertaine, puis elle s'affirma avec la promulgation du code forestier, avec la création de l'Administration des eaux et forêts.

Elle se continua lentement encore, consacrant un nouvel et louable effort par notre programme de restauration des terrains en montagne et son commencement d'exécution.

Depuis que vous avez, Messieurs, entrepris votre croisade, les pouvoirs publics se sont orientés vers des solutions efficaces.

Je suis heureux de déposer sur le bureau de votre Congrès un acte législatif qui est d'hier, que nous devons saluer avec joie, car il doit ouvrir une ère nouvelle. C'est la loi Audiffred, qui vient d'être votée par les deux Chambres.

Elle permettra d'étendre à nombre de forêts les règles de la sylviculture trop souvent méconnues par leurs propriétaires, soit parce qu'ils n'en apercevaient pas le haut intérêt, soit parce que les conseils techniques leur faisaient défaut.

Vos suggestions et vos conseils me seront précieux pour l'élaboration du règlement d'administration publique qui va en organiser l'application. (*Applaudissements.*)

Mais cette loi en appelle impérieusement une autre. C'est celle qui réalisera enfin la réforme de l'impôt qui pèse d'une manière inique sur le propriétaire forestier. (*Applaudissements.*)

Basé sur une classification cadastrale depuis longtemps vermoulue, il absorbe fréquemment la plus grande partie des revenus des bois, quand il ne les dépasse pas. (*Applaudissements.*)

L'œuvre d'équité fiscale que réclame la sylviculture est à réaliser sans délai. Je m'appliquerai pour ma part avec une volonté obstinée à obtenir cette réalisation .(*Applaudissements.*)

Tout en aidant les collectivités et les particuliers à sauver ou à étendre leur domaine forestier, l'État, personne morale douée d'une existence séculaire, se doit d'élargir sans cesse son vaste patrimoine de bois et de forêts.

Nous sommes résolument entrés dans cette voie. J'espère obtenir bientôt du Parlement le vote du projet de loi que nous avons déposé pour sauver du feu et du fer le magnifique massif de la forêt d'Eu.

Je demande, d'autre part, à M. le Ministre des Finances, grand ami de la forêt, et qui j'espère m'entendra, de bien vouloir inscrire au budget de 1914 un million destiné à l'achat par l'État, chaque année, des forêts particulières déboisées. Ces forêts sont presque sans valeur pour la vente en raison du refus systématique que nous opposons aux demandes de défrichement. Acquises à peu de frais, livrées à l'intelligente initiative d'une administration qui ne mérite que des éloges, elles représenteront pour nos petits-neveux un accroissement considérable de la richeses forestière de la France.

Ainsi, les fautes du passé nous servant d'enseignement, nous réparerons les erreurs commises par ceux de nos devanciers qui aliénèrent une partie du domaine national qui eût dû leur demeurer sacrée.

La forêt, vous le savez, Messieurs, n'est pas seulement une usine à bois.

Aider à la conservation des forêts, à leur extérieur, à la défense des moindres arbres, non seulement dans nos campagnes, mais autour de nos villes et de nos villages, ce n'est pas uniquement enrichir la France, c'est aussi l'assainir et c'est l'embellir.

C'est l'assainir par l'action qu'exerce la forêt sur le climat, sur la température, sur le régime des pluies.

L'arbre est le grand purificateur de l'atmosphère. Il arrête et détruit les germes morbides. Il revivifie l'air par son incessante production d'oxygène et d'ozone.

Il transforme la lande marécageuse en une plaine productive, en disciplinant ses forces latentes. Il sert de filtre naturel aux eaux d'écoulement, il retient leurs impuretés, abritant dans le silence des vallées la naissance mystérieuse des sources.

Il régularise le débit du ruisseau, de la rivière, du fleuve, il prévient le redoutable fléau de l'inondation, écarte son cortège de détresse et de misères. (*Applaudissements.*)

Enfin, c'est embellir et parer notre pays que de lui conserver jalousement, là où il existe encore, le manteau vert de ses forêts, de l'étendre à nouveau là où il fut déchiré par des mains impies. C'est dans le temple de la forêt que poètes et peintres sont allés, dès les temps les plus reculés, puiser l'inspiration la plus pure.

N'avons-nous pas nous-même laissé fleurir nos rêves à l'abri des sous-bois mélancoliques, au détour des sentiers perdus dans le taillis, n'avons-nous pas senti descendre en nous la paix infinie et sereine de la nature sous le dôme silencieux des futaies séculaires ?

Aussi, depuis quelques années, le Ministre de l'Agriculture, secondé par l'initiative d'hommes comme notre ami Beauquier, aidé par vos associations, a-t-il entrepris de sauver en les classant les sites les plus pittoresques de nos forêts.

Une quarantaine de séries artistiques ont été créées dans nos forêts domaniales et j'ai été heureux de donner très récemment ma signature au classement en série artistique d'une partie du massif de la Grande-Chartreuse. (*Applaudissements.*)

Nous avons, d'autre part, prescrit de réserver dans toutes nos forêts les arbres remarquables, soit par la majesté de leur port, leurs dimensions exceptionnelles, soit par les souvenirs historiques ou légendaires qu'ils évoquent. N'est-ce pas un crime que d'abattre les beaux vieux arbres, que nous aimons comme de très vieux parents pour les lointains souvenirs qu'ils portent dans leurs bras alourdis ?

Toutefois, la série artistique est et sera toujours un luxe. Elle constitue une réserve de beauté, mais elle diminuera d'autant le revenu de la forêt. Il est donc nécessaire, puisque l'État est un propriétaireq ui ne peut négliger aucune de ses ressources, d'établir les séries artistiques avec circonspection, en ménageant les susceptibilités du Trésor, en même temps que les intérêts de la main-d'œuvre, les besoins du commerce et de l'industrie. C'est pour qu'elle juge, documents en mains et suivant les ciconstances, de l'utilité de la création ou de l'extension des séries artistiques, que j'ai institué une Commission composée de membres du Touring-Club, de forestiers, de savants et d'artistes.

J'ai effleuré, Messieurs, chemin faisant, quelques-unes des questions qui vont faire l'objet de nos travaux.

J'aurais aimé à descendre avec vous dans le détail de votre vaste programme dont le résumé semble la table des matières d'une véritable encyclopédie de l'art pastoral et forestier.

Je retarderais, en cédant à mon désir, l'heure attendue de vos études et de vos décisions.

Je m'arrête donc et vous dis en terminant :

Mettez-vous à l'œuvre avec confiance, avec cette ardeur réfléchie qui inspirent tous ceux qui collaborent comme vous avec la nature maternelle.

Si vous ne parvenez pas à résoudre tous les problèmes, vous proposerez du moins des solutions utiles, non seulement à notre pays, mais à tout le monde civilisé, pour qui, je le répète, la question de la forêt est une question vitale.

Votre compétence, votre dévouement à l'intérêt général vous permettront de travailler avec sérénité ; votre foi en la nature, votre amour de la beauté vous donneront la ferveur qui fait battre les jeunes cœurs et monter les jeunes sèves ; et quand votre tâche sera achevée, vous pourrez vous séparer, avec la certitude joyeuse d'avoir bien servi, non seulement notre beau pays de France, mais le genre humain tout entier. (*Applaudissements.*)

Je déclare ouvert le Congrès forestier international de 1913.

Je cède la présidence à M. Ballif.

M. Ballif. — Je donne la parole à M. Henry Defert, Président du Congrès.

M. Henry Defert. — Messieurs, on l'a dit bien souvent : il y a des paroles qui sont des actes, et c'est le cas du magnifique et encourageant discours ministériel que vous venez d'entendre. Je ne sache pas qu'il y ait pour vous de meilleur stimulant pour vos travaux.

Mais avant de vous rendre dans les différentes sections du Congrès, permettez-moi d'aborder très rapidement quelques questions d'ordre intérieur.

Commençons par le plaisir, je veux dire par les excursions. Pour l'excursion de Lyons-la-Forêt, le nombre des inscrits doit, par suite des nécessités de transport, être limité à 140 excursionnistes.

Un bureau est installé à la porte de cette salle pour recevoir les inscriptions.

Quant à l'excursion de Grenoble, le nombre des excursionnistes doit être limité à 60, à raison des difficultés de logement et de transport. Le même bureau recevra les inscriptions des amateurs.

Enfin, à l'issue de ce Congrès, après la séance de clôture de vendredi prochain, à 5 heures du soir, la Ville de Paris, le Conseil municipal et le Préfet de la Seine font au Congrès les honneurs d'une réception. J'invite tous les membres ici présents à vouloir bien, à l'issue de la séance, donner leur nom de façon à nous permettre d'indiquer au Conseil municipal quelle sera l'importance de la réception dont il veut bien nous honorer.

En ce qui concerne le travail des sections, je prie MM. les Présidents de sections de vouloir bien veiller à ce qu'on s'écarte le moins possible de l'horaire dont vous avez tous reçu un exemplaire, de façon à permettre à ceux des congressistes qui ne pourraient pas assister à toutes les séances de pouvoir choisir à coup sûr les jours et heures où seront examinées et discutées les questions qui les intéressent plus particulièrement, et j'ajoute, dans cet ordre d'idées, que l'ensemble des sections va avoir à examiner à peu près 200 vœux. MM. les Présidents de sections voudront bien tenir la main à ce que ce nombre ne soit pas dépassé; quant aux amendements, les sections ont toute latitude et toute liberté, mais il importe que le nombre déjà considérable de vœux reste renfermé dans les limites d'ailleurs très larges de nos propositions.

C'est ainsi que nous arriverons à la séance de clôture, et dans cette séance le Comité exécutif se réserve de vous faire deux propositions : la première, qui n'a rien d'original et qu'on retrouve dans tous les Congrès sera de faire un choix dans l'ensemble des vœux émis par les sections en donnant la préférence à ceux qui présentent un caractère capital, un intérêt de premier ordre. Il importe au plus haut point, en effet, que ces vœux qui doivent servir de guide et de direction aux Pouvoirs publics, d'encouragement à tous ceux que la question forestière intéresse, soient en quelque sorte hiérarchisés, et proposés pour les réalisations futures dans l'ordre qui leur revient naturellement d'après leur degré d'intérêt ou d'importance.

Le bureau de votre Comité exécutif fera ce travail qu'il proposera aux délibérations du Congrès à la séance de clôture, laquelle sera présidée par M. Dabat, Directeur général des Eaux et Forêts. Et en même temps que vous ratifierez ainsi l'ensemble des vœux des sections, vous les classerez dans leur ordre de préférence.

Lautre proposition que le Comité se réserve de faire à votre séance plénière demande quelque réflexion, et si je vous en parle par avance, c'est que je crois utile de livrer la question à vos méditations.

Nous ertimons que ce Congrès, qui se présente comme une manifestation forestière des plus grandioses, ne doit pas être seulement l'œuvre d'un jour, une manifestation éphémère, qu'il doit avoir un lendemain et même des surlendemains, et dans ce but nous envisageons la création d'une Ccommission permanente du Congrès, qui le prolongerait dans le temps et dans l'action (*Applaudissements*), de façon à maintenir d'abord un contact entre toutes les personnalités qui ont pris part à ses travaux, et surtout un lien entre les différents intéressés au point de vue des initiatives à prendre, des efforts à tenter, des campagnes à engager pour arriver à la réalisation des vœux que vous aurez exprimés, et faire faire ainsi un pas considérable à la question forestière. (*Applaudissements.*)

Les applaudissements dont vous voulez bien honorer la proposition, me rassurent sur le sort que vous lui réservez; je vois qu'elle est appelée à recueillir une complète approbation.

Et maintenant, passons aux actes, c'est-à-dire dans les sections.

M. Ballif. — La séance générale est close.

La séance est levée à 10 h. 55.

PREMIÈRE SECTION

TECHNIQUE FORESTIÈRE OU SYLVICULTURE

BUREAU

Président : M. Cyprien GIRERD, ancien sous-secrétaire d'État au Ministère de l'Agriculture et du Commerce, vice-président de la *Société Nationale d'Encouragement à l'Agriculture.*

Vice-présidents : MM. EMERY, inspecteur des Eaux et Forêts, chef de section à la Direction générale.

CAQUET, membre du *Conseil supérieur de l'Agriculture*, membre correspondant de la *Société nationale d'agriculture de France*, président de section au Comité national des Conseillers du commerce extérieur de la France, ancien élève de l'École nationale Forestière.

Secrétaires : MM. JOUSSET, inspecteur-adjoint des Eaux et Forêts, rédacteur à la Direction générale.

DE VEYSSIÈRE, inspecteur-adjoint des Eaux et Forêts.

ROUX, garde-général des Eaux et Forêts.

RAPPORTEURS : MM. A. UMBDENSTOCK, secrétaire de la *Commission des Pelouses et Forêts* du Touring-Club.

Ph. GUINIER, inspecteur des Eaux et Forêts, professeur de botanique à l'*Ecole nationale des Eaux et Forêts.*

MM. Hickel, inspecteur des Eaux et Forêts, maître des conférences de sylviculture à l'*Ecole nationale de Grignon*.

Schæffer, conservateur des Eaux et Forêts.

Demorlaine, inspecteur des Eaux et Forêts, professeur d'économie forestière à l'*Institut national agronomique*.

Jolyet, inspecteur des Eaux et Forêts, détaché à la station de recherches et d'expériences de l'*Ecole nationale des Eaux et Forêts*.

Mangin, inspecteur-adjoint des Eaux et Forêts.

François Caquet, membre du *Conseil supérieur de l'Agriculture*.

R. Chaplain, inspecteur des Eaux et Forêts, Ancien chargé de mission en Indo-Chine et aux Indes.

P. Rey, inspecteur du service de la météorologie agricole.

SÉANCE DU 16 JUIN 1913

(MATIN)

Présidence de M. Cyprien GIRERD, président de Section

La séance est ouverte à 11 heures.

M. LE PRÉSIDENT. — Le premier rapport sur lequel vous ayez à statuer est celui de M. Umbdenstock, relatif à l'ENSEIGNEMENT SYLVICOLE ET SYLVO-PASTORAL, À LA PROPAGANDE EN FAVEUR DE L'ARBRE ET DE L'EAU, aux SOCIÉTÉS SCOLAIRES FORESTIÈRES, aux FÊTES DE L'ARBRE, aux ENCOURAGEMENTS ET RÉCOMPENSES A LA SYLVICULTURE.

La parole est à M. Umbdenstock pour la lecture de son rapport.

M. UMBDENSTOCK. — « *L'arbre est la joie de la terre* », a dit André Theuriet.

Facteur de richesse et de protection, facteur de beauté et d'harmonie, l'arbre constitue une parure incomparable, un des éléments essentiels d'un paysage. Il offre à la gent ailée, protectrice de nos cultures contre les insectes malfaisants, sa joie du printemps, son palais de verdure.

La forêt qui couronne les sommets, fait jaillir la source du rocher, protège le sol, tempère et revivifie l'atmosphère, constitue, par la diversité de ses aspects, par la majesté de ses grands arbres, la plus belle et la plus précieuse parure du sol.

Les forêts se placent donc au premier rang des éléments de beauté d'un pays; elles présentent de merveilleux spectacles qui font éclore les hautes pensées et les idées profondes.

Tous ceux qui ont le culte du beau trouvent dans les harmonies de la forêt les plus grands enseignements.

Les peintres, les poètes, les littérateurs, vont chercher des inspirations sous l'ample éventail des feuilles chuchoteuses. Dans le silence mystérieux des futaies profondes, ils ont conçu, souvent, leurs œuvres les plus hautes et puisé la poésie comme à sa source naturelle.

Dès que reviennent les beaux jours, chacun de nous, obéissant à un sentiment profond d'admiration des beautés de la nature, ne va-t-il pas, lorsque l'occasion lui permet de s'échapper de la ville tumultueuse, vers la forêt, parce qu'il aime le

> Mystère des forêts ténébreuses et douces,
> Où le silence dort sur le velours des mousses.

Mais la forêt n'offre pas seulement l'agrément de son ombrage, elle ne doit pas être appréciée uniquement comme la parure de la terre, comme une simple charmeuse : elle a des rapports plus étroits avec la société humaine.

Elle est, des produits du sol, celui qui rend à l'homme les services les plus divers.

Agent essentiel de la vie à la surface de notre planète, la forêt doit être considérée comme une mère nourricière, et sa conservation, suivant le mot de Martignac, « *est l'un des premiers éléments des sociétés* ».

On ne saurait donc trop proclamer le très grand intérêt qui s'attache à la conservation de la forêt, bienfaisante à la terre et intimement liée à l'existence de l'homme, à ses besoins matériels comme à ses aspirations idéales.

Et cependant, sur notre sol, l'arbre est partout en danger. Les réserves de notre globe s'épuisent, de vieilles futaies sont livrées à la destruction, des coupes inconsidérées ont transformé des forêts en broussailles sans avenir, l'industrie pastorale est exercée sans ménagement et surtout avec inintelligence.

Pour un maigre profit immédiat, le particulier, comme le village, comme la ville, vendent leur richesse présente, leur richesse future, la vie même de leur descendance, en vendant la forêt que l'on abat et sur l'emplacement de laquelle s'étalera désormais la stérile horreur des espaces désertiques.

Les initiatives les plus généreuses se heurtent encore à des préjugés sans fondement. Nous citerons à ce sujet l'étrange aberration de deux communes à esprit véritablement rétrograde :

La première, Chalmazelles (Loire), a refusé un cadeau de 5.000 francs, offert moitié par l'Administration des Eaux et Forêts et par le Touring-Club, pour transformer en pelouses 500 hectares de landes où de maigres troupeaux trouvent à peine de quoi ne pas mourir de faim.

La deuxième, Gijounet (Tarn), a préféré maintenir sa montagne dénudée plutôt que d'accepter un don de 1.000 francs de la Compagnie des chemins de fer départementaux du Tarn pour entreprendre le reboisement de ses vacants.

La ruine de certaines forêts privées provient surtout de ce que les propriétaires les exploitent sans méthode ; les coupes sont faites au petit bonheur, parce que ces propriétaires ignorent les principes de la sylviculture et méconnaissent leur intérêt propre. Cependant, ces bois, soumis à un aménagement rationnel, verraient leur production augmenter dans une large mesure.

Nous ne devons pas rester impassibles devant cette situation.

Il faut apprendre aux enfants à aimer les arbres et à respecter le bien de la collectivité.

Il faut éclairer le peuple sur ses intérêts véritables plutôt que de le contraindre par des lois qu'il est si difficile de faire respecter.

Il faut, enfin, répandre parmi les populations rurales les notions les plus élémentaires de la sylviculture qui leur permettront d'élever, d'exploiter rationnellement des peuplements bien créés ou de transformer en pâturages productifs des friches stériles qui déshonorent un pays.

Cette œuvre contribuera puissamment à conjurer le péril national de la dépopulation des campagnes, en luttant contre l'exode des paysans vers la ville, question dont la gravité n'échappe à personne et dont se préoccupent les pouvoirs publics. « Quand les petits villageois auront planté des arbres, ils resteront fidèles à la terre des ancêtres », parce que l'arbre est un ami auquel on s'attache d'autant plus qu'on l'entoure chaque jour de soins assidus, on grandit côte à côte et les fleurs ou les fruits qu'il donne symbolisent les fruits de nos labeurs.

L'enseignement forestier et sylvo-pastoral en France.

De toutes parts, on signale la mévente du bois de feu et une disette prochaine du bois d'œuvre. On conçoit que l'État ne puisse, à lui seul, suffire à la production et, comme les besoins se sont accrus et ne cessent de s'accroître, il est de toute nécessité d'éclairer les propriétaires forestiers et de les orienter vers une modification du traitement de leurs bois, en leur démontrant que la privation momentanée de revenu qui peut résulter au début de la conversion de leurs maigres taillis en taillis sous futaie constituera pour eux « *la plus belle des caisses d'épargne* ».

La diffusion de la science sylvicole mettrait, en outre, un frein aux défrichements intempestifs, comme aux exploitations inopportunes.

Or, l'enseignement forestier et sylvo-pastoral tient une place très restreinte dans les institutions françaises ; il n'est pas exagéré de dire qu'il est presque exclusivement réservé aux forestiers de l'État.

En première ligne se place l'Institut national agronomique, véritable École polytechnique de l'Agriculture, dont l'École des Eaux et Forêts de Nancy est le complément indispensable : l'École d'application.

Il convient de citer également l'École d'enseignement technique et professionnel, l'École secondaire d'enseignement forestier professionnel, toutes deux installées au domaine des Barres-Vilmorin, et réservées aux employés de l'État.

L'École nationale de Nancy admet à ses cours des auditeurs libres, français et étrangers, dont nombre de ces derniers tirent profit ; les Français y sont rares (1). Nos compatriotes ignorent-ils cette institution? Ils trouveraient là un moyen de compléter leur éducation forestière et de devenir des propriétaires ou des intendants éclairés.

En 1906, au moment de la création de la *Commission des Pelouses et Forêts* du Touring-Club, nous appelions l'attention de nos collaborateurs sur l'émulation que ne manquerait pas de créer le titre d'*ingénieur forestier* donné aux élèves libres de l'École de Nancy qui, admis après concours à suivre les cours de cet établissement, en subiraient avec succès les examens de fin d'études. Nous nous sommes rencontré sur ce point en communion d'idées avec M. Delahaye, inspecteur-adjoint des Eaux et Forêts (2). Cette idée vaut d'être reprise, elle fera l'objet d'un vœu que nous soumettrons à l'approbation du Congrès.

Dans plusieurs de ses Assemblées générales, en 1908, en 1909, et notamment dans celle du 10 février 1910, le *Société Nationale d'Encouragement à l'Agriculture* formulait à ce sujet des vœux que nous ne saurions manquer de nous approprier en les renouvelant.

L'enseignement forestier, en honneur dans la plupart des Universités étrangères, n'a pas encore trouvé place dans les programmes des Univer-

(1) De 1830 à 1912, 423 élèves libres ont été admis à suivre les cours de l'Ecole nationale des Eaux et Forêts ; dans ce nombre, on compte 55 français seulement, soit 13 0/0.

(2) Ch. DELAHAYE. *Le Déboisement et le Régime des bois des particuliers* (thèse). Niort, imprimerie Mercier, 1909.

sités françaises. Toutefois, l'Université de Bordeaux, cédant aux instances de M. Descombes, président de l'Association centrale pour l'aménagement des montagnes, vient de créer un cours libre de sylvonomie (Economie et politique forestières).

L'auteur de ce néologisme fonde les meilleures espérances sur les résultats que donnera l'initiative prise par l'Université de Bordeaux.

Cependant, comme le disait Arago en 1836 : « Ce n'est pas avec de belles paroles qu'on fait du sucre de betterave, ce n'est pas avec des alexandrins qu'on extrait la soude du sel marin ». Nous pouvons ajouter : « Ce n'est pas avec une instruction purement classique que le sylviculteur pourra rendre sa forêt plus productive. Le meilleur moyen de faire aimer à un ouvrier son ouvrage, c'est de lui en faire comprendre les opérations principales et le profit. »

L'enseignement pratique s'impose donc comme une nécessité ; un cours de sylviculture complété par des démonstrations donnerait des résultats plus satisfaisants, et c'est dans ce sens qu'il faudrait orienter les adjonctions à faire au programme des études.

Cette observation peut s'appliquer également aux *Ecoles nationales d'Agriculture* de Grignon, Montpellier et Rennes.

Nous sommes convaincu que le Congrès reconnaîtra l'utilité d'introduire dans ces établissements, ouverts aux jeunes gens qui se destinent à l'enseignement et à la gestion des domaines ruraux, une part de pratique effective à la sylviculture. L'enseignement de la sylviculture, comme l'enseignement agricole, doit s'appliquer sur une expérimentation : c'est en mettant les phénomènes à observer sous les yeux des élèves qu'on fixe dans leur esprit les idées fondamentales sur lesquelles repose une science.

Dans les *Ecoles pratiques d'Agriculture*, lesquelles tiennent le milieu entre les écoles nationales d'agriculture et les fermes-écoles, l'enseignement de la sylviculture est l'exception. Sans surcharger le programme de ces écoles, il nous paraît que la sylviculture, avec démonstration, pourrait être le complément naturel du cours de sciences naturelles ou du cours d'arboriculture.

L'école primaire, considérée par les apologistes comme le point de départ d'une rénovation nationale, doit constituer un moyen puissant de généraliser l'enseignement sylvicole et sylvo-pastoral, en initiant les enfants de nos campagnes à ces connaissances, dans une mesure compatible avec la nature d'un enseignement du premier degré.

Un arrêté ministériel en date du 31 janvier 1897, relatif à l'examen du certificat d'études primaires, prévoit comme sanction de l'enseignement agricole une ou plusieurs questions choisies dans le programme du cours moyen. Pourquoi n'en serait-il pas de même pour la sylviculture? La note forestière s'ajouterait à celle d'écriture, de calcul, de rédaction, en prenant la même valeur que chacune d'elles.

C'est une mentalité nouvelle à créer chez les maîtres d'écoles ; mais, en s'imposant ce nouveau devoir, les instituteurs se créeront de nouveaux titres à la reconnaissance publique.

D'ailleurs, la circulaire du Ministre de l'Instruction publique, en date du 2 février 1906, dispose qu'il sera tenu compte, aux instituteurs et institutrices publics qui, tous les quatre ans, prennent part au concours institué pour récompenser ceux d'entre eux qui ont donné avec plus de zèle et de succès — d'une manière théorique et pratique — l'enseignement agricole et horticole, des notions de sylviculture et d'améliorations pastorales qu'ils auront données à leurs élèves.

Malheureusement, les instituteurs ne sont pas préparés à cet enseignement.

C'est donc à l'École Normale, chargée de la formation de ces maîtres, que l'Etat doit demander de remplir le rôle d'éducateur. Il ne s'agit pas de vouloir ériger les écoles normales en succursales de l'École Forestière, mais il nous paraît indispensable de donner une plus grande extension aux programmes de ces écoles, en élaguant les sujets qui ne répondent pas à une réelle utilité. Un cours devrait être consacré exclusivement à l'enseignement sylvicole ou sylvo-pastoral, selon les régions, dans la partie théorique comme dans les applications. Le personnel enseignant existe. Grâce à l'École de Nancy, les professeurs ne sont pas à former : ce sont les agents de l'Administration forestière, personnel d'élite et dévoué.

Les élèves-maîtres qui auraient fait preuve de sérieuses connaissances sylvicoles théoriques et pratiques pourraient recevoir un certificat de fin d'études normales portant la mention de sylviculture.

Dans quatorze écoles normales, la sylviculture est effleurée accessoirement par le professeur de sciences et pendant les promenades. Dans douze autres écoles, les directeurs sont favorables à l'idée et se proposent d'organiser prochainement un cours. Dans deux écoles seulement, l'enseignement forestier est donné par un agent de l'Administration forestière, savoir : à Albertville, depuis 1878, et à Mirecourt, depuis 1881. Les programmes des cours de sylviculture de ces deux établissements pourraient servir de base pour l'enseignement général.

La première tentative faite en France pour créer un enseignement sylvicole et sylvo-pastoral semble remonter au Congrès de sylviculture de 1900. Mais le mouvement d'opinion s'est réellement manifesté en 1906, après la diffusion, par le Touring-Club de France, des Manuels de l'arbre et de l'eau dont cent mille exemplaires ont été distribués généreusement par lui dans les écoles. Un programme d'enseignement élaboré par sa *Commission des Pelouses et Forêts* a reçu un accueil chaleureux de M. Bienvenu-Martin, ministre de l'Instruction publique, et M. Ruau, ministre de l'Agriculture. Deux circulaires, en dates des 2 février 1906 (*Instruction publique*) et 9 février 1906 (*Agriculture*), invitent les instituteurs à répandre l'enseignement sylvicole et sylvo-pastoral et les agents des Eaux et Forêts à provoquer la création de sociétés scolaires forestières.

L'*Association centrale pour l'aménagement des montagnes* a aussi contribué à cette propagande.

Enseignement post-scolaire.

Des sociétés scolaires forestières se sont rapidement créées — on en compte aujourd'hui près de quatre cents, — dont le Touring-Club s'est fait le principal pourvoyeur. Les instituteurs se sont dépensés largement et les jeunes écoliers se sont mis avec ardeur à l'ouvrage. Des fêtes de l'arbre ont été organisées ; au début, simples manifestations pastorales et poétiques destinées à célébrer la verdure et la campagne, elles sont devenues par la suite la consécration des travaux forestiers de l'année.

Ces tentatives ont-elles donné les résultats espérés par les promoteurs? Nous ne saurions nous prononcer ici. Nous devons toutefois constater que cent cinquante sociétés scolaires forestières seulement poursuivent leurs travaux ; cela tient à ce que les sociétés scolaires manquent d'unité d'action, de direction générale ; leur existence officielle administrative n'est pas reconnue. Souvent le départ de l'instituteur entraîne la faillite de l'œuvre et, d'autre part, l'intervention des forestiers et des instituteurs est restée absolument personnelle et volontaire.

Pour que l'enseignement prît corps et fût méthodique, il eût fallu guider les maîtres et mettre à leur disposition un traité résumant les connaissances indispensables. C'est ce que, depuis deux ans, le *Journal des Instituteurs* s'efforce de faire en donnant chaque samedi, à ses trente mille lecteurs, une leçon de sylviculture. Leçon théorique, il est vrai, mais suffisante pour permettre à ceux qui veulent se rendre utiles de mettre en pratique les principes généraux du boisement décrits dans ce cours. Nous sommes heureux de cette circonstance qui nous permet de rendre ici hommage au directeur du *Journal des Instituteurs*, M. Seignette, inspecteur général honoraire de l'Enseignement. Nous associons à cet hommage le distingué secrétaire général de la Section d'Auvergne des Amis des arbres, M. le conservateur Reynard. Les instituteurs, qui dirigent les petites scolaires de la région, lisent avec fruit les conseils pratiques publiés chaque semaine par M. Reynard dans le *Moniteur du Puy-de-Dôme*.

Fêtes de l'arbre.

Enfin, les fêtes de l'arbre ne sont plus que des manifestations isolées, souvent symboliques, célébrées à grand renfort de discours et de chants plus ou moins sylvestres.

Dans cet ordre d'idées, il convient de signaler les initiatives prises dans divers pays et les résultats obtenus.

Depuis 1902, un décret royal institue, en Italie, la fête des arbres dans toutes les communes. Les enfants des écoles ont procédé à des plantations fort importantes en présence du roi et de la reine.

L'Autriche, la Hongrie, la Russie ont témoigné de leur intérêt pour ces manifestations.

En Espagne, l'*Association des Amis de la fête de l'Arbre*, fondée en 1898, a fait une propagande des plus actives ; elle n'a pas été étrangère à la publication du décret royal du 11 mars 1904, lequel institue la fête de l'Arbre dans tout le royaume. En 1913, 409 fêtes ont été célébrées avec le concours des gouverneurs de provinces.

Au Japon, la *fête des Cerisiers* est une fête nationale.

Aux États-Unis, sous le nom d'*arbor-day*, il s'est fondé, en 1872, une Association en vue de la reconstitution des forêts. Chaque année, l'*arbor-day* est célébré avec solennité : c'est une fête nationale statutairement établie par acte du Gouvernement. Cette mesure a eu pour conséquence d'augmenter de plusieurs millions d'hectares le domaine forestier de l'État.

Pourquoi, en France, n'aurions-nous pas notre *fête de l'Arbre?* Ce serait le prétexte d'une journée de joie saine, d'un contact réconfortant avec la nature. Planter des arbres, cela vaut certainement mieux que d'ériger des statues ! « Quel plus beau monument, pour célébrer la gloire « d'un grand citoyen, qu'un arbre planté en son honneur par les mains « des enfants, heureux dans une fête patriotique » (Lesing).

Encouragements à la sylviculture.

Il est incontestable qu'au cours des cinquante dernières années, l'agriculture a fait de sérieux progrès. Les Écoles d'agriculture, les Stations de recherches, les Sociétés d'agriculture, Coopératives, Comices, Syndicats, les Concours régionaux et nationaux, se sont multipliés répandant autour d'eux cette science lumineuse qui chasse devant elle l'obscure routine ; l'outillage s'est chaque jour perfectionné.

Seule, la sylviculture privée est restée stationnaire. Notre production ligneuse ne répond pas aux besoins de la consommation et la plupart des producteurs de bois ne font aucun effort pour satisfaire aux besoins nouveaux que réclame l'industrie; ils se confinent dans leurs méthodes antiques, vivant encore sous l'influence de ce vieux préjugé que « les arbres poussent tout seuls », et, selon l'expression de M. Cyprien Girerd : « donnent des produits que l'on n'a qu'à cueillir quand on les croit mûrs, au risque souvent aussi de les cueillir quand ils sont encore verts ».

Pour remédier à cette incurie qui nuit aux intérêts privés autant qu'à l'intérêt général, il faut — nous venons de le voir, — par la vulgarisation de l'enseignement sylvicole, faire pénétrer dans l'esprit des producteurs qu'ils ont intérêt à modifier leurs aménagements en les rendant plus rationnels ; s'interdisant de mettre la cognée dans des arbres trop jeunes, sans, pour cela, attendre que la vieillesse les ait rendus impropres à toute exploitation; réglant l'heure des coupes suivant la maturité des arbres; réservant pour l'avenir un nombre d'ancêtres qui corresponde à la possibilité productive du sol ; introduisant des essences nouvelles dans d'anciens massifs, comme dans des plantations récentes, d'après la nature du sol, le climat, l'altitude. C'est en vulgarisant les données de la science appliquée à l'agriculture et les méthodes nouvelles que les concours départementaux, régionaux et nationaux, par les rapports et la distribution de récompenses, ont puissamment contribué au merveilleux développement de l'agriculture française et à l'accroissement de sa productivité.

Il en sera de même pour la sylviculture si on lui fait dans les écoles, dans les expositions, les comices, la place qui lui revient.

Dans le budget de l'Agriculture, plusieurs millions figurent pour des encouragements divers (environ 10 millions). On chercherait en vain des primes à la sylviculture. Nous citons pour mémoire le chapitre relatif à la restauration et à la conservation des terrains en montagne, lequel comporte un paragraphe pour subventions aux particuliers ; celui des améliorations pastorales et forestières, insuffisamment doté : 145 000 francs.

Il importe aux besoins de la sylviculture de demander aux Pouvoirs publics d'accorder des primes, des subventions, aux améliorations apportées à la culture forestière, aux meilleurs procédés d'exploitation, au personnel qui aura coopéré avec zèle à ces travaux, ainsi qu'à l'exécution de reboisements et d'aménagements sylvo-pastoraux.

En résumé, il est de toute nécessité d'encourager la sylviculture, comme on encourage la grande et la petite culture, la sériciculture, la pisciculture, la culture du lin, du chanvre et la culture de l'olivier.

Il doit y avoir, en effet, parité d'encouragement quand il s'agit de stimuler une œuvre qui a un objectif aussi impérieux que celui qui se rattache à la prospérité d'une nation.

En conséquence, nous avons l'honneur de formuler les projets de vœux suivants :

*Que le diplôme d'*INGÉNIEUR FORESTIER *soit décerné aux élèves libres de l'Ecole nationale des Eaux et Forêts de Nancy qui en seront jugés dignes ;*

Que la mention SYLVICULTURE *soit portée sur le diplôme d'*INGÉNIEUR AGRICOLE *délivré aux élèves des Ecoles nationales d'Agriculture qui se seront particulièrement distingués dans cette branche ;*

Que des notions les plus indispensables de sylviculture et d'aménagements sylvo-pastoraux soient données dans les Ecoles pratiques d'Agriculture et dans les fermes-écoles ;

Que l'enseignement théorique et pratique de la sylviculture soit donné dans les écoles normales d'instituteurs, par un agent des Eaux et Forêts ;

Que les éléments de cet enseignement soient inscrits dans les programmes des écoles primaires ;

Que la mention SYLVICULTURE *soit portée sur le certificat de fin d'études normales des maîtres qui en seront jugés dignes ;*

Qu'en général, l'enseignement à tous les degrés comprenne l'étude sommaire et méthodique des notions les plus indispensables d'économie forestière et sylvo-pastorale ;

Que les agents de l'Administration des Eaux et Forêts, les professeurs d'agriculture soient délégués, suivant un programme fixé annuellement, pour faire des conférences forestières et sylvo-pastorales de vulgarisation dans les écoles et partout où cette propagande pourrait être utile ;

Qu'une entente s'établisse entre le ministère de l'Agriculture et celui de l'Instruction publique, afin que les Inspecteurs d'Académie et les Agents de l'Administration des Eaux et Forêts soient invités à aider, de toutes manières, la constitution de sociétés scolaires forestières, à en favoriser le plus possible le développement, à en assurer le bon fonctionnement et la pérennité, et propagent la FÊTE DE L'ARBRE ;

Que les Pouvoirs publics instituent la FÊTE DE L'ARBRE ;

Que les Associations touristiques, les Automobiles-Clubs, les Syndicats d'initiative, les Sociétés d'Agriculture, encouragent l'enseignement forestier et sylvo-pastoral, et concourent à l'organisation de Fêtes de l'Arbre ;

Que, dans les concours nationaux ou généraux, le Ministre de l'Agriculture fasse à la sylviculture une place correspondant à son importance :

Par l'attribution de primes d'honneur aux meilleurs aménagements, à ceux qui auront le mieux tenu compte du climat, du sol, des essences, des besoins locaux ;

Par la distribution de subventions, de récompenses, de prix aux meilleurs procédés d'exploitation des bois, à l'utilisation de leurs produits et sous-produits et à l'introduction d'essences nouvelles ; en même temps qu'aux plantations dans les landes et autres terres incultes ;

Par l'organisation de concours destinés à stimuler toutes les initiatives entre savants, industriels et producteurs pour la recherche de nouveaux produits et la construction des appareils propres à les extraire ;

Par l'attribution de récompenses au personnel à gages qui se sera signalé dans les travaux forestiers ci-dessus et aura coopéré avec zèle à des travaux de reboisement ou d'améliorations pastorales.

M. LE PRÉSIDENT. — Avant d'ouvrir la discussion sur les divers vœux, permettez-moi une observation d'ordre général. Ces vœux sont multiples ; mais ils procèdent tous d'une même idée sur laquelle il importe, je crois, que notre section se prononce. Cette idée est la suivante : il convient que la sylviculture soit traitée comme l'a été jusqu'à présent l'agriculture, c'est-à-dire qu'elle soit enseignée, soutenue, protégée comme l'agriculture n'a cessé de l'être depuis un siècle, ce qui a permis le grand développement que la production agricole a pris dans notre pays.

Je pose donc la question suivante : Y a-t-il lieu d'appliquer à la sylviculture les règles qui ont été appliquées à l'agriculture en ce qui concerne l'enseignement, les récompenses et les encouragements de toutes sortes ?

C'est sur cette vue d'ensemble que j'appelle d'abord la section à se prononcer, avant d'entrer dans le détail des vœux.

M. DE LARNAGE. — Je suis heureux, et je suis convaincu que nous le sommes tous, de voir que l'on songe à traiter la sylviculture comme l'agriculture au point de vue de l'enseignement et des encouragements. Mais permettez-moi de dire que nous souhaiterions, nous, forestiers, que la sylviculture fût mieux traitée que ne l'a été jusqu'ici l'agriculture, en particulier pour l'enseignement dans les écoles primaires.

Ce que nous devons demander, je crois, c'est un traitement plus favorable que celui dont bénéficie l'agriculture dans les écoles rurales. Mais tout de suite une distinction s'impose. Dans les régions comme celle de la Beauce, qui sont malheureusement dépourvues de bois, il n'y a pas lieu d'enseigner la sylviculture. Au contraire, dans les régions comme la mienne, où j'ai l'honneur d'être président d'un syndicat forestier qui groupe plusieurs départements voisins, il faut aux écoles rurales un programme d'enseignement sylvicole approprié à chaque région et assez détaillé.

M. UMBDENSTOCK. — Nous sommes entièrement d'accord, puisque vous demandez plus que nous. Qui veut plus veut moins.

M. DE SEGONZAC. — Nous formulons donc deux desiderata :

1° Que l'on organise l'enseignement sylvicole dans les régions où il offre un intérêt ;

2° Que l'on veuille bien traiter la sylviculture mieux que l'agriculture, laquelle, dans beaucoup de campagnes, n'a jamais été enseignée.

M. LE PRÉSIDENT. — Sur l'idée générale des vœux formulés par M. le rapporteur, telle que je l'ai dégagée, personne ne demande plus la parole ?...

Cette idée générale est approuvée par la section.

Je mets en délibération le premier vœu proposé par M. le rapporteur, ainsi conçu :

« *Que e diplôme d'ingénieur forestier soit décerné aux élèves libres de l'école nationale des Eaux et Forêts de Nancy qui en seront jugés dignes* ».

M. GUYOT. — En ma qualité d'ancien directeur de l'école nationale de Nancy, je désire appuyer très chaudement ce premier vœu. Le titre d'ingénieur forestier n'est pas décerné actuellement aux élèves libres; mais l'enseignement leur est libéralement offert ; le plus grand désir de ceux qui sont à la tête de cette école, — le mien quand j'avais l'honneur de la diriger, — c'est précisément d'étendre le plus possible l'enseignement forestier donné en faveur des élèves libres.

Malheureusement, ce sont les candidats qui font défaut. Nous nous sommes évertués à faire connaître dans toute la France les avantages que les fils de propriétaires et tous ceux qui se destinent à la carrière de régisseur forestier pourraient retirer de l'enseignement que donne l'école de Nancy. Ils y acquerraient les notions les plus élevées de la science forestière. Mais je dois constater que nos efforts n'ont pas abouti.

Sans doute il y a des exceptions : j'ai eu tout à l'heure le plaisir de voir quelques-uns de mes anciens élèves qui, ayant suivi jusqu'au bout les cours de l'école nationale, ont bien voulu me dire qu'ils en gardaient un très bon souvenir. Mais je crois que leur cas est trop rare. Peut-être le titre que l'on propose d'accorder aux élèves remédierait-il dans une certaine mesure à l'état de choses que je signale. Mais ce qu'il faudrait avant tout, c'est de la publicité. Cette publicité, c'est à vous tous, Messieurs, qu'il appartient de la faire, chacun dans sa sphère. Vous pouvez dire autour de vous qu'à Nancy, l'enseignement sylvicole est distribué d'une manière aussi large que possible à tous ceux qui veulent bien venir le recevoir. L'école de Nancy ne demande qu'à rendre le plus de services possible. Je vois près de moi des membres du corps enseignant qui ne me démentiront certainement pas. Sans doute il en résulte pour eux un surcroît de charges et de peines, mais je suis persuadé qu'ils l'accepteront volontiers, et qu'ils continueront à se dévouer comme ils l'ont toujours fait à cette œuvre si belle. (*Applaudissements.*)

J'ajoute qu'à Nancy — vous me direz peut-être que je prêche pour mon saint ; c'est vrai, mais puis-je donc faire autre chose et n'est-il pas permis à un ancien directeur de notre école Nationale de dire ce qu'il en pense? — à Nancy, l'enseignement sylvicole est nécessairement meilleur que partout ailleurs.

Sans doute, on pourrait créer un enseignement similaire dans les universités ; mais il y manquerait toujours quelque chose. Ce qui manquera, c'est l'application pratique. Vous trouverez, pour faire des cours dans les universités, des professeurs capables de parler avec beaucoup de compétence des choses forestières. Mais ce qui fait la valeur particulière de l'enseignement de l'école de Nancy, c'est la proximité des forêts si diverses où l'application peut se faire et se fait journellement.

C'est pourqui je crois qu'il est de l'intérêt des propriétaires et des futurs régisseurs de profiter de l'enseignement donné à l'école de Nancy. Il n'est peut-être pas sans intérêt de signaler que cet enseignement est absolument gratuit. Imaginez-vous que l'on nous en a fait un reproche ? (*Rires.*) C'est en effet une idée assez répandue que tout ce que l'on donne gratuitement ne vaut rien. (*Nouveaux rires.*) Et à l'étranger surtout, on nous a dit : Faites donc payer vos cours, ne donnez votre enseignement que contre un bon prix ; vous verrez que l'on y viendra.

Je donne cette indication à titre documentaire ; mais je ne suis nullement partisan du système nouveau qu'on nous suggère ; je crois que nous pouvons continuer à nous montrer grands et généreux. Je rappelle le fait pour vous montrer avec quelle libéralité l'Administration forestière agit à Nancy. Je vous demande à tous de vouloir bien faire connaître les avantages que l'on peut retirer de cette organisation, unique en France, unique au monde, peut-être. (*Applaudissements.*)

M. Désiré Pector. — On a parlé de la publicité à faire en faveur de l'école de Nancy; cette publicité pourrait être faite aussi à l'étranger. En ce qui me concerne, je me chargerais de faire connaître cette école par des prospectus en langue espagnole, dans tous les pays qui nous environnent. Il y en a certainement où l'on sera heureux de connaître l'école de Nancy et de profiter de son enseignement. (*Approbation.*)

M. Watier. — Pourquoi ne pas donner le même diplôme à tous les élèves de l'école de Nancy, sans distinction d'élèves libres ou non libres?

M. Umbdenstock. — Je reconnais le bien fondé de cette observation. Cette mesure permettrait en effet aux élèves libres de l'école de Nancy et aux « Agents des Eaux et Forêts » qui quittent l'Administration, de faire état de leur titre d'ingénieur forestier. En conséquence, je propose de supprimer le mot « *libres* » dans le texte du vœu.

M. le Président. — Je mets aux voix le vœu ainsi modifié.

Le vœu, ainsi modifié, est adopté.

M. le Président. — Le deuxième vœu est le suivant :

« *Que la mention sylviculture soit portée sur le diplôme d'ingénieur agricole délivré aux élèves des écoles nationales d'agriculture qui se seront particulièrement distingués dans cette branche* ».

M. Hickel. — L'enseignement sylvicole étant exactement le même à l'institut national agronomique que dans les écoles nationales d'agriculture, il conviendrait peut-être de demander que la mention sylviculture pût être ajoutée de même sur le diplôme de l'institut agronomique.

M. Umbdenstock. — Parfaitement. Le vœu serait donc ainsi rédigé :

« *Que la mention sylviculture soit portée sur les diplômes d'ingénieur agronome et d'ingénieur agricole, délivrés aux élèves de l'Institut national agronomique et des Écoles nationales d'agriculture qui se seront particulièrement distingués dans cette branche* ».

Le vœu, ainsi modifié, est adopté.

M. LE RAPPORTEUR. — Troisième vœu :

« *Que des notions les plus indispensables de sylviculture et d'aménagements sylvo-pastoraux soient données dans les écoles pratiques d'agriculture et dans les fermes-écoles* ».

Adopté.

Quatrième vœu :

« *Que l'enseignement théorique et pratique de la sylviculture soit donné dans les écoles normales d'instituteurs, par un agent des Eaux et Forêts* ».

M. WATIER. — Dans son rapport, M. le rapporteur s'est basé sur l'enseignement qui est donné à Albertville. Albertville appartient à ma circonscription, l'agent forestier qui y fait le cours touche des émoluments. Il me semble qu'il serait bon d'ajouter au vœu que nous demandons au Parlement de vouloir bien voter les crédits nécessaires.

M. UMBDENSTOCK. — J'estime que nous n'avons pas à nous occuper de la question budgétaire que soulève notre vœu.

M. DE LARNAGE. — Je propose de modifier comme suit la rédaction du vœu : « ... *par un agent des Eaux et Forêts ou pour tout ingénieur agronome ou agricole ayant sur son diplôme la mention sylviculture* ».

Le vœu, ainsi modifié, est adopté.

M. LE RAPPORTEUR. — Cinquième vœu :

« *Que les éléments de cet enseignement soient inscrits dans les programmes des écoles primaires* ».

M. DE LARNAGE. — Je demande que la formule du vœu soit précisée. On pourrait le rédiger dans les termes suivants :

« *Que les éléments de cet enseignement, spécialisé selon les besoins de la région où il est donné, soient inscrits dans les programmes des écoles primaires* ».

Le vœu, ainsi modifié, est adopté.

M. LE RAPPORTEUR. — Sixième vœu :

« *Que la mention sylviculture soit portée sur le certificat de fin d'études normales des maîtres qui en seront jugés dignes* ».

Adopté.

Septième vœu :

« *Qu'en général l'enseignement à tous les degrés comprenne l'étude sommaire et méthodique des notions les plus indispensables d'économie forestière et sylvo-pastorale* ».

Adopté.

Huitième vœu :

« *Que les agents de l'administration des Eaux et Forêts, les professeurs d'agriculture soient délégués, suivant un programme fixé annuellement pour faire des conférences forestières et sylvo-pastorales de vulgarisation dans les écoles et partout où cette propagande pourrait être utile* ».

M. DE LARNAGE. — Je m'excuse de prendre à nouveau la parole. M. le rapporteur propose d'émettre le vœu que les agents de l'Administration des Eaux et Forêts, dont on nous a dit qu'ils étaient surchargés par leurs propres fonctions, soient appelés encore à donner un enseignement complémentaire.

Je demande que le vœu soit rédigé de telle sorte que l'on puisse faire appel aux membres des Sociétés sylvicoles de la région, et que la formule soit telle qu'elle ne semble pas exclure telle ou telle Société qui ne porterait pas le nom de syndicat. (*Approbation.*)

M. DE NICOLAY. — Je tiens à dire qu'il me paraît très intéressant de faire appel à l'initiative privée pour l'enseignement sylvicole. Je crois que les organisations privées disposent de ressources susceptibles de donner à notre enseignement une grande force.

M. DE BAZELAIRE DE LESSEUX. — L'initiative privée est en effet une force appréciable ; mais elle ne peut généralement plus rien quand on la soumet au contrôle administratif. Que les éléments privés restent indépendants ! Ils travaillent, c'est parfait. Mais ne les mêlons pas à l'administration.

D'ailleurs quelle garantie offriraient-ils? La sylviculture est une science trop spéciale.

M. DE NICOLAY. — La question posée par M. de Larnage découle d'une proposition antérieure, à savoir la spécialisation des enseignements sylvicoles. Les éléments privés peuvent intervenir d'une façon heureuse quand il s'agit d'une culture spécialisée, comme le gemmage, ou quand il s'agit d'une culture locale, pineraies ou châtaigneraies, par exemple. Il est certain que jamais un propriétaire ne pourra s'introduire dans des conseils d'études sylvicoles ayant une portée générale.

M. LECOQ. — Je ne suis pas un adversaire de l'initiative privée. Je suis le président d'un syndicat qui a fait des efforts couronnés de succès pour introduire l'enseignement sylvicole dans les écoles primaires.

Je craindrais cependant que l'emploi de membres de syndicats comme professeurs n'entraînât certaines difficultés.

M. LE PRÉSIDENT. — M. de Larnage demande qu'après les mots « *les professeurs d'agriculture* », soient ajoutés les mots « *et en général les membres des syndicats forestiers* ».

M. DE LARNAGE. — Certaines Sociétés ne portent pas le nom de Syndicat ; pour qu'elles ne soient pas exclues, on pourrait dire « *et en général les membres des Sociétés sylvicoles* ». (*Assentiment.*)

Le vœu, ainsi modifié, est adopté.

M. LE RAPPORTEUR. — Neuvième vœu :

« *Qu'une entente s'établisse entre le Ministère de l'Agriculture et celui de l'Instruction publique, afin que les inspecteurs d'académie et les agents de l'administration des Eaux et Forêts soient invités à aider de toutes manières la constitution de Sociétés forestières, à en favoriser le plus possible le développement et la pérennité, et propagent la fête de l'Arbre* ».

Adopté.

M. Umbdenstock étant appelé dans une autre Section, un Secrétaire continue la lecture des vœux.

Dixième vœu :

« *Que les Pouvoirs publics instituent la fête de l'Arbre* ».

PLUSIEURS CONGRESSISTES. — Le vœu paraît inutile, puisque la fête existe déjà. (*Assentiment.*)

Le dixième vœu n'est pas adopté.

M. LE PRÉSIDENT. — Onzième vœu :

« *Que les associations touristiques, les automobile-clubs, les syndicats d'initiative, les sociétés d'agriculture, encouragent l'enseignement forestier et sylvo-pastoral et concourent à l'organisation de fêtes de l'Arbre* ».

M. DE SEGONZAC. — Il faut supprimer le dernier membre de phrase, puisque le vœu précédent n'a pas été adopté.

M. LE PRÉSIDENT. — Il n'y a nullement contradiction entre le rejet du vœu précédent et l'adoption de celui-ci, dans les termes où il est présenté. La formule adoptée n'engage à rien.

M. DE SEGONZAC. — Il ne faut pas que l'on fasse aux associations une obligation d'organiser ces fêtes.

M. Roux. — On ne voit pas quelle autorité pourrait imposer une obligation de cette sorte aux associations touristiques.

Le onzième vœu est adopté.

Douzième vœu :

« *Que, dans les concours nationaux ou généraux, le Ministre de l'Agriculture fasse à la sylviculture une place correspondant à son importance ;*

« *Par l'attribution de primes d'honneur aux meilleurs aménagements, à ceux qui auront le mieux tenu compte du climat, du sol, des essences, des besoins locaux ;*

« *Par la distribution de subventions, de récompenses, de prix, aux meilleurs procédés d'exploitation des bois, à l'utilisation de leurs produits et sous-produits et à l'introduction d'essences nouvelles, en même temps qu'aux plantations dans les landes et autres terres incultes ;*

« *Par l'organisation de concours destinés à stimuler toutes les initiatives entre savants, industriels et producteurs pour la recherche de nouveaux produits et la construction des appareils propres à les extraire ;*

« *Par l'attribution de récompenses au personnel à gages qui se sera signalé dans les travaux forestiers ci-dessus et aura coopéré avec zèle à des travaux de reboisement ou d'améliorations pastorales* ».

Le douzième vœu est adopté sans discussion.

La séance est levée à midi.

SÉANCE DU 16 JUIN 1913

(APRÈS-MIDI)

Présidence de M. Cyprien GIRERD, président de Section

La séance est ouverte à 2 h. 15.

M. LE PRÉSIDENT. — L'ordre du jour appelle une communication de M. Ricardo Codorniu sur la Fête de l'Arbre en Espagne. La parole est à M. le Secrétaire pour donner connaissance de cette communication.

M. LE SECRÉTAIRE, *lisant :*

LA FÊTE DE L'ARBRE EN ESPAGNE

Précédents et renseignements relatifs à sa célébration. — Fêtes en 1912.

La Fête de l'Arbre a d'honorables précédents en Espagne : en effet, en 1805, à Villanueva de la Sierra, localité de la province de Caceres, un prêtre décida de faire une plantation de peupliers, et, *convaincu de la nécessité qu'il y avait à donner à ces entreprises le caractère d'une fête*, non seulement pour éveiller les initiatives, mais encore pour faire naître l'idée du mérite et de l'utilité, il réunit la jeunesse, organise un banquet et un bal qui suivirent la plantation projetée.

En 1817, à Léon, on célébra une grande fête à l'occasion de la création du jardin de Saint-François ; les dames elles-mêmes plantèrent des arbres en présence de toute la population, il y eut concert et feu d'artifice, distribution de pain aux pauvres, procession civique et bal de société.

Le *Semanario Industrial* mentionna, en 1840, une autre fête, mais malheureusement il oublia de citer le nom de la localité où elle eut lieu. Il disait que dans le but de mettre un terme à l'hostilité des habitants envers l'Arbre, on se rendit en procession à un endroit où le prêtre harangua la population et se mit à creuser de sa propre main des fossés, il fut secondé par tous les habitants. Huit jours plus tard on procéda à la plantation. « L'amour-propre et la vanité « des familles les incita à confier aux jeunes gens et aux enfants la garde d'un « certain nombre d'arbres », dit le journal, et il ajoute : « Les fils et les petits- « fils de ceux qui assistèrent à cette inoubliable cérémonie, contemplent encore « la plantation avec estime et vénération. »

On ne parla plus de ces fêtes pendant plusieurs années, jusqu'au moment où le grand patriote Raphaël Puigy Valls, le très distingué ingénieur des Forêts, attristé par les malheurs qui ont frappé notre pays au cours des dernières années du siècle écoulé, pensa qu'il fallait le régénérer en faisant aimer l'arbre et en mettant la propagation de ce sentiment à la hauteur des exigences du climat et de l'orographie de la péninsule ibérique ; il considéra que le meilleur moyen d'y parvenir, était d'instaurer la Fête de l'Arbre. A cet effet, il commença par fonder à Barcelone, en 1898, la Société des Amis de la Fête de l'Arbre, qui, depuis 1900, publie de belles chroniques annuelles sur les Fêtes célébrées dans toute l'Espagne.

Le 11 mars 1904, parut un décret royal conférant à la Fête un caractère officiel disposant que la direction supérieure de ce service ressortirait à l'Inspection des repeuplements forestiers et piscicoles, que l'on fournirait des semences, que l'on créerait des pépinières à l'effet de procurer gratuitement des plants à ceux qui voudraient célébrer ces fêtes, qu'on accorderait des prix pour les fêtes qui auraient le mieux réussi, et que l'on récompenserait les maires, les médecins, les pharmaciens et les professeurs qui se seraient distingués le plus.

A cette fin, on a créé neuf pépinières, qui ont produit, en 1912, 487.185 plants, avec un budget de 30.000 pesetas. Chacun de ces plants a coûté en moyenne six centime. De plus, les pépinières forestières de l'Escurial et de Logroño ont donné respectivement 65.300 et 21.146 plants, de sorte que le total des plants que l'État a mis à la disposition des organisateurs de la Fête de l'Arbre, a été, pour 1912, de 573.631.

Persuadé que cette Fête, grâce à la distribution gratuite aux particuliers de plants et de semences, constitue le moyen le plus pratique de propagande forestière, on s'efforce de lui donner un caractère éducatif, et, pour faciliter la réalisation de ce but, on publie, dans les bulletins officiels des différentes provinces, des circulaires au moyen desquelles l'Inspection de Repopulations préconise la célébration de la Fête et fait connaître le nombre et l'espèce des plants qui existent dans les pépinières pour qu'on puisse en faire la demande. On distribue des brochures contenant la législation en vigueur, des conseils, des poésies, des maximes destinés à être lus au cours de la Fête ou pouvant servir d'aide-mémoire à ceux qui doivent y prononcer des discours, on y fait figurer également les paroles et la musique de l'hymne à l'arbre.

Les Chroniques de la Fête et la propagande en tous sens, font que l'idée prend corps et se généralise, que chaque année on en célèbre un nombre plus considérable, à tel point que ce nombre, qui, jusqu'en 1911, n'avait pas dépassé 80 fêtes, a atteint, en 1913, le chiffre de 409 ; de plus, il résulte de renseignements récents que ce nombre, qui s'accroît constamment, dépassera selon toute probabilité 450.

Ces fêtes de l'Arbre contribuent à diminuer, sinon à faire disparaître complètement, les dommages causés aux arbres par les enfants et même par les hommes, à encourager beaucoup de propriétaires, qui, jusqu'alors n'y avaient pas songé, à faire des plantations. Grâce à elles, diverses localités ont été dotées de nouvelles promenades et de parcs, des rues et des places ont été plantées d'arbres, et il en est résulté un goût marqué pour la culture des espèces les plus recherchées ou les plus belles.

De notables exemples de sympathie pour la fête, ont été fournis par les gouverneurs actuels des provinces de Léon et de Grenade, MM. Bonito del Campo et José Corral y Latorre, qui ont été remarquablement secondés, respectivement, par les Ingénieurs des Forêts, MM. Eugenio Cuallart et José Almagro, l'ingénieur des Forêts à Cuenca, M. Enrique de las Cuevas, le secrétaire de la Commission d'Instruction publique de Léon, M. Miguel Bravo, le professeur d'Agriculture de l'Institut de La Corogne, M. José-María Hernandez et bien d'autres.

Il est juste aussi de reconnaître les efforts qui ont été faits pour propager la Fête, en premier lieu par la Société espagnole des Amis de l'Arbre, au moyen d'une très active propagande dans son Bulletin, de la distribution gratuite de brochures et de cartes-postales, de la publication d'annonces, etc., et enfin de la célébration de la Fête à Getafe ; grâce à cette cérémonie, on a commencé la repopulation du « Cerro de los Angeles », point situé au centre de l'Espagne. L'Association des Amis de la Fête de l'Arbre à Barcelone a publié au cours de cette année la *Chronique de la Fête de l'Arbre, en Espagne en* 1910, beau volume de 132 pages, comprenant de nombreuses photogravures. Nous devons signaler également la brochure intitulée : « *La Fête de l'Arbre* », publié à Léon ; cet ensemble de renseignements, de précédents et de pratiques en vue de sa célébration, est dû à la plume d'un enthousiaste de l'Arbre. Mentionnons aussi le *Souvenir de la Fête de l'Arbre*, célébrée au Séminaire concilaire de Madrid le 17 mai. La revue de l'enseignement primaire *El Profesorado*, organe de l'Association des Professeurs de la province de Grenade, a publié un numéro spécial, où se trouvent décrites les quatre-vingt-douze fêtes célébrées en 1912 dans cette province, et le numéro spécial du *Magisterio Conquense*, consacré à la Fête célébrée à Cuenca.

Nous ne devons pas passer sous silence les deux vœux que j'ai eu l'honneur de formuler et qui ont été approuvés à l'unanimité par le cinquième Congrès International de Tourisme, célébré à Madrid au cours de ladite année :

1° Recommander aux administrations communales de défendre et de propager les arbres des routes, rues et promenades, en les considérant comme un ornement important ; d'empêcher les tailles blâmables qu'on leur fait subir, et aussi de demander aux Gouvernements provinciaux, aux Municipalités et aux particuliers de propager les arbres forestiers et fruitiers, tant dans les campagnes que sur les versants des montagnes, ainsi que ceux qui se trouvent placés par groupes ou isolément dans les pâturages ; de proposer que l'on coupe les vallées au moyen de « rideaux d'arbres, » dans le but de modérer pendant le jour les rapides courants d'air qui s'y produisent, et, de plus, que l'on généralise en rendant obligatoire pour toutes les administrations communales, la célébration de la Fête de l'Arbre, en lui donnant un caractère éducatif.

2° Recommander également qu'aux abords de toute localité ou agglomération, où ne se trouve pas de montagne, on réserve une certaine extension de terrain pour la culture forestière, ceci à l'effet d'éveiller chez les habitants l'amour des arbres et de les doter d'un endroit susceptible d'élargir leur esprit ainsi que des moyens nécessaires à l'étude des sciences naturelles.

C'est tout ce que je crois devoir soumettre au Congrès pour qu'il se rende compte et du développement que la Fête de l'Arbre a acquis en Espagne et des résultats qui en découlent.

Je prie le Congrès de daigner adopter un vœu tendant à recommander aux Gouvernements et aux forestiers de tous les pays de faire célébrer la Fête de l'Arbre dans toutes les localités et agglomérations, c'est un excellent moyen éducatif pour faite pénétrer dans les masses l'amour de l'arbre et de la montagne, qui assainissent, embellissent et enrichissent le pays.

M. le Président. — La section donne acte à M. Ricardo Codorniu de la communication qu'il a faite.

L'ordre du jour appelle le rapport de M. Guinier sur la Répartition des végétaux ligneux en France.

M. Guinier a la parole pour donner lecture de son rapport.

M. Ph. Guinier. — La sylviculture repose sur la connaissance de l'*écologie* des essences forestières, c'est-à-dire sur l'étude de leurs rapports avec le milieu dans lequel elles vivent. Ce n'est qu'à la condition de bien connaître les exigences, le tempérament des arbres que le forestier pourra agir sur la forêt, intervenir dans la lutte engagée entre les végétaux qui la constituent et modifier de la manière économiquement la plus profitable l'équilibre qui s'établit à chaque instant. Cette condition est non moins essentielle pour la pratique des boisements artificiels qui ne réussiront que si les essences plantées se trouvent dans le milieu qui leur convient.

La méthode tout naturellement employée pour déterminer les particularités écologiques d'une essence consiste à étudier les stations où l'espèce croît spontanément, à définir le plus strictement possible les conditions qui y règnent et à dégager en quelque sorte les facteurs communs à toutes ces stations. Le point de départ de l'étude est donc la connaissance de la répartition géographique de l'essence.

Mais, en outre, cette connaissance procure directement des indications précieuses et souvent plus sûres. Il faut remarquer que nos moyens d'investigation concernant les conditions de climat et de sol sont bien imparfaits pour apprécier les variations souvent très faibles qui agissent grandement sur les végétaux; les plantes, et en particulier les arbres, sont vis-à-vis du milieu des enregistreurs d'une extraordinaire sensibilité; au contraire, nos stations météorologiques sont trop peu nombreuses, nos méthodes d'analyse des sols insuffisamment perfectionnées : plus d'un facteur important peut nous échapper. C'est d'ailleurs une habitude ancienne que d'inverser le problème et de définir le milieu par l'existence d'une plante au lieu d'expliquer la présence de la plante en précisant les conditions du milieu; on dit couramment le *climat de l'olivier*, une *terre à blé*. La connaissance de la répartition géographique d'une essence, la constatation de la vigueur plus ou moins grande de son développement sur les divers points de son aire peuvent servir de guide pour le traitement des massifs existants ou la création de peuplements nouveaux. On est amené ainsi à délimiter la région où l'arbre trouve les conditions les plus favorables, son *optimum*; celles au contraire où il se trouve en état d'infériorité dans la lutte pour la vie. Cette notion de l'optimum, développée notamment par Mayr a une importance capitale en sylviculture : elle intervient pour expliquer des différences dans la rapidité de croissance, la facilité de régénération, la qualité du bois, et justifie de pratiques différentes dans la conduite des peuplements suivant les régions. Dans le cas de boisements artificiels, la connaissance de l'aire d'une essence suffira pour déterminer la possibilité de son introduction et ses chances de réussite dans un endroit donné.

L'étude de la répartition géographique est nécessaire pour nos principales essences ; elle est souvent tout aussi utile pour des essences secondaires, même pour des arbustes ou des arbrisseaux. Il ne faut pas oublier que les divers végétaux qui constituent une forêt sont solidaires; ils se réunissent en *associations* parce qu'ils ont des besoins communs ; leurs aires géographiques présentent des parties communes sans que d'ailleurs leurs *optima* coïncident. Les végétaux ligneux d'importance secondaire servent de *réactifs* des conditions de milieu et leur présence renseigne sur la valeur de la station pour les grandes essences qui leur sont habituellement associées. L'existence dans une forêt du Sorbier des oiseleurs (*Sorbus aucuparia L.*) et de la Myrtille (*Vaccinium Myrtillus L.*), associés au sapin (*Abies alba Mill*) dans toute son aire, mais ayant une répartition plus large que lui, indique que ce résineux trouverait là des conditions suffisamment favorables. La présence de l'Aune vert (*Alnus viridis DC*) sur une montagne déboisée donne au forestier la certitude qu'il pourra y créer un peuplement de Mélèze (*Larix decidua Mill.*) ou d'Epicéa (*Picea excelsa Lk*).

La connaissance de la répartition géographique des végétaux ligneux en général apparaît donc comme une nécessité, comme une condition des progrès de la sylviculture et de l'art du reboisement.

Il faut reconnaître que, actuellement, les données que nous possédons sur ce sujet sont bien loin d'être suffisantes. Il est singulier de constater même que, pour de grandes essences, il est parfois impossible de préciser leur répartition, et que des erreurs manifestes se trouvent constamment répétées. En France, au moyen des documents actuellement publiés, on ne peut décrire avec la précision désirable la répartition du Chêne Yeuse (*Quercus Ilex L.*) dans l'Ouest ni indiquer ses stations sur une carte.

Dans les travaux publiés, on néglige bien souvent de distinguer le Chêne Rouvre (*Quercus sessiliflora Sm.*) et le Chêne Pédonculé (*Q. pedunculata Ehrh.*), ces deux essences si différentes par leurs exigences. Dans les ouvrages les plus sérieux publiés à l'étranger jusque dans ces dernières années, on englobe dans l'aire naturelle de l'Epicea (*Picea excelsa Lk.*) le Massif central et les Pyrénées où cet arbre n'a jamais été spontané. A plus forte raison, l'incertitude la plus complète règne en ce qui concerne les essences moins répandues. L'Orme diffus (*Ulmus effusa Willd*) qui occupe quelques stations, surtout dans l'Est, passe inaperçu ; dans les Pyrénées-Orientales, le Pin Laricio de Salzmann (*Pinus Laricio* Poir. var. *Salzmanni* Dun.) est resté inconnu jusqu'à une époque récente ; la découverte du Pin à crochets (*Pinus montana* Mill. ssp. *uncinata* Ram.) dans le Massif central est un fait presque d'actualité.

Quelles sont les raisons de cet état de choses? L'étude des arbres est à la fois du domaine de la botanique et de la sylviculture et il semblerait que de deux côtés on devrait s'y intéresser. En fait, il n'en est rien.

Les botanistes considèrent volontiers que l'étude des arbres constitue une branche spéciale, la *dendrologie*, qu'ils négligent. Les arbres offrent, il est vrai, plus d'une particularité qui en rend l'étude un peu compliquée, au moins matériellement ; leurs rameaux sont souvent peu accessibles et il est difficile de s'en procurer des échantillons complets, avec fleurs et fruits, d'autant plus que la floraison a lieu chez beaucoup d'espèces, à une époque très précoce, avant le développement des feuilles, ce qui exige la récolte de rameaux à plusieurs moments de l'année sur le même arbre. Les botanistes collectionneurs, qui sont en majorité, reprochent aux végétaux ligneux d'être encombrants et de mal se prêter au classement en herbier. Si on consulte des herbiers même très complets, on est frappé de voir combien la flore ligneuse y est mal représentée. Dans les flores, les catalogues régionaux de plantes, on relève couramment des inexactitudes et des lacunes en ce qui concerne la répartition des arbres et arbustes. Dans des récits d'herborisations, il est courant de ne trouver aucune mention des arbres rencontrés et on peut citer des comptes rendus d'excursions botaniques en forêt où on ne dit pas de quelles essences se composent les forêts visitées. Des botanistes expérimentés, qui rougiraient de confondre deux espèces herbacées très voisines, avouent sans fausse honte qu'ils ne connaissent pas des arbres très répandus. Il y a des botanistes spécialistes, des *dendrologues*, mais le nombre en est restreint et de plus leur attention attirée par les innombrables espèces de végétaux ligneux exotiques cultivés dans les parcs se concentre rarement sur les essences indigènes.

Le concours des botanistes se trouvant ainsi faire défaut en vertu d'un état d'esprit fâcheux, mais indéniable, il semble que l'on puisse compter sur les forestiers. Diverses raisons font que l'on ne trouve pas non plus de ce côté toutes les ressources que l'on pourrait attendre. Il y a bien des manières d'envisager la forêt. Le naturaliste la conçoit comme une réunion de végétaux dont il étudie les caractères et le mode de vie, le sylviculteur concentre son attention sur les quelques essences principales et en détermine les conditions de croissance et de régénération ; l'aménagiste, se plaçant au point de vue économique, cherche à se rendre compte de l'accroissement, du volume et de la valeur des peuplements. On peut encore considérer la forêt au point de vue administratif, comme un domaine dont la gestion soulève une quantité de questions, construction te entretien de routes, questions de délimitation, de surveillance. Les forestiers, régisseurs du domaine boisé, se préoccupent avant tout de l'administrer et de le faire produire ; l'administration, l'aménagement, la sylviculture purement pratique les absorbent et les empêchent de s'intéresser à d'autres questions, dont peut-être, jusqu'à présent, on n'a pas fait ressortir assez l'importance et les applications directes à la sylviculture. Assez nombreuses sont les études surtout historiques et économiques publiées par des forestiers sur les forêts qu'ils ont eu à gérer, infiniment plus rares sont les études où on se préoccupe aussi de la description même de la forêt, de l'étude des essences qui la composent, des conditions de leur développement. D'ailleurs on peut exprimer d'une manière générale le regret que les forestiers qui ont fait un long séjour dans une région, qui ont appris à la connaître et y ont réuni de nombreuses observations de tous ordres, ne publient pas plus souvent sous forme de notes ou de mémoires les résultats de leur expérience. Il se constituerait ainsi une collection de monographies des diverses régions forestières, qui serait une mine inépuisable de renseignements utiles, à tous égards, pour les progrès de l'art forestier. Il y a aussi une raison pour laquelle, malgré tout, les forestiers ne peuvent apporter qu'une contribution partielle à la connaissance de la répartition des végétaux ligneux : c'est qu'étant seulement chargés de la gestion des forêts soumises au régime forestier, ils sont très inégalement répartis en France. Ceux dont la circonscription restreinte comprend des forêts bien groupées ont l'occasion de parcourir presque tout le pays et peuvent le connaître parfaitement. On ne peut demander les mêmes renseignements à ceux dont l'activité est appelée à s'exercer dans des forêts réparties sur un ou plusieurs départements.

On peut s'expliquer ainsi que jusqu'à présent l'étude de la flore forestière, en France en particulier, et en Europe en général, ait été négligée, en ce qui concerne notamment la répartition des espèces.

En France, les documents que nous possédons sur la répartition et d'une façon plus générale, sur l'écologie des végétaux ligneux sont peu nombreux. Ce sont des indications générales ou locales, parfois vagues ou incomplètes, éparses dans des ouvrages forestiers et dans diverses flores et catalogues de plantes. Le seul ouvrage où ces indications sont réunies et condensées est la *Flore forestière* de *Mathieu ;* cet auteur a essayé de caractériser chaque espèce au point de vue écologique et de définir sa répartition géographique. Ce sont les données rassemblées par Mathieu qui ont été reproduites avec des modifications de détail par les autres auteurs qui ont été amenés à traiter depuis la question en vue de ses applications à la sylviculture ou au reboisement. Mais ce ne sont là que des indications générales.

Dans la *Statistique forestière* publiée par l'Administration des Forêts en 1878, il existe cependant un document plus complet et plus détaillé.

Mathieu, qui dirigeait le travail, a rassemblé les renseignements fournis par les agents forestiers sur la répartition en France de 36 espèces et a tracé pour 12 d'entre elles des cartes de distribution. Ce travail, très consciencieux, est pourtant complètement insuffisant. Son défaut fondamental vient de la conception purement administrative qui y a présidé : on a pris comme base la circonscription administrative, le département ou, plus fréquemment, le cantonnement forestier, et l'on n'a considéré que les forêts soumises au régime forestier. D'une façon générale, c'est une méthode inacceptable que de s'appuyer pour l'étude de faits naturels, sur des divisions administratives purement arbitraires. En particulier, le cantonnement est d'étendue très variable et ne peut être considéré comme homogène ; or, on donne pour la fréquence d'une essence dans un cantonnement un résultat moyen, en généralisant à toute la circonscription les faits consignés pour une ou deux localités. On ne tient aucun compte de la localisation des essences en fonction de l'altitude, du sol, des circonstances topographiques. Le procédé apparaît particulièrement choquant sur les cartes de distribution par cantonnement du Chêne Yeuse (*Quercus Ilex* L.), de l'Epicea (*Picea excelsa* Lk.), du Chêne-liège (*Quercus Suber* L.). La grande inégalité de surface des cantonnements augmente encore l'imprécision de la documentation : la généralisation d'un fait dans les conditions précédentes a plus d'inconvénients pour un département que pour un seul canton. La considération exclusive des forêts soumises au régime forestier est une autre cause d'inexactitude ; dans certains cas on a admis, pour établir la statistique, que les forêts particulières d'une région sont analogues aux forêts soumises au régime forestier, composées des mêmes essences, associées dans les mêmes proportions ; cette hypothèse, admissible dans les pays où les forêts particulières sont peu étendues et englobées dans les forêts domaniales ou communales, conduit à de fortes erreurs dans les pays ou les circonstances sont différentes. Enfin il est inévitable que dans un travail de la nature du précédent, dû à la collaboration d'un grand nombre de personnes, se glissent des erreurs provenant de malentendus ou d'oublis. On en a une preuve manifeste dans certaines lacunes figurant sur la carte de distribution des Chênes Rouvre et Pédonculé (*Quercus sessiliflora* Sm. et *Q. pedunculata* Ehrh.), lacunes correspondant à des régions où l'une au moins de ces essences est abondante.

On doit donc conclure que ni les données consignées par Mathieu et les auteurs qui l'ont suivi, ni les indications plus détaillées de la Statistique forestière, ne suffisent à nos besoins actuels. Elles constituent une première approximation, mais sont incomplètes, même pour nos grandes essences.

La nécessité de l'étude de la répartition des végétaux ligneux a été nettement énoncée, en 1894, par M. Flahault. Il a exposé à cette époque un projet de *Carte botanique, forestière et agricole de la France* : il proposait d'emplacer sur une carte les groupements de végétaux, les *associations végétales*, occupant les diverses stations d'une région. Le but poursuivi est un peu différent de celui que l'on se propose en étudiant simplement la répartition des végétaux ligneux ; on considère des ensembles et non plus des espèces isolées ; la carte est synthétique et non analytique. Mais, en fait, les essences forestières principales sont toujours les caractéristiques, les *dominantes*, de la plupart des associations végétales ; l'étude de ces associations amène à l'étude de la distribution de ces essences.

La méthode proposée, l'indication sur une carte des résultats constatés, est d'ailleurs le procédé le plus commode et le plus précis pour se rendre compte de la localisation des espèces et de ses causes. Au point de vue des applications à la sylviculture et à l'art du reboisement, l'auteur a montré comment une telle carte rendrait les services que nous demandons à une connaissance plus rigoureuse de l'écologie et de la répartition des arbres. M. Flahault a établi lui-même un certain nombre de feuilles de la carte de France projetée ; il a en outre, dans diverses publications, contribué à préciser les conditions de vie et la distribution de certaines de nos espèces ligneuses. Malheureusement les cartes établies ne concernent que la région méditerranéenne et quelques territoires attenants, et une seule a été publiée. Jusqu'à présent les efforts tentés dans d'autres régions par divers auteurs sont peu considérables.

A l'étranger, la situation est sensiblement la même qu'en France et le manque de renseignements certains sur la répartition des essences forestières a frappé tous les auteurs. Ce sont des forestiers qui ont pris l'initiative d'un mouvement en faveur d'une étude sérieuse de la question. En 1894, le premier Congrès des Stations de recherches forestières, réuni à Vienne, émettait, sur la proposition de M. Schuberg, un vœu dans ce sens. Les années suivantes, une commission, composée de forestiers allemands, autrichiens et suisses, déterminait la marche à suivre et élaborait un programme de recherches. La question fut de nouveau discutée au Congrès des Stations de recherches forestières à Zurich en 1900 ; on y décida de concentrer d'abord les efforts sur quelques essences, les plus importantes, de réunir pour celles-ci des documents complets sur leur répartition naturelle et de reporter les résultats acquis sur des cartes. Le travail a été commencé et quelques résultats sont publiés. En Allemagne, la Station de recherches prussienne a publié des données complètes sur la distribution géographique du Pin Sylvestre (*Pinus Sylvestris* L.), de l'Epicéa (*Picea excelsa* Lk.), du Sapin (*Albies alba* Mill.), dans l'Allemagne septentrionale et moyenne. En Suisse, une enquête a été organisée en 1902, dans chaque canton, par les soins de l'Inspection fédérale des forêts et de M. Schröter. Quelques résultats ont déjà été publiés.

Le moment est venu de se mettre à l'œuvre. Pour les progrès de la sylviculture, pour la réussite complète de l'œuvre du reboisement, il est nécessaire de remplacer les documents imparfaits que nous possédons sur la répartition de nos végétaux ligneux par des documents plus précis répondant mieux aux exigences modernes. Le travail à entreprendre est de longue haleine. C'est par une collaboration aussi large que possible des botanistes, des forestiers, de tous ceux de plus en plus nombreux qui s'intéressent à la forêt, que l'on pourra atteindre le but. L'attention étant tournée de ce côté, on rassemblera des données, on provoquera dans certains cas des enquêtes locales. Ces résultats épars pourront être ensuite réunis en un travail d'ensemble, d'abord pour les essences les plus importantes, ensuite pour les essences secondaires, les arbustes et arbrisseaux. Ce travail de synthèse est du ressort d'une Station de recherches forestières ; il est désirable de voir la Station de recherches annexée à l'École des Eaux et Forêts, en prendre l'initiative.

Nous avons l'honneur de formuler le projet de vœu suivant :

Que l'attention des botanistes et des forestiers soit attirée sur l'étude des végétaux ligneux de la flore française en particulier, au point de vue de leur répartition géographique et de leurs relations avec les conditions de milieu.

Que les faits observés dans chaque région, quelle que soit leur importance, soient publiés sous forme de notes ou de mémoires ; qu'il soit dressé le plus possible de cartes régionales indiquant la répartition des essences ou de préférence la répartition des associations qu'elles caractérisent, en s'inspirant des principes posés par M. Flahault.

Que des études d'ensemble soient organisées par la Station de recherches de l'Ecole des Eaux et Forêts avec le concours de tous les agents des Eaux et Forêts.

(*Applaudissements*).

M. Hickel. — Il y a vraiment peu de chose à ajouter au rapport si bien défini que vient de nous présenter M. Guinier.

Vous me permettez toutefois de souligner la portée pratique de l'exposé que vient de faire M. Guinier. Il ne s'agit pas évidemment d'essences rares, tellement clairsemées sur notre territoire que la plupart d'entre nous les ignorent, comme par exemple le *quercus ilex* réduit à une fraction des départements méridionaux, et qui cependant aurait une utilisation pratique, puisque c'est une essence à laquelle on a eu déjà recours pour les reboisements.

Mais à côté de cela, il se produit des confusions même pour des espèces courantes.

M. Guinier a fait allusion au chêne rouge et au chêne pédonculé, et a dit que nous ignorions leur répartition, ce qui est exact. Mais il y a mieux. Les forestiers ont un arbre qu'on appelle le chêne bâtard dans la Gironde, le chêne blanc dans certaines régions, le chêne noir dans d'autres régions : nous ignorons absolument toute la répartition de ce chêne, et cependant ce serait important à connaître, car c'est une espèce qui a des propriétés tout à fait particulières, qui s'adapte parfaitement aux terrains secs, calcaires, très ensoleillés : c'est donc une essence susceptible d'utilisations particulières très intéressantes dans certains cas déterminés.

En outre, elle n'atteint pas les dimensions et n'a pas les qualités technologiques du chêne rouge ni du chêne pédonculé. Lorsque nous achetons des chênes pour nos reboisements, les plus précis d'entre nous commandent du chêne rouge ou du chêne pédonculé. Mais on leur facture toujours du chêne commun, de façon à éviter le recours ultérieur, car les maisons de graines reçoivent toujours tardivement leurs approvisionnements, et lorsqu'elles les reçoivent, les caractères fugaces qui permettent de reconnaître les glands des différentes espèces de chênes ont disparu.

De même il est très difficile de reconnaître les glands du chêne tauzin.

Dans certaines régions du centre de la France, les agents ont reçu sous le nom de chêne commun du chêne tauzin, de sorte qu'à côté de chênes devant atteindre 30 à 35 mètres, ils pouvaient mettre des arbres qui ne dépassent presque jamais 15 mètres.

Je voulais simplement, par cet exemple concret, vous montrer l'importance tout à fait particulière que la connaissance exacte de la location des essences présente en pratique. (*Applaudissements.*)

M. LE PRÉSIDENT. — Nous remercions M. Hickel des renseignements extrêmement intéressants par lesquels il vient de confirmer les données de M. Guinier, dont nous ne pouvons qu'approuver le rapport.

Je vais mettre aux voix ses conclusions. Je ne crois pas qu'on puisse faire d'opposition au vœu de M. Guinier, que j'ai l'honneur de mettre aux voix.

Adopté.

L'ordre du jour appelle la communication de M. Durand : CONSIDÉRATION SUR LE DÉBOISEMENT.

La parole est à M. le Secrétaire pour en donner connaissance.

M. LE SECRÉTAIRE. — M. Durand expose que le rendement des coupes de taillis sous futaie diminue chaque année dans les forêts des environs de Paris pour les causes suivantes :

1° Dégâts causés par les lapins dans les jeunes taillis.

2° Aménagement trentenaire des coupes qui empêche le rejet du taillis dans de bonnes conditions.

3° Trop grand nombre de réserves et spécialement de baliveaux, — ce qui est la ruine du taillis. (*Murmures, protestations.*)

4° Défaut de curage des fosses d'assainissement qui s'oppose à la croissance du taillis dans les bas fonds et les parties humides.

M. LE PRÉSIDENT. — Je mets aux voix la proposition de donner à M. Durand acte de sa communication.

Adopté.

Nous avons maintenant à l'ordre du jour le rapport de M. Hickel sur les ESSENCES EXOTIQUES ET NATURALISÉES.

La parole est à M. Hickel, pour la lecture de son rapport.

M. HICKEL. — Il semblerait, à première vue, que l'introduction d'essences forestières exotiques n'eût pas besoin d'être justifiée. Et cependant, chose assez singulière, alors qu'il ne viendrait certainement pas à l'idée de l'arboriculteur, de l'architecte paysagiste, de proscrire une espèce du jardin fruitier, du parc paysager ou du jardin d'agrément, par ce seul motif qu'elle est étrangère, un certain nombre de forestiers éminents, en France du moins, traitent, dans leurs écrits, des exotiques avec un souverain mépris, accompagné parfois, faut-il le dire, d'une documentation par trop insuffisante. Et pourtant, tel d'entre eux qui lance l'anathème sur l'emploi des exotiques en France est le premier à préconiser l'emploi, en Espagne, en Algérie, des *Eucalyptus*, des *Casuarina*, des *Acacia*.

Le principal argument de ces ennemis des exotiques peut se résumer en cette phrase de Boppe (1) : « Si certains arbres exotiques semblent « naturalisés dans les parcs, c'est grâce aux soins constants dont ils sont « entourés et on les verrait bientôt disparaître des forêts où ces soins « leur feraient nécessairement défaut. On ne parviendrait à les y main- « tenir qu'au moyen de sacrifices hors de proportion avec le but à « atteindre, et même, si quelques individus résistent, leur descendance « ne s'établira pas naturellement ».

Emanant d'un maître comme Boppe, une semblable assertion mérite au moins une courte réfutation...

D'abord, la lutte pour l'existence n'existe-t-elle donc pas entre nos différentes essences indigènes? Dans nos futaies feuillues mélangées, ne devons-nous pas, par exemple, intervenir à toutes les époques de l'existence des peuplements pour éviter que le hêtre ne supplante le chêne?

Quant à la descendance des arbres exotiques, il est facile de constater que, pour un très grand nombre d'entre eux, elle s'établit au contraire naturellement. Il suffit de citer, entre bien d'autres, le chêne rouge, qui glande presque tous les ans dans des régions où les glandées des chênes rouvres et pédonculés sont régulièrement espacées de cinq, six, et même huit ans ! Il est superflu, je pense, d'insister sur ce point.

Sans doute, il ne s'agit pas de remplacer de parti pris par des peuplements d'exotiques nos magnifiques futaies de chênes du Centre et de l'Ouest, nos futaies de hêtres, nos sapinières ou nos pessières des Vosges et du Jura, ou nos pineraies à résine des landes de Gascogne.

Mais, à côté de ces joyaux de notre couronne forestière, combien de boisements ne sont composés que d'essences inférieures, combien de cas spéciaux ne rencontre-t-on pas où, du fait du sol, de la station, de cent autres circonstances, les essences indigènes ne donnent que des produits médiocres ou de réalisation trop lointaine?

Il y a donc des raisons sérieuses qui militent en faveur de l'introduction des exotiques dans nos boisements, il y a des cas spéciaux où leur emploi mérite, à tout le moins, d'être pris en considération.

Cette introduction présente surtout de l'intérêt dans les régions où la flore forestière spontanée est pauvre en espèces, en espèces de grande taille tout au moins. Je n'entends naturellement ici point parler des régions où cette pauvreté résulte, soit de circonstances climatériques défavorables, soit de la nature du sol, qui leur impriment un caractère plus ou moins désertique et dont il serait, la plupart du temps, chimérique de poursuivre le boisement. Il ne s'agit que des régions où des vicissitudes de divers ordres ont, au cours des siècles, réduit la flore et l'ont amenée à son degré de pauvreté actuel... La répartition des espèces à la surface du globe, ne l'oublions pas, ne dépend pas uniquement du climat *actuel*...

C'est en particulier le cas pour l'Europe, dont la pauvreté en espèces et même en genres est frappante, si on la compare, par exemple, aux régions à climat analogue de l'Asie orientale ou de l'Amérique du Nord.

(1) L. Boppe, *Sylviculture*, p. 81.

Ici, en introduisant des essences exotiques, nous ne faisons que rentrer dans notre bien, que *réintroduire* des espèces anciennement disparues de notre continent, que restaurer notre flore dans l'état où elle était, par exemple, avant que les périodes de glaciation successives en aient éliminé de nombreux éléments, et nous pouvons alors trouver, dans des pays à flore plus riche que le nôtre, des essences parfaitement susceptibles de s'acclimater chez nous.

Naturellement, abstraction faite du point de vue esthétique, notre choix ne devra porter que sur des essences dont les avantages sur les nôtres soient bien établis, au point de vue, par exemple : de la qualité du bois, de la production en volume, de la rectitude du fût, de la rapidité de croissance, de la frugalité, d'une endurance spéciale vis-à-vis de certains dangers (sécheresse, humidité excessive, gelées, dégâts des insectes, du gibier, des cryptogames, etc.). Pour chacun de ces objets, on peut citer déjà des espèces qui répondent au but poursuivi ; par exemple, le sapin de Douglas, pour la rapidité de sa croissance, sa production élevée à l'hectare, sa rectitude, la qualité de son bois, — le pin de Banks pour sa frugalité, etc., etc.

D'autres raisons d'ailleurs peuvent encore militer en faveur des introductions d'exotiques, par exemple le bon marché de leur graine, si important lorsqu'il s'agit de la création de boisements importants : c'est ainsi que le pin maritime a littéralement conquis le monde. D'autres essences doivent leur faveur mondiale à des produits spéciaux ; c'est ainsi qu'on a cherché à acclimater le chêne-liège dans des régions parfois très lointaines, la Nouvelle-Zélande par exemple.

Mais la variété des climats est grande, même en Europe. L'expérience acquise sur un point est sans valeur sur un autre, et c'est pourquoi la lumière ne peut jaillir que de la comparaison minutieuse des résultats obtenus ici et là, de la collaboration intime des forestiers de tous les pays. Il n'en est guère qui ne puisse fournir quelque donnée intéressante, mais il faut bien le reconnaître, encore que les principaux résultats aient été portés à la connaissance de tout le monde forestier, leur groupement rationnel, par régions naturelles, reste en grande partie à faire...

Si nous cherchons à esquisser, à très grands traits, les caractéristiques des grandes régions naturelles de l'Europe, en examinant ce que, dans chacune d'elle, on peut attendre des exotiques, nous arrivons aux conclusions suivantes :

Dans l'*Europe septentrionale*, dans la péninsule scandinave, dans le Nord de la Russie, la flore est simple, les espèces peu nombreuses, comme d'ailleurs dans les régions similaires d'Asie ou de l'Amérique du Nord, et c'est ici qu'elle présente le moins de diversité d'un continent à l'autre. L'intérêt de l'introduction d'exotiques y est donc en général moindre. Tout au plus peut-on signaler, comme source probable d'emprunts intéressants, l'Asie orientale, qui présente sans doute le maximum de richesse en espèces dans cette zone.

L'*Europe centrale*, c'est-à-dire la zone des feuillus, avec le pin sylvestre comme seul grand conifère spontané, offre déjà un champ beaucoup plus vaste aux essais : nombre d'essences nord-américaines, surtout celles de l'Ouest dont la flore est si riche en espèces de grande valeur, peuvent trouver ici leur emploi ; la Chine, pauvre en forêts, mais riche en espèces, dont beaucoup sont encore inconnues de nos cultures, nous a déjà fourni une importante contribution ; le Japon, dont la flore forestière est aussi d'une diversité infinie, nous a également doté de nombreuses et précieuses acquisitions ; les merveilleuses forêts de Formose commencent à nous livrer leurs trésors ; enfin, il n'est pas jusqu'aux régions tempérées de l'hémisphère boréal, comme le Chili, la Nouvelle-Zélande, qui ne puissent nous fournir un utile appoint.

Mais dans cette vaste zone, les conditions se modifient notablement au fur et à mesure que l'on s'avance soit à l'Ouest, soit à l'Est... Vers l'Ouest, l'influence du Gulf-Stream apporte au climat de la Normandie, de la Bretagne, de l'Angleterre, et surtout de l'Irlande, des modifications qui font de ces régions, à flore spontanée très simple, le véritable paradis des exotiques.

Vers l'Est, au contraire, le climat, continental, se fait de plus en plus rude, plus extrême. Le choix, ici, est notablement plus restreint, et aussi l'expérience acquise en matière d'exotiques, beaucoup moins profonde...

Par d'insensibles transitions, cette zone de l'Europe centrale se relie à la *zone méditerranéenne.* Ici tout change, nous sommes dans un autre monde végétal, le nombre des sources où puiser des acquisitions nouvelles s'accroît encore ; aux espèces chinoises, himalayennes, japonaises, nord-américaines, viennent s'ajouter les innombrables espèces australiennes ou sud-américaines, les *eucalyptus*, les *acacia*, les *casuarina*, les *araucaria*, etc... Et la diversité, déjà grande, des espèces qu'on peut y cultiver, augmente encore si l'on considère la portion de cette zone que borde l'Atlantique, portion dont le climat présente des différences notables avec celui de la zone méditerranéenne proprement dite.

Enfin, les *régions montagneuses* de l'Europe centrale nécessitent une mention spéciale. Ici encore le champ est vaste, les sources auxquelles on peut puiser sont nombreuses, mais il faut avouer que, sur ce point, les données précises sont encore rares, trop rares.

Ceci dit, qu'a-t-on fait? Comment résumer l'état général actuel de nos connaissances en matière d'introduction d'exotiques?

Durant l'antiquité, pendant le moyen âge surtout, on ne s'est guère occupé que d'introduire des arbres fruitiers, et il faut arriver au XVIe siècle pour rencontrer, au sein de cette pléiade de botanistes éminents que furent les Dodoens, les Clusius, les de l'Obel, les Bauhin, un homme qui fut le véritable précurseur en acclimatation, le véritable père de la dendrologie. C'est lui, en effet, c'est Pierre Belon, qui, le premier, dans ses *Remonstrances*, parle des espèces à *apprivoiser* dans les forêts de France. C'est lui encore qui, de retour de ses voyages à travers toute l'Europe et l'Orient, créait à Touvoie, près du Mans, le premier arboretum.

C'est encore au XVIe siècle que nous constatons les premières introductions d'espèces de provenances lointaines. Le premier sujet importé de Thuya du Canada (*Th. occidentalis*) fut, dit-on, offert à François Ier. Puis ce fut le marronnier d'Inde, et peut-être le févier...

Le XVIIe siècle ne se signale que par un nombre assez restreint d'introductions nouvelles, mais quelques-unes sont de grande importance, comme le robinier, le cyprès chauve, le noyer noir, le ginkgo, le genévrier de Virginie, le liquidambar.

Au XVIIIe siècle, le nombre des introductions est déjà plus grand et quelques espèces importées à cette époque ne tardent pas à se répandre largement, telles le pin Weymouth, le tsuga du Canada, le biota, l'ailante, le chêne rouge.

Mais c'est surtout la période qui englobe à la fois les dernières années du XVIIIe siècle et le commencement du XIXe qui est riche en acquisitions nouvelles. C'est qu'en effet, sans parler de Duhamel du Monceau et de Lemonnier, la seconde moitié du XVIIIe siècle voit naître d'éminents explorateurs qui, reprenant la tradition interrompue de Pierre Belon, contribuent puissamment à enrichir notre flore forestière. C'est simultanément : André Michaux (1746-1802) pour la France, Wangenheim (1747-1800) pour l'Allemagne.

Le premier explore la Perse, l'Amérique du Nord, dans le but exprès d'y rechercher les essences forestières susceptibles de s'acclimater en Europe, et meurt au cours d'un dernier voyage, à Madagascar. Grâce à ses relations avec tous les savants de son époque, avec Duhamel du Monceau et Lemonnier en particulier, il répand largement le fruit de ses récoltes.

Le second explore l'Amérique du Nord et, dans un magistral ouvrage, décrit les espèces propres, selon lui, à enrichir les forêts allemandes.

En France, la tradition d'André Michaux est continuée par son fils, François André qui, par ses explorations, ses introductions et ses écrits demeurés célèbres, se montre le digne successeur de son père.

En France, en Allemagne, en Autriche, presque partout en Europe, on retrouve des plantations, des arbres, témoins encore vivants de cette grande époque. Nombreux, en effet, étaient les disciples des Michaux et de Wangenheim ; en France, ce furent les Vilmorin, les Jvoy, les Catros, les Delamare, les Adanson, dont l'œuvre subsiste encore aux Barres, à Geneste, à Catros, à Harcourt, à Balsine, tandis que l'œuvre personnelle de Michaux fils compte encore à Trianon de nombreux témoins.

Puis l'essor se ralentit, et bien que nos plantations d'agrément continuent à s'enrichir de nouvelles introductions de l'Himalaya, bien que dans la seconde moitié du XIXe siècle l'Ouest de l'Amérique du Nord nous livre peu à peu ses incomparables trésors, grâce à des chercheurs comme David Douglas, Menzies, Lobb et tant d'autres, bien que le Japon à son tour s'ouvre à nos investigations, le silence se fait, presque complet, sur la question de l'introduction des exotiques en forêt. Seuls, le robinier et, à un moindre degré, le pin Weymouth ont pris une large place dans nos boisements. Et c'est au point que telle essence d'introduction très ancienne, qui s'est affirmée comme apte à être cultivée avec succès dans presque toute l'Europe, et dont nous importons le bois en quantités considérables, n'est pour ainsi dire pas sortie des parcs pour entrer dans la pratique forestière. C'est le cas, par exemple, du noyer noir, du tulipier et de bien d'autres.

Il appartenait aux hommes de la fin du XIXe siècle de reprendre la tradition des Belon, des Duhamel du Monceau, des Lemonnier, des Michaux, des Wangenheim, et cela avec d'autant plus de chances de succès qu'à la fin du siècle dernier le nombre des espèces exotiques cultivées en Europe s'était extraordinairement accru. Ce nombre même a d'ailleurs été parfois un obstacle : on a souvent, en effet, au cours de ces dernières années, publié d'interminables listes, des catalogues d'arboretums où sont réunies pêle-mêle des espèces vouées à ne jouer qu'un rôle purement ornemental à côté d'autres dignes d'entrer dans la composition de nos peuplements forestiers, ou bien, ce qui est aussi grave, des espèces spécialement adaptées à la montagne, à côté d'autres à confiner dans la plaine. De là, bien des incertitudes, bien des déceptions aussi.

L'expérience acquise dans les parcs, les arboretums, nous avait, pour la plupart des espèces, renseignés suffisamment sur la rusticité, et en partie sur les mérites des différentes espèces introduites. Il fallait franchir une nouvelle étape, et aborder résolûment la culture, en forêt, des meilleures d'entre elles.

C'est à la Prusse que revient l'honneur de s'être engagée la première dans la voie des recherches méthodiques et d'avoir commencé, dès 1881, l'exécution d'un *plan de culture*, dont les résultats ont été publiés en détail à la fin de chaque décennie.

Un peu plus tard, l'Autriche entrait à son tour dans cette voie et, par ses essais poursuivis à des altitudes relativement élevées, complétait heureusement l'expérience acquise en Prusse.

La Bavière, sous l'ardente impulsion du regretté Professeur Mayr procédait aussi à d'intéressants essais.

La Belgique, avec ses belles créations de Gronendael et de Tervueren, aux portes de Bruxelles, sous la direction d'hommes éminents comme MM. Bommer, Crahay et de Bocarmé, a fourni un important contingent d'observations précieuses.

En Suisse, plusieurs forestiers se sont adonnés à l'étude pratique de la question.

En Angleterre, dans ce pays par excellence des beaux parcs et des amateurs passionnés de beaux arbres, les essais ont été nombreux, et couronnés de succès avec un grand nombre d'espèces. Nul peut-être n'y a plus contribué, par la plume aussi bien que dans la pratique, que MM. Elwes et Henry.

Il est plus difficile de se rendre compte des résultats obtenus dans la région méditerranéenne, au moins en Europe, car les essais n'y ont pas toujours été poursuivis avec toute la méthode désirable. Des résultats très importants ont été cependant obtenus déjà en Italie, en Espagne, en Portugal et surtout en Algérie, qui montrent bien tout le parti qu'on y peut tirer des exotiques. Les circonstances, aussi bien celles résultant du climat que celles qui ont trait à la mentalité des populations peu ménagères des forêts, sont ici tellement spéciales que j'ai cru devoir préconiser, au Congrès international de Madrid (1911), une entente entre les diverses puissances méditerranéennes, aux fins d'étudier en commun les questions forestières propres à cette zone...

En France, aucun essai officiel n'a encore été tenté, en dehors de la création de l'arboretum des Barres et, plus récemment, de celui des environs de Nancy. Mais, en revanche, de nombreux propriétaires de bois, de vaillants reboiseurs, ont fait aux exotiques une part souvent très large... Le sapin de Douglas, le mélèze du Japon, l'*Abies grandis* et le *Pinus insignis* dans l'Ouest, divers chênes américains, pour ne citer que les plus marquants, sont largement entrés dans la pratique.

La question de l'introduction des essences exotiques est, on le voit par l'exposé qui précède, pleinement entrée dans la phase des réalisations, et, comme le disait excellemment un distingué forestier suisse, M. Barbey: « Il n'est plus permis au sylviculteur de se désintéresser de ce problème « qui s'impose actuellement à lui aussi bien que celui de la protection des « forêts, de la sélection des graines, ou que celui de l'utilisation des « engrais artificiels dans les pépinières ».

Mais les données acquises sont encore incomplètes, souvent sans lien entre elles ; elles sont surtout éparses en une foule d'écrits, de recueils périodiques où il n'est pas toujours aisé pour les non initiés de les retrouver.

Devrait-on poursuivre, pour coordonner les efforts, pour rassembler les documents sur cette question, la création d'un organe international spécial ? Je ne le pense pas.

Il existe, en effet, au moins en Allemagne, en Autriche et en France, des sociétés mieux à même que toutes autres de renseigner leurs membres à cet égard, et dont le Bulletin est tout indiqué pour porter les résultats obtenus à la connaissance du public. Ce sont les sociétés dendrologiques, qui s'occupent des arbres et des arbustes au triple point de vue botanique, esthétique et forestier... Les trois sociétés, allemande, austro-hongroise et française, sont d'ailleurs en relations étroites les unes avec les autres, chacune analysant et portant à la connaissance de ses membres les travaux des autres. Enfin, elles comptent dans tous les pays du globe des correspondants zélés qui leur servent de collecteurs... En fait, il existe entre elles une véritable fédération, et c'est à elles, croyons-nous, que doivent aller ceux qu'intéresse la question qui fait l'objet de ce rapport.

En conséquence, nous avons l'honneur de formuler les projets de vœux suivants :

I. *Que l'introduction d'*essences exotiques *dans les plantations et les reboisements forestiers soit encouragée* :
Par des subventions en nature et en argent ;
Par des récompenses et des primes distribuées dans les concours régionaux.

II. *Que les parcs forestiers, dans lesquels auront été faites des plantations de végétaux exotiques pouvant servir d'étude à l'emploi de ces essences dans les grands reboisements forestiers soient exonérés, pendant dix ou vingt ans, de tout impôt foncier, à la condition qu'ils seront ouverts aux professeurs d'agriculture, aux agents forestiers ou autres personnes officiellement accréditées en vue d'études dendrologiques, botaniques et forestières.*

III. *Que l'Etat entre dans la voie de la culture des essences exotiques.*

Peut-être à ce mot « *de la culture* » pourrait-on substituer « *des essais* ».

PLUSIEURS CONGRESSISTES. — Oui ! oui ! parfaitement !

M. LE PRÉSIDENT. — Mettons « *des essais* ».

M. DE LESSEUX. — Je demanderais à ajouter que les résultats des essais soient contrôlés avec ceux de l'Ecole Forestière, si on introduit des essences forestières.

M. GUINIER. — Non seulement je n'y vois pas d'inconvénient, mais il existe à l'Ecole Forestière un champ d'études assez étendu pour l'emploi des essences exotiques. Je ne parle pas seulement de l'arboretum, qui est plutôt une collection, mais des surfaces consacrées à la culture d'un certain nombre d'essences choisies et de la création de petits massifs de ces essences qu'on pourra suivre et dont on pourra connaître la loi d'accroissement. Donc j'approuve cette adjonction.

M. le Président. — Personne n'a d'autres observations à présenter?

M. Parde. — Je propose d'exonérer d'impôts les propriétaires de parcs qui cultivent des essences exotiques, sous la condition que ces parcs pourront être ouverts à ceux que la question intéresse.

M. Guillot. — Il ne faudrait pas néanmoins que la nouvelle législation augmentât les impôts sur les parcs qui avoisinent les habitations. On va les classer en première catégorie, cela découragera les propriétaires de faire des plantations autour des habitations. Or ces plantations sont un exemple merveilleux au point de vue du reboisement; dans le Limousin notamment, on a fait des plantations, parce qu'on a eu sous les yeux des exemples de parcs plantés autour des habitations. (*Applaudissements.*)

M. Tessier. — Je ne suis pas absolument de l'avis qu'on vient d'émettre; je crois que les expériences d'introduction d'exotiques dans les parcs n'ont pas le grand intérêt forestier qu'on croit. Les parcs sont généralement des terrains de bonne qualité; or, ce dont nous avons besoin, ce n'est pas d'expériences d'exotiques dans des terrains de qualité remarquable, nous avons besoin d'expériences faites dans le milieu naturel de la forêt elle-même. Nous avons besoin aussi d'écarter avec grand soin les résultats extraordinaires de ces parcs, qui, la plupart du temps, au lieu de nous guider, nous conduiraient à des erreurs par la généralisation des résultats obtenus sur un point local dans un terrain particulièrement favorable. (*Signes d'approbation.*)

M. Hickel. — Il n'en est peut-être pas toujours ainsi. Dans quelques cas, évidemment, comme l'a fort bien dit M. le Conservateur Tessier, ces parcs sont installés dans des conditions tout à fait favorables, mais souvent on les fait dans l'endroit qu'on habite, et l'ancienne maison familiale ne se trouve pas toujours dans un terrain extrêmement favorable.

Prenez l'arboretum des Barres, il est loin d'être sur une zone fertile ; la région où il est se compose de sable, d'argile silicieux et de terrain calcaire de la plus mauvaise qualité.

Quand il s'agit d'essences cultivées depuis longtemps ; on n'a pas besoin de recourir aux parcs, mais quand il s'agit d'essences d'introduction plus récente, il semble qu'on pourrait commencer par là, et qu'on gagnerait du temps à constater les résultats que ces essences ont donnés d'abord dans les parcs.

Evidemment, il ne faudrait pas trop étendre les conclusions, mais cela nous donnerait des indications premières, cela nous permettrait de constater que telle essence ne souffre pas trop de la gelée dans telle région, que tel sol développe sa croissance, et, chose importante, permettrait de voir si les graines transportées sur d'autres territoires peuvent germer.

En somme, comme on l'a dit pour le plan de culture en Allemagne, qui offre déjà 30 années d'expérience, on a commencé par ouvrir une vaste enquête sur les essences comprises dans le plan de culture; cette étude a porté surtout sur la tenue forestière des arbres situés dans des parcs ou des plantations d'agrément.

Il y a deux phases à envisager : la phase des essais en parc, qui est le meilleur moyen de se rendre compte des conditions de l'arbre, puis les essais en forêt. Pour certaines espèces, nous avons dépassé la phase des essais en parcs, mais pour d'autres, c'est la seule à prendre actuellement.

M. Guillot. — Il y a exotiques et exotiques. Le sapin pectiné cultivé dans un parc n'est pas une plantation exotique; cependant on taxera au maximum un parc où il y aura quelques pectinés.

Il faut aussi considérer l'influence de l'arbre sur le sol, quand vous aurez introduit des exotiques, ces arbres eux-mêmes aménageront le sol en vue de leur croissance. Broillard a dit : c'est l'arbre qui fait le sol, c'est le sol qui fait la forêt.

M. le Président. — Messieurs, vous avez entendu les observations présentées; je vais mettre aux voix successivement les vœux de M. Hickel :

« 1° *Que l'introduction d'essences exotiques dans les plantations et les reboisements forestiers soit encouragée* :

« *Par des subventions en nature et en argent ;*

« *Par des récompenses et des primes distribuées dans les concours régionaux* ».

Adopté.

« 2° *Que les parcs forestiers, dans lesquels auront été faites des plantations de végétaux exotiques pouvant servir d'étude à l'emploi de ces essences dans les grands reboisements forestiers soient exonérés, pendant* 10 *ou* 20 *ans, de tout impôt foncier, à la condition qu'ils seront ouverts aux professeurs d'agriculture, aux agents forestiers ou autres personnes officiellement accréditées en vue d'études dendrologiques, botaniques et forestières* ».

M. de Lesseux. — Je voudrais qu'ils soient reconnus dans ce but, autrement tout le monde en fera.

M. le Président. — Quelle modification proposez-vous?

M. de Lesseux. — Je demande qu'ils soient reconnus par une Commission.

M. le Secrétaire. — Rédigez un vœu, apportez-nous un texte.

M. LE PRÉSIDENT. — C'est l'Administration des Contributions directes qui examinera cela et verra si les parcs peuvent servir d'étude ou non ; elle acceptera ou rejettera la demande en degrèvement. Voilà la solution. (*Signes d'approbation.*)

Que ceux qui sont d'avis d'adopter ce vœu lèvent la main.

Adopté.

« 3° *Que l'Etat entre dans la voie des essais de culture des essences exotiques* ».

Adopté.

M. LE Dr Alberto GEISSER. — Auriez-vous la bonté de m'accorder quelques minutes?

M. LE PRÉSIDENT. — Bien volontiers.

M. LE Dr Alberto GEISSER. — Messieurs, c'est de la part du Touring-Cluq Italien que j'ai l'honneur de me présenter à vous.

Le Touring-Club d'Italie, dont je suis délégué, a été constitué en 1895, six ans après le vôtre; il compte actuellement près de 110.000 associés. Le Touring-Club Italien a tenu à honneur de suivre le Touring-Club de France dans les diverses manifestations de son activité, que votre Ministre de l'Agriculture a si bien résumées ce matin : d'abord mieux faire connaître pour mieux faire aimer.

Notre Ministre de l'Instruction publique avait déjà, depuis 1902, introduit la Fête de l'Arbre dans les Ecoles Primaires. On est en train de faire dans notre pays différentes lois nouvelles à l'avantage de la sylviculture, mais la conviction s'est faite chez nous et a gagné les meilleurs esprits que tout cela aboutirait à peu si on ne gagnait pas l'opinion, — ce que l'on a appelé la conscience forestière des nations, — et le Touring-Club Italien, suivant le Touring-Club Français, s'est proposé de contribuer, dans la mesure de ses forces, à créer cette conscience qui manquait chez nous, car il semblerait que plus les peuples ont une civilisation ancienne, plus ils ont volé haut, moins ils s'inquiètent des bois et des montagnes qui sont cependant un élément essentiel de la civilisation. (*Applaudissements.*)

Le Touring-Club Italien a donc constitué une Commission de propagande précisément pour les paturages et la forêt, car nous qui avons une si vaste étendue d'arbres dans les Apennins, nous avons dû constater qu'il faut surtout surmonter les conflits qui existent entre les bergers et les forestiers.

Le Touring-Club a réussi à réunir dans ce but 200.000 francs.

Avec cette somme, on a résolu de créer des publications de propagande pour faciliter la formation de cette conscience nationale sur le problème forestier. Il ne fallait pas qu'elles soient trop techniques, mais bien illustrées et répandues à profusion, à bas prix, sur une vaste échelle.

Le premier volume a paru il y a deux ans, il a pour titre : « La Montagne, le Bois et le Pâturage », il a été tiré à 100.000 exemplaires.

Le deuxième volume a pour titre : « Le Bois contre le Torrent ».

Le troisième, qui paraîtra cette année, est intitulé : « Les Richesses de la Montagne ».

C'est pour démontrer aux habitants des montagnes qu'en exploitant de façon excessive les ressources des forêts et des pâturages, on arrive à les détruire. Car notre pays est de ceux qui souffrent le plus, dans certaines régions, du déboisement et de l'exploitation excessive. (*Applaudissements.*)

Le 4e volume, qui paraîtra l'année prochaine, aura pour titre : « La Houille blanche ». Vous n'êtes pas sans savoir quel rôle important l'eau joue pour les irrigations dans la Haute Italie et surtout pour le développement de l'industrie électro-technique.

Je vous remercie, Messieurs, de votre bienveillant accueil et de l'attention que vous avez accordée à ma modeste communication, mais ce qui m'a appelé à Paris, c'était précisément le désir de rendre hommage au Touring-Club Français, qui a eu cette excellente idée de faire appel à toutes les nations ; je fais des vœux ardents pour que la France, cette fois encore, voie sortir de son initiative un mouvement qui réellement répond à un besoin de la civilisation. (*Applaudissements.*)

M. LE PRÉSIDENT. — Au nom de la Section, je crois être l'interprète du sentiment unanime de l'assistance en remerciant M. le Délégué du Touring-Club Italien de la communication qu'il vient de nous faire.

Personne ici n'est étonné de voir sortir de la bouche d'un Italien des appréciations aussi justes, aussi saines, aussi élevées des sentiments de son pays pour le nôtre. Entre la France et l'Italie, quoiqu'il advienne, il existe des liens de fraternité qui unissent les deux peuples et les uniront à jamais.

La séance est levée à 3 h. 15.

SÉANCE DU 17 JUIN 1913

(MATIN)

Présidence de M. CAQUET, vice-président de Section

La séance est ouverte à 9 h. 1/2.

M. LE PRÉSIDENT. — Y a-t-il des délégués étrangers? S'il y en avait, nous serions très heureux de les voir venir prendre place au bureau.

Nous allons prendre immédiatement le rapport de M. Schaeffer sur l'AMÉLIORATION DES TAILLIS A FAIBLE RENDEMENT SITUÉS EN PLAINE OU EN MONTAGNE, PAR L'INTRODUCTION DE RÉSINEUX.

M. SCHÆFFER. — Lorsque l'on compare les rendements en argent des forêts feuillues et des forêts résineuses, on est frappé de la grande supériorité qui se manifeste en faveur des secondes. Quelqu'élevé que soit le revenu d'une futaie de chênes on trouvera toujours une sapinière dont le rendement sera double. Si une chênaie plantureuse arrive exceptionnellement à rapporter 100 francs par hectare, il existe, d'autre part, des sapinières qui en produisent 200.

Cette supériorité du rendement des résineux a paru dans certains pays tellement évidente que l'on n'a pas hésité à susbtituer l'épicéa au chêne, même dans des régions où ce dernier était susceptible d'atteindre, comme réserve de taillis, les plus belles dimensions (Lorraine annexée, divers cantons suisses). Nous estimons qu'il y a là une exagération, car, en somme, rien ne prouve que le renchérissement du chêne, dont les réserves mondiales ne sont pas inépuisables, ne compensera pas un jour l'infériorité de son rendement. Mais si la transformation en futaies résineuses des forêts en bon sol est une opération contestable, toute hésitation disparaît lorsqu'il s'agit de taillis médiocres. L'écart de rendement devient alors énorme, et il n'est pas rare de voir côte à côte des taillis rapportant péniblement 4 ou 5 francs par hectare et des sapinières qui en produisent 80 ou 100.

En montagne notamment, le taillis est un véritable non-sens économique : il n'a d'ailleurs, le plus souvent, qu'une origine récente.

Lorsqu'on parcourt les revues forestières de la fin du XVIIIe siècle et du commencement du XIXe, on constate que la grande préoccupation de l'époque était la crainte de manquer de charbon de bois pour l'industrie. C'est ce besoin de charbon qui a amené la destruction de nombreuses sapinières auxquelles succédèrent des broussailles que l'on baptisa taillis (1).

(1) Les archives de la Savoie le prouvent surabondamment.

En y réinstallant les résineux, on ne fait donc que ramener les essences primitives et se conformer aux vues de la nature. Dans notre XXe siècle, que l'on a appelé l'âge du papier, la pâte de bois fait prime, et c'est peut-être pour n'avoir pas compris assez tôt l'importance économique des résineux que la France est restée tributaire de l'étranger pour une matière de première nécessité. Il ne faut pas se dissimuler, en effet, qu'au XIXe siècle les tendances n'étaient pas favorables à l'extension des résineux, en dehors surtout de leur zone naturelle, et ce fut presque une révélation lorsqu'en 1864, MM. Lanier et Mélard, au retour d'une mission en Belgique, attirèrent l'attention sur la mise en valeur des taillis de l'Ardenne par des plantations d'épicéa.

Depuis cette époque, il est vrai, la littérature forestière s'est enrichie de nombreuses publications faisant ressortir l'amélioration résultant de l'introduction des résineux dans les taillis. Au Congrès international de 1900 la question fut longuement discutée et elle aboutit à l'adoption du vœu ci-après :

« Que l'introduction des résineux dans les taillis médiocres du premier plateau du Jura et stations analogues soit favorisée ».

On peut reprocher à ce vœu de manquer de généralité car, en dehors du premier plateau du Jura et des stations similaires, il ne manque pas de taillis médiocres situés en haute montagne, en coteau, voire même en plaine, que seule l'introduction des résineux peut transformer avantageusement au point de vue économique.

Tel qu'il a été émis, ce vœu n'a cependant pas été stérile et nous estimons qu'il serait opportun de le reproduire en lui donnant plus d'extension. Si, en effet, le desideratum de 1900 a eu l'heureux sort d'une graine tombant sur un sol bien préparé, si, grâce à l'impulsion énergique de la Société Forestière de Franche-Comté et de son distingué président, l'idée a germé et produit des fruits au centuple, il y a tout lieu d'espérer qu'une réédition amplifiée de ce vœu sera également féconde et aura la plus salutaire influence sur le rendement des forêts d'autres régions.

N'oublions pas cependant que les problèmes forestiers ne comportent pas de solution absolue et que l'introduction des résineux dans certains taillis a soulevé des objections que nous allons énumérer sommairement.

La première est relative au refroidissement du climat local ; elle n'est peut-être pas sans valeur. Linné déjà l'avait dit : « *Abies frigoris comes et causa* ». Il est fort possible qu'au printemps la présence d'un massif de sapins, retardant la fonte des neiges, abaisse la température de quelques dixièmes de degré, ce qui, dans certains cas, peut présenter des inconvénients. On y regardera donc à deux fois avant d'introduire des épicéas ou des sapins dans le voisinage immédiat des vignobles. Il est vrai que, d'autre part, les cimes aiguës des résineux constituent des paragrêles plus perfectionnés que les dômes arrondis des feuillus (1). C'est encore une considération.

On sait, par contre, que les angiospermes résistent mieux que les gymnospermes à l'intoxication par les émanations des usines. Autour de certaines villes industrielles de Saxe, on a dû revenir aux feuillus parce que les aiguilles persistantes de l'épicéa avaient trop à souffrir des dégâts de la fumée. En Maurienne, à proximité des usines d'aluminium, les peu-

(1) On admet généralement sur les bords du lac du Bourget que l'extension des résineux sur le massif de la Dent du Chat a réduit le nombre et l'importance de chutes de grêle.

plements résineux sont détruits par les gaz délétères, tandis que les arbres dont les organes foliacés se renouvellent annuellement offrent plus de résistance. M. Mathey, enfin, affirme que dans certains cas l'introduction des résineux dans le taillis n'a pas plus d'effet pour l'amélioration du rendement qu'un cautère sur une jambe de bois.

Il est vrai que certaines stations sont tellement ingrates que les pins même y restent à l'état buissonnant, mais en définitive les circonstances qui entraînent la faillite des résineux sont très exceptionnelles et sur l'ensemble on peut dire qu'ils ont cause gagnée.

Pour s'en convaincre, il suffit de parcourir les pays voisins du nôtre, et de voir les merveilleux résultats obtenus en Allemagne et en Suisse par la transformation en futaie résineuse des taillis de faible valeur. On peut aussi tout simplement lire les comptes rendus des Congrès forestiers qui se sont succédé dans l'Est de la France et l'on suivra ainsi la marche triomphale de l'idée. Communes et particuliers rivalisent de zèle pour infuser en quelque sorte à leurs forêts un sang nouveau en remplaçant les broussailles par de véritables arbres.

Pourquoi faut-il qu'à côté de ces populations prévoyantes et éclairées il s'en trouve d'autres qui, dédaigneuses des intérêts de l'avenir, non seulement ne cherchent pas à favoriser l'installation des résineux dans les taillis, mais réclament systématiquement l'extraction de ceux que la nature y a prodigués spontanément? Il n'y a pas de jour où l'Administration forestière ne soit obligée de lutter pour essayer de résister à ces dévastations presque sacrilèges. Et ne croyez pas que l'opposition manifestée par certaines communes à la transformation naturelle de leurs taillis en futaie résineuse soit basée sur une hostilité plus ou moins fondée à l'égard des épicéas et des sapins. C'est, au contraire, le plus souvent un excès d'amour qui les guide, c'est le désir de réaliser les résineux existants et d'en jouir immédiatement, sans seulement leur laisser le temps d'essaimer autour d'eux. Rien ne le démontre mieux que la réponse presque cynique qui me fut faite dans un conseil municipal, un jour que je m'efforçais de convaincre l'assemblée de l'intérêt que présentait pour les générations futures la conservation des résineux. Comme, à bout d'arguments, j'essayais de faire vibrer la fibre de l'amour paternel : « J'aime bien mes enfants, me fut-il répondu, mais j'aime encore mieux moi. » Tous les raisonnements échouent devant une pareille mentalité, car les plaidoyers sont vains devant le tribunal de l'égoïsme. Il ne reste donc d'autre ressource que l'intervention de la loi. Les commissaires-députés en 1724 pour la réformation des bois et forêts de la province du Dauphiné l'avaient bien compris lorsqu'ils insérèrent dans leur règlement l'article suivant applicable aux bois taillis des communautés séculières :

« ...Au cas que dans la coupe des dits taillis il se rencontre des sapins, suiffes (pin de montagne), sérantes (épicéa), mélèzes ou pins, ils sont laissés pour baliveaux par préférence à tous les autres bois. Faisons défense aux particuliers qui feront la coupe d'abattre aucuns sapins, suiffes, sérantes ou pins qui aient atteint la hauteur de douze pieds, quand même le nombre de baliveaux de seize par arpent serait rempli à peine de vingt livres d'amende pour chacun pied d'arbre abattu en contravention au présent article ».

Notre Code forestier actuel, bien que complété par l'ordonnance réglementaire, est muet sur la question des résineux dans les taillis et, en présence du silence de la loi, l'Administration est à peu près désarmée.

En se basant sur ce que les résineux ne rejettent pas de souche on a pu prétendre, avec apparence de raison, que leur présence est incompatible avec le régime du taillis et, il faut bien le dire, certaines autorités administratives n'ont pas craint de donner leur appui à cette thèse.

C'est donc au législateur qu'il faut s'adresser pour obtenir l'insertion dans le Code forestier d'un article analogue à celui des commissaires réformateurs du Dauphiné. La rédaction pourrait en être libellée comme suit :

« Dans les coupes de taillis, les résineux sont réservés en principe ; « seront seuls exploités les sujets surannés, dépérissants ou surabondants, « martelés en délivrance par les agents forestiers ».

La présence dans le Code de ces quelques lignes suffirait pour faire passer dans la classe des forêts productives des milliers d'hectares dont le revenu est dérisoire, et ce serait un titre d'honneur pour le Congrès que d'avoir provoqué une pareille amélioration.

Qu'on me permette, en terminant, d'effleurer le côté esthétique qui se trouve ici en parfaite harmonie avec l'intérêt économique.

Le Comité constitué par le Touring-Club de France pour la conservation des sites et monuments pittoresques de la Savoie a, dans sa séance du 6 avril 1906, émis sur ma proposition le vœu suivant :

« Attendu que la coupe rase est antiesthétique et que le maintien des résineux dans les taillis produit, au contraire, des effets très pittoresques, il est à désirer que les exploitations ne mettent jamais le sol complètement à nu et que spécialement les épicéas et les sapins soient scrupuleusement conservés ».

Ce vœu fut également adopté par le syndicat d'initiative de la Savoie et M. le Préfet voulut bien l'insérer dans le *Bulletin des actes administratifs*.

Peut-être le Congrès jugera-t-il opportun de lui donner encore plus de notoriété.

En conséquence, j'ai l'honneur de formuler le projet de vœu suivant :

Que les résineux soient introduits dans la plus large mesure dans les taillis médiocres pour élever leur rendement, et que l'introduction en soit favorisée sur tous les points où les feuillus ne sont pas susceptibles de fournir en quantité importante du bois d'œuvre de bonne qualité.

M. LE PRÉSIDENT. — La parole est à M. Cuif.

M. CUIF. — Je désirerais que le Congrès adopte en premier lieu le vœu tel qu'il est formulé par M. Schaeffer et en second lieu celui de :

« *Favoriser par tous les moyens l'élaboration d'études ayant pour but de faire connaître aux propriétaires, en citant des exemples judicieusement choisis, les espèces les mieux appropriées aux facteurs de la production et aux conditions économiques locales* ».

M. LE PRÉSIDENT. — J'adopte parfaitement votre vœu, et cela d'autant plus que mon expérience personnelle me permet de faire la réflexion suivante : J'ai fait d'importantes plantations d'epiceas dans le centre de la France ; or ces plantations ont complètement disparu il y a deux ans par suite de la grande sécheresse de l'été de 1911. Cela montre qu'il faut donner des indications très précises aux planteurs des différentes régions de France, afin de leur éviter des aventures aussi pénibles que celle-là.

Nous allons commencer par le premier vœu qui se divise en deux : l'un se trouve dans le rapport de M. Schaeffer, l'autre a été lu par M. Cuif. Je mets ce premier vœu aux voix.

Le vœu est adopté.

M. LE PRÉSIDENT. — M. Schæffer a demandé qu'on adopte un troisième vœu. Je dois vous dire qu'au Comité du Congrès, ce vœu a été examiné et nous avons compris que M. Schæffer voulait appliquer une règle fixe coercitive à l'égard de la propriété forestière privée, ce qui fait qu'il a été éliminé. S'il n'en est pas ainsi, je ne vois, je l'avoue, que des avantages à ce qu'il soit adopté.

M. SCHÆFFER. — L'abus que je combats emporte des conséquences extrêmement graves ; j'ai vu en Savoie des forêts dans lesquelles des résineux avaient été réservés depuis 50 ans ; or, sous prétexte que ces forêts devaient être traitées en taillis, le préfet a obtenu la destruction de ces résineux !

M. LE PRÉSIDENT. — En tous cas, le procès-verbal tiendra compte de votre déclaration et mentionnera que votre vœu ne s'applique qu'aux bois soumis au régime forestier.

M. SCHÆFFER. — Voici la rédaction que je propose :

« *Dans les coupes de taillis, les résineux sont réservés en principe ; seront seules exploités les sujets surannés, dépérissants ou surabondants, martelés en délivrance par les agents forestiers* ».

M. LE PRÉSIDENT. — Il suffit d'ajouter à cette rédaction, après « *Dans les coupes de taillis* », les mots : « *soumis au régime forestier* ».

S'il n'y a pas d'autre observation, je mets aux voix le troisième vœu de M. Schaeffer modifié ainsi que je l'ai indiqué.

Le vœu est adopté.

M. CYPRIEN GIRERD prend la place de président de la réunion en remplacement de M. CAQUET.

M. LE PRÉSIDENT. — Je donne la parole à M. Mangin pour la lecture du rapport de M. Demorlaine.

M. MANGIN. — M. DEMORLAINE m'a chargé de le représenter pour la lecture de son rapport sur l'ALLONGEMENT DES RÉVOLUTIONS DES

TAILLIS ET TAILLIS SOUS FUTAIE. — DIMINUTION DE LA PROPORTION DES BOIS DE PETITE DIMENTION. — CONVERSION DES TAILLIS ET TAILLIS SOUS FUTAIE EN FUTAIE.

RAPPORT DE M. DEMORLAINE. — Une des causes principales de la disparition des massifs boisés par le défrichement, leur destruction plus lente par des coupes abusives ou des exploitations généralisées, est certainement la mévente des bois, notamment des bois de petites dimensions (bois de feu ou bois à écorcer), qui depuis dix ans augmente de jour en jour davantage.

Les bois particuliers constituent dans tous les pays la plus grande partie de la superficie générale boisée ; il est donc d'une nécessité capitale, pour enrayer, dans l'intérêt général, les progrès de la déforestation, de trouver et d'indiquer aux propriétaires les moyens d'améliorer leur capital boisé, pour leur permettre d'en tirer un revenu suffisamment rémunérateur, les engageant à le conserver.

Ce serait, en effet, peine inutile, de prêcher la conservation des bois, si l'on ne pouvait répondre victorieusement à cette observation, trop justifiée, que les bois disparaissent faute d'emplois avantageux pour le producteur. Le problème à résoudre est identique à celui de la dépopulation : la natalité diminue par suite du coût de la vie, croissant de jour en jour, et du progrès du bien-être. Cette question sociale de la plus haute gravité, la dépopulation, sera résolue le jour où l'on aura pu trouver la possibilité de diminuer les charges et d'améliorer les ressources familiales.

De même pour la déforestation : si l'on veut inciter les propriétaires particuliers à conserver leurs bois, il faut leur donner les moyens, aussi rapides que possible, d'améliorer le rendement de leurs massifs et leur permettre d'en écouler plus facilement les produits.

Est-ce là un problème insoluble ? Nous ne le pensons pas. Les propriétaires forestiers doivent ne pas oublier qu'ils sont de véritables fabricants de bois, que toute industrie doit suivre attentivement les lois de variation de l'offre et de la demande, modifier en conséquence ses procédés de fabrication, sous peine de voir un jour cette industrie péricliter et même se réduire à néant. C'est ce phénomène qui s'est produit pour nos bois. Les progrès de la civilisation n'ont peut-être pas eu de répercussion plus grande que sur la propriété boisée : la culture forestière semble être l'antagoniste de la civilisation. C'est une vérité historique irréfutable.

L'âge d'exploitation des taillis n'a guère varié depuis bientôt trois siècles, et cependant les menus bois n'ont plus qu'une utilisation très réduite, qui diminue de jour en jour, par suite de la diffusion presque générale, avec l'accroissement existant du réseau des voies ferrées, de la houille, du coke ou du pétrole pour les besoins du chauffage journalier.

Si l'on considère que la plus grande partie des forêts, dans tous les pays, est détenue par les particuliers, et qu'en France surtout, sur les 9.000.000 d'hectares qui constituent la superficie boisée, 6.000.000 environ sont propriété privée, dont près de 4.500.000 hectares traités en taillis simple ou taillis sous futaie, il n'est pas étonnant que la mévente des produits, fournis par ce genre d'exploitation, ait entraîné la destruction même des forêts particulières françaises.

C'est, en effet, en France principalement que, depuis une vingtaine d'années, l'on a constaté les funestes progrès de la déforestation, tandis qu'en Allemagne, où les forêts feuillues placées dans les mêmes conditions

n'occupent que 32 % de la surface boisée, dont 7 % traitées en taillis simple et 5 % en taillis sous futaie, les déboisements sont pour la plupart insignifiants. Il en est de même en Suisse, où les taillis occupent une proportion infime, à peine 10 % de la superficie générale boisée.

On peut dire d'une façon certaine, d'après les données de l'histoire et de la répartition en Europe de la propriété forestière, que la déforestation tient certainement en grande partie à l'application aux forêts d'un régime qui, s'il n'est pas modifié dans ses conditions essentielles, ne permet plus aux propriétaires de tirer de leurs bois le parti qu'ils sont en droit d'en attendre.

Pour remédier à cette situation désastreuse, il est surtout indispensable de faire donner aux forêts des produits répondant aux besoins économiques de notre époque.

La conclusion des différents auteurs qui se sont occupés de la question est :

1° Que l'aménagement des taillis à longs termes est infiniment plus avantageux à l'approvisionnement en bois de toutes catégories que des aménagements fixés à des âges réduits ;

2° Que les particuliers, ne pouvant ou ne voulant pas, en général, différer leurs coupes jusqu'à 25, 30 ou 40 ans, leurs bois sont moins utiles à la consommation générale que les bois de l'État et ceux des communes, dont les coupes sont plus tardives.

Si donc tout le sol forestier passait dans le domaine des particuliers, on verrait inévitablement les produits en matière diminuer jusqu'au point de ne plus suffire à la consommation.

« Ces vérités, proclamées au début du XIXe siècle, démontrées par « l'expérience et le raisonnement, pourquoi, dit Baudrillard, sont-elles « aujourd'hui si peu appréciées ? Sully, Colbert, Buffon, Duhamel, « n'oserait-on plus vous citer ? Et cette postérité, que vous embrassiez « dans votre sage prévoyance, ne profitera-t-elle point de vos sages « avertissements ? »

Combien ce cri d'alarme, poussé il y a plus de 150 ans, aurait dû depuis longtemps être entendu ! Car actuellement, ce n'est plus seulement l'amélioration, l'accroissement du revenu de nos forêts, qui doit entrer en jeu, quand on parle de l'allongement des révolutions de taillis, c'est la question d'existence des forêts elles-mêmes. Le propriétaire n'a plus qu'à choisir entre deux partis, ou laisser disparaître un bois, qui ne lui rapporte plus qu'un revenu insignifiant, ou transformer son aménagement de façon à lui permettre de fournir des produits rémunérateurs.

On comprend l'intérêt vital du problème que les gouvernements, les associations forestières ont le devoir d'essayer de résoudre pour enrayer la destruction forestière.

La question n'est d'ailleurs pas nouvelle ; mais c'est seulement depuis une vingtaine d'années que, dans les divers pays où le régime du taillis est appliqué (France, Belgique, Allemagne et Suisse), l'on a cherché à augmenter la révolution des taillis ou à procéder à leur conversion. Seules les forêts publiques ont le plus souvent subi ces heureuses transformations. Les propriétaires particuliers sont, pour la plupart, restés rebelles, à l'allongement de la révolution de leurs taillis, soit par crainte d'interruption dans leurs revenus annuels, soit par ignorance de leurs véritables intérêts, soit encore et, surtout peut-être, par incurie.

Et cependant le résultat est certain. Le prix de vente du taillis à l'hectare augmente rigoureusement avec l'âge. Il suffit à cet égard de jeter les yeux sur les constatations faites dans une petite forêt du Doubs par M. E. Maire, inspecteur des Eaux et Forêts.

NUMÉRO de la coupe	CONTENANCE	ANNÉE de la vente	PRIX de la vente	AGE de la coupe	PRIX DE VENTE à l'hectare	460 fr. 37 placés à 7 % (intérêts composés) donneraient
	h		fr	ans	fr	fr
1........	3,28	1883	1510	21	460,37	460,37
2........	2,96	1885	1790	23	604,73	527,08
3........	2,74	1888	1990	26	726,28	645,69
4........	3,01	1891	2390	29	794,02	791,00
5........	2,90	1894	2750	32	948,28	969,10

De ce tableau il ressort clairement que l'accroissement de la valeur des bois, exploités à un âge supérieur à 20 ans, variant entre 20 et 30 ans, s'est fait au taux de 7 %, et ces résultats ont été atteints malgré la baisse annuelle, de plus en plus forte, de la valeur des bois de chauffage.

Convaincu de ces résultats, un préfet de la Haute-Marne, M. Boudier, dont le nom ne doit pas être oublié, réussissait en 1895 à persuader à un grand nombre de Conseils municipaux, ressortissant de son administration, d'allonger la révolution des taillis de leurs communes respectives et de la porter de 25 ans à 30 ans au moins et au dessus. Soixante-quinze communes répondirent à son appel, et l'aménagement de 45.000 hectares de taillis fut modifié dans le sens indiqué.

Excellent exemple, dont la contagion aurait dû gagner les bois particuliers !

Si de la Haute-Marne nous passons dans le département de la Meurthe-et-Moselle, aux environs de Nancy, mêmes résultats. En 1876, époque à laquelle les prix des bois étaient arrivés au maximum, on constatait les résultats suivants sur des sols semblables à ceux de la Haute-Marne. A 20 ans les coupes de taillis se vendaient en moyenne 200 francs l'hectare et à 40 ans, 1.500 francs.

Frappé de ces exemples, en 1896, le *Bulletin de la Société Forestière de Belgique*, traitant la question de l'allongement de la révolution des taillis, calculait au taux de 3 % la rente annuelle correspondant au revenu périodique de 55 francs d'un taillis exploité à 20 ans ; elle était de 2 fr. 50. Calculant de même la rente annuelle équivalant au revenu périodique de 400 francs en 40 ans, il obtenait 5 fr. 25. La rente était donc doublée par l'exploitation à 40 ans. Le calcul est exact. Mais les revenus de 60 et 400 francs sont des *produits bruts*. Si l'on envisage le *produit net*, c'est-à-dire si l'on défalque les impôts annuels, les frais de gestion de toute nature, l'on voit que, dans le premier cas d'une révolution de 20 ans, alors que les dépenses accessoires ne s'élèveraient qu'à 2 fr. 50 par hectare, ce qui est un minimum, le revenu net est *nul*, et dans le second, de 2 *fr.* 75. Ce n'est pas seulement la pauvreté, c'est l'anéantissement de toute rente, qui, en de telles conditions, résulte de l'exploitation à 20 ans.

Ces quelques exemples, résultats d'expériences depuis longtemps contrôlées, peuvent se traduire sous forme des deux lois suivantes :

1° *La valeur d'un taillis s'accroît comme le carré de l'âge.*

Cette loi que nul forestier n'ignore au pays qu'arrose la Saône et que le distingué forestier, M. Algan, a baptisée pour cette raison du nom de : « Loi Vesulienne » est peut-être beaucoup plus ancienne et aurait été formulée pour la première fois en 1834 par un forestier particulier de Dijon, M. Noirot. C'est dire que, depuis près d'un siècle, elle a eu le temps d'être abondamment vérifiée.

M. Kornprobst, ancien inspecteur des Eaux et Forêts à Gray, a proposé de la compléter par un corollaire tout naturel :

2° *La valeur de la coupe annuelle d'un taillis est proportionnelle à la révolution de la forêt traitée.*

Or, la vérification de la loi, suivant la fertilité des sols, sous sa forme « vesulienne » ou « grayloise », a montré que dans les cas, bien rares actuellement, où les bourrées et la charbonnette ont une valeur encore relativement élevée, la loi est :

Un peu supérieure ou égale à la réalité dans les bons sols ;

Egale à la réalité dans les sols moyens ;

Inférieure à la réalité dans les sols médiocres ou mauvais.

Lorsque les menus bois sont sans valeur, et c'est la condition presque générale à notre époque, la loi est toujours inférieure à la réalité surtout si le sol est de mauvaise qualité.

On peut donc poser en principe que le rendement d'une coupe de taillis est plus que proportionnel à la révolution, surtout dans les mauvais terrains. C'est donc là une démonstration intéressante de l'avantage des longues révolutions de taillis.

Telle est la conclusion très intéressante à laquelle arrive M. le Garde général des Eaux et Forêts Perrin, de Vesoul, dans une récente étude publiée par le *Bulletin de la Société forestière de Franche-Comté et Belfort.*

Aussi, non seulement en France, comme nous l'avons vu plus haut pour les forêts communales soumises au régime forestier, mais dans les pays voisins, où le régime du taillis sous futaie présente, en raison du climat, une réelle importance, en *Belgique*, en *Allemagne* et en *Suisse*, les propriétaires forestiers, et surtout l'Etat, se sont préoccupés depuis 20 ans de l'allongement indispensable des révolutions de taillis.

Chez nos voisins les *Belges*, d'après les renseignements fournis par la Société Centrale Forestière de Belgique, la contenance des *taillis sous futaie*, qui ont vu leur révolution s'allonger, s'est élevée, pendant la période de 20 ans s'écoulant de 1885 à 1904, au chiffre de 33.375 hectares, celle des *taillis simples* ayant subi la même transformation serait de 25.000 hectares. A cette contenance de 58.000 hectares il est bon d'ajouter 3.000 hectares de *taillis sous futaie* convertis en FUTAIE PLEINE, 2.000 hectares de *taillis simples* en TAILLIS SOUS FUTAIE ou même *futaie pleine.*

En *Allemagne*, le taillis sous futaie a surtout une importance relative dans la partie ouest de l'Allemagne du Sud (Bavière, Grand-Duché de Bade, Palatinat, Wurtemberg, Alsace-Lorraine), où il occupe 15 % environ de la surface boisée. Or, sauf la Bavière, où la superficie occupée par les massifs de taillis et de taillis sous futaie a légèrement augmenté en 20 ans, de 1883 à 1900, partout ailleurs le *taillis sous futaie* a été abandonné pour la conversion des forêts en *futaies résineuses* ; pour l'ensemble de l'empire allemand si l'on constate, pour la période s'écoulant de 1883 à 1900, une légère augmentation de 36.000 hectares de *taillis simples*, la superficie occupée par le *taillis sous futaie* a diminué de près de 200.000 hectares au profit des *futaies résineuses*, passées de 177.000 hectares à

345.000 hectares pendant la même période. En 1900, pour une superficie totale boisée de 14 millions d'hectares, le *taillis simple* occupait en Allemagne une superficie de 950.000 hectares environ, soit 7 %, le *taillis sous futaie* 700.000 hectares, soit 5 %, et la *futaie* 11.000.000 d'hectares, dont 2.500.000 hectares pour les *feuillus* et 8.400.000 hectares pour les *résineux*, soit respectivement 18 % et 24 % de la superficie générale boisée.

C'est donc dire également qu'en Allemagne, toutes réserves faites des conditions climatériques et locales, la tendance est également à la substitution des régimes à longues révolutions à ceux du taillis et du taillis sous futaie.

En *Suisse*, la situation est la même : si l'on remonte en arrière de 30 à 50 ans, on constate la disparition graduelle du régime du taillis. Le *canton de Zurich*, qui comportait, en 1880, 37 % de la surface des forêts traitée de cette façon, n'en a plus que 26 % en 1910. Dans le *canton de Thurgovie*, le taillis dans les forêts de l'État est passé de 15 % en 1880 à 6 % en 1910, celui des communes de 60 % à 34 %. Même constatation pour le *canton d'Argovie*. Les causes de cette diminution résultent avant tout, dit M. Decoppet, professeur à l'Ecole Polytechnique de Zurich, de faits économiques et culturaux, de l'abandon de la pratique du furetage au pied du Jura et des Alpes dans les forêts, où le hêtre domine, et de la conversion des taillis simples par suite de l'abaissement du cours des bois de feu, des changements apportés aux installations de chauffage. Mais peut-être est-on allé trop loin dans cette voie, et, ajoute M. Decoppet, si le mode de traitement a donné lieu à des mécomptes, ce n'est pas tant au traitement lui-même qu'il faut s'en prendre qu'à sa mauvaise application. Une amélioration des taillis est souvent possible, soit par un allongement des révolutions, soit par la réintroduction des bonnes essences et de soins culturaux appropriés.

Ainsi donc, que l'on envisage la question au point de vue *historique* ou *géographique*, partout l'on aboutit à la même conclusion que l'allongement des révolutions de taillis et de taillis sous futaie s'impose, parce que C'EST UNE NÉCESSITÉ ABSOLUE AU POINT DE VUE ÉCONOMIQUE.

Il est nécessaire, néanmoins, de prouver que si les propriétaires se condamnent à l'allongement de la révolution de leurs taillis, qui ne peut se faire sans certains sacrifices pécuniaires importants, ils sont du moins certains de tirer de leurs forêts un revenu appréciable et rémunérateur.

Quels sont, en effet, les produits qu'un taillis de 30 ans, par exemple, car c'est là l'âge minimum auquel on doit tendre, pourra fournir :

1° Des bois de mine (étançons-rallonges);
2° Des bois de fente;
3° Des bois propres à la distillation;
4° Des bois de feu de grosses dimensions.

Nous laisserons de côté à dessein certains taillis d'essences particulières (châtaigneraies) qui, dans des conditions spéciales, peuvent donner, même exploités à un âge réduit, des produits appréciables. Ce n'est là qu'une exception très rare aujourd'hui.

Or, sans entrer dans le détail, il suffit d'interroger le commerce des bois pour savoir qu'actuellement seuls les bois de mine de fortes dimensions (étançons-rallonges) n'ont subi aucune dépréciation. Au contraire, par suite de l'abondance des exploitations, les poteaux de petite dimension ne trouvent plus preneurs qu'à des prix relativement dérisoires. Les carreaux des mines en regorgent à peu près partout. Il est donc certain que seuls les taillis, exploités à un âge avancé, qui peuvent fournir des bois de mines de grandes dimensions, trouveront toujours une vente rémunératrice. La production houillère a une tendance à augmenter. La consommation en *France*, qui était, en 1902, de 45.000.000 de tonnes, s'est élevée, en 1901, à 60.000.000 de tonnes, tandis que la production passait, dans le même laps de temps, de 30 *millions* à 39 *millions de tonnes*. En *Angleterre*, la situation est la même. En *Belgique*, les besoins industriels sont tels que ce pays, hier encore exportateur, est aujourd'hui dans l'obligation de recourir à l'étranger. L'Allemagne ne peut exporter son charbon que lorsqu'elle a suffi aux demandes de plus en plus nombreuses de ses usines, et cette exportation tend actuellement à diminuer, ce qui prouve que la consommation intérieure augmente. De ce côté donc, aucun danger pour que la demande de bois, sous forme *d'étais de mine*, diminue de longtemps, car il est pour ainsi dire impossible, par suite de l'humidité et de la température des galeries, du prix de revient et d'une foule de raisons techniques (élasticité, facilité de coupe et de transport du bois) de remplacer dans les mines le bois par le fer. C'est donc un placement assuré pour de longues années. Alors même que pour certains pays (France, Belgique) la production dépasserait la consommation, un débouché certain leur est également assuré en Angleterre et même en Allemagne.

Sous forme de *bois de fente* (bois à lattes ou piquets), les perches de taillis de fortes dimensions sont assurées de trouver également une utilisation certaine. En raison du développement toujours croissant de l'industrie du bâtiment, les bois à lattes sont, en général, fortement demandés, il en est de même des piquets. Sans doute la découverte du béton armé fait depuis quelques années une concurrence redoutable aux piquets de bois fendus, mais d'expériences récentes, faites en Allemagne, il résulte que, malgré sa durée plus longue, le pieu en béton revient, en dernière analyse, dans les travaux civils, 2 *fois plus cher* que le pieu en bois. D'ailleurs la stérilisation, le bétonnage des pieux dans leur partie souterraine, permet d'augmenter sensiblement leur durée. C'est donc là encore un débouché certainement possible.

Quant aux bois propres à la distillation ou à la pâte à papier, on est évidemment certain de les trouver en plus grande quantité, et surtout avec un rendement plus rémunérateur, dans les taillis âgés que dans les taillis exploités à une révolution réduite, car, sous un volume donné, la matière travaillée renferme une quantité plus grande de produits utiles (cellulose, alcool).

Enfin, ce sont surtout aujourd'hui les bois de feu de faible dimension, qui sont presque inutilisés. Par contre, le bois de chauffage de fortes dimensions trouve encore relativement preneur, et il n'est pas téméraire de songer que la hausse croissante du charbon, due à de nombreuses causes économiques et sociales, forcera bientôt, dans les campagnes et même dans les villes, à recourir de nouveau au bois pour le chauffage domestique. A cet effet, des appareils nouveaux devront être inventés, et ce seront alors surtout les bois de feu de fortes dimensions qui profiteront de ce retour au chauffage de nos pères.

A ces raisons, basées sur les conditions de la vie moderne actuelle, il faut en ajouter une autre, celle de la facilité de la main-d'œuvre dans les taillis de fortes dimensions.

On sait combien aujourd'hui le recrutement de la main-d'œuvre bûcheronne est un problème difficile. C'est en fin de compte le propriétaire, qui paie le supplément de salaire dû à l'accroissement du prix de revient de la main-d'œuvre par suite de sa raréfaction croissante. Si donc le coût de la main-d'œuvre, qui a augmenté depuis 10 ans d'un tiers environ, tend à s'accroître encore, et c'est là une hypothèse qui n'a rien de chimérique, les différences entre le prix de vente des diverses catégories de bois augmenteront encore davantage.

Enfin, au point de vue même de l'exploitation, il n'est pas douteux que le jour où des procédés mécaniques seront inventés pour la coupe des bois, ces procédés seront rendus d'autant plus faciles que les peuplements seront plus clairs, facilitant le passage des machines, et par suite les vieux taillis seront d'autant plus recherchés par les exploitants.

Si maintenant, après avoir examiné la question au point de vue historique et économique, nous passons *au côté cultural*, nous ne voyons que des avantages à l'allongement de la révolution des taillis et surtout des taillis sous futaie.

On sait combien au début de leur croissance, et principalement sur les sols fertiles, les jeunes taillis sont composés d'essences diverses, dont un nombre relativement faible de bois de valeur. Ce n'est qu'au bout d'un certain nombre d'années que les essences les plus longévives, en général les plus précieuses, arrivent à faire disparaître celles de moindre valeur, les morts bois, et prendre le dessus. Il est donc tout indiqué de laisser à la nature le temps de produire, dans nos climats, cette sélection naturelle, dont profite l'enrichissement du taillis en essences précieuses. Il ne faut pas oublier, comme on l'a dit souvent, que le régime du taillis est un *régime contre nature*, rendu nécessaire par la nécessité pour l'homme d'une jouissance rapide ; il faut donc laisser la nature reprendre une partie de ses droits.

Sans doute, il sera souvent nécessaire que la main de l'homme intervienne, à des intervalles plus ou moins répétés, pour faciliter cette sélection naturelle, aider la nature dans cette « *lutte pour la vie* » des essences précieuses. Ce sera l'œuvre des *dégagements de semis* se répétant tous les 5 ou 6 ans en général, pour favoriser la croissance des essences de lumière (chêne, frêne), menacés par d'autres essences de moindre valeur, tels que le charme, les bois blancs (tremble, bouleau, etc.). Ce sera évidemment un surcroît de dépenses ; mais les frais de cette opération, indispensable pour l'accroissement de la richesse des taillis en essences précieuses, ne dépassent guère encore aujourd'hui 3 *francs* par hectare. Dans les forêts de peu d'étendue, ils peuvent même être exécutés sans frais par le garde local.

Alors l'enrichissement du taillis s'en suivra forcément et le propriétaire pourra répondre victorieusement à cette hérésie légendaire, que le chêne disparaît, en allongeant les révolutions, parce que la terre n'en veut plus, ou qu'en laissant vieillir le taillis les bois s'éclaircissent et se dénudent sans profit aucun pour le vendeur.

Aux dégagements de semis succédera l'*éclaircie* portant sur les bois blancs ou les plus mauvais rejets, et le taillis s'élèvera en hauteur. Cet allongement des perches aura une influence culturale des plus heureuses : elle forcera les réserves à se développer également en hauteur ; la longueur des fûts augmentera par suite d'un élagage naturel plus complet, d'où une plus grande proportion de bois d'œuvre à en espérer. De plus, moins fréquemment isolées, les réserves subiront plus rarement ces périodes de crises, dûes au découvert complet du sol et de la cime, et les perturbations de végétation, qui en résultent et leur sont parfois funestes, seront d'autant moins répétées. Enfin pourquoi ne pas l'avouer, le propriétaire sera moins souvent tenté de faire tomber un arbre vigoureux, en pleine croissance, capable de vivre plusieurs lustres encore, s'il revient moins souvent sur le même point !

Les baliveaux eux-mêmes, fréquemment isolés par les dégagements et les éclaircies, seront plus vigoureux, plus solides, avec des cimes mieux équilibrées, et si le propriétaire a pris le soin de les préparer aux emplacements voulus, ils faciliteront le balivage de l'avenir, sans être à jamais perdus, couchés par le vent lors de la coupe du taillis, et permettront l'enlèvement d'un plus grand nombre de réserves surâgées. Tout concourt donc, au point de vue cultural, si la révolution est allongée, à l'amélioration de la réserve, qui, dans le régime mixte du taillis sous futaie, *est fonction naturelle et obligatoire* du régime appliqué au taillis. C'est lui qui dans ce mode de traitement de nos forêts est, comme l'a dit si justement M. le Professeur Boppe, ancien directeur de l'École de Nancy, l'agent de perpétuation de la forêt. On ne saurait l'oublier : améliorer l'une c'est améliorer l'autre et l'allongement des révolutions du taillis ne peut que profiter à la réserve elle-même.

Une nouvelle conclusion s'impose donc encore : l'allongement des révolutions du taillis, *indispensable pour des raisons économiques*, est avantageux *au point de vue cultural*. Est-il maintenant facilement réalisable ?

Tout dépendra surtout de la fertilité du sol et de l'essence principale cultivée.

On ne saurait prolonger la révolution au delà de l'âge où l'essence principale du taillis ne peut plus rejeter qu'imparfaitement. Si donc, à cet âge, les perches de taillis sont incapables de donner des produits de valeur, suivant les exigences économiques du moment ou de la région, c'est que le régime du taillis doit être abandonné et faire place à une conversion de la forêt en futaie ; une substitution d'essences peut être envisagée également. De là l'idée de l'*enrésinement* des taillis dégradés en plaine et surtout en montagne lorsque les conditions orographiques ou climatériques doivent faire abandonner la culture des forêts en taillis.

En général, une étude attentive des conditions naturelles locales doit toujours précéder l'allongement de la révolution des taillis. Mais empressons-nous d'ajouter qu'à l'heure actuelle dans la plupart des forêts de plaine, traitées en taillis, la fertilité du sol est toujours suffisante pour permettre un allongement certain et avantageux de la révolution existante.

Comment déterminer la durée nouvelle de la révolution à fixer ?

Quel doit être l'âge choisi ? Il dépendra, bien entendu, de la faculté des essences cultivées à rejeter. Il faut, en général, une grande expérience pour fixer d'une manière sûre la révolution convenable. D'après M. le Conservateur des Eaux et Forêts Mathey, dans sa belle étude sur les taillis sous futaie de la Haute-Saône, l'âge optimum serait celui où le taillis est arrivé à donner en bloc 200 *stères* à l'hectare, production variable bien entendu avec l'âge, suivant la fertilité du sol et permettant de fixer la révolution du taillis, selon les régions, entre 25 et 40 *ans*.

Peut-être ce critérium est-il par trop absolu ? Il est bon en tout cas de le signaler et de le connaître. Mais que les propriétaires n'oublient jamais qu'ils auront souvent intérêt à dépasser l'âge qu'ils seraient tentés d'adopter, parce qu'instinctivement ils seront souvent portés de le fixer au-dessous de la vérité. Songeons à l'avenir, et n'oublions jamais que plus la durée de la révolution pourra être augmentée, plus nous sommes certains de fournir des produits variés, d'une vente plus rémunératrice. « Une révolution de 30 *ans*, a écrit le maître forestier Broilliard, n'est pas une très longue révolution de taillis sous futaie. »

Quant à la méthode même à adopter pour l'allongement des révolutions de nos taillis, elle sera des plus simples, pour ainsi dire *automatique*. Veut-on doubler la révolution ? Il suffira de suspendre une coupe sur deux et à la fin de la période, anciennement choisie, la révolution se trouvera ainsi portée à un âge double ; ce sera évidemment une diminution momentanée de revenu sérieuse, que tous les propriétaires ne seront pas en état de supporter. On pourra également diviser chaque coupe ancienne en demi-coupe, et poursuivre l'exploitation annuelle par demi-coupes. Si par ce procédé on arrivait à un nombre de coupes supérieur au nombre d'années de la révolution choisie, on pourrait constituer une réserve d'un certain nombre de demi-coupes. Ce serait d'excellente administration : une forêt ayant plus de coupes que n'en comporte la durée de la révolution peut donner deux coupes par an, quand les prix sont élevés, et c'est fort avantageux pour le propriétaire ; il domine la situation.

L'allongement des révolutions pourra toujours se faire suivant les deux principes suivants :

1º Soit porter sur *une réduction de contenance*, représentée par une fraction complémentaire du rapport entre le nombre d'années de la révolution ancienne et de la nouvelle ; c'est le système que nous venons d'examiner.

2º Soit par une *suspension de coupes*, à intervalles d'autant plus grands que l'allongement nécessaire sera plus considérable par rapport à la révolution ancienne.

Ce dernier procédé oblige à supprimer pendant un certain temps tout revenu annuel, mais il n'a pas l'inconvénient, surtout pour les petites forêts, de réduire la contenance à des proportions souvent infimes, et d'éloigner par suite souvent les gros acquéreurs, qui peuvent payer un prix plus rémunérateur.

Et lorsque la forêt, traitée autrefois en taillis sous futaie ou en taillis simple, aura ainsi vu sa révolution s'allonger, sa *conversion en futaie* sera devenue d'autant plus facile, car toute opération de cette nature doit forcément subir, comme préliminaire, l'allongement des révolutions. La CONVERSION RADICALE n'est guère possible. Elle est d'ailleurs toujours fort coûteuse et aléatoire, car elle suppose l'*essouchement* et la *régénération artificielle*. Lors donc que la conversion de nos taillis en futaie sera rendue nécessaire, soit pour des raisons d'essence, de sol ou de climat, c'est par le vieillissement des taillis qu'il faudra d'abord commencer.

On peut abandonner le taillis à lui-même, le laisser vieillir et pratiquer à partir de 20 ou 30 ans, tous les 10 ans par exemple, des *éclaircies* portant sur les bois blancs, les mauvaises cépées, extraire les réserves au fur et à mesure de leur dépérissement, et procéder ainsi jusque vers 80 *ans*, où le peuplement sera mûr pour la régénération naturelle. Celle-ci sera d'autant plus facile que les réserves seront d'autant plus nombreuses, et les bois moins disposés à rejeter de souches. Cette méthode qu'on peut appeler la MÉTHODE CONSERVATRICE est très simple ; mais elle conduit à une diminution sensible de revenus pendant une période si longue que bien peu de propriétaires voudront s'y résoudre.

Il est bien préférable d'allonger la révolution si celle-ci est trop courte et continuer les exploitations de taillis, en réservant le plus grand nombre d'arbres possible de belle venue. Alors, au bout de deux ou trois révolutions, les réserves multipliées formeront massif plein et le but sera atteint, la forêt passera successivement du taillis sous futaie à la *futaie claire* ou *futaie sur taillis* pour arriver à la *futaie pleine* bien constituée. C'est la MÉTHODE PROGRESSISTE, pour nous servir de l'expression très heureuse de M. le Conservateur des Eaux et Forêts Algan. Nos voisins les Suisses ont pu ainsi transformer, sur les contreforts du Jura, de vieux taillis en futaies riches et touffues ; la réussite de la méthode employée fait honneur à leur clairvoyance forestière.

Si les circonstances de situation de sol et d'essence ne permettent pas la constitution d'une futaie aussi rapide et ne laissent entrevoir la conversion que dans un vague lointain, difficile à concilier avec la brièveté de notre existence, du moins le propriétaire aura fait œuvre utile, car les coupes de taillis, de plus en plus riches, auront acquis de plus en plus de valeur : le sol produira de moins en moins de bois de feu et une plus forte proportion de bois d'œuvre et d'industrie.

Si enfin le sol est trop pauvre pour donner des réserves nombreuses facilitant la conversion, c'est alors que *l'enrésinement* s'impose : les plantations de *pins sylvestres* sur les sols secs, exposés au midi ; le *sapin*, *l'épicéa* sur les terrains plus frais ou aux expositions moins chaudes. Ils faciliteront souvent le retour des bonnes essences feuillues, et pourront donner des produits de valeur, lors de la première exploitation en vue de la régénération. Mais l'examen de ce dernier point semble dépasser le cadre de notre étude.

Concluons, en disant que la conversion des taillis en futaie, toujours possible, surtout si le propriétaire, comme en Allemagne, vient constamment aider la nature par des opérations culturales appropriées (dégagements d'essences précieuses, semis, labours, hersages, etc), est une conséquence naturelle de l'allongement des révolutions de taillis, dont elle n'est que le couronnement. Il est donc grand temps pour les propriétaires d'aborder le problème sous sa première forme, de résoudre la première partie de l'équation, c'est-à-dire de songer d'abord à l'augmentation indispensable de la révolution de nos taillis, sans gaspiller toutes les forces vives de la plus grande partie du domaine forestier dans la production de menus bois sans valeur. C'est une nécessité économique inéluctable ; autrement la propriété forestière est condamnée à une dépréciation assurée, devant entraîner sa ruine de plus en plus rapide.

Cette nécessité, nous proposons de la résumer sous la forme suivante :

Le CONGRÈS INTERNATIONAL FORESTIER, *réuni à Paris en* 1913,

Considérant que la mévente des bois de faibles dimensions, et surtout des bois de feu, tend à s'accentuer de jour en jour davantage, entraînant la dépréciation du prix de vente des coupes de taillis et de taillis sous futaie exploitées à un âge trop faible;

Que cette dépréciation a pour conséquence la disparition de nombreux massifs forestiers, souvent très utiles dans l'intérêt général, par suite de défrichements ou de coupes exagérées, presque excusables pour des bois ne donnant plus qu'un revenu insignifiant, souvent insuffisant pour en compenser les charges.

Considérant, par contre, qu'il résulte de l'examen du problème sous ses différentes formes, historique, économique et culturale, que l'allongement des révolutions de taillis et taillis sous futaie est toujours avantageux, le revenu d'un bois augmentant plus que proportionnellement avec l'âge de son exploitation, et que c'est aujourd'hui une nécessité absolue, *sauf de très rares exceptions, de tendre à l'augmentation de production des bois de fortes dimensions, dont les besoins modernes pourront toujours trouver l'utilisation certaine.*

Considérant, en outre, que cet allongement des révolutions dans les taillis et taillis sous futaie est toujours une opération facilement réalisable présentant des avantages culturaux certains et permettant, en cas de nécessité, la conversion même des taillis *en* futaie, *dont elle n'est que la phase préliminaire obligatoire?*

ÉMET LE VŒU :

Que les propriétaires soient engagés par tous les moyens à prolonger l'âge d'exploitation de leurs taillis, assurés de compenser ainsi les sacrifices momentanés, résultant de l'opération, par une augmentation de revenu certaine et durable dans l'avenir;

Qu'à cet effet les gouvernements intéressés organisent des conférences faites par les forestiers de l'Etat, dans les régions forestières importantes, d'où les propriétaires particuliers puissent tirer toutes les explications nécessaires et intéressantes à l'opération proposée;

Qu'ils soient invités à profiter des avantages des lois existantes ou projetées pour soumettre leurs forêts à la gestion des services publics, en vue de réaliser plus sûrement et plus rapidement, l'amélioration de leurs forêts dans le sens indiqué;

Qu'en raison enfin de l'intérêt général de la conservation et de l'amélioration des forêts, des primes, comme pour d'autres cultures, à titre d'encouragement et de compensation de la perte de revenu momentanée, subie par les propriétaires intéressés, soient instituées par l'Etat en faveur des forêts améliorées par l'allongement indispensable de leurs révolutions successives.

M. CAQUET. — Vous venez d'entendre la lecture du rapport de M. Demorlaine. Or, vous me permettrez de dire que ces explications ne paraissent pas bien neuves : elles ont été enseignées depuis plus de 40 ans à l'École forestière ! Il semble qu'elles soient un résumé du cours que j'ai suivi, ainsi que beaucoup d'entre nous.

Vous nous posez un dilemme en nous disant : ou vous allez rester dans les errements actuels, c'est-à-dire garder vos courtes révolutions et vous ne tirerez de vos taillis aucun revenu, ou vous allongerez vos révolutions et vous obtiendrez un revenu. Je ne crois pas que ce dilemme soit exact. Il y a un moyen terme auquel j'arrive immédiatement pour ne pas éterniser la discussion. Il est bien certain que le bois provenant des taillis, charbonnette et fagots, ne trouve plus à se vendre. Cela tient neuf fois sur dix, soit à la mauvaise qualité du sol, soit à ce qu'il y a des populations bûcheronnes qui réclament qu'on coupe les taillis à l'âge normal et qui vous causent des tribulations pour vous obliger à les écouter. Cette dernière considération est très importante et M. Demorlaine ne l'envisage pas, parce qu'il est agent forestier. En outre, il est très facile de dire à un pauvre qu'on rencontre : je ne te donne pas deux sous tout de suite, mais dans huit jours, je te donnerai cinq francs ! Il vaudrait mieux donner immédiatement les deux sous que d'attendre huit jours pour donner les cinq francs. Nous avons besoin de nos revenus, si petits soient-ils. Il faut donc chercher un moyen de se les procurer.

Je n'ai pas eu la prétention de vous le donner, ce moyen, dans mon rapport sur l'utilisation chimique des bois, des forêts, mais je crois qu'il y a là une solution.

Je voudrais, à cette occasion, soulever une question très intéressante. Dans le Nivernais, il existe une forêt soumise au régime forestier, c'est celle de Montambert. L'État y a dépensé des sommes énormes pour allonger les révolutions et, finalement il a été obligé de revenir à l'ancienne révolution, parce que les taillis ne comportaient pas la production à longue échéance. Cet exemple est typique. Je demanderai donc qu'une enquête soit faite pour prouver que, sur des terrains de mauvaise qualité, l'allongement des révolutions ne peut donner que des résultats médiocres et doit être déconseillée.

M. de Larnage. — J'approuve d'une façon complète ce que M. Caquet vient de dire. Vous me permettrez d'apporter une observation à l'appui de sa thèse. D'une enquête ouverte par le Comité des forêts, association de propriétaires sylviculteurs de France qui a rendu déjà de très réels services, il résulte que 30 % seulement des taillis étaient susceptibles de vieillissement. L'enquête a porté sur 15.000 hectares. En poussant une enquête de ce genre plus loin, vous verrez que la proportion tombera vite à 20 %.

Que ceux qui ont la bonne fortune de posséder des sols susceptibles de se prêter au vieillissement, en profitent ; ils pourront de la sorte obtenir un rendement supérieur en recherchant le bois d'œuvre. Mais laissez les propriétaires moins favorisés utiliser leur menu bois. Nous ferons une œuvre des plus utiles en leur trouvant les moyens de tirer parti de leur sol, au lieu d'aller leur prêcher des théories qui ne sont pas applicables.

M. Cuif. — M. Caquet a fait allusion à l'École forestière en disant que le rapport de M. Demorlaine était l'expression de l'enseignement de cette école de Nancy. C'était peut-être vrai à l'époque de M. Caquet, mais au nom de l'École, dont je fais partie depuis dix ans, je tiens à protester hautement contre cette opinion. L'École de Nancy ne prêche pas d'une façon absolue à l'heure actuelle l'allongement des révolutions. Elle cherche au contraire un autre système pour venir en aide aux particuliers, aussi bien qu'à l'État et qu'aux communes en ce qui concerne les forêts traitées en taillis et en taillis sous futaie.

La communication que je vais vous lire est l'expression de ces idées.

Diminution de la proportion des bois de petite dimension. — Conversion des taillis et taillis sous futaie en futaie.

« La disette des bois d'œuvre se fera peut-être sentir avant cinquante ans ». Telle est la conclusion du remarquable rapport présenté au Congrès international de Sylviculture de 1900 par M. Mélard, inspecteur des Eaux et Forêts.

Comme remède, M. Mélard voulait :

1° Qu'on installât dans les plaines, sur les plateaux ou sur les montagnes de moyenne élévation, soit des forêts de chêne, soit des sapinières ;

2° Qu'on arrêtât les destructions des forêts, soit par des mesures législatives strictement appliquées, soit *en faisant comprendre aux propriétaires que leur intérêt bien entendu consiste à n'exploiter que la production de leurs forêts, et à en respecter le capital.*

Si nous consultons les mercuriales des produits forestiers sur quelques-uns des principaux marchés de France, d'après la *Revue des Eaux et Forêts*, pour les années 1900 et 1912, nous constatons les variations suivantes :

		Années :	
Place de Paris :		1910	1912
Chêne d'Autriche-Hongrie, premier choix, en sciage, le mètre cube	Fr.	170 »	215 »
Chêne d'Autriche-Hongrie, deuxième choix, en sciage, le mètre cube	Fr.	140 »	175 »
Chêne de France	Fr.	110 à 130	125 à 165
Port de Clamecy (Nièvre) :			
Charpente-chêne, le décistère au 1/6 déduit	Fr.	6.50 à 7 »	4 à 9 »
Bois d'œuvre-merrain, le millier de 2.600 pièces	Fr.	500	800
Traverse hêtre, grosse	Fr.	85 à 88	95 »
Ecorces, les 1.000 *kilogrammes*	Fr.	73.68	57.69
Charbons de bois, l'hecto	Fr.	2.70	1.66
Place de Villers-Cotterets :			
Charpente-chêne, bois équarris, le décistère	Fr.	7 à 8	7 à 8.50
Bois ronds, grosseur moyenne, pour traverses de chemin de fer	Fr.	42 »	45 »
Petites dimensions, pour piquets d'entourage	Fr.	20 »	25 »
Bois de feu, *chêne quartier*	Fr.	7.50	7 »
— *hêtre quartier*	Fr.	13 »	10 »

Des prix fortement croissants pour les bois-d'œuvre, une dépréciation importante des bois de feu, des écorces et du charbon de bois, tels sont les faits mis en relief par les quelques chiffres rapprochés ci-dessus.

Les prévisions de M. Mélard paraissent donc se justifier, ainsi que les mesures préventives qu'il a cru devoir préconiser.

Mais si l'on considère que, d'une part, 80 % des forêts particulières de France sont des taillis simples ou des taillis-sous-futaie, et, d'autre part, que ces régimes (1) donnent toujours, à production égale, une proportion de bois d'œuvre très inférieure à celle obtenue avec le régime de la futaie (2), on

(1) Rappelons que le mot *régime* est synonyme de mode de régénération. — Dans la *futaie*, la dissémination naturelle des graines donne naissance à des peuplements formés de brins de semences. Dans le *taillis*, la reproduction par les axes rajeunit les peuplements au moyen de rejets de souches ou de drageons. Dans le *taillis sous futaie*, les deux modes de régénération se trouvent réunis sur la même surface et donnent lieu ainsi à des peuplements mixtes.

(2) D'après la statistique de 1878, pour un mètre cube de matière ligneuse produite par hectare et par are, il y a :

	Forêts domaniales et communales	
	Bois d'œuvre	Bois de feu
Dans le taillis simple	0 mc 015	0 mc 985
Dans le taillis sous futaie	0 mc 175	0 mc 825
Dans la futaie	0 mc 465	0 mc 535

admettra qu'il est de plus en plus difficile de persuader aux propriétaires la nécessité de respecter exclusivement le capital de leurs forêts feuillues.

Cette mesure conservatrice, ainsi limitée, est en effet, devenue insuffisante, Déjà, l'intérêt du présent commande, dans la plupart des cas, à tout propriétaire de forêts de renoncer à la production de bois de feu, qui ne réalise plus un placement avantageux du capital superficiel, cependant peu élevé, qu'elle impose.

L'avenir est au bois d'œuvre, et, par suite, la gestion forestière doit s'orienter progressivement vers le régime qui le fournit en plus grande abondance et de la meilleure qualité, c'est-à-dire, en général (1) vers la *futaie*. Or, chacun sait que cette dernière exige un capital superficiel supérieur à celui que l'on observe dans les taillis sous futaie et *à fortiori* dans les taillis simples. Le propriétaire de forêts feuillues devra donc, quel qu'il soit, se résoudre à une augmentation du capital engagé dans la superficie, augmentation qu'il ne réalisera qu'en coupant moins que la production, durant une période de transition d'une durée proportionnelle à celle de la révolution de la futaie à créer.

La nécessité d'un changement de mode de régénération ou de régime étant établie pour les forêts traitées en taillis ou en taillis sous futaie, vers quelle forme de peuplement devront tendre les opérations de conversion, et comment seront conduites ces opérations? Telles sont les deux questions que nous allons examiner successivement.

Choix de la forme de peuplement.

La *futaie pleine* ou *régulière*, composée d'une suite ininterrompue de peuplements ayant même âge chacun, présente certains avantages incontestables, qui la rendent recommandable. L'état uniforme sur de grands espaces favorise une intervention efficace pour donner aux sujets d'élite les soins culturaux convenables, assure la mise en ordre des forêts, ainsi que le rapport soutenu, facilite les exploitations et l'exactitude dans la comptabilité et le contrôle.

Toutefois, cette forme n'est pas sans inconvénients, dont deux méritent particulièrement d'être signalés ici :

Difficilement applicable aux petites forêts, la futaie régulière est, en outre, de nature à compliquer à l'extrême, par suite d'une répartition inégale du capital superficiel, un partage successoral, auquel sont exposées les propriétés particulières.

Le second inconvénient, moins apparent au premier abord, mérite quelques développements. Il est d'ordre exclusivement cultural.

Les peuplements d'un seul âge, issus de graines, ne se créent jamais naturellement que sur des espaces restreints, à la suite d'accidents : météores, invasions d'insectes, etc. Hors ces cas exceptionnels, leur installation et leur maintien sur des étendues plus ou moins vastes, ne peuvent être réalisés que grâce à une intervention incessante et sainement raisonnée du travail humain. Cette intervention doit être d'autant plus active et plus continue que les facteurs de la production sont moins favorables à la régénération naturelle par la semence. Il peut même arriver que ces facteurs viennent à opposer aux efforts du sylviculteur des obstacles, sinon insurmontables, du moins susceptibles de rendre très aléatoires les avantages d'un changement de régime.

L'influence du *sol* et surtout du *climat* ressort nettement de l'histoire des conversions entreprises sur une grande échelle, vers le milieu du siècle dernier, dans les forêts domaniales. S'il serait injuste d'attribuer à une cause unique les nombreux insuccès de ces opérations, il faut reconnaître cependant que l'une des principales erreurs commises a été une extension trop large de l'aire

(1) Parmi les exceptions, nous signalerons le cas du département du Nord. Les forêts y sont presque toutes feuillues et traitées en taillis-sous-futaie. Or, d'après la statistique de 1878, elles ont produit, par hectare, en 1876, 4 mc 010, dont 2 mc 540 de bois de service, contre 1 mc 470 de bois de feu. L'énorme quantité d'étais de mines réclamés par l'industrie houillère est la seule cause de cette relation.

d'application de la futaie pleine, notamment en ce qui concerne les forêts de chêne des terrains frais et fertiles, sous les climats rudes du Nord-Est de la France. On a trop oublié alors que végétation et climat sont liés par des relations étroites de cause à effet.

Dans ces conditions, conseiller, d'une manière générale, aux propriétaires particuliers, la conversion de leurs forêts feuillues en futaie régulière, serait imprudent, dangereux peut-être, en raison du découragement que pourrait entraîner une non-réussite, même partielle.

Il est, par contre, dans le régime de la futaie, une forme de peuplement qui, tout en réunissant les principaux avantages de la futaie pleine, ne présente pas les inconvénients qui viennent d'être signalés.

Que l'on s'imagine les massifs de chaque âge formant, sur le terrain, non plus une suite ininterrompue, mais des groupes d'importance variable, répartis çà et là dans chaque parcelle de la forêt, sans qu'un emplacement leur ait été assigné d'avance, et l'on aura une idée exacte de cette forme à laquelle nous faisons allusion et que nous appellerons *futaie pleine par bouquets.*

Supposons-là, pour un instant, réalisée ; nous lui reconnaîtrons les avantages suivants :

1° Elle est applicable à toutes les forêts, aux plus petites comme aux plus grandes ;

2° Le capital étant réparti uniformément, le trouble dans l'aménagement est réduit au minimum, en cas de partage ou d'accident quelconque ;

3° La futaie pleine par bouquets, se rapproche beaucoup de la forêt naturelle, telle qu'elle doit se présenter lorsque le peuplement est constitué exclusivement par une essence de lumière, par le chêne en particulier, qui ne peut comporter l'état jardiné ;

4° Les opérations répétées à de courts intervalles — 10 ans en moyenne — permettent :

> *a*) de mettre à profit toutes les années de semences pour assurer la régénération sous les vieux sujets exploitables, isolés ou réunis par groupes ;
>
> *b*) de donner en même temps aux peuplements en croissance les soins culturaux qu'ils réclament suivant leur état de développement, variable d'un groupe d'âge au suivant ;

5° Le mélange des essences, toujours désirable au point de vue cultural et non sans avantages économiques, puisqu'il se prête à la production des bois d'œuvre les plus divers, peut être obtenu sans difficultés, par places ou compartiments, en mettant à profit les inégalités plus ou moins grandes dans la nature du sol. Il n'en résulte aucun des inconvénients que présente le mélange intime — pied à pied — lorsque les essences associées sont de tempéraments opposés ou n'ont pas la même activité de végétation ;

6° Chaque essence peut être exploitée au moment le plus avantageux, si l'on sait faire choix d'une bonne méthode d'aménagement.

Voici, brièvement résumée, la méthode que nous préconisons.

1° Division de la forêt en coupons de 2 à 10 hectares chacun ;

2° Au début de chaque rotation d'une durée de 10 ans environ ;

> *a*) Dénombrement des arbres de 20 centimètres de diamètre et au-dessus, et évaluation de leur volume, en utilisant un tarif établi par essence, s'il y a lieu, et relatif au bois d'œuvre exclusivement ;
>
> *b*) Calcul, par coupons, d'une possibilité par volume déterminée par l'un des procédés habituels, après fixation de l'état normal qui paraît convenir à la forêt ; cet état normal sera défini par le nombre des arbres de chaque catégorie de diamètre que devra renfermer l'hectare moyen, pour qu'on puisse en tirer un revenu constant en arbres de la plus forte catégorie ;
>
> *c*) Établissement d'un plan d'exploitation, en affectant un nombre entier de coupons à chaque année de la rotation. Pour cette affectation, on suivra l'ordre du numérotage des coupons et on les groupera de telle

sorte que la somme de leurs contingents respectifs soit, autant que possible, voisine du chiffre de la possibilité de la forêt ;

3° La coupe principale — ou recrutement de la possibilité en produits principaux parmi le matériel dénombré — sera accompagnée d'une coupe d'amélioration ayant pour but essentiel d'améliorer la jeune futaie en croissance, là où on la rencontrera, et d'assurer son recrutement. Par suite, cette coupe d'amélioration consistera en éclaircies prudentes et raisonnées des brins d'avenir et en dégagements des semis d'essences précieuses, de ceux de chêne et de frêne notamment, si le sol se prête à leur éducation.

Sans doute, la méthode exposée, qui assure l'ordre dans les exploitations, ne peut présenter la simplicité et la clarté d'une méthode exclusivement par contenance. Toutefois, il faut reconnaître qu'elle procure, sur le taillis sous futaie, tel qu'il est généralement pratiqué à l'heure actuelle, l'avantage incontestable de ne pas laisser la coupe indéterminée et par conséquent de s'opposer aux abus de jouissance.

Conversion d'un taillis sous futaie en futaie pleine par bouquets.

Cette conversion comporte la mise en application immédiate de toutes les opérations propres à la méthode et qui ont été énumérées précédemment, savoir : division de la forêt en coupons qui correspondront, en général, aux anciennes coupes de taillis sous futaie, inventaire du matériel, fixation de l'état normal et de la durée de la rotation, détermination d'une possibilité, à calculer avec d'autant plus de parcimonie que le coupon considéré sera moins riche en arbres de réserve, établissement d'un plan d'exploitation.

Tant que le volume normal à l'hectare, en bonnes essences, ne sera pas atteint, la coupe principale portera sur les arbres d'essences secondaires (bois blancs, charmes, etc.), ne devant entrer qu'à titre exceptionnel dans la constitution de la futaie future et, de préférence sur ceux de ces arbres devenus nuisibles à des brins d'avenir ayant crû sous leur couvert. Elle n'enlèvera, parmi les arbres des essences précieuses, que les sujets tarés ou trop dépérissants pour que l'on puisse en espérer de la semence, ainsi que les gros hêtres, très branchus, à couvert bas, sous lesquels la régénération n'est pas possible.

Quant à la coupe d'amélioration, à pratiquer toujours la même année et dans la même enceinte que la coupe principale, elle pourra s'effectuer suivant deux modalités que nous allons décrire :

1er *système.* — La coupe d'amélioration consistera exclusivement en éclaircies des brins d'avenir et en dégagements des semis existants, ces opérations étant d'autant plus énergiques que brins ou semis seront d'une essence à tempérament plus robuste.

Accessoirement, à défaut de sujets de franc pied, il pourra être utile d'éclaircir ou de dégager les meilleurs montants de cépées provenant de jeunes souches.

En somme, dans ce système, pas de coupe systématique, pas de travaux non plus (semis ou plantations) susceptibles de ramener rapidement une essence précieuse sur des étendues plus ou moins vastes, dont elle a disparu sous l'influence du traitement antérieur, et où son éducation serait avantageuse au point de vue économique. Ce soin est abandonné entièrement à la nature qui s'en charge, il est vrai, mais avec une lenteur souvent regrettable.

2e *système.* — Il remédie, dans la mesure du possible, à l'inconvénient que nous venons de signaler.

Lors du premier passage, sur les points où le couvert des réserves de l'ancien taillis sous futaie fera défaut, on formera, avec des perches de cépées, un massif complet, mais clair, susceptible de servir d'abri à des plantations ou à des semis artificiels, dont l'exécution aura lieu immédiatement après le passage de la coupe. Hormis ces perches de cépées, le taillis sera recépé complètement. Sous le couvert ménagé, les souches n'émettront que des rejets peu vigoureux, contre lesquels les semis naturels ou artificiels, et, *à fortiori* les plants mis en terre, lutteront sans peine pendant une dizaine d'années, c'est-à-dire jusqu'au second passage, où des dégagements seront opérés.

On comprend aisément la supériorisé de ce second système, qui hâtera l'œuvre de la nature et réalisera la conversion dans le délai minimum.

Conversion d'un taillis simple en futaie pleine par bouquets.

L'opération dont il s'agit est évidemment semblable à celle qui tend à convertir un taillis sous futaie en futaie pleine par bouquets. La seule différence essentielle est que la conversion sera plus longue, en raison de l'absence de réserves qui, pour le taillis sous futaie, favorisent singulièrement un acheminement rapide vers l'état normal.

« La théorie la plus savante, a écrit de Perthuis, n'est qu'un simple jeu de l'esprit, lorsqu'elle n'est pas fondée sur des faits. »

Convaincu que nous sommes, de la vérité de cette assertation, nous aurions hésité à préconiser la méthode de conversion qui vient d'être exposée, si elle n'avait déjà reçu la sanction.

Un examen particulièrement attentif et minutieux des résultats de son application dans trois des séries d'études de la station de recherches et expériences de l'École Nationale des Eaux et Forêts, depuis 20 ans pour l'une d'elles, avec la coupe d'amélioration du 1er système (série dite du contrôle); depuis sept ans pour les deux autres, avec la coupe d'amélioration du deuxième système (séries de conversion en futaie claire), nous a permis de reconnaître sa parfaite efficacité.

En ce qui concerne la futaie pleine par bouquets, sa pratique séculaire dans des forêts particulières (1), au milieu desquelles nous avons passé notre jeunesse et dont l'attrait augmente sans cesse, pour nous, au fur et à mesure que nous pénétrons davantage les mystères de la culture forestière, est la preuve irréfutable qu'elle n'est pas une conception imaginaire, mais un mode de traitement parfaitement défini, qui, vu les avantages que nous lui avons reconnus, mériterait certainement une plus grande faveur que celle que lui ont témoignée jusqu'ici les sylviculteurs officiels.

M. MANGIN. — M. Demorlaine n'a pas voulu préconiser un allongement des révolutions obligatoire et applicable à toutes les forêts. Il a simplement indiqué un moyen propre, dans un grand nombre de cas, à favoriser l'amélioration de nos forêts. L'art des forestiers interviendra lorsqu'il s'agira de discerner quel devra être l'allongement des révolutions, suivant les régions et s'il serait profitable d'user des modalités indiquées par M. Cuif.

La première chose à faire dans les taillis, c'est d'utiliser le menu bois. Au point de vue de l'utilisation économique, il y a des remèdes assez faciles que M. Demorlaine vous a indiqués. Vous choisirez la révolution qui vous paraîtra le plus favorable et vous pourrez, soit supprimer une coupe sur deux, soit réduire la superficie de chaque coupe.

Il y a évidemment des mesures à prendre pour permettre aux particuliers peu fortunés de supporter la réduction de leur revenu et

(1) Les forêts particulières auxquelles nous faisons allusion sont riveraines de la forêt domaniale de Signy-l'Abbaye (Ardennes). Le chêne, parfaitement à sa place vu la nature du sol (glaise oxfordienne recouverte d'une mince couche de limon des plateaux), et l'altitude (200 à 250 mètres), y est, en général, l'essence exclusive du peuplement dominant. Le sous-bois, toujours clair, mais suffisant pour maintenir le sol en excellent état, est formé par des morts-bois et par des rejets de chêne ou d'essences diverses. Son recépage à chaque passage de la coupe principale, qui revient tous les 10 à 15 ans, a pour heureux résultat de dégager les semis de chêne qui se trouvent dans les vides créés par l'enlèvement des bois exploitables, et de perpétuer ainsi la forme du peuplement.

dégrever momentanément d'impôt foncier les forêts en voie d'amélioration, et c'est ce que M. Demorlaine vous propose pour étayer sa thèse. Il vous indique donc le moyen économique d'allonger les révolutions.

Quant à ce qui concerne la main d'œuvre, il est certain que tout progrès économique provoque une petite crise sociale. Dans toutes les régions, on aura du mal à lutter contre les habitudes des bûcherons. Mais c'est un choc obligatoire, et, petit à petit, la main d'œuvre finira par s'adapter aux nouvelles révolutions. Je le crois du moins.

Par conséquent, je crois qu'on peut maintenir au moins le dernier vœu de M. Demorlaine.

M. de Larnage. — Je puis vous assurer que les propriétaires forestiers ont fait des progrès énormes, en raison particulièrement de l'influence de l'École de Nancy. Ces propriétaires ont fait beaucoup pour les forêts. Comme président de syndicat forestier, je me permets de vous dire que tous les membres de notre syndicat apportent le plus grand intérêt au bon entretien de leurs bois. Ils se préoccupent également d'une question sur laquelle vous serez sans doute de mon avis, c'est la stabilisation de la main d'œuvre, qui nous fait défaut. Or avec le régime préconisé, s'il était étendu à toute la France, ce serait la disparition de la main-d'œuvre bûcheronne.

M. Maitre. — Je voudrais dire un petit mot. Je ne veux pas parler de régions favorisées comme celles qu'a citées M. de Larnage au point de vue de la vente du petit bois, mais de régions comme la Bourgogne et le Châtillonnais. Là, la charbonnette n'a plus aucune espèce de valeur : elle est même comptée au point de vue négatif ! Nous coupons donc les taillis, non pas pour en faire de l'argent, mais parce que les acheteurs de futaie nous obligent à les enlever ; il n'y a que la futaie qui ait une valeur quelconque.

Étant donné cette situation, je me permets d'attirer l'attention sur un système préconisé et appliqué par M. Gazin, inspecteur des Forêts, et qui me paraît fort heureux. On divise les filets de coupe en filets pairs et en filets impairs. Les filets pairs sont coupés comme aujourd'hui en taillis sous futaie ; les filets impairs au contraire, sont réservés. On marque les futaies en délivrance qui sont bonnes à réaliser. De la sorte, sur près de la moitié de la surface le vieillissement des taillis est réalisé et c'est une économie. Si on veut avoir des arbres bien venant, on est bien obligé de laisser vieillir les taillis. Je vous signale ce procédé qui me paraît assez ingénieux pour réaliser le vieillissement du taillis sans aucun sacrifice. Dans dix ans, on reviendra couper les filets impairs et on laissera les filets pairs.

M. de Lesseux. — Je voudrais demander à M. Cuif quelle différence il y a entre la futaie pleine par bouquets et la futaie jardinée.

M. Cuif. — Il reste toujours dans l'esprit le mot originel. On ne peut pas aller dire à quelqu'un qu'il faut faire de la futaie jardinée de chêne, car il répondrait que c'est impossible, le chêne ne pouvant pas vivre sous le couvert, même du chêne. J'ai donc choisi le terme de futaie pleine par bouquets parce qu'il exprime bien la réalité.

M. LE PRÉSIDENT. — Il faut conclure.

M. CAQUET. — Au point de vue cultural, M. Cuif vient de nous exposer une méthode qui est bien jeune pour avoir fait ses preuves et qu'il est difficile par conséquent de conseiller à des particuliers. Nous ne pouvons préconiser les expérimentations scientifiques de Nancy qui sont faites dans des lieux choisis. Ici nous cherchons un résultat décisif, pécuniaire et économique, c'est-à-dire définitif, alors que vos expériences ne constituent que des données très restreintes.

M. CUIF. — Permettez-moi de protester. J'ai cité les forêts particulières des Ardennes qui fournissent deux mètres cubes de bois d'œuvre par hectare et par an.

Je propose de rédiger ainsi le premier paragraphe.

« *Que les propriétaires soient engagés par tous les moyens, soit à prolonger l'âge d'exploitation de leurs taillis, soit à entreprendre immédiatement la conversion de leurs taillis ou taillis sous futaie en futaie pleine par bouquets, mode de traitement parfaitement défini qui réduira au strict minimum dans l'avenir la proportion des bois de petite dimension.* »

M. LE PRÉSIDENT. — Je crois que M. de Larnage a une observation à présenter?

M. DE LARNAGE. — Je voudrais l'introduction de ces simples mots : « ... *quand les terrains s'y prêtent.* » Ceci réserve toutes les autres solutions. Nous n'aurons pas l'air ainsi de poser des solutions inéluctables.

M. CUIF. — M. de Larnage a raison, car on peut dire qu'il n'y a rien d'absolu en sylviculture.

M. DE LARNAGE. — Je remercie M. Cuif de son affirmation.

M. ROUX, *secrétaire*. — Je donne lecture du vœu :

« *Que les propriétaires soient engagés par tous les moyens, soit à prolonger l'âge d'exploitation, soit à entreprendre immédiatement la conversion de leurs taillis ou taillis sous futaie en futaie pleine par bouquets, assurés de compenser ainsi les sacrifices momentanés résultant de l'opération, par une augmentation de revenu certaine et durable dans l'avenir* ;

« *Qu'à cet effet, les gouvernements intéressés organisent des confé-*

rences faites par les forestiers de l'Etat dans les régions forestières importantes, d'où les propriétaires particuliers puissent tirer toutes les explications nécessaires et intéressantes à l'opération proposée ;

« Qu'ils soient invités à profiter des avantages des lois existantes ou projetées pour soumettre leurs forêts à la gestion des services publics, en vue de réaliser plus sûrement et plus rapidement l'amélioration de leurs forêts dans le sens indiqué ;

« Qu'en raison enfin de l'intérêt général de la conservation et de l'amélioration des forêts, des primes, comme pour d'autres cultures, à titre d'encouragement et de compensation de la perte de revenu momentanée, subie par les propriétaires intéressés, soient instituées par l'Etat en faveur des forêts améliorées, soit par l'allongement indispensable de leurs révolutions successives, soit par leur conversion directe en futaie pleine par bouquets. »

M. LE PRÉSIDENT. — Je mets ce vœu aux voix.

Le vœu est adopté.

La parole est à M. Raverdeau pour une communication sur l'INTRODUCTION DU PEUPLIER DANS LES TAILLIS.

M. RAVERDEAU. — J'ai l'honneur de vous soumettre les réflexions suivantes :

Puisqu'il est prouvé que, par suite de la main-d'œuvre de plus en plus rare et coûteuse, de la mévente des menus bois, les propriétaires forestiers sont forcément appelés à remplacer les taillis par les arbres de haute futaie qu'ils seront toujours assurés de vendre à des prix rémunérateurs, les besoins de bois de l'industrie allant toujours en augmentant, une très grave question se pose pour ces propriétaires, surtout pour ceux dont les bois renferment actuellement beaucoup de taillis et peu de gros arbres, comme c'est généralement le cas.

S'ils conservent les jeunes futaies de chênes, hêtres, charmes ou autres bois poussant très lentement pour en faire un jour de gros arbres, ils ne peuvent émettre l'espoir de réaliser ces derniers eux-mêmes, l'espace de deux à trois générations d'hommes étant nécessaire pour que ces essences donnent des produits de valeur.

Voilà donc les propriétaires forestiers entièrement privés de revenus. Beaucoup renonceront à s'y résigner. Un remède existe heureusement à cela, du moins en ce qui concerne les bois situés en terrains frais. Il consiste à planter les bois en peupliers au fur et à mesure de l'exploitation des taillis. Pour cela, choisir de bon plants d'une essence connue et bien sélectionnée, déjà forts, âgés d'au moins trois ans afin qu'ils puissent dominer immédiatement le taillis qui va repousser. Les plants à 5 mètres sur 5, soit 400 plants à l'hectare. On peut ensuite laisser le taillis repousser en dessous, mais dans ce cas, le peuplier poussera moins vite, étant privé d'air.

Si l'on ne tient pas à conserver de taillis, il n'y a qu'à exterminer les jeunes pousses pendant la sève, les arracher des souches et ces dernières pourriront ensuite avec le temps.

Au cas où l'on tiendrait à garder du taillis tout en aérant les peupliers, il n'y a qu'à détruire les jeunes pousses de taillis se trouvant sur chaque ligne de peupliers sur une largeur de 3 mètres. Les lignes de peupliers étant à 5 mètres les unes des autres, il restera entre elles une bande de taillis de 2 mètres de largeur qui ne nuira nullement à la pousse des peupliers.

J'ai commencé à appliquer depuis quelques années cette méthode dans mes propres bois et elle me donne un très bon résultat. Je suis persuadé qu'elle peut rendre d'excellents services à bon nombre de propriétaires.

Voici comment on peut exploiter un bois ainsi planté :

A quinze ans, on abat le taillis qui pousse vite dans ce genre de terrain frais (étant d'ailleurs presque toujours composé d'essences à croissance rapide comme aulne, frêne ou bouleau).

Le bois obtenu n'est pas très gros, mais suffisamment pour mériter d'être exploité.

On abat en même temps une ligne de peupliers sur deux, puis un arbre sur deux dans les lignes restantes, soit 300 pieds représentant facilement une valeur de 3 francs pièce. Les petits peupliers de cette taille trouvent aujourd'hui très facilement preneur pour la fabrication de la pâte à papier ou la confection des planches à caisses d'emballages (pour faire de la barre à caisse). On a donc une réalisation de 2.400 francs.

Les peupliers restant se trouvent alors à 10 mètres sur 10 et ont tout l'espace voulu pour croître.

Quinze ans après, on coupe de nouveau le taillis, puis les peupliers restant : ceux-ci représentent une valeur de 40 à 45 francs pièce, au minimum.

Soit une réalisation d'au moins 4.000 francs.

L'hectare de bois aura donc rapporté en l'espace de trente ans : 2.400 francs plus 4.000 francs, soit 6.400 francs, c'est-à-dire 213 francs par an, en ne tenant aucun compte du taillis qui paiera les menus frais de garde et d'entretien.

Il me semble que cette opération qui peut être entreprise et réalisée par un homme même âgé de quarante ans, est susceptible de tenter beaucoup de propriétaires à la veille de ne tirer aucun revenu de leur bois. D'autant que j'ai pris comme exemple les chiffres les plus faibles et que l'on peut obtenir facilement de beaucoup plus beaux résultats pour peu que l'on soigne ses plantations.

Le peuplier est le seul arbre que ceux qui le plantent peuvent espérer récolter eux-mêmes. Comme le prix de son bois atteint la moitié et même quelquefois les deux tiers de celui du chêne et qu'il pousse quatre fois plus vite, il est facile de voir que le premier doit rapporter trois fois plus que le second.

Le peuplier convient tout particulièrement dans les terrains frais mais pousse bien dans les terrains même humides, suffisamment remués.

C'est l'arbre de l'avenir. Sa consommation toujours croissante sera cause que ce bois va manquer un peu partout et que son prix déjà élevé montera encore. Son usage se répand de plus en plus et ses emplois sont multiples ; de larges débouchés lui sont donc toujours assurés.

M. le Président. — L'assemblée donne acte à M. Raverdeau de sa communication. La parole est à M. de Segonzac.

M. le baron de Segonzac. — La communication de M. Raverdeau est relative aux plantations de peupliers dans les terrains frais. J'ai tenté moi-même l'expérience. Les blancs de Hollande sont venus très bien et dans ce moment ils donnent des coupes régulières assez bonnes. Les autres peupliers n'ont pas donné des résultats aussi bons. Les peupliers parasols qui font si bien sur les routes, croissent régulièrement. Mais il y a une certaine prudence à observer et c'est une question qui demande à être examinée avec beaucoup de circonspection. D'après mon expérience, c'est donc le blanc de Hollande qui donne les meilleurs résultats. Mais il y a des espèces qui meurent au bout de quinze à vingt ans et qui, par conséquent, ne peuvent servir absolument à rien. Il faut donc choisir son essence avec soin.

M. Baudoux. — J'appelle l'attention sur les maladies terribles qui attaquent les arbres. Il y a une sorte de gale qui attaque les peupliers : il se forme de gros bourgeons qui arrivent à fendre l'arbre au bout de peu de temps. Je demande quelles sont les essences de peupliers qui sont réfractaires à cette maladie. C'est très important, car il y a des régions où l'on est obligé d'abattre des quantités de peupliers, ce qui entraîne une grosse perte.

M. Barbey. — L'insecte qui ravage le peuplier est bien connu. C'est la saperde qui comprend deux espèces : la Saperde chagrinée (*Saperda carcharias* L.) dont les élytres sont jaunes tachetées de noir et la Saperde des peupliers (*Saperda populea* L.) très fréquente dans les trembles. Je crois qu'il n'y a pas de remède aux attaques de ces insectes, à part la destruction des larves. Il n'y a qu'un moyen, c'est l'incinération sur place. Dans les grands arbres sur lesquels on ne constate qu'une seule attaque de la grande Saperde chagrinée, on peut se contenter de la détruire au moyen d'un insecticide ; mais dans les arbres atteints à l'infini, il n'y a pas de remède, sinon l'abatage de toutes les tiges infestées.

M. le Président. — S'il n'y a pas d'autre observation, la discussion est close.

La séance est levée à 11 h. 20.

SÉANCE DU 18 JUIN 1913

(MATIN)

Présidence de M. CAQUET, vice-président de Section

La séance est ouverte à 9 h. 20.

Y a-t-il dans la salle des délégués étrangers? S'ils veulent bien venir prendre place au bureau, nous serons heureux de les accueillir.

L'ordre du jour appelle le rapport de M. Jolyet sur les taillis d'acacia. M. Jolyet n'étant pas dans la salle, je vous propose d'écouter d'abord la lecture d'une note sur l'acacia par M. Vadas, délégué de la Hongrie.

M. Vadas. — Messieurs, j'ai eu l'occasion de m'occuper en Hongrie de l'acacia d'une manière très complète ; j'ai réuni mes études dans une monographie de l'acacia qui vient d'être publiée en français, et c'est pourquoi je vous demande la permission de vous présenter quelques brèves observations sur la question traitée.

Dans un climat où prospèrent les vignes et le châtaignier, dans un sol sablonneux et lâche, qui n'est pas humide, l'acacia peut s'élever en peuplement. La condition principale du succès de sa culture est de labourer au préalable le sol (culture agricole et sylviculture combinée), parce que le développement intensif des racines ne peut se faire que dans un sol labouré, qui soit le plus possible en contact avec l'air ; les tubercules des racines, qui recueillent l'azote atmosphérique, se développent avec la plus grande abondance dans un tel sol, qui assure en même temps l'humidité nécessaire pour la croissance favorable de l'acacia.

La plantation se fait avec des plants d'un an, à l'espacement de deux mètres en tous sens. Après la plantation, nous recépons à blanc étoc, et des drageons poussant ainsi, nous élevons les arbres à l'aide de l'émondage nécessaire. Actuellement le recépage se fait à 10 ou 20 centimètres au-dessus du sol, pour que la blessure soit la plus petite possible, car au lieu de la blessure, commence facilement la pourriture.

L'émondage est inévitable à l'âge de 2 ou 3 ans pour la formation de la couronne de l'arbre. C'est pourquoi j'estime que le recépage à 5 ans que M. le Rapporteur recommande, est superflu.

La révolution des taillis d'acacia peut être déterminée le plus avantageusement entre 25 et 30 ans au maximum.

Les jeunes drageons, constitués en grande partie par de l'aubier, ne peuvent être utilisés comme bois d'œuvre ou comme échalas, comme l'indique M. le Rapporteur, car ce bois pourrit vite et se rejette. Dans toutes les conditions. on ne peut employer comme bois d'œuvre que le bois nerveux, dont la durabilité est encore plus grande que celle du chêne.

Je dois mentionner encore l'exploitation de l'acacia en faveur de la régénération des peuplements. Toutefois, il faut défricher le trou, couper les racines tout près du tronc et remplir la fosse. De cette façon, il pousse une quantité de drageons, parmi lesquels on choisit les plus forts.

Le robinier doit sa valeur à cinq propriétés éminentes :

1° Sa croissance rapide ;
2° Son bois excellent ;
3° Sa modération dans ses exigences vis-à-vis du sol ;
4° Son aptitude incroyablement vivace à rejeter de souche.
5° La large extension des racines.

En général, le robinier prouve que des espèces qui, dans leur pays d'origine, ne sont que des essences rares et obscures, ailleurs peuvent atteindre une valeur éminente pour tout le monde.

En Hongrie, le robinier a conquis tout le pays jusqu'aux montagnes moyennes. Dans la région des sables, il est la seule essence dominante, comme arbre de forêts, sur des milliers d'hectares, et c'est pourquoi il est chez nous d'une importance extraordinaire sous le rapport forestier et économique.

Pourvoyant l'Alföld d'un bois excellent, fixant le sable mouvant qui est absolument inutilisable et qui, transporté par le vent, couvre les territoires cultivés, le robinier procure encore au sol un rendement considérable. Il ramène la verdure sur les pentes dénudées des montagnes qui, déboisées par une mauvaise exploitation, sont, non seulement improductives, mais exposent encore les pays bas arables aux conséquences nuisibles des averses. Il abrite l'homme et les troupeaux contre le soleil de la steppe, autrefois presque sans arbre et jusqu'ici à climat extrêmement continental. Grâce à ces reboisements très étendus, ces steppes jouissent d'un climat plus favorable. Il augmente aussi, par sa richesse en miel, le bien-être des paysans et, de plus, le grand essor de la pomiculture et de la viticulture au cœur du pays est dû en grande partie au robinier, dont les qualités extraordinaires sont seules capables de fixer le sable mouvant et de le rendre productif.

En finissant, messieurs, j'ai l'honneur de vous inviter à venir en Hongrie pour vous montrer, en nature, les résultats obtenus avec la culture de l'acacia, sur laquelle nous fournirons toujours des renseignements avec plaisir.

Mais j'aurai encore une prière à formuler.

Ces jours passés, j'ai visité avec mes collègues, le vieil acacia du Jardin des Plantes, planté par Robin en 1636. Nous avons constaté avec plaisir qu'on a fait tous les efforts possibles pour conserver ce souvenir de la culture humaine. Cependant l'anneau en fer portant la tige de cet excellent acacia pénètre déjà dans l'écorce et affaiblit la croissance de l'arbre. C'est pourquoi je prie l'Administration du Congrès de demander qu'on prenne les dispositions nécessaires pour que cet arbre soit sauvé encore, si Dieu le veut, pour un quatrième siècle ! (*Applaudissements*).

M. LE PRÉSIDENT. — Nous remercions M. le délégué de la Hongrie d'avoir bien voulu nous faire une communication sur cet arbre si intéressant, qui a donné lieu à un rapport dont nous allons discuter les conclusions, et nous le félicitons de son travail.

Quant au vœu, je crois qu'il ne trouvera pas de contradicteurs : c'est une manifestation en faveur de la conservation d'un vieil arbre à laquelle nous ne pouvons que nous rallier tous.

M. MANGIN. — Professeur au Muséum, je puis entretenir mes collègues de ce vœu et d'une situation à laquelle il sera, je crois, facile de remédier. Nous avons demain une réunion, je me ferai un plaisir d'en parler.

M. LE PRÉSIDENT. — Au nom de l'Assemblée, nous vous remercions de prendre cette initiative, qui donnera satisfaction à M. Vadas et à nous tous.

M. Jolyet n'étant pas encore arrivé, je vous propose de lire son rapport sur les TAILLIS D'ACACIAS.

L'acacia en France et à l'étranger.

Rapport de M. JOLYET. — Le Robinier, faux-acacia, *Robinia pseudo-acacia*, Lin. est aujourd'hui cultivé dans toute la France et connu de tout le monde sous le nom d'acacia.

Peut-être, par égards pour J. Robin, qui l'introduisit dans notre pays en 1601, eût-il été convenable de lui réserver le nom de *Robinier ;* mais aujourd'hui la dénomination d'acacia paraît avoir, comme l'arbre lui-même, conquis chez nous droit de cité.

L'acacia est originaire de régions des Etats-Unis dont les étés sont très chauds ; les taillis d'acacia, très intéressants pour la France, et spécialement pour les bassins de la Garonne et du Rhône, pour la Hongrie, les puissances Balkaniques, le sud de la Russie, etc., le sont donc peut-être moins pour des États situés plus près du pôle. Cependant ils paraissent être encore assez productifs en Allemagne. En Belgique, l'acacia donne de bons résultats *sauf dans les stations élevées de l'Ardenne ;* les climats de montagne dont les étés ne sont pas assez chauds semblent bien lui être défavorables.

Et de fait, l'acacia s'est très vite naturalisé en France, où la rareté de ses semis naturels est plutôt imputable à une compacité excessive du sol qu'à des conditions climatériques défectueuses ; dans le sable meuble des dunes de Gascogne on voit des semis d'acacia. Toutefois, cette essence paraît avoir été dans notre pays largement utilisée à la consolidation de talus de routes ou de voies ferrées, mais moins souvent envisagée comme *essence forestière productive.*

Je signalerai cependant que P. Fliche n'a pas méconnu la valeur forestière de l'acacia ; que le maître Ch. Broilliard lui a fait une large place dans son étude des taillis considérés comme producteurs de bois d'œuvre ; qu'aujourd'hui les auteurs forestiers n'omettent pas de parler des taillis d'acacia ; qu'enfin l'Association centrale pour l'aménagement des montagnes utilise l'acacia dans ses remarquables et si utiles travaux de restauration de nos grandes montagnes françaises. L'acacia, d'ailleurs, est une des essences feuillues qui, dans les sables mouvants des dunes de Gascogne, sont parfois adjointes au pin maritime.

A l'étranger, je signalerai tout spécialement une étude de M. Vadas, qui montre le rôle utile de l'acacia en Hongrie et, si je ne me trompe, il existe aussi de très grands reboisements en acacia dans la plaine du Danube en Roumanie.

Rusticité de l'acacia.

L'acacia nous offre les garanties les plus sérieuses quant à sa rusticité. L'hiver 1879-1880 l'a respecté même dans nos départements du Nord-Est.

Très exceptionnellement, dans certaines stations en sol mouilleux, quelques acacias ont pu être tués, mais des drageons ont toujours évolué et remplacé bien vite les sujets détruits.

Les gelées tardives n'endommagent pas ses jeunes pousses — *très sensibles*, mais dont l'évolution *est très tardive*, — aussi souvent que celles de plusieurs essences indigènes, comme le frêne et même le chêne.

Dans nos stations françaises *de basse altitude*, les pousses de l'année sont presque toujours suffisamment *aoûtées* pour n'avoir rien à craindre des gelées précoces; mais, *sous les climats de montagne*, il peut en être autrement bien entendu; cela me confirme dans l'opinion qu'en France, sous 47° *L. N*, le taillis d'acacia n'est plus à sa place au-dessus de 500 mètres d'altitude.

L'expérience *de l'été* 1911 *a montré que l'acacia est une des essences qui ont le moins à redouter les étés très chauds et très secs.*

Enfin l'acacia compte peu d'ennemis très redoutables parmi les parasites animaux ou végétaux et, à tout le moins, en cas d'accident, les parties aériennes du végétal sont seules détruites et des drageons les remplacent spontanément.

A côté de cette grande rusticité, d'autres considérations me paraissent militer en faveur d'une plus large extension du robinier dans nos peuplements forestiers. Ce sont : l'abondance de ses drageons ; sa valeur comme bois d'œuvre.

Abondance des drageons de l'acacia et ses conséquences.

Les nombreux drageons de l'acacia assurent dans d'excellentes conditions la régénération naturelle des taillis de cette essence et aussi le reboisement spontané des vides qui peuvent exister dans le peuplement.

C'est à ces drageons également que l'on doit, à mon avis, de *pouvoir cultiver avec avantage l'acacia sur les terrains superficiels des sols oolithiques pour peu que la roche du sous-sol soit fissurée* : les drageons qui évoluent au-dessus des crevasses remplies de terre végétale y trouvent la profondeur qui leur est indispensable pour acquérir en peu de temps de belles dimensions.

Valeur de l'acacia comme bois d'œuvre.

La résistance du bois de l'acacia à la rupture, à la compression et à la pourriture est considérable.

Mais l'intérêt tout spécial de cette essence tient à ce fait qu'en raison de la minceur extrême de l'aubier, *des perches de taillis de fort petit calibre peuvent être utilisées comme bois d'œuvre.* J'ajouterai que ce bois d'œuvre est surtout utile aux vignerons et aux cultivateurs (échalas, *bois de pâture*, piquets, rais pour les roues de voiture, etc.).

Dans ces conditions, il est permis d'admettre :

1° Qu'un reboisement en acacia donnera à très brève échéance des produits qui seront utilisables comme bois d'œuvre et, par suite, d'une vente très facile et très rémunératrice. A mon avis, ces reboisements en acacia plus faciles, moins dispendieux et moins exposés aux dégâts de la sécheresse, aux bris de neige et aux dommages des insectes ou des champignons que les reboisements en pin, seront aussi rémunérateurs que les reboisements en pin sylvestre et plus que ceux en pin noir, vu la difficulté avec laquelle on parvient à vendre le bois de ce dernier. *Ils auront, en outre, sur les reboisements en pin l'avantage qu'une régénération naturelle succèdera toujours à l'exploitation.*

2° Que les reboisements en acacia une fois obtenus devront être traités en taillis simples réguliers.

Utilité de l'acacia pour le boisement des pièces de terre dont l'étendue est très minime.

Le taillis d'acacia présente un intérêt considérable dans les pays où la propriété est très morcelée : on peut créer un taillis d'acacia et l'exploiter d'une façon méthodique et très rémunératrice sur toute pièce de terre, si petite qu'elle soit.

En effet, à l'encontre de la plupart des essences forestières, l'acacia prospère tout aussi bien, sinon mieux, en bouquets de quelques ares d'étendue qu'en massifs de plusieurs hectares.

D'autre part, le bois d'œuvre qu'il fournit, approprié aux besoins locaux des cultivateurs et des vignerons, trouve acheteur quand il est *offert en petite quantité* dans d'aussi bonnes conditions que s'il formait un stock important.

Dans la Haute-Saône existent beaucoup de ces « buissons » qui jouent un rôle économique non négligeable, les uns, taillis spontanés de charme et d'érable champêtre, fournissant du bois de chauffage, les autres, taillis artificiels d'acacia, produisant du bois d'œuvre.

Le taillis d'acacia, d'autre part, n'est point très nuisible aux propriétés riveraines, en raison du couvert très léger de l'essence. Sans doute il présente l'inconvénient de ses drageons qui évoluent au milieu des terres cultivées du voisinage ; mais je ne crois pas qu'il faille s'exagérer cet inconvénient, car, si la charrue retourne chaque année les terres en question, les drageons ne pourront se développer pendant plus d'une saison de végétation et le voisinage d'un drageon de cinq ou six mois d'âge ne peut porter aux cultures un préjudice bien sérieux. La propriété qu'ont les racines de l'acacia, comme celles des autres légumineuses, de fixer dans le sol l'azote atmosphérique doit enfin, en enrichissant les terres agricoles, être une large compensation aux légers *ennuis* dus à la révolution des drageons.

Traitement des taillis d'acacia.

On paraît craindre que l'acacia, exigeant la lumière d'une façon très impérieuse, ne puisse constituer des peuplements de taillis *complets*.

La vérité me paraît être ceci :

L'acacia peut former d'excellents taillis, mais à la *condition que des éclaircies fréquentes assurent à la cime des perches un éclairement suffisant.* Il serait à souhaiter que l'on se décidât à considérer l'acacia comme une essence forestière et à étudier les peuplements qu'il constitue au point de vue du nombre des tiges et de la surface terrière. Je n'ai pu trouver que fort peu de renseignements à ce sujet.

Un taillis d'acacia en terrain oolithique (à sous-sol fissuré) devrait être créé et traité de la façon suivante :

Plantation à l'espacement de 1 m. 50 en tous sens, soit 4.444 plants à l'hectare.

A cinq ans, recépage à blanc étoc provoquant l'évolution de drageons dont un nombre suffisant apparaîtraient au-dessus des crevasses de la roche calcaire.

Adoption d'une révolution de 35 ans.

Eclaircies (certainement très rémunératrices) dans les peuplements de 15 ans et 25 ans.

L'exploitation des perches de 35 ans serait accompagnée de celle de tous les drageons nés à la suite des éclaircies, car ils pourraient avoir souffert d'un éclairement insuffisant.

Futaie claire d'acacia.

On reproche aux taillis d'acacia qu'ils sont envahis peu à peu par des essences feuillues indigènes.

Sans doute, mais l'acacia aura cependant permis un boisement très économique du terrain et il restera pendant longtemps (surtout si l'on a soin d'opérer quelques dégagements en sa faveur) représenté par un nombre d'individus suffisant pour constituer une sorte de futaie très claire dominant un taillis de feuillus indigènes et fournissant un bois d'œuvre très apprécié.

Je possède, dans la Haute-Saône, des acacias que j'ai réservés comme baliveaux au-dessus d'un taillis d'autres essences et je n'ai pas remarqué qu'ils soient dégradés par des *bris de branches* au point qu'on puisse avoir des inquiétudes sur leur valeur dans l'avenir.

On peut du reste prévenir cette modification du taillis d'acacia en préparant, comme je l'explique ci-après, sa conversion en futaie résineuse.

Emploi du robinier pour la création de forêts résineuses.

Pour la mise en valeur des terres incultes dans les régions de plaines et de coteaux du Nord-Est, il est difficile de trouver un *résineux* qui, acceptant les sols superficiels peu favorables au pin sylvestre et plus rémunérateur que le pin noir, résiste tout à la fois à des étés très chauds et très secs, et à des hivers exceptionnels comme celui de 1879-1880. Le seul qui me paraisse vraiment adapté à notre climat continental est le *Douglas à feuillage glauque* (*Pseudotsuga Douglasii*, *var. glauca*).

Malheureusement le Douglas à feuillage glauque est d'une installation coûteuse et sa croissance n'est pas très rapide.

Les frais de boisement sont, au contraire, acceptables si l'on se contente de planter à l'hectare 280 Douglas en constituant un *remplissage* d'acacia,

Les produits fournis par ce dernier permettent d'attendre que les Douglas soient devenus exploitables et en même temps assez âgés pour ensemencer naturellement le terrain, qui sera dès lors occupé par un peuplement résineux. Les lacunes de ce peuplement résineux seront, du reste, remplies provisoirement par des drageons d'acacia.

L'acacia de Decaisne.

MM. le comte Visart et Ch. Bommer appellent l'attention sur un hybride de *R. Pseudacacia* et de *R. Viscosa*, connu sous les noms de *R. Dubia* Foucault, var. *decaisneana* et de *R. decaisneana*. hort. qui possèderait une croissance très vigoureuse et formerait « naturellement un tronc droit, élancé, non divisé, à cime régulière ».

Peut-être sa culture serait-elle avantageuse?

En conséquence des considérations qui précèdent, nous avons l'honneur de formuler le projet de vœu suivant :

Qu'il soit constitué des taillis d'acacia comme mode économique de boisement, particulièrement sur les terrains de faible étendue.

M. DE SEGONZAC. — Je crois qu'il faudrait ajouter « *et des futaies* ». Je ne mettrais pas non plus « *sur les terrains de faible étendue* », mais de « *faible qualité* ». Vous pouvez aussi bien en planter sur un terrain étendu que sur un terrain de petites dimensions.

M. LE PRÉSIDENT. — Croyez-vous utile d'insister sur ce mot? Le plus souvent on fait des boisements sur des terrains de faible qualité, et d'autre part, l'acacia n'est pas si facile qu'on veut bien le dire pour le choix du terrain.

On vient de parler de Robin, et je ne voudrais pas trop me vieillir, mais je m'occupe depuis longtemps de la question et j'ai même publié en 1883 un opuscule sur l'acacia. J'ai fait pas mal d'expériences et me suis rendu compte que c'est un arbre plus difficile qu'on le dit et qu'on l'écrit. J'ai vu des taillis d'acacia donner des résultats merveilleux, mais dans des terrains qui n'étaient pas mauvais, et où la culture agricole aurait donné des résultats non excellents, mais appréciables. Il faut donc qu'on se détrompe à cet égard, ce n'est pas une essence qui s'accommode de tous les sols. Si vous en mettez sur des terrains imperméables, sur des glaises compactes, vous n'aurez rien ; sur des terrains mouillés, il pourrit ; il est beaucoup plus exclusif, sinon au point de vue chimique, tout au moins au point de vue physique, qu'on ne le dit.

Si donc vous voulez réfléchir à ce que je vous dis, je vous proposerai de ne pas insister sur ce mot.

M. HICKEL. — Je confirme pleinement les observations que vient de faire notre président.

Evidemment, l'acacia est susceptible de croître dans des terrains pauvres, mais à condition qu'ils aient une certaine profondeur.

M. VADAS. — Comme je disais, un « *sol lâche* ».

M. HICKEL. — Lorsqu'il croît sur un terrain pauvre et superficiel, c'est alors que les inconvénients se présentent au maximum. Lorsqu'il a un certain âge, les drageons se trouvent cassés, tandis qu'au contraire quand il est sur des terrains pauvres, mais en roches, comme toutes les essences, il drageonne au maximum. Sur un terrain superficiel, vous avez simultanément une foule de drageons de 2, 3, 4, 5 ans qui causent des épines, et cela devient extrêmement désagréable.

M. DELAHAYE. — A l'appui des indications qui viennent d'être fournies, je puis signaler que dans les dunes des côtes de la Vendée, où ne vient que le pin maritime, l'acacia donne d'excellents résultats. Mais il lui faut un terrain extrêmement meuble. Les plantations doivent être faites en potets de un mètre cube. J'ai vu des plantations faites en potets de 50 centimètres de profondeur sur un mètre carré de surface, les arbres sont tous morts. Ce sol, de sable, a besoin lui-même d'être ameubli pour que la plantation réussisse. Mais alors l'acacia pousse admirablement. Dans les endroits mouilleux, on n'a aucun résultat. J'ai fait faire quelques plantations dans l'emplacement d'une ancienne carrière de sable : on y reconnaît les parties mouilleuses à la mort des sujets.

M. LE PRÉSIDENT. — C'est très intéressant.

M. LARUE. — Je demanderai au contraire que le mot soit maintenu dans le vœu. Hier, dans une autre section, j'ai parlé des difficultés du reboisement quand on n'a pas à sa disposition des terrains vastes; or, l'acacia est l'essence qui convient le mieux pour les pays très morcelés.

Dans la Bourgogne, son emploi est classique sous forme de pieux.

Dans le sable vert, il pousse très bien; à côté du sol argileux qui appartient à l'étage inférieur au sable vert, dans l'aptien, il se couronne à 4 ou 5 mètres de hauteur. Donc, il ne peut pas servir à faire des rais de voiture, tandis que dans des sables voisins où on le coupe à l'âge de 16 ans, on estime que son rendement est plus intéressant que le chêne, à condition que la culture de la vigne marche bien dans le pays.

En ce qui concerne la Hongrie, les sols des steppes sont différents des sols de climat humide. J'ai étudié la question à propos du *drei farming*. Dans les sols des steppes, le climat étant sec, la terre fine n'est pas entraînée par les eaux. Vous avez du *diluvium* dans le centre de la Hongrie, en Roumanie, en Russie, dans des sols très profonds. Donc la réussite de l'acacia dans ces régions n'est pas comparable à ce qu'elle peut être chez nous. Le climat et le sol ne sont pas les mêmes, les termes de comparaison n'existent pas.

En ce qui concerne la clôture de l'acacia en mélange dans un taillis, souvent un particulier plante de l'acacia en bordure et, au bout d'une trentaine d'années il arrive ceci :

L'acacia étant très exigeant comme sol, — j'insiste sur ce fait, — épuise le sol au point de vue minéral, tout en l'enrichissant au point de vue azote. Ses drageons vont peupler à l'intérieur du bois; on trouve l'acacia dans le milieu du bois, et le vide se fait sur les bords.

Les botanistes disent : grâce à l'azote apporté par l'acacia, le sol est resté bon, mais la forêt n'est plus défendue, on a un vide pendant un certain temps ; et si on est sur le bord d'une route, exposé aux passants et aux animaux, ce vide se remplit difficilement. L'acacia serait peut-être bon au milieu du bois, mais en bordure, c'est un inconvénient. On arrive à avoir de distance en distance un petit massif d'acacias, la coupe n'est plus régulière.

M. LE DÉLÉGUÉ DU PORTUGAL. — Dans le Portugal, l'acacia vient bien, mais nous n'avons pas de forêts d'acacias pour les raisons exposées par M. le Président et M. Hickel : ses exigences souterraines sont très difficiles.

On peut dire que l'acacia vient sous tous les climats, mais je crois que c'est dans le Midi qu'il peut donner les meilleurs résultats. Dans le Midi, on obtient un arbre très riche, qui donne 30 à 40 %, et c'est un acacia à grand rendement, qui vient très bien dans tous les sols.

M. Hickel. — Ce sont des cas très différents suivant qu'il est sur des territoires cultivables et dans les régions provençales. Dans toute la région du Sud-Ouest, il est possible de le faire remonter sur une zone dont je ne pourrais donner la largeur, mais qui va au moins jusqu'à Nantes. Évidemment, il peut réussir en quelques autres endroits du territoire, tels que l'extrémité de la presqu'île de la Manche, les côtes de Bretagne, mais je ne crois pas qu'il soit suceptible, en dehors de la Provence et de la Gironde, d'un emploi forestier.

M. Guillot. — A l'appui de ce que vient de dire M. Larue, je signale que dans les landes de la Gironde, il y a des peuplements d'acacia, mais que bientôt ils se trouent au centre. Pour nous, l'acacia est une essence nomade, qui se déplace; d'ailleurs elle est gourmande, puisque c'est une essence rivicole.

Au vœu de M. Jolyet, je proposerais d'ajouter « *à basse altitude* » ou « *à altitude modérée, dans un sol un peu frais et un peu substentiel* ».

Ce sont les trois conditions nécessaires.

M. de Segonzac. — Nous ne sommes pas tout à fait d'accord ; il y a de mon côté, dans l'Oise, des terrains très argileux où l'acacia vient d'une façon extraordinaire, il a une pousse dont on n'a aucune idée.

C'est un arbre qui, à mon avis, ne vit pas très longtemps ; il vit indéfiniment si on veut, mais il est à peu près mort et n'est pas même bon pour l'industrie. Il ne doit pas dépasser 40 ans pour être bon.

Comme je disais tout à l'heure, je ne suis pas d'accord avec l'honorable rapporteur qui demande de le cultiver en taillis. Il est impossible de passer sans accidents dans les acacias quand ils sont jeunes, quand ils sont vieux, ce sont des futaies. Il faut 15 ans pour avoir un arbre, c'est extrêmement difficile de les élever en taillis, il faut beaucoup de précautions pour éviter les accidents.

Il y a eu une époque où l'acacia était d'un bon rapport, c'était quand il fallait des pieux pour les vignes, mais on en demande moins. L'acacia était le premier des bois, pour les pieux, avec le châtaignier.

M. Bauchery. — On a oublié que l'acacia est une essence de bordure plutôt que de taillis.

Les plus beaux résultats obtenus avec l'acacia sont surtout dans les bordures; en dehors des pays Basques et des sables de la Loire, on obtient difficilement des massifs. Au contraire, dans les alluvions de l'Adour et même de la Loire, ces Messieurs ont pu remarquer combien l'acacia vient bien ; je ne crois pas qu'une autre essence forestière donne un revenu semblable, mais il faut un sol profond et perméable.

Personnellement, je ne crois pas qu'en dehors de ces conditions, l'acacia soit une essence de taillis plein.

M. DE POTTERÉ. — Je voudrais confirmer les observations de M. le délégué du Portugal. Nous avons en Hongrie des qualités de sol très différentes, non seulement dans la steppe, mais partout. Dans la plaine, l'eau de la terre est à une profondeur de un demi mètre environ.

M. MONNIN. — Je crois que tout le monde est d'accord pour faire ressortir que la perméabilité du sol est la première condition pour que l'acacia ait une bonne croissance. On peut admettre que les bactéries de l'acacia ont besoin d'air pour vivre, en sorte que, dans ces taillis d'acacia qui disparaissent, si on arrivait à donner de l'air au sol, on donnerait de la vigueur aux acacias.

Du reste, la discussion s'est engagée sur la question de savoir s'il fallait boiser de grandes ou de petites étendues. Il est bon pour de grandes étendues, quand elles présentent les conditions d'aération qui lui sont indispensables, comme les sables de l'Adour, les sables d'Olonne ; en Hongrie, il réussit sur de grandes étendues probable-parce que le sol reste perméable. De même dans la Côte d'Or, les vignerons plantent de l'acacia, qui pousse bien, dans des terrains autrefois cultivés en vignes.

J'ai remarqué qu'en particulier dans les terrains qui ont été fouillés pour l'extraction du minerai de fer, l'acacia pousse d'une façon remarquable, M. Broillard parlait, dans ces conditions, d'un revenu de 4.000 francs à l'hectare ; c'était erroné, car il s'agissait de deux hectares et demi, mais cela faisait encore 1.700 francs à l'hectare ; c'était déjà beau.

Donc, lorsque l'on a des terrains de grande étendue présentant cette perméabilité, on peut faire de grands massifs, mais la plupart du temps, ces conditions ne se présentent que pour des terrains peu étendus, des talus de routes, etc... Il n'y a pas lieu de fixer la grandeur de la plantation, elle dépend de la nature du sol.

M. HICKEL. — Je demanderai à résumer ce qui a été dit par une donnée générale que je m'excuse de ne pas avoir présentée au début.

L'acacia est une essence continentale : c'est plutôt dans la partie centrale de l'Amérique que se rencontre l'acacia, et ceci explique peut-être les résultats heureux obtenus en Hongrie.

D'autre part, ce n'est pas ce qu'on pourrait appeler une essence sociable ; dans son pays d'origine, on ne rencontre pas de massifs d'acacias. C'est aussi, comme on l'a dit, sur les riches alluvions de ces fleuves irréguliers d'Amérique que se rencontrent les plus beaux acacias. C'est donc une essence disséminée, et vous savez comme moi que ces essences disséminées sont le plus souvent des essences exigeantes.

En même temps, c'est une essence essentiellement déconcertante. Comme elle exige des conditions de sol, de climat et de mélange très particulières, elle donne de bons résultats ici et de mauvais résultats là où manque un des facteurs. Pour l'acacia, la hauteur reflète de façon étroite l'état du sol.

M. LE PRÉSIDENT. — Pour terminer ce débat très intéressant, vous me permettrez d'ajouter quelques considérations qui ne me paparaissent pas avoir été envisagées par les personnes qui ont parlé de l'acacia.

Je tiendrais à vous signaler deux points principaux :

D'abord, une question qui a été largement envisagée, mais sur laquelle nous ne sommes par d'accord, c'est l'état plein.

Il y a des plantations d'acacias d'importance assez considérable, comme on a pu le constater dans différents concours institués par de grandes sociétés agricoles, dont la Société des Agriculteurs de France. Je connais notamment dans la Nièvre, près de Decize, une plantation de 30 hectares dans un état de prospérité splendide, au bord de la Loire, dans des sables, mais dans des conditions remarquables. Mais j'en connais d'autres ailleurs, en fort bonne posture.

Voilà pour ce qui est de l'état plein ou isolé de l'arbre.

En ce qui concerne le côté physique, il a été envisagé, mais personne n'a parlé du côté chimique.

Personnellement, j'ai fait des expériences qui datent de plus de 30 ans sur des plantations faites sur des places à fournaux, à la suite d'exploitations de taillis où on cuisait la charbonnette pour en faire du charbon. Sur ces places à fourneaux, très imprégnées de potasse, j'ai planté des acacias, en même temps que j'en plantais aux alentours. Les plantations faites sur les places à fourneaux ont donné des résultats merveilleux au point de vue de la rapidité de la croissance, qui dépasse de beaucoup le taillis-chêne qui les entoure ; mais sur les places à côté, dans le même terrain, le résultat était tout différent.

Je n'ai pas fait analyser le sol des places à fourneaux, mais il n'est pas douteux qu'il contenait une quantité considérable de potasse que ne contenait pas le sol voisin. De là, selon moi, l'augmentation de croissance constatée.

Ceci prouve qu'il serait sans doute intéressant d'essayer les engrais potassiques sur la plantation de l'acacia, étant donné cette prospérité que j'ai obtenue.

Un point qui me paraît extrêmement important et qu'on a laissé de côté, c'est le côté économique.

M. Jolyet nous dit : plantez de l'acacia. Je m'en suis trop occupé pour ne pas abonder dans son sens, mais dans l'intérêt des planteurs, je dois vous mettre en garde contre un évènement économique de grande importance : il s'agit des débouchés.

Les débouchés pour les bois de petite taille diminuent par le fait que la vigne n'en consomme plus guère, on la tend sur les fils de fer.

M. MANGIN. — Dans beaucoup de régions, on abandonne les fils de fer et on revient aux échalas; presque partout on renonce à ce système, quelque coûteux que soit le changement.

M. DE LESSEUX. — Ce fait se produit dans l'Aube : les vignerons constatent 20 % de différence dans le rendement.

M. LE PRÉSIDENT. — Cependant à la suite de l'enquête dont je parlais tout à l'heure, comme suite au concours organisé par la Société des Agriculteurs de France, on s'est rendu compte que les débouchés étaient devenus difficiles pour des quantités importantes. Plusieurs de nos collègues s'en plaignaient amèrement et cherchaient comment vendre leurs acacias. Ils n'y sont pas parvenus, malgré les conseils et les indications qu'on leur a fournies. Donc les débouchés semblent assez restreints. Ils sont peut-être suffisants, étant données les étendues que nous avons, mais si on les augmentait notablement, peut-être arriverait-on à une difficulté d'écoulement.

M. DE SEGONZAC. — Je propose d'ajouter « *des taillis et des futaies, particulièrement sur les terrains propices* ». Je supprime : « *sur les terrains de faible étendue* ».

M. LE PRÉSIDENT. — Il n'y a qu'un moyen, c'est de nous compter. Que ceux qui sont d'avis d'accepter l'amendement de M. de Segonzac lèvent la main.

Adopté.

Comme il a la priorité sur le vœu lui-même, le vœu se trouve supprimé. L'amendement est ainsi rédigé :

« *Qu'il soit constitué des taillis et des futaies d'acacia comme mode économique de boisement, particulièrement sur les terrains propices.* »

Je donne la parole à M. Mangin pour la lecture de son rapport.

M. MANGIN. — Le châtaignier, *Castanea vulgaris*, Lam. (*Castanea vesca*, Gaertn.) appartient à la famille des Cupulifères, à laquelle d'ailleurs se rattachent plusieurs autres essences précieuses de nos forêts, le chêne, le hêtre, etc. Il est originaire de l'Europe méridionale où on le rencontre du Caucase au Portugal. L'Amérique du Nord en possède plusieurs espèces voisines, parmi lesquelles le *Castanea pumila* (*Chincapin*), arbre de moyenne grandeur à fruits très estimés, le *Castanea dentata* (*Castanea vesca, var. Americana*) à fruits excellents et à bois de valeur. Le Japon renferme le *Castanea vesca var. Japonica*, dont on a distingué plusieurs variétés. Enfin en Chine on trouve le *Castanea Sinensis, Spreng.*

Le châtaignier est un arbre de première grandeur, à végétation rapide. Il fructifie plus tôt (10 ou 15 ans) à l'état isolé que lorsqu'il croît en massif ; c'est un arbre essentiellement silicicole : il exige pour végéter que la teneur du sol en chaux ne dépasse pas 4 %. Il préfère les sols profonds, frais, fertiles et dans de telles stations il forme des massifs de toute beauté, mais, et c'est ce qui le rend si précieux, il s'accommode de situations moins favorables, sait se montrer, quand il le faut, aussi rustique que peu exigeant et, dans de telles conditions, constitue encore de beaux massifs, même sur des versants rocailleux et secs, à peine couverts d'une mince couche de terre végétale.

Le châtaignier repousse très bien de souche et fournit des cépées vigoureuses, à rejets droits dont beaucoup à 25 ans peuvent atteindre 0 m. 20 de diamètre. Cultivé à l'état isolé, il est plus trapu que lorsqu'il est élevé en massif, il se ramifie beaucoup, étale sa cime et fructifie abondamment.

Son bois a peu d'aubier et est analogue à celui du chêne ; c'est un excellent bois de fente : on en fait un merrain estimé, des échalas, des cercles de tonneaux, etc. Quand il provient d'arbres âgés de 50 à 70 ans, il est particulièrement riche en tannin et sert à la fabrication des extraits tanniques.

Le fruit du châtaignier a été longtemps la base de l'alimentation des populations pauvres du centre de la France et de la Corse ; la châtaigne améliorée par la culture (sélection et greffage) est devenue le marron plus gros et plus fin qu'elle et dont les nombreuses variétés sont l'objet d'un commerce important.

Le châtaignier est donc, par l'importance et le nombre des produits qu'il nous donne, une essence précieuse par excellence ; là ne se borne pas son rôle : par son aptitude à garnir les pentes rocheuses à peine recouvertes d'une mince couche de terre, il y consolide le sol, le protège contre l'érosion des eaux et concourt à régulariser le débit des cours d'eau. Dans certaines vallées du Plateau Central où la disparition des anciennes châtaigneraies a provoqué la dégradation des versants que rien ne protégeait plus, l'exode des habitants, dont les conditions d'existence devenaient de jour en jour plus difficiles, s'est accru dans des proportions inquiétantes; la densité de la population a diminué de 60 à 70 %. Au moment où l'on parle tant de la dépopulation, qui donc viendra nier l'intérêt général qui s'attache à la conservation et à la propagation d'un tel arbre que l'on a si justement nommé « l'arbre à pain des Cévennes ».

Cultivé pour son bois, le châtaignier constitue des taillis exploités généralement d'assez bonne heure (vers 12 à 15 ans).

Cultivés pour leurs fruits, les châtaigniers greffés sont plantés à une distance de 10 à 20 mètres les uns des autres, soit en massifs (ils constituent alors ce que l'on appelle les châtaigneraies), soit en bordure des champs. Il n'entre pas dans le cadre de cette étude de passer en revue les différentes et nombreuses variétés de châtaignes sélectionnées et de marrons obtenues par la greffe et adaptées à chaque station spéciale, il suffit de savoir que la production fruitière des châtaigneraies a atteint en 1910 une valeur de 20 millions environ.

On cultive le châtaignier en France, surtout dans les Pyrénées, les Cévennes, le Plateau Central, le Limousin et le Périgord ; mais on le rencontre un peu partout et même dans les Vosges. Il est abondant en Corse et en Algérie. La culture du châtaignier couvrait en 1882, 356.000 hectares; elle subit, surtout depuis une vingtaine d'années, une crise qui restreint de jour en jour la superficie qu'elle occupe.

En effet, les progrès considérables réalisés depuis un demi-siècle dans Sa disparition.

l'industrie et l'agriculture, les transformations économiques incessantes ont modifié les conditions générales d'existence des populations rurales, les moyens de transport se sont multipliés et améliorés, les procédés de culture se sont perfectionnés, la main-d'œuvre s'est faite plus chère et plus rare, les soins donnés aux châtaigneraies sont devenus plus coûteux et ont diminué, en même temps que l'on prenait l'habitude fâcheuse de ramasser les feuilles mortes pour en faire de la litière et de couper les jeunes branches garnies de feuilles pour nourrir les bestiaux. Les vieilles châtaigneraies délaissées, dépouillées, mutilées, ont périclité, donnant des récoltes de plus en plus faibles et ne valant parfois même plus le ramassage; elles ont peu à peu disparu pour faire place à des cultures plus rémunératrices.

Malheureusement, deux causes sont venues accélérer et aggraver cette disparition :

1° Le développement considérable qu'a pris depuis une vingtaine d'années la fabrication des extraits tanniques ; cette industrie très florissante, pour laquelle la France tient encore le premier rang en Europe, a entraîné le déboisement de 60.000 hectares de châtaigneraies et en provoque encore annuellement l'exploitation de 1.400 hectares.

2° La maladie du châtaignier (maladie de l'encre ou du pied noir). Cette maladie est contagieuse, elle se propage comme une tache d'huile autour des foyers d'infection, dans les sols riches comme dans les sols pauvres, dans les châtaigneraies dépouillées ou non de leur couverture de feuilles mortes, elle attaque également les arbres jeunes ou vieux. Il importe de ne pas la confondre avec la maladie de l'étisie qui, elle, ne frappe que des arbres âgés et que l'on peut enrayer à l'aide de soins appropriés.

La maladie de l'encre n'a entraîné la disparition des châtaigneraies que sur une superficie de 4 à 5.000 hectares.

Dans les châtaigneraies saines, les propriétaires imprévoyants, éblouis par un gain immédiat, ont perdu de vue l'avenir et méconnu leurs intérêts; ils ont exploité à blanc étoc leurs belles châtaigneraies, les ont transformées en friches improductives pour alimenter les usines d'extraits ; dans les châtaigneraies atteintes par la maladie de l'encre, les propriétaires, en présence d'un tel fléau, au lieu de songer à purger et localiser les foyers d'infection, n'ont songé qu'à abattre les arbres encore sains, redoutant de les voir contaminés et dépréciés par la maladie, pour les vendre aux usines d'extraits.

Quoi qu'il en soit, la superficie cultivée en châtaignier a diminué de 60 à 70.000 hectares ; cette diminution intéresse surtout une trentaine de départements. Dans vingt départements la disparition des châtaigneraies a eu un bon résultat et a provoqué une plus-value sensible de la valeur des terres, car il y a eu substitution d'une culture nouvelle, plus rémunératrice, à celle du châtaignier (par exemple : dans l'Ille-et-Vilaine, les deux Sèvres, la Haute-Vienne, la Dordogne). Dans ces départements il n'y a pas de crise du châtaignier.

Par contre, dans une dizaine de départements, la disparition du châtaignier a été désastreuse ; ce sont : l'Ardèche, la Corrèze, la Corse, le Gard, le Gers, le Lot, la Lozère, le Morbihan, les Hautes et Basses-Pyrénées. Les châtaigniers ont disparu de régions où le sol était impropre à toute autre culture plus rémunératrice, où les défrichements ont porté sur de si grandes étendues qu'il a été matériellement impossible de mettre en valeur toutes les terres rendues libres, où enfin les versants à pente rapide et à sol instable ont été ravinés par les eaux.

C'est dans ces départements que se localise ce que l'on appelle « La crise du châtaignier ».

On a beaucoup parlé et beaucoup écrit sur la crise du châtaignier : pratiquement, on n'a pour ainsi dire rien fait.

Moyens d'y remédier.

Avant d'examiner les moyens de remédier à cette situation, souvenons-nous que la culture du châtaignier est actuellement subordonnée aux facteurs suivants :

a) Diminution sensible de la consommation locale des châtaignes communes ;

b) Insuffisance de production, en quantité et en qualité, des marrons, (à Paris le commerce de la confiserie n'emploie plus que des marrons d'Italie) ;

c) Nécessité de favoriser le développement de l'industrie des extraits tanniques, industrie essentiellement française dont les produits font prime sur les marchés étrangers;

d) Nécessité de la conservation et même de l'extension des châtaigneraies en vue de la consolidation des terrains en montagne, de la régularisation des cours d'eau et de la mise en valeur de terrains absolument improductifs.

Les mesures proposées pour enrayer la crise différeront suivant qu'il s'agit de régions non atteintes par la maladie de l'encre (soit environ 50.000 hectares) ou de régions contaminées (soit de 5 à 10.000 hectares).

En conséquence, nous avons l'honneur de formuler les projets de vœux suivants :

Pour les régions saines.

I. *Que tous les terrains improductifs, inaptes à toute autre culture, soient remis en valeur par reconstitution de nouvelles châtaigneraies.*

II. *Que les châtaigneraies soient exploitées et entretenues par un jardinage judicieux et des repeuplements en sujets greffés et soigneusement sélectionnés.*

III. *Qu'il soit créé des pépinières destinées à fournir des plants greffés dont la délivrance pourrait se faire ou gratuitement, ou à prix d'argent.*

IV. *Qu'il soit établi des primes à la replantation et, plus tard, aux châtaigneraies donnant les produits les meilleurs.*

V. *Que la loi dégrevant de tout impôt foncier, pendant 30 ans, les terrains remis en nature de bois soit étendue aux châtaigneraies nouvelles.*

VI. *Que la loi sur le défrichement des bois particuliers soit étendue aux châtaigneraies, partout où les châtaigniers occupent des versants susceptibles de se dégrader, ou des régions dans lesquelles ils contribuent à régulariser le régime des eaux.*

Pour les régions contaminées,

Le Congrès ne peut que conseiller aux propriétaires, en attendant le résultat des recherches entreprises, de remettre leurs terrains en nature de bois, pour préparer le sol en vue des futures reconstitutions de châtaigneraies.

Je vous propose pour les régions saines, comme septième partie du vœu :

VII. *Mesures législatives analogues à celles des pays voisins, Italie, Suisse. Possibilité d'introduire dans la législation française, certaines dispositions par exemple de la loi italienne.*

M. LE PRÉSIDENT. — Je vous prie de m'excuser, car je suis obligé de partir pour une autre réunion. Je cède la présidence à mon collègue et ami M. Émery, en attendant que notre Président, M. Girerd puisse venir.

La séance continue sous la présidence de M. ÉMERY.

M. LE PRÉSIDENT. — Avant de commencer la discussion sur les vœux de M. Mangin, on pourrait entendre les communications sur le même sujet. La première est celle de M. Pellequer, sur « Le Châtaignier en Lozère ». M. le Secrétaire va vous en donner lecture.

M. LE SECRÉTAIRE. — Le châtaignier est intéressant à un double titre :

Pour son bois,
Pour ses fruits.

Autrefois le châtaignier était utilisé presque exclusivement pour ses fruits; aujourd'hui, avec l'industrie des extraits tanniques, son bois est de plus en plus demandé.

La coupe des arbres est de plus en plus accélérée :

Par la diminution, depuis quelques années, de la récolte des fruits ;
Par l'augmentation du prix de la main-d'œuvre ;
Par l'émigration vers les villes des paysans lozériens ;
Par la maladie de l'encre.

REMÈDES. — Réglementer les coupes dans les forêts de châtaigniers ; exiger par exemple que les arbres exploités soient remplacés par de jeunes plants ;

Reboisement en châtaigniers, par l'administration forestière, des terrains favorables ;

Allocation de primes ou dégrèvement d'impôts pour encourager les propriétaires qui créent ou conservent des forêts de châtaigniers ;

Classement des plus beaux sites ;

Encouragement à la substitution du châtaignier du Japon au châtaignier ordinaire. — L'État devrait établir des pépinières de jeunes plants et distribuer ces plants gratuitement ou à un faible prix.

Propager les notions de la taille du châtaignier ;

Développer, en en montrant l'utilité, la pratique de la fumure des châtaigneraies.

M. LE PRÉSIDENT. — Nous allons entendre maintenant la communication de M. Marcillac, dont M. le Secrétaire va vous donner l'analyse.

M. LE SECRÉTAIRE. — M. Marcillac expose en quelques lignes que le châtaignier est en voie de disparition. Tous les châtaigniers sont achetés par les industriels fabricants d'extraits tanniques. Il y a là un danger au point de vue national et au point de vue économique. En conséquence, M. Marcillac propose d'émettre le vœu suivant :

« *Le Congrès émet le vœu : Qu'il soit fondé un prix d'un million à verser par l'Etat à l'inventeur, de quelque nationalité qu'il soit, du procédé fournissant autrement que par l'abatage et la distillation du châtaignier, les extraits recherchés pour le tannage.* »

M. LE PRÉSIDENT. — Nous avons encore une troisième communication de M. Camus.

M. CAMUS. — Messieurs, j'habite dans une région contaminée, l'Ardèche, où il y a une crise grave du châtagnier, pour les deux raisons qu'a données M. Mangin : la maladie de l'encre, qui sévit particulièrement dans l'arrondissement de Largentière, et la fabrication des extraits tanniques.

En ce qui concerne la maladie, la thèse que je développe dans ma communication est bien connue et admise par tous les forestiers : le dernier mot de la science est de laisser le mélange des essences s'opérer au gré de la nature.

Il semble que du moment qu'on a oublié ce principe en créant de grandes étendues de châtaigniers, il est naturel que la maladie se développe.

J'ai remarqué que dans l'Ardèche, les régions contaminées sont d'une part des régions relativement chaudes, et d'autre part des régions où les châtaigneraies ont la plus grande étendue.

Dans l'arrondissement de Tournon, il n'y a presque pas de maladies, parce que le climat est plus froid, les châtaigniers sont plus séparés et entourés d'autres essences, de sorte que, à mon avis, il y a une influence due à ce voisinage. En effet, quand on arrive à la limite d'un massif de châtaigniers, on remarque que la maladie de l'encre ne se produit pas, à cause du climat, et du voisinage d'autres espèces. Aussi dans les pays contaminés, on doit chercher le remède en plantant du pin, en mélangeant des essences résineuses avec les châtaigniers dans les vides déjà existants.

Dans la deuxième partie de ma communication sur le châtaignier, je me place au point de vue de la consolidation des terrains en montagne. Dans les pays qui nous intéressent, le châtaignier est utile pour son fruit, pour sa beauté, mais surtout pour la défense du sol.

Or, les extraits tanniques sont en train de développer nos châtaigneraies. Presque tous les propriétaires vendent leurs châtaigniers ; dans quelque temps, il n'y aura plus de châtaigneraies.

Sommes-nous armés contre ces usines ?

Les forestiers disent : Par la loi de 1859, concernant les terrains en montagne au delà de 10 hectares, on peut empêcher le déboisement. — Mais le châtaignier n'est pas protégé, parce qu'il est considéré comme arbre à fruit et non comme arbre de forêt.

Pour nous, la question capitale, avant de songer à reboiser, c'est de chercher à sauver ce qui reste : c'est la chose essentielle, et la plus facile.

Pour arriver à conserver ce qui reste, il faudrait que la loi de 1859 puisse s'appliquer aux châtaigneraies, que le châtaignier soit considéré comme arbre de forêt et que la loi de protection dont on parlait avant-hier à la deuxième Section soit applicable au châtaignier.

La loi proposée par M. David s'arrêtait à l'altitude de 800 mètres, je ne vois pas pourquoi, car il y a des terrains intéressants au-dessous de cette altitude.

Le projet déposé par M. Chalamel à la Chambre il y a quelque temps, est plus large; il embrasse tous les terrains en pente et peut protéger les châtaigniers.

En résumé, au sujet des vœux qui ont été émis, je demande au Congrès s'il veut bien les sérier par importance, mettre en tête les principaux et autant que possible, supprimer ceux qui seront considérés comme platoniques. Nous avons intérêt à émettre le moins de vœux possible.

Il semble que le plus important est celui qui chercherait à conserver les châtaigneraies existantes. C'est celui qui porte le numéro VI, demandant que la loi sur le défrichement des bois particuliers soit étendue aux châtaigneraies. Je demande que le châtaignier soit considéré comme un arbre de forêt et que les lois futures sur les forêts de protection soient applicables aux châtaigneraies.

Ensuite je donnerais la préférence au cinquième vœu :

« *Que la loi dégrevant de tout impôt foncier, pendant 30 ans, les terrains remis en nature de bois, soit étendue aux châtaigneraies nouvelles.* »

A ce sujet on a voté hier à la deuxième section, un vœu au sujet des impôts. Ce vœu est le suivant :

« *Qu'il soit accordé des dégrèvements temporaires pour les bois ruinés par l'incendie, les maladies.* »

Il y a intérêt à ce que les châtaigniers soient englobés dans ce vœu. Je demande donc que le cinquième vœu soit ainsi conçu :

« *Que les dégrèvements et autres avantages accordés aux terrains remis en nature de bois soient applicables aux châtaigneraies nouvelles.* »

Pour la question des pépinières, je ne dirai qu'un simple mot.

Je n'ai pas compris pourquoi l'Administration forestière fait payer une faible redevance aux particuliers pour les plants destinés aux terrains contaminés.

Autrefois l'Administration forestière les accordait gratuitement, l'inspecteur des Forêts prenait sur lui cette autorisation, suivant l'esprit de la loi de 1882 qui est d'accorder des primes à ceux qui reboisent.

Pour ma part, j'ai fait des demandes de châtaigniers il y a un an et demi, on m'a appliqué un petit tarif. C'est peu de chose, mais cela complique beaucoup les demandes, surtout pour des paysans illettrés, d'autant plus qu'il faut envoyer les fonds à la caisse du département. Il me semble que pour le reboisement des terrains contaminés, les pépinières doivent distribuer gratuitement les plants.

M. Mangin. — Pour les terrains contaminés, il n'y a pas à s'occuper des pépinières, puisqu'on ne peut pas replanter.

M. Camus. — Dans l'Ardèche tout n'est pas contaminé ; ainsi, dans l'arrondissement de Tournon, on peut replanter.

M. Mangin. — Dans certaines régions, on a constaté que la distribution gratuite donnait lieu à des abus, et on a imposé une redevance très faible pour éviter ces abus.

M. Camus. — L'Administration forestière est juge de savoir si elle doit ou non accueillir les demandes, mais j'estime qu'en tous cas, elle doit donner gratuitement les plants. C'est une économie pour elle quand les propriétaires plantent, car on sait ce que coûte un reboisement.

La crise du châtaignier a été très grave en Italie ; en Italie on a distribué jusqu'à 300.000 plants gratuits par an. Je ne vois pas pourquoi on complique les choses pour une redevance aussi minime. Je demande :

« *Qu'il soit créé des pépinières destinées à fournir des plants greffés et d'autres essences à mélanger au châtaignier, dont la délivrance devrait se faire gratuitement, en supprimant les formalités en vigueur.* »

M. LE PRÉSIDENT. — En somme, c'est une question de détails administratifs.

M. CAMUS. — Enfin, je demande que l'Administration forestière délivre, dans les pépinières, des mélanges aussi intéressants que possible pour répondre à l'idée que j'exprimais.

Quant au vœu N° 1, je le trouve platonique.

M. HICKEL. — Les châtaigniers-bois peuvent bénéficier de la loi.

Quant aux châtaigniers-vergers, ce sont des arbres épars sur un terrain débarrassé de la végétation parasite, arbres suffisamment éloignés les uns des autres, et je ne crois pas qu'on puisse considérer que les châtaigniers-vergers jouent un rôle au point de vue de la conservation du sol et au point de vue du régime des eaux.

M. ROY. — Messieurs, parmi les facteurs importants qui militent en faveur de la replantation du châtaignier, M. le rapporteur Mangin affirme la nécessité de favoriser le développement de l'industrie des extraits tanniques, industrie essentiellement française et dont les produits font prime sur les marchés étrangers.

Je dois dire que la menace de la raréfaction du châtaignier a déjà incité les intéressés à porter leurs efforts vers la même mesure.

Le Syndicat des Fabricants d'extraits tannants et tinctoriaux de France qui, depuis cinq ans, groupe les quarante fabriques françaises d'extraits de châtaignier, s'honore de donner son concours aux pouvoirs publics et aux œuvres particulières pour le reboisement du pays en châtaigniers, conformément au programme qu'il s'est imposé en tête de ses statuts.

Il est donc juste que ce syndicat apporte ici sa modeste adhésion aux vœux qui sont proposés par M. Mangin, en même temps que sa gratitude au rapporteur pour l'hommage qu'il rend à l'industrie française des extraits tanniques. (*Applaudissements.*)

M. DE SEGONZAC. — Nous ne nous occupons que des châtaigneraies.

Là, il y a deux choses à éviter.

La première, c'est la maladie : il faut d'abord, avant de planter, être certain que la maladie ne viendra pas.

La deuxième, c'est qu'il est impossible de mettre des châtaigneraies dans tous les terrains improductifs. Laissez les propriétaires libres.

La Société des Agriculteurs de France m'a chargé de proposer le vœu suivant :

« *Que tous les terrains improductifs, dont le sol, le lieu et le climat sont propices au châtaignier, soient remis en valeur par la constitution de nouvelles châtaigneraies.* »

Cela respecte la liberté de chacun, et invite les personnes dont le sol est convenable.

M. LE PRÉSIDENT. — Ce n'est qu'une nuance, le vœu de M. Mangin porte « *inaptes à toute autre culture* ».

M. DE SEGONZAC. — C'est le mot « *tous les terrains* » qui nous a semblé exagéré.

M. HIRSCH. — Je suis prêt à m'associer pleinement aux vœux de l'honorable rapporteur M. Mangin, sauf sur un point cependant : l'un des remèdes qu'il a indiqués, titre *c*, est la nécessité de favoriser le développement de l'industrie des extraits tanniques.

Il me semble qu'il y a une certaine contradiction entre ce que dit M. Mangin et le remède qu'il propose.

En effet, l'une des causes principales pour lesquelles le châtaignier a disparu, c'est l'industrie des extraits tanniques. Si on la développe encore davantage, on fera disparaître encore un peu plus de châtaigniers. Il convient donc de ne pas favoriser le développement de cette industrie, et justement en Italie, la législation est intervenue pour empêcher ce développement.

J'ajouterai même que le développement des industries tanniques est profondément préjudiciable à la forêt de chênes. L'écorce de chênes est de vente difficile en ce moment ; d'ailleurs demain nous discuterons cette question à la troisième Section, où j'ai l'honneur d'être rapporteur, et je demanderai au Congrès de ne pas s'associer à une phrase qui serait tout à fait en contradiction avec le vœu que je présenterai à la troisième Section.

M. MANGIN. — Il semble en effet qu'il y ait une certaine contradiction entre la prospérité des châtaigneraies et l'industrie des extraits tanniques. Cela tient à ce que la question est mal posée et mal résolue.

En réalité, le châtaignier n'est bon pour l'extraction des extraits tanniques qu'à partir de 50 à 60 ans ; plus jeune, il ne donne rien, j'en prends à témoin M. Roy, président du Syndicat des Extraits tanniques.

Ce que nous demandons, c'est donc de constituer des châtaigneraies. Or, une châtaigneraie produit à partir de 15 ans, elle peut produire plus de 5 %, c'est donc un bon placement. Les arbres sont plantés en espacements de 10 à 12 mètres, au fur et à mesure que la châtaigneraie vieillit, vous enlevez les arbres de 50 à 60 ans, dont le bois est déjà bon pour l'industrie des extraits, ceux qui restent développent leur cime et augmentent leur production. De sorte qu'un propriétaire, à partir de 15 ans, tire parti du fruit, et à partir de 60 ans, vend son bois aux usines. Je crois que du même coup, nous allons reconstituer une excellente production forestière et donner satisfaction à l'industrie des extraits tanniques. D'autant plus que le bois est vendu à un prix tellement élevé qu'il reste un bénéfice énorme une fois la plantation faite à nouveau.

Il y a donc accord intime entre ces intérêts qui paraissent inconciliables.

La prospérité des extraits tanniques a un grave défaut, c'est de déprécier la vente des écorces de chêne, mais nous n'y pouvons rien.

M. HIRSCH. — Ah si !...

M. MANGIN. — Laissez-moi terminer. L'industrie du tannage s'est modifiée d'une façon extraordinaire. Le vieux tannin a été abandonné; depuis vingt ans on tanne par des procédés extrêmement variés, et ce qu'on cherche surtout, c'est à tanner rapidement. Si nos industriels n'employaient pas ces procédés de tannage rapide, dans lesquels l'écorce de chêne n'entre que pour une faible proportion, ils seraient distancés par les Américains, qui nous inondent de cuir à tellement bon marché qu'il y a une crise sur le cuir. Si l'industrie du cuir veut vivre en Europe, il faut qu'elle suive la concurrence et tanne vite. Or, les seuls procédés de tannage rapide sont les extraits qui pénètrent peu à peu dans le cuir dans un temps relativement court, donnant un tannage suffisant, quoique mauvais relativement aux anciens procédés, pour permettre de faire concurrence aux cuirs américains.

Telle est la situation. En Hongrie, on fait beaucoup d'extraits tanniques ; en Amérique, on s'adresse au québraco, qui arrive en quantité au Havre ; il y a une concurrence énorme pour tous ces extraits. Or s'il y avait ici des tanneurs, ils vous diraient que, parmi tous ces extraits, il en est un qu'on ne peut pas supprimer : c'est l'extrait de châtaignier.

L'extrait de châtaignier pallie les inconvénients de ces produits, il donne un mélange meilleur et il est employé dans la proportion de 1/5 à 1/3. S'il se produisait une modification des procédés de tannage, la vente de l'écorce de chêne pourrait reprendre, mais elle ne fournit pas assez de tannin pour les demandes de l'industrie du cuir. Si vous supprimiez en France les usines d'extraits, ce seraient les usines d'Italie qui feraient ces extraits, vous n'auriez pas pour cela reconstitué les châtaigneraies.

M. LE PRÉSIDENT. — Je crois que nous sortons un peu de notre question en nous occupant des extraits tanniques.

M. GARRIGOU-LAGRANGE. — Mis en cause par M. Mangin, je tiens à le remercier ainsi que M. Roy de l'intérêt qu'ils nous ont témoigné.

C'est M. Gaillard qui a provoqué la reconstitution des châtaigneraies dans le Limousin ; nous avons déjà 500 à 600 hectares de reconstitués.

Ce que je voudrais faire remarquer, c'est que M. Mangin a dit qu'il y avait accord entre les intérêts des propriétaires de châtaigneraies et les fabricants d'extraits tanniques. Il aurait mieux fait de dire que peut-être cet accord existera un jour.

Nous venons d'ouvrir de nouvelles lignes de tramways; aussitôt, j'ai vu ces messieurs qui circulent pour la dévastation des bois, car c'est une véritable dévastatation, c'est épouvantable.

M. LE PRÉSIDENT. — Nous sortons de notre question, ce sera discuté demain à la troisième section.

M. MANGIN. — Il faut signaler que ce qui a provoqué ce désaccord entre les propriétaires de châtaigneraies et les fabricants d'extraits, c'est que ces derniers se divisent en deux catégories. Il y a les industriels sérieux, qui demandent à voir le marché se stabiliser et la production se faire normalement. Puis vous avez eu des spéculateurs, qui se sont abattus sur une région et ont fait des usines volantes ; ils ont ravagé tout un territoire, puis sont partis dans une autre région.

M. GUILLOT. — On coupe les châtaigniers parce qu'ils ont rendu tout ce qu'ils pouvaient rendre.

Je suis propriétaire : à 40 ans un châtaignier ne vaut plus rien. (*Exclamations*).

UN CONGRESSISTE. — Il y en a de 300 ans, voyons !

M. COSTE. — Comme Président de la Société Centrale d'Agriculture du Gard, je vois des exemples lamentables dans le nord de notre département.

Vous ne pouvez pas vous rendre compte de l'impression pénible qu'on ressent en visitant ce pays : on croirait que l'ennemi est passé par là. Tout est désert, les paysans sont partis dans les villes, les maisons s'effondrent et tombent en ruines.

Nous avons émis, à la Société Centrale d'Agriculture du Gard, le même vœu que la Société des Agriculteurs de France, vœu tendant à favoriser l'industrie de l'écorce de chêne, simplement en autorisant les tanneurs qui veulent tanner au chêne, à avoir une marque spéciale. Nous avons soumis ce vœu à la Société d'Agriculture de la Lozère qui, par lettre du 11 juin, m'écrit :

« Monsieur le Président,

« Dans sa dernière séance, notre Société a décidé de s'associer au vœu de la Société Centrale d'Agriculture du Gard relatif à la mévente des écorces et à la falsification des cuirs.

« Nous sommes heureux en même temps d'avoir pu répondre, favorablement à votre désir, aux diverses communications que vous avez bien voulu nous adresser et de nous être joints à votre initiative qui intéresse notre région, dévastée depuis quelques années par les acheteurs de châtaigniers.

« *Signé* : Paul CHEBANIER, *juge au Tribunal civil* ».

Voilà un témoignage des plus formels sur cette dévastation.

Il ne me parait pas possible que le Congrès Forestier déclare qu'il y a lieu de favoriser le développement de l'industrie tannique.

M. MANGIN. — Je voudrais que la question fût posée nettement. J'ai essayé de démontrer que l'entretien de bonnes châtaigneraies n'est pas incompatible avec l'existence des usines ; ce qui est inadmissible, c'est que le propriétaire d'une châtaigneraie la ruine sans rien mettre à la place.

Vous vous plaignez que vos campagnes soient désertées, c'est la faute de ceux qui ont fait cela.

Vous avez le droit, en présence de ce manque de souci du fonds commun qu'on laisse en friche, d'intervenir...

UN CONGRESSISTE. — Non !

M. MANGIN. — ... et, par une loi, de dire aux propriétaires : Vous ne défricherez qu'après autorisation, et comme le code forestier l'indique, et non à blanc étoc. Puis, quand vous voudrez défricher, vous serez obligé de replanter.

Vous avez parlé des régions dévastées ; en Corse, où il y a cinq usines, j'ai visité la plus ancienne, qui fonctionne depuis 30 ans et a drainé tous les châtaigniers des environs. J'ai été surpris de voir que tout le sol avoisinant cette usine, était couvert de châtaigniers de 25 à 30 ans. On a bien abattu les châtaigneraies, mais on les a replantées. Donc, ce ne sont pas les usines qu'il faut fermer, mais le procédé d'exploitation qui est détestable et qu'il faut modifier par une loi.

Si, actuellement, vous trouvez que, dans certains endroits on ravage, c'est que généralement l'usine draine les châtaigniers des alentours, puis s'arrête, à cause du prix de transport, quand il faut aller trop loin. Mais s'il s'ouvre une ligne de tramways, les usiniers en profitent.

D'ailleurs, j'ajoute que l'industrie des extraits tanniques est arrivée à son maximum ; un certain nombre de petites usines joignent à peine les deux bouts, il y en a qui disparaissent.

Or, pour celles-ci, que va-t-il arriver? Elles sont achetées par des spéculateurs qui, n'ayant pas à amortir le fonds de l'usine, auront toute liberté. Ce sont ceux-là qui vont produire ces dévastations.

Donc la question est urgente : il faut intervenir pour empêcher la destruction abusive des châtaigneraies par le propriétaire lui-même et par les usiniers, qui ne devront s'établir qu'après une autorisation ministérielle.

M. HIRSCH. — Je m'associe aux vœux du rapporteur, notamment au septième vœu, demandant que la loi italienne soit appliquée en France, c'est-à-dire qu'on limite le nombre des usines d'extraits tanniques.

Je voterai des deux mains un vœu de ce genre, mais ne demandez pas qu'on favorise le développement de l'industrie des extraits tanniques.

M. le Président. — Je ferai remarquer que la phrase de M. Mangin sur la nécessité de favoriser cette industrie, ne figure pas dans ses vœux ; nous pouvons donc laisser cette question de côté.

M. Guillot. — Je voudrais signaler un fait très important. Vous n'avez pas besoin de défricher les châtaigneraies, il suffit de les recéper. Si on envisage ce procédé, c'est une grande partie de la solution. Elles se trouvent reboisées en châtaigniers, et vous pouvez reboiser en n'importe quelle autre essence, notamment en sapins pectinés.

C'est pourquoi je m'associe à la suppression du mot « *tous* » à l'article 1.

M. le Président. — Je mets aux voix la rédaction de M. de Segonzac :

1° « *Que les terrains improductifs dont le sol, la région et le climat sont propres au châtaignier, soient remis en valeur par la reconstitution de nouvelles châtaigneraies.* »

M. Mangin. — Dans les régions où il n'y a pas beaucoup de châtaigniers, pourquoi les coupez-vous ?

On a dit : c'est parce que cela ne rapporte rien.

Il y a des gens qui préfèrent couper leurs châtaigniers pour faire d'autres cultures forestières, notamment le pin maritime, et quelquefois, dans la région des hautes montagnes, il y a intérêt à supprimer le châtaignier et à établir la culture pastorale.

Je vous ai dit qu'il y a des départements où la culture du châtaignier a été remplacée par une autre culture ; j'ai dit : là, il n'y a pas de crise, mais au contraire, plus-value des terrains. Nous ne nous occupons donc que de quelques départements.

M. le Président. — Je mets aux voix le vœu que je viens de lire.

Adopté.

M. le Président : Nous passons au deuxième vœu :

« 2° *Que les châtaigneraies soient exploitées et entretenues par un jardinage judicieux et des repeuplements en sujets greffés et soigneusement sélectionnés* ».

M. Guillot. — Je demande que ce vœu soit rectifié comme suit, parce qu'il y a des populations qui abusent :

« *Que les châtaigneraies soient exploitées sans enlèvement des feuilles, qui constituent la couverture morte, et entretenues par un jardinage judicieux, etc...* »

M. le Président. — Je mets aux voix le deuxième vœu.

Adopté.

Le troisième vœu dit :

3° « *Qu'il soit créé des pépinières destinées à fournir des plants greffés dont la délivrance pourrait se faire ou gratuitement ou à prix d'argent.* »

M. Camus. — J'ai demandé tout à l'heure que le vœu soit modifié comme suit :

« *Qu'il soit créé des pépinières destinées à fournir des plants greffés et d'autres essences à mélanger au châtaignier, dont la délivrance devrait se faire gratuitement, en supprimant les formalités en vigueur.* »

M. Mangin. — Je suis tellement imbu de cette idée que, lorsque je suis allé en Corse, où les châtaigniers sont délivrés gratuitement, on m'a dit que les reprises étaient de 90 %. En Corse, l'accord est complet entre les propriétaires de châtaigneraies et les usiniers. Avant on les recevait à coups de fourche ; maintenant on est heureux de les voir parce que, l'an dernier, il a été distribué, tout près de Bastia, 12.000 plants de châtaigniers. On en a replanté plusieurs et j'ai vu des régions où il n'y en avait pas et où on en plante maintenant parce qu'on sent la nécessité de le faire. Doit-on délivrer des châtaigniers gratuitement ou contre une faible redevance? Il s'agit là d'une question de doigté.

M. Garrigou-Lagrange. — J'ai été mis en cause ; mais je dois dire que chez nous la question ne se pose pas : nous n'avons pas fourni de plants de châtaigniers. Voici comment on procède : 99 fois sur 100, le paysan plante un sauvageon et, au bout de deux ans, le greffe sur place. Ce qu'il faudrait, ce sont des porte-greffes pour pouvoir distribuer des greffes. Il serait bon, je crois, d'introduire cette modification dans le vœu. Nous sommes en train d'organiser un terrain à Limoges; mais ce qui manque le plus chez nous, ce sont les bonnes espèces de châtaignes.

M. le Président. — On pourrait ajouter : « *...ou des porte-greffes* ».

M. Camus. — On ferait mieux de donner les plants gratuitement plutôt que de distribuer des primes.

M. Garrigou-Lagrange. — On peut laisser le vœu tel qu'il est.

M. le Président. — Nous laissons le vœu tel qu'il est en ajoutant :

« *Qu'il soit créé des pépinières ou des porte-greffes, etc...* »

Je mets aux voix le vœu ainsi modifié.

Adopté.

Nous arrivons maintenant à l'article 4, qui est ainsi conçu :

« 4° *Qu'il soit établi des primes à la replantation et, plus tard, aux châtaigneraies donnant les produits les meilleurs.* »

M. GARRIGOU-LAGRANGE. — C'est la grosse affaire. Les petites satisfactions données ne suffisent pas pour encourager ; il faut donner une prime à la replantation.

M. LE PRÉSIDENT. — Je mets cet article aux voix.

Adopté.

« 5° *Que la loi dégrevant de tout impôt foncier pendant* 30 *ans, les terrains remis en nature de bois, soit étendue aux châtaigneraies nouvelles.* »

M. GARRIGOU-LAGRANGE. — Il y a une difficulté : c'est que pendant 15 ans nous cultivons la châtaigneraie replantée.

M. MANGIN. — Nous avons parlé ici des châtaigneraies au point de vue de la consolidation des terrains en montagne. Il y a certainement des versants dans le Plateau Central qui sont couverts de châtaigneraies, qu'on traite, moitié pour le fruit, moitié pour le bois. Par conséquent, il y a un mode de traitement qu'il faut favoriser.

M. LE PRÉSIDENT. — On pourrait ajouter : « .. *lorsque ces châtaigneraies seraient nécessaires pour les peuplements de production.* »

M. CAMUS. — Je propose le vœu suivant qui me paraît plus général :

« *Que les dégrèvements et autres avantages accordés aux terrains remis en nature de bois soient étendus aux châtaigneraies nouvelles.* »

Vous ne parlez que de la remise de l'impôt pendant 30 ans. Je demande que les autres avantages votés soient aussi applicables aux châtaigneraies.

M. LE PRÉSIDENT. — Je ne crois pas qu'il y ait un inconvénient à demander cela.

M. MANGIN fils. — D'une manière générale, les châtaigneraies sont soumises à la loi forestière ; mais il y a des cas où l'administration n'admet pas notre interprétation.

M. GUILLOT. — Pour bien fixer la chose, il faudrait mettre : « *Châtaigneraies-vergers* ».

M. le Président. — Voici le vœu rectifié suivant les idées qui ont été émises :

« 5° *Que la loi dégrévant de tout impôt foncier pendant* 30 *ans les terrains remis en nature de bois, soit étendue aux châtaigneraies nouvelles, lorsqu'elles sont nécessaires au maintien des terrains instables.* »

Adopté.

La séance est levée à 11 h. 35.

SÉANCE DU 18 JUIN 1913

(APRÈS-MIDI)

Présidence de M. Cyprien GIRERD, président de Section

La séance est ouverte à 2 h. 20.

M. LE PRÉSIDENT. — L'odre du jour appelle la discussion du rapport de M. Mangin sur LE NOYER, SA DISPARITION, LES MOYENS D'Y REMÉDIER, LA NÉCESSITÉ DE DONNER UNE NOUVELLE EXTENSION A SA CULTURE.

La parole est à M. Mangin pour la lecture de son rapport.

M. MANGIN. — Le noyer, *Juglans regia*, Lin. appartient à la famille des *Juglandées.* Originaire de l'Asie tempérée, son importation est déjà ancienne; on peut le considérer aujourd'hui comme tout à fait naturalisé.

C'est un arbre de grande taille, assez rustique ; la difficulté de son maintien au milieu de la végétation forestière en fait plutôt un arbre de culture qu'un arbre forestier proprement dit. Indifférent quant à la nature géologique du sol, il préfère néanmoins les terrains profonds, frais et substantiels : les versants pierreux des collines constituent sa station de prédilection. Son enracinement puissant rend sa transplantation difficile. Il commence à fructifier vers l'âge de quinze ans, mais les variétés greffées et sélectionnées produisent déjà des fruits dès la sixième année ; la floraison précoce du noyer commun le rend sensible aux gelées tardives, ce qui a l'inconvénient grave de rendre irrégulière et aléatoire sa production fruitière ; heureusement la sélection et le greffage ont diminué cet inconvénient.

Le bois du noyer est un des plus estimés, il sert à une foule d'usages, mais principalement en ébénisterie, en carrosserie et enfin en armurerie, car il est incomparable pour la fabrication des crosses de fusils (l'Allemagne même vient s'approvisionner en France pour son matériel de guerre).

Indépendamment de son bois, le noyer commun et surtout les variétés greffées et sélectionnées nous fournissent un fruit délicieux, la noix : noix sèches lorsqu'elles sont récoltées à maturité, cerneaux quand elles sont cueillies vertes encore, mais dès formation complète de l'amande. Les noix font l'objet d'un commerce d'exportation important, surtout avec l'Angleterre, les Etats-Unis, l'Allemagne, la Belgique, l'Algérie. La production moyenne annuelle a atteint de 1899 à 1908, 637.725 quintaux valant 20 millions.

Le noyer nous donne en outre quelques produits accessoires :

Des noix on tire une huile comestible, fruitée, délicieuse quand elle est fraîche et extraite à froid, en tous cas, toujours propre à l'éclairage. L'écorce renferme de l'acide tannique, elle est employée en teinture, enfin l'enveloppe charnue du fruit, le brou, sert à faire une liqueur et principalement une teinture très employée en ébénisterie sous le nom de brou de noix.

Planté en vue de sa production ligneuse, le noyer accepte des stations élevées ; mais, cultivé pour son fruit, il ne dépasse pas 600 à 700 mètres d'altitude : on plante alors les arbres à dix ou quinze mètres les uns des autres, soit en bordure des routes ou des champs, soit en massifs, ils constituent dans ce dernier cas les *noyeraies* si nombreuses et si belles dans quelques départements, en particulier dans l'Isère.

On rencontre le noyer presque partout en France, mais l'aire dans laquelle il est le plus prospère et donne les meilleurs fruits est comprise entre le 44° et le 47° de latitude Nord. Malheureusement, à part quatre ou cinq départements, tels que l'Isère, la Corrèze, le Lot, la Dordogne, où la culture du noyer progresse, à part une douzaine de départements, tels que l'Aveyron, la Vienne et la Haute-Vienne, la Charente, les Deux-Sèvres, l'Indre-et-Loire, le Maine-et-Loire, la Nièvre, la Loire, le Puy-de-Dôme, l'Ardèche, la Drôme où elle se maintient juste, partout ailleurs elle diminue et l'on s'achemine plus ou moins rapidement, mais sûrement, vers la disparition du noyer de la plupart de nos départements français. C'est pourtant, par son tempérament, la valeur et le nombre des produits qu'il nous donne, un arbre de toute première importance, comme le châtaignier, l'olivier. *Il faut en protéger et propager la culture*, et porter un prompt remède à ce que l'on peut appeler comme pour le châtaignier : *la crise du noyer*.

La crise du noyer.

Les causes de cette crise sont :

Le mauvais choix des variétés cultivées ;

L'abandon trop fréquent de la pratique constante de la sélection ;

La diminution des soins culturaux, (chèreté de la main-d'œuvre) ;

La suppression presque complète de la restitution au sol des éléments nutritifs enlevés par les récoltes.

Dans de telles conditions, la production des noyers a constamment diminué en quantité comme en qualité : elle a cessé d'être rémunératrice. Aussi les cultivateurs, en présence de la hausse qui, depuis une vingtaine d'années, ne cesse de se faire sentir sur la valeur du bois de cet arbre (le renouvellement, l'augmentation, l'entretien des armements en Europe est un puissant facteur de cette hausse qui a plus que doublé le prix du mètre cube de bois de noyer), se sont-ils laissés entraîner par l'appât d'un gain immédiat. Méconnaissant leurs intérêts, ils ont sacrifié l'avenir et ont abattu leurs noyers pour les vendre, sans jamais les remplacer.

Pour justifier ces exploitations abusives et profondément regrettables, les cultivateurs ont prétexté : la lenteur de la mise à fruit du noyer, l'irrégularité de sa production fruitière, la fréquence de la carie de son bois (gaulage brutal et plaies non recouvertes d'un enduit protecteur), enfin ils l'ont accusé de nuire considérablement par son feuillage épais aux cultures intercalaires.

Certes, dans nombre de départements, ces critiques sont justifiées, ce n'est pas la culture du noyer en elle-même qu'il faut incriminer, mais bien l'ignorance, la négligence, l'imprévoyance des cultivateurs. Rien ne leur serait plus facile que d'éviter les inconvénients qu'ils reprochent au noyer : simplement par la pratique de méthodes culturales appropriées et judicieuses.

Moyens d'y remédier.

Par le choix de variétés greffées et soigneusement sélectionnées, à mise à fruit précoce, à floraison tardive, il leur serait possible d'attendre moins longtemps l'entrée en rapport de leurs noyers et de régulariser la production en diminuant le danger des gelées de printemps.

Par un apport régulier d'engrais et quelques façons culturales, ils amélioreraient le sol, lui restitueraient la quantité d'éléments nutritifs qui lui sont enlevés annuellement par la récolte et en augmenteraient sa richesse en principes fertilisants. La production des noix y gagnerait en quantité et en qualité.

Par une taille raisonnée et des élagages bien compris, ils diminueraient l'épaisseur de la cime, l'amèneraient à prendre la forme en gobelet, si favorable à la libre circulation de l'air et de la lumière. Les cultures intercalaires auraient moins à souffrir du couvert des noyers dont, d'autre part, la production fruitière serait sensiblement améliorée. Enfin ils obtiendraient des noyers à fût plus élevé et diminueraient la fréquence de la carie du bois par une pratique plus prudente du gaulage et l'habitude de recouvrir d'un enduit protecteur les plaies accidentelles ou culturales de l'arbre : la production ligneuse y gagnerait sensiblement.

Ainsi comprise, la culture du noyer devient une source de richesse pour les populations rurales de nombreux départements et aucune des critiques qui ont été formulées contre elle ne subsiste.

Les mesures propres à enrayer la crise du noyer peuvent être formulées sous la forme de vœux que nous soumettons au Congrès.

Que des conférences destinées à instruire nos cultivateurs, soient organisées.

Que des pépinières destinées à fournir gratuitement ou moyennant une redevance très faible, des plants de noyers greffés et soigneusement sélectionnés, à tous ceux qui veulent effectuer des replantations, soient créées sous la direction des professeurs d'agriculture.

Qu'il soit établi des primes à la replantation des noyers.

Que la loi dégrevant de tout impôt foncier, pendant trente ans, les terrains remis en nature de bois, soit étendue aux noyeraies, c'est-à-dire aux noyers plantés en massifs.

M. le Président. — Il n'existe pas de noyeraies en France.

M. Mangin. — Il y en a dans quelques départements et notamment dans l'Isère, mais presque toujours elles sont accompagnées d'une culture intercalaire, ce qui pourrait arrêter le législateur dans sa tendance de dégrèvement d'impôt foncier. Il ne pourrait peut-être y avoir là qu'un dégrèvement partiel qui rentrerait dans la conception des primes, notamment pour la plantation du *Juglans nigra*, ou noyer noir d'Amérique. Cet arbre fournit un bois d'excellente qualité qui, dans certaines conditions, peut lutter avec le bois du noyer commun et présenter même sur lui quelques avantages.

M. DE SEGONZAC. — La question du noyer est très délicate : c'est plutôt un arbre isolé qu'un arbre de grande futaie ; je signalerai en passant une particularité intéressante qui fait que cet arbre doit être considéré comme d'un excellent rapport au point de vue de la chasse : c'est en effet le seul ou un des seuls que le gibier ne touche point, que ce gibier soit le chevreuil, le lapin ou le lièvre ; sur ce point, je puis être tout à fait affirmatif : j'ai planté chez moi des quantités de noyers, jamais le gibier ne les touche, même par temps de neige, c'est-à-dire alors qu'il meurt de faim !

Pourquoi les noyers ont-ils en grande partie disparu chez nous ? La première raison, à mon sens, il faut la trouver dans la gelée de 1879.

La seconde raison, je la trouve en ceci que, comme le châtaignier, c'est un arbre qui, pour une élévation de quatre mètres, présente au tronc un volume considérable qui le fait beaucoup rechercher, si bien qu'on le paye 250 francs le mètre cube.

En outre, le noyer est l'arbre le plus difficile du monde pour le greffage. Par conséquent, la plupart du temps on n'y procède pas, car il y a là un aléa que je signale d'une façon tout à fait positive.

Il faut décider le paysan à planter le noyer auprès de lui, aux alentours de sa maison. Que surtout on n'aille pas lui faire faire des plantations au loin, dans la campagne où les corbeaux lui enlèveraient tout espoir de tirer profit de son travail.

Dans le Midi, la question se présente sous un aspect un peu différent parce qu'il y a la question de l'huile à tirer du fruit, ce qui peut être une source de revenus nouveaux. Il ne faut pas croire pourtant qu'il convient de remplir la France tout entière de noyers : je demande que l'on procède comme pour les châtaigniers : qu'on fasse des plantations dans les pays où cette culture peut convenir et qu'on fasse surtout des plantations de noyers isolés.

M. CAQUET. — Je n'ai que deux mots à dire pour protester à l'égard d'une expression qui revient plusieurs fois, soit dans le rapport de M. Mangin, soit dans l'exposé qu'il nous a fait tout à l'heure : pourquoi parle-t-il toujours d'« exploitations abusives »? Laissez donc un peu de liberté aux propriétaires ! ils savent ce qu'ils ont à faire. Je proteste au nom de la liberté de la propriété dont je tiens à affirmer hautement le principe.

M. MANGIN. — Et moi, je m'élève contre elle d'une façon non moins absolue.

M. HICKEL. — Je n'ai rien à ajouter à ce qu'a dit M. de Segonzac sur les causes de la disparition du noyer ; j'estime que l'une des principales est celle qu'il a signalée, touchant la valeur élevée du bois de noyer ; il n'est pas du tout étonnant que les cultivateurs n'hésitent pas devant les hauts prix qui leur sont offerts ; parmi les emplois très nombreux du noyer, il convient de signaler surtout l'usage qui en est fait dans l'ébénisterie ; et, actuellement par suite de cette disparition du noyer commun, du noyer français, les fabricants de meubles ont de plus en plus recours au noyer noir d'Amérique : la plupart des mobiliers du faubourg Saint-Antoine vendus pour du noyer frisé sont en noyer noir : c'est une preuve que ce bois a une valeur à peu près égale à celle du noyer indigène. Mais il est un autre emploi du noyer au sujet duquel je tiens à vous entretenir, parce que c'est un emploi qui se présente à intervalles périodiques et qui exige alors des quantités colossales de noyers : je veux parler de la fabrication des crosses de fusils : toutes les fois que l'on procède dans un pays, — en France ou ailleurs, — à la réfection de l'armement, on emploie des quantités énormes de noyers à l'exclusion de tous autres arbres. Je ne suis pas chasseur, mais j'ai manié le fusil de guerre comme vous tous, Messieurs, eh bien ! je n'ai jamais trouvé une crosse de fusil qui ne fût pas en noyer. Et notez que cette fabrication, de par la forme même qui est donnée à la crosse, nécessite un déchet de 50 %. Lorsque l'Allemagne procède à la réfection de son armement, c'est en grande partie en France qu'elle vient s'approvisionner. Il conviendrait d'apporter un remède à cette situation.

On a parlé tout à l'heure du noyer noir et vous avez pu voir sur une table ici même un morceau de ce noyer, verni sur toutes ses faces, qu'on est venu vous présenter. Eh bien ! il me semble que si l'on poussait à la culture en France du noyer noir, il pourrait suppléer utilement le noyer indigène pour l'industrie. Ce serait autant de gagné pour l'agriculture, car la noix du noyer noir n'est pas comestible, en raison de l'épaisseur de son écorce et de la petitesse de son amande. D'un autre côté, le noyer noir présente des avantages sur le noyer indigène : il atteint des dimensions plus grandes, il croît aussi vite et donne un fût dénudé sur une grande longueur ; infiniment plus rustique, il résisterait aux rigueurs du climat du Nord ou de l'Est de la France.

Mais en attendant que nous ayions constitué un stock de noyers noirs qui nous permettra de faire face à une réfection possible de notre armement — supposez, en effet, que demain, on substitue au fusil actuel à magasin, un fusil avec chargeur, voilà la porte ouverte à des destructions de noyers considérables — en attendant, dis-je, cette éventualité qui n'est peut-être pas lointaine, je propose qu'aux vœux qui sont présentés par M. Mangin on en ajoute un autre qui serait libellé ainsi :

« *Le Congrès émet le vœu que le Ministre de la Guerre fasse procéder dès à présent à des essais à l'aide des différentes espèces indigènes et exotiques, de façon à trouver un succédané du noyer réalisant les mêmes conditions.* »

On sauverait ainsi une grande partie de nos noyers. Je ne crois pas que cela soit impossible. Évidemment, la plupart des bois des régions tropicales sont très denses, mais je crois qu'on pourrait trouver dans nos possessions, notamment dans l'Afrique occidentale, des bois légers susceptibles de remplacer le noyer.

M. CAQUET. — Je m'associe pleinement aux paroles de M. Hickel : il y a là un remède qui tranche heureusement avec beaucoup d'autres vœux qui n'ont pour but que d'appeler la répression à la rescousse ; il nous offre un moyen ingénieux et pratique d'obvier à un inconvénient sérieux : j'applaudis, des deux mains, à sa proposition.

Je voudrais savoir, maintenant si on peut remédier aux inconvénients du couvert du noyer.

M. MANGIN. — Le rapport répond exactement à cette question.

M. LE PRÉSIDENT. — Je mets aux voix les conclusions du rapport.

Ces conclusions sont adoptées.

M. LE PRÉSIDENT. — Voici maintenant le vœu de M. Hickel :

« *Que le Ministre de la Guerre fasse procéder, dès à présent, à des expériences de façon à trouver un succédané du noyer pour la fabrication des crosses de fusil.* »

Adopté.

M. LE PRÉSIDENT. — L'ordre du jour appelle la discussion du rapport de M. Caquet sur les ENGRAIS CHIMIQUES EN SYLVICULTURE.

M. François CAQUET. — Nous savons tous que, depuis trente ans environ, les engrais chimiques sont d'une application courante en agriculture. En sylviculture, il n'en est pas ainsi et nous en sommes encore à la période des essais, des tâtonnements et des incertitudes. Toutefois, cette question de l'application des engrais chimiques aux cultures forestières a préoccupé depuis longtemps déjà et à juste titre les hommes de progrès qui sont des fervents de la sylviculture intensive.

Depuis près de trente ans, nous nous sommes personnellement occupé de cette importante question, tant au point de vue pratique qu'au point de vue théorique.

Dans la Presse quotidienne et périodique, nous avons consacré de nombreux articles à la vulgarisation de cette question. Dès 1883, la « France Forestière », que nous avons fondée, s'est préoccupée de l'application des engrais chimiques à la sylviculture.

Au Congrès international d'agriculture de Rome, en 1903, nous avons soulevé une discussion sur « l'emploi des engrais chimiques en sylviculture et cette intéressante question y a été l'objet d'un échange de vues consigné aux procès-verbaux des séances de la section de sylviculture. Au sein de différentes sociétés d'agriculture et particulièrement de la Société des agriculteurs de France, nous avons eu l'honneur de provoquer la mise à l'étude de ce sujet que nous croyons important pour l'avenir de la sylviculture mondiale ; car, pourquoi la plus-value obtenue par l'emploi des engrais en agriculture ne serait-elle pas également obtenue par des applications judicieuses à la production forestière?

Pour notre part et, en ce qui concerne au moins l'application des engrais aux jeunes plants, dans les pépinières, notre siège est fait et nous avons pu nous rendre compte, en particulier, de l'avantage réel qu'il y a à employer les engrais potassiques et phosphatés sur les terres destinées aux jeunes plants forestiers feuillus et résineux.

A l'égard de l'application des engrais chimiques dans les bois en croissance, aux taillis notamment, nos expériences personnelles ne reposent que sur le fait suivant.

Nous avons fait des plantations d'acacias de quelque importance sur les places à fourneaux de nos taillis en 1887 et 1888. Chaque place à fourneau présente une superficie maximum de 50 mètres carrés. L'engrais potassique qui se trouve dans les résidus de la fabrication du charbon a donné une vigueur exceptionnelle à la pousse de ces jeunes plants qui, très serrés et au nombre de quinze à vingt par place à fourneau, ont fourni un rendement net de 15 francs par place à fourneau au bout de 15 ans, chaque perche d'acacia ayant été vendue 0 fr. 80. Les plantations d'acacias faites à la même époque dans les vides des taillis sont loin d'avoir une semblable croissance. Ils n'ont pas plus de dimension en hauteur et en diamètre, au même âge que les tiges de chênes les plus voisines. Hâtons-nous de dire que les terrains sur lesquels nous avons opéré sont des argiles imperméables sur lesquels l'acacia prospère mal. Les acacias récépés, donnent une pousse plus vigoureuse que les brins plantés.

Une suralimentation qu'il serait très probablement fort utile de donner à nos bois en général et à nos taillis tout spécialement, consisterait dans l'addition d'engrais phosphatés aux sols qui en manquent le plus ordinairement et desquels on les exporte à chaque coupe par la vente et l'enlèvement des produits ligneux : écorces et bois.

En général, les sols forestiers sont pauvres et tout particulièrement en acide phosphorique.

Un hectare de bois absorbe annuellement en principes minéraux divers les quantités suivantes : 185 kilos s'il s'agit du hêtre, 135 kilos s'il s'agit de l'epicea et 46 kilos seulement pour une futaie de pins sylvestres. Les quantités de substances minérales qu'exigent les résineux sont donc sensiblement moins grandes que celles réclamées par les feuillus.

Si nous négligeons de tenir compte de la teneur d'acide phosphorique contenue dans les feuilles et les fruits qui ne sont pas exportés ordinairement et pourrissent sur le sol de la forêt, nous arrivons à calculer que, pour un hectare de bois planté en chênes, par exemple, il faut annuellement, pour le développement du bois et de l'écorce 1 kg 500 d'acide phosphorique, 7 kilos de potasse et 27 kilos de chaux.

Dans un taillis d'une révolution de 18 ans, il conviendrait d'enrichir le sol végétal par l'importation d'un engrais composé contenant 18 fois au minimum ces richesses, utilisées annuellement pour la production du bois et de l'écorce qui doivent être exportés lors de la coupe. Mais 18 ans pour récupérer cette dépense qu'on peut chiffrer par 30 francs à l'hectare environ, c'est bien long; les besoins de la vie actuelle sont pressants et l'avenir n'est à personne ! D'autre part, le crédit forestier n'existe pas ; il n'est pas institué à l'instar du crédit agricole. Dès lors, à qui s'adresser pour obtenir la somme relativement importante que nécessiterait cette amélioration dont le résultat ne sera réalisé qu'à dix-huit ans de distance et en présence de la mévente des produits de nos taillis et des frais sans cesse croissants de la main-d'œuvre ? C'est là une difficulté à l'emploi des engrais chimiques en forêt ; mais cette difficulté est loin d'être insurmontable et pourra être levée quand il sera péremptoirement démontré par l'expérience que les engrais sont nécessaires à la prospérité des bois.

Aussi, donnerons-nous pour conclusions à ce court exposé, les vœux suivants que nous prions le Congrès forestier international de vouloir bien voter.

1º *Que les Bulletins officiels et de renseignements agricoles des diverses nations sollicitent des expériences pratiques de la part des sylviculteurs ; qu'ils recueillent et publient les observations communiquées et les résultats obtenus, afin que la Presse générale et spéciale puisse s'en inspirer pour la vulgarisation des procédés employés.*

2º *Que les stations de recherches de France et de l'Etranger, les Administrations forestières, les Sociétés d'agriculture régionales et locales se livrent à des expériences pratiques d'engrais appliqués aux bois et forêts, qu'elles en recueillent avec soin les résultats et les publient dans les bulletins dont elles disposent.*

M. DE LESSEUX. — Comme propriétaire forestier, j'ai appliqué la kaïnite à des reboisements d'epiceas. L'epicea abonde dans les terrains pauvres, presque stériles : pour 70 % des sujets, j'ai obtenu 35 et 40 centimètres d'accroissement : or, le terrain dont je vous parle est situé dans les Hautes Vosges et les arbres ont, en général, presque tous 4 m. 50 de hauteur. Nous avons gagné douze ans par l'apport de 250 kilos de kaïnite qui est un engrais potassique.

L'expérience date de 1899.

M. CAQUET. — C'est précisément pour « recoler », — pour me servir d'un terme forestier, — des renseignements aussi intéressants que le vôtre, que j'ai jeté sur le papier ces deux pages de mon rapport, provoquant ainsi une discussion sur une question qui paraît tout à fait neuve, tout en étant vieille de trente ans pour un certain nombre de forestiers d'avant-garde.

M. CHANCEREL. — J'ai déposé sur le bureau une communication sur le rôle du calcium dans la végétation forestière et son action sur les jeunes plants ligneux. Cette communication est dans l'esprit du rapport que nous discutons en ce moment.

M. LE PRÉSIDENT. — Il va en être donné lecture.

L'un des secrétaires du bureau donne lecture de la communication suivante :

LE ROLE DU CALCIUM DANS LA VÉGÉTATION FORESTIÈRE, SON ACTION SUR LES JEUNES PLANTS LIGNEUX, par M. L. Chancerel, inspecteur des Eaux et Forêts, docteur en droit, en médecine, ès-science.

« Si l'on dose les divers principes minéraux entrant dans la composition d'un végétal ligneux, on constate que le calcium est l'élément prédominant.

« On peut donc en déduire *a priori* que ce corps est le plus important pour les végétaux forestiers.

« Cette conclusion a été confirmée par l'expérience.

« M. Chancerel a cultivé des végétaux ligneux variés :

1° En eau distillée contenant les solutions diverses des substances d'essai ;
2° En sol artificiel ;
3° En terrain naturel.

« Ces divers milieux ont été arrosés de solutions minérales diverses. Dans tous les cas, il a été constaté que les composés du calcium ont une action des plus puissantes sur la végétation des jeunes plants ligneux, l'évolution des rejets et la production des racines des boutures.

« Les autres composés (de potassium, de sodium, d'amonnium, etc.) sont indifférents ou même parfois nuisibles si on les emploie à haute dose.

« D'autre part, au point de vue anatomique, les composés calciques produisent des vaisseaux plus larges, des cellules de parenchyme plus abondantes et plus épaisses ; ils augmentent notablement le développement du cylindre central par rapport à l'écorce et donnent aux éléments de la tige, de la racine, de la feuille, une lignification plus intense.

« Au point de vue physiologique, ces composés favorisent l'assimilation chlorophylienne, la transpiration et la respiration des végétaux ligneux.

« En résumé, les composés calciques, spécialement les phosphates et les sulfates sont les engrais forestiers par excellence, les stimulants de la végétation ligneuse, des éléments de vitalité pour les jeunes plants. »

M. CHANCEREL. — Messieurs, les résultats qui viennent de vous être révélés par la communication qui vous a été lue, ont été contrôlés par la Faculté des sciences et ont fait l'objet d'une thèse de doctorat soutenue en 1909. Cette thèse vient à l'appui de ce que je disais : il y a urgence à continuer l'expérience. Je l'ai faite : une première fois en eau distillée, une seconde fois en sol artificiel et enfin sur le terrain même. J'ai obtenu presque constamment les mêmes résultats : excellence du calcium dans tous les cas, notamment du superphosphate de chaux.

Je me propose de suivre de nouvelles expériences sur le plus grand nombre d'essences possibles.

M. LE PRÉSIDENT. — Nous remercions vivement M. Chancerel et de son intéressante communication et des explications complémentaires qu'il a bien voulu nous donner.

Avant de voter sur les vœux du rapport de M. Caquet, nous allons vous donner encore connaissance d'une communication de M. Cuif sur l'INFLUENCE DES ENGRAIS EN PÉPINIÈRE.

L'un des secrétaires donne lecture de la communication suivante :

« M. Cuif, dans une communication des plus intéressantes, donne les résultats d'expériences poursuivies depuis 1905 sur l'influence des engrais en pépinière forestière.

« Ces expériences ont porté sur l'épicéa, le pin sylvestre, le sapin pectiné, le pin noir d'Autriche, le frêne, le chêne rouvre et le chêne pédonculé.

« M. Cuif a étudié, non seulement l'influence des engrais sur les plants en pépinière, mais a en outre suivi, pendant quelques années, après leur transplantation en forêt, la façon dont se comportaient ces plants.

« M. Cuif termine le résumé particulièrement instructif de ses expériences par cette conclusion :

« Malgré quelques insuccès rencontrés dans la pépinière de l'Étang-de-Brin, les premiers essais dont nous venons de rendre compte nous paraissent aussi encourageants que modestes.

« En les faisant connaître à nos camarades forestiers, nous espérons leur communiquer un peu de notre foi dans l'efficacité des engrais chimiques en pépinière et les engager à aider la Station d'expériences de Nancy dans la poursuite de ses recherches sur une plus vaste échelle et dans des conditions aussi variées que possible. »

M. le Président. — Voilà un nouvel appui pour la proposition de M. Caquet.

M. Chancerel. — Des expériences ont été entreprises par l'Administration forestière dans la forêt de Chinon : il serait intéressant que l'Administration communiquât les résultats qu'elle a obtenus et les méthodes qu'elle a suivies.

M. le Président. — Tout ce qui vient d'être dit ne fait que confirmer l'utilité des vœux que nous avons à voter.

Il convient donc, Messieurs, car nous ne sommes pas des théoriciens et nous nous intéressons aux choses pratiques, de manifester précisément maintenant notre sentiment en votant les vœux.

Sur le premier, je crois que nous sommes tous d'accord.

Je le mets aux voix.

Le vœu n° 1 est adopté sans modification.

M. le Président. — Pour le vœu n° 2, vous avez manifesté, les uns et les autres, le désir d'y apporter des modifications; mais vous n'êtes pas d'accord sur une rédaction.

M. Guillot. — J'admets, avec M. Caquet, qu'il faut substituer le mot « *centraliser* » au mot « *publier* », mais je demande que cette centralisation se fasse à la station de recherches de Nancy, et non à l'Institut International de Rome.

M. Chancerel. — Il faudrait que la station de Nancy publiât son bulletin et fît ainsi connaître les résultats obtenus, car si ces résultats ne sont pas portés à la connaissance du public, nous émettons un vœu platonique.

M. le Président. — Du moment que la station de recherches de Nancy est invitée à publier ses renseignements, la direction de l'École lui en fournira les moyens.

M. Caquet. — En somme, il y a un double vœu : le premier demande qu'on fasse des expériences, — il a été voté, — le deuxième, que l'on constate et que l'on publie : Eh bien ! la station de Nancy, qui est une station de recherches fait des recherches; de plus, elle constate les résultats obtenus par d'autres ; enfin elle les publiera.

M. LE PRÉSIDENT. — Alors, Messieurs, si nous sommes bien d'accord, je mets aux voix le vœu, dans les termes suivants, que vous venez de dégager :

« *Que la station des recherches de Nancy concentre les résultats pratiques obtenus, soit à l'étranger, soit parmi les administrations forestières, les sociétés d'agriculture régionales et locales, par l'emploi d'engrais appliqués aux bois et forêts, et en fasse l'objet d'une publication.* »

Le vœu mis aux voix est adopté.

M. LE PRÉSIDENT. — La parole est à M. Caquet.

M. CAQUET. — Messieurs, hier, nous avons eu une discussion assez longue au sujet d'un procédé nouveau et très différent de l'ancien à appliquer aux taillis comme remède à la situation critique dans laquelle ils se trouvent. A la suite de cette discussion, plusieurs vœux ont été adoptés. Aujourd'hui, M. de Lesseux nous en apporte un nouveau qui pourrait servir de conclusion aux débats d'hier. J'espère que vous ne verrez pas d'inconvénient à ce qu'on revienne ainsi en arrière. Voici ce dont il s'agit :

« *Le Congrès émet le vœu que l'Administration centrale fasse immédiatement application, à titre d'essai, dans les forêts domaniales traitées en taillis sous futaie de la méthode préconisée par l'Ecole forestière de Nancy sous le nom de futaie pleine par bouquets ; ces essais seraient tentés dans des forêts propices et des régions diverses et les résultats du traitement seraient produits au prochain Congrès.* »

M. CHANCEREL. — C'est là quelque chose d'excellent.

M. CAQUET. — Cela donne satisfaction à tout le monde. A la suite de la discussion d'hier entre M. Mangin et M. Cuif, chacun a sans doute conservé son opinion. L'un pense toujours que la longue révolution doit être appliquée aux taillis ; et l'autre, au contraire, qu'il vaudrait mieux se lancer dans une voie différente. Si tous les auditeurs d'hier étaient présents, je suis certain qu'ils accepteraient le vœu de M. de Lesseux qui est la conclusion de l'exposé fait par M. Cuif.

M. CHANCEREL. — Les expériences de Nancy se réduisent à la Lorraine.

M. DE LESSEUX. — Je voudrais qu'on les étende un peu partout. Actuellement, il n'y a qu'un essai qui ait été fait ; aussi il est difficile de dire aux propriétaires de forêts de faire de la futaie claire. Nous ne pouvons pas assurer à ces propriétaires qu'ils pourront gagner 60 francs par hectare et par an. Je crois que la futaie claire donne les meilleurs résultats, c'est ma conviction personnelle, mais c'est une conviction : je n'en suis pas absolument sûr. Je voudrais donc que l'Etat, dans ses énormes forêts domaniales, commence à constituer de petites séries dont nous pourrions donner les résultats au prochain Congrès.

M. Caquet. — Il est bien évident que c'est à l'État qu'il appartient de faire ces expériences et non pas aux particuliers.

M. le Président. — Je vais mettre aux voix le vœu de M. de Lesseux tel qu'il vient de vous être lu.

Le vœu est adopté.

La séance est levée à 3 h. 25.

SÉANCE DU 19 JUIN 1913

(MATIN)

Présidence de M. ÉMERY, vice-président de Section

La séance est ouverte à 9 h. 15.

M. LE PRÉSIDENT. — Messieurs, l'ordre du jour appelle le rapport de MM. CHAPLAIN et A. UMBDENSTOCK sur les FORÊTS COLONIALES.

La parole est à M. CHAPLAIN pour la lecture du rapport.

M. CHAPLAIN. — Le bois manque ! Tel est le cri d'alarme poussé même à la tribune du Parlement.

La consommation ligneuse dépasse, en effet, la capacité des forêts, ce qui explique la hausse constante de ce produit de première nécessité.

Les pays producteurs de bois ont pris des mesures pour protéger, améliorer les forêts existantes et procéder à des travaux de reboisement, mais en attendant la reconstitution des forêts, l'accroissement de la consommation rendra fort difficile le rétablissement de l'équilibre rompu.

La France importe annuellement pour plus de 200 millions de francs de bois divers ; on conçoit l'incomparable champ d'action que les colonies françaises peuvent offrir au commerce des bois.

Les colonies françaises possèdent, en effet, des forêts en situation d'approvisionner la Métropole en produits ligneux variés et précieux : bois de construction, d'ébénisterie, de pavage, ainsi que des essences propres à la fabrication de la pâte à papier.

Celles qui sont surtout à considérer à raison des intérêts forestiers sont :

La Guyane,
Madagascar,
L'Afrique-Occidentale,
L'Indo-Chine.

D'autre part, l'Afrique du Nord fournit une quantité considérable de liège.

En Algérie, l'organisation du service forestier est le même qu'en France.

En Tunisie, les circonscriptions forestières ont à leur tête des agents métropolitains mis à la disposition du Gouvernement de la Régence.

Lorsque l'aménagement des forêts du *Maghreb* aura produit son effet, la production ira certainement croissant.

Rien de ce qui touche à notre important domaine forestier colonial ne saurait nous laisser indifférents. Cependant, ces ressources d'avenir sont, dans certaines de leurs parties, vouées à la destruction, dans d'autres, livrées aux déprédations des indigènes à la recherche de nouveaux pâturages.

La forêt recule de plus en plus, faisant place à une brousse où ne naissent que des essencces sans valeur.

En *Guyane*, la déforestation n'a pas encore accompli son œuvre néfaste. Le pays est couvert d'immenses futaies plusieurs fois séculaires renfermant plus de deux cents essences réunissant au premier degré les qualités recherchées dans les diverses industries du bois : menuiserie, ébénisterie, charronnage, constructions, etc. et offrant des produits secondaires variés et d'une importance primordiale : produits oléagineux, aromatiques, tinctoriaux et tannants, textiles et médicinaux. Ces forêts sont d'un luxe prodigieux de végétation dont il est difficile de se faire une idée sans avoir vu.

Le commerce d'exportation pourrait être fort important en Guyane. Malheureusement notre colonie est loin d'avoir atteint l'activité commerciale de la Guyane anglaise et de la Guyane hollandaise. Si l'industrie forestière n'y est pas florissante, cela tient, dit M. Voelckel, en grande partie à ce qu'il n'y a presque jamais, à la tête de l'entreprise, un homme compétent. Les exploitations sont engagées sans méthode et avec des capitaux insuffisants. Les difficultés d'exploitation exigent en effet un apport relativement considérable de capitaux, lesquels ne peuvent être fournis que par une société constituée sur des bases solides.

Par contre, à *Madagascar*, les forêts sont loin d'avoir la même importance : la déforestation a fait ici des progrès considérables.

La surface boisée de Madagascar varie entre 10 et 12 millions d'hectares ; elle représente le cinquième de la superficie de l'île.

4 millions d'hectares de forêts sont à peu près complètement ruinés par suite d'abus dans les exploitations et de défrichements ininterrompus.

4 autres millions d'hectares ne possèdent qu'un matériel très réduit de bois exploitables.

L'autre tiers de l'étendue forestière est constitué par des peuplements riches en essences les plus remarquables des régions intertropicales.

On rencontre à Madagascar d'immenses étendues dénudées et arides, notamment sur les hauts plateaux.

Parmi les causes de la dévastation des forêts, nous signalerons les incendies périodiques allumés par les populations pastorales. Le pâtre met le feu aux arbustes qui gênent l'extension de son pâturage ; le feu gagne la forêt voisine peuplée d'arbres de valeur. Lambeau par lambeau, la forêt est détruite.

Le Gouvernement général a édicté des peines pour enrayer la destruction de la forêt malgache. Le Décret du 10 février 1900, lequel comprend cent six articles, applique le régime forestier à la colonie ; il réglemente l'exploitation, la répression des délits forestiers. Mais ce n'est pas tout que d'édicter des règlements, il faut être en mesure de les faire respecter. Or ces textes sont restés lettre morte ; les exploitations se font sans contrôle ; pour détruire un hectare de forêt, il suffit d'acquitter une redevance annuelle de 10 centimes !

On conçoit que, dans de telles conditions, la dévastation ait fait des progrès considérables.

D'autre part, il n'existe pas de service forestier à Madagascar ; la section première du titre II du Décret ci-dessus n'a pas reçu d'exécution. La gestion du domaine forestier est entre les mains de fonctionnaires coloniaux ; le service technique comprend un garde général qui a sous ses ordres des agents de police, des contremaîtres de culture, des commis des services civils, des gardes de milice.

La Commission chargée de l'organisation du régime forestier est composée de fonctionnaires du Gouvernement général, lesquels s'entendent peu aux choses forestières. D'autre part, trop absorbés par leurs occupations professionnelles ils risquent de traiter ces questions à l'envers de l'intérêt général.

L'*Afrique Occidentale* n'échappe pas au mouvement de régression sylvestre. A défaut d'agents forestiers, la surveillance et la constatation des délits est assurée par des agents coloniaux du cadre administratif. Les collectivités indigènes jouissent de droits d'usage dont ils abusent.

Pour satisfaire divers appétits, des étendues considérables ont été déboisées et le régime hydrologique s'en est ressenti : la navigation du fleuve Sénégal est devenue plus difficile ; les terres de culture sont moins productives et les défrichements ont transformé certaines régions en véritables déserts d'où disparaissent peu à peu les cultures, les troupeaux et l'homme.

Cependant, il existe en Afrique Occidentale française de vastes étendues de forêts, encore vierges, et dont il sera possible de tirer parti.

C'est ainsi que la *Côte d'Ivoire* est recouverte, sur les deux tiers de sa superficie, par une imposante forêt qu'on évalue à 12 millions d'hectares et dont l'étude botanique a été faite par M. Chevalier (1). On la cite comme une des plus puissantes qui soient au monde ; elle est constituée par une futaie d'arbres géants et renferme des essences utilisables dans toutes les branches de l'industrie (industrie de luxe, chemins de fer, constructions navales, etc.).

En *Indo-Chine*, les forêts couvrent une notable partie du territoire, environ 25 millions d'hectares. Mais ici également l'arbre a des ennemis. D'après M. le conservateur Roger Ducamp, chef du service forestier de notre possession asiatique, le déboisement en Indo-Chine a pris des proportions inquiétantes contre lesquelles il est temps de réagir énergiquement.

L'anéantissement des forêts des vallées du Fleuve Rouge et du Mékong a rendu plus brutales les crues de ces cours d'eau et c'est à la même cause que l'on doit l'ensablement des vallées et des deltas. C'est également au déboisement du haut Tonkin et du Yunnan qu'il faut attribuer les inondations qui se produisent au Tonkin ainsi que la formation, dans le lit des cours d'eau de cette province de l'*Union*, de bancs de sable, lesquels constituent un sérieux obstacle à la navigation.

(1) *Les végétaux de l'Afrique Occidentale française.* — A. Challamel, éditeur.

Dans certaines régions, il y a lieu de procéder à des reboisements.
Dans d'autres, il suffirait d'aménager et de conserver les massifs existants.
Le relief montagneux de la péninsule et la pente accentuée de ses vallées, exigent que l'Indo-Chine conserve son patrimoine forestier.

Nous n'avons pas la prétention de vouloir maintenir à l'état de boisement permanent, soumis aux règles de la sylviculture moderne, les millions d'hectares occupés par les forêts coloniales.
Dans les régions agricoles, il n'y a aucun inconvénient à ce que des emprises soient faites sur le domaine forestier.
Mais il est nécessaire d'apporter au mal que nous venons de signaler les remèdes qui donneront de bons résultats en n'imposant aux pasteurs que le minimum de contrainte dans leurs coutumes.
Il convient donc de *cadastrer* les forêts coloniales, et de maintenir certaines parties en état de production.
Malgré leur immense étendue, ces forêts ne sont pas inépuisables et il se pourrait que des coupes sombres les anéantissent pour des siècles.
La question forestière coloniale est, on le voit, fort complexe, mais il nous paraît possible de la résoudre en partie.
Dès à présent il y a lieu, par des instructions écrites, de s'attacher à convaincre le personnel administratif colonial de l'intérêt que présente la conservation des forêts.
Par ce personnel ainsi convaincu, s'efforcer de faire comprendre aux populations, aux tribus, qu'elles seraient les premières victimes de la ruine du pays par suite de la disparition des massifs boisés, comme elles seraient les premières à profiter de l'exploitation rationnelle desdits massifs.

Les forêts, on le sait, assurent aux pays qui savent les conserver, un régime climatérique convenable. Aux colonies plus que partout ailleurs, la conservation des forêts est l'élément principal de l'habitabilité : c'est donc, au premier chef, une *question de salut public*.
Au point de vue économique, les forêts ne jouent pas seulement un rôle important par suite de l'utilisation des produits qu'elles donnent. Comme toutes les beautés de la Nature, elles attirent les touristes ; elles sont, par suite, une source de revenus pour les pays dont elles sont la parure appréciée des voyageurs. *Protéger la forêt, c'est donc protéger la fortune d'un pays.*
Il est nécessaire d'agir sans plus de délai : la peur du danger est le commencement de la sagesse. Il y va de l'avenir de nos possessions, et la France a le devoir de ne pas laisser détruire les forêts coloniales, mine vivante d'une valeur inestimable.
En conséquence des considérations qui précèdent, nous proposons au Congrès d'émettre les vœux suivants :

I. *Qu'il soit créé au Ministère des Colonies un bureau spécial chargé :*
a) *Du contrôle supérieur du domaine forestier colonial ;*
b) *De l'élaboration d'un programme d'action uniforme pour toutes les colonies, en ce qui concerne l'aménagement progressif des forêts dans chaque colonie, et la constitution de réserves forestières.*
c) *De centraliser les questions générales d'intérêt forestier concernant toutes les colonies.*

II. *Que le recrutement des Agents forestiers à destination des pays de protectorat et des colonies ait lieu, partiellement au moins, dans le cadre des agents de la métropole, et soit réglementé par décret pris d'accord entre les ministres intéressés (Agriculture, Affaires Étrangères, Colonies).*

M. CHAPLAIN. — Au moment où notre pays commence à déplorer la légèreté avec laquelle on a procédé au déboisement sur bien des points, et s'ingénie à trouver un remède au terrible mal, il a paru nécessaire de jeter le cri d'alarme, en ce qui concerne les colonies françaises.

La plus coupable incurie, pour ne pas dire plus, a jusqu'ici, présidé à la gestion de l'immense domaine forestier dont l'étendue exacte reste presque partout inconnue.

L'accès difficile de la forêt, d'où la difficulté de tirer un parti immédiat et avantageux de ses produits, l'impossibilité pour les gouverneurs de trouver auprès d'eux les gens compétents pouvant organiser ces services très spéciaux, sont autant d'excuses à l'état actuel.

Ne perdons point de temps à chercher les fautes commises et les coupables !

Il est temps de réagir. C'est de la métropole que doit partir la direction générale à imprimer à notre organisation forestière coloniale. Sans enlever à chacune de nos colonies l'autonomie qui lui est indispensable, nous estimons que le rôle des forêts, tant au point de vue climatérique qu'économique, est assez important pour justifier un contrôle supérieur. (*Approbation.*)

M. UMBDENSTOCK. — En conclusion et pour résumer les pensées qui ont inspiré notre communication, il s'agit d'élaborer un programme d'action forestière dans l'ensemble de nos colonies.

Certes, nous apprécions la difficulté de la tâche, mais ce vaste programme n'est pas impossible à réaliser : il y a pour l'État une œuvre sociale à remplir.

Les diverses parties du plan d'ensemble susceptible d'en faciliter l'exécution doivent avoir pour objectifs principaux :

La constitution d'un état civil des forêts coloniales, la délimitation et l'immatriculation de grandes réserves forestières, poursuivies parallèlement à la détermination des droits d'usage et de leur mode d'exercice, afin de prévenir les empiètements et les abus ;

La mise en valeur, par une exploitation rationnelle, du domaine ainsi constitué ;

La réglementation et la surveillance des concessions ;

La reconnaissance des terrains qui peuvent être défrichés sans nuire à l'intérêt général ;

S'il y a lieu, l'établissement de périmètres de reboisement.

Nos colonies ne paraissent pas toutes armées pour assurer l'exécution des prescriptions que nous venons d'énumérer ; celles-ci impliquent logiquement la création, dans chaque colonie, d'un service technique que, seuls, des forestiers sont en mesure de mettre en œuvre. Pour l'aider dans sa tâche, ce service devra s'attacher à l'éducation d'un corps de préposés indigènes et surtout à intéresser aux choses de la forêt, par des mesures que nous n'avons pas à examiner ici, les chefs de village, lesquels pourraient être rendus responsables des atteintes portées au domaine forestier.

J'ajoute que, dans l'intérêt même de la forêt, il est indispensable d'intéresser les indigènes à la conservation des massifs dont ils sont voisins. Dans les exploitations, il y aura donc lieu de faire une large place à la main-d'œuvre indigène locale.

Les mesures protectrices que nous réclamons correspondent à l'établissement d'un Code forestier approprié aux usages de chaque colonie. Exprimons le vœu que ceux auxquels incombera ce soin tiennent compte des besoins et des coutumes de chaque pays et se bornent à une règlementation courte et précise : les mesures les plus simples sont toujours les meilleures. (*Applaudissements.*)

M. Roger Ducamp. — Je puis paraître tout désigné pour parler des questions forestières coloniales, puisque j'ai eu l'honneur d'être envoyé en Indo-Chine en 1900 pour y jeter les bases de l'organisation forestière.

J'évalue, en ce qui concerne l'Indo-Chine seulement, à un minimum de 25 millions d'hectares la surface boisée qu'il est possible de choisir parmi les meilleurs peuplements pour en faire la base d'un domaine forestier.

M. Chevalier, du Muséum, qui a été en Afrique Equatoriale, avec lequel j'en ai parlé et qui a écrit de nombreuses études sur les forêts de ce pays, estime à des dizaines de millions les forêts qui existent et qui sont indispensables à ces pays.

Au point de vue international, il n'est pas sans intérêt de rappeler ce que tout le monde sait ici, à savoir l'influence des grands massifs boisés qui agissent par grandes vagues mondiales, et règlent les climats européens ou asiatiques : nous sommes, en Europe, sous la dépendance, non seulement de l'Océan Atlantique, mais des terres d'au delà. M. Dumas l'a établi dans un ouvrage qui mérite d'être signalé, et que je vous engage à lire.

Aux Indes anglaises, les Anglais ont fait à peu près tout ce qu'il est possible de faire. Là, j'ai été fortement impressionné. Il ne faut pas croire que l'Inde Anglaise, que nous voyons mal sur les cartes, soit un pays de forêts ; l'Inde Anglaise, après Bombay et Ceylan, m'est apparue comme un grand désert, mais les 30 millions d'hectares sur lesquels les Anglais ont mis la main sont aujourd'hui cadastrés, levés derrière des plaques ou des bornes, avec des chemins de ronde. En Indo-Chine, nous avons réussi, en douze ans, à mettre derrière des plaques et des bornes 600.000 hectares de forêts dont 54.000 hectares aujourd'hui sont aménagés et exploités.

Quel genre d'exploitation faisons-nous là dedans? Une exploitation très simple, parce qu'il faut la faire avec un personnel qui, comme disait mon camarade Chaplain, est venu de n'importe où, dans lequel on voit un encadreur, un ancien gabier de la marine... Il n'est pas possible aux colonies, pas plus qu'à Java ou au Japon, ou dans les Indes Anglaises, de faire garder la forêt par des Européens. Le climat s'y oppose. Il faut qu'elle soit gardée par des indigènes, et somme toute, c'est une chose heureuse, parce que cela permet de faire place à une partie de la population indigène et peut-être de lutter contre ce mauvais vouloir qu'ont les populations indigènes à supporter l'influence européenne.

Eh bien, j'estime que la France, qui possède un enseignement supérieur des forêts dont je ne parlerai pas — les membres étrangers y sont venus puiser des idées forestières, — qui s'est créé un empire colonial énorme, envié, qui renferme un domaine forestier remarquable, alors qu'elle achète pour près de 150 à 200 millions à l'étranger, se créant ainsi, comme dit M. Mélard, une dette vis-à-vis de l'étranger, doit être frappée de folie d'abandonner l'exploitation de ce domaine entre les mains de pâtissiers ou d'encadreurs de tableaux.

Nous avons là, en exigeant qu'on fasse aux agents forestiers la situation qu'ils méritent, des débouchés remarquables.

Voilà ce que je puis dire à ce sujet.

Il me serait peut-être difficile de dire pourquoi à Madagascar, à La Réunion, en Calédonie, rien encore n'a été fait.

M. Cannon. — Et au Congo encore?

M. Roger Ducamp. — Il arrive ce qui arrive aux Anglais dans les Indes Anglaises, ce qui arrive partout. C'est que les fonctionnaires de l'ordre administratif étant vice-rois dans leurs provinces, le jour où des techniciens de la Forêt, des techniciens des Ponts et Chaussées, des techniciens de l'Armée viennent pour faire œuvre utile dans leur province, les fonctionnaires d'ordre administratif, pour employer un mot vulgaire, ne veulent rien savoir. (*Rires.*)

Permettez-moi de vous raconter à ce sujet une petite anecdote.

Étant sous la tente aux Indes Anglaises avec le fils du colonel Pierson et M. Guidot, tous deux anciens élèves de l'École Forestière, ces messieurs m'avaient demandé de m'expliquer en anglais, langue que je parle fort mal. Je leur racontais mes ennuis en Indo-Chine pour organiser le service forestier, et, comme je les voyais sourire, à un moment je leur dis : « Ce n'est pas charitable de votre part de sourire de ma façon de parler anglais, puisque c'est vous qui m'avez demandé de m'exprimer en cette langue.

« — Mais, cher Monsieur, me dirent-ils, nous sourions, non pas parce que vous parlez mal l'anglais, mais parce que les difficultés dont vous parlez sont les mêmes pour nous ; qu'il s'agisse de Madras, de Bombay ou du Centre, nous avons les mêmes difficultés avec ces Messieurs de l'Administration, qui ne peuvent sentir qu'on vienne leur montrer la façon de faire des choses qui n'ont pas encore été faites. ».

Ainsi on nous a reproché en Indo-Chine de mettre tout en réserves. Eh bien, déduction faite des superficies en culture en Indo-Chine, il reste 42 millions d'hectares, qui pourraient faire vivre 40 millions d'habitants agricoles : vous voyez que le reproche était dénué de tout fondement.

D'autant plus que les 25 millions d'hectares qu'il faut que nous prenions, nous ne les avons pas pris. Nous avons pris, en Cochinchine, au Cambodge, au Tonkin en Annam, 10.000 à 12.000 hectares. Chacune de ces divisions a un chef-lieu; à la tête sont des chefs de division, qui sont des agents européens.

Si vous prenez les cartes du Service géographique de l'Armée en Indo-Chine, vous verrez que j'ai réussi à y faire porter les réserves forestières. Vous verrez que chacune est désignée par un numéro, ce qui donne le détail de ces divisions. Nous en avons actuellement près de 600.000 hectares. Pour chacune de ces réserves, j'ai un plan d'aménagement, comme en France.

J'estime que vraiment il appartient à l'Administration des Eaux et Forêts de France de trouver un moyen d'inviter ou même de forcer le Ministère des Colonies, qui paraît se désintéresser de la question, à aller de l'avant.

Nous avions réussi, en Indo-Chine, à être dix agents de France : aujourd'hui nous ne sommes plus que quatre ; on désire que je parte et ne pas me remplacer, alors que vous voyez combien il y aurait de places et de travail pour des conservateurs.

Je n'ai rien à ajouter. (*Applaudissements.*)

Et vous voyez les sommes formidables que représentent ces forêts. Nous n'avons jamais coûté un centime ; au contraire, après douze ans de direction, j'ai fait entrer à peu près 15 millions dans les caisses.

M. le Président. — Personne n'a plus d'observations à présenter sur les vœux du rapport?

Je mets ces vœux aux voix.

Adoptés.

M. Capus, *délégué du Ministre des Colonies.* — Monsieur le Président, je vous demande à prendre la parole.

M. le Président. — La parole est à M. Capus.

M. Capus. — J'ai l'honneur d'être près de vous le délégué du Ministre des Colonies; je voudrais me faire d'une façon particulière et approfondie l'écho de vos délibérations et lui apporter le résultat de vos votes.

Nous devons également adresser à MM. Chaplain et Umbdenstock nos remerciements d'avoir porté cette question devant vous et de l'avoir soumise à vos délibérations.

Je voudrais appuyer près du Ministre des Colonies la réalisation prompte et brève de ce vœu.

Vous avez entendu M. Roger Ducamp, mon collaborateur, dont je ne puis trop vanter la collaboration et le dévouement dans le Service de l'Indo-Chine, et c'est avec étonnement que j'ai trouvé récemment dans la bouche d'un parlementaire la qualification d'embryonnaire appliquée à son œuvre. Non, ce n'est plus un embryon, M. Roger Ducamp a pu vous le dire.

Dans les autres colonies, il n'existe rien, tout est à faire, et il est inutile de dire devant vous que ce ne sont pas les corps administratifs qui peuvent remplacer le technicien, le forestier, qui a reçu son instruction à l'École des Barres ou à Nancy. Le forestier local ne peut remplacer l'officier forestier qui a puisé ses connaissances dans la métropole; par conséquent vous avez eu parfaitement raison d'adopter les vœux qui vous ont été soumis.

Encore une fois, je vous demande pardon de mon intervention; elle n'a d'autre but que d'appuyer d'un souhait très vif la réalisation des vœux que vous avez votés, que je présenterai à M. le ministre des Colonies, non pas dans un avenir lointain, mais immédiatement, comme étant d'une réalisation urgente. Car les vœux que vous émettez dans les Congrès sont souvent des clous sur lesquels il est nécessaire de frapper longtemps pour les enfoncer; nous formons des souhaits pour qu'il n'en soit pas de même de celui-ci, et qu'il aboutisse dans un avenir prochain.

M. le Président. — Je vous remercie de votre aimable intervention, et suis heureux que vous vouliez bien être notre interprète auprès de M. le Ministre des Colonies pour lui faire part de nos désirs.

La parole est à M. Rey, pour son rapport sur la Collaboration des forestiers au service de la météorologie agricole.

M. Rey. — Le Service de la *Météorologie agricole* récemment créé au Ministère de l'Agriculture, près la Direction générale des Eaux et Forêts, a pour objet essentiel de faire profiter l'agriculture des données de la météorologie.

Dans ce but, il se propose :

a) D'assurer, dans la mesure du possible, un service de prévision du temps et d'avertissements agricoles ;

b) De contribuer à l'amélioration de la production agricole et d'étudier la protection rationnelle des cultures contre les intempéries.

c) D'étudier l'influence des phénomènes atmosphériques sur la végétation et l'action inverse de la végétation sur le climat.

C'est la dernière partie de ce programme, relative à l'étude de l'action du climat sur la végétation et de l'action réciproque de la végétation sur le climat, qui semble devoir intéresser plus directement les forestiers.

En effet, depuis longtemps déjà de nombreux forestiers accumulent des observations météorologiques et notent les principaux phénomènes de la végétation ; mais, il faut bien le reconnaître, cette documentation est tout à fait insuffisante pour permettre d'entreprendre les travaux d'ensemble qu'il serait désirable d'effectuer.

Il convient donc de coordonner et de compléter le réseau des observations, afin de pouvoir fournir aux spécialistes intéressés les éléments indispensables pour des études scientifiques générales, qui, sans aucun doute, seront susceptibles d'applications, tant au point de vue technique qu'au point de vue pratique, en permettant de définir et de spécialiser les terres de *vocation* agricole, forestière ou pastorale.

D'autre part, le Service de la météorologie agricole a pour mission de procéder à l'étude méthodique des intempéries, en vue de l'organisation rationnelle des travaux de défense contre les fléaux atmosphériques. Il doit également, en vue de la prévision rationnelle du temps, effectuer l'étude détaillée des *types de temps* locaux et régionaux en fonction des situations générales de l'atmosphère.

Pour remplir cette lourde tâche, le nouveau Service devra disposer d'observations météorologiques effectuées avec la plus grande rigueur en un certain nombre de points judicieusement choisis sur l'ensemble du territoire. Le corps des forestiers constitue une pépinière inépuisable d'observateurs de premier ordre qui permettraient d'assurer, dans les meilleures conditions, l'ensemble des études dont il vient d'être question.

Il convient d'ajouter que si la collaboration des forestiers au Service de la météorologie agricole semble tout à fait compatible avec les attributions de ces agents, elle promet en outre d'être des plus fécondes en résultats.

Dans ces conditions, il conviendrait que le Congrès forestier émît le vœu :

Que, dans le plus bref délai possible, soit déterminé dans quelle mesure le service forestier et le service de la météorologie agricole doivent collaborer en vue de l'intérêt général.

Vous savez, Messieurs, que le Ministre de l'Agriculture constitue un service de météorologie agricole, qui a pour objet de faire bénéficier les agriculteurs des données de la météorologie.

Pour arriver à ce but, le Ministre doit constituer un certain nombre de stations, divisées en quatre catégories :

1° Les stations de recherches ;

2° Les stations régionales ;

3° Les stations d'avertissement agricoles ;

4° Les postes météorologiques agricoles.

Les stations de recherches doivent, comme leur nom l'indique, effectuer des recherches en vue de travaux d'ordre technique et d'application pratique.

Les stations régionales de météorologie agricole devront étudier dans chacune des régions agricoles la prévision du temps avec des applications locales. Ces stations seront documentées sur l'état général de l'atmosphère par des télégrammes envoyés d'un bureau central à Paris, et elles auront à dresser les cartes du temps par région pour fournir aux intéressés des avis.

Elles auront à étudier ce qu'on peut appeler les types de végétation en fonction des types du temps. Elles auront à déterminer les moments favorables pour telle opération, par exemple pour l'application d'un traitement anti-cryptogamique, dire pour une année donnée, à quelle date l'application du traitement contre le mildiou a été le plus efficace.

Les postes météorologiques, qui constituent le quatrième échelon, seront confiés à des agents de nature variée, ils devront recueillir les renseignements qui serviront au contrôle technique des stations de recherches, des stations régionales ou des stations d'avertissement.

Eh bien, cette organisation est à l'état embryonnaire, il s'agit de la développer.

La météorologie forestière est une partie de la météorologie agricole, et vous savez que ces études ont été heureusement poursuivies à l'École de Nancy avec des moyens que j'oserai qualifier de rudimentaires, puisque les ressources mises à la disposition des chefs de service étaient si modestes qu'ils n'ont jamais pu leur donner d'envergure.

Il s'agit de savoir si la météorologie forestière est une question complètement vidée ; ou bien s'il y a lieu de l'organiser pour lui faire rendre les résultats qu'on est en droit d'en attendre. Je vois là une collaboration utile du service météorologique agricole avec le service forestier.

Lorsque les stations régionales de météorologie agricole auront formulé des avis et les auront établis, ce travail préparatoire qui consiste à étudier le type du temps d'une région étant fait, il faudra contrôler ces avis. Eh bien, les stations régionales auront besoin d'avoir à leur disposition un certain nombre de postes dans lesquels se trouveront des agents modestes, instituteurs, cantonniers, qui auront pour mission d'envoyer aux stations régionales des relevés météorologiques permettant à la station le contrôle.

De sorte que l'ensemble du problème se présente de la façon suivante : Le service de météorologie agricole peut rendre des services aux forestiers et, d'autre part, le service de météorologie agricole a besoin des forestiers, parce que ces agents constituent une pépinière inépuisable de bons observateurs. On peut trouver là des gens tout à fait dévoués, d'autant plus intéressés à fournir de bonnes observations qu'elles seront contrôlées d'abord par les stations de recherches, puis par les stations régionales et même par le bureau central de Paris.

J'estime même que s'il y a lieu de leur demander un travail supplémentaire, il y aura lieu de leur donner une petite rémunération.

Il ne s'agit pas non plus d'avoir la collaboration de tous les agents, mais de déterminer dans chaque région les points sur lesquels il faut des documents.

Je ne m'étends pas davantage sur ces données, je suis prêt à fournir toutes les explications complémentaires qui paraîtraient utiles, et s'il n'y a pas d'objection de votre part, je vous proposerai de voter le vœu que j'ai eu l'honneur de vous présenter.

M. Caquet. — Les observations faites par M. Rey sont certainement intéressantes et judicieuses, mais sans m'opposer personnellement au vœu, je crains que nous ne dépassions nos droits, et aussi que cette sorte d'intrusion de notre part dans les affaires du Ministre, ne soit vue d'un mauvais œil.

M. LE PRÉSIDENT. — Je comprends les scrupules de M. Caquet, mais je ne crois pas que le Ministre de l'Agriculture puisse voir d'un mauvais œil les renseignements qu'on lui donnera, au contraire.

M. LECOQ. — J'applaudis d'autant plus à ce vœu que j'ai l'honneur de faire partie de la Société Météorologique de France et que, dans quelques régions déjà, les agents forestiers nous rendent de grands services.

A titre d'indication, je serais heureux que la question de la grêle fût signalée à l'attention des observateurs forestiers, pour savoir si, dans les régions boisées, les chutes de grêle sont modifiées et moins dévastatrices que dans d'autres régions.

M. REY. — Je me rallie à votre proposition qui est implicitement contenue dans mon vœu et que j'ai laissée dans le vague pour permettre aux spécialistes d'indiquer leurs desiderata.

M. LECOQ. — La forêt est un véritable paragrêle.

M. CUIF. — Messieurs, je suis chargé du service de la météorologie forestière à l'école de Nancy et les forestiers sont en grande majorité mes collaborateurs pour les observations météorologiques que je poursuis aux environs de Nancy, en Meurthe-et-Moselle, dans les Vosges, dans la Meuse, et depuis peu dans le Doubs et le Jura.

Je fais aussi partie de la Commission météorologique de Meurthe-et-Moselle et, de ce côté, là, les résultats obtenus sont des plus douteux. Pourquoi? Parce qu'elle ne rémunère pas ces agents, elle leur donne une médaille au bout de dix ans (*Rires*).

M. REY. — Nous sommes d'accord avec M. Cuif.

M. le lieutenant-colonel RENARD. — Messieurs, je m'excuse de prendre la parole au milieu de vous et de faire partie de votre Congrès forestier. Mais je m'intéresse très vivement aux questions météorologiques; j'en ai le droit et le devoir, comme président de la Société Météorologique de France.

D'autre part, j'appartiens par profession à une catégorie de gens qui s'intéressent de façon particulière à la météorologie et à la prévision du temps.

Sous ce rapport, la météorologie a actuellement une bien mauvaise presse, on dit souvent qu'elle prédit le temps de la veille.

Il n'en est pas de même dans tous les pays du monde. Aux États-Unis, le journal qui correspond à notre *Bulletin du Bureau Central*

Météorologique, que personne ne lit en France, porte un autre nom; il s'appelle le *Journal des Fermiers*. Tous les fermiers le reçoivent et aucun n'entreprendrait une opération sans le consulter; dans ce pays on croit aux prévisions.

Est-ce à dire que les Américains sont plus forts que nous? Non, les méthodes sont les mêmes ; tout le monde est d'accord pour dire qu'il y a une prévision générale, création, développement ou rétrécissement de dépressions, et leur marche de l'Est à l'Ouest, ou en sens inverse, et une prévision régionale qui consiste à tirer de ces indications des renseignements pour tel ou tel pays.

Mais les Américains, ou au moins ceux de la partie la plus civilisée, sont dans une situation éminemment favorable, parce qu'ils sont à l'extrémité Est du continent, et comme les phénomènes météorologiques se propagent généralement de l'Ouest à l'Est, ils sont avisés de la Californie et des Montagnes Rocheuses de ce qui va se passer. C'est pourquoi le *Journal des Fermiers* donne des prévisions si justes et qu'il a pour lui l'opinion publique, tandis que nous ne l'avons pas.

Évidemment nous serons toujours à l'ouest du continent ancien, nos observations seront toujours plus utiles pour l'Allemagne et la Russie que ne peuvent l'être pour nous celles de ces pays. Néanmoins il y a moyen de tirer meilleur parti de notre situation.

La télégraphie sans fil peut nous être d'un grand secours. On nous annonce par les câbles qu'une dépression quitte l'Amérique et vient à nous. Que devient-elle pendant qu'elle traverse l'Océan? Nous ne le savons pas ; elle peut disparaître ou s'aggraver ; elle peut arriver en Afrique ou en Espagne — c'est le temps sec pour nous — ou dans les îles Britanniques — c'est le brouillard et la pluie.

Donc il serait important de savoir ce que deviennnent ces dépressions, de savoir si elles nous arrivent par le nord ou par le sud.

Il y a quelques années, on a dit : Comme nous n'avons pas d'îles au milieu de l'Atlantique, nous allons mettre des postes en Islande et aux Açores. Quand le baromètre baissait en Islande, on attendait la dépression par le Nord, c'est-à-dire le vent d'ouest ; si c'était aux Açores que la baisse se prononçait, on attendait la dépression par le Sud.

Ces renseignements étaient vagues, mais ils étaient précieux. Pendant quinze ans ce service télégraphique a fonctionné dans tous les pays civilisés, sauf pour la France.

Pourquoi? Parce que la France, assez riche pour payer sa gloire, n'était pas assez riche pour payer les 5.000 francs par an nécessaires pour recevoir les dépêches d'Islande et des Açores. Maintenant nous les recevons ; le Parlement s'est convaincu enfin de leur utilité.

Aujourd'hui, avec la télégraphie sans fil, on pourrait nous envoyer tous les jours une dépêche météorologique, on pourrait suivre les dépressions de l'Amérique jusqu'en France, ce qui donnerait des prévisions locales plus sérieuses.

Depuis quelques années il y a une race nouvelle d'hommes qui s'intéressent aux prévisions du temps.

De tous temps il y a eu les agriculteurs et les marins ; maintenant il y a les aéronautes et les aviateurs, qui risquent, non seulement de retarder leurs voyages, mais qui risquent leur vie.

Si on avait pu, il y a quelques années, être averti de la marche des dépressions, on aurait pu probablement éviter quelques catastrophes, et payer 15.000 francs quelques vies humaines, c'eût été un bon placement.

Pourquoi l'aviation, après avoir marché d'une façon si remarquable, semble-t-elle tombée dans le marasme? Parce qu'elle est trop dangereuse. Les militaires continuent, mais les civils ne s'y lanceront que le jour où la sécurité sera assurée. Cela arrivera dans quelques années; les prévisions météorologiques seront suffisantes. Mais dès maintenant, il y a tout un peuple d'aéronautes et d'aviateurs qui désirent avoir les prévisions météorologiques à leur disposition, et déjà 24 heures d'avance, nous savons actuellement comment les choses vont se passer.

On n'est arrêté que par des difficultés administratives qui n'ont pas l'air très importantes: la question de savoir si un service doit être rattaché à tel ou tel Ministère... L'un appartient au Ministère de l'Instruction publique, on lui dit : Tâchez donc d'améliorer la prévision du temps. On nous répond : C'est un problème qui n'a pas d'intérêt pour nous, nous nous occupons de la physique du globe.

La physique du globe, savez-vous ce que c'est? Cela consiste à réunir les indications des stations météorologiques, à les donner dans des tableaux qui arrivent quelques années plus tard et qui sont envoyés aux établissements publics; ceux-ci les mettent dans leurs bibliothèques, où personne ne les consulte.

J'aimerais mieux savoir s'il pleuvra demain.

Mais, peu à peu, la force des choses est intervenue : les aviateurs avaient un tel intérêt à savoir qu'ils ont forcé les portes du Bureau Central Météorologique, et actuellement, tous les aéronautes et les aviateurs consultent les prévisions du temps.

Quand Brindejonc a entrepris son merveilleux voyage de Paris à Varsovie, il ne l'a fait qu'après avoir pris des renseignements au Bureau Météorologique.

Donc les aéronautes et les aviateurs ont le plus grand intérêt aux renseignements météorologiques, et comme ils jouissent de la faveur populaire, ils pourraient nous rendre le service de donner une bonne presse à la météorologie, et peut-être obtenir l'argent qui lui manque. Pourraient-ils même peut-être fournir les 15.000 francs nécessaires pour avoir la télégraphie sans fil.

Il nous a donc semblé qu'il serait utile de réunir les efforts des uns et des autres pour une entente. Et cette entente a pris jour dans cette même salle, où avait lieu une réunion de la Société Météorologique de France. On a constitué une commission mixte dans laquelle sont représentés les principales sociétés aéronautiques, le Ministre de la Guerre, ainsi que le Bureau central Météorologique.

Or, depuis la constitution de cette société, j'ai appris que le Ministre de l'Agriculture était en train de constituer un service météorologique. J'ai demandé sa collaboration par la désignation de délégués dans cette Commission, afin de coordonner tous les efforts.

Si je me suis permis de prendre la parole aujourd'hui devant vous, c'est que j'ai pensé qu'il était bon que vous sachiez qu'en dehors des agriculteurs et des forestiers, il y a d'autres personnes qui s'intéressent à la météorologie et, en appuyant les vœux de M. Rey, je puis vous assurer de l'appui moral et de la collaboration de tous les météorologistes et des aviateurs. (*Applaudissements.*)

M. LE PRÉSIDENT. — Je mets aux voix le vœu de M. Rey.

Adopté.

M. le Secrétaire donne lecture d'une communication très intéressante de M. Rousset, sur un PROJET DE DISPOSITIONS LÉGALES ET DE POLICE POUR LA CONSERVATION DES BOIS CONTRE LES INCENDIES.

M. LE PRÉSIDENT. — Je crois que nous n'avons qu'à donner acte à M. Rousset de sa communication.

Nous passons à la communication de M. Cuif sur la MÉTÉOROLOGIE COMPARÉE, AGRICOLE ET FORESTIÈRE.

M. CUIF. — Si nous connaissions, pour chacune de nos grandes essences, les conditions climatiques dans lesquelles elle vit, connaissant d'un autre côté les conditions climatiques d'un pays, nous pourrions savoir à quelle essence il faut s'adresser de préférence pour aboutir à un succès. Il y a eu des erreurs sans nombre commises dans l'introduction des essences ; la plupart de ces erreurs tiennent à ce fait qu'on n'a pas tenu compte qu'on changeait l'essence de climat. Il est donc essentiel de connaître les conditions climatiques de nos grandes essences.

C'est pourquoi je vous propose ce vœu :

« *Que la météorologie forestière prenne un nouvel essor et s'attache notamment à déterminer les conditions climatiques de la zone naturelle des principales essences* ».

Vous voyez que ce vœu est international. Je propose que ces études soient poursuivies d'une façon tout à fait générale. Car s'il y a des essences américaines qui peuvent être intéressantes pour nous, il faut savoir dans quelles conditions climatiques elles se trouve dans leur pays pour les introduire dans le nôtre avec plus de chances de succès. Il y a donc là un intérêt pratique très grand.

M. LE PRÉSIDENT. — Nous remercions M. Cuif de sa communication.

Je mets aux voix le vœu de M. Cuif.

Adopté.

La parole est à M. Monnin, pour sa communication : LA CONNAISSANCE DES BOIS SUR PIED. — UN DENDROMÈTRE NOUVEAU.

M. MONNIN. — Le sujet est un peu spécial.

Le propriétaire forestier est souvent embarrassé quand il s'agit pour lui d'acheter ou de réaliser des plantations, de vendre une coupe. S'il lui est relativement facile d'établir les prix d'unités des diverses catégories de marchandises que fournit un peuplement, il éprouve des difficultés à connaître le volume des tiges sur pied, et doit se fier au marchand de bois, au régisseur, ou bien adopter un tarif-omnibus duquel il ignore la base de calcul ou l'opportunité de son application. Dans les peuplements en croissance, il ignore l'accroissement des tiges, les modifications de leur forme, de leur manière d'être en concurrence avec les voisines.

Cette incertitude dans le cubage des arbres n'est-elle pas un obstacle à l'accès de la propriété forestière pour ceux qui aiment l'ordre, ou simplement ont une légitime curiosité? C'est à ce point de vue que se place l'auteur de cette note pour vulgariser, en marge de la dendrométrie classique, des notions en partie nouvelles sur le cubage des arbres sur pied et des peuplements ; aussi pour faire connaître un dendromètre nouveau, donnant très simplement les hauteurs, les diamètres à tous niveaux, enfin les volumes pour tout niveau supposé médian.

Observations générales. — Rappelons d'abord que :

1° On n'a pas à cuber la tige entière d'un arbre jusqu'au bourgeon terminal, mais seulement la partie utilisable du tronc, de longueur h, variable avec la grosseur de la découpe au fin bout, laquelle est en moyenne de 0 m. 80 de tour pour le bois d'œuvre, 0 m. 50 pour la charpente résineuse, 0 m. 35 pour le poteau télégraphique, 0 m. 25 pour le bois de mine, 0 m. 21 pour le bois de chauffage, 0 m. 06 pour la charbonnette. Théoriquement un arbre pourrait donner une série de hauteurs utiles, donc de volumes différents.

2° Commercialement, le volume grume d'un tronc, est égal au produit de sa hauteur par la surface de sa section à mi-hauteur, celle-ci étant calculée à l'aide de la circonférence $C^2/4\pi$, ou du diamètre $\pi D^2/4$. Avec un arbre debout, la dimension médiane est inaccessible ; on la déduit de la dimension à hauteur d'homme, D ou C, par une réduction de celle-ci. C'est donc cette réduction ou décroissance qui est à la base de toute estimation de bois sur pied. L'étude des lois de la décroissance n'a pas été faite ; on se contente de quelques résultats expérimentaux, sans liaison les uns avec les autres. Nous en résumerons ci-après les données essentielles, que nous justifierons ailleurs, mais qui pourront être vérifiées par le lecteur, avec cette réserve toutefois que les lois mathématiques ne peuvent être que des moyennes, des indications forestières approchées.

3° Les volumes au 1/4 sans déduction, au 1/6, au 1/5 déduits, correspondent à des bois équarris, dans lesquels le côté d'équarissage q est égal au quart, soit de la circonférence médiane entière, soit de celle-ci préalablement diminuée de 1/6, 1/5. Le volume $q2H$ est respectivement les 0,7854, 0,5454, 0,5027 du volume grume. On pourra toujours passer de l'un à l'autre, et nous ne mentionnons ces cubages (spéciaux à la France) que pour mettre en garde contre les confusions intéressées du commerce des bois.

La décroissance. — La décroissance médiane des arbres peut s'exprimer :

1° Par un certain nombre de centimètres, qui devront être déduits de D ou de C pour obtenir d ou c à la hauteur envisagée ; ce sera la décroissance par mètre de hauteur ; son étude ne se prête à aucune généralisation

2° Par une proportion selon laquelle devra être réduit D ou C pour obtenir d ou c à mi-hauteur. Cette proportion s'exprime souvent pour 100 unités, de D ou de C, et s'énonce alors : decr. pour cent (%), ou taux de la décroissance.

Cette dernière expression offre seule de l'intérêt : le taux d de décroissance, pour toute hauteur utile, ne descendant pas au-dessous de la moitié de la hauteur totale H de la tige, peut s'exprimer par la formule générale : $d = K(h-3)$, K étant une constante, pour le même arbre, dite *caractéristique*, variable avec : 1° la forme de l'arbre, notée par une certaine *cote de défilement F* de la partie inférieure (dénudée de branches et par suite accessible aux regards ou aux mesures dendrométriques) dite *fût* ; 2° la hauteur totale H de l'arbre; et tel que : $K = F/H-3$.

L'Arbre en cas général. — La forme des arbres a été rapprochée de celles des paraboloïdes de révolution, dont on a tiré la notion de coefficient de forme.

Cette notion ne correspond à rien pour l'estimateur placé au pied de l'arbre. L'appréciation de la forme entière se fait par l'examen du fût, et s'exprime par les locutions : arbre très bien filé, assez bien filé, mal filé ou en carotte. On dit aussi qu'un arbre est plus ou moins « plein de bois ».

Nous remplacerons ces expressions, fort arbitraires, par un chiffre, une cote F, telle que :

50 représente une forme conique.
30 (exactement 29,3) un paraboloïde ordinaire.
20 (exactement 20,6) un paraboloïde cubique.

Ces chiffres n'ont rien d'arbitraire ; ils représentent les taux de décroissance médiane des 3 types dendrométriques cités ; ceux des types intermédiaires seront exprimés par des chiffres interpolés, de sorte que tout fût pourra comporter une cote prise entre 20 et 50, 35 étant une moyenne pour beaucoup d'arbres. Nous avons établi les concordances suivantes :

Coefficient de forme.	0.60	0.58	0.56	0.54	0.52	0.50	0.48	0.46	0.42
Cote F...	20.6	22.5	24.5	26	27.5	29.3	31	33	38
Coefficient	0.40	0.38	0.36	0.33					
Cote....	41	44	47	50					

A) Supposons que l'arbre puisse être noté par sa cote F, soit qu'on connaisse son coefficient de forme, soit qu'on ait supputé directement, par une expérience acquise, son défilement. On calculera facilement la caractéristique K par la relation K=F/H–3.

B) Si l'arbre ne peut être coté, ou si sa hauteur est incertaine, l'instrument de mesure doit intervenir ; nous donnons ci-après la description d'un dendromètre spécial.

A l'aide de celui-ci, on calculera directement le taux de décroissance : $d = \frac{D - d}{D}$ pour un diamètre médian d situé à une hauteur h comprise entre 1/2 et 1/4 de celle de la tige entière (celle du tronc correspondant est alors entre H et H/2, cas dans lequel nous nous sommes placés au début). De la formule $d = K(h - 3)$, on tirera $K = \frac{d}{h - 3}$.

La caractéristique K ne sera prise qu'avec une décimale afin d'éviter une apparence de précision qu'elle ne comporte pas. En elle réside tout le secret de la décroissance des arbres, selon la hauteur utile envisagée — et aussi des peuplements — mais sous réserve que cette hauteur soit au moins égale à la demi-hauteur de l'arbre ; pour les formes coniques, cette réserve disparaît.

Exemple : si un arbre de 20 mètres de haut est comparable à un paraboloïde cubique, sa cote de défilement est 20,6, sa caractéristique 1,2, la décroissance médiane du tronc découpé à 10 mètres est 1,2 (10—3) = 8,4 ou 8 % ; à 15 mètres : 1,2 (15 – 3) = 14,4, ou 14 % ; à 18 mètres : 1,2 (18 – 3) = 18 %.

Pour un cône, les chiffres seraient respectivement : K = 50/17 = 2,9 ; d = 20 %, 35 %, 52 %.

On remarquera que : 1° la décroissance est, dans un même arbre, fonction de la hauteur h diminuée de 3 mètres ; dans des arbres de même forme, elle est, pour une même hauteur de tronc, inversement proportionnelle à la hauteur totale des arbres ; 2° elle est indépendante de la dimension de base, et son chiffre s'applique indifféremment à la circonférence ou au diamètre.

L'ARBRE AVEC EMPATTEMENT. — Il est des arbres qui ne sont filés qu'à partir d'un certain niveau, au-dessous duquel ils présentent un empattement. Cette circonstance se traduit, dans l'expression de la décroissance, par une correction, dite taux d'empattement ρ telle que $d = K(h—3) + \rho$.

L'ARBRE DE FUTAIE SUR TAILLIS, découpé en bois d'œuvre. Pour les réserves de taillis, et en particulier pour le chêne, il est difficile d'évaluer la hauteur totale de la tige, — de supputer le défilement d'un fût souvent très court, — de comparer à un paraboloïde la tige en partie noueuse ou irrégulière.

Mais ici existe, pour une longueur de tronc correspondant à la découpe de 75 à 80 centimètres de tour, une relation entre d et h, telle que $d/h = 1$ à 1 1/2, en moyenne 1,1. La formule précédente devient, quelle que soit la forme et la hauteur totale de l'arbre : $d = 1{,}1\ h$. On dira que 1,1 est la caractéristique spéciale à la découpe en bois d'œuvre des futaies sur taillis ; elle varie d'ailleurs légèrement avec les régions et les essences. On pourra vérifier que le tronc de 5 mètres a 5 % de décroissance ; celui de 10 mètres 11 % ; celui de 14 mètres 15 %.

Le peuplement. — La réunion des arbres forme le peuplement, où les hauteurs, comme les formes, sont diverses. Néanmoins il se fait généralement une compensation sur le chiffre de la caractéristique, qui reste assez constante pour les divers arbres de peuplement ; si elle n'est pas constante, elle est assez peu variable pour qu'on puisse admettre une moyenne, à augmenter ou à diminuer pour les grosseurs ou hauteurs extrêmes des arbres. Une telle caractéristique est beaucoup plus exacte que le coefficient moyen de forme, généralement admis pour le cubage des peuplements. Exemple : Dans un peuplement en croissance, les tiges dominantes ont une forme voisine du cône, ou tendent vers la paraboloïde ordinaire ; mais les tiges dominées s'efforcent vers la lumière, en portant tout leur accroissement vers le haut de la tige, et tendent vers le paraboloïde cubique. Les coefficients de formes varient dans des limites considérables ; la moyenne est trop incertaine. Au contraire, avec les caractéristiques, le chiffre 4 correspondra aux arbres cotés 20 pour 8 mètres de hauteur totale, 28 pour 10 mètres ; 36 pour 12 mètres ; 38 pour 14 mètres. Les décroissances en découleront de suite pour toutes hauteurs.

Il est injuste, comme on le fait dans certaines estimations de peuplement, en particulier de résineux, d'attribuer à toutes les tiges une décroissance uniforme, d'ailleurs arbitraire ou tirée d'expériences faites sans discernement des facteurs qui interviennent. Si l'uniformité existe, c'est généralement dans la caractéristique.

Celle-ci peut s'estimer directement dans un peuplement qui renferme des arbres, non exceptionnels, de 1 mètre de tour à hauteur d'homme : on cherchera à évaluer, sur cet arbre de 1 mètre, l'angle entre les deux profils du fût, — angle qui est aussi une expression du « filé » de l'arbre ; à chaque 1°10' correspond 1 unité de la caractéristique. Ainsi 4°40' correspond à 4.

NOUVEAU DENDROMÈTRE

A cette occasion, pour ces cubages d'arbres, j'avais l'intention de présenter au Congrès un dendromètre nouveau. L'Administration a bien voulu l'exposer à l'Exposition de Gand, et il ne m'en reste qu'un exemplaire assez rudimentaire. Ce dendromètre donne les hauteurs, les diamètres à tous les niveaux et permet de lire directement les cubes avec une précision assez grande, il m'a donné toujours de bons résultats.

J'ai profité de l'occasion pour vous le faire connaître, m'excusant de vous dire : « Prenez mon ours ». J'aurais plaisir à ce qu'il intéressât certains membres du Congrès, et, si plusieurs d'entre vous voulaient le faire construire, il serait intéressant qu'on puisse le construire en série.

M. le Président. — La parole est à M. Massot, pour une communication tendant à diminuer les risques d'incendie des bois, présentée par la Société Forestière provençale « Le Chêne ».

M. Massot. — Je suis persuadé que, dans ce Congrès, toutes les mesures ont été envisagées pour mettre les arbres, les forêts et les bois, à l'abri de l'incendie ou pour le combattre.

Je viens, au nom de la Société forestière Provençale « Le Chêne », vous proposer un vœu qui a pour but d'augmenter les chances de protection.

On ne voit pas bien la Provence sans pins et sans soleil !

Mais si nous ne pouvons rien sur la nature, il est de notre devoir de nous employer à diminuer les inconvénients qu'elle nous procure, par une meilleure adaptation des règles d'existence des populations provençales.

Notre action est encore trop récente pour que nous puissions faire appel à la statistique pour en mesurer les résultats. Un fait est certain : c'est l'attention publique éveillée sur la question, qui a motivé, de la part des Pouvoirs publics, le rappel des prescriptions légales dont le but est de réduire le nombre des incendies et, de la part des institutions privées, (sociétés excursionnistes et sportives, notamment), l'ouverture d'une campagne contre les incendies dus à l'imprudence, au moyen de conférences spéciales à leurs membres associés. C'est une véritable éducation nouvelle qui commence, vigoureuse et prometteuse d'une splendide moisson.

A côté des mesures de prudence sus-visées, se place la question de l'aménagement des bois. Celle-ci, stagnante aux environs de Marseille, où il reste beaucoup à faire, a fait de grands progrès parmi les propriétaires des vastes forêts des Maures et de l'Estérel, où il n'est pas rare de rencontrer, disposés méthodiquement, les tranchées-parafeu et les sentiers protecteurs qui viendront, si c'est nécessaire, opposer leur nudité à l'envahissement du fléau dévastateur et réussiront à le localiser, réduisant ainsi ses effets désastreux. Les sous-bois sont aussi, dans cette région, mieux aménagés et convenablement nettoyés.

La généralisation de cette méthode salutaire se fera par la persuasion et par l'exemple.

Mais il existe des errements condamnables qui devraient disparaître de notre civilisation.

Nous visons, ici, la partie des réjouissances publiques ou privées qui consiste à lancer dans les airs, au gré du vent ou de la brise, des fusées lumineuses ou des ballons en papier, ou de toute autre composition, gonflés à l'air chaud et maintenus à la pression convenable au moyen d'une éponge imbibée d'alcool et enflammée au moment du lancement.

Si, au point de vue privé, le préjudice résultant de ces pratiques abominables peut être réparé en invoquant les articles 1382 et suivants de notre Code civil, il n'en subsiste pas moins que la preuve de la responsabilité est fort difficile à établir et que celui qui est lésé hésite presque toujours à la démontrer pour n'avoir pas, au préalable, à vaincre de trop nombreuses difficultés.

Que faire devant cette situation lamentable, car là, la persuasion et l'exemple sont inefficaces?

Après y avoir mûrement réfléchi, il nous paraît que, seule, l'intervention de l'État, sous forme de prohibitions desdits amusements, peut apporter le remède approprié au mal que nous déplorons.

C'est pourquoi nous soumettons au Congrès Forestier International le projet de vœu dont la teneur suit :

> « *Le Congrès Forestier International, organisé par le Touring-Club de France, et réuni à Paris du 16 au 20 juin 1913, justement ému des dangers que font courir aux bois certaines réjouissances publiques ou privées, telles que le lancement de* FUSÉES *ou de* BALLONS PORTEURS D'ESSENCE ENFLAMMÉE, *émet le vœu que ce genre d'amusements soit prohibé par la loi et constitue un délit punissable comme tel.*

M. Lecoq. — Certainement il y a du vrai dans ce que dit l'orateur; cependant une cause plus fréquente des incendies en forêt, ce sont les fumeurs et surtout les allumettes-tisons; le feu ayant commencé, couve et éclate une demi-heure après.

Une chose aussi qui n'est pas assez sévèrement réprimée, c'est l'habitude qu'ont les bergers, les bergères et les gamins de faire du feu près des peuplements.

M. MICHAUD. — Je voudrais vous signaler le fait suivant :

Après les malheurs qui ont frappé la forêt de Fontainebleau, j'ai fait l'expérience qui consiste à faire brûler du papier avec du verre blanc. Je l'ai faite à Moulins, et le papier a fort bien brûlé, il a mis deux minutes à prendre, puis il a complètement brûlé. Je crois qu'on peut apporter un remède en surveillant les promeneurs.

M. MARCILLAC. — En qualité d'ancien aérostier amateur, je viens appuyer le vœu de M. Massot, car j'ai constaté les mêmes inconvénients que lui.

Il serait à souhaiter que les maires un peu mieux instruits comprennent qu'ils ne doivent pas autoriser le lancement de montgolfières.

D'ailleurs les mesures qu'on demande existent : il y a des règlements de police, il n'y a qu'à appliquer la loi.

Quant à ce que vient de dire M. Michaud, j'ai fait la même expérience. Les culots de bouteille en verre blanc forment lentille, et j'ai vu des incendies produits par cette cause.

Mais nous pouvons nous borner à demander l'application des règlements existants. Ainsi, contrairement aux règlements forestiers, j'ai vu des feux de charbonniers à 20 ou 25 mètres de la forêt, alors qu'ils doivent être à 200 mètres au moins. Cela, c'est visible. Eh bien, personne n'intervenait. Il y avait à quelques hectomètres des gardes-forestiers ayant toute qualité pour les interdire.

M. LE PRÉSIDENT. — Alors nous rédigeons le vœu dans ce sens :

« *Le Congrès appelle l'attention des pouvoirs publics sur la nécessité d'interdire l'emploi des montgolfières dans les fêtes publiques à cause des dangers qu'elles présentent pour les incendies de forêts.* »

Adopté.

Nous passons à la communication de M. Girard : LES INCENDIES EN FORÊTS.

M. DESCOMBES. — M. Girard n'a pas pu venir ; je vais, si vous le voulez bien, résumer sa communication.

Jusqu'à ces dernières années, aucune étude spéciale n'avait été faite sur les incendies de forêts dont il n'existait aucune technique.

On se bornait à une prévention incomplète, et, lorsque le feu venait à éclater, on le combattait par des méthodes différentes suivant les régions, mais toutes empiriques et plus souvent très dangereuses. La découverte de l'action réelle de l'eau, même en petite quantité, sur ces sortes de feux par M. Denigès, et la création de corps spéciaux de sapeurs-pompiers, nous ont conduits à la recherche d'une technique des incendies de forêts uniquement basée sur l'expérience des nombreuses extinctions auxquelles nous avons assisté. Le raisonnement et la pratique nous ont permis d'établir cette technique, exposée dans notre ouvrage : *Les Incendies de Forêts*, et que nous allons condenser en quelques lignes.

La défense contre l'incendie peut se résumer à trois choses : prévoir le feu, le prévenir et s'assurer de moyens pour le combattre.

Il importe d'attacher une très grande importance à la prévention. Elle est à l'incendie ce que l'hygiène est à la maladie.

La prévention consiste à sectionner la forêt en blocs séparés, au moyen d'allées très larges (de 15 à 50 mètres) formant pare-feu, et chaque bloc en îlots à l'aide de passages de 3 mètres. Dans les régions montagneuses, la forêt peut être coupée par des pâturages et le boisement en damier doit être conseillé.

L'eau devant constituer l'unique agent d'extinction, il importe de préparer, à l'avance, l'utilisation des points d'eau naturels, d'en créer d'artificiels (puits, citernes, dépôts d'eau), et même de prévoir des transports d'eau.

Il faut nécessairement surveiller la forêt aux époques critiques, en la faisant parcourir par des rondes, ou mieux encore, en plaçant des vigies au sommet de belvédères dominant les bois, pylônes qui doivent être des sémaphores-avertisseurs, permettant de donner l'alarme dès l'apparition de la moindre fumée.

Le service de secours, organisé autant que possible par une permanence, comprend un corps de sapeurs-pompiers dont le personnel, entraîné et exercé, doit être en majorité recruté parmi les ouvriers travaillant habituellement en forêt. L'absolue nécessité de corps de sapeurs,pompiers communaux a été reconnue.

Le matériel comprend des arrosoirs, des seaux, des pompes à main, des tonnes-pompes attelées, des outils de déblai et de destruction. On peut y adjoindre, en plaine, des tracteurs-automobiles de réquisition et des motopompes alimentaires.

Le matériel est appelé à varier selon les régions : en plaine, le matériel attelé ou automobile convient parfaitement ; en montagne, les pompes à main (modèles Nos 1 et 2) sont appelées à le remplacer, tandis qu'en terrain plat, et transportées par les sapeurs-cyclistes, elles concourent à l'attaque avec lui.

En principe, les appareils de secours les plus simples sont les plus pratiques et ils doivent être limités exclusivement à ceux que nous venons de citer. Nous ferons remarquer toutefois que la pompe à main, en usage du reste dans la plupart des corps de sapeurs-pompiers et notamment au régiment de Paris, rend des services inappréciables. Elle est à conseiller partout, car c'est uniquement sur elle qu'il faudra bien souvent compter dans les endroits difficiles.

Comment doit-on attaquer un feu en forêt? Si l'incendie ne présente qu'un foyer relativement peu étendu et si le feu n'a pas encore pris une direction de marche, la tactique consiste à l'entourer et à le serrer de plus en plus près en avançant constamment, tout en ne perdant jamais de vue les points susceptibles d'être directement menacés.

Dans le cas d'un grand feu, d'un feu venant de loin, c'est sur les flancs que doivent se porter les efforts, de façon toujours à resserrer progressivement l'incendie et à parvenir à atteindre la tête du feu. L'attaque du front n'est possible que lorsque les flancs sont déjà tenus.

Une attaque de feu en forêt demande des chefs énergiques, capables de se faire obéir de leurs sapeurs qu'ils doivent pousser en avant malgré la chaleur et la fumée, car il importe d'aller très vite en abattant les flammes afin d'éviter les retours que pourrait provoquer une saute subite de vent. Les lances sont munies d'ajutages à jet unique droit et d'ajutages à jets multiples.

Le jour où toutes les communes forestières seront organisées, il n'y aura plus à redouter les grands incendies tels qu'on en a trop souvent vus, car les secours arriveront toujours avant que le feu n'ait pris un développement considérable. C'est dans cette voie d'organisation qu'il serait du devoir des Pouvoirs publics, pensons-nous, de diriger les communes, et nous estimons que toutes les forêts peuvent être défendues, du moins en France, par les moyens que nous indiquons, lesquels n'ont cessé de donner à Illac les meilleurs résultats et que nous nous efforçons tous les jours de perfectionner encore.

On ne saurait consacrer trop d'efforts à la protection des forêts contre l'incendie : les dépenses nécessitées par la prévention et le service de secours sont bien peu importantes, comparées aux pertes énormes que peuvent subir les propriétaires en quelques heures et les conséquences du feu sont encore plus graves, car l'incendie entraîne une diminution de la richesse nationale et est une cause de dépopulation des communes sinistrées.

M. LE PRÉSIDENT. — Nous donnons acte à M. Girard de la communication qui vient de nous être faite.

La séance est levée à 11 heures.

SÉANCE DU 19 JUIN 1913

(APRÈS-MIDI)

Présidence de M. ÉMERY, vice-président de Section

La séance est ouverte à 2 h. 10.

M. LE PRÉSIDENT. — L'ordre du jour appelle la discussion du rapport de M. Caquet sur la CAPITALISATION FORESTIÈRE.

La parole est à M. CAQUET pour la lecture de son rapport.

M. CAQUET. — La crise des menus bois est générale et connue de tous. Elle sévit, en France plus que partout ailleurs, pour de nombreuses raisons que vous connaissez aussi bien que nous-mêmes et au développement desquelles nous ne nous attarderons pas. Le grand et l'unique remède qui a été offert aux propriétaires de taillis, sous forme de conseil désintéressé, consiste dans ces mots : Laissez vieillir vos taillis et vos surtaillis.

« Les conseilleurs ne sont pas les payeurs », dit un vieux proverbe, et les propriétaires de taillis actuellement dénués de tous revenus nets et dont les bois occupent en France les deux tiers de la surface forestière totale, en savent malheureusement quelque chose. En suivant ce facile conseil de laisser vieillir le taillis, on n'arrive qu'à titre très exceptionnel, à trouver dans l'exploitation de ces bois à 25 ans (âge qu'on doit considérer comme un maximum pour assurer la bonne régénération des souches), des rejets susceptibles de fournir des étais de mines, c'est-à-dire des bois d'industrie de la plus petite dimension.

Sans développer plus longuement les nombreuses raisons techniques qui s'opposent à l'allongement des révolutions de taillis et que vous connaissez tous, nous arriverons aussitôt à l'exposé des raisons dirimantes qui empêchent le propriétaire de taillis sous futaie, de conduire ses arbres réservés au delà d'un certain âge : de *quatre-vingts ans environ*, dans les meilleurs taillis.

Et pour établir cette démonstration qui a besoin d'être faite ici et renouvelée en présence des conseils cités plus haut et reproduits, sans discernement dans la presse à des milliers d'exemplaires, il nous suffira d'établir la comparaison entre le produit en argent de l'arbre aux différents âges de sa croissance, avec celui qu'on aurait obtenu en plaçant à intérêts, l'argent provenant de sa vente lors de la première coupe, supposée rase.

Nous adopterons pour ce calcul le taux normal de 4 %. Et, comme les brins réservés de l'âge du taillis sont des sujets de choix, sélectionnés dans l'ensemble de toutes les perches, nous les estimerons 0 fr. 75 pièce, comme cela est d'usage dans le centre de la France, au moins, région de taillis de chênes.

Nous prendrons pour type le chêne, dont l'augmentation de valeur en vieillissant s'accroît progressivement et plus vite que celle de toute autre essence. Ce qui sera vrai pour le chêne sera donc et à plus forte raison vrai pour les autres essences, résineuses et feuillues.

Nous supposerons l'aménagement du taillis établi à 16 et à 20 ans. C'est en effet, entre ces deux âges extrêmes qu'a lieu la base de l'aménagement habituel en France, au moins pour les bois particuliers. Nous supposerons qu'il s'agit d'un taillis de chênes, placé dans des conditions moyennes de qualité de sol, d'altitude et de climat et nous appliquerons la moyenne des très nombreuses mensurations que nous avons faites en vue de cette étude, les comparant à celles de nos exploitations personnelles depuis l'année 1880 et à celles qui nous ont été aimablement fournies par plusieurs sylviculteurs distingués auxquels nous adressons ici, un remerciement public.

Ces mensurations prises à 1 mètre du sol, nous ont donné les résultats suivants dans les taillis de 20 ans :

Pour le baliveau de l'âge, 0 m. 284 de tour sur écorce, soit 0 m. 09 de diamètre sur écorce et à peine 0 m. 08 sous écorce.

Nous avons fixé son prix, d'après l'usage du centre de la France, à 0 fr. 75.

Les balivettes, soit les arbres de 40 ans ou âgés de deux révolutions, mesurent en moyenne 0 m. 58 de tour, soit 0 m. 18 de diamètre sur écorce ou 0 m. 165 sous écorce. Cette balivette a 5 m. 50 utilisables en étais de 0 m. 14 à 0 m. 09 au petit bout. Or, ces étais, du prix de 0 fr. 25 ou 0 fr. 35 le mètre courant, rendus en gare ou sur canal et reçus par les Agents de la mine ou leurs préposés, subissent en frais de façon, de transport moyen au lieu de livraison, d'intérêts d'avances aux ouvriers et autres menus frais, 0 fr. 075 par mètre, défalcation faite du très minime bénéfice résultant de l'écorçage de ces perches et du menu bois fourni par la cîme. C'est donc un prix net de 0 fr. 175 par mètre pour les étais de 0 m. 09 et de 0 fr. 275 pour les étais de 0 m. 14. Les types de 0 m. 09 et de 0 m. 14 de diamètre formant les deux types principaux d'étais de longueurs variées, auxquels peuvent se ramener tous les autres. Cette balivette type, peut fournir 2 m. 50 d'étais à 0 m. 14 au petit bout et 3 mètres d'étais à 0 m. 09 ; c'est donc un rendement net de 1 fr. 11 pour le propriétaire exploitant. Il faut défalquer de ce prix l'intérêt composé à 4 % de 0 fr. 75, prix du baliveau conservé. Cet intérêt étant de 1 franc, ce serait donc un gain définitif de 0 fr. 11, si l'on ne tient pas compte de la valeur de la cépée de remplacement.

Pour la *cadette* ou arbre de trois âges, nous avons une circonférence moyenne de 0 m.869 ou un diamètre moyen de 0 m. 25 *sous* écorce. Ce chêne fournira une traverse de chemin de fer dans la bille du pied (de 2 m. 80) et 2 traverses vicinales dans le restant de la longueur, estimée en moyenne à 6 m. 50 au total. Défalcation faite du prix de façon qui est de 1 franc par traverse ordinaire et 0 fr. 50 par traverse vicinale, des frais de transport du parterre de la coupe au lieu de réception, gare de fer ou de canal, des avances faites à l'ouvrier, du refus lors de la réception des dites traverses, refus dont le montant n'est pas inférieur à 5 %, etc., nous arrivons au rendement net qui suit pour le produit de la *cadette* :

Façon de la traverse de joint........................... Fr.	1. »
Transport au lieu de réception..............................	0.60
Perte par refus de l'administration à la réception de la marchandise..	0.15
(Étant mentionné ici que la traverse rebutée est prise pour moitié de son prix normal.)	
Intérêts des avances du façonnage de la traverse, à l'époque du paiement ; garniture et escompte..........................	0.05
Total........	1.80

La traverse ordinaire étant vendue 4 fr. 10, c'est donc 2 fr. 30 de bénéfice net qu'elle nous laissera.

La traverse vicinale étant vendue 1 fr. 30 et les frais étant de moitié que ci-dessus, soit de 0 fr. 90 ; c'est donc un bénéfice de 0 fr. 40 qu'elle nous laissera.

La valeur encaissée pour la cadette sera donc de :

2 fr. 30 + 2 fr. + 0 fr. 90 + un demi-stère de chauffage produit par le cimier qui, a 7 francs la corde de 2 st 33 donnera, défalcation faite de la façon, un boni de 0 fr. 75.

Soit au total : 5 fr. 95 = 2 fr. 30 + 2 fr. + 0 fr. 90 + 0 fr. 75.

Mais si, de cette somme, on défalque : 1° l'intérêt perdu pendant 20 ans sur 1 fr. 11, prix net de la balivette ; 2° le déficit en sous-bois, par suite de la cépée absente, la balance ne laisse que quelques centimes en faveur de la végétation de la *cadette*.

Conservons donc encore sur pied cet arbre de trois âges, pendant la nouvelle révolution de 20 ans.

Le chêne de 4 âges du taillis aménagé à 20 ans, appelé *moderne* dans l'usage du centre, ou *ancien* dans le langage purement administratif, a 1 m. 362 de tour ou 0 m. 43 de diamètre et 7 mètres de long, utilisable en bois d'œuvre. Au milieu de sa longueur, ce chêne a 0 m. 38 de diamètre et mesure, au 1/5 déduit, 0^{m3} 323 qui, à 50 francs le mètre cube, font 16 fr. 17 auxquels il y a lieu d'ajouter un stère de bois de chauffage produit par le cimier ; dans les conditions ci-dessus, c'est donc 1 fr. 50 net à ajouter au total. 17 fr. 67 représentent le profit net de cet arbre. Toutefois, il y a lieu de défalquer, comme ci-dessus, l'intérêt à 4 % de 4 fr. 85, pendant 20 ans, que nous aurions perçu si nous avions réalisé la *cadette*, augmenté du déficit ou sous-bois. Et le calcul nous force à conclure que nous avons intérêt à ne pas pousser plus loin l'expérience ; car si nous maintenons cette *moderne* sur pied jusqu'à 100 ans, nous sommes en perte et sans faire plus complet calcul, nous nous en remettons à celui qu'a établi notre regretté maître, Ch. Broilliard, ancien professeur de sylviculture à l'Ecole nationale des Eaux et Forêts, qui ne fut pas seulement un écrivain forestier distingué, mais encore un bon praticien.

Dans son livre sur le « Traitement des Bois en France », Ch. Broilliard nous dit (page 171 et suivantes et particulièrement par le tableau figurant à la page 173) « qu'il n'y a pas intérêt à conserver l'arbre de 100 ans, car la balance de la plus-value qu'il a acquise sur l'arbre de 80 ans, par rapport à l'intérêt de l'argent réalisé par le placement de la valeur de l'arbre de 60 ans, n'est pas en faveur de la végétation forestière. » La capitalisation forestière cesse donc en moyenne à cet âge d'être avantageuse pour le chêne et à plus forte raison ne le serait-elle plus pour toute autre essence dont l'accroissement du revenu net annuel n'est pas aussi rapide.

Nous avons présenté les calculs ci-dessus quelque peu différents de ceux offerts au public par certains auteurs qui ont eu surtout en vue de riches taillis de l'Etat ou des Communes qu'ils administrent. Nos calculs diffèrent aussi quelque peu de ceux de notre maître Ch. Broilliard qui adoptait dans son ouvrage de 1894, le taux de 3 % alors qu'aujourd'hui, c'est-à-dire 25 ans après, le loyer de l'argent a augmenté et qu'on doit le porter à 4 % pour être véridique. Pour ces diverses raisons, et aussi parce qu'en maintes contrées de France, nos chênes ont subi de rudes atteintes du chef des *coræbus bifaciatus*, de l'oïdium et de l'excessive gelée de 1879-80 ainsi que des sécheresses anormales de 1893 et de 1911 et la rapidité de leur croissance s'en est gravement ressentie.

La plupart des ouvrages forestiers qui traitent la question de capitalisation forestière n'ont pu tenir compte de ces données.

Nous avons dû en faire état et c'est pourquoi nous sommes arrivés à fixer à 80 ans et non à 100 ans, à 4 révolutions de 20 ans et non à 5, l'âge de l'exploitabilité des chênes réservés de nos taillis. Ce que nous venons de dire du taillis aménagé à 20 ans est vrai *à fortiori* pour le taillis aménagé à 16 ans, comme cela a lieu dans une notable partie des bois français; car au lieu de 4 âges, le chêne de 80 ans aura cinq âges du taillis, il aura été réservé une fois de plus et son allongement ainsi que sa croissance, loin d'avoir été favorisés par cette méthode, auront été singulièrement gênés par cette augmentation de coupes successives. Toutes choses égales d'ailleurs, dans un même taillis aménagé à 16 ans, la valeur des arbres réservés de 80 ans sera moins grande que dans le taillis aménagé à 20 ans. Notre démonstration appliquée au chêne de 80 ans dans les taillis aménagés à 20 ans est donc d'autant plus vraie dans les taillis aménagés à 16 ans.

Comme on ne saurait demander au propriétaire de bois de faire abandon de son intérêt particulier, c'est à 80 ans au plus tard qu'il devra couper ses réserves chênes. Et malgré que le prix du mètre cube de chêne augmente avec une prodigieuse rapidité suivant l'âge du sujet, la capitalisation-forestière est vite obligée de céder le pas à l'accroissement beaucoup plus prodigieux encore de la capitalisation-argent.

Dans cette lutte, la victoire quelque peu indécise dans les premières décades entre la végétation forestière et les intérêts accumulés, ne tarde pas à se dessiner nettement en faveur de ces derniers et si, par exemple, nous supposons un chêne de 2 siècles et d'un volume de 2^{m3} 500 au cinquième déduit (ou 5e en grume), valant 100 francs le mètre ou 250 francs, il ne pourra plus soutenir la comparaison avec la capitalisation de 0 fr. 75 du baliveau qui, au bout de 200 ans, aura dépassé le prix de 1.000 francs, sans compter la perte des recrûs qui ne peuvent être d'ailleurs évalués que par l'expérience et l'appréciation des rendements des taillis couverts, comparés aux taillis découverts. « Très faible sous un tremble, dit Ch. Broïllard, cette perte est notable sous un baliveau-chêne qui anéantit une cépée », et nous ajouterons que sous un chêne de 200 ans, cette perte équivaut au déboisement de trois ares environ de taillis.

Nous dirons encore que, cette victoire de la capitalisation-argent sur la capitalisation-forestière est d'autant plus éclatante sur les bois de chêne que ceux-ci augmentent progressivement de valeur avec l'âge, à telle enseigne que :

1° Dans le taillis de 20 ans, le mètre cube plein de brins de chêne au cinquième déduit, vaut au plus 1 franc, alors qu'à 40 ans, il vaut 10 à 12 francs ; à 60 ans, 25 francs ; à 80 ou 100 ans, 50 francs et à 200 ans, il vaut 100 francs et plus, parfois 200.

On a vu vendre 200 francs et même 300 francs, le mètre cube au cinquième, des chênes exceptionnels en longueur et diamètre, en accroissements réguliers et en bois sans nœuds et sans aucune tare, de nos belles forêts de France, de Tronçay et Moladier, dans le département de l'Allier, de Bellême et Bercé, etc. Même à ces prix très exceptionnels, si l'on faisait la comparaison, étant donné leur grand âge, entre la capitalisation forestière et la capitalisation des intérêts, celle-ci l'emporterait de cent coudées et d'autant plus que l'on devrait tenir compte de ce que ces arbres sont des exceptions notoires, à côté de tant d'autres sujets du même âge qui, blessés par le passage de charriots, dans leur jeunesse, atteints de quelque carie ou noueux, gelés, lunés ou roulés, dans le cours de leur végétation, n'ont été vendus qu'à des prix très inférieurs, quand ils n'ont pas dû être simplement débités en bois de chauffage.

Malgré les études faites par divers auteurs sur la croissance des arbres et quoique nous ayons personnellement étudié très consciencieusement ce sujet et fait de très nombreuses mensurations sur les arbres feuillus et les chênes notamment, nous croyons que la question de l'accroissement de nos différentes essences d'arbres forestiers peut et doit encore faire l'objet d'expériences complémentaires pour être mise définitivement au point. Pour qu'il ne subsiste aucun doute sur cette supériorité que, jusqu'à preuve du contraire, nous considérons comme *écrasante*, de la capitalisation-argent sur la capitalisation-forestière, au bout de quelques décades à peine, nous proposons au Congrès forestier international d'émettre le vœu suivant :

Que les administrations forestières de France et de l'étranger soient invitées à provoquer tous les renseignements des sylviculteurs mondiaux sur la croissance des arbres forestiers;

Que les Bulletins officiels et de renseignements agricoles des diverses nations soient invités à les centraliser et à les publier, afin d'éclairer définitivement l'opinion publique égarée par les écrits d'auteurs qui, au lieu de prendre pour bases des données scientifiques ou expérimentales, se sont laissés guider par des tendances personnelles ou une imagination trop facile.

M. Descombes. — Je me rallie entièrement aux vœux de M. Caquet qui est un ancien forestier, travailleur infatigable. Les vœux qu'il propose sont rationnels et judicieux et ils devraient avoir reçu satisfaction depuis cinquante ans et plus.

Lorsque les travailleurs ont des recherches à effectuer, ils n'ont à leur disposition aucune publication officielle et ne trouvent que des renseignements épars, car la bibliothèque forestière n'est pas considérable.

Le capital qu'on met en reboisement est décuplé en moins de cinquante ans, ce qui fait un revenu remarquable de près de 6 %, car il faut tenir compte des intérêts composés. Ce résultat, qu'on m'a quelquefois reproché, je le maintiens, mais à une condition :

c'est du revenu brut que je parle, du revenu du bois lui-même ; si l'impôt vient prendre la moitié, les deux tiers ou les trois quarts de ce revenu, ou même ce revenu tout entier, ou une fois et demie ou une fois trois quarts, ce revenu, comme M. Gouget l'a montré ces jours derniers à la troisième section et comme il l'avait montré aux Agriculteurs de France et dans diverses publications, le revenu net diffère alors considérablement.

Il est désirable, il est indispensable que les administrations forestières mettent à la disposition du public des renseignements circonstanciés, précis, sur la croissance des arbres, sur l'avenir qu'on peut en espérer.

M. le Président. — S'il n'y a pas d'autre observation, je vais mettre aux voix les vœux tels qu'ils ont été rédigés par M. Caquet.

Adopté.

M. le Président. — Nous passons à une communication de M. Marchal sur la Sauvegarde des forets contre l'incendie par des plantations ignifuges.

M. Marchal. — Il n'y a pas de question d'un intérêt plus universel, je pourrai dire plus mondial, que celle des incendies de forêts. On croit trop facilement que ce sont des questions locales, méridionales. Ceux qui ont vu un incendie dans les Maures ou l'Estérel — qu'on appelle les pays du feu, et qui sont malheureusement bien dénommés — croient que c'est un fléau local, régional. D'autres sont disposés à le croire régional aussi dans les Landes et dans quelques régions où les résineux dominent. C'est à cette occasion que je renouvelle la constatation que le président M. Descombes a faite tout à l'heure, sur l'insuffisance des renseignements : il n'y a pas de livres, il n'y a pas de détails. Permettez-moi, à mon grand âge, de l'affirmer, j'en ai la preuve ici, j'ai fait le relevé de toutes les publications qui ont été faites dans la *Revue des Eaux et Forêts* actuelle et dans la revue qui l'a précédée — et elle est encore plus ancienne que moi, puisqu'elle date de 1842 — au sujet des incendies de forêts. C'est une admirable collection, rien n'est plus intéressant, rien n'est plus vivant; j'y ai trouvé la description la plus complète et la plus parfaite qui puisse être faite. Quatre-vingt-dix-neuf fois sur cent les études sont faites par des professionnels des Maures, de l'Estérel, des Landes, quelquefois, rarement, de l'Algérie et de quelques autres régions; j'y ai trouvé le relevé, fait par un vénérable fonctionnaire, délégué du ministère de l'Intérieur, sur la période des incendies qui ont désolé l'Amérique et voilà tout. Jamais je n'ai vu nulle part un aperçu collectif qui puisse nous donner une idée d'ensemble des maux universels et prodigieux dont j'ai eu, non pas la certitude mathématique, mais la conscience, en parcourant les quelques listes que le hasard a mises sous mes yeux, outre celles que j'ai pu composer moi-même par un moyen qui est à la portée de tout le monde. C'est ainsi que j'ai relevé, dans trois journaux de Paris, les incendies qui ont été signalés depuis quelques années dans les Maures, l'Estérel et les Landes. Quelquefois aussi, les dépêches en signalent en Bretagne, dans la Creuse, en Angleterre, en Allemagne. Cinquante, cent, deux-cents hectares à la fois sont détruits par un incendie qui éclate d'une façon terrible et inattendue. Il faut avoir découpé ces dépêches reçues quotidiennement dans les journeaux pour s'en rendre compte.

C'est dans les mêmes conditions qu'il y a deux ans, j'ai relevé dans l'édition parisienne du *New-York Herald*, des résumés de journaux de New-York, avec quelques gravures à l'appui, où l'on cite les milliers d'hectares qui ont été détruits, les villes qui ont disparu, les trains qui ont été arrêtés, les régiments qui n'ont pu arriver au secours des malheureux, les familles entières anéanties, et comme c'est en Amérique que ces choses se passent et qu'on y est précis, on résume les pertes par un chiffre. Ce chiffre, évalué d'une façon *moderate*, — je me rappelle ce mot — fixe les pertes à cent millions de dollars pour trois semaines environ d'incendie. Cinq cents millions de francs, un demi-milliard ! Je n'insiste pas. Ce n'est pas moi qui ai inventé ce renseignement, je vous ai dit où je l'ai puisé (*Applaudissements*).

Ces indications sur lesquelles je ne veux pas m'étendre davantage, vous donnent un aperçu de la proportion phénoménale, mondiale, universelle de ce fléau que nous n'avons pas assez apprécié !

En France, certes, — on l'a dit et répété souvent et on a raison — le service forestier a fait des choses qu'on n'a fait nulle part ailleurs, et on ne saurait trop proclamer ses mérites, mais on n'a pas fait d'étude générale. A telle enseigne, que dans ce pays, où la statistique surabonde, on n'a pas fait de statistiques, d'incendies de forêts, sauf depuis cinq ans.

Dans ces cinq années, on a constaté qu'il y a annuellement, dans les forêts de l'État et les forêts privées, des pertes estimées deux millions et demi, trois millions et même jusqu'à cinq millions. Cela commence à compter ! Je n'insiste pas sur ces chiffres, je vous prie simplement de retenir leur caractère énorme, auquel j'ai ajouté quelques indications universelles qui vous montrent que ce péril grandit tous les jours.

Nous avons entendu ces jours-ci d'excellents rapports où il était question de l'extension des forêts et notamment de l'extension facile des résineux. C'est la vérité, ils viennent très bien, exigent peu de travaux, peu de difficultés, et produisent rapidement, mais ils brûlent très facilement, de sorte qu'en augmentant les forêts de résineux, on augmente aussi dans des proportions tout à fait inattendues et incommensurées, permettez-moi ce mot nouveau, le danger des incendies.

Comment naissent les incendies?

On oublie trop qu'un des plus grands instruments des incendies, c'est le chemin de fer. Nous pourrions, sans critiquer personne, appeler collectivement toutes les compagnies de chemins de fer les « compagnies incendiaires ».

Le rôle de la foudre est bien mesquin à côté de ces grandes coupables.

Mais le feu, quelle qu'en soit la cause, se propage par la couverture.

Tous ceux qui ont vécu dans les régions d'Orient savent qu'il y a des végétaux dont la combustion est telle qu'elle s'oppose à l'incinération, à l'inflammation, c'est le cas de plantes dont je vais vous parler, et notamment du cactus et d'un certain nombre de plantes grasses. M. Grandot, le savant auteur, est arrivé à constater par l'analyse, que le cactus contenait jusqu'à 94 % d'eau. Il n'y a aucune espèce d'industre, si belle qu'elle soit, qui soit arrivée à créer une bouteille idéale qui contienne un telle quantité de contenu en proportion du contenant. C'est vraiment un instrument idéal au point de vue de l'extinction.

Outre qu'elle est fraîche, cette plante a une valeur alimentaire considérable.

L'objection principale est que cette plante est une plante des pays chauds. Mais la nature et nos praticiens, nos simples jardiniers, même, sans aller jusqu'à nos savants, ont fait des choses beaucoup plus fortes : la youka, plante qui remplit nos squares et nos jardins même dans les pays du Nord est une plante des pays chauds : il a suffi de quelques années d'application par les marchands qui les ont vendues, pour les acclimater. Il serait donc très facile de créer des espèces par voie d'hybridation.

Le fait certain, constaté, est que dans les régions hautes, non habitées des Apennins, on a trouvé des cactus.

Je ne cite qu'à titre supplémentaire une autre plante grasse, le *nesembrianthenum acinaciforme*, ainsi nommé parce que sa feuille a la forme d'une lame de sabre.

L'intérêt de cette plante réside en ce que, aussitôt qu'elle pousse, des radicelles, des racines adventives pénètrent dans le sol ; c'est une plante superficielle qui couvre tout le sol et son ininflammabilité la rend très précieuse.

Au Muséum, il y a également des variétés de cédum, qui viennent des hautes montagnes du Tyrol et du Japon ; elles peuvent être multipliées.

Plus près de nous, pourquoi ne nous adressons-nous pas au lierre vulgaire ; on ne se l'imagine pas, parce que tous les traités officiels déclarent que le lierre est un parasite dangereux qu'il faut détruire. Voilà quinze ou vingt ans que je l'étudie et que je le soumets à des expériences.

La nature du lierre, contrairement à ce qu'on croit, n'est pas d'enrouler l'arbre ; c'est par erreur qu'on l'appelle *edera helica ;* il n'a pas de forme hélicoïdale, il monte tout droit, mais pas avec des racines qui sucent, comme le déclarent habituellement des auteurs mal informés. Ce sont des crampillons qui n'atteignent pas la surface. On croit qu'il abîme les murs ; c'est une erreur. Dans des pays où l'esprit pratique est plus développé qu'en France, comme l'Angleterre et l'Amérique, on n'a jamais pensé cela. Les cottages les plus riches d'Angleterre et les grandes usines d'Amérique en sont couverts depuis le sol jusqu'au sommet, parce que le lierre entretient la fraîcheur du mur et le préserve du soleil et de l'attaque directe de la pluie; il le préserve aussi des insectes, car les insectes ne mangent pas le lierre. Par contre, j'ai vu dans des parcs où on avait oublié du lierre depuis cinq ans, les bestiaux manger le lierre plutôt que l'herbe des environs. La dernière paysanne de France sait cela et lorsqu'il n'y a plus de fourrage nulle part ou qu'il coûte cher, on donne du lierre aux vaches pour les nourrir. Un savant, M. Isidore Pierre, a fait cette analyse et a trouvé que le lierre équivaut au fourrage le plus parfait. Un seul homme en a parlé, c'est M. Vilmorin, à la Société des Agriculteurs de France, il y a deux ans environ.

Voici un exemple de ce que peut donner le lierre; vous pouvez voir en certain point du parc Monceau un rideau de lierre au-dessous d'un bouquet considérable de maronniers. Le maronnier donne des feuilles abondantes qui sèchent et recouvrent rapidement le sol; la grande feuille de marronnier après être tombée, sèche, se ratatine et passe entre les feuilles de lierre qui, elles, restent fraîches et vertes toute l'année. Le lierre étalé, érigé en espalier, n'aurait pas les qualités que je vous indique : les feuilles qui se fanent sur un espalier s'aperçoivent et, lorsqu'elles sont fanées, elles tombent et sèchent. Or, dans les squares, et même au Bois de Boulogne, vous ne voyez jamais de feuilles de lierre mortes ; il semble que cette plante ne doive jamais mourir; c'est une erreur, mais aussitôt que les feuilles meurent, passent au second plan, des feuilles fraîches, prennent le dessus et recouvrent entièrement la partie fanée, la laissant ainsi à l'ombre et à la fraîcheur.

Et je vous répète que le lierre a une valeur alimentaire de premier ordre, excepté toutefois pour les insectes qui ne s'y mettent pas, pour la raison bien simple qu'il y a une balistique du lierre couché : chaque feuille de lierre est dressée sur un pédoncule qui forme pivot ; la feuille reste horizontale, très fréquemment proche d'une autre, de façon à former coquille, comme la coquille d'une carapace ; comme tout est mobile, aussitôt qu'un insecte, une graine, une feuille morte tombe, il y a un espace vide dans lequel tombe l'insecte. En douze ans, j'ai vu en tout, deux petits escargots sur le lierre ; ils n'y sont pas restés longtemps.

Les indications que je viens de vous donner vous montrent la valeur agricole, alimentaire et surtout défensive de certaines plantes. Les véritables maîtres de la doctrine forestière déclarent qu'ils défendent la forêt à cause de son rôle providentiel — j'ai vu ce mot écrit dans notre siècle — je le veux bien, et je ne prétends pas revendiquer pour les plantations dont je vous parle un rôle providentiel. Je m'occupe simplement de leur rôle pratique,.

Je voudrais que les expériences que j'ai faites fussent imitées par les services de l'État, dans quelques-uns de ses domaines. Ces expériences peuvent être commencées immédiatement dans le Midi et même étendues à quelques régions du centre de la France et, probablement, dans peu de temps, dans les régions du Nord.

M. LE PRÉSIDENT. — Je suis convaincu que l'Administration des forêts ne demandera pas mieux que de tenter des expériences, surtout dans la région de la Provence, des Maures et de l'Estérel, par des plantations de cactus ; ces expériences pourront amener des résultats utiles et intéressants.

M. MARCHAL. — Des expériences ont déjà été commencées en Algérie. Un vœu a été présenté par la Ligue de reboisement de l'Algérie en 1880 ou 1881. Le gouverneur général Cambon, qui a été frappé, comme l'était tout Algérien, de l'ininflammabilité matérielle évidente d'un certain nombre de plantes comme le cactus, a demandé qu'on en fît l'expérience. Mais on les a faites de telle façon qu'elles n'ont pas réussi du tout.

M. DESCOMBES. — Je puis d'ailleurs donner à M. Marchal l'assurance que les expériences qu'il demande ont déjà été faites. L'Association pour les montagnes, qui occupe dans les Pyrénées plusieurs milliers d'hectares dans lesquels elle réconcilie le montagnard avec l'arbre, a créé un type de lierre. On a fait un reboisement de 60 hectares dans la vallée, ce sont des résineux qu'on a mis et on les a garnis d'un type de lierre planté depuis deux ans. Les expériences ont donc déjà commencé.

M. LE PRÉSIDENT. — Je donne acte à M. Marchal de sa communication et puisque nous sommes en matière d'incendie, je donne la parole à M. de Montmorency-Morrès, qui a une courte communication à faire.

M. DE MONTMORENCY-MORRÈS. — Je suis administrateur du Syndicat général des propriétaires forestiers d'Algérie, où nous avons réuni 150.000 hectares. Nous avons souffert beaucoup d'incendies pendant des années. Ces incendies sont dus à deux causes, les unes accidentelles, les autres volontaires. Les incendies accidentels ont été de peu d'importance : ils portent sur 50, 100 ou 200 hectares, c'est relativement peu de chose. Les incendies volontaires, au contraire, ont porté sur des étendues considérables. Les incendies accidentels s'éteignent facilement, car les Arabes sont habiles et nous avons les moyens à notre disposition. Mais les incendies volontaires ne peuvent s'éteindre aussi facilement, car, dès qu'on réussit à en enrayer un, il y en a immédiatement d'autres qui s'allument. Les pouvoirs publics ont des moyens de réprimer ces incendies, c'est de poursuivre les incendiaires. Je sais bien que c'est assez difficile, mais on peut y arriver, et on obtiendrait de bons résultats en les punissant très sévèrement. La question est importante pour nous, car, en 1871, ces incendies nous ont coûté près de 20.000 hectares ; en 1881, nouveaux incendies considérables.

Je vous demande donc la permission de soumettre un vœu tendant à demander que les pouvoirs publics cherchent les auteurs des incendies volontaires et réprime de la façon la plus énergique.

M. ROUX, *secrétaire*. — Voici la teneur du vœu :

« *Considérant les dommages considérables qui résultent pour les propriétaires forestiers en général et pour les propriétaires forestiers d'Algérie en particulier, des incendies dus à la malveillance, le Congrès des Propriétaires forestiers émet le vœu que les pouvoirs publics recherchent activement les auteurs responsables des incendies et leur appliquent dans toute leur rigueur, les sanctions prévues par la loi.* »

Adopté.

M. LE PRÉSIDENT. — Je donne la parole à M. Marcillac, auteur d'une communication sur : UNE DISPARITION QUI COMMENCE. — LE MURIER.

M. MARCILLAC. — Le mûrier, qui avait été prodigieusement développé par Olivier de Serres, est en train de disparaître. Il y a à cela diverses causes. La principale est que le paysan y voit de l'argent réalisable immédiatement. Quand on lui dit : « Vous faites une sottise, vous avez là une espèce de rente que vous pouvez toucher chaque année », il répond : « Cela fait du bois, il y a de l'argent à toucher, mes fils feront comme moi, ils se débrouilleront. » Il est inutile de chercher à discuter avec lui, mieux vaudrait travailler le roc, Il faut donc se substituer à lui, puisqu'on ne peut lui faire entendre raison, et il s'agit de savoir s'il y a quelque chose à faire. Voici les raisons que les modérés, les sages, nous opposent ; ils disent : « les primes qui étaient très élevées, — elles allaient jusqu'à 5 francs, — étant tombées à 20 ou 30 sous, nous ne trouvons pas notre compte à faire l'élevage du cocon, nous n'avons donc pas intérêt à conserver le mûrier. » Tout autour de ces propriétaires de cocon, il y avait de nombreuses usines de soie : depuis l'Isère jusqu'au bas de la Drôme, c'était en quelque sorte semé de tissages; toutes ces usines vont disparaître si la matière première fait défaut. Les industriels de la région ont eu l'idée de combattre le mal et de le prévenir dans une certaine mesure en cherchant en Chine et au Japon les ressources nécessaires en matières premières. Seulement, ils ont constaté que les métiers chargés de soie française donnent des fils d'une résistance parfaite et qu'au contraire les métiers chargés de soie de Chine donnent des mécomptes, au point qu'une ouvrière qui mènerait par exemple quarante broches avec de la soie française, n'en mènerait que quinze avec de la soie de Chine. Cela tient à l'importation et à l'emballage. Il y aurait peut-être lieu pour les grands fabricants, de rechercher si l'on ne pourrait pas trouver un système d'emballage tel que la soie de Chine arrive bonne en France.

M. LE PRÉSIDENT. — Votre communication porte surtout sur la disparition du mûrier.

M. MARCILLAC. — On ne trouve pas, paraît-il, dans le mûrier de France, la matière à papier. Il y a un mûrier japonais qui pourrait être rapidement introduit chez nous et qui mené à bien donne de bons résultats en tant que base du papier. Si donc nos grands fabricants de papier voyaient dans le mûrier quelque chose d'avantageux, le paysan, sachant qu'il va pouvoir vendre sa feuille de mûrier, le recultiverait. Il y a là une crise forestière et une crise de soierie, les deux se tiennent, lorsqu'on combat l'une, on combat l'autre. C'est pourquoi je vous demande de vouloir bien adopter le vœu suivant :

« *Considérant que la destruction active des mûriers pourrait être enrayée sinon arrêtée par l'emploi des feuilles ou de l'écorce des branches de ces arbres dans la fabrication du papier, le Congrès émet le vœu que l'Administration fasse rechercher auprès des principaux fabricants s'il n'y aurait pas lieu d'employer les produits du mûrier concuremment avec la fibre de bois et les chiffons.* »

Adopté.

M. LE PRÉSIDENT. — Il nous reste pour terminer notre ordre du jour, une communication de M. Michaud sur L'OISEAU ET LA FORÊT.

M. MICHAUD. — Avant de clôturer nos travaux, permettez-moi de prendre la parole en faveur d'un auxiliaire des plus précieux et des plus indispensables de la forêt, je veux parler de l'oiseau.

Il est grand temps, je pense, qu'on s'occupe de l'oiseau et qu'on arrête la guerre d'extermination dirigée contre lui. Après trente ans d'observation sérieuse, je dis, en connaissance de cause, que tous les oiseaux sont utiles : l'oiseau est utile à la forêt pour la défendre et la forêt est utile à l'oiseau pour l'abriter. Je vais dire quelques mots sur les oiseaux insectivores.

On ne peut se faire une idée des massacres qui se pratiquent dans certaines régions de la France. Les oiseaux insectivores sont massacrés sans merci.

J'ai vu un individu prendre, au moyen de « pantes », jusqu'à mille oiseaux par jour, des insectivores ou carnivores. J'ai vu, les larmes aux yeux, je puis le dire, des pinsons, des rouge-gorges, des fauvettes, tout espèces d'oiseaux les plus précieux massacrés sans merci.

Il serait grand temps que les pouvoirs publics supprimassent ces abus et ces massacres.

Je voudrais aussi vous dire deux mots sur deux oiseaux qui sont en voie de disparition. La buse est l'oiseau exécré de beaucoup de chasseurs, de ceux surtout qui ne la connaissent pas. Je puis vous assurer que la buse est un oiseau excessivement utile. La première fois que j'ai rencontré un nid de buses dans la Gironde, il y avait, je crois, près du nid, onze rats, des lézards, un écureuil, des vipères et, ce qui m'a étonné le plus, un renard d'eau fraîchement tué. La buse peut détruire, sans exagération, de 80 à 100 mulots par journée ; on a quelquefois parlé de 500, mais c'est une exagération. En tout cas, un couple de buses peut facilement détruire 150 mulots par jour, sans compter les reptiles, car on dirait que la buse a été créée pour tuer les reptiles, et Dieu sait s'il y en a dans la Gironde.

L'autre oiseau dont je veux vous parler, vous le connaissez tous, mais il se fait rare, c'est le grand duc.

Cet oiseau dévore une quantité innombrable de vipères, d'écureuils et de rats. Et vous savez que le rat est le pire ennemi des oiseaux ; il en détruit de toute espèce et il y a ici des congressistes qui m'ont dit que, depuis des années, ils sont empestés par des rats, si je puis ainsi m'exprimer.

Je vous demanderai donc de vouloir bien adopter les trois vœux que j'ai l'honneur de vous présenter, et qui sont les suivants :

« 1° *Que dans l'enseignement sylvicole, des leçons soient faites sur le rôle réciproque de la forêt et de l'oiseau l'un envers l'autre, l'oiseau protégeant la forêt contre l'insecte, la forêt offrant refuge et abri à l'oiseau.* »

« 2° *Qu'à la fête de l'arbre soit adjointe une fête de l'oiseau.* »

« 3° *Que dans les réserves nationales et parcs nationaux, des mesures soient prises pour la multiplication et la protection des oiseaux utiles ou des espèces rares et en voie de disparition.* »

M. VILLATTE DES PRUGNES. — L'année dernière, une commission temporaire, nommée par M. Pams, alors ministre de l'Agriculture, s'est réunie en vue de faire la classification des oiseaux. Il y avait bien eu, en 1902, un Congrès général où on a classé une certaine partie des oiseaux, ceux qui intéressaient tous les pays, mais il en restait un certain nombre qui n'étaient pas classés. Dans cette commission temporaire se trouvaient des ornithologistes de tous les coins de la France, comme M. Xavier Raspail, M. Labodenne, etc. Cette commission a établi une classification absolument complète ; elle n'a tenu que trois séances, mais les personnes qui étaient là étaient compétentes et ont apporté des faits, comme le prince d'Arenberg, par exemple, qui, depuis des années, a fait des études très complètes sur la crécerel et qui en a apporté les résultats à la Commission.

Nous avons fait à la suite de cela une classification excessivement sévère et très peu d'oiseaux ont été déclarés nuisibles, comme le petit geai, parce que c'était incontestable ; on ne peut pas signaler un seul bienfait de cet oiseau qui ne commet que des dégâts. Le Ministère de l'Agriculture possède deux rapports de M. Menegaud, du Muséum, sur les travaux de cette Commission. Ces deux rapports dorment dans des cartons, parce que le Midi s'est soulevé comme un seul homme quand il a su que nous avions protégé tous les petits oiseaux d'une façon invariable. Nous nous sommes dit en effet que si nous faisions quelques exceptions, ce serait la mort de tous, et s'il y en a qui peuvent commettre quelques petits dégâts, ces dégâts sont probablement rachetés par des avantages considérables. Le Midi s'est donc levé et a fait intervenir ses députés, de sorte que les rapports ne sont pas publiés parce que leur publication gênerait cette région.

Je propose donc que nous émettions un vœu par lequel nous demanderons la production de ces rapports, et nous exprimerons le désir qu'on tienne compte de leurs conclusions.

Je puis vous donner un exemple des raisons qu'on invoque pour la destruction des oiseaux : pour l'étourneau, la commission avait été unanime à déclarer qu'il était un oiseau utile. Cet oiseau commet quelques dégats, il mange bien quelques grappes de raisins au moment de la vendange, mais ces dégâts sont très largement compensés par les services qu'il rend. Vous ne pourriez jamais deviner pour quelle raison la destruction de l'étourneau a été autorisée par le Ministère de l'Agriculture. Parce qu'on l'a accusé de propager la fièvre aphteuse. (*Exclamations et rires.*) Des gens avaient envoyé des parlementaires pour se plaindre au Ministère que l'étourneau propageait la fièvre aphteuse, et c'est ainsi qu'on en a autorisé la destruction. Ce fait est au rapport. Dans ces conditions-là, on pourrait déclarer que la fauvette, le rossignol et tous les oiseaux qui émigrent en Égypte, en Turquie, dans des régions où le choléra règne à l'état endémique ainsi que la peste, sont des propagateurs du choléra et de la peste, et la destruction de tous ces oiseaux devrait être autorisée.

Je vous demande donc de vouloir bien ajouter aux vœux de M. Michaud, celui par lequel nous demanderons que le rapport de la Commission temporaire instituée au Ministère de l'Agriculture soit publié dans le plus bref délai, et qu'on en tienne compte pour empêcher la destruction des petits oiseaux.

Je ne suis pas tout à fait de l'avis de M. Michaud sur le grand-duc : c'est le seul oiseau nocturne que nous avons déclaré nuisible. Pour le chat-huant, on a bien cité quelques méfaits dont ils étaient les auteurs, mais on a trouvé qu'après tout ce n'était pas absolument prouvé, et qu'en tout cas, ces méfaits étaient largement compensés par la destruction d'un grand nombre de mulots ou de rats et nous n'avons pas voulu mettre le chat-huant hors la loi.

M. de Segonzac. — J'approuve entièrement deux des vœux présentés par M. Michaud, mais je demande qu'on ne vote pas celui qui est relatif à la fête de l'oiseau parce que nous ne nous sommes pas associés à la fête de l'arbre. Je ne vois donc pas l'utilité de ce vœu. La question importante pour nous est d'émettre un vœu en faveur de la conservation de tous les oiseaux utiles sous toutes les formes, comme vient de l'expliquer M. Villatte.

M. Villatte des Prugnes. — Pour donner satisfaction à M. le Président, nous pourrions rédiger le vœu en remerciant le Ministre d'avoir pris l'initiative de terminer la classification complète des oiseaux, et en émettant le vœu que les rapports de la Commission soient mis à exécution.

M. le Président. — Ayez l'obligeance de remettre une rédaction au bureau.

Je soumets à votre approbation les vœux de M. Michaud :

« 1° *Que dans l'enseignement sylvicole des leçons soient faites sur le rôle réciproque des forêts et de l'oiseau l'un envers l'autre, l'oiseau protégeant la forêt contre l'insecte, la forêt offrant refuge et abri à l'oiseau.* »

Adopté.

« 2° *Qu'à la fête de l'arbre soit adjointe une fête de l'oiseau.* »

Repoussé.

« 3° *Que, dans les réserves forestières et parcs nationaux, des mesures soient prises pour la multiplication et la protection des oiseaux utiles ou des espèces rares et en voie de disparition.* »

Adopté.

« 4° *Le Congrès remercie M. le Ministre de l'Agriculture de l'heureuse initiative qu'il a prise en nommant une Commission pour la classification des oiseaux en espèces utiles et nuisibles et émet le vœu que le résultat des travaux de cette Commission soit porté le plus promptement possible à la connaissance du public.* »

M. le Président. — Ne vous paraît-il pas utile d'émettre le vœu qu'une classification définitive soit adoptée ; ce serait plus complet et plus net que de demander simplement qu'on communique au public le résultat des travaux d'une Commission.

M. Roux. — Nous pourrions demander une classification basée sur ces travaux.

M. Villatte des Prugnes. — Voici le texte du vœu tel que je vous le propose :

« *Remercie M. le Ministre de l'Agriculture de l'heureuse initiative qu'il a prise en nommant une Commission pour la classification des oiseaux en espéces utiles et nuisibles et émet le vœu qu une classification basée sur les travaux de la Commission soit établie le plus tôt possible.* »

Adopté.

La séance est levée à 4 heures.

DEUXIÈME SECTION

ÉCONOMIE ET LÉGISLATION FORESTIÈRES

BUREAU :

Président : M. Vivier, conservateur des Eaux et Forêts, directeur de l'École nationale des Eaux et Forêts.

Vice-présidents : MM. Bouvet, président de la *Société forestière de Franche-Comté et Belfort.*

F. Deroye, conservateur des Eaux et Forêts, docteur en droit.

Secrétaires : MM. De Monchy, inspecteur-adjoint des Eaux et Forêts.

Delahaye, inspecteur-adjoint des Eaux et et Forêts, docteur en droit.

Perrin, inspecteur-adjoint des Eaux et Forêts.

RAPPORTEURS : MM. F. Deroye, conservateur des Eaux et Forêts, docteur en droit.

G. Huffel, sous-directeur et professeur d'Economie forestière à l'Ecole nationale des Eaux et Forêts.

Ch. Guyot, ancien directeur de l'École nationale des Eaux et Forêts.

R. Roulleau, conservateur des Eaux et Forêts en retraite, secrétaire général du *Comité des Forêts.*

RAPPORTEURS : MM. Arnould, inspecteur des Eaux et Forêts.
Margaine, inspecteur des Eaux et Forêts, vice-président de l'*Union des Syndicats agricoles, horticoles et viticoles de la Marne.*
Vivier, conservateur des Eaux et Forêts, directeur de l'École nationale des Eaux et Forêts.
Comte de Nicolay, président du *Syndicat des propriétaires forestiers de la Sarthe.*
Madelin, inspecteur des Eaux et Forêts, docteur en droit, chef de section à la Direction générale.
Villame, secrétaire de la *Fédération des Syndicats du commerce des bois de France et des industries qui s'y rattachent.*

SÉANCE DU 16 JUIN 1913

(MATIN)

Présidence de M. VIVIER, président de Section

La séance est ouverte à 11 h. 5.

M. LE PRÉSIDENT. — Avant d'ouvrir les travaux de la deuxième section du Congrès forestier, je me permettrai de renouveler les souhaits de bienvenue qu'adressaient tout à l'heure, aux membres étrangers, M. le Ministre de l'Agriculture et M. le président du Touring-Club. Nous serons très heureux de recevoir les idées qu'ils voudront bien nous donner au sujet de la manière dont on comprend, à l'étranger, les questions d'économie et de législation forestières, et j'espère que, de leur côté, ils trouveront utilité et profit à nos délibérations.

J'adresse le salut le plus cordial à tous ceux des congressistes qui veulent bien préférer notre réunion — au programme un peu austère — à des sections plus attrayantes. Ils comprennent toute l'importance des questions qui vont se traiter ici et qui peuvent avoir des répercussions considérables au point de vue de l'avenir de la propriété forestière.

Tous, Messieurs, qui que vous soyez, propriétaires forestiers, techniciens des diverses catégories, fonctionnaires, vous êtes à même d'apporter une utile contribution à nos discussions dont l'animation probable n'exclura pas, j'en suis convaincu d'avance, la plus parfaite courtoisie. Vous pouvez être assurés que le bureau s'efforcera, dans la mesure du possible, de diriger et d'éclairer vos délibérations et j'espère que, d'une collaboration commune, naîtra une œuvre utile et féconde (*Applaudissements*).

Je donne la parole à notre vice-président, M. Deroye, pour la lecture de son rapport sur les ASSURANCES CONTRE L'INCENDIE.

M. F. DEROYE. — L'assurance des forêts contre l'incendie préoccupe depuis de longues années les propriétaires forestiers en France, mais n'est pas ou que fort peu pratiquée.

La plupart des Compagnies à primes fixes ont un même tarif et des clauses semblables. Le premier est prohibitif ; les secondes sont absolument défavorables aux assurés. Quant aux Compagnies d'assurances mutuelles pour risques de l'espèce, ou bien elles n'ont pu arriver à se constituer, ou bien elles fonctionnent avec les mêmes errements que les Compagnies à primes fixes.

M. Fernand David, ancien Ministre de l'Agriculture, déclare, dans un de ses remarquables rapports sur le budget de l'Agriculture, que le risque d'incendie en forêt est considérable et qu'on ne saurait lui opposer un système d'assurances, tant que les Compagnies seront inaccessibles et les Mutuelles impraticables. Il préconise donc la formation d'associations syndicales, conformément à la Loi du 13 décembre 1902, pour réaliser la défense préventive qui est, à son avis, la seule pratique en la circonstance. Cette défense aurait pour but de réduire au minimum la part du feu par des aménagements dont nous trouvons de précieux exemples en Provence et dans les Landes. M. Fernand David ajoute qu'il semblerait très justifié de faire participer ces travaux aux subventions accordées par l'Etat pour les améliorations agricoles.

Se plaçant à un point de vue similaire, M. Louée, d'une part, MM. de Liocourt et Pardé, d'autre part, ont étudié les bases de Syndicats forestiers pour l'administration et l'exploitation rationnelle des bois particuliers, comme aussi pour la réduction des risques d'incendie.

Un infatigable travailleur, M. Paul Descombes, président de l'Association centrale pour l'aménagement des montagnes, demande qu'une loi autorise l'assurance par l'Etat des forêts contre l'incendie, en faisant remarquer que cette solution complèterait de la plus heureuse façon les lois tendant à favoriser le reboisement.

En Allemagne, afin d'encourager les entreprises d'assurances privées à assurer le risque d'incendie des forêts, l'office impérial d'assurance a publié un modèle de contrat pour la garantie de ce risque. Ce modèle détermine les droits et les obligations des parties au moment de la conclusion du contrat, durant son exécution et après le sinistre. Alors qu'en 1900 il n'existait en Allemagne qu'une seule société d'assurances contre l'incendie couvrant les risques forestiers, actuellement de nombreuses sociétés privées et plusieurs instituts publics provinciaux d'assurances s'en occupent.

Nous pensons que les associations syndicales préconisées par M. le Ministre Fernand David et par MM. de Liocourt, Pardé et Louée pourraient en même temps être constituées en Sociétés ou Caisses d'assurances mutuelles agricoles, conformément à la Loi du 4 juillet 1900, et cette solution pourrait, dans bien des cas, rendre de réels services.

Il n'en est pas encore de même de l'assurance par l'État. La commission de réorganisation du service forestier qui a fonctionné en 1912 ne l'a pas envisagée dans ses études relatives aux bois particuliers. Ce procédé soulève la grave question de l'immixtion de l'État dans le domaine des assurances-incendie et donnerait très vraisemblablement lieu à des protestations de la part des Compagnies.

Nous en revenons donc à demander pour le moment la garantie des forêts contre l'incendie à des Compagnies ou à des Caisses d'assurances, comme en Allemagne. Cette solution admise par la Société française des Amis des Arbres, par la Société forestière de Franche-Comté et Belfort, par de nombreux forestiers et publicistes, semble maintenant assez étudiée pour pouvoir être réalisée.

Une statistique très complète des incendies dans les forêts soumises et non soumises au régime forestier est établie depuis 1908 par l'Administration des Eaux et Forêts. Les résultats en seront d'un grand secours pour la mise au point définitive de la question.

Il convient, pour commencer, d'arrêter les principes rationnels et équitables qui devront être proposés aux Compagnies pour l'établissement des contrats d'assurances et le règlement des sinistres.

N'oublions pas, en effet, que si d'un côté les propriétaires persistent, à juste raison d'ailleurs, à ne pas s'assurer, de l'autre côté les Compagnies d'assurances attendent pour modifier leurs conditions qu'il leur soit présenté une étude sérieuse de la question. En même temps les Caisses d'assurances mutuelles agricoles de la Loi du 4 juillet 1900 trouveront dans cette étude les renseignements nécessaires pour leur adaptation à l'assurance forestière.

Nous allons donc examiner pour les différents points de l'assurance comment opèrent les Compagnies et ce que nous sommes d'avis de leur proposer :

Objet de l'assurance.

SYSTÈME ACTUEL. — Les Compagnies n'assurent en principe que les forêts feuillues (taillis et taillis sous futaie) ne contenant pas plus de 1/10 de résineux en mélange. Elles acceptent parfois l'assurance des plantations résineuses, à condition qu'elles soient âgées de plus de dix ans, et dans le Nord et le Centre de la France seulement.

Elles font des difficultés pour assurer l'ensouchement.
Elles refusent d'assurer l'ensemencement.
Elles ignorent complètement la couverture morte.

SYSTÈME PROPOSÉ. — Les Compagnies devront assurer :

Dans les forêts feuillues :

1° Le taillis,
2° Les réserves,
3° L'ensouchement,
4° La couverture morte.

Dans les plantations résineuses :

1° Les plantations,
2° L'ensemencement,
3° La couverture morte.

Calcul du capital à assurer.

SYSTÈME ACTUEL. — Les Compagnies ne donnent de règles qu'en ce qui concerne les taillis et ces règles sont basées sur des principes compliqués, incomplets et erronés. Il n'est jamais question de l'estimation des réserves non plus que de celle du capital rélatif à l'ensouchement et à la couverture morte. Enfin l'application des susdites règles aux plantations résineuses est totalement impossible.

SYSTÈME PROPOSÉ. — Il conviendra d'évaluer le capital à assurer :

1° *Pour le taillis :* En calculant la valeur des coupes des différents âges par la méthode des annuités ;

2° *Pour les réserves :* En classant les arbres par catégories d'après leurs dimensions et en déterminant pour chaque catégorie la valeur de l'arbre moyen et la moyenne du nombre de pieds à l'hectare ;

3° *Pour l'ensouchement :* Par la somme nécessaire pour reconstituer par voie de plantation l'état boisé supposé complètement détruit ;

4° *Pour la couverture morte :* Par la somme nécessaire pour récupérer, au moyen d'engrais appropriés, la quantité de matière fertilisante que renferme cette couverture ;

5° *Pour les plantations résineuses :* De façon à rembourser au propriétaire le montant de ses frais de plantation et de ses pertes d'intérêts sur la valeur du sol et les frais de plantation. La somme à rembourser augmentant chaque année, il faudra calculer séparément le capital à assurer pour chacune des années de la police ;

6° *Pour l'ensemencement :* Comme s'il provenait d'un boisement artificiel, en tenant compte de sa densité et de son âge.

Prime d'assurance annuelle.

SYSTÈME ACTUEL. — Pour les taillis et taillis sous futaie, les Compagnies demandent en général une prime de 0 fr. 75 %.

Pour les plantations résineuses, les tarifs varient suivant les âges, entre 1 et 10 fr. pour 1.000 francs de capital assuré ou bien entre 0,09 % et 4 % de la valeur à l'hectare, réglée d'avance par la police.

SYSTÈME PROPOSÉ. — 1° Une prime, établie par région, fixe pour les feuillus et variable suivant l'âge pour les plantations résineuses ;

2° Une augmentation de cette prime d'un ou plusieurs dixièmes, proportionnellement aux risques supplémentaires qui pourraient exister (proximité des voies ferrées ou d'habitations. Carbonisation des produits. Absence de tranchées, etc.).

Calcul du dommage en cas d'incendie.

SYSTÈME ACTUEL. — Les Compagnies évaluent le dommage en cas d'incendie :

Pour le taillis : Par une simple proportion établie en fonction de son âge réel et de la valeur qu'il aurait à l'âge usuel de la coupe ; puis elles diminuent la somme trouvée d'un escompte de 4 % pour autant d'années qu'il reste à courir jusqu'à cet âge usuel de la coupe. Enfin elles retranchent le sauvetage.

Pour les réserves : Par la valeur de ces réserves à leur âge moyen d'exploitation, valeur diminuée de la dépréciation qu'elles présenteront à cette époque du fait de l'incendie et ensuite escomptée à 4 % par an pour autant d'années qu'il reste à courir jusqu'à cet âge moyen d'exploitation.

Pour l'ensouchement : Par la somme nécessaire pour mettre deux plants nouveaux par souche détruite.

L'application de ces règles aux plantations résineuses est impossible et les Compagnies n'en indiquent point d'autres.

SYSTÈME PROPOSÉ. — 1° Le taillis incendié devra être estimé à son âge réel, calculé d'après la méthode des annuités, *sans aucun escompte*, déduction faite ensuite du sauvetage ;

2° Les réserves brûlées seront évaluées individuellement à leur valeur d'assurance par catégorie, déduction faite ensuite du sauvetage ;

3° Le dommage causé à l'ensouchement sera calculé à l'hectare comme l'a été le capital assuré pour cet ensouchement ;

4° Le dommage causé à la couverture morte sera calculé à l'hectare comme l'a été le capital assuré pour cette couverture ;

5° Les plantations résineuses détruites seront évaluées de la même façon qu'elles l'ont été pour la recherche du capital à assurer ;

6° Le dommage causé à l'ensemencement sera calculé à l'hectare comme l'a été le capital assuré pour cet ensemencement.

En conséquence, nous avons l'honneur de formuler le projet de vœu suivant :

Que des procédés rationnels et équitables, basés sur les principes et les méthodes admis d'une façon générale en matière de sylviculture et d'aménagement soient adoptés pour l'assurance des forêts et des plantations contre l'incendie.

Qu'en ce qui concerne spécialement les forêts françaises, ces principes et ces méthodes, ainsi que des modèles d'assurance et de règlement de sinistre, soient transmis aux Compagnies d'assurances ou aux Unions de ces Compagnies par les syndicats de propriétaires forestiers ou par les fédérations de ces syndicats en vue d'établir une entente sur de telles bases.

M. Descombes. — Je n'ai pas l'intention de combattre le vœu proposé, mais je tiendrais à donner quelques explications.

Je me permets tout d'abord de déposer sur le bureau un fascicule de sylvonomie (Économie et Politique forestières) dans lequel cette question se trouve développée.

Il y a déjà un grand nombre d'années que les sociétés forestières, spécialement la société forestière de Franche-Comté, sont en pourparlers avec les compagnies d'assurances pour faciliter l'assurance des forêts contre l'incendie. Cette question a une importance très considérable, en ce sens que la forêt, tant qu'elle ne peut pas être pratiquement assurée, ne constitue pas un gage suffisant pour permettre au propriétaire d'emprunter, pour les avances dont il a besoin. Étant donné que nous n'avons pas encore de crédit forestier, il faudrait au moins que les propriétaires de forêts puissent avoir les autres systèmes de crédit qui sont dans le domaine public.

Si les forêts pouvaient être assurées contre l'incendie, si la loi nouvelle dont M. le Ministre nous annonçait le vote tout à l'heure entrait en vigueur, les forêts représentant un matériel ligneux garanti contre la destruction deviendraient un immeuble susceptible d'être hypothéqué comme les autres et ainsi disparaîtrait un élément d'infériorité qui affecte actuellement la forêt comme propriété.

Malheureusement, la plupart des compagnies d'assurances ont fort peu répondu à l'appel qui leur a été adressé dans ce sens. L'*Association centrale pour l'aménagement des montagnes* a entrepris à ce sujet une enquête qui a révélé qu'une seule compagnie, l'*Urbaine*, semble être entrée dans cette voie. Le directeur de son agence de Bordeaux a pu, grâce aux renseignements statistiques du service forestier, établir une échelle de primes qui ont permis d'assurer quelques milliers d'hectares de pineraies dans la Gironde et les Landes. Il pourrait faire un travail analogue pour d'autres régions s'il était pourvu des documents nécessaires.

L'assurance par les compagnies semble cependant limitée aux régions de forêts riches, et le problème se trouve ramené à l'assurance des forêts pauvres. Or, ce sont les forêts pauvres qu'il faudrait protéger, étant donné les services qu'elles rendent, au point de vue climatérique et au point de vue hydrologique.

L'État reste, pour ces forêts pauvres, le seul assureur pratique. Le rapport indique qu'il n'y a guère de chance d'aboutir. C'est très possible. M. Drimot, un forestier belge, a établi, au Congrès de Bruxelles, des projets d'assurances mutuelles en Belgique, et il arrive à cette conclusion qu'il faudrait que l'État fournisse au moins un fonds de garantie important. Dans les Pays-Bas, plus avancés, la question a été résolue en partie, mais les compagnies ont failli sombrer il y a quelques années à la suite de sinistres considérables, et la Société du Reboisement des Pays-Bas conclut qu'il faudrait le concours de l'État aux assurances mutuelles.

Reste à savoir maintenant sur quelles bases il convient de fonder des mutuelles, des mutualités ou des coopératives largement aidées par l'État. Les mutuelles pourraient être aidées, soit directement par l'État, soit par les Caisses de Crédit agricole qui ont la garantie de la Banque de France ; nous pensons que l'Administration pourra effectuer, à l'aide de ses statistiques, les travaux préparatoires indispensables.

Je ne propose pas d'apporter de modification au vœu, mais j'indique seulement la voie dans laquelle il me paraît nécessaire de rechercher la solution.

M. Deroye. — Pour ce qui est de la question du crédit forestier, je rappelle que le rapport de M. Margaine sera discuté le mercredi 18 juin. Mais la question de l'assurance par l'État soulève celle du monopole des assurances et pourrait provoquer des protestations des compagnies. J'ajoute que la Commission de réorganisation du service forestier, qui a étudié également les améliorations à apporter au régime des bois particuliers, n'a pas envisagé les mesures à prendre au sujet des incendies de forêts.

Reste donc la participation des assurances mutuelles. Je ne crois pas que nous ayons donné un avis défavorable à cette participation, puisque notre rapport vous indique que les associations syndicales préconisées par M. le Ministre Fernand David pourraient être en même temps constituées en sociétés ou caisses d'assurances mutuelles agricoles, conformément à la Loi du 4 juillet 1900 et que cette solution pourrait, dans bien des cas, rendre de réels services.

Mais la mutualité n'est pas, à nos yeux, une solution unique ni une solution immédiate ; nous nous servons de ce qui existe : les compagnies d'assurances, quitte à recourir à la mutualité agricole lorsque nous pourrons le faire. Les deux combinaisons peuvent s'allier et se soutenir l'une l'autre.

En n'excluant pas la mutualité et le crédit agricole, nous donnons donc satisfaction à M. Descombes qui a d'ailleurs déclaré accepter, en principe, notre vœu.

M. le Dr Vidal. — Je ne saurais trop appuyer la motion de M. Descombes. L'État a intérêt, non seulement à la conservation des forêts, mais à leur préservation. Plus une forêt est en bon état, plus elle se vend cher et plus les droits d'enregistrement sont élevés.

M. de Sébille. — Il n'y a pas de question qui préoccupe davantage les différentes sociétés forestières et même le Conseil supérieur des Forêts, que celle de l'assurance contre les incendies. Mais je veux vous signaler spécialement une société mutuelle qui existe en Norvège depuis plusieurs années et qui rend des services considérables. La mutualité n'a donc pas fait faillite, comme paraît le penser M. Deroye, lorsqu'il déclare que notre seule ressource est celle des sociétés d'assurances.

Nous pensons, en Belgique, que lorsque l'État comprendra sa mission, au lieu de donner aux sociétés de mutualité subsides et subventions, il s'assurera lui-même contre l'incendie. Vous savez que, dans la plupart des cas, il est déjà son propre assureur, mais je crois qu'il finira par s'assurer lui-même. Comme il possède la moitié ou les trois quarts des propriétés boisées du pays, une mutuelle qui compterait dans son sein le Gouvernement et qui assurerait tous ses bois, serait certaine de vivre...

D'un autre côté, l'État pourrait permettre à ses agents de faire partie du comité de direction de cette société ; il aurait alors la certitude que les deniers publics ne seraient pas dilapidés.

Je me range aux conclusions présentées par M. Deroye en faisant remarquer cependant qu'il serait utile d'ouvrir la porte un peu plus large aux mutualités.

M. Robert de Mentque. — Le rapport de M. Deroye m'a intéressé tout particulièrement en ma qualité de presque forestier. Je suis assureur et propriétaire de forêts. Je crois donc que, dans la question, je ne fais preuve d'aucune partialité.

M. Deroye, bien qu'il reconnaisse les compagnies d'assurances comme particulièrement qualifiées pour assurer les bois et les forêts, a formulé contre des compagnies quelques critiques.

Sans entrer dans les questions de détail, je fais simplement observer que le règlement à la feuille, qui peut paraître extraordinaire à des forestiers et qui comporte une déduction d'escompte, revient très sensiblement au même que le mode de règlement proposé par M. Deroye. J'ai fait à ce sujet des études comparées et j'ai pu constater que les assurés des compagnies à primes fixes ne sont nullement lésés par les règlements effectués par les assurances. D'autre part, la valeur assurée est sensiblement égale dans les calculs très simples dont se servent les compagnies et dans le système que propose le rapporteur.

La plus grosse critique qu'adresse M. Deroye aux compagnies

d'assurances, c'est l'élévation des primes d'une part, et d'autre part, les maigres avantages accordés aux assurés. Sur ces deux points, je ne crois pas les critiques justifiées.

Si les primes étaient très élevées et les avantages minimes, les compagnies réaliseraient des bénéfices énormes. Or, il n'en est rien. Je n'ai les résultats d'exploitation que pour deux compagnies qui ne passent pas pour travailler plus mal que d'autres. Dans les soixante dernières années, l'une d'elle a perdu 9 % de ses primes et l'autre 16 %. Si on augmentait les avantages accordés aux assurés et si on diminuait les primes, les compagnies ne pourraient plus vivre. Il y a donc autre chose.

Peut-être y a-t-il dans le projet Deroye des points à étudier : réduction dans certains cas ou, au contraire, majoration lorsque la forêt est dans un pays plus exposé au feu ou qu'elle est dans le voisinage d'usines, ou encore qu'elle est traversée par une voie ferrée. Les compagnies étudieraient certainement avec plaisir les données du ministère de l'Agriculture.

M. Rousselet. — Je prends la parole au double point de vue de propriétaire forestier et d'assureur.

Pourquoi les compagnies d'assurances ont-elles perdu une si grosse partie de leurs primes? C'est parce que la loi des grands nombres n'a pas joué suffisamment ; c'est parce que le nombre des risques n'était pas assez grand (l'assurance n'est que le jeu de la loi des grands nombres).

La question me paraît donc devoir être résolue par la mutualité, mais avec la collaboration de l'État, non sous forme de primes, mais sous forme de cotisation payée par l'État pour l'assurance de ses forêts. L'État payant une cotisation proportionnelle à l'importance de ses forêts, cette cotisation serait forcément élevée. De là, pour les mutuelles, la possibilité de vivre et de faire face à un exercice désastreux au bout de quelques années, puisqu'ayant un portefeuille de primes, elles auraient la capacité d'emprunter ; on pourrait faire fond sur cette cotisation de l'État.

Le remboursement des sinistres des forêts de l'État compensant, dans une certaine mesure, sa cotisation, les pertes seraient réduites au minimum et d'autre part, la société aurait une position plus assise et trouverait la possibilité de recruter de nombreux adhérents, non seulement parmi les particuliers, mais aussi parmi les départements et les communes.

Je conclus donc au maintien de la première partie du vœu de M. Deroye, mais pour la seconde partie, je désirerais qu'on insistât sur l'avantage que présenterait la réunion d'une commission qui serait chargée de l'étude d'un projet complet et définitif, avec proposition de tarifs, etc...

M. le Président. — Le bureau a écouté avec beaucoup d'intérêt les orateurs exposer leurs idées. Au moment de voter, il y a deux points qu'il ne faut pas perdre de vue.

Tout d'abord, il est certains détails dans lesquels le Congrès ne peut pas entrer. Il ne peut rester que dans des lignes générales. Les observations très intéressantes qui ont été présentées, notamment au sujet de la défense des compagnies d'assurances, trouveront leur place dans les pourparlers d'entente avec les syndicats de propriétaires menacés par le feu.

D'un autre côté, il faut être pratique. Il est évident qu'il est impossible de créer une commission spéciale pour chacune des questions examinées par le Congrès.

En second lieu, il serait dangereux de soulever un principe qui ne vise pas seulement les forêts, celui de savoir si l'État doit ou ne doit pas être son propre assureur.

L'État a son opinion à ce point de vue, et je reconnais que, suivant la constitution des États et l'importance de leurs immeubles, les solutions peuvent ne pas être les mêmes partout. Je ne crois pas que le principe de l'« État son propre assureur » puisse être vrai dans le monde entier. Mais notre ministère des Finances a posé ce principe et il serait peut-être dangereux de l'attaquer.

Ma mission est de répondre à la pensée exprimée par la plupart des orateurs, tout en restant dans les limites de la pratique.

Je propose, pour rester le plus pratique possible, de faire le moins de bouleversements possible, et, pour donner satisfaction à M. Descombes et à d'autres de nos collègues, je demande qu'on ajoute à la dernière partie du vœu de M. Deroye la phrase suivante :

« ...*Sans préjudice, partout où les circonstances le permettront, du développement des assurances mutuelles bénéficiant de tous les avantages que l'État peut accorder à la mutualité* ».

Cette rédaction remet en lumière le principe de mutualité que tout le monde a défendu ici, et, d'autre part, reste dans le droit commun. Or, moins nous demanderons de mesures d'exception, plus nous aurons chance d'aboutir, à mon avis.

Nous pourrions ajouter *in fine* :

« ...*Que l'État accorde ou accordera aux mutualistes* ».

Il est très possible, en effet que l'État n'ait pas dit son dernier mot à ce sujet.

Ce texte réserve l'avenir et permet d'étudier des questions délicates et importantes, tout en donnant satisfaction au désir essentiel exprimé par les orateurs, au point de vue de la mutualité.

M. DE SÉBILLE. — Je me rallie à l'amendement qui vient d'être proposé.

M. le Dr VIDAL. — Cette modification me donne également satisfaction.

M. DEROYE. — L'institution d'une Commission, pour la réalisation des vœux que nous allons émettre, me paraît avoir été traitée déjà par M. Defert tout à l'heure, lorsqu'il a annoncé à l'Assemblée Générale la constitution d'une commission permanente « dans le temps et dans l'action ». Ce sont les termes mêmes qu'il a employés (*Très bien ! Très bien !*)

M. ROULLEAU. — Dans la seconde partie de son vœu, M. Deroye a invité les syndicats de propriétaires à s'occuper pratiquement de la question de l'assurance contre l'incendie. Or, des démarches ont été faites par le comité des Forêts, qui s'est lié à une société très puissante, l'*Union des Intérêts économiques.*

M. LE PRÉSIDENT. — Vous voyez, Messieurs, que déjà le vœu a un commencement de réalisation, ce qui est la meilleure preuve de son intérêt pratique.

Voici le texte que nous proposons à votre vote :

« *Que des procédés rationnels et équitables basés sur les principes et les méthodes admis d'une façon générale en matière de sylviculture et d'aménagement soient adoptés pour l'assurance des forêts et des plantations contre l'incendie ;*

« *Qu'en ce qui concerne spécialement les forêts françaises, ces principes et ces méthodes, ainsi que des modèles d'assurance et de règlement de sinistre, soient transmis aux compagnies d'assurances ou aux unions de ces compagnies par les syndicats de propriétaires forestiers ou par les fédérations de ces syndicats, en vue d'établir une entente sur de telles bases, sans préjudice — partout où les circonstances le le permettront — du développement des assurances mutuelles bénéficiant de tous les avantages que l'État accorde ou accordera aux mutualités* ».

Le texte du vœu, mis aux voix, est adopté.

M. LE PRÉSIDENT. — M. le Dr Vidal, d'Hyères, nous a adressé une communication qui se rattache à la question des incendies dans les Maures et l'Estérel.

Je prie l'un de MM. les Secrétaires de vouloir bien donner lecture de l'observation essentielle qui a été faite au sujet de ce travail.

M. LE SECRÉTAIRE. — Le mémoire de M. Vidal, dont l'original était annexé à la pétition présentée en 1881 à la Chambre des députés par des électeurs du département du Var, avait bour but de modifier la Loi du 6 juillet 1870, concernant la région des Maures et de l'Estérel.

Ce mémoire ne paraît plus avoir aucun intérêt actuel, la Loi du 6 juillet 1870 ayant été remplacée par celle du 19 août 1893, actuellement en vigueur.

M. LE PRÉSIDENT. — La situation au point de vue législatif s'est modifiée, d'abord par le vote de la nouvelle loi de 1893, et ensuite par une proposition nouvelle qui est actuellement en discussion. Le nouveau projet a été voté par la Chambre et est actuellement soumis au Sénat. Les Conseils généraux, tout en ne considérant pas ce projet comme la perfection, insistent (dans leur désir d'arriver à un résultat effectif) pour que le Sénat adopte le plus tôt possible le projet, parce qu'il constitue certainement un progrès.

Sous bénéfice de ces observations, je donne la parole à M. le Dr Vidal.

M. le Dr E. VIDAL. — Nous profitons de la situation qui nous est offerte par ce Congrès pour faire entendre de nouveau les justes revendications des habitants de la région des Maures et pour prier nos collègues de vouloir bien renouveler le vœu suivant :

« *Le titre IV de la Loi forestière du* 6 *juillet* 1870 *devrait être modifié dans le sens suivant :*

« 1° *Qu'il soit ouvert, au Ministère de l'Agriculture, un crédit divisé en plusieurs exercices et suffisant pour la construction, à bref délai, et pour l'entretien d'un réseau de chemins de protection et d'exploitation forestière dans la région des Maures et de l'Estérel.*

« 2° *Que la construction et l'entretien de ce réseau soient dirigés par les agents de l'administration des forêts dont la compétence spéciale en pareille occurence est une garantie de la bonne et économique exécution des travaux* ».

La seule forêt domaniale de la contrée, le Don de Bormes, est bien desservie et elle ne brûle pas, alors qu'autour d'elle les incendies se multiplient.

« 3° *Le Congrès considérant que dans la région des Maures les voies de communication sont notoirement insuffisantes.* »

Émet le vœu :

« *Qu'il soit mis, à bref délai, un terme à cette situation dont on ne trouve pas un autre exemple sur tout le territoire français.* »

Il ne nous est point permis toutefois d'oublier que nous avons été conviés à ce Congrès par la grande société du Touring-Club de France qui a de tout temps protégé l'ouverture et l'entretien des voies nouvelles destinées à mettre en relief les différents points de notre territoire qui méritent d'être visités par les touristes de tous les pays. C'est à ce point de vue particulier que nous devons nous placer pour signaler à l'attention du conseil d'administration de cette association et à celle de tous les voyageurs, un des points les plus admirables de la côte d'Azur, qui serait aussi l'un des plus fréquenté s'il existait un chemin plus convenable pour l'aborder.

Nous voulons parler de la partie du littoral située entre le Lavandou et la plage de Cogolin. Une route a bien été tracée autrefois tout le long de la côte et elle était charmante ; mais elle est actuellement tellement délabrée que les robustes chariots qui transportent les produits de la forêt, ne peuvent eux-même y circuler qu'en surmontant les plus grandes difficultés.

En conséquence, ne pensez-vous pas, Messieurs, que le Congrès pourrait émettre le vœu que le Touring-Club veuille bien prendre sous sa puissante protection cette partie du littoral français et inscrire dès aujourd'hui sa visite dans les programmes des excursions qu'il recommande aux visiteurs de la Côte d'Azur? (*Applaudissements.*)

J'ajoute qu'il conviendrait d'appeler en même temps l'attention de l'Administration des forêts et de l'Administration des Ponts et Chaussées sur l'urgence qu'il y a à créer et à entretenir des chemins forestiers.

M. LE PRÉSIDENT. — Il n'est pas douteux que les congressistes portent le plus vif intérêt à tous les points de vue, au massif des Maures. Mais il n'échappera pas à nos collègues que le Congrès ne peut pas descendre dans de trop petits détails. Le mesure que réclame M. le Dr Vidal, tout le monde la désire, l'Administration forestière aussi ; mais la première condition pour agir, c'est que la fameuse loi soit votée.

Je crois donc, Messieurs, que je répondrai à vos intentions et en même temps au désir de M. le Dr Vidal en déclarant que l'attention des Administrations des forêts et des Ponts et Chaussées devra être appelée, en même temps que celle du Touring-Club de France, sur les incendies de la région des Maures, si ruineux pour les populations qui l'habitent, et sur les remèdes qu'on peut y apporter.

M. le Dr VIDAL. — Je vous remercie, j'ai complète satisfaction.

La séance est levée à midi.

SÉANCE DU 16 JUIN 1913

(APRÈS-MIDI)

Présidence de M. VIVIER, président de Section

La séance est ouverte à 2 h. 1/2.

M. LE PRÉSIDENT. — L'ordre du jour appelle la discussion du rapport de H. Huffel, sur LA LÉGISLATION FORESTIÈRE COMPARÉE, LE RÔLE FORESTIER DE L'ÉTAT. — COMPARAISON ENTRE LES DIFFÉRENTS PAYS.

La parole est à M. Huffel pour la lecture de son rapport.

M. G, HUFFEL. — L'État, dans nos sociétés modernes, est cette personnalité morale qui, représentant la collectivité des citoyens, porte la charge de leurs intérêts collectifs. Il lui appartient d'intervenir dans toutes les circonstances où l'utilité publique est intéressée. La conservation et l'exploitation des forêts présentent à un degré éminent et à différents points de vue, un véritable intérêt public, et c'est ainsi qu'il existe pour l'État un *rôle forestier* à remplir.

Les forêts présentent deux genres d'utilité bien distincts :

Elles peuvent être une source de revenus pour leur propriétaire par les produits matériels : bois, écorces, résines, etc., qu'il est possible d'en extraire.

Elles peuvent encore être utiles :

1° Comme forêts de protection, par suite de leur influence sur le régime des eaux sauvages et souterraines, sur les érosions, les dégâts des avalanches ;

2° Elles sont utiles à la défense, à la salubrité et à l'ornement des régions où elles croissent.

L'État a-t-il à s'occuper des forêts au point de vue de leur rendement ?

Parmi les produits très variés de la forêt, les bois d'œuvre de forte dimension, et plus spécialement les gros chênes, constituent une matière première par excellence, qui n'a pas de succédané pour une foule d'emplois, et dont la consommation ne saurait pas plus se passer qu'elle ne se passerait de coton ou du papier, par exemple. La demande de ces bois ne cesse de s'accroître dans tous les pays civilisés et la production va en diminuant. Beaucoup d'économistes croient, et sans doute avec raison, que dès à présent la consommation mondiale dépasse la production, qu'elle est alimentée aux dépens du capital producteur des forêts et que nous allons au devant d'une pénurie certaine de bois d'œuvre.

Les gros bois d'œuvre ne peuvent s'obtenir qu'en immobilisant dans les forêts un capital énorme. Pour pouvoir couper annuellement un mètre cube de gros chêne il faut en entretenir cinquante mètres cubes semblables, ou davantage, dans la forêt, sans compter les autres capitaux à engager dans l'exploitation. Cette situation résulte immédiatement et nécessairement de la lenteur avec laquelle se forme ce genre de produits qui met 150 ou 200 ans à mûrir. La conséquence en est que l'ensemble des capitaux employés à produire de gros bois d'œuvre ne peut être rémunéré qu'à un taux très faible : son revenu est à peine de 1 à 2 pour 100 par an, et souvent encore inférieur. La production de gros bois ne saurait donc convenir, en général, à des propriétaires particuliers. Ceux-ci ont organisé et organisent de plus en plus leurs forêts en vue d'autres productions : menus bois d'œuvre, bois de feu, écorces, résines.

La production des gros bois est d'intérêt public. Elle est onéreuse pour celui qui l'entreprend. Il en résulte évidemment qu'elle incombe à l'État. Un des aspects du *rôle forestier de l'État* est d'assurer l'alimentation du pays en bois de fortes dimensions.

En France, la loi s'est toujours efforcée d'orienter les forêts de l'État vers la production des gros bois. Les ordonnances forestières de l'ancien régime renferment de nombreuses dispositions en ce sens et l'ordonnance encore en vigueur de 1827 ordonne de les aménager en vue de « l'éducation des futaies » (1). Malheureusement l'étendue de la partie de nos forêts domaniales qui est susceptible de produire des gros bois est beaucoup trop faible et représente moins du dixième de l'étendue boisée totale du pays.

Il y aurait lieu de l'augmenter par l'acquisition de forêts particulières et aussi par l'application d'une méthode d'aménagement nouvelle qui permettrait d'obtenir un meilleur rendement en bois d'œuvre que le traitement en taillis sous futaie, qui reste suivi sur près du tiers des forêts de l'État français. Les tentatives de conversion en futaie pleine des taillis sous futaie peuplés de chêne, croissant en terrains frais et fertiles, mais sous un climat rude dans le Nord-Est de la France ont donné lieu à beaucoup de mécomptes. Il serait désirable d'y essayer le traitement en FUTAIE CLAIRE, qui assurerait un grand progrès, sans aucun risque ni difficulté (2).

Beaucoup de forêts, en région de montagne, ou bien sur les rivages de la mer (dunes de sables mouvants) sont avant tout des *forêts de protection*. Elles défendent le sol contre l'érosion par les eaux ou le vent, ralentissent l'écoulement des eaux et facilitent leur infiltration, elles arrêtent le vent et les avalanches, etc., etc. Ces forêts de protection ne sont, le plus souvent, susceptibles que d'un revenu très faible ou même nul. Elles ne peuvent en tout cas remplir leur rôle si éminemment utile que si la considération de leur revenu est entièrement subordonnée à leur rôle de protection.

De pareilles forêts, dont la conservation est d'intérêt public, et dont le détenteur ne peut jouir librement, doivent nécessairement faire partie du domaine de l'État. En réalité, ces forêts sont très généralement, en France, la propriété de communes ou, quelquefois, de particuliers.

Les forêts de protection communales sont, sans doute, soumises au régime forestier, gérées par des agents de l'État, ce qui assure leur conser-

(1) Article 68 de l'ordonnance du 1er août 1827.

(2) Voir pour la définition de la FUTAIE CLAIRE *Economie forestière*, par G. Huffel, professeur à l'École nationale des Eaux et Forêts, 1re édition, 3e volume, pages 450 et 454. Paris, Laveur, éditeur 1907.

vation. Mais celle-ci entraîne de la part des communes propriétaires des sacrifices qu'il paraît peu équitables de faire supporter à quelques communes dans l'intérêt général du pays. Il est vrai que l'on s'efforce d'indemniser indirectement les communes propriétaires de forêts de protection des restrictions imposées à leur jouissance dans l'intérêt général (1). Il serait préférable d'incorporer au domaine public tout ce qui doit être aménagé au point de vue de l'intérêt collectif de la nation, tout ce qui possède franchement le caractère d'une forêt de protection. Cela pourrait se faire d'autant plus facilement, sans grandes dépenses, que le revenu en argent de ces forêts est très faible et souvent presque nul.

Les forêts ont à jouer un rôle important pour l'ornement du pays. Celles qui sont situées auprès des grandes villes devraient être aménagées avec le souci de l'agrément des touristes, en vue d'y attirer le public. Quel service plus grand les forêts pourraient-elles rendre à notre pays que de développer le goût de la marche en plein air, des distractions saines que l'homme du peuple prend en famille lorsqu'il va passer au bois ses heures de liberté ? Qui ne se réjouirait de voir les ouvriers des usines ou de la mine passer le dimanche en forêt plutôt que dans ces locaux où ils prennent trop souvent leur récréation en empoisonnant à la fois leur corps et leur esprit ? Nous voudrions trouver partout, et spécialement dans le voisinage des villes, dans les plus beaux lieux de nos bois, auprès des sources, des rochers ou des vieux arbres, des sentiers commodes, des bancs, des tables, des abris au lieu de ces clôtures ou de ces inscriptions reproduisant les articles les plus menaçants de nos codes qu'on y voit trop fréquemment.

Comme conclusion aux observations ci-dessus, nous proposons au Congrès les trois vœux ci-après :

I. *Qu'il soit institué un fonds spécial, alimenté soit par une allocation budgétaire spéciale, soit plutôt par le prélèvement annuel de 2 % par exemple sur le revenu des forêts de l'État, à l'effet d'acquérir à l'amiable, pour les incorporer au domaine public, des forêts particulières susceptibles de produire des bois de fortes dimensions et qui seraient aménagées en vue de cette production.*

II. *Qu'il soit établi un inventaire général des forêts croissant sur le territoire français qui présentent le caractère de forêts de protection. Que l'État soit autorisé à acquérir ces forêts, à l'amiable ou par voie d'expropriation, dans ce dernier cas en payant aux propriétaires une somme égale à trente fois le revenu net annuel moyen des dix dernières années, établi après expertise. Une partie des fonds affectés à la « restauration et à la conservation des terrains en montagne », en exécution de la loi du 4 avril 1882, pourraient recevoir cette destination.*

III. *Que des cantons bien choisis des forêts de l'État, dans le voisinage des grandes villes, en des points pittoresques et facilement accessibles, soient distraits du cadre des aménagements ordinaires et traités spécialement au*

(1) Le décret du 11 juillet 1882 dispose, dans son article 22, que dans les communes où l'État aura entrepris des travaux en vue de la correction des torrents dangereux, les préposés forestiers chargés de la surveillance de ces travaux assureront en même temps, sans aucun frais pour les communes, la surveillance des forêts communales du territoire.

point de vue de l'ornement, et disposés pour l'agrément des promeneurs et des touristes.

M. LE PRÉSIDENT. — Deux d'entre ces vœux se rapportent à des sujets voisins de ceux traités dans d'autres rapports.

Nous pourrions, je pense, en renvoyer l'étude au moment de la discussion de ces rapports. Il ne nous resterait plus à discuter en ce moment que le dernier des vœux de M. Huffel.

Il en est ainsi décidé.

Voici, Messieurs, le troisième vœu de M. Huffel :

> « *Que des cantons bien choisis des forêts de l'État, dans le voisinage des grandes villes, en des points pittoresques et facilement accessibles, soient distraits du cadre des aménagements ordinaires et traités spécialement au point de vue de l'ornement, et disposés pour l'agrément des promeneurs et des touristes.* »

Ce vœu de M. Huffel ne fait, si j'ose dire, double emploi avec aucun autre vœu qui nous soit soumis ; il répond évidemment à l'une des préoccupations du moment.

Je me permettrai d'y faire, cependant, une petite critique, qui n'est que la confirmation des paroles prononcées ce matin par M. le Ministre de l'Agriculture. Il est certes fort bien de faire des forêts d'ornement. Mais il ne faut pas oublier que les forêts sont faites surtout pour être exploitées, et que leur côté financier et économique ne doit pas être dédaigné. Les séries artistiques ont beaucoup de chances d'être constituées avec ce que nous appelons, nous autres forestiers, les premières affectations de futaie, et la mise hors aménagement d'un de ces cantons peut ainsi représenter un assez gros sacrifice financier. Sans m'opposer au vœu de M. Huffel, je proposerai d'y apporter l'addition suivante : « *Partout où les circonstances économiques ne s'y opposent pas* ». Peut-être pourrait-on dire même : « *économiques et financières* ». Pourtant, si l'on vend du bois, ce n'est pas seulement pour mettre de l'argent dans les caisses de l'État, c'est surtout pour pourvoir aux besoins de la consommation.

J'appelle en outre votre attention sur le membre de phrase : «... *dans le voisinage des grandes villes* », qui est très important.

M. GUYOT. — J'abonde dans votre sens. Nous sommes tous partisans de la beauté des paysages. Comme le faisait remarquer ce matin M. Clémentel, il est dur de porter la hache sur de vieux arbres. Notre cœur saigne, comme celui de Ronsard, lorsque nous le faisons. C'est entendu. Je suis partisan des réserves. Mais, pour arriver à un résultat pratique, il faut les limiter. Ces réserves dites artistiques doivent plutôt être multipliées sur de petits espaces, qu'être étendues à un petit nombre de grandes étendues.

M. LE PRÉSIDENT. — Je mets donc aux voix le vœu n° 3 de M. Huffel, avec une double addition :

1° Après le mot « *cantons* », ajouter « *ou parcelles* ».

2° A la fin, ajouter : « *Partout où les circonstances économiques ne s'y opposeront pas* ».

Il n'y a pas d'opposition?...

Le vœu ainsi modifié est adopté.

M. Delahaye. — Bien que le vœu n° 1 ait été renvoyé à une séance ultérieure, il serait intéressant de fixer dès aujourd'hui un point qui dominera les discussions de notre section et qui est relatif à la disette de bois d'œuvre. C'est une grave question et qui préoccupe à juste titre l'opinion publique.

La disette des bois d'œuvre revêt-elle une acuité suffisante pour qu'on puisse considérer la question comme d'intérêt public, au sens strictement juridique du mot. Si le bois d'œuvre est devenu si rare qu'il faille, pour satisfaire aux besoins de la Société, se préoccuper d'en produire coûte que coûte, peut-être pourrait-il y avoir là une raison pour l'État, un motif d'ingérence dans la gestion des propriétés particulières boisées.

M. le Président. — Le rapport de M. Madelin répond à vos préoccupations. Si l'on envisage la production mondiale, M. Madelin estime que le danger n'est pas encore imminent. Mais dans quelle mesure pourra-t-on faire venir les bois étrangers?

M. Delahaye. — J'aurais voulu savoir si l'intervention de l'État pourrait trouver motif à se justifier.

M. le Président. — C'est une question d'appréciation individuelle. Le prix de certains bois d'œuvre, comme le chêne, augmente beaucoup.

M. Blanchereau. — Il n'y a pas disette de bois d'œuvre.

M. Descombes. — Les craintes émises reposent sur une base sérieuse, mais je ne crois pas qu'on en soit encore à attenter à la liberté des propriétaires de forêts. La crise des forêts date de loin. Le progrès de la civilisation, l'emploi de la vapeur, de l'électricité, le travail industriel, ont développé la consommation du bois d'œuvre et déprécié les bois de feu. C'est une transformation économique grave, qui a d'abord passé inaperçue, parce qu'elle s'est faite insensiblement. Mais il faut remédier aux phénomènes économiques, non par des lois d'exception, mais par des mesures économiques. Du moment que le bois de feu ne se vend plus et que le bois d'œuvre augmente de prix, il faut que les producteurs produisent ce qui se vend bien et cessent de produire ce qui ne se vend plus.

M. le Président. — Je me permets de vous faire remarquer que la question pourra être traitée dans son ampleur quand nous discuterons le rapport de MM. Guyot et Roulleau sur l'Intervention de l'État dans la gestions des bois particuliers.

La parole est à M. Ch. Guyot pour la lecture de son rapport sur l'ÉTABLISSEMENT DE FORÊTS DE PROTECTION.

M. Ch. GUYOT. — L'établissement de forêts de protection comporte un ensemble de mesures préventives tendant à empêcher la disparition de massifs boisés dont la conservation intéresse certaines parties du territoire. Il en résulte une intervention de l'État, réglementant très étroitement la jouissance des particuliers propriétaires de ces forêts.

Il s'agit donc de servitudes d'intérêt public, dérogatoires au droit commun, qui ne peuvent être établies qu'en cas d'absolue nécessité, et en assurant aux propriétaires auxquels ces servitudes s'appliquent des compensations équitables pour les restrictions de jouissance qui leur sont imposées.

Le droit commun en cette matière, c'est la législation du défrichement. Il est interdit, en principe, de supprimer l'état boisé d'un immeuble, à moins que ce changement puisse être considéré par l'autorité compétente comme sans influence pour les intérêts généraux du pays. Tout propriétaire qui défriche, nonobstant une opposition administrative, est passible d'une peine sévère et peut être obligé à reboiser à ses frais. Cette servitude générale d'utilité publique, dont on n'a pas d'analogue pour les autres sortes de propriétés, s'applique aux forêts sans aucune indemnité.

On pourrait penser *a priori* que les propriétaires forestiers sont ainsi suffisamment grevés, qu'on ne doit pas leur imposer de servitudes plus lourdes et que l'interdiction de défricher satisfait entièrement l'intérêt public dont la sauvegarde justifie l'intervention administrative. Nous estimons, en effet, que toute intervention de l'État dans la gestion des forêts de particuliers doit être écartée, comme entraînant des conséquences exorbitantes du droit commun, et que la règle, pour les forêts comme pour les autres immeubles, doit être le respect des intérêts privés.

Mais à toute règle il est des exceptions. Il faut seulement que ces exceptions soient justifiées et qu'elles ne s'appliquent qu'au cas d'absolue nécessité. Ce sont ces conditions dont nous devons démontrer l'existence pour permettre l'introduction d'une législation spéciale aux forêts de protection.

Quelque rigoureuse que puisse être la législation générale sur le défrichement, elle présente néanmoins une lacune, résultant de la nature de ses dispositions; ce sont uniquement des dispositions répressives, des pénalités qui s'appliquent à un fait consommé, à une destruction déjà entièrement réalisée. Or, il se peut que, dans certains cas, cette destruction soit irrémédiable, que le mal causé par la disparition de la forêt ne puisse plus être réparé. D'où la nécessité de mesures préventives, tendant à empêcher le mal d'être commis et par conséquent permettant à l'Administration d'intervenir avant qu'il ne soit irréparable.

Ces cas se présentent surtout dans les régions de hautes montagnes, et aussi dans celles des dunes. En montagne principalement, la destruction d'une forêt, même de peu d'étendue, peut avoir pour effet la désagrégation du sol, des éboulements ou des glissements sur les pentes, la formation ou l'amplification soudaine du phénomène torrentiel. Toute la terre, jusqu'au roc sous-jacent, entraînée par les eaux, avec l'anéantissement des habitations et des cultures inférieures, la formation subite de couloirs d'avalanches, telles peuvent être les conséquences d'un défrichement intempestif, ou même d'une exploitation forestière imprudente. Et alors, on aura beau punir l'auteur de ce désastre, sa peine ne remédiera pas au mal désormais irréparable, et la reconstitution de la forêt lui serait vainement imposée, car ce travail est pour longtemps devenu impossible. Tandis que si l'on avait pu intervenir à temps, empêcher l'exploitation abusive, le pâturage exagéré, par le simple effet de ces mesures préventives, la catastrophe eût été évitée, la région que protégeait la forêt eût été sauvegardée.

L'influence souveraine des massifs forestiers pour la protection du sol dans les pays de hautes montagnes a été de tout temps reconnue, en France aussi bien que dans les autres États. Dans nos Alpes notamment, il existait avant 1789 bon nombre de règlements locaux ordonnant le maintien des défens, et assurant ainsi, sous des peines sévères, l'existence de ces bois sacrés indispensables pour la sécurité des populations alpestres, ainsi protégées contre les dangers de leur sol instable et de leur climat rigoureux (1). De ces anciens règlements, qui prohibaient toute exploitation nuisible, tout acte même de jouissance, il ne reste plus que le souvenir : ils ont disparu dans l'excès d'uniformité qui caractérise notre législation du XIXe siècle ; il faudrait les rétablir. Chose étrange : l'importance de la forêt en montagne est parfaitement reconnue ; l'État s'impose de lourds sacrifices pour créer des périmètres de reboisement destinés à empêcher la formation des torrents, et il assiste impuissant à la ruine de ce qui subsiste encore de ces défens qu'une simple réglementation pourrait conserver. Ni dans la Loi de 1882 sur la restauration des montagnes, ni dans les autres actes législatifs concernant les forêts, on ne s'est inquiété de rétablir cette notion essentielle de la forêt de protection, qui devrait être à la base de toute législation forestière.

Il nous faut maintenant recourir aux pays étrangers pour trouver des modèles de textes législatifs dont nous puissions introduire dans notre code des équivalents. Du moins, ces modèles ne manquent pas ; nous n'avons qu'à choisir, car la plupart des pays d'Europe nous offrent à ce sujet une législation aussi complète que variée. On peut dire que la France seule s'est refusée jusqu'à ce jour à entrer dans une voie qui lui était pourtant si naturellement indiquée. Nous ne pouvons analyser ici toutes ces lois étrangères (2) ; leur caractère commun est, comme nous l'avons exprimé ci-dessus, d'imposer aux propriétaires de forêts placées dans certaines conditions déterminées des restrictions de jouissance pouvant aller jusqu'à l'abstention complète, dans un but d'utilité publique. Ces lois comportent d'ailleurs des différences assez profondes quant aux forêts susceptibles d'être soumises à cette servitude et quant aux effets de la soumission. La législation suisse est celle qui paraît de nature à être le plus facilement adaptée à notre législation française ; mais encore ne doit-elle pas être copiée servilement : ce qui est d'une

(1) Voir notamment HUFFEL, *Economie forestière*, tome 1er (1re édition), p. 131 et suiv.

(2) Voir à ce sujet J. MADELIN, *Les restrictions légales au droit de propriété privée, en France, en Allemagne, en Autriche, en Hongrie et en Suisse* (Paris, 1905), spécialement pour la Suisse, p. 187 et suiv.

Voir aussi la loi forestière italienne du 20 juin 1877, publiée en français par B. DE LA GRYE, *Revue des Eaux et Forêts*, 1877, p. 391 et suiv.

application facile dans un pays tel que la Suisse, dont la plus grande partie du territoire est en haute montagne, et dont la population se soumet docilement à des mesures restrictives en vue de la protection du sol, pourrait paraître intolérable s'il s'agissait de la France, déshabituée d'une réglementation aussi sévère, et qui n'a qu'une partie relativement minime de son territoire exposée aux dangers qu'il s'agit de conjurer.

Notre conviction intime est que la servitude des forêts de protection n'a de chances d'être acceptée en France qu'aux conditions suivantes : son application doit être très exceptionnelle et ne doit pas être étendue pour des motifs autres que la défense des hautes montagnes et des dunes ; ensuite, cette charge fort lourde ne doit être imposée aux propriétaires que moyennant des avantages équivalents, sous forme d'exemptions d'impôts, de surveillance gratuite, de subventions pour travaux d'entretien, etc. ; enfin le propriétaire, s'il estime intolérable la situation qui lui est ainsi créée, doit pouvoir en sortir en requérant l'expropriation.

Ce serait une illusion de croire qu'en étendant indéfiniment l'action administrative en vue de l'application d'une loi sur les forêts de protection, on arriverait à des résultats meilleurs pour l'intérêt public : on risquerait fatalement ainsi d'aboutir à une faillite complète et à l'impossibilité absolue de mettre en pratique des mesures aussi impopulaires. Déjà l'on a pu voir avec quelle difficulté l'Administration arrive à se servir de la réglementation des pâturages communaux, mise à sa disposition par la Loi de 1882 ; il s'agit pourtant d'une intervention beaucoup moins grave, dont les résultats eussent pu être excellents si le nombre des communes réglementées était quelque peu considérable ; mais on a reculé devant l'hostilité des populations, et c'est à peine si l'on a tenté dans 300 communes un semblant de réglementation absolument insuffisant. Combien plus énergique serait la résistance s'il s'agissait d'appliquer à tous les propriétaires forestiers de France les limitations de jouissance beaucoup plus sérieuses qui caractérisent les forêts de protection !

Nous insistons sur ce point parce que, dans une intention d'ailleurs très louable, la Chambre des députés a été saisie, par l'un de nos représentants les plus dévoués à la cause forestière, d'un projet qui permet de classer au nombre des forêts de protection, non seulement les forêts de montagne et des dunes, mais encore toutes celles au sujet desquelles l'opposition au défrichement pourrait être formulée par l'Administration (1). Ce serait donner à la législation nouvelle une ampleur qu'elle ne comporte pas ; si l'on veut réussir, il faut limiter étroitement cette application, sauf alors à prendre toutes les mesures nécessaires pour assurer le maintien de la forêt : non seulement interdiction de couper les gros arbres, mais défense de toute exploitation, de toute fouille ou extraction, de toute introduction du bétail, sauf autorisation expresse de l'Administration.

En revanche, la plus stricte équité commande de garantir au propriétaire grevé des compensations telles qu'il puisse accepter la dure situation qui lui est ainsi faite dans l'intérêt public. De ce que la prohibition de défricher est imposée sans indemnité, il ne faut pas conclure que le propriétaire forestier doit se soumettre gratuitement à toutes les aggrava-

(1) Proposition de loi de M. Fernand David, 1907. Voir au 1er appendice ci-dessous le texte de cette proposition, et un autre texte que nous serions d'avis de lui substituer.

tions qu'il plaira au législateur de lui faire subir. A défaut des principes juridiques, l'idée de solidarité elle-même, dont on se prévaut si fréquemment à notre époque, s'oppose à ce que l'intérêt particulier soit ainsi indéfiniment sacrifié.

C'est dans ce sens que nous serions heureux de voir aboutir, au Parlement français, la généreuse initiative prise en 1907 par M. Fernand David. Nous croyons aussi que, pour réaliser pratiquement cette introduction de la forêt de protection dans notre législation forestière, il serait préférable de la présenter seule, dégagée de toutes autres innovations qui peuvent être excellentes, mais dont la discussion pourrait faire ajourner longtemps encore une réforme nécessaire, susceptible d'être ainsi plus facilement admise (1).

Nous avons envisagé la question des forêts de protection en nous plaçant surtout au point de vue des intérêts français. Mais cette question comporte une application qui n'est certes pas restreinte à la limite de nos frontières : elle se pose dans tous les pays et par conséquent, elle est de celles qui peuvent faire l'objet d'une résolution de principe de la part du Congrès forestier international, résolution qui sera de nature à être invoqué toutes les fois qu'il s'agira de créer ou de modifier, dans un État quelconque, une législation des forêts de protection.

C'est dans ce but que nous avons l'honneur de proposer au Congrès un projet de vœu libellé comme il suit :

« LE CONGRÈS,

Considérant que la conservation des forêts existant dans les régions élevées et dans les dunes nécessite des mesures exceptionnelles, et que la législation répressive du défrichement ne suffit pas pour assurer le maintien de ces forêts,

Est d'avis qu'une législation spéciale des forêts de protection *est seule capable de prévenir les dangers qui résultent de leur disparition, législation préventive qui doit tenir compte de la situation économique et de l'organisation administrative des divers pays, étant entendu toutefois que les servitudes qui en résultent pour les propriétaires forestiers doivent être compensées par des avantages équivalents, tels que subventions et exemptions d'impôt.*

Proposition de loi ayant pour but de mettre fin au déboisement du sol de la France, présentée par M. Fernand David, député (Chambre des députés, session de 1907, n° 843. Annexe au procès-verbal de la séance du 15 mars 1907). 1er Appendice.

Nous transcrivons seulement les parties de cette proposition qui concernent les forêts de protection.

« Art. 3. — Les forêts de la France sont classées en forêts protectrices et en forêts ordinaires.

« Art. 6. — Sont déclarées protectrices toutes les forêts situées en

(1) Tel serait, notamment, l'inconvénient d'une très intéressante proposition de *Loi sur la protection des forêts*, préparée par le groupe forestier de la Chambre des députés, et qui doit être incessamment présentée à cette Chambre ; elle contient, outre la matière des forêts de protection d'autres dispositions se référant à des préoccupations plus ou moins différentes. Voir, au 2e appendice ci-dessous, le texte de cette proposition, avec les observations qu'elle nous suggère, relativement aux forêts de protection.

montagne à une altitude supérieure à 800 mètres, ainsi que les parcelles boisées qui les continuent sans interruption dans la zone inférieure.

« Art. 7. — Pourront également être déclarées protectrices par décret, soit d'office, soit sur la demande des intéressés, toutes les forêts situées dans la zone inférieure à 800 mètres et dont la conservation sera reconnue nécessaire : 1° au maintien du sol sur les pentes ; 2° à la défense du sol contre les érosions et les envahissements des fleuves, rivières ou torrents ; 3° à l'existence des sources et cours d'eau ; 4° à la protection des dunes et des côtes contre les érosions de la mer et l'envahissement des sables ; 5° à la défense du territoire dans la partie de la zone frontière qui sera déterminée par un règlement d'administration publique ; 6° à la salubrité publique ; 7° au maintien des conditions économiques existantes, relatives aux besoins des populations bûcheronnes et industrielles qui vivent de l'exploitation régulière de la forêt.

« Art. 8. — Dans les forêts protectrices de montagnes, est considérée comme défrichement et par suite interdite la coupe à blanc estoc ou coupe rase, même partielle, sauf pour les bois-taillis. Dans toutes celles de ces mêmes forêts qui ne sont point soumises au régime forestier, la coupe ou l'enlèvement des arbres de moins de quatre décimètres de tour est interdite. Toutefois, les opérations culturales portant sur les arbres de cette catégorie pourront avoir lieu avec l'autorisation et sous le contrôle des agents forestiers.

« Art. 9. — Dans les forêts protectrices de plaines, le décret déclaratif détermine, pour chaque cas particulier, les coupes et opérations abusives qui seront interdites comme étant de nature à détruire, suspendre, affaiblir ou compromettre le rôle protecteur ou bienfaisant de la forêt.

« Art. 10. — Toute contravention aux dispositions qui précèdent sera punie, selon les cas, des peines portées au titre XII du Code forestier ou de celles indiquées par l'article 221 du même Code. Les infractions à la présente loi seront constatées et poursuivies par les préposés et agents forestiers, conformément aux dispositions du titre XI du Code forestier.

« Art. 11. — Les communes, collectivités ou particuliers, propriétaires des fonds situés au-dessous des forêts protectrices, ou qui vivent de leur exploitation régulière, pourront, en outre, exercer toutes les actions ou réparations des dommages résultant de coupes illicites ou de leurs conséquences. Ces actions se prescrivent par un délai de vingt ans. »

A cette proposition de M. F. David, nous serions d'avis de substituer les dispositions suivantes :

« Article premier. — Peuvent être classées comme forêts de protection les forêts dont le maintien est reconnu nécessaire : 1° au maintien des terres sur les montagnes ou sur les pentes, et à la protection contre les avalanches ; 2° à la défense du sol contre les érosions de la mer ou des cours d'eau et à l'envahissement des sables.

« Art. 2. — Des décrets après enquête, rendus sur la proposition du Ministre de l'Agriculture, déterminent les forêts qui sont classées comme forêts de protection. Les formes de l'enquête sont fixées dans un règlement d'administration publique.

« Art. 3. — Les forêts de protection appartenant à des particuliers sont soumises à un régime forestier spécial. Elles sont surveillées par les agents et préposés de l'État. Aucune coupe ou enlèvement de bois ne peut y être pratiqué, aucune fouille ou extraction de matériaux ne peut y être effectuée sans l'autorisation expresse de l'Administration des Eaux et Forêts. L'introduction de toute espèce de bétail y est entièrement prohibée, quel que soit l'âge des peuplements, sauf pareillement un règlement imposé par la même Administration. Toutes les contraventions à ces règles de jouissance commises par le propriétaire sont considérées comme des délits forestiers commis dans la forêt d'autrui ; ils seront poursuivis par les agents de l'Administration des Eaux et Forêts et punis en conséquence.

« Art. 4. — Les forêts de protection appartenant à des communes, sections de commune ou établissements publics, sont toujours soumises au régime forestier communal, sans que l'exception fondée sur l'impossibilité d'aménagement ou d'exploitation régulière puisse, dans aucun cas, être opposée à cette soumission.

« Art. 5. — Les forêts de protection, quel qu'en soit le propriétaire, sont exemptes de tout impôt foncier et de tous centimes additionnels, départementaux ou communaux. Il est pourvu gratuitement, par les préposés de l'État, à la surveillance des dites forêts. Des travaux de reconstitution ou d'amélioration desdites forêts actuellement ruinées pourront être exécutés, sur la demande des propriétaires, par les agents forestiers de l'État, et, dans ce cas, il sera accordé par l'Administration, pour l'exécution desdits travaux, des subventions équivalentes au moins à la moitié de la dépense totale.

« Art. 6. — Tout propriétaire de forêts de protection peut réclamer l'expropriation de ces forêts par l'État. Il est alors procédé à cette expropriation dans les conditions de la Loi du 3 mai 1841 ».

Le groupe forestier de la Chambre des députés, que préside M. Chalamel, a dû déposer, au commencement du mois de mai 1913, une proposition de *Loi sur la protection des forêts*, dont le texte suit : 2e Appendice.

« Article premier. — Peuvent être classées comme forêts d'utilité publique les forêts, bois, prés-bois et pâturages boisés, quels qu'en soient les propriétaires, dont la conservation est reconnue nécessaire : 1° au maintien des terres sur les montagnes ou sur les pentes ; 2° à la défense du sol contre les érosions et les envahissements des fleuves, rivières ou torrents ; 3° à l'existence ou à la salubrité des sources et des cours d'eau ; 4° à la protection contre les écarts considérables dans le régime des eaux ; 5° à la protection contre les avalanches et les chutes de glace ; 6° à la protection des dunes et des côtes contre les érosions de la mer et l'envahissement des sables ; 7° à la défense du territoire ; 8° à la salubrité publique ; 9° à la protection contre les influences climatologiques nuisibles.

« Art. 2. — Le classement doit s'opérer de façon à embrasser des zones dites de protection ayant, autant que possible, des limites naturelles et à l'intérieur desquelles les forêts, bois, prés-bois, seront considérés comme forêts d'utilité publique. Le périmètre de chaque zone est fixé après enquête par une loi spéciale. Les formes de l'enquête seront déterminées dans un règlement d'administration publique.

« Art. 3. — Les dispositions exceptionnelles de l'article 224 du Code forestier ne sont pas applicables aux forêts d'utilité publique.

« Art. 4. — Les forêts d'utilité publique appartenant à des communes, sections de commune ou établissements publics sont toujours soumises au régime forestier, sans que l'exception fondée sur l'impossibilité d'aménagement ou d'exploitation régulière puisse, dans aucun cas, être opposée à cette soumission.

« Art. 5. — Aucun particulier ne peut user du droit d'exploiter les bois lui appartenant et situés dans la zone de protection, qu'après avoir fait une demande spéciale à la Conservation des Eaux et Forêts au moins deux mois à l'avance. La demande doit contenir élection de domicile dans la commune de la situation des bois et indiquer la nature et la quotité de l'exploitation. Le Conservateur des Eaux et Forêts devra, dans le délai de deux mois, donner l'autorisation d'exploiter, en prescrivant les conditions et précautions jugées nécessaires pour permettre aux forêts, bois, prés-bois et pâturages boisés, de jouer le rôle pour lequel ils ont été classés d'utilité publique. Passé le délai de deux mois, si le Conservateur des Eaux et Forêts n'avait pas répondu, le propriétaire aurait le droit d'exploiter ses bois dans les conditions indiquées par lui dans la demande. En cas de réclamation du propriétaire des bois, l'affaire sera portée devant le tribunal civil de la situation des lieux, et instruite comme il est dit en matière de droit d'enregistrement, par les Lois du 22 frimaire an VII et du 27 ventôse an IX. Dans le cas où le propriétaire subirait ainsi une diminution de revenus, il aurait droit à une indemnité, fixée, si nécessaire, à dire d'experts et suivant des règles à déterminer par un règlement d'administration publique pour chaque zone envisagée.

« Art. 6. — Toutes les exploitations effectuées contrairement à l'article précédent seront considérées comme des délits forestiers et punis comme tels. Les infractions seront constatées et poursuivies par l'Administration des Eaux et Forêts.

« Art. 7. — Les forêts d'utilité publique appartenant à des particuliers seront, lorsque ceux-ci le demanderont, et pour une période d'au moins dix années, gérées par l'Administration des Eaux et Forêts dans les formes et à des conditions analogues à celles en vigueur pour les forêts communales ou d'établissements publics. Elles pourront être délimitées et bornées suivant les règles prévues pour les forêts soumises au régime forestier. Elles seront gratifiées, de préférence à tous autres terrains boisés ou à reboiser, situés en dehors des périmètres de restauration de la Loi du 4 avril 1882, de subventions de l'État, pour délimitations, bornages, repeuplements, clôtures, chemins, réunions parcellaires et suppression d'enclaves et de servitudes. Les forêts d'utilité publique seraient exonérées de tout impôt, taxe ou contribution revenant à l'État, à l'exception toutefois des frais de gestion par l'Administration des Eaux et Forêts, s'il y a lieu.

« Art. 8. — Les forêts de protection non classées d'utilité publique demeureront soumises aux dispositions du titre XV du Code forestier contre le défrichement.

« Art. 9. — L'article 221 du Code forestier est complété comme suit : L'exercice du parcours après exploitation, recépage ou incendie, qui aurait pour conséquence d'entraîner la destruction de tout ou partie de la forêt dans lequel il sera pratiqué, sera, après avertissement préalable notifié au propriétaire de ladite forêt, assimilé à un défrichement et puni comme tel.

« Art. 10. — La présente loi est applicable à la France, à l'Algérie et aux Colonies. »

Observations. — On voit que cette proposition contient des dispositions très diverses et que ses auteurs ont cherché à réunir dans un texte unique tous les projets de lois forestières éclos dans le cours des dernières années. D'une part, en effet, il y est question des forêts de protection (appelées ici forêts d'utilité publique); d'autre part, de la réglementation de jouissance des particuliers, de la soumission facultative au régime forestier, du défrichement indirect, etc.

Pour nous borner à ce qui concerne les forêts de protection, nous constatons que cette proposition, non seulement s'inspire, avec certaines différences toutefois, de celle de M. F. David, mais qu'elle se montre encore plus large, s'il est possible dans l'énumération des conditions qui peuvent motiver le classement. Nous lui adressons donc les mêmes objections que nous avons précédemment formulées. Mais d'autre part, les avantages promis ou offerts aux propriétaires dans l'article 7 sont conformes au principe que nous avons énoncé, savoir que toute restriction de jouissance doit avoir pour compensation des indemnités accordées au propriétaire de la forêt grevée pour des motifs d'utilité publique.

Nous aurons encore, à d'autres égards, à apprécier cette proposition de loi dans le rapport que nous devons présenter, en collaboration avec M. Roulleau, sur *l'Intervention de l'État dans la gestion des bois particuliers.*

(*Applaudissements*).

M. le Président. — Vos applaudissements sont la juste récompense de l'intéressant rapport de M. le Directeur Guyot, en qui nous saluons tous le maître incontesté du droit forestier.

M. Descombes. — Les forêts de protection sont indispensables, et il faut que leur existence puisse être protégée de la destruction par les troupeaux. La question pastorale est malheureusement la contre-partie de la question forestière. Sans empiéter sur les travaux de la section qui s'occupe des travaux en montagne, on peut dire que la conservation de la forêt est pratiquement impossible partout où le bétail manque d'herbages.

M. Marchal. — Hélas ! que de pays le savent !

M. Descombes. — C'est donc à l'amélioration pastorale qu'on doit demander la conservation de ces forêts nécessaires d'ailleurs à cette industrie pastorale, qui l'ignore. Cependant, dans les régions où opère *l'Association centrale pour l'aménagement des montagnes* et où elle a constitué des pâturages communaux, les nouveaux reboisements ont déjà suscité des sources.

De là, Messieurs, la nécessité de seconder les institutions désintéressées qui transforment les montagnards en amis des arbres. Il faut que la forêt devienne l'auxiliaire du montagnard, dont elle ressuscitera les sources ; elle augmentera la fertilité de ses pâturages. On a quelquefois médit des sociétés désintéressées. Pourtant, nous avons l'exemple du Danemark, où *l'Association désintéressée de la reforestation des Landes du Danemark* a reboisé plus de 40.000 hectares, a augmenté la pluviosité, et est arrivé à ce résultat que les cantons qu'elle a reboisés sont maintenant les plus fertiles et ceux où le rendement de l'impôt augmente le plus rapidement.

L'État est toujours disposé à diminuer ses dépenses. Mais quelques millions employés en reboisements se traduiraient par des dizaines et des centaines de millions de plus values d'impôts. L'État danois a donné un exemple remarquable. La société de reboisement dont je parle a touché en 1868, l'année de sa fondation, une subvention de 1.400 francs ! Mais, l'État doublant l'apport des initiatives, la subvention atteint maintenant 690.000 francs. Grâce à cet appui de l'État, cette société désintéressée, à quatre couronnes par an de cotisation, a produit une révolution bienfaisante et un enrichissement du pays. C'est un exemple à suivre.

M. le Président. — Les observations qui ont plus spécialement trait aux améliorations pastorales sont plutôt du ressort de la quatrième section.

Ce qui est à retenir des intéressantes observations de M. Descombes, notamment au sujet du Danemark, concorde avec les conclusions de M. Guyot. Il s'agit de faire un pas de plus dans la voie de la protection des forêts par l'État.

Les conclusions de M. Guyot, très modérées, ont cet avantage, qu'il a signalé lui-même, de ne pas toucher à la liberté du Parlement. Les lignes générales de M. Guyot permettront au législateur de se mouvoir facilement.

Le projet du groupe forestier, que préside M. Challamel, présente un avantage sur celui de M. Fernand David ; il se rapproche plus des conclusions de M. Guyot.

Sans doute, on peut faire intervenir dans la question des forêts de protection des préoccupations économiques, mais c'est un détail, ce n'est plus l'idée-mère.

Je constate que vous êtes d'accord sur le principe : pour délimiter les forêts de protection, il faut s'en tenir à ce que je pourrais appeler les préoccupations de sécurité générale. La formule de M. Guyot et celle du groupe ne sont point inconciliables.

Une Voix. — Au contraire !

Un Congressiste. — Pour les forêts de plaine, que fera-t-on?

M. le Président. — C'est une autre question. Elle sera discutée surtout demain. Demain matin, nous aurons à discuter une grosse question ; ce soir, ce n'est qu'une escarmouche.

Le même Congressiste. — En plaine, on ruine des forêts également.

M. LE PRÉSIDENT. — La question est tout à fait différente.

M. IMBART DE LA TOUR. — Je tiens à faire une réserve de principe. Je suis d'accord avec M. Guyot sur la question des terrains en montagne. Pourtant je voudrais faire remarquer que si le considérant parle des terrains en montagne, le texte même du vœu n'y fait pas allusion. Il serait nécessaire de faire une distinction au point de vue de la question d'expropriation. Nous sommes d'accord en appliquant la restriction nécessitée par les terrains spéciaux, mais comme notre intention est marquée simplement dans le considérant et non pas dans le dispositif, il serait bon de faire une petite restriction pour maintenir les droits des propriétaires à l'égard de l'expropriation. Nous pouvons faire des réserves pour cette question d'expropriation tout en donnant satisfaction aux justes réclamations de M. Guyot pour la question des terrains en montagne, mais nous devons rejeter à présent l'expropriation d'une façon générale, si elle est imposée arbitrairement aux propriétaires forestiers, déjà si éprouvés.

M. LE PRÉSIDENT. — Cette observation se rapporte au deuxième vœu de M. Huffel.

Il ressort déjà des observations de M. Guyot que ce vœu devrait disparaître devant celui de M. Guyot, car on peut lui reprocher de soulever cette question de l'expropriation avec une trop grande précision.

N'oublions pas qu'aujourd'hui l'État est déjà armé du droit d'expropriation de la Loi de 1882. Il y a un projet de M. Fernand David, qui élargit, d'une façon assez limitée, ce droit d'expropriation, mais toujours pour les terrains de montagne. Les droits de l'État, en matière de protection, sont déjà très étendus. Ce qu'il y a de grave dans le vœu de M. Huffel, c'est de fixer, d'avance, et d'une façon exorbitante, la base de l'indemnité.

Je vois bien la pensée à laquelle a obéi M. Huffel en fixant son chiffre. Il s'est souvenu de cet arrêt du jury d'expropriation des Pyrénées-Orientales qui voulait faire payer 4.000 francs l'hectare des terrains qui en valaient deux ou trois cents. Heureusement qu'on a trouvé à cet arrêt un vice de forme, ce qui a permis à l'Administration de le faire casser par la Cour de cassation et de renvoyer la cause devant le jury de l'Ariège, qui a accordé 300 francs pour l'hectare.

De tels faits sont de nature à effrayer les fonctionnaires des forêts, et c'est cela qui a inspiré notre collègue dans la rédaction de son vœu. Mais il serait dangereux d'entrer aussi gravement dans la voie des dérogations. Les précédents, d'ailleurs, sont bien moins graves. M. Guyot pourrait vous dire, qu'en ce qui concerne l'occupation du sol par les exploitants de mines, les bases d'indemnité sont fixées par la loi, mais, si ma mémoire est fidèle, il ne s'agit que du double du revenu.

M. DEROYE. — Ce sont des cas tout particuliers.

M. LE PRÉSIDENT. — Oui, et même dans ces cas, on a cru devoir donner aux propriétaires un gros avantage, au moins en apparence.

Le vœu de M. Huffel me paraît dangereux.

M. DE NICOLAY. — En outre, les dispositions vont à l'encontre du but proposé. Lorsqu'un propriétaire aura exploité à fond sa forêt et vendra à l'État une propriété dépréciée, si la base du prix est fixée sur l'exploitation moyenne des dix dernières années, l'État achètera très cher. Dans le cas contraire, il achètera à un prix dérisoire.

M. LE PRÉSIDENT. — Ces observations sont d'une justesse évidente.

M. CHALAMEL. — Vous avez bien voulu rappeler, Monsieur Guyot, que j'avais déposé une proposition de loi sur la matière. Je suis tout à fait d'accord avec vous. Si notre proposition, qui a été signée par un grand nombre de nos collègues, est plus restrictive que celle de M. Guyot, ç'a été par tactique parlementaire.

M. GUYOT. — Je remercie M. Chalamel des bons sentiments qu'il a exprimés à un camarade de la cause forestière.

Toutes les transactions restent possibles. Ce que je voudrais faire trancher par cette assemblée, c'est la question de principe. Ce principe, est que la forêt de protection ne doit pas être indéfiniment extensible, et qu'on ne doit pas pouvoir employer des motifs quelconques pour classer comme forêt de protection un massif déterminé.

J'ai cité en appendice les raisons par lesquelles M. Fernand David prétend pouvoir justifier le classement. Elles me paraissent beaucoup trop étendues. Je n'ai rien à dire en ce qui concerne le maintien du sol sur les pentes ou la défense du sol contre les érosions. Mais il n'en est pas de même pour l'existence des sources et cours d'eau. Est-ce que toutes les forêts, qu'elles soient de plaine ou de montagne, ne sont pas utiles aux cours d'eau? Une telle disposition permettrait d'étendre indéfiniment, sur tout le territoire, le principe des forêts de protection. Ce serait excessif (*Applaudissements*).

La salubrité générale! Est-ce que toutes les forêts ne sont pas nécessaires à la salubrité générale? Le maintien des conditions économiques existantes! Mais vous ne pouvez toucher au moindre boqueteau sans modifier dans une certaine mesure les conditions économiques du village voisin. La protection contre les influences climatologiques nuisibles! Oui, sans doute, la forêt peut jouer ici un rôle utile, mais cela ne vise pas seulement la forêt de montagne.

Je n'insiste pas, parce que je vois que nous sommes tous d'accord.

M. CHALAMEL. — Il faut limiter le plus possible les forêts de protection, et les borner à quelques grands massifs qu'il importe vraiment de conserver.

Malheureusement nous devons tenir compte de l'opinion d'un très grand nombre de nos collègues, qui pourraient se rallier à la mentalité qui a inspiré la proposition de M. Dumont et qui nous échapperaient. Nous espérons cependant les amener progressivement aux idées que vous exprimez si justement.

M. DE NICOLAY. — Les explications de M. Chalamel sont tout à fait intéressantes. Elles montrent les difficultés qu'on rencontre à soutenir notre thèse. C'est une raison de plus pour émettre des vœux formels qui soient l'expression du désir que nous avons de ne voir appliquer des restrictions au droit de propriété que dans des conditions déterminées. Si les exigences parlementaires amènent à étendre la zone protégée, nous pouvons espérer que nos intérêts seront défendus avec succès. Dans tous les cas, nous devons rester strictement attachés au texte proposé par M. Guyot et demander que la zone de protection s'arrête aux terrains de montagne et aux dunes.

M. LE PRÉSIDENT. — D'accord avec M. de Nicolay, j'estime que le Congrès doit manifester nettement ses tendances. Mais il ne faudrait pas en arriver à discuter des modalités de détail, comme la question de savoir si le propriétaire, quand la servitude lui sera trop lourde, aura le droit de demander l'expropriation. Ce qui me paraît surtout important, c'est d'indiquer que la servitude devra apporter avec elle des compensations.

M. DELAHAYE. — Si l'État doit donner au propriétaire des compensations équivalentes aux restrictions qu'il lui impose, il semble que le propriétaire n'aurait jamais à souffrir. D'autre part, il arriverait un moment où les compensations coûteraient peut-être plus cher que l'expropriation, à laquelle l'État serait ainsi amené par la force même des choses.

M. LE PRÉSIDENT. — Ne perdons pas de vue ce principe que la zone de protection doit être restreinte aux pays de montagnes et aux dunes. Il serait bon de répéter ces mots dans le texte même du vœu. On limiterait ainsi nettement nos demandes et l'on éviterait bien des inconvénients.

Quant à discuter les modalités, ce serait entrer dans le détail de questions délicates et de nature à soulever des contestations.

Le rejet du vœu de M. Huffel, que je mettrai tout à l'heure aux voix, sera la manifestation très nette des intentions de la section de ne pas admettre l'extension du droit d'expropriation.

M. DEROYE. — Quand on parle de droits, on oublie en général de parler de devoirs. Nous discutons pour le moment les droits qu'auraient les propriétaires forestiers aux récompenses et aux avantages, mais nous ne savons pas du tout quels seront leurs devoirs, quel sera le texte instituant les forêts de protection, à quelles obligations il soumettra les propriétaires. Il conviendrait donc de rester dans les termes généraux du vœu de M. Guyot.

M. de Nicolay. — Parfaitement. Mais pourquoi n'ajouterions-nous pas, après les subventions et exemptions d'impôts, « *et même expropriation sur la demande des propriétaires* »? (*Très bien ! Très bien !*)

M. le Président. — M. de Nicolay nous donne là peut-être le germe d'une solution.

Quant à l'observation de M. Deroye, elle est très juste : on ne peut définir les droits d'une façon précise, puisque les charges ne sont pas définies.

Je vous propose la formule suivante ; « *Tels que subventions et exemptions d'impôts et, au besoin, faculté pour les propriétaires de requérir l'expropriation* » (*Très bien ! Très bien ! Applaudissements*).

Ces mots conservent un caractère indicatif, et laissent toute liberté au Parlement.

M. Chalamel. — C'est parfait.

M. le Président. — Alors, Messieurs, pour déblayer le terrain, je vais vous proposer d'une façon ferme de rejeter le second vœu de M. Huffel.

M. Descombes. — De le disjoindre.

M. le Président. — Le rejet présente une importance. Il importe que le Congrès se prononce formellement.

Le second vœu de M. Huffel, mis aux voix, est rejeté.

Un Congressiste. — Dans le vœu de M. Guyot, après les mots « *Est d'avis qu'une législation spéciale des forêts de protection* », ne pourrait-on ajouter : « *dans les régions ci-dessus définies* ».

Un autre Congressiste. — Pourquoi ne pas ajouter la phrase elle-même : « *dans les régions élevées et dans les dunes* »? Ainsi il n'y aurait aucun inconvénient à ce que le vœu fût détaché de son considérant, ce qui arrive quelquefois.

M. le Président. — Les esprits les moins curieux auraient tendance à rechercher trois lignes plus haut ce que signifient ces mots : « *ci-dessus définies* », mais, comme le fait remarquer M. le Rapporteur : *expleta non nocent.*

M. Vidal. — Tout cela est très bien, mais nous sommes bien loin du milieu de la France. Je voudrais qu'on indique d'un mot qu'on tient à généraliser la question dans toutes les parties de la France.

M. le Président. — Il y a des montagnes et des régions élevées dans toutes les régions de France.

M. Chalamel. — Le Parlement généralisera.

M. LE PRÉSIDENT. — Notre texte s'applique à toute la France.

M. CHALAMEL. — Nous demandons une loi particulière pour chaque cas. Si nous restreignons le nombre des cas, nous arriverons à empêcher une extension excessive.

M. ARNOULD. — Il serait plus logique d'écrire « *exemptions d'impôts et subventions* » au lieu de « *subventions et exemptions d'impôts* ».

M. LE PRÉSIDENT. — Votre observation est très juste.

M. GUYOT. — Je ne m'oppose pas à cette modification (*Très bien ! Très bien !*)

M. LE PRÉSIDENT. — Des différentes modifications proposées, il résulte que le texte serait ainsi amendé :

« *Est d'avis qu'une législation spéciale des forêts de protection, dans les régions élevées et dans les dunes, est seule capable de prévenir les dangers qui résultent de leur disparition, législation préventive qui doit tenir compte de la situation économique et de l'organisation administrative des divers pays, étant entendu toutefois que les servitudes qui en résultent pour les propriétaires forestiers doivent être compensées par des avantages équivalents, tels que exemptions d'impôts, subventions et, au besoin, faculté pour les propriétaires intéressés de requérir l'expropriation* ».

Je mets aux voix le vœu ainsi modifié.

Le vœu est adopté à l'unanimité.

La séance est levée à 3 h. 35.

SÉANCE DU 17 JUIN 1913

(MATIN)

Présidence de M. VIVIER, président de Section

La séance est ouverte à 9 h. 25.

M. LE PRÉSIDENT. — Avant d'aborder l'ordre du jour, je tiens à bien inviter nos collègues étrangers à prendre part à nos discussions.

Ils ne s'étonneront pas que, dans un Congrès de législation où la majorité des membres sont des Français, où l'on traite des questions d'un intérêt palpitant pour la France, on se place surtout au point de vue français. En matière législative, cela se comprend puisqu'il s'agit de questions concrètes, susceptibles d'applications pratiques, et il n'est pas douteux que le point de vue forcément national domine. Mais, indépendamment de l'intérêt que MM. les délégués étrangers pourront trouver, au point de vue de la législation comparée, à nos délibérations, nous aussi, nous pouvons avoir grand intérêt à entendre leurs observations.

Nous serons, par conséquent, très heureux si, dans les discussions qui pourront avoir lieu, nos collègues étrangers veulent bien nous prêter le concours de leur compétence et des notions spéciales qu'ils peuvent tirer de leur législation nationale.

Ceci dit, j'arrive à l'ordre du jour, qui appelle la discussion du rapport de MM. Guyot et Roulleau.

Je donne la parole à M. Roulleau pour la lecture du rapport sur l'INTERVENTION DE L'ÉTAT DANS LA GESTION DES BOIS PARTICULIERS. — LÉGISLATIONS DIVERSES RÉGLANT CETTE INTERVENTION.

M. ROULLEAU. — L'État doit-il intervenir dans la gestion des bois de particuliers? Pour quels motifs, dans quelle mesure et à quelles conditions ? Telles sont les questions fort graves et d'une pressante actualité que nous nous proposons de traiter dans le présent rapport.

Nous devons faire à cet égard une distinction fondamentale entre la conservation et la gestion des forêts privées. Il est généralement admis que la conservation des forêts importe à l'intérêt public, et qu'il appartient à l'État de veiller à ce que « l'aire forestière ne soit point diminuée ». Tel est le but de la législation du défrichement, dont nous n'entendons pas nous inquiéter ici. On admet également que, dans des cas exceptionnels, lorsqu'il s'agit de prévenir ou de combattre un danger qui menace gravement certains points du territoire, l'intervention de l'État peut se manifester par des mesures de préservation et de régénération, qui sont l'objet de la législation des terrains en montagne et des dunes ; ce sujet se relie à celui des forêts de protection, dont il a été traité dans un autre rapport, et sur lequel nous ne reviendrons pas, pour le moment du moins.

Nous entendons parler ici des forêts privées auxquelles ne s'applique point la législation spéciale des terrains en montagne et des dunes. Elles constituent de beaucoup la plus forte partie des six millions et demi d'hectares boisés qui appartiennent en France aux particuliers. Sauf le défrichement qui leur est défendu, ces propriétaires seront-ils libres d'administrer comme ils l'entendent, ou bien devrons-nous admettre que leur gestion pourra être contrôlée, que l'État pourra intervenir, en leur imposant une sorte de tutelle, à laquelle ils seront nécessairement assujettis ?

Cette tutelle serait à coup sûr une mesure bien extraordinaire, difficile à concilier avec la notion moderne de la propriété privée. Elle nous ramènerait au droit féodal et monarchique, alors que le seigneur ou le souverain, se considérant comme un père de famille chargé de veiller sur la fortune de ses sujets présumés incapables, s'arrogeait le droit de réglementer, de tracer des règles de conduite, pour redresser leurs erreurs de gestion et empêcher la dilapidation de leur patrimoine. Mais ce droit ancien n'existe plus ; depuis longtemps il est aboli, et les citoyens français sont déclarés maîtres de leur personne et de leurs biens. La théorie de « l'abus du droit » que l'on invoque parfois pour justifier l'extension des pouvoirs de l'État, est incompatible avec la notion moderne de la propriété ; et pour trouver des exemples de son application aux forêts, il faut aller chercher dans la législation des peuples dont la constitution politique et sociale est très différente de la nôtre. Cette théorie nous conduit en effet à admettre la *Forsthoheit* des anciennes législations allemandes, dont on trouve encore des traces en Wurtemberg par exemple, ou encore en Hongrie et dans certains cantons suisses, mais qui, même dans ces pays, tend à être abandonnée en faveur d'un système plus libéral et plus conforme aux idées modernes. De ce que, dans les siècles lointains, la forêt appartenait à tout le monde, et que l'État pouvait alors y réglementer souverainement la jouissance commune, on ne saurait conclure qu'il doit en être de même aujourd'hui, dans des pays où la propriété forestière, depuis très longtemps assise, doit jouir des mêmes garanties que toutes les autres propriétés privées.

Sans doute, pour justifier l'intervention de l'État dans la gestion des particuliers, on invoque l'utilité publique des forêts et l'intérêt pour la nation de veiller à ce que les détenteurs de forêts leur appliquent un judicieux traitement. Mais ce motif est insuffisant. S'il était admis pour la forêt, pourquoi ne pas l'étendre aux autres natures d'immeubles ? Il importe également à l'intérêt public que les terres arables produisent le plus de céréales possible, que les vignes donnent du vin de la meilleure qualité, que les bestiaux élevés dans les pâturages soient des races les meilleures pour la précocité et la fécondité. Ira-t-on cependant jusqu'à souffrir que les agents de l'État viennent imposer l'emploi de certaines semences et de certains engrais, obliger à planter certains cépages, défendent d'élever certaines races ou exigent de nourrir à l'hectare un certain nombre de têtes de bétail ? Nos agriculteurs ne manqueraient pas de répondre qu'ils savent ce que leur commandent leurs intérêts, et que l'État n'a point à se mêler de leurs affaires.

Pourquoi alors ce qui paraît, à juste titre, exorbitant pour les propriétaires agricoles serait-il admissible pour les propriétaires de forêts privées ? On objectera la nature spéciale de la propriété forestière. Sans doute c'est un argument qui est à bon droit employé pour expliquer la soumission au régime forestier des forêts communales; là, il est vrai tandis que pour les autres parties du domaine de la commune, le Conseil municipal administre sous le simple contrôle du Préfet, pour la forêt communale, la commune est en tutelle et la gestion est confiée à une Administration de l'État. Cette anomalie s'explique parce qu'il s'agit d'une jouissance de tous les habitants, auxquels le frein de l'intérêt personnel fait défaut, et qui conduit, plus facilement pour la forêt que pour d'autres biens, à des ruines irréparables ; il importe que la génération actuelle ne puisse pas, au préjudice des générations futures, dissiper une richesse qui ne se reforme que très lentement. Mais il n'en est plus ainsi pour la propriété privée; là, le propriétaire qui serait tenté d'abuser, subirait directement les conséquences de sa mauvaise gestion ; son intérêt personnel le force à être bon administrateur. C'est ce qu'on remarque dans les pays de montagne, par exemple, si l'on compare le pâturage communal, ruiné par la jouissance commune, et les pâturages privés. L'argument tiré de la nature spéciale de la forêt n'a donc rien à faire ici.

De ce que la prospérité de la forêt privée importe à l'intérêt public, nous ne devons donc pas déduire que l'État a le droit d'intervenir dans sa gestion. Une telle intervention ne serait autre chose que l'application d'une théorie socialiste conduisant à la nationalisation de la propriété forestière ; et une fois cette nationalisation admise, nous ne voyons pas pourquoi elle ne serait pas étendue à toutes les autres parties du sol national. Est-ce le résultat que l'on voudrait obtenir ?

L'exemple des législations étrangères serait un mauvais argument pour entraîner leur imitation dans un pays tel que la France. Sans doute, dans les pays allemands, en Autriche-Hongrie, et enfin en Suisse, la législation autorise une intervention, qui peut s'étendre fort loin, de l'État dans la gestion des bois particuliers (1). Mais l'application de telles mesures est généralement laissée à des autorités locales, mieux placées que l'État pour concilier avec l'intérêt public les habitudes et les besoins des propriétaires. Ensuite, ce n'est pas tout que d'édicter des lois ; il faut voir comment elles sont acceptées et quel effet produit leur application ; or, à cet égard nous croyons bien que ces textes coercitifs ne sont guère mis en pratique et que leurs résultats sont assez médiocres. Ce n'est pas la peine alors de violer les principes de notre législation française pour essayer d'acclimater chez nous des mesures que supportent difficilement les nations voisines, mieux façonnées que nous cependant pour admettre la réglementation et l'ingérence de l'État.

En résumé, nous croyons pouvoir conclure qu'en France, l'État doit se borner à gérer les forêts dont il est propriétaire, et celles des personnes morales placées sous sa tutelle ; et s'il veut se rendre maître d'autres forêts

(1) Pour l'analyse de ces législations étrangères, voir notamment J. Madelin, *Les Restrictions légales au droit de propriété forestière privée* (Paris, Rousseau, 1905. Spécialement : Chapitre IX, Empire Allemand ; Chapitre X, Autriche ; Chapitre XI, Hongrie ; Chapitre XII, Suisse.

pour les traiter comme il l'entend, il n'a qu'à les acquérir par les moyens du droit commun.

Jusqu'à une époque très voisine de nous, on n'avait jamais eu l'idée d'étendre chez les particuliers l'intervention de l'État ; notre Code forestier ne contient aucune trace de telles prétentions. Mais nous devons reconnaître que, depuis quelques années, une campagne très vive a été entreprise, surtout dans le monde parlementaire, pour recruter des partisans en faveur d'une ingérence plus complète de l'État dans la gestion des forêts privées. Et, bien que les diverses tentatives imaginées pour limiter les droits des particuliers, n'aient pas abouti jusqu'à ce jour, il est intéressant de considérer sous quelles formes elles se sont produites, d'autant plus que pour certaines d'entre elles, les promoteurs de ces innovations paraissent agir dans les meilleures intentions et sans se douter, peut-être, des conséquences que peuvent avoir les mesures qu'ils proposent sous le prétexte de l'intérêt public.

L'entreprise la plus grave et la plus brutale qui ait été formulée contre le droit des propriétaires est celle du projet de Loi du 20 février 1908 « sur les défrichements et exploitations des bois particuliers ». Les auteurs de ce projet étaient parfaitement conscients de l'énormité juridique et économique qu'ils voulaient commettre, en insérant dans un nouvel article 223 du Code forestier leur fameux système dit « des cinq possibilités ». Il s'agissait de défendre au propriétaire de couper dans sa forêt une quantité de matériel présumée susceptible d'appauvrir le peuplement, et au cas où cette quantité aurait été dépassée, le propriétaire coupable du nouveau délit de « déforestation » était puni comme s'il avait défriché sans autorisation. C'était mettre tous les propriétaires de France à la discrétion de l'autorité administrative, les priver de l'un des avantages les plus précieux de la propriété forestière, celui de réaliser au moment opportun et le plus avantageux, le matériel mis en épargne par des économies volontaires ; enfin la sanction était exorbitante et hors de proportion avec la nature de l'infraction. Aussi ce projet de loi souleva-t-il, dans tout le monde forestier, les plus violentes récriminations. En vain, pour répondre à l'une des critiques adressées au nouvel article 223, consistant dans la difficulté de s'entendre sur la possibilité de la plupart des forêts, le projet fût-il modifié, et les « cinq possibilités » remplacées par le « dixième du matériel existant », plus facile à vérifier sur place. Cette atténuation ne supprimait pas le vice originel du projet qui, en outre de la question de principe, entraînait une administration de l'État à une ingérence absolument différente de ses fonctions habituelles et contraire à ses traditions. Au reste, ce projet de 1908 paraît abandonné, et il est peu probable que personne essaie de le faire revivre.

Mais tout péril n'est pas écarté ; le danger résultant de l'immixtion de l'État dans la gestion des forêts privées réapparaît, sous une forme moins directe peut-être, tout aussi réelle cependant, que tel ait été ou non le but des auteurs de deux propositions de loi qui, au premier abord, ne paraissent pas s'appliquer à notre sujet : proposition Fernand David, du 15 mars 1907, sur les forêts de protection, et proposition Chalamel, mai 1913, sur les forêts d'utilité publique. Dans le rapport consacré aux forêts de protection, on a pu voir que l'introduction en France de ces forêts est parfaitement admissible, pourvu que l'application du système soit modérée et restreinte aux cas de dangers imminents, tels que ceux qui se présentent dans les hautes montagnes et les dunes.

Mais les deux propositions de loi précitées vont infiniment plus loin, et, c'est en cela que, d'une manière détournée, elles constituent, pour la propriété forestière privée, une menace presqu'aussi grave que le projet du 20 février 1908.

Quels sont, en effet, les motifs pour lesquels, sous prétexte de protection ou d'utilité publique, les forêts privées seraient soumises à l'ingérence administrative, à l'arbitraire de l'État? Ce sont, non seulement tous les motifs qui peuvent être invoqués pour une opposition au défrichement, mais d'autres encore, tellement vagues, qu'en se fondant sur les uns ou sur les autres, il serait possible d'y comprendre toutes les forêts françaises.

Ainsi, dans le projet Fernand David, article 7, peuvent être déclarées forêts protectrices, par décret, celles dont la conservation est reconnue nécessaire... 3° à l'existence des sources et cours d'eau... 6° à la salubrité publique: 7° au maintien des conditions économiques existantes, relatives aux besoins des populations bûcheronnes et industrielles qui vivent de l'exploitation régulière de la forêt. Pour l'un ou l'autre de ces motifs, il est facile de prétendre qu'une forêt quelconque doit être rangée parmi les forêts protectrices.

De même, dans le projet Chalamel, article 1er, peuvent être classées comme forêts d'utilité publique celles reconnues nécessaires... 3° à l'existence ou à la salubrité des sources et cours d'eau; 4° à la protection contre les écarts considérables dans le régime des eaux; 8° à la salubrité publique; 9° à la protection contre les influences climatologiques nuisibles.

N'est-il pas évident que pour toutes les forêts existantes, l'une ou l'autre de ces raisons peut être donnée pour justifier le classement d'utilité publique?

Et quels vont être alors les effets de ces classements?

D'après la proposition David, article 9, c'est un régime spécial qui sera imposé à chaque forêt, sous le contrôle des agents forestiers, consistant dans la défense de se livrer à toute opération de nature « à détruire, suspendre, affaiblir ou compromettre le rôle protecteur ou bienfaisant de la forêt ». C'est le propriétaire livré, pieds et poings liés, à l'arbitraire administratif.

De même, d'après la proposition Chalamel, article 5, défense pour le propriétaire de faire une exploitation quelconque dans sa forêt sans demande préalable et autorisation spéciale. Quelles que soient ensuite les atténuations et les garanties promises, peu importe; ainsi la proposition Chalamel veut une loi spéciale après enquête; elle entend que l'utilité publique sera déclarée non pour une forêt déterminée mais pour une zone naturelle, le tout sauf recours devant un tribunal civil, etc.

Il n'en est pas moins vrai que, si l'une ou l'autre de ces propositions était adoptée, tous les propriétaires de France auraient désormais suspendue sur leurs têtes cette épée de Damoclès: sous prétexte de protection ou d'utilité publique, l'État pourrait venir leur imposer des règles de jouissance, empêcher toute réalisation de matériel, se substituer à eux pour l'entière gestion de leurs forêts.

Vainement nous dira-t-on que l'application de telles lois serait exceptionnelle. S'il doit en être ainsi, pourquoi leur donner une extension aussi considérable, inquiéter tout le monde, déprécier la propriété forestière à un moment où elle a le plus besoin d'être encouragée? Que le veulent ou non les auteurs de ces propositions, tant qu'elles n'auront pas été étroitement limitées à des cas pour lesquels le danger imminent, la nécessité publique, ne peuvent être contestés, elles sont infiniment redoutables pour la propriété forestière privée, et tous les propriétaires doivent s'unir pour s'opposer à leur adoption.

Mais si nous croyons devoir ainsi repousser énergiquement toutes les mesures coercitives tendant à une ingérence de l'État dans la gestion des forêts privées, ce n'est pas que nous méconnaissions les services, l'aide et le secours bénévoles que ces forêts sont en droit d'attendre des pouvoirs publics. Ces services sont nombreux et importants, et la propriété forestière privée en a un pressant besoin, dans la crise intense qu'elle traverse en ce moment : crise économique surtout, provenant de l'avilissement de certaines marchandises, chauffage, charbons, écorces, qui constituent la production à peu près exclusive des bois particuliers, sans compter les fléaux, tels que des maladies cryptogamiques, qui sont venus aggraver cette crise dans beaucoup de contrées. On dit aux particuliers qu'ils doivent transformer leurs modes d'exploitation, allonger les révolutions de leurs taillis, faire produire à leurs forêts des bois d'industrie ; mais cette transformation sera longue, et avant qu'elle soit opérée les particuliers devront subir une énorme diminution de leurs revenus. C'est dans une situation aussi précaire qu'ils doivent pouvoir tous compter sur le secours de l'État. Vainement prétendra-t-on qu'il ne s'agit en somme que d'une aristocratie de riches particuliers détenteurs de vastes domaines, qui peuvent se donner le luxe d'une propriété onéreuse ; ce serait une grave erreur de croire que les forêts particulières sont réunies partout par grandes masses en un petit nombre de mains ; pour la majeure partie, ces forêts sont très divisées, et le nombre des propriétaires particuliers est infiniment plus considérable qu'on ne le croit généralement (1). A tous ces détenteurs de la forêt privée, quelque minime ou importante que soit leur propriété, l'État doit aide et assistance, suivant le principe de l'égalité.

Comment se manifestera cette sollicitude de l'État, en vue de remédier à la crise de la propriété forestière privée ? Les moyens sont nombreux ; nous allons énumérer les principaux.

D'abord et surtout, la forêt doit obtenir un allègement des impôts qui l'accablent. Cet allègement des impôts qui absorbent la plus grande partie, parfois même la totalité du revenu, serait la mesure la plus efficace pour encourager les propriétaires, arrêter la dépréciation de la forêt, prévenir la réalisation du matériel, cette « déforestation » que l'on reproche si vivement à ceux que la nécessité seule a le plus souvent conduits à l'exploitation prématurée des arbres de futaie. En quoi et sous quelle forme pourront être accordés les dégrèvements d'impôts en faveur de la propriété forestière, nous n'avons pas à l'indiquer ici ; disons seulement qu'on se contente de réclamer, pour la forêt, l'égalité des charges fiscales, et non un privilège, dans la mesure de la valeur actuelle, si considérablement diminuée, de cette propriété.

Après la question fiscale, de beaucoup la plus importante et la plus urgente, d'autres encore appellent la sollicitude des pouvoirs publics. Ainsi, l'intervention facultative des agents et préposés de l'État, venant

(1) Ainsi, dans la région de l'Est, il se chiffre en moyenne par 10.000 au moins dans chaque département. Dans le Centre, la moyenne est de 20.000, parfois de 25.000.

coopérer, sur la demande des propriétaires, à la gestion des forêts privées. On a proposé à ce sujet une soumission pure et simple de ces forêts au régime forestier; nous doutons que les propriétaires consentent à abdiquer ainsi complètement leurs droits, à se mettre en tutelle, alors même qu'ils auraient une entière confiance dans le savoir et l'expérience de leurs tuteurs. Mais à défaut de cette soumission complète, nous demandons, comme l'écrivait déjà l'un de nous en 1908 (1), que les propriétaires soient autorisés à s'entendre avec ceux des forestiers de la région dont ils apprécient la capacité, et qui pourraient se charger de certains travaux de gestion, tels que balivages, estimations, aménagements, repeuplements. Que l'État continue à permettre, plus largement encore qu'aujourd'hui, à ses gardes d'assurer la surveillance des bois particuliers ; qu'il consente de plus à exercer les poursuites contre les délinquants et à requérir l'application de la loi pénale : ce seront des services très appréciés qu'il peut rendre facilement aux propriétaires, sans les obliger à se désintéresser complètement de la gestion de leurs forêts.

L'État devrait aussi faire une part plus considérable à la propriété forestière dans les encouragements de toutes sortes qu'il pratique aux autres propriétés rurales. Il faudrait que le principe des subventions en nature, sous forme de fournitures de graines ou de plants, fut plus largement appliqué aux forêts, non seulement dans les pays de montagnes mais aussi pour le repeuplement des vides et le reboisement des forêts de plaine ; que le nouveau service des améliorations agricoles se mit à la disposition des propriétaires forestiers pour des travaux tels que la création de chemins de vidange, si nécessaire au transport des produits ; il faudrait que dans tous les Comices, dans toutes les Sociétés subventionnées par le Ministère de l'Agriculture la forêt reçût, sous forme de prix de concours, des encouragements au moins égaux à ceux des autres exploitations agricoles. Il n'est pas besoin d'insister beaucoup sur ce chapitre : la simple équité veut que la propriété forestière, si importante au point de vue de l'intérêt public, soit placée au rang qu'elle doit justement occuper, toutes les fois qu'il s'agit de participer aux libéralités du budget de l'État.

Nous avons exprimé le désir que les particuliers puissent avoir recours aux agents et préposés de l'État. Les services que peut leur rendre ce personnel d'élite seraient encore plus grands si l'Administration prenait le soin d'orienter davantage l'activité de ce personnel vers les applications commerciales, tout en lui conservant la valeur technique dont il est suffisamment pourvu. Il fut un temps où les agents forestiers semblaient dédaigner cette fonction pourtant essentielle de tirer des produits de la forêt le maximum de profits possible et s'absorbaient par trop dans les théories d'aménagement et de possibilité. Nous savons que ce temps n'est plus; cependant existe-t-il encore beaucoup d'agents qui comprennent la nécessité de la science pratique du « marchand de bois », et qui consentent à s'en servir ? A l'inverse, le particulier ne voit trop souvent que le rendement pécuniaire, auquel il est tenté de sacrifier l'avenir, l'amélioration du matériel futur. Il faut que, dès les bancs de l'École d'application, les agents et les préposés de l'État soient bien imbus de cette nécessité de la science commerciale, de la recherche des débouchés et des

(1) *Bulletin de l'Office forestier du Centre et de l'Ouest*, tome 1er, p. 331 et s., février 1909. Dans le même sens : *Revue des Eaux et Forêts*, n° du 15 mars 1913 : « A propos de la loi sur la conservation des forêts privées ».

besoins des industries de la région, et qu'ils s'appliquent à obtenir, par la confection des marchandises les mieux appropriées aux situations locales, le rendement pécuniaire le plus élevé. Alors seulement les particuliers pourront trouver auprès d'eux tout ce qui est essentiel pour la gestion de leurs forêts : la science théorique et le profit immédiat.

Nous voudrions aussi que l'Administration consentît à communiquer plus facilement aux propriétaires tous les renseignements statistiques et commerciaux que lui fournissent ses agents, et qui ne sont pas toujours utilisés comme ils pourraient l'être. Il serait nécessaire d'instituer à cet effet, à l'Administration centrale des Eaux et Forêts, un office de renseignements ouvert à tous les intéressés, et auquel pourraient recourir les organes qui se donnent pour mission l'étude et la défense des intérêts forestiers privés : les Syndicats de propriétaires et le Comité des forêts. Mouvement des importations et exportations, résultats des ventes, prix des transports et de la main-d'œuvre, tout ce qui peut instruire les vendeurs, leur permettre d'établir le cours régional des produits de la forêt et de traiter en parfaite connaissance de cause avec les acheteurs, se trouverait ainsi à la disposition des propriétaires et de leurs représentants.

L'État peut aussi aider puissamment, pendant la période critique que nous traversons, à enrayer la dépréciation des marchandises que le particulier ne peut pas écouler avantageusement : bois de chauffage, charbons et écorces. Non qu'il suffise pour cela de décréter le relèvement des cours ; mais par beaucoup de moyens indirects, l'État peut arriver à ce résultat si désirable pour la propriété privée. Ainsi, il faut réagir contre l'emploi exclusif de la houille et du coke pour le chauffage, au détriment du combustible ligneux, plus agréable et plus sain. Dans ce but, il est urgent d'étudier des procédés permettant le chauffage central par le bois et le charbon de bois, l'emploi du charbon et des agglomérés de charbon de bois dans les appareils à feu continu, son utilisation pour la production de la force motrice. Déjà le Comité des forêts a pu intéresser à cette étude plusieurs de nos constructeurs les plus réputés ; mais qu'en même temps l'État n'hésite pas à instituer et à subventionner largement les expériences nécessaires! Il peut encore agir efficacement sur les Compagnies de chemins de fer, et tout au moins accorder sur les voies ferrées de son réseau le même tarif de transport pour la calorie de bois que pour la calorie de houille ; hâter aussi l'amélioration des voies navigables les plus aptes au transport de cette marchandise encombrante qu'est la matière ligneuse, et enfin appliquer les lois récentes sur les fraudes, lorsque ces fraudes, comme celles pratiquées sur certains cuirs notamment, nuisent aux débouchés d'un des produits les plus précieux de nos taillis, l'écorce. Au nom de la propriété privée, nous réclamons énergiquement à ce sujet des garanties immédiates et formelles.

De plus, il est nécessaire, surtout pendant cette période de transformation actuelle des forêts privées, que l'État mette à la disposition des propriétaires, par le crédit collectif à long terme, ou toute autre combinaison analogue, et au taux le plus réduit possible, les sommes dont ils ont besoin pour les travaux de conservation et d'amélioration des forêts existantes, et pour la création par le reboisement des forêts nouvelles. Nous voyions tout récemment publié un projet consistant à consentir aux sociétés qui s'occupent de la construction d'habitations à bon marché des fonds au taux de 2 1/2 %. Pourquoi un bénéfice analogue ne serait-il pas consenti en faveur de la propriété forestière, dont les besoins actuels sont si considérables ? Pour la réalisation pratique de ce projet, les intermédiaires sont tout trouvés : le Comité des forêts à Paris, les Syndicats de propriétaires dans les départements, fonctionnant dans les conditions de la Loi de 1884, seraient tout désignés pour recevoir les avances de l'État et les distribuer à leurs adhérents, grands, moyens ou petits propriétaires, petits surtout, dans la proportion de leurs besoins.

Pour conclure, nous demandons instamment que rien ne soit changé au régime de liberté dont jouit actuellement la forêt privée. Ce n'est pas à ce régime qu'il faut imputer la ruine, trop souvent exagérée d'ailleurs des forêts françaises. On a prétendu que « la liberté forestière, pratiquée de 1791 à 1827, nous coûte un effort qui ne sera pas terminé avant 1950 et qui nous impose une dépense de plus de 200 millions pour rétablir à peu près l'état de choses existant avant la Révolution ». Cette assertion, bien que produite au cours d'une discussion relative aux mesures fiscales et à la gestion des forêts, ne vise que le défrichement, et même au sujet du défrichement, rappelons que l'ancien régime, loin de l'interdire, le conseillait parfois et le considérait comme un progrès (1). Ce n'est donc pas le régime de liberté datant de la Révolution qu'il faut incriminer, et *a fortiori* ne doit-on pas davantage attribuer à la liberté dont nous jouissons les « déforestations » dont on se plaint depuis peu de temps, alors que cette liberté date de plus de 120 ans. Ainsi que nous l'avons affirmé, c'est l'impôt, annuel ou successoral, qu'il faut surtout incriminer.

Dès lors, nous nous croyons bien fondés à vous prier, Messieurs, d'approuver les idées développées dans ce rapport, en votant les résolutions suivantes :

LE CONGRÈS :

Considérant que les droits de jouissance et de disposition des propriétaires forestiers sont aussi respectables que ceux des propriétaires de tous autres immeubles; que ces propriétaires doivent avoir la liberté de jouir de leurs forêts comme ils l'entendent, sans être soumis à une intervention administrative; qu'une telle intervention ne peut se justifier qu'en cas de danger public, et non sous le simple prétexte d'utilité publique;

Est d'avis :

Que, sous réserve des mesures de conservation qui peuvent être prises contre le défrichement et pour la protection des terrains en montagne et des dunes, les particuliers soient libres d'asseoir dans leurs forêts telles coupes qu'ils jugent convenables, de réaliser quand ils l'estiment opportun le matériel sur pied résultant de leurs économies, sans être astreints à aucune déclaration ni autorisation préalable;

Mais attendu que, dans la crise économique intense que subit en ce moment la propriété forestière privée, l'État a le devoir de venir en aide aux particuliers détenteurs de forêts, qui sont pour la plupart de petits propriétaires, suivant les principes de l'égalité et de la solidarité sociale.

(1) A la suite de la Déclaration Royale de 1766, dit M. le Professeur Huffel (*Economie forestière*, tome 1er, 1re édition, p. 188), un rapport adressé au roi par le ministre des finances évalue à 359.282 arpents la contenance défrichée depuis quatre ans, de 1766 à 1770.

Le Congrès est d'avis :

Que la sollicitude de l'État peut se manifester très efficacement, sans aucune mesure coercitive, notamment : par des modérations d'impôts ; par la faculté donnée aux particuliers d'utiliser le personnel de l'Administration des Eaux et Forêts, qu'il convient d'orienter en vue des services commerciaux qu'il peut rendre, au moins autant que dans le sens des applications techniques; par des mesures à prendre pour arrêter la dépréciation de certains produits ligneux (bois de chauffage, charbons de bois, écorces) ; par des institutions de crédit facilitant aux particuliers la création ou la reconstitution de leurs forêts.

M. le Président. — La parole est à M. Jauffret.

M. Jauffret. — Messieurs, je désirerais présenter quelques observations qui se rapportent à des faits dont je suis actuellement le témoin dans divers départements, notamment dans l'Yonne, dans la Côte-d'Or, dans la Haute-Marne et dans l'Aube.

Il s'agit de la gestion, — si c'en est vraiment une — de ces propriétaires qui s'inspirent du traitement subi par la poule aux œufs d'or. Ils s'acharnent à mettre, si j'ose dire, les entrailles de leurs forêts à nu. Je vous citerai particulièrement trois massifs de l'Aube. Sur plus de 300 hectares aux flancs de coteaux à pentes abruptes, des taillis sous futaie de végétation médiocre, mais jusqu'à présent sagement aménagés, sont en voie de disparition complète. Dans quelques mois, il ne restera rien, pas un arbre, pas même un baliveau. On retourne jusque dans les jeunes coupes pour réaliser les moindres réserves en piétinant le taillis. Chaque jour je constate l'extension de la plaie sur le coteau et je ne puis voir ce spectacle sans m'en indigner. Je viens même d'être saisi officiellement d'une plainte de municipalité qui gémit de voir disparaître en un jour la forêt séculaire, et avec elle son abri, son gagne-pain. La population réclame à grands cris l'intervention des Pouvoirs publics ; elle accuse l'Administration forestière d'indifférence, voire même d'incapacité. Cependant, il n'y a pas défrichement et l'Administration est désarmée. J'avoue que j'ai demandé officiellement que le Conseil général émette un vœu pour que le Parlement interdise sans tarder des actes d'une telle barbarie, dignes des nomades de l'Asie centrale.

J'estime qu'aucune excuse ne saurait justifier de tels faits. Il y a là un abus manifeste, un gaspillage évident, qui entraînent l'encombrement du marché en produits secondaires ; la dépréciation complète du bois de chauffage et de la charbonnette, l'affolement de la main-d'œuvre, le tout au plus grand détriment des propriétaires qui exploitent en bons pères de famille.

Mais il y a plus ; le sol aride du coteau, lorsqu'il va se trouver complètement dénudé, perdra toute fertilité. Le moindre orage entraînera tout l'humus à la rivière, la Seine ; bien que la région ne soit pas dans la zone des montagnes, elle subira, toutes proportions gardées, un dommage analogue. La forêt disparue ne renaîtra jamais ; le fonds va être vendu à vil prix. Quelque homme de paille plus ou moins solvable l'achètera ; bientôt les impôts ne pourront même plus être recouvrés (*Protestations*).

Est-il admissible, je vous le demande, Messieurs, de laisser un particulier jeter ainsi et sans motif plausible, par simple spéculation, la désolation dans toute une contrée.

On dit que le propriétaire doit être aussi libre de son bois que d'une vigne ou d'un champ de céréales. Mais il suffit de quelques années pour qu'une vigne rapporte et un champ de céréales peut s'improviser. On n'improvise pas une forêt et le propriétaire, lorsqu'il ruine un massif, ne songe pas qu'il détruit ce qu'il est incapable de remplacer. Il réalise en un jour, non seulement ses économies antérieures, mais celles de plusieurs générations.

Autrefois, personne n'aurait eu l'idée de procéder à des exploitations généralisées sur d'immenses étendues ; les débouchés ne l'auraient pas permis, non plus que les moyens de transport. Actuelllement, on a réussi à mobiliser la forêt ; la tentation devient trop forte, on y succombe ; mais c'est un beau jour sans lendemain.

A une époque, le taux de boisement de la France était assez élevé pour permettre les défrichements ; cet heureux temps n'est plus, on l'a constaté et on a cru remédier au mal en interdisant le défrichement. La mesure a d'abord suffi, parce qu'au siècle dernier, on n'avait intérêt à défricher que les terrains fertiles pour les livrer à la culture et non pas, je le répète, pour effectuer des exploitations généralisées. Il n'en va plus ainsi. Défricher?... Pourquoi faire?... Non. Il suffit de réaliser tous les produits de valeur et d'abandonner ensuite la brousse et le caillou. Ce procédé est pire que le défrichement, car il ne met à la place de la forêt que le néant.

Puisque la loi se trouve tournée, puisqu'au défrichement démodé succède la déforestation plus funeste encore, il faut parer au nouveau danger ; il faut reprendre la pensée du législateur antérieur, la compléter et l'accommoder aux circonstances présentes.

Je ne pense pas qu'en une telle occurrence le Congrès puisse conseiller le *statu quo ;* ce serait la mort de la forêt en certaines régions. Et vraiment, il y a un intérêt plus sacré que tous les autres, il y a une obligation plus forte que tous les droits. Un bien de première nécessité qu'aucune force humaine n'est capable de reconstituer dans un délai utile ne peut être abandonné au caprice d'un homme. Cependant l'État ne suffirait pas à racheter toutes les forêts et, pût-il le faire, que son intervention serait trop tardive si elle se bornait à l'acquisition de massifs ruinés. Ce serait dans un avenir prochain le désert en France.

Mais il n'est pas si difficile de sauvegarder les forêts existantes et je ne crois pas qu'il soit besoin de moyens de coercition bien sévères.

Pourquoi ne pas chercher une disposition très simple, très libérale, s'appliquant à la généralité des forêts de France et permettant aux propriétaires de retirer, le cas échéant, de leurs forêts, le maximum des ressources sans entraîner leur destruction?

Serait-il impossible de classer les forêts en grandes catégories sans distinction de régions, mais d'après leur état actuel?

La première catégorie comprendrait les taillis simples pour lesquels toute liberté serait laissée aux propriétaires à l'exclusion du défrichement.

La deuxième catégorie comprendrait les taillis sous futaie. Les coupes pourraient être toutes réalisées, sauf application d'une disposition inspirée de l'ordonnance réglementaire : réserve d'un nombre minimum de baliveaux à l'hectare, de modernes et d'anciens.

Le troisième catégorie comprendrait les futaies feuillues et les peuplements résineux. Leur exploitation serait soumise à l'exécution de travaux de repeuplement devant assurer la reconstitution du massif.

Enfin, comme dans la législation sur le défrichement, les massifs de faible étendue et les plantations nouvelles pendant un délai à déterminer, seraient exonérés de toute surveillance et de toute intervention.

La continuité de l'état boisé serait ainsi garantie. Le propriétaire resterait libre d'user et de disposer de son bien ; sa jouissance ne serait pas réduite à celle d'un usufruitier. Sa propriété serait simplement grevée d'une servitude assez peu gênante (*Protestations*).

L'intérêt général ne peut être sauvegardé qu'au prix de sacrifices particuliers et il a existé de tous temps des servitudes légales contre lesquelles personne ne songe à protester. Ce serait d'ailleurs le cas de demander une modération d'impôts à titre de compensation ; l'occasion est précisément bonne en ce moment où les propriétaires forestiers ont tant besoin d'un dégrèvement ; leurs revendications n'en pourraient être que mieux acceptées. Donnant donnant.

Qu'une telle servitude déprécie la propriété forestière, cela n'est guère à craindre. Toutes les forêts étant soumises au même régime, il est à prévoir qu'on prendrait vite l'habitude de la disposition nouvelle et que les transactions n'en seraient pas troublées.

Au surplus, il existe en ce moment un courant d'opinion en faveur de l'intervention de l'État dans la gestion des bois particuliers. Ne serait-il pas imprudent de n'en pas tenir compte? Ne vaudrait-il pas mieux essayer d'endiguer et de diriger le flot que les spéculateurs ont soulevé? Je propose donc de toute la force que je puis, et dans l'intérêt le plus élevé, celui de la conservation de notre sol boisé, de notre richesse nationale, de celle que les siècles seuls ont pu nous léguer, qu'il suffit d'un jour pour nous arracher, je propose à vos suffrages, le vœu suivant :

Le Congrès,

« *Considérant que la déforestation de la France se poursuit dans bon nombre de bois particuliers, de manière à compromettre les intérêts vitaux du pays, tant au point de vue économique que sous le rapport de la sécurité et de l'hygiène publics ;*

« *Considérant d'autre part qu'il est juste de n'apporter, à l'exercice intégral du droit de propriété que la restriction strictement imposée par l'intérêt général ;*

ÉMET LE VŒU :

« *Que les textes législatifs relatifs à la protection des forêts laissent aux propriétaires particuliers toute liberté d'exploitation sous réserve de l'obligation d'assurer la reproduction des massifs par les mêmes moyens et dans le même temps qu'ils se sont constitués depuis leur dernière réalisation, sous des conditions à déterminer par un Règlement d'administration publique* ».

En somme, je voudrais assurer la continuité des massifs forestiers et je voudrais que le néant ne succède pas à la forêt.

M. MOYAT. — Je voudrais m'élever, moi aussi, de toutes mes forces, contre les paroles que vous venez d'entendre et je dirai tout d'abord que, selon moi, la question a dévié.

Il ne s'agit pas de savoir si on a trop coupé, mais de rechercher les moyens d'éviter qu'à l'avenir on ne coupe trop. Or, hier, il en a déjà été parlé et M. Rachet avait présenté un vœu demandant que tous les bois particuliers soient soumis au régime forestier et dirigés par l'Administration, non pas facultativement, mais obligatoirement. Je m'empresse de dire que ce vœu n'a recueilli que la voix de M. Rachet et celle de son voisin.

Cette proposition de soumission de tous les bois au régime forestier est tentante en ce sens que c'est le moyen radical d'empêcher la déforestation, mais l'ingérence de l'Administration forestière dans les bois des particuliers aurait plus d'inconvénients que d'avantages.

Le gros inconvénient, l'inconvénient capital, à mon sens, serait de porter une atteinte extrêmement grave aux principes mêmes de la propriété et à la base même de notre droit français.

Sans vouloir remonter au déluge et faire ici un cours de droit romain, je rappellerai que ce droit de propriété se compose du *jus utendi*, droit d'user de la chose, et du *jus abutendi*, droit d'en abuser...

M. JAUFFRET. — Droit d'en disposer....

M. MOYAT. — Le *jus abutendi* est la caractéristique même du droit de propriété, tandis que le *jus utendi* se retrouve dans le droit de l'usufruitier et ailleurs, dans les locations par exemple. Par contre, le *jus abutendi* est le fondement du droit de propriété et si vous voulez introduire l'ingérence de l'Administration forestière dans les bois particuliers, le propriétaire n'ayant plus le droit d'abuser n'a plus la propriété.

A mon avis, le seul moyen d'enrayer le défrichement et le déboisement, c'est de donner aux propriétaires un revenu suffisant leur permettant de vivre du produit de leurs bois, par exemple une diminution d'impôts. Certes, les propriétaires de bois veulent, comme tout le monde, payer l'impôt, mais dans des proportions raisonnables. Je suis de ceux-là, je n'ai d'ailleurs pas à me plaindre — je ne le dis qu'à mi-voix — car je ne paie que 50 % des revenus de mes bois, j'en connais qui paient beaucoup plus... (*Rires.*)

M. GUYOT. — Je suis désolé d'avoir à prendre la parole contre la proposition de mon excellent camarade et ancien élève M. Jauffret, mais je ne puis le moins du monde accepter ses conclusions.

Qu'il le veuille ou non, M. Jauffret adopte les idées de M. Dumont, et ce qu'il vient de nous dire me rappelle une séance mémorable, que nous avons eue à l'Administration forestière, lorsqu'il s'est agi de faire des propositions pour la réforme du Code forestier.

Je me rappelle que, m'étant permis de faire observer à M. Dumont que le droit de propriété, tel que nous l'entendons, se compose de deux éléments : le droit de jouir et le droit de disposer, non pas d'abuser, — car c'est à tort qu'on a fait cette traduction par trop littérale du mot *abutendi*, qui veut dire disposer, — M. Dumont, avec l'éloquence fougueuse qui lui est coutumière, me répondit qu'on ne remontait plus aujourd'hui au droit romain, que les principes de la solidarité sociale avaient aboli tout cela.

A la suite de cette séance, on accepta son projet des cinq possibilités.

M. Jauffret voudrait nous ramener à quelque chose d'analogue. Voulez-vous, Messieurs, de cette loi des cinq possibilités ?...

NOMBREUSES VOIX. — Non !... Non !...

M. GUYOT. — Voulez-vous, un jour ou l'autre, être limités dans vos exploitations ?... Voulez-vous que l'Administration forestière — que je respecte et aime beaucoup — soit autorisée à venir chez vous pour limiter vos coupes et vous dire : « Vous ne couperez pas ceci ? »

C'est à cela que revient la proposition de M. Jauffret.

Je comprends parfaitement la nécessité de l'utilité publique et je suis ému, comme notre collègue, de la déforestation lorsqu'elle se produit ; mais, nous l'avons déjà répété, la faute n'en est pas aux propriétaires. Donnez-leur un intérêt quelconque à conserver leurs bois en bon état et ils n'iront pas, de gaîté de cœur, gâcher leurs immeubles, supprimer la végétation ligneuse et mettre leurs forêts à néant.

M. Jauffret nous disait ceci : dans l'intérêt public, la forêt privée de ses arbres ne rendra plus le service qu'on est en droit d'attendre d'elle.

Il faut distinguer. Si nous parlons des services économiques, je comprends très bien. La production en bois d'œuvre se rétablira seulement dans un temps assez éloigné, mais, à tous les autres points de vue, climatologique, ou régime des pluies et des eaux, du moment où le sol est couvert, soit par une végétation riche telle que de gros arbres, ou par une végétation pauvre comme un taillis simple, la situation doit être absolument la même.

Par conséquent, si nous nous inspirons de ces intérêts généraux très considérables, de l'intérêt public, je ne vois pas que vous puissiez vous en armer pour obliger le propriétaire à conserver sur son sol une superficie forestière plus ou moins riche. Je crois, pour ma part, que ce que nous avons admis dans la précédente séance est un maximum que nous ne pouvons permettre à l'État de dépasser.

Abandonner les forêts de protection, les forêts de montagnes, c'est un maximum à concéder, et l'intervention de l'État en plaine pour limiter les exploitations forestières me paraîtrait exorbitante (*Très bien, très bien !*)

Je comprends très bien l'idée de M. Jauffret. Je ne demande pas, dit-il, quelque chose d'extraordinaire, mais simplement le maintien du *statu quo*...

M. Jauffret. — Non. Même pas le *statu quo*.

M. Guyot. — Je disais à M. Dumont : « Je suis père de famille, j'ai accumulé depuis 20 ou 40 ans des réserves sur mon immeuble ; je voudrais en extraire, retirer de cette caisse d'épargne, le capital dont j'ai besoin à un moment donné et vous voudriez m'en empêcher?

« Oui, me répondait-il, je vous en empêcherai, vous n'en avez pas le droit... »

Eh bien ! Messieurs, je crois avoir ce droit (*Applaudissements*), et de toutes nos forces, nous devons conserver aux propriétaires forestiers ces deux éléments de la propriété : le droit d'user et le droit de disposer. (*Applaudissements*).

M. de Sébille. — Après avoir lu le remarquable rapport de MM. Guyot et Roulleau, le premier sentiment que j'éprouve est le besoin de les féliciter d'un travail aussi bien conçu, qui soutient les idées d'indépendance et de liberté qui nous sont chères.

Nous sommes absolument les adversaires de l'interventionnisme et je ne vois pas pourquoi les propriétaires de bois seraient devenus des incapables, des mineurs et auraient besoin de tuteurs.

A tout prix, nous désirons conserver la liberté qui nous tient tant à cœur et je félicite ces Messieurs, dans un pays où l'interventionnisme a l'air de prendre des proportions considérables, d'avoir eu le courage de défendre la liberté. (*Applaudissements.*)

M. du Pré de Saint-Maur. — Je tiens à donner ici un petit renseignement que beaucoup d'entre vous connaissent déjà.

Il y a quelques années, une propriété de 4.000 hectares environ, située dans le Morvan, a été vendue plusieurs fois de suite ou a changé de propriétaire par voie de succession, mais, chaque fois, avec une diminution considérable de valeur.

Il arriva qu'un des propriétaires, qui ne redoutait pas les opérations un peu hasardeuses, voyant que cette forêt ne lui rapportait même pas 5 francs à l'hectare alors que l'impôt lui en coûtait 5, a vendu toute la superficie.

Bien entendu, cette décision un peu radicale a peiné tous les amateurs, mais on ne pouvait lui interdire cette vente.

A-t-il loué le sol pour le pacage comme on l'a prétendu ?

Si oui, je vous le demande, qui pouvait l'empêcher de le faire? En vertu de quelle disposition aurait-on pu le lui interdire?

M. LE PRÉSIDENT. — En cas de défrichement direct, on peut réclamer.

M. DU PRÉ DE SAINT-MAUR. — Pouvait-on le forcer à avoir 15 gardes ?

M. LE PRÉSIDENT. — L'État n'entre pas dans ces détails, mais, par le seul fait qu'après exploitation il y avait abus de pâturage, le délit de défrichement indirect pouvait être invoqué d'après la législation en vigueur.

Le propriétaire est responsable, non seulement de ce qu'il fait, mais encore de ce qu'il laisse faire.

M. DU PRÉ DE SAINT-MAUR. — Faudra-t-il admettre que les propriétaires doivent se soumettre à tous les règlements administratifs sans pouvoir tirer un sou de leurs forêts ?

Et vous croyez qu'il pourra encore se vendre un hectare de bois dans ces conditions... que la propriété ne diminuera pas *ipso facto* de valeur, au point d'être réduite à rien ?

M. JAUFFRET. — Dans certains pays, on respecte la forêt.

M. LE PRÉSIDENT. — Je retiens l'observation qu'en France, le fait de laisser pâturer après l'exploitation est trop souvent impuni. Il y a là une question de défrichement indirect, mais ce n'est pas le moment de la traiter, ni de restreindre la législation du défrichement. C'est, certes, une servitude très lourde, elle est acceptée et personne, je crois, ne voudrait y toucher.

M. BANCHEREAU. — On peut citer les forêts anéanties, et il y en a dans la région de l'Aube, par exemple, mais on ne met jamais en parallèle les territoires reboisés ; on veut interdire de couper quoi que ce soit tout en engageant à reboiser.

Veut-on faire de la France un massif forestier immense? C'est cependant ce à quoi on arrivera si on veut ainsi reboiser.

On oublie qu'il a y quelques années, l'Administration forestière a fait une enquête dont les chiffres exacts n'ont pas été publiés, mais qui a démontré qu'il y avait 600.000 hectares environ de surface boisée de plus qu'il y a 40 ans. On ne peut donc pas parler de déforestation en France, et nous voudrions bien avoir les chiffres exacts de cette statistique dont nous ne connaissons que les conclusions.

Pourquoi voudrait-on nous mettre en tutelle et nous donner une méthode forestière! Les agents de l'Administration emploieraient chez nous la méthode en vigueur dans les forêts domaniales qui, bien entendu, est excellente, mais qui n'est pas la seule bonne. Nous n'aurons plus la possibilité de faire des expériences qui cependant sont utiles, émanant de l'initiative privée.

Les pays étrangers qui ont des forêts aussi bien tenues que les nôtres, emploient d'autres méthodes et ne s'en trouvent quelquefois pas plus mal. N'adoptons pas une méthode unique qui serait la ruine de nos forêts.

On nous demande de reconstituer les massifs tels qu'ils étaient auparavant, mais nous savons tous que ce n'est pas toujours possible quand un massif a disparu. Que pouvons-nous faire après un incendie détruisant un vieux massif de chênes? Il faudra, pendant un siècle, un siècle et demi et même plus, y introduire d'autres essences, le pin ou le sapin, par exemple. Ce ne sera donc pas l'ancien massif dans son état primitif.

C'est pourquoi, Messieurs, je m'associe à la proposition de M. Roulleau et je demande la plus grande liberté pour les propriétaires.

M. Laroquette, — Je citerai un fait personnel et local qui s'est passé dans le département des Landes.

A Solférino existait un domaine impérial de 6.000 hectares, acquis par Napoléon III en 1857 et transformé par lui en une très belle forêt d'exploitation.

En 1905, l'ex-impératrice Eugénie l'a vendu à des marchands de bois qui ont abattu 500.000 pins, si bien que de ce magnifique domaine que Napoléon avait conquis à la sylviculture, il ne reste absolument rien depuis 1911.

Le département s'est ému, l'affaire a eu son écho au Parlement où on a dit que les Landes redevenaient ce qu'elles étaient autrefois : un désert, et on a réclamé l'intervention de l'État pour empêcher cette dévastation abusive.

Mais cet ancien domaine impérial ne restera pas longtemps lande rase. Il a eu la bonne fortune, il y a deux ans, d'être acheté par Mme Vve Schneider qui, grâce aux capitaux considérables dont elle dispose, y fait exécuter des travaux d'aménagement et des plantations, si bien qu'il y a lieu d'espérer que, d'ici quinze ans, la forêt sera reconstituée.

M. Banchereau. — Grâce à la liberté.

M. Laroquette. — Je me demande, si Mme Schneider ne s'était pas trouvée là, avec sa grosse fortune, ce qu'il serait advenu de ce domaine.

Un Congressiste. — C'est un autre capitaliste qui l'aurait acheté.

M. Laroquette. — Il serait plutôt resté à l'état de lande rase et c'eût été dommage. Déjà la population de Solférino avait dû émigrer en partie ; les fossés d'écoulement, non entretenus, transformaient la lande en un marécage, c'est-à-dire en un foyer pestilentiel.

En résumé, le crois que l'intervention de l'État n'est pas absolument indispensable pour obliger les particuliers à reboiser.

Dans notre département, la question ne se pose pas ; le projet des cinq possibilités a été repoussé par toute la représentation landaise qui voit nos propriétaires reboiser au fur et à mesure qu'ils coupent ; il n'y a donc rien à craindre chez nous.

M. Tanassesco. — Les questions discutées ici sont très importantes, mais je constate qu'on les traite surtout au point de vue français.

En Roumanie, le taux de boisement était, il y a 60 ans, de 60 %, et, ces dernières années, il n'était plus que de 16 %, ce qui a déterminé le Gouvernement à prendre des mesures un peu coercitives contre les propriétaires particuliers, surtout contre la propriété indivise des paysans qui englobe chez nous 600.000 hectares environ.

Une loi votée il y a trois ans a classé les forêts en forêts de protection, où le droit d'intervenir est donné à l'État. Elles sont en montagnes et l'État ne s'occupe pas des forêts de collines ou de plaines où les propriétaires forestiers sont à côté des propriétaires fonciers. Je vous demanderai, si vous adoptez un vœu sur la question et puisque nous sommes en Congrès international, de ne pas adopter un vœu visant exclusivement la France, mais tous les autres pays, afin que ce vœu n'empiète pas sur ce qui se fait ailleurs.

M. le Président. — Nous avons été très intéressés par cette communication, mais je vous ferai remarquer que vous avez déjà satisfaction.

Hier, la question des forêts de protection a été résolue dans le sens que vous désirez. Vous nous dites que vous avez aussi des forêts de protection et nous sommes très heureux de l'apprendre, car il s'agit d'un pays neuf où les expériences sont plus faciles et plus intéressantes. Le vœu adopté hier en faveur de la constitution de forêts de protection dans les régions élevées et dans les dunes est en parfaite concordance avec la législation roumaine.

Quel que soit le vœu adopté dans un instant, il ne portera pas préjudice à celui émis hier.

M. Carbonnier. — Je n'avais pas l'intention de prendre part à la discussion, mais je dois dire qu'en Suède, nous avons une loi qui concerne les forêts appartenant aux particuliers et que les congressistes désirent peut-être connaître. J'en ai préparé un résumé que voici :

Résumé de la Loi du 24 juillet 1903, relative a l'entretien des forêts appartenant a des particuliers en Suède.

Article premier. — Il est interdit d'exploiter les forêts appartenant aux particuliers de telle façon que la régénération naturelle en soit compromise. Celui qui se sera rendu coupable de pareils faits sera tenu de prendre les mesures nécessaires pour assurer le reboisement. Si le propriétaire d'une forêt a cédé à une tierce personne le droit d'exploitation de celle-ci, et si cette personne se rend coupable de faits analogues à ceux mentionnés ci-dessus, le propriétaire de la forêt sera solidairement responsable de la réparation des torts commis; toutefois, le propriétaire, en ce cas, aura le droit de réclamer au coupable le remboursement des sommes déboursées par lui de ce fait. La surveillance de l'exécution des présentes dispositions appartient à une administration pour la protection des forêts, désignée à cet effet dans chaque province où la présente loi est applicable, aux employés, et inspecteurs commis à ces fonctions par la dite administration, de même qu'aux commissions désignées par les communes dans un but analogue.

Art. 2. — Dans le cas où ladite administration — soit qu'elle ait été saisie de l'affaire par un avis formel, soit pour toute autre raison — aurait lieu de présumer qu'une forêt est exploitée d'une façon contraire aux dispositions de l'article premier, elle devra en référer à l'autorité gouvernementale pour qu'il soit procédé à une enquête. L'autorité en question désignera à cet effet un agent forestier, lequel, assisté de deux prud'hommes impartiaux désignés par lui parmi les membres des commissions locales chargées de faire le partage légal des terres ou remplissant les fonctions d'arbitres dans les opérations d'arpentage, se rendra sur les lieux aux fins de procéder à une inspection. Cette opération terminée, l'agent forestier dressera un rapport, qui devra être transmis à l'Administration, et où devront se trouver consignées les mesures nécessaires en vue du reboisement du ou des terrains dont il s'agit. Au cas où les inspecteurs ainsi désignés ne seraient pas d'accord sur les mesures à prendre leurs opinions divergentes devront être portées à la connaissance de l'Administration.

En conséquence du dit rapport, l'Administration aura à dresser une convention concernant des mesures nécessaires en vue du reboisement. Dans le cas où cela ne réussirait pas, où les mesures prescrites ne seraient pas exécutées en temps, des poursuites auraient lieu.

L'exploitation peut être complètement ou partiellement interdite jusqu'à ce que les mesures de reboisement soient exécutées. Cette interdiction sera annulée si une caution est fournie, par laquelle l'exécution des mesures de reboisement est garantie.

Résumé de l'Ordonnance royale du 24 juillet 1903, relative aux administrations forestières locales en Suède.

Article premier. — Les administrations pour la protection des forêts, dont chaque province doit être dotée, seront composées de trois membres parfaitement au courant des affaires forestières et désignés dans l'ordre suivant pour une durée de trois ans, savoir : le premier, président, sera choisi par le gouvernement, le second, par le Conseil général, et le troisième par le Comité administratif de la Société d'économie rurale de la province.

Les suppléants, en nombre égal à celui des membres ordinaires, seront désignés pour une même durée et de la même façon que ceux-ci.

Art. 2. — Toute administration forestière locale devra attacher à son service un aide forestier compétent.

Art. 4. — Les administrations forestières locales auront pour but :

a) D'améliorer l'économie forestière — pour les forêts appartenant à des particuliers — en répandant les connaissances utiles en matière de sylviculture, en favorisant cette culture, soit par la voie de crédits, soit par des travaux pratiques; en tenant à la disposition des intéressés, des graines et des plants d'arbres forestiers, et en prenant, d'une façon générale, toutes dispositions utiles en vue de l'amélioration de l'économie forestière de la région.

b) D'exercer une surveillance et prendre les mesures incombant aux administrations forestières, aux termes de la loi relative à l'entretien des forêts appartenant à des particuliers ; les administrations forestières seront tenues, en outre, de fournir tous renseignements demandés, relativement aux mesures prises par elles dans un but analogue, de même qu'en ce qui concerne les sanctions prises sur leur demande par les tribunaux ou par les sur-exécuteurs, en exécution des dispositions de la loi précitée ;

c) De gérer les fonds provenant des taxes perçues pour l'entretien des forêts ou versées pour toute autre raison à la caisse destinée à subvenir aux besoins de la sylviculture ;

d) De faire choix d'un aide compétent (voir ci-dessus, article 2) et assurer son traitement au moyen des fonds confiés à leur gestion ; nommer, s'il y a lieu, un secrétaire et, de plus, tous employés compétents et tous inspecteurs nécessaires ; donner toute instruction opportune à l'usage du personnel ainsi désigné ;

Dans le cas où le propriétaire ou l'usufruitier d'une forêt désirerait un aide compétent pour l'entretien de sa forêt ou simplement des instructions relatives à l'exploitation de celle-ci ou bien concernant les mesures à prendre quant au terrain nouvellement déboisé, l'intéressé devra adresser à cet effet une demande écrite à l'administration forestière compétente, laquelle désignera à son tour un expert pour fournir à l'intéressé tous renseignements utiles.

Il appartiendra aux administrations forestières locales de prescrire les conditions dans lesquelles les particuliers possédant des forêts, pourront obtenir l'assistance des employés et inspecteurs engagés par elles ; l'assistance en question pourra, s'il y a lieu, être donnée gratuitement.

Les administrations forestières locales devront se conformer, dans l'exercice de leurs fonctions, au règlement qui aura été édicté à leur intention et sur leurs propositions par le gouvernement après avis préalable du Conseil général compétent et du Comité administratif de la Société d'économie rurale de la région.

Art. 5. — Dans les communes qui en feront la demande, il pourra être procédé — aux fins de venir en aide aux administrations forestières locales dans l'exercice des fonctions leur incombant aux termes de l'article 4 ci-dessus alinéas *a*) et *b*) — à la nomination d'une Commission composée de trois personnes désignées pour une durée de trois ans, l'une par l'administration forestière compétente et les deux autres par l'assemblée communale, dans les conditions stipulées pour le choix des arbitres en matière de partage des terres.

M. Moyat. — Je formulerai simplement trois observations et je répondrai à deux arguments invoqués.

La première observation, c'est qu'il ne faut pas faire dévier la question, car il s'agit simplement de savoir comment on empêchera demain de couper autant que par le passé.

Deuxième observation : en ce qui concerne la Roumanie, je crois que la loi dont il a été parlé est une loi restrictive, non pas de la propriété particulière, mais de ce qu'on appelle la propriété d'indivision.

Tanassesco. — Non, il s'agit de la propriété particulière des forêts de montagnes et de collines.

M. Moyat. — Quant à la loi suédoise, nous l'avons en France, c'est la loi sur le défrichement, mais ce n'est pas là la question, puisque nous parlons de l'ingérence de l'Administration forestière dans les propriépriétés particulières.

Enfin, il n'a pas été répondu à deux arguments extrêmement forts, invoqués par M. Jauffret. Il nous a dit qu'en France, nous admettons beaucoup d'atteintes au droit de propriété, notamment l'expropriation pour cause d'utilité publique, les servitudes, etc...

C'est exact, mais il faut tenir compte de ce fait qu'il n'en est aucune qui, du moins à l'origine, n'ait été compensée par une juste et préalable indemnité.

Le second argument qu'il a invoqué c'est que, la loi s'appliquant à toutes les propriétés forestières, aucune ne sera dépréciée. Évidemment, elle ne sera pas dépréciée par rapport à sa voisine, mais, comparée aux autres propriétés, elle sera en état d'infériorité, notamment auprès des terres en culture. La valeur d'un bois ne sera pas proportionnellement inférieure à celle d'un bois voisin, mais elle sera beaucoup moindre que les terrains de labour ou les pâturages voisins.

M. Margaine. — Avant que le Congrès fasse à la proposition de M. Jauffret un sort qu'elle ne mérite pas, je voudrais dire un mot à propos du *jus abutendi* dont on a parlé.

Il semble qu'au point de vue des propriétés forestières, le *jus abutendi* a déjà été sérieusement restreint sous l'ancien régime par l'interdiction de défricher. Au lieu de « défrichements », nous voudrions voir mettre dans la loi « déforestation ». M. Jauffret ne demande rien de plus.

Nous ne venons pas prendre les forêts des particuliers, nous leur disons simplement : « Vous voulez un petit avantage en ce qui concerne l'impôt forestier ; vous demandez une exonération ; eh bien ! acceptez une tutelle légère ».

M. P. Descombes. — La lutte est évidemment entre l'intérêt général et l'intérêt privé des propriétaires, mais il y a intérêt à faire la conciliation.

Si on chargeait l'État de reboiser les forêts, l'intérêt public serait sauvegardé, mais il s'agit de ne pas limiter le droit de propriété et, surtout, de ne pas le supprimer.

L'*Association Centrale pour l'aménagement des montagnes* a étudié l'orientation des capitaux vers le reboisement et la loi déposée en 1907 a abouti ces jours derniers. Or, M. le Ministre de l'Agriculture demandait hier au Congrès international sa collaboration pour l'application de cette loi et la préparation du règlement d'administration publique.

Actuellement, les propriétaires de bois qui n'habitent pas leurs propriétés et sont embarrassés pour les administrer eux-mêmes, n'ont personne à qui s'adresser pour une gestion sage et raisonnable.

A l'avenir, ils pourront s'adresser à l'État, mais personne ne les y obligera, ils le feront s'ils le croient convenable. De même, si ces propriétaires trouvent que leurs forêts sont onéreuses, gênantes pour eux, ils pourront s'en débarrasser en trouvant comme acheteurs les propriétaires impérissables : Compagnies d'assurances, Caisses d'épargne, Mutualités, etc., qui possèdent plusieurs milliards et pourront s'orienter vers la propriété boisée s'ils y trouvent avantage.

Il y a intérêt à ce que cette tutelle volontaire soit, dans l'intérêt de la collectivité, le plus simple possible, qu'elle donne le moins de sujétions possibles aux propriétaires, à ce qu'elle puisse s'étendre, et ainsi on aura une nouvelle catégorie de propriétés.

La forêt privée sera divisée en deux catégories ; d'abord la forêt privée, administrée en tout ou partie par l'État, suivant les prescriptions du règlement d'administration publique ; ce sera une propriété protégée donnant des garanties de conservation et qui a droit à un traitement de faveur justifié par ces garanties de conservation. Puis, la propriété forestière libre, qui réclame le droit commun, c'est-à-dire demande à n'être pas plus imposée que l'ensemble de la propriété foncière.

Puisque le Ministre a bien voulu inviter le Congrès à l'aider dans la préparation du règlement d'administration publique, je proposerai au Congrès d'ajouter, au vœu préparé par MM. Guyot et Roulleau, la phrase suivante :

« *Qu'en ce qui concerne en France l'application de la loi Audiffred, il appartient au règlement d'administration publique de définir le minimum de sujétions permettant aux propriétaires de forêts protégées de profiter du traitement de faveur qui pourra correspondre à leurs garanties de conservation* ».

M. le Président. — La loi Audiffred prévoit plusieurs modalités. Le contrat est à débattre entre le propriétaire et l'État.

M. Descombes. — Dans chaque cas, oui, mais le règlement d'administration publique devra fixer un régime des forêts protégées, tel qu'il puisse être invoqué par les lois suivantes quand on demandera, par exemple, l'immunité des droits d'enregistrement...

M. le Président. — Un décret ne suffit pas ; chaque fois qu'on parle d'immunité d'impôt, il faut une nouvelle loi.

M. Descombes. — Il faudrait fixer ce régime de telle façon que les lois suivantes puissent s'y reporter.

M. Coste. — La mesure proposée par M. Jauffret deviendrait bientôt odieuse parce qu'elle serait nécessairement arbitraire. En France, on n'observe la loi que dans la mesure où l'état de l'opinion locale le permet.

Vous parliez tout à l'heure de la loi contre le défrichement. Or, dans plus de vingt départements du Midi, il n'y a peut-être pas un seul propriétaire qui connaisse et respecte cette loi. On défriche continuellement et, chaque fois qu'on fait une coupe, on fait sauter la souche, « le piquet », comme on dit, en termes de métier, de façon à transformer la forêt en pâturage qui rapporte davantage.

Faites une nouvelle loi, si vous le voulez, on n'en tiendra pas compte.

On l'appliquera peut-être à quelques propriétaires isolés contre lesquels l'opinion publique s'ameutera... (*Applaudissements*), on leur dressera procès-verbal, mais voyez alors l'état de conscience du juge auquel les propriétaires poursuivis diront : « Comment pouvez-vous nous condamner alors que dans 10, 20 départements, on ne respecte pas cette loi ».

Une loi nouvelle serait inapplicable et odieuse.

M. le Président. — Si la loi est d'une application difficile, il faut en comprendre la principale raison : c'est que le personnel des gardes-forestiers est très inégalement réparti. Or, il ne faut pas se faire d'illusion, c'est sur lui seul qu'on peut compter pour empêcher le défrichement.

Je sais bien que la loi ordonne aux maires de le constater, mais je n'étonnerai personne en disant qu'on ne peut pas faire fond sur eux. Il y a bien des cas particuliers et des maires qui verbalisent, mais n'approfondissons pas...

On ne peut que déplorer cet état de choses et on pourrait sans doute y remédier, mais cela ne tient pas à un arbitraire quelconque de la part de l'administration.

M. Imbart de la Tour. — Nous sommes d'accord sur l'étendue de la déforestation et je vois à cela trois causes principales.

Tout d'abord, il y a la question de l'impôt, et c'est tellement vrai que ce sont les grands domaines forestiers qui disparaissent. C'est à l'État à prendre des mesures pour atténuer le régime fiscal dont nous souffrons ; ce n'est pas une faveur que nous demandons, c'est la justice.

Une autre cause de cette situation, c'est la question des bûcherons. Il arrive en bien des pays que le prix de façon est double de la valeur du bois. Dans la Nièvre, notamment, c'est constant ; il appartient encore à l'État d'intervenir et de faire respecter la liberté du travail en permettant à tous les bûcherons de travailler librement.

En troisième lieu, il y a la question des débouchés et je n'y vois pas de solution. Il n'y a pas grand chose à faire en ce qui concerne le bois de consommation.

M. de Nicolay. — On a parlé de lutte entre l'intérêt général et l'intérêt privé. Je proteste énergiquement contre cette idée et je crois, au contraire, qu'il s'agit de s'expliquer sur la façon dont doit se comprendre l'intérêt général.

Il pourrait être avantageux, au point de vue forestier, que l'État soit propriétaire d'un très large domaine et beaucoup de vœux ont été présentés en ce sens au Congrès, mais je crois aussi que nous arrivons à cette heure, qui peut être déclarée bien heureuse, où l'État aura intérêt à ce que la propriété privée se développe et soit conservée.

Or, la cause de la crise actuelle est celle-ci : c'est que la propriété forestière souffre, pour un grand nombre de raisons déjà énumérées, sur lesquelles je ne reviendrai pas. A ce mal, quel remède propose-t-on ? Une limitation du droit de propriété, c'est-à-dire un mal de plus ! (*Applaudissements*).

Le résultat de cette limitation serait fatalement d'abaisser encore le prix des propriétés forestières déjà si avili (*Applaudissements*).

Le prix de la propriété forestière est avili dans le sens du revenu et j'estime que c'est rendre le plus mauvais service à la cause forestière que d'en diminuer encore la valeur.

M. Laroquette vous a montré l'exemple d'un gros capitaliste reconstituant une forêt grâce à une méthode culturale raisonnée, de façon à récolter, dans 50 ou 60 ans, ce qu'il aura semé. Croyez-vous que si on était venu lui dire : « Vous allez semer, mais vous ne récolterez pas », croyez-vous, dis-je, que ce capitaliste aurait acheté cette propriété ?... (*Applaudissements*).

La seule solution à la crise dont nous souffrons, est la liberté des propriétaires (*Vifs applaudissements*).

M. Grand. — Comme représentant de la section de sylviculture de la Société d'Agriculture de la Gironde et comme représentant du Syndicat de la Gironde et des Landes, je puis dire que j'ai derrière moi les 800.000 hectares de pins du Sud-Ouest et c'est pourquoi je viens apporter ici la protestation énergique de tout ce pays contre toute immixtion de l'État dans les forêts particulières.

Mais il me semble que la question est mal posée et qu'elle est trop générale. On disait tout à l'heure : la propriété forestière souffre. Oui, il y a des propriétés forestières qui souffrent, mais il y en a — c'est peut-être la minorité — qui ne souffrent pas et la propriété forestière landaise est de celles-là, elle n'a pas besoin d'être protégée, elle se protège toute seule et, chaque fois qu'on a proposé à nos propriétaires de venir les aider et leur montrer à gérer leurs domaines, cela a été pour eux une stupéfaction profonde.

Mettre les propriétaires forestiers en tutelle n'est pas possible et il n'en est nul besoin (*Applaudissements*).

La question ne doit pas se poser ainsi. Il faut dire que, si dans certains cas l'intérêt général est assez gravement compromis pour qu'on astreigne les propriétaires à subir, dans une certaine mesure, l'immixtion de l'État, il faudra bien spécifier ces cas et ne pas généraliser, car c'est inutile dans bien des régions.

M. le Président. — Votre préoccupation très légitime a reçu satisfaction par le vote d'hier instituant des forêts de protection. Ces forêts sont donc, maintenant, hors de cause.

M. Grand. — Alors, je retire ce que j'ai dit.

M. le Président. — Vos observations sont très intéressantes et nous ne regrettons qu'une chose, c'est que tous les propriétaires ne puissent pas dire de leur région ce que vous dites de la vôtre.

M. DE SÉBILLE. — Une loi existe en Danemark depuis 1905, qui laisse toute liberté aux propriétaires, mais interdit aux acquéreurs de forêts de couper les hautes futaies avant 10 ans, je crois, après l'acquisition.

Il était intéressant de le rappeler ici ; cette loi protège les forêts contre les bandes noires qui exploitent la France et la Belgique.

M. LE PRÉSIDENT. — Si une pareille loi existait en France, il serait facile de la tourner. Dans bien des cas, le propriétaire ne veut pas détruire lui-même sa forêt, il le fait par l'intermédiaire d'un mandataire.

On ne peut raisonner d'une façon absolue d'après ce qui se passe dans les autres pays. La Belgique est beaucoup plus proche de la France, à tous les points de vue, que le Danemark dont les conditions climatologiques, l'état social et politique, sont différents des nôtres. Il n'y a même pas de grandes étendues comme en Suède, on ne peut donc pas en tirer argument pour parler de la France.

M. DE SÉBILLE. — Le Congrès de Gand a, la semaine dernière, été saisi d'un vœu analogue, mais ne l'a pas admis.

M. LE PRÉSIDENT. — Connaîtriez-vous la loi danoise, Monsieur le délégué de la Suède?

M. CARBONNIER. — Très peu ; je sais simplement qu'on ne peut couper dans les quelques années qui suivent l'acquisition.

M. DU PRÉ DE SAINT-MAUR. — J'ai vu quelque chose en Hongrie qui est moins rigoureux.

Il y a de superbes forêts aménagées à cent ans. Quand on les exploite, on laisse des porte-graînes à certaines distances, de façon à assurer le renouvellement du taillis.

M. DE SAILLY. — Il serait bon de ne pas invoquer, en faveur de l'immixtion de l'État, cet argument qu'il faut un siècle et plus pour avoir des bois de futaie.

Si, de ce fait qu'il faut un siècle pour reconstituer une futaie, on en déduit que l'État doit intervenir pour limiter l'exploitation, il faudrait aller beaucoup plus loin et déclarer qu'il interviendra aussi, par exemple, dans les mines. Voilà une mine capable de fournir du charbon pendant 70 ans, jamais l'idée n'est venue à l'État de déclarer au propriétaire qu'il allait restreindre l'extraction, de façon à faire durer la mine pendant 200 ans. Et cependant, la forêt se reconstitue d'elle-même, alors que la mine s'épuise.

M. BOUVET. — Je demande la parole, car je crois qu'il y a encore quelques mots à dire.

Le mal existe ; il y a beaucoup de déforestation. J'habite le Jura et j'y ai vu raser les grandes forêts du pays. Elles existent bien encore, mais au lieu d'être riches en futaies, et d'avoir beaucoup d'arbres, il n'y en a plus que l'apparence. On a coupé tous les bons arbres et on a laissé tous les mauvais, c'est-à-dire des balivaux sans valeur, de façon à tromper l'œil des amateurs. Quelqu'un de peu expérimenté croirait que rien n'est changé dans la forêt, mais il n'en est pas ainsi.

Je crois que nous sommes tous d'accord pour éviter la déforestation et pour demander que les forêts particulières soient très riches. On peut y arriver de deux façons différentes : par la coercition ou par le régime de liberté.

La coercition, c'est l'intervention de l'État, et vous savez où elle nous mène, c'est au socialisme d'État. Nous n'avons que trop de propension aujourd'hui à nous acheminer sur cette pente glissante, c'est un mal terrible qui nous amènera au niveau de la Turquie (*Applaudissements*).

Je n'en parlerais donc pas s'il n'y avait un danger à craindre. Ce danger est constitué par le Parlement qui est beaucoup trop favorable à l'intervention de l'État. Les parlementaires ont derrière eux le commerce des bois, non pas les spéculateurs, mais le vrai commerce des bois et les populations qui ont intérêt à avoir des coupes régulières et non pas ces soubresauts qui jettent la perturbation dans le pays.

Voilà ce qui donne de la force au Parlement et fait que les parlementaires voudraient l'intervention de l'État et même voudraient vous exproprier sans indemnité (*Protestations*).

M. Challamel. — Je proteste ; ce n'est pas du tout la mentalité qui règne au Parlement et nous sommes une majorité qui n'approuvons pas du tout cette théorie.

M. Bouvet. — Alors, vous êtes d'avis que, s'il y a intervention de l'État et diminution de la liberté des propriétaires, il doit y avoir de larges compensations ?

M. Challamel. — C'est l'opinion émise par ceux qui sont le plus partisans de l'intervention de l'État.

M. Bouvet. — Il est donc entendu que si le Parlement croit devoir entrer dans cette voie, il y aura pour les propriétaires une compensation telle...

M. Challamel. — Qu'ils y trouveront peut-être leur avantage.

M. Bouvet. — Je considère maintenant le régime de la liberté et je dis que l'État devrait vous donner des avantages sans vous imposer d'obligations.

Ceci vous paraît peut-être paradoxal, mais c'est la vérité ; il devrait notamment vous accorder des remises d'impôts.

On parle beaucoup des forêts protégées, il n'y en a qu'une qui ne le soit pas, c'est la propriété forestière privée. Vos forêts sont livrées au pillage, aucune loi ne vous défend et je soutiens que c'est dans un régime de liberté que le Parlement devrait trouver la combinaison qui permettra aux particuliers, par le jeu même des lois économiques, d'avoir intérêt à conserver leurs forêts et à les enrichir (*Applaudissements*).

M. DELAHAYE. — Dans son rapport, M. Roulleau semble insinuer que ce n'est que depuis quelques années que l'État a songé à intervenir dans la gestion des bois particuliers. Or, l'ordonnance de 1669 et les nombreux arrêts qui ont suivi, comportent au contraire une ingérence exorbitante de l'État, une quasi expropriation.

M. BANCHEREAU, — Pas en ce qui concerne les forêts particulières.

M. LE PRÉSIDENT. — Mais si, c'est un fait historique, qui n'est pas contestable.

M. DELAHAYE. — On imposait par exemple de réserver 16 ou 20 baliveaux suivant les coupes pendant 20 ou 40 ans.

En ce qui concerne les restrictions à apporter aux droits des particuliers, il y a une distinction à faire entre : 1° le maintien de l'état boisé et 2° la nature de la production ligneuse.

En ce qui concerne la nature de la production ligneuse, il faudrait que la disette de bois d'œuvre devint une calamité publique imminente pour que l'État ait le droit d'intervenir dans la production des catégories.

Reste alors la question du maintien de l'état boisé nécessaire pour les différentes raisons exposées au code forestier qui prévoit simplement l'existence de la végétation ligneuse, quelle que soit la production, quel que soit l'âge.

Actuellement, la législation sur le défrichement et la jurisprudence qui est venu la corroborer donnent, semble-t-il, des armes suffisantes pour assurer l'intérêt général, mais dans cette question, il y a un point qui n'a pas encore été traité.

Je voudrais qu'on n'interdise aucun droit de jouissance sans compensation, car l'interdiction de défricher est une limitation du droit de propriété. Telle propriété dont on exige actuellement le maintien en nature de bois rapporterait davantage en culture agricole. Si donc l'État prive le propriétaire forestier d'une jouissance, il lui doit une compensation.

Je demande qu'on ajoute aux vœux proposés que, toutes les fois que l'État empêchera le défrichement d'une forêt, il donne une indemnité, une juste rémunération de la privation imposée au propriétaire.

Je vous citerai un exemple : une personne avait défriché en délit, il s'agissait de 24 hectares, elle était donc passible de 12.000 francs d'amende, mais une transaction à 1.200 francs fut accordée. Or, avec la seule plus-value du revenu agricole de la première année, les 1.200 francs demandés ont pu être payés.

UN CONGRESSISTE. — Mais on a dû reboiser, la loi l'impose.

M. DELAHAYE. — Pas du tout, c'est le Ministre seul qui a facultativement le droit d'imposer le reboisement.

LE MÊME CONGRESSISTE. — Et il ne l'a pas fait, c'est fantastique !

M. DELAHAYE. — C'est possible, mais c'est ainsi. Pour conclure, je demande qu'aucun défrichement ne soit interdit sans qu'il soit accordé une compensation pécuniaire au propriétaire.

M. LE PRÉSIDENT. — La question est grave et c'est peut-être aller bien loin, car en demandant trop on risque de ne rien obtenir du tout.

Messieurs les propriétaires étaient d'accord, je crois, pour mettre hors de cause la question du défrichement ; il est peut-être sage de s'en tenir là, parce que, si on va plus loin, ce sera dangereux.

M. GUYOT. — Nous sommes parfaitement d'accord et je ne dirai qu'un mot à ce sujet, ne voulant pas abuser de votre complaisance.

Je ne crois pas qu'il importe de demander dès maintenant une indemnité pour la servitude de défrichement et, si on ne la demande pas d'une façon directe, je me réfère à la seconde partie de notre projet pour que l'État veuille bien nous accorder, d'une manière bénévole, les avantages que nous réclamons et qui ont été énumérés d'une façon sommaire dans le libellé de notre vœu, mais auxquels, évidemment, on peut ajouter bien des choses.

Je ne suis pas le moins du monde ennemi d'une certaine ingérence de l'État ; il ne faut pas croire que je suis sur ce point plus intransigeant que d'autres. J'accepterai même — je dois le dire — et les Parlementaires le savent, une définition plus exacte des défrichements indirects. Je crois qu'il ne faudra pas laisser cela dans le domaine de la jurisprudence et qu'il serait bon de l'asseoir sur un texte précis du code forestier.

Cela pourrait être fait ; mais puisque nous consentons à fortifier ainsi l'action de l'État dans une certaine mesure, qu'il nous donne en échange les avantages que nous réclamons dans la seconde partie du vœu.

Ces avantages — et je ne parle pas de l'impôt — nous en causerons plus tard, je les ai indiqués d'une façon énonciative, et l'un d'eux, je ne puis m'empêcher de le répéter, est relatif à la répression des délits.

La loi de 1906, imposée malgré l'Administration forestière, malgré les vœux des propriétaires forestiers, ne nous défend pas contre les délinquants. Nous avions une réglementation suffisante dans les articles répressifs du Code forestier, on est venu protester et déclarer que les coupables étaient très souvent dignes de pitié, qu'il fallait diminuer la répression. En effet, on a réduit les peines dans des proportions considérables : on a diminué les amendes et, chose plus grave, supprimé toutes les peines d'emprisonnement en matière forestière.

Or, parmi les délinquants, s'il y en a qui sont dignes de pitié, beaucoup sont les pires vagabonds. Ce sont eux qui mettent nos forêts au pillage, d'autant mieux que nous n'avons plus de moyens d'action à leur égard.

Le secours le plus efficace que pourrait nous donner l'État serait de rétablir la prison. Peu nous importe qu'on relève le chiffre des amendes, mais ce que nous réclamons, c'est la possibilité de punir de prison des vagabonds insolvables qui sont des délinquants d'habitude.

Je me résume : je vous demande d'envisager la question dans l'ordre d'idées où nous nous sommes placés ce matin et de voter les propositions qui vous sont faites. Nous ne sommes pas intransigeants, mais nous voulons être maîtres chez nous (*Applaudissements*).

M. le Président. — Je crois répondre à la pensée de plusieurs de nos collègues en vous proposant d'apporter au texte du vœu les modifications suivantes :

1° Nous demandons que la sollicitude de l'État s'exerce « *notamment par une répression plus efficace des délits, par des modérations d'impôts, etc...* »

2° On pourrait à la suite du vœu de MM. Guyot et Roulleau, ajouter : « *qu'en France, la loi Audiffred soit appliquée dans un esprit de bienveillante collaboration entre l'administration forestière et les propriétaires particuliers* ».

Le vœu peut s'appliquer à tous les pays, mais on pourrait y ajouter ce membre de phrase s'appliquant spécialement à la France. M. le Ministre nous ayant demandé une indication, nous la lui donnons.

M. du Pré de Saint-Maur. — Parlez aussi des moyens de transport.

M. le Président. — Nous traiterons la question jeudi prochain.

Je mets aux voix le vœu ainsi complété.

Un Congressiste. — Mettez que l'État doit manifester sa sollicitude par une législation particulière.

M. Jauffret. — M. Guyot parlait de la déforestation, on pourrait le mentionner.

Il s'est déclaré favorable à une définition du défrichement indirect.

M. le Président. — Le défrichement est interdit, la législation existe.

M. Jauffret. — Cela m'aurait permis de voter pour le vœu, je vais être obligé de voter contre.

M. LE PRÉSIDENT. — Je crois répondre à la pensée générale en disant que les propriétaires forestiers renoncent à soulever la question de l'indemnité.

N'insistons pas sur ce point, sans quoi la question de M. Delahaye se pose également.

M. GUYOT. — Je n'insiste pas du tout.

M. LE PRÉSIDENT. — Je mets aux voix le vœu présenté par MM. Guyot et Roulleau tel qu'il vient d'être complété.

Le vœu ainsi modifié est adopté à l'unanimité moins deux voix.

La séance est levée à 11 h. 10.

SÉANCE DU 17 JUIN 1913

(APRÈS-MIDI)

Présidence de M. VIVIER, président de Section

La séance est ouverte à 2 h. 35.

M. LE PRÉSIDENT. — Messieurs, nous avons à aborder cet après-midi la très importante question de l'impôt forestier.

Afin de procéder par ordre, M. Arnould lira son rapport; les secrétaires de la séance donneront ensuite lecture des trois communications écrites présentées sur la question ; enfin je donnerai la parole à ceux d'entre vous qui auraient des observations à présenter.

La parole est à M. Arnould pour la lecture de son rapport sur l'IMPÔT FORESTIER.

Exagération de l'impôt sur les forêts.

M. ARNOULD. — Quelle doit être la base de l'impôt sur les forêts pour que le revenu forestier ne soit pas plus imposé que les autres revenus de même nature?

Cette question si importante pour la conservation des forêts n'a attiré l'attention des forestiers qu'à la fin du XIXe siècle et n'a été réellement étudiée qu'au XXe siècle. Les premières études sont celles de Baur (1875), puis Judeich, en Allemagne; Puton (1882), Arnould (1895), en France; Riebal et Hufnagel (1895), en Autriche. En ce siècle, la question fut traitée en Allemagne par Endres, Graner, Wimmenauer, Urich et Weber, notamment au Congrès forestier d'Eisenach, en 1904; en France, par Broilliard, Arnould et Roulleau, surtout depuis 1908. Je ne cite que les principaux auteurs.

En France, l'exagération effrayante de l'impôt sur les forêts, constatée officiellement par les ministres des Finances et de l'Agriculture, et la réforme fiscale à l'étude, lui ont, depuis 1908, donné une grande actualité et une acuité singulière. Cette exagération de l'impôt sur les forêts a pour cause première le principe — aujourd'hui condamné — du système fiscal français de l'an VII (1799) qui impose la propriété foncière non bâtie d'après un revenu cadastral, fixe et immuable depuis plus de cent ans.

Le revenu des forêts a été évalué à l'époque de la confection du cadastre : pour les forêts feuillues, d'après le revenu net que donnait la forêt supposée traitée en taillis simple, c'était le prix de la coupe divisé par l'âge ; pour les forêts résineuses, d'après le revenu net réel.

Mais depuis un siècle, le rendement en argent des taillis simples a considérablement diminué ; d'une part, les frais d'exploitation, les frais de garde et d'entretien, qui sont en raison du taux des salaires, augmentaient sans cesse; d'autre part, les produits du taillis perdaient de leur valeur. La charbonnette, produit principal du taillis, valait en 1810 8 francs au moins le stère sur pied, elle se vend aujourd'hui moins de 1 franc. Les écorces, autre produit du taillis très recherché autrefois, sont aujourd'hui d'un placement difficile. Par suite de ces faits économiques, le revenu cadastral immuable des forêts feuillues se trouve supérieur de huit fois environ au revenu que donnerait une nouvelle évaluation faite avec la même méthode.

Le principal de l'impôt foncier, la part de l'État, était et est restée modérée, 4 à 5 % du revenu cadastral. Mais les budgets des départements et des communes sont alimentés par des centimes qui s'ajoutent au principal de l'impôt. Ces centimes, en nombre restreint au début, ont augmenté avec les besoins des collectivités, conséquences du développement économique. En 1910, le nombre des centimes additionnels à l'impôt sur la propriété foncière non bâtie était en moyenne, pour l'ensemble de la France, de 12 centimes généraux, 72 centimes départementaux et 62 centimes communaux, soit au total 146 centimes, auxquels s'ajoutent, dans nombre de communes, 20 centimes pour la taxe vicinale. Le taux de l'impôt a, par suite, augmenté dans la proportion de 1 à 2 ½ en moyenne ; dans quelques départements, le nombre des centimes atteint 250. le taux de l'impôt est passé de 1 à 3 ½.

Pour les forêts feuillues, imposées sur un revenu huit fois plus fort que celui qui devrait leur être attribué, l'impôt atteint $8 \times 4 \times 2{,}5 = 80$ % en moyenne, et jusqu'à $8 \times 4 \times 3{,}5 = 112$ % de ce revenu.

Il résulte de ce fait que pour les taillis simples, l'impôt absorbe la presque totalité et même la totalité du revenu ; que pour les taillis sous futaie, selon que le revenu de la futaie est égal au revenu du taillis ou est le double de ce dernier, l'impôt est, en moyenne, de 40 % ou de 27 % du revenu.

Pour les forêts résineuses, comme la plus-value que le développement des voies de communication a donné aux bois a contrebalancé, souvent avantageusement, l'augmentation des frais d'exploitation et des frais annuels, le revenu actuel est en général supérieur au revenu cadastral, mais les pays de montagne étant moins riches que ceux de la plaine, le nombre des centimes additionnels y est plus élevé. L'impôt pèse moins lourdement sur les forêts résineuses de montagne que sur les autres forêts, mais n'en est pas moins encore excessif.

Pour tirer quelques ressources de leurs forêts, les propriétaires sont réduits soit à couper plus que la possibilité, à abattre les futaies, préparant ainsi la ruine des forêts, soit à exploiter la superficie et à se débarrasser du fonds à vil prix.

Une réforme du mode d'évaluation du revenu forestier est indispensable pour mettre fin à ces injustices, pour conjurer ce danger.

La question est complexe ; la solution exige des connaissances assez étendues en économie forestière et en science fiscale. Trop souvent, les forestiers n'ayant que les premières et les agents des finances ne possédant que les secondes, n'envisagent qu'un côté différent de la question. Ce serait un grand pas fait vers la solution, si ce Congrès, où des représentants du Ministère des Finances siègent à côté des forestiers, arrivait à préparer entre les deux parties une collaboration loyale, étroite et fructueuse.

Pour aboutir il importe de bien préciser la question, de mettre en évidence les lois de la formation du revenu des forêts et d'en déduire les conséquences au point de vue de l'impôt.

Si une simplification pratique paraissait nécessaire pour faciliter la perception de l'impôt, il serait facile pour chaque cas particulier de chercher et de trouver, d'un commun accord, une disposition transactionnelle satisfaisante pour les deux parties.

Étude de la formation du revenu forestier.

Que l'impôt porte sur le capital ou sur le revenu, son assiette exige une discrimination précise entre le capital, instrument de production, et le produit ou revenu. Cette discrimination est particulièrement nécessaire lorsqu'il s'agit des forêts.

Si la forêt, comme les autres productions agricoles, est le résultat d'une culture, c'est une culture qui ne ressemble à aucune autre. Elle en diffère notamment en ce que la plante cultivée, l'arbre, le bois, ne produit pas de récoltes annuelles. Le revenu forestier n'est perçu que quand les bois sont assez gros pour avoir une valeur marchande, et qu'on puisse les couper *économiquement*. D'autre part, à la différence de la récolte des autres cultures, la valeur des bois augmente progressivement d'année en année. Le propriétaire a donc intérêt : en principe, à exploiter des bois aussi gros que possible ; en fait, à ne pas exploiter des bois trop jeunes, de trop faible dimension ; dans ce but, pour ne pas différer indéfiniment la perception de ses revenus, il est conduit à laisser sur pied un matériel permettant d'exploiter annuellement des taillis de vingt ans ou des futaies de soixante ans, par exemple. Ce matériel, véritable capital d'exploitation, est uni si intimement au revenu qu'il est impossible de déterminer ce qui, dans le bois sur pied, appartient à l'un ou à l'autre. Seule, l'exploitation, la coupe, permet de séparer le revenu du capital, et encore à la condition qu'elle soit *normale*, c'est-à-dire conforme au plan adopté, qu'elle porte uniquement sur la production annuelle du sol et qu'elle laisse le capital d'exploitation constitué, comme il l'était à la coupe précédente.

Cette situation particulière aux forêts rend obscure la théorie du revenu annuel des bois et forêts qui n'a été exposée d'une façon suffisamment précise qu'en ces dernières années.

Aujourd'hui, forestiers et économistes sont d'accord, du moins dans l'école française, sur la nécessité de distinguer dans le revenu forestier deux éléments : le *revenu du sol*, d'une part, et, d'autre part, le *revenu de l'épargne*, du capital-bois des forestiers ou, suivant une expression quelque peu impropre mais plus claire pour le public, *de la futaie*.

Ces deux éléments du revenu forestier existent nécessairement, quoique sous des formes différentes, qu'il s'agisse d'un taillis simple, d'un taillis sous futaie ou d'une futaie, qu'il s'agisse d'une forêt exploitée en une seule fois ou d'une forêt aménagée ou, selon l'expression du Code civil, d'une forêt en coupes réglées. Dans tous les cas, le revenu forestier apparaît, pour une très large part, comme le fait d'une œuvre de prévoyance et d'épargne et non comme le produit du sol, ainsi qu'on l'a cru longtemps.

Faisons la démonstration pour le cas le moins complexe, celui du taillis simple exploité en une seule fois.

On aperçoit dans la coupe, à *l'âge de l'exploitation économique* (vingt ans par exemple, un premier élément constitué par les *pousses annuelles*, fait direct de la puissance productive du sol ensouché, au nombre de vingt, toujours les mêmes, toujours égales. Concurremment avec cet élément, en est intervenu un second : le concours apporté par chacune des pousses précédentes. En ne recueillant pas son revenu, le propriétaire permet aux pousses annuelles accumulées de travailler, avec la terre comme support, pendant l'année suivante, à la fin de laquelle le produit représente non seulement la pousse de l'année (la contribution toujours égale du sol), mais encore le travail du matériel-bois, que l'on peut considérer par l'analyse comme un facteur indépendant. Le produit auquel ce travail a abouti et qu'il est impossible d'évaluer en fait s'ajoute au produit du sol ensouché. Cette œuvre d'épargne et de prévoyance se manifeste dès la seconde feuille : c'est à ce moment que se constitue le *capital-bois économique*, qui n'est autre que le *matériel-bois technique*. Ce matériel-bois, produit de la nature, conservé et vivifié par l'épargne, servant à la production de richesses nouvelles, est bien un capital au sens où l'entendent les économistes.

Il est par suite possible d'assimiler l'accroissement de valeur d'un bois aux accroissements de valeur d'un capital placé à intérêts composés, bien qu'à la rigueur il n'y ait pas dans les coupes de bois aux différents âges cette régularité mathématique. On peut assimiler la valeur d'une coupe de taillis de vingt ans à une somme formée par l'accumulation à intérêts composés de vingt annuités fixes. L'annuité correspond à la valeur de la puissance productive du sol, et les intérêts composés expriment le concours apporté à cette puissance productive par l'élément *grossissement successif* du matériel-bois.

Le revenu annuel d'un bois traité en taillis simple, exploité en une seule fois, est représenté par l'*annuité* qui, versée pendant un nombre d'années correspondant à la révolution, reproduirait une somme égale à la valeur de la coupe, au moment de l'exploitation. Cette annuité, correspondant à la valeur de la pousse annuelle, donne la mesure de la puissance productive du sol ensouché : c'est le *revenu foncier*.

Le raisonnement serait le même pour toute forêt constituée par un peuplement d'âge uniforme exploité en une seule fois. Dans le cas du taillis sous futaie ou de la futaie jardinée, apparaît un nouvel élément, la *valeur des réserves*, représentant une épargne consolidée, un capital d'exploitation qui reste constant pour une exploitation donnée. Cet élément augmente le revenu annuel de la forêt, mais non le revenu foncier. D'autre part, l'aménagement permet, avec différentes modalités et en principe par une *économie judicieuse* sur les revenus antérieurs, d'obtenir, au lieu d'une coupe unique, des coupes réglées revenant à intervalles plus rapprochés que l'âge de l'exploitation, et même des coupes annuelles. Le revenu de la forêt est par suite augmenté ; cette augmentation du revenu n'est pas le produit du sol, elle provient du capital engagé dans l'exploitation en vue d'une culture intensive, de l'épargne constituée par des économies successives et représentée par la valeur des coupes en croissance. Ce n'est pas un revenu foncier.

Le capital constitué par l'épargne n'est pas incorporé au sol, il peut, au contraire, en être séparé à tout moment, il peut, il doit parfois être réduit ou supprimé par une coupe intensive ou une coupe à blanc. Le temps, condition essentielle pour sa constitution, n'est pas nécessaire pour sa réalisation.

En résumé, quels que soient le mode de traitement, l'âge de l'exploitation et l'aménagement des coupes, le revenu total d'une forêt, *la rente de la forêt*, se compose de deux éléments :

1° Le *revenu du sol ;*

2° Le *revenu de l'épargne* ou du capital d'exploitation accumulé dans les réserves et dans les coupes en croissance, que l'on peut appeler la futaie.

Il faut se garder de confondre la rente ou revenu total de la forêt avec le rendement ou produit des coupes. Ce dernier peut être supérieur ou inférieur au revenu, selon qu'on réalise une partie du capital accumulé ou que l'on augmente ce capital, opérations qui ont pour conséquence la diminution ou l'augmentation du revenu à la fin de la révolution, dont cette opération marque le début. La réalisation peut d'ailleurs être imposée par force majeure (ouragan, verglas, insectes).

Le revenu annuel total ou rente de la forêt est l'annuité reproduisant la valeur de la coupe normale dans le nombre d'années compris entre deux coupes successives — les coupes étant supposées revenir périodique ment ; — si la forêt est exploitée en coupes annuelles, la rente de la forêt est égale à la valeur de la coupe normale.

Le revenu du sol est égal à l'annuité reproduisant la valeur de la coupe d'un peuplement uniforme, constitué des essences de la forêt, exploité à l'âge minimum auquel il peut fournir des produits de valeur marchande dans la région.

Le revenu de l'épargne est la différence entre le revenu total et le revenu du sol.

L'impôt sur les forêts doit tenir compte des lois de la formation du revenu forestier ; ce fait doit intervenir pour la détermination de l'assiette de l'impôt, qu'il s'agisse d'impôt sur le revenu, d'impôt sur les revenus, d'impôt sur le capital ou d'impôt sur la plus-value ou enrichissement.

La méconnaissance de ce principe explique la diversité des méthodes préconisées en France pour le calcul de l'impôt forestier.

La première en date est le *revenu cadastral* de la loi de frimaire an VII, qui ne voulait imposer que le revenu du sol, mais qui aboutissait à imposer les forêts feuillues sur ce revenu augmenté de celui provenant de l'aménagement en taillis simple, et les forêts résineuses, sur le revenu total des coupes annuelles.

Le revenu dit *effectif* de l'instruction des Finances de 1908, ou revenu moyen arithmétique, — du moins selon l'interprétation que l'Administration a faite primitivement de son texte — impose les forêts sur le revenu total résultant de l'aménagement en coupes annuelles.

Le revenu effectif, selon une interprétation plus récente de l'Administration, plus conforme au sens littéral, et confirmée à la Chambre par le Ministre des Finances, le 25 février 1913, s'obtient en divisant le prix du taillis, d'une part, et le prix de la futaie, d'autre part, par l'âge respectif des bois et en additionnant les deux quotients. Pour le taillis simple et pour la futaie pure, c'est le revenu moyen arithmétique ; pour le taillis sous futaie, c'est le revenu moyen arithmétique du taillis augmenté du quart ou du cinquième du revenu moyen de la futaie.

Le revenu dit *théorique* de la même instruction est évalué différemment selon la nature des forêts : pour les forêts feuillues, c'est le revenu cadastral; pour les forêts résineuses, c'est le revenu obtenu par comparaison avec les sols voisins.

Le revenu *escompté*, proposé par un groupe parlementaire, est le revenu total des forêts supposées exploitées en une seule fois. Le grave défaut de ces méthodes est de ne faire aucune distinction entre les deux éléments du revenu des forêts, d'évaluer le revenu total, plus ou moins empiriquement, et de l'imposer à la contribution foncière, sans pouvoir prévoir les conséquences au point de vue de la juste répartition de l'impôt.

La méthode proposée en 1912 par la sous-commission sénatoriale de l'impôt forestier fait une évaluation distincte des deux éléments du revenu des forêts, mais sans se préoccuper du revenu total.

A toutes ces méthodes, on reproche de ne faire aucune différence entre le revenu des forêts exploitées en coupes annuelles et les revenus des forêts exploitées en coupes non annuelles, même en une seule fois, à quatre-vingts ans et plus pour les futaies.

Pour parer à cet inconvénient, on a préconisé l'*impôt* sur la coupe. Cette solution, logique lorsqu'il s'agit d'un impôt sur le revenu, serait difficilement conciliable avec les principes du système fiscal français. D'ailleurs, cet impôt devrait être perçu non sur le produit de la coupe, mais sur le revenu. Les réalisations de capital, l'excédent sur la possibilité ne devraient pas être atteintes par l'impôt qui,au contraire, devrait porter sur la part du revenu qui serait économisée. Il faudrait déterminer la valeur de la coupe normale et, comme conséquence, exiger du propriétaire une déclaration d'intention d'exploiter et lui imposer une vérification de ses balivages et de ses récolements. L'impôt sur la coupe comporterait un contrôle étroit de l'Etat sur la gestion des forêts particulières et prendrait fatalement un caractère vexatoire et inquisitorial qui suffit à le faire repousser.

L'application des principes rationnels évite tous les inconvénients, qui viennent d'être signalés.

Que les exploitations reviennent ou non chaque année, le revenu du sol est le même pour une forêt donnée, seul le revenu de l'épargne et par suite le revenu total varie. On objecte la complication du calcul des annuités : il n'est pas impossible d'y remédier, au cas où l'impôt est réel et a pour base non le revenu exact d'une forêt déterminée, mais le revenu que peut donner une forêt moyenne soumise à l'exploitation et à l'aménagement usuellement adoptés dans la région pour les forêts similaires. Dans ce cas, au calcul des annuités, il sera toujours possible de substituer des coefficients simples et peu nombreux, qui, convenablement choisis et appliqués au revenu moyen arithmétique, donneront le revenu annuel avec une approximation de 10 à 12 %, bien suffisante en pratique.

Il serait trop long de donner la démonstration mathématique de ce fait, elle nécessite des calculs que chacun peut faire, s'il le désire. Il suffit d'en retenir les résultats.

Pour une forêt donnée, exploitée en coupes périodiques revenant au moins tous les dix ans, la différence entre le revenu total évalué par la moyenne arithmétique et le revenu évalué par les annuités, à des taux compris entre 2 et 3 %, n'excède pas 12 %. Par suite, pour toutes les forêts pouvant être exploitées au moins en coupes décennales, on peut sans erreur sensible admettre que les coupes sont annuelles et considérer le revenu total comme égal au quotient du prix de la coupe par l'âge de l'exploitation. Seules seraient à considérer comme ne pouvant être exploitées en coupes annuelles, les forêts de trop faible contenance pour être divisées en coupes revenant tous les dix ans. On peut admettre que les bois de moins de dix hectares sont dans ce cas.

Le revenu d'une forêt exploitée tous les vingt, vingt-cinq ou trente ans, calculé par les annuités à 2,5 % d'une part, et celui d'une forêt exploitée tous les vingt-cinq, trente et quarante ans, calculé par les annuités à 3 %, d'autre part, ne diffèrent que de 10 % au plus des deux tiers du revenu moyen. On peut, en conséquence, prendre pour revenu total des taillis de moins de dix hectares, les deux tiers du revenu moyen annuel, et pour revenu du sol les deux tiers du revenu moyen du peuplement donnant le revenu foncier.

Pour une forêt exploitée tous les soixante, quatre-vingts ou cent ans, l'annuité calculée selon le cas à 3, à 2,5 ou 2 % est sensiblement égale au tiers du revenu moyen arithmétique. Cette proportion peut être admise pour l'évaluation du revenu total des futaies de moins de dix hectares. Deux coefficients suffiraient en pratique :

Celui de 2/3 pour le revenu foncier et pour le revenu total des taillis de moins de dix hectares ;

Celui de 1/3 pour le revenu total des futaies de moins de dix hectares.

Sans doute à la limite extrême, une différence d'un are dans la contenance de deux forêts suffirait pour fa re considérer l'une comme pouvant être exploitée en coupes annuelles et l'autre comme ne pouvant donner qu'une seule coupe ; pour augmenter le revenu de moitié s'il s'agit de taillis, pour le tripler s'il s'agit de futaie. Mais c'est la conséquence fatale du système des moyennes.

Malgré cette imperfection, cette solution suffisamment approchée et équitable donnerait pour le revenu du sol une évaluation très voisine de la réalité et serait, pour les propriétaires de forêts, bien préférable aux méthodes proposées jusqu'ici, si on exclut celle des annuités ; elle aurait le grand avantage de permettre de ne pas taxer proportionnellement les petits bois plus que les grandes forêts.

Application des principes dans les divers systèmes d'impôt.

I. *Impôt unique sur le revenu.* — C'est le revenu total de la forêt qui doit être assujetti à l'impôt. Il n'y a, par suite, aucune différence à établir entre le revenu du sol et le revenu de l'épargne; mais l'IMPÔT DOIT PORTER SUR LE PRODUIT DE LA COUPE NORMALE, c'est-à-dire sur le produit de l'exploitation, diminué de la valeur du capital d'exploitation réalisé, ou augmenté de la valeur de l'épargne constituée.

II. *Impôt sur les revenus. Impôt cédulaire.* — Le revenu imposable est toujours le revenu déterminé par la valeur de la coupe normale. Si le taux de l' mpôt est le même pour les revenus des diverses cédules, comme dans l'*income-tax* anglais, on revient au cas précédent. Si le taux varie selon la catégorie des revenus, l'équité exige qu'il soit fait une distinction entre le revenu du sol et le revenu de l'épargne. Le revenu du sol est imposable au taux des revenus fonciers. Quant à l'épargne, à la futaie, il importe, dans l'intérêt économique, national et même mondial, d'en assurer la constitution et la conservation, ce qui n'est possible qu'à la condition que le revenu des capitaux employés aux placements forestiers, ou revenu de la futaie, ne soit pas plus imposé que le revenu des capitaux employés dans le commerce ou l'industrie. Dans le cas contraire, les propriétaires auraient un intérêt évident à raser leurs futaies pour en employer le prix en placements dont le revenu serait moins imposé.

Si pour un motif de convenance fiscale, un Etat prétend n'imposer le revenu forestier que dans une seule cédule, celle de la contribution foncière par exemple, il faut que l'impôt total, en principal et en accessoires s'il en existe, grevant dans ce cas le revenu de la futaie, ne soit pas supérieur soit à l'impôt sur les revenus du commerce et de l'industrie, soit à l'impôt sur les bénéfices agricoles. L'un ou l'autre de ces impôts est, en effet, le seul que doit, en équité, en droit et en logique, le revenu de la futaie. Ce point est particulièrement important dans le système fiscal français où l'impôt foncier sert de base aux taxes locales, centimes départementaux et communaux, taxe vicinale et taxe de main-morte.

III. *Impôt sur le capital.* — Dans ce système fiscal, le capital forestier à imposer se déduit généralement du revenu. C'est le cas pour l'impôt français des successions.

Le revenu qui sert à évaluer le capital doit être calculé non d'après le rendement moyen des dernières coupes effectuées, mais d'après le produit que donnerait la coupe normale, correspondant à l'état actuel de la forêt. Le revenu à capitaliser est égal au rendement moyen des coupes, diminué de la valeur du capital réalisé, ou augmenté de la valeur du capital épargné dans chaque coupe.

Pour les forêts exploitées en coupes annuelles, le capital est le quotient de la rente de la forêt par le taux des placements forestiers ; pour les forêts en coupes non annuelles, c'est le capital générateur du revenu périodique total ou le quotient du revenu total annuel par le taux.

Lorsqu'il s'agit de l'assiette d'un impôt annuel sur le capital, cet impôt doit frapper exclusivement le capital qui produit le revenu, sans porter, au cas d'exploitation périodique, sur les revenus produits mais non recueillis, sur la valeur de la coupe en croissance.

Si, au contraire, comme dans l'impôt français des successions, l'impôt doit atteindre le capital existant à un moment déterminé, il est nécessaire, pour avoir la valeur vénale actuelle de la forêt exploitée en coupes non annuelles, d'ajouter au capital générateur du revenu la valeur des coupes en croissance.

IV. *Impôt sur la plus-value.* — La plus-value pour les forêts peut provenir d'une élévation du cours des bois se maintenant depuis un temps assez long pour être considérée comme définitive, ou d'une augmentation du capital d'exploitation. On ne doit pas considérer comme enrichissement, ou plus-value des forêts à exploitation non annuelle, les revenus dont la perception est différée et qui restent dans les coupes en croissance en attendant l'époque de leur réalisation.

V. *Impôts de mutation.* — Ces impôts sont perçus lors de la transmission de la propriété. Nous avons parlé de l'impôt successoral, à propos de l'impôt sur le capital, il convient de rappeler cependant qu'il est équitable et logique de déduire du revenu à capitaliser la part du revenu absorbé annuellement par l'impôt. Reste à examiner l'impôt sur les transmissions entre vifs. En France, notamment, les droits de mutation entre vifs à titre onéreux ont un taux qui varie selon la nature mobilière ou immobilière de l'objet vendu : 2 ½ % pour les meubles ; 7 % pour les immeubles. Le sol des forêts est incontestablement immeuble ; quant à la superficie, il faut distinguer : les arbres vendus avec le sol sont considérés comme immeubles ; mais s'ils sont destinés à être prochainement séparés du sol, s'ils sont vendus pour être abattus, ils sont réputés meubles. En cas de vente d'une forêt, le marchand de bois, qui achète la superficie pour l'abattre, paye 2,50 % sur la valeur des bois (1), le propriétaire qui achète la forêt pour continuer l'exploitation forestière paye 7 % sur la valeur des mêmes bois. Cette situation met le forestier dans une infériorité manifeste en face du marchand de bois, elle a pour conséquence les exploitations intensives, le déboisement.

Pour assurer la conservation des forêts, il est nécessaire de distinguer dans le prix de vente des forêts la valeur du sol et celle de la superficie, fruit de l'épargne et de la prévoyance. La valeur de la superficie qui s'obtient par la capitalisation du revenu de l'épargne, augmentée de la valeur des coupes en croissance, devrait être taxée au taux du droit des ventes mobilières et même au taux du droit de transmission des valeurs mobilières.

Les propriétaires impérissables : État, départements, communes, établissements publics ou reconnus d'utilité publique, sont tout désignés pour assurer la conservation des forêts. Leur pérennité met celles qu'ils possèdent à l'abri d'un partage toujours funeste, ou d'une licitation plus dangereuse encore, elle leur facilite les sacrifices qu'exigent l'allongement des révolutions et l'éducation de la futaie, assurés qu'ils sont de tirer un avantage de cette conversion. L'intérêt public commande donc de faciliter à cette catégorie de propriétaires l'acquisition de forêts, surtout en montagne. Il serait désirable, à cet effet, de les exonérer des droits d'enregistrement et de n'imposer les achats de forêts qu'ils font que d'un droit fixe de 1 franc, taux payé par l'État, en matière d'expropriation pour cause d'utilité publique. Cette mesure aurait encore l'avantage de permettre aux personnes morales du droit administratif, autres que l'État, d'entrer utilement en concurrence avec les exploitants et même avec les particuliers, pour l'acquisition de forêts, ce qu'elles ne peuvent faire actuellement : le revenu net qu'elles tirent de leurs forêts est, en effet, inférieur à celui qu'en tirerait un particulier, puisqu'elles payent, en plus que celui-ci, l'impôt de main-morte égal aux 0,875 (2) du principal de l'impôt foncier; par suite, elles ne peuvent offrir qu'un prix moindre à moins de se contenter d'un taux de capitalisation inférieur, les deux solutions les mettent dans une situation désavantageuse.

Vœux relatifs a l'impôt foncier

I. *Que, dans tout système fiscal, la base d'évaluation du revenu forestier soit le produit net de la coupe normale correspondant au plan d'exploitation adopté : usuellement dans la région, si l'impôt est réel ; par le propriétaire, si l'impôt est personnel.*

II. *Que le* REVENU TOTAL ANNUEL *des forêts soit évalué : pour les forêts en coupes annuelles, comme le quotient du prix de la coupe normale par l'âge de l'exploitation; pour les forêts à exploitation discontinue, comme l'annuité reproduisant la valeur de la coupe normale dans le nombre d'années compris entre deux coupes successives, les coupes étant supposées régulièrement réparties sur la durée de la révolution.*

(1) Le projet de loi de finances de l'exercice 1913, voté par la Chambre, porte ce taux de 2 à 5 %, selon la valeur des bois vendus ; au-dessus de 100.000 francs, le taux de 5 % serait applicable.

(2) L'article 2 de la loi de finances de l'exercice 1913, voté par la Chambre des députés, élève cet impôt de 50 % et le porte à 131.25 % du principal de l'impôt foncier.

III. *Que, excepté au cas d'un impôt unique sur le revenu, l'évaluation du revenu imposable des bois et forêts soit faite d'après les principes suivants :*

Le revenu des bois et forêts est formé de deux éléments : 1° le revenu du sol ; 2° le revenu de l'épargne accumulée dans les arbres de futaie et les coupes en croissance.

LE REVENU DU SOL *est égal à l'annuité reproduisant la valeur de la coupe d'un peuplement (taillis, semis ou plantation) exploité à l'âge minimum auquel il peut fournir des produits de valeur marchande dans la région.*

LE REVENU DE L'ÉPARGNE *est la différence entre le revenu total et le revenu du sol.*

IV. *Que, dans aucun cas, le revenu de l'épargne ne supporte un impôt total supérieur à celui auquel sont assujettis les revenus du commerce et de l'industrie.*

Qu'en France, notamment, ce revenu ne soit pas assujetti à la contribution foncière ou que, dans le cas contraire, il ne soit frappé en principal que d'une taxe réduite en sorte que l'impôt total sur ce revenu (principal, centimes et taxe vicinale) ne soit pas supérieur à l'impôt sur les bénéfices du commerce et de l'industrie, sinon à l'impôt sur les bénéfices agricoles.

V. *Que, dans l'impôt sur la plus-value ou l'enrichissement, ne soient pas considérés comme un accroissement de valeur des forêts à coupes non annuelles, les revenus dont la perception est différée et qui restent accumulés dans les coupes en croissance en attendant l'époque de leur réalisation.*

VŒUX RELATIFS AUX IMPÔTS DE MUTATION ET AUX EXEMPTIONS D'IMPÔTS INTÉRESSANT SPÉCIALEMENT LA LÉGISLATION FRANÇAISE

I. *Que, pour l'impôt sur les successions, l'évaluation des forêts en capital soit basée non sur le rendement moyen des dernières exploitations, mais sur le revenu total annuel que peut donner la forêt dans l'état où elle se trouve à l'ouverture de la succession.*

II. *Que, dans les ventes de forêts en fonds et superficie, la valeur du fonds soit seule imposée aux droits sur les ventes immobilières, la valeur de la superficie étant imposée aux droits de transmission des valeurs mobilières ou au plus aux droits sur les ventes mobilières.*

III. *Qu'au cas d'acquisition de forêts par les départements, les communes et les établissements publics ou d'utilité publique, il ne soit perçu pour l'enregistrement qu'un droit fixe de 1 franc.*

IV. *Que la taxe de main-morte sur les bois et forêts acquis par les établissements publics ou d'utilité publique ne soit pas supérieure à celle frappant les biens des communes et des établissements publics de bienfaisance ou d'assistance.*

V. *Que les terrains reboisés ou nouvellement boisés soient exonérés de tout impôt :*

Pendant trente ans pour ceux situés sur les sommets et les versants des montagnes, sur les dunes, dans les landes et les terrains marécageux ;

Pendant vingt ans pour tous les autres terrains.

VI. *Qu'il soit accordé des dégrèvements temporaires pour les bois ruinés par des invasions d'insectes ou des maladies cryptogamiques, dont la recons-*

titution par semis ou plantations aura été reconnue indispensable au maintien de l'état boisé.

Des applaudissements nourris saluent la lecture des vœux présentés par M. Arnould.

M. LE PRÉSIDENT. — Les applaudissements par lesquels vous venez de saluer la lecture du rapport de M. Arnould et des vœux qui le terminent, sont, Messieurs, la juste récompense de l'intelligence et de l'ardeur avec laquelle, depuis de longues années, notre collègue s'occupe de la question si intéressante, si aride et si ingrate de l'impôt forestier.

L'ordre du jour appelle maintenant la lecture d'une communication de M. Pallier, sur la RÉPERCUSSION DE LA LOI DE 1907 SUR L'IMPÔT DES BOIS. Je prierai l'un des secrétaires de la séance de nous en donner lecture.

M. Pallier expose que le dégrèvement de la propriété non bâtie que vise la Loi du 31 décembre 1907, se traduit en réalité par un accroissement d'impôts.
Il cite comme exemple 105 hectares de bois situés dans l'arrondissement d'Alais (Gard).
Cette augmentation d'impôts, réalisée par les agents de l'administration des Finances, est contraire à l'esprit de la loi, et se produit à un moment où les coupes se vendent de plus en plus mal.
Conclusion : L'impôt sur la forêt ne doit être qu'un droit fixe sur les produits forestiers au moment de leur exploitation ; le taux doit en être suffisamment réduit pour attirer les capitaux et favoriser le reboisement.

M. GOUGET. — Ce que j'ai à vous dire est en quelque sorte une suite au rapport de M. Arnould. J'en ai déduit aussi des conclusions au point de vue du droit du propriétaire.

Veuillez m'excuser de prendre la parole après le rapport si savant et si complet de l'honorable M. Arnould qui, depuis 1895, lutte avec autant de ténacité, d'énergie et de courage que d'intelligence et de compétence, pour une application plus juste de notre système fiscal ! Qu'il me soit donc permis ici de profiter de la circonstance pour rendre hommage à son labeur et lui témoigner la reconnaissance de tous les propriétaires forestiers.

A la question de l'impôt est liée indissolublement celle du droit de propriété, et c'est à ce propos que j'ai cru devoir vous soumettre quelques observations en m'appuyant sur les principes de notre droit, sur l'opinion de tous les économistes et jurisconsultes et sur la loi elle-même.

L'impôt, aujourd'hui, est, pour la plus grande partie de la fortune forestière française, la *négation du droit de propriété.*

Et cependant, que voyons-nous dans toutes les constitutions?

L'affirmation constante de ce droit de propriété *et sa défense contre toute oppression.*

Depuis 1789 jusqu'à nos jours, ce grand principe a été constamment proclamé ; en voici les principaux textes :

Constitution du 17 septembre 1791, article 17 :

« La propriété étant *un droit inviolable et sacré*, nul ne peut en être « *privé*, si ce n'est lorsque la nécessité publique l'exige évidemment « et sous la condition d'une juste et probable indemnité ».

Dans la déclaration des Droits de l'Homme du 8 juin 1793 et l'acte constitutionnel du 24 du même mois, il est dit : « Que le droit de « propriété est celui qui appartient à tout citoyen de *jouir* et de dis- « poser à son gré de ses biens, de *ses revenus*, du fruit de son travail « et de son industrie ».

La résistance à l'oppréssion est la conséquence des autres droits de l'homme, et le Gouvernement ne peut violer les droits du peuple.

La Constitution *garantit* à tous les Français, l'Egalité, la Liberté, la *Propriété*.

C'est sur le maintien des propriétés que reposent la culture de la terre, toutes les productions et tout l ordre social (Constitution du 17 août 1795).

Au surplus, tous ces mêmes principes sont renouvelés dans toutes les lois établies jusqu'à ce jour.

Ainsi donc, ce droit de propriété, proclamé depuis plus de 120 ans, *inviolable et sacré*, est en partie détruit; par quoi? par des lois qui, sans l'abroger ouvertement, le minent et l'annihilent petit à petit.

Il s'agit de savoir si ces lois sont bien ce qu'a voulu et prévu le législateur et si l'interprétation qu'on leur donne si facilement est bien juridique.

Pour ma part, je ne le crois pas. Aussi ai-je voulu profiter de ce grand congrès, dû à l'heureuse initiative du Touring-Club de France, pour faire valoir les motifs de ma conviction.

Toutes les contributions doivent être reparties *également* entre les citoyens, *en proportion de leurs facultés.*

Aux termes de l'article 59 de la Loi du 23 août 1815, les Français sont égaux devant la loi pour la contribution aux impôts et aux charges publiques ; ils contribuent indistinctement, dans la proportion de leur fortune, aux charges de l'État (Loi du 24 août 1830).

L'Egalité de proportion dans l'impôt est donc de droit.

Si, de l'article 37 de la Loi du 25 septembre 1807, il résulte que les bases du revenu imposé sur les propriétés non bâties sont intangibles, et que le droit de se pourvoir en réduction n'est plus admissible, nous pouvons et nous devons opposer l'article 9 de l'ordonnance du 3 octobre 1821, dont l'interprétation, fournie par l'article 10 du règlement de cette ordonnance, est ainsi formulée :

« Les propriétaires sont admis à réclamer *à toute époque* lorsque la diminution qu'ils éprouvent provient *de causes postérieures et étrangères* au classement, telles que : démolitions, incendies, cessions de terrains à la voie publique, disparition du fonds, enfin, *perte du revenu dans quelque propriété dont la valeur justement évaluée dans le principe aura été détériorée par suite d'événements imprévus et indé-*

pendants de la volonté du propriétaire et, ajoute Dalloz, *par suite de variations dans le commerce* ».

Eh bien ! Messieurs, je vous le demande, nos bois, taillis simples et sous futaies, ne se trouvent-ils pas dans le cas prévu par cette Loi du 3 septembre 1821, *postérieure à celle de* 1807? Les législateurs ne se sont-ils pas rendu compte, 14 *ans après*, qu'il était inadmissible qu'on pût demander un impôt à une propriété qui ne produit plus suffisamment pour l'acquitter?

N'ont-ils pas voulu corriger la règle par trop absolue et injuste de l'intangibilité du revenu imposable et rentrer dans le principe de l'inviolabilité du droit de propriété?

Le simple raisonnement porte à le croire.

Que deviendrait, du reste, ce droit de propriété si, par l'impôt, on absorbait le revenu? Ce qui se produit actuellement pour les bois-taillis peut très bien s'étendre à toute la fortune immobilière française, et alors !

Sans vouloir m'étendre trop longuement sur cette question que j'ai traitée à la Société des Agriculteurs de France, le 16 février 1912, je vous ferai remarquer que les causes de la diminution et de la disparition de nos revenus sont bien postérieures et étrangères au classement de nos propriétés et indépendantes de la volonté des détenteurs des forêts ; que ces causes ont *détérioré* (c'est-à-dire ôté la valeur), changé, modifié et même anéanti le revenu de nos bois, et que, si elles sont dues au progrès, elles n'en subsistent pas moins pour la perte de nos taillis ; tous, vous les connaissez ces causes, et je crois inutile de vous les signaler à nouveau ; dans tous les cas, nos produits ne trouvant plus que très difficilement leur écoulement, les débouchés se restreignent de plus en plus et, au fur et à mesure de la baisse des revenus, les frais d'exploitation, de transport, les impôts et les autres charges anciennes et récentes, créées par les lois sociales, augmentent dans des proportions telles que la forêt n'est plus une richesse, mais une charge dont on ne peut plus se débarrasser.

En frappant nos bois d'impôts toujours croissants, on absorbe le capital ou plutôt on détruit sa valeur ! Et alors on impose quoi? La misère !

Or, à l'intangibilité des bases absolument fausses de l'impôt, j'oppose :

1° L'inviolabilité constamment consacrée du droit de propriété ;

2° L'Ordonnance du 3 octobre 1821 et son règlement ;

3° Et l'opinion de tous les économistes qui ont traité cette grave question et dont voici quelques extraits :

« L'impôt, dit Ricardo, est *la portion* du produit de la terre et de l'industrie qu'on met à la disposition du Gouvernement. »

Suivant Jean-Baptiste Say, « c'est seulement une *portion* des biens des particuliers que le Gouvernement consacre à satisfaire les besoins du corps social ».

L'impôt est légitime et juste en principe, mais *il a une limite*, c'est seulement *la part* de l'État dans les résultats de la production, et cette part (toujours et partout le mot : *part et portion*) doit être proportionnelle à ces résultats, elle doit augmenter et décroître avec elle.

Les charges, dont les peuples souffrent, sont réputées saines et justes, dit un député aux États généraux du Dauphiné; « mais elles sont, dans l'État, ce que sont les voiles dans un vaisseau pour le conduire et non pour le charger et le submerger. Elles doivent donc suivre en principe, dans leur marche, la richesse nationale, progresser et décroître avec elle; alors la fortune publique n'en souffre pas ».

Je termine ces quelques citations par une des maximes d'Adam Smith; « Les sujets d'un État doivent contribuer au soutien du Gouvernement, chacun le plus possible en proportion de ses facultés, c'est-à-dire en *proportion du revenu dont il jouit* sous la protection de l'État. La taxe ou *portion d'impôt* doit être certaine et non arbitraire ».

Toutes ces opinions et ces maximes ont été constamment reproduites, admises et suivies dans tous les pays constitutionnels ; la France doit-elle donc faire exception ?

Tous les économistes ont toujours regardé *comme illégitime* l'impôt que l'on ne peut payer qu'en attaquant le capital.

Ce capital, pour nos bois taillis, ah ! il est joli !

Dans certaines contrées de la France, on ne peut plus l'estimer ; les transmissions à titre onéreux ne sont plus possibles que pour des sols portant de la futaie; les autres, même offertes gratuitement, on les refuse ; j'ai là sous les yeux des extraits de contrats réguliers et authentiques où l'on a passé les immeubles à des miséreux pour échapper à l'impôt.

Je me dispenserai de vous énumérer à nouveau les nombreux exemples où l'impôt dépasse le revenu ; je l'ai déjà fait, je me bornerai seulement à citer celui qui me concerne personnellement : propriétaire d'une forêt de 575 hectares, aménagée à 23 ans par des coupes annuelles de 25 hectares, j'ai vendu celle du présent exercice sur le pied de 116 francs l'hectare, ce qui représente un prix total de 2.900 francs pour la contenance prévue par l'aménagement régulier ; eh bien ! l'impôt qui, pour 1912, s'élevait à 3.321 fr. 38, atteint pour 1913 : 3.576 fr. 25, soit encore une augmentation de 256 fr. 87 et un revenu inférieur de 676 fr. 25 à la charge à acquitter cette année.

Après cela, que faire? Raser les quelques futaies encore existantes ; eh bien non, je n'ai pas voulu le faire, parce que je conserve le ferme espoir qu'une situation aussi injuste que lamentable doit prendre fin, que les Pouvoirs publics, suffisamment éclairés aujourd'hui, n'hésiteront pas à la changer, que nos réclamations en détaxe ne seront plus rejetées et que la jurisprudence consacrera la légitimité de nos droits de propriété, forte qu'elle sera en s'appuyant sur tous les principes du droit, sur les lois que je viens de rappeler rapidement et sur la pénurie de nos revenus de taillis.

Cet espoir, aujourd'hui presque une assurance, après les paroles prononcées hier par M. le Ministre de l'Agriculture, je le place surtout en vous tous, Messieurs, en cette haute et bienfaisante association du Touring-Club de France qui a pris en main avec ardeur, la défense, la conservation et l'amélioration de nos bois.

Nous aimons tous la forêt ; elle est nécessaire, indispensable à l'existence des peuples ; elle nous préserve des calamités ; elle étend ses bienfaits sur toute la nature ; elle charme la vue, poétise la pensée et le cœur ; elle nous donne la santé et même la vie, il faut qu'elle prospère ; il faut qu'elle donne à celui qui la détient des revenus, c'est-à-dire cette jouissance que proclament toutes les lois, principe essentiel du droit de propriété, et non des charges qui la détruisent et la ruinent.

Confiant dans la justice et l'équité des Pouvoirs publics, dans la haute compétence de notre distinguée et savante Administration forestière, dans le dévouement inlassable du Touring-Club de France et dans tous nos efforts réunis, je répète : « Réduisez l'impôt. Et alors, je crie de tout cœur :

Vive la forêt !

Permettez-moi maintenant de vous lire quelques renseignements recueillis au bureau de l'Enregistrement de Verzy (Marne) et chez le percepteur de ce même canton :

Ventes sous-seing privé :

M. Rémy Fresnet (Alexandre) de Verzy, a vendu le 27 janvier 1908, à Peyre (J.-Baptiste), marchand ambulant à Troyes, pour le prix de 15 francs, déclarés payés comptant :

1° 0 h. 22 a. 30 c. de bois, lieu dit le Grand Corizeux, sur Verzenay.

2° 0 h. 22 a. 09 c., lieu dit le Corizeux-sur-Verzenay.

Payre est inconnu du percepteur et les impôts ne sont pas recouvrés.

La veuve Renois-Pithois, de Verzenay, vend le 12 janvier 1912, à Lecompère (Émile), de Cormontreuil, 2 h. 48 a. 20 c. de bois sur Verzenay, pour 15 francs.

Antoine (Donalieu), de Verzenay, mendiant et insolvable, achète le 15 février 1901 pour 20 francs, 2 h. 09 a. de bois, sur Verzenay, et le 1er décembre 1902, 1 h. 01 a. de bois sur Mailly-Champagne, pour 25 francs. Les prix de vente n'ont, paraît-il, jamais été payés.

Ferré Truchart (Gustave) à Verzenay, insolvable, a acheté les parcelles de bois ci-après :

4 nov. 1910	: 1 h. 44	sur Verzenay	pour	1 fr.
5 — —	: 0 h. 60	—	—	1 —
26 — —	: 1 h. 24	—	—	5 —
16 mars —	: 0 h. 57	Mailly	—	5 —

Les faits de ce genre sont, paraît-il, nombreux, tant à Mailly qu'à Verzenay, canton de Verzy (Marne). En général, les parcelles sont vendues 1 ou 2 francs, qui ne sont pas payés ; tous les frais restent à la charge du vendeur qui veille de près à ce que la mutation de propriété soit faite. Le receveur de l'Enregistrement ne peut pas attaquer les parties pour dissimulation de prix de vente, car il sait que ces parcelles n'ont réellement aucune valeur, par suite des impôts à payer.

Les adjudications publiques donnent, du reste, des résultats analogues :

30 octobre 1910, adjudication par Me Labitte notaire à Verzy : 1 h. 20 a. de bois au Grand Corizeux, territoire de Verzenay, vendu 1 franc à M. Gustave Ferré, de Verzenay. Le même jour, M. Ferré a acheté au même lieu, 0 h. 55 a. de bois pour 1 franc, par-devant Me Ferté, notaire à Beaumont-sur-Vesles.

25 mars 1906 : Me Labitte vend par adjudication, 1 h. à M. Patis-Cavet, de Verzenay, 1 h. de bois sur Verzenay, lieu dit le Plant.

M. LE PRÉSIDENT. — Vous avez employé dans votre discours, à diverses reprises, une expression qui peut avoir une grande importance. Le document de 1821 est-il une ordonnance ou une loi?

M. GOUGET. — C'est une ordonnance royale.

M. LE PRÉSIDENT. — Justement! Il y a là un point faible; d'un côté, nous avons la Loi de 1807 et de l'autre, nous avons une simple ordonnance royale! Ceci, tout simplement pour faire remarquer, comme le disent d'ailleurs vos conclusions, que ce serait téméraire de faire fonds sur l'opposition de cette ordonnance avec la loi. En définitive, dans l'étude de cette question, et si nous voulons une amélioration de la situation, nous sommes obligés de tabler uniquement sur une modification complète de la situation actuelle. Cela ne touche en rien à vos conclusions. Ce que je veux dire, c'est qu'il serait imprudent de compter sur l'état actuel de la législation pour en tirer avantage, parce que la réponse que je vous fais, le fisc vous la ferait immédiatement.

M. GOUGET. — Parfaitement!

A la Société des Agriculteurs, on m'a demandé, à la suite de ce rapport, de prier le Congrès de vouloir bien renouveler le vœu que la Société des Agriculteurs avait émis le 19 février 1912. Je ne sais si j'ai bien le droit de rappeler ici ce vœu?... (*Voix nombreuses : Oui ! Oui !*)

Puisque vous le voulez bien, je vais vous le lire :

« *Considérant que l'impôt foncier sur les forêts, principalement sur les bois taillis, est aujourd'hui hors de proportion avec leurs revenus qu'il absorbe même dans certains cas ;*

« *Que la proportion contributive de cet impôt dépasse toute quotité prévue ;*

« *Que la diminution du revenu des bois est due à des causes indépendantes de la volonté des propriétaires ;*

« *Que ceux-ci, soumis à des charges écrasantes, sont dans l'impossibilité de conserver et d'améliorer l'état boisé de leurs propriétés ;*

« *Que les forêts, par l'interdiction de défrichement et l'obligation de garder contre le pâturage, ne peuvent fournir un autre revenu compensateur ;*

« *Que la crise qu'elles subissent est devenue un état permanent et que rien n'en fait prévoir la fin ;*

« *Que l'allègement qui pourrait résulter de la Loi du 31 décembre 1907 pour l'évaluation du revenu net des propriétés non bâties n'est pas encore certain et que, dans tous les cas, l'application peut en être fort éloignée ;*

« *La Société des Agriculteurs de France est d'avis qu'il y a lieu, dès maintenant, de confirmer ou d'admettre le principe de la réduction de l'impôt, par rapport aux revenus forestiers actuels dûment justifiés ou à défaut de justifications et en cas de contestations, d'en déterminer l'importance par une expertise contradictoire.* »

C'est un vœu d'attente. La plupart d'entre nous constatent que l'évaluation a été fort mal faite. Pour arriver à une révision complète, il faudrait que la révision fût faite dans d'autres conditions. Mais cette révision nouvelle, si elle était accordée, pourrait nous mener pendant trois, quatre, cinq ans, peut-être plus, avant que les impôts fussent diminués. Or, si d'ici là, nous restons dans cette situation, moi, le premier, je commence à faire argent de mes bois, au moins pour payer les impôts. Ce vœu a pour but d'arriver tout de suite à une réduction de l'impôt qui sera une détaxe, comme cela a eu lieu pour la vigne, je crois, pour des produits qui n'existent plus.

M. LE PRÉSIDENT. — Le bureau prend note de ce vœu, mais si vous voulez bien, nous le remettrons à la fin de la discussion, pour ne pas interrompre celle-ci.

M. GOUGET. — C'est entendu.

M. DELAHAYE. — On a parlé, en matière d'impôt sur les forêts, de l'évaluation du revenu. C'est la base des impôts. Or, il est intéressant de savoir comment cette évaluation est faite. Le contrôleur des contributions, assisté de classificateurs choisis, vous savez comment, procède à cette opération. Or, la propriété forestière a le malheur d'apparaître comme une propriété riche et on est toujours porté à la taxer un peu lourdement. Il n'y a aucun contrôle, et le malheureux propriétaire, une fois l'évaluation faite — c'est d'ailleurs ce qui s'est passé lors de l'évaluation de la propriété non bâtie — n'a qu'un recours illusoire. Il a la charge de la preuve, à l'inverse de ce qui se passe en matière d'enregistrement, et cette preuve est fort difficile à faire.

Il s'agit donc de chercher à obtenir pour les contribuables forestiers des garanties, et il semble que l'État, de son côté, aurait des garanties suffisantes, en faisant intervenir, dans toutes ces évaluations et les litiges qui peuvent en résulter, un agent de son service, un agent forestier.

L'agent forestier n'est pas un homme à tendances fiscales ; par conséquent, je ne crois pas que les propriétaires aient à craindre d'exagérations de sa part. Il agira en toute conscience et impartialité.

Je vous demanderai donc d'insérer dans le vœu que, dans toutes les évaluations de propriétés forestières et dans les litiges qui les concernent, les agents forestiers de l'État soient appelés, obligatoirement, à donner leur avis.

M. LE PRÉSIDENT. — Je vois tout de suite une objection : il faudrait augmenter considérablement le nombre des agents forestiers.

M. DELAHAYE. — C'est évident, et les indemniser de ce travail supplémentaire.

M. LE PRÉSIDENT. — C'est tout de suite une transformation considérable de l'administration. Or, comme le faisait remarquer M. Gouget, nous avons à solutionner une question urgente. Je me permets donc de signaler en passant, que, peut-être, dans les solutions à envisager, il faut avoir grand soin de tenir compte de la facilité de ces solutions, et d'éviter de trop préciser, ce qui amènerait toute une série de difficultés.

M. DELAHAYE. — On pourrait envisager tout au moins le cas des litiges et des réclamations.

M. LE PRÉSIDENT. — Ah ! ça, c'est autre chose !

M. DE SÉBILLE. — Messieurs, la question qui vous préoccupe aujourd'hui fait l'objet en Belgique, également, de la plus grande sollicitude.

En 1897, le Gouvernement se proposait de modifier la base de l'impôt. Émotion générale ! Parce qu'on sait bien que si on modifie un impôt, c'est toujours pour l'augmenter ! (*Rires.*)

L'impôt foncier sur les bois a dans presque tous les pays des bases injustes, il est partout exagéré et particulièrement en France, car je constate, Messieurs, que tous vous vous en plaignez.

Chargé par la Société centrale Forestière et la Société centrale d'Agriculture de Belgique de rechercher les modifications qui seraient utiles à apporter à notre législation pour soulager les propriétés foncières boisées, j'ai fait un rapport qui a eu l'approbation des plus hautes autorités. Je vous demande la permission de le résumer.

J'ai constaté les profondes modifications apportées à la loi du 3 frimaire an VII et spécialement par le prince souverain des Pays-Bas, à cause de son arrêté du 30 septembre 1814, qui avait à cette époque la plénitude du pouvoir législatif, qu'il a conservée jusqu'à la promulgation de la loi fondamentale, en août 1815.

Les instructions qui existaient sur le Cadastre en 1814 n'ont jamais été abrogées en Belgique ; il en résulte que les articles 111 à 120 de la loi du 3 frimaire an VII sont sans application en cas de révision générale.

D'où des complications, puisque les lois anciennes reprennent leur empire après la révision ; de sorte que les classements en bois, terres vaines et vagues ou en friches subissent des modifications injustifiables.

Les lois du 1er décembre 1790 et du 23 novembre 1798 fixent la mode d'évaluation des bois sur la base des annuités des révolutions, s'il s'agit de taillis en coupe réglée. Mais s'il s'agit des bois de sapins, ils doivent être estimés d'après leur produit réel, c'est-à-dire sans déduction des frais de premier établissement, d'entretien et de gardiennage.

Les bois de haute futaie font l'objet de classifications séparées suivant qu'elle est pure ou en mélange.

Il résulte de l'exposé que j'ai fait des lois sur le cadastre, que dans l'esprit du législateur, la base de la cotisation des bois feuillus est calculée d'après la valeur du taillis croissant dans la région. Le taillis est divisé en plusieurs classes qui servent de base à son évaluation pour les bois à feuilles caduques; si sa révolution est de 10, 15, 20 ou 25 ans, le produit de sa vente, déduction faite des frais de garde, d'entretien et de repeuplement prévus à l'art. 365, doit-être divisé par 10, 15, 20 ou 25, d'après la durée de la révolution dudit taillis, et le quotient sera la base de l'évaluation cadastrale, ce sera l'allivrement du bois.

Remarquez que ce quotient est une fonction de la valeur du fonds et du produit de la superficie, alors qu'on aurait dû déterminer l'annuité correspondant à son revenu périodique donné. Il en résulte une majoration, une surtaxe, de 20 à 30 %. Il a donc certainement échappé à la perspicacité du législateur que le produit de la vente d'un taillis n'est pas exclusivement la représentation de *la rente de la terre;* il a perdu de vue que pendant 10, 15, 20 ou 25 ans, le propriétaire s'est privé des fruits de son bien, qu'il les a laissés s'accumuler en bois, et que, par conséquent, le produit que le fisc atteint est non seulement la rente de la terre, mais encore les intérêts accumulés de cette rente de sorte que pour les bois, l'impôt sur le revenu est superposé à l'impôt foncier.

Cette innovation n'est pas justifiée; elle est en contradiction formelle avec l'esprit de l'époque et avec les bases établies pour les terres cultivées, elle est illégale ; aussi espérons-nous qu'elle va disparaître définitivement de nos lois.

Si nous passons maintenant des bois feuillus aux bois résineux, nous constatons que l'injustice est encore plus flagrante ; en effet, l'article 371 décrète « qu'ils doivent être estimés d'après leur produit réel ». Il n'est plus question cette fois de retrancher de ce prix les frais de garde, d'entretien et de repeuplement (365). Cette exception est contraire à l'esprit général de la loi.

La création d'une pineraie est longue et coûteuse ; elle a à lutter contre la nature du sol, le climat, le feu, les insectes, et lorsque l'exploitation en est faite, on ne peut jamais compter sur le repeuplement naturel ; il faut enlever les souches, laisser son terrain en jachère pendant plusieurs années avant de le replanter, de sorte que les bases sur lesquelles l'impôt est calculé sont inexactes. On a donc prélevé, jusqu'à présent, un impôt beaucoup trop élevé sur tous les bois en général ; cette majoration pour les pineraies atteint de 40 à 50 %.

Dans les développements qu'il a donnés au Sénat, le 24 décembre 1897, le Gouvernement, expliquant la loi budgétaire du 30 décembre 1896, a confirmé que les nouvelles évaluations seront établies d'après la valeur locative actuelle des propriétés.

Or, les bois ne sont, en général, pas mis en location pour le produit de leur matière ligneuse, par conséquent pour ce qui croît sur le sol. Cette base n'existe donc pas ; mais si l'on prend la valeur de la superficie au lieu de la valeur du fonds au moment de l'expertise, la majoration de la cotisation pourra être de 300 à 700 % de ce qu'elle est actuellement ; aucun bois ne pourrait supporter un pareil impôt, il serait inique et inégal.

D'un autre côté, la faculté que va donner la loi, tant à l'Administration qu'au propriétaire, de réclamer périodiquement la revision des évaluations cadastrales, inaugurera pour tous les deux une ère d'instabilité préjudiciable à la bonne tenue du cadastre. L'un et l'autre seront à la merci d'influences locales intéressées, qui provoqueront des réclamations incessantes, et l'arbitraire, craignons-nous, régnera dans les rapports de l'Administration avec les propriétaires, qui se croiront toujours lésés.

Pour éviter toutes ces difficultés et donner au fisc comme aux propriétaires le plus de garanties possible pour l'évaluation exacte de la cotisation des propriétés boisées, il est indispensable que l'on choisisse parmi les experts un homme compétent, agréé par eux. Cette mesure d'équité s'impose pour éviter le retour des erreurs que nous venons de signaler.

Le principe de l'immutabilité des cotes foncières est très discuté. Il a ses partisans, comme ses détracteurs ; cependant, en ce qui concerne les bois, la plupart y trouvent de sérieux avantages. En effet, on est unanime à constater que la valeur d'un bois change tous les jours, de sorte que chaque fois qu'une expertise d'un terrain boisé sera faite, il lui sera attribué, avec raison, une valeur différente; quand l'exploitation en sera terminée, la valeur de la superficie sera profondément modifiée: ainsi, pour les pineraies, par exemple, elle deviendra nulle et, qui plus est, le reboisement du terrain entraînera des frais considérables, car il faudra enlever les souches, etc. Ces variations de valeur provoqueront des réclamations continuelles, au grand préjudice de tous.

Il est donc nécessaire de maintenir l'immutabilité de l'impôt, tout au moins pendant une certaine période, sans tenir compte des variations qui peuvent atteindre sur le marché la valeur de quelques produits forestiers.

Je conclus en proposant de demander au Gouvernement que l'impôt foncier soit exclusivemsnt établi, pour les terres boisées aussi bien que pour les terres cultivées, sur le revenu net du sol ou sur la valeur du fonds de terre, en y comprenant de part et d'autre les améliorations incorporées dans le sol, et cela sans privilège ni exemption d'aucune espèce et sans préoccupation de l'essence cultivée, ni même du traitement adopté.

Pour les terres cultivées, l'Administration prend pour base la valeur locative, elle n'a pas à s'inquiéter des assolements, ni de la valeur des récoltes qu'on leur fera porter ; pourquoi voudrait-elle alors s'immiscer dans les aménagements ou les essences des bois qu'on cultivera ?

La valeur du fonds de terre doit seule, à notre avis, la préoccuper; c'est la base la moins variable de la propriété.

Cette base présente le second avantage de pouvoir être généralisée pour toutes les terres sans exception ; elle est à la portée de tout le monde, elle peut donc être facilement discutée.

Pour toutes ces raisons j'estime, Messieurs, que l'annuité que vous préconisez pour base de l'impôt n'est pas justifiée, et d'autant moins, que vous modifiez, à votre détriment, l'unité de taxation existante; en effet, pour les terres cultivées, vous acceptez la valeur vénale des champs sans tenir compte des produits que vous leur faites porter.

Vous réclamez la justice pour cet impôt, vous ne pouvez la trouver que dans la seule base indiscutable qui est la valeur du fonds de terre.

Je crois que dans ces conclusions, il y en a beaucoup qui se rapprochent de celles qui ont été émises par M. Arnould.

M. le Président. — Cette communication nous démontre qu'il n'y a pas que la France où la question de l'impôt forestier soit à l'ordre du jour et qu'il y a, évidemment, à déterminer les bases de l'impôt un peu partout d'une manière plus rationnelle que cela n'a été fait jusqu'ici.

M. Coste. — Il ne me paraît pas du tout désirable que dans les litiges — et ils seront nombreux — qui viendront à propos de la révision de l'évaluation de la propriété foncière, l'expertise soit, d'une façon obligatoire, confiée à des agents de l'Administration des forêts. Je crois qu'il serait de beaucoup préférable de laisser toute liberté aux juges chargés de trancher les litiges. Ils prendront les experts où ils voudront.

Ce n'est pas que je me méfie des lumières ni de l'impartialité des agents des forêts, mais je connais la mentalité des plaideurs ; elle est souvent déplorable. Tous ceux qui peuvent avoir été mêlés à des affaires judiciaires vous diront que le plaideur qui perd son procès est facilement porté à la suspicion, et si l'expert de l'Administration fait une évaluation qui ne lui plait pas, le plaideur sera volontiers tenté de dire — à tort, je n'en doute pas — mais il le dira tout de même, qu'il y a eu entente entre l'Administration des Forêts et celle des Finances.

Il y a eu une situation analogue, que je dois rappeler, en matière d'expertise concernant les travaux publics.

Là aussi, on avait décidé qu'en manière d'expertises pour dommages, la tierce expertise serait obligatoirement confiée à l'ingénieur en chef des Ponts et Chaussées.

L'intervention de ce haut fonctionnaire n'a pas désarmé les soupçons. Il y a eu des plaintes, des récriminations, et, depuis un certain nombre d'années, cette disposition a disparu. (*Assentiment.*)

Eh bien ! je crois qu'une intervention analogue aurait un grand inconvénient en matière forestière, d'autant plus que la loi Audiffred prétend établir — ce qui est très souhaitable, — une collaboration de tous les jours entre l'Administration des forêts et les propriétaires forestiers.

Je suis persuadé que cette collaboration, souhaitable à tous points de vue, risquera d'être troublée, si tous les jours, à propos de litiges, d'évaluations, le propriétaire est en présence de l'expert, agent de l'Administration des forêts.

Je vous demande de vous prononcer contre la proposition faite à cet égard.

M. Chancerel. — L'article, complété par les conclusions de M. Gouget, qui demande l'expertise — et dans les termes mêmes où il la demande — me paraît être, en l'état actuel des choses, la seule solution possible.

M. Michel Tanassesco. — Messieurs, la question est fort importante puisqu'il s'agit de ce que le fonds forestier et le bois sont imposés. Il est évident que chacun des congressistes désire que la solution à laquelle s'arrêtera le Congrès donne satisfaction à tous.

En Roumanie, l'impôt forestier est basé sur le même système que l'impôt agricole, c'est-à-dire que le propriétaire paye lorsque la forêt est coupée. Il paye 6 %, d'une part, pour l'État et 8 % (cela varie avec les régions) pour les dixièmes communaux, départementaux, etc...

Cette question me paraît être ainsi résolue d'une manière équitable, surtout pour le propriétaire, puisqu'il n'est pas obligé, comme en France, de payer à l'État un impôt sans avoir rien touché auparavant (*Applaudissements*). Le propriétaire paie quand il réalise. Dans les exploitations agricoles, on touche chaque année le revenu de son sol, tandis que dans la forêt, ce n'est pas la même chose; on touche quand le massif est mis en exploitation. En France, on paye chaque année, puisque l'impôt est annuel. En Roumanie, on paye par périodes. La base est le contrat entre les parties, s'il existe. Si c'est le propriétaire qui exploite le bois, naturellement les agents du fisc en font une estimation. Si cette évaluation ne satisfait pas le propriétaire, il a le droit de la contester et l'affaire peut être jugée par la Commission d'appel avec droit de recours en cassation.

Par conséquent, chez nous, le propriétaire ne paye à l'État un impôt annuel que pendant le temps qu'il réalise la coupe ou la forêt qu'il exploite, c'est-à-dire que si le contrat stipule par exemple sept années pour l'exploitation, l'impôt est divisé en sept parties, et le propriétaire paye annuellement pendant ce temps, un septième de l'impôt calculé sur la valeur de la coupe. L'impôt n'existe que pour la coupe, c'est-à-dire que pour ce qu'on touche et non pas sur une estimation, comme en France.

M. le Président. — Votre communication est des plus intéressantes, mon cher collègue, et je vous en remercie au nom de la Commission. Il est toujours du plus haut intérêt d'avoir des vues sur ce qui se passe à l'étranger.

M. Arnould. — Je voudrais bien préciser et prier M. Tanassesco de nous dire si, en Roumanie, on a l'impôt sur le revenu ou l'impôt foncier?

M. Tanassesco. — On a l'impôt sur le revenu.

M. le Président. — En dehors des forêts, par exemple, pour les propriétés agricoles, existe-t-il un impôt foncier ou bien un impôt sur le revenu?

M. Tanassesco. — C'est toujours sur le revenu qu'est basé l'impôt si le terrain est pris à bail, sinon, d'après une expertise du fisc et dans les mêmes conditions que je vous ai exposées pour la forêt.

M. le Président. — C'est un principe profondément différent du nôtre. Nous notons ce point particulier qui n'enlève aucunement son intérêt à votre communication.

M. de Barbuat. — J'ajouterai seulement quelques mots aux communications si intéressantes de M. Gouget et de M. le délégué de Roumanie. Il s'agit d'un cas qui, comme pour M. Gouget, m'est personnel, d'une forêt qui se trouve, non en Roumanie, mais dans l'Yonne... malheureusement.

Dans cette forêt, à partir de 1909, la crise, due à la baisse des produits ligneux, écorce, charbonnette et bois de chauffage, s'accélère du fait de la dépopulation locale. Plus de consommateurs de bois de chauffage, plus de bûcherons, plus de charretiers, plus de marchands de bois.

En 1910, la coupe ne peut se vendre ; en 1911, elle trouve acquéreur à 2.400 francs au lieu de 8.805. En 1912 aussi, pas de vente.

Même ne vendant pas, il faut payer les impôts.

Ces impôts, toujours croissants, 4 fr. 40 en 1901, 5 fr. 17 en 1909, 6 fr. 59 en 1913, dépassent le rendement actuel, 6 fr. 40, et se maintiennent définitivement au-dessus des rendements futurs qui suivront nécessairement les rendements antérieurs décroissants.

Il est maintenant rigoureusement certain que jamais les prix des coupes ne pourront payer les impôts.

Que faire de cette terre qui donnait autrefois beaucoup de revenu et payait peu d'impôts, alors quelle aurait pu en payer davantage (le système roumain a du bon) et qui maintenant ne donnant plus de revenu doit payer beaucoup d'impôts ?

La seule solution est celle qui a été employée et que citait M. Gouget : la mort de la forêt, la coupe à blanc et la vente du sol à un insolvable.

Si nous examinons maintenant quelles sont les parts respectives de l'État, du département, de la commune, dans l'impôt frappant la même forêt, nous trouvons qu'alors que l'État seul touche 19 %, le département touche 33 %, la commune, 48 %.

La part de l'État, comme le constatait M. Arnould est donc bien modérée par rapport au reste, et un allègement de cette seule part donnerait un résultat très incomplet.

Dans ce cas particulier, la grosse responsabilité incombe à la commune qui, prodigue des deniers d'autrui, fait payer par les propriétaires de la forêt, située à 5 ou 6 kilomètres, des frais énormes dont ils ne profitent aucunement et qui sont contraires aux intérêts de la forêt elle-même.

M. Descombes. — Messieurs, la question qui vous est soumise est une des plus importantes au point de vue du maintien de nos forêts, mais elle est aussi infiniment compliquée. Nous nous trouvons en effet en présence d'une législation fiscale qui n'est pas encore faite ; on hésite à modifier une législation qui approche de sa fin et on ne sait pas encore comment prendre une législation qui n'est pas encore faite, car si l'impôt sur le revenu a déjà fait l'objet du vote de la Chambre dans ses grandes lignes en ce qui concerne l'État, on ne sait pas du tout comment il agira vis-à-vis des ressources départementales et communales. Par conséquent, on est absolument dans le vague au point de vue de l'impôt futur.

L'impôt actuel, celui qu'on considère comme passé, repose sur la Loi de frimaire an VII qui était extrêmement bien intentionnée, et il est extraordinaire de voir comme une loi bien intentionnée a produit des résultats déplorables. Cette loi, en effet, prévoyait que l'on n'imposait pas plus les futaies que les taillis. Dans l'application, il y a eu du flottement ; il s'est trouvé que cette loi a été faussée par une série de considérations diverses, par des causes générales et par des causes particulières.

Dans le cours d'économie professé à la Faculté des Sciences de Bordeaux, l'hiver dernier, les causes générales d'aggravation de cet impôt bien intentionné ont été réduites à trois. Il y a d'abord le fait que cet impôt est augmenté. En effet, les budgets des départements et des communes sont alimentés par des centimes qui s'ajoutent au principal de l'impôt. Les quatre vieilles contributions directes ont la charge de ces centimes départementaux et communaux, et cette charge est assez considérable ; elle représente en moyenne, pour les forêts, 186 %, c'est-à-dire qu'elle triple presque l'impôt prévu pour l'Etat.

D'autre part, on a assimilé la propriété forestière à la propriété agraire ; on a considéré son revenu annuel. Or, les forêts n'ont pas de revenu annuel, elles n'ont qu'un revenu périodique, et par cela même que le revenu est périodique, il y a un revenu apparent qui est très supérieur au revenu réel. Quand une forêt donne une coupe de 2.500 fr., au bout de 25 ans, vous ne pouvez pas dire qu'elle rapporte 100 francs par an. Par conséquent, l'impôt forestier se trouve méconnu dans sa périodicité et augmenté du tiers.

Enfin, on considère le revenu forestier comme un revenu foncier. Un rapport très remarquable qui a été fait à la Société nationale d'agriculture au printemps 1910 a très bien combattu ce préjugé du caractère foncier de la propriété forestière. La propriété forestière a une partie foncière : son sol, mais elle a une partie immobilière : les arbres. Le code civil considère que les arbres qui sont immobiliers quand ils sont au sol, deviennent mobiliers quand ils ont été abattus, et l'on arrive à une série de complications. Il n'en est pas moins vrai que, comme règle générale, la propriété forestière comprend au moins pour les trois quarts, un bien qui est immobilier ; si donc on lui fait payer l'impôt mobilier, on la surcharge abominablement, et en moyenne, la valeur des forêts se trouve augmentée de 20 % par la confusion entre mobilier et immobilier.

Quand on additionne ces aggravations successives, on arrive ainsi à constater que l'impôt foncier se trouve quintuplé.

M. LE PRÉSIDENT. — Ce que vous dites en ce moment, M. Arnould l'a exposé dans son rapport ; je vous demanderai donc de vous limiter autant que possible.

M. DESCOMBES. — Je disais donc que l'impôt foncier se trouve ainsi quintuplé par des méconnaissances dans l'application de la loi.

Quant à l'impôt de transmission, M. Gouget nous a montré ce qu'il avait d'excessif.

Il y a là une transformation de la fiscalité des forêts que, heureusement, M. le Ministre nous a promis d'étudier, de concert avec M. le Ministre des Finances.

Il y aurait encore d'autres atténuations à obtenir, et, puisque nous avons parlé ce matin des forêts protégées, ne pourrait-on assimiler les forêts protégées aux forêts domaniales, en supprimant le principal de l'impôt. Ce serait un petit sacrifice que pourrait faire l'Etat.

M. Larroquette. — Dans le rapport si complet de M. Arnould, j'ai relevé une partie concernant l'exploitation en Gascogne des forêts de pins maritimes.

A la séance de ce matin, je vous ai signalé le cas du déboisement intense dans l'ancien domaine impérial, suivi fort heureusement du repeuplement. Je voudrais maintenant vous dire, que, depuis la Loi du 19 juin 1857, il y a 500.000 hectares en Gascogne, qui, actuellement, sont couverts de très belles forêts de pins. Or, la législation fiscale les a, fort heureusement pour les propriétaires et les communes, épargnés. En effet, un hectare de pins qui, actuellement, rapporte de 30 à 60 francs par an, paie quelques centimes d'impôts seulement. Naturellement, les propriétaires ne demandent qu'une chose, c'est que cette situation dure le plus longtemps possible.

Or, le prix de la propriété forestière a augmenté de 60 % à 70 %, tandis que le prix de la propriété agraire a diminué de 30 %. Les agriculteurs trouvent donc que, véritablement, les charges fiscales ne sont pas proportionnées.

L'impôt sur le revenu va mettre bon ordre à cela, et je trouve que c'est parfaitement juste, en corrigeant ainsi les inégalités du cadastre. Mais si les propriétaires, avec la plus-value que leur donne leurs arbres et la résine, acceptent, il y a toutefois opposition entre la conception des propriétaires et celle des contributions directes qui considère les coupes rases comme un revenu annuel. Les exploitants disent : non, ce n'est pas une exploitation ordinaire, cela n'a rien de commun avec les exploitations de bois en montagne, et ils disent : nous voulons bien payer à l'impôt, nous faisons des sacrifices, seulement, répartissons l'impôt de telle façon que les coupes rases ne soient pas considérées comme un revenu annuel.

La question est actuellement discutée dans la région ; elle a provoqué au début une certaine émotion, mais je crois qu'on arrivera à s'entendre avec de la bonne volonté de part et d'autre.

Je puis citer comme document les vœux émis au Congrès tenu pour la première fois à Bordeaux, en 1909, et dans lequel cette question de l'impôt sur le revenu appliqué aux forêts de Gascogne a été examiné. Ces vœux correspondent à ceux qui terminent le rapport de M. Arnoult. Je crois donc qu'il n'y aurait qu'une simple addition à faire en ce qui concerne les forêts landaises, parce que ce sont des forêts soumises à une exploitation différente et tout à fait spéciale.

Voici ces vœux :

« *Les propriétaires et résiniers représentant les* 800.000 *hectares de futaies résinières du Sud-Ouest de la France, réunis en Congrès à Bordeaux, le* 3 *juin* 1910, *protestent énergiquement contre le système d'évaluation adopté pour le revenu des pins dans l'application de la Loi du* 31 *décembre* 1907, *par l'Administration des contributions indirectes.*

« *Déclarent que ce régime est absolument contraire à la Loi, qui ne frappe le revenu foncier que sur la valeur locative, c'est-à-dire sur la rente directe du sol et estiment que seul le système des annuités peut être appliqué dans le calcul du revenu du pin.*

« *Ils demandent en outre que les semis des petits plants de pins soient exonérés d'impôts jusqu'à l'âge de* 30 *ans.*

« *Que des remises et modérations d'impôts puissent être accordées au cas de baisse importante dans la valeur des produits du sol.*

« *Que l'évaluation du revenu des pins puisse être modifié en cours de période décennale sur déclaration de coupe rase faite par le propriétaire.*

M. LE PRÉSIDENT. — Étant donné que nous sommes obligés de rester sur le terrain des généralités, je crois que les vœux du Congrès répondent mieux à ces généralités.

M. ROULLEAU. — Messieurs, il a semblé tout à l'heure que quelques orateurs étaient partisans de l'impôt sur les coupes. En théorie, je me rallierais bien volontiers à cet impôt sur les coupes qui est en effet l'impôt idéal payé au moment où vous touchez.

La méthode des annuités que M. Arnould a mise en évidence et a établie d'une façon très savante ne découle, en principe, exclusivement que de l'impôt sur la coupe ; l'annuité n'a été établie que pour annualiser un revenu que l'on touche périodiquement, c'est-à-dire à la coupe, mais je voudrais vous faire toucher du doigt l'iniquité en pratique de l'impôt sur la coupe, dans un pays de vieille civilisation comme le nôtre, où des systèmes réguliers d'impôt fonctionnent depuis de très longues années. Prenons, si vous le voulez bien, pour concréter ma pensée, une pineraie âgée de 50 ans ; elle va venir en exploitation dans deux ans ; elle a 48 ans. Pendant 48 ans, j'ai payé l'impôt annuel. A 50 ans arrive l'impôt sur le revenu qui vient d'être décrété à la coupe, et on me fait payer l'impôt à la coupe. Non seulement tout ce que j'aurai payé depuis le commencement n'entrera pas en ligne de compte, mais je payerai en bloc l'impôt à la coupe, c'est-à-dire que je paierai une seconde fois. Il y a là une injustice absolument flagrante sur laquelle je me permets d'attirer votre attention.

Il y en a une seconde. La Loi de frimaire an VII a exempté d'une façon formelle la futaie feuillue ; la futaie feuillue ne paie pas d'impôts, même aujourd'hui, autre que celui du taillis simple qui en occuperait la place ; c'est inscrit dans le *Recueil méthodique* en toutes lettres. Eh bien ! sur la foi de ce qui a été inscrit dans le *Recueil méthodique*, moi, propriétaire — et il y a beaucoup plus de propriétaires de ce genre que vous ne le supposez — j'ai économisé, j'ai multiplié la réserve, j'ai créé une forêt riche. Croyez-vous que si j'avais su qu'à un moment donné j'aurais à payer l'impôt sur la coupe, j'aurais constitué cette épargne? Jamais !

Nous nous trouvons par conséquent en présence d'une double injustice et je vous demande d'émettre le vœu que l'impôt sur la coupe ne soit pas adopté (*Applaudissements*).

M. de Nicolay. — J'ajouterai quelques mots à ce que vient de dire M. Roulleau, à savoir qu'il faut chercher à aboutir à des solutions prochaines. En l'espèce, tous les budgets, non seulement le budget de l'État, mais les budgets communaux sont intéressés d'une façon très spéciale à ces déterminations foncières ; l'impôt de la coupe jetterait dans la détermination des budgets communaux un bouleversement que ceux-ci sont incapables de subir, notamment dans les régions où les domaines boisés représentent une très grande partie de la surface de la commune. Par conséquent, il semble qu'il ne soit pas possible au Congrès d'entrer dans une voie qui ne semble absolument pas réalisable d'une façon pratique, car elle soulèverait de la part des intéressés — en l'espèce, les administrateurs des communes, — des protestations, de sorte qu'il ne faut pas nous mettre dans cette situation pénible de demander une chose que nous serions obligés de repousser comme administrateurs de communes.

M. de Larnage. — Je voudrais répondre un mot à notre collègue de la Gascogne.

Nous avons des résineux en massifs très importants dans le centre et dans l'ouest de la France, qui font du gemmage et dont les intérêts sont intimement liés à ceux du sud-ouest. M. Roulleau, très justement, a pris comme exemple, une coupe de pins idéale; il a répondu à l'objection que je voulais faire au point de vue de votre système. En ce qui me concerne personnellement, je me rallie donc d'une façon complète, pour les pineraies, au vœu d'ordre général émis par M. Arnould.

Quant à ce qui concerne les évaluations pour les pineraies, c'est un point très spécial, sur lequel on aura l'occasion de revenir dans la discussion et que nous étudierons d'une façon plus serrée. Pour le moment, qu'il me suffise de dire que nous sommes tous d'accord, au point de vue des éclaircies, pour dire que la perception si admirablement organisée en Roumanie est impossible à faire, étant donnés nos systèmes d'éclaircies en ce qui concerne les pineraies.

Un Congressiste. — Je crois qu'il y a une question qui domine : c'est celle de l'avilissement général des produits forestiers et qui est la cause de la crise que nous subissons tous. A l'heure actuelle, je ne vois qu'un remède : c'est la révision du cadastre.

M. Gouget. — Évidemment, la révision du cadastre serait idéale, mais cela demandera 25 à 30 ans. Si nous attendons jusque-là, et si nous devons payer les mêmes impôts, il n'est pas possible de continuer dans ces conditions. Le but de mon vœu, est de demander, en attendant la révision du cadastre, un dégrèvement que l'on peut baser à raison d'un tant pour cent sur le revenu qui existe actuellement.

M. le Président. — La révision de la base de l'impôt foncier peut se faire de différentes façons, et sans révision du cadastre, par une nouvelle assiette de l'impôt ; les deux choses ne sont pas complètement liées.

En tous cas, nous avons d'abord à examiner les vœux du rapporteur qui ont une portée générale et je dirai, internationale. Dans la première partie, nous avons à voter sur ce que j'appellerai l'impôt idéal, la façon dont on doit asseoir l'impôt. Remarquez que vous ne ferez pas seulement une œuvre théorique, puisque le Parlement, précisément en ce moment, examine cette question. Par conséquent, ce vote, tout en ayant une portée internationale théorique, aura néanmoins une répercussion immédiate en France.

J'aurai ensuite à vous proposer le texte d'un vœu complémentaire qui répondra à la préoccupation de M. Gouget, et à toutes les vôtres, Messieurs, car il y a un fait certain, c'est que la question de l'impôt forestier est extrêmement urgente. La « guillotine sèche » que nous a montrée tout à l'heure notre confrère, prouve que, indépendamment de la solution générale que prépare le Parlement, il peut y avoir des remèdes plus rapides à appliquer. C'est ce que je me propose de vous montrer tout à l'heure, quand nous aurons terminé les cinq premiers vœux.

Le premier vœu qui vous est soumis est le suivant :

« 1° *Que, dans tout système fiscal, la base d'évaluation du revenu forestier soit le produit net de la coupe normale correspondant au plan d'exploitation adopté : usuellement dans la région, si l'impôt est réel ; par le propriétaire, si l'impôt est personnel.* »

M. de Séville. — Je voudrais apporter à ce vœu une petite modification; ne pourrait-on pas le présenter comme ceci :

« *Que dans tout système fiscal, la base d'évaluation du revenu forestier soit établie, ou sur la valeur foncière des terrains boisés, ou sur leur revenu net.* »

M. Arnould. — Nous arrivons ici encore à distinguer un revenu foncier et un revenu net. On distingue tout de suite les deux catégories de revenus dans votre système. Mon vœu se rapporte d'une façon générale au revenu net de la forêt quel qu'il soit ; nous verrons plus tard ce que nous voulons appeler le revenu net du sol et le revenu d'épargne.

M. de Sébille. — L'observation qu'on faisait au sujet des pineraies prouve combien il serait plus rationnel de prendre pour base l'impôt foncier, au lieu de l'annuité. Vous réclamez, Messieurs, d'être mis sur le même pied que l'Agriculture et vous vous empressez de choisir une base différente.

M. Arnould. — Elle prendra place au second vœu.

M. le Président — Je crois que ce premier vœu a une portée extrêmement générale ; il prévoit tous les systèmes possibles de taxation. Je le mets aux voix.

Adopté à l'unanimité.

> « 2° *Que le revenu total annuel des forêts soit évalué : pour les forêts en coupes annuelles, comme le quotient du prix de la coupe normale par l'âge de l'exploitation ; pour les forêts à exploitation discontinue, comme l'annuité reproduisant la valeur de la coupe normale dans le nombre d'années compris entre deux coupes successives, les coupes étant supposées régulièrement réparties sur la durée de la révolution.* »

M. Hirsch. — Je ne vois pas très bien l'avantage de faire cette distinction entre les forêts à exploitation continue et à exploitation discontinue. Lorsque nous avons une forêt à exploitation continue, nous pouvons vendre du jour au lendemain, par portions, et en faire une exploitation discontinue ; il s'en suit que la façon d'évaluer le revenu total variera suivant que la propriété passera entre plus ou moins de mains et changera de nature pour passer d'exploitation continue à exploitation discontinue. Il me semble qu'il y aurait lieu de ne faire qu'une seule catégorie ; toutes les forêts sont à exploitation discontinue.

M. le Président. — Théoriquement, vous avez peut-être raison, mais je vous ferai remarquer qu'il y a un avantage de forme ; c'est plus simple et plus pratique : nous réduisons l'application des annuités générales. Remarquez que nous nous adressons au fond aux administrations fiscales et par conséquent, plus nous adopterons une solution simple et se rapprochant, sans rien compromettre des intérêts que vous défendez, de leur propre intérêt et de leur propre idée, plus nous aurons chance de triompher.

M. Descombes. — Il est évident que nous cherchons des solutions simples, mais si nous n'apportons pas des solutions exactes, nous serons dans le faux. Nous ne pouvons pas distinguer la forêt aménagée de la forêt à exploitation discontinue, et nous ne pouvons pas mettre le Ministre des Finances et le législateur dans une situation fausse.

Evidemment, il est compliqué de dire que, pour une forêt qui rapporte 1.000 francs par an, son revenu net n'est que de 870 francs ; elle rapporte en réalité 1.000 francs, mais pour les rapporter, le propriétaire a fait des frais d'aménagement, il a sacrifié de son revenu pendant plusieurs années, il s'est interdit de spéculer sur les bois, n'a pas pu profiter de la hausse si elle s'est produite. Il est obligé d'exploiter sa parcelle, et si, ensuite, les bois sont bon marché, tant pis pour lui. Il ne faut donc pas qu'on lui fasse payer les sacrifices qu'il a faits dans l'intérêt général, car une forêt aménagée rend plus de services hydrologiquement qu'une forêt qui serait rasée.

M. LE PRÉSIDENT. — En somme, vous vous ralliez à l'opinion de M. Hirsch.

M. ARNOULD. — Il ne faut pas oublier que nous devons tenir compte de la question des annuités, qui a une très grosse importance, notamment en Allemagne. Dans beaucoup d'États d'Allemagne, il y a une différence complète entre les deux exploitations annuelles et discontinues. Pourquoi ne pas en tenir compte dans le vœu ; d'ailleurs, en quoi cela gêne-t-il. La forêt est aménagée ou ne l'est pas ; si elle est aménagée, il y a un revenu annuel ; si elle ne l'est pas, le revenu est périodique. On appliquera par conséquent le système des annuités.

M. Hirsch nous parle du partage de la propriété forestière ; il est évident qu'en cas de succession, cela peut se produire, mais ce n'est pas à nous à régler cette question, c'est au moment de la transmission de la propriété.

M. HIRSCH. — Je suppose que nous ayons une forêt aménagée ; on va établir l'imposition pour cette forêt aménagée ; elle change de mains et rentre dans la seconde catégorie. Nous allons être obligés d'employer le second mode, d'où une nouvelle évaluation. Ceci me semble une complication du système de fiscalité. Il serait beaucoup plus simple de n'avoir qu'un seul système de fiscalité.

M. LE PRÉSIDENT. — Théoriquement, votre thèse n'est pas contestable, mais je me permets, pour justifier mon observation, de vous dire ceci : quand il s'agit d'une première évaluation, il est évident que si le mode du quotient arithmétique, si cher aux administrations financières, s'applique d'une façon courante, et que le fonctionnaire n'ait à appliquer les annuités que dans un nombre de cas assez restreint, ce sera pour lui un grand soulagement. Je crois donc que, sur ce point, nous pouvons dire qu'il y a simplification.

Ceci dit, nous sommes en présence de deux vœux ; le vœu intégral du rapporteur et celui de M. Descombes qui supprime toute la partie relative aux coupes annuelles.

M. HIRSCH. — Je demanderai la division.

M. L. BARBIER. — Je vois dans la deuxième partie du vœu qui nous est présenté, qu'il est question de la coupe annuelle et de l'annuité. Je crois qu'il serait bon de provoquer quelques explications sur ce quotient de la coupe annuelle et l'annuité. Vous parlez d'une part de la coupe annuelle et vous réclamez d'autre part l'annuité. Il serait peut-être utile de choisir l'un de ces deux modes.

M. ARNOULD. — Dans les forêts en coupes annuelles, c'est la coupe qu'il faut envisager. On déduit d'une part le revenu du sol donné par l'annuité et le reste est le produit de l'épargne.

M. DE NICOLAY. — Je crois qu'il y a dans l'ensemble des vœux présentés par M. le Rapporteur un enchaînement, et, si nous rompons cet enchaînement en supprimant une maille, nous risquons de détruire l'harmonie de l'ensemble.

M. LE PRÉSIDENT. — Évidemment, c'est un risque, mais il importe au Congrès de décider s'il y a lieu de le courir.

M. L. BARBIER. — J'ai peut-être mal compris M. le Rapporteur ; mais s'il a envisagé que le mot annuité peut s'appliquer à la première partie du vœu, je vous conseillerai de répéter le mot, parce que c'est le désir qui semble être dans notre esprit, mais il y aura peut-être des gens qui feront comme moi, qui ne vous comprendront pas.

M. LE PRÉSIDENT. — Si, vous comprenez bien. Votre proposition est conforme, au fond, à celle de MM. Hirsch et Descombes.

Le vote que vous allez émettre a une certaine gravité, parce qu'il y a dans l'assemblée des idées divergentes. Les uns, et c'est l'avis du rapporteur, veulent faire une distinction entre le revenu total et le revenu annuel.

Il s'agit en ce moment du revenu total. Dans le revenu total, le rapporteur a cru devoir faire une distinction entre les forêts en exploitation annuelle et les forêts en exploitation discontinue, et il a prévu une base un peu différente, suivant les cas. Tandis que M. Hirsch M. Descombes et M. le sénateur Barbier, paraissent désirer que, dans tous les cas, ce soit l'annuité qui soit la base de l'évaluation du revenu total.

Au fond, l'observation de M. Barbier ne fait que s'associer à celles de MM. Hirsch et Descombes.

M. HIRSCH. — Je demande à ajouter un simple mot : c'est que la distinction faite en la circonstance n'est pas très favorable aux exploitations en coupes annuelles, et, par conséquent, aux aménagements.

Or, dans l'instruction ministérielle du 31 décembre 1908, il est dit en première ligne que, dans l'évaluation des propriétés non bâties, on ne tiendra pas compte des revenus, des bénéfices agricoles provenant des engrais, des semences, et de tous les travaux augmentant la valeur de la propriété.

Je ne vois pas pourquoi en matière forestière, on tiendrait compte de cette augmentation de valeur que, par le travail du propriétaire, on a donné à la propriété.

Nous avons là deux façons de traiter les forêts. Le Sénat a proposé de traiter les forêts au moyen des annuités. Le terrain est excellent. Je demande qu'on s'y tienne !

M. LE PRÉSIDENT. — Alors, ce vœu perd son caractère international et devient tout à fait national.

M. L. BARBIER. — Je crois qu'il serait, en effet, bon d'envisager un peu les modalités que le Sénat a cru devoir suivre sur les indications des intéressés.

En ce qui concerne le quotient, je demande à insister pour bien vous montrer que vous allez apporter demain une modification à ce que vous demandez aujourd'hui au point de vue de la valeur des coupes.

Sur ce premier point, on a envisagé que, dans le futur, il n'y aurait que les quatre cinquièmes de la valeur qui compteraient. Peut-être faut-il en faire état.

Pour le quotient, je me permets de vous conseiller de faire ressortir l'intérêt qu'il y a à ne pas laisser le fisc tabler sur une valeur annuelle qui va se calculer sur 18 années par exemple. En comptant ainsi sur 18 années, pendant lesquelles vous allez payer sans tenir compte de l'annuité, vous allez simplement du simple au double. Quand vous avez une annuité calculée sur 18 années, vous payez une somme qui est un peu plus de la moitié de ce que vous payeriez si vous payiez tous les ans.

Vous avez droit à l'amortissement des sommes que vous payez tous les ans.

Voyez-vous un inconvénient à faire ressortir ce que j'ai demandé, c'est-à-dire une atténuation de ce que vous payez par avance, alors que vous ne profiterez de vos coupes qu'au bout de vos 18 ans? (*Applaudissements*).

M. LE PRÉSIDENT. — Remarquez que le texte du vœu vous donne satisfaction.

M. ARNOULD. — Il est absolument évident que dans les forêts en coupes annuelles, le revenu est supérieur à celui qu'atteint une forêt en une seule fois. Si vous ne parlez pas de cette différence, on vous dira : vous dissimulez !

M. HIRSCH. — Dans la culture, c'est la même chose : l'engrais et la semence ne comptent pas.

M. L. BARBIER. — Quand l'évaluation nouvelle sera faite, on va commencer par évaluer les coupes avec l'âge qu'elles ont, étant donnée la contrée.

C'est là-dessus qu'il faut commencer par tabler. Il n'est pas encore admis qu'on prenne pour base la valeur réelle de la vente de la coupe. Vous l'envisagez, mais l'administration est en présence de coupes très variables. Il y a eu des coupes qui ont été faites l'année dernière, qui avaient 17 ou 18 ans. Le texte que vous envisagez permet au fisc de considérer qu'il peut faire payer tous les ans pour une coupe de 18 ans suivant le chiffre réalisé par la coupe. C'est une petite précaution que je vous engage à prendre.

M. DE SÉBILLE. — Pourquoi complique-t-on cette affaire d'une façon aussi extraordinaire? Tout à l'heure, tout le monde était d'accord pour traiter la sylviculture comme l'agriculture. Si vous traitez l'impôt foncier comme l'impôt sur les bois, nous payerons tous les ans.

M. DE BARBUAT : — Il y a deux termes dans le vœu : le quotient du prix de la coupe normale et la valeur de la coupe normale.

Comment établira-t-on ce prix et cette valeur? Sera-ce en se basant sur le montant des ventes faites?

M. L. BARBIER. — On pourrait modifier un peu la rédaction ; il y a un principe que vous devez faire admettre ; c'est l'annuité.

M. BOUVET. — Nous sommes d'accord, nous désirons l'annuité ; la formule de M. le sénateur Barbier est parfaite. Je vous demanderai simplement si vous pourrez faire admettre par le Parlement ceci : Vous avez une forêt qui vous rapporte 20.000 francs, si vous la coupez tous les vingt ans. Si vous voulez calculer ce que cette forêt aménagée rapporterait pour un an, vous trouverez un chiffre qui sera, par exemple, de 600 ou de 900 francs. Alors, on vous dira : vous ne nous ferez jamais croire que votre revenu n'est pas de 1.000 francs (*Protestations et dénégations*).

M. L. BARBIER. — Vous envisagerez comme moi que l'État fera ce calcul sur les coupes qu'on fera. Mais l'État peut dire que votre forêt est aménagée et que les coupes n'ayant pas la même valeur, il faut calculer sur la valeur intégrale de la forêt. Vous ne pouvez qu'espérer que ce soit la coupe annuelle qui serve de base, mais je vous invite à ne pas vous abriter derrière cette espérance. Que l'annuité soit la base de vos calculs ! Qu'est-ce qu'il en coûte d'ajouter cette phrase? Excusez-moi d'insister, mais c'est l'évaluation avec l'annuité comme base qui est le pivot de toute cette question.

M. HIRSCH. — M. Bouvet fait valoir comme objection qu'on ne pourra pas comprendre qu'une forêt qui rapporte 1.000 francs par an ne puisse pas être imposée pour plus de 600 francs.

Je réponds : pour arriver à avoir un revenu de 1.000 francs par an, j'ai été obligé d'aliéner mon fonds, mes revenus, pendant un temps déterminé ; j'ai payé l'impôt et on ne m'en a pas tenu compte. On en tient compte à l'agriculture : j'ai bien le droit qu'on m'en tienne compte.

Au surplus, ce n'est pas au Congrès forestier à présenter des solutions qui sont favorables au fisc. Je crains que le fisc ne s'empare de cette première solution et ne dise : nous ne voulons pas de la seconde !

Nous devons tabler sur celle qui répond justement à l'idée forestière, c'est-à-dire l'idée de l'annuité. Nous ne devons pas en sortir. Voilà un terrain ferme, nous devons le conserver pour toutes les forêts, quelles qu'elles soient ! (*Applaudissements*).

M. Vessiot, — Ne craignez-vous pas que le fisc, en voyant cette objection, ne vienne vous dire : pourquoi n'aménagez-vous pas vos forêts?

M. Gouget. — Je me rallie à la transaction de M. le sénateur Barbier.

M. Bouvet vient nous dire : je coupe tous les ans, j'encaisse le revenu tous les ans, ce n'est pas comme celui qui touche ses revenus tous les vingt ans !

Mais voilà une forêt qui a 20 hectares. Je meurs et cette forêt est partagée entre mes quatre enfants. Celui qui va avoir la dernière coupe ne va pas avoir la même somme à payer, et celui qui a la première ne bénéficiera pas du système des annuités.

M. le Président. — Je crois que nous sommes suffisamment éclairés. Il s'agit maintenant de voter. Le vote est important. Nous sommes en présence de deux systèmes. J'appelle votre attention sur la gravité de la question. Le texte de M. le Rapporteur fait une concession aux idées chères aux finances et aux contributions directes. Au contraire, la proposition de MM. Hirsch, Descombes et Barbier maintient, intangible, le principe forestier de l'annuité. Vous allez voter sur l'un ou l'autre de ces deux systèmes.

M. L. Barbier. — Pardon ! J'admets très bien la division de M. le rapporteur, mais je demande cette adjonction de l'annuité à l'origine du vœu.

M. le Président. — Mais cette adjonction ne se peut pas. Si vous mettez d'abord que l'évaluation doit être faite d'après les annuités, forcément, cela s'appliquera dans tous les cas. Or, vous ne pouvez pas mettre après que, dans les cas de coupes annuelles, on appliquera, au lieu de l'annuité, le quotient arithmétique : ce serait une contradiction !

M. L. Barbier. — Si je m'appelais le fisc, je pourrais accepter la formule pour le prix de la coupe normale, et pour le reste des coupes, j'appliquerais peut-être des droits différents, mais je vous ferais payer tout de même. Prenez garde ! Le fisc est très fort ! Méfiez-vous !

M. le Président. — C'est pour cela que je considère qu'il faut voter le vœu tel que vous le proposez avec MM. Hirsch et Descombes, de supprimer le quotient arithmétique et de mettre simplement :

« Que le revenu total annuel des forêts soit évalué comme l'annuité reproduisant la valeur de la coupe normale dans le nombre d'années compris entre deux coupes successives, les coupes étant supposées régulièrement réparties sur la durée de la révolution. »

C'est la formule qui vous donne satisfaction.

Je commence donc par mettre aux voix le vœu de M. le Rapporteur.

Le vœu ne réunit que 3 voix.

Je mets aux voix maintenant le vœu de MM. Hirsch, Descombes et Barbier.

Le vœu est adopté.

Nous passons au troisième vœu.

Je crois que ce texte donne satisfaction à tous les intérêts. Je le mets aux voix.

Adopté.

Nous passons au vœu n° 4.

M. Hirsch. — Nous n'avons pas besoin d'aller au-devant des désirs du fisc. La Loi de brumaire an VII prévoit que l'épargne ne supporte aucun impôt. Pourquoi ne nous en tenons-nous pas à cette loi de brumaire an VII qui ne dit rien pour l'obligation de défricher? Ce serait une juste compensation et une manière de favoriser l'exploitation des gros arbres que de supprimer tous les impôts fonciers sur les arbres. Il me semble que ce serait justice.

C'est la thèse que nous sommes en droit et que nous avons le devoir de soutenir.

M. le Président. — Il ne faut pas perdre de vue le côté pratique des choses. Si vous allez trop loin, vous risquez — et j'attire votre attention sur ce point — qu'on traite la question contre vous.

M. le Rapporteur a obéi évidemment à une préoccupation, celle d'aller au-devant des discussions à intervenir et des menaces qui se produisent et il a voulu dire : du moins, qu'on ne nous applique pas telle ou telle chose !

Je me permets justement de demander à M. Barbier, qui est intervenu dans la discussion du deuxième vœu au point de vue des idées parlementaires, s'il serait bien opportun de se montrer intraitable et intransigeant sur cette question.

M. L. Barbier. — L'esprit général qui anime l'Administration, c'est la protection des futaies. Il y a un certain nombre de formules qui sont en ce moment un peu en l'air, qu'il est difficile d'énoncer ; mais il y a une formule qui semble prendre jour un peu, qui aurait pour but de frapper d'une façon assez élevée celui qui ferait des coupes blanches, c'est-à-dire la coupe des futaies en même temps que la coupe de branches.

Je ne peux pas vous indiquer une formule et vous le comprenez, mais la vérité, c'est que voilà le but que l'on veut atteindre.

En ce qui concerne ce quatrième vœu, voulez-vous me permettre de vous dire qu'il est très platonique, parce qu'il n'y a pas de base de comparaison quand vous dites : « *auquel sont assujettis les revenus du commerce et de l'industrie.* »

Ces revenus du commerce et de l'industrie sont le bénéfice résultant du travail absolu, tandis que vous, vous êtes soumis au temps. Vous n'avez qu'à regarder pousser vos arbres. Il est donc difficile d'appliquer un vœu conçu sous cette forme pour dire : vous assujettirez notre revenu dans la même proportion que celui du commerce et de l'industrie ! Que vous le souhaitiez d'une façon générale, c'est bien, mais c'est tout ce que vous pouvez faire.

M. le Président. — Ce vœu a une allure assez générale. Le premier paragraphe est même international.

M. L. Barbier. — Dans le second alinéa, vous dites que *ce revenu ne soit pas assujetti*, etc... En ce qui concerne les bénéfices agricoles, je me demande s'il n'est pas possible de faire là une assimilation. Vous incitez l'Administration à envisager l'application de l'impôt sur les bénéfices agricoles, quand, en réalité, il semblerait y avoir en l'air une bienveillance particulière pour l'agriculture et une tendance à ne pas faire payer les bénéfices agricoles.

M. Arnould. — Nous demandons alors à ne rien payer nous-mêmes

M. L. Barbier. — Voulez-vous me permettre de vous dire que là il y a un travail à faire, travail ayant un but supérieur à la valeur de la forêt que vous possédez. En réalité, vous n'avez pas la même situation que l'agriculture qui a beaucoup de travail et de dépenses à faire.

Je crois que si vous voulez manifester le désir que les dépenses de l'impôt soient semblables pour tout le monde, sous la forme où vous l'indiquez, ce sera une manifestation platonique. C'est un désir, mais un désir dont l'application est reconnue, à l'avance, impossible.

M. le Président. — Alors, voulez-vous me permettre de vous suggérer une transaction. Sans entrer dans le détail du commerce et de l'industrie qui, comme le dit M. Barbier, peuvent soulever des difficultés, mettons simplement : *que les revenus de l'épargne supportent les contributions les plus modérées que la législation de chaque pays permettra.*

C'est un vœu très simple, mais qui laisse le jeu libre.

Plusieurs Voix. — Supprimez le vœu !

M. le Président. — Non, parce qu'il faut marquer notre pensée qui est qu'on ne taxe pas, si possible, dans les proportions où cela a lieu actuellement, et ensuite marquer notre intérêt pour les revenus de l'épargne.

M. L. BARBIER. — On pourrait mettre : « *Que l'impôt ne soit pas supérieur aux impôts perçus sur toutes les sources de revenus* ».

M. LE PRÉSIDENT. — Oui, mais cela laisse de côté la fameuse distinction entre les revenus du sol et les revenus de l'épargne.

H. HIRSCH. — Je demande qu'on émette un vœu demandant que les revenus de l'épargne ne supportent aucun impôt. On a besoin d'arbres, tout le pays en a besoin ; il faut encourager la culture des arbres, donner des subventions. Ce sera là une manière d'encourager les arbres de croissance et de futaie (*Approbation générale*).

M. PELLETIER DE MARTRES. — A la troisième section, ce matin, nous avons voté un vœu absolument conforme à ce que demande M. Hirsch.

M. LEROY. — Je demande qu'on adopte un vœu demandant que le revenu de l'épargne ne supporte en aucun cas l'impôt foncier ni les impôts ou taxes assimilées. Cette rédaction réserve la question. Elle ne ferme pas la porte, mais elle ne l'ouvre pas non plus.

M. L. BARBIER. — Envisagez-vous l'impôt d'État ou l'impôt communal seulement ?

M. LEROY. — Je dis l'impôt foncier, d'une façon générale, et j'ajoute les taxes assimilées.

M. LE PRÉSIDENT. — Je mets aux voix la rédaction de M. Leroy, telle qu'il vient de vous la présenter.

Adoptée.

Nous passons au vœu 5. Personne ne demande la parole ? Je le mets aux voix.

Adopté.

C'est ici que je me permets de suggérer un vœu spécial à la France et qui répondrait à la pensée très sage de M. Gouget.

Il est évident que la révision de l'impôt n'est pas encore faite. Le Sénat s'en occupe, mais je crois qu'il y a beaucoup de chances — j'en appelle à M. Barbier — pour que l'œuvre du Sénat fasse encore retour à la Chambre. Par conséquent, le résultat n'est pas encore acquis.

Or, tout le monde nous a cité des faits criants, et m'inspirant de la pensée de M. Gouget, je proposerai le texte suivant, qui a l'avantage de ne pas entrer dans trop de détails et qui se base déjà en partie sur la réglementation déjà existante.

« *Qu'en France, le dégrèvement de la propriété non bâtie soit voté le plus vite possible par le Parlement, mais qu'en attendant les propriétaires particuliers soient admis légalement à bénéficier immédiatement des dispositions de l'Ordonnance du 3 octobre 1821.* »

Ce vœu tendrait à faire insérer, par exemple, dans une loi de finances, en tout cas, par une disposition législative très simple, cette application de l'Ordonnance royale de 1821 dont nous parlait M. Gouget et qui permettrait d'obtenir immédiatement des dégrèvements dans les cas intéressants.

M. DE NICOLAY. — Je m'excuse de prolonger ce débat, mais nous sommes dans un domaine qui ne connaît pas encore la réalisation. Nous ne devons pas oublier que les travaux législatifs, comme le disait M. Barbier, sont entrés dans cette voie des réalisations, et nous devons d'autant moins l'oublier que nous avons ici un des hommes qui ont le plus contribué à faire voter un texte qui est le seul qui ait donné aux propriétaires la satisfaction qu'ils demandent ; j'ai nommé M. le sénateur Barbier, dont l'activité et le dévouement ont été remarquables (*Vifs applaudissements*).

Je me demande si, au moment où le Congrès discute cette question de l'impôt forestier, il ne doit pas avoir une pensée pour le travail qui est en ce moment pendant devant le Sénat, lequel travail, si je m'en souviens bien, comporte justement le principe que vous avez émis aujourd'hui, à savoir la séparation des revenus, le calcul des annuités et un dégrèvement de l'épargne représenté par les futaies et les arbres en croissance.

Je n'ai malheureusement pas ici la formule sur les lèvres, mais peut-être y aurait-il intérêt, en outre des formules que nous venons d'arrêter et qui ne sont en aucune opposition avec celles qui ont été soutenues par M. Barbier, notamment devant le Sénat, à souhaiter, par exemple, que dans la nouvelle évaluation qui va se faire incessamment, si l'amendement qui s'est appelé l'amendement Renard, pendant quelque temps, devient un texte de la loi de finances, pour la mise en pratique de cet amendement, on s'inspire des dispositions qui, jusqu'à présent, ont été émises devant la Commission sénatoriale de l'impôt sur le revenu.

Je me permets, non pas de donner une solution, mais plutôt, et M. le sénateur Barbier m'en excusera, de solliciter son intervention. (*Applaudissements.*)

M. L. BARBIER. — La question de l'impôt sur le revenu, lorsque l'amendement a été présenté, avait pour but de procéder au dégrèvement de l'impôt foncier en retrouvant la contre-partie dans l'impôt sur les valeurs mobilières françaises et étrangères. Vous vous rappelez que l'origine de l'impôt sur le revenu a été précisément la nécessité de dégrever l'impôt foncier.

A côté de l'amendement Renard, il y a eu l'amendement Malvy ayant pour but le dégrèvement de la cote mobilière et de l'impôt des portes et fenêtres.

Je tiens à déclarer que la Commission du Sénat serait prête, si on le voulait, à faire le dégrèvement de l'impôt foncier non bâti en trouvant la contre-partie dans les valeurs mobilières françaises et étrangères, et en s'en tenant là, pour cette bonne raison que le dégrèvement ayant une répercussion sur les centimes additionnels, cette répercussion peut être solutionnée en autorisant les communes et les départements à augmenter le nombre de ces centimes d'une façon équivalente au dégrèvement de l'impôt foncier qui disparaîtrait. Il y aurait là un dégrèvement d'origine assez important en ce qui concerne le principal, mais si vous voulez souder à cela la suppression de la personnelle mobilière et des portes et fenêtres pour en faire l'impôt général sur le revenu, c'est toute la loi (*Non, non*). En effet, par cette suppression, vous supprimez le principal d'une contribution qui entraîne la suppression des centimes correspondants, centimes qui s'élèvent à 315.000.000. Par conséquent, vous allez être dans l'obligation, avant de résoudre la question et de la proposer même sous cette forme, de demander à la Chambre de voter le projet de loi sur la transformation et la modification des centimes communaux et départementaux qui est resté latent à la Chambre, en attendant que le Sénat se prononce sur la réforme d'ensemble.

Messieurs, vous attendrez un certain nombre d'années cette réforme si on soude les différents éléments que je vous indique pour constituer l'impôt sur le revenu. Il y a donc intérêt à ce que vous réclamiez d'urgence que l'application de la loi d'origine, ayant pour but le dégrèvement de l'impôt foncier, ait lieu dès maintenant, puisqu'on en a les moyens et qu'on trouve sa contre-partie financière; sinon, en soudant cette réforme à l'amendement Malvy, c'est l'ajournement certain à un certain nombre d'années dont je ne voudrais même pas me permettre de vous fixer la limite (*Rires*).

Si nous réclamons seulement le dégrèvement de l'impôt foncier, on peut faire très vite, et si je dis qu'on peut faire, c'est parce que le Ministre des Finances, ces jours derniers, a déclaré que le recensement de la propriété non bâtie était terminé, et que dans quelques jours, une quinzaine au plus, la Commission du Sénat allait être saisie des résultats. Par conséquent, nous aurons là ce que nous pouvons appeler les bases des projets d'évaluation faits par le Ministre des Finances.

Nous avons demandé dans les arrondissements les opérations de recensement qui ont été faites ; on prétend qu'elles sont assez mal faites (*Très mal, très mal*). Je veux croire qu'on a fait son possible pour bien faire, mais, d'après les règlements antérieurs, il y aurait, à l'heure actuelle, prescription pour pouvoir formuler des réclamations sur ces évaluations.

Je puis vous déclarer dès maintenant que vous pouvez avoir sur ce point une sécurité, parce qu'il y aura un délai assez long accordé, lorsque la loi le permettra, pour permettre à chacun de formuler de nouvelles déclarations.

En résumé, nous demandons que cette réforme soit faite d'urgence, puisqu'elle est prête et qu'on ne soude rien dessus.

Messieurs, associez-vous à nous, et je crois que vous nous aurez donné une force plus grande, pour obtenir le résultat désiré depuis si longtemps.

M. DE NICOLAY. — Je remercie beaucoup M. le Sénateur de m'avoir fait l'honneur de répondre à la question que j'ai posée, mais je lui demanderai un petit complément d'explications. La nouvelle évaluation de la propriété non bâtie va-t-elle ouvrir d'ici peu un recours devant l'autorité judiciaire pour protester contre les évaluations que nous estimons excessives?

Ce recours, une fois ouvert, va comporter une nouvelle évaluation, s'il est fait droit à nos réclamations, évaluation faite en prenant pour base de nouveaux principes. Nous venons d'en émettre un ici même. A défaut de celui-ci, j'aurais aimé que l'on prenne comme principe, par exemple, celui qui a été émis jusqu'à présent par la Commission sénatoriale de l'impôt sur le revenu.

M. L. BARBIER. — C'est la Loi de 1907 qui a établi la base du recensement de la propriété non bâtie; or, il n'appartient à personne, tant que cette loi ne sera pas modifiée, de prévoir d'autres bases pour les évaluations. Nous sommes donc dans l'obligation, pour respecter la loi, de nous baser sur le principe de la Loi de 1907, mais vous aurez toujours la ressource, si l'évaluation vous semble mal faite, de pouvoir formuler des réclamations et demander qu'il soit fait une nouvelle appréciation.

M. DE LARNAGE. — Je crois qu'en ce qui concerne les évaluations de 1907, il faut nous en tenir à un strict règlement; il faut essayer de tirer de l'application des modes de revision qui nous sont ouverts le maximum de ce que nous pouvons obtenir. Or, nous pouvons obtenir, avec le mode actuel, de régler les réclamations individuelles de ceux dont la contribution a été un peu trop fortement taxée, dans les délais fixés par la Loi de 1907. Mais en dehors de cela, il y a le droit des collectivités.

Devant le groupe agricole du Sénat, j'avais l'honneur avec le président du Comité des forêts, M. de Nicolay, comme délégué de la Société des Agriculteurs de France, de demander au groupe de vouloir bien appuyer ce droit des collectivités, égal à celui des particuliers, d'après la Loi de 1907. Or, elle est muette sur ce point. Je demanderai donc au Congrès de formuler à cet égard le vœu, que dans la revision, telle qu'elle nous est ouverte par la Loi de 1907, les propriétaires forestiers se voient appliquer les méthodes qui ont été reconnues par l'Administration des forêts elle-même comme les plus propres à donner satisfaction à nos intérêts, c'est-à-dire, en premier lieu, la distinction du capital, du revenu et de l'épargne. En second lieu, demandons que les collectivités aient le même droit que les individus, c'est-à-dire soient admises à réclamer dans les mêmes formes et délais que ceux-ci, étant donné qu'on a omis leur rôle dans la Loi de 1907.

M. LE PRÉSIDENT. — La proposition de M. de Larnage vient peut-être compliquer la question, et je me permettrai de modifier le vœu dans le sens qu'indiquait M. Barbier, pour dire qu'en France le dégrèvement de la propriété non bâtie soit voté le plus tôt possible par le Parlement, mais qu'en attendant, les propriétaires forestiers soient admis à bénéficier immédiatement des dispositions de l'Ordonnance de 1821.

Cette première partie donne aux sénateurs l'arme dont ils ont besoin, et le second paragraphe donne satisfaction aux besoins immédiats, parce qu'il sera plus facile de faire insérer dans une loi de finances une disposition comme celle-là, que de faire voter pour un dégrèvement immédiat, en raison des complications soulevées au Parlement et que M. le Sénateur Barbier nous exposait tout à l'heure.

Je mets donc ce vœu aux voix.

Adopté.

M. DE NICOLAY. — Il m'a été reproché de faire une opposition illégale, mais je n'avais pas la prétention de parler du passé. Nous avons ici la prétention — et nous y avons été autorisés par de hautes autorités — à inspirer la législation de l'avenir.

Ma proposition avait seulement pour but, étant donné que les Pouvoirs publics sont décidés à faire quelque chose pour la forêt, qu'ils sont décidés — la promesse nous en a été donnée — à obtenir, spécialement sur la question forestière, quelque chose en matière d'impôt forestier, ma proposition, dis-je, avait seulement pour but et tendait simplement à ce que les dispositions soient prises en temps utile pour qu'il soit fait droit aux réclamations qui vont naître, sur la base de l'impôt tel que nous venons de le fixer et tel que la Commission sénatoriale de l'impôt sur le revenu en a déjà tracé la direction. J'avais donc pour but, non pas de parler de l'état ancien, mais de préparer l'état nouveau vers lequel nous aspirons le plus promptement possible.

M. LE PRÉSIDENT. — Je crois que les vœux du Congrès répondent à votre désir. Nous demandons déjà le vote rapide du dégrèvement de l'impôt foncier non bâti ; il ne faut peut-être pas demander trop de modifications législatives, et dans ces conditions, je ne sais si un vote spécial entraînant une modification législative nouvelle ne viendrait pas, précisément, compliquer l'œuvre du Sénat.

M. le Sénateur, n'êtes-vous pas de cet avis?

Ne trouvez-vous pas que les membres du Parlement, défenseurs des intérêts forestiers, sont, théoriquement et pratiquement, suffisamment armés, et qu'il serait plutôt gênant pour eux d'avoir à se prononcer sur une demande tendant à modifier législativement la Loi de 1907. Je me permets de poser la question sans la résoudre.

M. L. BARBIER. — Vous ne pouvez pas préparer un texte, pas plus que nous d'ailleurs. Je rends un hommage particulier à l'Administration des Forêts et au Ministre de l'Agriculture pour le concours qu'ils nous ont accordé pour l'étude de cette question. Je vous demande de vous joindre à moi en cette occasion. (*Assentiment.*)

Je souhaite que nous trouvions la même bienveillance auprès du Ministre des Finances, parce que c'est là le côté intéressant, — le côté financier. Le côté fisc est l'objet de nos plus grandes préoccupations.

Je crois, Messieurs, que ce que vous avez voté est suffisant et représente bien ce que peut faire un congrès forestier. Il est inutile de compliquer les demandes formulées; il pourrait y en avoir de contradictoires ; elles se compliqueraient les unes les autres. Je voudrais pouvoir répondre en face d'une proposition très nette.

M. LE PRÉSIDENT. — Le Parlement nous parait suffisamment armé.

Je passe, Messieurs, à l'adoption des vœux dont je vous redonne lecture :

1° *Que pour l'impôt sur les successions, l'évaluation des forêts en capital soit basée, non sur le rendement moyen des dernières exploitations, mais sur le revenu total annuel que peut donner la forêt dans l'état où elle se trouve à l'ouverture de la succession.* »

Je mets ce vœu aux voix.

Adopté.

Je passe au second vœu :

2° « *Que dans les ventes de forêts en fonds et superficie, la valeur du fonds soit seule imposée aux droits sur les ventes immobilières, la valeur de la superficie étant imposée aux droits de transmission des valeurs mobilières ou au plus aux droits sur les ventes mobilières.* »

UN CONGRESSISTE. — Cela existe déjà...

M. LE PRÉSIDENT. — Non ! C'est pour cette raison que, lorsque la forêt est à vendre, le propriétaire qui voudrait l'acheter pour la conserver se trouverait en infériorité vis-à-vis du marchand de bois.

M. L. BARBIER. — En matière de vente de forêts, il faut distinguer deux genres de forêts : celle qui est une propriété de jouissance, où les arbres ne sont pas abattus...

M. LE PRÉSIDENT. — Je vois, M. Barbier, ce que vous voulez dire. On On pourrait ajouter au vœu ces mots : « *Les parcs et les jardins exceptés* »?

UN CONGRESSISTE. — C'est la mort de tous les parcs.

M. LE PRÉSIDENT. — Non, car ils resteront soumis au régime actuel.

M. DE LARNAGE. — Les parcs sont classés dans une catégorie spéciale.

M. LE PRÉSIDENT. — Oui, seulement, nous nous occupons ici de droits de mutation et non pas d'impôt direct.

Jusqu'à ce moment on pourrait dire que la législation des contributions directes ne les connaît pas.

On pourrait, je le répète, modifier légèrement le vœu en mettant : « *les parcs et jardins exceptés* ».

UN CONGRESSISTE. — Le mot « *forêt* » implique naturellement l'exclusion des jardins et parcs.

M. LE PRÉSIDENT. — Il peut s'établir une confusion.

UN AUTRE CONGRESSISTE. — On n'a qu'à mettre « *forêts exploitées* ».

M. LE PRÉSIDENT. — Cela pourrait donner lieu à de grosses discussions. Je mets aux voix le vœu ainsi modifié :

« 2° *Que dans les ventes de forêts en fonds et superficie, parcs et jardins exceptés, la valeur du fonds soit seule imposée aux droits sur les ventes immobilières la valeur de la superficie étant imposée aux droits de transmission des valeurs mobilières ou au plus aux droits sur les ventes mobilières.* »

Le vœu est adopté.

Je donne lecture du troisième vœu :

« 3° *Qu'au cas d'acquisition de forêts par les départements, les communes et les établissements publics ou d'utilité publique, il ne soit perçu pour l'enregistrement qu'un droit fixe de un franc.* »

M. GAZIN. — Je demande qu'on élargisse le sens du texte : « *ainsi que pour les sociétés civiles qui pourraient se constituer en vue de l'acquisition et de la possession de forêts et du reboisement des terrains vagues.* »

M. LE PRÉSIDENT. — Ces sociétés existent déjà et ce que vous demandez sera peut-être difficile à faire admettre. Le vœu de M. Arnould contient les mots : « *publics ou utilité publique* » ; c'est ce qui nous facilitera le succès auprès du Parlement. Le jour où vous étendrez ce droit que nous réclamons à de simples sociétés civiles, j'ai bien peur que ce jour-là le vœu soit condamné. Les finances sont très intransigeantes là-dessus.

M. GAZIN. — Il y aurait cependant lieu d'encourager ces sociétés civiles. Elles supportent l'impôt foncier comme les propriétaires particuliers ; l'impôt de constitution de société ; l'impôt de main-morte. Elles sont complètement découragées. Il ne s'en constitue plus, précisément à cause de toutes ces charges qui les écrasent.

Les forêts seraient mieux placées entre les mains de sociétés que dans celles des particuliers.

M. LE PRÉSIDENT. — Dans le fond, ce serait très heureux. Mais ne risquerions-nous pas de faire complètement repousser notre vœu?

M. Leroy. — La question est très délicate. Je proposerais simplement l'exemption du droit d'enregistrement.

M. le Président. — On pourrait ajouter : « *Soient exemptés dans la plus large mesure possible?* »

Un Congressiste. — Il serait bon de faire mention de ces sociétés qui sont fort utiles.

M. le Président. — Nous ne le contesterons pas. Je vous propose de distraire ce vœu et de le discuter demain.

M. L. Barbier. — Ce n'est pas au moment où l'État a besoin de tant d'argent qu'il faut demander des avantages particuliers, non seulement pour les départements, les communes, mais les établissements publics.

M. le Président. — Je vous propose de disjoindre ce vœu qui sera discuté demain lorsque nous étudierons la question de l'acquisition par les collectivités.

L'assemblée se rallie à cette manière de voir.

M. le Président. — Nous passons au cinquième vœu :

« *Que les terrains reboisés ou nouvellement boisés soient exonérés de tout impôt;*

Pendant trente ans pour ceux situés sur les sommets et les versants des montagnes, sur les dunes, dans les landes et les terrains marécageux;

Pendant vingt ans pour tous les autres terrains »

M. Banchereau. — Je voudrais que l'on tienne compte des terrains reboisés. Nous avons obtenu que les terrains reboisés, c'est-à-dire ayant été autrefois en forêt, déboisés, et remis de nouveau en forêt, soient exonérés de l'impôt pendant trente ans. C'est une nouvelle faveur que nous avons obtenue il y a très peu de temps. Je crois qu'il est intéressant de ne pas comprendre les résineux dans les exonérations et d'admettre qu'une forêt de résineux qui, au bout de 60 ou 70 ans, aurait été coupée et reboisée, ne soit pas considérée comme un terrain reboisé.

Mais lorsqu'un propriétaire achète un terrain qui a été boisé autrefois, dans lequel on a fait une opération malheureuse de défrichement et de mise en culture, comme cela est arrivé trop souvent autour du périmètre domanial, il faudrait que le propriétaire puisse jouir de l'exonération.

M. le Président. — Votre observation est juste.

M. Banchereau. — Je me suis trouvé dans des circonstances semblables.

Les terrains avaient été achetés par l'Administration domaniale en en 1835. Mon père les ayant mis en culture a demandé l'exonération pendant trente ans ; elle lui a été refusée ; on lui a dit qu'il s'agissait de terrains ayant été boisés. Le fisc a été intraitable. Depuis, l'exonération a été obtenue. Je voudrais que l'on établit une distinction justement pour éviter ces erreurs.

UN CONGRESSISTE. — La jurisprudence sera maintenue, il n'y a pas de doute.

M. LE PRÉSIDENT. — Je crois qu'il est préférable de maintenir le texte de M. Arnould. Je crois qu'il donnera satisfaction à tout le monde.

M. PELLETIER DE MARTRES. — Il n'y a pas de législation qui dépasse trente ans, c'est pour cela que nous demandons qu'on en fasse une.

M. L. BARBIER. — La loi actuelle, si j'ai bonne mémoire, exonère pendant trente ans les semis et plantations. Ce sont les termes mêmes...

M. LE PRÉSIDENT. — En effet.

M. ROULLEAU. — Il me semble que ce texte donne toute satisfaction à M. Barbier puisque c'est la Commission sénatoriale de l'impôt sur le revenu elle-même qui a fixé ce texte-là. Il est conforme à celui de M. Arnould.

M. L. BARBIER. — Je vous demande d'ajouter les mots « *semis et plantations* ».

M. PELLETIER DE MARTRES. — Pourquoi ne pas mettre « *terrains incultes ?* »

UN CONGRESSISTE. — Ne pourrait-on pas ajouter « *Même en cas de vote de l'impôt sur le revenu ?* »

M. LE PRÉSIDENT. — Je crois qu'il vaut mieux ne pas en parler.

LE MÊME CONGRESSISTE. — Nous n'aurons pas le dégrèvement alors, puisque l'impôt sera global?

M. L. BARBIER. — On ne peut pas apporter une exception à une loi qui n'existe pas encore.

M. LE PRÉSIDENT. — Je mets aux voix le vœu du rapporteur en ajoutant après les mots « *ou nouvellement boisés* », les mots « *par semis et plantations* ».

Le vœu est adopté.

Messieurs, je donne lecture du sixième et dernier vœu :

« *Qu'il soit accordé des dégrèvements temporaires pour les bois ruinés par des invasions d'insectes ou des maladies cryptogamiques dont la reconstitution par semis ou plantations aura été reconnue indispentable au maintien de l'état boisé.* »

UN CONGRESSISTE. — Ne conviendrait-il pas de prévoir la destruction par incendie?

M. LE PRÉSIDENT. — Certainement. Nous ajouterons donc le mot « *des incendies* » entre les mots « *par* » et « *des invasions* ».

Je mets aux voix le vœu ainsi modifié.

Le vœu est adopté.

La séance est levée à 5 h. 30.

SÉANCE DU 18 JUIN 1913

(MATIN)

Présidence de M. VIVIER, président de Section

La séance est ouverte à 9 h. 35.

M. LE PRÉSIDENT. — L'ordre du jour appelle la discussion du rapport de M. Margaine, sur les LIGUES, SYNDICATS ET CAISSES DE CRÉDIT FORESTIER.

La parole est à M. Margaine pour la lecture de son rapport.

M. MARGAINE. — Le rapporteur compte sur la bienveillante indulgence des lecteurs pour excuser les lacunes inhérentes à un travail aussi court sur un sujet aussi vaste.

Il doit remercier les nombreux correspondants qui ont bien voulu répondre à l'appel du Touring-Club et tout particulièrement, pour les pays étrangers, MM. Anstruttier pour l'Angleterre, Campbell pour le Canada, Pillichody et Barbey pour la Suisse, Krarup pour le Danemark. Saxlund pour la Norvège, les départements des forêts pour l'Autriche et les États-Unis ainsi que l'Association centrale des syndicats agricoles de Darmstadt pour l'Allemagne.

Sommaire d'un essai sur l'organisation économique du monde forestier.

Terminologie adoptée. — L'instinct d'entr'aide qui existe chez tous les hommes se manifeste, dans les groupements qu'ils établissent entre eux, suivant leur profession, sous deux formes nettement différentes :

1° Ils peuvent s'unir dans un *but d'intérêt uniquement général*, désintéressé, sous les formes de « Sociétés académiques », « Sociétés d'études », « Associations pour la défense des intérêts généraux du pays », etc. : *groupements scientifiques*.

2° Ils peuvent s'unir dans un *but d'intérêt particulier* : *groupements économiques*.

A. Ce but peut être relativement général lorsqu'il s'agit pour le groupement formé de défendre les intérêts généraux de la profession de ses membres, sans s'occuper de leurs intérêts, à eux, pris isolément. C'est ce que nous appellerons le *mouvement syndicaliste* et nous désignerons ces groupements sous le nom de *syndicats*.

B. Ce but peut être de défendre les intérêts particuliers de chacun des membres du groupement par la *coopération* ou la *mutualité*.

a) Dans la coopération, les hommes groupent leurs capitaux, leurs biens mobiliers et immobiliers ou leur travail dans un intérêt spéculatif.

Nous n'étudierons que les groupements des biens et les groupements du travail que l'on désigne plus généralement sous le nom de « *coopératives* » et nous n'entendrons même par « *coopération* » que l'association des biens et du travail à l'exclusion des groupements de capitaux.

b) Nous entendrons par *mutualité*, le groupement des hommes dans le but de se venir en aide les uns aux autres sans idée de bénéfice immédiat.

Groupements scientifiques.

Ces organisations sont permanentes (Sociétés) ou temporaires (Congrès); nationales ou internationales.

a) Sociétés nationales. — Les questions forestières sont à l'ordre du jour dans tous les pays civilisés ayant des forêts. Dans tous, les sociétés savantes les étudient ; dans tous, des sociétés savantes spéciales se sont formées pour les examiner.

Certaines sociétés étudient toutes ces questions en général, réunissent des congrès nationaux, font des excursions scientifiques et publient des mémoires dans des bulletins périodiques (1).

D'autres poursuivent des buts plus nettement déterminés : elles cherchent à provoquer le reboisement dans le pays (2), ou à empêcher le déboisement des montagnes (3), à défendre les forêts en tant que sites naturels (4), a étudier les essences ligneuses et en propager l'emploi (5).

Certaines sociétés à but général poursuivent en même temps des buts spéciaux. Certaines sociétés forestières patronnent le reboisement des terres incultes, la diffusion de l'instruction forestière dans l'enseignement primaire.

b) Congrès nationaux. — Dans tous les pays, les congrès agricoles s'occupent souvent des questions forestières. En dehors des congrès des sociétés savantes, il se tient dans beaucoup de pays des congrès spéciaux de sylviculture.

c) Sociétés internationales. — Il existe même une société internationale d'études forestières : « l'Association internationale des Stations de recherches forestières » fondée en 1874 sur l'initiative du docteur Wittmack, conservateur du musée agricole de Berlin.

d) Congrès internationaux. — Beaucoup de congrès internationaux d'agriculture ont étudié certaines questions forestières. Le Congrès de Vienne (1907), dans sa VIIIe section a discuté les rapports de MM. Pardé et Péronna sur la coopération forestière ; il a demandé l'établissement d'une revue internationale forestière et établi une commission internationale pour l'étude d'un système uniforme de statistique de la production et du commerce du bois. Le Congrès de Madrid en 1911 a étudié le reboisement. Celui de Gand (1913), comprend une section de sylviculture.

A Paris, en 1900, s'est tenu un Congrès international de sylvicuture. Il n'y a pas été question de coopération forestière.

---

(1) Société forestière de Franche-Comté, en France ; Société des Forestiers suisses; Société forestière norvégienne « Norsk Strogelo Kab » ; Association forestière du Canada ; Société d'Ingénieurs forestiers du Canada ; Association forestière américaine; Société des Forestiers allemands et Société des Forestiers mecklembourgeois ; Société forestière centrale de Belgique ; Société forestière de Saint-Pétersbourg ; Société nationale de Hongrie ; Société forestière danoise, etc.

(2) Société des Amis des Arbres en France, en Espagne ; Congrès de l'Arbre et de l'Eau.

(3) Association pour l'aménagement des montagnes en France, en Algérie ; Société *Pro Montibus et Sylvis*, en Italie.

(4) Commission des Pelouses et Forêts du T. C. F., en France ; Association pour la conservation des richesses naturelles, aux États-Unis.

(5) *Sociétés dendrologiques* française, allemande, société royale d'arboriculture anglaise et écossaise.

Groupements économiques.

Les syndicats forestiers. — Les syndicats, avons-nous dit, sont des associations fondées par des gens ayant une profession déterminée, dans le but de défendre les intérêts généraux de leur profession. Les syndicats doivent donc se classer et s'étudier d'après la profession de ceux qui les composent : marchands de bois, agents et préposés forestiers, propriétaires forestiers, ouvriers bûcherons.

a) Syndicats de marchands de bois. — Le commerce de bois dans la plupart des pays est fortement organisé, mais ce genre d'organisation ne rentre pas dans le cadre de notre étude.

b) Syndicats d'agents forestiers. — Dans nombre de pays également, les agents ou préposés forestiers de l'Etat (1) ou des particuliers, les ingénieurs forestiers, etc., se sont unis pour la défense de leurs intérêts. Ces syndicats sont formés d'une catégorie trop spéciale de personnes et sont souvent dans une dépendance trop étroite des pouvoirs centraux pour avoir une véritable influence dans le mouvement économique forestier.

c) Syndicats de propriétaires forestiers. — L'esprit généralement particulariste du propriétaire, surtout du propriétaire forestier, dans tous les pays, fait que celui-ci entre plus volontiers dans l'organisation syndicale que dans l'organisation coopératiste, et encore faut-il que quelqu'un mette le mouvement en train. En France, le mouvement a pris une extension apparente assez considérable sous l'impulsion de *« l'Office forestier du Centre et de l'Ouest »*, fondé en 1908 par un homme de grande compétence forestière, M. Roulleau. Le mouvement a été favorisé par la diminution du revenu de la propriété boisée à la suite de l'effondrement des cours des bois de chauffage, de l'augmentation du prix de la main-d'œuvre, de l'accroissement des charges fiscales coïncidant avec une taxation maladroite des droits successoraux. Les propriétaires qui n'ont pas réalisé leurs forêts, ont fondé en beaucoup d'endroits des syndicats (2) dont le but est surtout, en ce moment, de combattre la législation fiscale forestière. Mais le nombre de ces syndicats ne doit pas faire illusion sur le nombre de leurs membres, qui est très restreint (1500 environ ?); aussi la force de ces syndicats est-elle limitée, parce qu'ils n'ont pas pu ou pas su grouper les masses des petits propriétaires forestiers, et que le syndicat est l'arme des masses. La richesse de leurs membres aide à la prospérité des coopératives ; le syndicat lui ne puise la vie que dans le nombre de ses adhérents. Conscients de leur faiblesse, les syndicats forestiers français se sont fédérés en un *« Comité des forêts »* qui est à la fois une union de syndicats et un syndicat à rayon très étendu. Il est fondé depuis trop peu de temps pour qu'on puisse constater les résultats de son action. Ses dirigeants semblent vouloir s'adresser plus directement qu'il n'a été fait jusqu'ici aux nombreux petits propriétaires forestiers. Personnellement, nous pensons que cette organisation très utile, ne trouvera, si elle reste sur le terrain uniquement syn-

(1) En France : *Société des Agents forestiers*, qui est aussi une société de secours et de prêts ; *Association des Agents forestiers*, qui est un véritable syndicat de défense professionnelle, comme l'*Association des préposés forestiers*. Au Canada : *Société des ingénieurs forestiers.*

(2) Syndicats de Saint-Bonnet-le-Château, d'Eure-et-Loir, des Côtes-du-Nord, de la Mayenne, de la Sarthe, de Touraine, du Berri, de Maine-et-Loire, de l'Aisne, du Nord, de la Marne, de Château-Thierry, de la Haute-Marne, de l'Ain, de Lorraine, du Nivernais.

dical, que difficilement les ressources qui lui sont nécessaires pour jouer le rôle économique auquel elle aspire.

Il existe aussi à l'étranger des syndicats ayant une action législative. En Autriche la « Société Centrale pour la protection des intérêts agricoles et forestiers, à l'occasion des traités de commerce », a une action politique très nette et très active (1).

Mais l'action des syndicats peut s'exercer dans d'autres sens Il y en a qui se sont fondés, en France, pour lutter contre l'organisation syndicale ouvrière, comme le syndicat des propriétaires forestiers de la Nièvre (spécialement section de Decize), d'autres, pour lutter contre l'organisation syndicale des marchands de bois. Lorsque ces syndicats procèdent à des ventes en commun ou à des exploitations directes, ils prennent une allure nettement coopérative et doivent être considérés comme coopératives.

d) Syndicats ouvriers. — Il existe, *en France*, deux régions où ont pris naissance et se sont implantées des organisations syndicales ouvrières. Elles ont d'ailleurs dans chaque contrée, des allures assez différentes.

1. *Syndicats ouvriers du centre.* — Les syndicats ouvriers du Centre sont de véritables syndicats dont l'action se poursuit sur le terrain des salaires et des lois et sur le terrain politique. Ils sont unis en une « Fédération nationale des syndicats de bûcherons », affiliée à la Confédération générale du travail (Congrès de Bourges 1902) et formant l'Union fédérative terrienne, avec la Fédération agricole du Midi, la Fédération nationale horticole et la Fédération agricole du Nord. L'organe officiel de cette union est le *Travailleur de la Terre*.

Le mouvement est né à la suite de dépréciations de salaires telles que beaucoup de bûcherons n'arrivaient pas à gagner plus de 0 fr. 75 par jour; il a réussi à arrêter la chute des salaires et même à les faire remonter à un taux plus normal. Le congrès des syndicats bûcherons du Lurcy-Lurcy (1912), accompagné d'une réunion d'ouvriers agricoles, s'est cantonné sur le terrain des revendications professionnelles, mais le IXe congrès de leur fédération nationale a affirmé par certaines résolutions le rôle qu'il entend jouer dans la lutte des classes.

2. *Syndicats ouvriers des Landes.* — Dans les Landes, les gemmeurs se sont syndiqués. Le mouvement a pris naissance en 1905 à Lit et Mixe, il a eu moins d'homogénéité que dans le Centre. Une Fédération des des différents syndicats s'est formée, mais beaucoup se tiennent à l'écart pour des raisons le plus souvent d'ordre politique. L'action des syndicats est restée cependant uniquement professionnelle et elle a abouti à un sérieux relèvement des salaires ; elle tend aujourd'hui à des buts nettement coopératifs. Au VIIe de leurs congrès (Castets 1912), les gemmeurs ont demandé à l'administration forestière « de passer directement avec leurs associations des contrats collectifs pour l'extraction de la gemme à des conditions déterminées à l'avance ». Ce vœu a été examiné par une commission d'étude nommée par le ministre de l'Agriculture et qui s'est réunie à Labouheyre. L'obtention de la mise en régie directe des forêts de l'Etat est un grand succès pour ces syndicats et aura dans le monde du travail un grand retentissement.

En résumé, ces syndicats ouvriers français n'ont pas grande homogénéité ; ils n'ont pas grande influence syndicale n'ayant pu grouper

(1) *Bulletin des Institutions écon. et soc. de l'Institut intern. de Rome*, 1911, n° 6, p. 35.

un grand ensemble de travailleurs. Ils sentent que leur véritable force leur viendra par la coopération et ils l'avouent. Leurs dirigeants d'ailleurs les poussent dans cette voie.

En Danemark également, les ouvriers bûcherons sont souvent organisés en syndicats professionnels.

La coopération forestière.

L'organisation des sociétés et des syndicats forestiers est actuellement chose faite dans la plupart des pays. Un Congrès ne peut guère que constater ce qui a été fait.

Par contre, dans le domaine de la coopération et de la mutualité, tout est à construire et il semble du rôle d'un congrès international, qui réunit les plus éminentes compétences en matière forestière, d'appeler l'attention du législateur sur l'intérêt de ces questions et d'indiquer aux intéressés les voies à suivre.

Nous allons donc sommairement exposer que, bien que les relations entre l'agriculture et la sylviculture soient profondes, le grand mouvement coopératiste qui vient de s'épanouir dans les campagnes, n'a pas eu de répercussion dans le monde forestier. Nous verrons que si la forêt se prête admirablement à l'exploitation communiste ou collective et que si la coopérative forestière présente de nombreux avantages, il n'en est pas moins certain que le mouvement coopératiste est encore en germe. Nous chercherons à montrer pourquoi il en est ainsi ; nous exposerons où en est actuellement cette organisation et quelles sont les différentes formes de coopératives que l'on peut fonder. Enfin nous examinerons comment on pourrait développer le mouvement coopératiste dans le monde forestier et sous quelle forme il convient de fonder les coopératives forestières.

Relations entre l'agriculture et la sylviculture.

Nous rappellerons simplement que des liens étroits unissent l'agriculture et la sylviculture sur le terrain économique. Nombre d'auteurs ont étudié le rôle des communaux, des bois communaux et des forêts en général sur la vie économique des campagnes. Aussi est-il logique d'examiner rapidement où en est une question dans un des milieux avant de l'étudier dans l'autre.

Coopération en agriculture.

Or dans tous les pays civilisés, ce mouvement coopératif a pris une expansion excessivement considérable. Les bases de cette organisation coopérative agricole sont maintenant nettement assises et de nombreux congrès nationaux et internationaux en ont consacré les méthodes.

La pierre fondamentale de l'édifice est le *Syndicat communal*. Celui-ci étudie tout d'abord la vie économique du milieu où il a éclos, puis il se lance dans la *coopération d'achat* et de vente, parfois de transformation des produits, presque jamais d'exploitation du sol. Il crée la banque coopérative qui lui est indispensabe au moyen des *caisses locales de crédit mutuel* à responsabilité limitée ou illimitée. Et le voilà amené à la *Mutualité* : mutualité des risques d'incendie, mutualité des risques de mortalité des bestiaux, mutualité des risques d'accidents, de maladies, d'infirmités, de vieillesse, etc. etc. Le tout organisé en coopératives et *en caisses locales*, annexes et filiales du syndicat, mais indépendantes de lui en général.

Toutes ces petites organisations locales, communales autant que possible, s'unissent pour avoir une véritable force ; les syndicats fondent des unions, les caisses de crédit font des caisses régionales, les mutuelles se fédèrent en caisses de réassurance. Toutes ces organisations du 2e degré s'unissent parfois au 3e degré.

A côté de ces organisations à bases locales, il existe des caisses et syndicats à grand rayon; mais, outre que souvent ces groupements se fractionnent en « sections », il semble admis, par les congrès, qu'ils n'ont pas l'action économique et sociale des autres à base restreinte.

La forêt au point de vue de l'exploitation collective.

La forêt a sur les autres biens des causes d'infériorité mais celles-ci disparaissent avec l'exploitation collective. Cette exploitation est le mode rêvé pour la forêt (1).

La gestion de celle-ci par les particuliers en amène généralement la ruine à cause du morcellement, suite inévitable des successions ou des ventes; à cause de la rupture des aménagements, des frais généraux, de la difficulté de vendre les coupes petites et dispersées et enfin de la facilité et de la rapidité de réalisation qui caractérisent le bien forestier et qui n'ont d'égales que la difficulté et la lenteur de sa reconstitution (2).

Avantages qui résulteraient de la formation de coopératives forestières.

La constitution de coopératives forestières semble donc devoir se présenter à l'esprit de tous.

Elles ont pour avantages primordiaux :

1° d'empêcher le morcellement et d'obvier à ses inconvénients : impossibilité d'établir un plan d'exploitation pour un revenu annuel et soutenu qu'on ne peut réaliser que pour une forêt suffisamment vaste (3).

2° de permettre de grandes économies dans l'administration, la surveillance, le bornage du massif.

3° de permettre une vente plus rémunératrice des coupes.

4° de donner une meilleure location du droit de chasse.

5° de permettre la gestion par un agent compétent et par suite d'entraîner la constitution d'un personnel compétent.

6° de donner la possibilité de transformer le capital immobilier en actions mobilières facilitant les transactions (4).

7° de diminuer les risques provenant d'incendie, de coups de vents, d'invasion d'insectes, de pénurie de main-d'œuvre, d'accidents du travail, de faillite de marchands de bois; tous ces risques se répartissant sur tous, affectent moins la part de chacun.

8° de faciliter le reboisement.

---

(1) C'est tellement exact que dans les pays les plus civilisés on trouve encore des traces d'exploitation absolument communiste de la forêt. Dans les Ardennes françaises, nous trouvons des communes où les habitants vont, tous les ans, dans la coupe communale, couper *eux-mêmes* les arbres de leur part affouagère et rapportent le bois chez eux, sans intermédiaire d'un adjudicataire, comme dans la plupart des coupes affouagères. Cf. dans le même ordre d'idée VANDERVELDE, *Exode rural*, p. 59. E. RECLUS, La *Terre et l'homme*, tome VI.

(2) Cf. GERDIL, *La coopération appliquée aux forêts*. DE CAVAYE, *Bulletin de la Société forestière de Belgique*, avril 1903. LOUÉE : *La propriété forestière est par excellence la propriété des personnes qui ne meurent pas* (*Bulletin de la Société forestière de Franche-Comté et Belfort*, avril 1903.

(3) G. MADELIN, *Restrictions légales au droit de propriété forestière privée en France, en Allemagne, etc.*, 1905.

(4) DE LIOCOURT, *Avantages des coopératives forestières* (*Bulletin de la Société forestière de Franche-Comté et Belfort* 1906). De tous ces avantages résulte pour la forêt coopérative un rapport non seulement soutenu, mais progressif.

Différences entre les coopératives agricoles et les coopératives forestières.

Malgré tous leurs avantages les coopératives forestières n'ont pas suivi le mouvement de progression des coopératives agricoles, qui est très net, même quand on le ramène à ses véritables limites. C'est qu'il existe entre ces deux coopératives des différences fondamentales. Tout d'abord à l'inverse de la coopérative agricole, la véritable coopérative forestière a pour base un territoire (en l'espèce une forêt) à exploiter en commun. Or ce genre d'exploitation n'est pas dans les mœurs du propriétaire terrien ou du cultivateur actuels (1). Le coopératiste forestier doit apporter sa forêt à la coopérative et son droit de propriété se trouve restreint. Et alors que la coopérative agricole cherche à améliorer de suite la situation économique de ses membres, la coopérative forestière s'occupe surtout de restaurer la forêt coopérative, au détriment apparent parfois des intérêts immédiats des coopératistes.

Obstacles qui entravent la formation des coopératives forestières.

A côté des raisons qui résultent de la répugnance qu'ont les propriétaires forestiers à se dessaisir d'une partie même minime de leurs droits de propriété, il existe bien d'autres causes qui font obstacle à l'expansion des coopératives forestières.

a) Ces coopératives sont surtout utiles aux petits propriétaires. Ceux-ci suivent souvent l'impulsion et l'exemple qui leur sont donnés par les grands propriétaires et exploitants. Or, si le grand propriétaire agricole a tendance à favoriser la formation des coopératives agricoles pour ses avantages propres et pour fixer dans le pays les petits propriétaires dont il a besoin, le grand propriétaire forestier ne se prêtera qu'à la formation de coopératives forestières tout à fait limitées, peu utiles au petit propriétaire. Le grand propriétaire possède une forêt aménagée formant un tout et il croit, à tort, n'avoir besoin de personne.

b) De plus, et cette raison est plus grave, la législation des différents pays ne se prête pas en général à la constitution de coopératives forestières. Il en est ainsi en France, où le crédit agricole n'est pas adapté aux nécessités de la coopération forestière, et en Allemagne, où cependant certains états (Prusse), ont cherché à faire naître des coopératives forestières.

c) Cette attitude expectante des gouvernements s'est traduite par un manque d'aide et d'encouragement de la part de l'Etat, cause très efficiente de la stagnation de la coopération forestière.

Classification.

Les coopératives forestières peuvent se distinguer, comme les syndicats, d'après les éléments qui les composent, en coopératives de propriétaires ou patronales et coopératives ouvrières.

A. *Coopératives de propriétaires.* — Ce sont des unions de propriétaires en vue de l'exécution en commun de certaines opérations forestières sur un ensemble déterminé de parcelles.

Ces coopératives, si on se place au POINT DE VUE DE LEUR FONCTIONNEMENT effectif, peuvent se diviser en coopératives de propriétés et en coopératives de gestion.

a) Dans les *coopératives de propriétés*, il est constitué une forêt commune, indivisible, gérée comme un tout suivant une place déterminée.

b) Dans les *coopératives de gestion*, chaque propriétaire reste en possession de sa parcelle boisée, on ne met en commun que la gestion.

(1) Dr ENDRES, *Handbuch der Forstpolitik*, Berlin 1905.

Les coopératives de gestion se subdivisent en *coopératives restreintes ou limitées* lorsqu'elles ne visent qu'une partie des opérations dont est susceptible la gestion des forêts depuis la simple garderie par un garde commun jusqu'à la gestion totale (celle-ci non comprise); et en *coopératives complètes* ou véritables coopératives où l'utilisation se fait en commun suivant un plan d'exploitation général, en compte commun. Les dépenses et les charges sont, dans ces coopératives, supportées dans la limite des engagements pris et les recettes correspondantes partagées, le tout au prorata du capital forestier engagé par chacun.

Les coopératives de propriétaires peuvent encore être classées SUIVANT LE MODE DE LEUR FORMATION.

On distingue :

a) *les coopératives libres* c'est-à-dire celles où les membres entrent librement, sans être l'objet d'aucune contrainte légale.

b) *Les coopératives forcées* ou à entrée obligatoire où une majorité peut, après l'accomplissement de certaines formalités, forcer une minorité à adhérer à la coopérative (associations syndicales autorisées françaises).

c) *Les coopératives administratives* formées administrativement sans consultation des intéressés.

B. *Coopératives ouvrières.* — Ces coopératives sont excessivement peu nombreuses. Là encore, les habitudes des ouvriers, les mœurs générales et la législation des différents pays ont opposé des obstacles puissants à la formation de ces coopératives. Il en existe en France, mais leur action ne s'étend encore que dans un rayon des plus restreints.

Où en est la coopération dans différents pays

En France, on en est pour ainsi dire à la période d'étude : les solutions préconisées sont nombreuses et diverses. Gerdil recommande les sociétés de reboisement des terres incultes sous forme de sociétés civiles anonymes à capital variable ; De Liocourt et Pardé conseillent la coopérative de propriété ; Louée préconise la formation de coopératives limitées de garderie ; Triquéra opine pour les associations syndicales autorisées. MM. Descombes et Cardot aussi conseillent la formation de coopératives.

Ces appels n'ont été que faiblement entendus. La Société civile du Contrôle a des allures coopératives, mais est une société capitaliste en ce sens qu'elle s'est formée pour acheter une forêt qui n'appartenait à aucun des membres. Le syndicat forestier de Mignovillard est une coopérative limitée de garderie. Le syndicat de Sologne n'est qu'un timide essai de vente de produits en commun (bois de boulange).

Comme essais d'exploitation directe, il n'y a aussi que des ébauches tentées par : les syndicats forestiers du Centre fondés par M. de Montsaulin dans le Cher, le syndicat des propriétaires forestiers du Nivernais présidé par M. de Montrichard et le syndicat des bûcherons fondé à Parigny-le-Vaux (Nièvre) par M. de Berthier-Bizy (1). Comme coopératives d'annexes des forêts, citons les coopératives résinifères des

(1) *Bulletin des Institutions économiques et sociales de l'Institut agricole de Rome*, 31 mars 1911, n° 3. Voir aussi Société nationale d'agriculture de France, séance du 8 décembre 1909, à propos de la participation aux bénéfices en matière d'exploitation forestière dans la Société de Villebois-Mareuil.

Landes et de la Gironde (1) et le syndicat de reboisement de Tortebesse (2) (Puy-de-Dôme).

Il existe en France des associations forestières de défense contre l'incendie. Elles se sont constituées, soit sous la forme syndicale (Onesse-Laherie, Pessac, Barp, etc.) en Gironde, en Charente et dans les Landes, soit sous la forme d'associations syndicales (Petit-Saint-Gervais). Le régime juridique adopté par ces associations entrave leur complet développement, car ce sont de véritables coopératives dont le but est de combattre matériellement les incendies (3).

En Allemagne, il n'existe que 4 coopératives considérées comme véritables par les auteurs allemands; les autres, assez nombreuses, sont soit des associations syndicales, soit des corporations, soit des coopératives annexes de l'exploitation forestière. Ces dernières existent en assez grand nombre (coopérative d'abatage de bois de la Basse Hesse et Waldeck, coopératives pour l'utilisation de la fraise des bois, scieries coopératives, etc.) (4).

En Autriche, il existe aussi des coopératives forestières limitées à l'achat en gros de semences, d'instruments, de machines, ou à la construction de routes forestières, etc. L'État incite les petits propriétaires à se réunir en coopératives locales (5) qui se fédéreraient. Les associations forestières prônent également ce mouvement, et en Bohême s'est fondé un conseil de sylviculture (6). Il existe également une coopérative avec caisse de crédit mutuel et une société pour l'exploitation de la résine. Les caisses de crédit à responsabilité illimitée dont il existe plus de 7.000 en Autriche, accordent des prêts aux propriétaires forestiers (7).

En Angleterre, deux sociétés ont été récemment constituées : les sociétés forestières coopératives des propriétaires anglais et écossais. Elles se sont jusqu'ici limitées à l'achat en commun de graines et de plants.

Au Canada et aux Etats-Unis les propriétaires de forêts se groupent en coopératives pour défendre les forêts contre les incendies (Société de protection des forêts de la vallée de Saint-Maurice au Canada).

Au Danemark, la vente des coupes sur pied a cessé depuis longtemps. Tout le bois des forêts est coupé au compte des cantonnements (districts) et est vendu directement aux scieries et aux autres consommateurs.

L'Italie a modifié son Code forestier et sa loi du 2 juin 1910 prévoit la formation de coopératives (associations syndicales) pour le reboisement des terrains en montagne.

En Suisse, il y a également des coopératives (Association des communes bourgeoises, communes mixtes et de l'Administration forestière de l'Etat des 15 arrondissements du canton de Berne. Organisation analogue du

(1) Tardy, *La coopération dans l'Agriculture française*. Rapport présenté au premier congrès international des Associations agricoles, Bruxelles 1910. Il existe également un Syndicat de défense des produits résineux de la Gironde, à Bordeaux, sur lequel nous n'avons pas de renseignements.

(2) P. Descombes, *La Défense forestière et pastorale*, page 228.

(3) *Bulletin des Institutions économiques et sociales de l'Institut International agricole de Rome*, mars 1913.

(4) *K. H.* N° 4, 28 février 1913, de la *Deutsche landwirtchaftliche Genossenschaftspresse.*

(5) *Bulletin des Institutions économiques et sociales de l'Institut International d'agriculture de Rome*, tome II, pages 11 et 12.

(6) *Bulletin des Institutions économiques et sociales de l'Institut International d'agriculture de Rome*, tome III (juillet 1912).

(7) Renseignements du Département des forêts.

Val de Travers. Société forestière Pfannenstiel à Meilen et la Société forestière d'Hérisau, sorte de Société du Contrôle), mais dans ce pays, l'Etat, excessivement décentralisé, supplée lui-même à l'action des coopératives : il s'est fait mutualiste.

En Roumanie, il existait au 31 décembre 1911, 119 coopératives pour l'exploitation des forêts, ayant un capital souscrit de 1.158.330 lei. Elles groupent 6.677 membres se répartissant en 5.958 cultivateurs, 148 commerçants, 105 ouvriers, 167 fonctionnaires, 32 propriétaires, 110 prêtres, 157 instituteurs. Le capital social versé est de 770.220 lei. Elles ont versé en dividendes, 82.082 lei pour 1911; les frais d'administration se sont élevés à 14.546 lei. Leur encaisse est de 210.557 lei, elles possèdent un matériel de bois pour 278.350 lei. On voit que leur situation est prospère.

Il existe encore dans ce pays, 3 coopératives pour le merrein au capital souscrit de 16.436 lei et au capital versé de 10.578, elles ont donné 1.278 lei de dividende. Elles comprennent 131 membres. Deux sont composées de commerçants, une de cultivateurs (Coopérative d'Univea à Baia).

Enfin il existe une coopérative, forestière celle de Foltisti, fondée en 1908, au capital souscrit de 9.092 lei, au capital versé de 25.930 lei et ayant distribué 2.660 lei de dividende. Elle groupe 71 membres dont 55 cultivateurs (1).

En Norvège, les propriétaires de forêts ont formé diverses associations (plus de 50 en 10 ans), ayant pour but la vente en commun. Toutes ces sociétés sont réunies en une union « Norsk Skogeierforband ». Il existe, dans ce pays, une société mutuelle contre l'incendie des forêts, créée en 1911. La somme souscrite jusqu'à ce jour se monte à 70.000.000. La prime est de 1 1/4 ‰.

Le reboisement des landes, bruyères, terres incultes se prête bien à la formation de coopératives. En Allemagne, il a entraîné la formation de coopératives obligatoires à la suite de la loi du 6 juillet 1875. Au Danemark et en Hollande, existent dans ce but deux sociétés des bruyères, celle du Danemark fondée en 1866 et celle de Hollande en 1888 (2). En France, existent dans ce but, à allures plus ou moins coopératistes : l'Œuvre forestière du Limousin, le Syndicat forestier de l'arrondissement de Nontron et la société provençale « Le Chêne ». Ces deux dernières étant plutôt des sociétés de propagande.

Comment développer le mouvement coopératif.

Donc les coopératives ne rendent pas les services qu'on pourrait en attendre et il faut étudier comment on pourrait en développer le nombre et par là en faire connaître les bienfaits.

Il faut pour cela faire l'éducation coopératiste des générations actuelles vieilles et jeunes, et adapter la législation des pays à cette organisation.

On y arrivera par :

1° La propagande faite par les sociétés savantes et les syndicats, ces

(1) Compte rendu des opérations de la Caisse centrale des banques populaires, communiqué par M. Tanessesco, Inspecteur général des Forêts, délégué de la Roumanie au Congrès international. Cette caisse dépend du Ministère des Finances qui a mis, par son intermédiaire, 30 millions à la disposition des paysans.

(2) Rapport VIII, 6, 1, au Congrès international des Associations agricoles de Bruxelles 1910. Cette sorte de coopérative se rapproche plutôt des sociétés d'encouragement. Cf. aussi, *Société cultivatrice des Landes de Danemark* (de Forenede Bogtrykkerier) Aarhuz, 1913.

derniers subventionnant et guidant les premières coopératives après avoir aidé et même provoqué leur éclosion.

2° Une action analogue, plus active encore si possible, parce que plus efficace, par les administrations, surtout les administrations forestières, apportant l'aide et les subventions de l'Etat.

3° Une instruction et une éducation coopératistes données aux enfants des campagnes.

4° La collaboration des organisations agricoles existant dans les pays ou dans le voisinage des pays forestiers. Coopératives agricoles et coopératives forestières ont les mêmes intérêts et les mêmes tendances ; elles doivent se prêter mutuellement main-forte et les secondes doivent profiter de l'expérience acquise par les premières. Il faudra songer à créer des caisses locales du crédit forestier ou à adapter le crédit agricole aux besoins forestiers.

5° L'institution d'une commission internationale étudiant les questions internationales intéressant les coopératives, cette mesure étant le prélude de la création d'un office *forestier international* dont l'opportunité sera exposée aux membres de ce Congrès. Cet office coordonnera, suivant les indications données par le Congrès, les efforts faits jusqu'ici d'une façon trop dispersée et trop disparate en vue du développement de la coopération forestière.

La Mutualité forestière.

Presque rien n'existe ni ne semble en projet en ce domaine dans le monde forestier. Signalons dans certains pays (France, Etats-Unis, Suisse) des mutualités entre agents et préposés forestiers pour les frais de maladie. Citons les mutuelles scolaires forestières fondées en France pour éveiller chez l'enfant à la fois l'amour de la forêt et l'esprit de mutualité. — Cependant les champs d'action qui s'ouvrent de ce côté aux initiatives sont vastes et sont de trois sortes: le crédit mutuel, les risques d'incendie et les risques d'accidents du travail.

1° *Caisses de crédit forestier.* — Une des causes fondamentales qui entravent en France l'essor de la coopération forestière est qu'elle ne possède pas l'organisme financier qui lui est indispensable. Les agriculteurs ont organisé le crédit mutuel agricole en caisses locales et en caisses régionales qui leur assurent :

1° Le crédit individuel à court terme (loi du 5 novembre 1894, modifiée par les lois des 20 juillet 1901, 14 janvier 1908, 18 février et 19 mars 1910) ;

2° Le crédit individuel à long terme (loi du 19 mars 1910).

Ces caisses donnent également aux coopératives agricoles le crédit à court terme et le crédit à long terme (loi du 26 décembre 1910). Mais les modalités de ce crédit agricole, ne lui permettent pas de s'adapter aux besoins des coopératives forestières. Celles, restreintes, de vente des coupes ou d'utilisation des produits, peuvent faire usage du crédit à court terme (limite maximum des effets : 9 mois) mais les coopératives de gestion, de véritable exploitation et de reboisement, se heurtent, pour le crédit à long terme qui leur est indispensable, à l'obligation légale (article 6 du décret du 26 août 1907) du remboursement de la dette, d'année en année par des amortissements successifs. Il faudrait donc en France obtenir une législation spéciale pemettant la création de caisses de crédit forestier qui, moyennant certaines garanties spéciales à déterminer, pourraient différer le remboursement de la dette jusqu'à la fin de la durée du prêt. Cette durée devrait aussi pouvoir être supérieure à 25 ans.

D'ailleurs, les coopératives agricoles semblent élever certaines difficultés à l'admission des coopératives forestières aux bénéfices des avances de l'Etat. Les associations agricoles ont donné trop de preuves de leur compréhension du rôle économique de la forêt pour persévérer dans cette voie.

2° *Caisses d'assurances mutuelles*. — Seule la mutualité permettra aux propriétaires de se couvrir effectivement et à un taux raisonnable contre les risques d'incendie; de même que, seule, elle permettra aux coopératives d'exploitation l'assurance de leurs ouvriers.

En France, la mutualité agricole est en train d'échafauder l'assurance mutuelle locale contre l'incendie et, là où elle a essayé, elle a très bien réussi. Elle songe déjà, et sera amenée prochainement, à bâtir l'assurance mutuelle contre les risques du travail. Les forestiers auront tout intérêt à coopérer à ce mouvement et à s'unir aux cultivateurs dans tous les centres où la forêt existe à côté des champs

Au Danemark, les propriétaires sont tenus d'assurer leurs ouvriers; ils le font à la « Caisse d'assurance mutuelle des patrons » à Copenhague.

Conclusions.

Syndicalisme ou coopération. — Nous devons admirer les efforts, la ténacité et l'abnégation de ceux qui ont édifié l'édifice que nous venons d'examiner rapidement et les remercier de l'œuvre accomplie. Mais il nous semble que le rôle d'un congrès est d'indiquer aux hommes de bonne volonté la meilleure voie du progrès afin de leur permettre de coordonner leurs efforts et d'arriver à un même but. Deux voies semblent s'ouvrir pour l'organisation économique du monde forestier : le syndicalisme et la coopération.

La voie du syndicalisme est plus large, plus spacieuse ; ceux qui s'y engagent aliènent moins leur liberté ; mais ils ne se rapprochent pas vite du but qui est de construire une organisation solide et prospère. C'est que le syndicalisme ne tend pas à changer les facteurs économiques actuels : il apporte à un membre d'une corporation la force de tous les autres membres réunis dans la lutte économique : il rend par conséquent celle-ci d'autant plus vive et plus intense. Il prend par suite une allure de combat à grands cris, puisqu'il agit surtout par propagande et c'est ce que sent confusément la foule dans l'esprit de laquelle *syndicat* éveille idée de bataille. Nos syndicats forestiers français n'ont pas pu échapper à cette destinée : ils luttent contre le fisc, contre le Parlement, contre d'autres syndicats (leurs statuts l'indiquent, leurs brochures de propagande l'avouent) et après bien des efforts, bien du travail, leurs dirigeants n'ont-ils pas la sensation qu'ils ont peu obtenu et que l'organisation qu'ils ont construite est peu solide ?

Si elle est benoîte d'allures, au fond, la coopération est au point de vue économique beaucoup plus révolutionnaire que le syndicalisme : elle cherche à adopter des méthodes nouvelles et à bouleverser les facteurs économiques actuels. Elle s'attaque aux habitudes des gens, à leur particularisme quand elle leur conseille de mettre leurs biens en commun ; elle menace les intérêts d'autrui quand elle veut supprimer des intermédiaires. Il lui faut donc vaincre la routine des uns et la résistance désespérée des autres. Mais si elle n'avance que pas à pas, le sillon qu'elle trace est profond et l'œuvre bâtie se trouve assise sur des bases solides.

Qu'on n'objecte pas contre cette thèse, l'exemple des syndicats agricoles français. Le nom ne doit là pas faire illusion sur la chose. Tous les syndicats agricoles français sont devenus des coopératives. Ils ne fonctionnent comme syndicats que lors de leurs congrès annuels, manifestations de leurs unions, là où ils sont en nombre ; mais dans la pratique journalière, ils sont tous devenus coopératives : coopératives d'achat d'engrais, coopératives d'utilisation d'instruments, coopératives de laiterie, etc., etc.; et là où ils n'ont pu bâtir de coopérative, ils ont disparu. Les modifications qu'il a fallu apporter à la législation, les discussions relatives à la jurisprudence ont montré récemment que la désignation de syndicat ne correspond plus à l'organisme existant.

Les progrès réalisés dans leur organisation économique par les agriculteurs tiennent donc à ce que leurs syndicats, sans abandonner complètement leur rôle syndical, ne l'ont considéré que comme secondaire et sont entrés résolument dans la voie coopérative. Ils y ont trouvé le succès parce que seule la coopération rend les organisations financièrement solides : « pas d'affaires, pas d'argent ».

Nous pensons que dans l'organisation économique forestière, la phase syndicale ne doit être que préparatoire, qu'il sera bon de la franchir le plus tôt possible et que cette organisation économique, comme l'indique le remarquable rapport de l'association forestière autrichienne au XXIVe Congrès forestier autrichien, n'entrera dans la véritable voie du progrès que lorsque les syndicats forestiers et les forestiers adopteront résolument la méthode de la coopération : coopératives limitées tout d'abord, tendant de plus en plus à la coopérative complète. Et la sylviculture devra profiter des expériences faites par l'agriculture et en adopter les procédés : coopératives locales assez restreintes pour ne pas disperser leur effort, assez étendues pour être fortes mais puisant surtout leur force dans la fédération : fédérations progressives, provinciales, puis nationales, le tout couronné par une fédération internationale.

Si les syndicats forestiers essayent de remplir ce programme, s'ils réussissent à réaliser cet idéal, ils auront bien mérité de la cause forestière et leurs débuts difficiles n'auront été que l'aube d'une journée radieuse.

Si les éminents congressistes veulent bien adopter les vues qui semblent résulter du rapport soumis à leur examen et les conclusions qui précèdent, ils pourraient envisager l'utilité du vœu suivant :

LE CONGRÈS FORESTIER INTERNATIONAL,

Rendant justice aux efforts faits par les syndicalistes de tous les pays, les engage à diriger, autant que possible, leur action vers la formation de coopératives,

Préconise la formation de coopératives de propriétés, complètes, à circonscription restreinte et unies par des fédérations,

Souhaite que les associations agricoles aident de leur expérience et de leur pouvoir à la formation de coopératives forestières et de caisses de crédit forestier et émet le vœu :

Que les législations des différents pays soient adaptées à la formation de coopératives forestières et que les Etats favorisent celles-ci par des subventions, par des exemptions d'impôts graduées, par l'aide de leurs agents forestiers et par la création de caisses de crédit mutuel forestier.

Je m'appuierai sur l'expérience acquise dans le domaine de l'agriculture pour conseiller la formation de coopératives plutôt que de syndicats dans le monde forestier. La transformation du mouvement syndicaliste agricole est un fait reconnu par tous. Tout dernièrement, M. Zolla, l'économiste connu, écrivait : « Interdire aux syndicats agricoles de faire des achats et des ventes pour le compte de leurs membres, c'est en rendre l'action presque stérile et l'unité quasi nulle. »

M. Dubier, dans son excellent rapport sur la question de la législation syndicale, écrit :

« Par la force naturelle des choses, en majorité, les syndicats agricoles ont été érigés en coopératives. »

Malgré toutes ces considérations et malgré la conviction profonde que seule, la coopération ouvrira des voies nouvelles et fécondes au mouvement économique ouvrier, je n'oserais pas demander à votre Congrès d'émettre un vœu dans ce sens, si je n'étais pas soutenu dans mon opinion, d'abord par les campagnes menées par des forestiers comme MM. Pardé, Liocourt, Cardot, Huffel, Louée, Descombes, etc., et ensuite par les conclusions d'un remarquable rapport de l'Association forestière autrichienne au vingt-quatrième Congrès forestier du 26 mars 1912. Ce rapport avait trait à l'organisation économique des sylviculteurs. Je vous demande la permission de vous en citer *in extenso* les passages suivants :

« C'est le devoir des sylviculteurs de fonder un grand nombre de coopératives. Le mouvement à opérer dans ce sens, devrait être analogue à celui qui s'est fait pour la coopération agricole. On devrait d'abord fonder un réseau de coopératives locales, pour les grouper ensuite en organisations centrales, province par province. Ces organisations se rattacheraient à leur tour à un seul organisme ayant tout le territoire comme sphère d'action et constituant le dernier échelon de la coopération forestière. »

Et le Congrès concluait :

« 1° L'organisation économique des sylviculteurs présente une nécessité urgente ; les petits propriétaires ont besoin de se réunir en coopératives de vente, d'après les principes précités.

« 2° On recommande aux associations forestières de favoriser efficacement l'institution de telles coopératives locales et d'organiser les fédérations provinciales correspondantes ; les dites associations devraient s'adresser, directement ou par l'intermédiaire des organisations agricoles, aux autorités compétentes, en vue d'obtenir les moyens nécessaires pour entreprendre l'œuvre de propagande et d'organisation à l'aide d'experts en matière forestière et de maîtres forestiers ambulants ».

Enfin, le Congrès priait le Ministre de l'Agriculture d'accorder aux associations forestières des subventions destinées à la fondation de coopératives forestières de vente et permettant, en général, de favoriser l'essor de la coopération dans la sphère forestière.

Messieurs, au moment de vous demander le vote du vœu que j'ai proposé, je tiens essentiellement à spécifier que le vote de ce vœu ne saurait en aucune mesure impliquer une désapprobation de l'effort et du travail fourni par les hommes de bonne volonté qui ont jusqu'ici pratiqué la voie syndicale. Ils ont fait ce qu'ils ont pu au milieu de grandes difficultés. Remercions-les de l'œuvre accomplie, rendons justice à leur persévérance et à leur labeur. Mais, après les avoir vus bien faire, demandons leur de faire mieux encore. Et, pour cela, donnons leur les armes nécessaires.

C'est pour ces raisons, Messieurs, que je vous demande de voter le vœu qui termine mon rapport.

Je crois qu'on pourrait facilement obtenir des satisfactions dans le domaine de l'impôt forestier, pour les coopératives. Si l'on n'obtient pas de réductions d'impôt, on peut avoir de larges subventions, grâce au crédit mutuel (*Applaudissements*).

M. le Président. — Vos applaudissements sont un remerciement à M. Margaine pour cette très intéressante communication, qu'il a faite avec une véritable ardeur d'apôtre.

Au tribut de reconnaissance qu'il a apporté aux forestiers étrangers qui ont bien voulu lui fournir des renseignements, je tiens à joindre les remerciements du bureau. Je prie ceux de nos collègues étrangers, présents dans cette salle, de prendre d'abord pour eux et de transmettre ensuite à leurs confrères les remerciements de M. le rapporteur et de toute la section pour leur amabilité à nous renseigner.

M. de Larnage. — Je voudrais relever une phrase du rapport imprimé qui a certainement dépassé la pensée de M. Margaine. Il a écrit : « *Il n'y a plus de syndicats, il n'y a que des coopératives.* »

Pourtant, si nous regardons du côté de l'agriculture, qui fut initiatrice en cette matière, nous rencontrons l'Union centrale des agriculteurs de France, qui groupe 1.800 syndicats et plus de 1.200.000 membres. C'est dire que les syndicats existent toujours. A côté de ces syndicats, combien y a-t-il de coopératives? C'est la contrepartie nécessaire, je me hâte de le dire, c'est un côté, un accessoire très important du syndicalisme que la vente directe des produits fabriqués par les syndiqués, s'il s'agit de coopération forestière surtout. A l'heure actuelle, on peut dire que la coopération interviendrait dans le syndicat comme une nécessité inéluctable, en présence de la crise des bois. C'est vous dire que nous sommes loin d'être opposés à cette forme heureuse de l'action syndicaliste.

Mais ce n'en est pas moins, je tiens à le dire, une forme accessoire. En effet, le rôle du syndicat n'est pas simplement commercial, c'est un rôle moral aussi, c'est un rôle de défense des intérêts économiques généraux, et si nous avons conquis en France bien des libertés, c'est grâce à l'effort syndicaliste. Il ne faut pas l'oublier, à l'heure où l'on vient nous dire : « Insistons, avant tout, pour qu'on vienne en aide aux associations coopératives ».

Je suis donc partisan d'une formule moins absolue (*approbation*). Disons que nous souhaitons que les législations des différents pays soient adaptées à la formation des syndicats et des coopératives dans le domaine forestier. Nous ne pouvons souhaiter qu'une chose, nous, forestiers, c'est de voir la même bonne fortune arriver à l'action forestière qu'à l'action des syndicats agricoles proprement dits. Nous souhaiterions certes que l'action des syndicats ou des coopératives, en matière forestière, puisse acquérir cette puissance d'expansion, grâce à laquelle la coopération centrale de l'Union des syndicats d'agriculteurs de France arrive à fournir une quantité considérable de graines et de semences à ses syndiqués, tout en laissant chacun des organismes syndicaux affiliés, chacune des cellules originelles indispensables à la base, si l'on veut procéder logiquement et aller de la partie vers le tout, tout en les laissant libres, dis-je, de se fournir ou non à la coopérative.

Telle est la première observation que je désirais faire. Je me permettrai d'en présenter une seconde, d'ordre peut-être accessoire, mais que je dois au groupement que j'ai l'honneur de représenter.

Je voudrais voir une date dans le rapport; j'y voudrais voir la date de la fondation du premier syndicat forestier en France. J'ai l'honneur d'en être le président, je n'ajouterai pas autre chose en ce qui me concerne, et je ne serais pas intervenu, si je n'avais tenu à rendre hommage aux efforts de mes collaborateurs à tous les degrés. Très modeste comme nombre de membres et comme chiffre d'actions, le Syndicat de Sologne a été fondé en 1905.

Il y en avait déjà un en fondation à cette époque; M. Thivel me fait un signe comme pour revendiquer l'antériorité. Mais j'envisage l'action effective, organisée, sur le double terrain syndicaliste et coopératif.

H. Thivel. — Nous n'avons pas fait de coopérative, mais nous avons vendu en commun.

M. de Larnage. — Notre syndicat est le premier a avoir fonctionné sous cette forme et à avoir eu une coopérative : il y a, aux Chantiers d'Ivry, des bois de Sologne qui vont directement à la boulange sans passer par l'intermédiaire. Dire que c'est très fructueux pour les propriétaires, je ne le dirai pas, parce que nous avons voulu simplement, jusqu'à présent, parer à certaines éventualités.

Nous sommes encore jeunes, mais il est intéressant de voir que, comme dans le domaine agricole, nous avons commencé par la petite cellule syndicale avant d'arriver à construire sur des cellules, agglomérées en unions, un syndicat qui s'appelle aujourd'hui Comité des Forêts. Avant d'en arriver là, nous avons voulu, dans les différentes régions forestières de France, nous baser sur le mouvement syndical, c'est-à-dire sur l'union des propriétaires sur le terrain de la défense des intérêts économiques, et nous commençons maintenant à passer dans le domaine de l'action par la création d'organes coopératifs.

La fusion de ces deux formes, syndicat et coopérative, présenterait un très grand danger. J'ai eu l'honneur, en 1884, d'être l'un des fondateurs du premier syndicat agricole de France, celui des Agriculteurs de l'Est, qui compte aujourd'hui plus de 10.000 membres. Au début, nous avons voulu faire de la coopération, et nous avons reconnu qu'il était dangereux de faire participer à une œuvre pour ainsi dire commerciale tous nos syndiqués sans exception. Nous leur laissons maintenant la liberté d'user ou de ne pas user de l'organe à caractère commercial créé à côté du syndicat. Ils ont leur indépendance complète. Mais c'est un défaut de responsabilité pour ceux qui n'en usent pas. C'est pourquoi nous avons voulu bien séparer la gestion commerciale, qui peut quelquefois entrainer des aléas et mener au-delà de la pensée des fondateurs. Nous avons voulu que le rôle moral de notre syndicat fut sauvegardé et restât intact au-dessus de toute idée d'ordre matériel et commercial. C'est une sage façon de procéder.

En ne liant pas les deux questions, en disant que la forme syndicale et la forme coopérative sont de nature à rendre les plus grands services au monde forestier, nous aurons accompli notre véritable devoir de Congrès international, qui consiste surtout à appeler l'attention du monde forestier tout entier sur la nécessité de l'action indépendante de chacun des deux organismes dont nous venons de parler.

M. Guyot. — Si j'ai tout à l'heure demandé à répondre à M. Margaine, c'était pour présenter, sous une forme moins élégante certainement, les mêmes observations que M. de Larnage.

Vous me permettrez donc de dire, Monsieur le Rapporteur, que le rôle des syndicats forestiers n'est pas nul ou terminé. Je crois au contraire, comme l'a dit si éloquemment M. de Larnage, que nous ne faisons qu'entrer dans cette voie, en matière forestière, et qu'il importe d'une façon extrêmement urgente de constituer et de grouper ces cellules initiales dont il vient de parler.

Lorsque nous aurons couvert le territoire français d'un réseau de syndicats forestiers, nous aurons donné conscience de leurs droits aux propriétaires de forêts, petits et grands, et nous leur aurons procuré un moyen de revendiquer, devant les Pouvoirs publics, ce qu'ils croient nécessaire à leurs intérêts.

M. Margaine me permettra de lui dire qu'il rabaisse un peu trop le rôle des syndicats forestiers, dans son rapport. Il est tout à fait nécessaire, au contraire, de constituer ces syndicats. Les renseignements de M. Margaine lui ont été fournis par des personnes insuffisamment renseignées. Il croit que nos syndicats forestiers sont composés d'un petit nombre de personnes. Nous groupons au contraire un nombre très respectable déjà de petits propriétaires et, pour ma part, j'ai déjà avec moi, dans le syndicat des propriétaires forestiers de la région lorraine, un petit bataillon qui commence à compter : nous sommes en effet plusieurs centaines, ce qui n'est pas mal, n'est-ce pas?

M. DE LARNAGE. — Individuellement, chacun de nos syndicats est au moins aussi nombreux que la Société de Franche-Comté dont je puis parler, puisque j'en suis membre.

M. GUYOT. — Nous débutons, il faut nous laisser nous développer. Quant à dire que c'est seulement parce qu'ils ont eu conscience de leur infériorité, de leur inutilité, pour ainsi dire, que les syndicats forestiers se sont groupés au sein des Comités des Forêts, cela est exagéré, mais les deux genres d'associations n'en sont pas moins nécessaires. Il faut d'abord un groupement local et, au-dessus des groupements locaux, un organe qui les représente tous et qui est le Comité des Forêts.

Je crois que l'on ne doit pas repousser la forme syndicale, qui peut avoir ses avantages et qui, même au point de vue forestier, peut être utilisée avec profit. Il faut, autant que possible, en maintenir l'application et constituer des syndicats, qui ne font pas double emploi, j'en suis certain, avec le Comité des Forêts. (*Applaudissements.*)

M. MARGAINE. — Je me suis mal exprimé, et, peut-être mes paroles ont-elles en effet dépassé ma pensée. Je ne prétends pas que les syndicats n'ont pas d'action, au contraire. Je crois avoir dit, dans mon rapport que toujours la phase syndicale a précédé la phase coopérative. Je voulais simplement indiquer que lorsque le syndicat est formé, lorsqu'il a su grouper le monde économique, il doit créer une coopérative, sans quoi il n'a pas de force. Le syndicat est la forme primitive du groupement économique mutualiste : il n'en est pas l'épanouissement définitif et final.

J'ai dit que le Comité des Forêts était une institution utile, mais j'ai ajouté qu'il ne puiserait sa force que dans la constitution des coopératives qui s'y affilieraient.

Un peu plus loin, j'ai dit que les coopératives étaient les filiales et les annexes de nos syndicats. Mais je crois devoir dire aux syndicalistes : si vous vous en tenez à votre organisation, vous mourrez; vous n'avez qu'un moyen de prospérer, c'est la coopération.

Il n'est pas besoin de changer la législation d'aucun État pour fonder des syndicats ; toutes les législations sont adaptées aux syndicats. Mais, pour la coopération forestière, nous avons besoin qu'on change les différentes législations et qu'on les adapte aux besoins de nos coopératives.

Ce n'est pas jeter le discrédit sur les syndicats que de leur dire : « Lorsque vous voudrez aller plus loin, vous ne pourrez pas le faire, parce que la loi telle qu'elle est ne vous le permettra pas. Vous ne pourrez pas créer de caisses de crédit ; vous ne pourrez pas profiter du crédit agricole, parce que la loi ne vous permettra pas de profiter des avances de l'État ».

Demander l'adaptation de la législation à de nouveaux besoins, ce n'est nullement rabaisser ce qui a été fait par les fondateurs des syndicats.

M. Descombes. — J'ai écouté avec beaucoup d'attention le remarquable rapport de M. Margaine. Je suis absolument de son avis sur la nécessité de développer les coopératives forestières et d'aider leur fonctionnement par une amélioration de la législation en leur faveur.

Les syndicats de propriétaires forestiers doivent évidemment bénéficier des encouragements à accorder sous forme de crédit forestier, mais ces institutions ne paraissent pas répondre à tous les besoins.

Il y a des cas où l'intervention de ces groupements serait inefficace. Les communes de montagne, par exemple, qui ont à réparer des dégradations, à améliorer leurs pâturages, à faire du reboisement, ont tout d'abord la ressource des travaux facultatifs, pour lesquels il faut généralement apporter la moitié des fonds nécessaires. Elles ont une autre ressource, dont elles usent quelquefois, et qui consiste à laisser le terrain se dégrader jusqu'à la fin pour que l'État l'achète et le répare à ses frais, mais alors c'est la désertion de la montagne. Il y a donc intérêt à ce que les communes montagnardes pauvres puissent faire la moitié de la dépense pour restaurer leurs territoires par des travaux facultatifs.

Le banquier ordinaire des communes, c'est actuellement le Crédit Foncier. Or, il est forcé, par la loi, d'exiger des communes le paiement d'un intérêt dès la première année de l'emprunt. Une commune pauvre de montagne a besoin de 10.000 francs ; elle les emprunte au Crédit Foncier à 3 fr. 60 ou 3 fr. 85 %. Si son centime est de 10 francs seulement, il lui faut s'imposer de 45 centimes extraordinaires ; si son centime n'est que de 5 francs, il lui faut voter 90 centimes extraordinaires.

Cela est impossible pour des communes pauvres. Elles ne peuvent restaurer leurs terrains qui arrivent à la dégradation complète, ce qui amène l'expatriation des habitants, leur transport en Algérie ou ailleurs, la dépopulation.

Ni la mutualité, ni le syndicat, ni la coopérative ne peuvent résoudre de pareils cas. Il faut autre chose. Il suffirait d'élargir les méthodes de prêt du Crédit Foncier, et d'autoriser par une loi cet établissement à faire des prêts à intérêt différé. Ce mode de prêt pourrait être également autorisé au profit des syndicats et des coopératives, en fixant, bien entendu, certaines garanties.

C'est une question compliquée ; il y a plusieurs années que l'*Association centrale pour l'aménagement des montagnes* s'en occupe. Le Crédit Foncier, le ministère des Finances et celui de l'Agriculture n'ont pas encore réussi à se mettre d'accord sur ce point. C'est un mode de crédit qu'il serait bon de développer.

La récente déclaration ministérielle du 24 janvier 1912 parlait du crédit au petit et au moyen commerce, à la petite et à la moyenne industrie, du crédit ouvrier, du crédit maritime : il ne faudrait pas oublier le crédit forestier.

Ce crédit forestier peut être réalisé sous plusieurs formes : les coopératives et les syndicats pourraient profiter d'une partie du fonds de 110.000.000, bien que les agriculteurs à récolte annuelle n'entendent nullement en laisser distraire la plus petite part pour les forestiers. D'ailleurs la loi, qui n'en permet que difficilement l'emploi pour l'agriculture, le rend impossible pour la sylviculture, parce que les délais de remboursement sont beaucoup trop courts.

Il faudrait donc réformer la loi du crédit agricole. Il faudrait chercher aussi à utiliser les prêts du Crédit Foncier, qui a été fondé spécialement en vue des prêts à long terme, à l'aide de l'émission autorisée par l'État d'obligations à lots. Cette grande institution doit être adaptée aux nécessités forestières. Il sera d'ailleurs nécessaire de prévoir des crédits considérables, car la solution du problème forestier peut nécessiter plus d'un milliard.

M. le Président. — Je comprends très bien ce que vous proposez...

M. Descombes. — Nous pourrions émettre le vœu que l'on favorise les syndicats, les coopératives, et les institutions de crédit foncier.

M. Scott Elliot. — Pardonnez-moi, Messieurs, si je m'exprime difficilement ; c'est la première fois qu'il m'arrive de parler français en public (*Parlez ! Parlez !*)

J'ai assumé la grande responsabilité de fonder en Ecosse une association de propriétaires de bois en vue de tirer un meilleur parti de leurs propriétés forestières. L'expérience était très difficile, car une association de propriétaires n'est pas une association de commerçants. Nous avons eu beaucoup de mal à surmonter les difficultés, mais les bénéfices que nous avons tirés de notre association ont été extraordinaires. Maintenant, tous les propriétaires affiliés peuvent acheter au meilleur marché possible tout ce qui leur est utile pour la forêt, non seulement les semences et les plants, comme le disait M. Margaine, dans son rapport, mais encore les outils. Mais la plus grande utilité de cette société consiste dans la vente des bois et des produits secondaires. Sur tous les lieux de vente de bois, la société est représentée.

Une société de ce genre pourrait être,.je pense, en France, de la plus grande utilité. Je ne connais pas les conditions économiques en France, mais c'est sans doute toujours la même chose : un petit propriétaire qui veut vendre ou acheter, est toujours dans une situation moins bonne qu'un grand propriétaire (*marques d'approbation*). La vente, par une société de ce genre, avantage beaucoup les petits propriétaires. Les grands propriétaires eux-mêmes y trouvent aussi leur profit. En Écosse, il y a des produits secondaires, comme les petites branches de bouleau, par exemple, qu'on a laissé perdre jusqu'à présent. Maintenant, il y a un assez grand marché pour ce produit dans les grandes villes. On n'en savait rien auparavant dans notre région.

En Écosse, je suis d'avis qu'il est meilleur dans cette industrie de ne pas aller à l'État du tout, d'avoir confiance dans les sociétés conduites par les propriétaires eux-mêmes, et de ne rien demander du tout à l'État (*Très bien ! très bien ! et applaudissements*).

M. le Président. — Nous remercions M. Scott Elliot de sa très intéressante communication. C'est une contribution très instructive à l'étude de la coopération, puisqu'en définitive, l'association dont il vient de nous signaler l'existence, est une forme des coopératives dont on vient de parler.

M. de Larnage. — M. Descombes a proposé un amendement qui me paraît très dangereux. La Loi de 1884 me paraît suffisamment élastique, de même que la loi sur les coopératives en refonte devant le Parlement, pour lui donner tout apaisement et se plier aux besoins de l'organisation très spéciale qu'il demande.

Je propose de nous en tenir à la formule qui a été proposée tout à l'heure, mais, auparavant, M. Margaine me permettra de lui faire une dernière objection : je voudrais qu'il consentît à modifier deux phrases de son très beau rapport.

Il a représenté les syndicats comme une arme de combat. Le syndicat, a-t-il dit, prend une allure de combat à grands cris... La foule, dans l'esprit de laquelle Syndicat éveille idée de bataille. Nos syndicats forestiers français n'ont pas pu échapper à cette destinée : ils luttent contre le fisc, contre le parlement, contre d'autres syndicats... »

Permettez-moi, Monsieur Margaine, de vous dire que nous sommes avant tout des facteurs de paix sociale (*Très bien ! Très bien !*) Nous sommes avant tout les défenseurs de gens dont les intérêts ne sont pas nécessairement opposés aux nôtres, puisque ce sont pour nous des collaborateurs indispensables (*Applaudissements*).

Je voudrais donc voir disparaître du rapport, avant son adoption par le Congrès, cette phrase où M. Margaine a certainement vu sa plume courir plus vite que son esprit et devancer son cœur.

Je demande en outre à nos collègues de rester sur le terrain des généralités, mais d'insérer dans le texte du vœu ce mot de syndicat qui nous est cher à beaucoup d'entre nous.

On nous disait tout à l'heure qu'en Ecosse, avec beaucoup d'intelligence et d'activité, les propriétaires se réunissaient et faisaient, dès le début de leur syndicalisme, de la coopération sans le savoir. En somme, ils ont débuté comme nous tous, syndicats marchant vers la coopération. Nous en avons fait sous une forme légale, puisque la Loi de 1884 nous y autorisait, mais nous en avons fait à côté, et cela est inévitable, indispensable, et c'est même toléré par la loi. Il ne faudrait pas qu'on puisse croire qu'en achetant des outils, des plantes, des semences, nous allons contre la loi. Du tout, nous allons vers la coopération jusqu'au moment où nous devenons coopérative de vente; alors, l'organisation commerciale nous est indispensable.

Pour me résumer, je demande de bien vouloir formuler ainsi le vœu :

« ... *Préconise la formation de syndicats et de coopératives...* ». Cette simple adjonction donnerait satisfaction aux désirs des syndicalistes.

M. THIVEL. — Voulez-vous me permettre une simple observation pour montrer le rôle économique des syndicats?

Je représente le Syndicat du Centre. Il est déjà ancien ; c'est surtout un groupement de gros propriétaires. Nous avons résolu la question économique pour les ventes en commun où nous avons obtenu des résultats merveilleux. Nous avons vendu nos coupes à des marchands de bois à des prix successivement supérieurs de 10, 20 et 25 % aux estimations des propriétaires. Le syndicat peut donc, dans ces conditions, avoir un rôle économique important.

Il peut aussi jouer un rôle très intéressant vis-à-vis des syndicats ouvriers. Dans le Centre, les syndicats ouvriers se sont dressés contre nous, propriétaires forestiers. Nous avons été obligés de mettre l'ordre dans nos coupes, certainement contre notre gré.

Mais nous avons obtenu des marchands de bois qu'ils acceptent des prix très rémunérateurs pour l'ouvrier, et il leur est interdit, sous peine d'amende, de payer aux ouvriers des salaires inférieurs à ceux que nous avons fixés. Le marchand de bois ne pourrait pas payer un ouvrier au-dessous du tarif, même si l'ouvrier le demandait.

Nous avons apaisé ainsi un immense territoire, car maintenant les ouvriers reconnaissent notre justice et sont les premiers à venir à nous. Je ne dis pas que cela n'a pas désorganisé leurs syndicats affiliés à l'organisation que vous savez, mais les bons syndicats sont restés, parce qu'ils ont su comprendre ce que nous avons fait. (*Applaudissements.*)

De petits propriétaires n'auraient peut-être pas pu agir ainsi. Il n'en est pas moins vrai que, dans l'affaire, le syndicat a joué un rôle économique. Rien ne nous empêchera de créer à côté une coopérative, et surtout cette caisse de crédit agricole qui nous permettrait de différer nos coupes pour obtenir un plus grand rendement. Mais cela, c'est en dehors du syndicat, et c'est à ses chefs de surveiller cette affaire.

M. LE PRÉSIDENT. — Nous vous remercions de cette contribution à l'étude de l'action syndicale. Vous nous avez beaucoup intéressés par la constatation des bons effets de cette action.

Il y a quelque chose à retenir des observations de M. Descombes sur la question du crédit forestier. Le Crédit Foncier peut avoir à jouer son rôle. On pourrait remplacer les mots « *caisses de crédit mutuel forestier* », par ceux-ci : « *organisation du crédit forestier* » (*Très bien ! Très bien !*)

M. GUYOT. — Un de nos confrères, M. Gazin, voudrait voir mentionner les sociétés civiles de propriétaires forestiers, car c'est une forme de coopération.

M. MARGAINE. — Je les considère comme des coopératives.

M. LE PRÉSIDENT. — Il n'y a pas de doute sur ce point. Mais il faut rester dans les généralités.

M. GUYOT. — Le Congrès est bien d'avis de faire rentrer dans les coopératives de propriétaires les sociétés civiles que préconise M. Gazin.

M. GAZIN. — Nous avons créé dans le Jura une société pour l'exploitation des forêts. Nous payons l'impôt foncier, le droit de main-morte, et aussi l'impôt sur le revenu de nos coupes, sur le dividende de nos actions. Cela fait par conséquent double emploi.

M. LE PRÉSIDENT. — Le vœu vous donne toute satisfaction, puisqu'il parle pour les coopératives forestières, des exemptions d'impôt graduées.

M. MARGAINE. — La Société du Contrôle, à laquelle fait allusion M. Gazin, a été classée dans le rapport parmi les coopératives.

M. BANCHEREAU. — Vous l'avez citée avec une restriction.

M. MARGAINE. — Parce que ses membres n'ont pas mis en commun des terrains possédés par eux, mais ont au contraire mis leur argent en commun pour acheter un bois. J'ai dit que cela avait une allure de société capitaliste et que ce n'était pas tout à fait de la coopération.

M. BANCHEREAU. — Il serait bon de citer ce genre de sociétés dans le vœu.

M. DE LARNAGE. — Il n'y a pas de doute au point de vue légal.

M. LE PRÉSIDENT. — C'est toujours là une œuvre commune, une coopération. L'œuvre commune existe en l'espèce ; il n'y a pas d'inquiétude à avoir.

M. GAZIN. — Dans tous les cas, il est injuste de payer l'impôt foncier, et de payer encore l'impôt sur le revenu de la coupe.

M. LE PRÉSIDENT. — Les observations insérées au procès-verbal serviraient, le cas échéant, à éclairer la portée du vote.

M. MARGAINE. — Je citerai encore l'Œuvre forestière du Limousin, qui avait demandé à faire une communication, ce que nous n'avons pu lui accorder, à cause du manque de temps. Cette société rentre dans cette catégorie de groupements en vue de l'achat en commun des bois, que nous avons classés dans les coopératives.

Nous avons tenu à dire : « Ce sont des coopératives », parce que, pour certains auteurs, les coopératives forestières ne sont que les sociétés qui mettent en commun des biens fonds.

M. LE PRÉSIDENT. — Je donne une nouvelle lecture du vœu, amendé à la suite de la discussion qui vient de se produire :

Le Congrès forestier international :

« Rendant justice aux efforts faits par les syndicalistes de tous les pays, les engage à continuer à développer leur action syndicale,

« Préconise, d'autre part, la formation de coopératives de propriétés, complètes, à circonscription restreintes et unies par des fédérations,

« Souhaite que les associations agricoles aident de leur expérience et de leur pouvoir à la formation de coopératives forestières et de caisses de crédit forestier et émet le vœu :

« *Que les législations des différents pays soient adaptées à la formation de syndicats forestiers et de coopératives forestières, et que les Etats favorisent celles-ci par des subventions, par des exemptions d'impôts graduées, par l'aide de leurs agents forestiers et par l'organisation du crédit forestier.* »

Le vœu, mis aux voix, est adopté.

M. Bouvet remplace M. Vivier au fauteuil de la présidence.

M. le Président. — La parole est à M. Vivier pour la lecture de son rapport sur l'Utilité de l'acquisition par l'État, les communes ou autres collectivités publiques, les établissements ou associations d'utilité publique, de forêts ou terrains a reboiser. — Mesures législatives, administratives et financières a prendre pour faciliter cette acquisition.

M. Vivier. — La propriété forestière présente, au point de vue économique, ce caractère fondamental que, *sur un point donné*, elle ne peut jamais fournir un revenu annuel. Tandis qu'en agriculture, la règle générale est de tirer chaque année un produit du sol, et que ce principe comporte de moins en moins d'exception, par suite de la restriction progressive des jachères, une parcelle boisée, quelle qu'elle soit, n'est exploitable qu'un certain nombre d'années après l'époque à laquelle son peuplement a été créé ou régénéré. Le temps pendant lequel le propriétaire devra laisser le peuplement sur pied sera très variable, il pourra être réduit à sept ou huit ans comme dans certains taillis de châtaigniers, ou dépasser largement le siècle, notamment pour les futaies de chêne : en tout cas, le revenu sera périodique et non annuel. Ce n'est pas que le sol, avec l'aide de l'atmosphère ne « produise » chaque année, pour le bois comme pour toute autre culture ; mais, pour être réalisables, ces produits doivent s'accumuler sur place pendant une période plus ou moins longue : c'est ce que l'on définit en disant que le sol forestier est un capital qui fonctionne à intérêts composés.

Sans doute, quand l'immeuble en nature de bois offre une étendue suffisante, le propriétaire peut arriver à obtenir un revenu annuel, si on suppose que son bien comprend la série des âges depuis le semis ou le recru jusqu'au terme d'exploitabilité; mais le principe que nous venons de poser n'en reste pas moins vrai pour chaque surface occupée par des sujets de même âge (1), et le résultat n'a pu être atteint que par une organisation des exploitations, adaptée spécialement à la propriété en cause, telle qu'elle était constituée au moment où ce règlement a été fait, c'est-à-dire par un aménagement.

De ces considérations, il ressort déjà que le bois s'accommode mal de la propriété privée, qu'il s'agisse soit du reboisement d'un terrain nu, soit de la conservation et de l'exploitation régulière et continue d'une forêt existante. Un particulier hésite à engager des fonds importants dans une entreprise de reboisement, car, dans la plupart des cas, il sait qu'il ne vivra pas assez longtemps pour recueillir, par la coupe principale, le bénéfice essentiel de l'opé·ation. S'il possède une forêt existante, il sera souvent incité, par les besoins de la vie, à réaliser ses bois dès qu'ils auront une valeur marchande appréciable ; on ne peut lui demander d'ailleurs de leur laisser atteindre tout le développement nécessaire pour donner les produits les plus avantageux à la société. Mais surtout chaque décès de propriétaire risque de provoquer une véritable crise dans l'existence de la forêt apartenant aux particuliers.

En effet, s'il y a plusieurs héritiers, il y aura fréquemment partage ; et cette opération, qui exigera une expertise longue et coûteuse, entraînera, suivant l'importance du bois à partager, ou un morcellement excessif rendant l'exploitation difficile et désavantageuse et conduisant à l'abandon et à la ruine, ou (à moins d'une conformation exceptionnellement favorable du massif et de ses divisions) un bouleversement complet de l'aménagement. Or, ces troubles, s'ils se renouvellent à des intervalles un peu rapprochés, sont évidemment incompatibles avec une bonne gestion. Non seulement ils empêchent toute amélioration, mais ils sont l'occasion d'abus de jouissance et de réalisations prématurées. Pour échapper au partage, les héritiers vendront ; mais sur ce terrain, en raison notamment du jeu bien connu des droits d'enregistrement (2), les amateurs de forêts sont en état d'infériorité par rapport aux spéculateurs marchands de bois, qui pourront bien être empêchés par la loi sur les défrichements de transformer la nature de la propriété, mais qui, par l'enlèvement de tous les bois de quelque valeur, compromettront pour longtemps l'avenir.

Sous l'ancien régime où, du reste, la proportion de forêts appartenant à des propriétaires impérissables (roi, communes, hospices, communautés religieuses) était considérable, la situation était sensiblement différente parce que beaucoup de grands massifs particuliers se transmettaient par droit d'aînesse ; mais notre législation moderne sur les héritages entraîne, au point de vue forestier, les inconvénients que nous venons de signaler, et il semble que de plus en plus les bois privés se trouvent dans des condition désavantageuses, car leurs propriétaires sont évidemment portés à traiter leurs forêts suivant le mode qui exigera la moindre accumulation de capital sur pied et permettra les réalisations les plus fréquentes, c'est-à-dire pour une grande partie de la France suivant le régime du taillis à révolution relativement courte. Or, à l'heure actuelle, par suite de la

---

(1) On peut toujours, au moins par la pensée, décomposer un bois en fractions de même âge, certaines fractions pouvant être composées de parcelles très petites disséminées dans tout le massif, comme dans les taillis sous futaie et les futaies jardinées.

(2) On sait que si une forêt est vendue fonds et superficie, le tout paie un droit de mutation de 7 % : si on vend, en même temps que le sol, une coupe comprenant tout ce qu'il y a de réalisable dans la superficie, la valeur de celle-ci devenue « bien meuble » ne rapporte qu'une taxe de 2 ½ %, le fonds seul supportant les 7 %.

dépréciation croissante des bois de feu et des écorces, la valeur de ces taillis baisse, leur utilité disparaît ; ce sont de plus en plus des bois d'œuvre dont la consommation a besoin, et le développement de la production de ces bois suppose, dans les taillis, une augmentation et un vieillissement des réserves ou une élévation de la révolution, ou même une conversion en futaie, c'est-à-dire, sous une forme ou sous une autre, des économies considérables qu'il est bien difficile d'attendre de particuliers. Ces améliorations, comme aussi le traitement de futaies existantes ou la mise en valeur de terrains nus par le reboisement, demandent, d'ailleurs un esprit de suite, et un sens de la conservation et de l'économie incompatibles avec les fréquentes mutations des propriétés privées et même, dans bien des cas, avec les vicissitudes d'une existence humaine.

Pour parer à ces inconvénients, de très bons esprits ont songé à la formation de sociétés forestières constituées par des propriétaires de bois qui réuniraient leurs immeubles de manière à en former une forêt soumise à un aménagement et à une gestion uniques. Les droits originaires, étant transformés en des parts de société, pourraient faire l'objet de ventes ou de successions san que le sort de la forêt fût troublé ou compromis en quelque manière.

L'idée est assurément séduisante, mais, quoique lancée il y a plus de dix ans, elle ne semble pas avoir fait pratiquement de progrès notables : au fond, elle revient à une véritable aliénation par les propriétaires de leurs bois au profit de la société, et sa généralisation paraît répugner au caractère du propriétaire foncier français ; celui-ci quand il voudra se défaire de son bois, le vendra pour un prix en argent qu'il utilisera à son gré ; autrement, il préfèrera garder son immeuble pour lui que « le mettre en actions ». Ce n'est pas à dire que dans certaines régions, et dans des cas déterminés, le système ne puisse trouver son application et rendre de réels services ; on ne saurait, croyons-nous, y voir le remède à la disparition et à la dégradation progressive des bois particuliers.

A l'égard du reboisement, on ne peut faire appel aux sociétés privées pour les travaux qui ont en vue l'intérêt public (notamment la restauration et conservation des terrains en montagne) et présentent le plus souvent un caractère onéreux ; quant aux opérations qui ont principalement pour but une mise en valeur de terrains, elles constituent une spéculation à trop long terme et demandent une confiance trop grande dans les chefs de l'entreprise pour qu'il soit facile d'organiser des sociétés en vue de leur exécution. Ces sociétés se formeront d'autant moins aisément qu'en tout état de cause les bénéfices du reboisement sont très limités, et qu'ici l'appât du gain ne paraîtrait pas suffisant pour engager les capitalistes à passer sur les retards de réalisation et les aléas de gestion. On doit souhaiter la formation et le succès de sociétés de ce genre, mais il est permis de penser que leur rôle sera très restreint.

On peut donc conclure de cet exposé qu'à l'inverse de ce qui se passe pour les domaines agricoles, l'avenir de la propriété boisée et du reboisement n'est pas assuré entre les mains des particuliers et que, par suite, c'est entre les mains des propriétaires impérissables que les bois sont le mieux placés. Il va sans dire que, dans cette étude, nous avons surtout en vue la France ; mais, avec des différences de degré suivant le caractère, l'organisation sociale ou le régime foncier de chaque nation, et réserve faite des périodes de mise en exploitation de grands massifs dans les pays neufs, la conclusion peut trouver, croyons-nous, son application générale dans le monde entier.

En fait, sur les 9.850.000 hectares de forêts de France, les propriétaires impérissables ne possèdent à l'heure actuelle que 3.400.000 hectares, le surplus (environ 6 millions 1/2) appartenant à des particuliers. D'autre part, sans vouloir ramener le sol français à l'état où il était au temps de la conquête romaine, nous considérons comme acquis (la démonstration serait en dehors de notre sujet et nous entraînerait beaucoup trop loin) que le taux de boisement de notre pays (25 % environ) est insuffisant, et que, tant au point de vue des avantages immatériels (maintien des terres sur les pentes, régularisation du climat et du régime des eaux, salubrité, etc.), qu'au point de vue des besoins de la consommation en produits ligneux, il reste à exécuter un important programme de reboisement portant, bien entendu, sur des terres incultes ou convenant mieux, pour des motifs divers, à la culture forestière qu'à toute autre espèce de culture.

Dans ces conditions, il est conforme à l'intérêt général que les propriétaires impérissables, c'est-à-dire les collectivités publiques, puissent acquérir des forêts existantes et des terrains à reboiser. Nous allons examiner maintenant les différentes catégories de collectivités et le rôle qui paraît revenir à chacune d'elles dans ces acquisitions.

La première et la plus importante de ces personnes morales est l'État : ce dernier est évidemment seul qualifié pour prendre la charge soit des forêts qui jouent un rôle de pure protection, sans fournir de revenu net appréciable, soit des entreprises de reboisement effectuées dans un intérêt principalement « immatériel », et où le bénéfice futur est absolument aléatoire ou, en tout cas, hors de proportion avec les dépenses engagées. En outre, l'État, en raison des ressources considérables de son budget général de recettes, est actuellement le seul propriétaire qui ne soit pas incité à réaliser un peuplement, quand il a déjà une certaine valeur marchande, sans avoir atteint cependant l'âge où il peut donner les produits les plus utiles à la consommation. C'est donc lui qui est le plus qualifié pour élever les vieilles futaies (notamment celles où le chêne est l'essence dominante), ou même des taillis sous futaie très riches en réserve. Et, comme les bois d'œuvre de forte dimension restent les plus utiles et les plus recherchés, l'étendue actuelle des forêts domaniales *productives* (environ 950.000 hectares) est évidemment insuffisante et doit être augmentée, alors surtout que l'épuisement de beaucoup de forêts étrangères peut rendre dans l'avenir les importations moins abondantes et plus coûteuses. Il serait d'ailleurs excessif, à notre avis, de tendre à faire de l'État l'unique propriétaire de forêts, on aboutirait ainsi, en effet, à la destruction de toute initiative et de toute activité en dehors de celles du pouvoir central, et ce système ne paraît pas moins funeste en matière forestière qu'en d'autres matières.

Les communes et les établissements publics proprement dits (principalement les hospices) possèdent déjà un patrimoine forestier important (2.200.000 hectares) qui est à conserver aussi bien dans l'intérêt des propriétaires que dans l'intérêt général, car il donne, sans difficulté de gestion pour les municipalités ou les commissions administratives (lorsque conformément à la règle il est soumis au régime forestier), un revenu généralement sûr qui, moyennant adaptation du traitement à l'évolution économique, est susceptible d'augmenter de plus en plus dans l'avenir. Les communes doivent également être incitées à reboiser une grande partie de leurs terrains incultes et de leurs vacants ce qui n'est pas inconciliable avec le maintien et l'améliorat on de leur domaine pastoral); d'autre part, des legs de forêts sont consentis parfois en leur faveur ou au profit des établissements publics, et ce fait, qui depuis trente ans a été *relativement* fréquent, est évidemment favorable aux intérêts forestiers. Mais d'une manière générale, nous ne croyons pas qu'on puisse beaucoup compter sur ces catégories de propriétaires pour des acquisitions à titre onéreux de forêts ou de terrains à reboiser. Les communes et établissements publics ne font guère d'économies ; et, surtout pour les premières, les ressources disponibles trouveront, presque toujours, un emploi d'un intérêt plus urgent qu'un achat de forêt, le champ des améliorations réalisables dans une commune pour les adductions d'eau, la voirie, les écoles, les égouts, les promenades, etc., étant presque indéfini. Dans certains cas, cependant, une ville pourra réaliser une opération utile à tous points de vue en achetant un bois situé à sa portée, parce que ce dernier convenablement aménagé constituera, en même temps qu'un bien productif de revenu, une sorte de parc agréable et salubre pour les habitants. En outre, comme il est reconnu que la propriété agricole convient généralement mal aux collectivités, il est à souhaiter que peu à peu les communes et établissements publics échangent les domaines qu'ils possèdent contre des bois, soit directement, soit par le moyen d'une vente et d'un achat. Nous allons même jusqu'à penser que, lorsqu'une occasion avantageuse d'acquisition de forêt se présente, les communes et établissements publics qui détiennent des valeurs mobilières importantes feraient une bonne opération en vendant une partie de celles-ci pour acheter l'immeuble boisé (1) : outre que les titres, même les meilleurs, n'offrent jamais pour un propriétaire impérissable une sécurité aussi grande qu'un fonds de terre, le revenu qu'ils donnent garde une valeur nominale qui, même si elle n'est pas réduite par suite de conversions ou de remboursements suivis de remplois, subit avec le temps la dépréciation correspondant à la diminution de puissance d'achat du numéraire, tandis qu'un bien donnant des produits en nature comme le bois, n'offre pas cet inconvénient. On objectera sans doute que certaines communes propriétaires de taillis à charbonnette et à écorce ont subi au XIXe siècle des pertes considérables de revenu ; mais ces cas sont heureusement en petit nombre ; du reste, le plus souvent, il est possible, dans une période de temps relativement courte pour un propriétaire impérissable, de revenir à un bon rendement en changeant le mode de traitement de la forêt.

Les départements ne semblent appelés à jouer qu'un rôle accessoire au point de vue forestier. Actuellement l'étendue des forêts départementales est presque insignifiante ; et, comme les Conseils généraux se trouvent dans une situation très analogue à celle des Conseils municipaux, en ce qui concerne l'absorption des disponibilités budgétaires par des dépenses d'un intérêt urgent, ils n'auront guère l'occasion de se porter acquéreurs de forêts et encore moins de terrains à reboiser. Il pourra y avoir cependant certaines exceptions, dans des départements riches, pour des forêts intéressant, à des titres divers, un assez grand nombre de communes.

Par contre, il est toute une catégorie de collectivités que leur nature même doit amener à devenir propriétaires d'une partie importante du

(1) Grâce à la soumission au régime forestier, les bois acquis peuvent se trouver très éloignés du siège de la commune ou de l'établissement propriétaire.

domaine forestier de la France ; nous voulons parler de toutes ces caisses d'épargne, caisses de retraites, sociétés de secours mutuels, etc., que leur fonctionnement oblige à conserver et faire fructifier des capitaux déposés ou à capitaliser des versements périodiques. Jusqu'à ces derniers temps la tendance des pouvoirs publics a été d'imposer à toutes ces associations le placement de leurs fonds en valeurs mobilières de premier ordre ; et, à l'heure actuelle, les exceptions autorisées sont encore bien restreintes et visent surtout des propriétés bâties. Ce système, étant donné l'extension de plus en plus grande des groupements de capitaux dont nous parlons, n'est pas sans offrir quelques dangers en accumulant des sommes énormes en placements purement mobiliers, spécialement en rentes sur l'État français : si, à un moment donné, se produisaient de très graves complications extérieures ou intérieures, on comprend quelle effroyable crise en résulterait pour l'avoir de toutes ces collectivités. D'autre part, la propriété boisée offre au moins autant de sécurité que l'immeuble bâti. Il serait donc aussi prudent, au point de vue général, qu'avantageux, au point de vue forestier, de dériver vers les achats de forêts ou de terrains à reboiser une certaine fraction de capitaux de ces sociétés, étant entendu qu'à l'égard des caisses d'épargne, le prélèvement ne porterait que sur la fortune *personnelle* de ces établissements. L'acquisition de forêts existantes conviendrait principalement aux sociétés qui ont à répartir annuellement des sommes à peu près équivalentes ; l'achat de terrains nus et leur boisement constitueraient une excellente opération pour les groupements qui ont à capitaliser des versements pendant un assez grand nombre d'années pour servir plus tard, sous une forme ou sous une autre, des allocations en argent aux ayants droit. La soumission au régime forestier des immeubles ainsi acquis supprimerait pour les propriétaires toutes les difficultés d'administration, en même temps qu'elle assurerait à la gestion les meilleures garanties d'intégrité et de compétence. Il semble que les grandes compagnies d'assurances qui possèdent actuellement tant de maisons pourraient également entrer dans la voie des acquisitions de forêts. Enfin, toutes les associations déclarées d'utilité publique, et, par là même, offrant généralement des garanties de long avenir, pourraient, avec les mêmes avantages que les établissements publics, devenir propriétaires de forêts, et employer de cette manière une portion de leur avoir qui est souvent considérable.

Même en admettant que chacune des collectivités en discussion n'employât ainsi qu'une faible part de ses capitaux, de manière à se garantir contre les effets de variations éventuelles dans le revenu des bois, une œuvre importante n'en serait pas moins susceptible d'être réalisée au point de vue de la conservation et de l'amélioration du domaine forestier du pays.

Il reste à examiner les mesures légales, administratives ou financières à prendre pour faciliter la réalisation des acquisitions dont les considérations exposées ci-dessus ont fait ressortir l'utilité. A notre avis, il serait excessif de recourir à des moyens coercitifs et, notamment, à l'expropriation : appliqué à toute une catégorie d'immeubles qui occupe plus de 6.000.000 d'hectares en France, ce procédé porterait une grave atteinte au principe de la propriété privée, sa mise en pratique risquerait d'être, suivant le cas, défavorable aux particuliers ou ruineuse pour les collectivités publiques. Nous ne sommes même pas partisan d'un droit de préemption pour l'État : outre qu'il pourrait donner lieu à des fraudes au détriment du Trésor, toute entrave qui pèserait sur la propriété boisée commencerait par déprécier celle-ci, de sorte que le résultat immédiat serait plutôt nuisible aux intérêts forestiers. Le passage des bois et forêts des mains des particuliers entre celles des propriétaires impérissables doit être, selon nous, une opération de très longue haleine, susceptible même de ne pas s'achever d'une manière absolue, ce n'est qu'à la condition de se réaliser peu à peu, suivant les occasions, que cette transmission pourra s'effectuer sans crise économique et sans dépenses excessives. La dégradation des forêts particulières étant, *dans l'ensemble*, lente et progressive, le remède semble pouvoir présenter les mêmes caractères, et c'est en excluant la contrainte légale que nous allons poursuivre notre étude.

En ce qui concerne les acquisitions par l'État, il est à remarquer qu'actuellement l'administration forestière ne peut acheter, en dehors des régions de montagnes, des terrains nus ou boisés qu'en vue de l'amélioration des forêts domaniales proprement dites ; et comme, d'autre part, il n'est prévu pour cet objet qu'un crédit insignifiant, l'État ne peut ainsi incorporer à son domaine que quelques parcelles enclavées dans ses massifs ou situées en bordure. Pour que l'Administration des Eaux et Forêts pût entrer dans la voie indiquée plus haut, il serait indispensable que chaque année elle disposât sur son budget d'une allocation assez importante (1.000.000 fr. par exemple) pour acquisition de forêts particulières, avec faculté de payer par annuités dans une période n'excédant pas dix ans. Une semblable mesure donnerait déjà, semble-t-il, d'excellents résultats. Elle serait cependant insuffisante lorsque l'occasion se présenterait pour l'État de se rendre propriétaire de certains grands massifs offrant un intérêt considérable, mais d'une valeur trop élevée pour être facilement payés sur le crédit annuel dont l'ouverture vient d'être envisagée. Il serait nécessaire que les ministères de l'Agriculture et des Finances pûssent, en dehors des limites de ce crédit, conclure des contrats d'acquisition de forêts sous condition suspensive, lesdits contrats ne devant devenir définitifs que par un vote du Parlement qui accorderait, en même temps, une allocation spéciale pour le paiement. Cette allocation extraordinaire pourrait être couverte par des ressources extraordinaires : nous ne sommes pas partisan du système d'emprunt au Crédit Foncier qui a trouvé de distingués défenseurs. Le Trésor dispose, en effet, d'un crédit assez ample pour ne pas avoir besoin de recourir à l'intermédiaire d'une Société semi-privée. Au cas où le système d'emprunts directs amortissables (gagés au moins pour la plus grande part par les revenus des immeubles à acquérir) soulèverait de trop grandes objections de la part du Ministère des Finances, nous croyons qu'on pourrait résoudre la difficulté, soit en obtenant de la Caisse des Dépôts et Consignations une avance remboursable, soit en faisant réaliser l'opération, non plus directement par l'État, mais par la Caisse nationale des retraites dont l'encaisse a pris un si grand développement par l'application de la loi sur les retraites ouvrières et paysannes, et qui est habilitée à acquérir des bois ou des terrains à boiser par l'article 15 de la loi du 5 avril 1910. Nous ajouterons que, bien que destinée surtout à favoriser la régularisation du régime des eaux, la loi Fernand David, adoptée par la Chambre des Députés le 1er août 1910 et actuellement soumise au Sénat, aurait pour effet immédiat d'étendre l'importance des acquisitions de terrains à boiser par l'État.

Pour faciliter aux communes et établissements publics l'achat de forêts, une disposition législative pourrait supprimer ou tout au moins réduire, dans une forte proportion, les droits d'enregistrement à percevoir en pareil cas d'après le droit commun. Il est à souhaiter, d'autre part, que les décrets autorisant l'acceptation de legs de forêts par les communes et établissements publics n'imposent la vente de ces immeubles que lorsque cette condition résultera de la volonté *formelle* du testateur. Enfin, des instructions pourront être utilement adressées aux Préfets par le Ministre de l'Intérieur pour les inviter à ne pas entraver sans motif grave, et même à encourager, avec le discernement voulu mais aussi avec un bienveillant intérêt, les Conseils municipaux et Commissions administratives qui voudraient vendre des valeurs mobilières ou des domaines agricoles pour acheter des bois dans des conditions avantageuses.

A l'égard des sociétés diverses, on ne peut que souhaiter le vote rapide de la loi Audiffred autorisant les caisses d'épargne à placer en forêts ou en terrains à boiser 1/10e de leur fortune *personnelle*, complétant le 2e paragraphe de l'article 11 de la loi du 1er juillet 1901 par une clause qui autorise les sociétés déclarées d'utilité publique à acquérir des bois, forêts ou terrains à reboiser, et soumettant au régime forestier les immeubles de cette nature, lorsqu'ils appartiennent à des associations reconnues d'utilité publique ou à des sociétés de secours mutuels approuvées. L'article 20 de la loi du 1er avril 1898 permet à ces dernières sociétés d'acquérir des immeubles (de toute nature) jusqu'à concurrence des 3/4 de leur avoir ; au contraire, l'article 15 de la loi du 5 avril 1910 limite au 1/400 la fraction de capital que les caisses de retraites auront le droit d'affecter à des achats de bois et de terrains à reboiser. Cette proportion est bien faible, il semble qu'elle pourrait sans inconvénient être portée immédiatement à 1/100, en attendant que l'expérience permette d'apprécier si elle ne serait pas utilement susceptible d'une nouvelle augmentation.

En conséquence, nous avons l'honneur de soumettre à la Section d'économie et législation forestière du Congrès forestier les vœux suivants :

I. *Que la Chambre des Députés adopte sans retard la loi Audiffred telle qu'elle a été votée par le Sénat;*

II. *Que le Sénat mette le plus tôt possible en discussion le projet de loi « Fernand David » portant modification de la loi du 5 avril 1882 ;*

III. *Qu'à l'avenir un crédit soit inscrit chaque année au budget des Eaux et Forêts pour acquisition, sur l'ensemble du territoire, de forêts payables par annuités ;*

IV. *Qu'à l'égard des massifs d'une valeur trop grande pour être achetés à l'aide du crédit ci-dessus mentionné, les Ministères de l'Agriculture et des Finances soient autorisés à conclure des contrats d'acquisition sous la condition suspensive de la ratification parlementaire, et qu'en cas d'insuffisance des disponibilités budgétaires, le paiement en soit assuré par un emprunt amortissable, ou par une avance de fonds de la Caisse des Dépôts et Consignations ;*

Subsidiairement, qu'au cas où les raisons financières ne permettraient pas un de ces deux modes de réalisation des achats de grands massifs, que les Ministères de l'Agriculture et des Finances aient le droit de saisir des projets la Caisse des Dépôts et Consignations chargée de la gestion de la Caisse nationale de retraites, en vue de l'application de l'article 15 (§ 4) *de la loi du* 5 *avril* 1910*;*

V. *Que les droits de mutation à titre onéreux soient réduits en cas d'acquisition de forêts par des communes ou établissements publics, et même, s'il est possible, par les associations reconnues d'utilité publique : Caisses d'épargne, Caisses de retraites et Sociétés de secours mutuels approuvées;*

VI. *Que les décrets autorisant les communes ou établissements publics à accepter des legs de propriétés forestières n'imposent l'obligation de vendre ces immeubles qu'en cas de volonté formelle du testateur ;*

VII. *Que le Ministre de l'Intérieur invite les Préfets à favoriser les opérations qui consisteraient pour les communes et établissements publics à transformer, dans* DES CONDITIONS AVANTAGEUSES, *en placements forestiers, leurs valeurs mobilières et leurs domaines agricoles;*

VIII. *Que le paragraphe* 4 *de l'article* 15 *de la loi du* 5 *avril* 1910 *soit modifié par l'élévation à* 1/100 *de la portion de l'avoir que les Caisses de retraites pourront employer en achat de bois et de terrains à boiser.*

Nous croyons devoir ajouter d'ailleurs que plusieurs des dispositions proposées ne pourront produire d'effet que si les Administrateurs ou gérants des collectivités habilitées à posséder des immeubles, prêtent un concours actif à leur application.

Le mouvement d'opinion que va produire le Congrès forestier international contribuera, il faut l'espérer, à amener ce résultat, car, dans la question qui nous a occupé comme dans bien d'autres, c'est le cas de répéter le vieil adage « *quid leges sine moribus* ».

Le programme qui m'avait été tracé, vous l'avez vu par la lecture de mon rapport, m'a obligé de m'éloigner un peu du caractère international de ce congrès.

Je n'avais, en effet, pas seulement été chargé d'étudier la question *in abstracto*, mais je devais aussi rechercher les mesures administratives et financières à prendre pour faciliter les acquisitions de forêts par l'État ou autres collectivités publiques. Sur ce terrain, j'étais obligé de rester à peu près exclusivement dans le domaine national. Du moment où il fallait entrer dans le détail des mesures administratives, législatives, je ne pouvais guère que me limiter à la France. Autrement, il aurait fallu étudier toutes les législations étrangères; je n'en avais pas le loisir. Il y aurait d'ailleurs une certaine présomption, pour un Français, à proposer des mesures administratives et législatives aux pays étrangers. Cela me permet de m'excuser vis-à-vis de mes collègues étrangers de ce que mon étude a un caractère plus particulièrement national. En tout cas, la partie générale peut s'appliquer, je crois, à toutes les nations indistinctement.

La propriété forestière présente un caractère dont M. Arnould vous a entretenus hier, et auquel il faut toujours revenir, parce qu'il est fondamental : la forêt ne donne pas de récoltes annuelles, et il faut, à côté du capital lui-même, constituer un capital-bois.

En conséquence, un propriétaire, s'il veut obtenir un rendement annuel, est obligé d'aménager sa forêt, c'est-à-dire de l'organiser, au prix de certains sacrifices, pour qu'on puisse réaliser des coupes annuelles.

Un autre caractère très net, c'est que ce capital bois aura une valeur marchande appréciable longtemps avant qu'il ait atteint son maximum de valeur financière et surtout de valeur économique. C'est en somme une tentation perpétuelle pour le propriétaire.

De ces deux caractères essentiels, nous pouvons déjà déduire cette conclusion que la forêt ne convient pas tout à fait aux propriétés privées.

A chaque décès, la forêt est exposée aux partages, c'est-à-dire à la rupture de l'aménagement avec toutes ses conséquences, morcellement, etc. En cas de partage d'ailleurs, par suite du jeu des droits d'enregistrement dont nous parlait M. Arnould, c'est le spéculateur qui se trouve dans une situation privilégiée par rapport à l'exploitant, de sorte qu'il y a bien des chances pour que vente signifie déforestation...

Plus nous allons, plus les difficultés sont grandes pour la réalisation des forêts.

Les produits les plus facilement réalisables à court terme, les taillis ont de moins en moins de valeur. Les besoins de la vie augmentent, les pays deviennent de plus en plus riches, il faut produire et les propriétaires ne sont plus incités à reboiser, car il faut un trop long temps pour avoir une futaie.

Sous l'ancien régime — je dis cela au point de vue historique — il y avait des atténuations assez grandes, indépendamment des grandes quantités de forêts appartenant aux propriétaires impérissables ; à côté des forêts royales considérables, il y avait des forêts communales comme aujourd'hui et surtout les forêts des communautés ecclésiastiques qui représentaient un capital énorme.

Comme forêts privées, il y avait des forêts seigneuriales qui pouvaient se transmettre dans certaines conditions suivant une législation spéciale et échapper à beaucoup d'impôts.

Aujourd'hui — c'est une simple constatation que je fais — le régime successoral en vigueur est plus défavorable à la forêt privée.

Par conséquent, plus nous allons, plus les forêts se trouvent exposées à certains dangers entre les mains des propriétaires particuliers.

On a proposé un remède : c'est l'association. Je suis loin de nier les bienfaits de l'association, mais les opinions peuvent différer et je crois qu'il serait téméraire d'y voir un remède final et définitif aux périls qui menacent la propriété forestière.

M. Margaine a signalé avec beaucoup de raison, dans son rapport — et ce n'est pas vous, syndicalistes et coopératistes qui me contredirez — qu'il y a eu en France, jusqu'à ces derniers temps, des difficultés à réaliser l'association, la coopération et, surtout, à faire mettre en commun les biens-fonds. Vous réaliserez peut-être plus facilement l'opération dont parlait M. Gazin, c'est-à-dire l'association pour l'achat et l'entretien des terrains, mais pour mettre les propriétés en commun, on se heurtera à des résistances.

Ajoutez que ces sociétés privées très intéressantes, dont le développement est souhaitable, n'ont peut-être pas les garanties d'avenir des collectivités publiques. Elles sont forcément composées de personnes agissant dans un intérêt privé et soumises à des causes de dissolution qui, évidemment, agissent beaucoup moins sur les communes ou les établissements publics ou même les associations déclarées d'utilité publique. De telle sorte, Messieurs, que tout en rendant pleine justice aux associations de ce genre, tout en souhaitant leur développement, je crois qu'il est prudent de n'y pas voir le remède définitif aux dangers qui menacent la propriété forestière.

Si nous parlons de la question du reboisement, là encore, Messieurs, l'action privée paraît limitée. Quand il s'agit de grands travaux de restauration en montagnes, il faut évidemment ne pas s'adresser aux personnes privées et quand il s'agit de reboisement tout simplement, étant donné les aléas de ces travaux, l'attente très longue nécessaire pour récolter, on aura peut-être du mal à orienter les capitaux privés de ce côté.

Bref, je crois qu'on peut conclure, à l'inverse de ce qui se passe pour la propriété agricole, que la propriété forestière est mieux placée entre les mains de propriétaires impérissables qu'entre celles de propriétaires particuliers. Ceci dit, sans vouloir le moins du monde enlever aux propriétaires forestiers leurs mérites, surtout à ceux qui luttent pour remédier à cette situation.

Il y a différentes collectivités publiques. D'abord, l'État qui, en matière forestière, a un grand rôle à jouer. Quand il s'agit des périmètres de restauration des terrains en montagne, personne ne lui conteste ce rôle, de même quand il s'agit de forêts de pure protection qui donnent un revenu insignifiant et sont là presque uniquement pour jouer un rôle de sécurité publique. Il est, sinon seul, du moins le mieux qualifié pour la production du gros bois d'œuvre.

Les petits bois perdent de leur valeur de plus en plus pendant que les gros bois en acquièrent de jour en jour ; ces derniers étaient déjà très importants du temps de Colbert pour la marine, ils le sont aujourd'hui pour d'autres besoins. Il faut donc produire du gros bois et c'est l'État, avec son gros budget — ce qui fait qu'il n'a pas la tentation et il l'a moins aujourd'hui qu'il y a un siècle, de chercher quelques millions dans des coupes extraordinaires — c'est l'État, dis-je, qui, avec sa garantie de perpétuité supérieure à celle de tous les autres, est le plus qualifié pour la production du bois d'œuvre.

Remarquez que l'État ne possède actuellement que 950.000 hectares de forêts productives, en défalquant les périmètres de reboisement.

C'est un chiffre relativement restreint qu'on peut augmenter dans une large mesure, sans inconvénient.

Je me hâte d'ajouter que je ne suis pas partisan du rachat de toutes les forêts. Si le monopole de l'État en matière économique a de gros inconvénients, je crois que la main-mise de l'État sur les forêts étoufferait toute initiative en matière forestière, romprait l'équilibre économique et serait un précédent dangereux dans le sens de la nationalisation du sol.

L'État doit donc augmenter son domaine, mais cette extension a des limites et il y a d'autres propriétaires impérissables qui ont un rôle à jouer.

Il y a d'abord les départements. On en a beaucoup parlé, mais je n'ai pas grande confiance en eux. Incidemment, un département riche pourra acheter une forêt qui intéresse quelques communes, mais ce sera l'exception. Les budgets départementaux ne sont pas étendus outre mesure et les dépenses départementales grossissent comme toutes les dépenses locales ; il y aura donc d'autres emplois plus pressants à faire des fonds départementaux.

Les communes et les établissements publics ont 3.200.000 hectares de forêts qu'il faut leur conserver avec grand soin.

Les communes ont aussi des reboisements à faire dans leurs terrains vagues, ce qui n'empêche pas d'améliorer le régime pastoral, car il faut bien garder la mesure entre les deux régimes. Les communes auront beaucoup de terrains à boiser avant de nuire aux intérêts pastoraux de leurs administrés.

Les communes feront quelques acquisitions à titre gratuit ; j'en ai vu plusieurs exemples au cours de ma carrière et le cas n'est pas rare. Les legs de forêts faits aux communes ont été relativement assez fréquents au cours des trente dernières années et, naturellement, elles ne peuvent que gagner à ces acquisitions.

Mais elles en font excessivement peu à titre onéreux. Sauf quelques exceptions pour des forêts aux portes de villes riches que celles-ci achètent pour, en même temps qu'une source de revenus, y trouver un lieu de promenade, sauf ces quelques exceptions, je ne vois pas comment les communes qui ont tant à dépenser pour les travaux de voierie, les écoles, l'alimentation en eau, etc., pourraient faire l'acquisition de forêts.

Mais il y a toute une catégorie de collectivités qui, au contraire, auraient, à mon sens, grand intérêt à entrer dans la voie de l'acquisition forestière.

Ce sont, pour rester sur le terrain des collectivités publiques, toutes ces Caisses d'épargne, ces Caisses de retraite, de secours mutuels approuvées qui entassent et entasseront encore plus des sommes énormes.

Jusqu'à ces derniers temps, la tendance des financiers et du Ministre des Finances qui exerce une tutelle sur ces Sociétés étaient de les obliger à employer uniquement leurs fonds en valeurs mobilières de premier ordre. J'ajoute que, depuis la Loi de 1898, cette règle s'est un peu relâchée et que la loi Audiffred accentue encore le relachement dans une assez large mesure.

Cependant, l'idée générale des financiers est de se défier des placements forestiers.

Je comprends, Messieurs, que certains placements offrent des risques, mais le placement en immeubles, aujourd'hui accepté pour toutes ces sociétés et que les compagnies d'assurances pratiquent sur une large échelle, a bien ses risques lui aussi : risques de non-location, d'incendie, de démolition, etc...

De même, il y a eu des exemples, à propos des communaux dont on parlait tout à l'heure, de baisses de revenus et d'aléas dus à la dépréciation des écorces et des bois de feu, mais il ne faut pas en exagérer l'importance. Les propriétaires qui ont perdu quelque chose, ont été peu nombreux et un propriétaire impérissable, qui a tout le temps devant lui, peut modifier le traitement de sa forêt de façon à l'adapter aux conditions économiques et à en améliorer le rendement.

La propriété agricole ne convient pas très bien aux propriétaires impérissables ; c'est ce qui a amené jadis, contre les biens de mainmorte, des idées très vivaces encore aujourd'hui. La propriété forestière a sur les placements mobiliers cette supériorité que ces derniers suivent la dépréciation du numéraire, tandis que le produit de la forêt, abstraction faite de variations relatives, ne se modifie pas sensiblement.

Prenez une commune au moyen-âge, — remarquez que certaines ont 800 ou 900 ans d'existence — il y a des exemples de commune s'étant constitué une rente au XIVe siècle de 50 ou 100 livres. Cette rente aujourd'hui, quand elle la paie, est toujours de 100 francs, mais la forêt qui a été aliénée moyennant cette rente, rapporte deux, trois, quatre ou cinq mille francs.

Les collectivités qui ont l'avenir devant elles doivent donc se méfier moins de la propriété forestière que des autres, d'autant plus que la loi Audiffred sur la soumission facultative au régime forestier donne à ces collectivités toute garantie et toute facilité pour la gestion de leurs forêts.

Remarquez qu'il ne s'agit point de demander à ces Caisses ou Compagnies de placer tous leurs fonds en forêts ; n'exagérons pas, car on compromet n'importe quelle cause par l'exagération. Mais supposons qu'elles emploient une partie, même modeste, de leurs apports, à des placements forestiers, et voyez quel résultat immédiat, au point de vue de la conservation des propriétés forestières !

Ces propriétés entre les mains de Sociétés publiques ou d'utilité publique, même dirigées par des particuliers, formeront le contrepoids à la propriété domaniale pure et maintiendront l'émulation et l'initiative.

Telles sont, Messieurs, les différentes considérations que je me permets de vous soumettre à ce sujet. Il reste à examiner les mesures à prendre pour faciliter ces acquisitions.

Je tiens à dire tout de suite que, à mon sens, il faut se placer sur le terrain du droit commun. Je n'ai pas besoin d'ajouter que je ne porte pas atteinte au droit d'expropriation tel que le définit la Loi de 1882 pour la restauration des terrains en montagnes. Je parle des forêts en général et, abstraction faite de quelques cas exceptionnels, je considère que l'on doit laisser le libre jeu de l'offre et de la demande.

Le passage des forêts entre les mains des propriétaires impérissables doit être une opération de très longue haleine. C'est à cette seule condition qu'on le réalisera sans grosse dépense et sans crise économique. Peut-être cette opération ne s'achèvera-t-elle jamais ; elle se fera au fur et à mesure des occasions et des besoins, sur le terrain de la liberté et du droit commun.

C'est dans cet esprit que j'ai rédigé un certain nombre de vœux dont je vais vous donner lecture :

Le premier vœu ne sera pas celui imprimé dans mon rapport, la loi ayant été votée depuis l'impression, je l'ai modifié ainsi :

« 1° *Que le règlement d'administration publique concernant l'exécution de la Loi Audiffred soit établi et publié dans le plus bref délai.*

« 2° *Que le Sénat mette le plus tôt possible en discussion le projet de loi « Fernand David » portant modification de la Loi du* 5 *avril* 1882.

« 3° *Qu'à l'avenir un crédit soit inscrit chaque année au budget des Eaux et Forêts pour acquisition, sur l'ensemble du territoire, de forêts payables par annuités.* »

Cette proposition a déjà reçu un commencement d'exécution ; M. le Ministre nous en a parlé, mais il est bon de soumettre ce vœu au Parlement.

Pour justifier le quatrième vœu, je dirai qu'un crédit de un million ouvert au budget peut ne pas pourvoir à tous les besoins. L'État peut se trouver en présence d'un projet d'acquisition d'un grand massif, et comme ce sont les grands massifs les plus intéressants, il ne faut pas qu'on soit obligé de se laisser pousser par l'opinion et de venir demander un crédit nouveau. S'il en était ainsi, l'affaire serait onéreuse et c'est pourquoi j'ai proposé ce vœu en m'excusant d'entrer dans des détails, ce qui est contraire aux principes du Congrès :

« 4° *Qu'à l'égard des massifs d'une valeur trop grande pour être achetés à l'aide du crédit ci-dessus mentionné, les ministres de l'Agriculture et des Finances soient autorisés à conclure des contrats d'acquisition sous la condition suspensive de la ratification parlementaire et qu'en cas d'insuffisance des disponibilités budgétaires, le paiement en soit assuré par un emprunt amortissable ou par une avance de fonds de la Caisse des Dépôts et Consignations ;*

« Subsidiairement, *qu'au cas où les raisons financières ne permettraient pas un de ces deux modes de réalisation des achats de grands massifs, que les Ministères de l'Agriculture et des Finances aient le droit de saisir des projets la Caisse des Dépôts et Consignations chargée de la gestion de la Caisse Nationale de Retraites, en vue de l'application de l'article* 15 (§ 4) *de la Loi du* 7 *avril* 1910 ».

Il y a un grand projet — mon ami Cardot le connaît — qui serait exécuté grâce à un emprunt fait au Crédit Foncier par l'État. Il me semble que l'État est assez riche et a assez de crédit pour emprunter lui-même et qu'il n'a rien à gagner à s'adresser à une société semi-privée, qui, forcément, prendra son bénéfice.

L'État a la Caisse des Dépôts et Consignations et M. Guyot n'ignore pas l'application très intéressante prévue par la Loi de 1882.

« 5° *Que les droits de mutation à titre onéreux soient réduits en cas d'acquisition de forêts par des communes ou établissements publics et même, s'il est possible, par les associations reconnues d'utilité publique : Caisses d'épargne, Caisses de retraites et Sociétés de Secours mutuels approuvées.* »

C'est le vœu de M. Arnould, un peu élargi, mais, au lieu de demander l'exemption complète, je réclame surtout des atténuations.

« 6° *Que les décrets autorisant les communes et établissements publics à accepter des legs de propriétés forestières n'imposent l'obligation de vendre ces immeubles qu'en cas de volonté formelle du testateur.* »

La tendance du Conseil d'État à obliger la vente est déplorable.

« 7° *Que le Ministre de l'Intérieur invite les Préfets à favoriser les opérations qui consisteraient pour les communes et établissements publics à transformer* DANS DES CONDITIONS AVANTAGEUSES *en placements forestiers leurs valeurs mobilières et leurs domaines agricoles* ».

Je souligne les mots : « *conditions avantageuses* », car il ne s'agit pas de transformer le tout sans discernement.

« 8° *Que le paragraphe* 4 *de l'article* 15 *de la Loi du* 5 *avril* 1910 *soit modifié par l'élévation à un centième de la portion de l'avoir que les caisses de retraites pourront employer en achat de bois et de terrains à boiser.* »

Un centième, c'est un début.

Enfin, il est un autre vœu qui ne demande pas à être formulé. Je demande qu'on modifie la mentalité de toutes les personnes appelées à gérer ces Caisses et Sociétés, car si une transformation ne s'opère pas en eux, jamais la loi ne sera appliquée.

Messieurs, vous appartenez à tous les points de la France, vous avez tous, de par vos situations, de l'influence dans le pays ; je vous prie d'en user pour arriver à modifier cette mentalité, car c'est indispensable pour assurer le succès de la cause forestière que nous défendons tous (*Vifs applaudissements*).

M. GUYOT. — Messieurs, vous applaudissez comme moi le magistral rapport fait par M. le conservateur Vivier. Nul mieux que lui n'aurait pu exposer en termes excellents le rôle forestier de l'État et des propriétaires impérissables.

M. Vivier, avec sa discrétion coutumière, a su limiter le rôle de l'État et montrer que son rôle essentiel consiste à donner à notre industrie nationale les bois de fortes dimensions que, seul, il peut fournir. Il faut donc qu'il y ait des forêts domaniales nombreuses, plus nombreuses qu'elles ne le sont.

Mais M. Vivier, très sagement, a fait cette restriction qu'il fallait augmenter ce domaine progressivement. Nous sommes tout à fait d'accord à ce sujet.

Ensuite, M. le rapporteur a indiqué l'intérêt qu'il y avait, pour les propriétaires impérissables, à posséder des forêts. Peut-être a-t-il insisté un peu trop sur les inconvénients des propriétés forestières pour les particuliers. C'est vrai pour les petits particuliers, mais je crois que les inconvénients sont moindres qu'il ne le croit. D'ailleurs, je n'insiste pas, il n'est pas question de faire passer entre les mains de propriétaires impérissables la totalité des six millions d'hectares de forêts françaises, une grande partie resteront toujours la propriété de particuliers.

Je suis absolument stupéfait d'apprendre que certains décrets autorisant l'acceptation de legs de forêts par les communes, imposent la vente immédiate...

M. VIVIER. — Cela est arrivé.

M. GUYOT. — C'est inadmissible.

M. VIVIER. — C'est un reste de cet état d'esprit que je signalais à propos des biens de main-morte. On considère que, les communes étant mineures, le placement le meilleur qu'elles puissent faire est la rente sur l'État.

M. GUYOT. — Il faut réagir contre cette idée.

M. VIVIER. — J'ai vu le fait se produire pour la forêt de Cadarache ; l'intention du testateur n'était pas formelle.

M. GUYOT. — Il faut que cette mentalité administrative soit modifiée. Exiger que les propriétaires impérissalbes n'aient que du 3 %, c'est insensé au point de vue économique.

En ce qui concerne les forêts communales, je vous signalerai une particularité spéciale à ma région, mais assez intéressante.

Vous connaissez l'arrondissement de Briey, en Meurthe-et-Moselle. Il est actuellement soumis à une transformation tout à fait extraordinaire, les exploitations minières y prennent une telle extension que tout en est bouleversé. C'est certainement un grand avantage au point de vue métallurgique, mais au point de vue social, au point de vue des propriétaires et des populations autochtones, c'est déplorable.

A cette occasion, on achète aux communes, directement ou par expropriation, des forêts que l'on paie très largement. Certaines ont été vendues 10.000 francs l'hectare. Mais l'Administration oblige toujours les communes — et je l'en félicite — à remployer une partie plus ou moins considérable de cette somme en acquisitions nouvelles de forêts.

Nous devons demander que cette pratique administrative soit continuée.

M. Vivier. — Si je n'en ai pas parlé, c'est que cette pratique est passée dans les habitudes administratives.

M. Guyot. — C'est tout à votre honneur et il était bon d'en parler ici.

Je suis également d'accord avec vous sur la nécessité de modifier la mentalité des dirigeants des sociétés qui sont opposés aux acquisitions de forêts. Je puis vous en donner un exemple typique qui s'est passé dans ma localité où fonctionne très bien une Caisse d'Épargne.

Cette Caisse est riche et pourrait bénéficier de la loi Audiffred. Quand j'en ai causé avec les directeurs, j'ai été repoussé avec énergie : « Comment ! mais jamais nous n'accepterons chose pareille ! »

Il nous faut donc montrer à ces collectivités les grands avantages qu'elles retireraient de ces acquisitions. M. Vivier en a fait une démonstration tellement frappante que je n'y reviendrai pas, j'émettrai simplement le regret que la loi Audiffred se soit montrée si timide en fixant au dixième de leur revenu la part susceptible d'être consacrée par les Caisses d'épargne aux achats forestiers. En définitive, il s'agit des fonds libres, cela ne peut pas compremettre les intérêts des déposants.

Qu'est-ce qu'un dixième pour les Caisses d'épargne, on aurait dû être plus généreux.

M. Vivier. — Je crois qu'il est prudent, pour le moment, de se contenter de ce dixième, car c'est le point qui a failli faire échouer la loi devant le Sénat. Le Conseil supérieur des Caisses d'épargne hésitait beaucoup également et il faudrait bien se garder de réclamer davantage.

Contentons-nous de cela et soyez bien certains que si l'utilisation de cette faculté donne de bons résultats, les administrateurs de Caisses d'épargne seront les premiers à demander l'augmentation de cette somme minime.

M. Guyot. — L'énumération qui figure au paragraphe 5 du vœu est très complète, mais je voudrais y voir mentionner les sociétés civiles de propriétaires destinées à acquérir des forêts.

M. Vivier. — Très volontiers. Remarquez que je demande une réduction que le législateur pourra graduer comme il lui plaira.

M. BANCHEREAU. — Il est bien entendu que ces Sociétés civiles ne sont pas obligatoirement soumises au régime forestier.

M. VIVIER. — Les deux choses sont tout à fait distinctes.

M. BANCHEREAU. — Ainsi la Société du Contrôle, qui a pour but un aménagement spécial, ne peut pas être soumise au régime forestier.

M. VIVIER. — Elle pourra profiter de la loi Audiffred qui prévoit des soumissions partielles au régime forestier. Ce n'est plus comme autrefois où ce régime formait un bloc ; la loi Audiffred permet de rompre ce bloc.

M. GUYOT. — La soumission obligatoire ne s'applique qu'aux communes, aux établissements publics, c'est-à-dire à des groupements faisant partie de l'organisation publique.

M. VIVIER. — Et à des collectivités déterminées.

M. LE PRÉSIDENT. — M. Blondeau nous a fait parvenir une communication dont je prie M. le Secrétaire de bien vouloir nous donner lecture.

M. DELAHAYE. — Voici cette communication.

UTILITÉ DE L'ACQUISITION PAR L'ÉTAT, LES COMMUNES OU AUTRES COLLECTIVITÉS PUBLIQUES, LES ÉTABLISSEMENTS OU ASSOCIATIONS D'UTILITÉ PUBLIQUE, DE FORÊTS OU DE TERRAINS A REBOISER. — MESURES LÉGISLATIVES ADMINISTRATIVES ET FINANCIÈRES A PRENDRE POUR FACILITER CETTE OPÉRATION.

La forêt doit être conservée ; c'est une nécessité admise par tous les forestiers qui connaissent les maux des peuples qui ont laissé détruire les leurs et les difficultés de rétablir l'état boisé. Son rôle bienfaisant touche aux intérêts les plus divers des collectivités, il est inutile de le démontrer ici.

Pourtant, il semble que l'existence même de la forêt n'ait jamais été menacée autant qu'aujourd'hui.

I. — Dans tous les pays, sous mille formes, la consommation de bois prend une extension de plus en plus grande, au fur et à mesure des progrès de la civilisation, de la recherche de bien être, de confort, de luxe ; la belle prospérité de l'industrie pendant ces dernières années, la formidable extension qu'à acquise ou qu'attend l'outillage public, chemins de fer, canaux, ponts, etc., ont provoqué avec une consommation croissante de bois, la destruction de maintes forêts.

Rares sont les pays qui, dans une forme ou l'autre n'importent annuellement du bois pour des sommes considérables et il n'en est vraisemblablement pas un seul qui, pour satisfaire à des demandes toujours renouvelées, n'entame ses réserves forestières, véritables *richesses naturelles* accumulées pendant les siècles précédents. L'insuffisance de la production du bois d'œuvre dans le monde a d'ailleurs été mise en lumière par un réputé forestier français, M. Mélard, et il est à craindre que ses prévisions se réalisent de façon toute prématurée.

De là, faut-il donc conclure que les forêts doivent disparaître tôt ou tard? On hésite à répondre par l'affirmative quoique les craintes actuelles paraissent devoir dans l'avenir s'aggraver encore, si, ce qui ne semble pas douteux, la consommation de bois continue à s'accroître et à dépasser la production.

Il est permis de dire et de répéter que, dans l'*intérêt de la forêt elle-même*, il est d'œuvre méritoire d'étendre encore et de faciliter le marché mondial de la matière ligneuse, de perfectionner au plus tôt les méthodes de conservation des bois mis en œuvre, de rechercher de nouvelles utilisations de la matière ligneuse déjà usée (papier, bois d'emballage, etc.), et enfin, d'étudier les moyens de remplacer le bois dans certains de ses emplois.

II. — Le régime successoral, l'impôt souvent excessif, parfois vexant, de la propriété forestière, ont été la cause du démantèlement, de l'appauvrissement de beaucoup de domaines particuliers. La liquidation de successions, le paiement des droits de mutation, des nécessités urgentes du propriétaire ou de ses héritiers, ont souvent provoqué la réduction de bois bien achalandés à l'état de simples ébauches forestières.

Qu'il s'agisse de massifs de petite, moyenne ou grande étendue, il est certain que l'appropriation particulière des forêts que possédaient sous l'ancien régime social, les souverains, les seigneurs et les communautés, n'a guère abouti qu'à appauvrir ces domaines en arbres, en gros arbres surtout, qu'à abaisser et le nombre d'arbres et leur grosseur moyenne, à affaiblir leur utilité de l'ensemble ; peu de gardes, de bûcherons diront que telle forêt est mieux garnie aujourd'hui qu'autrefois; presque tous les gens de la forêt, et les marchands de bois surtout, affirmeront que le plus grand nombre des bois de leur région s'éclaircissent d'année en année.

Il n'est plus le temps où les forêts étaient bien garnies ; les gros arbres étaient l'une des manifestations du luxe, l'apanage obligé ou désiré de certains noms et familles, le complément indispensable du château ou de la « terre ». Tout cela s'est écroulé ou s'écroulera sous le coup de nécessités diverses, de partages aux décès, de besoins sans cesse grandissants des propriétaires successifs de forêts qui s'émiettent.

Il n'est pas hasardé de prévoir à brève échéance pour ces raisons et surtout pour celle que nous donnerons tantôt, la faillite de la propriété particulière constituée en futaie et en taillis sous futaie.

III. — Faisons observer ici que, malgré les réalisations extraordinaires consenties en ces dernières années sur une étendue considérable de massifs particuliers, les prix unitaires des bois n'en ont pas moins haussé et qu'ils ont pour le moment encore une tendance à s'affermir davantage.

Nous avons dit précédemment que la consommation de bois augmente chaque année dans des proportions considérables, qu'elle est en partie le fait de la propriété générale de l'industrie ; celle-ci agit d'une autre façon, dans un sens convergent, pour augmenter encore les dangers de l'existence de la forêt privée.

Il n'est un secret pour personne aujourd'hui que la rémunération des capitaux engagés dans le commerce et l'industrie est meilleure que celle de l'argent placé en fonds publics, de pleine sécurité pourtant, et malgré les immunités dont certains d'entre eux sont entourés; les fonds placés en forêt donnent un intérêt encore moindre que ces derniers.

Quoique l'on fasse, cette infériorité du taux de placement des fonds forestiers subsistera parce que la production ligneuse est essentiellement lente, parce que l'utilité ne se crée en forêt qu'au bout d'un nombre d'années plus ou moins grand, que les valeurs ne s'y engendrent que par la superposition de nombreux cernes annuels, qu'elles sont le fruit de l'épargne et du temps.

Tandis que l'industrie et le commerce peuvent généralement, au gré de leurs dirigeants, augmenter l'une et l'autre leur fabrication et leur chiffre d'affaires et abaisser souvent leur prix de revient, le sylviculteur n'a guère d'action sur une production dont les éléments sont le sol, le climat et les peuplements. Il est cantonné dans les sols les moins bons, souvent les plus ingrats et dont l'amélioration est impossible ou trop coûteuse. Le climat est chose intangible. Il n'est guère que sur les peuplements qu'il puisse agir par un choix judicieux des essences d'installation, de reconstitution ou de regarnissage, par des soins particuliers au cours de la croissance, par des éclaircies bien faites qui peuvent pourtant, au delà d'une limite donnée, porter atteinte à la forme des arbres et à la qualité de leur bois; l'ensemble de ces mesures ne peut corriger que dans une mesure peu appréciable la lenteur de la production ligneuse, de la formation des valeurs en forêt.

Dans notre civilisation industrielle, les capitaux disponibles vont donc moins à la forêt qu'aux affaires et celles-ci les délogeront de celles-là. La destruction des futaies est donc due, tant à la rémunération insuffisante des capitaux forestiers qu'aux bénéfices plus grands des entreprises industrielles, qu'à la capitalisation des fonds d'État à un taux plus élevé, plus rapproché du loyer de l'argent à l'industrie et au commerce.

Il importe de noter que la réalisation des capitaux forestiers est singulièrement excitée par des marchands d'immeubles, spéculateurs avides, doublés ou non, de banquiers et d'exploitants, — les uns et les autres ne commettant en cela aucun acte répréhensible en soi — qui ont organisé tout un système d'informations sur la situation de fortune des détenteurs des immeubles forestiers.

La perspective d'une vente en bloc vite conclue, du prix soldé en une fois et non atteint par le fisc en ce qui concerne les valeurs des bois sur pied, la possibilité du remploi immédiat des fonds à de plus fructueuses opérations, la crainte, la hantise, d'une revision des charges fiscales qu'on ne diminue jamais, le manque fréquent de connaissances dans la gestion et la culture forestières, décident la plupart du temps le propriétaire à réaliser la vente du patrimoine boisé lentement accumulé et sagement ménagé par des ancêtres moins hardis, si pas plus prudents.

Les marchands d'immeubles recherchent naturellement les forêts les plus riches en arbres, abattent ceux-ci dans le moindre temps possible, vendent, en bloc ou en détail, le fonds dégarni ou à peu près et passent au plus tôt à d'autres « opérations ». Des faits récents montrent qu'ils peuvent atteindre les domaines les plus grands, certains qu'ils sont de vendre à chers deniers tous les bois qu'ils y pourront réaliser.

Ainsi que nous le disions tantôt — et nous ajouterons qu'elle est organisée presque administrativement — c'est la destruction intégrale, à brève échéance, des propriétés particulières, des forêts peuplées de chênes, de hêtres, d'essences feuillues plus spécialement ; elle laisse derrière elle des surfaces livrées à la production de taillis dont la dépréciation est générale ; elle prive du travail habituel, bûcherons et voituriers, du bénéfice des transactions annuelles, industriels et commerçants de la région, du pittoresque de la forêt, amateurs du beau et amants de la nature ; elle menace les vallées d'inondations désastreuses, les cultures, des gelées printanières, la région tout entière d'extrêmes inconnus de température.

Ces opérations sont toujours l'objet de la réprobation générale, ce dont les dévastateurs n'ont guère cure, soyons en certains.

Dans les lignes qui précèdent, nous croyons avoir montré que le danger que court la forêt particulière tient plutôt de la prospérité générale, des immobilisations énormes d'argent dans les installations d'intérêt public, plus que des charges fiscales et des dispositions de nos lois civiles.

Il est plus qu'imminent, il est actuel, il est général, chez les nations occidentales surtout, qui aspirent à un outillage complet et il est très grave ; il est lié à l'avenir du loyer de l'argent au sujet duquel on ne peut guère émettre que des probabilités.

Nous avons exposé notre pensée avec la franchise que donne une conscience claire du danger ; elle résume ce que pensent ou disent les propriétaires de bois en général, les mandataires communaux non exceptés. La question est exclusive, assurément, de toute poésie, de toute sentimentalité; elle est matérielle au premier chef et il est peut-être bon de le dire sans ambages, elle est du domaine des choses abstraites de la finance.

IV. — La diffusion des sciences sylvicoles, une connaissance plus détaillée de l'art de bien traiter les bois, corrigerait à n'en pas douter, bien des erreurs actuelles dans la gestion des propriétés forestières en général. Toutefois, ainsi que nous avons déjà eu l'honneur de l'exposer, elles ne peuvent guère aboutir qu'à améliorer la culture par un choix plus judicieux des essences ; il en résultera le plus souvent des substitutions aux essences feuillues des espèces résineuses qui, hors de leur station naturelle, ne sont guère aptes à assurer la permanence de l'état boisé.

V. — La soumission volontaire des bois particuliers au régime forestier, moyennant rémunération des services de gestion et de surveillance, sans aucune espèce de compensation, ne paraît devoir jamais recevoir que des applications fort restreintes ; s'il peut en résulter des avantages pour la propriété elle-même, le détenteur hésitera souvent à déléguer la gestion de son bien à un service public dont les unités sont nécessairement de valeur fort diverse.

VI. — L'atténuation de l'impôt foncier, des droits de succession, de mutation, fiscaux en général, est à désirer assurément, mais il ne pourra guère, dans les bois de haute futaie, alléger les charges de la propriété dans une mesure qui puisse quelque peu relever le taux de placement des fonds.

VII. — Le principe en est admis partout, l'État, impérissable, chargé dans notre civilitation de la sauvegarde de l'intérêt général, doit rester et devenir propriétaire de bois. Il est mauvais industriel, il est médiocre commerçant, mais pour façonner ses valeurs, la forêt bien constituée n'a guère besoin du concours de l'homme qui doit surtout viser à ne pas excéder la possibilité dans les récoltes annuelles, que représentent les coupes ordinaires, de façon à conserver tout au moins l'homogénéité dans le temps et dans l'espace, de la richesse qui lui est confiée.

Mais, les forêts les plus intéressantes sont les plus riches et les plus chères. Pour les domanialiser en les achetant, l'État doit débourser des sommes considérables qu'il trouve dans l'emprunt conclu à chers deniers auprès du public. Pour lui, comme pour chacun, l'argent est coûteux et la forêt ne lui procure qu'un revenu restreint, inférieur au loyer des emprunts qu'il fait pour en solder le prix. Il faut donc que l'État admette que la différence entre le taux de l'emprunt et le taux de placement en forêt, représente la part de l'intérêt général qu'il doit sauvegarder.

Ce raisonnement s'applique également à l'acquisition que l'on se croirait en droit de recommander aux provinces et communes dont la situation financière laisse souvent, d'ailleurs, à désirer. Il peut s'étendre encore à des projets récemment présentés et tendants à autoriser les associations reconnues d'utilité publique, les sociétés de secours mutuels approuvées et les caisses d'épargnes à posséder des bois.

Si le placement n'est pas avantageux, si l'opération n'est pas fructueuse, il ne faut guère attendre de ces organismes qu'ils achètent, des forêts qui seraient mises du jour au lendemain dans la gestion d'un service public.

Autre chose en est de leur permettre l'acquisition de terrains à boiser ; la croissance rapide des essences résineuses, le plus souvent employées dans les nouveaux bois, donne à cette spéculation un caractère avantageux pour une période donnée tout au moins.

VIII. — Les restrictions dans la jouissance, la réglementation des délivrances, leur limitation, légalement, officiellement déterminée, sont des mesures extrêmes que la liberté de nos institutions répugnera toujours à faire admettre : le charbonnier est maître chez lui !

IX. — Nous en revenons au caractère abstrait du problème ; il ne peut avoir qu'une solution par nos temps de matérialisme et de mercantilisme. Qui veut la fin doit vouloir les moyens et pour que nos successeurs et nous-mêmes n'ayons pas à regretter amèrement les conséquences de l'épuisement de la propriété boisée particulière, la plus étendue dans beaucoup de pays, il importe au plus haut point que les gouvernements se décident à prendre des mesures effectives, adéquates.

Les états ont garanti autrefois un minimum d'intérêt aux porteurs d'obligations des compagnies de chemins de fer chargées de la construction et de l'exploitation des voies ferrées, industrie dont le caractère d'utilité publique est unanimement reconnue (1).

Pourquoi les mêmes États, reconnaissant l'incapacité du particulier à posséder des bois de futaie, les plus utiles aux divers doints de vue climatérique, hydrologique, économique et social, ne détermineraient-ils les forêts ou groupes de forêts dont la conservation est désirable, nécessaire, au point de vue général?

Ne seraient envisagées que les forêts réunissant certaines conditions de sol, de situation, de configuration, ayant, à elles seules ou en groupe, une étendue minimum de 100 hectares, par exemple, et comportant, en arbres feuillus, un volume total équivalant à 40^{m3} de bois d'œuvre au moins à l'hectare, par exemple.

L'inventaire serait dressé, et la valeur marchande de l'immeuble fixée de commun accord par le service forestier et le propriétaire.

L'État garantirait à celui-ci un minimum d'intérêt annuel à un taux à convenir, des valeurs ainsi déterminées, assurerait dès la conclusion du contrat, la surveillance et la gestion du bien, ferait les ventes d'arbres à son profit. Il aurait à couvrir chaque année par la création de nouvelles ressources — la matière des réclames qui profanent trop nos paysages serait peut-être bonne à taxer dans ce but — la différence entre le revenu brut de la forêt d'une part, la rente à servir au propriétaire, les dépenses diverses de gestion d'impôts, de travaux, etc., d'autre part.

L'État ou une institution par lui déléguée se chargerait de faire les opérations de prêts hypothécaires, et autres, et se rembourserait en déduction du compte d'intérêts.

Aux prix unitaires de l'inventaire, augmenté en ce qui concerne la futaie d'un tantième à fixer et à limiter à la conclusion du contrat, et déduction faite de ses créances éventuelles, l'État pourrait à tout moment réaliser l'achat, le propriétaire ou ses ayant-droits, conclure la vente effective de l'immeuble à l'État, mais à l'État seul.

Il s'agit, somme toute, d'une vente à terme dont nous n'avons fait qu'esquisser les conditions. Le projet a l'avantage de respecter la liberté des propriétaires qui sont maîtres de demander ou de négliger la garantie domaniale, et il est permis de supposer que nombre d'entre eux chercheraient à meubler leurs bois, de brins, de jeune futaie, de façon à pouvoir se réserver, pour eux ou pour leurs héritiers et si le besoin s'en présente, le bénéfice du minimum d'intérêt.

La domanialisation serait progressive ; elle aurait lieu plus ou moins vite selon les disponibilités de l'État et les préférences des propriétaires, mais, entre temps, la production normale et la conservation de la forêt seraient garanties. Entreprise de cette façon, elle paraît devoir être moins onéreuse que l'expropriation et que l'achat au comptant de domaines au sujet desquels l'autorité est parfois la dernière à connaître les intentions des propriétaires.

M. Delahaye. — Voici également le résumé d'une autre communication faite par M. Georges Marlio :

---

(1) La loi belge du 24 juin 1885 sur les chemins de fer vicinaux stipule dans son article 10 :

Le Gouvernement est autorisé à garantir envers les tiers, aux conditions à déterminer par lui, l'intérêt et l'amortissement des obligations émises par la société nationale en représentation des annuités dues par les communes, les provinces et l'État.

Les engagements de l'État, comme garant d'obligations, ne peuvent dépasser les sommes fixées par la loi.

Pour les forêts des particuliers, crise grave résultant :
1° D'une législation du défrichement insuffisante ;
2° De la production de bois de qualité inférieure et comme conséquence de la mévente des produits ;
3° De l'exagération de l'impôt ;
Remèdes à cette situation :
1° Nouvelle législation du défrichement.
2° Dégrèvement des forêts.
3° Production de bois d'œuvre au lieu de bois de feu, commandée d'ailleurs par des nécessités économiques.
L'égoïsme de l'individu se refusant à accepter de nouveaux modes de traitement qui allongeraient les révolutions à l'effet de produire du bois d'œuvre, seules les personnes morales publiques et privées, ont toutes qualités pour devenir propriétaires de l'ensemble des forêts françaises.
Pour remédier à la situation défavorable faite à la forêt française par le régime de la propriété individuelle, émet le vœu que les personnes morales publiques se substituent comme propriétaires à l'individu.

M. le Président. — La parole est à M. Blondeau.

M. Blondeau. — Je n'ai rien inventé, je me suis inspiré de ce fait que, depuis 70 ou 80 ans que les chemins de fer existent, l'État garantit aux obligataires des Compagnies un intérêt minimum afin d'assurer le trafic des lignes reconnues d'intérêt public.

La conservation des forêts n'est-elle pas aussi intéressante et ne pourrait-on pas aussi nous garantir un minimum de revenu? On ferait l'inventaire des propriétés forestières et le service forestier prendrait la gestion de ces biens ; on déterminerait le taux de revenu après entente entre les propriétaires et l'État.

La convention passée entre eux serait aussi longue que la vie du propriétaire qui pourrait demander à l'État de réaliser la vente : ce serait donc une vente différée et à terme. Ainsi la conservation des forêts serait assurée et les propriétés forestières pourraient s'accroître. Je crois qu'il y a là une formule nouvelle.

M. Vivier. — Je répondrai quelques mots à l'honorable orateur.

Son idée est originale, mais j'y ferai quelques objections. La première, c'est qu'on ne peut assimiler les propriétaires de forêts aux obligataires des Compagnies de chemins de fer. Dans beaucoup de pays, les lignes ferrées sont gérées par des Compagnies qui sont des concessionnaires de l'Etat, qui sont liées à lui par des conventions. On ne peut les considérer comme des personnes privées, elles ont la charge d'un service public, sous certaines conditions, et ceci est tellement vrai, qu'à l'expiration des concessions, les lignes reviennent à l'État.

L'État laissant certaines charges aux Compagnies, leur assure des avantages, et ainsi on ne déroge pas du tout au régime de la propriété privée.

Au contraire, l'application de ce système à la propriété forestière constituerait un précédent qui pourrait être dangereux, car il y a beaucoup d'agriculteurs partisans de ce système et, à ce sujet, je vous raconterai une histoire qui s'est passée quand j'étais garde-général.

Un de mes gardes communaux, petit propriétaire de vingt et quelques hectares, car leur métier ne leur permettait pas de vivre, causait avec un autre propriétaire et lui disait que le seul remède à la crise agricole — on était en 1885 — était l'assurance par l'État d'un minimum de revenu aux propriétaires agricoles.

Si nous introduisons ce principe en ce qui concerne les forêts, vous verriez donc une foule de petits propriétaires agricoles demander le bénéfice de cette disposition. Ce serait un précédent qui nous conduirait à la nationalisation du sol, sous une forme ou sous une autre.

Quelque séduisante que soit votre idée, je ne la crois pas réalisable. D'ailleurs, elle est en contradiction avec les vœux adoptés hier matin par cette section qui sont tous défavorables à l'intervention de l'État dans la gestion des bois particuliers.

M. GIRERD. — Je m'excuse d'intervenir dans cette discussion, mais j'ai un devoir à remplir en vous soumettant les observations que le rapport de M. Vivier m'a suggérées, tant à sa lecture qu'à son audition.

Du rapport de M. Vivier, il résulte nettement que les six millions d'hectares de forêts appartenant à des particuliers sont sans avenir... (*Protestations*). Je vous demande pardon, c'est ce qui se dégage de ce rapport.

On ne pourra jamais y faire de futaies ni de réserves sérieuses, on n'aura jamais que des taillis médiocres qui continueront à ne pas se vendre. Il faut donc en prendre son parti, dit M. Vivier, ces bois particuliers sont sans avenir... (*Nouvelles protestations*).

Eh bien ! admettez que ce soit simplement un raisonnement et vous allez voir les conclusions qu'il faut en déduire.

La conclusion — et M. Vivier la dégage très bien — c'est que la conservation des forêts en France ne peut être assurée que si elles forment en quelque sorte l'apanage des propriétaires impérissables, État, départements, communes, établissements publics, etc...

Mais s'il en est ainsi, que restera-t-il aux propriétaires privés. Les propriétaires privés sont reconnus impuissants à faire des réserves, leur intérêt, dit-on, s'y oppose, ils ne peuvent donner à leurs bois une valeur réelle, ils les laissent à l'état de taillis plus ou moins productifs, par conséquent, on n'aura jamais de gros bois, ni de bois d'œuvre, et, comme les taillis sont condamnés à n'avoir aucune valeur tant qu'on n'aura pas trouvé le moyen de tirer un parti, mécaniquement ou chimiquement, de leurs bois, les forêts particulières sont condamnées à disparaître un jour ou l'autre.

Je suis au désespoir de trouver l'éminent ancien directeur de l'École de Nancy parmi les partisans de cette théorie et de l'entendre dire que l'État doit acheter les propriétés boisées de France.

L'État a 900.000 hectares, ce n'est pas assez, dites-vous, il lui en faut davantage, il faut qu'il achète toutes les propriétés forestières qui deviendront disponibles (*Protestations*).

M. LE PRÉSIDENT. — Pas toutes.

M. GIRERD. — Où vous arrêterez-vous dans cette voie, et pourquoi voulez-vous que ce soit l'État qui achète ainsi? Parce que, dites-vous, ses ressources sont innombrables, inépuisables mêmes. Non, elles ne sont pas inépuisables et ce sont les contribuables qui les constituent. Vous allez donc demander des centimes additionnels nouveaux ou un impôt direct ou indirect pour pouvoir acheter des forêts. Ce n'est pas possible.

Les ressources de l'État sont faites pour subvenir aux intérêts publics. Envisagerez-vous l'acquisition des forêts comme un service public? A cet égard, je vous prie de distinguer deux choses : les forêts en plaines et les forêts en montagnes.

Si vous considérez les forêts en montagnes — et j'y ajoute même les terrains en montagnes — nous sommes d'accord, c'est bien un service public, un intérêt public de premier ordre que d'assurer la conservation de terres qui, en cas d'inondations, produisent des désastres épouvantables. Si vous voulez, à cet égard, inviter les Pouvoirs publics à prendre les mesures nécessaires à l'acquisition de ces terrains en montagnes, je serai avec vous.

Mais pour les terrains en plaine, l'intérêt n'est plus le même et, par conséquent, il faut laisser le champ libre à la propriété privée ; rien ne justifie, en ce qui concerne les forêts de plaine, l'emploi des deniers des contribuables.

C'est tout ce que je voulais dire, considérant qu'il était de mon devoir de vieillard d'attirer sur ce point votre attention (*Applaudissements*).

M. LE PRÉSIDENT. — Les paroles prononcées par M. Girerd, ancien directeur général des Eaux et Forêts, revêtent par sa bouche une grande importance, mais je crois qu'il a vu les choses un peu en noir.

M. Vivier s'expliquera ; mais je suis sûr qu'il n'a pas voulu condamner les forêts privées qui joueront toujours un grand rôle. Il a simplement indiqué la supériorité, à certains points de vue, des forêts possédées par des propriétaires impérissables.

Quand à ce crédit de un million qu'il demande pour permettre l'acquisition de forêts le plus souvent ruinées, il existe dans tous les autres pays ; la France seule, jusqu'ici ne peut pas acheter de forêts et laisse échapper de belles occasions, laissant en friches des forêts qui ne trouvent pas d'acquéreurs.

Il ne s'agit donc nullement de faire concurrence aux particuliers. L'État n'achèterait que quand les particuliers ne le feraient pas. Remarquez d'ailleurs que M. Vivier n'a parlé de l'État qu'incidemment et que son vœu vise surtout l'achat des forêts par les collectivités.

M. GIRERD. — Pour lesquelles il n'y a pas d'objection à faire.

M. LE PRÉSIDENT. — La question de l'État est tout à fait accessoire dans son rapport.

M. Girerd. — Les communes n'achèteront pas beaucoup, car les conseillers municipaux, qui doivent faire face aux besoins publics, seraient honnis par leurs concitoyens s'ils employaient les ressources communales à l'acquisition de forêts.

Les départements eux-mêmes n'achèteront guère, tandis que les établissements publics, caisses d'épargne et autres le pourront à àmerveille.

Je ne combats que les acquisitions faites par l'État, car j'estime que les ressources des contribuables ne doivent pas recevoir une pareille destination.

Vous dites qu'il ne s'agit que d'un million. C'est peu pour le budget de l'État français, mais ce qui m'effraie, c'est le principe. S'il ne s'agissait que d'inscrire cette somme au budget afin de permettre à un Ministre, à un moment donné, d'acheter une forêt ruinée qui pourra se reconstituer, je ne m'y opposerais pas, mais j'ai peur que vous ne soyiez entraînés plus loin.

D'ailleurs, voici ce qui se passe. On constate que telle forêt est menacée, qu'elle est malade. Vite un docteur se présente : il faut que l'État l'achète pour la sauver. L'acquisition est faite, puis on découvre que le docteur s'est trompé de diagnostic, que la forêt n'était nullement malade, mais elle reste achetée.

C'est bien ainsi que la question s'est posée il y a quelques années à propos de la forêt de Marchenoir : forêt ruinée, perdue, disait-on, c'était un véritable désastre. Heureusement, l'État n'a pas voulu acheter cette forêt parce qu'il n'avait pas votre crédit d'un million et, à la réflexion, à l'étude, on a découvert que ce qui s'était passé là était absolument normal, que la forêt n'était pas malade ni menacée de maladie. Elle passait simplement entre les mains d'un ancien agent forestier très compétent qui ne l'achetait pas pour la ruiner mais pour la cultiver, pour en faire un placement, pour l'exploiter normalement, car l'exploitation d'une forêt est une culture, et pour faire œuvre utile très avantageuse pour son propriétaire.

Cet exemple pourra se reproduire. Il se trouvera toujours des forêts qu'on croira menacées et qu'on voudra acheter, après quoi, on s'apercevra que les craintes étaient chimériques. Pourquoi donc ne pas laisser faire les particuliers qui exploiteront tout aussi normalement et pourront peut-être fournir à l'État et aux Compagnies de chemins de fer ces traverses dont le besoin est de plus en plus grand, et qu'on fait venir de l'étranger en les payant très cher.

Si l'exploitation de certaines forêts devait nous permettre de trouver chez nous ces traverses, ce ne serait plus un désastre, mais une utilisation très bonne, et c'est pourquoi je considère comme dangereux l'ouverture d'un crédit de un million au budget de l'État.

M. Vivier. — Nous sommes d'accord sur les acquisitions faites par les collectivités publiques, mais M. Girerd se sépare de moi en ce qui concerne les acquisitions à faire par l'État. M. Girerd a exagéré ce que j'ai dit à ce sujet, car j'ai limité ce rôle.

Il n'admet pas le rôle de l'État, comme service public, dans les forêts de plaine. Si j'exagérais, comme il l'a fait pour moi, ce qu'il a dit, je prétendrais qu'il veut l'aliénation des forêts de plaine par l'État.

Cependant l'État a son rôle à jouer, même dans les forêts de plaine, pour les gros bois et, étant donnée la limitation que j'ai eu soin d'introduire, je n'exagère rien en proposant l'inscription d'un crédit d'un million pour l'acquisition des forêts. C'est peu sur un budget de quatre milliards et nous ne ferons que suivre l'exemple des pays étrangers (*Applaudissements*).

M. Tanassesco. — La Roumanie est plus avancée que la France à cet égard en ce qui concerne l'acquisition des forêts par l'État et les établissements publics.

Depuis 1908 fonctionne la Caisse rurale roumaine au capital de 10.000.000 souscrit par les particuliers à l'aide d'actions de 500 francs qui, actuellement, en valent 1.600, tellement la caisse est bien organisée.

Cette Caisse rurale, qui est pour ainsi dire garantie par l'État, a pour but d'acheter des propriétés particulières. Elle les divise en propriétés forestières et en propriétés rurales agricoles ; la partie agricole est vendue aux paysans par lots de 5 hectares et même plus, et la propriété forestière est rendue à l'État après estimation faite par les agents forestiers et acceptée par la caisse rurale.

En cinq ans, l'État roumain a acheté pour près de 5.000.000 francs de forêts.

En 1910, une nouvelle caisse a été fondée ou plutôt, c'est l'ancienne direction des forêts qui s'est transformée en administration spéciale appelée « Caisse des Forêts », toujours dans le but d'acheter des forêts aux particuliers qui n'en voulaient plus, pour une raison ou pour une autre. Quand l'État en trouve une à vendre près de son domaine ou dans des conditions avantageuses, il l'incorpore et ainsi les difficultés d'exploitation sont beaucoup amoindries.

Cette Caisse des Forêts est alimentée par un fond d'État de 7 millions et par un prélèvement de 10 % sur le revenu des forêts de l'État, ainsi que par le revenu de la vente des petites propriétés de l'État, c'est-à-dire des biens qui se vendent par ci par là.

Vous voyez, Messieurs, que la Roumanie est allée beaucoup plus loin que la France dans cette voie, et que la crainte exprimée par M. Girerd n'est pas de nature à inquiéter personne. Donc je suis d'avis d'admettre le vœu tel qu'il est proposé par notre excellent président (*Applaudissements*).

M. le Président. — Nous remercions notre collègue roumain de ses renseignements si précis qui nous prouvent qu'en adoptant le vœu de M. Vivier, nous n'innovons pas, que nous marchons, au contraire. dans des sentiers battus.

M. Descombes. — Je remercie d'abord le rapporteur de son commentaire de la Loi Audiffred que l'*Association pour l'aménagement des montagnes* réclamait depuis 1905.

La loi portait d'abord les quatre centièmes, mais la Chambre a voté le dixième de l'avoir. Nous pourrions peut-être demander que la Loi de 1910 soit modifiée en ce sens, ce serait d'accord avec le vote de la Chambre. Cependant, je me rallie aux propositions de M. Vivier.

M. le Président. — Nous passons au vote. M. Girerd maintient-il sa demande relative au vœu n° 3?

M. Girerd. — J'en demande la suppression.

M. le Président. — Je vais donc laisser de côté, pour le moment, le vœu n° 3 et je mets aux voix les sept autres vœux, étant entendu que le texte du vœu n° 1 est modifié ainsi que M. Vivier l'a indiqué et qu'au vœu n° 5 nous ajoutons, à la suite des différentes associations énumérées : « *Et les sociétés constituées en vue du reboisement ou de l'acquisition des forêts* ».

L'ensemble des sept vœux est adopté.

M. le Président. — Je mets aux voix séparément le vœu n° 3, dont M. Girerd demande la suppression.

Le vœu n° 3 est adopté.

La séance est levée à 11 h. 35.

SÉANCE DU 18 JUIN 1913

(APRÈS-MIDI)

Présidence de M. VIVIER, président de Section

La séance est ouverte à 2 h. 40.

M. LE PRÉSIDENT. — La parole est à M. le comte de Nicolay pour la lecture de son rapport sur l'UTILITÉ POUR LES SYNDICATS DE PROPRIÉTAIRES DE CRÉER UN OFFICE FORESTIER INTERNATIONAL.

M. le Comte DE NICOLAY. — La forêt semble être restée en marge des progrès que la science a fait réaliser à l'agriculture depuis un demi-siècle. Il a paru suffisant pour protéger la forêt d'entraver les défrichements encore si intenses sur certaines parties du globe et cependant l'on s'aperçoit déjà que des mesures nouvelles sont devenues nécessaires.

L'industrie réclame toujours avec plus d'avidité du bois à ouvrer et la quantité en diminue sans cesse, du moins dans nos forêts françaises.

Les difficultés de transport ont souvent contrarié les échanges commerciaux avec les pays grands producteurs, d'où il est résulté dans certains de ces pays un véritable gaspillage de leurs richesses en bois. Les transformations des conditions de l'existence moderne ont avili de façon inquiétante les produits de nos taillis indigènes. Il en découle une sorte de déséquilibre très nuisible à l'avenir des forêts et qui pourrait avoir un jour son contre-coup sur l'économie de beaucoup de pays européens.

Tous les problèmes soulevés par ces considérations donnent matière à des études profondes qu'il serait du plus haut intérêt d'entreprendre. Mais la tâche est colossale. La longue périodicité des récoltes fournies par les essences ligneuses rend l'expérimentation difficile et exige dans l'effort une continuité qui dépasse plusieurs générations humaines. Les expériences pour être efficaces doivent donc être assurées de toutes les garanties de longue durée. A cette condition seule, pourront être suffisamment définies les lois qui régissent le développement et l'accroissement des essences, l'influence des méthodes culturales, la répercussion des forêts sur les phénomènes météorologiques de l'atmosphère.

Ces données solidement établies guideront les propriétaires périssables et impérissables dans les traitements à appliquer à leurs forêts, elles dicteront aux Etats, aux législateurs et aux Administrations les mesures propres à assurer la pérennité de la forêt tout en respectant les droits de la propriété.

De pareils travaux effectués le plus souvent par l'initiative privée ne donneront la plénitude des résultats qu'on en peut attendre que s'ils sont dirigés, poursuivis, stimulés par un être impérissable, je veux dire par l'État. C'est ce qui fut compris et organisé par les différents États au point de vue agricole lors de la création de l'Institut international de Rome. Il fut bien prévu que les questions forestières ne seraient pas exclues du cycle de ses travaux, mais jamais il n'a été donné de suite à cette faculté et le problème est, à la vérité, si vaste et si complexe que l'on ne voit ni la nécessité, ni même l'avantage de le fondre dans le domaine des questions agricoles.

L'utilité de cette organisation internationale n'en apparaît pas moins réelle. Son programme à première vue est considérable.

Il consistera tout d'abord à établir des statistiques, bases indispensables de tout travail sérieux : statistiques sur la surface boisée en plaine et en montagne des différents pays, sur l'étendue et la composition des massifs, sur leurs rendements, sur la répartition des essences.

Puis viennent les conditions d'exploitation de ces massifs avec le relevé des voies de communication, des centres d'utilisation des produits façonnés, des facilités de transport, des exigences de la main-d'œuvre.

Les statistiques devront alors révéler les fluctuations que subit la forêt, son enrichissement ou son appauvrissement, ses disponibilités, son rendement... Il s'ensuivra des considérations sur le développement, l'acclimatement, la croissance des essences, sur leurs exigences et les maux dont elles souffrent.

Il faudra étudier les fléaux qui menacent les forêts, fléaux qui ont le plus souvent un caractère international et qu'il faut combattre par des mesures internationales.

Telles sont les maladies dues aux insectes ou aux cryptogames comme ce blanc de chêne qui fait des ravages irréparables.

Les incendies peuvent trouver dans un réseau d'assurances un palliatif aux destructions qu'ils occasionnent. L'impôt si pesant pour la propriété boisée trouverait un certain allègement dans une manière de péréquation internationale. La législation forestière toute entière aurait des effets autrement plus efficaces si des accords s'établissaient entre les différents Etats producteurs et consommateurs.

Les stations d'expérience doivent faire l'objet d'une préoccupation spéciale.

L'expérimentation en matière forestière est très difficile, nous l'avons déjà dit. L'expérience commencée par un observateur sera rarement terminée par lui.

L'étude synchronique de peuplements d'âges différents s'impose donc. Un travail lent et patient peut préparer l'avenir, mais les expériences actuelles utiliseront le plus souvent les matériaux préparés, souvent au hasard, par les générations précédentes. Il s'agit donc moins de mener en un point donné une expérience de longue haleine, que de profiter, à notre époque, de tous les champs d'expérience existants, naturels ou artificiels, de transformer en champs d'expérience toutes les forêts où des constatations pourront être faites. Au lieu du cadre étroit d'une administration, c'est au contraire l'imprévu de l'initiative individuelle qui suscitera les remarques les plus utiles. Pour saisir ces observations, pour en contrôler l'importance et les utiliser, un organisme central s'impose, institution internationale ayant des ramifications, des offices de renseignements, des correspondants dans tous les centres forestiers.

Au siège, des laboratoires poursuivront les recherches ; dans les forêts, l'agent comme le simple particulier, consigneront le résultat de leurs observations.

Enfin un service spécial créera une bibliographie forestière; de nombreuses publications fournissent une documentation intéressante que le public ignore, à laquelle il est incapable de s'adresser lorsqu'il en a besoin. Il faudra les classer et en rendre la recherche facile.

Déjà se sont constituées des Sociétés pour le reboisement des landes ou des montagnes; un exemple des plus caractéristique existe en Danemark, il sera précieux de faire connaître les procédés employés, les errements dans lesquels on est tombé, les résultats obtenus. Tous ces faits guideront les instigateurs de nouvelles entreprises.

Aux services d'ordre scientifique nous ajouterons des services commerciaux.

Seul un organisme du genre que nous indiquons pourra établir une mercuriale des bois sur pied, abattus, équarris, signaler les besoins ou les offres de telle ou telle région, faire entrevoir un débouché nouveau... autant de renseignements qu'utiliseront les intérêts particuliers.

Les questions douanières, les tarifs de transport, de fret gagneront à être étudiés par des commissions internationales, non pas de ces commissions intermittentes se réunissant tous les 3 ou 4 ans, mais par un organisme permanent susceptible de poursuivre la réalisation des solutions adoptées. Enfin il y a de vieux usages qui paralysent les échanges dont il faudrait atténuer l'effet, des pratiques nouvelles à instaurer, comme l'unification des mesures de cubage... Il y a des utilisations industrielles à faire connaître, des inventeurs, des chimistes à encourager.

La tâche est immense, et l'on conçoit que seul l'État, avec les ressources dont il dispose, avec les sources d'information qu'il peut utiliser, soit susceptible de mener à bien cette entreprise.

Les rapports des agents forestiers sont déjà par eux-mêmes une documentation de la plus haute importance. Ces renseignements pourraient être complétés par les Associations sylvicoles et notamment par ces Syndicats de marchands de bois, de propriétaires forestiers qui vivent de la vie forestière journalière.

La simple inspection du programme que nous avons tenté d'élaborer indique quel appui trouveraient dans cet Office les Syndicats de propriétaires et notamment ce Comité des Forêts, de création récente, qui cherche à diriger les efforts épars et à centraliser les renseignements acquis. Son champ d'action s'élargirait aussitôt, et de l'appui tutélaire d'un organisme ainsi constitué il tirerait une sûreté de jugement profitable à tous les intérêts forestiers.

Le Touring-Club ne saurait manquer de préconiser une pareille institution. Il se verra appuyé dans sa demande par toutes les associations forestières. C'est à la France qu'il appartient de prendre une telle initiative. Sa situation géographique lui crée une sorte de devoir spécial de provoquer la création d'un Office forestier international. Faisant un premier effort pour le doter et lui assurer un local digne du but qu'il se propose, elle invitera les nations forestières d'Europe et d'Amérique à contribuer à son fonctionnement. L'autonomie dont jouirait cet Office rendrait plus naturelle la collaboration des États intéressés et plus effectif leur contrôle. Ils ne manqueraient pas d'y voir un auxiliaire puissant du développement de la richesse forestière. Aussi croyons-nous devoir résumer ces considérations dans le vœu suivant :

Le Congrès émet le vœu :

Que le Gouvernement de la République Française prenne l'initiative de la création à Paris d'un Office forestier international autonome, dont l'emplacement serait fourni par la France et dont le budget serait alimenté par les contributions de tous les Etats intéressés.

Le rapport qui m'a été confié a pour titre : « Utilité pour les syndicats de propriétaires de créer un Office forestier international (stations de recherches, d'expériences et de renseignements).

C'est à dessein que je répète ce titre pour bien expliquer le terrain sur lequel je me suis placé. Il s'agit de savoir dans quelle mesure un Office forestier international peut être utile aux syndicats de propriétaires forestiers. Nous n'avons pas cherché à préciser une organisation future, nous avons cherché seulement à lancer une idée, laissant à d'autres le soin de préciser de quelle façon elle était réalisable.

La forêt actuellement souffre ; c'est ce qui résulte de tous les exposés qui ont été faits ici. Partout, il se crée des groupements ayant pour objet de lutter contre l'état actuel. Parmi ces groupements, je me permets de penser que les groupements de propriétaires sont actuellement de ceux qui sont les plus intéressants, puisque la plus grande partie du sol boisé en France est entre les mains de propriétaires périssables. Or, les propriétaires, quoi qu'on dise, sont souvent des hommes de bonne volonté et éminemment désireux de défendre, en même temps que leurs intérêts particuliers, l'intérêt général, mais il faut reconnaître que, dans bien des cas, ils ont beaucoup de peine à concilier ces deux intérêts.

Nous avons exposé déjà longuement dans quelle mesure l'État peut intervenir, soit sous la forme de réduction d'impôts, soit sous la forme d'autres aides pour faciliter la tâche des propriétaires.

J'ai voulu envisager cette fois comment, au point de vue technique, l'État peut aider les propriétaires.

L'État a des ressources d'argent et d'hommes considérables; par ces ressources, il peut accumuler des renseignements de tous ordres; ces renseignements sont d'un intérêt capital, mais jusqu'ici le seul qui en profite, c'est l'État lui-même. Or, il me semble qu'il y aurait un intérêt d'ordre général à ce que les particuliers puissent profiter dans une certaine mesure de tous les efforts considérables faits de toute part par les agents de l'État.

D'où la nécessité de créer un organisme spécial.

Comment créer cet organisme? C'est ici, évidemment, que toutes les initiatives peuvent se donner libre cours. Nous avons cependant un exemple de ce qui s'est fait, au point de vue agricole, avec l'Institut international de Rome, dont les publications, trop rarement lues, sont des documents de la plus haute importance au point de vue de toute la culture, d'une façon générale.

Ne pourrait-on pas faire, au point de vue forestier, quelque chose d'identique? L'Institut de Rome a bien prévu en effet dans ses statuts qu'il pourrait avoir une section sylvicole, mais les études que comporte cette branche de l'agriculture sont si complexes et si vastes qu'elles semblent bien pouvoir donner matière à une organisation spéciale, (*Très bien ! Très bien !*) d'autant plus qu'il existe ici un facteur nouveau, et ce facteur, c'est l'expérimentation. Or, pour pouvoir mener à bien les expériences très longues que comporte la culture forestière, il y a, il me semble, une question de toute première importance : c'est de se trouver dans une région où ces expériences puissent être poursuivies. Je ne veux pas, dans un Congrès international, vanter exclusivement les avantages que présente à ce point de vue notre propre pays, mais je crois que par la variété de la production forestière qu'on y rencontre, par les essences extrêmement variées qui poussent du nord au sud, la France est tout indiquée pour prendre en l'espèce une initiative à laquelle, je crois, beaucoup d'États applaudiront.

Cette initiative comporte une collaboration, et alors, je vois un Institut autonome dirigé par les intéressés, c'est-à-dire d'une part par l'Administration des Eaux et Forêts, d'autre part par les groupements de producteurs et d'intermédiaires, je veux dire les propriétaires et les marchands de bois ; puis je vois également dans cet Institut la collaboration des représentants des mêmes groupements dans les pays étrangers.

Vous voyez dès lors quel peut être le programme. Ce programme comporte tout d'abord de la statistique. Toute espèce de travail commence par la statistique. Il s'agit de savoir quelle est la production boisée, il s'agit ensuite de savoir quelles sont les exigences des différentes sortes de consommation. Il y a ensuite à faire connaître les travaux qui ont été faits sur ces questions. Il existe partout, dans de très nombreuses revues, des articles excessivement intéressants et extrêmement circonstanciés, mais qui, étant donné qu'ils sont très spéciaux, sont, j'oserai presque dire, perdus dans la masse des publications où ils paraissent.

Eh bien ! il y aurait un intérêt colossal à ce que tous ces articles fassent l'objet d'une bibliographie. Vous savez le mal que nous autres propriétaires, qui ne sommes pas très initiés à ces questions, avons, lorsque nous voulons étudier une question spéciale intéressant un point déterminé; nous ne savons pas où le trouver, et cependant il existe toujours, car depuis que les forestiers travaillent, il y a un monde de renseignements qui ont été fournis. Ces renseignements, on ne les connaît pas. Même celui qui les suit peut les découvrir le jour où ils paraissent, mais quelque temps après ne peut déjà plus les retrouver.

Je crois donc qu'une bibliographie qui consisterait simplement à permettre aux chercheurs de savoir qu'il y a 10 ou 15 ans, un homme compétent, un homme du métier a fait un article sur telle question, serait à elle seule susceptible de fournir des renseignements de la plus haute importance.

En dehors de cette question de simple bibliographie se place la question de l'expérimentation. On a dit tous ces jours-ci, et à juste titre, que l'idéal pour la propriété, ce serait d'être entre les mains de propriétaires impérissables. C'est important au point de vue de la conservation des forêts, mais c'est peut-être tout aussi important au point de vue de la direction donnée aux expériences, parce qu'il est évident que l'expérimentation forestière dépasse de beaucoup la génération humaine, et qu'on peut toujours craindre qu'un changement de propriétaire n'annihile des efforts qui ont été longuement mûris.

D'autre part, si nous voulons avoir une expérimentation qui nous rende service à l'heure actuelle, nous ne pouvons pas commencer aujourd'hui des expériences à prolonger indéfiniment ; nous sommes donc amenés à souhaiter qu'en matière de forêts on remplace cette expérimentation suivie par une expérimentation, je dirai, synchronique, à savoir que l'on profite à l'heure actuelle des éléments qui nous ont été fournis par les années précédentes et qui sont susceptibles de donner des renseignements. Mais, pour ce faire, il faut des hommes beaucoup plus compétents que ne le sont des propriétaires, et je crois que l'expérimentation peut être conduite d'une façon tout aussi intéressante en s'adressant aux bois particuliers qu'en s'adressant aux bois de l'État, je dirai presque, plus intéressante, parce que si les bois de l'État ont toujours été bien administrés, il n'en est pas de même des bois particuliers, et dès lors, en comparant une bonne administration et les résultats fournis par une mauvaise, on peut en tirer une règle.

J'ai entendu dire à beaucoup de forestiers de l'État qu'ils ignoraient complètement les forêts particulières ; or, je crois que l'État a un double rôle : son rôle personnel de propriétaire, mais surtout ce rôle essentiel qui est un rôle tutélaire, à savoir d'aider, de diriger, de guider.

Eh bien, pour pouvoir guider d'une façon utile, il faut avoir tout en mains ; il faut pouvoir suivre des expériences partout où il y a matière à étude ; ceci peut faire l'objet de cet organisme central auquel je faisais allusion qui, faisant appel à tous les concours, groupant toutes les bonnes volontés, cherchant des sujets d'étude partout où il y en a, ayant sa vie propre, car je le considère comme autonome, mais ayant aussi les avantages d'un budget élastique, grâce aux contributions des différents États, ayant également à sa disposition les ressources d'hommes que peuvent seules donner des administrations compétentes, est susceptible de donner aux propriétaires, et notamment à ces propriétaires qui maintenant éprouvent le besoin de se grouper, et qui, par conséquent sont plus susceptibles de profiter des leçons que vous leur donnerez, une impulsion nouvelle qui pourra peut-être concilier dans une large mesure les dégâts que l'on reconnaît partout dans le domaine boisé, particulièrement en France (*Applaudissements*).

Je me permettrai, Messieurs, de vous lire le vœu qui termine mon rapport ;

Le Congrès émet le vœu :

« *Que le gouvernement de la République française prenne l'initiative de la création à Paris d'un office forestier international autonome dont l'emplacement serait fourni par la France, et dont le budget serait alimenté par les contributions de tous les États intéressés.* »

M. le Président. — Je remercie M. de Nicolay de l'intéressante communication qu'il vient de nous faire et dont le mérite est de traiter un sujet tout à fait nouveau. C'est une question à l'ordre du jour et qui, pour nous, a le plus vif intérêt.

M. Pardé. — Je crois que l'organe que demande M. de Nicolay existe déjà en partie au point de vue international. Il y a en effet une *Association internationale des stations de recherches* qui tient des congrès et qui a l'intention — car elle a pris cette décision à son dernier congrès — de publier un bulletin, afin de faire connaître toutes les données de l'expérimentation et de donner tous les renseignements bibliographiques. Cela a été décidé au Congrès de Bruxelles. Peut-être y aurait-il à améliorer cet organisme, mais enfin, il existe et il existe au point de vue international.

M. Cuif. — Je dirai même que la France n'a adhéré que tout récemment, bien qu'elle ait été l'instigatrice de cette Association internationale ; pour des raisons que j'ignore, la France n'a jamais été représentée dans ces congrès internationaux. A Bruxelles, il y a eu un représentant officiel, mais l'Administration n'a envoyé aucun de ses délégués

M. le Président. — Cette association a-t-elle un organisme permanent? Où est son siège?

M. Pardé. — Il varie à chaque Congrès ; le président est choisi dans la Puissance où doit avoir lieu le Congrès suivant.

M. Guyot. — Je ne crois pas que l'organisme dont parle nos collègues puisse remplacer celui que désire créer M. Nicolay. Je connais parfaitement l'Union des stations de recherches, nous en avons parlé bien souvent à l'École forestière, il a même été question plusieurs fois que le Congrès se tienne à Nancy, mais ce n'est pas un établissement permanent, il voyage de côté et d'autre; il n'a donc pas la stabilité qui est absolument nécessaire à l'établissement que nous voulons créer. Nous voulons que tous les propriétaires, les propriétaires français comme les autres, puissent savoir où s'adresser, puissent avoir un organe permanent où ils trouveront ce qu'il leur faut connaître.

Où iront-ils chercher cet organe voyageur qui tantôt est en Belgique, tantôt en Bavière ou ailleurs? Je ne pense pas, quel que soit l'intérêt que présente cette union, qu'elle puisse faire double emploi avec l'organe permanent que nous voudrions créer, car, je l'avoue sincèrement, je suis absolument d'avis que cette création s'impose et s'impose pour un pays comme la France.

Nous avons laissé échapper, et je le regrette profondément pour mon pays, la création de l'Office international d'agriculture qui a été créé en Italie parce que nous n'en avons pas voulu. Il importe donc de revendiquer ici au moins une partie de cet héritage qui devait nous appartenir. Je dis qu'il devait nous appartenir, parce que l'Italie certainement a un très grand intérêt au point de vue de l'agriculture ; l'agriculture y est extrêmement variée, mais la sylviculture n'y est certainement pas aussi développée qu'en France. Notre pays, par la variété de son climat, par la variété de ses essences, est placé précisément à l'endroit nécessaire pour centraliser tous les efforts, toutes les cultures, tous les travaux. Voilà pourquoi il me semble que ce serait en France plutôt qu'ailleurs que cet organe international devrait être créé.

Quant aux différents éléments que l'Office international devrait comprendre, je me rallie parfaitement à l'énumération qu'en a faite M. de Nicolay, notamment en ce qui concerne les renseignements du commerce mondial. Ce sont des renseignements qu'il faut savoir trouver, que les propriétaires particuliers ont besoin de connaître et de chercher à un endroit déterminé. De plus, la bibliographie est une chose capitale, elle ne peut pas non plus se promener d'endroit en endroit ; il faut qu'elle soit située dans un local où chacun pourra venir la consulter.

Je me souviens que lors de l'Exposition de 1889, j'étais jeune agent à Nancy, et l'on m'a chargé de préparer, avec d'autres, une bibliographie forestière. Nous avons envoyé des circulaires partout, dans tout l'Univers, il nous est arrivé un grand nombre de fiches, j'en ai préparé des volumes énormes, puis, cela a été trouvé tellement considérable qu'on nous a dit ensuite qu'on n'avait pas d'argent pour l'imprimer.

Ce qu'il faut, c'est une continuité d'efforts, il ne faut pas que ce soit un agent passager qui soit chargé de réunir les documents nécessaires ; il faut que ce soit un Office permanent, qui ne meure pas et qui continue à accumuler documents et idées.

Je crois — et M. Pardé voudra bien me permettre d'insister là-dessus — que tout en adhérant dans la mesure du possible à l'Union des stations de recherches forestières, nous devons créer l'institution préconisée par M. Nicolay, qui ne fera pas double emploi, et j'engage vivement le Congrès à prendre une résolution dans ce sens (*Applaudissements*).

M. Pardé. — Je vois très bien les avantages que nous autres, Français, avons à la création à Paris d'un Office de renseignements forestiers, mais nous sommes dans un Congrès international, il faut un organisme international. Peut-être y a-t-il des améliorations à apporter à ce qui existe déjà, mais pourquoi ne pas en profiter?

M. le Président. — Je crois que nous pouvons très bien nous entendre. Il y a différentes manières d'en profiter. Ce qui m'a frappé précisément dans ce que vient de dire M. Nicolay, et après lui M. Guyot, c'est que l'organisme dont vous parlez, cette association très intéressante que nous vous remercions de nous avoir fait connaître d'une façon plus précise, est essentiellement une Association de stations de recherches. Or, l'Institut international dont parle M. Nicolay comprend deux éléments aussi importants l'un que l'autre : l'expérimentation, sans doute destinée à indiquer aux propriétaires la meilleure manière de production, mais aussi la question commerciale, la question des débouchés, qui est d'une importance énorme. Or, les stations de recherches, d'une manière générale, s'occupent plutôt d'expérimentation, de science forestière que de commerce. Par conséquent, l'Office international a une portée plus vaste que l'Association dont vous parlez.

En second lieu, cette Association, par le seul fait qu'elle se déplace, qu'elle constitue un bureau valable pour une période donnée, manque évidemment un peu du caractère de permanence qu'on peut souhaiter pour un établissement de ce genre et qu'on a créé en matière agricole par l'Institut international de Rome.

Je crois que l'association des deux peut très bien se faire ; il ne me paraît pas douteux que le jour où l'on créerait cet Office forestier international autonome, un de ses premiers soins serait de se mettre en relations avec cette Association qui serait susceptible de lui apporter une contribution très importante, mais simplement une contribution, et qui alors, pourrait continuer à opérer dans la liberté de ses mouvements, de ses statuts particuliers, avec cette mobilité relative — je dis relative pour indiquer qu'il y a un lien — pendant que l'Office forestier international, tout en profitant de l'expérience acquise par cette Association, de tous ses travaux passés et présents, s'occuperait également de toute la partie commerciale, et possèderait une permanence absolue, un siège fixe, un personnel stable où tous les intéressés pourraient avoir les renseignements dont ils auraient besoin.

Je crois donc qu'il n'y a pas contradiction entre les deux choses, et qu'au contraire l'Association dont vous parlez serait le premier appui sur lequel l'Office forestier international aurait à compter. Voilà les deux avantages que j'y vois : compléter d'une part et fixer de l'autre (*Applaudissements*).

M. Pardé. — J'applaudis de tout cœur à la création en France d'un Office de renseignements forestiers, seulement je crains, que par leur multiplication, ces organismes ne se nuisent.

Si je suis bien renseigné, je crois que, précisément, la création de l'Institut agricole a nui beaucoup au Congrès d'agriculture ; beaucoup de nations européennes n'ont pas pris part au Congrès de Gand. Je ne sais pas si c'est exact, mais on m'a dit que c'était à la suite de la création de l'Institut.

Quant à la création en France d'un Institut forestier, je n'y vois que des avantages.

M. Margaine. — Je voudrais appuyer le vœu de M. de Nicolay, à propos de l'Institut international de Rome.

Cet institut a un grand inconvénient pour les particuliers; c'est qu'il est une institution d'État; ce qui fait que les particuliers ne peuvent correspondre avec lui que par l'intermédiaire de leurs gouvernements.

M. le Président. — Je crois que son insuffisance au point de vue forestier est reconnue par tout le monde. Cette institution a un mérite, mais je crois qu'au point de vue forestier elle est insuffisante.

M. Margaine. — L'Office que nous voulons créer, sera directement en contact avec nous, propriétaires.

M. le Président. — Le vœu que M. de Nicolay a joint à son rapport contient ces mots *Office international autonome*. Vous avez suffisamment montré par ce mot *autonome* que ce que vous demandiez n'était pas purement et simplement un service administratif. Ce mot répond suffisamment à votre vœu.

Entre votre vœu et l'exécution, il pourrait y avoir des modalités. Messieurs, vous qui êtes des forestiers de tous les pays, qui avez à faire connaître librement vos intentions, vous montrez par le mot *autonome* que vous entendez éviter ce qui, d'après l'exposé de M. Margaine, aurait été un des écueils.

M. Margaine. — L'institut de Rome ne connaît que les gouvernements.

M. le Président. — Le mot *autonome* montre que vous avez l'intention de le rendre le moins possible officiel et administratif.

M. de Larnage. — Je ne puis qu'appuyer d'une façon très énergique le vœu présenté par M. de Nicolay.

Je demanderai donc s'il ne serait pas opportun de compléter le vœu en spécifiant que l'Office forestier comprenne dans ses représentants — nous, Français, nous ne pouvons parler qu'au nom de notre pays — en dehors des membres de nos services forestiers, des membres de toutes les grandes sociétés ou syndicats s'occupant des questions forestières.

M. le Président. — En ce qui concerne la première proposition de M. de Larnage, il faudra faire de larges appels; mais il serait excessif de spécifier précisément les noms des groupements qui seraient représentés à l'Office international. On peut en oublier, de sorte que je vous proposerai, pour répondre à la pensée de M. de Larnage, de mettre dans le vœu de M. de Nicolay : « *d'un office international autonome, faisant appel à tous les concours...* ». Cela montrerait bien que la pensée du Congrès est que, dans l'organisation de l'Office, personne ne soit oublié. Mais il n'est pas possible d'entrer dans le détail d'une énumération.

M. le baron de HENNET — Messieurs, je suis ici en qualité de délégué du ministère autrichien de l'Agriculture. Je ne suis pas chargé par mon gouvernement de prendre la parole, ni de faire des propositions dans un sens quelconque. Mon rôle est d'écouter, de comprendre et de rapporter ensuite à mes mandants ce que j'aurai appris.

Je dirai — au titre de simple congressiste et de propriétaire — que j'approuve pleinement la création d'un institut international.

Je trouve que les propositions formulées par l'orateur qui m'a précédé sont un peu trop compliquées.

Vous vous rappelez tous, Messieurs, quelles difficultés a soulevée la création de l'Institut de Rome. A ce moment — en 1905, si je ne me trompe — c'est l'Autriche qui a demandé qu'il fût composé des Associations agricoles. L'Autriche est restée en minorité parce que tous les autres gouvernements ont voulu créer un institut gouvernemental.

Je crains qu'il en soit de même actuellement. Il serait nuisible de trop préciser.

M. PARDÉ. — Pour préciser le caractère international du vœu, je demande qu'on fasse appel aux Parlements de tous les pays.

M. LE PRÉSIDENT. — Le mot *international* et l'expression *tous les concours*, que nous venons de proposer d'ajouter au vœu, laisse supposer qu'il s'agit du concours de tous ceux qui ont un intérêt quelconque à la création de cet Office, en tant que nation ou en tant qu'individus. Il faut être aussi simple que possible.

M. le comte de NICOLAY. — M. le Président m'a fait tout à l'heure l'honneur de me dire que le vœu que j'étais chargé de vous traduire était une idée neuve. Je dirai que c'est simplement une idée qui n'est pas mûre, qui a besoin d'une plus longue discussion et d'une étude plus attentive qu'a pu être celle aboutissant à présenter un rapport de quatre pages.

Aussi sommes-nous volontairement restés dans des termes généraux, peut-être excessifs, mais assurément prudents.

M. le président me propose d'ajouter quelques mots au vœu que j'ai présenté, et qui seront une petite spécification supplémentaire aux termes dans lesquels j'étais resté. Le Congrès aurait un intérêt général à se reporter au nouveau texte qu'il a proposé.

M. DE SÉBILLE. — J'appuie énergiquement la proposition de créer « Un Office forestier international », j'en reconnais l'inéluctable nécessité, surtout en présence de ce qui vient de se passer à Gand. La cinquième section de ce congrès, que j'avais l'honneur de présider, rappelant le vote émis au Congrès de Paris de 1900, proposa de nouveau de modifier le titre du Congrès et de l'appeler dorénavant Congrès International d'Agriculture et de Sylviculture, faisant valoir que beaucoup de forestiers ignoraient que les congrès d'agriculture traitaient des questions de sylviculture, en montrant qu'à Gand même, il n'y avait qu'une trentaine de personnes suivant nos discussions ; beaucoup de mes compatriotes ne se doutaient même pas que l'on discutait des questions qui les intéressaient, la publicité sur ce point ayant été très peu efficace.

Cette motion fut repoussée par les dirigeants du Congrès, s'appuyant pour ce faire sur des arguments plutôt spécieux, montrant une fois de plus que l'on tenait la sylviculture comme la Cendrillon de la famille.

L'importance et la valeur des intérêts que nous défendons ne nous permettent pas d'accepter cette situation d'infériorité ; aussi est-ce avec enthousiasme que je vois surgir la proposition que nous présente le comité organisateur et je souhaite vivement qu'elle soit votée par l'assemblée.

M. LE PRÉSIDENT. — Sous le bénéfice de ces observations, je mets aux voix le vœu de M. de Nicolay qui est ainsi conçu :

« *Que le gouvernement de la République française prenne l'initiative de la création à Paris d'un Office forestier international, faisant appel à tous les concours, dont l'emplacement serait fourni par la France et dont le budget serait alimenté par les contributions de tous les États intéressés.* »

Ce vœu est adopté.

La parole est donnée à M. Delahaye, secrétaire, pour la lecture du résumé de la communication de M. Cuif sur les STATIONS DE RECHERCHES FORESTIÈRES.

M. DELAHAYE. — Dans un rapport à l'appui duquel il produit un long projet d'organisation de la station de recherches et d'expériences annexée à l'École nationale des Eaux et Forêts, M. Cuif, inspecteur des Eaux et Forêts et directeur de cette station, propose :

1° D'en spécialiser le personnel qui comprendrait : l'inspecteur directeur et un ou deux chefs de cantonnement comme auxiliaires ;

2° De doter largement en traitement, crédits, matériel et personnel, cette station de recherches.

3° De la placer sous la haute surveillance et le patronage d'un comité composé du directeur de l'École forestière, de trois professeurs de cette école, de trois conservateurs du service actif, d'un propriétaire particulier et d'un marchand de bois.

L'objet qu'il poursuit est d'établir, dit-il, une organisation suffisante pouvant imprimer en tous temps et en tous lieux une impulsion unique à des forces éparses.

M. le Président. — La parole est à M. Cuif pour faire l'exposé général de sa communication.

M. Cuif. — Messieurs, des visites réitérées des stations expérimentales de recherches appliquées à la sylviculture, organisées par les divers pays de l'Allemagne, « j'ai rapporté la conviction, écrivait Grandeau en 1879, que cet exemple devrait être suivi par l'Administration française pour le plus grand profit de la science et de la pratique forestières ».

Un arrêté du Ministre de l'Agriculture en date du 27 février 1882 exauça ce vœu, en instituant une station de recherches auprès de l'École forestière de Nancy.

Dans un rapport adressé le 15 octobre 1912, à M. le Directeur général des Eaux et Forêts, sur sa demande, j'ai donné un résumé de l'historique de cette station, ainsi qu'un exposé des réformes urgentes qu'il conviendrait, selon moi, d'apporter à son organisation et à son fonctionnement, pour la mettre à même de rendre tous les services que l'on est en droit d'attendre d'une institution de ce genre.

Il est hors de doute, en effet, que la station de Nancy est restée, depuis trente ans, à l'état d'embryon. Tout lui a manqué pour lui permettre de prendre un essor digne des neuf millions d'hectares boisés que l'on rencontre en France : personnel, crédits, organe spécial de publications, etc...

Le résultat de cette déplorable infériorité est, sinon une stagnation complète des sciences forestières dans notre pays, du moins une influence souvent néfaste exercée sur elle par des publications étrangères. Ouvrons un traité récent de sylviculture ou d'économie forestière écrit en langue française, nous y trouvons des théories appuyées pour ainsi dire exclusivement sur des faits constatés chez nos voisins de l'Est. N'est-ce pas là un fait regrettable contre lequel il importe de réagir avec d'autant plus d'activité qu'il faudra des années, parfois même des siècles, pour réparer les désastres causés par de nouveaux venus, nullement adaptés à notre esprit national et surtout à nos conditions de productions forestières.

En mettant à l'ordre du jour cette question des recherches forestières, les organisateurs du Congrès international ont donc été sagement inspirés.

Ce qu'il faut, en la circonstance, c'est une organisation suffisante qui puisse imprimer, en tout temps et en tout lieu, une impulsion unique à des forces éparses.

N'oublions pas qu'il a fallu renoncer, en Prusse, aux stations secondaires pour centraliser à Ebersvalde la conduite des recherches.

N'oublions pas que, non seulement les stations des divers pays de l'Allemagne ont reconnu la nécessité de se constituer en association pour assurer, dit l'article premier des statuts, le succès de l'expérimentation, *en adoptant des plans d'exécution uniformes*, mais qu'il parut bientôt utile d'aller plus loin encore dans cette voie, en réunissant dans une Association internationale toutes les stations de recherches des différents pays forestiers.

N'est-il pas beaucoup plus sage, dans ces conditions, de grouper immédiatement, en France, tous les efforts, au lieu d'admettre une dispersion, source fatale de médiocrité, probablement d'insuccès.

Ce groupement, le projet de réformes que j'ai déposé, tendra à le réaliser. Il aura pour objet la création d'une institution solide, entraînant avec elle l'unité de direction, l'unité de méthode et l'esprit de suite, c'est-à-dire le maintien des traditions en dépit des changements de personnel qu'il est impossible d'éviter. Une institution de ce genre est absolument indispensable au succès de l'entreprise.

J'ai donc l'honneur de vous proposer le vœu suivant :

« *Que l'Administration des Eaux et Forêts poursuive dans le plus bref délai, sans attendre la réforme de l'enseignement qui doit être entreprise prochainement, une organisation rationnelle de l'expérimentation forestière en France.* » (*Applaudissements.*)

M. GUYOT. — J'espère que l'Administration saura comprendre le devoir qui lui incombe, et, sans entrer dans les détails de M. Cuif, je me borne à demander qu'au plus vite la station de Nancy soit organisée à l'égal des stations étrangères (*Applaudissements*).

M. LE PRÉSIDENT. — Je tiens à dire que l'Administration forestière n'a pas attendu aujourd'hui pour porter sa pensée sur les stations de recherches et je vous propose de remplacer le vœu de M. Cuif par celui-ci qui est plus général.

« *Que dans tous les pays, spécialement en France, l'amélioration et le développement des stations de recherches soient l'objet de la sollicitude particulière de l'Administration forestière.* »

Adopté.

La séance est levée à 4 heures.

SÉANCE DU 19 JUIN 1913

(MATIN)

Présidence de M. VIVIER, président de Section

La séance est ouverte à 9 h. 15.

M. LE PRÉSIDENT. — La parole est à M. Madelin pour donner lecture de son rapport sur la PRODUCTION FORESTIÈRE DANS LES DIVERS PAYS DU GLOBE.

M. MADELIN. — Nous nous proposons dans ce rapport, non pas, comme son titre tendrait à le faire croire, de rechercher la valeur de l'ensemble des produits forestiers dans le monde, mais beaucoup plus modestement de grouper les éléments statistiques et les divers renseignements qu'il est actuellement possible de réunir en vue de se rendre compte de la situation forestière des divers continents.

Pour parvenir à ce résultat et pour présenter, avec quelque clarté, les documents recueillis, nous avons adopté la division suivante :

1° Superficie occupée par les forêts;
2° Production en matière dans différents pays;
3° Besoins actuels de la consommation.

Superficie occupée par les forêts dans le monde entier.

Lorsque Mélard publia, en 1900, son fameux rapport sur « l'Insuffisance de la production des bois d'œuvre dans le monde », il chercha à se rendre compte de la place occupée par les peuplements forestiers sur le globe terrestre ; il réunit des chiffres, mais les trouvant incomplets et insuffisants, il renonça à les livrer au public. Il voulut bien, quelques mois avant sa mort, nous remettre ses notes, avec la pensée qu'elles nous serviraient un jour. Elles sont l'élément de base de ce travail. Nous avons cherché, par une enquête poursuivie un peu partout, et pour laquelle nous avons trouvé d'empressés concours, à compléter les documents dont il disposait. Ce sont les résultats de cette consultation que nous reproduisons ci-après. Toutefois, nous faisons les plus expresses réserves sur beaucoup de ces chiffres.

Il est évident, en effet, que la précision est impossible pour les trois raisons suivantes :

1° Dans les pays éloignés des centres civilisés, la contenance des forêts sur d'immenses espaces n'a pu être établie. On se contente de larges à-peu-près. Les gouvernements de ces pays ignorent eux-mêmes l'étendue de leurs territoires boisés et, par conséquent, n'ont rien publié d'officiel à ce sujet.

2° Il est très difficile de s'entendre sur la question de savoir ce qui doit ou non, être considéré comme forêt. Parfois de vastes landes au milieu desquelles apparaissent épars de rares échantillons ligneux, ou des espaces ravagés par les incendies et non repeuplés, ou des pâturages, ou même d'immenses étangs, des lacs, etc., ont été compris dans les surfaces forestières.

3° Enfin dans tous les pays, même fussent-ils très civilisés, la forêt est en perpétuel mouvement de va-et-vient : défrichements d'une part, reboisements de l'autre. Il n'est pas de jour où l'aire forestière puisse être considérée comme fixée.

Ces observations préliminaires étaient nécessaires pour donner au tableau qui va suivre l'excuse de contenir des chiffres certainement contestables, mais qui ont été cherchés le plus près possible de la vérité.

Enfin, pour permettre à la critique de s'exercer utilement, nous avons cru devoir indiquer les sources auxquelles les renseignements donnés ont été puisés.

Superficie boisée des différents pays du globe (en hectares)

EUROPE

France	9.886.700	Statistique établie en 1912 par l'Administration des Eaux et Forêts.
Bavière	2.466.553	D'après le Forst und Jagd-Kalender, année 1913, du Dr Neumeister.
Saxe (royaume de)	384.540	D'après le Forst und Jagd-Kalender, année 1913, du Dr Neumeister.
Prusse	8.270.133	D'après le Forst und Jagd-Kalender, année 1913, du Dr Neumeister.
Wurtemberg	600.415	D'après le Forst und Jagd-Kalender, année 1913, du Dr Neumeister.
Autres pays allemands	1.838.144	D'après le Forst und Jagd-Kalender, année 1913, du Dr Neumeister.
Alsace-Lorraine	439.832	D'après le Forst und Jagd-Kalender, année 1913, du Dr Neumeister.
Autriche	9.778.000	Dont 7.306.000 pour l'Autriche occidentale et 2.472.000 pour la Galicie et la Bukovine. — Aperçus statistiques de G. Sundbärg, Stockholm, 1908.
Hongrie	9.056.000	Aperçus statistiques de G. Sundbärg, Stockholm, 1908.
Bosnie-Herzégovine	2.275.000	Aperçus statistiques de G. Sundbärg, Stockholm, 1908. D'après la notice publiée à l'occasion de l'Exposition universelle de 1900, la contenance serait de 2.709.000 hectares.
A reporter	44.995.317	

Report	44.995.317	
Grande-Bretagne......	1.226.300	D'après M. Schlich, professeur à Cooper's Hill (*Revue des Eaux et Forêts*, 1906, page 461). La statistique publiée en 1908 par le département d'Agriculture d'Angleterre indiquait comme contenance 2.782.000 acres, ce qui revient à 1.125.800 hectares. Le chiffre donné par M. Robinson, au Congrès de Gand, est de 1.120.700 hectares.
Belgique............	534.917	Statistique dressée par le service forestier belge en 1905.
Bulgarie............	2.590.000	Aperçus statistiques de G. Sundbärg, Stockholm, 1908.
Danemark...........	327.268	D'après les rapports de 1907, publiés par le *Journal du commerce des bois*.
Espagne............	8.483 000	Chiffres de M. Schlich, professeur à Cooper's Hill, adopté par nous parce qu'il est intermédiaire entre celui de la statistique agricole de 1892 : 6.488.000 et celui donné par M. l'inspecteur Vanutberghe : 10.600.000 (*Revue des Eaux et Forêts*, 1908, page 533).
Grèce (îles comprises)..	830.000	Chiffres de 1893, donnés par le ministre des Finances à Athènes. D'après l'article : Ueber Griechenlands Walder, dans la *Revue Centralblatt für das gesamte Forstwesen*, avril 1912, page 195, le chiffre de la contenance serait de 2 millions d'acres ou 809.000 hectares.
Italie...............	4.156.000	D'après les aperçus statistiques internationaux de G. Sundbärg, Stockholm, 1908. — L'annuaire statistique italien de 1898 portait : 4.093.000 hectares.
Luxembourg.........	83.400	Revision du cadastre en 1898 (*Revue des Eaux et Forêts*, 1903, page 697).
Norvège.............	6.897.800	D'après M. l'Inspecteur-adjoint Perrin (*Revue des Eaux et Forêts*, 1910, page 263). La surface réellement boisée est de 6.637.900 hectares. — D'après M. l'Inspecteur Mührwold, la contenance serait de 6.818.000 hectares (*Revue des Eaux et Forêts*, 15 février 1900).
Pays-Bas............	260.222	Notes sur l'agriculture de la Hollande par Rabaté (*Bulletin de la Société d'Encouragement pour l'Industrie nationale*, n° de décembre 1912).
Portugal............	1.621.589	Excursion forestière en Portugal par Pardé, chiffres empruntés au rapport présenté à l'Exposition de Rio-de-Janeiro par le gouvernement portugais et rédigé par M. J. Ferreira Borges.
Roumanie...........	2.755.726	Statistique publiée par le gouvernement roumain en 1907.
Russie d'Europe......	196.530.000	Dont 2.740.000 pour la Pologne. Le chiffre ci-contre est extrait des aperçus statistiques de Sundbärg, Stockholm, 1908. D'après certains autres renseignements, il paraît plus près de la vérité que celui donné en 1900 par la notice sur les forêts de la Russie, 164.968.000 hectares.
A reporter.........	271.291.539	

Report	271.291.539	
Finlande	17.000.000	Aperçus statistiques de Sundbärg, Stockholm, 1908. La notice ci-dessus citée donnait 20.430.000 hectares.
Serbie	1.517.000	*Revue des Eaux et Forêts*, 1906, page 734, D'après les aperçus statistiques de Sundbärg, la contenance serait de 1.500.000 hectares; d'après M. Schlich : 967.200 hectares; d'après Bouquet de la Grye : 2.090.000 hectares. Le chiffre intermédiaire a été choisi.
Suède	21.210.000	Aperçus statistiques de Sundbärg, Stockholm, 1908. Il y a tout lieu de croire que M. Gustave Sundbärg a donné pour son pays le renseignement très exact. Cependant, une publication officielle faite en 1900 : *La Suède, son peuple et son industrie* mentionnait le chiffre de 1897 : 19.591.000 hectares.
Suisse	950.000	Professeur Decoppet, Statistique forestière Suisse (*Revue des Eaux et Forêts*, 1911, p. 661).
Turquie d'Europe et Crète	2 500.000	Chiffre douteux d'après M. Schlich. La contenance totale des forêts de l'empire turc (Asie et Europe) est de 8.800.300 hectares (avant le démembrement de 1913). Rapport du ministre des mines et forêts cité par l'article : Waldbestände und der Holzhandel in der Türkei (*Continental Holzeitung*, juin 1912, pages 221, 222).
TOTAL POUR L'EUROPE.	314.468.539	

AFRIQUE

Algérie	2.816.000	M. Guyot, Commentaire de la loi forestière algérienne du 21 février 1903, page 7, d'après l'Exposé de la situation générale de l'Algérie en 1903.
Tunisie	878.000	Dont 808.000 hectares domaniaux, 198.000 au N. de la Medjerdah, 610.000 au S. (Renseignements fournis par M. Bastien, Directeur des forêts de la Régence.)
Maroc	1.500.000	Chiffre forcément approximatif.
Côte d'Ivoire	6.000.000	D'après le commandant Gros, chargé d'une mission en Afrique. Il est vraisemblable que ce chiffre qui représente un taux de boisement de 20 % est plutôt faible. La *Revue des Eaux et Forêts*, 1912, page 751, donnait le chiffre de 12.000.000 d'hectares.
Dahomey	1.122.000	Chiffres forcément approximatifs.
Autres pays de l'Afrique Occidentale française	55.000.000	id.
Afrique équatoriale française (Gabon, Moyen - Congo, Oubanghi-Chari, Tchad).	50.000.000	Chiffres représentant un taux de boisement de 30 % environ.
A reporter	117.316.000	

Report	117.316.000	
Madagascar	9.000.000	*Revue des Eaux et Forêts*, 1912, page 696.
Autres pays de protectorat et possessions françaises en Afrique (Mayotte et Comores, la Réunion, Somalie, etc., etc...)	7.000.000	Chiffre représentant un taux de boisement de 10 %.
Congo belge	47.600.000	
Abyssinie	6.000.000	Chiffre établi sur le taux de boisement de 12 %
Le Cap et Natal	209.800	Rapport de M. D.-E. Hutchins à l'Association du Sud-Africain pour l'avancement des Sciences, 1903 (*Forestry Quaterly*, vol. X, nº 4 de 1912, p. 721).
Transvaal	8.400	*Revue des Eaux et Forêts*, p. 600, 1906, d'après M. Hutchins.
Kameroun allemand et Est-Africain allemand	8.380.000	Forests and Forestry in the German Colonies, par M. Fernow, dans *Forestry Quaterly*, vol. X. nº 4 de 1912, page 633.
Egypte et Soudan	2.800.000	Chiffre forcément approximatif.
Tripolitaine	1.000.000	id.
Autres pays d'Afrique	30.000.000	Chiffre établi sur le taux de boisement de 10 %.
TOTAL DE L'AFRIQUE	229.314.200	

AMÉRIQUE

CANADA :		
Colombie anglaise	20.235.000	Chiffres extraits du volume intitulé : *Le Canada et la France*, publié en 1911 par la Chambre de commerce française de Montréal, page 254. Ce sont vraisemblablement les chiffres des forêts régulièrement cadastrées et utilisables. Le total des forêts du Canada est très supérieur. D'après le même volume il est cinq fois plus grand que le total des forêts des Indes (63 millions d'hectares). La contenance totale des forêts du Canada doit être portée, en effet, à 315 millions d'hectares.
Maritoba, Alberta, Saskatchawan et territoires du Nord-Ouest	40.467.000	
Ontario	28.329.000	
Québec	40.470.000	
Nouveau-Brunswick	4.856.000	
Ile du Prince-Édouard	40.500	
Nouvelle-Écosse	2.044.700	Forest Conditions Nova Scotia, par B.-E. Fernow (Commission of Conservation Canada).
États-Unis	202.300.000	500 millions d'acres d'après les statistiques publiées par le gouvernement des États-Unis.
Alaska	43.300.000	D'après les statistiques publiées par le gouvernement des États-Unis.
Cuba	2.000.000	Chiffre douteux. Le seul chiffre certain est : forêts domaniales, 779.760 hectares.
Mexique	8.000.000	Chiffre fourni par M. l'Inspecteur des eaux et forêts Lapie, docteur ès-sciences, qui a été chargé d'une mission en Amérique.
A reporter	392.042.200	

Report	392.042.200	
Antilles	17.250.000	D'après les statistiques publiées par le gouvernement des États-Unis.
Brésil	124.000.000	D'après le taux de boisement présumé 15 %.
Venezuela	5:500.000	D'après M. Lapie qui estime le taux de boisement supérieur à 50 %.
République Argentine	36.800.000	D'après M. Lapie qui estime le taux de boisement à 13 %.
Paraguay	20.000.000	Chiffre fourni par M. Lapie, 12.000.000 à l'Est de Rio-Paraguay et 8.000.000 dans le Chaco.
Panama	7.520.000	D'après le taux de boisement estimé à 86 %.
République Dominicaine	3.840.000	Chiffre de M. Karl W. Woodward, donné en 1909, cités par *Forestry Quaterly*, vol. X, n° 4 1912, page 726.
Chili	4.800.000	Taux de boisement présumé 15 %.
Guyane française	10.000.000	D'après le *Tour du Monde*, reproduit par la *Revue des Eaux et Forêts*, 1912, page 751.
Autres pays de l'Amérique du Sud	25.000 000	Chiffre forcément approximatif.
TOTAL POUR L'AMÉRIQUE	646.752.200	

ASIE

Chine	48.300.000	Chiffre très douteux. Certaines régions de l'Ouest chinois sont encore très peuplées de forêts (*Revue des Eaux et Forêts*, année 1910, page 347). Il semble possible d'estimer à 12 % le taux de boisement de la Chine.
Corée	3.300.000	Chiffre établi en admettant le taux de boisement de 15 %.
Japon	22.750.000	*Revue des Eaux et Forêts*, 1906, page 438.
Siam	14.000.000	Chiffre établi en admettant le taux de boisement de 20 %.
Indo-Chine française	25.000.000	D'après M. Ducamp, chef du service forestier de l'Indo-Chine, dans son article : La Forêt, richesse coloniale. M. Ducamp paraît admettre que ces 25 millions ne constituent qu'une partie de la forêt Indo-Chinoise.
Russie d'Asie	136.546.800	Bulletin de statistique et législation comparée, *Revue des Eaux et Forêts*, 1903, page 55. — D'après la statistique du gouvernement des États-Unis, 1912, la contenance serait de 141.000.000 d'hectares.
Indes anglaises	62.843.000	D'après M. Pearson ; Forest economic products *Bulletin Economique de l'Indo-Chine*, novembre-décembre 1912, page 809.
Beloutchistan	53.000	Renseignements fournis par le gouverneur anglais du Beloutchistan.
Chypre	180.000	Schlich's manual of Forestry (*Revue des Eaux et Forêts*, 1906, page 454).
Ceylan	2.730.000	Même source, page 453.
A reporter	315.702.800	

Report	315.702.800	
Perse	14.000.000	Chiffre établi en supposant le taux de boisement de 8 %, d'après des renseignements qui nous ont été envoyés par la Légation de France à Téhéran.
Turquie d'Asie	6.300.300	Chiffre déduit de celui qui a été donné plus haut relativement à l'ensemble des forêts de l'empire turc.
Autres pays d'Asie	50.000.000	Chiffre forcément approximatif.
TOTAL POUR L'ASIE	386.003.100	

AUSTRALASIE

AUSTRALIE :		
Queensland	16.180.000	Die Wälder Australiens, dans *Zeitschrift für Forstund Jagdwesen*, octobre 1912, pages 637, 641. Ces chiffres s'écartent peu de ceux donnés par Schlich's et cités dans la *Revue des Eaux et Forêts*, 1906, page 449, sauf pour la Nouvelle-Galles du Sud, à laquelle M. Schlich's donnait 8.000.000 d'hectares de forêts.
Nouvelle-Galles du Sud.	6.000.000	
Victoria	4.700.000	
Australie du Sud	1.500.000	
Australie de l'Ouest	8.000.000	
Tasmanie	4.400.000	
Nouvelle-Zélande	8.300.000	Schlich's manual of Forestry, chiffres cités par la *Revue des Eaux et Forêts*, 1906, page 449.
Iles Philippines	15.500.000	The forest of the Philippines, par le Dr H.-N-Whitford, Bulletin nº 10. Bureau of Forestry, Départment of Interior Philippine Islands 1911.
Java	1.850.000	Rapport de M. de Coutouly, Consul général de France à Batavia (*Revue des Eaux et Forêts*, 1906, page 29).
Nouvelle-Guinée allemande	8.000.000	Chiffre approximatif tiré par induction des renseignements contenus dans l'article de M. Fernow : Forest and Forestry in the German Colonies (*Forestry Quaterly*, vol. X, nº 4, 1912, page 632).
Autres pays de l'Océanie	20.000.000	Chiffre approximatif.
TOT. DE L'AUSTRALASIE	94.430.000	

RÉCAPITULATION

Europe ... hectares	314.468.500
Afrique	229.314.200
Amérique	646.752.200
Asie	386.003.100
Australasie	94.430.000
Total général	1.670.968.000

Les données sont sur ce point encore plus incertaines que pour les contenances. Toutefois certains résultats ont paru intéressants à consigner. *Production des forêts en matières.*

FRANCE. — D'après la statistique de 1912, la production annuelle des 9.886.700 hectares de forêts françaises serait de 23.503.711 mètres cubes, tant gros bois que menus bois, soit en moyenne 2 mc 38 par hectare et par an.

L'État est propriétaire de 1.199.439 hectares, rapportant 2.798.600 mètres cubes. Pour établir la production annuelle, il convient de déduire 200.000 hectares environ improductifs : dunes, terrains de montagne, etc. La production annuelle serait ainsi très voisine de 3 mètres cubes. Elle dépasserait certainement ce chiffre si l'Administration, guidée par une pensée d'avenir, ne s'attachait pas à ménager ses forêts, de telle sorte qu'une partie du revenu s'incorpore au capital-bois. Les forêts des communes et des établissements publics soumises au régime forestier, 1.948.632 hectares, rendent 4.639.032 mètres cubes, soit 2 mc 38.

D'après une statistique établie en 1905 par la Direction générale des Eaux et Forêts, la valeur totale des forêts domaniales en fonds et superficie serait de................................... Fr. 1.413.055.169

La valeur des autres forêts du régime forestier	1.470.113.664
Enfin, en estimant les forêts particulières à 350 francs en moyenne à l'hectare, elles vaudraient ensemble	2.358.500.000
Ou pour la valeur entière de la forêt française ...... Fr.	5.241.668.833

SUISSE. — M. le Professeur Decoppet, de l'École polytechnique de Zurich, estime ainsi qu'il suit la production des forêts suisses :

Forêts des					
Cantons	41.590	hectares produisant	175.500	mc, soit par hectare	4,08
Communes..	653.700	—	1.703.000	—	2,60
Particuliers.	254.710	—	421.500	—	1,65
Totaux...	950.000	—	2.300.000	—	2,42

ALLEMAGNE. — Les renseignements suivants sont puisés dans l'article de M. le Professeur Hüffel, de l'École forestière de Nancy : « Le mouvement forestier à l'étranger » (*Revue des Eaux et Forêts*, année 1911, page 552).

	Production		
	par hectare boisé en bois de plus de 0 m. 2 de tour	de menus bois par hectare	Totaux par hectare et par an
	mc	mc	mc
Prusse.......................	3,75	0,79	4,54
Bavière......................	3,87	0,60	4,47
Wurtemberg.................	5,95	1,22	7,17
Saxe	5,23	1,32	6,55
Alsace-Lorraine.............	3,27	0,60	3,87
Mecklembourg-Schwerin	3,47	1,48	4,95

A première vue, on pourrait être surpris de la production singulièrement plus forte à l'hectare que fait ressortir la comparaison entre la France et l'Allemagne. Cet écart tient principalement à ce que les futaies résineuses, très productives, sont proportionnellement beaucoup plus considérables dans le deuxième pays que dans le premier. D'après la statistique de 1898, les peuplements résineux occupent en France 14,9 % de la surface totale des forêts. Il n'en est pas de même en Allemagne. Pour ne citer qu'un chiffre, il existe en Prusse 5.713.498 hectares de forêts résineuses pour 2.556.636 hectares de forêts feuillues.

GRANDE-BRETAGNE. — D'après la statistique publiée en Angleterre et qui concerne l'année 1908, les peuplements résineux couvrent 27 % de la superficie totale des forêts. Pour l'Écosse, cette proportion s'élève à 55 %.

Le revenu annuel moyen *par acre* serait de 7 fr. 18, soit pour l'hectare 17 fr. 74. En admettant le prix moyen du mètre cube de toutes catégories à 10 francs (sur la coupe), ce revenu représente 1 m 77 à l'hectare et par an.

RUSSIE. — La Direction générale de l'Organisation agraire et de l'Agriculture a publié, en 1907, un rapport sur « Les richesses forestières de la Russie ». Il y est mentionné que les forêts domaniales occupant 93 millions de terres boisées utilisables ont produit, en 1905, 110.300.000 mètres cubes de bois, soit 1,1 mètre cube par hectare. Le devis pour les bois domaniaux du Caucase était de 10.700.000 mètres cubes, ce qui constituait pour 3.400.000 hectares une production de 3,1 mètres cubes ; mais on n'a trouvé l'écoulement que de 12,1 % de la quantité prévue, c'est-à-dire 0 mc 4 par hectare.

L'auteur de ce rapport constate que l'*État russe ne tire pas de ses forêts la moitié du matériel qu'elles peuvent donner*, eu égard à leur force productive et à l'état actuel de leurs peuplements.

CANADA. — C'est la province de Québec qui est actuellement, au Canada, la plus riche en forêts. On estime à 2 milliards 1/2 de francs la valeur des bois sur pied dans ses forêts. La moyenne annuelle des bois exploités de la province s'établit à environ 640 millions de pieds (1) (18.120.000 mc) représentant 50 millions de francs. Les forêts de la Colombie anglaise produisent 830 millions de pieds (plus de 23 millions de mètres cubes) représentant une valeur supérieure à 62 millions de francs. Dans la province d'Ontario 1 milliard 1/2 de pieds représentant plus de 150 millions de francs. Dans la Nouvelle-Écosse, le bois coupé en 1910 avait une valeur de plus de 10 millions de francs. Mais dans le Nouveau-Brunswick on estime que les richesses forestières ont besoin d'être ménagées. D'autre part, il est signalé que l'Ile du Prince Edouard, autrefois très boisée produit aujourd'hui à peine assez de bois pour suffire à ses besoins.

Des quelques aperçus qui précèdent, il paraît possible de conclure qu'en admettant, dans un avenir certainement très lointain, les forêts du monde entier aménagées et régulièrement exploitées, le revenu moyen pourrait varier entre 2 mètres cubes et 3 à l'hectare et par an ce qui représente 3 à 5 milliards de mètres cubes; cette production serait très supérieure aux besoins actuels de la consommation, la population entière du globle étant de 1 milliard 744 millions d'hommes.

Sur la consommation du bois d'œuvre, tout à été dit par Mélard, dans le remarquable travail produit par lui, au moment de l'Exposition universelle de 1900. Il prévoyait que les besoins de tous les pays iraient indéfiniment en augmentant. Il nous a paru curieux de rechercher si ses pronostics étaient vérifiés, dans l'espace des treize années dernières.

Les limites de ce travail ne permettent pas de poursuivre sur ce point une très complète enquête. Nous avons limité nos recherches à quatre pays, nettement importateurs, la France, la Grande-Bretagne, la Bel-

(1) Le mètre cube vaut 35,31658 pieds cubes (*Annuaire du Bureau des longitudes*).

gique et l'Italie. La situation comparative est indiquée dans les quatre tableaux suivants, où ne figurent que les bois d'œuvre, à l'exception des menus bois, du chauffage et du charbon.

FRANCE. — CHIFFRES COMPARATIFS DES IMPORTATIONS ET EXPORTATIONS
(*en mètres cubes*)

NATURE DES PRODUITS		MOYENNES de 1894 à 1898. Chiffres cités par Mélard		IMPORTATIONS			EXPORTATIONS		
		Importations	Exportations	1909	1910	1911	1909	1910	1911
		mc	mc	mc	mc	mc	mc	mc	mc
Bois de chêne	ronds bruts	2.560	11.030	1.931	2.775	1.760	25.796	27.080	31.96
	traverses pour chemin de fer	250	21.400	2.346	1.748	1.235	25.144	31.131	24.7[illegible]
	équarris ou sciés de plus de 0 m 08 d'épaisseur	11.380	5.080	11.182	12.400	6.470	4.686	4.762	5.7[illegible]
	sciés de moins de 0 m 08	50.850	4.490	45.274	41.510	39.790	7.077	7.022	8.8[illegible]
	merrains	167.140	4.450	185.516	83 980	96.000	8.021	7.326	5.88
Bois de noyer		3.810	5.350	15 187	16.611	19.758	9.277	9.471	6.99
Bois d'essences diverses	ronds bruts	187.760	1.227.680	122.773	110.106	107.109	214.164	252.518	280.1[illegible]
	perches de mines, étais, échalas			385.411	261.500	230.107	1.295.302	1.298.330	1.359.5[illegible]
	traverses pour chemin de fer	900	44.020	45.446	51.598	55.054	28.491	19.994	27.6[illegible]
	équarris ou sciés de plus 0 m 08 d'épaisseur	212.820	14.360	225.164	158.361	188.800	10.886	14.411	10.6[illegible]
	sciés de moins de 0 m 08	1.834.700	68.850	1.884.484	2.026.312	2.057.000	71.552	78.510	83.5[illegible]
	merrains	3.070	1.550	17.475	14.897	13.810	1.931	2.709	2.6[illegible]
Totaux		2.475.240	1.408.260	2.942.189	2.781.798	2.816.893	1.702.327	1.753.264	1.847.6[illegible]

	1894 à 1898	1909 à 1911
Moyenne des importations	2.475.240	2.846.960
Moyenne des exportations	1.408.260	1.767.754
Différence entre les importations et les exportations (en moyenne)	1.066.980 mc	1.079.206 mc

ITALIE. — CHIFFRES COMPARATIFS (quantités *en tonnes* de 1.000 kilogrammes)

NATURE DES PRODUITS	IMPORTATIONS				EXPORTATIONS			
	Chiffres cités par Mélard		1908	1911	Chiffres cités par Mélard		1908	1911
	1888	1898			1888	1898		
Bois brut ou simplement dégrossi à la hache	70.175	54.094	117.493	168.724	12.702	4.316	6.771	3.656
Bois équarri, bois débité dans le sens de la longueur, sciages	385.173	431.854	1.185.869	1.317.841	27.521	44.510	22.598	11.801
Autres bois communs	18.335	2.012	1.710	2.381	22.582	18.936	2.609	2.127
Totaux	473.683	487.960	1.305.072	1.488.946	62.805	67.762	31.978	17.584

GRANDE-BRETAGNE

NATURE DES PRODUITS	IMPORTATIONS (mètres cubes)					
	Chiffres cités par Mélard 1897	1907	1909	1911	DIFFÉRENCES entre 1911 et 1897 en plus	en moins
Bois en grume ou équarris — Résineux (autres que les bois de mines)	3.517.288	795.525	784.454	717.369	1.600.830	»
Bois en grume ou équarris — Étais et bois de mines		3.720.127	3.720.728	4.100.749		
Bois en grume ou équarris — Chêne	251.164	311.307	221.660	280.603	29.439	»
Bois en grume ou équarris — Teck	105.381	78.187	47.941	78.482	»	26.899
Bois en grume ou équarris — Divers	124.483	68.154	79.349	104.219	»	20.264
Sciages — Résineux	9.683.366	8.216.179	7.879.738	7.622.106	»	2.061.260
Sciages — Divers	256.290	259.412	222.473	268.503	12.213	»
Douves de toutes dimensions	179.344	243.156	178.896	226.132	46.788	»
	EXPORTATIONS (mètres cubes)					
Tous les bois énumérés ci-dessus	1.838	25.090	26.046	43.830	41.992	»

ROYAUME DE BELGIQUE

NATURE DES PRODUITS	IMPORTATIONS		EXPORTATIONS	
	Chiffres cités par Mélard 1898	1911	Chiffres cités par Mélard 1898	1911
	mc	mc	mc	mc
Chêne et noyer — En grume ou non sciés	20.365	47.883	2.409	1.615
Chêne et noyer — Simplement refendus	2.648	2.060	853	1.031
Chêne et noyer — Sciés	100.436	153.869	3.710	3.694
Autres que le chêne et le noyer — En grume ou non sciés	150.371	389.679	2.440	3.210
Autres que le chêne et le noyer — Sciés — Poutres	8.813	51.886	22	689
Autres que le chêne et le noyer — Sciés — Autres	752.909	983.447	6.951	10.348
Autres que le chêne et le noyer — Rabotés	10.819	1.922	103	733
Pièces de bois en grume ou non sciés ayant moins de 75 centimètres de circonférence au gros bout	444.780	540.624	11.845	10.273
Totaux	1.492.141	2.171.370	28.333	31.593

Accroissement des importations en 13 ans ; 679.229 mètres cubes.

Les tableaux qui précèdent se passent de commentaires. La Belgique et l'Italie ont vu leurs importations nettement majorées. La France et la Grande-Bretagne, tout en augmentant le chiffre de leurs importations, ont vu par compensation croître leurs exportations.

En France, alors que nos bois ronds bruts sont davantage partis pour l'étranger, ce qui indiquerait qu'il a été demandé de la futaie en surcroît aux forêts, phénomène fâcheux à constater. Nous sommes devenus très franchement exportateurs de bois de mines, ce qui est au contraire avantageux. L'Angleterre et la Belgique sont nos principaux clients pour ces produits dont la consommation a progressé manifestement dans ces treize ou quatorze dernières années.

D'ailleurs, les pays exportateurs ont envoyé hors de leurs frontières de plus en plus de bois, ainsi qu'il ressort du tableau suivant emprunté à la statistique de Gustave Sundbärg :

EXPORTATION DU BOIS NON OUVRÉ DES PRINCIPAUX PAYS EXPORTATEURS

(*Valeurs en milliers de francs*)

PAYS	1896	1897	1898	1899	1900	1901	1902	1903	1904	1905	190[illegible]
Suède......	182.379	208.921	203.499	194.764	213.713	183.399	206.237	240.411	191.767	193.900	235.[illegible]
Norvège....	48.486	58.633	55.821	55.072	59.399	49.593	53.278	61.944	49.136	48.638	62.[illegible]
Finlande....	68.810	77.054	89.153	98.188	110.500	98.502	112.356	126,971	116.440	120.454	140.[illegible]
Autriche-Hongrie.	153.200	175.974	209.789	244.237	267.010	230.269	205.307	248.977	264.423	264.996	268.[illegible]
Russie......	124.715	126.544	153.136	142.920	155.691	152.516	147.929	174.140	193.954	203.828	262.[illegible]
États-Unis..	127.134	159.850	147.190	164.589	203.916	214.172	188.252	231.402	271.677	235.376	286.[illegible]
Canada.....	140.772	161.922	137.332	145.154	153.658	155.451	166.379	188.480	171.416	172.161	201.[illegible]
Totaux....	845.486	968.898	995.920	1.044.924	1.163.887	1.083.902	1.080.038	1.272.325	1.258.813	1.239.353	1.456.8[illegible]

L'essor donné à l'industrie du papier, grâce à la multiplication des livres, des prospectus, des journaux, des revues, etc., produit un effet direct sur la consommation du bois destiné à la fabrication de la pâte, qui augmente dans des proportions considérables.

Voici quelques chiffres indiquant cette progression :

IMPORTATIONS EN FRANCE

(*tonnes métriques*)

	1898	1905	1907	1908	1909	1910	1911
Pâte de cellulose mécanique..............	92.549	130.444	163.222	175.458	166.628	204.223	191.549
Pâte de cellulose chimique................	40.157	92.270	122.846	138.747	124.077	153.412	172.245
Totaux..........	132.706	222.714	286.068	314.205	290.705	357.635	363.794

IMPORTATIONS EN GRANDE-BRETAGNE

(*mesures en tonnes anglaises* : 1016 k. 048)

	1907	1908	1909	1910	1911
Pâte de cellulose mécanique.	393.103	443.911	445.950	503.037	428.594
Pâte de cellulose chimique..	293.255	315.951	315.174	370.715	370.806
Autres matières pour la fabrication du papier......	222.561	208.510	215.299	211.790	222.509
Totaux...........	908.919	968.372	976.423	1.085.542	1.021.909

IMPORTATIONS EN ITALIE
(*tonnes métriques*)

	1907	1908	1909	1910	1911
Pâtes de cellulose..........	57.564	61.663	66.011	71.835	79.671

La Belgique a importé, en 1911, 136.887 tonnes et exporté 43.216 tonnes de pâtes à papier. La même année l'Allemagne, pays producteur en a importé 62.452 tonnes et exporté 171.679 tonnes.

Aux États-Unis, le nombre des fabriques de papier était de 163 en 1900 et de 161 seulement en 1905, mais grâce aux améliorations apportées à la machinerie des usines, la production des États-Unis, durant cette période de cinq ans, avait augmenté de près de 50 %, ainsi que le révèlent les chiffres suivants :

	1900	1905
Production de pulpe (en tonnes)...	1.536.431	2.664.753
Production de papier —	2.782.219	3.857.903

Il se consomme aux États-Unis 5.000 tonnes *par jour* de pulpe de bois, soit plus de 1.800.000 tonnes par an (1).

En France, d'après le très intéressant rapport produit au Congrès International d'Agriculture de Gand par M. l'Inspecteur général des Eaux et Forêts Lafosse, qui a bien voulu nous le communiquer, la production du papier était de 180.497 tonnes en 1886 ; elle atteignait 365.000 tonnes en 1890, 450.000 en 1900. Elle est aujourd'hui de 867.000 tonnes(2).

Nous avons eu la curiosité de rechercher quel est, dans ce total, la part de nos grands journaux quotidiens. Avec la plus entière bonne grâce, leurs directeurs ont bien voulu nous renseigner :

Le Petit Parisien consomme de 60 à 85 tonnes par jour, soit environ par an	26.000	tonnes
Le Journal accuse une consommation de 2.500 tonnes par mois. Il entre dans la composition du papier de ce journal environ 15 % de matières autres que le bois. Cette déduction faite, sa consommation annuelle serait de	25.500	—
Le Matin absorberait tous les jours de 53 à 55 tonnes, soit annuellement	20.000	—
Le Petit Journal accuse une consommation annuelle de.......	14.000	—
Le Journal officiel consomme	1.050	—
Ces cinq journaux ensemble consomment..........	86.550	tonnes

Soit sensiblement le 1/10 de la production française.

Que représentent en bois ces 86.550 tonnes de papier ? M. Janot, directeur de la Papeterie de la Seine (qui fournit entièrement le papier du *Petit Parisien*), a bien voulu nous donner sur les questions de fabrication

(1) *Le Canada et la France*, volume déjà cité.

(2) Il existe des fabriques de papier dans 70 départements. Viennent en tête : Seine-et-Oise, production journalière 374 tonnes ; Isère, 314 tonnes ; Seine, 260 tonnes, etc.

des explications très intéressantes que les limites déjà trop étendues de ce rapport nous empêchent de répéter ; il estime qu'on peut compter, sans erreur sensible, que 100 kilogrammes de pâte donnent 100 kilogrammes de papier. Quant à la quantité de bois nécessaire pour donner une tonne de pâte, les chiffres varient énormément, suivant les pays et les usines, ce qui s'explique par l'âge, la dimension et la nature du bois mis en œuvre.

M. Janot estime cependant qu'on peut prendre comme moyenne, en Scandinavie, les chiffres suivants :

Pour la pâte mécanique, 3 mètres cubes et demi de bois de sapin pour 1.000 kilogrammes de pâte sèche ;

Pour la pâte chimique au bisulfite, 7 mètres cubes et demi de bois de sapin pour 1.000 kilogrammes de pâte sèche.

M. l'Inspecteur général Lafosse admet qu'en moyenne il faut employer 5 mètres cubes de bois pour obtenir une tonne de papier. Les journaux énumérés plus haut absorberaient annuellement 433.000 mètres cubes de bois, ce qui représente le revenu (à 3 mètres cubes par hectare et par an) de 145.000 hectares de forêts, c'est-à-dire environ huit fois la contenance de la forêt de Fontainebleau.

La production dans le monde des pâtes à papier de toutes sortes se chiffrait ainsi en 1910 (1) :

Production en Europe	Tonnes.	3.783.732
Production hors d'Europe		3.181.588
Total	Tonnes.	6.965.320

Ce qui représente 30 à 35 millions (2) de mètres cubes de bois.

Evidemment, ce chiffre paraît redoutable, mais il faut bien se dire, d'une part, que les bois employés à la fabrication du papier ne sont pas de ceux dont le grossissement est le plus désirable ; les essences employées n'appartiennent pas aux catégories feuillues précieuses; d'autre part, les bois pouvant, pour la fabrication du papier, être exploités fort jeunes (des peuplements résineux sont utilisables dès 12 ans), les renouvellements de récoltes s'opèreront très facilement. Si la pénurie se fait sentir, et elle est déjà sensible (3), la hausse des prix aura donc pour conséquence une production nouvelle qui peut être rapidement obtenue. Enfin, le remplacement du bois par d'autres produits sera un jour ou l'autre la résultante de la hausse ; jusqu'ici, le bois est encore à un prix assez bas pour ne pas inciter à l'emploi des succédanés. Vienne une raréfaction de la matière ligneuse, les procédés économiques seront trouvés pour la fabrication au moyen d'autres végétaux.

La situation est beaucoup moins rassurante pour le bois d'œuvre. En 1900, Mélard a poussé un cri d'alarme dont l'écho a été retentissant. A-t-il exagéré les craintes à avoir ? D'aucuns le prétendent. Ce qui n'est pas niable, c'est que les ressources en vieux bois que recèlent les forêts éloignées des centres de civilisation ne sont pas actuellement disponibles

(1) D'après M. Franz Krawany, directeur de la Papeterie Union de Vienne, article publié dans l'*International Papier Statistik*.

(2) Chiffre approximatif puisqu'il entre d'autres matières que le bois dans la composition de certaines pâtes.

(3) Depuis 1912, le cours des pâtes mécaniques, stationnaire jusque-là a subi une augmentation de 2 francs par 100 kilogrammes, sur celui des pâtes chimiques, soit 5 francs pour le même poids (*Excelsior*, numéro du 11 mai 1913, sous la signature de Jean Barsac).

pour les deux raisons suivantes : insuffisance des moyens d'exploitation et de vidange, frais élevés des transports. Avant qu'il y ait amélioration de ce côté, il faut s'attendre à une hausse constante des futaies. Cette hausse est indispensable pour provoquer la mise en valeur des forêts situées hors d'Europe, par des aménagements étudiés, par la création de larges voies de desserte et de moyens économiques de transport jusqu'à la mer. Une crise grave se produira certainement à un moment donné. Elle affectera notamment *le chêne* qui sera plus demandé qu'offert. La lenteur de la croissance des bois précieux ne permettra de parer à cette crise que si, dès maintenant, les gouvernements mettent tout en œuvre pour encourager leur production. Il serait hors du sujet de ce rapport d'indiquer les moyens multiples, et souvent préconisés, destinés à obtenir ce résultat.

Nous avons cherché seulement, en présentant la situation actuelle des forêts du monde entier, à faire ressortir combien elle est mal connue, et l'intérêt puissant qui s'attacherait à ce qu'il fût procédé, dans tous les pays du monde, à un inventaire détaillé des richesses forestières qu'ils contiennent. Sachant avec une précision au moins approchée le capital qu'elles représentent, peut-être pourrait-on mieux régulariser leurs exploitations, de façon à ne livrer au commerce que le revenu annuel en matière. Ce souhait n'a, pour le moment, que la valeur d'une utopie ; il n'y a pas cependant de raison qui s'oppose à ce que, la civilisation aidant, les forêts du monde entier soient un jour, comme les forêts soumises au régime forestier du Centre et de l'Ouest de l'Europe, exploitées avec méthode et régularité.

Comme conclusion de ce travail, nous demanderons que le Congrès international émette un vœu, qui d'ailleurs a été voté à peu près dans la même forme en 1900 :

Qu'une entente internationale intervienne pour publier les statistiques résumées faisant connaître, dans chaque pays, l'étendue des forêts exploitables, leurs richesses, leur capacité de production et, d'une façon générale, les ressources qu'elles sont susceptibles de fournir au commerce du monde entier.

M. Madelin. — Sur le sujet que je traite dans ce rapport, nous avons reçu une communication dont je vous demande la permission de dire un mot. Cette communication a été envoyée au Congrès par les États-Unis. Ce que j'ai entre les mains est une traduction qui a été faite par les soins du bureau du Congrès et qui n'est pas signée. Je ne sais si le rapport lui-même l'était.

Je ne vous donnerai point lecture intégrale de ce document, pour épargner vos instants, mais il contient, sur la superficie des forêts aux États-Unis, quelques renseignements intéressants que je vais très rapidement résumer.

La superficie totale est, d'après ce rapport, de 545 millions d'acres. Ce chiffre est un peu supérieur à celui que j'indiquais, dans mon rapport (500 millions d'acres). C'est en général un chiffre approchant que l'on donne pour la contenance des forêts des États-Unis. En fait, je me figure qu'on n'en sait rien : quand il s'agit de pareilles étendues, il est facile de faire une erreur de 15 ou 20 millions d'acres.

Le taux de boisement est de 29 %, ce qui paraît un peu élevé.

M. GUYOT. — Oh oui ! Ce taux est vrai pour les Montagnes-Rocheuses. Mais toute la prairie de l'Ouest n'est nullement boisée, et elle constitue à peu près le tiers de la superficie totale.

M. MADELIN. — Les forêts nationales représentent 18,5 % ; les forêts départementales (celles des États), 0,5 %, les forêts privées, ainsi que les forêts publiques non réservées, 81 %.

165 millions d'acres appartiennent au gouvernement fédéral.

Le rapport s'étend ensuite longuement sur les trois sources de profits et d'exploitation, le bois, le pâturage et les forces hydrauliques. Pour les bois, on compte à peu près 2 milliards 800 millions de mètres cubes de forêts vierges, dont une grande partie est inaccessible. Je me permets de trouver que le renseignement a bien des chances d'être inexact, puisque les forêts sont inaccessibles.

L'année dernière, environ 2 millions de mètres cubes ont été aménagés et mis en vente. De plus, 500.000 mètres cubes étaient donnés aux colons pour le chauffage et l'exploitation de leurs fermes. La quantité d'arbres abattus n'est que de 7 % du produit des forêts nationales.

Les pâturages tiennent une large part de ces forêts qui sont aménagées. Le rapport traite encore des questions de sylviculture et de la manière dont sont aménagés les réserves, ainsi que des travaux d'exploration exécutés. Il s'occupe ensuite de questions de dendrologie, et il termine enfin en citant les travaux des stations de recherches établies aux États-Unis.

Ce travail est très documenté, très intéressant, et je regrette que sa longueur ne me permette pas de le lire entièrement.

Je vous demande également la permission de faire mention spéciale d'une communication qui nous parvient d'un ami très lointain. C'est un Russe, M. Moustafiz, de l'Administration de l'agriculture et des domaines de l'État, à Tachkent, dans le Turkestan russe. Son travail, considérable, est écrit en russe, et il a été traduit pour le congrès par M. Muller, représentant l'Alliance française à Tachkent.

Nous trouvons dans ce document des renseignements très intéressants sur les forêts du Turkestan qu'il divise en forêts de montagne, forêts de rives basses des rivières, et steppes. Le Turkestan russe a un taux de boisement moyen de 11,3 %, ce qui paraît assez vraisemblable.

Je dois signaler au Congrès qu'à la suite de l'adoption, hier, d'un vœu précédent, j'ai dû modifier légèrement le mien, en voici la teneur :

« *Que l'Office forestier international, dont la création a été demandée par un vœu précédent, publie les statistiques résumées faisant connaître, dans chaque pays, l'étendue des forêts exploitables, leurs richesses, leur capacité de production, et, d'une façon générale, les ressources qu'elles sont susceptibles de fournir au commerce du monde entier.* »

M. LE PRÉSIDENT. — Messieurs, nous remercions M. Madelin de son travail si documenté. M. Madelin fait là une œuvre extrêmement utile et dont on ne peut que le féliciter.

Je mets aux voix le vœu modifié ainsi qu'il l'a indiqué.

Le vœu de M. Madelin ainsi modifié, est adopté.

L'ordre du jour appelle la discussion du rapport de M. Villame sur les DROITS DE DOUANE et la parole est à M. Villame pour la lecture de son rapport.

M. VILLAME. — Nous voudrions, dans ce Rapport, que nous ferons aussi succinct que possible, passer en revue les différents produits forestiers pour lesquels nos groupements corporatifs ont demandé des modifications au tarif actuel des douanes.

Déjà, en 1908-1910, lors de la révision de la loi douanière de 1892, nos syndicats se sont efforcés d'obtenir des relèvements justifiés par la crise que traverse depuis quelques années l'exploitation des forêts nationales. Nos tentatives n'ont pas eu, il faut bien le dire, le succès que nous escomptions, et, bien loin d'obtenir satisfaction, nous dûmes nous estimer heureux d obtenir le maintien du *statu quo* et de nous défendre contre les abaissements des tarifs qui étaient proposés par certains députés, et qui auraient eu pour résultat d'aggraver encore les conditions d'infériorité dans lesquelles le commerce des bois doit lutter contre la concurrence étrangère.

Certes, en pareille matière, il faut se garder des exagérations. Il faut tenir compte, dans une large mesure, des situations acquises également respectables et des habitudes du commerce et aussi d'autres intérêts parfois divergents. Mais, ceci dit, nous ne saurions trop énergiquement affirmer que la forêt française a besoin d'être protégée et que nous ne devons négliger aucun moyen pour venir en aide à un commerce pour lequel les pouvoirs publics sont loin d'avoir toute la sollicitude qu'on serait en droit d'en attendre.

Bois de mines.

Le commerce des bois de France, estimant avec raison que nos forêts regorgent de petits bois aptes à l'usage de bois de mines, demande logiquement que « les perches, étançons, échalas bruts, de plus de 1 m. 10 de longueur et de circonférence atteignant au maximum 0 m. 60 au gros bout, soient taxés à raison de 0 fr. 65 les 100 kilogrammes, au tarif minimum » (au lieu de 0 fr. 30 au tarif minimum actuel).

Mais, dira-t-on, ne peut-on craindre des représailles de la part des États étrangers? Nous ne redoutons pas ce danger.

Quels sont, en effet, les marchés étrangers qui s'approvisionnent de bois en France? Ceux d'Angleterre et de Belgique qui trouvent chez nous des bois à meilleur compte que dans le Nord. D'ailleurs, on sait que les États du Nord, comme la Norvège, ont interdit depuis 1905, la coupe des jeunes arbres. Ne sont-ce pas là justement des bois de mines? Si nous en demandons moins, on en coupera moins, et les États septentrionaux qui prennent des mesures contre l'exploitation prématurée de leurs forêts ne pourront que s'en réjouir. Donc, point de représailles de ce côté. Et, quant à l'Angleterre, si elle vient chercher dans les Landes les bois qui lui font défaut, c'est qu'elle y trouve son compte et que nos bois ont des qualités qui lui conviennent mieux que ceux du Nord. Croit-on vraiment qu'il y ait quelques représailles à craindre de ce côté?

Pour la répercussion que cette élévation des droits pourrait avoir sur les mines du Nord, elle se traduirait par une augmentation d'un centime environ par tonne de charbon extrait, dont la valeur est au moins de 16 francs sur le carreau de la mine. Les mines du Nord, dont la prospérité est si grande, ne pourraient-elles supporter sans murmurer cette insignifiante augmentation?

Mais, dira-t-on encore, les forêts de France ne sont-elles pas trop éloignées de la région du Nord, pour contribuer utilement à l'approvisionnement des mines! Cette objection ne nous paraît pas très convaincante, car on sait que la Belgique fait des achats jusque dans le Plateau Central, et, d'autre part, notre réseau de navigation intérieure est très bien organisé pour desservir à souhait le bassin du Nord. Et si l'on veut bien approfondir, on reconnaîtra que la question de la protection des bois de mines est solidaire de la prospérité de la batellerie qui trouvera dans le transport des bois, à destination du Nord, un frêt de retour des plus importants et un aliment appréciable pour son activité.

Les quinze mille communes de France, propriétaires de misérables taillis que la mévente des petits bois a cruellement atteintes dans leur revenu, demandent instamment qu'on protège d'une manière efficace les bois de mines.

Le tableau suivant montre la quantité considérable de bois de mines importés en France, à destination des houillères du Nord bien entendu. On remarquera l'énorme augmentation survenue depuis 1900 :

En 1900...	36.670	tonnes	En 1907...	126.770	tonnes
— 1901...	59.060	—	— 1908...	211.655	—
— 1902...	81.130	—	— 1909...	215.830	—
— 1903...	124.870	—	— 1910...	146.440	—
— 1904...	175.190	—	— 1911...	128.860	—
— 1905...	87.556	—	— 1912...	135.580	—
— 1906...	80.750	—			

Sciages de chêne. La valeur des sciages de chêne est pour les qualités communes double de celle des sciages de sapin et pour les qualités supérieures débitées en faible épaisseur, quatre fois plus élevée : si donc, on veut arrêter l'exode de nos beaux chênes vers l'Allemagne, il faudrait, en bonne logique, doubler les droits d'entrée sur les sciages épais de chêne et quadrupler ces mêmes droits sur les sciages minces.

Mais le commerce des bois de France sait faire la part des situations de fait et des justes nécessités. Et, pour assurer au chêne de notre pays, sans rival comme qualité et comme durée, la place qui doit lui revenir sur notre marché, il demande simplement, ce qu'il n'a pu obtenir ne 1910 : le classement à part des sciages de chêne et un droit d'entrée de :

Pour les bois sciés ou équarris de 0,080 m/m d'épaisseur et au-dessus :

2,50 au tarif général,	au lieu du tarif actuel de......	1,50
2 » au tarif minimum	— —	1 »

Pour les bois sciés de 0,035 m/m et inférieurs à 0,080 m/m :

2,75 au tarif général,	au lieu du tarif actuel de......	1,75
2 » au tarif minimum	— —	1,25

Pour les bois sciés de 0,035 m/m d'épaisseur et au-dessous :

4 » au tarif général,	au lieu du tarif actuel de......	2,50
2,50 au tarif minimum	— —	1,75

Les premiers droits s'appliquent à des marchandises qui valent au minimum 120 francs le mètre cube, les seconds à des marchandises qui valent au minimum 240 francs le mètre cube, et le troisième à des marchandises qui atteignent souvent 400 francs le mètre cube.

Bois injectés.

La Fédération du commerce des bois a demandé aussi que le droit de douane sur les bois injectés à leur entrée en France fût majoré de 5 francs par 100 kilogrammes.

Le marché français est envahi par les poteaux injectés en Allemagne et en Suisse, qui sont avantagés par le bon marché de la matière première, de la main-d'œuvre et aussi des transports dans leurs pays.

Il est nécessaire de défendre notre production et le taux qui est réclamé nous paraît justifié, non pas même pour secourir nos nationaux, mais pour égaliser leurs moyens avec ceux de leurs concurrents étrangers.

Douvelles de sapin.

M. Farjon, député du Pas-de-Calais a, dans la précédente législature, déposé une proposition de loi ayant pour objet de faire accorder le bénéfice de l'admission temporaire aux douvelles de sapin étrangères, destinées à la fabrication des barils d'emballage.

Cette proposition n'a pas manqué de soulever les protestations des producteurs français de bois résineux, notamment de la région des Landes, et, la Fédération du commerce des bois de France, au cours de l'Assemblée générale de 1910, émit le vœu que la proposition de loi Farjon ne fût pas adoptée par les Chambres et que si le droit de douane sur la douvelle étrangère en sapin n'était pas augmenté, le *statu quo* tout au moins fût obtenu.

Conformément au désir de la Fédération, la proposition de loi Farjon ne vit jamais le jour et, à l'expiration de la législature, elle devint caduque.

M. Farjon n'ayant pas été réélu en 1910, on pouvait supposer que sa proposition de loi resterait à jamais enfouie dans les cartons parlementaires, mais M. Loth, également député du Pas-de-Calais, a repris à son compte et déposé à nouveau sur le bureau de la Chambre cette proposition.

Les raisons qui militaient contre la proposition Farjon n'ont rien perdu de leur force. En laissant de côté *les fraudes que favorise presque toujours l'admission temporaire*, il est évident que, si cette faculté peut ne pas présenter de gros inconvénients quand il s'agit des produits non fabriqués en France, quoique prétende l'auteur de la proposition, il n'en va pas de même de l'admission temporaire de produits étrangers venant, comme la douvelle de sapin, concurrencer les produits français d'usage et de qualité analogues. Aussi, le commerce des bois est-il résolument opposé à l'admission temporaire des bois à douvelles, comme il le serait à l'admission des planches, des madriers et des bois de charpente, parce que tous ces produits sont fabriqués également en France et que l'industrie nationale est déjà assez attaquée par la concurrence étrangère, sans qu'il soit besoin de faciliter encore cette concurrence.

Bois sciés.

Ce fut avec une douloureuse surprise que le commerce des bois apprit, lors de la revision générale du tarif des douanes, en 1910, que la Commission des douanes, sur l'initiative de son rapporteur, M. Bouctot, — désireux sans doute de favoriser le mouvement des ports de la Manche et de la mer du Nord, région dont il était le représentant, — proposait une diminution du droit qui frappe les planches de 25, 27 et 30 millimètres d'épaisseur à leur entrée en France, non seulement pour la planche sapin, mais pour toutes les essences.

D'après le tarif actuel, les bois équarris ou sciés de 80 millimètres et au-dessus payent, par 100 kilogrammes, 1 fr. 50 au tarif général et un franc au tarif minimum.

Les bois équarris ou sciés, d'une épaisseur inférieure à 80 millimètres et supérieure à 35 millimètres, payent 1 fr. 75 au tarif général et 1 fr. 25 au tarif minimum.

Les bois sciés, de 35 millimètres d'épaisseur et au-dessous, paient 2 fr. 50 au tarif général et 1 fr. 75 au tarif minimum.

Au tarif minimum, la planche paie 1 fr. 75 de droits par 100 kilogrammes ; le rapporteur proposait de la mettre dans la catégorie des sciages payant seulement 1 fr. 25. C'était donc une réduction de 0 fr. 50 par 100 kilos, soit 2 fr. 50 par mètre cube fabriqué.

Sous une apparence inoffensive, cette proposition entraînait, en raison du déchet infligé à la propriété forestière, une perte d'environ 2 francs par mètre cube sur pied. Elle menaçait, en outre, l'élément principal de notre industrie du bois : la planche, cet article courant, base de fabrication des scieries, qui, sans elle, ne sauraient comment occuper leurs ouvriers d'une façon continue, si elles n'avaient pas cet article qui peut être fabriqué, d'avance, par grandes quantités.

Il n'est pas douteux, d'autre part, que l'étranger qui déjà nous envoie des quantités de planches profiterait d'un abaissement des droits pour augmenter la production de cet article et pour nous inonder au point de fermer entièrement le débouché à la production nationale, et, de l'encombrement, résulterait l'enlisement des prix.

Et nous ne parlons pas de l'injustice choquante qu'il y avait à frapper d'un même droit de 1 fr. 75 par 100 kilogrammes, des feuillets de chêne, de 15 millimètres d'épaisseur valant 400 francs le mètre cube et des planches de sapin de 27 millimètres d'épaisseur valant 60 francs le mètre cube.

Ce projet provoqua dans toute la France un mouvement de protestation unanime.

Une opposition vigoureuse eût raison de la menace de M. Bouctot et les anciens droits, grâce à l'intervention de M. Fleurent, alors député de Saint-Dié, furent maintenus par la Commission des douanes.

M. Bouctot cherchait à légitimer la mesure qu'il proposait par l'intérêt qui s'attache à réduire le prix des logements ouvriers : Or, dans une maison ouvrière de 3.000 francs, on peut admettre qu'il entre bien 200 mètres carrés de planches de 27 millimètres pour la construction, ce qui fait une économie de 10 à 15 francs, soit les 5 millièmes du montant total de l'entreprise.

Il faut noter ici une demande très légitime, présentée par la Chambre de Commerce du Jura, en vue de la création d'une classification nouvelle pour les sciages inférieurs à 11 millimètres d'épaisseur dont la valeur intrinsèque est incomparablement supérieure. Cette nécessité est d'autant plus grande que les pièces sont coupées de longueur pour être assemblées et que, dans la catégorie nouvelle rentreraient les véritables bois façonnés.

M. Pasqual, député du Nord, a déposé en mars 1911, sur le bureau de la Chambre une proposition de loi tendant à frapper d'un droit de douane les bois contreplaqués à leur entrée en France. Bois contreplaqués.

On sait que les bois contreplaqués sont des feuilles de bois de faible épaisseur déroulées en grande surface et collées ensuite ensemble; on obtient ainsi le maximum de rendement des bois.

Ces bois contreplaqués sont employés pour les meubles, les chaises, les lambris, et comme ils sont obtenus en grande surface, ils font une économie de main-d'œuvre. Les ébénistes, fabricants de chaises, menuisiers, en font usage. Ces bois sont importés par milliers de tonnes en France chaque année d'Allemagne, de Russie, d'Autriche. Cette importation augmente tous les jours. Or, il existe en France des usines qui ne peuvent prospérer à cause de cette concurrence étrangère, et, cependant, grâce aux bois de nos colonies, comme l'okoumé, le tulipier et autres essences, grâce aux essences telles que l'aulne, le hêtre, le bouleau, qui se trouvent en abondance dans nos forêts de l'État et des particuliers, ces usines pourraient s'alimenter sans faire appel à l'étranger.

Tels sont les motifs qui ont déterminé M. Pasqual à présenter sa proposition de loi.

La proposition elle-même tend à ce que les droits de douane qui frappent actuellement les marchandises groupées sous le n° 601 de notre tarif douanier, soient augmentés dans les proportions suivantes :

Marchandises	Droit actuel	Droit proposé	
Panneaux..........	12 fr. 50	40 francs	par tonne de 100 kilogs.
Fonds des sièges....	18 »	45 »	
Autres.............	12 »	30 »	

Ces nouveaux tarifs seraient encore très modérés. Les bois dont il s'agit sont, en effet, relativement légers. Les panneaux de 3 millimètres pèsent 1.700 grammes par mètre carré en moyenne : ceux de 4 millimètres de 2.500 à 2.900 grammes et ceux de 5 millimètres de 2.800 à 3.300 grammes. Le droit par mètre carré serait donc très faible.

Presque toutes les chambres syndicales du commerce et de l'industrie en bois ont demandé le vote de la proposition Pasqual. Il semble donc que la Chambre des Députés n'ait plus qu'à adopter sans tarder davantage une proposition de loi qui est déposée depuis plus de deux ans, et au sujet de laquelle le commerce intéressé a émis un avis unanimement favorable, sauf, toutefois, quelques intermédiaires, agents de maisons étrangères.

Le commerce des bois est loin de préconiser une protection à outrance Merrains.

et de demander une augmentation générale de tous les bois étrangers entrant en France. Aussi, en ce qui concerne le merrain, n'avons-nous jamais sollicité aucun relèvement qui ferait renchérir la futaille et élèverait encore les frais des viticulteurs, bien que le prix de la main-d'œuvre ait considérablement augmenté, et que le prix du merrain n'ait pas été relevé dans les mêmes proportions.

Dernièrement, la Chambre de Commerce de Bordeaux a présenté une demande tendant à l'admission temporaire des merrains, en vue du sciage pour leur réexportation.

Certains pays d'Europe, de même que nos colonies, ne sont pas encore outillés pour scier les merrains : et il y aurait intérêt à ce que ces pays s'adressent à nous pour la fabrication de la tonnellerie. Le trafic et la main-d'œuvre de nos ports ne peuvent que ressentir de bienfaisants effets de cette mesure. La facilité réclamée pour le sciage et le façonnage de ces bois en France permettrait au commerce d'exportation du bois et de la tonnellerie de lutter contre la concurrence étrangère et procurerait aussi un frêt important à la marine marchande, telles sont les considérations que fait valoir la Chambre de Commerce de Bordeaux à l'appui de sa demande.

Le commerce des bois s'associerait volontiers à cette demande, s'il n'avait la crainte justifiée, de voir cette admission temporaire favoriser outre mesure la fraude, ainsi que nous l'avons expliqué précédemment, au sujet de l'admission temporaire des douvelles de sapin.

Futailles.

La futaille étrangère est frappée d'un droit inférieur, de beaucoup, aux droits élémentaires sur les merrains et cercles ; la tonnellerie entre même en franchise comme emballage dans nombre de cas. Ce fait constitue une faveur destructive de toute protection, à tel point que, si la tonnellerie française lutte souvent avec avantage sur les marchés mondiaux, elle se voit menacée, sur nos propres marchés, qui restent ouverts aussi bien par des tarifs de pénétration pour les transports économiques, que par des droits d'entrée insuffisants. Il y a là une anomalie que nous signalons tout spécialement à l'attention des pouvoirs publics.

Charbons de bois.

La Fédération des syndicats du commerce des bois de France a demandé que le droit de douane sur les charbons de bois soit porté de 1 franc les 100 kilogrammes, tarif minimum, droit actuel à 2 francs. Cette proposition a pour but de conserver l'emploi de milliers de stères de menus bois en France. Utilisés jadis à la fois par l'industrie et la consommation ménagère, les charbons de bois eurent longtemps un débouché suffisant et rémunérateur. Il n'en est plus ainsi aujourd'hui, malheureusement. La consommation de ce produit est en diminution continue. L'utilisation toujours croissante de la houille et du gaz lui a été des plus funestes et, dans les grands centres, l'abaissement du prix du gaz lui a porté un coup mortel.

Cette situation est entièrement préjudiciable à la forêt française. C'est une cause de plus pour favoriser le déboisement. De plus, des milliers d'ouvriers charbonniers qui vivaient pendant la moitié de l'année, du travail si sain de la forêt, sont obligés de quitter les campagnes déjà trop désertées pour aller chercher, dans les villes, l'occupation que nos bois ne peuvent plus leur fournir.

L'augmentation des droits de douanes que nous demandons sur les charbons de bois aurait pour résultat de venir en aide à l'exploitation de nos taillis déjà si précaire. Il s'agit de conserver l'emploi de deux millions de stères de menus bois. La main-d'œuvre qui s'y applique, façon de bois, carbonisation, transport, peut être évaluée à dix ou quinze millions par an. Elle doit être conservée à l'ouvrier français. Le charbon de bois est un produit exclusivement national. En outre, on facilitera la création d'usines à distiller le bois en France. Un large débouché sera créé ainsi pour nos charbons de bois dans les départements peu boisés du midi qu'envahissent en ce moment les charbons étrangers, moins chers, à cause du bon marché de la main-d'œuvre italienne, mais de qualité médiocre.

Dans le même ordre d'idées, il convient de signaler les démarches faites par l'Union syndicale des usines de carbonisation des bois de France, en vue d'obtenir un relèvement des tarifs à l'entrée en France du méthylène étranger qui vient concurrencer chez nous les produits de notre pays et avilir les prix. Méthylène.

Le méthylène paie, à l'entrée en France, 13 francs les 100 kilogrammes sur le net, lorsqu'il renferme moins de 20 % d'acétone, 15 francs les 100 kilogrammes lorsqu'il renferme plus de 20 % d'acétone. Il paie, d'autre part, sur le net, 25 francs en Allemagne, 96 francs en Autriche, 300 francs en Belgique, et 37 fr. 50 en Italie.

Il résulte clairement de cette comparaison que, dans tous les principaux pays d'Europe, sauf l'Angleterre, où règne le libre échange, le méthylène est protégé plus qu'en France.

D'autre part, les cours du méthylène oscillant entre 78 francs et 82 francs, l'élévation des droits de douane qu'on demande à porter de 13 et 15 francs, à 25 francs, aurait pour résultat de porter le prix de vente du méthylène régie à 82 francs, plus 13 francs, total : 95 francs. Or, ce relèvement des cours du méthylène ne saurait entraver en rien l'essor de la consommation de l'alcool dénaturé, puisque, depuis 1902, le coût du dénaturant est remboursé au dénatureur, à raison de 9 francs par hectolitre d'alcool, puis soumis à la dénaturation et que cette ristourne de 9 francs a été calculée en prenant pour prix de vente du méthylène, le cours de 104 francs l'hectolitre.

Il reste donc, une marge suffisante entre 95 francs et 104 francs, pour que la demande des carbonisateurs puisse être accueillie favorablement.

Bois de Quebracho en bûches. — On sait que le bois de Quebracho destiné à la fabrication d'extraits tanniques nous arrive principalement de la République Argentine ; il entre chez nous librement, en franchise de tous droits de douane, alors que ses extraits concrets et liquides, acquittent respectivement les taxes suivantes, aux 100 kilogrammes :

Au tarif général....................Fr.	8.00	et	5.00
Au tarif minimum.....................	5.50	—	3.50

Depuis une quinzaine d'années, l'emploi du bois de Québracho a pris en France une grande extension et supplante en partie l'emploi de l'écorce de chêne, au grand détriment des intérêts de nos propriétaires de taillis. Ce bois coûte moins cher que le chêne, mais aussi il est acquis maintenant que son tannin donne un cuir beaucoup moins bon que celui du chêne.

Des expériences faites par des experts ont démontré, en effet, que le cuir, tanné avec des extraits n'est pas suffisamment souple, est trop perméable se prête difficilement aux réparations et donne aux chaussures en moyenne un poids de 450 grammes supérieur à celui des chaussures faites de cuir tanné à l'écorce de chêne pure.

(Le tarif douanier allemand du 1er mars 1906 frappe le quebracho, d'un droit de 8 fr. 75 au tarif général et de 2 fr. 50 au tarif conventionnel (aux 100 kilogrammes). Ces droits ont été établis sur la réclamation des propriétaires forestiers de l'empire).

Nous demandons, en conséquence, qu'il soit établi, dans le plus bref délai, un droit sur l'entrée du bois de quebracho en France.

Conclusion. — Une double conclusion se dégage, suivant nous, de la brève étude que nous venons de faire.

D'abord, comment se fait-il que les intérêts du commerce des bois soient pour ainsi dire ignorés par les administrations publiques?

Cela s'explique très facilement, du moins en partie: Il n'y a personne pour renseigner le gouvernement! *Le commerce des bois de France* ne compte aucun représentant, ni au Comité consultatif des arts et manufactures, ni à la Commission permanente des valeurs en douane, à part un ou deux négociants en bois de Paris qui, évidemment, peuvent être compétents en ce qui concerne la vente des bois d'importation et des bois d'œuvre, mais qui connaissent peut-être moins bien les intérêts des exploitants de forêts, lesquels constituent la très grosse majorité de notre corporation.

En second lieu, à l'heure où l'État semble vouloir s'intéresser à l'œuvre de préservation de la propriété forestière, il n'est aucun de ceux que la question touche qui ne puisse avoir à cœur de lui accorder son concours : le contribuable français, en supportant l'effort considérable, presque au-dessus de ses forces, qui va lui être demandé ; les exportateurs étrangers en acceptant les tarifs rationnels, nous venons de le voir, qui vont leur être imposés. Les bénéfices énormes réalisés depuis quelques années par l'étranger, offriront d'ailleurs à ces derniers une large consolation.

A la question de protection du bois français, restant en France pour être mis en œuvre par des mains françaises, est lié le développement de nos scieries, de notre outillage, de nos ateliers de construction ; à la question de protection du bois français, est lié l'avenir de nos forêts et conséquemment aussi celui de nos finances.

En terminant, qu'il nous soit permis de faire remarquer que la France, tout en laissant ses portes ouvertes aux produits de ses concurrents, a le devoir de défendre ses richesses nationales et de mettre les producteurs français en situation de lutter à armes égales avec l'étranger.

Pour conclure, nous avons l'honneur de proposer au Congrès l'adoption des vœux suivants :

1° *Que lors de la prochaine revision des tarifs douaniers, il soit fait droit aux demandes du commerce des bois français, dans le sens de leur protection;*

2° *Que la proposition de loi de M. Loth député du Pas-de-Calais, tendant à l'admission temporaire des douvelles de sapin, soit rejetée ;*

3° *Que, d'une manière générale, les admissions temporaires des bois ne soient pas accordées, parce qu'elles favorisent la fraude ;*

4° *Que la proposition de loi déposée par M. Pasqual, député du Nord, tendant à augmenter les droits de douane sur les bois contreplaqués, soit adoptée le plus tôt possible ;*

5° *Qu'il soit établi un droit sur l'entrée du bois de quebracho en France ;*

6° *Que les marchands de bois exploitants de France soient réprésentés, savoir :*
a) Au Comité consultatif des arts et manufactures ;
b) A la Commission permanente des valeurs en douane.

M. HOLLANDE. — Monsieur Villame, je suis non pas importateur étranger, puisque je suis Français, mais importateur de bois étrangers. Or, avant qu'aucune discussion commence, je dois vous dire que si je parlais au nom des importateurs de bois étrangers, j'affirmerais que nous ne demandons qu'une chose : droits de douane aussi forts que vous voudrez...

M. VILLAME. — Nous sommes alors d'accord?

M. HOLLANDE. — Attendez ! je vais m'expliquer.

La France ne peut pas fournir la quantité de bois dont elle a besoin. Plus il y aura de droits de douane, plus les marchands de bois étrangers gagneront d'argent, car ils prendront leur bénéfice sur le droit de douane compris, de même que les exploitants de forêts prennent leur bénéfice, non seulement sur le prix d'achat de la coupe, mais sur les frais d'exploitation.

Nous sommes ici pour défendre les intérêts de la forêt. Or, faites attention que nous souffrons d'une insuffisance de bois. Il est fort probable — les chiffres seront officiels seulement le 7 juillet — qu'en 1912, il aura été importé 1.821.317 tonnes de bois étrangers, payant comme bois communs des droits de douane.

Dans cette discussion, je demande qu'on ne s'embarrasse pas de l'intérêt des marchands de bois étrangers, car plus il y aura de droits de douane, plus sera élevé le bénéfice des importateurs de bois exotiques ou étrangers ; on a besoin de leurs bois, et quant aux droits, cela leur est complètement égal.

M. LE PRÉSIDENT. — Il ne faut pas opposer les intérêts personnels les uns aux autres.

Ce qui se dira des intérêts de la forêt française pourra se dire des intérêts des forêts de tous les pays.

Nous nous plaçons au point de vue des intérêts généraux de la forêt française, et toute question personnelle doit être écartée.

M. VŒLCKEL. — L'honorable rapporteur, M. Villame, a présenté un rapport dans lequel il dit que la forêt française a besoin d'être protégée.

En cela il est d'accord avec tous les congressistes, qui se sont réunis afin d'examiner les moyens à employer pour conserver à notre pays les forêts actuellement existantes et pour tâcher, si possible, d'augmenter les surfaces forestières de France. Mais l'honorable M. Villame a, me semble-t-il, une conception toute particulière de la protection de nos forêts. Jusqu'à présent, je m'étais imaginé que le meilleur moyen de conserver nos forêts françaises, c'était de chercher à n'y abattre que l'équivalent de l'accroissement annuel. C'est le côté difficile, car la consommation annuelle du bois en France, dépasse de plus de deux millions de mètres cubes la production forestière de notre pays et il faut nécessairement faire appel aux bois étrangers, si l'on ne veut pas, chaque année, entamer fortement le capital ligneux.

Si la thèse du rapporteur était acceptée, qu'adviendrait-il? Nos forêts françaises, déjà si appauvries, seraient exploitées d'une façon encore plus intensive, et dans peu d'années, nous aboutirions à la déforestation complète.

J'exploite actuellement, avec un associé, une forêt en France et nous y avons une scierie mécanique. Une augmentation des droits de douane sur les sciages de chêne étrangers nous ferait réaliser un très beau bénéfice par la plus-value et des arbres sur pied et des marchandises sciées. Mais, Messieurs, j'étudie la question des droits de douane sur les bois depuis 30 ans, et ma conscience m'oblige à vous déclarer et à crier bien haut qu'une augmentation des droits de douane sur les bois, quels qu'ils soient, hâterait la déforestation de nos forêts, ce qui serait un désastre, car nous aurions chaque année des inondations peut-être plus terribles qu'en 1910. (*Dénégations.*)

J'ajouterai que déjà, en 1903, l'Union des Marchands de bois de France, dont M. Villame faisait partie, avait pétitionné sans succès pour demander les mêmes augmentations de droits de douane que ceux réclamés aujourd'hui, et que cette demande avait été énergiquement combattue par le distingué conservateur des Eaux et Forêts, M. Adrien Melard.

En 1910, au moment de la révision du tarif douanier, une nouvelle tentative avait été faite par les mêmes personnes. Cette tentative n'a pas eu d'écho au Parlement, M. Villame le reconnaît dans son rapport.

Aujourd'hui vous êtes saisis d'une semblable demande. J'espère que, comme l'a fait le Parlement en 1903 et en 1910, vous rejetterez toute proposition d'augmentation des droits sur les bois, et je propose, en conséquence, de ne pas prendre en considération le vœu proposé sous le n° 1 par M. Villame.

Pour conserver les forêts de France, supprimez les impôts qui écrasent les propriétaires de forêts. Facilitez les transports intérieurs, aussi bien par voies ferrées que par la voie fluviale. Obligez le cabotage français à réduire ses prix qui sont exorbitants, et vous atteindrez votre but; mais ne parlez pas d'une augmentation des droits de douane, vous iriez à l'encontre de ce que vous cherchez.

Messieurs, je n'ai pas cité de chiffres, mais je pourrais reprendre pied à pied toutes les propositions par lesquelles M. Villame demande des augmentations.

J'ai mieux aimé rester dans la généralité et parler d'une façon générale sur l'ensemble de la forêt française, qui n'a pas besoin, pour être protégée, de l'augmentation des droits de douane.

M. Villame. — Nous n'avons jamais pensé empêcher l'importation des bois étrangers; mais nous demandons que notre production nationale, que nous avons à défendre, soit protégée. Je répète que nous ne demandons pas de droits prohibitifs, mais simplement des droits compensateurs.

M. le Président. — Messieurs, les observations de l'honorable M. Vœlckel m'ont inspiré un texte que je viens de soumettre à M. le rapporteur, et qui peut-être, répondra à la pensée de tous.

Nous avons besoin que les bois étrangers viennent compléter nos ressources, cela n'est pas douteux; d'autre part, nous avons également besoin que nos forêts soient protégées et encouragées et que leurs produits soient rémunérateurs. Si une propriété n'est pas rémunératrice, elle est complètement délaissée, c'est l'abandon et la ruine.

On pourrait peut-être donner satisfaction à ce qu'il y a de légitime dans les observations de M. Vœlckel, en complétant le premier vœu par cette addition : « *Sans que les droits de douane sur les bois prennent un caractère prohibitif* ».

M. Hollande. — Nous sommes ici pour défendre les intérêts des commerçants en bois, mais il ne faut pas que nous soyons une petite république dans la grande. Nous avons des concurrents, je ne parle pas dans notre commerce, mais dans un commerce voisin, celui de la fabrication des meubles. Depuis une vingtaine d'années, toute l'exportation des meubles, vers la République-Argentine spécialement, au lieu de provenir de France, est envoyée d'Italie ou de Belgique. Il faut aussi prendre les intérêts des fabricants de meubles français, car ce sont nos clients : le jour où ils ne fabriqueront plus, ils ne vendront plus de bois.

Il faudrait donc dire : « *et que les droits de douane ne soient pas prohibitifs pour les consommateurs de bois, pour le commerce destiné à l'exportation.* »

M. le Président. — Ce point de vue rentre dans la formule que j'ai proposée. Il vaut mieux s'en tenir aux formules générales qui englobent le plus d'intérêts possible. C'est pour tout le monde que nous demandons d'éviter les droits prohibitifs.

M. Vœlckel. — Je demande la suppression pure et simple du premier vœu.

M. Villame a parlé des importations de bois de mine. Or, en 1911, il en a été exporté 761.000 tonnes contre une importation de 128.000 tonnes. Il y a donc un excédent d'exportations de 633.000 tonnes: Il faut encourager l'exportation de cet article, que nous produisons, et ne pas mettre un droit sur les poteaux de mine, dont nous avons un excédent de production. Ce n'est pas moi, marchand de bois, mais ce sont les forestiers qui nous disent qu'en France, depuis un siècle, on a aménagé les forêts en vue de la production de taillis et de petit bois, alors qu'il faudrait maintenant des bois de grosses dimensions.

M. Guyot. — Ce n'est ni comme Directeur ni comme professeur que j'interviens. C'est comme représentant du syndicat des propriétaires forestiers de la région lorraine. Depuis une vingtaine d'années, dans cette région, s'est produit un mouvement remarquable. Il y avait beaucoup de terres en friche, délaissées par l'agriculture, et l'on a engagé de tous côtés les propriétaires à faire des reboisements. Ces boisements ont été faits généralement en pin sylvestre ou en pin noir. Je puis les évaluer à des centaines de mille hectares, dans toute cette région. Les propriétaires sont arrivés au moment où ils peuvent tirer un profit de leurs forêts. Ils attendaient avec beaucoup d'impatience et d'anxiété ce moment. Leurs pins sont exploitables maintenant, et ils n'ont pas le moyen d'arriver à une rémunération, si ce n'est de les vendre pour en faire des étais de mine ou de la pâte à papier.

Or, cette année-ci, et l'année dernière, dans la région dont je parle — je ne généralise pas — les prix des étais de mine ne sont pas rémunérateurs pour les propriétaires : d'autre part, on ne demande plus du tout de bois pour la pâte à papier. Je n'examine pas les raisons de ces faits, je ne crois pas les connaître suffisamment pour les indiquer, je vous les signale simplement. Si nos propriétaires, d'ici à quelque temps, ne peuvent tirer parti des pins arrivés à l'âge d'exploitation, je vous déclare que ce mouvement si intéressant de reboisement d'une partie du territoire français sera arrêté brusquement, et qu'il nous sera impossible de recommencer un mouvement que nous avions fait naître avec tant de peine, il y a vingt ou vingt-cinq ans.

Par quel moyen arriverons-nous à donner satisfaction à ces propriétaires. Comme vous, je ne crois pas qu'il faille établir des droits prohibitifs, mais c'est à la deuxième section du congrès à voir si peut-être des droits modérés ne pourraient pas leur donner satisfaction dans une certaine mesure.

Je suis incompétent sur ce point, je l'avoue. Mais je vous demande de prendre en considération cette situation très digne d'intérêt et d'examiner une question qui peut avoir une très grande répercussion sur le reboisement du territoire français.

M. Sébastien. — On vient de nous dire que, dans la région lorraine, les bois n'étaient plus exploités et que l'on manquait la vente des bois pour la pâte à papier ou pour les étais de mine. Est-ce que M. le rapporteur pourrait nous dire ce que vaut actuellement le bois pour étais de mine en France, et ce qu'il vaut pris à l'étranger? Ce serait intéressant à savoir.

M. Villame. — On a calculé que l'augmentation du droit de douane...

M. Sébastien. — Je parle du prix de revient.

M. Guyot. — Cela dépend des catégories.

M. Villame. — Il vaut, selon les catégories, de 20 à 30 francs (grand maximum) le mètre cube réel, rendu sur le carreau de la mine.

M. Sébastien. — Et les bois étrangers?

M. Villame. — Sensiblement les mêmes prix.

M. Sébastien. — Ah ! c'est intéressant à savoir !

M. Villame. — Les producteurs français ne peuvent pas augmenter leurs prix de vente, parce qu'ils sont concurrencés par l'importation étrangère et, d'une façon d'autant plus dangereuse que nous ne pouvons pas prévoir cette importation. La preuve en est donnée par les statistiques douanières. D'une année sur l'autre, on trouve facilement 50, 60, 80.000 tonnes de différence et quand on jette ainsi sur le marché français un tel supplément d'importations, nous avons de justes motifs de craindre que cela gêne notre production nationale.

Le droit de douane appliqué actuellement, au tarif minimum, est de 0 fr. 30. Nous avons demandé en 1910, sans pouvoir l'obtenir, qu'il fut porté à 0 fr. 65. J'avais calculé, et mes calculs ont été publiés et n'ont jamais été démentis ni contredits, que cette augmentation sur les bois de mine aurait amené une augmentation d'un centime sur le prix de revient de la tonne de charbon. Est-ce bien la peine de jeter d'aussi hauts cris pour une telle augmentation?

M. Sébastien. — Vous n'avez nullement répondu à ma question. Pour demander une augmentation du droit de douane, il faudrait arriver à prouver que le produit étranger coûte meilleur marché que le produit français. Or, vous ne faites nullement cette preuve.

M. Villame. — Mais les producteurs français sont concurrencés.

M. Sébastien. — Vous ne citez aucun chiffre. Nous le sommes tous, concurrencés !

M. Villame. — Si une mine est sollicitée par deux vendeurs, l'un français, l'autre étranger, et si le producteur étranger fait, ce qui est le cas, des prix inférieurs...

M. SÉBASTIEN. — Quels sont ces prix?

M. VILLAME. — Ils varient sensiblement entre 2, 3 ou 4 francs le mètre cube, en moins.

M. SÉBASTIEN. — Il faut mettre le doigt sur la plaie. Si les bois de mine français coûtent 20 francs — je prends un chiffre quelconque — et les bois de mine étrangers 18 francs, il faut effectivement faire tout ce que l'on pourra pour éviter cette différence. Il ne faut pas mettre des droits prohibitifs, mais il faut établir un droit qui forcera les étrangers à vendre au même prix que les producteurs français : on augmentera donc le droit de 2 francs.

Mais si les poteaux de mine français valent 20 francs et les poteaux étrangers 22 francs sur le carreau de la mine française, vous n'avez pas besoin de droit de douane.

M. VILLAME. — Y a-t-il dans la salle des négociants en bois de mines?...

M. LE PRÉSIDENT. — Votre argumentation ne résoudrait pas complètement la question.

M. GUYOT. — Je sais que les propriétaires se plaignent beaucoup de ce qu'on ne leur donne, pour des bois de pin âgés de 30 ans, que 6 francs environ le stère, soit 8 francs par mètre cube.

UN CONGRESSISTE. — Est-ce le stère de mine?

M. GUYOT. — Ils estiment que ces prix sont insuffisants et je suis de leur avis.

M. LE PRÉSIDENT. — L'hypothèse dont on parlait tout à l'heure ne se réalisera jamais. Quand les poteaux de mines coûteront 22 francs, à l'étranger, les producteurs français, au lieu de vendre les leurs 20 francs, les augmenteront de 2 francs.

M. SÉBASTIEN. — C'est là la question. Les poteaux de mines venant de l'étranger valent plus que les bois de mines français.

M. LE PRÉSIDENT. — L'équilibre se rétablira toujours d'une manière générale.

M. DU PRÉ DE SAINT-MAUR. — C'est contraire à l'intérêt des propriétaires. Ils prétendent que la quantité de poteaux de mines exportée augmente chaque année et il est vraisemblable que le trafic continuera de la même façon, attendu que, dans les pays scandinaves, on a mis un droit à la sortie afin que le travail se fasse dans le lieu de production.

Vous savez bien qu'il ne vient jamais, du Canada, un étai de mines ; ils vont tous au défibrage dans le même pays.

Les marchands de bois du Haut-Nivernais vous répondront de la même façon que les demandes de l'Angleterre, de la Belgique, vont en augmentant, ainsi que celles de nos mines du nord, car les résineux leur arrivent plus cher des pays scandinaves.

Au congrès de Rouen, il y a quelques années, j'ai vu arriver en peu de temps trois bateaux de 1.400 tonnes chargés de bois tant qu'ils en pouvaient tenir. Les bateliers m'ont dit qu'ils allaient à Swansea, à Cardiff, et quand je leur demandais ce qu'ils allaient exporter, ils me répondaient : « Mais rien du tout, nous remplissons nos caisses d'eau et nous partons. »

Si nous avions eu là des étais de mines, croyez-vous donc que nous n'aurions pas trouvé un débouché facile en Angleterre? Evidemment, et je crois que les étais de mines sont un objet d'exportation dont nous pourrions tirer des revenus.

M. Guyot. — Les bénéfices sont minces.

M. Sébastien. — Voyez les statistiques.

M. du Pré de Saint-Maur. — Cela a encore un autre intérêt. Dans le Nivernais, il se passe quelque chose de bien intéressant au point de vue économique.

Chacun sait que les bois de chauffage ne comptent guère. Un certain nombre de marchands de bois se sont entendus avec les mines du nord et avec les petits bateliers qui viennent apporter le charbon du nord et remportent nos étais de mines. C'est très pratique, pour 6 fr. 50 à Anzin et 7 francs à Charleroi, ils transportent nos bois, choses que ne font ni les chemins de fer, ni les autres modes de transport. Ils annoncent aux marchands de bois qu'ils passeront tel jour ; ils déchargent leur charbon, chargent les bois et s'en vont.

Des amis de M. Villame pourraient lui fournir des renseignements très précieux à cet égard.

M. Vœlckel. — Voici ce que dit M. Mélard à ce sujet :

« Les bois de 0 m. 60 et au-dessous se composent en majeure partie de bois de mines (perches et étançons). Sommes-nous vraiment, en ce qui concerne ces produits, en présence d'un afflux de marchandises étrangères dont il faille se défendre par des mesures énergiques? Il n'en est rien. La production française de bois de mines est tellement supérieure à nos besoins que nous en exportons chaque année une quantité considérable et que tous nos efforts doivent consister, non à leur fermer nos frontières, mais à leur ouvrir largement les marchés étrangers et à éviter soigneusement toute mesure pouvant servir de prétexte à représailles ».

M. Grand. — Si ce renseignement peut être utile, je dirai que, dans les bois du Sud-Ouest, des Landes et de la Gironde, nous faisons une exportation considérable de poteaux de mines. C'est un des emplois les plus importants des pins de la région.

Ces poteaux de mines se vendent entre 11 et 12 francs les 1.000 kilogrammes et ce prix est considéré comme suffisamment rémunérateur.

J'ajouterai qu'il est excessivement rare qu'on les vende pour la France; la grande majorité sont exportés.

M. Vœlckel. — On en exporte 570.000 tonnes.

M. Hollande. — Eh bien, supposez qu'on mette un droit, même pas prohibitif, mais simplement protecteur à l'exportation des bois de mines. Immédiatement, l'Angleterre mettra les mêmes droits sur nos bois de mines ou autres.

Croyez-vous donc que les propriétaires forestiers des Landes accepteront avec plaisir qu'on mette un droit chez nous sachant que l'Angleterre fera de même?

M. Grand. — Ils ne l'accepteront pas avec plaisir ; mais rien ne prouve que l'Angleterre nous répondrait du tac au tac.

M. Hollande. — Quand on parle d'instituer un droit de ce genre, il faut prévoir les conséquences.

M. Grand. — Si l'Angleterre établissait ce droit, elle supporterait peut-être à elle seule les conséquences.

M. Delahaye. — Dans les dunes de la Charente-Inférieure et de la Vendée, les pins maritimes servent à faire des poteaux envoyés presque tous en Angleterre.

Or, en Vendée, nous vendons le stère de pins maritimes, bois de feu, 8 francs et le pin maritime exporté comme poteaux se vend 25 francs et plus.

M. Vœlckel. — Il est estimé 28 francs pour l'exportation.

M. de Sébille. — J'ai demandé la parole pour dégager quelque peu ma responsabilité.

Nous traitons une question particulière à la France et je ne voudrais pas qu'on puisse dire que, représentant de la Belgique, j'ai appuyé des droits protecteurs. Nous sommes tous libres-échangistes et, quoique nous ayons à souffrir pas mal de l'importation des bois étrangers, puisque nous en importons actuellement pour près de 200 millions, nous estimons que les droits protecteurs n'ont jamais sauvé la situation, quelle qu'elle soit (*Applaudissements*).

M. le Président. — Nous sommes très heureux de cette déclaration ; nous avons intérêt à savoir ce qui se passe à l'étranger.

A mon sens, le débat a quelque peu dévié et si nous voulons examiner successivement chaque marchandise, nous n'en sortirons pas. Ce qu'il faut savoir, c'est le sens général dans lequel le Congrès désire s'orienter. Il s'agit forcément de la France et, après avoir pris connaissance avec intérêt de ce qui se fait ailleurs, nous avons à choisir entre une orientation protectionniste ou libre-échangiste.

C'est dans ce sens que nous allons avoir à nous prononcer.

M. Vœlckel demande la suppression du premier vœu présenté par M. Villame et qui est ainsi conçu :

« 1° *Que, lors de la prochaine révision des tarifs douaniers, il soit fait droit aux demandes du commerce des bois français, dans le sens de leur protection.* »

Je mets aux voix ce vœu.

Le vœu est repoussé par 18 voix contre 14.

La question étant très grave et le vote restant acquis, je pense qu'il serait bon de faire venir la question en séance plénière. Nous venons d'exprimer, sous une forme négative, l'opinion de la Section, mais je voudrais la voir émise sous une forme positive.

M. VŒLCKEL. — Je demande simplement qu'on ne touche pas aux tarifs douaniers actuels. La forêt française est suffisamment protégée et la proposition de M. Villame serait la déforestation complète.

M. RAISIN. — J'avoue qu'après avoir entendu les différents orateurs qui ont pris la parole, je ne puis pas me faire une opinion précise. Ils n'ont apporté, dans ce débat, aucun argument probant me permettant de me prononcer dans un sens ou dans l'autre. Dans ces conditions, le seul vote à émettre serait, à mon avis, de renvoyer la question à l'étude, soit d'accord avec l'Administration des douanes, soit avec les Fédérations.

M. DU PRÉ DE SAINT-MAUR. — Il est bien difficile d'avoir ici quelque chose de précis. La solution doit varier avec toutes les espèces de bois dont il est question.

M. GRAND. — Parfaitement. Il y a des bois que nous exportons, d'autres que nous importons, on ne peut leur appliquer la même mesure.

M. LE PRÉSIDENT. — Vous avez rejeté l'orientation dans le sens protecteur...

M. HOLLANDE. — Pardon, nous n'avons rien rejeté du tout.

Nous demandons le maintien du *statu quo*. Ne retournez pas en arrière.

M. Vœlckel. — J'ai demandé le rejet du vœu de M. Villame. Ma proposition a été adoptée, il n'y a plus à y revenir.

M. le Président. — Évidemment, mais il serait bon que le Congrès soit saisi de la question. Or, il ne le sera pas, en séance plénière, si nous nous bornons à exprimer notre opinion en supprimant le vœu de M. Villame. Je demande donc à M. Vœlckel de formuler sa proposition dans un sens positif afin que nous ayons un texte précis portant qu'aucune modification ne doit être apportée aux droits de douane actuels.

M. Guyot. — Je formule cette proposition.

M. Hollande. — Alors vous allez revenir sur le vote acquis?... Je proteste contre cette manière de faire et je vais me retirer (*Protestations*).

M. le Président. — Pas du tout, nous confirmons notre premier vote, mais de telle façon que la séance plénière du Congrès soit saisie d'un texte précis.

Il n'y a là rien de désobligeant pour personne, c'est tout simplement une question de rédaction et je sais que vous êtes tout le premier à désirer qu'il n'y ait pas de vote de surprise.

M. Vœlckel. — Il n'y a pas eu de vote de surprise.

M. le Président. — M. Guyot reprend la proposition tendant à demander qu'il ne soit apporté aucune modification aux droits de douanes actuellement en vigueur sur les bois.

M. Grand. — Ce vœu n'a pas la même signification.

M. du Pré de Saint-Maur. — Est-ce bien utile de voter cette nouvelle proposition? Pendant combien de temps en sera-t-il ainsi? Au contraire, en admettant la proposition de M. Vœlckel, nous n'envisageons pas la question qui reste entière.

M. le Président. — Le gros intérêt, à mon sens, est de saisir le Congrès, en séance plénière.

M. Vœlckel. — Tous les vœux émis dans nos séances reviendront donc au Congrès?...

M. le Président. — Parfaitement, mais si nous adoptons simplement votre proposition, la question des douanes ne viendra pas en séance plénière.

M. Bouvet. — La question nous passionne et à juste titre.

Les droits de douane datent de 1882, je crois ; c'est M. Méline qui a fait voter l'ensemble des lois protectrices, disons mieux, compensatrices, sur tous les produits agricoles et les droits sur les bois. Je m'en souviens d'autant mieux que j'ai pris une large part, avec la Société forestière de Franche-Comté, à cette discussion et qu'avec M. Viette, notre compatriote, nous avons fait établir ces droits.

M. Vœlckel. — En 1891.

M. Bouvet. — Peut-être. Nous avons voulu avoir des droits *ad valorem*, c'est-à-dire non prohibitifs et non exorbitants, mais seulement compensateurs.

Nous sommes tous d'accord, je l'espère, sur ce point, que nos produits français soient sur le pied d'égalité avec les produits étrangers, c'est-à-dire que ces derniers supportent les mêmes frais et les mêmes charges que les nôtres.

Étant donné l'origine de ces droits, nous devons manifester notre intention ou qu'on a mal agi en 1891, ou qu'on pourrait faire mieux, ou que nous désirons le *statu quo*.

Le *statu quo* serait un minimum ; je serais plutôt partisan d'une légère augmentation, suivant les circonstances et suivant les produits ; en tout cas, il ne faut pas revenir en arrière.

La proposition de M. Guyot peut, à la rigueur, nous donner satisfaction, je l'approuve comme un minimum et surtout parce que ce n'est pas un recul.

M. Vœlckel. — Nous ne voulons pas revenir en arrière.

M. le Président. — Alors vous devez vous rallier à la proposition de M. Guyot.

M. Vœlckel. — Je demande le maintien du *statu quo* et la suppression du vœu de M. Villame.

M. le Président. — Remarquez que si nous ne nous prononçons pas autrement, on pourra augmenter ou diminuer les droits, tandis que M. Guyot demande qu'il n'y ait aucune modification, ni dans un sens ni dans l'autre.

Je suis saisi d'un vœu ferme de M. Guyot présenté en section au moment de la discussion, c'est-à-dire dans des conditions parfaitement régulières.

Je mets aux voix le vœu présenté par M. Guyot *tendant à ce qu'aucune modification ne soit apportée aux droits actuellement en vigueur sur les bois.*

M. Vœlckel. — Je demande à mes amis de voter avec moi ce vœu.

Le vœu de M. Guyot est adopté.

M. le Président. — Nous allons examiner le second vœu du rapport de M. Villame :

« 2° *Que la proposition de Loi de M. Loth député du Pas-de-Calais, tendant à l'admission temporaire des douvelles de sapin, soit rejetée* ».

M. Sébastien. — Dans son rapport, M. Villame a parlé de la fraude, je voudrais bien quelques explications à ce sujet. Qu'entendez-vous par là?...

M. Villame. — J'ai emprunté cette formule à l'administration des douanes, je l'ai trouvée dans un rapport. Quand il s'agit d'admission temporaire, on envisage toujours la possibilité de la fraude.

M. Sébastien. — Vous devez cependant connaître l'administration des douanes.

M. Villame. — Je ne suspecte personne, mais vous savez bien que, même à l'octroi de Paris, il faut une surveillance active. On peut citer des faits.

On entre une certaine quantité de bois en admission temporaire et on en ressort une moindre quantité à la faveur de déclarations inexactes.

M. Sébastien. — C'est très grave ce que vous dites là.

M. Vœlckel. — Vous accusez les commerçants en bois d'être des fraudeurs.

M. Villame. — C'est la douane, ce n'est pas moi.

M. Vœlckel. — Ce sont des fonctionnaires qui le prétendent.

M. Villame. — Et nous nous rangeons à leur avis (*Protestations*).

M. le Président. — Tout le monde sait bien que, dans tous les corps de métier, il y a des personnalités de caractères différents. Il n'y a donc pas de déshonneur pour les commerçants en bois à admettre que certains systèmes peuvent favoriser la fraude. Les commerçants sérieux et honnêtes doivent être les premiers à reconnaître qu'il y a des possibilités de fraude, ce qui n'entache en rien l'honorabilité de la corporation, mais oblige à prendre certaines précautions quand il s'agit de légiférer.

M. Sébastien. — Vous dites, dans votre rapport, au sujet des merrains ;

« Le commerce des bois s'associerait volontiers à cette demande, s'il n'avait la crainte justifiée de voir cette admission temporaire favoriser outre mesure la fraude, ainsi que nous l'avons expliqué précédemment, au sujet de l'admission temporaire des douvelles de sapins ».

Où en avez-vous parlé?...

M. Villame. — Voyez page quatre de mon rapport.

M. Sébastien. — En effet, je lis : « En laissant de côté les fraudes que favorise presque toujours l'admission temporaire ».
Ce n'est pas une explication.

M. Villame. — C'est un fait. Nous n'incriminons personne. M. Vœlckel sait bien que l'Administration des douanes serait disposée à accepter, mais qu'elle prend toutes les précautions nécessaires contre la fraude possible. Nous nous rangeons à son avis.

M. Hollande. — On pourra demander le rejet de la proposition de Loi de M. Loth, mais il faudrait plutôt réclamer des mesures spéciales prises en vue d'éviter la fraude.

M. le Président. — Ce n'est pas toujours facile. Dans les questions de police de ce genre, il y a bien des mesures, bien des interdictions à ordonner pour éviter la fraude.

M. Guyot. — Je comprends la susceptibilité de l'honorable corporation des marchands de bois. Il pourrait être très désobligeant pour elle de voir insérer, dans un vœu rendu public, de pareilles insinuations.

M. le Président. — Les considérants du rapport n'engagent que le rédacteur, je l'ai déjà dit hier. Le vote ne porte que sur les dispositifs du vœu.

M. Sébastien. — Quelles sont les fraudes que redoute M. Villame?...

M. Bouvet. — Rappelez-vous que nous venons de demander le maintien du *statu quo*.

M. Sébastien. — Nous demandons aussi le *statu quo* pour les entrées.

M. Vœlckel. — Pour les marchandises consommées en France.

M. Hollande. — Il faut considérer la chose à un point de vue très élevé.

Vous savez que la France n'a malheureusement pas de moyens de navigation suffisants. Les flottes marchandes étrangères s'accroissent et envahissent nos ports et nous subissons constamment des augmentations de frêt, de droit de quais, et de nouvelles difficultés d'embarquement qui n'existent pas ailleurs au même degré.

Or, nous avons la chance d'être un pays forestier et de pouvoir vendre à l'étranger beaucoup de nos bois, alors que la Belgique est un pays de transit pour l'Allemagne.

Il serait intéressant pour nous de pouvoir recevoir dans nos ports de grandes quantités de bois, de les y entreposer et de faire la réexpédition sans avoir à payer de droits de douane.

Allez à Anvers, à Rotterdam, vous y verrez continuellement arriver des bois, non pour le pays lui-même, mais pour les réexpéditions. Il y a des bois qui viennent d'Allemagne à Anvers ou à Rotterdam pour aller en Suisse. Craignez-vous donc de faire gagner quelques francs à nos Compagnies maritimes qui transporteraient les bois admis temporairement en France?...

M. LE PRÉSIDENT. — Vous venez de défendre, avec beaucoup de talent — et je vous en félicite — l'admission temporaire et le système des ports francs.

C'est une grosse question qui peut être envisagée à différents points de vue : ou en vue de la suppression de cette introduction, à cause des difficultés de la surveillance, ou en vue de donner satisfaction à ce grand commerce international dont vous parlez.

Le Congrès doit se prononcer par son vote.

M. VŒLCKEL. — Je demande la suppression des vœux 2 et 3.

M. LE PRÉSIDENT. — Je mets aux voix le vœu N° 2 présenté par M. Villame.

Ce vœu est rejeté par 18 voix contre 12.

M. LE PRÉSIDENT. — Le vœu n° 3 est ainsi conçu :

« 3° *Que, d'une manière générale, les admissions temporaires des bois ne soient pas accordées, parce que favorisant la fraude* ».

M. GUYOT. — Je demande la suppression des derniers mots : « *Parce que favorisant la fraude* ».

M. LE PRÉSIDENT. — Le rejet du vœu n° 2 n'implique pas celui du troisième. Il traite la question « *d'une manière générale* ».

M. VŒLCKEL. — Il est beaucoup plus grave que le précédent.

M. SÉBASTIEN. — Avez-vous une raison, Monsieur le rapporteur, pour supprimer l'admission temporaire?

M. VILLAME. — J'ai discuté avec des fonctionnaires des douanes et nous sommes tombés d'accord que l'admission temporaire est très dangereuse, parce qu'elle favorise la fraude (*Protestations*).

M. SÉBASTIEN. — Ce n'est pas une raison suffisante. Retirez vous-même ce vœu.

M. HOLLANDE. — Je suis membre de la Commission permanente des valeurs en douane. Je connais beaucoup de vérificateurs des douanes qui déclarent eux-mêmes qu'ils ne connaissent rien aux bois. Que voulez-vous, il faudrait qu'ils s'y connaissent en tout, ce n'est pas possible ; si on ne leur apportait pas de marchandises, ils seraient beaucoup plus heureux et ne se tromperaient pas.

M. Vœlckel. — M. Villame prétend que la France a suffisamment de bois ; c'est inexact.

M. Villame. — Je n'ai jamais prétendu que la France produisait suffisamment de bois.

M. Vœlckel. — J'en prends acte bien volontiers.

M. Sébastien. — Enfin, nous direz-vous pourquoi vous repoussez l'admission temporaire?

M. Villame. — Parce que — pour prendre un exemple — on peut entrer, je suppose, 8.000 mètres cubes à la faveur de l'admission temporaire, c'est-à-dire sans payer de droits, et qu'il est facile d'en faire sortir 10.000 mètres cubes.

M. Sébastien. — Vous avez une piètre idée des importateurs et des exportateurs.

M. Vœlckel. — Le directeur des douanes lui-même protesterait s'il vous entendait.

M. Villame. — Le fait est connu, on peut frauder partout, à l'octroi comme à la douane.

M. Sébastien. — J'affirme que jamais nous ne fraudons ainsi, mes collègues sont là pour le dire.

M. Hollande. — Vous venez de dire qu'on pouvait sortir moins de bois qu'on n'en avait fait admettre temporairement.

Voulez-vous me permettre de vous expliquer ce qui se passe. Lorsque le bois arrive dans un port, s'il est vendu au mètre cube, la douane ou l'octroi font passer tous les camions en bascule et font payer les droits sur le certificat de pesage. S'il est vendu au poids, le certificat d'octroi ne suffit pas, la douane exige que les bois passent une fois de plus en bascule.

Lorsqu'on sort le bois, on repasse en bascule et non sur une bascule quelconque, sur celle de l'octroi du Havre, par exemple. Vous pouvez, à ce sujet, vous renseigner auprès de M. Morgand, adjoint au maire du Havre, ou de M. Couvert, à la Chambre de Commerce.

Il est donc impossible de frauder à la douane, d'autant plus que l'Administration exige la production du connaissement qui porte ou le nombre de mètres cubes ou le nombre de billes ou le poids.

La fraude est donc impossible pour tous les bois, quels qu'ils soient.

M. Grand. — Ce vœu présente-t-il un grand intérêt pour le fisc ou pour les particuliers?

M. Vœlckel. — L'admission temporaire consiste à mettre en entrepôt, dans les ports de mer, des bois qui vont ensuite dans les pays étrangers. Cela ne fait aucun tort aux bois français et cela n'a aucun rapport avec la protection.

Je demande la suppression du vœu n° 3.

M. le Président. — Je mets aux voix le vœu n° 3 dont M. Vœlckel vous demande le rejet.

Le vœu n° 3 est rejeté à une grande majorité.

M. le Président. — Le vœu n° 4 est ainsi conçu :

« 4° *Que la proposition de loi déposée par M. Pasqual, député du Nord, tendant à augmenter les droits de douane sur les bois contreplaqués, soit adoptée le plus tôt possible* ».

M. Hollande. — On a prétendu, dernièrement, que les bois contreplaqués ne devaient pas être imposés parce que ce sont des produits naturels et non des produits fabriqués.

Je voudrais donc voir ajouter à ce vœu une indication portant que toute pièce composée de trois essences différentes ou non, collées avec de la colle, est bien un produit manufacturé et non naturel.

M. Sébastien. — C'est tellement évident qu'il est inutile de rien ajouter au vœu.

M. le Président. — En effet ; je mets aux voix le vœu n° 4.

Le vœu n° 4 est adopté.

M. le Président. — Le vœu n° 5 est le suivant :

« 5° *Qu'il soit établi un droit sur l'entrée du bois de quebracho en France* ».

M. Vœlckel. — Nous avons demandé que les droits actuels ne soient pas modifiés.

M. le Président. — Oui, mais vous venez d'apporter une première dérogation à cette règle.

M. Vœlckel. — Cela ne figure pas au tarif.

M. Villame. — Selon le cas, vous votez donc des droits protecteurs.

Je vous félicite d'avoir admis l'augmentation des droits de douane sur les bois contreplaqués.

M. Sébastien. — Parce qu'il y a fabrication.

M. le Président. — Notre vœu général n'implique pas qu'on ne puisse admettre des dérogations pour un bois aussi spécial que le quebracho, qui est très important.

M. Siegfried. — Il y a là des intérêts extrêmement sérieux qu'il ne faut pas sacrifier. Nous n'avons pas voulu faire de particularités, c'est pourquoi l'assistance s'est décidée dans un sens général en votant la proposition de M. Guyot.

M. Guyot. — Si nous pouvions suivre la discussion qui a probablement lieu ce matin, au-dessous de nous, dans une autre section, vous verriez l'importance du quebracho pour la tannerie française.

Il est probable que nos collègues déclareront que l'emploi du quebracho dans la tannerie est fâcheux et regrettable. Il serait bon d'empêcher qu'il concurrencie nos écorces françaises et les produits tannants provenant des bois français.

M. Sébastien. — Je ne connais pas très bien la question, mais je crois savoir qu'il existe, du côté de Honfleur ou de Harfleur, des usines qui reçoivent le quebracho pour en extraire les matières tanniques.

Le quebracho ne paie pas de droits de douane, mais les matières tanniques en paient un.

M. Guyot. — Parfaitement.

M. Sébastien. — Si vous imposez le quebracho, ne croyez-vous pas que ce soit la fermeture de ces usines françaises?

M. Guyot. — Ce ne serait pas un grand mal.

M. Sébastien. — Vous avez pourtant là une main-d'œuvre française.

M. Guyot. — Je parle au point de vue de la production.

M. Sébastien. — Et est-ce qu'ainsi vous empêcherez les extraits tanniques d'entrer en France?...

M. Guyot. — Je rectifie mon interruption : je veux dire que la fabrication des cuirs au moyen des extraits tanniques étant très défectueuse, la fermeture de ces usines ne nuirait pas à l'industrie du cuir.

M. Sébastien. — C'est possible, mais elles disparaîtront quand même.

M. le Président. — Il faut mettre en balance tous les intérêts. Ces usines sont intéressantes, mais il s'agit de savoir si l'intérêt très respectable de quelques usiniers — en très petit nombre — doit primer celui des propriétaires de taillis ou d'écorces qui sont innombrables.

Un Congressiste. — Et nous sommes dans un Congrès forestier, ne l'oublions pas.

M. Sébastien. — Ces usines ne produisent des extraits tanniques qu'en très petite quantité ; on en importe de grandes quantités, si bien que la fermeture des usines n'empêcherait nullement l'introduction des extraits en France. Par contre, vous auriez supprimé une main-d'œuvre française.

M. Villame. — J'estime que ces usines sont suffisamment protégées par les droits très élevés qui pèsent sur les extraits du quebracho à leur entrée en France.

Cette industrie est très prospère puisque, d'après les statistiques, il est entré en France, en 1905, 16 millions de kilogrammes de quebracho et qu'en 1913, il en est entré 32 millions.

M. Sébastien. — Mais le droit sur le quebracho empêchera-t-il les extraits de pénétrer en France?

M. Siegfried. — C'est aux tanneurs à se prononcer. Nous n'avons pas à nous occuper de cette question. Occupons-nous des intérêts des bois français.

M. Hollande. — Renvoyons le vœu à la troisième commission.

M. le Président. — Elle ne s'occupe pas des droits de douane.

Je mets aux voix le vœu n° 5 tel qu'il est proposé par M. Villame.

Le vœu n° 5 est adopté par 16 voix contre 13.

Voici le texte du 6e vœu :

« 6° *Que les marchands de bois exploitants de France soient représentés, savoir* :

« a) *Au Comité consultatif des arts et manufactures ;*

« b) *A la Commission permanente des valeurs en douane* ».

M. Guyot. — Je demande qu'on fasse une petite place aux représentants des propriétaires forestiers français.

M. Hollande. — Au sujet de ce vœu, je vous rappellerai ce qui se passe à la Commission des valeurs en douane. Elle n'a pas à donner d'avis au point de vue des droits de douane ; elle comprend des personnes compétentes pour aider l'Administration et faire des statistiques.

M. Daubrée représente les perches et les étançons, M. Vœlckel les chênes et les bois de sapin ; moi, les bois exotiques. On nous demande de fixer la valeur à l'importation des bois étrangers et de voir, avec l'Administration, si les quantités importées sont exactes.

M. Guyot. — Je ne voudrais pas qu'on puisse croire à l'exclusion des propriétaires forestiers qui sont intéressés dans la question et qui comptent, parmi eux, des personnes compétentes.

M. HOLLANDE. — Je n'y vois aucun inconvénient, mais je demande qu'on mette, dans le vœu « *le commerce en général* ».

M. LE PRÉSIDENT. — Si on n'a pas mis « *le commerce* », c'est qu'on a tenu compte de ce fait que l'autre partie du commerce était déjà représentée.

M. SÉBASTIEN. — Pour donner satisfaction à M. Guyot, je propose la rédaction suivante : « *Que les marchands de bois et les propriétaires forestiers*... etc. ». Je ne parle pas des exploitants, car M. Vœlckel, qui est de la Commission, est exploitant.

M. LE PRÉSIDENT. — Le but initial de ce vœu est, tout en respectant les situations acquises par le commerce proprement dit, de compléter cette représentation par l'intervention des marchands de bois exploitants.

M. SÉBASTIEN. — J'ajouterais même : « ... *soient largement représentés*... »

M. LE PRÉSIDENT. — Nous concilierions tout le monde en mettant : « *Les marchands de bois des diverses catégories* ».

M. VŒLCKEL. — Le rapporteur a l'air de croire, d'après sa motion, que les exploitants sont sacrifiés et ne sont pas représentés.

M. VILLAME. — C'était bien ainsi jusqu'à présent.

M. VŒLCKEL. — M. Daubrée est de la Commission.

M. LE PRÉSIDENT. — Il n'est pas exploitant.

M. VŒLCKEL. — Si quelqu'un défend la forêt, c'est bien lui, directeur des Forêts.

M. LE PRÉSIDENT. — Ce n'est pas la même chose ; il est là au point de vue administratif.

M. VŒLCKEL. — Eh bien mettez « *les marchands de bois français*... », — les exploitants sont compris là-dedans — « *soient largement représentés*, etc. », mais ajoutez-y : « ... *et au Comité consultatif des chemins de fer* ».

M. LE PRÉSIDENT. — Il en sera question quand nous traiterons la question des transports. M. Villame en a fait l'objet d'un vœu spécial.

M. SÉBASTIEN. — Pourquoi ne pas l'introduire ici.

M. LE PRÉSIDENT. — Parce que ce comité consultatif n'a qu'une relation bien lointaine avec la question des douanes.

M. VŒLCKEL. — Cela facilite les transactions.

M. Raisin. — Vous parlez de la représentation des commerçants en bois, mais il faut une formule générale les englobant tous. Ainsi, je représente une nouvelle catégorie de commerçants puisque nous sommes les seuls acheteurs de sciures dont l'utilisation est toute récente. Je voudrais que nous puissions rentrer dans la formule que vous allez adopter.

M. Guyot. — Vous avez raison.

M. le Président.

Je crois que nous pourrions rédiger ainsi le vœu n° 6 :

« *Que les propriétaires forestiers et les négociants appartenant aux différentes catégories du commerce des bois et produits accessoires des forêts...* »

Cela engloberait le commerce de la sciure, de la résine, etc...

M. Vœlckel. — J'insiste pour qu'il soit question ici du Comité consultatif des chemins de fer, car, ce soir, dans un autre rapport, la signification de ce vœu ne sera plus la même.

Un Congressiste. — Je vous propose une formule plus courte et plus simple :

« *Que les propriétaires forestiers et les négociants en bois et autres produits forestiers...* »

M. le Président. — Je crois que la nôtre est plus compréhensible, quoique plus longue.

Je mets aux voix le texte suivant :

« 6° *Que les négociants appartenant au commerce des bois et produits accessoires des forêts et les propriétaires forestiers soient largement représentés, savoir* :

« a) *Au Comité consultatif des Arts et Manufactures ;*

« b) *A la Commission permanente des valeurs en douane* ».

Ce vœu est adopté.

M. le Président. — Il ne nous reste plus à examiner que la question des transports.

M. Raisin. — Je demande la parole pour traiter une question douanière intéressante pour les départements de l'Ain, de la Savoie et de la Haute-Savoie, c'est-à-dire pour la zone frontière.

Il existe là près de 350 scieries qui ne peuvent, en aucune façon, utiliser leur sciure de bois et la jettent à la rivière à cause du droit de douane de 2 francs qui la frappe par 1.000 kilogrammes.

Comme cette sciure se vend habituellement 5, 6 ou 7 francs la tonne, vous voyez que ce droit de douane est de près de 50 % de la valeur de la marchandise. Elle ne peut donc pas entrer en France.

Ne pourrions-nous pas demander avec ces exploitants des scieries la suppression de ce droit? Ce serait d'autant plus juste qu'on a promis aux populations annexées, en 1860, d'exempter les produits du sol de toute taxe.

L'Administration, je le sais, prétend que la sciure est un produit fabriqué. Cependant, les planches qui sont, elles aussi, des produits fabriqués, ne paient rien à leur entrée en France. C'est une anomalie qu'il conviendrait de faire disparaître.

M. le Président. — Nous avons adopté ce principe de ne pas traiter les questions par trop spéciales. Vous nous soumettez une question locale très intéressante, je le sais, pour toute cette zone franche que je connais bien, ayant eu des attaches avec la Haute-Savoie.

Mais, demander à un Congrès forestier international d'intervenir dans ce débat est impossible et je crois me faire l'interprète de mes collègues en disant que, le cas échéant, nous ferons, chacun dans la mesure de nos moyens, ce que nous pourrons pour nous intéresser à cette question, mais que nous ne pouvons faire émettre un vœu par le Congrès international (*Assentiment*).

M. Villame. — Je crois que nous pourrions traiter de suite la question des transports. Nous sommes, j'espère, tous d'accord à ce sujet.

M. le Président. — Alors, nous abordons la question du Transport des bois.

La parole est à M. Villame pour la lecture de son rapport.

Transports par voie d'eau.

M. Villame. — Les transports par navigation intérieure ont pris, en France, depuis une trentaine d'années une importance que l'on est loin de soupçonner dans le public. Alors qu'en 1880, *le tonnage ramené au parcours d'un kilomètre* sur les fleuves, rivières et canaux atteignait à peine 2.007.000.000 tonnes, en 1911, ce tonnage s'est élevé à 5.767.000.000 tonnes, soit 185 % d'augmentation, la longueur du réseau navigable restant à peu près stationnaire (10.940 kil. en 1879 et 11.440 kil. en 1911).

Pendant ce même temps, le tonnage kilométrique des grands réseaux de chemin de fer passait de 8.999 millions de tonnes kilométriques, à 23.178 millions, soit une augmentation de 157 %, la longueur des réseaux s'étant accrue de 120 %.

Ces chiffres font bien voir que la navigation intérieure est un mode de transport qui est loin d'être en décadence, comme certains esprits un peu trop prévenus voudraient nous le faire croire et qu'il ne convient pas de la traiter en chose négligeable.

Aussi assistons-nous avec beaucoup d'intérêt à cette renaissance des transports par eau et au mouvement d'opinion qui tend à les arracher à la situation désavantageuse où la concurrence des puissants chemins de fer les avait fait déchoir. Le Ministère des travaux publics, à qui cet abandon était surtout imputable, semble lui-même vouloir entrer dans une voie nouvelle, soit en préconisant l'établissement de nouvelles artères destinées à compléter ou à étendre notre réseau actuel de navigation, soit en prenant l'initiative de dispositions et prescriptions ayant pour but d'améliorer l'exploitation des fleuves, rivières et canaux, aujourd'hui encore si défectueuse.

Dans un travail récent, publié par la Chambre syndicale des houillères de France, M. Grüner évaluait à 25 % l'abaissement du prix de revient immédiatement possible sur les voies navigables de France avec des procédés d'exploitation un peu plus modernes.

Par les facilités de tous genres qu'elles offrent, les voies navigables constituent, pour le transport des bois en particulier, un mode de transport des moins onéreux et des plus commodes.

Les inconvénients : lenteur du voyage et dépréciation de la marchandise, sont peut-être moins préjudiciables pour le bois que pour tout autre commerce. Aussi il n'y a rien de surprenant à ce que les transports de bois atteignent annuellement un nombre considérable de tonnes sur les fleuves, rivières et canaux et prennent leur part de l'augmentation générale du tonnage des voies navigables que nous constations plus haut.

En 1881, le tonnage des bois s'était élevé à 186.651.431 tonnes pour les bois à brûler et bois de service. Le tonnage des bois flottés, pendant cette même année, était de 57.647.394 tonnes.

En 1911, dernière année pour laquelle la statistique officielle ait été publiée, ces chiffres ont été les suivants :

Bois à brûler et bois de service : 299.318.085 tonnes.

Quant au flottage, qui est un procédé abandonné dans presque toutes les régions — à part dans le Morvan pour les bois à brûler — le tonnage s'en est abaissé à 5.493.929 tonnes (*tonnage, nous le répétons, ramené au parcours d'un kilomètre*).

Le tableau suivant indiquera d'ailleurs exactement le tonnage des bois et charbons de bois transportés par voie d'eau :

EMBARQUEMENT SUR LES VOIES DE NAVIGATION INTÉRIEURE.

ANNÉES	BOIS ET CHARBON DE BOIS	TOUTES LES MARCHANDISES
—	—	—
	tonnes	tonnes
1908........	1.907.188	34.225.139
1909........	1.898.725	35.624.223
1910........	1.642.496	34.623.791
1911........	1.840.397	38.117.641

Transports par voie ferrée.

Dans diverses assemblées, congrès et autres réunions, la Fédération des Syndicats du Commerce des bois de France a fait entendre ses doléances à l'égard du traitement que subissent, de la part des Compagnies de chemins de fer, les produits forestiers français.

C'est aujourd'hui, en ce Congrès forestier international, organisé par le Touring Club de France que nous allons, de nouveau, exposer les revendications de notre commerce.

A l'encontre de ce qui se passe avec la batellerie ou tout autre entrepreneur de transport, avec lesquels les prix peuvent être débattus, les tarifs de chemins de fer sont imposés et rigides, tout en étant, très hypothétiquement, le résultat de la loi de l'offre et de la demande.

Le contrat est considéré comme synallagmatique, alors, que les intéressés, c'est-à-dire les commerçants eux-mêmes ne sont pas consultés et ne peuvent ainsi formuler les observations qu'ils auraient à présenter pour ou contre des dispositions à appliquer à tel ou tel transport les concernant.

Cependant le trafic des bois et de ses dérivés est un appoint très appréciable pour les voies ferrées françaises, puisqu'il leur procure une recette annuelle que nous évaluons à environ 100 millions de francs (1).

Que les bois soient bruts, ébauchés ou ouvrés : de la tarification qui les affecte, résultera incontestablement un développement plus ou moins grand de leur trafic.

Les administrations des chemins de fer ont pour principe de faire supporter aux marchandises toutes les charges qui leur paraissent les plus compatibles avec leurs propres intérêts, sauf à voir parfois leurs recettes diminuer du fait d'un abaissement ou d'un déplacement de courant résultant simplement de prohibition introduite, par elles-mêmes, dans leurs propres tarifs.

Les compagnies de chemins de fer ont des tarifs qui constituent la loi des parties, mais avec cette circonstance tout particulièrement aggravante que les intéressés, qui ignorent le plus souvent les propositions des réseaux, ne sont nullement consultés à leur sujet, ou du moins, le sont bien peu.

Le service du contrôle, il est vrai, fait tout son possible pour maintenir un juste équilibre entre les divers points concurrents, mais n'ayant pas toujours les moyens de pénétrer dans le tréfonds de la question, il recourt au tableau des valeurs de marchandises de la statistique des douanes; il risque ainsi d'être fort mal renseigné.

Ce service ne peut donc opérer que par voie de comparaison des tarifs entre eux, eu égard aux distances respectives qu'il y a lieu de considérer, abstraction faite de la valeur rigoureusement intrinsèque des marchandises qui, si elles étaient reprises aujourd'hui dans de nouveaux cahiers de charges, ne seraient plus classées, dans bien des cas, comme elles l'ont été au début des concessions.

Ceci nous conduit à parler, en ce qui nous intéresse, du Comité consultatif des chemins de fer et de la représentation de nos intérêts dans cette assemblée.

Les études du Comité consultatif des chemins de fer, faites avec le plus grand soin, peuvent avoir parfois pour résultat, de conduire les réseaux, par voie de réserves, à introduire des modifications fort utiles pour le commerce. Mais il ne peut pas en être ainsi lorsque, par exemple, en dehors des questions d'équilibre économique, la tarification blesse la marchandise dans sa valeur intrinsèque, car, comme nous venons de le dire, les tableaux des valeurs en douane des marchandises ne répondent pas d'une façon absolue à la valeur réelle marchande en cours.

C'est pourquoi la Fédération des Syndicats du commerce des bois de France va porter ses efforts en vue d'obtenir sa représentation dans la section permanente du Comité consultatif des chemins de fer. Il y a lieu d'estimer, d'ores et déjà, que cette représentation de nos intérêts aura, dans l'avenir, les plus heureux effets pour la sauvegarde du commerce et de l'industrie des bois de France.

(1) Le total des recettes encaissées par les compagnies de chemins de fer français pour les *marchandises transportées par petite vitesse*, est annuellement d'environ 980 millions de francs.

Nous aimons à croire qu'en cette occurrence, le Touring-Club de France ne négligera rien pour seconder les efforts de notre Fédération et nous l'en remercions.

Les critiques qui ont été faites de la tarification des chemins de fer, qu'il s'agisse de tarifs intérieurs ou de tarifs communs à deux ou plusieurs réseaux, sont encore loin d'être épuisées. Il y aurait long à dire à cet égard.

Nous nous contenterons ici de quelques faits saillants *à titre d'exemples.*

Tarification comparée entre les réseaux. — Pour montrer tout l'intérêt que présente la question, nous nous bornerons à vous soumettre le tableau suivant faisant connaître les prix des transports à la tonne qu'ont à acquitter sur les réseaux Est, Orléans et P. L. M., les trois principaux produits de nos forêts : bois de construction, bois à brûler et charbons de bois.

Bois à brûler.

	Est	Orléans	P. L. M.
100 kilomètres ...... Fr.	5,15	5,65	4 »
200 —	7,40	8,15	5,50
300 —	9,40	10,65	7 »
400 —	11,40	13,15	8,50
500 —	13,40	15,60	10 »

Charbons de bois.

	Est	Orléans	P. L. M.
50 kilomètres ...... Fr.	4 »	5 »	4 »
100 —	8 »	10 »	7 »
200 —	12 »	15 »	13 »
300 —	16 »	18 »	15 »
400 —	20 »	21 »	17 »
500 —	24 »	24 »	19 »

Bois de construction.

	Est	Orléans	P. L. M.
50 kilomètres ..... Fr.	2,75	4 »	3 »
100 —	4,75	6,50	5 »
200 —	7 »	10,50	8,50
300 —	9 »	13,50	12 »
400 —	11 »	15,50	15 »
500 —	13 »	17,50	18 »

L'examen des tarifs spéciaux PV des divers réseaux — transport des bois à brûler et charbons de bois — présente des différences par trop sensibles d'un réseau à un autre, étant donné surtout que le prix marchand des bois à brûler par exemple, peut être considéré comme étant le même à peu près partout.

Supposons deux transports sur Paris, partant, l'un d'Angoulême (449 km.) et l'autre de Saint-Laurent-du-Jura (451 km.) points que l'on peut considérer comme également distants de Paris.

Les réseaux d'Orléans et de P. L. M. admettent tous deux la condition de chargement minimum de 5.000 kilogrammes ; les prix étant sur l'Orléans de 14 fr. 10 et sur le P.-L.-M. de 9 fr. 25, la moyenne kilométrique ressort respectivement à 0 fr. 031 et à 0 fr. 02, la valeur en forêt étant sensiblement la même de part et d'autre.

A l'égard des deux combustibles bois et houille, la différence de traitement est frappante.

Le bois à brûler paie d'Angoulême à Paris 14 fr. 10 par tonne et par wagon de 5.000 kilogrammes ou 0 fr. 031 comme prix moyen kilométrique.

Pour un parcours quelque peu supérieur (472 km) de Champagnac-les-Mines à Paris, la houille ne paie que 9 fr. 20 ou 0 fr. 0199 comme prix moyen kilométrique.

La différence est vraiment trop grande et sans raison.

Charbons de bois. — Les charbons de bois sont vendus le plus ordinairement à Paris sous la forme de sac de 60 kilogrammes qui est payé (en gare Paris) 4 fr. 50, ce qui le ramène à 75 francs la tonne, alors que la houille pour le chauffage domestique est évaluée (toujours gare Paris) 44 francs les 1.000 kilogrammes.

Prenons pour termes de comparaison des houilles du Nord, à destination de la gare de La Chapelle et des charbons de bois en provenance du réseau P. L. M. ayant effectué un parcours identique à celui de la houille soit 210 kilomètres. La houille paie 6 fr. 30 et le charbon de bois 13 fr. 20 la tonne, c'est-à-dire les prix moyens kilométriques respectifs de 0 fr. 03 et de 0 fr. 062. N'est-ce pas là le moyen de paralyser l'industrie du charbon de bois qui, dans bien des cas, malgré la différence de valeur calorifique, pourrait rendre d'aussi bons services à l'industrie que la houille elle-même (1).

Constatons, en passant, que nos revendications sont basées surtout sur ceci, que la production houillère est protégée, quelle que soit sa provenance, nationale ou étrangère, et que nous demandons que l'on assure aux produits des forêts de France, un traitement qui ne puisse pas les placer dans des conditions moins favorables.

Des exemples semblables seraient nombreux à citer, mais nous craindrions de lasser votre bienveillante attention.

Bois pour les mines. — Le prix de transport des bois pour les mines est, dans bien des cas, assez sensiblement le même que celui des bois à brûler, il est fixé par le tarif P. V. n° 9,

Le tarif spécial P. V. n° 9, présente des anomalies un peu surprenantes que nous allons étudier.

La Sologne ayant demandé à écouler ses bois résineux, susceptibles d'un excellent emploi pour les mines, des accords sont intervenus à son sujet entre les divers réseaux intéressés et la lecture du Chaix (petite vitesse) nous montre quatre tarifications dissemblables, selon que les transports seront dirigés dans tel ou tel sens.

Le chapitre premier de ce tarif vise les relations entre tous les grands réseaux et les Ceintures (c'est l'ancien régime).

---

(1) D'après l'aide-mémoire de Claudel, la valeur calorifique moyenne de la houille est de 9.200 ; celle du charbon de bois de 6.950. Leur rapport est de 1,3237.

Le nouveau régime se retrouve dans le chapitre 4, relations entre les Ceintures, l'Est, le Nord et le P.-L.-M. ; le chapitre 35, paragraphe 8 : relations Orléans, P.-L.-M. ; enfin le chapitre 40 : relations Ceintures, Nord, Orléans, Ouest, P.-L.-M.

Ces différents chapitres comportent les barêmes suivants:

	CHAP. 1er		CHAPITRE 4		CHAPITRE 35		CHAPITRE 40	
kil.		fr.		fr.		fr.		fr.
40		»		»		»	(palier)	1.60
100		»		»		»	—	3.40
200	(palier)	9.50	(palier)	6.50		»	—	5.40
300	—	13.50	—	9. »	(palier)	8. »	—	7.40
400	—	15.50	—	11.50	—	10. »	—	9.40
500	—	17.50	—	13.50	—	12. »	—	11.40
600	—	19.50	—	15. »	—	14. »	—	13.40
700	—	20.50	—	16. »	—	16. »	—	14.90
800	—	21.50	—	18. »	—	18. »	—	15.90
900	—	22.50	—	19.50	—	20. »	—	16.90
1.000	—	23.50	—	21. »	—	22. »	—	17.90

Il suit de là que la Sologne qui a demandé pour ses bois résineux un régime de protection, a obtenu un régime de faveur ressemblant d'assez près à un traité particulier.

Permettez-nous de nous étendre un peu sur le jeu de ces divers barêmes.

Le chapitre premier ne demeure applicable que lorsqu'il s'agit de transports de ou pour le réseau du Midi et de l'État (ancien réseau).

Le chapitre 4 ne peut servir que pour les relations de ou par le réseau de l'Est.

Le chapitre 35, Orléans, P.-L.-M., devrait disparaître parce qu'il est avantageusement remplacé par les prix du chapitre 40 auquel participent, comme au chapitre 35, les réseaux d'Orléans et de P.-L.-M. par un traitement meilleur pour les mines du Nord et du Pas-de-Calais.

D'où cette conclusion : pourquoi ne pas demander au réseau de l'Est de participer aux conditions du chapitre 40, ce qui conduirait à la suppression du chapitre 4 dont les prix feraient place à ceux du chapitre 40.

Les transports des bois pour les mines seraient ainsi traités d'une façon uniforme, quelles que soient les provenances et les destinations, par les réseaux de l'Est, d'Orléans, de l'Ouest, de P.-L.-M. et les Ceintures de Paris. Libre aux réseaux de l'Etat et du Midi de se confiner dans les conditions prévues au chapitre premier.

Notre démonstration a pour but de faire ressortir le prix moyen kilométrique prévu à chacun des chapitres que nous avons signalés. Ce prix moyen est à 500 kilomètres par exemple, d'après : le chapitre Ier, 0 fr. 035, le chapitre 4, 0 fr. 026, le chapitre 35, 0 fr. 024 et le chapitre 40, 0 fr. 0228.

Pourquoi ces traitements divers ?

Cet exemple, qui pourrait être corroboré par un grand nombre d'autres (1), conduit à dire qu'il appartient aux Compagnies de revoir leur tarification ; de la réduire en la refondant, de manière telle que la

(1) a) Sur le réseau de l'Est, il n'est fait aucune distinction, pour le transport, entre les différentes espèces et qualités des bois : le bois de charbonnette d'une valeur de 10 francs les 1.000 kilos sur wagon, étant assimilé aux feuillets de chêne d'une valeur d'environ 250 francs le mètre cube.

b) Un sac de charbon de bois, vendu gare départ, un prix moyen de 3 fr. 40, pour arriver en gare à Paris, supporte un transport par fer moyen, de 1 fr. 10, soit 33 % de sa valeur; n'est-ce pas véritablement plus qu'excessif?

valeur du transport, quelle que puisse être sa direction, soit ramenée partout à la plus juste mesure.

En effet, les Compagnies ont admis une table générale par séries de marchandises; elles se sont mises d'accord pour grouper les marchandises en des catégories représentées par la classification des tarifs spéciaux.

Ne conviendrait-il pas qu'elles s'entendissent aussi en vue de l'unification des bases de leurs barêmes, de manière à arriver à une tarification unique pour une même marchandise transportée sur notre territoire?

Wagon complet. — Minimum de tonnage.

Les tarifs spéciaux prévoient le plus généralement la condition du chargement par wagon complet, avec un minimum de tonnage exprimé.

Dans certains cas, comme par exemple, un chargement de bois pour les mines, il n'est pas toujours possible d'arriver à placer 5.000 kilos.

Il n'est pas toujours possible non plus de charger 8.000 kilogrammes de bois à défibrer sur un seul wagon (minimum de poids exigé sur presque toutes les compagnies).

Enfin, il n'est pas toujours possible, pour un expéditeur, de remplir ces conditions, non que la marchandise soit en quantité insuffisante, mais parce que la capacité du wagon ne permet pas de placer 5.000 kilogrammes.

Il semblerait équitable, dans ces conditions, que le wagon ne soit taxé que pour le poids réel qu'il comporte, qu'il soit isolé ou qu'il entre dans la composition d'une rame, lorsque le tonnage total répond à la condition exprimée au tarif.

C'est ainsi par exemple que si 3 wagons de petit modèle sont nécessaires pour envoyer 10 tonnes, alors que 2 wagons devraient suffire, le prix par wagon complet est appliqué, non sur le poids de 10.000 kilogrammes, mais sur l'utilisation des 3 véhicules comptés chacun comme chargés à 5.000, soit pour les trois, 15.000 kilogrammes.

Il y a là quelque chose de choquant dont ne devraient pas souffrir les expéditeurs et dont les Compagnies qui fournissent un matériel insuffisant ne devraient pas profiter.

Fourniture de matériel. — Il serait à désirer que la fourniture du matériel soit l'objet, de la part des compagnies, d'une attention plus particulière, et qu'elles se conforment d'une manière plus rigoureuse, aux prescriptions des tarifs dont elles ont, elles-mêmes, rédigé les termes.

Il est aussi très regrettable que le matériel demandé pour une date précise par les expéditeurs ne soit pas mis à leur disposition au jour fixé.

Il résulte de la non observation de cette clause, des difficultés et souvent des frais qui ne peuvent être récupérés par ceux qui les subissent. Par contre, si un expéditeur retarde d'un jour le chargement ou la libération du matériel, il doit, conformément aux conditions d'application des tarifs, subir la pénalité qui y est édictée.

Lettre d'avis. — Un autre point, très important, c'est la lettre d'avis. Son envoi, a dit la Cour de cassation dans divers arrêts, n'est pas obligatoire; elle ne doit servir que pour marquer le jour à partir duquel doit courir le magasinage. A défaut de son envoi, la marchandise est réputée remise, les délais expirés.

Il y a là un double inconvénient : celui pour la Compagnie de conserver une marchandise sans nécessité et ainsi d'encombrer inutilement ses quais; le second, celui d'obliger le destinataire à des déplacements toujours désagréables, parfois onéreux.

Quand elles croient leurs responsabilités engagées, les Compagnies usent de la lettre d'avis sans ménagements; dans les autres cas, elles semblent s'en désintéresser.

Obliger les Compagnies à correspondre avec leur clientèle (comme de simples commerçants) par la lettre d'avis, est certainement demander au personnel un travail supplémentaire; mais qu'est ce léger surcroît de besogne, d'ailleurs rapide à effectuer, à côté des avantages à en attendre?

Il semble donc que l'obligation de l'envoi de la lettre d'avis s'impose comme mesure d'ordre général en vue du bon fonctionnement des relations *obligées* du public avec les Compagnies.

Bâchage. — Au flot d'encre qui a déjà coulé à l'occasion de cette question, nous ne viendrons rien ajouter. Mais nous pouvons, cependant, émettre l'avis suivant : il n'est pas nécessaire de légiférer sur une question de bon sens. Ou la marchandise peut voyager sans être protégée contre les circonstances atmosphériques, ou elle ne le peut pas ; ou elle peut être abritée dans un wagon couvert, si elle doit être abritée, ou elle ne le peut pas, quelle qu'en soit la cause. C'est dans ce dernier cas que le bâchage devient obligatoire, sa conservation ne pouvant être assurée que par ce seul moyen.

Il nous paraît en conséquence inutile et oiseux de chercher par des considérations d'espèce, à limiter, à telle ou telle catégorie de transport, le bénéfice du bâchage.

Pour terminer, il nous paraît indispensable de présenter quelques considérations plus générales, sur la taxation des marchandises en prenant pour base leur valeur commerciale réelle.

Tout d'abord, nous admettrons très volontiers que les marchandises subissent, selon les moments, des hausses ou des baisses, que ne peut pas suivre la tarification des chemins de fer.

Ce que l'on peut cependant considérer comme certain, c'est que la moyenne de ces fluctuations n'a pas pour effet direct de modifier d'une façon très sensible le cours ordinaire moyen, qui lui, au contraire, en ce qui concerne nos produits forestiers, a à souffrir de la concurrence qu'exerce en France l'importation des produits étrangers.

Le commerce des bois français subit la loi inéluctable de la tarification de nos réseaux, dont il ne peut pas s'affranchir sous peine de déchoir complètement, mais cela ne prouve pas, d'une façon incontestable, la justesse et la précision de cette tarification.

M. Heurteau, ancien directeur de la Compagnie d'Orléans, considérait comme une règle économique absolue, en matière de transport, de faire payer à la marchandise tout ce qu'elle pouvait payer ; nous sommes de son avis.

Mais, pour que l'application de ce principe soit une réalité, encore faut-il que la taxation soit bien en rapport avec la valeur de la marchandise, en tenant compte aussi de la situation géographique. Les Compagnies ne devraient pas considérer d'une façon absolument rigoureuse la part de transport effectué par chacune d'elle, mais l'ensemble du transport sur le territoire français, et aussi l'utilité que présente la marchandise, quant aux besoins généraux de la consommation.

Il faut se souvenir encore de cet autre principe, que le transport est un prix mort qui ne touche en rien la valeur intrinsèque de la marchandise, mais peut contribuer à son inertie.

L'examen des phénomènes commerciaux, tout au moins en ce qui concerne notre Fédération, nous conduit à penser que la tarification actuelle des marchandises demanderait à être l'objet d'une révision permettant de classer les produits exploités d'une manière plus adéquate, et ceci conduirait à une application plus juste du prix de transport auquel les Compagnies pourraient prétendre, sans augmenter inutilement le prix de consommation.

Ce serait évidemment un travail de longue haleine, mais nous estimons que le résultat à en attendre tout en contribuant à la richesse des Compagnies aiderait puissamment au développement du commerce et de l'industrie des bois. Il entraînerait une simplification rationnelle des tarifs, en rendant, en même temps, la lecture et l'application desdits tarifs plus faciles.

A ces considérations générales se rattache la question des marchandises qui, transportées à l'état brut, font retour au transport après transformation.

C'est ainsi que les bois en grume reviennent au transport transformés en planches, plateaux, madriers, douelles, parquets, etc. ; que les bois à défibrer sont rechargés comme fibres de bois ; que les bois destinés à la trituration se représentent comme papier et que les bois destinés à la distillation sont remis au chemin de fer sous forme d'acides pyroligneux ou leurs dérivés, et ensuite comme charbon de bois.

Il y a intérêt à ce que les matières premières soient l'objet d'un traitement en rapport non seulement avec leur propre transport, mais encore avec celui qui leur sera réservé après transformation.

Les bois en grume sont de beaucoup les plus intéressants, et pour deux raisons : la première, c'est qu'ils présentent des masses d'un poids très appréciable, sans aucun risque pour le transporteur sous leur première forme; la seconde, c'est qu'après main-d'œuvre par l'industrie, ils seront encore frappés de tarifs rémunérateurs par les Compagnies sous leurs formes diverses.

Il conviendrait, en conséquence, d'appliquer aux bois en grume la taxation la plus faible possible, en tenant compte de leur valeur commerciale.

Telles sont les quelques considérations générales que nous avions à présenter au Congrès.

Le sujet, on le voit, est encore loin d'être épuisé et nous n'avons pas eu la prétention de vous développer, en quelques pages, une question aussi vaste, aussi délicate que celle du transport des produits de nos forêts.

Nous croyons cependant avoir atteint un but : celui d'attirer votre attention sur des questions vitales pour notre industrie forestière.

Il a été fait quelque chose, nous le reconnaissons, mais nous devons bien nous pénétrer qu'il reste encore beaucoup à faire.

Si l'on veut que l'exploitation devienne productive, il faut que cette exploitation soit secondée dans l'écoulement de ses produits.

Les tarifs de chemin de fer sont un de ces éléments qui peuvent puissamment aider au développement des produits forestiers comme, au contraire, ils peuvent réduire ce développement en paralysant l'écoulement normal.

Pour conclure, nous avons l'honneur de proposer au Congrès forestier l'adoption des vœux suivants :

I. *Que les tarifs des chemins de fer soient révisés.*

II. *Que le commerce des bois soit représenté largement à la section permanente du comité consultatif des chemins de fer.*

M. le Président. — MM. Chancerel et P. Leturque nous ont adressé deux communications relatives à l'unification des transports. Leurs conclusions sont conformes à celles de M. Villame.

M. du Pré de Saint-Maur. — Le syndicat forestier du Morvan, le Syndicat du Commerce des bois et des industries qui s'y rattachent, et de nombreuses collectivités du Centre et de l'Ouest de la France, se sont mis d'accord, depuis un certain nombre d'années sur la formule suivante : mener nos produits à l'industrie et rapprocher le plus possible l'industrie de nos bois.

Voilà qui résume notre manière de faire et nos efforts pendant plus de cinq ans.

Nous voudrions mener nos produits aux débouchés actuels, avec les facilités dont jouit le frêt de retour, et nous voudrions instituer dans le centre de la France, entre le canal latéral à la Loire, le canal du Nivernais et le canal de Bourgogne, une zone où tous les produits, toutes les industries se rapportant aux bois, pourraient trouver d'énormes avantages.

Voudriez-vous approuver cette formule comme remède au mal dont souffre les forêts? Elle a été approuvée à l'unanimité par les intéressés dans bien des départements ; les représentants du commerce des bois, réunis ici en ce moment, peuvent vous le dire.

M. le Président. — Le rapport et les vœux de M. Villame vous donnent, je crois, toute satisfaction.

M. Villame. — J'en ai parlé dans le rapport.

M. le Président. — Voici le premier vœu proposé par M. Villame :

« 1° *Que les tarifs des chemins de fer soient révisés dans le sens favorable à la production et au commerce des bois de France* ».

M. Hollande. — Ajoutez « *et des colonies* » parce que les bois exotiques paient un tarif spécial beaucoup plus élevé. La région de Bordeaux et de Marseille réclame un nouveau tarif pour ces bois exotiques.

M. du Pré de Saint-Maur. — Je parlais tout à l'heure des exportations d'étais en Angleterre. Voyez quelle facilité pour nous, Nivernais, si nous avions des communications aisées avec Bordeaux, alors qu'aujourd'hui les bateaux de 38 m. 50, ne peuvent arriver chez nous.

M. le Président. — Chaque contrée a son point de vue spécial. Restons dans les généralités.

M. Raisin. — Demandez d'urgence cette révision sans quoi nous attendrons deux ou trois ans comme d'habitude. Nous apportons assez de millions aux Compagnies pour qu'elles nous donnent rapidement satisfaction.

D'ailleurs, il est bon qu'on dise ici que le commerce des bois en général est extrêmement mécontent des chemins de fer. C'est le devoir du Congrès d'appeler l'attention sur ce fait. Nous sommes des travailleurs consciencieux ; si nous étions des travailleurs conscients, nous aurions déjà mis en demeure les Compagnies de nous donner satisfaction.

M. le Président. — Nous pouvons ajouter le mot « *d'urgence* », car votre observation est très sage.

Je mets aux voix le vœu ainsi modifié :

« 1° *Que les tarifs des chemins de fer soient revisés d'urgence dans le sens favorable à la production et au commerce des bois de France et des colonies* ».

Ce vœu est adopté.

Le second vœu est ainsi conçu :

« 2° *Que le commerce des bois soit représenté largement à la section permanente du comité consultatif des chemins de fer* ».

Comme pour le vœu relatif aux douanes, nous pourrions le rédiger ainsi :

« *Que les propriétaires forestiers et le commerce des bois et produits accessoires de la forêt soient largement représentés... etc...* ».

Je mets aux voix le vœu ainsi modifié.

Le vœu est adopté.

L'ordre du jour de notre section étant épuisé, il ne me reste plus, Messieurs, qu'à vous remercier de l'attention soutenue que vous avez apportée à nos séances et à déclarer clos les travaux de la deuxième section.

La séance est levée à 11 heures.

TROISIÈME SECTION

TECHNOLOGIE FORESTIÈRE — COMMERCE ET INDUSTRIE DU BOIS

BUREAU

Président :	M. Paul POUPINEL, président de la *Chambre syndicale des bois de Sciage et d'Industrie*, vice-président du *Syndicat général du Commerce et de l'Industrie*.
Vice-présidents :	MM. Honoré BARBIER, président de la *Fédération des Syndicats du Commerce des Bois de France et des industries qui s'y rattachent*.
	P. PINGAULT, syndic-président de la *Chambre syndicale des Bois à brûler*.
	A. MATHIEU, président de la *Communauté des Marchands de bois à œuvrer*.
	J. HOLLANDE, président de la *Chambre syndicale des Bois des îles et d'Ébénisterie*.
	A. COLLIN, président de la *Chambre syndicale du Sciage et du Travail mécanique des bois*.
	MADELIN, inspecteur des Eaux et Forêts, docteur en droit, chef de section à la Direction générale.
Secrétaires :	MM. L. SÉBASTIEN, membre de la *Chambre syndicale des bois de Sciage et d'Industrie*.

E. POISSON, secrétaire de la *Chambre syndicale des bois de Sciage et d'Industrie*,
GIRAUD, inspecteur-adjoint des Eaux et Forêts.

RAPPORTEURS : MM. RACHET, syndic de la *Chambre syndicale des Bois de Sciage et d'Industrie*.
Pierre LIÈVRE, membre de la *Chambre syndicale des Bois de Sciage et d'Industrie*.
Edouard RIZIER, membre du bureau de la *Chambre syndicale des Bois à brûler*.
CAQUET, membre du *Conseil supérieur de l'Agriculture*.
Gustave ARTUS, syndic de la *Chambre syndicale des Bois de Sciage et d'Industrie*.
PELLETIER DE MARTRES.
Georges ROTIVAL, membre de la *Communauté des marchands de Bois à œuvrer* ; président de section au *Tribunal de Commerce de la Seine*.
Paul COULET, avocat à la *Cour d'Appel de Paris*, avocat-conseil de la *Chambre syndicale des Bois de Sciage et d'Industrie*.
René BARBIER, membre de la *Communauté des marchands de Bois à œuvrer*.
SIMON, ingénieur des Manufactures de l'État, chargé de la Direction de la Manufacture d'allumettes de Saintines.
MARCEL, membre de la *Chambre syndicale des agents et commissionnaires en bois d'industrie. Conseiller du commerce extérieur de la France*.
PUTEAUX, vice-président de la *Chambre syndicale du Sciage et du Travail mécanique des Bois*.
BOCQUET, syndic de la *Chambre syndicale du Sciage et du Travail mécanique des Bois*.
HIRSCH, inspecteur des Eaux et Forêts.
DUCHEMIN, secrétaire général de l'*Union syndicale des usines de carbonisation des bois de France*.

SÉANCE DU 16 JUIN 1913

(MATIN)

Présidence de M. POUPINEL, président de Section

La séance est ouverte à 11 heures.

M. LE PRÉSIDENT. — Messieurs, avant d'aborder la discussion des rapports, je vous rappelle que ceux d'entre vous qui auraient des observations à présenter, non seulement sur les conclusions, mais encore sur la rédaction même de ces rapports, peuvent demander et obtenir la parole.

L'ordre du jour appelant la discussion sur le rapport de l'EXPLOITATION DES BOIS de M. Rachet, je donne à M. Rachet la parole pour la lecture de son rapport.

M. RACHET. — L'exploitation des bois dans les forêts domaniales comme dans les forêts privées, s'est complètement transformée depuis un demi-siècle.

A côté du bûcheron qui abattait les arbres, on voyait autrefois dans les coupes de nombreux travailleurs de métiers divers : les scieurs de long qui, sur le parterre de ces coupes, transformaient les arbres en plateaux, en frises, etc. ; les fabricants de cercles pour tonneaux ; les fabricants de sabots, d'articles de boissellerie, de jougs, d'attelles ; les charbonniers.

La forêt était un vaste atelier. Les plus belles pièces de chêne étaient choisies pour la marine de l'État. Le marchand de bois adjudicataire était tenu de les façonner en charpente. Ces belles pièces étaient conduites, à des distances parfois assez grandes, jusqu'au bord des cours d'eau qu'elles descendaient ensuite jusqu'à leur embouchure pour arriver enfin sur les chantiers de construction de la Marine.

Mais le bois disparut de la construction des navires de guerre et aussi de la construction des bateaux de la marine marchande. Le travail forestier subit une première atteinte. Il restait pourtant au scieur de long le débit considérable des traverses de chemins de fer et de bois nécessaire à la construction du matériel roulant. Dans le rapide développement des voies ferrées en France il y eut de l'occupation pour le pénible travail du scieur de long jusqu'au moment où les scies mécaniques, scies circulaires, scies alternatives et scies à ruban, apparurent pour revolutionner le travail en forêt.

Les scieries mécaniques étant devenues les indispensables auxiliaires des marchands de bois exploitants, la forêt se vide de ses travailleurs. Le scieur de long disparaît ; les boisseliers, tourneurs, tonneliers vont s'établir auprès des scieries mécaniques et deviennent leurs auxiliaires.

Le charbonnier quitte à son tour la forêt. Les usines de distillation du bois obtiennent par la carbonisation en vase clos de riches produits dérivés de l'acide acétique du pyroligneux. Le charbon de bois n'est plus qu'un sous-produit de ces usines.

L'exploitation des bois est alors complètement changée. Le bûcheron reste seul dans la coupe.

Et le travail même de cet isolé ne tarde pas à se modifier. Il est resté pour abattre du bois de feu et des grumes. Les bois en grumes sont enlevés tels quels par des voituriers qui les transportent aux gares ou aux scieries mécaniques. D'autre part, la valeur du bois de chauffage diminue en raison même de la transformation du confort intérieur ; toutes les constructions nouvelles, dans les grandes villes, se font avec chauffage central. En conséquence, on réserve le moins possible de bois pour le chauffage et ce qui ne pourra être mis en grumes sera employé comme rondins de choix pour diverses industries de formes, roules, bois tournés, etc.

Si la forêt est maintenant moins peuplés qu'autrefois de travailleurs, elle n'en fournit pas moins son bois au commerce et à l'industrie et d'une façon même beaucoup plus intensive que jadis. L'exploitation de la forêt ne peut se faire qu'à l'aide des chemins qui y sont créés. Il n'y avait autrefois à enlever de la coupe que des bois travaillés en sciages, sabots, cercles, boissellerie, charbon ; ces transports étaient relativement légers et peu encombrants. L'exploitation actuelle nécessite des transports beaucoup plus lourds et plus difficiles.

Au fur et à mesure que la transformation s'est effectuée dans l'exploitation de la forêt, l'Administration a dû augmenter le nombre des routes forestières et améliorer celles qui existaient.

Il reste encore pourtant beaucoup à faire en ce qui concerne les chemins pour faciliter les transports et le commerce des bois désire vivement que les améliorations nécessaires soient apportées le plus tôt possible. Quand le réseau des routes forestières sera suffisamment développé et que ces routes seront en bon état, on pourra alors remplacer la traction animale par la traction mécanique et en même temps un énorme progrès sera réalisé dans l'exploitation des bois.

Le besoin de ces améliorations des chemins et routes n'est du reste nullement contesté et personne n'a jamais douté qu'en l'absence de chemins appropriés l'exploitation rationnelle de la forêt est complètement impossible. On n'ignore pas non plus comment il faudrait procéder pour obtenir une exploitation rationnelle de la forêt en ce qui concerne les coupes à y effectuer et la fréquence de ces coupes. Mais entre la théorie et les mesures d'application, il y a place pour les graves questions financières.

S'il est admis indiscutablement que des coupes périodiques sont nécessaires pour aérer et assainir la forêt, pour permettre aux sujets plus jeunes de grandir et de se développer normalement, on est forcé par contre de constater que les règles admises sont loin d'être suivies. Le déboisement sans méthode est trop généralement pratiqué dans les forêts particulières, les règles logiques de reboisement ne sont pas observées ; l'appauvrissement de nos richesses forestières est un mal depuis longtemps dénoncé sans qu'on ait pu lui trouver le remède.

C'est qu'il y a encore ici une question financière qui prime tous les arguments de logique.

Ainsi que l'a dit excellemment l'économiste Armand Mossé dans une étude récente sur cette grave question, le propriétaire d'aujourd'hui, à l'encontre du seigneur foncier d'autrefois, est incapable de conserver un capital immobilisé ou insuffisamment fructueux et il est pressé de monnayer la richesse improductive. Aussi, comprenant son intérêt immédiat, est-il tenté d'abuser de la forêt, par la réalisation hâtive des produits et même par la destruction du capital-bois ; en tout cas, préférant accroître son revenu plutôt que son capital, il n'hésitera pas à choisir le mode d'exploitation en taillis, à adopter des révolutions courtes qui lui procurent un revenu supérieur. Non pas que la forêt ainsi exploitée lui donne plus de bois par unité de superficie, mais parce que la qualité du bois, elle-même, augmente avec l'âge des arbres ; le bois de vingt ans, par exemple, la charbonnette, ne vaut guère que 4 francs le mètre cube, tandis que le bois de 25 ans, le rondin, vaut 8 francs le mètre cube. Au surplus, et en se référant en cela aux observations de l'économiste Cauwes, on peut dire que l'exploitation en futaie, qui correspond par rapport aux coupes de taillis à ce qu'est l'agriculture intensive par rapport à la culture extensive, ne lui eût apporté qu'un revenu moindre. Un hectare de 500 francs qui produit un revenu de 400 francs en 20 ans, soit au moins 2,04 % ne donnerait en 150 ans — par exemple — que 8.000 francs de revenu, soit un taux de placement de 1,90 % seulement.

Il résulte donc de ces observations que l'exploitation forestière n'est pas un placement rémunérateur et qu'il ne faut pas se laisser influencer par cette assurance qu'une forêt de chênes double de valeur en cent ans. Le cent pour cent ainsi obtenu ne représente, en définitive, que 1 % par an. Ces considérations expliquent le déboisement des forêts particulières et il est difficile de faire autrement que de le constater sans pouvoir intervenir légalement contre les droits inhérents à la propriété. En présence pourtant de l'appauvrissement national et des répercussions climatériques qu'occasionne le déboisement ; en considération aussi de l'affront causé à la nature et à sa beauté par les farouches déboisements auxquels nous assistons, il est de toute évidence que le législateur devra prendre des mesures préservatrices ; mais qu'il ne le pourra qu'en tenant compte des droits imprescriptibles de la propriété.

Dans les forêts soumises au régime forestier (État, communes, établissements publics), le danger de déboisement et de dénudation n'existe plus. L'administration procède à l'organisation des coupes avec le plus grand soin et elle surveille minutieusement les abatages, vidanges, charrois et déblaiements. Mais la forêt gérée par l'État ne représente que le tiers du domaine forestier français. Sur 9 millions d'hectares environ, il y a plus de 6 millions d'hectares de forêts appartenant à des particuliers. Il faudrait pouvoir imposer à ces particuliers le régime forestier avec toutes ses sévères prescriptions.

On a parlé de nationalisation de ces forêts privées. Le remède serait énergique et absolu, puisqu'il ne s'agirait rien moins que d'expropriation. Mais on se heurte immédiatement à une valeur à payer qui représenterait plusieurs milliards.

Le budget de l'État, déjà si élevé et si lourd pour le contribuable ne peut permettre d'envisager l'expropriation. A défaut de cette solution, l'État devra s'arrêter au rôle de protecteur qui est de son droit et même de son devoir.

Il joue déjà ce rôle de protecteur par des encouragements et des subventions, mais dans la mesure de ses moyens budgétaires qui sont de peu au regard des réelles nécessités. On trouve dans notre budget pour 1911 une somme de 3.500.000 francs pour restauration et conservation des terrains en montagne ; 1.250.000 pour amélioration et entretien des forêts et dunes, pêche et pisciculture, subvention pour les améliorations pastorales et forestières ; les dépenses de personnel des agents des eaux et forêts dans les départements dépassent 2.500.000 francs ; le personnel des préposés dans les départements coûte 3.270.000 francs ; la contribution de l'État pour le traitement des préposés forestiers communaux atteint près de 200.000 francs ; d'autres frais d'enseignement, d'aménagement, d'exploitation, de matériel, portent au total les crédits votés annuellement à environ 15 millions de francs, dont 5 millions s'appliquent à des dépenses d'intérêt général (reboisement, pêche, gestion communale, etc.) et 10 millions à la gestion proprement dite du domaine de l'État. Dans ce même budget de 1911, on voit dans les tableaux des revenus du domaine de l'État les produits des forêts portés en recettes pour une somme évaluée à 33.515.200 francs. Le bénéfice industriel ressort donc à 24 millions de francs, ce qui, pour un domaine d'État évalué à un milliard et demi donne un rendement de 1,60 %. Cet exemple vient à l'appui des déclarations des économistes que nous avons cités, lesquels démontrent, quand les rendements des particuliers sont forcés par l'exploitation irrationnelle, des taux d'environ 2 %.

La nécessité d'avoir des forêts s'imposant pour le fonctionnement régulier et normal des pluies et des cours d'eaux, c'est-à-dire pour le bien-être général de la nation, l'État devra compter toutes les données du problème actuel pour les changer. Ces données sont : le taux de rendement trop minime des terrains boisés, l'exagération des taxes ou impôts qui les grèvent, les réalisations trop incertaines ou trop lointaines. Toutes ces causes provoquent des cessions et des ventes où se manifeste l'avidité des gens d'affaires. Au sujet des impôts qui pèsent sur les forêts, les pouvoirs publics sont, depuis longtemps, saisis du régime profondément injuste qui en résulte. La presse compétente et les divers Congrès agricoles ont montré par de nombreux exemples, que beaucoup de particuliers et de communes payaient une taxe supérieure au revenu de leurs bois. La diminution de l'impôt foncier sur les bois et forêts s'impose dans le plus bref délai par la réforme de cette loi surannée du 3 frimaire an VII qui les régit encore. Le remède qui a été proposé et qui serait seul capable d'apporter l'allègement nécessaire, résiderait dans l'application à ces bois et forêts du nouveau régime de la propriété non-bâtie.

Si l'on ne veut pas que, dans un temps trop prochain, la lande déserte fasse place aux terrains boisés que possèdent les particuliers, il faudra intéresser ces particuliers à la conservation de leurs forêts.

D'autre part, quand cette diminution de charges sera obtenue, l'État peut vouloir et ordonner, au nom de l'intérêt public, que le régime forestier sera observé dans les forêts particulières. Les agents forestiers règleraient l'aménagement des forêts privées, règleraient l'assiette des coupes, le balivage des réserves. Mais, en échange de cette atteinte à la liberté, qui ne doit pas entraver dans ses droits un propriétaire de bois plutôt que tout autre propriétaire d'objet ou de bien quelconque, l'Etat apporterait, pour le bien public, comme il l'apporte déjà pour les chemins de fer, le dessèchement des marais, etc., une garantie minima d'intérêts auxdits propriétaires ainsi que la possibilité pour ces propriétaires d'obtenir des avances sur les recettes ou d'hypothéquer leurs biens. Cette garantie d'intérêts ne jouera plus, du reste, lorsque les bois auront atteint le prix rémunérateur. Une caisse de crédit forestier, fonctionnant sous le contrôle de l'État, serait chargée de toutes ces opérations. Une émission publique pourrait en faire le Capital en actions qui seraient gagées sur un bien certain. Par cette caisse autonome, l'État qui la subventionnerait, se rendrait acquéreur des forêts ou parcelles boisées que leurs possesseurs auraient à réaliser.

Qu'on ne dise pas que l'État s'engagerait ainsi dans une aventure dont il ne pourrait percevoir les limites. Le bois est un produit nécessaire et qui se vend ; s'il ne se vend pas à un prix rémunérateur actuellement, c'est que des ventes hâtives ou forcées et les trafics sans scrupules de certains marchands de biens ont amené la dilapidation et, dans certains cas, provoqué une offre plus considérable que la demande.

La production de l'ensemble des forêts de France en gros bois a été estimée par M. Mélard, à 6 millions de mètres cubes.

D'après ce savant économiste, notre pays a besoin d'une fourniture supplémentaire de 3 millions de mètres cubes comme le révèlent les statistiques douanières.

La France ne produit donc actuellement que les deux tiers de sa consommation annuelle en gros bois. Elle pourrait, de l'avis de forestiers, produire bien davantage, si les forêts des particuliers au lieu de donner en surabondance des bois de feu et de charbon, étaient acheminées vers le traitement en futaie appliqué dans les forêts du domaine national.

Il faut donc en France faire appel à la protection du Code forestier et à tout un ensemble de règles tutélaires dans l'intérêt supérieur de la nation.

C'est cet intérêt qui doit être invoqué pour lutter contre le déboisement, pour obtenir l'exploitation rationnelle du bois. Et cette protection, alliée à la généralisation dans les forêts privées des règlements du code forestier, contrebalancée dans ses sévérités et dans son atteinte à la liberté par des avantages tels que ceux procurés par le Crédit forestier ; toute cette sage protection, préservatrice des intempéries et des inondations, est la seule qui soit de nature à rendre à la France la beauté des sites, la régularité des pluies et des cours d'eau et les profits légitimes que mérite la culture forestière, non seulement pour elle-même, mais encore dans l'intérêt public.

Si ces arguments et conclusions devaient rencontrer auprès du Congrès l'approbation que votre troisième section croit si désirable, pour amener la réforme de l'exploitation du Bois en France, les considérants et les vœux ci-après seraient présentés.

LE CONGRÈS FORESTIER INTERNATIONAL :

Considérant que le mode intensif d'exploitation des bois en France, dans les forêts particulières, a provoqué des désordres dans le fonctionnement des pluies et des cours d'eaux et qu'il importe, dans l'intérêt de la Nation, de rétablir ce fonctionnement régulier et normal, et, en même temps, de rendre aux sites leur beauté qui est un des éléments de richesse du pays tout entier;

Considérant que l'élévation exagérée de l'impôt foncier sur les bois et forêts des particuliers et des communes, provoque des exploitations sans rendement suffisant et quelquefois avec perte ;

Considérant qu'on ne peut, sans porter atteinte à la liberté, entraver dans leurs droits, les propriétaires de bois plutôt que tout autre propriétaire d'objet ou de bien quelconque et qu'on ne peut, en conséquence, astreindre sans compensation, ces propriétaires aux règles de déboisement normal du régime forestier ;

Considérant, toutefois, qu'à défaut de l'expropriation générale pour cause d'utilité publique, laquelle se heurte à une impossibilité financière, l'État peut établir une expropriation partielle des droits des propriétaires forestiers, à condition que les propriétaires n'en éprouvent pas de préjudice ;

Considérant que la garantie minima d'intérêts accordée par l'État, pourrait constituer une compensation suffisante à l'obligation pour les propriétaires de se soumettre aux règles du Code forestier ;

Considérant, d'autre part, que la création d'une Caisse de Crédit forestier pourrait donner auxdits propriétaires toutes facilités pour emprunter, hypothéquer ou vendre et que par cette Caisse, l'État pourrait se rendre acquéreur de parcelles boisées ;

Considérant enfin que la préservation de la culture forestière est devenue d'un intérêt supérieur pour la France et que les Pouvoirs Publics doivent rechercher au plus tôt les mesures efficaces de protection ;

ÉMET LE VŒU :

Que les forêts particulières en France soient astreintes aux règles du Code forestier avec garantie par l'État d'un minimum d'intérêts pour les propriétaires ;

Qu'une Caisse de Crédit forestier, subventionnée par l'État, soit créée pour régler cette garantie ainsi que pour consentir des prêts, avances et hypothèques aux propriétaires, acheter des propriétés forestières ;

Que l'impôt foncier que les forêts particulières ont à acquitter, soit diminué par la réforme de la Loi du 3 frimaire an VII ou par l'application du nouveau régime de la propriété non-bâtie.

M. LE PRÉSIDENT. — Le vœu de M. Rachet comporte trois paragraphes. Si vous le voulez bien, Messieurs, pour faciliter la discussion, nous l'ouvrirons successivement sur chacun d'eux. (*Assentiment.*)

Le paragraphe premier est ainsi conçu :

« *Que les forêts particulières en France soient astreintes aux règles du Code forestier avec garantie par l'État d'un minimum d'intérêts pour les propriétaires...* »

M. Caquet. — Je suis obligé, comme délégué de la Société Nationale d'Encouragement à l'Agriculture, de combattre cette partie du vœu, comme contraire à la liberté du propriétaire. Les propriétaires tirent parti de leurs bois le mieux qu'ils peuvent. Je tiens à protester contre l'existence des déboisements dont parle le rapporteur. Si les propriétaires forestiers ont quelque peu déforesté, ils n'ont pas déboisé. La preuve en a été surabondamment faite par l'enquête très loyale, très sincère et très sérieuse menée par la Société des Agriculteurs de France. D'ailleurs, par définition, le propriétaire a le droit d'user et d'abuser, *uti et abuti*, et la soumission des propriétés forestières au régime forestier, impliquée par le paragraphe premier du vœu, serait une atteinte à la liberté qu'on doit à la propriété forestière, comme à toute autre, ainsi que vous l'avez reconnu vous-même. D'autre part, un pareil régime entraînerait pour l'État des charges que vous n'avez pas calculées, mais qui seraient si grandes que je me refuse à les envisager.

M. Hirsch. — Je m'associe aux déclarations de M. Caquet. L'adoption du paragraphe premier du vœu qui nous est soumis amènerait un déboisement immédiat des propriétés forestières particulières. Les propriétaires se diraient : Nous allons raser nos forêts, puis nous demanderons la garantie de l'État. (*Mouvements divers. Applaudissements sur divers bancs.*)

M. Rachet, rapporteur. — Jamais de la vie.

M. René Barbier. — Au nom du commerce des bois, je m'associe à MM. Caquet et Hirsch pour demander le rejet du paragraphe premier du vœu de M. Rachet.

Le propriétaire a le droit d'user et d'abuser. A-t-il abusé? Je n'en sais rien. En tout cas, il n'a jamais déboisé. Le mot « *déboisement* » a été pris dans deux sens ; il n'en a qu'un, celui auquel M. Caquet a fait allusion. Une forêt coupée à blanc n'est pas une forêt déboisée (*Applaudissements.*)

M. le Président. — Ceux de mes collègues qui ont suivi les travaux préparatoires de la 3e section savent ce qui s'est passé pour la rédaction de ce vœu dans les conclusions de M. Rachet. On s'est préoccupé de rechercher les moyens d'empêcher les coupes trop importantes de bois dont tout le monde se plaint. Vous avez entendu, à la séance inaugurale du Congrès, un écho de ces plaintes. Cette partie du vœu a été maintenue pour provoquer, si faire se pouvait, l'indication de solutions pratiques. Car, si tout le monde se plaint qu'on déboise à outrance, personne n'a indiqué de remède capable d'enrâyer ce déboisement.

M. Banchereau. — On ne devrait plus parler, en France, de déboisements à outrance, car la preuve est aujourd'hui faite que si peut-être certaines forêts ont été déboisées, certains bois coupés, les terrains boisés occupent une surface beaucoup plus étendue que jadis.

Ce que l'on constate, c'est que la nature du bois a changé. Les bois durs, les plantations de chênes et de sapins dans les Vosges ont tendance à diminuer ; par contre, les plantations en autres espèces résineuses, en pins, en epiceas, augmentent d'importance.

Je m'élève donc contre le mot « *déboisement* » si fréquemment employé et je ne vois pas pourquoi les propriétaires forestiers seraient soumis à l'ingérence de l'État dans leurs forêts.

M. Artus. — Ne pourrait-on trouver un moyen terme et demander que l'État crée une caisse de crédit forestier qui permettrait aux propriétaires de se soumettre facultativement au régime forestier?

M. Hirsch. — C'est l'objet du deuxième paragraphe du vœu de M. Rachet.

M. Artus. — La soumission au régime forestier doit, bien entendu, rester facultative et non devenir une obligation pour les propriétaires forestiers.

M. Pral. — Il y a un article de loi qui autorise cette soumission facultative.

M. Hirsch. — En effet, une loi toute récente, votée il y a quelques jours, autorise les propriétaires de bois et forêts à les soumettre au régime forestier. Un décret doit prochainement paraître à ce sujet. Nous n'avons donc pas à nous occuper de cette question.

M. Artus. — Je ne connaissais pas cette loi.

M. Pral. — Il y a deux manières de prévenir le déboisement.

Le premier, M. Clémentel l'a indiqué lui-même : faire en sorte que l'impôt ne soit pas supérieur à nos revenus forestiers. Nous pourrions émettre un vœu en ce sens.

Le second, — qui pourrait également faire l'objet d'un vœu, — consisterait à employer partie des cotisations versées en vertu de la loi sur les retraites ouvrières et paysannes, non pas à l'achat de rentes sur l'État, mais à l'achat de terrains qui seraient un jour garnis de forêts, dont les revenus assureraient le paiement des retraites.

M. Fron. — M. Hirsch a fait tout à l'heure allusion à la loi Audiffred. Je dois faire remarquer qu'il y a une différence entre cette loi et le vœu présenté par M. Rachet. La loi Audiffred n'établit qu'une faculté pour le propriétaire forestier. Dans le vœu, au contraire, il s'agit d'une soumission obligatoire au régime forestier, astreinte qui serait beaucoup plus grave encore pour les particuliers que pour les communes elles-mêmes.

Le paragraphe premier du vœu, mis aux voix, n'est pas adopté.

M. le Président. — Nous passons au paragraphe 2. J'en rappelle les termes :

« *Qu'une caisse de crédit forestier, subventionnée par l'État, soit créée pour régler cette garantie ainsi que pour consentir des prêts, avances et hypothèques aux propriétaires, acheter des propriétés forestières...* »

Après une courte discussion à laquelle prennent part MM. Rachet, Caquet et Moya, le paragraphe 2 du vœu est retiré par le rapporteur.

M. le Président. — Nous passons au paragraphe 3. J'en donne lecture :

« *Que l'impôt foncier que les forêts particulières ont à acquitter soit diminué par la réforme de la Loi du 3 frimaire an VII ou par l'application du nouveau régime de la propriété non bâtie* ».

Après une courte discussion à laquelle prennent part MM. Caquet et Fron, le vœu présenté par M. le rapporteur est mis aux voix, et adopté.

M. le Président. — La parole est à M. Pierre Lièvre pour la lecture de son rapport sur l'Outillage.

M. Pierre Lièvre. — Les machines, engins, outils, instruments que l'on emploie pour l'exploitation forestière, se partagent en deux catégories principales. Outils d'abatage.

D'une part, ceux qui servent à l'abatage des bois sur pied.

D'autre part, ceux qui servent à la manutention et au transport des bois abattus.

C'est très succinctement que nous allons les passer en revue, car ces deux sortes d'instruments sont d'un emploi si répandu que la plupart d'entre eux se trouvent parfaitement connus, de ceux-là même qui sont étrangers aux questions spéciales auxquelles ils se rapportent.

Le mode d'abatage le plus répandu est l'abatage à la main. On sait qu'il se pratique de deux façons différentes, à la cognée ou à la hache, et au passe-partout.

Ces deux sortes d'outils (1) sont d'un emploi très simple et, pourrait-on dire, universel.

Les haches et les cognées sont des outils de même famille. La hache est plus légère ; elle présente un fer plus trapu et plus ramassé. La cognée est plus lourde, plus mordante et sa tête aplatie peut servir de masse.

La hache convient spécialement pour l'exploitation du taillis et des réserves feuillues. Elle donne une coupe favorable à la conservation de la souche et à la production des surjets. La cognée, au contraire, creuse les souches qui se décomposent promptement sous l'action de la pluie. Elle doit être employée dans les futaies résineuses et feuillues, où la reproduction se fait par semis.

Comme tous les instruments dont l'antiquité est très grande et qui ont

(1) Cf. A. Mathey, *Traité d'exploitation commerciale des bois*, tome 1er, pages 274 et s. Au cours de ce travail, nous avons fait de fréquents emprunts à ce remarquable ouvrage.

été successivement perfectionnés par l'expérience humaine, la hache ni la cognée n'ont pas une forme fixe. On les voit au contraire varier non seulement d'un pays à un autre, mais encore de campagne à campagne.

Leurs variations ne se rapportent d'ailleurs jamais qu'à un détail, qui se modifie d'un type à l'autre, c'est le profil ou le dessin du fer ou de son tranchant. Toutefois il faut noter que, d'une façon constante dans les différents modèles, le tranchant n'a pas une forme symétrique par rapport à une perpendiculaire au manche.

Au contraire, sa partie supérieure, qui est celle qui travaille le plus, présente une saillie plus accentuée, qui permet de remédier plus aisément à son usure.

Les passe-partout sont une sorte de scie à main. Leur largeur de lame est d'une vingtaine de centimètres, leur longueur varie de 1 m. 20 à 2 m. 40. Toutefois il faut remarquer que la longueur de 2 m. 40, se rapportant à des arbres qui dépassent de beaucoup la moyenne, est exceptionnelle elle-même. La consommation française, par exemple, ne demande guère que trois ou quatre de ces instruments de longueur extraordinaire, dans une année.

La lame porte à ses deux extrémités des douilles qui reçoivent des poignées en bois, placées de façon à se trouver à angle droit avec le dos de la lame.

La lame a plus de largeur au milieu qu'aux extrémités, parce que ce sont les dents centrales qui s'usent le plus rapidement.

Le profil des dents est essentiellement variable. Mais il est néanmoins toujours symétrique pour que l'outil puisse travailler dans les deux sens. Il faut qu'elles soient suffisamment espacées pour que les sciures puissent se loger dans leur intervalle.

Les scies américaines ont apporté un perfectionnement au passe-partout classique. Leur innovation a été de juxtaposer des dents de différents profils, qui ont chacune une destination différente.

L'inconvénient du passe-partout classique était que la sciure et le copeau se logeant entre les dents symétriques toujours semblables, une partie de la force employée pour manier l'instrument s'usait à pousser ce déchet.

Le problème à résoudre était donc d'éviter cette déperdition d'effort, afin de rendre le travail plus efficace.

Pour y parvenir, le passe-partout américain divise le travail entre les deux catégories de dents. Les unes, dents sciantes, coupent le bois; les autres, dents dégorgeantes, n'ont d'autre office que de pousser devant elles le copeau qui se trouve logé dans la gorge qui les sépare du groupe de dents sciantes. De cette façon les dents sciantes qui suivent la dent dégorgeante n'ont pas à faire d'autre travail que leur travail d'attaque du bois.

Dans la même catégorie d'outils que le passe-partout il faut ranger la tronçonneuse à main. Cet instrument dont nous parlons à cette place, à cause de sa similitude avec celui que nous venons de décrire, mais qui ne pourrait pas en général être rangé parmi les outils de l'abatage, est une sorte de puissante égohine destinée à être manœuvrée par un seul ouvrier, pour tronçonner un arbre de petit diamètre.

Elle se compose d'une lame triangulaire, comme celle de l'égohine. Cette lame doit avoir la même rigidité que celle du passe-partout, et elle a la même denture que lui.

Elle peut notamment profiter de la denture perfectionnée du passe-partout américain.

Elle est munie de deux poignées situées toutes deux du même côté de la grande base de la lame. L'une de ces poignées est placée dans le prolongement du dos de la lame; l'autre lui est perpendiculaire. Elles font toutes deux leur effort au même endroit, et ne sont placées là que pour permettre à l'ouvrier de manier cet instrument à deux mains.

Sur le parterre de la coupe, les opérations de manutention que l'on peut avoir à faire sont les suivantes : Outils de manutention.

Rouler un arbre dans le sens du développement de sa circonférence;

Le tirer dans le sens de sa longueur;

L'élever afin d'opérer son chargement.

On peut dire, d'une manière un peu trop théorique peut-être, que les opérations de la première catégorie sont faites au moyen d'outils de la famille du levier, que les secondes sont faites au moyen d'appareils de roulage, et les dernières au moyen d'appareils de levage. Il va sans dire que, dans la pratique, de pareilles séparations entre les moyens ne s'observent point, mais au contraire que bien souvent tous les moyens dont on peut disposer concourent à une seule opération.

Les appareils de la famille du levier sont :

1° Des leviers perfectionnés, tels que la sappie tyrolienne qui se compose d'un fer courbe et aigu, dont la forme continue le manche courbe auquel il est fixé ; l'anspect qui n'est autre chose qu'un levier muni à sa pointe d'une forte garniture en métal.

2° Des outils où la force du levier se trouve servie et accrue par une partie métallique, généralement articulée, destinée à saisir l'arbre à manœuvrer.

Les appareils de cette dernière sorte sont très nombreux comme il arrive chaque fois que l'on peut mettre en pratique un principe très simple.

On peut prendre comme type de cette série d'appareils un instrument établi de la façon suivante :

Un bras de levier d'une longueur de 2 mètres environ est muni à sa partie inférieure d'une garniture d'acier terminée en pointe aiguë, de façon à ce que l'appareil puisse piquer fortement le bois.

A une dizaine de centimètres de cette extrémité inférieure est fixée une sorte de puissante griffe qui est, soit de forme courbe, soit coudée à angle droit.

L'arbre est saisi et maintenu entre l'extrémité métallique du levier et la pointe du crochet. On agit alors sur le bras du levier de façon à déplacer dans le sens voulu la pièce à manœuvrer; deux ouvriers faisant effort sur cet appareil peuvent lui faire déployer une force de 3.000 kilogs.

Un autre type de la même série d'appareils est constitué par une très forte griffe d'acier munie d'un anneau d'assez grand diamètre pour que l'on puisse y introduire un levier. La partie du levier qui est engagée dans l'anneau forme avec la pointe de la griffe un mécanisme analogue à celui dont est muni l'outil que nous avons décrit précédemment et qui se manie de façon semblable.

Les appareils de roulage sont d'abord des roules eux-mêmes. Ce sont des pièces de bois rond que l'on dispose sous un arbre préalablement soulevé à l'aide d'un cric et sur lesquelles on fait glisser le bois à déplacer.

Perfectionnant le roule, on en a fait un appareil mobile dans une armature fixe. Il y est maintenu par une sorte d'essieu. L'ensemble de l'appareil repose sur une plate-forme légère qui n'a pas d'épaisseur appréciable et qui est composée d'un châssis métallique.

L'avantage de cet appareil est double :

1° Il assure un roulement meilleur que le simple roule;

2° L'appareil étant fixe, toute la force employée est utilisée pour l'avancement de l'arbre, et il ne s'en perd point pour déplacer le roule lui-même.

D'autre part, cet appareil peut avoir une seconde destination. On peut s'en servir en le retournant, comme d'une roue mobile que l'on installerait en dessous de la pièce à manier. Dans ce cas, on n'actionne plus la pièce sur l'appareil. L'avancement se fait comme si la pièce était chargée sur un chariot rudimentaire.

Quand les conditions du terrain le permettent on peut, au lieu de se servir de ces instruments de roulage, procéder au tirage des bois. On emploie alors soit des chaînes, soit de forts câbles que l'on fixe à l'arbre par le moyen d'un coin enfoncé dans la section d'abatage, ou de griffes qui viennent emprisonner le fût.

On se sert en Allemagne, pour faciliter ce tirage, de glissières en bois. La glissière est une sorte de brancard sur l'arrière duquel on fait reposer et on fixe l'une des extrémités de l'arbre à déplacer. Puis on y attelle un cheval ou un mulet.

Comme appareil de levage on n'emploie dans les coupes que le cric. Cet appareil est trop généralement connu pour que nous entreprenions de le décrire. Chacun sait qu'il se compose d'une crémaillère et d'un système d'engrenages. C'est un instrument très pratique parce qu'il est très maniable alors qu'il atteint une force considérable et l'on sait qu'il peut arriver à déployer une force de 10.000 kilogrammes.

A la suite de ces diverses opérations, on procédait autrefois, et jusque dans un passé qui n'est pas très éloigné, au débit sur place d'une partie des bois abattus.

Ce travail était alors exécuté au moyen de la scie de long, employée à bras d'hommes.

La scie de long fut, jusqu'à l'apparition de la scie mécanique, le seul mode de débiter les bois en sciages de toutes épaisseurs et de toutes dimensions. De même que pour le passe-partout, il faut deux hommes pour manier la scie de long. Mais le débit devant être accompli dans le sens de la longueur de la pièce, il est nécessaire de la disposer d'une façon particulière. La pièce ayant été préalablement équarrie à la hache sur une de ses faces, est disposée sur des chantiers de hauteurs inégales qui lui ménagent une certaine inclinaison, tout en l'établissant à peu près à hauteur d'épaulement. Les scieurs se placent l'un sur la pièce et l'autre en dessous, et ils pratiquent leur sciage suivant un trait tracé au cordeau sur la pièce. Cette méthode de travail est presque entièrement délaissée aujourd'hui. Sa lenteur l'a forcée à disparaître dès l'apparition des procédés mécaniques.

Bien que le sciage de long soit, pour ainsi dire, complètement abandonné, certaines opérations de débit sont actuellement exécutées dans le voisinage des coupes et dans les centres d'exploitation.

Tout d'abord, quand il s'agit d'une exploitation considérable de bois dur, il peut être intéressant d'établir, sur les lieux mêmes ou dans leur voisinage immédiat, une scierie mécanique quelconque et l'étude de son matériel et de son outillage ne rentre pas dans le cadre de notre rapport.

En second lieu, quand il s'agit d'exploitation de bois blanc, il est non pas préférable, mais indispensable d'établir une scierie volante.

Scierie volante.

La scierie volante est une création originale et curieuse. Une scierie volante typique sera installée sur un espace découvert, à proximité des coupes, non loin d'un canal, d'une gare, en un mot d'une voie d'évacuation des produits débités.

On établit l'outillage à l'intérieur d'un hangar démontable que l'on dresse sur les lieux; la force est fournie par une locomobile qui actionne les diverses machines. Les machines nécessaires au travail que l'on veut exécuter sont les suivantes :

Tout d'abord un banc d'équarrissage sur lequel les bois tronçonnés en morceaux de longueurs déterminées sont passés une première fois. Les dosses sont enlevées de façon à ce que les pièces présentent des faces qui rendent plus aisé leur passage aux outils suivants.

Les pièces, une fois équarries, passent d'abord à un second outil où elles sont débitées en planches suivant l'épaisseur désirée. Au troisième outil, les planches sont tirées de large.

Pour ces trois opérations on emploie des scies circulaires, qui ne diffèrent entre elles que par leur puissance. On comprend, en effet, naturellement qu'il faut des bancs de résistances diverses et des scies de diamètre et de force variés pour supporter ou pour attaquer la tronce brute qu'il faut équarrir ou le feuillet débité qu'il s'agit de déligner. En outre de ce groupe essentiel de trois outils principaux, la locomobile peut encore actionner des machines secondaires destinées à l'affûtage et aux autres besoins de l'usine, la force utilisée dans l'ensemble de l'installation étant d'environ 25 à 30 chevaux. Les bois au sortir de la scie sont empilés sur le terrain qui dépend de la scierie. Ils y demeurent, après même que la scierie a été s'installer ailleurs, jusqu'à ce qu'ils aient atteint un degré de sécheresse qui en permette l'emploi.

La scierie reste montée sur un même chantier pendant un temps que détermine seule l'importance de l'exploitation. Il peut être utile d'établir une scierie pour un mois. On n'en voit guère demeurer au même endroit plus de six à sept mois.

Tout le personnel ouvrier qui est nécessaire à leur fonctionnement se groupe autour des scieries mobiles. Il se déplace par caravanes, et s'établit sur les lieux mêmes dans des baraquements provisoires que l'on construit dans les dépendances de la scierie.

On comprend facilement les avantages que l'usage de ces scieries mobiles a procuré à ceux qui les ont utilisées. Leur emploi a permis de réaliser de sérieuses économies sur les transports qui se sont trouvés réduits et facilités. Le transport des déchets s'est trouvé évité.

La multiplicité de pareils établissements évite à l'industriel l'encombrement qui ne manquerait pas de se produire chez lui s'il ne disposait que d'une seule usine centrale dans laquelle il devrait faire venir tous les bois qu'il doit débiter. C'est encore un avantage pour lui que la possibilité de laisser les bois qu'il a débités sécher sur l'emplacement de la scierie. Il peut ainsi ne faire rentrer chez lui les bois dont il a besoin qu'au fur et à mesure de ses nécessités, sans être obligé d'avoir chez lui à un moment la totalité de son stock.

L'emploi toujours plus généralisé de la scierie mobile est donc un progrès très sensible réalisé dans la voie de l'introduction du mécanisme dans les industries forestières.

Est-ce une voie où l'on puisse espérer voir se réaliser bientôt des progrès appréciables? Il est à craindre que non. Toutes les opérations qui se font sur le parterre de la coupe sont difficilement remplaçables par des opérations mécaniques, tant par leur nature particulière que par les conditions dans lesquelles elles s'exécutent. Outre que les transports de force sont actuellement encore malaisés en forêt, le sol de la coupe, inégal, accidenté, coupé de mille obstacles divers, ne se prête pas volontiers à l'établissement ni au déplacement d'une machine de quelque poids.

En dépit de ces conditions défavorables, on a vu établir une machine à abattre la futaie qui mériterait de retenir notre attention si sa réalisation apportait une solution réellement pratique. Ce n'est pas le cas. La création de la machine à abattre semble plutôt une solution théorique. Quoi qu'il en soit, on se plaît à constater que le problème, ayant été posé a été résolu d'une façon quelconque, et il est permis d'espérer que des perfectionnements successifs permettront quelque jour d'atteindre un résultat plus satisfaisant.

Avant de quitter les questions qui se rapportent au travail forestier mécanique, signalons ici une lacune de l'outillage mécanique. Il n'existe pas de machine à abattre le taillis et l'étude d'une machine qui aurait cette destination est une question actuellement à l'ordre du jour.

La Société des Agriculteurs de France a même créé un prix de 3.000 francs qui sera décerné en 1915 à l'inventeur de la meilleure machine à exploiter le taillis feuillu. Outre les qualités de solidité, d'économie, de qualité de travail, qui seules peuvent permettre à une machine de se substituer à la main-d'œuvre courante, on exigera de cette machine qu'elle ne compromette pas la repousse naturelle du taillis.

Modes de transport.

Ayant examiné dans les pages précédentes l'outillage nécessaire à l'abatage et à la manutention des bois, il nous reste à examiner les modes de transport destinés tant à la vidange des coupes qu'à la conduite des bois vers une destination nouvelle.

Sans examiner s'il est tout à fait légitime de ranger les engins de transport dans l'outillage (ce qui pourrait être discuté), nous allons en passer une revue très rapide.

Nous en avons déjà vu un, le plus élémentaire, quand nous avons décrit la manutention par le moyen des roules. On comprend, en effet, que les roules peuvent servir, non seulement à déplacer de peu un arbre sur le parterre de la coupe, mais encore à le mener à quelque distance de son point d'abatage, et dans certains cas favorables, jusqu'au chemin de vidange lui-même.

Nous devons voir maintenant les transports par véhicules attelés et les essais de véhicules automobiles.

A propos des véhicules attelés, nous allons remarquer une particularité que nous avons eu déjà l'occasion de signaler et qui contribue à donner aux industries forestières l'un de leurs caractères, plus pittoresque à vrai dire que pratique.

Nous voulons parler de la très grande ancienneté, de l'antiquité pourrait-on dire, de leur matériel. Il est bien connu que l'agriculture a longuement tardé à renouveler les formes de ses antiques instruments et à leur substituer des machines, mais il est bien certain que c'est le travail forestier qui doit être le dernier à s'engager dans cette voie. Nous en avons indiqué brièvement les raisons quand nous avons décrit la machine à abattre, nous ne les répéterons pas ici.

Le transport des longues pièces se fait au moyen de diables ou de fardiers, et c'est à ces véhicules que nous pensons quand nous parlons de l'ancienneté du matériel forestier.

Le diable se compose d'un train de hautes roues; on suspend la pièce à transporter sous l'essieu au moyen d'une chaîne ou, dans un modèle plus récent, au moyen de deux griffes mobiles, qui serrent automatiquement la pièce à la façon d'une pince.

On ramène la charge au moyen d'une flèche de 2 m. 50 à 3 m. 50 de longueur. L'arbre reste suspendu en équilibre, et on attelle un cheval au diable, en se servant d'un palonnier mobile que l'on fixe à la pointe de la flèche ou que l'on cramponne à l'extrémité de l'arbre s'il dépasse la flèche. Quand il s'agit de transporter des pièces de grandes dimensions on peut y employer deux diables, disposés l'un derrière l'autre de façon à former en quelque sorte un seul véhicule à quatre roues. On a alors une voiture qui présente les facilités de chargement que procure le diable et notamment la commodité d'avoir la charge suspendue sous les essieux, tout en ayant la stabilité et la longue portée de la voiture à quatre roues.

Le fardier est construit sur les mêmes principes que le diable, mais est plus puissant. Il est en outre muni d'une limonière fixe, ce qui facilite l'attelage des chevaux. Le diable et le fardier sont des véhicules à deux roues. On emploie aussi des camions à quatre roues. Certains d'entre eux offrent la particularité de pouvoir s'allonger ou se raccourcir à la demande des pièces que l'on veut transporter. Il y en a d'autres dont on peut démonter les roues du côté où l'on charge, ce qui favorise la mise en voiture souvent difficultueuse.

Les transports automobiles sont destinés à être utilisés dans l'industrie forestière. Mais leur emploi sera forcément limité; on ne pourra jamais songer à les employer sur le lieu d'abatage. Leur service ne peut commencer qu'avec une route praticable pour eux et il faudra toujours amener au moyen de roules ou de fardiers les bois à l'endroit où on pourra les charger utilement sur un camion automobile.

A partir de ce moment, l'automobile reprend son avantage ; mode de transport rapide et régulier, il est destiné au service à distance, soit pour conduire les bois à la gare la plus proche afin d'être expédiés, soit pour alimenter une scierie.

En Auvergne, en Bourgogne, dans la forêt de Fontainebleau, des voitures de diverses marques sont très heureurement utilisées.

Rendant des services analogues à ceux que l'on pourrait attendre de l'emploi généralisé de l'automobile, les installations Decauville de wagonnets sur rails sont très heureusement employées dans la moyenne exploitation, et les services qu'elles rendent sont très appréciables.

Nous avons ainsi terminé la revue rapide des moyens de transports employés sur le terrain même de l'exploitation. Nous n'avons pas abordé les questions que proposent les transports à longue distance qui s'opèrent en montagne par le schlittage ou le téléférage, sur cours d'eau par le flottage, craignant de donner à cet exposé déjà étendu des proportions excessives, et considérant, d'autre part, que les questions de transport, si elles se rattachent aux questions de l'outillage, n'en font pas réellement partie.

Nous voulons cependant indiquer que dans certaines exploitations américaines les procédés de téléférage tels que nous les voyons employés parfois dans les Alpes suisses et dans certaines parties de l'Autriche ont reçu une extension et une ampleur tout à fait dignes de remarque.

Des installations de câbles sont faites entre des points éloignés, d'altitudes sensiblement différentes, que ne relient entre eux aucun chemin praticable, et qui peuvent même être séparés par toutes sortes d'obstacles, tels que ravins ou cours d'eau. Un chariot sous lequel on suspend les grumes à transporter glisse sur le câble, emmenant avec lui sa charge par cette voie aérienne.

La vapeur et l'électricité mettent en œuvre les divers éléments de ces installations.

Ce moyen de transport, qui est pratique quand on manque de chemins, ou que l'on n'en pourrait établir qu'à grands frais, ne peut convenir que lorsque l'on a exploité des parties boisées d'une très grande étendue.

Il ne serait pas avantageusement employé dans le cas d'exploitations disséminées et de petites contenances. Il pourrait être heureusement pratiqué en Algérie.

Nous avons ainsi terminé l'examen de l'état actuel de l'outillage forestier et, au moment de le conclure en formulant quelque vœu, nous ne sommes pas sans éprouver un certain embarras.

Si, d'une part, nous avons suffisamment confiance dans l'industrie humaine pour être assurés de l'amélioration continue du matériel dont nous disposons, d'autre part, nous ne voyons pas actuellement de problème précis à lui proposer.

Dans le domaine du gros outillage, nous ferions volontiers nôtre le vœu de la Société d'Agriculture, de voir établie une machine à abattre le taillis, si nous avions l'assurance qu'elle puisse être d'une utilisation plus réellement pratique que la machine à abattre la futaie.

Le petit outillage de manutention et d'abatage nous paraît très pratique et très bien adapté à ses fins.

LE CONGRÈS ÉMET LE VŒU :

I. *Que dans le domaine du gros outillage il soit établi une machine à abattre le taillis, d'une utilisation réellement pratique.*

II. *Que les transformations du petit outillage de manutention et d'abatage se produisent en s'inspirant des progrès déjà réalisés, autant en France qu'à l'étranger, et en tenant compte des améliorations obtenues par le perfectionnement du matériel servant aux grandes exploitations.*

III. *Que l'emploi des transports automobiles soit favorisé de toutes manières, notamment par l'amélioration des chemins forestiers au point de vue de leur solidité.*

M. LE PRÉSIDENT. — Personne ne demande la parole sur ce rapport?

Le vœu, mis aux voix, est adopté.

La séance est levée à midi.

SÉANCE DU 16 JUIN 1913

(APRÈS-MIDI)

Présidence de M. POUPINEL, président de Section

La séance est ouverte à 2 h. 45.

M. LE PRÉSIDENT. — La parole est à M. Edouard Rizier pour la lecture de son rapport sur l'UTILISATION DES BOIS, BOIS BRUTS, CHAUFFAGE, CHARBON, ETAIS DE MINES.

M. Édouard RIZIER. — La nature, en faisant surgir à la surface du sol ces immenses et magnifiques forêts qui font la joie et l'admiration du touriste, a fait à l'homme un de ses dons les plus riches et les plus précieux.

En effet, la forêt qui concourt si puissamment à la beauté de nos paysages, et qui durant les longs jours d'été nous protège avec tant de sollicitude contre les ardeurs excessives du soleil, est indispensable à l'existence même de l'homme, non seulement à cause des produits qu'elle lui fournit, mais encore en raison de son action bienfaisante sur les éléments; en effet, chacun connaît l'influence considérable qu'elle exerce sur le climat dont elle diminue la sécheresse, et personne n'ignore qu'elle est le grand modérateur des vents, dont elle calme les violences dévastatrices, comme elle est le régulateur indispensable à l'établissement rationnel du régime des eaux.

La forêt est en outre une réserve inépuisable, puisqu'elle se reconstitue constamment, d'une matière première, le bois, dont l'homme ne saurait se passer.

Bien que le génie humain, en arrachant aux entrailles de la terre la houille et certains métaux ait réussi, par l'emploi de ceux-ci, à remplacer le bois dans un grand nombre de ses applications, il n'en est pas moins établi, qu'à notre époque de houille noire et de houille blanche, la consommation du bois considéré dans ses emplois industriels tend à s'accroître de jour en jour Nos belles forêts de France sont, en l'état actuel, dans l'impossibilité absolue de répondre aux besoins de la consommation nationale; depuis longtemps déjà, nous faisons appel à la production étrangère, mais celle-ci n'est pas inépuisable, et si nous n'y prenons garde, si nous n'apportons pas de sages méthodes à la conservation et à l'exploitation de nos forêts, si nous ne procédons pas dès maintenant à un reboisement rationnel et intelligent des terres actuellement incultes, bientôt arrivera le jour, peut-être peu éloigné, où il nous sera impossible de trouver à l'étranger, même à prix d'or, les bois indispensables à nos diverses industries.

Utilisation des bois.

Le bois, à quelque essence qu'il appartienne, trouve son utilisation à l'infini, dans les industries les plus diverses. Il ne nous appartient pas d'étudier toutes les questions touchant l'emploi du bois, *en général*; des plumes plus autorisées que la nôtre les traiteront, chacune en ce qui la concerne, au point de vue de ses applications industrielles, et nous ne nous occuperons ici que de son utilisation en tant que chauffage, charbon et étais de mines.

Bois bruts (*Chauffage*). — La question des bois de chauffage est intimement liée à celle des taillis dont la situation lamentable effraie, à juste titre, les propriétaires forestiers et émeut les pouvoirs publics, mais nous ne nous occuperons pas de cette importante question qui doit être traitée par une autre section.

Il est de toute évidence que, comme combustible, le bois, depuis un quart de siècle, joue un rôle de plus en plus effacé, et que s'il jouit encore de quelque faveur en province, surtout dans les pays situés à proximité de forêts, il a dans les villes, et plus particulièrement à Paris, été remplacé en grande partie par la houille ou les produits de sa distillation, le coke et le gaz, et il n'est pas douteux que ces terribles concurrents lui ont porté des coups dont il ne se relèvera jamais.

Les bois de chauffage proprement dits peuvent être divisés en deux grandes catégories bien distinctes : les bois d'essences dures ou bois durs et les bois d'essences tendres ou bois blancs.

Bois durs — Les bois durs, et plus particulièrement, les chênes, les charmes et les hêtres, que leur âge, leurs dimensions ou leur qualité rendent impropres à des usages industriels, sont utilisés comme combustible, soit pour le chauffage domestique, soit encore pour le chauffage de certains fours industriels, mais, comme nous venons de le dire, leur emploi comme combustible tend à se faire de plus en plus rare.

La statistique nous apprend, en effet, que la consommation parisienne qui, en bois dur, était de 423.000 stères en 1886, est passée à 255.000 stères en 1896, pour tomber à 198.000 stères en 1910, soit une diminution de plus de 53 % en 25 ans. Il est infiniment probable que dans une vingtaine d'années la consommation du bois dur à Paris sera presque insignifiante.

On sait que ces bois sont en général coupés, pour les exploitations situées dans toute l'étendue du bassin de la Seine, à la longueur de 1 m. 14, et que leur grosseur varie généralement entre 6 et 20 centimètres de diamètre.

Ces bois qui ont été coupés à l'époque où la sève est inactive, proviennent de taillis de 20 à 30 ans ou de jeune futaie, demi-futaie ou haute futaie, dont les produits n'ont pu être utilisés par l'industrie.

Les bois de chauffage se divisent en bois neufs et en bois flottés.

Les bois neufs sont ceux qui, par voie de terre ou voie de fer, ont été transportés directement à un port ou à une gare d'embarquement pour être chargés sur wagon ou bateau.

Les bois flottés sont ceux qui ont été jetés à bûches perdues, dans des rivières ou ruisseaux, et recueillis, à l'aide d'un barrage, en un point déterminé.

Ce moyen économique de transport qui, pendant plus de trois siècles, a joué un rôle considérable dans l'approvisionnement de la capitale, est dû à un marchand de bois de Paris, Jean Rouvet, qui l'imagina en 1549.

Jean Rouvet inventa, non seulement le flottage à bûches perdues sur les cours d'eau non navigables, mais c'est encore à lui que l'on doit la création de ces trains de bois que nous avons connus dans notre enfance et que de hardis et vaillants nautonniers conduisaient à destination, en leur faisant descendre lentement, mais sûrement et économiquement, le cours des rivières ; pour ce faire, ils les dirigeaient à l'aide de longues perches qu'ils plongeaient jusqu'au fond du lit des cours d'eau. Ce dernier procédé a été complètement abandonné pour le transport des bois de chauffage, depuis trente-cinq ans environ, en raison de l'intensité de la navigation à vapeur ; quant au flottage à bûches perdues, il n'est plus guère en usage que sur deux rivières du Morvan, la Cure et l'Yonne ; les bois jetés dans la Cure ou dans ses affluents sont recueillis à Vermenton, ceux jetés dans l'Yonne sont arrêtés à Clamecy et à Coulanges-sur-Yonne, et de là, après séchage sur ces ports, acheminés sur leur destination définitive, à l'aide de bateaux.

A propos de ports, il nous paraît indispensable de leur consacrer quelques lignes, en raison des relations étroites qui existent entre les exploitations forestières et le commerce des bois.

On sait que la loi a frappé de servitude, en faveur du commerce des bois, toutes les propriétés à l'état de prés ou labours situées sur les bords d'une rivière ou d'un canal, et que, moyennant une indemnité fixée par décret, tout exploitant ou négociant peut déposer des bois à brûler ou d'industrie sur les rives des voies navigables; c'est ce qui explique le nombre relativement important de ports fixes et accidentels que l'on rencontre un peu partout, et notamment dans le bassin de la Seine.

Cette faveur accordée au commerce des bois, et par suite à tous les consommateurs, puisqu'en diminuant les frais de transport elle permet d'obtenir un prix de revient moins élevé, remonte aux temps les plus reculés; on en trouve trace, en effet, dans une ordonnance édictée sous Philippe-Auguste, en novembre 1219, et l'ordonnance du 23 décembre 1672 n'est que la condensation et la codification de celles des 2 novembre 1582 et 28 juin 1656 sur la matière. L'ordonnance de 1672 a été elle-même confirmée et complétée par la loi du 28 juillet 1824 et par le décret du 21 août 1852, toujours en vigueur. Nous aurions désiré dire quelques mots du service des ports qui, depuis la création en février 1644 des commissaires contrôleurs-jurés-mouleurs, (qui n'étaient autres que nos gardes-ports d'aujourd'hui), a rendu de si importants services au commerce et à l'exploitation des bois, mais les limites étroites qui nous sont fixées pour la rédaction de ce rapport ne nous permettent pas d'aborder ce sujet. Cependant, nous croirions manquer à un devoir d'équité si, en passant, nous ne rendions un légitime hommage au zèle et au dévouement de ces excellents agents des ports qui président, avec la plus grande impartialité et la plus parfaite loyauté à l'exécution littérale du décret de 1852, et, fonctionnaires de l'État, non salariés par lui, ont résolu ce problème, insoluble *a priori*, d'être à la fois les collaborateurs des vendeurs et des acheteurs en même temps que leurs arbitres.

Malgré les services que rendent les gardes-ports, un petit nombre de négociants, désirant s'affranchir de leur contrôle et s'exonérer des modestes rétributions qui leur sont dues, demandent à grands cris leur suppression.

Nous ne sommes pas de cet avis; nous pensons au contraire, avec la très grande majorité des membres du commerce des bois, que si le service des ports n'existait pas, il faudrait le créer; nous allons même plus loin, nous émettons le vœu que, dans le cas où des bois seraient livrables dans une gare, on fasse appel, chaque fois que cela serait possible, au concours du garde-port. Son intervention donnerait en effet une sécurité absolue aux parties contractantes, puisqu'elle les assurerait que la marchandise serait livrée et reçue suivant les prescriptions du décret de 1852. Cette mesure, en assurant la loyauté des transactions, les faciliterait et éviterait bien des froissements et des procès.

Cet hommage rendu au mérite et à la valeur des agents des ports, nous revenons à la question du bois de chauffage.

Il est à remarquer que le hêtre destiné au chauffage est toujours fendu dans les quatre mois qui suivent son abatage; cela tient à ce que, par sa nature même, il « s'échauffe » rapidement, c'est-à-dire que, sous l'action de la fermentation putride il commence à se pourrir.

Nous croyons devoir faire remarquer, dans l'intérêt des négociants et des exploitants, que trop souvent ceux-ci négligent de faire fendre le hêtre en temps voulu; il en résulte d'abord que la fente s'opère plus difficilement, et qu'ensuite le bois a subi un commencement d'altération qui nuit considérablement à sa qualité.

Le charme, d'une certaine grosseur, est souvent sujet aux mêmes inconvénients; c'est pourquoi, dans les exploitations forestières, on prend quelquefois soin de le faire fendre lorsqu'il atteint ou dépasse la grosseur de 14 centimètres de diamètre.

Mais cette mesure n'est prise qu'exceptionnellement et devrait se généraliser. Il serait, pensons-nous, de l'intérêt bien compris des exploitants de l'appliquer, puisque, d'une part, ils livreraient des produits absolument sains et exempts de tous reproches, et que, d'autre part, ils trouveraient, par le foisonnement de la marchandise, une compensation largement suffisante aux frais occasionnés par ce travail.

Un des bois les plus appréciés pour le chauffage domestique et industriel est, sans contredit, le chêne pelard, qui est ainsi nommé parce qu'il a été « pelé », ou plus exactement dépouillé de son écorce, laquelle une fois moulue sert au tannage des cuirs. Chacun sait en effet que le tan, indispensable jusqu'en ces dernières années à la préparation des peaux, n'est autre que de l'écorce de chêne. L'opération de l'écorçage se fait au moment où la sève est la plus active, c'est-à-dire au mois de mai; à cette époque, en effet, le liquide nourricier, en circulant abondamment entre le bois et l'écorce, permet d'enlever l'épiderme de l'arbre avec une extrême facilité. Le « pelard » n'est pas seulement un bois de chauffage parfait, il fait encore d'excellents étais de mines et du charbon de qualité supérieure.

Bois blancs. — Par opposition à « *bois durs* » on donne le nom de bois tendres ou bois blancs à tous ceux qui offrent peu de consistance, qu'ils soient blancs, teintés ou résineux, comme le tremble, le bouleau, le sapin; ces bois ne sont employés comme combustibles que dans les industries qui exigent un feu clair, notamment dans la boulangerie et les fabriques de porcelaine.

Si la consommation du bois dur a baissé dans les proportions fantastiques que nous avons indiquées plus haut, celle du bois blanc a diminué d'une manière beaucoup moins sensible.

C'est ainsi que Paris, qui consommait annuellement 360.000 *stères* de bois blancs en 1886, ne réduisait sa consommation qu'à 331.000 *stères* en 1896 et qu'en 1910, 287.000 stères lui étaient encore nécessaires. C'est donc une diminution de 14 % seulement qu'il y a lieu d'enregistrer pour une période de 25 années.

Comme pour le bois dur, cette diminution dans la consommation des bois blancs est due au remplacement du bois par le charbon dans le chauffage des fours de boulangerie et de diverses industries, mais il faut reconnaître cependant que cette transformation est loin de se généraliser et qu'elle ne s'opère que très lentement. Nous devons, d'ailleurs, inciter et encourager l'industrie boulangère à n'employer que le bois exclusivement pour la cuisson du pain, car il est incontestable, et chacun a pu en faire la constatation par lui-même, que le pain cuit au bois est infiniment plus délicat au goût et plus savoureux que celui qui a été cuit dans des fours chauffés au charbon, au coke ou au gaz.

Parmi les bois blancs destinés au chauffage il en est un, le pin, qui peut rendre les plus grands services pour le reboisement de certains terrains sablonneux ou rocheux, que leur infertilité rend impropres à toute autre culture.

Pour le pin, en effet, point n'est besoin de terre abondante et féconde, un sol sablonneux ou pierreux lui suffit ; c'est lui que l'on voit s'accrocher au flanc des montagnes et jusque sur les rochers les moins couverts de terre ; c'est lui qui, sous le nom de pin maritime, garnit les dunes de sable qui bordent la mer, empêche leur envahissement et fertilise des terrains arides et sans valeur, permettant après son exploitation de les utiliser en culture.

Enfin, c'est grâce à lui que notre département des Landes, qui n'était qu'un désert, a connu le bien-être et la prospérité, que la Sologne et la Sarthe ont été assainies et sont devenues des régions riches après avoir été de très pauvres pays.

Nous venons de voir que la consommation des bois de chauffage a baissé dans des proportions fantastiques et que cette situation, en provoquant la mévente des bois de moulée, a eu pour conséquence directe d'abaisser considérablement la valeur vénale des coupes de taillis.

Nous savons d'autre part que les bois d'industrie sont tellement en faveur à notre époque, que la production nationale ne répond plus aux besoins de notre consommation.

Il s'agit donc de ramener, autant que faire se peut, l'équilibre entre les deux éléments de la production forestière. Produisons donc plus de futaies et moins de taillis. Mais ceci est une œuvre de longue haleine qui mérite d'être grandement encouragée dans l'intérêt supérieur du pays.

Nous pensons donc que pour obtenir ce résultat désirable qui serait, dans l'avenir, un des facteurs de la prospérité nationale, il faudrait que l'État fit des réserves de plus en plus grandes dans le domaine forestier qu'il administre, et que les particuliers, sans les priver du revenu légitime de leurs propriétés, auquel ils ont droit, fussent invités à conserver des sujets d'avenir en plus grand nombre qu'ils ne le font aujourd'hui (la proportion par hectare pourrait être fixée suivant les possibilités). Pour indemniser ces propriétaires du sacrifice qu'ils consentiraient, puisque ce faisant, ils travailleraient pour l'avenir, l'État leur ferait remise totale ou partielle des impôts qui pèsent si lourdement sur la propriété forestière.

Charbon de bois. — Le charbon de bois, dont l'usage remonte à la plus haute antiquité, a joué, au cours des siècles, un rôle considérable. C'était en effet un combustible domestique particulièrement recherché, et son concours était absolument indispensable à l'alimentation des forges, des fonderies et de toute l'industrie en général.

Mais que les temps sont changés ! Aujourd'hui, la houille et le coke, son dérivé, ont complètement remplacé le charbon de bois dans l'industrie, et le gaz, le pétrole, les alcools dénaturés, voire même l'électricité, lui ont ravi, surtout dans les villes, la plus grande partie de sa clientèle bourgeoise.

En effet, si pour prendre un exemple, nous choisissons Paris, nous constatons que la consommation de la capitale qui, en 1886, était de 4.716.000 hectolitres, est passée, en 1896, à 3.288.000 hectolitres pour tomber, en 1910, à 1.321.000 hectolitres, soit, en 25 ans, une diminution dans la consommation de près de 72 %.

Nous venons d'indiquer brièvement les principales causes de la défaveur, à Paris, du charbon de bois ; mais il en est une autre qui a précipité sa chute, c'est son prix de revient élevé, en raison du tarif exorbitant des droits d'octroi. Nous savons, en effet, que les droits à l'entrée de Paris sont de 1 fr. 35 par sac de 2 hectogr. 20, soit environ 25 francs par 1.000 kilogrammes, alors que la houille ne paie que 7 fr. 20 et que le gaz est exonéré de tout droit, puisque le charbon de terre qui sert à sa fabrication entre en franchise ; il y a là une inégalité de traitement qui ne s'explique pas, et le Conseil municipal de Paris serait bien inspiré, pensons-nous, en réduisant notablement ces droits exagérés ; ce n'est d'ailleurs pas un bien gros sacrifice que nous lui demandons de faire, puisque si la diminution de consommation continue à s'accentuer dans les proportions que nous venons d'indiquer, le jour n'est pas éloigné où la matière imposable aura presque entièrement disparu.

Peut-on espérer, dans l'avenir, pour le charbon de bois, une reprise de sa consommation industrielle et domestique ?

A moins de s'adresser à l'étranger où il y a peut-être des débouchés à découvrir, nous ne croyons pas, qu'en l'état actuel de la science, un nouvel essor puisse être envisagé, mais nous pensons qu'il y aurait lieu d'encourager les chercheurs à trouver des procédés scientifiques qui permissent de l'employer industriellement.

Nous ne pouvons actuellement que constater qu'il y a pléthore de charbon de bois, et que par suite de la mévente de ce produit il y a avilissement non seulement du prix de la charbonnette, dont les frais de façon sont souvent plus élevés que le prix de vente, mais encore du taillis en général.

La formule serait donc : produire moins de charbonnette.

Pour ce faire, deux moyens se présentent à notre esprit, mais ces deux moyens devraient être employés simultanément.

Le premier consiste à ne pas carboniser les bois au-dessous de 0,025 de diamètre au petit bout ; il est en effet reconnu que non seulement ces bois ne produisent que du charbon peu estimé du consommateur, mais que par sucroît ce charbon déprécie, dans des proportions importantes, celui avec lequel il se trouve mélangé. De cette élimination qui ne serait pas une perte pour le marchand de bois exploitant, puisqu'il vendrait sa charbonnette ou son charbon de bois à un prix plus élevé, résulterait, estime-t-on, une diminution de 20 à 25 % dans la production; les ramilles pourraient être abandonnées aux ouvriers ou brûlées sur place.

Le deuxième moyen est relatif à l'aménagement des coupes et demande quelques explications.

Nous avons dit combien jadis était prospère la situation du commerce des charbons de bois; il en fallait des quantités considérables pour la consommation domestique et il était un élément tellement nécessaire à la prospérité industrielle, que nombre d'usines et de fonderies s'étaient installées dans les grands centres forestiers, notamment dans les régions de l'Est, de la Côte-d'Or, de la Haute-Marne, du Centre, etc., pour obtenir en abondance et à meilleur compte ce produit indispensable à leur activité.

Que se passa-t-il alors ?

Tout simplement ceci : c'est que les coupes furent aménagées de façon à produire beaucoup de charbonnettes, c'est ainsi que l'on fut amené à couper les bois entre 20 et 25 ans.

Or, malgré la diminution colossale qui s'est produite dans la consommation du charbon de bois, les propriétaires forestiers qui, escomptant leur revenu annuel, avaient divisé leur bien en 20 ou 25 parts, ne crurent pas devoir, pour un grand nombre, changer quoi que ce fût à leurs habitudes, et c'est pour cette raison qu'on a continué à produire beaucoup plus de charbonnettes qu'on en pouvait utiliser.

Nous pensons, nous, qu'on réduirait très sensiblement la production de la charbonnette en augmentant la durée des aménagements des coupes et nous croyons que cette manière de procéder serait d'un meilleur rapport pour le propriétaire.

A l'appui de notre thèse, nous allons donner un exemple.

Supposons le cas d'un taillis sous futaie, dans un terrain de qualité moyenne.

Coupé à 25 ans, le rendement à l'hectare sera d'environ 130 stères qui se décomposeront en 100 stères de charbonnette et 30 stères de moulée.

Ce même taillis, coupé à 35 ans seulement, donnerait un rendement d'environ 160 stères à l'hectare dont 90 stères de charbonnette et 70 stères de moulée.

Nous ne pouvons pas préconiser cet aménagement pour tous les terrains, mais nous pensons qu'il pourrait être mis en pratique dans la plupart des cas.

De plus si l'on porte l'aménagement du taillis de 35 à 40 ans, non seulement la proportion de moulée augmentera au détriment de la charbonnette, mais encore il sera possible de tirer de ce gros taillis certains bois d'industrie très demandés, notamment des manches de pelle qui sont d'un placement très rémunérateur, des étais de mine et bien d'autres produits.

Nous savons bien que notre proposition aurait à vaincre une grosse résistance de la part des communes et des particuliers, car ceux-ci se résoudront difficilement à une diminution de revenu immédiat, même avec la perspective certaine de récupérer amplement plus tard les fruits de ce sacrifice momentané.

Nous n'ignorons pas en effet que la plupart tablent sur des revenus immédiats et ne se soucient pas d'entretenir une propriété coûteuse pour leurs héritiers; mais nous pensons que pour leur permettre d'entretenir leur bien sans bourse délier, ces propriétaires pourraient se contenter de ne faire que des demi-coupes, jusqu'à ce que le cycle du nouvel aménagement soit terminé.

De plus, l'État pourrait les dédommager par des remises partielles ou totales d'impôts.

Nous émettons aussi le vœu que les distillateurs de bois en vases clos ne chargent leurs cornues qu'avec de la charbonnette exclusivement. Si ce vœu était réalisé ce serait autant de charbonnette utilisée ; on nous objectera que la consommation de la charbonnette se ferait en remplacement de la moulée et que ce n'est pas le moyen d'utiliser ce produit d'jà délaissé, c'est vrai, mais nous pensons que, surtout avec le nouvel aménagement des coupes, tel que nous le préconisons, ce produit trouverait son emploi industriellement, notamment dans les mines où sa grosseur lui permettrait d'être converti en étais.

Bois de mines.

Nous savons que, comme combustible, les produits de la forêt ont été remplacés en grande partie par ceux de la mine, mais juste retour des choses d'ici-bas, la mine a besoin pour son exploitation du précieux concours de la forêt, et celle-là doit payer à celle-ci un tribut considérable sous forme d'achats de bois de mines de toute nature.

La France, dont l'exploitation houillère est très restreinte, puisqu'elle ne produit que 50 à 55 % environ de sa consommation, extrait annuellement des entrailles de la terre environ 35 millions de tonnes de houille; or, M. Pelletier de Martres, dans son remarquable rapport sur les poteaux télégraphiques, indique incidemment que la mine consomme environ 1 franc de bois par tonne de houille extraite; cette constatation équivaut donc à dire que les houillères françaises doivent acheter du bois pour 35 millions de francs environ ; si nous estimons le prix du mètre cube à 25 francs, rendu à la mine, nous voyons, par déduction, que la consommation nationale est d'environ 1.400.000 mètres cubes; sur cette quantité, les statistiques nous révèlent qu'il est importé, notamment de Russie, environ 15 à 20.000 mètres cubes, mais, que, par contre, nous exportons pour l'Allemagne, l'Angleterre et la Belgique une quantité au moins dix fois plus élevée. Cette exportation qui pourrait être développée, jointe à la consommation nationale ouvrent donc à notre exploitation forestière un débouché considérable.

Il y a deux sortes d'étais de mines, les étais de bois dur et ceux de bois tendre; les premiers entrent dans la consommation des houillères pour le quart et les seconds pour les trois autres quarts.

La consommation des bois tendres tend à augmenter en raison de l'obligation où se trouvent les mines de remblayer. Pour ce faire, il ne leur paraît donc pas nécessaire d'employer du bois dur, c'est-à-dire plus résistant, dont le prix d'achat est beaucoup plus élevé; l'expérience a d'ailleurs démontré qu'à un certain degré de profondeur et à une température à peu près sensiblement la même, les bois tendres offrent une durée presque équivalente à celle des bois durs.

Les bois durs sont surtout utilisés en tant que hanoches et lattis et les bois tendres comme étayage; mais, il est à remarquer que fort heureusement beaucoup de mines préfèrent le bois dur. Il serait à désirer que cet usage se généralisât, car si les propriétaires de résineux avaient moins de débouchés de ce côté, ils seraient poussés à faire de la futaie qui, en ces essences, a une grosse valeur dès l'âge de 45 à 50 ans, alors qu'en matière de feuillus, il faut attendre au moins 120 ans pour obtenir le même résultat.

Les mines emploient des bois de toutes longueurs et de toutes dimensions, depuis les petits bois, appelés « queue » de 1 m. 20 de longueur sur 12 à 18 centimètres de circonférence, jusqu'aux « étais » de 3 mètres de longueur sur 55 à 60 centimètres de circonférence, en passant par les « rallonges » qui ont 2 m. 50 de longueur et 18 à 26 centimètres de circonférence.

Nous pensons que les vendeurs de bois de mines devraient inciter les houillères à acheter les perches dans toute leur longueur. Les mines pourraient débiter elles-mêmes, à leurs dimensions et au fur et à mesure de leurs besoins, les bois qui leur sont nécessaires; cette façon de procéder faciliterait l'exploitation des marchands de bois, qui ont maintenant la main-d'œuvre de plus en plus difficultueuse.

Ce système est d'ailleurs adopté déjà par un certain nombre de mines.

Des dimensions que nous venons d'indiquer, il résulte, qu'en feuillus, le produit d'une coupe de 35 ans pourrait être presque entièrement utilisé par les mines, puisque la vente aux houillères des bois des dimensions précitées enlèverait toute la moulée droite et une partie de la charbonnette; c'est donc dire que l'utilisation des bois pour l'usage des mines peut venir en aide de la façon la plus efficace à la crise du taillis, mais nous répétons ce que nous avons déjà dit à propos du charbon de bois, pour que les résultats soient intéressants, il faut cesser de couper les taillis entre 20 et 25 ans, et porter la durée des aménagements des coupes à 35 et 40 ans.

Le Congrès émet les vœux ci-après :

Bois de chauffage. — *Que l'État soit invité à faire le plus de réserves possible, de façon à produire, dans un avenir encore lointain, plus de futaies et moins de taillis.*

Qu'on encourage les particuliers à faire les mêmes réserves, en les indemnisant de leur sacrifice, au moyen de la suppression totale ou partielle des impôts qui grèvent la propriété forestière.

Que l'État incite les particuliers et les communes à constituer des massifs de futaies partout où la qualité du sol le permet; pour ce faire, non seulement ces massifs seraient, comme les plantations et les semis, exonérés d'impôts pendant trente ans, mais encore des primes pourraient leur être attribués.

Que l'État, sans s'occuper des nécessités budgétaires, augmente la durée de ses aménagements et encourage les particuliers et les communes à suivre son exemple.

Que la législation facilite l'accession à la propriété forestière de propriétaires dits « impérissables » qui, seuls, ont intérêt à l'aménagement de coupes de longue durée.

Que de très sérieux encouragements soient accordés aux chercheurs pour les amener à trouver l'utilisation industrielle du petit bois, notamment pour la fabrication de la pâte à papier.

Que l'industrie boulangère soit incitée à utiliser le bois pour la cuisson du pain.

Que certains canaux soient améliorés, notamment que les travaux commencés depuis de nombreuses années sur le canal du Nivernais, qui dessert une région essentiellement forestière, soient poussés activement de façon à permettre le passage des bateaux de 38 mètres, ce qui diminuerait notablement les frais de transport.

Que le service des ports, si économique pour le commerce des bois, soit maintenu dans son intégralité, et étendu, autant que faire se pourra, aux gares situées dans les limites des cantonnements des gardes-ports.

Que, d'une manière générale, les marchands de bois exploitants fassent fendre toutes les bûches de charme dont la grosseur atteint ou dépasse 14 centimètres de diamètre.

CHARBON DE BOIS. — *Que la durée des aménagements des coupes soit augmentée et portée, chaque fois que la qualité du sol le permettra, à 35 ou 40 ans.*

Que les bois destinés à la carbonisation aient au moins 0 m. 025 de diamètre au petit bout.

Que les distillateurs de bois en vases clos soient invités à n'utiliser que la charbonnette exclusivement.

Que la Ville de Paris abaisse sensiblement les droits d'octroi qu'elle perçoit actuellement sur le charbon de bois, et qu'elle mette ces droits en harmonie avec ceux auxquels sont taxés les autres combustibles.

Que de très réels encouragements soient accordés aux chercheurs, soit par voie de concours, soit par tout autre moyen, pour les amener à trouver des procédés scientifiques permettant l'emploi industriel du charbon de bois.

Que des tarifs spéciaux soient accordés au transport du charbon de bois destiné à l'exportation.

ÉTAIS DE MINES. — *Que la durée des aménagements des coupes soit, chaque fois que la qualité du sol le permettra, portée à 35 et 40 ans.*

Que les houillères de France fassent un usage de plus en plus grand des bois d'essence dure.

Que les bois de mines destinés à l'exportation jouissent d'un régime de faveur particulièrement réduit pour les transports à longue distance.

Que les houillères prennent livraison des bois de mines en perches ayant toute la longueur de l'arbre.

M. LE PRÉSIDENT. — Le rapport de M. Rizier a une certaine importance. Les vœux constituent un ensemble intéressant dont je vais vous donner lecture ; vous aurez à vous prononcer sur chacun des alinéas.

Personne ne demande la parole au point de vue général du rapport?

S'il en est ainsi, je vais prendre les vœux les uns après les autres et les soumettre à votre approbation.

M. Rizier conclut : au point de vue des bois de chauffage :

« *Que l'État soit invité à faire le plus de réserves possibles, de façon à produire, dans un avenir encore lointain, plus de futaies et moins de taillis.* »

Je crois que nous sommes tous d'accord sur ce point.

Adopté à l'unanimité.

« *Qu'on encourage les particuliers à faire les mêmes réserves, en les indemnisant de leur sacrifice, au moyen de la suppression totale ou partielle des impôts qui grèvent la propriété forestière.* »

M. Tortel. — Je ne combats pas ce vœu, car ce serait évidemment notre intérêt, mais les bûcherons, la population ouvrière qui travaille dans les bois, lorsqu'ils verront ce dégrèvement complet, vont avoir un état d'esprit nouveau ; ils sont déjà assez animés contre les propriétaires. Je demanderai donc qu'au lieu de la suppresion des impôts on classe les bois au tarif des terres les moins productives.

M. le Président. — Il faut demander le plus pour obtenir le moins ; c'est un peu l'esprit du vœu.

M. Caquet. — Je demande qu'on maintienne intégralement ce vœu qui me paraît très bien libellé, car je crains que M. Tortel ne se fasse illusion à l'égard des ouvriers. Leur travail est très respectable indubitablement, mais il y a une chose très respectable aussi : c'est qu'une propriété qui ne rapporte rien ne doit rien payer. Je demande donc que le mot *suppression totale* soit maintenu dans le vœu.

M. le Président. — Nous paraissons d'accord pour maintenir le paragraphe tel qu'il est libellé?

Adopté à la majorité.

« *Que l'État incite les particuliers et les communes à constituer des massifs de futaies partout où la qualité du sol le permet ; pour ce faire, non seulement ces massifs seraient, comme les plantations et les semis, exonérés d'impôts pendant trente ans, mais encore des primes pourraient leur être attribuées.* »

Adopté à l'unanimité.

« *Que l'État, sans s'occuper des nécessités budgétaires, augmente la durée de ses ménagements et encourage les particuliers et les communes à suivre son exemple* ».

Adopté à l'unanimité.

« *Que la législation facilite l'accession à la propriété forestière de propriétaires dits « impérissables », qui, seuls, ont intérêt à l'aménagement de coupes de longue durée* ».

Adopté à l'unanimité.

« *Que de très sérieux encouragements soient accordés aux chercheurs pour les amener à trouver l'utilisation industrielle du petit bois, notamment pour la fabrication de la pâte à papier* ».

M. DUCHEMIN. — Je demande la suppression des derniers mots : « *Notamment pour la fabrication de la pâte à papier* ».

En effet, pour les bois durs, on se heurte à des difficultés techniques insurmontables ; ne présentons pas des choses qui ne sont pas susceptibles d'aboutir à un succès et restons dans les propositions générales.

M. LE PRÉSIDENT. — Nous supprimons donc les mots « *notamment pour la fabrication de la pâte à papier* ».

Adopté à l'unanimité.

« *Que l'industrie boulangère soit incitée à utiliser le bois pour la cuisson du pain* ».

Adopté à l'unanimité.

« *Que certains canaux soient améliorés, notamment que les travaux commencés depuis le nombreuses années sur le canal du Nivernais, qui dessert une région essentiellement forestière, soient poussés activement de façon à permettre le passage des bateaux de 38 mètres, ce qui diminuerait notablement les frais de transport* ».

M. CAQUET. — Je demande la parole, non pas pour combattre ce vœu, tant s'en faut, mais pour le souligner, car il est très important.

M. LE PRÉSIDENT. — Le ministre des Travaux publics n'a-t-il pas écrit dernièrement une lettre officielle pour déclarer qu'il se préoccupait beaucoup de cette question et qu'il allait faire le nécessaire?

M. CAQUET. — Les efforts réunis du Conseil général de la Nièvre, de la Chambre de commerce et des Chambres syndicales, n'ont abouti, après 12 ans d'efforts, qu'à obtenir une demi-douzaine d'écluses transformées, sur 36.

M. LE PRÉSIDENT. — Le ministre des Travaux Publics, M. Thierry, vient d'écrire une lettre officielle dans laquelle il disait que la question du canal du Nivernais l'intéressait beaucoup et allait aboutir.

M. CAQUET. — Espérons-le !

Le vœu mis aux voix est adopté à l'unanimité.

M. LE PRÉSIDENT.

« *Que le service des ports, si économique pour le commerce des bois, soit maintenu dans son intégralité, et étendu, autant que faire se pourra, aux gares situées dans les limites des cantonnements des gardes-ports* ».

Adopté à l'unanimité.

« *Que d'une manière générale, les marchands de bois exploitants fassent fendre toutes les bûches de charme dont la grosseur atteint ou dépasse 14 centimètres de diamètre* ».

M. LE SECRÉTAIRE. — C'est un bon conseil.

M. LE PRÉSIDENT. — C'est peut-être un peu spécial, mais cela ne gêne personne.

Adopté à l'unanimité.

M. LE PRÉSIDENT. — Nous passons à la question du charbon de bois.

« *Que la durée des aménagements des coupes soit augmentée et portée, chaque fois que la qualité du sol le permettra, à 35 ou 40 ans* »

M. CAQUET. — Il semble qu'il y ait là plus qu'une invitation. Je ne vois pas très bien quelle est l'intention de l'auteur ; si c'est simplement un conseil, je suis d'accord avec lui, mais si c'est une mise en demeure, je m'en sépare, trouvant que la formule laisse à désirer.

M. DUCHEMIN. — Nous pourrions mettre :

« *Que les propriétaires forestiers soient invités à augmenter la durée des aménagements des coupes et à la porter chaque fois que la qualité du sol le permettra à 35 ou 40 ans* ».

M. CAQUET. — Je me rallie à cette proposition.

Le vœu ainsi modifié est adopté à l'unanimité.

M. LE PRÉSIDENT.

« *Que les bois destinés à la carbonisation aient au moins* 0 m. 025 *de diamètre au petit bout* ».

Les représentants de la carbonisation ont-ils des observations à présenter ?

M. DUCHEMIN. — Aucune, au contraire.

M. CAQUET. — Ce sont les dimensions qu'on nous demande.

Le vœu est adopté à l'unanimité.

M. le Président.

« *Que les distillateurs de bois en vases clos soient invités à n'utiliser que la charbonnette exclusivement* ».

M. Duchemin. — C'est un vœu absolument platonique et dont je demande la suppression.

M. le Président. — Voyez-vous un intérêt spécial à supprimer ce vœu? Sinon nous pourrions le laisser subsister.

Le vœu est adopté à l'unanimité.

M. le Président.

« *Que la Ville de Paris abaisse sensiblement les droits d'octroi qu'elle perçoit actuellement sur le charbon de bois, et qu'elle mette ces droits en harmonie avec ceux auxquels sont taxés les autres combustibles* ».

Le vœu est adopté à l'unanimité.

M. le Président.

« *Que de très réels encouragements soient accordés aux chercheurs, soit par voie de concours, soit par tout autre moyen, pour les amener à trouver des procédés scientifiques permettant l'emploi industriel du charbon de bois* ».

Le vœu est adopté à l'unanimité.

Le Président.

« *Que des tarifs spéciaux soient accordés au transport du charbon de bois destiné à l'exportation* ».

Adopté à l'unanimité.

« *Que la durée des aménagements des coupes soit, chaque fois que la qualité du sol le permettra, portée à 35 et 40 ans* ».

Adopté à l'unanimité.

« *Que les houillères de France fassent un usage de plus en plus grand des bois d'essence dure* ».

Suit une discussion assez vive, à laquelle prennent part M. Lescusar, Hollande, Sébastien, Caquet, Rachet.

M. Duchemin. — Je crois « *qu'inviter les houillères de France* » serait peut-être préférable, bien que platonique, car elles ont commencé à prendre des étais de bois dur, et cela peut-être, pour amener à composition les fournisseurs des Landes. Je crois savoir en effet que, lorsque les houillères trouvent que les prix des étais de mines de provenance des Landes sont trop élevés, elles viennent dans le Morvan chercher des étais, de manière à faire le vide momentanément. Je pense donc que leur demander ou ne pas leur demander de prendre des bois durs revient au même (*Protestations*).

M. LE PRÉSIDENT. — Je mets aux voix le vœu.

A la majorité le vœu est repoussé.

« *Que les bois de mines destinés à l'exportation jouissent d'un régime de faveur particulièrement réduit pour les transports à longue distance* ».

Adopté à l'unanimité.

M. LE PRÉSIDENT. — Un de nos collègues propose de remplacer ce vœu par le suivant :

« *Que les houillères prennent livraison des bois de mines en perches ayant toute la longueur de l'arbre.*

« *Que les Compagnies de chemins de fer soient invitées à ne faire aucune distinction, pour ce qui est du transport des bois de mines, entre ceux ayant moins de* 5 *m.* 40, *qui voyagent à la série E et ceux ayant plus de* 5 *m.* 40, *qui voyagent à la sixième série, et à les faire voyager, sans distinction de longueur, à la série E.* »

Ce vœu serait mieux placé à la Commission qui s'occupe des transports. Je vous demande toutefois si vous acceptez la rédaction proposée.

Le vœu est adopté.

M. LE PRÉSIDENT. — La parole est à M. Caquet, pour la lecture de son rapport sur l'UTILISATION DES MENUS BOIS PAR LES NOUVEAUX PROCÉDÉS CHIMIQUES ET MÉCANIQUES.

M. CAQUET. — Jusqu'à ce jour, l'exploitation des forêts est restée ce qu'elle était il y a des siècles. Les progrès accomplis sont presque nuls en matière sylvicole, et les instruments dont se servaient nos ancêtres pour abattre et débiter les bois sur pied, c'est-à-dire la cognée et la scie à main, sont les seuls que nous utilisions encore aujourd'hui pour l'exploitation des taillis, dont les produits ne se vendent plus.

Nos futaies feuillues et nos résineux en général se vendent bien, leurs propriétaires n'éprouvant pas de difficultés dans les débouchés qui les concernent.

La surface forestière exploitée actuellement en taillis occupe, en France, près de cinq millions et demi d'hectares, dont quatre millions appartiennent aux particuliers; le reste, soit un million et demi, est la propriété de l'État, des communes et des établissements publics.

Nous exploitons chaque année, en France, 300.000 hectares de bois taillis, en chiffres ronds, produisant environ 10 millions de tonnes de bois à charbon, qui ne fournissent qu'un rendement net de 0 fr. 20 par stère, à peine.

D'autre part, le produit moyen d'une coupe âgée de 17 à 20 ans est environ à l'hectare de 3.000 fagots, pesant unitairement 6 à 7 kilogrammes en moyenne; c'est donc par hectare exploité 20 tonnes de fagots ou, pour notre production totale annuelle en France, 6 millions de tonnes, dont moitié au moins pourrissent sur le parterre des coupes, faute de débouchés et d'utilisation, l'autre moitié étant vendue à perte par le propriétaire, et au-dessous des prix de façon payés aux ouvriers.

Comment tirer parti de ces fagots et de ces bois à charbon dont la vente est devenue impossible ?

On a répondu qu'il fallait cesser d'en produire, et qu'il était plus avantageux de laisser vieillir et de pousser à la production des bois d'œuvre et de travail qui sont plus faciles à vendre, actuellement, à des prix rémunérateurs.

Si, dans certains cas exceptionnels, le propriétaire forestier, disposant par ailleurs de revenus suffisants, peut laisser vieillir ses coupes, ainsi que nous l'avons nous-mêmes recommandé, nous savons que le plus ordinairement ce remède est illusoire, les besoins individuels quotidiens étant sans cesse grandissants. D'ailleurs, il y aura toujours, quel que soit l'âge des coupes exploitées, une notable quantité de bois à charbon et de fagots dont il faut trouver l'utilisation avantageuse. Le problème à résoudre présente donc deux facteurs distincts : bois à charbon et chauffage, d'une part; fagots de l'autre.

Le chauffage au bois n'existe plus dans nos villes, et il nous paraît superflu d'appeler ici la statistique à notre aide pour montrer la décroissance stupéfiante de la consommation du bois à brûler et du charbon; à Paris notamment, les bois de chauffage et les charbons, ainsi que les fagots, ne se vendent plus ; il faut chercher d'autres utilisations dont ils seront la matière première. C'est la chimie et la mécanique qui nous en fourniront les moyens.

La mécanique a déjà prouvé quelles merveilles elle peut accomplir dans les usines fixées pour le travail des bois de toute sorte, mais elle n'a pas encore fonctionné économiquement dans nos taillis, où elle est appelée à détacher les rejets de la souche et à les sectionner en longueurs, aussi courtes que l'industrie l'exigera. Par ailleurs, la chimie nous réserve certainement des découvertes sensationnelles, dans l'étude des extraits qu'il est possible de tirer du bois, et de la sciure de bois, qui se chiffre annuellement en France par une production de 800.000 tonnes. Ce produit, que l'on peut ranger dans la catégorie des menus bois, a trouvé récemment son emploi dans la fabrication de l'alcool éthylique, tel qu'il est extrait de la betterave, des pommes de terre et autres tubercules, et du vin lui-même.

Cet alcool obtenu au laboratoire, il y a une quinzaine d'années, par le docteur Alexandre Classen, d'Aix-la-Chapelle, est actuellement fabriqué industriellement par la Compagnie industrielle des alcools de l'Ardèche, à Saint-Marcel-d'Ardèche.

Jusqu'à ce jour, il n'a été traité à cette usine que des sciures de bois résineux. La cellulose est saccharifiée par un ensemble de procédés qui constituent l'ingénieuse invention du professeur Classen, et sans entrer dans le détail des manutentions subies par la matière première et des réactions chimiques auxquelles elle est soumise, nous vous dirons que la saccharification des sciures de résineux traitées a donné, d'après les indications qui nous ont été fournies, 10 % en poids d'alcool éthylique et 3 % de méthylène.

Il nous paraît nécessaire d'insister de façon toute spéciale sur cette découverte et sur les graves conséquences qu'elle peut avoir dans l'avenir, en présence de l'épuisement des ressources mondiales en pétrole, dont nous sommes importateurs. Comme nous sommes tributaires intégralement de l'étranger pour ce produit, qui est le pain actuel de notre industrie automobile et de notre motoculture naissante, il y a un intérêt supérieur à remplacer ce carburant étranger, dont les gisements sont chaque jour de moins en moins riches en essence, par un nouveau carburant à renouvellement naturel et suffisant pour les besoins de plus en plus importants des moteurs à explosion. Nous croyons fermement que l'alcool éthylique tiré de nos menus bois résoudra la crise qu'ils subissent actuellement en permettant le développement considérable de la motoculture.

Au résultat industriel si intéressant, quoique incomplet au point de vue qui nous occupe, réalisé à Saint-Marcel-d'Ardèche, il faut ajouter l'obtention d'acétates et de résidus employés à la fabrication des briquettes agglomérées et des comprimés qui, mélangés à certaines matières, donnent des produits extrêmement curieux, mais qui ne sont pas encore entrés définitivement dans le domaine de l'industrie courante, en France au moins, tout en laissant l'horizon ouvert aux plus légitimes espoirs.

L'alcool éthylique obtenu est d'une pureté remarquable, sans odeur, et supérieur aux alcools de grains les mieux raffinés. Les sciures, achetées actuellement 7 fr. 50 la tonne, subissent des frais de transport égaux, de sorte que la tonne de sciure revient à 15 francs. Traitée à l'usine, elle donne 1 hectolitre d'alcool, 30 litres de méthylène et, en plus, des produits accessoires qui, actuellement, remboursent la Compagnie de tous les frais d'achat, de manutention et de traitement, les alcools éthylique et méthylène, restant comme bénéfice absolument net de l'opération.

N'est-ce pas là un grand pas franchi dans la voie de la solution du problème que nous désirons résoudre complètement ? Assurément ; mais il reste encore beaucoup à faire.

En effet, seule, la sciure des résineux a été utilisée, et pour mener à bien le résultat définitif s'appliquant aux bois durs et particulièrement au chêne (les résineux et les bois blancs étant en pleine prospérité avec des débouchés intéressants et avantageux), il faudrait soumettre charbonnette et fagots à deux opérations distinctes. L'une, mécanique, relativement facile; l'autre, chimique, plus laborieuse, car la saccharification des glucoses ne peut, dans l'état actuel des connaissances et de la pratique des laboratoires, être faite en présence de l'acide tannique, assez abondant dans les menues branches de chêne pour opposer un obstacle à cette opération nécessaire, mais peut-être pas assez abondant pour donner naissance à une industrie extractive fructueuse, au moins en ce qui concerne le bois lui-même. Ajoutons que la saccharification des matières amylacées a pu récemment être faite en présence de certains acides, ce qui nous permet d'espérer que, quoique plus actif, l'acide tannique sera lui-même bientôt vaincu par les efforts de nos savants, et ce jour-là tous les menus bois, réduits en pulpe, pourront sans doute être traités chimiquement comme le sont actuellement les sciures de sapins à l'usine de Saint-Marcel-d'Ardèche.

Nous attendons ce bienfaisant résultat de la chimie française, sans pouvoir espérer, pour l'instant, l'application de la distillation en vase clos sur le parterre même de nos coupes. C'est cependant l'une des questions les plus importantes au point de vue de l'avenir de nos forêts et en particulier de nos taillis.

La carbonisation par le procédé dit « en vase clos » comporte des appareils qui ne sont pas en général transportables et sont fixés à demeure. Les usines fixes exigent un matériel considérable et la question est de savoir s'il ne serait pas possible de diminuer de beaucoup l'importance de ce matériel pour fabriquer des pyroligneux et des acétates par usines portatives.

Il y a en Allemagne, aux environs de la forêt Noire, dans le Wurtemberg, la Bavière et le Harz, des usines volantes de carbonisation des petits bois en vase clos qui donnent, paraît-il, des bénéfices très appréciables.

Dans le Jutland, en Suède et en Norvège, cette industrie est très prospère, et a pris une extension considérable. C'est donc dans ces régions qu'il faut aller constater les progrès industriels accomplis, pour les mettre ensuite en pratique chez nous, en leur faisant subir des améliorations.

On conçoit aisément l'économie considérable qui résulterait de la carbonisation en vase clos, en forêt même, par la suppression du transport à l'usine fixe des bois à distiller, les acétates et les pyroligneux obtenus étant seuls expédiés pour subir un raffinage spécial, qui ne peut être fait qu'au moyen d'appareils compliqués impossibles à transporter sur chariots.

Le charbon de cornue, restant au lieu même de la distillation, pourrait être vendu sur place ou plutôt serait employé à la fabrication du gaz pauvre sur le parterre même des coupes.

On a objecté qu'il fallait de très grandes quantités d'eau pour cette distillation en vase clos, comme si, dans la plupart des cas, les cours d'eau et les étangs faisaient défaut dans nos forêts de France. Nous croyons que les efforts de nos techniciens, chimistes et ingénieurs, unis dans un but commun, nous donneront la solution désirée de cet important problème des usines volantes de carbonisation en vase clos.

En attendant, et sans nous tourner du côté de l'État-Providence, faisons appel à l'initiative privée des propriétaires de bois réunis, syndiqués en vue de la recherche de cette solution qui, si elle importe au bien public, sera éminemment favorable aux intérêts des exploitants.

Notre communication actuelle n'aurait-elle pour résultat que de faire éclore cette initiative désirable que nous nous féliciterions de vous l'avoir faite.

Dans cette communication, nous n'avons pas voulu nous arrêter un seul instant aux sentiers battus, et désirant économiser votre temps si précieux nous avons concentré tous nos efforts à donner de l'inédit. C'est dans cet esprit que nous vous dirons quelques mots d'une découverte de laboratoire, relative au « bois fondu ».

Au premier abord, fondre du bois paraît chose impossible. Il n'en est rien pourtant et bien que le bois soit éminemment inflammable, il fond à une température relativement basse, mais dans des conditions très précises et seulement quand il est absolument soustrait au contact de l'oxygène, de façon à rendre impossible sa combustion. Cela se comprend, du reste, quand on se souvient de la constitution du bois.

Débarrassé au moyen de l'alcool, par exemple, de ses éléments immédiatement solubles, il donne à l'analyse des acides organiques, de l'eau, des essences huileuses, des silicates, des sulfates, des phosphates, des chlorures et des hydrocarbonates de chaux, de potasse, de soude et de magnésie ; de l'acide carbonique, de l'hydrogène carboné.

Partant de ces données, on a étudié, dès 1895, le problème de la fusion des bois et, après un an de recherches, on a pu produire un échantillon de bois fondu. Ces essais ont été repris, et actuellement il existe toute une technique opératoire sur laquelle nous ne nous étendrons pas qui permet d'obtenir ce curieux produit doué de qualités qui lui assurent un véritable avenir industriel. Il est d'un grain très fin, susceptible d'acquérir un très beau poli, très dur et très résistant à l'usure. Il prend facilement l'encre typographique et supporte des lavages répétés à la potasse, au carbonate de soude et à la térébenthine.

Versé dans des moules à l'état liquide, il se prend en masse par refroidissement tout en épousant toutes les sinuosités de la surface mise en contact avec lui. On a pu faire ainsi des objets de formes très variées, notamment fabriquer des caractères mobiles pour l'impression, surtout les caractères de grandes dimensions employés pour les affiches.

On peut ajouter au bois destiné à être fondu des substances antiseptiques, particulièrement du bichlorure de mercure, qui en assurent la conservation pour ainsi dire indéfinie, et le soustraient à l'action des insectes destructeurs. C'est là un avantage considérable, qui ne peut qu'augmenter la valeur du bois fondu.

Il nous a paru intéressant de mettre sous vos yeux cet exemple curieux d'utilisation chimique nouvelle du bois pour vous montrer à quelles nombreuses, importantes et utiles transformations, grâce à la science et à la chimie principalement, peuvent donner lieu ces menus bois, actuellement sans valeur, et qui seront peut-être appelés, pensons-nous, à enrichir, dans un avenir que nous ne pouvons préciser, ceux-là qui les possèdent actuellement.

Après avoir esquissé à grands traits le rôle que la chimie aura à remplir dans l'étude plus approfondie des produits à extraire des essences si variées de nos bois, il nous sera permis de passer rapidement en revue les moyens que la mécanique peut mettre à notre disposition pour tirer parti de nos menus bois : charbonnette et fagots.

Comment transformer cette matière onéreuse qu'est le fagot en produit avantageux et de bon rendement ? Nous pensons que la solution n'est pas impossible par le découpage mécanique, au moyen d'un hache-bois, de ces fagots en bûchettes de petites longueurs.

Ces menus bois broyés ou coupés en petites longueurs pourront servir à la fabrication des braisettes, par le procédé « des meules » ou à la fabrication du gaz pauvre par le gazogène système fixe du genre « Riché » ou système mobile du genre « Caze » ou tout autre analogue, amélioré et mis au point, ce qui permettrait ensuite le transport de la force obtenue à la ferme voisine par câble ayant au plus douze à quinze cents mètres de long. Cette force motrice serait très précieuse dans les régions où il n'existe pas de chutes d'eau et où la houille est chère.

L'utilisation du gaz pauvre se répand, en effet, de plus en plus, et il est à présumer que, dans un avenir rapproché, il aura détrôné partiellement la vapeur. La raison de cette faveur croissante du gaz pauvre réside dans le meilleur rendement des moteurs qu'il actionne.

Ceux-ci, en effet, à puissance égale font une consommation de combustible deux fois moindre que les moteurs à vapeur.

D'après les expériences faites sur deux installations de même force, l'une à gaz pauvre, l'autre à vapeur, l'économie réalisée avec la première atteignait 53%.

Il y aurait donc une excellente utilisation des menus bois pour la fabrication du gaz, ce qui permettrait de se procurer ce gaz partout, à la campagne comme à la ville, dans les plus petits villages, dans les usines isolées, de même que dans les châteaux et dans les fermes du voisinage immédiat des forêts. La gazéification des bois est appelée à rendre de multiples services, tant à l'industrie qu'à l'agriculture; mais sa mise au point n'est pas définitive et elle sollicite encore les travaux des chercheurs.

Les appareils à production du gaz peuvent du reste utiliser tous les bois, rondins ou bourrées, mais à la condition absolue que ces menus bois soient tout d'abord débités par le broyeur ou le hache-bois, en bûchettes de très courte longueur. Ces broyeurs, ces hache-bois, ces scies circulaires et à ruban placées sur chariots mobiles seront actionnés par le gaz pauvre, de telle sorte que la force produite par une partie des menus bois servira à mettre en valeur l'autre partie elle-même. De ces bois à charbons et de ces fagots, il sera possible de tirer tout d'abord l'écorce par le procédé mécanique de la vapeur, expérimenté il y a plus de trente ans, et qui, depuis cette époque, n'a fait aucun progrès, faute d'étude consciencieuse. Il serait cependant fort intéressant de remplacer, dans la mesure du possible, par ces écorces complémentaires qui ne sont pas, il est vrai, d'une grande richesse en tannin, les extraits de châtaigniers dont l'exploitation intensive a ruiné en partie nos châtaigneraies du centre de la France et de la Corse principalement.

Depuis plus de vingt-cinq ans, l'industrie a tenté l'écorçage à la vapeur, qui serait un des principaux desiderata de la propriété forestière, principalement à l'égard des écorces de fagots contenant moins de matières tannantes et d'une valeur inférieure aux écorces normales actuellement exploitées.

La tentative, qui n'a échoué que par suite de l'excédent des frais sur la valeur des produits, peut être utilement reprise, le problème mieux étudié peut être résolu, pensons-nous, dans le sens de l'écorçage mécanique des chênes en temps de sève. La conséquence de cette mise au point serait la solution de cet autre grave problème : les châtaigniers de France. Les matières tannantes produites dans notre pays dépassant alors certainement nos besoins nous permettraient, en conservant les châtaigniers restants, de faire en outre de l'exportation des produits tanniques, que nous importons actuellement.

Nous ne saurions assez insister sur l'intérêt que présente cette question du tannage des cuirs par l'écorce de chêne qui touche si étroitement à la fois à la mévente de nos bois taillis, au renchérissement de la main-d'œuvre et à la prospérité d'une de nos plus importantes industries nationales : la tannerie battue en brèche et discréditée par l'emploi des sels de chrome chaque jour plus envahissants, au grand détriment de la souplesse et de la qualité des cuirs traités par l'écorce de chêne. Il faut à tout prix que nous obtenions des écorces à bon marché et seule la machine à écorcer, mise au point, nous permettra de résoudre cet important problème, déjà en bonne voie de solution, car il appert très nettement des résultats acquis sur cet écorçage à la vapeur, que les écorces obtenues par ce procédé, abandonné par raison économique, avaient une qualité presque égale à celle des écorces recueillies en temps de sève, et une égale teneur en tanin. Mais dans cette voie il reste encore, pensons-nous, un grand pas à faire pour solutionner le problème.

Ce pas peut et doit être fait dans le sens de l'écorçage mécanique et économique sur le parterre des coupes mêmes. Le problème déjà en bonne voie n'est ni insoluble ni utopiste, et la machine à écorcer le bois, mise au point, aurait en outre pour conséquence l'enrichissement du pays en améliorant sensiblement la situation des propriétaires de taillis qui, actuellement ont pour la plupart cessé d'écorcer.

Peut-être serait-il également possible, au moyen de broyeurs établis sur chariots, transportés sur le parterre des coupes et actionnés par l'usine à gaz pauvre de transformer en fibres ou copeaux d'emballage certains menus bois de nos forêts.

Nous estimons également que ces menus bois, hachés ou broyés, pourraient donner naissance à la fabrication sur place de briquettes pour chauffage, grâce à un mélange à petites doses de produits agglutinants appropriés. Il pourrait également être fait des briques légères destinées à la construction et dont les avantages apparaissent immédiatement, ne serait-ce qu'à l'égard de leur légèreté, de leur imperméablité et de leur inconductibilité.

Mais ces briques spéciales ne seront d'une vente courante et facile qu'en raison de leur bon marché. C'est sur ce terrain économique que le problème doit être posé et résolu.

Ces diverses transformations pourraient avoir lieu dans de petites usines fixes ou démontables même, placées au voisinage des grands massifs forestiers, à l'instar des petits établissements industriels de carbonisation des bois en vase clos et qui ont été établis au voisinage de Reims et dans le département du Cher notamment. Quelques-unes de ces usines ne consomment que 25 stères de bois par jour et sont cependant très prospères.

Une des utilisations intéressantes des fagots coupés en bois courts consiste dans la fabrication des margotins, qui sont des produits d'usage courant et de facile débouché.

Tout le monde connaît la fabrication des margotins liés à la main; le prix de revient en est trop élevé pour rendre cette fabrication lucrative et intéressante ; mais il est facile d'imaginer une lieuse mécanique plus compliquée assurément que la moissonneuse-lieuse dont se sert l'agriculture. Cette lieuse mécanique agricole ne nous donne-t-elle pas le principe même d'après lequel pourrait être établie la lieuse forestière pour cotrets de toutes dimensions ?

On sait que le commerce des margotins occupe une place très importante dans l'ensemble du commerce des bois en général et pourrait devenir prospère et lucratif par l'emploi de la lieuse mécanique appliquée en forêt.

Outre, cette utilisation ingénieuse des menus bois, d'un diamètre supérieur à 0 m 02 et correspondant au talon des bourrées et fagots, tels qu'ils sont composés dans le Centre de la France, dans nos taillis de chênes, charmes et autres essences mélangées, il serait possible de trouver un autre débouché fort avantageux aux produits sans aucune valeur de plus faible dimension, grâce à une industrie toute nouvelle puisqu'elle ne date que de 1893.

Nous voulons parler de la paille-bois pour alimentation du bétail qui fut l'objet d'expériences concluantes faites en forêt de Sénart par notre vénéré maître M. L. Grandeau qui a donné, avec la clarté lumineuse caractérisant tous ses écrits, les détails les plus précis sur cette intéressante question dans un petit livre édité par la Librairie agricole de la Maison rustique et auquel nous renvoyons nos lecteurs. Cet ouvrage a pour titre : Instruction pratique sur la ramille alimentaire. Il fut publié après la disette de fourrage de l'année 1903.

Toutes ces transformations intéressantes et avantageuses des menus bois pourraient être obtenues, sur le parterre même de la coupe, par la force si économique du gaz pauvre.

L'installation de petites usines fixes ou volantes de gaz pauvre sur le parterre de nos coupes, dans les pays boisés, aurait pour conséquence, outre la vente de la force motrice qui augmenterait sensiblement le revenu du propriétaire forestier, la création de très utiles petites industries de toute sorte dans nos villages, non loin des bois, et partant fourniraient un moyen efficace de combattre l'exode de nos paysans vers les villes et de ramener peut-être aux champs certains d'entre eux qui ne les ont quittés que parce qu'ils n'y trouvaient plus à s'y employer.

Si l'ensemble des machines et des moyens mécaniques d'exploitation forestière, auxquels nous avons fait plus haut allusion, pouvait être réalisé, ce serait, de l'avis des meilleurs spécialistes, une régénération certaine de nos taillis de France ; car la plus-value qui en résulterait ne saurait être estimée à moins de 30 francs par hectare, ce qui représenterait, pour l'ensemble de notre domaine forestier français et colonial, une somme énorme, sans compter qu'il serait possible d'appliquer de la même façon ces procédés aux autres forêts mondiales. Pour la forêt mondiale, encore mal connue dans ses ressources, il ne nous est pas possible de chiffrer cette plus-value qui dépasserait certainement ce que l'imagination la plus fertile pourrait rêver. Nous nous bornerons à exprimer ici que, pour notre domaine forestier français, grand de 9 millions d'hectares, ce serait une augmentation de revenu net de plus de deux cent soixante-dix millions, représentant un capital de sept milliards environ.

Les décharges ou degrèvements d'impôts, actuellement demandés pour la forêt et que nous trouvons amplement justifiés ne sauraient qu'appauvrir l'État, l'application des moyens que nous préconisons ne peut que l'enrichir. Aussi, pour atteindre ce but, proposons-nous à votre approbation les vœux suivants :

I. *Que l'État fasse faire à la station forestière spéciale de Nancy et dans tous les établissements scientifiques dont il dispose des recherches scientifiques sur la meilleure utilisation chimique et mécanique des menus bois.*

II. *Qu'il accorde de larges subventions à toutes les initiatives privées : syndicats, sociétés et savants qui se livreront à des travaux sérieux sur cette question.*

III. *Qu'il fonde un prix d'une importante valeur pour récompenser les savants ou les inventeurs qui auront trouvé une ou plusieurs solutions économiquement pratiques de cet important problème de l'utilisation chimique et mécanique des menus bois.*

Suivant ainsi l'exemple donné par une République du Nouveau Monde, le Chili, qui, pour un but exclusivement national et non mondial, comme celui que nous envisageons, a voté une loi accordant une prime de 12 millions et demi de francs (500.000 £) à l'inventeur qui trouvera le procédé pour extraire complètement le nitrate contenu dans le caliche, produit brut des salpêtrières du Chili.

M. LE PRÉSIDENT. — Messieurs, avez-vous des observations à présenter au sujet du rapport de M. Caquet.

M. RAISIN. — Dans son rapport, M. Caquet a visé le procédé du Dr Alexandre Classen, d'Aix-la-Chapelle. Il est juste, pour la science française, de reconnaître que le procédé originaire du traitement de la cellulose en vue de la fabrication de la glucose et, par suite, des alcools, appartient à un savant français, M. Draconneau. M. Caquet n'ignore certainement pas ce détail, mais il semblerait, d'après les termes du rapport, que c'est uniquement M. Classen qui a créé le traitement de la cellulose, alors que c'est un savant français qui en a eu la première idée. (*Applaudissements.*)

M. LE PRÉSIDENT. — Nous ne pouvons que nous en glorifier.

M. CAQUET. — Je suis très heureux de l'addition que veut bien faire notre collègue à mon rapport.

Je crois qu'en outre de M. Draconneau, il y a eu un de nos collègues, décédé il y a quelques années, qui a, lui aussi, participé à ces travaux et à qui il serait bon de rendre justice. C'est M. Arachquen, et ses travaux n'ont pas été sans aider M. le Dr Classen. J'associe donc le nom de M. Arachquen à celui qui vient d'être indiqué.

M. LE PRÉSIDENT. — Le procès-verbal en fera foi, pour le plus grand honneur de la France.

Le vœu 1 de M. Caquet est ainsi conçu :

« *Que l'État fasse faire à la station forestière spéciale de Nancy et dans tous les établissements scientifiques dont il dispose, des recherches scientifiques sur la meilleure utilisation chimique et mécanique des menus bois* ».

Personne ne demandant la parole, le vœu, mis aux voix, est adopté.

M. LE PRÉSIDENT. — Le vœu 2 est ainsi libellé :

« *Qu'il accorde de larges subventions à toutes les initiatives privées : syndicats, sociétés et savants qui se livreront à des travaux sérieux sur cette question.*

Adopté à l'unanimité.

M. LE PRÉSIDENT. — Nous passons au vœu 3.

« *Qu'il fonde un prix d'une importante valeur pour récompenser les savants ou les inventeurs qui auront trouvé une ou plusieurs solutions économiquement pratiques de cet important problème de l'utilisation chimique et mécanique des menus bois* ».

M. SÉBASTIEN. — Est-ce que ce vœu ne se confond pas avec les deux précédents ?

M. CAQUET. — Non, c'est, en quelque sorte, une explication complémentaire des deux premiers.

M. SÉBASTIEN. — Je crois que vous allez effrayer un peu le gouvernement, si vous lui demandez de fonder des prix d'une importante valeur !

M. CAQUET. — Loin de chercher à l'effrayer, j'ai eu, au contraire, la pensée de le rassurer, en montrant qu'une petite république fonde un prix d'un chiffre énorme, alors que nous ne trouvons pas quelques dizaines de mille francs pour fonder un prix qui, peut être, pourrait déterminer des inventeurs à chercher une solution qui intéresse six millions d'hectares de taillis et les propriétaires de ces six millions d'hectares !

M. le baron DE SÉGONZAC. — J'appuie complètement la manière de voir de M. Caquet.

M. DUCHEMIN. — Je crois, pour ma part, que ces vœux ne font pas double emploi. D'abord, il n'est pas suffisant que l'État cherche dans ses corps constitués, parce que, plus il y a de cerveaux qui travaillent une question, plus on a de chances de la voir aboutir. Autre point : la subvention est une somme courante qui permet au savant de continuer ses travaux. Le prix, c'est la récompense du savant qui aboutit. Vous pouvez avoir dix ou quinze savants qui recevront des subventions, sans arriver à un résultat. Il est juste que celui qui arrive au but ait, en dehors de la subvention qui lui a permis de faire ses travaux, un prix qui est sa récompense directe. (*Approbation générale.*)

Le vœu est adopté.

La séance est levée à 3 h. 45.

SÉANCE DU 17 JUIN 1913

(MATIN)

Présidence de M. POUPINEL, président de Section

La séance est ouverte à 9 h. 30.

M. LE PRÉSIDENT. — L'ordre du jour appelle la discussion du rapport de M. Gustave Artus sur les PLANTATIONS DES ROUTES.

M. Gustave ARTUS. — Le voyageur qui circule sur nos grandes et belles routes de France est frappé par la disparition progressive de ces arbres magnifiques qui faisaient, il y a quelques années encore, l'admiration de tous.

Nous n'avons pas, dans cette courte étude, à nous inquiéter des moyens à employer pour améliorer l'entretien de nos routes ; nous nous contenterons seulement de plaider de notre mieux en faveur de l'amélioration et de la conservation de l'importante partie de notre domaine forestier constituée par les arbres qui les bordent.

Il nous paraît presque superflu d'insister sur le côté artistique rempli par les plantations; quoi de plus laid et de plus monotone qu'une route dénudée ! En se plaçant donc à ce seul point de vue, il est déjà permis de conclure, au nom de l'intérêt général, à la plantation et à la conservation de ces arbres d'alignement qui, depuis des siècles, ont si puissamment contribué à maintenir la réputation de beauté de nos voies françaises.

Si l'on se place au point de vue tourisme, on arrive aux mêmes conclusions, car l'arbre de bordure est, pour le touriste, un véritable ami. L'été, il étend sur lui sa puissante ramure et forme, au-dessus de sa tête, une voûte de verdure qui le garantit des ardents rayons du soleil ; l'hiver, il le guide à travers la plaine, lorsque celle-ci est recouverte d'un blanc manteau de neige.

Alors, pourquoi cette exploitation intense? Pourquoi cette dévastation qui appauvrit et enlaidit notre pays? C'est que les arbres de route ont des ennemis contre lesquels il est nécessaire de les protéger; il y a bien les insectes et les rongeurs, mais il y a surtout pour lui un adversaire beaucoup plus redoutable : je veux parler de l'homme

L'arbre, en effet, n'a pas d'adversaire plus acharné que le riverain dont il borde le champ, et il est facile de remarquer que c'est dans les plaines où la culture est la plus intense et la plus riche que les arbres sont le moins nombreux. C'est que l'ombre projetée sur les champs et l'envahissement du sous-sol par les racines sont des plus préjudiciables au rendement cultural ; aussi dès qu'un arbre se trouve en bordure d'un champ, le cultivateur de ce champ emploie tous ses efforts à le faire disparaître, méprisant l'intérêt général et ne voyant que son intérêt particulier.

Et pourtant, si les arbres de routes causent à la culture une légère perte, combien de fois cette perte n'est-elle pas compensée! Si le préjudice causé est si grand, pourquoi le cultivateur donne-t-il toujours sa préférence aux terres situées le long des routes ?

C'est qu'aujourd'hui les chemins empierrés sont indispensables à la culture ; ils facilitent les gros charrois et économisent animaux et matériel; ils permettent, par suite, de cultiver industriellement les terres qui les avoisinent et cela pour le plus grand profit du détenteur de ces terres. Le cultivateur est donc mal fondé à venir se plaindre du déficit produit dan son rendement cultural par le voisinage des arbres et à vouloir s'affranchir de la servitude que doivent supporter les terres qui bordent les routes dont il se sert et dont nous payons tous l'établissement et le bon entretien.

Sans hésitation aucune, faisons donc passer l'intérêt général avant l'intérêt particulier; n'écoutons pas les plaintes mal fondées des riverains et conservons à nos routes la parure qui fait leur beauté.

Pour arriver à ce résultat, il serait à souhaiter que la vente des arbres de routes et des canaux soit soumise à une sévère règlementation et ne puisse être ordonnée par l'Administration qu'au moment seulement où l'arbre le demande de lui-même, c'est-à-dire lorsqu'il cesse de croître pour commencer à dépérir. Cette façon d'opérer conduirait à conserver nos peupliers de route un laps de temps variant entre 40 à 50 années, et cela pour le plus grand profit de l'Administration qui, livrant à l'industrie des pièces de fortes dimensions, en obtiendrait au mètre cube un prix fort élevé.

Du choix de l'essence à planter. — Une fois l'arbre abattu, il faut le remplacer ; l'essence à choisir doit être subordonnée à la nature du sol.

L'expérience prouve d'une façon péremptoire que l'arbre qui convient le mieux à la majorité de nos terres est le peuplier. Cette essence a sur toutes les autres une quantité d'avantages qui devraient la faire choisir d'une façon absolue, sauf toutefois pour les terres reconnues totalement impropres à sa bonne venue.

Le peuplier est notre arbre national ; c'est lui qui pousse le plus vite. Dans un terrain moyen, 25 années suffisent pour obtenir un arbre cubant de 1 mètre cube à 1 mètre cube ½, pouvant être utilisé industriellement.

De toutes les essences, on peut affirmer, sans crainte d'être démenti, que c'est la seule qui puisse donner un pareil résultat ; de plus, depuis une dizaine d'années, son emploi se généralisant, son prix n'a cessé de croître progressivement.

Aussi ce n'est pas sans un prodigieux étonnement que, depuis quelques années, on voit l'Administration, abandonnant nos superbes plantations de peupliers, les remplacer par d'autres, faites en arbres fruitiers souvent malingres et rabougris. Dans cette façon d'opérer, on retrouve l'influence néfaste des riverains qui, ne pouvant prétendre à empêcher le reboisement de nos routes, se contentent d'imposer à l'Administration une essence qui donne des arbres de faible hauteur, projetant par cela même peu d'ombre et leur causant un minimum de préjudice.

Au point de vue budgétaire, une telle pratique donne des résultats déplorables, l'arbre fruitier planté le long des routes donnant un revenu absolument nul. Une enquête personnelle portant sur une plantation de poiriers faite il y a dix-huit ans sur une route de 2 kil. 600 de longueur, dans le département de l'Aisne m'a donné les résultats suivants : l'entretien et la taille des arbres sont confiés à un jardinier payé annuellement 25 francs; la plupart des fruits sont dérobés par les passants avant leur maturité, et ce qui reste produit seulement une vingtaine de francs ; le rapport d'une pareille plantation est donc absolument nul.

Si la même route avait été plantée en peupliers à raison de dix pieds à l'hectomètre, on aurait obtenu une plantation de 520 arbres produisant annuellement 520 francs, soit, au bout de 18 années, 9.360 francs, somme qui pourrait être employée utilement à l'entretien de la route.

Aussi, dans ce département, l'Administration, complètement édifiée sur les résultats à attendre des plantations d'arbres fruitiers, est-elle décidée à revenir exclusivement aux plantations de peupliers et cela, pour le plus grand bien du contribuable et du touriste.

Il résulte de cette courte étude que les vœux que l'on peut formuler relativement aux plantations le long des routes sont les suivants :

Que l'État, les départements et les communes plantent indistinctement toutes les routes de France en essences appropriées à la nature du sol, à l'exclusion des arbres fruitiers.

Que les arbres de route ne soient abattus que le plus tard possible, c'est-à-dire seulement au moment où ils commencent à dépérir.

M. LE PRÉSIDENT. — Avez-vous, Messieurs, des observations à présenter à propos de ce vœu?

M. PRAL. — Dans les Cévennes et dans d'autres régions montagneuses, on parcourt des pays immenses sur des routes absolument sans ombrages. Il suffirait, je crois, de peu de chose pour rendre ces routes très agréables : il s'agirait simplement d'acheter quelques mètres de terrain en bordure et de les boiser; là, le terrain n'a pour ainsi dire aucune valeur, au lieu de le payer comme à Paris 1.000 francs le mètre carré, on peut le payer 100 francs l'hectare.

De même qu'il y a des commissions départementales qui ont classé les sites et monuments, de même on pourrait classer les routes intéressantes au point de vue touristique. Je demanderais que sur le bord de ces routes il y ait une largeur de 20 mètres au plus qui ne devrait pas être dépassée, plantée d'arbres, et alors, quand on passerait sur les routes de France, au lieu d'avoir un soleil écrasant qui vous enlève tout agrément, on trouverait une véritable petite forêt qui se déroulerait sous les pas. Je crois que la dépense ne serait pas considérable.

Dans chaque région de la France, il y a des membres du Touring-Club, ce serait à eux à signaler les routes intéressantes au point de vue touristique et à en provoquer le classement.

M. LE PRÉSIDENT. — Ce que vous demandez, si je comprends bien, c'est qu'on puisse avoir, à côté de la route elle-même, une bande de terrain boisée ; mais, c'est surtout au propriétaire du terrain lui-même à s'en occuper. Je crois que votre proposition pourrait faire l'objet d'un vœu spécial, mais qu'elle ne se rattache pas d'une façon directe à celui dont nous nous occupons.

M. PRAL. — Il me semble que les choses sont du même ordre, puisque nous cherchons à rendre les routes de France agréables..

M. LE PRÉSIDENT. — Je demande à la section de voter le vœu de M. G. Artus tel qu'il est, afin de ne pas être en contradiction avec celui qui a été voté hier à la première section (*Assentiment*).

Adopté.

M. LE PRÉSIDENT. — Voulez-vous avoir l'obligeance, Monsieur Pral, de présenter votre proposition sous la forme d'un vœu spécial, que nous voterons comme adjonction à celui-ci?

M. PRAL. — C'est entendu.

M. GAZEAU déclare à la section qu'il est l'auteur d'un projet de machine à abattre les taillis dont il ne peut pas divulguer les moyens d'exécution.

Cette déclaration est prise en considération.

M. PRAL. — Voici le vœu que je désirais présenter tout à l'heure :

« *Le Congrès émet le vœu que, de même qu'il existe des commissions qui, dans chaque département, ont fait le classement des sites et monuments, des commissions, composées de membres de bonne volonté du Touring-Club de France signalent, dans les pays montagneux, les chemins présentant un intérêt touristique, et que ces chemins ne puissent pas être déboisés sur une longueur de cinquante mètres environ ; si ces chemins sont bordés par des terrains appartenant à des particuliers, cette bande de terrain serait achetée dans le cas où les vendeurs accepteraient le prix habituel d'achat de l'État.* »

Après consultation des membres présents, ce vœu est renvoyé à la cinquième section.

M. LE PRÉSIDENT. — Nous arrivons à la discussion du rapport de M. Pelletier de Martres sur la question des POTEAUX TÉLÉGRAPHIQUES.

La parole est à M. Pelletier de Martres.

M. PELLETIER DE MARTRES. — Grâce aux découvertes modernes, le progrès procède aujourd'hui à pas de géant.

La facilité et la rapidité des communications, par la suppression des distances, ont permis aux hommes d'échanger aisément leurs produits et leurs idées; elles ont donné aux savants de l'univers entier la possibilité de se transmettre, sans retard, leurs découvertes, de vivre dans une communion constante de pensées ; en un mot, elles ont, tout en le grandissant, rapetissé le globe et, dans une certaine mesure, tendent à l'unifier, jusqu'au moment où ce même progrès le divisera peut-être en le bouleversant étrangement.

En attendant, nous le voyons déjà modifier profondément la façon d'être et de vivre des peuples, préparant ainsi l'évolution complète des lois économiques futures et mondiales.

Pour entrer immédiatement dans le sujet qui nous occupe, sans nous arrêter à de plus amples généralités, on peut constater que la valeur d'un certain nombre de produits forestiers a été singulièrement abaissée, tandis que celle de certains autres a été considérablement augmentée, par suite d'un emploi intensif, inattendu et de leur rareté.

Si, par exemple, les taillis, d'où l'on tire les charbons, bois de feu et écorces pour la tannerie, ont vu leur valeur diminuer jusqu'à tomber, dans quelques régions, au-dessous même du chiffre de l'impôt dont ils sont grevés, d'autre part, les résineux qui n'étaient guère utilisés, il y a quelques années, qu'en chauffage, étais de mine, pâte à papier, et bois de construction, ont vu leur prix s'augmenter dans des proportions sensibles ; l'industrie en tire actuellement des emplois multiples et de plus en plus importants...

Parmi les découvertes les plus sensationnelles du siècle dernier, a été celle de l'électricité et surtout de ses applications.

Qu'est-ce que l'électricité ?

Nul ne saurait la définir, même approximativement, car la nature des choses semble devoir rester toujours inconnaissable aux hommes dont la science doit se borner à enregistrer les rapports de ces choses entre elles.

Par contre, nous en connaissons déjà, avec les moyens de production, certains effets, nous avons pu les domestiquer et les faire servir à nos usages ; il est à présumer que d'autres utilisations nous apparaîtront quelque jour, mais d'ores et déjà, pour s'en tenir aux résultats acquis, nous voici obligés de trouver, à bref délai, un moyen pratique autant qu'économique de transporter cette nouvelle force qui s'est imposée aux nécessités de l'existence, à tel point qu'elle semble être devenue indispensable.

Dans cet ordre d'idées, est venu, en premier lieu, le poteau télégraphique ou mât de transmission électrique. Son emploi n'a pas tardé à s'accroître dans des proportions énormes, en raison d'une consommation tout à fait imprévue.

La télégraphie sans fil n'étant jusqu'à présent appliquée qu'aux grandes distances, les câbles souterrains, par suite de dérivations, ruptures, difficultés de réparation, de surveillance, de leur cherté de pose et d'entretien, n'ayant guère donné que des mécomptes, en dehors des villes organisées pour les recevoir, force demeure, jusqu'au jour d'une solution pratique en ce qui les concerne, de s'én tenir, pour un temps indéterminé, au mât de transmission que l'usage comme l'expérience ont amené les consommateurs à préférer en matière ligneuse.

Or, il faut bien l'avouer, dès aujourd'hui, nous devons envisager la date assez rapprochée où la France ne suffira plus, elle-même, aux besoins toujours croissants des utilisations télégraphiques et électriques. Il convient donc de rechercher, sans plus tarder, les moyens pratiques de résoudre le problème dont la solution s'impose à notre attention.

Déjà et tour à tour, le fer, le ciment armé, ont été utilisés pour, sinon remplacer le bois, du moins venir à son secours.

Examinons rapidement les nécessités qui nous pressent.

Actuellement, on peut calculer que les Postes et Télégraphes, les Chemins de fer, de nombreuses compagnies ou sociétés ont mis en terre, pour leurs besoins, plus de huit millions de poteaux.

D'ici peu, avec le renforcement des lignes existantes, en raison d'un trafic de plus en plus intensif, lorsque toutes les communes de France auront été reliées par fil à leur chef-lieu de canton, lorsque les sociétés électriques auront atteint le développement qu'elles permettent, c'est-à-dire d'ici trois ou quatre ans, ce chiffre dépassera dix millions.

La France sera-t-elle en mesure, non seulement de pourvoir aux nécessités présentes et futures, mais encore à l'entretien de ce nombre formidable?

Il est permis d'en douter, si les errements actuels devaient se prolonger.

La durée moyenne des poteaux en bois a été calculée par les Postes et Télégraphes. Cette administration l'évalue environ à treize ou quatorze ans, c'est-à-dire qu'il faut songer à remplacer annuellement sept et demi à huit pour cent des poteaux complantés. Cette moyenne peut paraître élevée, mais il ne faut point oublier que si nos poteaux, préparés au système Boucherie, système qui a fait ses preuves, sont susceptibles, en certains cas et suivant la nature des terrains dans lesquels ils ont été placés, de durer cinquante ans, en d'autres endroits, ils atteignent une bien moindre longévité. Certains de ces terrains sont d'une nocivité telle que les poteaux résistent au maximum de six à douze mois.

Faut-il ajouter que le coefficient de remplacement tendra encore à augmenter, par suite des mises en terre trop hâtives auxquelles l'administration s'est vue contrainte de procéder, faute d'approvisionnements suffisants et des demandes, pour nos nouvelles conquêtes.

Depuis longtemps déjà, l'on a recherché les moyens pratiques de prolonger leur durée. De multiples procédés ou méthodes ont été préconisés successivement ; nous allons les examiner aussi brièvement que possible.

D'abord le fer : on a cherché à l'utiliser en barres simples, en barres en T ou double T et même en U ; puis, la fonte creuse et cylindrique. L'expérience a démontré que la résistance et la durée de ces poteaux était inférieure à celle qu'on leur supposait, que leur entretien était fort coûteux et qu'enfin, si l'on tenait compte de leur prix d'achat qui est environ trois fois plus élevé que celui du poteau en bois, de puissance à répondre aux mêmes emplois, ils présentaient d'assez sérieux désavantages.

Le ciment armé est venu, en dernier lieu, et, depuis 5 ou 6 ans, nous le voyons mis en œuvre par des compagnies électriques, pour la transmission de leur énergie. Ce procédé n'a pas encore subi l'épreuve du temps ; nous ne pouvons en dire, présentement, qu'un mot : c'est qu'il est d'un prix coûtant au moins 6 ou 7 fois plus élevé que le vulgaire poteau de bois.

D'autres méthodes ont encore été indiquées, mais elles ont reçu jusqu'à présent si peu d'applications qu'il est inutile d'en parler.

Dans ces conditions, et au simple point de vue de l'économie, les poteaux en bois sembleraient donc devoir continuer à jouir de la faveur qu'ils possèdent depuis longtemps si, nous le répétons, nous ne nous trouvions à la veille de voir notre pays en manquer.

Il faut bien le dire, l'époque n'est plus où la France pouvait espérer compter sur ses forêts pour arriver à satisfaire tous ses besoins.

Sans parler de la consommation de plus en plus importante de la pâte à papier, sans nous appesantir plus qu'il ne convient sur les demandes toujours grandissantes de l'industrie, en général, voici que les houillères ont progressé à leur tour, et l'extraction de la houille s'est accrue depuis quelques années dans des proportions considérables. On a calculé que chaque tonne de houille extraite demandait environ 1 franc de bois, et, aujourd'hui cette extraction dépasse en France 38 millions de tonnes annuellement.

La recherche des bois de mine est devenue des plus actives tant en France qu'à l'étranger, qui vient même s'approvisionner en partie chez nous, et les propriétaires ont d'autant mieux accueilli les offres qu'elles répondaient à un désir de réalisation plus rapide, d'un revenu destiné, dans les résineux, à être perçu à longue échéance.

Point n'est besoin, en effet, d'attendre 50 ou 60 ans pour jouir de ces plantations ; dès l'âge de 20 à 25 ans, les résineux sont déjà susceptibles de fournir des bois de mine ; aussi, beaucoup de propriétaires se sont-ils empressés d'exploiter, mangeant leur blé en herbe, s'il nous est permis de nous expliquer de la sorte.

Le niveau de la production s'est donc trouvé ainsi notablement abaissé.

Certes, les forêts domaniales et communales contiennent encore des réserves abondantes, mais il faudrait, pour que la consommation puisse en profiter, créer une organisation nouvelle, et que les ministères intéressés, arrivant à ne plus se considérer comme des frères ennemis, se donnent mutuellement la main, en vue de l'intérêt général.

Enfin, il convient de concentrer nos efforts dans la recherche et l'utilisation des meilleurs procédés destinés à prolonger la durée des poteaux en bois.

De nombreuses méthodes d'asepsie et de préservation ont été indiquées et nous avons relevé, à l'Office des brevets, près de trois cents inventions tendant à ce but.

Un certain nombre d'entre elles ont été éprouvées ; d'autres, hélas ! n'ont jamais vu le jour. Peut-être étaient-elles excellentes, c'est avec un regret, la seule consolation que l'on puisse donner en passant aux inventeurs malheureux dont la formule a constitué l'idéal qu'ils n'ont jamais pu réaliser.

Pour nous en tenir aux réalités présentes, disons que quatre procédés ont eu, jusqu'ici, la faveur des différentes administrations et du public.

1° Le procédé du docteur Boucherie, dont nous avons dit un mot plus haut. Ce procédé utilisé depuis bientôt 60 ans, et qui consiste à injecter des arbres frais avec une dissolution de sulfate de cuivre à 1 %, a donné les meilleurs résultats, à condition de laisser les poteaux s'assimiler le sulfate, avant de les employer, ce qui demande une année.

La France utilise presque exclusivement ce procédé, la Belgique et la Suisse quelque peu. L'injection du sulfate de cuivre, en cylindre clos, par vide et pression, pour poteaux secs, a pris quelque importance ces temps derniers et permet d'utiliser des bois importés de Russie, Suède et Norwège ; toutefois, les brins ainsi préparés ne doivent pas non plus être mis en œuvre avant 10 ou 12 mois, après la date de leur préparation. L'inconvénient de ces méthodes est de nécessiter d'assez gros approvisionnements.

2° Le procédé Kyan, qui consiste à tremper le poteau sec dans une dissolution de bichlorure de mercure : on l'utilise en Suisse, en Allemagne et en Italie.

Nous n'en parlerons pas, afin de ne pas en dire du mal.

3° Le créosotage, d'après le procédé Rupping, que l'on emploie dans toute l'Europe, à l'exception de la France.

C'est un excellent procédé, probablement même le meilleur connu, mais il a l'inconvénient de présenter les poteaux sous un aspect inesthétique et funéraire, il les rend d'un maniement désagréable aux ouvriers dont il brûle la peau et salit les vêtements, de sorte qu'il jouit d'une mauvaise presse près de ces derniers ; et ne doit-on pas aujourd'hui compter sérieusement avec la main d'œuvre, surtout en France ?

4° Signalons aussi, parmi les essais faits, ces dernières années, par les Postes et Télégraphes, l'emploi d'un nouveau produit connu sous le nom d'injectol.

Nous avons sous les yeux le rapport de M. Massin, Ingénieur en chef des P. T. T., à la Conférence internationale des techniciens des Administrations des télégraphes et téléphones de l'Europe, ce rapport est des plus concluants, relativement à la valeur de ce produit nouveau.

D'après ses données, sur l'ensemble des poteaux traités à l'injectol et mis à l'épreuve, il ressort mathématiquement que la prolongation de leur durée est au moins 6 ou 7 fois plus grande que celle de tous les témoins plantés au même moment dans des terrains septiques et mycélés les plus dévorants.

5° Il convient, en dernier lieu, de noter l'introduction sur le marché de certaines essences coloniales : palétuvier, quebracho et autres, signalées comme imputrescibles dans leur pays d'origine.

Que conclure de tout ce qui précède ?

La nécessité impérieuse d'augmenter notre production comme notre réserve, de rechercher les meilleurs moyens de préservation contre la pourriture et d'en conseiller l'utilisation, enfin de tourner nos regards vers les régions productrices encore inexploitées.

Peut-être n'y a-t-il dans toutes ces considérations que des palliatifs insuffisants, mais s'il est difficile de guérir entièrement et rapidement certains malades le devoir est du moins de les prolonger, cette prolongation pouvant parfois permettre d'entrevoir la guérison. Peut-être le progrès dont nous avons parlé au début de ce rapport nous apportera-t-il le remède au mal qu'il a causé ?

En tout cas, il convient de suivre attentivement sa marche et de profiter des enseignements qu'il nous apporte, tous les jours.

Travaillons et luttons : « *Labor improbus omnia vincit* » (Un travail acharné vient à bout de toutes les difficultés).

Que ce vieil adage reste notre devise ; conservons-la fidèlement et sachons la mettre en pratique sans faiblesse ni défaillance : elle maintiendra nos énergies en nous empêchant de désespérer jamais de la réussite et de l'avenir.

C'est d'ailleurs pour nous, Français, un devoir impérieux, car ne l'oublions pas, en cette œuvre comme en beaucoup d'autres, il s'agit non seulement du bien de notre pays, mais encore de l'intérêt général de la civilisation à la tête de laquelle la France doit toujours tenir à honneur d'être placée.

Le Congrès émet le vœu :

I. *Que les terrains incultes les plus susceptibles de reboisement soient plantés en résineux, avec exonération d'impôts pour les propriétaires, au-delà même des* 30 *ans prévus par la loi, à charge d'observer certains règlements d'aménagement, adéquats aux plantations, rédigés par l'État, en vue d'amener ces plantations à* 50 *ou* 60 *ans d'âge.*

II. *Que, dans les coupes de forêts communales ou domaniales, les pins susceptibles de faire des poteaux télégraphiques soient marqués en réserve par les agents de l'État, soit pour faire l'objet d'une réadjudication aux fabriques de poteaux télégraphiques, soit pour être traités par l'État ou la commune en vue de leur emploi direct.*

III. *Que des produits antiseptiques ayant fait leurs preuves, dans le genre de l'injectol, soient utilisés à l'effet d'augmenter le coefficient de résistance et de durée des bois soumis à leur traitement.*

IV. *Qu'une impulsion vigoureuse et pratique à tous égards soit donnée à l'importation de nos essences coloniales qui peuvent, en matière de poteaux télégraphiques comme en bien d'autres, parer au déficit menaçant de la production nationale.*

M. le Président. — Quelqu'un demande-t-il la parole sur le paragraphe premier?

M. H. Barbier. — Je propose d'adresser nos félicitations au rapporteur, sous le bénéfice de la précision suivante : qu'entendez-vous par : « *Observation de certains règlements d'aménagement, adéquats aux plantations, rédigés par l'État* »?

M. Pelletier de Martres. — Vous demandez une modification à la loi qui exonère d'impôt pendant trente ans les plantations de résineux, vous devez bien d'un autre côté donner quelque chose à l'État. L'État lui-même vous demandera certaines choses, vous posera des conditions, ce sont des conditions à discuter avec l'État lui-même.

M. H. Barbier. — Dans ces conditions, je propose à l'assemblée l'adoption de la première partie du vœu, sans indiquer à l'État ce qu'il a à faire comme corrélation entre le dégrèvement et les charges à apporter à la propriété ; nous n'avons rien à lui indiquer au point de vue de la rédaction de ses règlements d'aménagement.

M. Pelletier de Martres. — Je n'y vois aucun inconvénient.

M. le Président. — Alors, vous retirez à la rédaction du vœu les mots :

« *A charge d'observer certains règlements d'aménagement, adéquats aux plantations, rédigés par l'État, en vue d'amener ces plantations à* 50 *ou* 60 *ans d'âge* »?

M. PELLETIER DE MARTRES. — Je me range à la proposition de M. Barbier.

M. LE PRÉSIDENT. — Alors, le vœu serait ainsi rédigé :

« *Que les terrains incultes les plus susceptibles de reboisement soient plantés en résineux, avec exonération d'impôts pour les propriétaires, au delà même des 30 ans prévus par la loi.* »

M. GUSTAVE ARTUS. — Pourquoi ne pas mettre que « *tous les terrains incultes susceptibles de reboisement soient plantés* » Pourquoi « *en résineux* »?

M. PELLETIER DE MARTRES. — D'abord, il s'agit de poteaux télégraphiques.

M. Gustave ARTUS. — J'ai un terrain inculte qui est susceptible d'être planté en autre chose qu'en résineux, exemptez-moi d'impôts. Le résineux va être un privilège.

M. LE PRÉSIDENT. — C'est un peu exact.

M. Gustave ARTUS. — J'ai un marécage que je ne plante pas : je trouve que les impôts sont trop élevés ; donnez-moi l'autorisation de le planter en autre chose qu'en résineux. Vous voulez protéger les terrains incultes, eh bien ! protégez-les pour toutes les plantations.

M. PELLETIER DE MARTRES. — D'une façon générale, les terrains incultes sont plus susceptibles d'être plantés d'abord en essences résineuses qu'en n'importe quelle autre essence. Prenez les dunes de l'Océan, prenez les montagnes, c'est partout du résineux qui est planté. Il y a évidemment des exceptions à cette règle, mais je n'ai traité que la question des poteaux télégraphiques, ils sont généralement en résineux ; je ne me suis occupé que de cette question, je n'ai pas envisagé les questions à côté.

M. H. BARBIER. — L'observation de M. Artus est très fondée, mais je crois que le rapporteur a surtout envisagé les terrains absolument pauvres et qu'il n'a pas pensé aux terrains à peupliers, qui sont susceptibles de donner de gros revenus à rendement rapide.

Je crois aussi qu'on peut très bien donner satisfaction à M. Artus, et je ne pense pas que M. Pelletier de Martres s'y oppose.

M. Gustave ARTUS. — C'est pour faciliter le reboisement.

M. LE PRÉSIDENT. — Nous allons alors voter définitivement sur la rédaction suivante :

« *Le Congrès émet le vœu que les terrains incultes les plus susceptibles de reboisement soient plantés, avec exonération d'impôts pour les propriétaires au-delà même des 30 ans prévus par la loi* ».

Adopté.

Nous passons à la seconde partie du vœu, qui est ainsi conçue :

« *Que dans les coupes de forêts communales ou domaniales, les pins susceptibles de faire des poteaux télégraphiques soient marqués en réserve par les agents de l'État, soit pour faire l'objet d'une réadjudication aux fabriques de poteaux télégraphiques, soit pour être traité par l'État ou la commune en vue de leur emploi direct.* »

M. Brion. — Je crois qu'il est inutile de faire entrer l'Administration dans l'exploitation forestière, et je ne partage pas l'idée de M. Pelletier de Martres, parce que je trouve que dire à l'Administration de venir marquer les poteaux télégraphiques en vue d'en faire plus tard une réadjudication, c'est paralyser les commerces locaux. Je pense qu'il ne faudrait pas mettre cet alinéa, qu'il faudrait laisser les adjudications se faire comme elles se font, et ne pas faire entrer du tout l'État dans l'exploitation. Je demande tout simplement que les adjudications et les exploitations continuent à se faire comme elles se font.

M. le Président. — Alors, vous demandez la suppression de cette partie du vœu ?

M. Brion. — Parfaitement.

M. Pelletier de Martres. — La question n'est point neuve en matière de réserve par l'État : autrefois l'État ayant besoin de bois pour sa marine, avait le soin de passer dans chaque coupe en délivrance et de faire ses réserves. Il est très juste que l'État ayant besoin de bois, commence par se servir lui-même. Or, à cette époque-là, personne ne faisait d'objection sous prétexte que cela pouvait nuire à l'adjudication des coupes, les bois se vendaient très bien, et je suis persuadé qu'ils se vendraient pareillement malgré la réserve que l'État pourrait faire.

Permettez-moi de prendre quelques comparaisons. Il y a des chantiers d'injection aux alentours des grandes forêts de l'État, plantées en résineux. La forêt de Lorris, par exemple, délivre au commerce des bois annuellement 200.000 pieds de pin ; ces 200.000 pieds de pin, qu'il m'est arrivé personnellement d'expertiser, auraient été susceptibles de fournir une moyenne oscillant entre 30 et 50.000 poteaux télégraphiques. Un chantier de préparation se trouve en plein centre forestier, à Lorris. Eh bien ! les industriels qui l'exploitent ont le plus grand mal à obtenir de 4 à 5.000 poteaux télégraphiques annuellement.

Fontainebleau se trouve dans les mêmes conditions. A Fontainebleau, on pourrait trouver annuellement dans les forêts de l'État, 25, 30 et, certaines années, jusqu'à 40.000 poteaux. Le chantier de Fontainebleau — car il y en a un également — en produit à peine 6 à 7.000.

Si je rentre dans la région fortunée de M. Brion, je me trouve en face de la forêt de Rouen, où annuellement — je l'ai visitée moi-même, je suis donc bien sûr de ce que je dis — on pourrait également faire de 30 à 40.000 poteaux télégraphiques. Le chantier de Sotteville — car il y en a toujours un à proximité d'une forêt — en donne 8, 10, quelquefois 12.000.

Pourquoi tout cela? Je ne sais, Messieurs, si vous avez pris connaissance de mon rapport, mais il y est dit dans un coin que l'ennemi des poteaux télégraphiques, c'est le marchand de bois de mines. Le marchand de bois de mines ne tient pas à vendre les poteaux télégraphiques que le hasard de l'adjudication met en sa possession. Pourquoi? Parce qu'il prétend que le poteau télégraphique étant le plus beau de ses bois, on prive son lot d'une valeur marchande, en lui prenant des bois dont les mines sont extrêmement friandes.

Je ne vois donc pas d'autre moyen de parer au grand déficit des poteaux télégraphiques, déficit qui s'accentuera de plus pour des raisons que je pourrais vous donner, que d'arriver à cette méthode, c'est-à-dire que l'État marque chaque année les bois, comme autrefois les chênes de la marine, pour les mettre en réserve, quitte, je le répète, à faire une réadjudication après. J'ai fait à ce sujet un petit calcul qui, bien entendu, ne peut être que très vague, mais je crois néanmoins que l'État retirera de la sorte tant dans le Centre que dans l'Est, l'Ouest et le Midi, au moins 3 ou 400.000 poteaux télégraphiques. S'il ne fait pas cela, je me demande comment il arrivera à satisfaire ses besoins. Je ne crois pas, d'autre part, que cette réserve gêne beaucoup les adjudications ; on achètera la coupe grevée de ces réserves pour ce qu'elle vaudra ; les marchands de bois, qui sont tous de bons spéculateurs, évidemment ne les estimeront pas du tout, ce qui sera beaucoup plus simple, et les coupes seront payées le prix qu'elles valent. Je crois, en un mot, que tout le monde recevra satisfaction et que cela ne portera préjudice à personne.

M. H. Barbier. — Je regrette d'être en désaccord absolu avec l'honorable M. Pelletier de Martres. Il n'y a aucune assimilation à faire entre l'exemple qu'il a pris de l'ancien bois de marine et les poteaux télégraphiques. Je suis extrêmement surpris de lui entendre dire que le commerce des bois préfère laisser en bois de mines 60 ou 80 % des poteaux télégraphiques...

M. Pelletier de Martres. — C'est exact, cependant.

M. H. Barbier. — Alors, vous jetez sur le commerce des bois un discrédit qui revient à dire ceci : le commerce abandonne ce qui vaut cher, pour faire de sa matière première un produit avili ; car, comparativement au prix du poteau télégraphique, le poteau de mines n'est vraiment qu'un résidu — j'emploie le terme en le forçant, mais c'est cela. Les adjudications qui viennent d'avoir lieu hier et avant-hier, et dont personne mieux que M. Pelletier n'est informé, en sont la démonstration la plus éclatante; le prix des poteaux télégraphiques s'est affirmé en hausse. A qui dira-t-on que le marchand de bois, serré de très près par son estimation et ses frais généraux, va laisser, dans l'aubier ou dans le bois de mines, du bois destiné à faire du feuillet?

A aucun prix il ne faut demander que l'État vienne mettre sa mainmise, par l'exploitation directe, sur nos forêts ; à aucun prix il ne faut faire un compartiment de faveur à nos amis les fabricants de poteaux télégraphiques, en retirant de la forêt cette crême bien blanche pour la leur apporter dans une baratte bien fraîche. Voilà pourquoi je m'oppose de toutes mes forces à l'adoption du vœu.

M. Brion. — Dans notre région, tous les poteaux qui sont dans les coupes partent en poteaux télégraphiques. Dans la région de Rouen, depuis cinq ans, il n'y a pas un poteau qui soit allé dans les mines. Du moment où on a bien payé les poteaux télégraphiques, tout le monde en a fait.

M. le Président. — L'esprit qui a guidé M. Pelletier de Martres, c'est certainement la préoccupation de voir, dans un temps déterminé, le poteau télégraphique devenir trop rare.

M. Pral. — Nos colonies françaises sont très riches en poteaux télégraphiques, malheureusement l'État fait preuve, à cet égard, d'une incurie extraordinaire. Nous avons offert à l'État de lui faire cadeau gratuitement de poteaux en palétuvier pour faire des essais, il n'a pas même voulu les essayer. Il faut donc croire qu'il a suffisamment de poteaux en France. Dans la région de Konakry, il y a du bois pour des centaines et des milliers d'années ; au fur et à mesure qu'on les rase, les bois repoussent. J'ai été dépositaire d'une maison qui a offert à l'État de lui donner des poteaux en palétuvier pour faire des essais, il a refusé.

M. Madelin. — On ne vous a pas donné de motif?

M. Pelletier de Martres. — Il y a un motif qui a été donné ; le palétuvier a un très gros inconvénient : lorsqu'il est troué, il se fend, et on le troue pour mettre les supports des fils. Mais, c'est un inconvénient auquel on peut remédier.

M. le Président. — Si vous voulez, Messieurs, nous allons revenir à notre vœu : quelqu'un demande-t-il encore la parole?

M. Pelletier de Martres. — M. Brion dit que depuis quatre ou cinq ans, à Rouen, tous les bois susceptibles d'être transformés en poteaux télégraphiques se vendent aisément. Je ne veux pas insister. Malheureusement, ailleurs il n'en est point ainsi ; j'ai également la conviction que si on n'agit pas de la façon que j'indique on ne trouvera bientôt plus de poteaux télégraphiques en quantité suffisante.

Sur l'intervention de M. H. Barbier, M. Pelletier de Martres consent à retirer son vœu car, dit-il, ce vœu était surtout une indication pour les pouvoirs publics et ils en ont déjà été saisis.

M. LE PRÉSIDENT. — La troisième partie du vœu est ainsi rédigée :

« *Que des produits antiseptiques, ayant fait leurs preuves, dans le genre de l'injectol, soient utilisés à l'effet d'augmenter le coefficient de résistance et de durée des bois soumis à leur traitement* ».

Ce paragraphe est adopté avec, sur intervention de M. Duchemin, suppression des mots « *dans le genre de l'injectol* ».

M. LE PRÉSIDENT. — Nous passons au paragraphe 4 :

« *Qu'une impulsion vigoureuse et pratique à tous égards soit donnée à l'importation de nos essences coloniales qui peuvent, en matière de poteaux télégraphiques comme en bien d'autres, parer au déficit menaçant de la production nationale* ».

M. RAL. — Nous achetons en Allemagne des poteaux télégraphiques qui coûtent très cher et qui viennent dela Forêt Noire, alors que nous avons dans nos colonies des quantités de bois formidables qui feraient très bien et qu'on laisse sur place.

M. PELLETIER DE MARTRES. — Je puis vous dire que mon rapport a été fait un peu en collaboration avec certaine personnalité du Gouvernement. Je peux même ajouter que la question du palétuvier a été étudiée et qu'on va lui donner une solution favorable.

Il est certain que toute la côte occidentale d'Afrique, depuis la Guinée jusqu'au bout du Congo, est peuplée d'admirables palétuviers en quantité considérable, et que, dans cette quantité-là on trouvera une réserve de poteaux télégraphiques très sûre.

Le paragraphe 4 du vœu est adopté.

M. LE PRÉSIDENT. — Nous arrivons à la discussion du rapport de M. Georges Rotival sur les BOIS ÉQUARRIS, POUTRES, CHARPENTES, TRAVERSES.

M. GEORGES ROTIVAL. — En France les essences de bois qui subissent la façon de l'équarrissage sont en général celles de chêne, de châtaignier et de sapin.

On peut les diviser en deux catégories, savoir :

1° Bois équarris à la hache.

2° Bois équarris à la scie.

Les produits de chacune de ces deux catégories ayant des destinations particulières et faisant l'objet de branches différentes du commerce des bois, nous les étudierons successivement et avec le plus de brièveté possible, les termes de ce rapport devant être nécessairement limités à des considérations générales.

Bois équarris à la hache.

De temps immémorial dans nos forêts et particulièrement dans celles situées dans le bassin de la Seine et de ses affluents et sous-affluents, parmi lesquels nous citerons la Marne, l'Aisne, l'Yonne, l'Aube, le Morin, etc., etc., on a équarri sur place, dans les coupes, les chênes et quelques rares châtaigniers destinés à la charpente et à la construction.

Ce procédé avait plusieurs avantages :

D'abord il débarrassait les arbres de leur écorce et d'une bonne partie de leur aubier, en conséquence d'un poids mort qui constituait des parties inutilisables, ensuite les pièces une fois équarries étaient d'une manutention beaucoup plus facile, principalement en ce qui concerne le transport à travers les forêts sur des chemins souvent peu praticables et aussi en ce qui concerne l'arrimage dans les chargements et sur les chantiers.

En outre, bon nombre d'entre elles, à une époque déjà lointaine de nous, devant être expédiées à de longues distances au moyen du flottage, leur formation en radeaux était grandement facilitée par cette première façon.

Enfin, dans ce travail de l'équarrissage, la cognée de l'ouvrier suivait les courbes de l'arbre ; de sorte que les fibres du bois n'étaient pas sectionnées et conservaient ainsi toute leur élasticité, par suite toute leur force de résistance.

Ce genre de marchandise était et est encore employé presque uniquement par les entrepreneurs de charpente et de travaux publics, qui les font entrer dans leurs constructions et travaux, soit à l'état brut lorsqu'il s'agit de pièces de faibles dimensions destinées notamment à l'édification des hangars, planchers, pans de bois, etc., soit à l'état de pièces débitées à des mesures spéciales ou en marches d'escalier lorsqu'il s'agit de pièces de fortes dimensions.

A notre époque, la plupart des chênes sont enlevés des coupes à l'état de grumes et prennent directement le chemin des nombreuses scieries répandues un peu sur tous les points de notre territoire ; d'un autre côté, l'emploi du fer remplace de plus en plus dans les constructions celui du bois ; il est résulté de ces faits que le commerce des bois de charpente en chêne équarri proprement dit a tout à fait déchu de la splendeur qu'il a connue sous les générations qui nous ont précédés.

Il ne se fait plus aujourd'hui pour ce genre de marchandises qu'un faible mouvement d'affaires et en parler n'a plus qu'un intérêt pour ainsi dire rétrospectif. Nous nous bornerons donc à leur sujet à ces courtes explications.

Les observations qui viennent d'être faites pour la charpente de chêne équarrie à la hache s'appliquent également à la charpente de sapin équarrie suivant le même procédé.

Si, pendant des siècles, on a vu circuler sur nos rivières et sur nos canaux en même temps que ces longs trains composés de coupons de bois de chêne, des radeaux dits « éclusées de sapins » provenant principalement des régions du Jura, il ne restera plus bientôt que le souvenir de ce spectacle.

Comme les chênes, les sapins aussitôt abattus, prennent le chemin des scieries où les outils mécaniques se chargent de les débiter ou de les équarrir.

Nous ne voyons donc plus arriver qu'en petite quantité ces magnifiques pièces de longueurs et de dimensions prodigieuses qui ne sont plus maintenant employées que pour servir au débit de pièces de dimensions extraordinaires ou dans des travaux tout à fait spéciaux.

Il se fait cependant encore actuellement une assez grande consommation de poutres de sapin équarries à la hache pour l'établissement des monte-charge servant à l'élévation des matériaux entrant dans la construction des bâtiments. Pour cet emploi, il est nécessaire de disposer de très longues pièces ayant conservé toute leur force de résistance et toute leur élasticité, qualité que, pour des motifs exposés plus haut, leur laisse l'équarrissage à la hache.

On se sert aussi, dans l'industrie du bâtiment, d'une assez grande quantité de sapins de petites dimensions également équarris à la hache et qui sont vendus dans le commerce sous le nom de poutrelles.

Bois équarris à la scie.

Poutres et charpentes. — Les bois équarris à la scie sont en grande partie destinés à la construction ; ils comprennent :

1° Les pièces en chêne et en sapin sciées sur commande à des dimensions déterminées.

2° Les poutres en sapin désignées dans le commerce sous le nom de quatre faces et provenant d'arbres simplement équarris sur les quatre côtés et conservant les dimensions maximum que comporte la grosseur de l'arbre.

Ainsi qu'il a été dit plus haut, de nombreuses scieries sont réparties sur tous les points de notre territoire et plus particulièrement dans les régions forestières.

Ces usines débitent de préférence les arbres provenant des forêts situées dans leur région. Aussi les produits forestiers à l'état brut sont-ils de moins en moins expédiés vers les centres de consommation; ils sont la plupart du temps transportés dans les scieries du voisinage où ils sont façonnés à la demande de la clientèle ou débités suivant les échantillons en usage dans le commerce.

Grâce à cet état de choses, les consommateurs ont la commodité de s'approvisionner de bois aux dimensions qui leur sont nécessaires et d'éviter ainsi les inconvénients qu'il y aurait pour eux à acheter des bois en grumes qu'ils devraient ensuite faire scier à leurs besoins, courant ainsi les risques des vices cachés, des erreurs de débits, des manutentions répétées, etc.

Ainsi, en raison du développement considérable de l'industrie du bâtiment et des travaux publics entrepris un peu partout, le commerce des bois de charpente équarris à la scie donne lieu actuellement à des affaires considérables.

Les pièces toutes préparées arrivent directement sur les lieux de consommation où il n'y a plus qu'à les assembler.

Ce mode de procéder est devenu général et il est inutile d'insister sur les avantages qu'en retirent les industriels.

Quant aux poutres dites « quatre faces », l'emploi de ce genre de marchandise se répand de plus en plus.

C'est surtout dans les Vosges et dans le Jura que le commerce de bois s'approvisionne de ces poutres. Les importations de Bosnie qui avaient pris une certaine importance se font de plus en plus rares actuellement, en raison du prix élevé qui est demandé.

Ces pièces, dont nos chantiers français possèdent toujours des stocks importants, sont vendues telles qu'elles sont expédiées des lieux de production aux consommateurs qui les font débiter ensuite à leurs dimensions ou les emploient suivant leurs besoins.

Nous ne parlerons que pour mémoire des nombreuses pièces de bois de chêne, sapin ou autres essences, qui sont équarries et façonnées sur place, sur tous les points du territoire, pour les besoins locaux.

Traverses. — Il nous reste à parler maintenant des traverses.

Comme chacun le sait, cette sorte de marchandise est uniquement employée pour la construction des voies ferrées.

Il suffit de considérer le développement extraordinaire des chemins de fer depuis un certain nombre d'années pour se rendre compte de l'énormité de la quantité de traverses qui a été absorbée pour fournir à la consommation de nos grandes compagnies de chemins de fer. Il convient aussi d'observer que ces pièces de bois noyées dans le ballast et exposées à toutes les intempéries n'ont qu'une durée relativement courte. Celles en bois de chêne peuvent durer de 14 à 15 ans. Tant donc pour le remplacement de celles usées que pour l'établissement de voies nouvelles il y a à faire chaque année des fournitures qui représentent un très gros chiffre d'affaires.

Trois essences de bois servent à la confection des traverses de chemins de fer : ce sont les essences de chêne, de hêtre et de sapin, plus spécialement de pin des Landes.

Le chêne seul peut être employé à l'état de nature ; le hêtre et le pin doivent être injectés ; sans cette précaution, en raison de leur disposition à pourrir rapidement, ils ne pourraient résister que peu de temps à l'humidité du sol. Grâce à cette préparation, les traverses en hêtre peuvent résister pendant plus de 20 ans.

Bien que la consommation des traverses soit naturellement irrégulière, on peut fixer cependant approximativement le nombre de celles employées annuellement par nos cinq grandes compagnies à 1.500.000 pour le chêne, à 2.000.000 pour le hêtre et à 500.000 pour le pin.

Il faudrait ajouter à ces chiffres ceux représentant le nombre des traverses destinées à la construction des voies étroites et des tramways ; mais il serait difficile d'indiquer ces chiffres, même approximativement, les travaux exécutés pour ces voies de communication variant d'année en année, dans des proportions extrêmement importantes.

Nous n'entrerons pas dans l'indication, ni dans le détail des prix et des dimensions de ces diverses sortes de traverses, cela nous entraînerait dans des développements qui dépasseraient les limites de cette brève étude.

Les marchés de fournitures de traverses à nos grandes Compagnies de chemins de fer, marchés qui sont en général très importants, ont été pour ainsi dire monopolisés par quelques grosses maisons qui les achètent aux exploitants et les livrent ensuite aux compagnies.

Nos forêts de France peuvent en fournir en abondance et suffiraient à alimenter la consommation.

Il nous en est cependant expédié une certaine quantité de l'étranger ; en revanche, nous en exportons quelques centaines de mille en Belgique.

On débite les traverses, soit dans les cimes des gros arbres, soit, et pour la plus grande partie, dans les arbres de faibles dimensions.

Nos bois ont perdu en partie leur parure de gros arbres et les géants qu'on y rencontrait autrefois deviennent de plus en plus rares ; mais ils sont encore peuplés d'une multitude de jeunes arbres propres à la fabrication des traverses dont la source n'est pas, en conséquence, près de se tarir.

En terminant, signalons à simple titre documentaire qu'une concurrence se dresse déjà aux traverses en bois ; nous voulons parler des traverses en béton armé, dont un certain nombre sont actuellement en essai sur divers points.

Nous ignorons quel sera le résultat obtenu ; mais au cas où ces traverses devraient se substituer à leurs rivales, nous ne dévrions pas nous en plaindre si cela devait contribuer à diminuer la consommation du bois et à arrêter, d'ailleurs dans une faible mesure seulement, le dépeuplement de nos forêts.

C'est par ce souhait que nous terminerons l'étude de notre sujet.

M. le Président. — Le rapport de M. Georges Rotival ne se termine pas par un vœu. Nous lui avions demandé d'en rédiger un, mais il était très malade et s'est contenté de faire un historique de la question.

Je ne puis dans ces conditions mettre aux voix. Nous considérerons ce travail comme une simple communication faite à la Section et nous passons à l'ordre du jour qui appelle la discussion du rapport de M. Paul Coulet sur les Subventions industrielles.

M. Paul Coulet. — Parmi les charges qui incombent aux exploitants de forêts — qu'ils soient à la fois propriétaires et exploitants, ou qu'ils soient simplement acheteurs des coupes — il faut signaler les *subventions spéciales pour dégradations extraordinaires des chemins vicinaux*, plus simplement et habituellement nommées *subventions industrielles.*

Ces subventions industrielles apportent une entrave considérable à l'exploitation forestière et, si paradoxal que cela paraisse de prime abord, contribuent à rendre plus difficile le développement forestier en France que nombre d'associations et en premier lieu le Touring-Club de France, s'efforcent de favoriser; en effet, par la gêne que lui causent les subventions industrielles, le propriétaire de forêts n'est qu'incité davantage à se défaire de ses bois et, en tous cas, ne songe pas à repeupler en arbres d'autres terrains. Il apparaît donc de prime abord que la suppression des subventions industrielles réclamées aux propriétaires ou aux exploitants de forêts serait une gêne de moins au développement forestier de notre pays.

C'est dans cet esprit qu'est conçu le présent rapport, qui tend à exposer les inconvénients des subventions industrielles et la nécessité de leur abolition en matière forestière.

Une étude complète de la question dépasserait de beaucoup le cadre de ce travail ; nous exposerons donc sommairement ce que sont les subventions industrielles, nous dirons quels abus elles entraînent, et nous formulerons une proposition de loi tendant à leur suppression en ce qui concerne les exploitations forestières.

Les textes en vertu desquels les subventions industrielles peuvent être réclamées sont les suivants :

« ART. 14. — Toutes les fois qu'un chemin entretenu à l'état de viabi- « lité par une commune sera habituellement ou temporairement dégradé « par des exploitations de mines, de carrières, de forêts ou de toute entre- « prise industrielle appartenant à des particuliers, à des établissements « publics, à la Couronne ou à l'État, il pourra y avoir lieu à imposer aux « entrepreneurs ou propriétaires, suivant que l'exploitation ou les trans- « ports auront lieu pour les uns ou pour les autres, des subventions « spéciales, dont la quotité sera proportionnée à la dégradation extra- « ordinaire qui devra être attribuée aux exploitations; ces subventions « pourront, au choix des subventionnaires, être acquittées en argent ou « en prestations en nature, et seront exclusivement affectées à ceux des « chemins qui y auront donné lieu. Loi du 21 mai 1836.

« Elles seront réglées annuellement, sur la demande des communes, par « le Conseil de Préfecture, après des expertises contradictoires, et recou- « vrées comme en matière de contributions directes.

. . . .

« ART. 17. . . . .

« Si l'indemnité ne peut être fixée à l'amiable elle sera réglée par le « Conseil de Préfecture, sur le rapport d'experts nommés, l'un par le « sous-préfet, l'autre par le propriétaire.

« En cas de désaccord, le tiers expert sera nommé par le Conseil « de Préfecture. »

« ART. 11. — Toutes les fois qu'un chemin rural reconnu, entretenu « à l'état de viabilité, sera habituellement ou temporairement dégradé « par des exploitations de mines, de carrières, de forêts ou de toute autre « entreprise industrielle appartenant à des particuliers, à des établisse- « ments publics ou à l'État, il pourra y avoir lieu à imposer aux entrepre- « neurs ou propriétaires, suivant que l'exploitation ou les transports « auront lieu pour les uns ou pour les autres, des subventions spéciales « dont la quotité sera proportionnée à la dégradation extraordinaire qui « devra être attribuée aux exploitations... » Loi du 20 août 1881.

« ART. 35. — Les adjudicataires des coupes des bois de l'État sont « tenus de payer aux communes les subventions spéciales auxquelles « celles-ci ont droit, en exécution de l'article 14 de la loi du 21 mai 1836 « et de l'article 11 de la loi du 20 août 1881, pour dégradations extraordi- « naires causées aux chemins vicinaux et chemins ruraux classés, par le « transport des produits desdites coupes... » Cahier des charges des ventes de coupes de l'État.

On voit de suite que la principale critique que l'on puisse formuler contre ces textes est que le législateur assimile à tort les exploitations forestières, travail essentiellement *agricole*, à des exploitations de mines ou de carrières, qui ont un caractère totalement différent puisqu'*industriel*.

Ce point, sur lequel nous reviendrons d'ailleurs à la fin de notre travail, est capital : il constitue en effet le meilleur argument dont les forestiers puissent se servir pour obtenir la suppression d'une taxe qui leur est si particulièrement préjudiciable. Tout d'abord, qui donc supporte les subventions? Tous, pourrait-on dire, car la loi s'applique indistinctement à l'exploitant de forêts et au propriétaire : l'un ou l'autre, en effet, en sont frappés. « Suivant, dit l'article 11 de la loi du 20 août 1881, que l'exploitation ou les transports auront lieu pour les uns ou pour les autres ». L'indemnité doit ainsi être réclamée à celui qui est l'auteur du dommage ou pour le compte duquel il se produit, que ce soit ou non le propriétaire de la forêt.

En second lieu, trois conditions sont indispensables pour que des bois transportés donnent lieu à réclamation de subventions industrielles, il faut en effet :

1° Que les transports par chariots aient eu lieu sur un chemin classé comme chemin vicinal ;
2° Que ce chemin vicinal soit entretenu en bon état de viabilité ;
3° Que ce chemin vicinal ait été dégradé d'une façon extraordinaire par le transport des bois.

De ces conditions découle nécessairement cette idée que les subventions industrielles doivent être considérées comme étant la réparation d'un préjudice causé par une *faute*, c'est-à-dire par *l'usure excessive*, *anormale*, *extraordinaire*, résultant des transports de bois effectués dans des conditions spéciales. Mais nous verrons que cette conception logique n'est pas celle à laquelle s'est rangée l'Administration vicinale quant à l'établissement du préjudice qu'elle doit prouver avoir subi.

Enfin les bases du *quantum* des subventions industrielles sont déterminées en tenant compte des divers éléments suivants :

1° Tonnage des transports ;
2° Distances parcourues ;
3° Etat des chemins avant et après les transports ;
4° Dépenses faites ou à faire pour remise en état de viabilité;
5° Nature des véhicules employés ;
6° Circulation générale ;
7° Saisons pendant lesquelles ont eu lieu les transports ;
8° Quantités de bois transportés.

Nous allons reprendre chacun de ces éléments et indiquer de quelle façon l'Administration procède pour la fixation des subventions industrielles.

1° *Tonnage des transports.* — Le tonnage des transports est établi par l'Administration d'après les pointages des cantonniers, mais leurs relevés sont bien souvent inexacts et il est très difficile au marchand de bois de faire rectifier leurs erreurs.

2° *Distances parcourues.* — C'est le seul élément sur lequel il ne puisse se produire d'erreurs.

3° *Etat des chemins avant et après les transports.* — Sur ce point l'Administration part du principe que des chemins sont présumés entretenus en bon état de viabilité, parce que chaque année elle publie un tableau indiquant les chemins entretenus en état de viabilité. Mais il arrive souvent que la réalité est loin de concorder avec les affirmations de l'Administration. Si l'exploitant ou le propriétaire de forêts, avant de commencer les transports n'a pas la précaution de prendre connaissance de cet état et de parcourir les chemins qu'il se propose d'employer afin de vérifier leur état de bon entretien, il contestera en vain plus tard l'état d'entretien des chemins. Il faut donc que l'exploitant, s'il constate qu'un chemin n'est pas entretenu en état de viabilité, fasse faire des constatations par un expert nommé à sa diligence par le Conseil de Préfecture.

Quant à l'état des chemins après les transports, la constatation n'est jamais contradictoire. Ce sont les cantonniers et parfois l'agent-voyer qui relèvent l'étendue et la profondeur des ornières ainsi que leur largeur. Il arrivera souvent que les ornières constatées ne résultent pas de transports de bois, mais de transports agricoles ou industriels. Là encore existe une source d'erreurs et d'abus. Et lorsque, plusieurs années après les transports de bois, les experts se transportent sur place pour examiner l'état du chemin, aucune constatation utile ne peut être faite ; les experts alors en sont réduits à examiner les états de dépenses d'entretien et de réparation, et à combiner les chiffres de ces états avec les autres éléments du dossier. Le calcul des subventions est alors inexact et le principe même de la subvention ne peut être justifié.

4° *Dépenses faites ou à faire pour la remise en état de viabilité.* — L'Administration fournit aux experts un état des dépenses occasionnées arbitrairement établi; aucun contrôle n'est possible de la part de l'industriel.

5° *Nature des véhicules employés.* — La nature des véhicules employés joue un rôle assez important dans l'usure des chemins. La largeur des « voies » entre les roues, la largeur des bandages des roues, le poids du véhicule, le nombre de bêtes de trait. Là encore, l'Administration se base sur les indications relevées plus ou moins exactement par les cantonniers, nouvelle source d'erreurs.

6° *Circulation générale.* — L'importance de la circulation générale est très intéressante à connaître, car plus la circulation générale est importante, plus la dégradation des chemins est grave et elle vient en défalcation des dégradations qu'ont pu causer les transports de bois. L'Administration prend encore pour base les pointages des cantonniers et fixe arbitrairement un chiffre, toujours en-dessous de la réalité. Le contrôle est impossible.

7° *Saisons pendant lesquelles ont lieu les transports.* — L'Administration majore d'une ou deux et quelquefois trois unités la taxe de réparation du mètre de chemin lorsque les transports de bois ont été effectués en hiver ou au printemps, à raison de l'état détrempé des chemins qui sont alors plus susceptibles d'être détériorés. L'adoption d'un coefficient de « saison » est régulièrement pratiquée par l'Administration lorsque les transports se placent entre les mois d'octobre et de mai, et cela malgré la sécheresse ou la gelée qui ont pu exister dans cet intervalle. Là encore le contrôle est difficile, sinon impossible.

8° *Quantités de bois transportés.* — Il semblerait que ce point dût être toujours facilement établi sans discussion possible. Mais il n'en est rien, et malgré les justifications que les marchands de bois apportent à l'expertise, les chiffres arbitraires portés aux états par le service vicinal sont préférés par les deux experts de l'Administration et du Conseil de Préfecture qui se mettent toujours d'accord pour admettre les évaluations quelquefois considérablement exagérées de l'Administration qui émet la prétention de ne jamais se tromper.

Ainsi qu'on le voit, pour la détermination des chiffres des subventions industrielles, l'exploitant ou le propriétaire de forêts ne lutte pas à armes égales avec le service vicinal ; aussi on peut affirmer que toujours le subventionnaire en est la victime.

Et pourtant, ainsi que nous l'avons vu plus haut, puisque les subventions industrielles sont la réparation d'une dégradation causée aux chemins vicinaux, et par suite d'un préjudice subi par l'Administration, c'est donc à elle à établir le principe et le montant de ce préjudice. L'Administration étant demanderesse doit être tenue d'établir sa demande. Le subventionnaire est le défendeur, il n'a donc aucune preuve à faire. Malheureusement l'Administration toute-puissante renverse les rôles ; elle fait application du principe que voici : du moment où un exploitant de forêts a fait transporter des bois sur un chemin, il est *a priori* certain pour l'Administration que le chemin a été dégradé extraordinairement, et en conséquence cet exploitant doit payer une subvention calculée en fonction du poids des charrois, de la distance parcourue et de la dépense générale d'entretien.

Bien souvent, le propriétaire ou l'exploitant qui se voit réclamer des sommes minimes, mais sans rapport avec les transports qu'il a effectués, paie, ne voulant pas risquer un procès long et coûteux. S'il fait le procès, il se heurte à la procédure administrative organisée exclusivement en faveur du service vicinal, et il n'est, la plupart du temps, pas écouté par le Conseil de Préfecture. Cependant la loi prévoit le cas où le subventionnaire veut discuter, elle organise une procédure d'expertise dont s'occupe l'article 17 de la loi du 21 mai 1836 et, ainsi que nous l'avons vu plus haut, cette procédure d'expertise est organisée de la manière suivante : l'exploitant nomme un expert, l'Administration en nomme un autre, et le Conseil de Préfecture en nomme un troisième.

Or le subventionnaire peut trouver difficilement un expert possédant les connaissances spéciales de la matière, cet expert se verra adjoint à deux experts agents-voyers, souvent d'arrondissements voisins, qui auront naturellement tendance tous deux à conclure dans le même sens, le conseil entérinera le rapport des deux agents-voyers sans avoir égard au rapport de l'expert du subventionnaire.

D'autre part, la plupart du temps les demandes de subvention sont produites deux et trois ans après les transports qui y donnent lieu. Les expertises, dans ce cas, se réduisent à l'examen de documents administratifs savamment préparés, contre lesquels les moyens de critique sont impossibles à trouver. Comment veut-on que l'on puisse arriver à la vérité lorsque la question de savoir si un chemin a été dégradé extraordinairement se pose plusieurs années après les transports ?

L'examen du chemin n'est plus possible par suite des modifications qu'il a subies.

Aussi, dès le début de l'application de la loi, les exploitants de forêts se sont élevés contre elle, et ont protesté contre l'erreur que nous avons déjà relevée : l'assimilation des exploitations forestières aux *industries* proprement dites. En effet, la mise en valeur d'une forêt par le moyen de la coupe des arbres arrivés au moment voulu pour être abattus, ne peut être assimilée à une *industrie ;* c'est un travail agricole et non pas un travail industriel (A. I. I.). C'est la perception à époque fixe des revenus de la terre, et de ce que la coupe d'une forêt ne s'effectue que tous les vingt ou trente ans, il ne faut pas conclure que son caractère agricole disparaisse par là même. Or, les transports des revenus périodiques *annuels* de la terre, tels que les moissons, ne donnent pas lieu à des subventions industrielles.

Ce caractère agricole de l'exploitation forestière résulte encore des différentes lois relatives aux accidents du travail : les accidents survenant dans les exploitations forestières ne sont pas soumis à la loi du 9 avril 1898 sur les accidents industriels.

Tout ce qui concerne les forêts ressortit au Ministère de l'Agriculture.

Par suite, c'est en vertu d'une anomalie de la législation que les exploitations forestières ont été assimilées aux industries proprement dites. Il convient donc d'obtenir du législateur la suppression des subventions industrielles pour les exploitations forestières.

D'ailleurs, devançant l'œuvre du législateur, un certain nombre de Conseils généraux ont, en fait, pris des dispositions qui ont amené dans quelques départements la suppression des subventions industrielles. C'est donc dans ces conditions que nous avons l'honneur de proposer au Congrès Forestier International d'adopter le vœu suivant tendant à la suppression des subventions industrielles en matière forestière :

LE CONGRÈS ÉMET LE VŒU :

Que les exploitations forestières soient supprimées de la nomenclature portée à l'article 14 *de la loi du* 21 *mai* 1836 *et à l'article* 11 *de la loi du* 20 *août* 1881, *des industries susceptibles de fournir des subventions pour les chemins vicinaux de grande communication et les chemins ruraux.*

M. LE PRÉSIDENT. — Il y a longtemps que nous travaillons cette question, je pense que nous sommes tous d'accord. (*Marque d'assentiment.*)

Adopté.

Nous arrivons au dernier des rapports que nous avons à étudier ce matin, qui est celui de M. René Barbier, rapport très documenté sur la question de la « CONSERVATION DES BOIS », dans lequel il a noté les procédés naturels, les procédés artificiels, les injections, et tout ce qui constitue la protection du bois.

M. René BARBIER. — L'intérêt qu'offre la conservation des bois ne peut manquer de frapper ceux qui s'occupent de la forêt ou de la construction ; il faut prévoir le moment où, par suite du déboisement à outrance, le prix du bois sera devenu tel que cette substance devra être employée avec ménagements. C'est donc faire œuvre utile que de tenter la vulgarisation des procédés mis à notre disposition par la science, pour augmenter la durée de vie utile du bois dans ses multiples emplois.

Quel meilleur auxiliaire dans la lutte contre le déboisement que cette vulgarisation dont tout le monde, depuis le propriétaire de la forêt jusqu'au destinataire final, devra tirer profit.

Si, en effet, dans certains de ses emplois, tels que traverses de chemins de fer, pavés, poteaux, etc., on a industrialisé les procédés de conservation, par contre ces procédés ne sont employés qu'exceptionnellement dans une foule de cas où ils seraient cependant fort utiles, pour lutter contre la pourriture ou l'inflammabilité.

Car ce sont là les deux grands inconvénients du bois : d'être tôt ou tard, suivant son exposition, attaqué par ses ennemis, champignons ou insectes, ou détruit par le feu.

C'est de ces ennemis ou de cette éventualité qu'il faut chercher à le préserver.

Des ouvrages très documentés, tels que *Le Bois*, par M. Beauverie et *la Préservation des bois*, par M. Henry, nous ont été d'un appoint important pour la rédaction de ce travail et, aidé par la faible expérience de ce que nous constatons et mettons en œuvre chaque jour, nous pensons donner ici une idée de ce qui a été tenté et industrialisé pour arriver au but que nous nous proposons d'atteindre.

Nous croyons utile d'exposer tout d'abord brièvement les défauts naturels et de définir les ennemis que nous avons à combattre, nous indiquerons ensuite les procédés naturels et artificiels que nous avons à notre disposition pour rendre cette lutte efficace.

Défauts et ennemis du bois.

Défauts naturels. — Les défauts du bois proviennent, pour la plupart, d'agents physiques et accidentellement de l'imprévoyance de celui qui l'exploite.

Ses premiers ennemis naturels sont les plantes parasites, tel que le lierre qui, enserrant l'arbre pendant sa croissance, l'étouffe quelquefois jusqu'à le tuer sur pied.

L'époque d'abatage a une influence considérable sur la durée des bois.

Lors de l'abatage il peut arriver que la chute mal dirigée fait à l'arbre une blessure qui ne tarde pas à devenir un foyer de pourriture.

Les gerçures, gélivures et roulures sont également d'autres foyers de pourriture. Ces défauts proviennent de l'action du soleil, de la gelée ou du vent sur l'arbre encore debout. Le soleil a aussi une action très néfaste sur les arbres abattus et écorcés ; il produit des fentes qui vont jusqu'au cœur et où la pourriture trouve souvent son origine.

Le bois scié a plus ou moins de durée suivant son essence, son exposition à l'abri, à l'humidité ou dans l'eau, ou suivant le milieu plus ou moins nocif auquel il est exposé.

Ennemis du bois. — Les deux grands ennemis du bois sont les champignons et les insectes.

Champignons. — Les champignons se développent surtout favorablement à l'humidité. Leurs filaments pénètrent dans le bois jusqu'au cœur, lui donnent une couleur brune, premier indice de pourriture, et le transforment en une matière légère et poreuse n'ayant plus aucune résistance.

Nous citerons entre autres le *Polyporus vaporarius* et surtout *le Merulius lacrymans*, dit champignon des maisons, dont les méfaits ne se comptent plus.

Ce champignon est d'autant plus dangereux qu'il se répand avec une rapidité étonnante ; tous les bois voisins de la pièce infectée sont attaqués à bref délai. Il se propage principalement dans le bois employé vert et à proximité d'une maçonnerie encore humide.

Les champignons trouvent encore un milieu favorable à leur développement dans les arbres abattus et laissés quelque temps sur un terrain humide.

Insectes. — Les insectes qui s'attaquent au bois appartiennent à des milliers d'espèces. Ils accomplissent leur œuvre de destruction en creusant en plein bois une quantité de galeries qui enlèvent au bois sa solidité et sont autant de couloirs par où s'infiltre la pourriture.

Parmi les coléoptères, nous citerons les *vrillettes*, petits insectes dont on reconnaît la présence par les petits trous appelés communément « piqûres de vers » à peine perceptibles.

Les charançons.

Les bostriches, dont les invasions dans les forêts d'épicéa produisent de réels désastres. Il n'y a guère d'autre remède que d'abattre et de brûler les écorces de tous les arbres situés dans la zone attaquée par ce redoutable ennemi.

Les capricornes.

Dans la famille des hyménoptères nous signalerons la fourmi et le sirex, gros insecte ailé que l'on rencontre fréquemment dans les pièces de sapin ou de pin.

Les chenilles de la famille des lépidoptères.

Et enfin parmi les pseudonévroptères, nous citerons les *termites* qui se plaisent particulièrement dans les climats chauds.

Il nous faut également parler des ennemis des bois séjournant dans l'eau de mer, soit des crustacés qui les rongent, soit des mollusques tels que le taret contre lequel on cherche depuis longtemps à lutter sans résultat absolument probant. L'injection d'un antiseptique ne fait que retarder un peu sa présence, le produit injecté ne tardant pas à se dissoudre, et ce n'est guère que par des revêtements de zinc, de cuivre et surtout de ciment que l'on a pu arriver à lutter à peu près efficacement contre cet ennemi.

Quels moyens avons-nous à notre disposition pour atténuer autant que possible tous les défauts que nous avons signalés et pour préserver le bois des ennemis qui le guettent. Il en est de naturels et d'artificiels que nous nous proposons d'exposer brièvement.

Procédés naturels pour la préservation des bois.

Les procédés naturels sont ceux qui, ne changeant pas la composition et l'aspect du bois, ne font intervenir aucun élément étranger.

Le soin à apporter dans les différentes phases de transformation de l'arbre sur pied en sa forme définitive d'emploi est le meilleur procédé naturel de conservation et aussi le plus économique puisqu'il ne coûte qu'un peu d'étude et de prévoyance.

Suivons donc ces phases de transformations.

Tout d'abord le propriétaire prévoyant aura débarrassé ses arbres, au fur et à mesure qu'elles se présentent, des plantes parasites grimpantes ou autres. Il aura par contre laissé les branches, à moins qu'il ne prenne soin d'appliquer sur la coupe fraîche un antiseptique qui la préservera de la pourriture.

Pour protéger l'arbre sur pied de la vermoulure, c'est-à-dire des dégâts causés par les vrillettes, il existe un procédé très efficace décrit par M. Mer, qui consiste à enlever une couronne de l'écorce de l'arbre à une certaine hauteur. Ce procédé est « l'annélation ». Il est à remarquer, en effet, que les vrillettes ne s'attaquent qu'à l'aubier contenant de l'amidon. Cet amidon provenant des feuilles et n'étant transmis à l'aubier que par l'écorce, est arrêté par cet anneau. Tout le pied de l'arbre en est donc préservé. Le résultat est encore amélioré en faisant une double annélation, l'une sous les branches, l'autre plus bas.

Cette opération, pour être utile, doit être effectuée au printemps et, dès l'automne suivant, l'amidon s'est considérablement raréfié. Ce procédé a le grave inconvénient de nuire à la pousse normale des arbres.

On ne saurait trop insister sur l'époque pendant laquelle on doit abattre les arbres. Tout arbre abattu au printemps ou en été, c'est-à-dire aux époques de montée de la sève, est beaucoup plus sujet à la pourriture que s'il est coupé au moment où ses pores contiennent moins de cet acide néfaste. La fermentation de la sève occasionne l'échauffement et l'amidon contenu dans l'aubier en été est la pâture recherchée des vrillettes.

Signalons, en passant, la vieille coutume empirique qui consiste à ne pas abattre les essences ayant de l'aubier pendant la croissance de la lune et de profiter du décours pour procéder à cette opération ; toujours bien entendu en dehors des mouvements de la sève. Les vieux bûcherons assurent, sans qu'il soit possible d'ailleurs d'en donner une explication, que les meilleurs résultats ont été acquis par cette pratique.

Sur la blessure de chute d'un arbre, il est prudent d'appliquer une couche d'un antiseptique, tel que le goudron, qui le protège de la pourriture.

Beaucoup d'exploitants ont coutume d'écorcer les chênes en forêt dès qu'ils ont été abattus. Ceci est une bonne précaution, car l'arbre qui séjourne quelque temps sur un terrain humide avec son écorce est bientôt attaqué par une quantité de champignons et d'insectes. L'écorçage a par contre des inconvénients sérieux si l'arbre est exposé quelques jours seulement à l'action du soleil. Le bois n'étant plus garanti par l'écorce ne tarde pas à se fendre et les gerçures produites sont nuisibles au produit débité.

Le meilleur moyen, pour éviter l'un ou l'autre de ces inconvénients, est de scier les arbres, en planches ou en plateaux, le plus rapidement possible après abatage. Cette méthode est controversée, mais nous estimons que bien des surprises fâcheuses sont ainsi évitées ; certains bois même, tels que le hêtre, particulièrement sujets à l'échauffement doivent être débités avant l'été qui suit l'abatage.

Le bois étant scié en planches ne doit être employé, dans bien des cas, que dans un état de siccité parfaite. Il est indispensable qu'il ne « travaille » plus, c'est-à-dire que ses pores doivent avoir atteint avant emploi et assemblage leur maximum de retrait.

Cette siccité ne peut être obtenue que par l'élimitation complète de la sève et de son eau.

Un procédé, *le flottage*, très employé autrefois et dont les résultats étaient d'ailleurs parfaitement satisfaisants, consistait à laisser séjourner les pièces quelque temps dans l'eau courante. L'eau pure, après avoir dissous le tanin, se substituait à la sève et s'évaporait ensuite à l'air libre, beaucoup plus rapidement et sûrement que l'eau chargée de sève.

Ce procédé est aujourd'hui presque toujours remplacé par d'autres plus coûteux mais aussi beaucoup plus rapides et basés sur le même principe. Nous voulons parler de l'étuvage.

Etuvage. — Le principe des différents systèmes d'étuvage est de remplacer le flottage en eau courante soit par l'immersion dans l'eau chaude, soit par l'exposition, dans une chambre close, à la vapeur d'eau.

Dans ce dernier cas, qui est d'ailleurs le plus efficace, le bois est empilé dans une étuve et soumis pendant une durée variant de 12 heures à 36 heures, suivant sa dimension, à l'action de la vapeur qui chasse avec la sève une partie des acides pyroligneux hydrophiles et, par sa condensation, remplit d'eau les pores du bois.

L'amidon est également chassé de l'aubier qui se vivifie par le tanin provenant du bois. L'aubier devient aussi dur et imputrescible que le cœur même du bois.

Ce sont là, tout au moins, les résultats que nous avons obtenus par le procédé que nous employons depuis de nombreuses années.

Séchage. — La sève étant ainsi éliminée du bois par l'un ou l'autre procédé, il importe de chasser l'eau qui en a pris la place. Cette opération est celle du séchage.

Le séchage peut être obtenu soit naturellement, soit par chauffage, soit par ventilation.

Le séchage naturel est obtenu à l'air libre. A cet effet les planches de bois flotté, étuvées ou même sans avoir subi de préparation antérieure doivent séjourner à l'air, isolées les unes des autres par des cales ou des lattes. Les piles doivent avoir une pente suffisante pour que l'eau de pluie ne puisse séjourner sur les bois et une couverture doit autant que possible les protéger des intempéries.

Une période de 6 mois à 3 ans, suivant que les bois ont été ou non étuvés, doit se passer avant que l'eau contenue dans les pores ne soit complètement éliminée.

Il faut surtout éviter de laisser les planches de bois vert séjourner les unes sur les autres sans lattes pour les isoler car les bois ainsi mis en contact sont rapidement attaqués par les insectes et champignons, causes d'échauffement et de pourriture.

Pour obvier au grave inconvénient d'immobiliser des bois pendant un temps aussi long, il existe plusieurs procédés de séchage artificiel tendant au même résultat dans un court délai. Malheureusement aucun de ceux employés jusqu'à présent n'a pu donner une absolue satisfaction ; la raison en est facile à comprendre.

Par le séchage lent à l'air libre, non seulement les pores du bois perdent l'eau qu'ils contenaient, mais ils se resserrent graduellement, le bois garde sa contexture primitive et sa solidité en est augmentée.

Par un séchage trop rapide, les pores n'ont pas le temps de se resserrer, la moindre humidité de l'atmosphère les remplit d'eau à nouveau.

D'autres inconvénients, tels que les fentes et gerçures, se produisent également par suite du brusque retrait des couches extérieures du bois.

Nous devons toutefois citer ces procédés qui, appliqués à des bois demi-secs, ont donné des résultats appréciables.

Tout d'abord par simple chauffage on obtient une élimination plus rapide de l'eau, mais cette élimination est partielle et irrégulière par suite de la mauvaise répartition de la chaleur.

On obtient de meilleurs résultats par la ventilation. Un courant d'air chaud montant progressivement jusqu'à 80° est envoyé dans une chambre où sont disposés les bois empilés sur lattes.

Il existe une quantité de procédés tous basés sur ce principe et ne différant que par la façon de les appliquer.

Procédés artificiels de conservation.

Les procédés artificiels de conservation peuvent être classés en quatre catégories :

1° Carbonisation.
2° Badigeonnage.
3° Immersion.
4° Injection.

Carbonisation.

La carbonisation est le mode le plus ancien et le moins coûteux de préservation du bois contre la pourriture. Son principe consiste à exposer le bois à l'action du feu pendant peu de temps ; la flamme brûle et carbonise la couche extérieure du bois, c'est-à-dire celle qui offre le moins de résistance à la pourriture. Il se forme par suite de cette carbonisation un enduit qui préserve le bois de ses ennemis extérieurs, champignons ou insectes.

On a tenté d'industrialiser ce procédé et M. de Lapparent a imaginé à cet effet un appareil fort ingénieux qui carbonise le bois par un jet de flamme que l'on dirige sur la partie à préserver.

Le risque d'incendie ne permet presque jamais l'application de ce mode de préservation.

Haskin a recommandé la vulcanisation ; elle a l'inconvénient de diminuer la résistance du bois que l'on y a soumis.

La fumée n'a donné également que des résultats insuffisants aux inventeurs qui l'ont utilisée sous différentes formes.

Enduits.

Si l'on isole les pores du bois de l'action extérieure d'un milieu nocif ou de l'humidité, il est certain que l'on aura remédié, dans beaucoup de cas, à l'attraction qu'offre le bois à ses ennemis. C'est là une méthode purement physique et dont l'emploi est tout à fait courant. Quelle pièce de bois ouvré est définitivement laissée en place sans avoir reçu une ou plusieurs couches de peinture.

Pour que cette impression toutefois ait quelque efficacité, il importe que le bois, après avoir été convenablement gratté et raboté pour offrir une surface absolument lisse, ait toutes ses fentes bouchées au mastic, puis par l'application d'une couche d'huile bouillante et de deux couches de peinture mélangée d'huile, on aura convenablement isolé le bois de l'air.

Le résultat est cependant beaucoup amélioré lorsque, dans certains gros travaux ne nécessitant pas la peinture, on peut employer le goudron. Ce produit en effet a, outre sa propriété isolatrice, une certaine action antiseptique.

Il en est de même du carbolineum et du carbonyle qui, par simple badigeonnage, protègent très efficacement le bois par suite de leur absorption dans la masse, absorption souvent comparable à celle constatée dans les méthodes d'injection.

Le pétrole a été également utilisé avec succès dans les parquets attaqués par les vers.

Produits antiseptiques.

Avant de faire la description des procédés d'injection de produits antiseptiques dans le bois, soit par immersion, soit par pression, il est indispensable d'étudier quels sont les plus employés parmi ces produits, leurs défauts et leurs qualités.

Pour qu'un produit antiseptique soit bon il faut :

1° Que son action soit vraiment efficace;

2° Qu'il n'altère pas la force de résistance du bois en le décomposant;

3° Qu'il s'injecte facilement et pénètre rapidement dans le bois en en remplissant tous les pores;

4° Il ne faut pas qu'il soit soluble dans l'eau ;

5° Il ne doit pas augmenter le degré d'inflammabilité des bois;

6° Son maniement ne doit pas être dangereux pour les ouvriers qui l'emploient;

7° Sa composition doit être stable de telle façon que le résultat à obtenir ne dépende pas d'une bonne ou d'une mauvaise qualité ;

8° Il ne doit donner au bois qui en est imprégné ni odeur, ni couleur;

9° Son prix doit répondre à l'avantage obtenu.

Toutes ces conditions sont naturellement fort difficiles, sinon impossibles, à réunir dans une même substance.

On peut classer les produits antiseptiques employés en trois grandes catégories :

1° Goudron et ses dérivés.
2° Naphtes et résines.
3° Sels métalliques.

Goudron et ses dérivés.

Le goudron de gaz est obtenu lors de la distillation de la houille pour la production du gaz.

C'est un produit noir et épais, d'un emploi assez difficultueux, facilement inflammable et s'épaississant à la moindre baisse de température. On ne peut guère l'employer que comme enduit et toujours à l'humidité, car sous l'action de la chaleur il s'amollit et arrive même à fondre ; au bout de peu de temps l'enduit se crevasse et laisse pénétrer l'humidité dans les parties profondes du bois qui ne sont plus protégées.

Même appliqué a 50° ou 60° il pénètre peu.

Le choix judicieux et les dosages des huiles passant durant les phases de la distillation du goudron, donnent les différentes qualités de créosote, carbolineum et carbonyle.

Créosote. — La créosote est une huile lourde d'une odeur violente et peu soluble dans l'eau. Elle contient une faible proportion d'acide phénique dont la propriété intéressante pour la conservation du bois est de coaguler l'albumine, et une certaine quantité de naphtaline qui reste dans les pores du bois et le protège.

La créosote, déposant 20 à 30 % de naphtaline à la température de 15°, ne peut être employée qu'à chaud et le plus souvent par injection sous pression.

Carbolineum. — Il provient surtout des huiles lourdes et contient souvent encore des goudrons. Il contient moins de produits cristallisables à basse température que la créosote et sa force de pénétration dans le bois en est accrue. C'est un liquide brun et visqueux d'une densité de 1.150 environ. Il renferme de la naphtaline et une assez forte proportion de phénanthrène.

Carbonyle. — Ce produit est obtenu par une rectification et un mélange raisonné des huiles légères, moyennes et lourdes, ce qui lui permet de posséder les qualités des créosotes tout en ayant la possibilité d'application et une grande force de pénétration dans le bois aux températures ordinaires.

Il est composé de 15 à 20 % de phénols et crésols éminemment antiseptiques, de 75 à 80 % d'hydrocarbures gras, jaunes foncés, qui contiennent à fortes doses les carbures hydrogénés insolubles dans l'eau ou à l'humidité de l'air et ayant la propriété de conserver les matières azotées du bois.

Par sa richesse en produits conservateurs et la facilité de son application, le carbonyle est certainement un des meilleurs produits antiseptiques connus et en usage.

Naphtes et résines. On pourrait citer également la paraffine, le tanin, le formol, etc...

Sels métalliques. Les sels métalliques servant à la conservation des bois sont très nombreux, nous nous bornerons à citer les principaux :

Sulfate de cuivre. — Ce sel très fréquemment employé ne peut se fixer dans le bois qu'en lui donnant le temps de s'assimiler à la cellulose.

Chlorure de zinc. — Il donne d'excellents résultats, mais ne doit être appliqué que sur des bois à l'abri. Il est employé avec succès dans le procédé *Rütgers*, mélangé avec la créosote purifiée qui empêche la dissolution dans l'eau.

Bichlorure de mercure. — C'est le sublimé corrosif. Cet antiseptique très puissant offre de grandes difficultés d'emploi par suite de la nocivité de sa manipulation.

Sulfate de fer. — A le grave inconvénient d'altérer les fibres du bois.

Arsenic. — Expérimenté très heureusement par le professeur Duilis.

Nous pourrions également citer les sulfates de magnésie, de zinc, d'alumine, de chaux, de baryte, de soude et les chlorures de magnésium, d'aluminium, de sodium, de calcium, etc.

Ces sels sont employés soit seuls, soit mélangés, soit préparés avec la créosote ou autre produit qui les rend insolubles dans l'eau.

Nous citerons entre autres l'*injectol* qui est un composé de goudron végétal et minéral auquel sont adjoints certains alcaloïdes facilitant la pénétration dans le bois.

Le *microsol*, l'*antinonnine*, l'*antigermine*, le *lysol*, etc., sont également employés.

Immersion. Les produits antiseptiques cités ci-dessus n'ont pas tous la même force de pénétration dans le bois. Il en est, telle la créosote, qui ne s'imprègnent totalement dans la masse qu'avec l'aide d'une forte pression ; dans ce cas il faut une installation très onéreuse. On a donc tenté avec raison d'autres méthodes moins coûteuses, par simple immersion du bois dans un antiseptique efficace et à pénétration plus rapide.

Immersion à froid. — C'est le procédé le plus simple, mais aussi le plus lent. Il consiste à immerger simplement le bois, aussi sec que possible, dans un bain antiseptique. La préservation n'est que très superficielle que l'on emploie le sulfate de cuivre ou même le bichlorure de mercure (procédé Kyan).

Le carbolineum et le carbonyle donnent les meilleurs résultats ; les pièces de bois doivent y séjourner, suivant leur essence, deux à trois jours.

Immersion à chaud. — En plongeant le bois dans un antiseptique chauffé à une certaine température, on obtient un résultat bien supérieur de pénétration et dans un temps beaucoup plus court. Il suffit par exemple d'immerger pendant quelques heures des pièces de bois dans un bain de sulfate de cuivre à 1 ½ % à 70° et l'on obtient un résultat comparable à l'immersion à froid pendant plusieurs jours.

Le carbolineum chauffé à 60° s'injecte avec une rapidité surprenante. Quelques minutes d'immersion sont suffisantes pour le sapin ou le hêtre sec et quelques heures pour le hêtre vert et le chêne.

Différents procédés consistent également à plonger le bois dans un bain à ébullition. On peut par exemple tremper le bois dans de la paraffine chauffée et maintenue à plus de 100°.

Injection par refroidissement. — Le principe de cette méthode est de chauffer la pièce de bois avant de l'immerger. Le refroidissement brusque produit un vide partiel qui permet à l'antiseptique de pénétrer.

Ce procédé a le grave inconvénient d'attaquer la substance du bois qui se trouve altérée par la forte chaleur à laquelle elle est soumise.

Un autre procédé existe que nous employons et dont nous avons maintes fois constaté l'efficacité ; il supprime l'inconvénient signalé ci-dessus.

Ce procédé consiste d'abord à extraire la sève du bois par l'étuvage à la vapeur d'eau dans une chambre close, puis à immerger le bois avant refroidissement dans une cuve contenant du carbolineum froid. Le phénomène qui se produit est facile à comprendre ; la vapeur contenue dans les pores du bois en remplacement de la sève se condense par suite du brusque changement de température et le vide qui s'ensuit aspire le liquide antiseptique et ce d'autant plus facilement que le liquide adopté, le carbolineum, a par lui-même une grande force de pénétration dans le bois. L'ensemble des deux opérations, étuvage et immersion, demande deux à trois jours, suivant l'épaisseur des pièces à injecter et leur essence.

On a de cette façon, avec une moindre dépense, des résultats tout à fait comparables et même supérieurs à ceux obtenus par l'injection avec pression.

Le travail du carbolineum dans le bois n'est d'ailleurs pas terminé dès la sortie du bain, les couches extérieures du bois en sont imprégnées beaucoup plus que le milieu de la pièce, mais le liquide gagne peu à peu pendant une quinzaine de jours jusqu'à ce qu'il soit répandu également dans tous les pores.

Nous avons constaté par ce procédé que le hêtre absorbe environ 200 kilogrammes de carbolineum par mètre cube ; l'aubier de chêne en est complètement saturé et le cœur même du chêne, généralement rebelle à toute injection, en est imprégné.

Les simples procédés d'injection par immersion et badigeonnage ont le grand avantage d'être peu dispendieux et de ne pas nécessiter une installation compliquée, mais leur efficacité n'est pas toujours suffisante ; aussi les grandes usines et les Compagnies de chemin de fer ont-elles fait intervenir la pression mécanique qui rend l'imprégnation du liquide plus complète, mais nécessite des appareils coûteux. Injections.

Les méthodes employées sont nombreuses, on les classe habituellement en quatre catégories :

1° Méthodes par déplacement de la sève.
2° Méthodes par vide et pression.
3° Méthodes par thermo-carbolisation.
4° Méthodes par l'électricité.

Méthodes par déplacement de la sève. — Cette méthode due au docteur Boucherie permet d'injecter les arbres sur pied ou récemment abattus. Elle est basée sur ce principe que la montée de la sève peut entraîner le liquide antiseptique.

Cette méthode s'applique à l'arbre venant d'être abattu, c'est-à-dire encore chargé de sève et dont l'écorce n'a pas été enlevée. Le réservoir contenant l'antiseptique doit être placé à une certaine hauteur, pour qu'il y ait une légère pression, et mis en communication avec le gros bout de l'arbre coupé. C'est le procédé adopté pour les poteaux télégraphiques avec une solution de sulfate de cuivre à 1 %.

L'efficacité de ce procédé est réelle, mais surtout pour les bois facilement pénétrables, tels que le hêtre, le sapin et le pin.

Différents perfectionnements existent qui, pour faciliter l'introduction de l'antiseptique, ont fait intervenir soit le vide (procédé Renard-Perin), soit une pression en vase clos (procédé Lebioda). Ce dernier procédé, dont le seul inconvénient n'était que d'être extrêmement coûteux, a été heureusement perfectionné par M. Maurice Boucherie.

Méthodes par vide et pression. — Le principe de ces méthodes est de faire pénétrer l'antiseptique par pression et en vase clos.

Le bois doit être sec pour être traité utilement, car l'eau et la sève contenues dans les pores ne pourraient plus s'échapper par suite de la pression. La compression qui se produirait serait nuisible à la structure du bois.

A) *Procédé Béthell.* — Ce procédé était jusqu'à ces derniers temps le plus souvent employé en France pour l'injection des traverses de chemins de fer.

Les traverses séchées à l'air chaud à 80° sont placées dans un récipient fermé hermétiquement. On fait le vide pendant une demi-heure environ, puis la créosote à 80° est introduite et comprimée à une pression de 6 kilogrammes par centimètre carré pendant une heure. Quand la quantité voulue de liquide a été absorbée par le bois, on arrête la compression ; l'excédent de créosote est vidé et les traverses retirées.

Généralement les traverses de chêne sont injectées à refus et absorbent 6 à 7 kilogrammes de créosote. On fait absorber aux traverses de hêtre 25 à 30 kilogrammes, quantités reconnues suffisantes pour en assurer l'imputrescibilité pendant 20 ans.

B) *Procédé Rütgers.* — Est employé principalement en Allemagne, en Autriche et en Russie. La solution antiseptique adoptée est un mélange de créosote et de chlorure de zinc, la créosote empêchant la dissolution du sel métallique par l'eau.

Le bois est tout d'abord étuvé dans un récipient clos, par un courant de vapeur qui le nettoie de l'eau et de la sève.

Après expulsion de la vapeur et de l'air, la solution antiseptique est envoyée à 65° et refoulée à travers le bois par une pompe à une pression de 7 atmosphères.

C) *Procédé Rüping.* — Les différents procédés d'injection ont l'inconvénient de laisser perdre beaucoup de liquide ; les bois injectés à dose convenue, tel que le hêtre, ne sont pas également imprégnés, il reste presque toujours dans les pores une petite quantité d'eau et de sève qui y est comprimée. Le procédé Rüping tend à remédier à ces inconvénients.

Le principe consiste à injecter le bois à refus et à lui faire rendre immédiatement le superflu, ce qui constitue une économie intéressante de liquide et une meilleure utilisation.

D) *Procédé Mereklen et Chateau,* ingénieurs des Chemins de fer de l'État.

E) *Procédé Maurice Boucherie.* — Ces procédés récents procèdent à l'inverse de Rüping et donnent d'excellents résultats.

Méthode de thermo-carbolisation. — Cette méthode est due à M. Blythe, elle consiste à faire pénétrer la créosote dans le bois à l'état de vapeur en l'entraînant par la vapeur d'eau. Le bois étant placé dans une chambre close, on introduit la vapeur d'eau et la vapeur carburée que l'on fait circuler par refoulement et aspiration. L'opération est terminée en une demi-heure.

Méthode par électricité. — Cette méthode repose sur le procédé Nodon-Bretonneau.

Elle est basée sur ce principe qu'un liquide soumis à un courant électrique a une force d'expansion beaucoup plus grande. On utilise cette force pour faire pénétrer l'antiseptique dans les pores du bois.

Le bois empilé sur une feuille de plomb dans une cuve est recouvert d'une seconde feuille de plomb. La solution antiseptique (sulfate de linc de 25 à 35 %). est versée dans la cuve et chauffée à 35° par un serpentin.

Les deux feuilles de plomb étant reliées respectivement aux deux pôles d'une dynamo, on fait passer un courant de 110 volts pendant 15 heures environ à raison de 6 ampères par mètre cube. Ce courant est inversé de temps en temps. Ce procédé appelé encore *sénilisation* est appliqué également au séchage rapide des bois; dans ce cas, on emploie une solution de sulfate de magnésie à 20 %.

La sénilisation a l'avantage de durcir les bois et d'augmenter leur zésonnance.

Emploi des bois préparés.

Nous avons rapidement exposé les principaux modes de préservation des bois, il est intéressant de voir à quels emplois sont ou pourraient être affectés les bois soumis à ces différents traitements.

Les procédés naturels de conservation, tels que soins d'exploitation, de sciage et d'empilage, l'étuvage, le séchage doivent être généralement appliqués à tous les bois de construction, menuiserie et ébénisterie, et en particulier aux bois durs. La quantité de bois déclassé et perdu chaque jour faute de ces quelques soins et précautions élémentaires est difficilement imaginable.

Les procédés artificiels ne peuvent s'appliquer que dans certains cas. En général tous les bois destinés à être exposés à la pluie, dans la terre ou à l'humidité devraient avoir subi auparavant l'une des nombreuses préparations actuellement en usage.

Les traverses, longrines, poteaux télégraphiques, pavés de bois et bois de mine sont déjà presque toujours préservés artificiellement par un antiseptique.

Mais les poutres et poteaux de construction, les lambourdes de chêne, les clôtures et palissades en bois, les bois servant à la construction des wagons et des voitures sont également sujets à la pourriture ; il serait à souhaiter de voir se généraliser l'application, dans ces différents cas, des procédés de conservation, immersion ou injection.

Ignifugation.

Nous avons étudié les différentes façons de prèserver les bois de la pourriture et par conséquent d'augmenter la durée de leur vie utile, mais il existe un risque redoutable et qu'il est intéressant de savoir combattre : c'est le risque d'incendie.

De nombreux procédés ont été proposés et employés pour enlever la faculté qu'ont les bois de s'enflammer rapidement, nous croyons cependant qu'il n'en existe pas de parfait.

Toutefois si l'on ne peut jamais empêcher le bois de prendre feu, certaines préparations retardent cette faculté d'inflammabilité et la rendent moins dangereuse, le bois ainsi préparé brûlant avec très peu de flammes ; ce résultat était déjà intéressant à obtenir et l'ignifugation a déjà rendu de nombreux services.

Les substances ignifuges sont employées de différentes façons : par badigeonnage ou revêtement, par immersion ou par injection.

Ces substances sont, en général, des borates, des silicates et des ammoniacaux, ils agissent d'ailleurs différemment.

Les borates et les silicates préservent les fibres du bois du contact de l'air, les sels ammoniacaux ont la faculté, en se volatilisant à la chaleur, de retarder et d'empêcher la combustion des matières organiques.

Les combinaisons entre ces différents sels sont variables à l'infini, il serait impossible de les détailler toutes, nous ne citerons que les plus communément appliquées.

Enduits. — Les enduits ne peuvent préserver le bois que d'une flamme légère et pendant peu de temps ; ils s'appliquent au pinceau par badigeonnage de plusieurs couches successives.

Immersion. — La pénétration des substances ignifuges par immersion est encore trop superficielle, nous signalerons cependant le procédé d'Hasselmann qui emploie successivement un bain chaud de sulfate de fer et de sulfate d'alumine, puis le chlorure de calcium et la chaux.

On peut également plonger le bois dans une solution composée ainsi :

Phosphate d'ammoniaque......	100 gr.
Acide borique................	10 —
Eau..........................	1.000 —

Injection. — L'injection des produits ignifuges se fait en général suivant les mêmes principes que l'injection des produits antiseptiques. Les différents procédés consistent à enlever l'eau et la sève du bois soit par la vapeur d'eau, soit par le vide, et à introduire les substances ignifuges dans les pores par pression. Ces substances sont variées et leur composition en général brevetée, ce sont des mélanges de sulfate de fer ou de cuivre et de chlorure de calcium ou de baryum, des crésylates, des sulfates d'ammoniaque et d'alumine, des silicates de soude et chlorhydrates d'ammoniaque, des combinaisons de phosphates et sulfates d'ammoniaque avec des sulfates de zinc ou de magnésie et de l'acide borique, etc.

Le procédé Nodon-Bretonneau que nous avons décrit plus haut emploie avec succès une solution de borate et de sulfate d'ammoniaque.

On peut encore protéger efficacement le bois contre le feu par des revêtements protecteurs. Ce procédé, lorsqu'il est possible de l'employer, donne d'excellents résultats. Il consiste à recouvrir les bois apparents d'une charpente ou d'un plafond d'un enduit de plâtre ou de ciment, cet enduit devant être autant que possible armé par un treillis métallique.

On peut dire en résumé que la plupart des procédés d'ignifugation du bois ont une certaine valeur. Si quelques expériences de laboratoire ont été faites avec plein succès, les bois ignifugés ne résistent pas en général à un foyer intense d'incendie. La sécurité qu'ils procurent n'est sans doute pas absolument illusoire, mais il est prudent de prendre les mêmes précautions qu'avec l'emploi de bois qui n'ont pas été préparés.

Du long exposé que nous venons de faire, nous devons tirer une leçon et une conclusion.

Nous avons parcouru quelques principes naturels et de nombreux procédés artificiels de conservation, quelques-uns sont fréquemment appliqués, d'autres, également efficaces, sont presque totalement méconnus. Nous n'avons fait qu'en effleurer la description, mais notre but était d'inciter tous ceux qui emploient le bois et qui auront bien voulu constater avec nous la diversité des méthodes à notre portée, à étudier à fond cette question et, partant, à en faire l'application le plus souvent possible.

Chacun aura ainsi contribué à la réalisation du but que nous devons poursuivre : empêcher le déboisement à outrance par la prolongation de la vie industrielle du bois.

Les pouvoirs publics peuvent nous aider dans cette œuvre et nous conclurons en émettant deux vœux :

I. *Que les recherches sur les procédés artificiels de conservation et les découvertes dans cet ordre d'idées soient dotées de primes.*

II. *Que l'État, partout où il le peut, pour tous les édifices publics et pour certaines constructions privées, exige l'emploi des bois ignifugés.*

M. LE PRÉSIDENT. — Avez-vous, Messieurs, des observations à présenter?

M. PRAL. — On a fait ici, à Paris, au Laboratoire Central, des essais. Il serait à souhaiter que le Laboratoire Central donnât communication des résultats qu'il a obtenus.

M. PELLETIER DE MARTRES. — On peut réclamer cette communication, mais il y a au Conservatoire des Arts et Métiers toute la documentation utile.

M. PRAL. — Ce que je souhaite, c'est que les particuliers puissent profiter de cette leçon.

M PELLETIER DE MARTRES. — On vous doit la communication. Vous trouverez tout ce que vous voudrez à cet égard au Conservatoire des Arts et Métiers.

Personne ne demandant plus la parole, les vœux proposés par le Rapporteur sont successivement adoptés.

La séance est levée à 10 h. 40.

SÉANCE DU 18 JUIN 1913

(MATIN)

Présidence de M. POUPINEL, président de Section

La séance est ouverte à 9 h. 30.

M. LE PRÉSIDENT. — La parole est à M. Simon pour la lecture de son rapport sur les BOIS UTILISÉS DANS L'INDUSTRIE DES ALLUMETTES, POUR LE DÉBITAGE OU LA CONFECTION DES BOITES.

M. SIMON. — Au point de vue de la nature de leurs tiges, les allumettes se classent en deux catégories : les allumettes en bois et les allumettes en cire.

Les deux variétés se fabriquent à peu près partout. Cependant, on n'utilise guère, dans toute l'Europe centrale et septentrionale, que l'allumette en bois.

En France, notamment, le nombre des allumettes bougies livrées à la consommation n'atteint pas 3% de la quantité totale des allumettes fabriquées par les manufactures de l'Etat.

Dans la plupart des pays du Nord de l'Europe, l'usage s'est également établi de vendre des allumettes dans des boîtes confectionnées entièrement en bois.

Toutes les questions relatives à la production du bois présentent donc un intérêt capital pour l'industrie des allumettes.

Bois pour le débitage des tiges d'allumettes. — Les bois pour allumettes doivent être d'un grain fin, homogène et tenace et d'un tissu facilement inflammable ; ils doivent encore présenter une élasticité suffisante et être enfin, autant que possible, exempts de nœuds, autres que les nœuds superficiels.

On ne peut donc utiliser pour la fabrication des tiges que les résineux et les espèces tendres ou bois blancs.

En général, les usines qui débitent leurs allumettes ne choisissent pas parmi ces essences et emploient ceux de ces bois qu'elles peuvent se procurer le plus facilement et à meilleur compte.

Cependant, le pin, le sapin et l'épicéa ne servent guère qu'à la préparation des tiges rondes ou striées qui ne peuvent être débitées qu'à la filière ou à la fabrication des allumettes les plus communes vendues très bon marché.

On tient beaucoup, en effet, pour flatter l'œil de l'acheteur, à ce que les tiges présentent une teinte aussi blanche que possible. Les allumettes desûreté, et surtout celles qui doivent être paraffinées, exigent en outre l'emploi d'essences à tissu spongieux.

L'espèce de bois blanc, répondant le mieux à ces deux condions, est certainement le tremble ; mais on le remplace très bien par le peuplier et même éventuellement par le saule et le bouleau.

Toutefois, c'est le bois du tremble qui se trouve le plus employé pour la fabrication des allumettes. Cette essence est d'ailleurs fort abondante dans le Nord-Est de l'Europe où elle constitue des massifs entiers à elle seule. Le tremble y est généralement découpé sur place par des usines spécialement établies à proximité des forêts et expédié tout débité aux fabriques qui ne peuvent songer à préparer elles-mêmes leurs tiges, parce qu'elles n'arriveraient pas à se procurer facilement les bois qui leur seraient nécessaires pour cette opération.

En particulier, à l'exception des tiges que l'on découpe à Saintines, et des tiges rondes pour tisons, qui sont en résineux, toutes les allumettes blanches qu'emploient les fabriques de l'Etat français proviennent des provinces russes de la Baltique et sont en tremble.

Ces achats à l'étranger portent annuellement sur 13 milliards environ de tiges carrées pour allumettes, dites grande section (G. S.) et 25 milliards de tiges de petite section (P. S.), la production de la manufacture de Saintines, qui est seule outillée pour le débitage des bois, n'étant que de 7 milliards d'allumettes G. S.

Pour cette fabrication, l'usine de Saintines n'utilise d'ailleurs que la variété de peuplier dite « peuplier suisse ».

Le tremble est, en effet, peu abondant dans la région ; ce bois est, en outre, d'un prix sensiblement plus élevé que le peuplier, quoique d'un rendement moins avantageux. Enfin, le tremble français ne paraît pas correspondre comme qualité au bois de même essence d'origine russe, du moins, les quelques essais qui en ont été faits à différentes reprises dans la fabrication des tiges n'ont jamais donné de résultats bien satisfaisants.

Il apparaît, par contre, que l'on pourrait fort bien admettre, pour la préparation des tiges, le peuplier blanc, ainsi que la variété dite « Caroline » tandis que le peuplier noir et le peuplier pyramidal doivent être exclus de cette fabrication pour laquelle ils ne sauraient convenir.

Tout le bois de peuplier, débité par la manufacture de Saintines, est tiré des régions avoisinantes et l'approvisionnement de cette usine a pu toujours être assuré, jusqu'à présent, sans difficultés sérieuses et même dans des conditions satisfaisantes.

Mais l'extension de sa fabrication de tiges, si l'on était jamais amené à l'envisager, ne pourrait vraisemblablement être réalisée, qu'à la condition d'étendre le rayon dans lequel s'effectuent actuellement ses achats.

Déjà, cet établissement consomme annuellement, pour son débitage d'allumettes, près de 4.500 mètres cubes de peuplier de bonne qualité.

Dans ces conditions, le cube de bois nécessaire à la préparation de toutes les tiges employées dans les manufactures de l'Etat doit être évalué à 27.000 mètres cubes.

Bois pour la confection des boîtes. — Les copeaux pour boîtes ne peuvent être obtenus que par déroulage. Les bois à employer pour leur préparation doivent donc se prêter facilement à cette opération. Il faut, en outre, qu'ils ne se cassent pas lorsqu'on les plie suivant les sillons tracés par les lancettes de la dérouleuse.

Dans ces conditions, on ne peut guère utiliser, pour la fabrication des boîtes, que les espèces de bois blancs déjà citées, le sapin lui-même ne pouvant servir qu'à constituer les fonds des tiroirs.

Comme d'ailleurs la question de couleur ne joue ici aucun rôle, les usines étrangères débitent toujours leurs copeaux dans le peuplier, si elles en disposent, n'ayant recours au tremble que lorsqu'elles y ont avantage.

En France, on n'utilise, au contraire, pour cette fabrication que le bois de tremble.

On n'y fait d'ailleurs en bois que les boîtes pour tisons et les tiroirs des boîtes pour allumettes suédoises.

La manufacture de Saintines, à laquelle incombe également cette fabrication, y consacre annuellement de 500 à 700 mètres cubes de tremble, provenant pour la plus grande partie des forêts de l'Argonne.

On considère, en effet, que le tremble de la région de Compiègne, où il est d'ailleurs plutôt rare, ne se prête pas aussi bien au déroulage.

Quant à la substitution du peuplier suisse au tremble pour la confection des boîtes, rien ne paraît devoir s'y opposer, s'il le fallait.

Toutefois, puisqu'on peut les remplacer avantageusement par des cartonnages, l'extension de l'emploi des boîtes en bois pour l'emboîtage des allumettes fabriquées dans les usines françaises ne s'impose pas. D'ailleurs, la situation de ces manufactures rendrait généralement difficile, ou du moins fort coûteux, leur approvisionnement en bois en grumes nécessaires à la préparation de leurs copeaux pour boîtes.

M. le Président — Le rapport de M. Simon est surtout une étude de la façon dont on procède à la fabrication des allumettes ; il n'a pas émis de vœu. Estimez-vous que dans ces conditions il suffit de passer à l'ordre du jour, ou quelqu'un d'entre vous a-t-il des observations à présenter ?

M. Pelletier de Martres — Profitant, puisque l'occasion s'en présente, d'un rapport qui n'a point émis de vœu, je proposerai au Congrès de vouloir bien émettre celui-ci :

Le Congrès émet le vœu :

« *Que l'État améliore la qualité et diminue le prix de ses allumettes et que pour arriver utilement et pratiquement à ce but, il accepte la concurrence privée, sous réserve de l'exercice* »,

On ne peut pas, en effet, forcer l'État qui a racheté assez cher toutes les anciennes fabriques d'allumettes, à renoncer à l'achat qu'il a fait jadis, mais on pourrait, il me semble, créer des fabriques privées à la condition de les exercer, c'est-à-dire que les fabricants verseraient un droit à l'État pour pouvoir fabriquer des allumettes. En mettant les fabricants en concurrence avec l'État, je crois que la qualité des allumettes qu'offre l'État s'en ressentirait singulièrement et que nous n'aurions point de ces produits qui, en coûtant très cher, ne valent généralement rien.

M. LE PRÉSIDENT. — Il est bien entendu que le vœu présenté par M. Pelletier de Martres n'a aucune relation avec le rapport de M. Simon.

M. SIMON. — D'autant plus que la qualité des allumettes est pour ainsi dire indépendante de celle du bois, elle ne tient pas du tout au bois.

M. LE PRÉSIDENT. — Je ne vais pas mettre aux voix la prise en considération du vœu, je vais tout simplement mettre le vœu aux voix. Si vous l'adoptez, nous indiquerons qu'il a été voté sur la proposition de M. Pelletier de Martres, mais qu'il n'a aucun rattachement au rapport de M. Simon.

Le vœu est adopté.

M. LE PRÉSIDENT. — La parole est à M. Marcel pour la lecture de son rapport sur LES EMPLOIS DIVERS DU BOIS.

M. MARCEL. — « Ne diminuer en rien, augmenter au contraire la production dans la « partie spéciale de l'industrie du bois que nous étudions; chercher à « concilier cette préoccupation essentielle avec l'impérieuse nécessité « de sauvegarder les richesses forestières de la France », constitue le double but vers lequel vous avez résolu de faire converger vos préoccupations comme vos efforts; nous espérons, pour notre part, ne l'avoir point perdu de vue.

Il est donc telle partie du rapport, que nous avons l'avantage de vous présenter, qui se distinguera par de nombreux détails et telle autre qui se caractérisera par la brièveté des précisions. Il nous aurait, en effet, semblé illogique autant que contraire aux principes mêmes qui vous inspirent d'oublier, par exemple, que l'industrie du *bois courbé* est fort peu développée dans notre pays, alors que celle des *pâtes à papier* prend une extension toujours croissante et exige la recherche des moyens propres à éviter sa limitation, ainsi qu'un déboisement intensif préjudiciable aux intérêts nationaux.

Sous le bénéfice de ces observations préliminaires, nous abordons l'étude que vous nous avez fait l'honneur de nous confier.

Fabrication du papier.

Ce sont la Suède et la Norvège, très riches en forêts, abondamment pourvues de cours d'eau, qui fournissent la plus grande partie des bois utilisés pour la fabrication de la pâte.

Elles possèdent l'épicea, le bouleau, le tremble qui sont spécialement appréciés en raison de leur résistance et de leur blancheur.

En France, en Suisse, en Allemagne, en Autriche, au Canada et aux Etats-Unis, la consommation est devenue intensive par suite de la multiplication et du développement des journaux, des revues, des publications de toute espèce, de la correspondance comme des emballages, et l'exploitation des richesses forestières utilisables s'est très étendue malgré les importations incessantes de bois du Nord.

Il existe deux sortes de pâtes de bois : la pâte de bois mécanique et la pâte de bois chimique.

1° La fabrication de la pâte de bois mécanique s'opère de la façon suivante :

Les arbres abattus hors sève, en hiver, sont écorcés, tronçonnés en rondins de 0 m. 30 de longueur et de 0 m. 25 de diamètre environ. On fait subir à ces rondins soit un lessivage dans une eau légèrement alcalinisée, soit un étuvage à la vapeur pour extraire du bois les résines, les gommes, voire même les tanins. Ensuite, a lieu l'opération du défibrage par le moyen ordinairement employé d'une meule de grès dur, verticale, horizontale, tournant à la vitesse de 160 tours par minute, enveloppée dans une gaîne métallique et portant, sur le côté, des cases où l'on place les rondins tronçonnés. Cette meule agit comme une râpe et des sabots en fonte exercent une pression incessante en avant vers les rondins ; le courant d'eau qui humecte constamment sa surface emporte les fibres et les conduit dans des tambours successifs garnis de toiles métalliques de plus en plus serrées et à rotation de plus en plus lente. En dernier lieu, les fibres sont soumises à un dernier tamisage et râpage à l'intérieur d'un moulin raffineur.

Entre autres procédés employés, il en est un qui consiste à ramollir le bois à la vapeur, à le sectionner en rondelles minces, puis à le broyer dans un moulin horizontal.

Les diverses espèces de pâtes ainsi obtenues sont le plus souvent mélangées entre elles, suivant les usages auxquels elles sont destinées ; elles sont ou utilisées sur place, l'usine fabriquant le papier, ou mises en balles et exportées.

2° La fabrication de la pâte de bois chimique, qui est d'une qualité plus fine que la pâte de bois mécanique, exige l'emploi de bois blancs plus tendres que celle de la pâte de bois, débarrassés de tout nœud, de toute résine, débités en fragments ou copeaux, puis broyés entre des cylindres cannelés et finalement lessivés au bisulfite de soude.

Le lessivage qui s'effectue durant 14 heures dans un autoclave cylindrique, chauffé à une vapeur de 108 à 130°, aussi sèche que possible, est destiné à extraire de la cellulose toutes les substances tant soit peu résineuses pouvant déprécier sa qualité. Une fois l'opération terminée, la cellulose est retirée sous forme d'une bouillie foncée à laquelle on fait subir un lavage abondant jusqu'à la parfaite clarification de l'eau employée puis un blanchiment au chlorure de chaux ou autre acide.

Certaines pâtes traitées chimiquement d'une façon sommaire sont destinées, en raison de leur couleur brune, à la fabrication des cartons de luxe et des papiers de tenture et d'emballage soigné.

A la réception des balles de pâtes mécaniques et chimiques, le fabricant soumet celles-ci à la trituration, puis à un mélange des unes et des autres dans une proportion adéquate au genre de papier qu'il veut obtenir. Au mélange, il adjoint la « charge », c'est-à-dire du kaolin, de l'asbestine, de la china clay (talc) et, éventuellement, du savon résineux. Ces substances, dosées suivant des formules très précises, permettent d'obtenir tous les genres de papier.

Le nombre de machines à papier en France, qui était d'environ 580 en 1900, atteignait 620 en 1910 et plus de 640 en 1912.

La constatation de ces chiffres nous induit à en préciser quelques autres :

En France, la production annuelle de papier suit une progression dont il est aisé de se rendre compte ci-après :

En 1886............... environ.	200.000.000	kilog.
— 1890..........................	360.000.000	—
— 1900..........................	450.000.000	—
— 1910..........................	870.000.000	—
— 1912..........................	1.100.000.000	—

Encore faut-il remarquer, que dans les chiffres de production indiqués ci-dessus, il n'est pas tenu compte des quantités importées de l'étranger, en papiers, cartons, livres, gravures, etc., dont le chiffre dépasse 75.000.000 francs.

Quant à la consommation mondiale, elle est supérieure à 1 milliard 500 millions de kilogrammes de pâtes de bois, uniquement pour les journaux. En ce qui concerne les usages de la librairie, le chiffre atteint 1/2 milliard. Les autres emplois du papier absorbent 1 milliard de kilogrammes, soit, au total environ 3 milliards de kilogrammes de pâtes de bois que les forêts doivent fournir annuellement pour le monde entier.

De tels chiffres se passent de commentaires.

En ce qui concerne la France seule, l'importation des pâtes de bois s'établit comme suit :

En 1910..........................	326.237.300	kilog.
— 1911..........................	335.082.500	—
— 1912 (les 11 premiers mois)......	386.001.000	—

ce qui indique que pour l'année 1912 entière le chiffre de l'importation des pâtes de bois a certainement dépassé 452.000.000 kilogrammes.

Comparativement aux chiffres qui précèdent, la France produit annuellement environ 120.000.000 kilogrammes de pâtes de bois fabriquées soit avec des bois indigènes, soit avec des bois d'importation.

Les statistiques précédentes corroborent donc d'une manière péremptoire nos considérations initiales ; il est indispensable de prendre des mesures efficaces pour garantir notre sol d'un déboisement supplémentaire en essences, tels que le sapin, le bouleau, le tremble et le peuplier, dont la menace l'accroissement de l'industrie du papier, d'autant qu'il est question de créer en France de nouvelles fabriques ; ces mesures consisteront à faciliter par tous les moyens possibles l'importation des pâtes étrangères et des bois appropriés à cette industrie ou produits végétaux coloniaux utilisables. Nous nous permettons d'autant plus de les préconiser qu'avec les bois de pays nos industriels ne produiront jamais assez de pâtes pour satisfaire à la consommation et qu'il ne s'agit point ainsi de protéger une exploitation nationale qui ne dispose sur place que de faibles quantités de matière première.

En premier lieu, nous ferons remarquer que, non seulement les meilleures pâtes sont obtenues avec les chiffons, mais encore avec l'alfa (qui donne un papier très blanc), les fibres du chanvre, du maïs, du lin, du jute, du phormium et du bambou. Ensuite, nous recommanderons l'emploi du fromager, du musanga, du sterculia dont nos colonies de la Côte d'Ivoire, du Gabon, contiennent des quantités énormes et qui sont des bois très légers, fibreux et par conséquent très propres à la fabrication de la pâte ; il faudra, tôt ou tard, avoir recours à ces immenses réserves ; sur le terrain économique, comme français, nous pouvons nous en réjouir.

Nous appelons également l'attention des pouvoirs publics sur une mesure qui complèterait fort heureusement celles qui sont spécifiées dans la proposition de loi relative au reboisement des forêts privées et adoptée par le Sénat le 20 décembre 1912.

Nous demanderons que tous les terrains incultes, toutes les dunes de notre littoral (de la Manche en particulier) soient plantés de pins ou autres résineux, comme les Landes ; certains bouquets de ces arbres qui poussent à l'embouchure de l'Orne croissent dans des conditions qui autorisent les meilleurs espoirs.

Nous désirerions aussi qu'à l'entrée en France des pâtes étrangères, pour éviter aux négociants des discussions et charges préjudiciables, l'Administration des Douanes simplifiât ses opérations en prenant pour base le poids indiqué sur le connaissement avec une tolérance de 10 % en plus ou en moins par tonne, la pâte de bois étant essentiellement hydrophile et s'imbibant aisément en hiver, alors qu'elle se dessèche très vite en été. L'Administration des Douanes n'a-t-elle point admis un étalon pour le sapin du Nord, le pitchpin et les chênes d'Amérique ou d'Autriche, et ce, à la satisfaction des intéressés ?

Il serait enfin très à désirer que les grandes Compagnies de transports maritimes ou terrestres, par l'établissement de tarifs, proportionnés davantage à la valeur de la matière, facilitassent l'acheminement des pâtes de bois importées vers les centres de production et de consommation.

Fibre de bois. Ce produit, d'origine américaine, fit son apparition en France vers 1875 On l'employa tout d'abord à la fabrication des articles de literie, matelas coussins, etc., destinés aux hôpitaux (d'où le nom qu'on lui donna de « fibre hygiénique »).

Peu à peu, avec la rareté et l'élévation de prix des fourrages, son emploi se généralisa, principalement dans l'emballage. De nos jours, on utilise la fibre de bois dans une quantité d'industries ou de commerces.

En première ligne, pour toutes sortes *d'emballages* : meubles, quincaillerie, parfumerie, droguerie, fruits, primeurs, denrées alimentaires, etc.

Puis dans la *métallurgie*, sous forme de cordes pour le noyautage de fonderie.

Dans la *tapisserie* pour le rembourrage des sièges, coussins, matelas, etc.

La fibre sert encore à la fabrication de quantité d'objets d'usage courant, tels que les paillassons, cordes pour calorifuges, etc.

La fibre de bois (ou laine de bois) est fabriquée, en France, au moyen de bois ronds de 60 à 70 centimètres de longueur et de 10 à 30 centimètres de diamètre.

Les machines à fibre françaises sont composées d'un long bâti de fonte supportant, à l'une de ses extrémités, un arbre sur lequel est fixé un volant également en fonte ; à l'autre extrémité, une cage à bois qui mesure 70 centimètres de long sur 35 de haut. Un chariot porte-lames passe et repasse devant cette cage, ce mouvement alternatif venant du volant par l'intermédiaire d'une bielle.

On place les bois horizontalement dans la cage, en les superposant, si besoin est, pour atteindre la hauteur de 30 à 35 centimètres. Des contre-poids supérieurs et latéraux les empêchent de bouger. Un chariot d'avancement, progressant sur une vis sans fin commandée par l'arbre du volant, pousse les bois sur le chariot porte-lames, à une vitesse plus ou moins grande suivant l'épaisseur de la fibre que l'on veut obtenir.

Cette épaisseur varie entre 30 et 8 millimètres.

Le chariot porte-lames détache les copeaux au moyen de deux lames d'acier affilées, placées verticalement et formant un angle plus ou moins ouvert avec le bois. L'une de ces lames est unie, l'autre présente des dents d'une largeur variant entre 1/2 millim. et 2 millim. ½. Ces dents donnent la largeur du copeau. Dans certaines machines, la lame dentée est remplacée par un grand nombre de petits couteaux superposés, dont la pointe trace les copeaux que la lame unie détache ensuite.

La production moyenne d'une machine est d'environ 900 à 1.000 kilogrammes en dix heures.

La fibre est pressée mécaniquement en balles de 20 kilogrammes.

Les qualités varient avec la largeur et l'épaisseur des copeaux. Celles employées actuellement sont au nombre de sept.

Les prix diffèrent, suivant ces qualités, entre 12 fr. 50 et 30 francs les 100 kilogrammes.

La généralisation de l'emploi de la fibre de bois fut rapide.

La maison Falck qui, la première dans notre pays, en commença la fabrication, avec des machines françaises, arrivait péniblement à une production journalière de 2.000 kilogrammes.

Cette production progresse pour arriver :

De 1880 à 1890	6.000	kilog. par jour
De 1890 à 1895	13.000	—
De 1895 à 1900	20.000	—
De 1900 à 1905	26.000	—
De 1905 à 1910	33.500	—

Elle atteint, en 1912, 48.000 kilogrammes pour 21 usines dont 20 sont installées en province et une à Paris, soit un chiffre de 14.400.000 kilogrammes par année.

A cette production indigène vient s'ajouter l'importation pour les quantités suivantes, dignes d'attention :

En 1900	1.104.000	kilogs au total
En 1905	1.320.000	—
En 1911	1.039.000	—

La consommation totale en fibre de bois, tant française qu'étrangère, atteignit dans notre pays, pour l'année 1912, le chiffre de 16.320.000 kilogrammes.

Elle a encore augmenté depuis et il est hors de doute qu'elle poursuivra sa marche ascendante. En effet, l'augmentation du prix des fourrages, causée par les mauvaises récoltes dues, comme leur qualité défectueuse, aux années pluvieuses que nous venons de traverser, leur densité plus élevée, tout tend à une vulgarisation toujours plus grande de la fibre de bois, produit plus souple et plus sain, plus propre aussi, flattant l'œil du client et qui, tout compte fait, n'est pas sensiblement plus cher.

Malheureusement, le développement en France de cette industrie se heurte à des obstacles assez sérieux dont les principaux sont : d'une part, la difficulté de l'approvisionnement en matière première, et, d'autre part, la concurrence étrangère.

L'approvisionnement en matière première. — Le bois le plus communément employé pour la fabrication de la fibre est le *sapin*.

Celui qui donne la meilleure qualité, avec le minimum de déchets, est sans contredit le sapin du Nord.

Il est plus blanc et n'a pour ainsi dire pas d'odeur, conséquence de sa faible teneur en résine, c'est ce qui le rend indispensable à la fabrication de la fibre destinée à l'emballage de tous les produits comestibles, entre autres.

L'absence de gros nœuds, son grain plus serré, son fil plus droit, donnent un copeau plus long, plus résistant. C'est par excellence le bois à fibre.

Le prix en est élevé, et cela en raison principalement des dispositions douanières qui pèsent sur son introduction en France.

Elles figurent aux paragraphes 128 et 133 de la loi douanière du 29 mars 1910, qui stipulent :

§ 128. — Bois ronds, bruts, non équarris, avec ou sans écorce, de longueur quelconque et de circonférence au gros bout supérieur à 0 m. 60.
Tarif minimum, 6 fr. 50 la tonne.

§ 133. — Perches, étançons, échalas, bruts de 1 m 10 de longueur et de circonférence atteignant *au maximum* 0 m 60 au gros bout.
Tarif minimum, 3 francs la tonne.

Les machines à fibre française ne peuvent employer que des longueurs de 0 m 70. Or, il est impossible de trouver dans les pays du Nord des bois de cette longueur.

Tous les bois à fibre sont donc taxés d'après le paragraphe 133, soit à trois francs par tonne, à l'exception de ceux mesurant plus de 0 m 60 de circonférence au gros bout qui, eux, paient 6 fr. 50 (§ 128).

La proportion de ces derniers étant toujours en moyenne de 30 % de la quantité importée, les bois à fibre supportent en réalité, conséquemment, une taxe d'introduction de 4 francs par tonne en moyenne.

Or, chacun sait que les bois de papeterie *de toutes grosseurs* et de 2 m 50 de longueur maxima ne paient que 0 fr. 20 par tonne (§ 135 *bis* du tarif).

Pourquoi cette différence de traitement, alors que les bois employés par ces deux industries sont identiquement les mêmes ?

Il y a là une anomalie d'autant plus facile à corriger que la quantité de bois du Nord nécessaire aux fabriques de fibre est infiniment plus faible que celle employée pour la pâte de bois.

Il suffirait d'ajouter les mots « *ou de fibre de bois* » à la note qui complète le § 135 *bis* relatif aux bois à papier et qui serait ainsi rédigée :

« A charge de justifier de l'arrivée et de la mise en œuvre dans les « fabriques de pâtes à papier « *ou de fibres de bois* », sur lesquelles les « bois sont dirigés ».

Cette disposition faciliterait le développement nécessaire d'une industrie dont l'utilité apparaît grandissante, cependant qu'elle aurait une action directe sur la protection des forêts françaises où l'on tend à couper les arbres trop jeunes.

La concurrence étrangère. — L'abaissement du droit d'entrée sur les bois aurait encore l'avantage de permettre aux fabriques françaises de lutter plus avantageusement contre les usines étrangères.

Des fabriques allemandes, notamment, situées à plus de 800 kilomètres de Paris, n'offrent-elles pas leurs produits avec 10 % de rabais sur les prix faits par les fabricants français, dont les bénéfices sont cependant très restreints.

Certaines de leurs forêts contiennent des essences qui, en se rapprochant de la nature des bois russes et scandinaves, leur permettent de concurrencer la fibre fabriquée en France avec ces dernières essences.

Les importations ont presque doublé en 1912, et elles augmenteront encore si l'on n'y remédie pas.

Les droits de douane, fixés à 5 francs par tonne par l'ancien tarif, avaient été portés à 10 francs par celui de 1910. Les importations fléchirent alors légèrement pendant deux ans, mais elles reprirent leur marche ascendante causant ainsi le plus grand tort aux fabriques indigènes.

L'industrie française de la fibre de bois traverse, du fait de cette concurrence, une crise que l'on ne pourra enrayer qu'en mettant nos industriels en posture de lutter à armes égales avec leurs voisins.

Il serait probablement difficile d'augmenter une fois de plus, en trois ans, les droits d'entrée de la fibre. Aucune raison sérieuse ne s'oppose, néanmoins à faire supporter aux *bois à fibre* le même règlement qu'aux bois à papier, puisqu'en fait ce sont les mêmes.

Sabotage.

La fabrication des sabots s'effectue surtout en forêt : les bois dont elle implique l'utilisation sont principalement le hêtre, le bouleau, l'aune, le saule, le noyer et le pin sylvestre.

On prépare les bois en rondins ou en quartiers fendus dans de grosses et moyennes tronces pour en tirer diverses dimensions dont la longueur varie de 0 m. 20 à 0 m. 35.

Ces bois sont ensuite ébauchés à la hache ; on leur donne ainsi la forme grossière d'un sabot ; les entailles sont faites ensuite à la vrille, à la cuiller, au boutoir et à la rouanne.

Un mètre cube de hêtre peut donner un rendement de 100 à 120 paires de sabots de dimensions diverses valant 80 francs.

Un mètre cube de bouleau, d'un âge de 40 à 60 ans, peut donner un rendement de 120 à 125 paires de sabots valant de 10 à 12 francs la douzaine. Deux ouvriers fabriquent aisément 20 paires par jour.

Il semble que la fabrication des sabots se heurte à des difficultés de plus en plus grandes, car elle nécessite l'emploi courant du noyer et du hêtre, bois très recherchés par les fabricants de meubles, de voitures, etc.

On peut faire remarquer que la diminution du nombre d'habitants dans les communes rurales entraîne une décroissance appréciable dans la consommation. Les petits ouvriers qui travaillent chez eux réussissent proportionnellement beaucoup mieux que les industriels à fabrique mportante ; les acheteurs exigent dans le travail un fini que ne peut fournir la machine.

Cerclage.

Les cercles se font dans les coupes pendant la période des exploitations, de novembre à fin mars, principalement dans les environs de Paris et en Bourgogne.

Les bois les plus couramment employés sont le châtaignier, le cornouiller, le coudrier, le frêne, le merisier, le bouleau, l'orme, le charme.

L'outillage se compose d'un banc à fendre et à planer ; d'une serpe en forme de faucille, d'un piochon, d'une plane ou plaine, d'un billard pour cintrer les cercles et d'un parquet pour les tourner.

Les bois coupés hors sève doivent être assez gros pour donner deux cercles au moins à la fente ; ils ont généralement de 0 m 10 à 0 m 18 de tour au gros bout, et de 0 m 06 à 0 m 09 au petit bout.

Les exploitants vendent de 35 à 55 francs le 1.000 de perches en cornouiller et coudrier, et 30 francs le 1.000 de perches en charme.

Les cercles ont 3 mètres de longueur pour les fûts de 250 litres et valent 12 à 30 francs le mille, suivant qu'ils s'appliquent aux feuillettes, pièces ou foudres pour vins et autres boissons.

L'industrie du cerclage a perdu beaucoup de son importance depuis que s'est généralisé l'emploi des cercles de fer, plus solides, mais protégeant beaucoup moins bien les fûts contre les chocs.

Le bois courbé.

L'industrie des meubles en bois courbé fut, pendant de longues années, du domaine presque exclusif de fabricants austro-hongrois; elle tend à se développer en Russie et en France, principalement dans les départements du Doubs, de la Meuse et du Nord.

Le bois de hêtre est employé de préférence à tous les autres pour ce genre de travail et le hêtre de nos pays possède des qualités supérieures à celles de l'essence du même genre qui croît en Autriche-Hongrie; souple malgré sa résistance et sa dureté, il nous assure ainsi déjà une excellence de fabrication des plus appréciables.

Les pièces choisies sont débitées en lattes carrées de 1 à 6/8 mètres de longueur et de 0 m. 03 à 0 m. 06 d'équarrissage, en fil bien droit, et sont ensuite arrondies au tour.

Comme pour le cintrage, on introduit lesdites pièces dans un autoclave où elles sont étuvées, ou cuites sous pression, puis mises dans des moules en métal affectant les formes qu'on désire donner au bois et séchées. Après polissage, elles sont finalement assemblées entre elles au moyen de vis et vernis, cirées ou colorées, suivant les cas.

Les tarifs de douane sur les importations de meubles ayant été encore élevés l'année dernière, l'industrie française se trouve assez bien placée pour lutter contre la concurrence étrangère, d'autant que notre bon goût, principalement dans les recherches du « modern style », lui donne une supériorité immédiate auprès des amateurs intelligents.

C'est donc par des mesures, soit d'ordre forestier intérieur (reboisement), soit d'ordre douanier (abaissement de tarif), destinées à faciliter les approvisionnements de matière première, que l'on assurera d'une manière efficace la protection de cette industrie qui aurait tendance à se développer fort heureusement dans notre pays.

Le bois cintré.

Les courbes en bois destinées à la carrosserie, au charronnage, à l'aviation, etc., se font surtout en frêne, puis en acacia, en orme, en noyer et en chêne. On les fabrique sous la forme de rayons ou à anse de panier.

En raison de la difficulté de plus en plus grande de trouver de belles grumes de frêne indigène de futaie, les courbes de grandes dimensions s'établissent aujourd'hui en trois pièces avec mortaises. Le frêne de notre pays est une essence incomparable par ses qualités d'élasticité, de souplesse, de dureté, et son emploi ne cesse pas de se développer dans des proportions considérables; sa valeur marchande est donc en progression constante.

Le frêne d'Amérique (Etats-Unis) est d'une nature beaucoup plus tendre, il est abondamment offert sur notre marché, mais son trop long séjour sur coupe auquel il faut ajouter la longueur du transport le rendent peu propre au cintrage qui exige des bois frais et nerveux.

Toutes les courbes sont débitées en chevrons puis rabotées, et enfin étuvées pendant une durée d'une heure et demie à deux heures, suivant l'épaisseur du sciage. C'est ainsi que se préparent les mancherons pour charrues, les panneaux pour caisses de voitures, les garde-crottes, les cerceaux de capote de voitures et tapissières, etc.

La pièce cintrée est laissée sur son gabarit jusqu'à son complet refroidissement, elle est lattée ensuite pour éviter toute déformation.

Les jantes d'automobiles se font en deux pièces de frêne, d'acacia ou d'hickory ; il faut compter un diamètre double pour obtenir le cintrage désiré.

Les brancards en frêne et en acacia se font à l'aide de calibres spéciaux permettant de cintrer les pièces à gauche et à droite par paire après avoir été préalablement débitées en chevrons et rabotées. Le cintrage demande une demi-journée ; avant d'attacher les brancards par paire on les plane à la dossière pour enlever les éclats.

Dans les campagnes, les charrons cintrent leurs bois en les soumettant à l'action d'un feu doux et de la vapeur d'eau, mais pour les pièces soignées il faut recourir aux manufactures spéciales.

Le tranchage, le déroulage et le contreplacage des bois.

L'industrie du tranchage a fait son apparition vers 1850 dans la région parisienne.

Sa réputation s'est étendue jusqu'en Angleterre, en Allemagne, en Espagne, et elle s'impose d'une telle manière que les industriels d'outre-Manche et d'outre-Rhin font souvent appel aux trancheurs français, tant est indiscutée la perfection du travail de nos usines, et ce malgré les frais de douane et de double transport.

La transformation des grumes en feuilles de 1 à 10 millimètres d'épaisseur s'exécute au moyen de machines de construction exclusivement française, dont l'excellence est également reconnue partout.

Les bois employés sont, d'ordinaire, des bois de valeur et de fort diamètre, soit indigènes, soit exotiques ; néanmoins, on procède également au tranchage des bois de valeur moindre qui sont plaqués sur le panneau formant le cadre même du meuble et recouverts par le placage apparent. Ces placages intermédiaires se dénomment « contre-placages » ; ils donnent des panneaux rigides, très résistants et indéformables.

Le tranchage. — Les bois sont amenés à l'usine, soit en grumes, soit en billes ; ils sont débités au moyen de scies à grumes avec le minimum de perte et selon les besoins du client. Les quartiers écorcés (sauf ceux d'essences très tendres) sont ensuite placés, suivant leur dureté, dans des chambres de vapeur ou dans des cuves d'eau bouillante ; on les y laisse séjourner un temps qui varie afin d'amollir les fibres du bois et donner à celui-ci l'élasticité nécessaire pour la conversion en placage par le moyen de la machine à trancher ou par celui de la dérouleuse, selon les cas.

La machine à trancher à plat se compose d'un bâti rectangulaire dont les deux grands côtés supportent des glissières guidant une partie mobile qui est le chariot porte-couteaux.

Dans le rectangle formé par les côtés du bâti est placé un plateau supporté aux quatre coins par des vis. Des roues dentées placées à la base de ces vis et mues par une chaîne les reliant entre elles impriment au plateau un mouvement ascendant ou descendant, suivant les besoins.

Le chariot, que l'on peut comparer à une varlope de grandes dimensions, se meut sur les glissières avec un mouvement rythmé d'avancement et de recul.

A chaque avancement du chariot, le couteau-lame de 0 m. 002 d'épaisseur, placé sur une pièce du chariot nommé porte-lame, et maintenu par un contre-fer, enlève une feuille de placage. Un mécanisme spécial, avant le nouveau passage du couteau, fait monter le plateau et la pièce à trancher de l'épaisseur de la feuille. A sa sortie de la machine la feuille de placage est saisie par l'ouvrier et placée sur une table où le quartier ou billon est exactement reconstitué.

Le déroulage. — Le déroulage a pour but d'obtenir des feuilles de grandes dimensions dans des bois d'un diamètre réduit. La pièce à dérouler est fixée par ses extrémités sur l'axe de la machine, lui donnant ainsi l'aspect d'un laminoir.

En tournant, l'axe entraîne la bille et le couteau, à son contact, détache à sa surface une feuille de placage, comme un tourneur tire avec son outil un copeau du bois qu'il façonne.

Dans cette machine le couteau, pendant une révolution entière de la bille, avance d'une façon continue sur le bois de l'épaisseur de la feuille ; un trait longitudinal fait dans la bille avant le déroulage interrompt la feuille à chaque révolution. Sans cette coupure le déroulage donnerait une seule feuille de l'écorce ou de son liber, au cœur, feuille qui dans une bille de 0 m. 50 de diamètre déroulée en épaisseur courante aurait environ 400 mètres de longueur.

Les feuilles tranchées ou déroulées pour placages sont ensuite étalées dans des séchoirs à air libre, sur des claies, jusqu'à ce que leur dessiccation soit complète. Elles sont, en dernier lieu, rassemblées et reconstituées par billes, puis mises en paquets de 30 à 50 feuilles lorsque les parties défectueuses en ont été enlevées.

Le tranchage et le déroulage ont le précieux avantage de donner des feuillets de parfaite qualité, supprimant tout rabotage et procurant une grande économie de matière, de matériel, de temps et de main-d'œuvre.

En 10 heures de travail, une trancheuse peut produire 25 mètres cubes de bois tendres, ou 5.000 mètres carrés de feuillets de 5 millimètres d'épaisseur.

Contre-placage. — Le contre-placage est une industrie toute récente qui rend déjà d'immenses services dans le matériel de chemins de fer, l'ébénisterie, la lutherie, la menuiserie, la carrosserie, la caisserie, l'aviation, etc. Elle a pour but l'assemblage de feuilles de placages posées les unes sur les autres, à contre-fil, c'est-à-dire que le fil du bois est perpendiculaire au fil du placage extérieur.

Ces feuilles ainsi juxtaposées, à fils contrariés, sont collées à l'aide d'une composition spéciale, puis compressées (sinon laminées) de telle façon que l'ensemble des bois contre-plaqués se compose de feuilles absolument homogènes et en épaisseurs variant de 2 à 5, suivant l'usage auquel ce contre-placage est destiné.

Les qualités principales obtenues par ce procédé si ingénieux, sont : légèreté, flexibilité, solidité. En outre, le contre-placage ne joue pas, ne se gondole pas et peut se cintrer facilement.

Les bois indigènes de gros diamètre, de 0 m. 60 à 1 mètre, sont les plus employés pour les placages, tels que le chêne, le noyer ; pour le contre-placage : le hêtre, le peuplier, le grisard, le sycomore, l'aune, le tilleul. D'autre part, les bois exotiques utilisés pour le placage sont : l'acajou, le satiné, le palissandre, le bois violette, le bois de rose, le noyer d'Amérique, ainsi que les plus belles de nos essences coloniales de la Côte d'Ivoire, du Congo et de l'Indo-Chine; pour le contre-placage: le tulipier d'Amérique, l'okoumé du Gabon, le fromager de l'Afrique occidentale, etc., seront intéressants à utiliser.

Dans la carrosserie automobile, les panneaux contre-plaqués ont trouvé une importante application ; ils résistent, en effet, à toutes les vibrations de la route, à la chaleur et à l'humidité.

Le poids moyen de ces panneaux varie de 1 kil. 900, pour une épaisseur de 0 m. 003, à 6 kilogrammes, pour une épaisseur de 0 m. 009, avec des dimensions de 0 m. 61 à 4 m. 60, sans raccord ni joint en longueur et hauteur. Il résulte de ces chiffres que le contre-placage pèse six fois moins que le bois massif avec une résistance que l'on peut dire décuplée ; un panneau de 0 m. 005 offre une solidité équivalente à celle d'une planche de 0 m. 05.

L'industrie du bois contre-plaqué est très florissante en Russie où d'immenses forêts renferment les essences les plus recherchées par cette spécialité, tels que le bouleau, le tremble, l'aune, le sapin, dont les dimensions exceptionnelles, la densité légère et le prix très bas permettent d'obtenir des avantages qui assurent aux producteurs de ce pays une supériorité difficile à concurrencer.

Néanmoins, la France pourrait prendre la place la plus honorable dans ce genre d'industrie si l'emploi du peuplier était adopté d'une façon plus générale par nos fabricants ; par son abondance relative et sa reconstitution rapide, cet arbre offre et peut offrir des ressources abondantes : on pourrait aussi recourir aux essences de densité légère dont l'Afrique occidentale française est richement pourvue. Une élévation opportune et raisonnée des tarifs douaniers sur les bois contre-plaqués étrangers permettrait à notre production de soutenir la lutte avec des chances indéniables de succès.

Le bois coloré artificiellement.

La coloration artificielle des bois s'opère indistinctement sur les grumes, les planches et plateaux, aussi bien que sur les feuilles de placages.

Les essences les plus aptes à ce genre de traitement sont le sycomore, le charme, le hêtre, le tilleul, le poirier et l'alizier.

Cette industrie spéciale se heurte aux mêmes difficultés que nous avons signalées aux précédents paragraphes de ce rapport : difficultés d'approvisionnement en grumes dont la quantité, la qualité et les dimensions diminuent d'année en année par suite du déboisement intensif de nos réserves ; élévation du prix, etc.

Pour colorer le bois, on immerge les débits dans des cuves remplies de teinture, ou bien l'on injecte les grumes selon les procédés employés pour les poteaux télégraphiques, soit même par des moyens électriques; toutes les couleurs peuvent être utilisées : noire, rouge, violacée, bleue, etc.

LE CONGRÈS ÉMET LES VŒUX SUIVANTS :

VŒUX GÉNÉRAUX

I. *Que toutes les régions qui le permettent soient plantées ou replantées.*

II. *Que l'importation des bois à œuvrer qui nous font défaut ou dont la rareté nous entraîne à des coupes prématurées soit, dans une certaine mesure facilitée.*

III. *Que la connaissance de toutes les essences utilisables de nos immenses réserves coloniales soit vulgarisée par tous les moyens, tant pour la mise en valeur de ces réserves que pour conjurer l'appauvrissement des forêts de France.*

VŒUX SPÉCIAUX

En ce qui concerne les pâtes à papier :

IV. *Que l'importation des pâtes étrangères et des bois dits « à pâtes » soit facilitée par des abaissements de tarifs douaniers qui ne sauraient léser nos industriels, puisque ceux-ci ne produiront jamais assez de pâtes pour satisfaire à la consommation et ne disposent sur place que de faibles quantités de matière première.*

V. *Que les formalités douanières soient simplifiées en prenant pour base le poids indiqué sur le connaissement avec tolérance de 10 % en plus ou en moins.*

VI. *Que pour la fabrication de la pâte on fasse emploi en plus grande quantité non seulement de chiffons, mais encore de l'alfa, des fibres de chanvre, de maïs, de lin, de jute, de phormium, de bambou, puis de toutes les essences tendres de nos colonies de l'Afrique occidentale française et du Congo.*

VII. *Que nos dunes du Nord, moins propices à la croissance des pins, soient plantées de graminées à racines étendues, comme l'orjat; celles de Normandie et de Bretagne, de pins, sapins, etc.*

VIII. *Que nos montagnes soient plantées de hêtres et de mélèzes et autres arbres.*

IX. *Que sur les lignes de transport les tarifs soient proportionnés à la valeur de la matière première.*

En ce qui concerne la fibre de bois :

X. *Que le taux de la taxe d'introduction des bois à fibre soit abaissée au niveau de celui de la taxe des bois à pâtes à papier.*

En ce qui concerne le sabotage, le cerclage, les bois courbés et cintrés :

XI. *Que l'importation des bois employés dans ces industries spéciales soit facilitée par tous les moyens en attendant le reboisement indigène.*

En ce qui concerne le contre-placage :

XII. *Que l'emploi du peuplier soit généralisé et qu'il soit procédé à des replantations incessantes de cette essence et plus particulièrement le long des rivières et canaux.*

XIII. *Que l'on ait recours aux bois de densité légère qui se trouvent dans nos colonies.*

XIV. *Que les droits de douane soient élevés d'une manière raisonnable et opportune sur les bois contreplaqués étrangers.*

M. le Président. — M. Marcel a émis plusieurs sortes de vœux, d'abord des vœux généraux, ensuite des vœux spéciaux. En ce qui concerne les vœux généraux, M. Marcel propose au Congrès d'émettre les vœux suivants :

« 1° *Que toutes les régions qui le permettent soient plantées ou replantées* ».

M. PELLETIER DE MARTRES. — Au lieu de « *plantées ou replantées* », je propose de mettre « *reboisées* ». On procède en matière forestière de trois façons ; par la plantation, par la replantation, et par les semis ; mais il y a un mot qui renferme le tout, c'est le mot « *reboisement* » ; c'est bien l'idée de M. Marcel?

M. MARCEL. — Absolument.

Le vœu est adopté avec la substitution du mot « *reboisement* ».

M. LE PRÉSIDENT. — Nous passons au paragraphe 2 :

2° *Que l'importation des bois à œuvrer qui nous font défaut ou dont la rareté nous entraîne à des coupes prématurées soit dans une certaine mesure facilitée* ».

M. PRAL. — Je demande qu'on précise en disant que les compagnies des chemins de fer ne mettent pas d'obstacle à l'importation des bois exotiques communs de nos colonies.

M. HOLLANDE. — Je crois qu'il faudrait laisser cette question tout à fait de côté et au contraire s'appuyer sur ceci, c'est que tous les bois de nos colonies devraient profiter d'un tarif tout à fait spécial.

M. PELLETIER DE MARTRES. — Les bois venant de nos colonies entrent sans payer de droits.

M. HOLLANDE. — Je parle au point de vue transport.

M. MARCEL. — J'ai voulu généraliser et parler de toutes les essences de bois qui nous font défaut et qui doivent être favorisées à tous les points de vue, sans entrer dans le détail des tarifs.

M. LE PRÉSIDENT. — Il n'y a pas d'autres moyens de faciliter l'importation des bois que la douane et les transports ; par conséquent, il faudrait l'abaissement des tarifs douaniers pour faciliter l'importation, d'une part, et d'autre part des tarifs de chemins de fer plus réduits.

M. H. BARBIER. — Je crois que cette question des transports fait l'objet d'une discussion dans une autre section ; je crains qu'après une discussion insuffisamment complète nous votions quelque chose qui soit en contradiction avec ce que décidera la section voisine. Pour ma part, tant qu'il ne s'âgit que d'une question d'égalité, je ne fais pas d'objection.

M. Pral. — Je demande qu'on supprime les barrières, je demande l'égalité.

M. le Président. — Voulez-vous, Monsieur Pral, rédiger votre vœu par écrit?

M. Pral. — Voici ce vœu :

« *Que l'importation des bois à œuvrer qui nous font défaut ou dont la rareté nous entraîne à des coupes prématurées soit dans une certaine mesure facilitée, notamment en taxant le transport des bois exotiques communs de nos colonies, non comme bois précieux comme cela a lieu actuellement, mais au même prix que les bois français de même valeur et de même emploi* ».

M. le Président. — Il n'y a pas d'opposition?

Le vœu mis aux voix est adopté.

M. le Président. — Nous reprenons la discussion des vœux proposés par M. Marcel.

« 3° *Que la connaissance de toutes les essences utilisables de nos immenses réserves coloniales soit vulgarisée par tous les moyens tant pour la mise en valeur de ces réserves que pour conjurer l'appauvrissement des forêts de France* ».

Adopté.

M. Miguel Angel Tobal signale l'importance mondiale de la production de la pâte à papier qui utilise chaque année la production de 3 millions d'hectares de forêts.

Il propose les conclusions suivantes :

1° *Attirer l'attention de tous les pays du monde sur les funestes conséquences qui menacent l'humanité par la dévastation irrationnelle des forêts ayant pour objet la fabrication de la pâte à papier, invitant leurs gouvernements à évoquer l'étude de l'économie industrielle dans cette exploitation.*

2° *Exhorter les pays qui jouissent des climats subtropicaux a encourager la culture du bambou, plante vivace dont la hauteur de quelques variétés atteint 12 mètres et avec laquelle on prépare une pâte des plus appréciée.*

Cette initiative augmenterait considérablement les ressources publiques.

3° *Encourager dans d'autres pays la formation de futaies spéciales formées par des variétés de plantes choisies, destinées exclusivement à cet objet.*

M. le Président. — Nous passons aux vœux spéciaux :
En ce qui concerne les pâtes à papier :

« 4° *Que l'importation des pâtes étrangères et des bois dits « à pâtes » soit facilitée par des abaissements de tarifs douaniers qui ne sauraient léser nos industriels, puisque ceux-ci ne produiront jamais assez de pâtes pour satisfaire à la consommation et ne disposent sur place que de faibles quantités de matière première* ».

M. H. Barbier. — Je vous ferai remarquer qu'il existe en France des quantités assez considérables de fabriques de pâtes à papier. Au moment de l'établissement du tarif douanier, une discussion s'est élevée, qui a pris une ampleur bien différente de celle qu'elle peut avoir ici. A ce moment-là on a eu deux fils conducteurs de la discussion : 1° protéger nos bois nationaux, 2° tenir compte de la main-d'œuvre française. Or, Messieurs, ce vœu va directement à l'encontre de ce qui a été fait à la Commission des douanes : si vous demandez un nouvel abaissement des tarifs, vous allez frapper nos usines de pâtes à papier qui ne sont pas déjà dans une situation très brillante, ainsi que notre main-d'œuvre, et derrière elles, la forêt. Je suis donc personnellement très opposé à ce vœu.

M. le Président. — On vous donne la raison de ce vœu, on vous dit qu'on ne peut pas avoir assez de pâtes à papier en France, et qu'il faut trouver le moyen d'alimenter nos usines.

M. H. Barbier. — Je vous demande la permission de me faire comprendre. Les pâtes à papier sont fabriquées en France en quantité considérable, c'est un fait acquis ; on n'en fabrique pas assez, c'est un autre fait acquis...

M. le Président. — On ne les fabrique pas exclusivement en France.

M. H. Barbier. — Je ne dis pas cela, je dis qu'on n'en fabrique pas assez. Quand la discussion de cette question est venue devant la Commission des douanes, on a chiffré la production française ; je pense que M. le rapporteur va pouvoir nous donner des précisions sur ce point.

M. Marcel. — J'ai donné dans mon rapport la consommation qui était faite en pâtes à papier.

M. H. Barbier. — Je n'y ai pas trouvé le chiffre en tonnes de la production française. Nous allons discuter pendant quelques instants sur des questions de la première gravité, et avec l'autorité qui s'attache à ce Congrès, on va apporter des vœux qui vont jeter le discrédit sur d'autres travaux. Pour ma part, je ne crois pas que nous puissions émettre un vœu contre la forêt française et contre la main-d'œuvre française. Vous demandez un abaissement des tarifs sur les derniers droits fixés par le Parlement, mais je désirerais voir un tableau annexe que M. le rapporteur a sans doute et qui nous éclairerait sur ce qu'il demande.

Vous connaissez les droits sur les pâtes à papier ; on a considéré qu'on était descendu jusqu'à l'extrême limite à la Commission des douanes. Je me résume en vous disant que je vois un gros danger à l'adoption de ce vœu et que personnellement je m'y oppose.

M. Horeau. — Je regrette de ne pas être tout à fait de l'avis de M. Barbier. On a un peu trop en France l'habitude de vouloir tout demander à la douane. Voici le chiffre que vous demandiez, M. Barbier : en 1912, importation de pâtes de bois, 386.000 tonnes, et comparativement à ce chiffre, la France produit annuellement environ 120.000 tonnes de pâtes de bois, donc à peine le tiers de l'importation. Or, pourquoi demander toujours à la douane la protection de l'industrie française, au lieu de demander plutôt à l'industriel de se protéger lui-même en fabricant plus? C'est une question d'ordre général; je l'aurais relevée demain à propos d'un autre vœu du même genre, mais je ne peux pas être ici demain, et pour l'autre question, elle serait beaucoup plus grave. Je crois qu'à force de demander à la douane de protéger l'industrie française on arrive à faire à cette dernière plus de mal que de bien.

M. H. Barbier. — C'est la théorie du libre-échange et de la protection qui seprésente devant vous. Je me résume en vous disant : Si la pâte de bois est produite par des essences très spécialisées quant à présent, notre pays qui n'en est pas très riche, fournit néanmoins le tiers de la production nécessaire à ses besoins. Devant la Commission des douanes on a discuté tout cela, et en somme, on a surtout dit ce qu'il faut que vous entendiez : c'est que, quand l'industrie aura trouvé le moyen d'étendre sa spécialisation à de nouvelles essences, il y a en France un stock énorme de matières ligneuses que l'industrie n'emploie pas et ont elle pourra tirer parti.

M. Hollande. — Au point de vue des droits de douane, je ne suis pas tout à fait de l'avis de M. Barbier, et ce n'est pas parce que cette question a été discutée dans d'autres sections que nous ne devons pas la discuter. La question est de savoir quel est le prix de la pâte à papier fabriquée en France et quel est le prix de la pâte à papier fabriquée à l'étranger. Si nous pouvons produire à meilleur marché, il n'y a aucun inconvénient à ce qu'on abaisse un peu les droits de douane ; si, au contraire, la pâte venant de l'étranger revient à meilleur marché que la nôtre, il faut élever les droits de douane.

M. Laval. — Il y a dans le Massif Central, dans la Creuse, la Corrèze, la Haute-Vienne et le Cantal, des quantités considérables de bouleaux dont on ne sait que faire et qui seraient très bons pour faire de la pâte à papier.

M. H. Barbier. — Je vois que nous sommes, mon cher collègue, M. Hollande et moi, tout à fait en dehors de la question. Sommes-nous ici pour discuter l'intérêt de la forêt française ou l'intérêt de l'industrie ? Discutons-nous, oui ou non, l'intérêt de la forêt française? La question est très délicate. Je ne vais pas vous faire un reproche, mais je ne sais pas, excusez le terme, si vous avez bien dans la peau la forêt française. Vous êtes de brillants industriels de Paris ; moi je suis un rural, un forestier, et je trouve qu'en ce moment nous sortons de la question. Je ne veux faire ici la leçon à personne, mais je crois bien, moi qui ignore tout de votre métier, que vous ignorez un peu le mien. Il existe en France des réserves considérables au point de vue forestier que la science n'a pas encore pu utiliser ; les résineux sont employés pour une part, d'autres essences le seront demain ; les bouleaux du Massif Central vont entrer en ligne à leur tour, et l'aulne aussi certainement. Je connais l'usine qui la traite, et qui précisément ne peut pas lutter contre la pâte à papier importée à cause des difficultés qu'elle éprouve à travailler l'aulne. Et pendant que la forêt française se débat contre ces difficultés industrielles et scientifiques, et en même temps contre les prix relativement bas des pâtes à papier importées, vous allez demander pour la défendre qu'on abaisse ces droits douaniers contre lesquels elle lutte déjà très péniblement! Nous ne sommes plus dans la question. Nous voulons défendre la forêt française par des moyens appropriés ; nous n'avons pas à envisager la situation des industriels qui traitent la pâte à papier, nous ne sommes pas ici pour cela.

M. Hollande. — Je demande à répondre à M. Barbier. Il a dit que nous étions ici pour défendre la forêt française, ce qui est l'absolue vérité, et que je n'envisageais pas la question sous le même angle que lui. Je me permets de lui répondre ceci : Je suis, effectivement, importateur de bois exotiques et de bois coloniaux, mais j'ai assez de grandeur d'esprit, lorsqu'il s'agit de défendre la France, pour mettre de côté tous mes intérêts personnels, et aussi bien mon père que moi nous l'avons souvent prouvé.

Maintenant, Monsieur Barbier, nous entrons dans une question très délicate. Nous sommes ici pour défendre la forêt française, c'est vrai, mais nous sommes aussi ici des patriotes et des français pour défendre le commerce français. Or, si aujourd'hui nous ne nous occupons que de la forêt, — ne mettons pas la forêt française, mettons le bois en général, — nous allons peut-être proposer des vœux, obtenir des satisfactions qui iront complètement à l'encontre des intérêts de nos concitoyens, et un jour ou l'autre, ces concitoyens se lèveront, ils pourront avoir le bras plus long que nous dans les milieux parlementaires et défaire complètement ce que nous aurons fait, obtenir d'autres conditions qui seront complètement en désaccord avec les nôtres.

M. H. Barbier. — M. Hollande a eu raison au-delà de tout ce que je pouvais penser : il a placé la question sur son véritable terrain, il l'a pleinement dévoilée. Si nous suivons M. Hollande, nous sommes ici une section qui va demander la revision des droits de douane au point de vue de l'importation, du commerce et de l'industrie, mais contre la forêt française. Vous déciderez si vous allez le suivre dans cette voie. Le commerce, j'y appartiens et je m'en honore, mais je ne suis pas ici pour défendre les commerçants, je suis ici un sylviculteur, et c'est sur ce terrain, Messieurs, que je vous demande de rester.

M. le baron de Belinay. — Je n'ai pas de chiffres en main, mais je ne crois pas qu'on puisse demander à la forêt française toute la production de pâtes à papier dont l'industrie a besoin ; je doute qu'elle puisse arriver à la moitié sans compromettre l'avenir des forêts.

M. H. Barbier. — Nous espérons qu'elle fournira tout un jour.

M. Hollande. — Je demande si on peut nous donner le prix de revient de la pâte à papier fabriquée en France et celui de la pâte à papier fabriquée à l'étranger.

M. le Président. — Nous n'avons pas ces chiffres-là. Si personne ne demande plus la parole je mets aux voix le vœu n° 4.

Repoussé.

M. le Président. — Nous passons au vœu n° 5 :

« 5° *Que les formalités douanières soient simplifiées en prenant pour base le poids indiqué sur le connaissement avec tolérance de* 10 % *en plus ou en moins.* »

Adopté.

M. le Président. — Nous passons au n° 6 :

« *Que pour la fabrication de la pâte on fasse emploi en plus grande quantité, non seulement de chiffons, mais encore de l'alfa, des fibres de chanvre, de maïs, de lin, de jute, de phormium, de bambou, puis de toutes les essences tendres de nos colonies de l'Afrique occidentale française et du Congo.* »

M. Cannon. — Je voudrais simplement faire remarquer que les produits dont on parle dans le vœu, autant que j'ai pu le comprendre, sont les concurrents du bois, et ce sont les bois que nous défendons.

M. Madelin. — Il ne faut pas oublier que ce congrès est un congrès international, et qu'en ce moment on se plaint de la destruction des forêts, qui provient de la très grande consommation de la pâte à papier qui va toujours en augmentant ; par conséquent, il est très logique que, même au point de vue forestier, nous cherchions à remplacer le bois par d'autres produits comme l'alfa, le maïs, le lin, le phormium. Ce faisant, nous protégerons, non pas le commerce des bois français, mais la forêt du monde qui est en train, non pas d'être mise au pillage, mais d'aller vers la destruction par la consommation de plus en plus grande, qui se multiplie chaque année d'une façon formidable, de la pâte à papier. Il est évident qu'il arrivera un moment où les forêts du monde ne suffiront plus à la fabrication de la pâte à papier. Eh bien, puisque M. le rapporteur nous offre de l'alfa, du phormium, etc., précipitons-nous sur ces succédanées.

Je me demande cependant à qui ce vœu s'adresse, car je crois que tous les commerçants et tous les industriels font des travaux considérables pour remplacer le bois par d'autres produits ; le jour où ils auront trouvé le moyen de le faire économiquement, ils emploieront ces autres produits. Je pense que le Congrès, en les encourageant ne fera que les faire persévérer dans la voie où ils sont entrés.

M. le Président. — Je vais mettre le vœu aux voix.

M. H. Barbier. — Je désire répondre à M. Madelin, Il a donné d'une façon bien nette la mentalité de l'Administration forestière française. Il voit avant tout, et c'est le premier de ses devoirs, la perrennité de la forêt, le reste vient après. Et en effet, la pérennité de la forêt sera d'autant plus assurée qu'on lui demandera moins de produits. Eh bien! nous, forestiers français, nous savons que si un tiers de notre production a un débouché large et facile, la grosse quantité ne trouve plus acheteur ; nous savons qu'une masse de bois, les bouleaux du Centre, les hêtres de petite dimension, tout le menu bois, restent invendables ; la pâte de bois est là qui peut leur offrir un débouché.

M. Mathieu. — Pourquoi ne s'en sert-on pas? Si on ne les emploie pas, c'est qu'on n'a pas encore trouvé le moyen de les employer; le jour ou vous aurez trouvé ce moyen, alors, je comprends que vous veniez dire qu'on maintienne les droits de douane, mais actuellement, nous n'avons pas l'emploi de ces bois-là. Attendons demain avant de prendre une détermination.

M. H. Barbier. — Les éclaircies des pins de Sologne conviennent à merveille aux pâtes à papier ; on ne les emploie pas à cause de l'entrée à bas prix des pâtes étrangères.

M. Pelletier de Martres. — Je vais vous donner la raison pour laquelle on n'emploie pas certains bois, le bouleau et le tremble, par exemple : c'est parce qu'on n'en trouve pas des quantités suffisantes pour être envoyées à l'usine ; il y en a de trop petites quantités, alors on les laisse.

J'ajoute — et ceci rentre directement dans l'objet du Congrès — qu'à l'heure actuelle, on travaille d'une façon très pertinente sur le hêtre, que la question est pour ainsi dire au point, et que nous touchons au moment où on pourra employer le hêtre pour la fabrication de la pâte à papier. J'ai des camarades qui s'occupent comme ingénieurs de la question pour un des plus grands journaux de Paris ; elle est presque au point, quand elle le sera complètement, nous pourrons peut-être donner de la valeur à nos taillis de hêtre. Ce ne sera pas long ; il ne se passera pas un an avant que la solution soit trouvée, elle est imminente.

M. LE PRÉSIDENT. — Je mets aux voix le vœu n° 6.

Adopté.

Nous passons au vœu n° 7 :

« 7° *Que nos dunes du Nord, moins propices à la croissance des pins, soient plantées de graminées à racines étendues, comme l'orjat ; celles de Normandie et de Bretagne, de pins, sapins, etc.* ».

M. LE PRÉSIDENT. — Sous le bénéfice de la suppression du mot « *sapins* », je mets le vœu aux voix.

Adopté.

Nous passons au vœu n° 8 :

« 8° *Que nos montagnes soient plantées de hêtres et de mélèzes et autres arbres* ».

Adopté.

Vœu n° 9 :

« 9° *Que, sur les lignes de transport, les tarifs soient proportionnés à la valeur de la matière première.* »

M. PELLETIER DE MARTRES. — C'est d'ailleurs la valeur de la matière première qui a constitué la base des tarifs.

M. LE PRÉSIDENT. — Pas d'opposition? Le vœu est adopté.
Nous arrivons à la fibre de bois :
En ce qui concerne la fibre de bois :

« 10° *Que le taux de la taxe d'introduction des bois à fibre soit abaissé au niveau de celui de la taxe des bois à pâtes à papier* ».

M. H. BARBIER. — Ah ! jamais de la vie !

M. MADELIN. — Du fait que nous avons refusé de voter le premier vœu, nous serions illogiques en votant celui-ci.

M. LE PRÉSIDENT. — Le vœu n'est pas pris en considération.
Continuons :
En ce qui concerne le sabotage, le cerclage, les bois courbés et cintrés :

« 11° *Que l'importation des bois employés dans ces industries spéciales soit facilitée par tous les moyens en attendant le reboisement indigène.* »

Sur l'intervention de M. H. Barbier, Brion et Pral, le vœu est retiré.

M. LE PRÉSIDENT. — Nous arrivons au vœu n° 12 :
En ce qui concerne le contre-placage :

« 12° *Que l'emploi du peuplier soit généralisé et qu'il soit procédé à des replantations incessantes de cette essence et plus particulièrement le long des rivières et canaux.* »

Adopté.

« 13° *Que l'on ait recours aux bois de densité légère qui se trouvent dans nos colonies.* »

Adopté.

« 14° *Que les droits de douane soient élevés d'une manière raisonnable et opportune sur les bois contreplaqués étrangers.* »

M. H. BARBIER. — Ah ! cela va mieux ! C'est la forêt qui répond ! Nous vous félicitons, Monsieur Marcel !

M. MARCEL. — S'il y avait assez de peupliers en France, le vœu ne se présenterait pas.

Le vœu mis aux voix est adopté.

M. LE PRÉSIDENT. — La parole est à M. Puteaux pour la lecture de son rapport sur les BOIS DE SCIAGE ; OUTILLAGE, DÉBIT, MENUISERIE, PAVÉ.

M. PUTEAUX. — Une documentation très complète et une étude approfondie de la question permettraient seules de présenter ici une revue de tout ce qui a été créé pour travailler le bois de nos forêts et l'utiliser pour nos innombrables besoins.

Pour rester dans les limites du sommaire à développer, il convient de prendre l'arbre à sa chute, lorsqu'il vient d'être amené, élagué de ses branches, à l'endroit où l'exploitant va avoir à l'examiner pour être débité.

Cet examen fait, la question « outillage » reste entière à étudier suivant un ordre que l'importance de l'outil indique, en tenant compte également des perfectionnements très réels apportés à chacun d'eux depuis leur création.

Forcément un peu d'histoire s'impose pour attester avec plus d'éclat les progrès accomplis dans cette branche de l'activité humaine.

Et enfin pour compléter et terminer cette énumération commentée de l'outillage du sciage et du travail mécanique des bois, une adresse de félicitations aux précurseurs des appareils de protection destinés à ces mêmes outils qui, s'ils forcent notre admiration par la complexité de leur conception, doivent également retenir notre attention pour les accidents, toujours trop nombreux, qu'ils occasionnent aux ouvriers chargés de les conduire.

Tronçonnage des grumes.

Ce travail se fait de deux façons :

1° A la main, à l'aide de la scie à main, dite « passe-partout ». L'opération, très simple, ne comporte aucune description.

2° A la mécanique, par machines fixes et machines mobiles, mues par la vapeur ou l'électricité.

L'électricité, cette force capricieuse, non encore asservie à tous nos besoins, a contribué pour beaucoup à la généralisation de ce système. En effet, beaucoup de nos exploitants utilisent aujourd'hui la « tronçonneuse électrique » et en apprécient la conduite pratique et facile.

Débit des grumes

Le débit des grumes se fait :

1° A la main.
2° A la scie circulaire.
3° A la scie alternative.
4° A la scie à ruban.

Débit à la main. — Il est juste de dire qu'aujourd'hui ce genre de travail, auquel se livraient nos scieurs de long tend à disparaître. Les moyens de production actuels éliminent peu à peu ce mode de débit, tant sont nombreux les avantages obtenus par l'emploi des machines-outils.

Débit à la scie circulaire. — La scie circulaire est formée d'un bâti supportant un double palier dans lequel tourne un arbre en acier, aux extrémités duquel sont fixées, d'un côté, les poulies de commande et, de l'autre, la lame.

Cet outil dont la conduite exige quelque expérience est surtout apprécié dans les exploitations forestières.

Débit à la scie alternative. — Cette machine est composée d'un châssis porte-lame animé d'un mouvement alternatif et coulissant dans les montants d'un bâti en fonte. La grume à débiter y est amenée à l'aide d'un chariot.

Cette scie, d'un emploi très varié, peut être à plusieurs lames ou à une seule sur le côté ; de plus, elle peut être verticale ou horizontale.

La *scie alternative à plusieurs lames* est destinée au débit en planches ou en plateaux, des bois en grume et des fortes pièces équarries; elle débite un arbre d'un seul coup et sa production est très grande.

L'amenage se fait par cylindres cannelés et par chaînes, par crémaillères et par cylindres cannelés commandés.

La *scie alternative à une lame* sur le côté jouit d'une grande faveur pour son travail de précision.

La *scie horizontale alternative* a une lame à denture spéciale permettant le sciage en allant et en venant.

La *scie horizontale alternative à bois montant* s'emploie spécialement pour le débit des bois des îles, en feuillets et placage. La perfection de son sciage est absolue.

La *scie verticale à une ou plusieurs lames* peut débiter deux ou une seule pièce à la fois, selon le nombre de lames et de rouleaux entraîneurs.

La scie dite *scie à cylindres* est recherchée pour les beaux sciages qu'elle donne et la régularité du travail qu'elle assure.

Débit à la scie à ruban. — Avec cette machine, une véritable révolution s'est produite dans le débit des bois, qu'il s'agisse de grume ou de bois équarris.

Longtemps la scie alternative avait été considérée comme l'outil rêvé, le seul possédant les perfectionnements nécessaires au renoncement absolu de l'intervention du scieur de long d'abord, de la scie circulaire ensuite. Cet entraînement automatique et rythmé de l'alternative, c'était l'idéal.

Chimérique illusion ; la concurrence, ce stimulant nécessaire à notre activité, devait et pouvait espérer mieux encore.

Cette recherche du mieux fut, en effet, le fait d'un modeste ouvrier menuisier bordelais qui, le premier, eut l'idée de faire travailler une lame de scie sur deux volants superposés.

Le principe de la « lame sans fin » était trouvé et son application, rapidement perfectionnée, donna naissance à la *scie à ruban à grumes et à cylindres* que nous admirons aujourd'hui dans nos usines.

La *scie à ruban à grumes*, constituée par un bâti en fonte, porte une poulie à sa partie supérieure et une inférieure.

Sur ces deux poulies tourne une lame en acier dentée et soudée.

La pièce de bois est amenée contre la lame au moyen d'un chariot à agrafes et à griffes.

Tous nos constructeurs ont rivalisé pour doter cette machine de tous les perfectionnements désirables et nous devons nous réjouir que là encore notre pays tienne la tête avec quelques maisons considérées comme les plus réputées de nos marques françaises dans ce genre de fabrication.

Afin de ne pas prolonger la nomenclature de ces sortes de machines, nous nous en tiendrons donc à la description sommaire du *ruban à grumes* le plus perfectionné.

Détail à retenir : un seul homme peut conduire cette machine sans avoir à se déranger, tous les appareils de commande se trouvent sur le socle, à portée de la main.

A l'aide de la division automécanique, l'ouvrier n'a qu'à indiquer sur un cadran, au moyen d'une aiguille, la division correspondante à l'épaisseur à obtenir.

La simplicité du mécanisme permet à l'ouvrier, à la fin de chaque trait, de ramasser et de soutenir le bois.

Si l'on ajoute à cela que des appareils de dégagement très ingénieux concourent au fonctionnement facile et rapide de la machine, on peut en conclure que la main-d'œuvre aidante est totalement supprimée et que la production de cet outil est rendue tout à fait intéressante du fait que la lame travaille utilement dans le bois pendant un temps très appréciable.

Pour ne rien omettre des avantages de cette machine, il convient d'ajouter que les arbres, en acier dur, sont montés sur roulement à billes. Tout danger d'échauffement est ainsi écarté en même temps qu'est assurée une économie considérable d'huile et de force motrice.

Bois de sciage. — Le débit des grumes est terminé, les différents sciages exécutés au mieux des intérêts de l'exploitant et de ses besoins, arrivent à la scierie proprement dite, celle chargée d'alimenter une clientèle aussi nombreuse que variée.

L'outillage mécanique, chargé d'assurer les besoins de notre industrie, mérite une description largement commentée où la partie technique doit occuper la première place.

Lames de scie. — La lame de scie, âme de toute machine, appelle tout d'abord notre attention.

Sa préparation, son épaisseur, sa denture, la forme de cette denture, sa profondeur et son écartement, sa tension, la voie qu'il convient de lui donner, les précautions à prendre pour la mettre en mesure de donner de beaux, réguliers et rapides sciages, la façon de la rebraser et de la remettre en état après un accident au cours du travail, sont autant de points délicats à examiner.

En raison de leur grande longueur et de leur faible épaisseur, du peu de tension qu'on peut leur donner, les lames de scie demandent, pour bien fonctionner, à être usinées dans d'excellentes conditions.

De plus, devant s'enrouler continuellement autour des poulies de la machine et être par conséquent constamment ployées, elles demandent à être de très bonne qualité.

Les lames de scie doivent avoir une épaisseur en rapport avec le diamètre des poulies sur lesquelles elles s'enroulent.

Trop épaisses elles cassent ; trop minces, elles ne sont pas assez rigides.

De 6/10e à 13/10e pour des variations dans les diamètres des poulies jusqu'à 2 mètres. Telles sont les épaisseurs à observer.

La largeur est déterminée d'après les courbes que l'on veut exécuter. Employées au débit des bois en grume et au dédoublage des madriers et des plateaux, cette largeur est approximativement de 1/18e du diamètre des poulies.

Trois dentures sont employées : dents mariées, à gencives, à crochets, selon la nature du bois à débiter.

De la forme de la denture, de son écartement (15 à 30 millimètres) et de la voie, donnée régulièrement et suffisamment (2/3 aux 3/4 de l'épaisseur de la lame), dépend la bonne marche d'une lame de scie à ruban.

Dans ces dernières années, une denture à grand logement de sciure, avec dents écrasées, a été préconisée et, on peut le dire, employée avec succès dans le débit des grumes, bois verts ou demi-secs.

Jusqu'à présent, ce système de denture n'a pu se généraliser et s'appliquer aux bois de sciage secs.

Il est à remarquer toutefois qu'au point de vue travail de la lame, ce système de denture assure un travail régulier de toutes les dents et un dégagement plus intensif de la sciure produite, partant une production plus grande.

L'affûtage d'une lame de scie à ruban, restée longtemps l'apanage d'un petit nombre d'ouvriers spécialistes, tout en restant l'opération la plus délicate et la plus sérieuse dans la préparation de la lame, a subi une évolution heureuse par l'emploi de la machine à affûter.

Tout d'abord fabriquée pour exécuter l'affûtage de la dent à l'aide d'un tiers-point, elle n'est plus guère employée maintenant que montée avec meule artificielle défonçant automatiquement la denture.

Les mouvements réguliers dont la meule est animée assurent un affûtage parfait où la main de l'ouvrier n'intervient que pour la mise au point des organes de la machine. Le rôle de l'affûteur, plus effacé que jadis, se révèle encore dans ce qui reste à faire à la lame qu'il vient d'enlever, affûtée, de dessus la machine.

La voie, bien que pouvant se donner mécaniquement par cette même machine, reste encore, avec le planage, le bagage de tout ouvrier affûteur capable et sérieux.

Exception est faite cependant pour la denture à voie écrasée, pour scies à grumes, pour laquelle deux appareils, très ingénieux et d'une précision remarquable, sont employés.

La rupture d'une lame, qu'elle soit le fait d'une trop grande épaisseur de la lame par rapport au diamètre des poulies, d'un affûtage incomplet du fond des dents ou d'une mauvaise conduite sur la machine, donne lieu au brasage ou suture des extrémités disjointes par les causes précédentes.

Le brasage d'une scie nécessite encore un tour de main spécial pour ne pas risquer de détremper la lame exposée au feu de forge.

Là encore la machine à braser est préconisée et employée avec succès. La brasure au cuivre n'est plus usitée que pour le brasage à la main à l'aide de la forge ; en raison de la température nécessitée pour amener la fusion du cuivre, il est fait usage, avec la machine à braser, de la soudure d'argent.

Pour de multiples raisons, une lame de scie à ruban peut :

a) Se détendre par suite d'un excès de tension dans le travail d'une marche trop longue à une vitesse anormale sans être réaffûtée ; de la rencontre, et du choc qui en est la conséquence, d'un corps étranger, voire même d'un éclat de bois, dans la lumière de la table du ruban à cylindres ; d'un montage ou démontage inexpérimenté sur les poulies porte-lames.

b) Recevoir un « tour de reins », un « gauche ».

c) Se creuser au dos et ne pas, pour ces raisons, descendre bien perpendiculairement dans ses guides.

C'est ici que le planage s'impose ; il se fait au marteau, dans des conditions spéciales pour « ramener la lame ».

La machine à tendre les lames intervient également pour compléter l'action du marteau, mais le plus souvent lorsqu'il s'agit de lames encore larges, presque neuves, sur lesquelles la pression exercée par les cylindres de la machine à tendre peut se faire partiellement.

Un autre accident peut survenir également à une lame en marche. Elle peut couper un clou, une pierre, un gravier sertis dans un des morceaux à débiter ou dissimulés dans une gerce ; parfois même une balle de chasseur ou de tir.

De ces différentes rencontres, ce qui peut résulter de plus heureux, c'est l'obligation de réaffûter la lame « mouchée » et le pire, c'est le dédentage partiel sur une grande longueur, accompagné d'un gauchissement de la lame.

Le remède apporté à ce genre d'accident, en plus du temps perdu, se traduit par, si cela est possible, car il est des cas où la lame doit être mise hors de service, un réédentage de la lame accidentée. Rebrasée, replanée, elle peut parfois continuer un service normal.

Quelque superflu que puisse paraître cet exposé de l'utilisation de la lame de scie à ruban, nous n'avons pas cru pouvoir nous en dispenser pour nous aider à formuler des vœux auxquels s'associeront sans restriction tous les industriels intéressés.

Cette digression fait ressortir davantage combien est appréciable la lame de scie à ruban bien préparée pour le travail qui peut lui être demandé avec les scies à ruban, à cylindres, actuellement dans nos scieries.

La scie à ruban, à cylindres, pour ne citer que celle-là, à l'instar de celle à grumes, décrite dans un autre chapitre, procède de la même conception au point de vue de l'esthétique dans la forme et la robustesse dans tous ses organes

Nos maisons françaises lui ont donné l'indélébile marque d'une supériorité que l'étranger copie souvent sans pouvoir l'imiter.

Cet outil remarquable, pourvu de la lame de scie qui convient, peut donner une production dépassant l'imagination et cela, sans que l'ouvrier chargé de le conduire éprouve de surmenage ; bien au contraire, il est entraîné presque malgré lui à utiliser cette force qu'il a en mains et à lui demander tout ce qu'elle peut donner.

Cette attirance se conçoit très bien d'ailleurs lorsqu'on examine les différents organes de cette machine.

Tendre sa lame, modérer ou accélérer l'allure de l'avancement du bois entraîné par les cylindres, débrayer... tout cela n'est qu'un jeu auquel l'ouvrier s'entraîne de lui-même tant son désir est grand de demeurer malgré tout le maître de sa machine.

Les merveilleux perfectionnements apportés à cet outil dans ces dernières années ont facilité de beaucoup l'éclosion de nombreuses scieries mobiles ou fixes qui toutes concourent à rendre plus rapides nos transactions et à satisfaire les exigences d'une clientèle toujours plus nombreuse.

En nombre restreint d'abord, les scies à ruban à cylindres, rencontrèrent de fervents adversaires auprès des détenteurs de scies alternatives (décrites plus haut) ; bien plus, la clientèle, à l'instigation de ces réfractaires au progrès, fit chorus pour repousser l'emploi de cette nouvelle machine à « sabrer le bois ».

Aujourd'hui qu'il est reconnu et avéré que la précision et la rapidité peuvent être obtenues avec la « sice à ruban à cylindres », les détracteurs d'antan sont muets et s'inclinent.

La supériorité incontestable de cet outil est un facteur sérieux de prospérité pour nos exploitations et scieries provinciales ou parisiennes et ce serait nier l'évidence que de ne pas reconnaître que les bois de sciage, dont en France il se fait un si grand trafic, n'ont pas recueilli quelques profits des perfectionnements apportés à ces machines dans cette partie de notre outillage mécanique.

Menuiserie. Les bois destinés à la menuiserie, qu'il s'agisse de bois blanc, de sapin ou de bois d'essence, sont façonnés aujourd'hui par une série de machines de la plus ingénieuse conception.

La nomenclature, un peu longue, de ces outils s'impose cependant.

La scie alternative à arc ou à sangle, indispensable aux ébénistes pour les découpages intérieurs.

La scie circulaire à axe fixe ou mobile, permettant d'exécuter une foule d'ouvrages qui se rencontrent fréquemment dans la menuiserie et l'ébénisterie, notamment les feuillures.

La scie circulaire à table inclinable.

La scie circulaire à amenage automatique par cylindres verticaux conjugués ou horizontaux, spécialement employée par les scieries travaillant les bois du Nord.

La même scie pour tirer de largeur les frises de parquet de pin ou de chêne.

La scie circulaire pour le bouvetage en bout des lames de parquet.

Telles sont les principales scies circulaires à l'aide desquelles certains travaux de menuiserie sont exécutés en quantités et dans des conditions de rapidité et de fini d'exécution inconcevables.

La raboteuse joue également un très grand rôle dans la menuiserie. Construite pour raboter une, deux, trois ou quatre faces, isolément ou simultanément, elle défie la main-d'œuvre la plus experte.

Combinée avec la toupie, cette machine exécute de véritables merveilles.

La raboteuse quatre faces ou parqueteuse à grande production, d'une construction très complexe, a retenu longtemps les soins de nos constructeurs.

Aujourd'hui, cette machine, chef-d'œuvre de mécanique, donne toute satisfaction.

Les machines à moulures, dites toupies, sont très employées en menuiserie en raison du travail varié qu'elles peuvent donner.

On doit distinguer dans cette catégorie les machines à faire les moulures, sur une seule face, sur trois et quatre faces à la fois. Cette dernière est la plus usitée dans les ateliers de menuiserie de quelque importance.

Quelques autres toupies méritent également d'être signalées ; telles sont : celle à table mobile pour les moulures courbes, ne pouvant se travailler sur la table.

La toupie horizontale pouvant recevoir des outils à ses deux extrémités.

La toupie dite machine à défoncer employée par les ébénistes, les menuisiers, les modeleurs, pour défoncer les panneaux, préparer les reliefs de sculpture, faire les refouillements. Elle remplace, dans certains cas, la machine à percer.

Comme tenant une place assez large dans l'outillage mécanique de menuiserie, on doit citer :

La dégauchisseuse remplaçant le varlopeur le plus habile. Nous ne saurions trop recommander, dans tous les cas, de munir cette machine d'un porte-outil circulaire, avec fers minces, système « Rivite », dont l'application aux raboteuses est très appréciée.

Tenonneuses et mortaiseuses, ainsi que quantité d'autres petits outils, clôturent la série de ces machines à bois, merveilleuses de précision et de rapidité.

Dans cette branche de la mécanique, la France tient encore un rang digne d'elle ; la compétence de nos ingénieurs ne s'est pas démentie et les notables efforts de nos constructeurs ont puissamment aidé à la notoriété incontestée de notre outillage connu et apprécié du monde entier.

Pavé.

En ce qui concerne la fabrication du pavé de bois, il suffira de dire que ce travail est obtenu à l'aide de scies circulaires à lames multiples placées à l'extrémité inférieure d'un balancier vertical oscillant automatiquement.

La production de cette machine est considérable et ne comporte aucune description spéciale.

Conclusions. — Avant de terminer ce rapport qui a mis en relief, peut-être trop amplement, la valeur de notre outillage national, qu'il nous soit permis d'émettre un vœu cher à tous les industriels :

« C'est qu'il soit mis tout en œuvre pour prévenir les accidents pouvant survenir aux ouvriers chargés de la conduite de ces machines-outils, nos précieux auxiliaires ».

Cette recherche des moyens d'assurer la protection des travailleurs a été l'objet d'études d'autant plus suivies qu'il est plus facile, plus humain et moins coûteux, de prévenir un accident que de le réparer.

C'est dans cette pensée d'humanité d'abord, d'intérêt général ensuite, que l'Association des Industriels de France a contribué à l'organisation, au Conservatoire national des Arts et Métiers, du Musée de prévention des accidents du travail et d'hygiène industrielle.

Aidée en cela par les pouvoirs publics, cette Association a ouvert ses rangs aux sommités industrielles dont les efforts unis aux connaissances professionnelles de nos praticiens ont permis d'augurer le jour prochain où la sécurité absolue du travailleur sera assurée par des appareils *réellement utilisables*.

Ce résultat obtenu sera tout à la gloire de ces bienfaiteurs du travail.

Comme conséquence de ce travail, la 3e Section (Technologie forestière) du Congrès Forestier International émet les vœux suivants :

I. *Que plus de précautions soient prises pour préserver les arbres en bordure de nos routes, lavoirs et cours d'eau, des clous ou déprédations quelconques ayant le caractère, non pas de malveillance au sens propre du mot, mais d'impardonnable ignorance.*

II. *Que les stands ou champs de tir soient suffisamment éloignés des parties boisées pour éviter que des balles perdues ne viennent compromettre l'existence de nos plus beaux arbres.*

III. *Que des appareils de protection,* véritablement pratiques, *soient créés pour la conduite, sans danger, des machines-outils.*

M. Horeau. — Je crains que vous ne donniez des armes aux inspecteurs du travail sur le dos des industriels. Constamment les inspecteurs du travail viennent nous dire que nos appareils ne sont pas suffisamment pratiques, ne protègent pas assez les ouvriers. Je puis vous citer un exemple : J'ai chez moi — ce n'est pas en France, c'est en Belgique — des scies circulaires à scier des fagots; eh bien! l'inspecteur du travail voudrait que la lame des scies soit enveloppée complètement pour scier des fagots de tous les diamètres !

M. le Président. — Le vœu paraît indiquer que tous les procédés actuels ne sont pas pratiques, puisqu'il demande qu'on en crée de véritablement pratiques.

M. Puteaux. — C'est un encouragement aux inventeurs. Le rapporteur estime qu'au musée que vous connaissez, qui se trouve au Conservatoire des arts et métiers, les appareils préconisés par la « Société des industriels de France contre les accidents du travail » ne sont pas suffisants pour protéger l'ouvrier, qu'au contraire, certains mêmes sont dangereux. L'idée du rapporteur est plutôt une critique des appareils existants. Il demande — et c'est plutôt un encouragement aux inventeurs — que des appareils véritablement pratiques soient créés pour la conduite sans danger des machines-outils, car nous avons à penser aussi à la sécurité de nos travailleurs.

Les vœux sont adoptés.

M. LE PRÉSIDENT. — La parole est à M. Bocquet pour la lecture de son rapport sur les PRODUITS ACCESSOIRES, DÉCHETS DE BOIS, UTILISATION DES SCIURES.

M. BOCQUET. — Les déchets résultant du travail du bois peuvent être divisés en trois principaux groupes :

1° Les éclats de bois et déchets de scierie.
2° Les sciures.
3° Les copeaux.

Éclats de bois et déchets de scierie.

Les éclats de bois sont le fait de l'abatage et de l'équarissage à la hache des pièces de charpente en forêt. On ne peut les utiliser que comme combustible.

Les déchets de bois produits par les outils mécaniques, soit à l'exploitation, soit par la suite dans les différentes usines où le bois est travaillé, sont également employés comme combustible.

Les déchets les plus importants sont coupés à longueurs fixes, bottelés et vendus comme bois de chauffage. Les menus déchets, le plus souvent brûlés sur place dans les usines, peuvent aussi être vendus comme allume-feux pour les usages domestiques.

Sciures.

Les sciures produites par le passage des scies dans le bois se montrent, au contraire des éclats de bois, susceptibles d'être affectées à beaucoup d'usages.

Il convient donc de les étudier en détail et en raison même de leur utilisation, de les diviser en deux catégories :

Les sciures de bois vert.
Les sciures sèches.

Sciures de bois vert. — Les premières proviennent du débit des bois en grumes et sont produites en grande quantité dans les exploitations pourvues d'outillage mécanique. En France, ce sont surtout les exploitations de peuplier qui en fournissent la plus grosse partie. Les départements de la Marne et de la Seine-et-Marne envoient cette sciure par milliers de tonnes à Paris où elle est utilisée. La plupart des scieries fixes qui débitent des grumes de bois dur, emploient la sciure comme chauffage, sauf dans la région parisienne où la plupart des sciures vertes trouvent leur emploi.

La grosseur de la sciure, c'est-à-dire la dimension des fibrilles de bois qui la composent est proportionnée à l'épaisseur de la lame de scie qui l'a produite et à l'écartement des dents.

Les sciures produites par les scies circulaires sont les plus grosses, puis en décroissant viennent les sciures provenant des scies alternatives et enfin celles des scies à ruban qui sont les plus fines.

La sciure verte de peuplier mélangée avec de la sciure sèche de sapin plus fine est employée pour le balayage hygiénique des boutiques, magasins, casernes et grands établissements publics. Dans les hôpitaux on y mélange des liquides désinfectants.

On en répand aussi pour ménager les dallages dans certaines boutiques, notamment dans les boucheries.

La plus grosse sciure verte est demandée par l'armée et par d'importants marchands de chevaux pour garnir le sol des manèges.

Les usines à gaz font une grande consommation de sciure verte pour l'épuration des gaz de houille.

Enfin, nous devons signaler que la sciure verte de peuplier calcinée sert à fabriquer le charbon médicinal.

La quantité des sciures vertes utilisées dans l'industrie ou les usages domestiques est bien inférieure à la production ; aussi, en dehors de la région parisienne, la plus grande partie est-elle brûlée sur le lieu même de la production. Toutefois, en raison même de la très grande utilisation des sciures sèches, certains marchands ont intérêt à faire sécher les sciures vertes, soit en les répandant et en les plaçant à l'action de l'air, soit en les faisant circuler dans des séchoirs mécaniques.

Deux essences de sciure verte sont inutilisées, ce sont celles du noyer et du sapin.

Avant de terminer ce rapide exposé de l'utilisation des sciures vertes, nous ne manquerons pas de citer cet emploi bien connu des sciures de chêne par les exploitants, qui consiste à en jeter une certaine quantité dans l'eau d'alimentation des chaudières. C'est un excellent désincrustant. Pour qu'il soit parfait, nous conseillons de tamiser la sciure, de n'employer que la plus fine en la mélangeant avec une quantité égale de poudre d'eucalyptus.

Les sciures sèches. — Les sciures sèches trouvent des emplois multiples dans les usages domestiques, dans le commerce et l'industrie. Aussi leur valeur est-elle beaucoup plus grande que celle des sciures vertes.

Il faut encore distinguer dans cette catégorie deux sortes de sciures de valeurs et d'emplois bien différents.

Ce sont les sciures blanches et les sciures de couleur.

Sciures blanches. — Les sciures blanches sont produites par le débit des planches sèches de peuplier, sapin, marronnier, bouleau et de quelques autres essences tendres et de couleur claire.

La sciure de peuplier sans mélange est la plus recherchée. Soigneusement mise à part, elle est transportée dans des bluteries qui la séparent des débris de bois ou copeaux qu'elle peut contenir et la divisent en sept grosseurs différentes pour répondre aux besoins de la clientèle.

La plus grosse sciure et la plus fine sont les plus chères, les sciures intermédiaires étant moins recherchées.

La grosse sciure de peuplier, sèche, est employée pour le filtrage des huiles animales. Elle est surtout utilisée en grandes quantités pour le polissage et le séchage des pièces argentées, dorées ou nickelées.

Les clouteries et cartoucheries en font une très forte consommation pour le polissage au tonneau des pointes comme des douilles de cartouches.

Nous devons aussi indiquer que les Compagnies de pompes funèbres font une très forte consommation de grosse sciure sèche pour répandre dans les cercueils.

Les sciures de peuplier les plus fines sont utilisées pour le dégraissage des pelleteries blanches, on les mélange pour cet emploi avec un corps plus lourd, tel que plâtre ou sable fin, qui les entraîne jusqu'à la naissance du poil.

La boulangerie fait une forte consommation de ces sciures fines dénommées fleurage en remplacement de fleurage de son.

On en fait de fortes expéditions en Angleterre et dans l'Amérique du Nord, ces pays ne produisant guère que des sciures blanches résineuses.

On fait rentrer la sciure de moyenne grosseur dans quantités d'agglomérés pour la confection des parquets, on en fait aussi des carrelages en l'additionnant de ciment.

Mélangée avec des poussières de charbon et pressée dans des moules, on confectionne d'excellentes briquettes qui brûlent lentement dans les cheminées.

Les sciures de bois résineux agglomérées avec un excédent de résine liquide et pressées dans des moules font d'excellents allume-feux.

Nous ne voulons pas oublier de signaler les essais qui ont été tentés de transformer la sciure blanche en pâte à papier.

La pâte ainsi obtenue n'est pas suffisamment fibreuse, elle est friable et ne peut servir qu'à la confection de cartons de qualité très ordinaire.

Enfin, les sciures de moyenne grosseur sont encore employées pour répandre dans les boutiques, remises, garages et pour certains usages domestiques.

Sciures de couleur. — Les sciures sèches de couleur proviennent du débit de planches ou bûches de bois dur.

La plus recherchée et la plus chère est la sciure de buis. Elle est employée plus spécialement dans la bijouterie pour le polissage des bijoux et leur nettoyage après finition. L'orfèvrerie en fait également une importante consommation, et ces deux industries suffisent à absorber toute la production.

La sciure fine de bois dur, telle que celle du chêne, du hêtre, de l'orme, après tamisage, sert pour le dégraissage des fourrures de couleur. Les pelleteries fines sont nettoyées avec des sciures de bois des îles bien séchées, palissandre, acajou, etc., mais la plus recherchée et la plus rare est la sciure d'ébène.

Les sciures d'acajou d'Afrique, d'okoumé, de pitchpin, en raison de leur texture spongieuse, sont livrées en grosses quantités aux fabriques de jouets moulés, tels que bébés, chevaux et animaux divers.

Ces industries malaxent la sciure avec des farines de pulpe, de seigle ou certains autres bas produits organiques, la réduisent en pâte et, après moulage, livrent à la vente de nos bazars et à l'exportation des jouets dits incassables, à très bon marché.

Par le même procédé, en y adjoignant la coloration de la pâte et en opérant par pression dans les moules, on fabrique des objets dits en bois durci, encriers, presse-papiers, socles, etc.

La même pâte colorée rouge brun, et soumise à une forte pression hydraulique, est employée comme matière isolante dans les industries électriques sous le nom de fibre vulcanisée.

Les grosses sciures de bois dur, surtout celles du chêne et du hêtre, sont employées pour le fumage des salaisons.

Les sciures sèches d'essences diverses mélangées n'ont pour ainsi dire pas de valeur; on ne trouve leur emploi que pour l'emballage des flacons ou boîtes de conserves, mais faut-il encore qu'en plus de leur parfaite siccité, elles soient inodores.

Des expériences récentes ont démontré que la sciure, après avoir été soumise à certains traitements de distillation, peut donner une quantité appréciable de sucre.

Ce sucre, nommé succhulose, mélangé avec des mélasses, donnerait un excellent aliment pour le bétail et on en pourrait tirer un alcool d'industrie très utilisable.

Si les expériences ont été concluantes, l'application industrielle de ces procédés n'a pas été très heureuse et elle paraît abandonnée pour le moment.

Copeaux.

Les copeaux sont produits par le rabotage des bois, soit à la main, soit à la machine. Les copeaux faits à la main sont longs et sont recherchés par les boulangers pour allumer leurs fours, ils sont utilisés uniquement pour allumer le feu des fourneaux, poêles, forges, etc.

Les copeaux de raboteuses ou de moulurières sont, au contraire, très courts en raison même de la section circulaire des outils tranchants qui les produisent. La plus grande partie sert au chauffage des générateurs des usines où ils sont produits ; certaines scieries et parqueteries très importantes en ont même un excédent et les donnent pour en être débarrassées.

Dans certains centres de bois importants, quelques boulangers s'en procurent à bas prix pour le chauffage extérieur des fours.

Les copeaux de raboteuse provenant du façonnage de feuillets de peuplier et de sapin sont secs, minces et forment une excellente litière dans les porcheries où on les emploie mélangés avec des basses sciures. Cette litière économique est changée fréquemment et les animaux demeurent très propres.

Ces mêmes copeaux fins et mœlleux au toucher, absolument débarrassés de sciures, servent à garnir intérieurement des poufs et des tabourets recouverts de cuir ou de moquette.

Enfin, quelques industries, en raison de sa légèreté, emploient le copeau de raboteuse pour l'emballage.

Les repousseurs de métaux brûlent aussi les copeaux de bois dur dans des fours presque complètement fermés en remplacement de mottes de tourbe pour recuire les pièces en cours de fabrication.

Les mêmes copeaux mis en tas et allumés donnent un feu lent et continu qui est employé au désoudage des boîtes de conserve en fer-blanc.

On recueille la soudure ainsi que l'étain qui recouvre le fer-blanc en lavant les cendres, et le fer noir obtenu est revendu aux fabricants d'articles de quincaillerie bon marché (charnières, serrures, ferrures de malles, etc.) et aux fabricants de petits jouets mécaniques.

Aspirateurs de poussières dans les ateliers de scierie mécanique.

Ainsi que nous venons de le voir, la sciure et les copeaux peuvent être employés à de multiples besoins, mais à une condition essentielle, c'est d'être toujours absolument séparés.

Autant de sciures différentes, soit comme degré de sécheresse, soit comme nature de bois, soit comme grosseur, autant d'emplois différents.

C'est pour cela que nous ne cessons de répéter que l'aspiration des sciures et copeaux dans les ateliers de scierie mécanique par des tambours enveloppant les machines est nuisible à la vente des sous-produits de cette industrie.

Si nous démontrons que l'aspiration des sciures et copeaux, loin d'être profitable au personnel travaillant aux machines-outils, lui est plutôt nuisible ; si, enfin, nous faisons votre notre conviction que les ateliers de scierie mécanique proprement dits (où les seuls déchets sont le bois, la sciure et les copeaux) ne sont pas soumis à l'article 6 du décret du 29 novembre 1904, nous aurons rassuré l'industrie et le commerce important des sciures très florissants en France et presque sans concurrence à l'étranger, nous aurons aussi conservé le gagne-pain d'honnêtes travailleurs.

Faisant application de l'article 6 du décret du 29 novembre 1904, certains inspecteurs du travail ont exigé, dans les ateliers de scierie mécanique de leur ressort, des installations très onéreuses d'aspirateurs de poussières.

Le résultat immédiat a été de mélanger les sciures de toute nature et les copeaux, et de rendre le tout inutilisable en dehors du chauffage.

C'était là une fausse interprétation des textes et un grave préjudice causé à certains industriels qui ont dû consacrer beaucoup d'emplacement, de force motrice et d'argent à des installations très importantes.

L'article 6 du décret du 29 novembre 1904 dit :

« Les poussières, ainsi que les gaz incommodes, insalubres ou toxiques « seront évacués directement au dehors des locaux au fur et à mesure de « leur production. »

Or, les sciures et copeaux ne sont pas de la poussière et ne sont, en outre, ni toxiques, ni nocifs.

Déjà, le 7 avril 1904, le Ministre compétent avait adressé à ce sujet une circulaire aux inspecteurs divisionnaires du travail dans laquelle, d'une part, il leur recommandait une grande circonspection et de l'autre établissait une distinction très nette entre les poussières de bois proprement dites qui doivent être évacuées comme toutes les autres poussières et les sciures et copeaux dont l'évacuation est régie par les prescriptions sur le nettoyage.

Le 16 décembre 1908, M. Viviani, alors Ministre du Travail, a bien voulu nous écrire que ladite circulaire continuait à être la règle de son administration.

Cependant, l'inspection du travail semble être animée d'un esprit différent et, soit par les mises en demeure qu'elle a adressées, dont nous avons eu connaissance, soit par des contraventions qui ont amené des industriels devant les tribunaux, nous avons pu nous rendre compte que pour elle, la distinction de la circulaire ministérielle est lettre morte et que toutes les machines à travailler le bois produisent de la poussière.

La jurisprudence s'affirme chaque jour et nous regrettons de ne pouvoir la commenter dans ce complément d'une brève étude. Nous ne ferons qu'en citer quelques arrêts :

(Tribunal de la Seine, 1er février 1911)

« Attendu qu'il résulte du rapport de l'expert que les machines-outils employées par les appelants ne produisent pas des poussières au sens du décret de 1904, mais seulement des sciures et copeaux ».

(Justice de Paix de Levallois, 7 avril 1910)

« Que la sciure produite par les appareils du contrevenant ne saurait être considérée comme de la poussière au sens du décret du 29 novembre 1904 ».

Il est évident que dans ces espèces, les inspecteurs du travail n'avaient fait aucune distinction, au point de vue de la production de la poussière, entre les machines agissant par voie de pulvérisation et les machines tranchantes produisant des sciures et copeaux.

Enfin, tout dernièrement, par jugement du 31 décembre 1912, le Tribunal d'appel de Paris a confirmé définitivement cette jurisprudence en déchargeant un industriel des contraventions et condamnations qui lui faisaient grief.

Le Tribunal, pour ce faire, entérina le rapport de M. Lecornu, expert, ingénieur en chef des Mines, professeur à l'École Polytechnique.

De ce rapport très documenté et très savant, nous n'extrairons que les parties qui définissent les poussières de bois.

M. Lecornu dit notamment :

« L'article 6 du décret du 19 novembre 1904 ne définit pas avec précision ce qu'il faut entendre par « poussière ». On y trouve néanmoins une indication concernant le genre d'appareils susceptibles d'en produire. Ledit article prévoit, en effet, les « poussières déterminées par les meules, les batteuses, les broyeuses et autres appareils mécaniques ». On remarque immédiatement que les scies ne sont pas expressément désignées dans cette énumération ; or, parmi les outils employés dans l'espèce, seules les scies fournissent un produit (la sciure de bois) assez fin pour pouvoir éveiller l'idée de poussière ; les autres appareils ne donnent que des copeaux plus ou moins volumineux.

« D'après une circulaire ministérielle du 7 avril 1904, le Comité consultatif des Arts et Manufactures a voulu établir une distinction très nette entre les poussières proprement dites et les sciures ou copeaux. On ne saurait, suivant le Comité, considérer comme poussière les paquets de matière projetés par l'outil et retombant à terre sans flotter dans l'air, mais seulement les parcelles menues et légères restant en suspension dans l'air et qui peuvent être respirées par l'ouvrier. Bien que cette interprétation soit antérieure au décret du 29 novembre 1904, elle a conservé toute sa portée, car l'article 6 du décret reproduit textuellement l'article 6 du décret du 10 mars 1894 qui faisait loi au moment où a été rédigée la circulaire et d'ailleurs aucun fait n'est venu, depuis lors, modifier la situation à ce point de vue.

« Ceci posé, j'ai cherché à reconnaître s'il se produit, à côté de la sciure proprement dite, des « parcelles menues et légères restant en suspension dans l'air », et j'ai fait à cet égard les constatations suivantes :

« 1° Quand on regarde de près le travail d'une scie, on voit les menus fragments de bois projetés par l'outil retomber presque immédiatement sur la table ou sur le sol, après s'être élevés tout au plus d'une vingtaine de centimètres. En particulier, les scies à ruban, qui produisent la sciure la plus fine, attaquent le bois de haut en bas, en sorte que la sciure n'a, dans ce cas, aucune tendance à être projetée de bas en haut.

« 2° L'atmosphère de l'atelier demeure, même au voisinage des outils, absolument transparente.

« 3° Si l'on prend une poignée de sciure et si, tenant la main à un mètre de hauteur au-dessus d'une table, on ouvre cette main brusquement, le paquet de sciure tombe en bloc en une demi-seconde environ. Les particules les plus menues demeurent un peu en arrière ; mais au bout de deux ou trois secondes, l'atmosphère reprend toute sa limpidité. Les fragments se trouvent concentrés sur la table, dans un espace circulaire de vingt à trente centimètres de diamètre.

« 4° Si l'on souffle horizontalement sur un petit tas de sciure déposé sur une table, ce tas se déplace sans que ses éléments se mettent en suspension dans l'air.

« 5° Examinée au microscope, la sciure se montre composée de fibrilles de bois assez déchiquetées qui ont une tendance à s'accrocher les unes aux autres.

« Ces diverses observations montrent nettement que les scies ne produisent pas une poussière capable de flotter dans l'air, suivant la définition adoptée par le Comité consultatif.

« Si laissant de côté la définition donnée par le Comité consultatif, on recherche uniquement l'idée à laquelle s'attache, dans le langage courant, le mot de *poussière*, on trouve qu'il faut entendre par là le produit d'une désagrégation due à l'usure et au frottement. Cette circonstance se rencontre notamment dans les établissements où l'on se livre au ponçage du bois, par exemple dans les fabriques de meubles ; la matière se trouve alors ramenée à un état de division qui la rend en quelque sorte impalpable. Le ponçage se pratique avec des meules en grès qui usent le bois en produisant des grains arrondis. Rien de pareil n'a lieu dans une scierie proprement dite ; les scies, avec leurs dents aiguës, travaillent en coupant et hachant le bois, nullement en l'usant par frottements.

« Je crois devoir ajouter que la poussière de bois, quand elle existe, doit être bien moins dangereuse à respirer que la poussière de pierre ou de métal; car la cellulose qui la constitue ne peut manquer de se résorber rapidement dans l'organisme ; elle doit même être moins nocive que la fumée de tabac que tout le monde respire dans un café.

« Quoi qu'il en soit, il ressort pour moi des explications précédentes que l'article 6 du décret du 29 novembre 1904 ne peut être invoqué dans la circonstance. Je dois dire en outre que l'installation de tambours aspirants, placés auprès de chaque scie, serait extrêmement coûteuse en raison du puissant ventilateur qu'elle exigerait, et qu'elle serait sans utilité réelle puisqu'il n'y a rien à aspirer, la sciure tombant spontanément au-dessous de l'outil à mesure qu'elle prend naissance.

« D'autre part, cette installation créerait des courants d'air locaux, très intenses, qui ne seraient pas sans désagrément, et même sans danger pour les ouvriers. Ceux-ci, interrogés par moi, m'ont déclaré n'avoir aucunement à se plaindre de l'organisation actuelle : la modification indiquée par l'inspection du travail ne manquerait pas, au contraire, de susciter des réclamations. »

En résumé, soucieux de l'hygiène de nos ouvriers, préoccupés des intérêts d'un important commerce, forts de notre droit consacré par les tribunaux d'appel, nous vous proposons d'adopter le vœu suivant :

LE CONGRÈS FORESTIER INTERNATIONAL ÉMET LE VŒU :

Que les aspirateurs de poussières ne soient plus imposés dans les ateliers de sciage mécanique du bois.

M. LE PRÉSIDENT. — Je demande l'autorisation de faire une observation sur le vœu qui termine le rapport. Il est certain que les pouvoirs publics et tous ceux à qui seront transmis nos vœux auront surtout ces vœux sous les yeux, qu'ils s'inspireront moins des rapports eux-mêmes ; c'est pourquoi la rédaction des vœux a assez d'importance pour que nous nous y arrêtions.

M. HOREAU. — C'est le vœu lui-même qui est intéressant, pas le rapport...

M. LE PRÉSIDENT. — Évidemment.

M. COLLIN. — Je voudrais demander à M. le rapporteur s'il voudrait permettre qu'on fasse une adjonction à son vœu. Dans son rapport très documenté il s'appuie sur des jugements qui ont été rendus, favorables aux industriels qui se sont pourvus contre des décisions de l'Inspection du travail. Je crois qu'on pourrait mettre que, conformément à la jurisprudence, les aspirateurs de poussières ne doivent pas être employés dans les ateliers de sciage mécanique du bois. Je pense qu'en ajoutant ces mots « *conformément à la jurisprudence* » on n'aurait pas l'air de demander quelque chose de contraire à la loi.

M. LAVAL. — Ce qu'il y a de très curieux, c'est que dans certains endroits on ne paraît pas connaître cette jurisprudence parisienne : à Marseille, nous venons d'être condamnés à mettre des aspirateurs de poussières.

M. COLLIN. — Notre collègue et rapporteur, M. Bocquet, qui connaît très bien la question, pourra vous donner quelques indications à cet égard.

M. Bocquet. — J'ai eu un procès que j'ai continué justement pour soutenir des confrères, et, me basant sur trois jugements déjà rendus, j'en ai obtenu un quatrième qui a été la confirmation absolue de la thèse que je défends. Vous avez pu voir dans mon rapport que je cite une partie du rapport de M. Lecornu ; je pourrai vous le donner tous entier, il est très intéressant, car il a bien distingué entre la poussière, la sciure et le copeau. Avec les outils tranchants ou arrachants, nout n'avons pas de poussière, il faut bien le spécifier. Tous les outils que nous employons, comme scieurs et comme menuisiers ou charpentiers, ne font pas de poussières. Cela se rapporte absolument à l'instruction ministérielle qui est l'explication que le ministre a cru devoir donner pour les inspecteurs du travail, en disant qu'il fallait bien définir la différence entre poussières et déchets de bois, si nous ne devons pas avoir d'aspirateurs de poussières. J'ai dit : Je ne fais pas de poussières, donc, je ne peux pas avoir d'aspirateurs de poussières Malheureusement, je connais un de nos confrères de Lyon qui, après s'être défendu très énergiquement, a fini par accepter de mettre des aspirateurs de poussière. Alors, naturellement, les inspecteurs du travail prennent acte du fait pour venir vous dire : Mais votre confrère l'a fait.

Il m'est arrivé la même chose ; on est venu me dire : M. Colin a mis des aspirateurs de poussières et il en est enchanté. J'ai répondu simplement : Ce n'est pas vrai ! — Mais si je n'avais pas su ce qui se passait, M. Colin m'aurait été présenté comme ayant mis des aspirateurs de poussières. Or, M. Colin a installé des évacuateurs, non pas des aspirateurs ; ce n'est pas la même chose.

Les inspecteurs du travail viennent vous dire : Un tel le fait, vous pouvez le faire. Les trois quarts du temps, ce n'est pas vrai. A Paris, en tout cas, nous avons deux jugements du tribunal de simple police et deux autres en appel dans lesquels nous avons eu gain de cause.

M. Laval. — Il y a également une question incendie. Cela peut paraître bizarre, mais il y a des appareils qui risquent d'occasionner des incendies par l'accumulation des sciures sur certains points. Dans le rapport de mon usine de Marseille, je vois qu'il y a eu un commencement d'incendie dû à l'aspirateur de poussières. La sciure entraînée par le cyclone s'est répandue sur la toiture et s'est enflammée.

Un congressiste. — C'est un cas exceptionnel.

M. Juillard. — Il serait nécessaire, si on veut invoquer la jurisprudence, d'indiquer la jurisprudence de telle ou telle Cour. Le vœu tel qu'il est présenté se suffit à lui-même, il est à toutes fins ; il est quelquefois dangereux de faire appel à une jurisprudence qui peut être modifiée.

M. Colin. — A l'heure actuelle, j'ai un dossier complet sur la question ; je ne connais pas de jugement d'appel qui nous ait donné tort. Il y a bien le jugement concernant la poussière de charbon, mais il n'a pas pu tenir debout. Lorsque les industriels ont fait défaut en simple police, il y a eu expertise, et jusqu'ici nous avons toujours eu gain de cause. A cette jurisprudence s'ajoute une lettre du Ministre que j'ai reçue de M. Viviani, alors Ministre du Travail, au nom de ma Chambre syndicale, et qui nous donne raison, faisant une distinction absolue entre la poussière et les déchets.

Je ne m'oppose pas à ce qu'on adopte le vœu du rapporteur tel qu'il est, mais je crois qu'il faudrait y faire une adjonction en parlant de la jurisprudence.

M. LE PRÉSIDENT. — Je mets le vœu aux voix, avec l'adjonction des mots : « *Conformément à la jurisprudence* ».

Adopté.

La séance est levée à 11 h. 10.

SÉANCE DU 19 JUIN 1913

(MATIN)

Présidence de M. POUPINEL, président de Section

La séance est ouverte à 9 h. 35.

M. LE PRÉSIDENT. — L'ordre du jour appelle l'examen du rapport présenté par M. Hirsch sur la question des BOIS DE FENTE, BARDEAUX, MERRAINS.

M. HIRSCH. — Par *bois de fente*, on comprend les *merrains*, c'est-à-dire les petites planches ou douves servant à la fabrication des tonneaux, muids, cuves, etc., puis les *bardeaux*, employés pour la couverture des maisons, le revêtement des murs exposés aux fortes intempéries ou pour la fabrication des plafonds, les *lattes*, pour supporter les tuiles et ardoises, enfin les *échalas* et *piquets* pour la vigne.

Les merrains, par leur consommation considérable, représentent la catégorie la plus importante des bois de fente et celle qui présente un intérêt général pour la forêt : la France en est un des plus gros consommateurs, étant producteur de vins, liqueurs, cidres et même bières, mais ces merrains intéressent également les pays producteurs de vins, tels que l'Espagne, l'Italie, l'Algérie, etc., ou de bières, comme l'Allemagne, qui emploie un nombre important de tonneaux. Cependant c'est pour les pays producteurs de vin que la question des merrains offre le plus d'intérêt, car cette boisson nécessite des récipients fabriqués avec un soin tout particulier.

Les merrains pour tonneaux à vin exigent du chêne fendu de toute première qualité ; il faut qu'ils soient sans aubier, sans nœud, fendus suivant le fil du bois ; ils demandent donc des bois de droit fil, bien sains, pas trop nerveux, d'une croissance régulière et, afin de réduire les déchets importants déjà par la fabrication même, des bois de fortes dimensions et surtout de gros diamètre.

Jusqu'à ces dernières années le commerce français, et même presque tout le commerce mondial, s'alimentait en Slavonie, en Galicie et en Hongrie ; mais l'épuisement des forêts de ces pays ayant entraîné des mesures de protection et, par suite, une hausse sur les cours en même temps qu'une pénurie des produits, on s'adresse maintenant à l'Amérique et à la Russie, où des fendeurs hongrois ont été employés et ont formé des ouvriers habiles.

Les bois de France ne fournissent qu'un contingent réduit des matières premières utilisées, et seulement pour les tonneaux de faible dimension, à l'exception pourtant des fûts à cognac, en raison des qualités spéciales des bois de pays pour la bonne conservation de cette liqueur.

Jusqu'à présent, depuis de nombreuses années tout au moins, les prix des merrains étaient assez bas pour ne pas présenter un intérêt suffisant dans la production forestière de nos régions, les sciages étant plus rémunérateurs ; mais les cours se sont élevés depuis quelques années de telle sorte (les 100 pièces de 34/36×14/6 sont, en effet, passées de 80 francs en 1909 à 110 francs en 1913) que, même en tenant compte des circonstances exceptionnelles qui ont motivé en 1913 une hausse exagérée, il devient possible d'envisager le moment où la fabrication du merrain deviendra avantageuse pour la forêt française.

Si, dans certaines régions, le chêne de France est trop noueux, trop dur, de fente trop difficile, il y en a cependant de nombreuses, telles que l'Allier, le Poitou, les Charentes, la Touraine, le Perche, la Basse-Normandie, et aussi certaines parties de l'Est et surtout de la Bourgogne, où le chêne possède des qualités de fente pouvant rivaliser avec celles des bois américains.

Il y a donc lieu de proposer au Congrès d'émettre le vœu suivant :

Que les fabricants de futailles français se préoccupent dès maintenant de prendre des merrains dans les forêts françaises, et de former des ouvriers capables et habiles à fendre les merrains de grosses et petites dimensions, suivant les exigences des consommateurs; ils créeront ainsi un débouché précieux pour un produit essentiellement national, et en même temps ils s'assureront une partie de leur matière première sans avoir besoin de la chercher au loin, avec toutes les difficultés d'un transport de plus en plus onéreux.

M. LE PRÉSIDENT. — Personne ne demandant la parole, je mets aux voix le vœu.

Le vœu est adopté.

M. LE PRÉSIDENT. — Passons au second rapport de M. Hirsch qui traite des ÉCORCES, TANIN, EXTRAITS TANNIQUES, LIÈGE.

M. HIRSCH. — La question des écorces est, à l'heure actuelle, une de celles qui touchent le plus les milieux sylvicoles ; la crise des écorces influe sur tout le commerce des petits bois : en effet, outre la rémunération de la vente des écorces, l'écorçage favorise l'écoulement du taillis de chêne, car la clientèle prise spécialement le *pelard* comme bois de chauffage, et, pour les étais de mines, pour la petite charpente, le chêne écorcé se montre supérieur aux autres bois par ses qualités de conservation, conséquence d'une bonne dessiccation.

Il n'est donc pas surprenant que le commerce des bois et les propriétaires forestiers se soient rencontrés pour réclamer des mesures propres à favoriser la vente des écorces de chêne.

Malheureusement ces efforts n'ont pas produit, jusqu'à présent, l'effet qu'en espéraient leurs auteurs; la crise des écorces, loin de s'atténuer, devient de jour en jour plus aiguë.

Depuis qu'on est arrivé à clarifier et à enrichir, à des conditions de bon marché extraordinaire, les extraits tanniques, l'industrie de la tannerie s'est transformée. C'est qu'en effet le tannage par le procédé ancien, à l'écorce de chêne, présente, au point de vue industriel, certains ennuis qu'il serait chimérique de nier : d'abord ce procédé, par la durée nécessaire aux manipulations, exige des réserves de peaux considérables, d'où immobilisation de capitaux d'autant plus importants que le prix du cuir en poil est élevé, ce qui est le cas depuis quelques années. D'autre part, la teneur en tanin qui, dans les extraits de *quebracho colorado*, atteint 70 %, alors que l'écorce de chêne ne tient que de 6,8 à 13 % de tanin, montre quelle peut être la disproportion du prix de revient du kilog de tanin dans les deux cas ; cela explique aisément la préférence des industriels qui, cela est compréhensible, cherchent à se procurer la matière première aux meilleures conditions.

Au fur et à mesure que le cours des peaux s'élevait, la pratique d'un second tannage, par des extraits concentrés, s'est vulgarisée ; par cette pratique, les peaux absorbent plus de tanin et prennent plus de poids ce qui est tout à l'avantage du tanneur. Rien de tout cela n'est possible avec l'écorce de chêne, qui ne permet pas de surcharger les cuirs en tanin.

Autre point : les marchés d'écorce ne se font qu'à une époque déterminée de l'année, où l'approvisionnement doit être prévu avec exactitude pour toute l'année, tandis que les extraits peuvent se fabriquer au fur et à mesure des besoins.

Enfin est survenue la concurrence du tannage au chrome, qui donne des cuirs spéciaux très appréciés, et notamment le *box-calf*, fort employé maintenant pour la confection des chaussures.

Sans s'étendre davantage sur une comparaison qui explique aisément les préférences des tanneurs pour les procédés de tannage modernes, il n'est pas inutile de se placer maintenant au point de vue du consommateur. Or, le tannage à l'écorce de chêne donne des cuirs de qualité incontestablement *supérieure* à celle des cuirs obtenus par le tannage rapide aux extraits. Tous les auteurs techniques sont d'accord pour le reconnaître, et plusieurs en fournissent des explications théoriques : la dissociation des fibres résultant du gonflement exagéré des peaux, pour faire pénétrer à force le tanin concentré dans les extraits, l'effet de la vapeur chaude, des acides, qui brûlent les parties résistantes des cuirs, sont les causes les plus certaines de la mauvaise qualité des cuirs traités aux extraits concentrés et d'action rapide.

Quoiqu'il en soit, il est un fait certain, dont chacun fait la douloureuse expérience, c'est que maintenant nos chaussures ont une durée infiniment moindre qu'il y a une trentaine d'années. Qui de nous n'a conservé le souvenir, dans notre enfance, des ressemelages indéfinis que l'on faisait subir à nos souliers, et quel père oserait maintenir cette saine tradition aux enfants de la génération actuelle ? Il n'est pas un marchand de bois, pas un forestier qui, après une simple averse, n'ait regretté l'ancien temps où l'on pouvait, après une journée entière passée sous la pluie en forêt, rentrer chez soi les pieds bien au sec et chauds, sans crainte de grippe, causée bien souvent aujourd'hui tout simplement par l'emploi de cuirs de fabrication moderne !

Cette fabrication perfectionnée a-t-elle au moins donné au consommateur la consolation de payer moins cher sa chaussure ? C'est la question qui l'intéresse avant tout. Or, jamais les cuirs n'ont atteint les cours actuels et ils ne cessent de monter !

Sans doute l'utilisation des cuirs prend une extension de plus en plus grande ; l'industrie a besoin de courroies de transmissions plus qu'au temps jadis ; l'accroissement de bien-être a pour conséquence de faire délaisser par les populations rurales les sabots pour les chaussures ; l'ameublement est devenu un gros consommateur, toute administration industrielle ou financière qui se respecte tenant à avoir ses bureaux dotés de confortables sièges de cuir ; les antidérapants, la carrosserie automobile se sont encore ajoutés aux industries faisant appel au cuir. Tout cela a certainement provoqué un accroissement important de consommation, mais il n'est pas cependant, loin de là, en rapport avec la hausse extraordinaire des prix. Il y a donc une autre cause.

Au moment de l'apparition des cuirs tannés aux extraits ou au chrome, les prix de ces cuirs s'étaient abaissés, mais ils ont vite regagné le chemin perdu ! Au fur et à mesure que les nouveaux cuirs ont pris le marché, leur renouvellement rapide, résultant d'usure anormale par suite de la qualité défectueuse, a provoqué un excès de consommation qui a bientôt accentué la pénurie ; aussitôt les cours sont remontés, et nous assistons maintenant à ce spectacle attristant que, plus les cuirs en poils sont chers, plus les fabricants de cuirs et peaux sont tentés de se rattraper sur le tannage, et plus la qualité s'en ressent ; alors le cuir dure moins, sa consommation augmente, et les prix se rehaussent. On tourne ainsi dans un cercle vicieux sans aucune issue.

Ainsi donc, voici la conséquence des méthodes nouvelles de tannage aux extraits : le public paie aussi cher qu'autrefois, toutes proportions gardées, une marchandise de qualité inférieure, les tanneurs ne voient guère leurs gains accrus parce qu'ils achètent les peaux en poils trop cher, le bon renom des cuirs français se perd et les intérêts du commerce des bois et de la production forestière sont compromis.

Telle est la situation !

Quels sont les remèdes?

La *Fédération des syndicats du commerce des bois en France* a émis un vœu tendant à prendre des mesures utiles et décisives pour que, dans les marchés de l'État, les cuirs à livrer après tannage à l'écorce de chêne soient effectivement tannés par ce procédé ; elle a préconisé le contrôle de la fabrication des cuirs sur place, dans les tanneries mêmes, par les agents réceptionnaires des administrations.

La *Société des Agriculteurs de France* a émis un vœu analogue en désignant nommément le Ministère de la Guerre, et elle a réclamé l'institution d'une marque légale pour les cuirs tannés exclusivement à l'écorce de chêne. Elle s'appuyait pour cela sur l'exemple fourni par certains tanneurs de Château-Renault, qui emploient le tannage à l'écorce, et qui apposent une marque spéciale sur les produits ayant un séjour minimum garanti dans les fosses à l'écorce. Ces produits sont très recherchés.

Ce système est aussi celui déjà adopté en Amérique.

Ces vœux ont eu pour but commun d'enrayer la fraude et d'empêcher que des cuirs tannés aux extraits puissent être livrés sous la dénomination de cuirs tannés à l'écorce ou vendus pour tels. M. Coste, président de la *Société d'Agriculture du Gard*, a montré admirablement qu'il est impossible pour l'acheteur (cordonnier et bourrelier notamment), de reconnaître les différentes fabrications des cuirs, et il a mis en lumière les falsifications qui se commettent sur ce produit.

C'est bien de ce côté qu'il convient de rechercher le remède, pour sauvegarder à la fois l'intérêt général du public consommateur (car tout le monde est consommateur de cuir, et le Gouvernement a le devoir de protéger un intérêt aussi général) et les intérêts de la production forestière, du commerce des bois, de la tannerie honnête, de la défense nationale, du bon renom des produits français.

Mais il faut d'abord que le Gouvernement exige formellement, dans tous ses marchés pour les Administrations, des cuirs tannés exclusivement à l'écorce de chêne, et qu'il n'accepte pas, comme l'a fait récemment le Ministère de la Guerre dans son nouveau cahier des charges, l'emploi même restreint d'acides énergiques, d'extraits et autres matières, à des doses indéterminées, sans aucun contrôle direct, ce qui laisse la porte ouverte à tous les abus.

Il faut aussi que ce ministère, qui est le plus fort acheteur de cuir, consulte avant l'établissement du cahier des charges tous les groupements intéressés aux fournitures d'équipements militaires. En appelant comme il l'a fait tout récemment à une conférence préparatoire du nouveau cahier des charges, les seuls représentants du *Syndicat général des cuirs et peaux*, dont les mandants ne sont pas parmi les adjudicataires, et en refusant d'entendre les représentants du commerce des bois, sous prétexte que ce commerce n'est intéressé qu'indirectement aux fournitures militaires, le Ministre ne s'est pas inspiré de l'équité qu'on aurait pu en attendre ; pour être logique avec lui-même, il n'eût dû prendre avis que des délégués autorisés des fabricants d'équipements militaires; il ne pouvait connaître la tannerie, à l'exclusion des autres producteurs intéressés — bouchers, exploitants de forêts de chêne, importateurs de matières tannantes, etc. — que pour organiser un contrôle sur la préparation des peaux nécessaires à ses fournitures, ce qu'il n'a pas fait.

Il ne faut pas que de pareils faits puissent se reproduire à l'avenir dans aucune administration consommatrice de cuirs.

Un dernier point doit être examiné ; c'est la question des transports des écorces à tan. Pour favoriser le placement si difficile de ce produit national, il serait désirable d'obtenir des Compagnies de chemins de fer l'application de tarifs de faveur très bas, d'autant plus qu'il s'agit d'une matière première destinée à assurer la défense nationale.

Pour conclure, nous proposons que le Congrès forestier international émette les vœux suivants :

I. *Que toutes les Administrations publiques achetant des produits en cuirs et peaux inscrivent dans leur cahier des charges une clause à l'effet de n'accepter que des cuirs et peaux tannés à l'écorce de chêne pure, à l'exclusion de tout autre ingrédient tannifère, et prennent des dispositions strictes et sévères pour surveiller directement l'application de cette clause.*

II. *Que les pouvoirs publics, pour réprimer toute fraude et protéger le public consommateur, instituent une marque légale qui sera apposée sur tous les cuirs et peaux tannés à l'écorce de chêne pure.*

III. *Que les Compagnies de chemins de fer consentent l'application de tarifs de faveur très bas pour le transport des écorces à tan, et prennent toutes dispositions en vue d'assurer ce transport dans les meilleures conditions.*

M. Hirsch. — Je crois utile de vous donner quelques explications sur les termes des vœux que j'ai émis.

Les vœux que j'ai l'honneur de vous présenter ont une portée beaucoup plus grande que la simple question de l'écorçage de nos forêts, ils se rapportent en effet à une question d'intérêt général. A l'heure actuelle, le public ne peut savoir si un cuir est tanné d'une façon ou d'une autre, s'il est bon ou mauvais.

Or, les conditions de tannage ont une importance considérable sur la qualité du cuir. Le Cahier des charges du 23 août 1905 au Ministère de la Guerre était ainsi rédigé :

« Le système de tannage seul admis est celui des fosses avec le tan provenant de l'écorce de chêne pulvérisée, à l'exclusion de tous autres procédés qui rendent le cuir pesant ou trop souple, et toujours trop hygrométrique et non susceptible d'une bonne conservation ».

Depuis, le tannage à l'écorce exigé n'a subi aucune transformation, il est resté ce qu'il était, le tannage honnête donnant du bon cuir, mais un peu coûteux. Ce qui a changé, c'est le Cahier des charges dont voici le nouveau texte :

« Le seul principe de tannage admis est le système des fosses avec le tan provenant de l'écorce de chêne pulvérisée ».

« Est interdit l'emploi d'acides, d'extraits et autres matières à une dose susceptible de produire un gonflement rapide et exagéré des cuirs, de diminuer leur séjour en fosses, et d'activer ainsi leur préparation au détriment de leur qualité... »

On peut être surpris de voir mettre une clause aussi peu précise « *à une dose susceptible de produire un gonflement rapide et exagéré des cuirs* », par le Ministère de la Guerre, qui, généralement, exige des conditions extrêmement précises pour ses fournitures. L'explication pourrait peut être se trouver dans une lettre-circulaire que le Syndicat Général des Cuirs et Peaux a adressée à ses adhérents ; voici ce qui était dit dans cette circulaire :

« La clause de visite obligatoire des usines nous paraît au contraire toujours très menaçante, et nous venons faire appel à votre esprit confraternel pour signer et faire signer par vos confrères la pétition ci-incluse ».

Nous nous demandons encore comment il se fait que dans la Commission qui a élaboré ce Cahier des charges, on n'ait appelé en consultation qu'un seul syndicat, le Syndicat des Cuirs et Peaux; car enfin le Syndicat des Cuirs et Peaux n'était pas seul intéressé à la question : la Fédération des Syndicats des marchands de bois avait, elle aussi, demandé à être entendue. On le lui a refusé en donnant comme motif qu'elle était intéressée d'une façon trop indirecte.

Or, justement, dans la circulaire du Syndicat des Cuirs et Peaux, à laquelle je faisais allusion tout à l'heure, j'ai trouvé que dans les objections que l'on fait, on indique que « *l'exercice serait injustifié parce que nous sommes pas partie contractante au marché* ».

Le Syndicat des Cuirs et Peaux reconnaît donc que lui-même *n'était pas partie contractante au marché*. Que dire ?

Auprès du Syndicat des marchands de bois, les Syndicats des propriétaires, les Syndicats des bouchers qui sont intéressés à fournir des cuirs, le Syndicat des extraits tanniques avaient leur place toute désignée. Grâce aux indications que nous a donnéesle Syndicat Général des Cuirs et Peaux, et dont nous lui sommes très reconnaissants, nous avons pu aller jusqu'au bout de cette question, et voir comment, par pression politique, on était arrivé à faire modifier les conditions d'application des clauses préparées par les services compétents des bureaux.

C'est aussi, Messieurs, à titre de consommateur que j'ai proposé d'instituer une marque légale pour les cuirs tannés à l'écorce. Il faut que ceux qui se servent de cuir, comme les bourreliers, comme les cordonniers, puissent savoir la qualité réelle de la marchandise qu'on leur vend.

En demandant cette marque, nous n'entendons nullement porter préjudice aux cuirs tannés par d'autres procédés. Si le consommateur en désire, il en trouvera, mais celui qui voudra avoir absolument du cuir tanné à l'écorce de chêne pure, pourra, lui aussi, être certain d'en avoir.

D'ailleurs, en vous soumettant ce vœu, nous sommes tout à fait d'accord avec la masse des groupements, je parle des fabricants de chaussures.

Le 8 avril 1913, la Chambre Syndicale des Fabricants de Chaussures de Paris a demandé l'application aux produits de la tannerie de la Loi sur les fraudes du 1er août 1905 qui concerne toutes marchandises. Les fabricants de chaussures se sont plaints au point de vue de la fraude; ils ont considéré que quand on leur livrait du cuir qu'on leur annonçait tanné à l'écorce de chêne pure et qui ne l'était pas, il y avait fraude.

La Chambre Syndicale de la Carrosserie de Paris et des Départements émettait le 2 juin dernier le vœu qu'un règlement d'administration publique intervînt pour déterminer une marque à appliquer aux cuirs tannés à l'écorce de chêne.

La Chambre Syndicale des Bourreliers et Selliers de Paris, Seine, Seine-et-Oise et Seine-et-Marne, émettait le même vœu.

La Société des Agriculteurs de France, la Fédération des Syndicats du Commerce des Bois en France, les Syndicats Forestiers du Midi, les Sociétés d'Agriculteurs du Gard, de l'Hérault, d'Indre-et-Loire, de la Touraine, du Lot, demandent la marque.

La Chambre Syndicale de l'Ameublement de Paris demande également la marque ; c'est un gros consommateur de cuir, car vous n'ignorez pas que les bureaux qui se respectent ont dans leurs salons des fauteuils de cuir.

La Compagnie des Chemins de fer de l'Ouest-Etat réclame de ses fournisseurs le droit de visite des tanneries et la marque d'origine des produits.

On m'a même cité un fait que je me permets également de vous rappeler : C'est que les tanneurs espagnols, réunis en Congrès à Sarragosse, le 25 avril dernier, ont émis un vœu tendant à reconnaître aux consommateurs le droit d'exiger des fabricants tanneurs la garantie de pureté de leurs produits ou de pourcentage de la surface.

C'est vous dire, Messieurs, combien il est difficile de reconnaître la qualité du cuir, surtout pour ceux qui l'emploient couramment. En adoptant nos vœux, le Congrès protégera la grande masse des consommateurs, les forêts de taillis qui sont déjà si dépréciées et nos populations de bûcherons si intéressantes et qui méritent à tous égards la protection des Pouvoirs publics.

Lorsque le charbon de bois a été peu à peu remplacé par la houille, les propriétaires forestiers se sont tus, on se trouvait en présence d'un fait économique contre lequel on ne pouvait pas lutter ; la masse du public avait besoin d'un combustible bon marché. Mais aujourd'hui la question est différente pour les écorces, nous venons dire : Nous sommes avec le public : nous entendons être respectés au même titre que le public. (*Applaudissements.*)

M. Guillot. — Je voudrais faire entendre une note libérale dans l'intérêt de tout le monde aussi bien que dans l'intérêt des producteurs d'écorces, et je proposerais les modifications suivantes :

« 1° *Que toutes les Administrations publiques achetant des produits en cuirs et peaux inscrivent dans leurs cahiers des charges une clause à l'effet de n'accepter que des cuirs et peaux tannés avec les meilleurs produits fournis par nos bois, au besoin couverts par des marques, et réalisant des conditions de réception suffisamment sévères pour offrir toutes garanties.*

« 2° *Que les Compagnies de chemins de fer consentent l'application de tarifs de faveur très bas pour le transport des matières premières ligneuses, indigènes, de toutes les matières premières ligneuses indigènes utilisées par l'industrie de la tannerie, et prennent toutes dispositions en vue d'assurer ce transport dans les meilleures conditions* ».

A Bordeaux, il vient de se former une Société qui a nom Erica, qui extrait le tanin de la menthe, et qui prétend que ce tanin est supérieur à celui du chêne.

M. Placide Peltereau. — J'ai le devoir et l'honneur de représenter ici les 24 Syndicats du cuir et l'industrie des cuirs toute entière.

Vous savez combien notre industrie a été attaquée par suite de la mévente des écorces de chêne. Vous ne serez donc pas surpris de me voir ici venir la défendre. Je dois vous dire tout d'abord qu'en bons patriotes nous déplorons comme vous la crise forestière et la mévente de vos bois et de vos écorces; nous ne sommes pas d'accord sur les moyens de remédier à cette crise, mais nous regrettons avec vous la situation difficile qui vous est faite.

Je remercie M. le rapporteur Hirsch de la forme qu'il a bien voulu donner à son rapport ; nous n'avons pas toujours été habitués à la forme courtoise qu'il a bien voulu adopter, et je lui en suis reconnaissant au nom des industries du cuir.

Pour vous faire perdre le moins de temps possible, je suivrai les arguments qui ont été développés verbalement par M. Hirsch et je vous parlerai d'abord de la question de la qualité du cuir pour le consommateur, car M. Hirsch y attache, avec raison, une grande importance. Il est certain, en effet, Messieurs, que tous les consommateurs de cuirs qui sont des industriels savent apprécier d'une façon très sûre si le cuir est tanné par tel ou tel procédé ; je ne vous apprendrai rien en vous disant par exemple que les fabricants de chaussures, et tous les transformateurs de cuir en général, savent parfaitement distinguer le cuir tanné à l'écorce de chêne pure, le cuir tanné à l'écorce de chêne avec addition d'extrait et le cuir tanné par des procédés rapides.

Vous avez malheureusement la prétention de connaître notre fabrication beaucoup mieux que nous-mêmes, de diriger la technique de notre industrie. Pourquoi? Parce que, actuellement, vous vendez mal vos écorces de chêne. Eh bien! nous sommes obligés de nous défendre et de vous donner pour cela quelques arguments. Dans tous les cas, il y a un fait qu'il faudrait établir, c'est la qualité supérieure du cuir tanné exclusivement à l'écorce de chêne; car sur ce point, nous sommes en complet désaccord. Nous enseignons, en effet, dans nos écoles professionnelles, que la science du tanneur moderne est le mélange judicieux des différents tanins extraits des ligneux, nous ne partageons donc nullement votre manière de voir.

D'autre part, si on veut donner aux consommateurs des facilités d'appréciations pour un produit, il faudrait étendre cette façon de faire à tous les autres produits. Pourquoi ne le feront-on pas pour les draps? Pourquoi ne dirait-on pas au consommateur que le drap de son complet est composé de laine mélangée de coton, ou uniquement de laine? Pourquoi ne le ferait-on pas pour les chapeaux, pour le papier? Il est également important pour le consommateur de savoir comment son drap est fait, et par conséquent, si vous arriviez à demander qu'on donne cette garantie au consommateur pour les cuirs, nous demanderions, nous, qu'on la lui donnât également pour tous les articles du vêtement?

M. Hirsch a fait allusion au cahier des charges de l'Administration de la Guerre, puisque dans une de ses conclusions, il exprime le vœu que toutes les Administrations achetant des produits en cuirs et peaux inscrivent dans leur cahier des charges une clause à l'effet de n'accepter que des cuirs et peaux tannés à l'écorce de chêne pure. Je n'ai pas ici à défendre les Administrations de la Guerre et de la Marine, mais je suis étonné véritablement qu'elles soient attaquées, alors qu'elles ont pris tant de soin au contraire à établir toutes sortes de clauses qui les prémunissent contre l'emploi abusif des extraits tanniques.

M. H. Barbier. — C'est une erreur.

M. Placide Peltereau. — M. Hirsch a eu l'amabilité de nous lire un passage du cahier des Charges du Ministère de la Guerre, mais il a perdu de vue toutes les clauses concernant les analyses.

Vous remarquez que dans le texte qui vous a été lu, l'Administration de la Guerre dit :

« Le seul principe de tannage admis est le système des fosses avec le tan provenant de l'écorce de chêne pulvérisée, à l'exclusion de tous autres procédés. »

M. Hirsch se plaint que le Ministère de la Guerre n'ait aucun contrôle au sujet de cette clause, c'est une erreur. M. Hirsch n'a probablement pas continué la lecture du cahier des charges, sinon il aurait vu toute une série d'analyses, que prescrit le Ministère de la Guerre, — et il en use très largement, je vous l'assure et s'entoure de toutes les garanties possibles, au point de vue du tannage.

Je ne sais si vous connaissez, monsieur le Rapporteur, l'organisation du Ministère de la Guerre au point de vue des réceptions ; elle est extrêmement sévère, et je puis vous affirmer qu'aucun consommateur civil ne reçoit ses cuirs comme le fait le Ministère de la Guerre. Il y a d'abord une commission de réception, il y a ensuite, pour les litiges entre l'Administration et les fournisseurs, une commission d'appel, et cette commission a le droit de recourir à différents chimistes en dehors des chimistes de l'Administration, mais c'est toujours le Ministère de la Guerre qui a le dernier mot et qui, par conséquent, sur les analyses faites par les chimistes de l'Administration et les chimistes les plus réputés, a le droit de prendre position. Donc, de ce côté-là, vous avez toutes garanties.

En ce qui concerne le Ministère de la Marine, il est dit dans Cahier des Charges :

« Les cuirs de bœuf ou de vache pourront être tannés en fosses avec l'écorce provenant du chêne... ».

On a toujours mauvaise grâce à parler de soi-même, mais si la clause du tannage en fosses a été ajoutée au cahier des Charges du Ministère de la Marine, c'est grâce à mon intervention. Vous voyez donc que nous ne sommes pas toujours si loin de nous entendre.

En ce qui concerne le Ministère de la Marine, l'analyse vient également suppléer à l'indication d'exagération d'emploi des extraits.

M. Hirsch. — Je vous demande pardon de vous interrompre. Est-ce qu'il n'y a pas aussi un droit de visite chez les fabricants de cuirs et peaux, qui est prévu par l'Administration de la Marine?

M. Placide Peltereau. — Non, il n'y en a pas.

Un Congressiste. — J'appartiens au Ministère de la Marine et je puis vous dire que cela a été introduit cette année.

M. Placide Peltereau. — J'en suis très surpris.

Le précédent congressiste. — Cela n'a pas encore été fait, mais cela pourrait être fait et la surveillance est possible.

M. Placide Peltereau. — Dans tous les cas, en ce qui concerne le Ministère de la Guerre et le Ministère de la Marine, je dois vous dire que les analyses sont faites également très sérieusement, et permettent de révéler les extraits tanniques qui sont simplement tolérés. Il est indiqué au cahier des charges du Ministère de la Marine...

« Pour s'assurer que le tannage n'a pas été obtenu trop vite... ».

Par conséquent, de ce côté encore, les garanties que réclamait M. Hirsch sont bien obtenues.

M. Hirsch s'est étonné que nous soyons opposés aux visites obligatoires. Véritablement, Messieurs, si vous étiez soumis aux mêmes obligations pour vos coupes de bois ou vos exploitations forestières, je ne sais si vous trouveriez le procédé agréable.

M. H. Barbier. — Nous y sommes soumis.

M. Placide Peltereau. — Je dois ajouter que si nous avons refusé ces visites comme obligatoires, nous nous sommes toujours mis d'accord avec l'Administration de la Guerre pour laisser visiter nos usines ; jusqu'à présent, il n'est pas d'exemple qu'une seule tannerie que l'Administration de la Guerre ait voulu visiter, n'ait pas été visitée. L'Administration de la Guerre est en contact permanent avec notre industrie pour tous les renseignements dont elle a besoin, et jusqu'à présent, elle a visité tous les centres importants de tannerie sur sa simple demande. Nous avons seulement demandé que cette visite ne fût pas obligatoire, mais nous n'avons jamais refusé d'ouvrir nos tanneries aux représentants du Ministère de la Guerre et nous continuons, puisque tout dernièrement, j'ai eu l'honneur de voir l'intendant qui s'occupe de cette question, M. Péria, et j'ai invité le nouveau titulaire à vouloir bien recommencer ses visites.

Vous voyez que de ce côté-là nous avons l'esprit le plus large ; nous nous sommes simplement refusés à ce droit d'exercice que nous trouvions exagéré, en ce sens que nous n'étions pas fournisseurs directs.

En ce qui concerne la non représentation de l'industrie du bois à la Commission dont a parlé M. le Rapporteur, cette non représentation n'a pas dépendu de nous. Nous avons demandé à être représentés à cette Commission, nous avons été écoutés, et si j'ai bonne mémoire, votre demande, Monsieur, est venue après que la Commission s'était réunie.

M. H. Barbier. — C'est une erreur.

M. Hirsch. — Le Président du Syndicat vous répondra.

M. H. Barbier. — Oui, monsieur, votre mémoire vous sert mal ; j'affirme que la demande a été faite avant la réunion.

M. Placide PELTEREAU. — En ce qui nous concerne, nous ne voyons aucun inconvénient à ce que d'autres industries, plus ou moins intéressées, soient représentées à ces Commissions. Comme vous le disiez, tout à l'heure, il y aurait lieu d'y admettre les bouchers et également les fabricants d'extraits tanniques.

Quant à la qualité des chaussures, en général, dont se plaint très amèrement M. le Rapporteur, je n'avais pas pour ma part constaté que les chaussures fussent si mauvaises, (*Ah! Ah!*) mais vous paraissez tous en être tellement convaincus que je crains d'être battu à l'avance. Je tiens à vous faire remarquer toutefois que les intermédiaires qui vendent des chaussures, et surtout les grands magasins, les marchands de chaussures, sont très certainement coupables en la circonstance. Alors que le cuir brut a subi une hausse considérable pour des raisons diverses et un peu différentes de celles que pensait M. Hirsch, nous avons été obligés tout naturellement de relever le prix de nos produits fabriqués, puisque la hausse a eu lieu dans des proportions de 30 à 100 % ; mais dans bien des cas, les acheteurs de chaussures n'ont pas voulu supporter la hausse du prix du produit fabriqué, de sorte que les fabricants de chaussures, obligés de subir les demandes draconiennes de leurs acheteurs, dans bien des cas ont abaissé la qualité du cuir employé pour la fabrication des chaussures. Il faut donc que le consommateur soit assez raisonnable pour payer sa chaussure suivant la hausse des matières premières, s'il veut avoir une chaussure qui lui donne toute satisfaction.

Vous avez cité les vœux des différents syndicats, vous avez cité le vœu de la Chambre syndicale des Fabricants de chaussures de Paris ; nous déplorons que la lettre de cette Chambre syndicale n'ait pas été publiée intégralement. L'avez-vous, cette lettre, Monsieur le Rapporteur?

M. HIRSCH. — Nous nous expliquerons.

M. Placide PELTEREAU. — Dans le journal *Le Bois*, cette lettre n'a pas été publiée intégralement. La Chambre syndicale des Fabricants de chaussures admet l'usage modéré des extraits tanniques; il n'a pas été fait mention du passage de cette lettre.

M. H. BARBIER. — Est-ce qu'en dehors de la Chambre syndicale des Fabricants de chaussures, M. le Rapporteur n'a pas parlé de la Chambre syndicale des Bourreliers et Selliers de la Seine? Voudriez-vous nous dire si cette lettre-là est aussi écourtée?

M. Placide PELTEREAU. — Il me serait difficile de vous le dire, parce que nous avons eu seulement communication officielle de la lettre de la Chambre des Syndicats de chaussures, et que nous n'avons pas eu communication des lettres adressées par les autres groupements.

M. H. BARBIER. — Nous tenons à faire état que les protestations des

Chambres syndicales ne se résument pas dans celles des chaussures.

M. Placide PELTEREAU. — Je ne voudrais pas retenir trop longtemps votre attention. Je me permets cependant de revenir sur les trois vœux qui sont la conclusion du rapport de M. Hirsch.

En ce qui concerne les administrations publiques, tout naturellement nous protestons contre l'usage exclusif de l'écorce de chêne pure ; nous estimons que les cahiers des charges tels qu'ils sont conçus, avec le contrôle qu'on a ajouté à côté des termes mêmes qui sont employés, sont équitables et sauvegardent parfaitement les intérêts de l'État.

En ce qui concerne la marque, nous nous rallions au vœu modifié de M. Guillot.

En ce qui concerne le second vœu : « *Que les pouvoirs publics, pour réprimer toute fraude et protéger le public consommateur, instituent une marque légale qui sera apposée sur tous les cuirs et peaux tannés à l'écorce de chêne pure* », là encore nos opinions diffèrent puisque nous ne sommes pas d'accord sur le principe. Nous prétendons, nous, que le meilleur cuir n'est pas le cuir tanné exclusivement à l'écorce de chêne.

Au point de vue de la clause de transport, nous sommes d'accord ; nous sommes désireux comme vous, puisque la plupart du temps le prix du transport s'ajoute au prix d'achat, que cette condition puisse être améliorée.

En résumé, Messieurs, nous réclamons pour une grande industrie comme la nôtre le droit de vivre et de se développer dans un sens beaucoup plus libéral que celui que vous prétendez nous imposer. Nous entendons étudier et discuter librement la technique de notre fabrication sans être soumis aux obligations que vous voudriez nous imposer dans le but de vendre plus facilement vos écorces de chêne.

M. COSTE. — La mévente des écorces de chêne, qui est le résultat de la concurrence des extraits tanniques, est une véritable calamité pour tous les propriétaires de taillis de chênes, mais c'est un véritable désastre pour les propriétaires de bois de la région méditerranéenne, puisque dans cette région qui est celle du chêne vert, l'écorce est, non pas un sous-produit, mais le produit principal de cette essence, et, par conséquent, tant que cette mévente subsistera, il ne peut être tiré aucun parti de ce bois. Nous avons là 300.000 hectares environ qui sont fatalement appelés à disparaître ; déjà dans ces régions, depuis 15 ans que cette mévente dure, il y a un certain nombre de propriétaires qui commencent à perdre patience, et qui, quand ils font des coupes, donnent l'ordre aux ouvriers de faire, comme on dit, sauter le piquet, c'est-à-dire faire sauter la souche. De sorte que ces 300.000 hectares qu'on transforme en pâturage, sont fatalement destinés à devenir des terrains absolument stériles, ce que nous appelons des garrigues.

Eh bien! dans le Midi, nous avons déjà trop de ces garrigues. Dans nos départements méridionaux, ils représentent 30 % de la surface du sol, dans certains départements comme les Pyrénées-Orientales, ils représentent 60 % ; voulez-vous y ajouter 300.000 hectares de plus? C'est vous dire que la question est angoissante pour tous les intérêts nationaux.

Il est donc essentiel de remédier à la mévente des écorces, et lorsque nous nous sommes préoccupés de cette question, en février dernier, à la Société des Agriculteurs de France, il nous a paru qu'il y avait un lien étroit entre la mévente des écorces et la question des cuirs. C'est ce qui a motivé un vœu de la Société.

Le cuir, Messieurs, est une des matières premières qui sont, je crois, le plus fraudées ; la fraude sur le cuir est — je puis le rappeler dans un congrès international — une fraude internationale. Il suffit de se reporter à cet égard aux journaux mêmes de l'industrie du cuir ; si je prends, par exemple, *la Halle aux Cuirs* du 16 mars dernier, je vois que dans certains pays, la charge en glucose courante est d'environ 25 % ; on introduit donc de la matière sucrée dans le cuir pour le faire peser davantage. Dans d'autres pays, on va jusqu'à 40 %. En France, on ne charge peut-être pas en glucose ; on a d'autres produits, on charge avec les extraits tanniques ; la fraude se commet en surchargeant le cuir d'extraits tanniques, c'est-à-dire en incorporant aux cuirs une quantité surabondante de tannin qui ne sert à rien, qui ne se combine pas avec la peau, et qui n'a qu'un but, celui de faire peser davantage le cuir.

Cette fraude est extrêmement rémunératrice. La vente courante du cuir actuellement est de 5 francs le kilogramme ; chaque fois qu'on remplace un kilogramme de cuir par un kilogramme de ces matières-là, on réalise un bénéfice de 5 francs.

Je tiens à bien préciser ma pensée. Je ne viens pas soutenir ici que c'est une fraude de tanner au moyen des extraits, ce que je soutiens, c'est qu'on se sert des extraits pour commettre des fraudes? C'est la même situation que pour le beurre et la margarine ; il est licite de fabriquer et de vendre de la margarine, mais c'est une fraude qu'on a fini par réprimer de mélanger de la margarine au beurre et de vendre le tout comme beurre.

Quand je viens dire que l'usage abusif des extraits est un procédé de charge, j'en apporte des preuves qui sont surabondantes. La chose est indiquée dans tous ses détails par les techniciens de la tannerie, par les journaux de la tannerie. J'ai trouvé, par exemple, un traité tout récent, *Traité pratique de la fabrication des cuirs*, publié en 1912 par Thuau et Villon, et je vous demande la permission de vous rappeler quelques détails suggestifs qui se trouvent dans cet ouvrage :

« Les cours de la peau en poil, écrivent MM. Villon et Thuau, page 199, sont devenus si élevés pendant ces dernières années, que le tanneur s'est vu dans la nécessité de chercher d'une part à diminuer le prix de revient de la fabrication, et, d'autre part de faire un tannage aussi poussé que possible, *quand il s'agit des cuirs vendus au poids*, et d'augmenter son rendement, pour pouvoir tirer un petit bénéfice de sa fabrication et lutter contre la concurrence.

« L'augmentation de rendement est obtenue soit par des procédés spéciaux de tannage aux extraits, soit par des moyens physiques, soit par l'emploi de tannins que la peau absorbe en plus grande quantité possible ».

L'auteur dit en termes formels que, par ce procédé, on augmente le poids de 10, 15 ou 20 %.

Il en est de même également pour les matières minérales. Le cuir tanné d'après l'ancien procédé est très pauvre en matières minérales, et l'auteur nous dit :

« Depuis plusieurs années, la teneur normale en matières minérales s'est fortement accentuée pour les cuirs à semelle : la raison en vient de ce fait que la peau en poil ayant augmenté dans des conditions beaucoup plus grandes que le cuir tanné, le tanneur s'est vu dans l'obligation de chercher à augmenter son rendement pour pouvoir tenir sa place dans la lutte commerciale ».

Non pas pour pouvoir faire un produit de meilleure qualité, mais pour pouvoir tenir sa place dans la lutte commerciale. De même qu'autrefois, en matière de vin, c'était toujours à qui vendrait le meilleur marché, c'est-à-dire à qui mouillerait le plus sa marchandise.

« Pour augmenter son rendement, le tanneur, ou bien retanne ses cuirs, et pour cela il faut employer des extraits spéciaux, parfaitement décolorés, contenant toujours de 3 à 5 % de matières minérales qui sont absorbées en dose massive par le cuir, ou bien tanne ses cuirs à un haut degré tannique avec des extraits très décolorés qui, par suite, nécessitent un moins grand rinçage, après tannage, ou bien encore utilise des tanins particuliers, par exemple l'extrait de quebracho qui, employé dans certaines parties du tannage, a la grande propriété de permettre l'augmentation de tannage et, par suite, de rendement. Au sujet de l'emploi si utile de l'extrait de quebracho, rappelons en passant que, pour qu'il soit vraiment utilisable, il faut qu'il soit soluble à froid, ce qui nécessite pour le fabricant d'extrait une quantité de matières minérales qui ne sera pas à dédaigner lorsqu'on la retrouvera dans le cuir. Comme on le voit par ce qui précède, il est assez difficile d'établir à partir de quel moment un cuir est chargé en matières minérales, c'est-à-dire fraudé ; car le tanneur peut, jusqu'à une certaine limite, dire que les matières minérales qu'on lui reproche n'ont été employées que pour décolorer le tanin ».

Voilà d'excellents conseils qui seraient certainement utiles devant un juge d'instruction (*Applaudissements*). Le tanneur auquel on reproche d'avoir chargé son cuir de matières minérales, dira : Ce n'est pas moi qui ai mis ces matières minérales, c'est le résultat d'une addition d'extraits très décolorés, par conséquent très riches en matières minérales. Cela est-il honnête ? Il est impossible de le soutenir.

D'ailleurs, pour prouver cette fraude, nous n'avons pas besoin seulement de cet ouvrage, elle apparaît partout, dans toutes les publications du cuir. Ainsi, dans un journal que j'ai sous les yeux, je trouve cette annonce qui est tout à fait typique, c'est l'annonce d'un fabricant d'extraits de Francfort-sur-le-Mein, où je vois : « J'augmente le rendement du cuir de 10 % ». Cela fait 50 francs par 100 kilogrammes. Les gens se précipiteront vers cette maison pour acheter ces précieux extraits qui augmentent le rendement du cuir de 10 %. Vous comprenez très bien que, dans ces conditions, ce cuir, qui est ainsi fraudé, grâce à cet usage frauduleux des extraits, ne peut pas avoir la même qualité que le cuir qui n'est pas chargé du tout. Il n'y a pas besoin, pour comprendre cela, d'être chimiste, technicien ou spécialiste, le bon sens suffit.

La consommation s'en est aperçue depuis longtemps, les tanneurs aussi le savent bien. Si vous prenez les journaux de la tannerie, vous voyez toute une série de maisons qui vous offrent le tannage à l'écorce de chêne pure. Une maison de Limoges dit : Ce que je vends, c'est du cuir tanné à l'écorce de chêne pure. Vous voyez quantité d'autres annonces du même genre, vous n'en voyez aucune qui dise : Cuir garanti tanné aux extraits (*Applaudissements*).

Le consommateur recherche le cuir tanné à l'écorce de chêne, vous en avez déjà eu la preuve par les explications qui ont été données par le Rapporteur. En présence des abus auxquels donne lieu l'emploi des extraits tanniques, le consommateur demande le cuir tanné à l'écorce de chêne, parce que, avec l'écorce de chêne, il y a moins d'abus.

Tels sont, Messieurs, les motifs qui ont décidé la Société des Agriculteurs, en février dernier, à déposer un vœu au sujet de la marque des cuirs tannés à l'écorce de chêne.

Lorsque ce vœu a été connu dans la région méditerranéenne, et lorsqu'on a su les raisons qui avaient décidé de l'émettre, il y eut un mouvement d'opinion extrêmement puissant ; en l'espace de quelques semaines, toutes les sociétés d'agriculteurs se sont prononcées, depuis les Alpes jusqu'à la Méditerranée. Cela indique l'état de misère dans lequel se trouvent toutes ces populations forestières du midi. Les Conseils Généraux du Gard et de l'Hérault ont spontanément émis des vœux conformes réclamant la marque des cuirs ; il y a même des groupements qui, dans une certaine mesure, ne sont pas des groupements économiques, qui ont partagé l'émotion publique, par exemple le vœu de la section du Gard du Comité Républicain du Commerce et de l'Industrie.

Mais, Messieurs, l'émotion a été surtout vive chez les grands propriétaires de bois; chez nous, les grands propriétaires, ce sont les Communes. En l'espace de quelques semaines, j'ai reçu les vœux d'une centaine de communes qui toutes protestent contre la fraude du cuir, demandant la répression de cette fraude et, comme sanction, réclamant la marque. Ces communes sont extrêmement malheureuses; par exemple, le maire d'Anial, dans l'Hérault, m'envoyait le compte d'exploitation des bois communaux duquel il résulte que, bon an mal an, les bois communaux lui donnent un déficit variant entre 6.000 et 8.819 francs. Vous figurez-vous ce que c'est dans une commune rurale que 8.000 francs à inscrire en dépenses au budget communal? C'est une véritable contribution de guerre ! Combien ne ferait-on pas de choses utiles avec 8.000 francs par an qu'il faut verser ainsi comme rançon de la fraude? (*Applaudissements*). Vous comprenez l'émotion dans tous ces pays ; on a beau habiter dans un pays reculé, on ne peut pas s'empêcher de protester quand on est volé et qu'on sait quel est son voleur !

Je voudrais pouvoir vous lire les lettres indignées de quelques-uns de ces maires, laissez-moi vous en faire connaître seulement quelques lignes...

M. LE PRÉSIDENT. — Il y a certains mots...

M. COSTE. — Je dis que quand frauduleusement on augmente le poids du cuir de 10 ou de 20 %, c'est un vol, et je prétends que c'est cette fraude qui cause la mévente.

Je reviens à l'émotion qui s'est manifestée dans le pays, et je vais vous citer quelques lignes d'une lettre que m'écrivait le maire de la commune de Bagad, dans les Cévennes :

« Nos intérêts ne peuvent rester plus longtemps méconnus. C'est un spectacle écœurant que de voir le pays se dépeupler, les maisons tomber en ruines, les jeunes gens obligés de s'expatrier pour essayer de gagner leur vie à la mine ou ailleurs. Voilà le résultat de la fraude. Le gouvernement ne peut laisser ainsi périr des populations fermement attachées à la France et à la République ! »

J'ai reçu une centaine de ces lettres en quelques semaines, mais l'impulsion est tellement vive qu'avant deux mois, j'aurai l'opinion des 300 ou 400 communes de cette région, qui se trouvent intéressées par cette question de la mévente des cuirs.

Nous ne nous sommes pas contentés de recueillir les vœux des producteurs, nous avons voulu connaître la manière de voir des consommateurs de cuir. Le Comité des forêts s'est chargé de ce rôle à Paris; nous, nous l'avons également assumé dans notre région. L'initiative est venue du modeste syndicat agricole de Saint-Sébastien d'Aigrefeuille. Dans cette commune, les 95 propriétaires de la commune ont signé une pétition pour demander la marque et la répression de la fraude du cuir, et le syndicat agricole de la commune a présenté une proposition demandant également la marque des cuirs aux consommateurs de cuir de la grande ville industrielle voisine, la ville d'Alais. Voici le texte de cette proposition :

« Les soussignés marchands de cuir, cordonniers, bourreliers, camionneurs, etc., etc., considérant la mauvaise qualité des cuirs vendus actuellement, demandent l'établissement d'une marque pour les cuirs tannés à l'écorce de chêne pure, et la répression des fraudes sur les cuirs ».

Elle porte 200 signatures, parmi lesquelles je relève 33 cordonniers, et 4 marchands de cuirs.

Cet exemple, nous allons le suivre, cette enquête, nous allons la continuer, mais dès à présent, vous avez déjà entendu les arguments de la tannerie qui vient vous dire : « Les cuirs actuels sont très bons. » Ce n'est pas l'avis des consommateurs parisiens ni des consommateurs provinciaux.

Je suis obligé de dire un mot du vœu des employeurs de cuir parisiens, puisque l'on a parlé du vœu de la Chambre syndicale des Chaussures, car c'est à moi-même, en effet, qu'a été adressé le vœu de cette Chambre.

La Chambre syndicale nous a adressé un vœu qui a été publié sans y changer une lettre, et dans lequel elle demande, purement et simplement, l'établissement d'une marque et un règlement d'administration publique déterminant les conditions d'authenticité de cette marque. Ce vœu était accompagné d'une lettre dans laquelle on indiquait que la Chambre syndicale n'avait pas voulu suivre jusqu'au bout le vœu qui avait été émis par la Société centrale d'Agriculteurs du Gard qui demandait en outre la visite des tanneries ; mais il n'en est pas moins vrai que, sans aucune restriction, la Chambre syndicale de la Chaussure a demandé l'établissement d'une marque pour les cuirs tannés à l'écorce de chêne. Il y a eu également des vœux extrêmement significatifs qui ont été émis par la carrosserie, par la sellerie, par la bourrellerie, et ces vœux ont été accompagnés de lettres qui sont aussi précises que possible. Par exemple, dans la délibération de la Chambre Synkicale des bourreliers-selliers, je lis :

« En ce qui concerne la qualité du cuir, nous déclarons qu'elle est de beaucoup supérieure, lorsque la tannerie a employé l'écorce de chêne pure ».

Voilà pour le consommateur. Maintenant, parlons un peu de la tannerie.

Nous nous sommes demandé si nous ne pourrions pas trouver des concours dans le midi : nous en avons trouvé dans le centre et dans le midi. Une grande partie de la tannerie souffre, en effet, de la concurrence déloyale qui est faite à son égard par la fraude ; les tanneries se plaignent, elles sont dans une situation difficile. Voici, par exemple, ce que m'écrivait dernièrement un tanneur du département de l'Hérault :

« Nous comprenons toutes les difficultés que vous aurez à surmonter pour obtenir gain de cause dans la campagne que vous avez entreprise ; nombreux sont naturellement les tanneurs qui ne veulent rien entendre, et ce ne sont pas, malheureusement, les moins puissants ; néanmoins il ne faut pas désespérer, car il leur est impossible de nier en totalité que l'équité et la saine raison sont de votre côté. Comment un fabricant tanneur peut-il se refuser à apposer sur les cuirs de sa fabrication une *marque légale* attestant sous sa responsabilité la loyauté de sa fabrication? Ce refus nous semble bien difficile à justifier. Nous souhaitons donc vivement votre réussite... »

Enfin, nous avons provoqué une enquête de la Chambre de Commerce de Béziers, qui est un arrondissement du département de l'Hérault où les tanneurs étaient autrefois nombreux et prospères et où la tannerie traverse une crise extrêmement grave. Nous avons été entendus par la Chambre de commerce de Béziers, et à ce sujet permettez-moi de vous citer ce détail :

Le Président de la Commission était M. de Crosal, marchand tanneur de la ville de Béziers, vice-président de la Chambre de Commerce ;

j'ai trouvé ce Monsieur en parfaite communion d'idées avec moi, et en discutant la question, je lui ai signalé cet argument de nos contradicteurs qui disent : Il est impossible d'accepter un contrôle quelconque sur la tannerie, parce qu'il y a des tours de main dans cette industrie et ces Messieurs ne veulent pas qu'on y mette le nez. Je répondis, en me fondant sur l'ouvrage de Thuau, que je craignais fort que ces prétendus secrets ne fussent que les secrets de la fraude et des tours de main plus ou moins honnêtes. Et M. de Crosal ajouta : *Sans aucun doute, dans notre métier, il n'y a pas de secrets.*

Voilà cette déclaration dont je puis indiquer l'auteur, puisqu'il s'agissait là d'une enquête officielle. D'un jour à l'autre vous aurez un vœu de la Chambre de Commerce de Béziers qui viendra appuyer les vœux de Lure, de Saint-Omer et d'Auxerre.

Donc, d'un côté, vous avez des tanneurs qui ne demandent qu'à travailler au grand jour, à la condition d'être protégés contre la fraude par la marque. Vous avez ensuite les consommateurs qui se plaignent de la mauvaise qualité des cuirs, et qui se plaignent en tout cas d'être trompés, parce que le fabricant de chaussures ou le bourrelier qui achète le cuir ne peut jamais savoir de quelle façon il a été tanné. Vous avez en outre une vaste région qui est menacée d'une dévastation complète, 300.000 hectares de chêne vert vont disparaître dans quelques années...

Plusieurs voix. — C'est dans la France entière !

M. Coste. — Enfin, d'un autre côté, vous avez purement et simplement une poignée de fraudeurs. (*Très bien !*)

Eh bien, je ne comprends pas, que les tanneurs honnêtes puissent s'opposer au contrôle que nous demandons, c'est-à-dire à la marque. Laissez-moi bien préciser ma pensée ; nous ne prétendons en aucune façon entraver l'industrie ; que les tanneurs qui préfèrent conserver secrets leurs procédés de fabrication, tannent comme bon leur semble, appliquent sur leurs cuirs la marque de leur maison à eux, ils ne seront soumis à aucun contrôle, personne n'aura le droit de voir ce qu'ils font chez eux, et par conséquent leur liberté ne sera atteinte en aucune façon. Le consommateur jugera. S'ils arrivent à faire de bons cuirs, il leur donnera la préférence, et vous me permettrez de dire à ce point de vue que très certainement, l'établissement d'une marque sur le cuir tanné à l'écorce de chêne augmentera la qualité du cuir tanné aux extraits. (*Rires.*) En effet, que voyons-nous? Que, depuis 25 ans que l'on pratique le cuir tanné aux extraits, ce cuir devient de plus en plus mauvais ; or on aurait eu le temps de le perfectionner. Si donc le tannage à l'extrait se trouvait à avoir à lutter avec un cuir portant une marque, il s'efforcerait de son côté de perfectionner son procédé pour le plus grand bien de tout le monde.

Les extraits conserveront leur usage, car on peut toujours faire des extraits un usage judicieux. Ainsi, quand on a réprimé la fraude sur le beurre, est-ce que les fabriques de margarine ont été fermées? Nullement. Depuis 1897 que la loi sur la fraude existe, il y a des fabricants de margarine, ils se multiplient, ils prospèrent. Il y a une clientèle pour la margarine comme il y a une clientèle pour les extraits ; la répression de la fraude a eu pour résultat que le producteur vend son beurre un prix rémunérateur et que tout le monde peut vivre honorablement.

Un Congressiste. — C'est vrai pour tout.

M. Coste. — Nous ne doutons pas que vous veniez appuyer notre vœu, et le vœu que vous émettrez sera pour nous d'un secours puissant, mais, je ne me fais pas d'illusion à cet égard, il ne nous donnera pas la victoire, car nous avons affaire à des influences très puissantes qui, jusqu'à présent, ont dominé les pouvoirs publics.

Nous continuerons cependant notre campagne avec énergie, non seulement dans le midi, mais avec le concours des Comités forestiers de toute la France ; nous continuerons la campagne dans la France entière, dans toutes les villes, dans toutes les communes, et nous ferons entendre des protestations de plus en plus énergiques. Nous ne nous arrêterons que lorsque nous aurons vaincu la fraude et que nous aurons fait établir la marque. (*Applaudissements.*)

Un Congressiste. — M. Placide Peltereau a dit tout à l'heure qu'il était extrêmement facile de distinguer les cuirs tannés à l'écorce de chêne de ceux tannés à l'extrait et qu'il ne s'expliquait pas pourquoi, dans ces conditions, on demandait une marque. Je lui demanderai à mon tour, puisque c'est si facile, comment il explique que les employeurs de cuir, le Syndicat de la Chaussure, le Syndicat des Bourreliers et des Selliers, etc., émettent le même vœu que nous.

Il a dit que le cuir tanné avec un mélange d'écorces et d'extraits était meilleur que le cuir tanné a de l'écorce de chêne pure ; je lui demanderai encore comment il se fait que ces mêmes employeurs de cuir, les cordonniers et les bourreliers, demandent aussi cette marque pour le tannage du cuir à l'écorce de chêne pure.

Ensuite, M. Placide Peltereau nous a dit qu'il représentait ici toute la tannerie. M. Coste a discuté cette question, mais il doit y avoir ici des représentants de la tannerie et j'aurais été très heureux de voir des tanneurs à l'écorce, car il y en a aux environs de Paris, et nous aurions pu nous livrer à une discussion intéressante.

M. Placide Peltereau. — J'en suis un.

Le même Congressiste. — Il n'en est pas moins vrai que, nous aussi, nous avons interrogé des tanneurs ; M. Coste a interrogé des tanneurs du midi, nos amis qui habitent le centre ont interrogé des tanneurs du centre, moi j'ai interrogé des tanneurs de l'ouest ; or je peux vous affirmer qu'il y a de nombreux tanneurs de l'ouest qui ne s'opposent en aucune façon à l'exercice, et qui sont d'accord avec nous sur la plupart des vœux que nous formulons.

M. Placide PELTEREAU. — Je voudrais répondre un mot à l'honorable orateur en lui faisant remarquer que je n'ai pas dit que la qualité du cuir pouvait être appréciée par le consommateur ; j'ai dit qu'un tannage différent pouvait être apprécié par les acheteurs de cuirs tels que les industriels et les marchands de cuirs.

En ce qui concerne les Fabricants de chaussures, je tiens à vous lire, pour en terminer, leur lettre :

« Nous ne croyons pas, en effet, pouvoir vous suivre entièrement dans l'interdiction de l'emploi des extraits tanniques, qui, bien employés, ne sauraient être nuisibles...

« Syndicat Général des Cuirs et Peaux de France ».

M. COSTE. — Seuls les tanneurs qui réclament la visite seront visités, et ceux-là seuls auront droit à la marque.

M. HIRSCH. — J'ai quelques mots à répondre sur les objections formulées par M. Peltereau en particulier. Tout d'abord, je tiens à dire que si je n'ai pas parlé des cuirs chromés, c'est que les cuirs chromés ne sont pas du tout en question ici ; en effet, les cuirs chromés se distinguent des autres cuirs.

J'ai interrogé de nombreux employeurs de cuir, des cordonniers, des bourreliers, j'en ai vu un en particulier dont le père était déjà cordonnier, et je crois qu'il doit déjà commencer à avoir la pratique du cuir ; or il m'a déclaré qu'il lui était impossible de faire cette distinction.

Au point de vue scientifique, j'ai demandé au Ministère de la Guerre si les dosages qui sont inscrits au cahier des charges étaient une garantie suffisante pour connaître l'origine des cuirs ; j'ai été obligé de reconnaître que ces Messieurs ne sont pas du tout sûrs d'avoir une garantie quelconque. A vrai dire, ils n'en ont aucune. Ce n'est pas parce que l'on fera des analyses qu'on saura si des cuirs sont bons ou mauvais. J'ai à cet égard-là un petit livre de Jacomel qui traite un peu spécialement des analyses des cuirs ; il indique un grand nombre de méthodes, et il ajoute :

« Le professeur Propter, dans un travail classique, a indiqué une série de réactions colorées qui aident à fixer l'origine d'un extrait tannique ; mais quelque soit l'intérêt de ces réactions, il convient de dire qu'elles deviennent incertaines dans les cas de mélanges, aujourd'hui très fréquents ».

Je vous cite celui-là, je pourrais vous en citer vingt-cinq. Dans tous les livres, on n'a aucune certitude.

Peut-être MM. les Chimistes arriveront-ils à trouver des méthodes meilleures, mais pour l'instant, à cet égard, je m'en rapporte à ce qui m'a été dit au Ministère de la Guerre ; les garanties qui sont ici ne signifient absolument rien au point de vue de la qualité des cuirs. Et je m'étonne, puisque le Syndicat des Cuirs et Peaux ne demande qu'à avoir la visite de ces Messieurs, je m'étonne qu'il ait mis tellement d'acharnement à refuser ces visites; car enfin, pour que la visite soit efficace de la part d'une Administration, il ne faut pas qu'on avertisse. Si on vient prévenir M. le Président du Syndicat des Cuirs et Peaux en lui disant: « Tel jour, nous irons visiter telle usine », M. le Président du Syndicat écrira évidemment à cette usine : « Je vous avise que vous recevrez la visite d'un contrôleur, recevez-le bien, je ne vous en dis pas davantage ». Je pense que le chef d'usine comprendra à demi-mot — et fera en sorte que la visite ne lui soit pas préjudiciable — ce qui est tout naturel.

M. Placide Peltereau s'oppose, d'autre part, à ce que nous établissions une marque, et il dit qu'on devrait également la mettre sur les draps. Je dois dire tout d'abord que pour qui a un peu l'habitude du drap, il n'est pas besoin d'être très fort pour en reconnaître la qualité. Il y a des méthodes scientifiques pour arriver à reconnaître si les draps sont en laine ou non ; néanmoins, si on voulait une marque pour les draps, nous ne nous y opposerions pas. On a demandé des marques pour la margarine, cela a donné les meilleurs résultats ; nous demandons la même chose et je ne vois pas pourquoi on peut y faire opposition, puisqu'un certain nombre de tanneurs ; notamment M. Richard qui a écrit à la Chambre de Commerce d'Auxerre une lettre très caractéristique — déclarent que le tannage à l'écorce de chêne est le seul qui puisse donner de bons résultats.

M. Placide Peltereau a objecté également que la qualité des chaussures actuellement était tout aussi bonne qu'autrefois ; je crois que votre opinion à cet égard est faite. Néanmoins, j'ai cherché de mon côté à savoir ce qu'il y avait de fondé dans l'opinion qui prévaut et qui est celle-ci : on peut dire universellement que les cuirs actuels ne valent pas ceux d'autrefois. J'ai donc demandé au Ministère de la Guerre s'il ne serait pas possible de me donner la statistique de la durée des chaussures d'autrefois, et de celle des chaussures de maintenant. On m'a répondu que ce n'était pas possible parce que les magasins des Corps ont un certain nombre de chaussures qui sont plus ou moins usagées, de sorte que toute statistique établie serait fausse. Dans ces conditions, je ne vois qu'un moyen de solutionner la question, et je pense qu'à ce sujet, M. le Président des Syndicats des Cuirs et Peaux s'y ralliera d'une façon complète : Nous pourrions demander au Ministre de la Guerre qu'il veuille bien choisir une unité quelconque et qu'il la chausse du pied droit par exemple avec des chaussures fabriquées en cuir tanné uniquement à l'écorce de chêne, et du pied gauche avec des chaussures fabriquées en cuir tanné uniquement aux extraits. (*Rires.*) Je suis convaincu que l'expérience sera probante. Nous nous adresserons à un tanneur quelconque pour faire les chaussures du pied droit en cuir tanné à l'écorce de chêne.

H. Jauffret. — Je demande que les tanneurs veuillent bien nous expliquer pourquoi ils s'opposent à la marque. Si les cuirs tannés aux extraits sont aussi bons que les autres, en quoi la marque les gênera-t-elle?

M. Roy. — Les fabricants d'extraits tanniques vous demandent la permission de vous faire observer que l'extrait tannique contient tout simplement un produit tannant analogue à celui contenu dans l'écorce de chêne, mais de propriété particulière, parce que le tannin dans l'extrait est dépouillé, chez le fabricant préparateur, des matières colorantes et des matières basiques qui se trouvent dans l'écorce brute — tous impedimenta qui sont cause de l'action pernicieuse de l'écorce sur le cuir, lorsqu'elle est employée en jus fort.

Le tanneur trouve dans l'extrait tannique, comparé à l'écorce, la supériorité que peut présenter un produit industrialisé sur un produit brut, et il tire parti pour le mieux de sa fabrication de quelques réactions adéquates à ce genre de supériorité.

Faut-il ajouter que l'antagonisme entre l'extrait et l'écorce n'existe que dans l'esprit des personnes peu versées dans les questions de tannerie et M. le Rapporteur lui-même vient de reconnaître qu'il considère comme utile l'adjonction de l'extrait à l'écorce.

Ainsi nous sommes d'accord sur ce fait que les deux matières tannantes se complètent dans la technique courante de la tannerie française et l'avenir nous réserve peut-être de revoir un jour les écorces seules dominer la tannerie. Mais ce jour-là — tout est possible — les écorces auront été pour partie à leur tour industrialisées comme matières premières pour la fabrication d'extraits tanniques.

L'industrie des extraits tanniques est d'origine française ; elle s'est développée dans le monde entier. Elle a permis aux pays non producteurs de chêne et qui étaient tributaires surtout de la France, soit pour le cuir, soit pour l'écorce, de s'affranchir et de fabriquer eux-mêmes leurs cuirs.

En résumé, c'est l'industrie des extraits qui a fait universelle l'industrie des cuirs, qui a été le facteur le plus néfaste du commerce d'exportation du cuir de France et qui, enfin, a unifié dans le monde entier, le cours des cuirs fabriqués.

Comme conséquence de cette concurrence mondiale, aujourd'hui le fabricant de cuirs de France n'est plus libre de revenir à la technique onéreuse du tannage à l'écorce pure.

Faut-il ajouter que le tannage mixte à l'écorce et aux extraits, encore généralement pratiqué en France, peut lui-même difficilement résister comme prix de revient au tannage à l'extrait pur pratiqué à l'étranger.

Voici des preuves à l'appui :

Les fabriques de chaussures françaises faisaient un commerce d'exportation en 1880 de 99 millions de francs ; elles ont fait en 1912, 10 millions.

Par contre, les fabriques de chaussures étrangères importaient en France en 1880, 880.000 francs, elles ont importé en 1912, 25 millions.

L'année dernière, la consommation mondiale des extraits tanniques a été, en faisant confusion des extraits secs et des extraits liquides, de 360.000 tonnes, en quantité suffisante à tanner son même poids de cuirs.

Ce qui revient à dire qu'il est tanné dans l'univers entier, par le moyen des extraits tanniques — 100.000 kilos de cuir chaque jour.

M. Hirsch. — Je demande si le représentant des Syndicats des Cuirs et Peaux est disposé à accepter ce que j'ai proposé de demander au Ministère de la Guerre?

M. Placide Peltereau. — Je n'ai jamais dit que les cuirs tannés à l'écorce de chêne pure n'étaient pas meilleurs que les cuirs tannés aux extraits seuls, je n'ai jamais dit cela et je ne le dirai pas; j'ai dit simplement que nous enseignons dans nos écoles professionnelles un mélange judicieux des différents tanins. Je dis donc que si un cuir tanné exclusivement à l'écorce de chêne est incontestablement meilleur que celui tanné exclusivement aux extraits, un cuir tanné avec un mélange judicieux, raisonnable, d'extraits de châtaigniers mélangés et d'écorce de chêne, est aussi bon qu'un cuir tanné à l'écorce de chêne pure. C'est pourquoi nous sommes opposés à la marque de l'écorce de chêne pure.

M. Hirsch. — Il faudrait tout de même que nous sachions, nous, consommateurs, à quoi nous en tenir? Actuellement, nous n'avons que de mauvaises chaussures, nous demandons à payer le prix et à avoir de bonnes marchandises. Nous demandons à faire une expérience concluante entre le cuir tanné à l'écorce de chêne pure et le cuir tanné d'une façon mixte, comme vous l'indiquez.

M. Placide Peltereau. — Vous êtes ici deux ou trois cents, si je compte bien, tandis que nous sommes un représentant de l'industrie du cuir, deux journalistes professionnels, et un fabricant d'extraits tanniques.

Un Congressiste. — Et un tanneur.

M. Placide Peltereau. — Nous sommes donc ici deux tanneurs; je ne prétends pas faire prendre une décision en ce moment sur une question aussi importante. Je ne pourrai que faire part de votre vœu à l'industrie du cuir et vous faire connaître sa réponse.

M. Duchemin. — Je suis très frappé de ce que faisait observer tout à l'heure le Président des Syndicats des Cuirs et Peaux. Il est évident que la mauvaise qualité des cuirs en France provient d'une concurrence et d'une situation économique, mais d'un autre côté, je conçois parfaitement que l'État ait peur pour ses adjudications militaires, et que le consommateur, qui veut payer cher et avoir quelque chose de bon, puisse exiger une marque. Je pose donc simplement cette question à l'honorable représentant des cuirs : Comment, si vous considérez que le cuir fait avec un mélange judicieux d'extraits est meilleur que le cuir fait avec l'écorce de chêne pure, comment refusez-vous la marque qui, forcément, n'indiquera la qualité que pour le consommateur qui paiera très cher.

Je conçois qu'un industriel puisse voir avec regret l'introduction d'agents de l'État dans son usine, c'est toujours horriblement désagréable, mais d'un autre côté, on doit reconnaître que lorsque l'analyse ne permet pas de déclarer la qualité d'un cuir, il n'y a qu'un moyen d'avoir un contrôle sérieux, c'est l'exercice.

M. Deveze. — J'ai écouté les différents orateurs qui se sont succédé à cette tribune, et je les ai écoutés au point de vue parlementaire ; je veux vous demander la permission de vous dire à quelle conclusion je suis arrivé. Je pense que cela doit avoir son intérêt, car les questions que vous discutez devront avoir une répercussion au Parlement.

Vous demandez des garanties pour les cuirs qui sont tannés à l'écorce ; ces garanties vous ne les aurez que si le Parlement les ordonne et si le Gouvernement les prescrit. Eh bien, il m'a semblé que l'équivoque n'était pas aussi grande que cela.

M. le président des Syndicats des Tanneurs reconnaissait tout à l'heure que les cuirs qui sont tannés à l'écorce sont supérieurs à ceux qui sont tannés avec des produits chimiques ; il ajoutait qu'il ne pouvait pas prendre un engagement quelconque au nom du Syndicat. Mais il est peut-être possible de trouver des conclusions sur lesquelles tout le monde est d'accord. Je ne veux pas discuter sur les statistiques qui ont été apportées ici, je voudrais aller plus loin ; en admettant que les cuirs tannés à l'écorce ne valussent pas plus que ceux qui sont tannés d'une autre manière, il reste une question sur laquelle, je crois, tout le monde soit d'accord et qui est celle-ci : Les cuirs qui sont tannés à l'écorce ont une répercussion dans l'Agriculture, et certes, si on ne peut plus utiliser l'écorce pour cela, ce seront les forêts qui disparaîtront. Si vous vous placez à ce point de vue, il ne sera pas possible de trouver d'opposants.

Quand on placera devant la Chambre des Députés l'intérêt douteux de quelques industriels, puisqu'ils reconnaissent eux-mêmes que le tannage à l'écorce est bien supérieur, quand on placera devant la Chambre, dis-je, l'intérêt douteux de quelques industriels et l'intérêt non douteux des agriculteurs et des forestiers, la Chambre des Députés ne pourra pas hésiter, de même qu'elle n'a pas pu hésiter quand on a mis en sa présence les intérêts des industriels de la margarine et les intérêts des paysans qui font le beurre, de même qu'elle ne pourra pas hésiter dans quelque temps d'ici entre les intérêts de quelques industriels qui font de la soie artificielle et les intérêts des éleveurs de vers à soie qui font de la véritable soie avec des vers. Voilà les quelques opinions qui m'ont été suggérées par les arguments qui ont été posés ici.

Eh bien ! je vois dans la réunion quelques-uns de nos collègues qui représentent comme moi des circonscriptions agricoles forestières, je suis convaincu que tout leur concours sera apporté au vœu qui va être émis tout à l'heure, car je vois bien quelle est l'opinion de l'Assemblée, en tout cas, au vœu de ceux qui s'intéressent aux écorces et par conséquent au maintien de nos forêts dans nos pays.

M. Barbier. — C'est la première fois, monsieur Placide Peltereau, que j'ai l'honneur de vous rencontrer. Nous avons déjà croisé le fer sans nous connaître ; enfin nous voici face à face ; ce sera, je l'espère, très courtois. Vous avez bien voulu dire que vous aviez l'honneur de représenter ici 22 syndicats de la Tannerie française ; j'ai l'honneur de représenter devant vous les 50 et quelques syndicats de la Fédération du Commerce des Bois de France et ses milliers de membres que vous avez décoré du nom de marchands d'écorces. Eh bien oui, nous sommes des marchands d'écorces, marchands de tout ce que produit la forêt ; c'est notre honneur, peu souvent notre profit ; mais j'arrive à mon sujet.

La Chambre de commerce d'Auxerre, à laquelle j'ai l'honneur d'appartenir, vient d'émettre un vœu très considérable, suivant en cela, la déclaration d'un de ses membres les plus distingués, dont le nom est M. Richard, tanneur à Joigny, qui a fait dans la tannerie une carrière des plus honorables et des plus considérables. M. Richard a déclaré que le tannage aux extraits était particulièrement dangereux pour l'acheteur de cuirs, parce que celui-ci, vous l'avez déjà dit, ne sait pas le reconnaître.

L'analyse, a dit M. Peltereau, suffit. M. le Rapporteur a répondu avec des textes : Elle ne suffit pas.

Vous venez discuter la technique de notre métier. Oui, mais nous la discutons avec vos propres arguments et les articles de vos journaux. L'honorable M. Coste, tout à l'heure, a pu faire une partie de son brillant discours par la lecture de *La Halle aux Cuirs*; j'ai devant moi la *Bourse aux Cuirs de Tournai*, journal belge. Ce journal expose qu'on a envoyé à quinze chimistes spécialisés dans l'industrie du cuir des échantillons de cuir tanné, pris avec un soin remarquable là où il y a toujours un dosage assez égal; dix se sont refusés à faire l'analyse; les cinq autres l'ont faite et leurs résultats varient avec des écarts de 10 à 50 %. Si c'est cette analyse-là à laquelle vous vous référez, nous la considérons comme nulle et non avenue !

Vous avez dit, Monsieur Placide Peltereau, que la qualité du cuir était bonne, votre argument avance ; si vous l'émettiez dans vingt ans d'ici, peut-être irait-on chercher des textes comme nous venons d'être dans la nécessité de le faire ; mais nous sommes d'un âge qui nous a permis de connaître l'ancien et le nouveau cuir ; vous êtes devant des juges qui ont eu de bonnes chaussures et qui n'en ont plus que de détestables ; vous avez provoqué tout à l'heure leurs unanimes protestations.

Je vais plus loin, et si je prononce quelques paroles un peu vives, je les retire d'avance; j'estime et je déclare que la hausse formidable du cuir a son origine dans les procédés néfastes de la tannerie; je prétends que ce cuir, gaspillé par les méthodes de fabrication, ce cuir qui ne fait plus qu'un usage de quelques mois, qui est d'une production limitée, ce cuir, vous le gaspillez dans vos usines.

D'ailleurs, les quelques marchands d'écorces que nous sommes, viendront, quand vous voudrez, discuter la question avec vous; mais d'avance, je vous prierai de vous mettre d'accord avec les consommateurs; tous ceux qu'on a cités ici sont contre vous et vous n'avez pas apporté un seul témoignage en votre faveur.

Vous avez dit : « Je voudrais bien voir, Messieurs les Forestiers, s'il était question d'introduire chez vous l'exercice, ce que vous feriez ! » L'exercice chez nous existe : nous fabriquons des poteaux télégraphiques pour le compte de l'État et, de jour et de nuit, à toute heure et sans préavis, on vient vérifier nos chantiers. J'ajoute qu'on a tout à fait raison et qu'aucun État au monde, sauf peut-être la Chine ou la Turquie, n'achète un produit sans le contrôler. Je constate que la visite amiable dont parlait tout à l'heure M. Placide Peltereau, ainsi que l'a relevé M. Hirsch, ne signifie rien, est un trompe-l'œil, une duperie. J'ajoute avec vos textes, que si, avec la loyauté qui vous caractérise, vous venez dire : « Nous n'avons jamais fermé nos usines à la visite », ceux qui sont derrière vous ou qui vous suivent écrivent dans vos journaux que ces visites, même amiables, sont intolérables et qu'il est temps que cela cesse.

J'entends maintenant reprendre l'exposé de la Chambre de Commerce d'Auxerre, disant :

« Enfin, comme après fabrication, les cuirs à l'écorce et les cuirs à l'extrait ne peuvent se distinguer, sauf par l'usage, demandons que les tanneries produisant des cuirs destinés à être fournis aux Ministères de la Guerre et de la Marine, selon les conditions du Cahier des Charges, soient soumises à la visite des agents du contrôle de l'État. La tannerie s'élève contre ce qu'elle appelle des mesures vexatoires et se réclame de la liberté. Vaines déclamations...

« La fabrication de toutes les fournitures à livrer à l'État est partout contrôlée dans les usines mêmes. C'est sous ce régime que vivent tous ses fournisseurs qui s'appellent : industries métallurgiques, conserves alimentaires, ciments, draps militaires, poteaux télégraphiques, etc...

« Toutes ces industries trouvent une précieuse référence et une source réelle de crédit, du fait du contrôle par l'État. Il ne peut d'ailleurs être question d'exposer ici une industrie à la concurrence étrangère, puisque les cuirs livrés à l'Armée doivent être de provenance française. D'ailleurs, la tannerie a-t-elle des droits supérieurs à ceux des autres industries? Va-t-elle prétexter que ses usines sont inviolables, alors que toutes les autres ouvrent leurs portes au contrôle ? Peut-elle, *à priori*, prétendre à un privilège exclusif? Le peut-elle surtout, étant donné la situation ci-dessus exposée? L'État aurait-il deux poids et deux mesures? Exactitude et bonne gestion d'un côté, abandon et laisser-aller de l'autre?

Ce serait désastreux.

« Ce que l'État exige partout, ce qu'il impose à la Guerre pour toutes ses autres fournitures, pourquoi ne pas l'exiger pour les cuirs? En outre de la défense du budget, il s'agit ici de la Défense nationale. »

Et sur ce point, je remercie notre confrère appartenant au Ministère de la Marine d'avoir bien voulu dire tout à l'heure, en opposition avec M. Peltereau, que la Marine avait devancé la Guerre en imposant la visite des tanneries, affirmant ainsi que l'analyse est inopérante. Nous espérons que la Guerre suivra.

Vous avez dit, Messieurs, qu'il fallait défendre la forêt ; il faut la défendre et avec elle tous ses auxiliaires, car les quelques milliers de marchands d'écorces que nous sommes ont derrière eux des centaines de mille bûcherons, c'est-à-dire des ruraux, des petits cultivateurs, auxquels s'imposera un dur chômage de près de deux mois par an. Si le travail d'écorçage est supprimé, qu'allez-vous leur donner à faire pendant ces deux mois-là? Il faudra leur dire d'aller, eux aussi, à la grande ville. Voilà la solution.

Il est un dernier mot que je tiens à relever, car je crois qu'il n'a été repris par personne ici; M. Placide Peltereau a dit : « Nous ne pouvions pas admettre que l'Administration visitât nos tanneries, parce que nous ne sommes pas parties contractantes ». En un mot, ceux qui livrent le cuir à l'État, ce sont les fournisseurs d'équipements militaires; ils peuvent le produire eux-mêmes, mais généralement ce sont les tanneurs qui le produisent sans fournir directement.

L'objection n'est que spécieuse et je prends mon exemple dans la métallurgie. Les affûts de canons sont composés de métaux différents : acier, laiton, etc. ; les fournisseurs qui amènent l'affût à la réception ne se contentent pas de dire comme M. Placide Peltereau pense que cela suffit : « Voilà les affûts, prenez-les, voyez s'ils sont bons, la partie contractante c'est nous, et cela ne regarde que nous. » Je vous demande pardon ! L'État est allé visiter la fabrication des aciers, des laitons, etc., chez tous ceux qui n'étaient pas parties contractantes et il a tout vérifié avant l'assemblage ; l'État ne doit pas être trompé.

M. Hirsch. — Ce que nous demandons surtout est d'introduire un peu de décision dans les cahiers de charges de l'Administration. Il n'est pas nécessaire de fournir un texte extrêmement large, il faut que nous soyons précis. Nous demandons d'abord de sauver les forêts de taillis, nous sommes en droit de le demander à l'État, et par conséquent, c'est sur ce point là que nous demandons de maintenir le tannage à l'écorce de chêne pure.

La clôture de la discussion, mise aux voix, est adoptée.

M. le Président. — En ce qui concerne le premier vœu, nous sommes saisis d'un amendement de M. Guillot, amendement qui est ainsi conçu :

» *Que toutes les Administrations publiques achetant des produits en cuirs et peaux inscrivent dans leur cahier de charges une clause à l'effet de n'accepter que des cuirs et peaux tannés avec les meilleurs produits fournis par nos bois, au besoin couverts par des marques et réalisant des conditions de réception suffisamment sévères pour offrir toutes garanties.* »

Je mets cet amendement aux voix.

L'amendement est repoussé à une grande majorité.

Nous passons au vote sur le premier vœu du Rapporteur :

« *Que toutes les Administrations publiques achetant des produits en cuirs et peaux inscrivent dans leur cahier des charges une clause à l'effet de n'accepter que des cuirs et peaux tannés à l'écorce de chêne pure, à l'exclusion de tout autre ingrédient tannifère, et prennent des dispositions strictes et sévères pour surveiller directement l'application de cette clause.* »

Adopté.

Deuxième vœu :

« *Que les pouvoirs publics, pour réprimer toute fraude et protéger le public consommateur, instituent une marque légale qui sera apposée sur tous les cuirs et peaux tannés à l'écorce de chêne pure.* »

Adopté. Deux voix contre.

Troisième vœu :

« *Que les Compagnies de chemins de fer consentent l'application de tarifs de faveur très bas pour le transport des écorces à tan, et prennent toutes dispositions en vue d'assurer ce transport dans les meilleures conditions.* »

Amendement de M. Guillot :

« *Que les Compagnies de Chemins de fer consentent l'application de tarifs de faveur très bas pour le transport des matières premières ligneuses indigènes utilisées par l'industrie de la tannerie, et prennent toutes les dispositions en vue d'assurer ce transport dans les meilleures conditions.* »

M. Guillot. — On ne peut pas refuser aux autres produits de bois français le même traitement que celui qui est fait pour les écorces.

M. Hirsch. — Il ne s'agit pas du tout de refuser des tarifs de faveur à une autre branche, il s'agit d'émettre un vœu favorable à l'écorce, pour sauvegarder l'écorce. Nous n'avons pas à émettre un vœu qui soit contraire aux intérêts de qui que ce soit.

M. le Président. — Je mets aux voix l'amendement de M. Guillot.

Cet amendement est repoussé à une grande majorité.

M. le Président. — Je mets aux voix le vœu de M. le Rapporteur.

Adopté à l'unanimité.

La séance est levée à 11 h. 35.

SÉANCE DU 19 JUIN 1913

(APRÈS-MIDI)

Présidence de M. POUPINEL, président de Section

La séance est ouverte à 2 h. 35.

M. LE PRÉSIDENT. — L'ordre du jour appelle la lecture des rapports de M. Duchemin, sur l'INDUSTRIE DES RÉSINES et la CARBONISATION DES BOIS EN VASES CLOS. Le premier de ces rapports ne comportent pas de vœux, nous prions M. Duchemin de nous donner lecture de son travail sur les deux questions avant de passer à la discussion.

M. DUCHEMIN. — *L'industrie des résines en France.* — En France, l'industrie des résines est surtout localisée dans les départements de la Gironde, des Landes et du Lot-et-Garonne, où elle traite le pin maritime (*Pinus Pinaster*).

Elle consiste :

1° A recueillir la gemme qui exude des entailles pratiquées sur les arbres ;

2° A purifier cette gemme ;

3° A retirer de la gemme ses différents constituants.

Etudions successivement ces différents stades de la fabrication.

La gemme fournie par les conifères provient des canaux résinifères logés dans le bois de la tige. Gemmage.

Lorsqu'on pratique une incision (*quarre*), dont la forme et l'importance varient suivant la nature des arbres, sur un conifère, la gemme afflue sur les bords de l'entaille.

Elle était autrefois recueillie par le procédé au *crot*. Aujourd'hui le procédé Hugues est presque partout adopté.

L'opération du gemmage donne lieu :

a) Soit au *gemmage-épuisement* du pin d'éclaircie pratiqué de la 15e jusqu'à la 35e année;

b) Soit au *gemmage à vie* qui se poursuit pendant 40 à 55 ans ;

c) Soit au *gemmage-épuisement* préalable à la coupe rase, appliqué de 55 à 60 ans ;

d) Soit au *gemmage à mort*.

La gemme du pin maritime est liquide et transparente lorsqu'elle vient d'être recueillie, mais se trouble et devient laiteuse sous l'influence de l'oxygène de l'air. Composition de la gemme.

Sa composition moyenne est la suivante (1) :

Essence	20	%
Produits secs	70	»
Eau	10	»
Impuretés (sables, copeaux, etc.)	»	»
	100	%

Traitement des gemmes

Les gemmes, soumises à l'action de la chaleur dans des chaudières de formes diverses, se fluidifient et se séparent en plusieurs couches :

A la surface : les impuretés, telles que copeaux, écorces, etc., qui prennent le nom de *griches.*

Au-dessous : une couche de térébenthine.

Au fond : de l'eau et un dépôt d'impuretés solides (sables, terre, etc.), qu'on désigne sous le nom de *grep.*

Les résidus ainsi obtenus sont débarrassés des produits résineux qui les imprègnent par chauffage à la vapeur. On peut aussi les traiter dans un four en maçonnerie d'où le *goudron*, la *poix* ou *brai gras*, s'échappent par la partie inférieure.

Traitement de la térébentine.

La térébenthine brute obtenue par la fusion tranquille de la gemme ci-dessus indiquée ou la gemme elle-même est redistillée en vue de :

1° La séparation de l'eau et de l'*essence.*

2° L'obtention d'un produit résiduel qui, par solidification, constitue la *colophane ou le brai* suivant son degré de coloration.

L'opération se pratique soit à feu nu, soit à la vapeur. C'est la distillation à la vapeur qui est maintenant la plus répandue et l'on rencontre, dans les usines landaises, les principaux systèmes suivants :

1° Appareils Col ;
2° — Violette ;
3° — Dalbouze ;
4° — Germox ;
5° — Dorian .

Les produits obtenus par la distillation sont successivement les suivants :

a) Gaz incondensables ;
b) Eau ;
c) Eau et essence ;
d) Essence ;
e) Colophane.

L'essence de térébenthine trouve ses principaux emplois dans la fabrication des vernis et la préparation des peintures. Sa consommation comme matière première du camphre artificiel, après avoir été assez importante, a considérablement diminué depuis le jour où la baisse du camphre naturel a rendu impossible la fabrication du produit artificiel.

Traitement des colophanes.

Les colophanes provenant de la distillation de la gemme sont désignées sous des noms variés suivant leur coloration.

On distingue notamment :

La colophane : jaune pâle.
Le brai clair : jaune.
Le brai noir : brun ou noir.

(1) L'*Industrie des Résines*, (E. Rabaté Masson et Cie).

A la sortie des alambics les colophanes sont filtrées, afin d'en séparer les impuretés, puis moulées — soit dans des moules en sable, soit dans des barriques, soit dans des formes en tôle, — avant leur livraison au commerce.

Les colophanes sont principalement utilisées dans la papeterie, la savonnerie et les fabriques de vernis.

Par distillation de la colophane ou du brai, en présence de chaux, on obtient successivement : Huiles de résine.

10 % de gaz incondensables et de résidus charbonneux.
5 % de produits acides (acide acétique, etc.).
3 à 5 % d'essence vive.
60 % d'huiles brunes et blondes.
20 % d'huiles vertes.

Ces différentes huiles, dont l'emploi est d'ailleurs très réduit, sont clarifiées, désodorisées et neutralisées avant d'être employées au graissage des essieux, à la fabrication des encres typographiques, à l'injection des bois, etc.

Les différents stades de la fabrication que nous venons de mentionner brièvement peuvent être résumés comme suit en un tableau :

Gemme brute	Essence de térébenthine.	
	Colophane Brai	Essence vive. Huiles brunes et blondes. Huiles vertes.

Depuis ces dernières années, on pratique à l'étranger, et en particulier aux États-Unis, des distillations ménagées en vue d'en extraire l'essence, sans cependant pousser cette opération jusqu'à la production du charbon de bois. Distillation ménagée des bois de pin.

On retire des appareils du bois *dérésinifié* qui serait, dit-on, particulièrement propre à la fabrication des meubles en bois blanc.

Nous ne croyons pas que ce procédé ait reçu encore d'applications en France.

En dehors des produits dont nous venons de résumer la fabrication, le pin maritime sert également de matière première à la préparation de goudrons et de charbons de bois. Carbonisation des résineux en meules et en vases clos.

Cette fabrication, qui met en œuvre des bois d'élagage et des souches, est pratiquée, soit en meules, suivant les procédés connus, soit encore, depuis ces dernières années, dans des cornues mobiles transportées sur le parterre des coupes, en application d'un brevet de M. de Vallandé (1).

Ce procédé permet d'obtenir du charbon de bois, du goudron clair, dit de Suède ainsi que de l'acide pyroligneux et de l'huile de pin extraite au moyen d'un récipient florentin placé à la sortie des produits condensés.

L'appareil de M. de Vallandé se compose de deux cornues placées sur un train de roues, chauffées méthodiquement par un foyer à carneaux échelonnés de façon à obtenir des produits lourds au point bas des cornues

(1) Brevet français n° 359.944, 29 novembre 1905.

et au sommet des vapeurs qui se condensent dans un serpentin et des gaz qui se rendent au foyer.

Ce foyer est disposé pour brûler des brindilles à la mise en train et pour chauffer en même temps une chaudière dont la vapeur sert à produire un chauffage initial et un refroidissement final du contenu de la cornue.

En 1907-1908, il a été traité en forêt, par ce procédé, 16.000 stères de branches.

DOCUMENTS STATISTIQUES

Nombre des usines : 180.

Surfaces boisées intéressées : environ 1.000.000 d'hectares se répartissant comme suit :

Propriétés de l'État	Gironde	29.526	hectares
	Landes	26.537	—
Propriétés des communes.	Gironde	24.874	—
	Landes	96.119	—
	Lot-et-Garonne	1.873	—
Proprittés privées	Gironde	307.234	—
	Landes	440.112	—
	Lot-et-Garonne	74.291	—
Soit au total		1.000.566	hectares

TONNAGES FABRIQUÉS

Essence de térébenthine : 20 à 23.000 kilos.
Brais et colophanes : 75 à 80 000.000 kilos.

EXPORTATION

Essence de térébenthine : environ 10.000.000 de kilos,
Colophanes et brais : environ 50 à 60.000.000 de kilos.

COURS MOYEN DE LA TÉRÉBENTHINE DE 1906 A 1913

	1906	1907	1908	1909	1910	1911	1912	1913
Janvier	116 fr.	107 fr.	70 fr.	60 fr.	95 fr.	122 fr.	85 fr.	65 fr.
Juillet	85 »	96 »	60 »	70 »	100 »	80 »	60 »	
Décembre	102 »	67 »	58 »	87 »	115 »	80 »	60 »	

Les brais et les colophanes n'ont pas de marché officiel.

Ces produits ont subi une hausse importante ces dernières années et valent, actuellement, en moyenne de 30 à 40 francs les 100 kilos.

Je ne vous dirai rien du gemmage et de l'extraction de la résine, de l'industrie des essences, puisque les industriels qui traitent la térébenthine n'ont aucun vœu à formuler. Ils sont donc satisfaits de l'état de leur industrie et désirent sans doute qu'on ne parle pas d'eux.

Je continuerai donc par la lecture de mon rapport sur la CARBONISATION DES BOIS EN VASES CLOS.

La distillation du bois en France.

Pour être complète, une étude sur la distillation des bois en vases clos devrait comporter un véritable volume ; le comité d'organisation du Congrès ayant exprimé le désir que les rapports fussent brefs et en quelque sorte de simples introductions à la discussion, nous nous proposons, dans ce qui va suivre :

1º De dire ce qu'est l'industrie de la carbonisation des bois en vases clos ;

2º D'indiquer, en un tableau, les principaux produits qu'elle fabrique ;

3º D'examiner le rôle de cette industrie au point de vue de la richesse forestière française ;

4º D'exposer rapidement son utilité au point de vue de la défense nationale ;

5º De tirer les conclusions de notre étude.

La carbonisation du bois. Son but.

La carbonisation des bois en vases clos a pris naissance en France au commencement du XIXᵉ siècle, et elle compte aujourd'hui dans notre pays vingt usines.

Elle consiste à soumettre le bois, dans des cornues en fer, à l'action de la chaleur ; à recueillir, par condensation, les produits qui se dégagent et qui constituent l'acide pyroligneux brut ; enfin, à retirer de la cornue le résidu de la carbonisation : le charbon de bois.

La distillation du bois est aujourd'hui pratiquée en France, soit dans des cornues mobiles de 3 stères à 10 stères de capacité, soit dans des cornues fixes de 20 à 40 stères, où le bois est introduit dans des chariots.

Quel que soit le processus adopté par l'industriel, le produit obtenu, l'acide pyroligneux, est un mélange fort complexe et dont on ne saurait faire varier la composition à son gré. Il renferme comme produits principaux : du méthylène acétoné, de l'acide acétique et du goudron.

On ne peut pas fabriquer de méthylène sans acide acétique et goudron et, inversement, les produits acétiques ou le goudron sans méthylène.

De ce fait ressort une première observation à retenir : pour que les usines de carbonisation de bois aient une existence normale, la valeur totale des produits qu'elles fabriquent doit être constante ou à peu près constante.

Le traitement de l'acide pyroligneux se pratique de façons différentes dans les diverses usines et son exposé nous entraînerait en dehors du champ de cette étude.

Nous nous contenterons donc d'indiquer que l'acide pyroligneux, soit simplement dégoudronné et décanté, soit préalablement redistillé afin d'en séparer les flegmes méthyliques, est saturé par la chaux ou par le carbonate de soude. On obtient ainsi le pyrolignite de chaux et le pyrolignite de soude qui servent de point de départ à la fabrication de tous les dérivés acétiques que l'on trouvera dans le tableau que nous donnons plus loin.

Les flegmes méthyliques sont rectifiés à part dans des alambics *ad hoc*, afin d'en extraire l'alcool méthylique et l'acétone.

Dans ces dernières années, M. Hirsch, inspecteur des Eaux et Forêts,

M. Caquet, membre du Conseil supérieur de l'Agriculture, et la *Société des Agriculteurs de France* se sont préoccupés de la possibilité de pratiquer la carbonisation des bois sur le parterre même des coupes, afin d'assurer l'utilisation des menus bois dont le transport et l'écoulement sont très onéreux.

La réalisation de la carbonisation volante aurait non seulement assuré l'emploi des bourrées, mais aurait mis à la disposition de l'exploitant de la force motrice par utilisation des gaz incondensables (oxyde de carbone, méthane, etc.) engendrés à côté de l'acide pyroligneux, par la carbonisation du bois.

Des essais ont été pratiqués dans les Landes, sur des bois tendres, par M. de Vallandé, avec comme objectif la production de goudrons et d'essences, mais nous ne croyons pas que, dans l'état actuel de l'industrie du pyroligneux, ils puissent être couronnés de succès pour le traitement des bois feuillus et l'obtention des produits acétiques.

Le problème à résoudre est, en effet, à la fois d'ordre technique et commercial. Il faut tout d'abord assurer la condensation des produits volatils — acide acétique, méthylène et acétone, — ce qui ne peut pas se faire à l'aide d'aéro-condenseurs et nécessite des quantités d'eau très importantes que, dans la plupart des cas, on ne trouverait pas sur le parterre des coupes. Il faut aussi fabriquer des produits à un état de pureté suffisant pour pouvoir les écouler à un prix rémunérateur.

La solution n'est pas trouvée et il reste un champ à exploiter pour les inventeurs.

PRODUITS PRINCIPAUX EXTRAITS DU BOIS ET FABRIQUÉS DANS LES USINES DE CARBONISATION DE BOIS

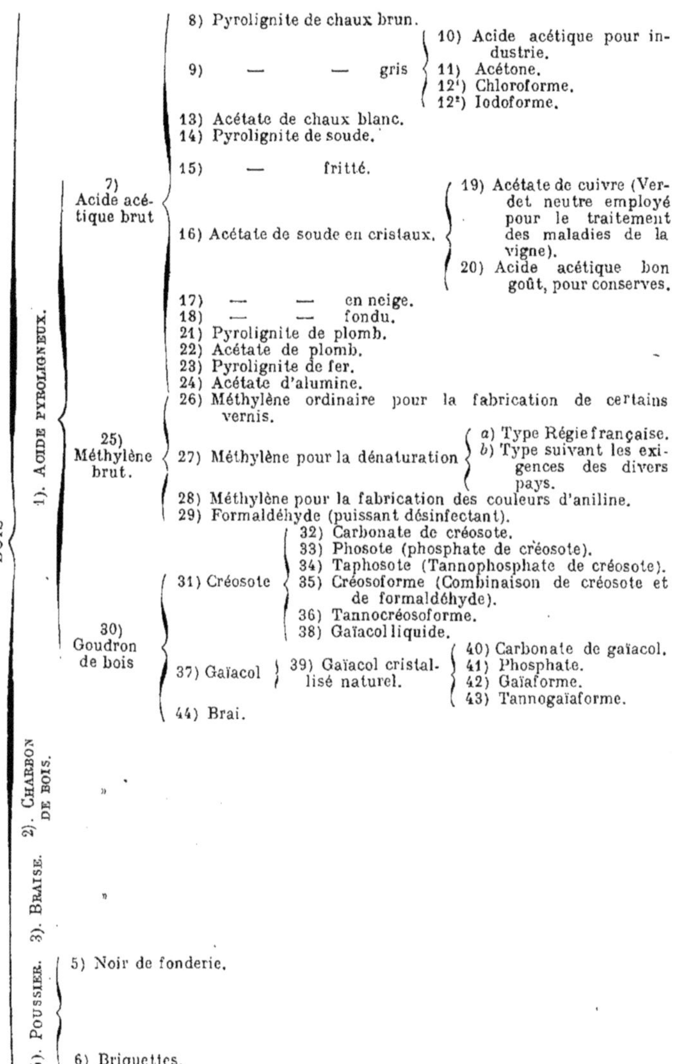

Valeur des produits fabriqués. — On distille en France environ 600.000 stères de bois et le total des produits bruts fabriqués peut s'établir comme suit :

Produits bruts obtenus par stère de bois carbonisé.	Charbon de bois	environ	84 kilos
	Méthylène acétoné	—	5 litres
	Acide acétique	—	15 kilos
	Goudron	—	27 —

soit, pour 600.000 stères, et en chiffres ronds :

Charbon de bois	50.000.000 kilos
Méthylène acétoné	3.000.000 litres
Acide acétique	10.000.000 kilos
Goudron	16.000.000 —

représentant une valeur de :

Méthylène	3.000.000 litres à 80 fr. l'hecto.	=	2.400.000 fr.
Acide acétique	10.000.000 kilos à 60 fr. les 100 k.	=	6.000.000 fr.
Charbon de bois	50.000.000 kilos à 7 fr. —	=	3.500.000 fr.
Goudron de bois	16.000.000 kilos à 20 fr. —	=	320.000 fr.
	Total		12.220.000 fr.

Ce chiffre de 12.220.000 francs est loin de représenter la valeur réelle des produits mis en vente par les usines de carbonisation de bois françaises.

La majeure partie de l'acide acétique, en effet, trouve son écoulement, soit en produits rectifiés, comme l'acide acétique bon goût, soit sous forme d'acétates, comme les sels de chaux, de soude, de plomb, de cuivre, etc.; soit enfin, par transformations et traitements successifs, sous forme d'anhydride acétique, d'acétone, de chloroforme, d'iodoforme, etc., dont les prix de vente font plus que quintupler la valeur de l'acide acétique mis en œuvre.

Si l'on ajoute à cela les créosotes et les gaïacols extraits du goudron de bois, ainsi que les produits pharmaceutiques qui en dérivent, on peut dire, sans crainte d'être taxé d'exagération, que les produits sortant des usines de carbonisation ont une valeur qui atteint, si elle ne les dépasse, 50.000.000 de francs.

Influence de la carbonisation des bois sur la prospérité de la sylviculture.

Les usines françaises de carbonisation traitent annuellement environ 600.000 stères de bois, représentant une valeur de plus de 4.000.000 de francs.

Cette consommation de 600.000 stères influe sur les cours des coupes faites dans près de 200.000 hectares de forêts, puisque l'Administration des Eaux et Forêts (A. Milard, *Revue des Eaux et Forêts*, 1904) admet qu'un hectare de taillis produit annuellement 3 stères de bois de chauffage. Elle intéresse près de 40 départements.

Lorsqu'on sait les difficultés qu'éprouvent les exploitants à carboniser en forêts leurs charbonnettes, quand on connaît la diminution progressive de la valeur des bois de chauffage dont la consommation est battue en brèche par l'emploi des poêles, cheminées mobiles, calorifères ou autres modes de chauffage actuellement en usage, on est en droit de se demander, si, sans la distillation en vases clos, la destruction des taillis ne s'imposerait pas aux forestiers.

La cause du déboisement réside — le fait n'est pas niable — dans l'abaissement progressif du revenu des propriétés forestières, tandis que les impôts sont restés à des taux exorbitants variant de 20 à 50 % du revenu brut annuel.

Beaucoup de propriétaires, las de voir le plus clair de leurs revenus servir au paiement des impôts, ont, dans un moment de découragement regrettable il est vrai mais excusable, vendu leurs domaines à l'un de ces groupements destructeurs qui ont été dénoncés à la tribune du Parlement.

Il en est résulté ces coupes à blanc si préjudiciables à notre pays puisqu'elles entraînent la destruction du régime des eaux dont nous avons eu ces dernières années de trop nombreux et tristes exemples, le ravinement des gazons, des terres à culture, le bouleversement des conditions climatériques et enfin la disparition de tant de beaux sites qui font la renommée de notre patrie.

Que les forestiers obtiennent, grâce à une modification de l'assiette de l'impôt ou à la revision du cadastre, un dégrèvement leur laissant un revenu plus élevé, et ils trouveront dans les usines de carbonisation un régulateur des cours.

Grâce à une consommation régulière, les propriétaires dont les bois sont à proximité des usines de pyroligneux, divisent leurs forêts en 18 ou 25 secteurs qui sont exploités à tour de rôle. Chaque secteur se trouve ainsi mis en exploitation tous les 18, 25 ans ou même davantage, et reconstitué dans le même laps de temps. Ce sont ces coupes de révolution qui, en assurant un revenu régulier aux exploitants, sont une des meilleures mesures contre le déboisement.

C'est à cette préoccupation d'utiliser les menus bois qu'obéit actuellement le gouvernement austro-hongrois. Il cherche à créer de nouvelles usines de carbonisation de bois, qui lui permettraient de réaliser normalement l'exploitation de ses forêts domaniales, en promettant aux industriels, pour les attirer, l'exemption de l'impôt et l'application de tarifs de transports réduits pour leurs produits fabriqués. Attitude fort compréhensible, du reste, puisque, ainsi que l'a démontré l'honorable M. Gouget, dans un travail présenté à la *Société des Agriculteurs de France* (1906), si le débouché de la carbonisation des bois venait à manquer aux forêts, celles-ci tomberaient de leur valeur actuelle (750 fr.) à un chiffre ne dépassant pas 150 à 200 francs l'hectare. Il nous sera peut-être objecté que si les usines de carbonisation jouent un rôle prépondérant dans l'exploitation des bois de taillis, leur rôle est moins important dans l'exploitation des futaies.

Mais il ne faut pas oublier que, même si l'on préconisait la reconstitution des futaies de 100 et 150 années, leur exploitation donnerait d'importantes proportions de bois de feu, dont le seul usage étendu resterait la carbonisation.

Comment au surplus demander aux propriétaires, qui souvent, en vue d'une réalisation hâtive, font des coupes dans des taillis de 15 et 16 ans, de laisser à leurs héritiers le soin d'exploiter des forêts dont le revenu est souvent leur seule ressource? On nous en voudrait d'insister, et au surplus, la meilleure des preuves de l'exactitude de notre raisonnement, c'est que partout où sont installées des usines de carbonisation de bois, il n'y a plus de déboisement.

Mais ce n'est pas là la seule influence heureuse qu'ont sur la richesse forestière les usines de pyroligneux. Elles retiennent, dans les centres forestiers où elles s'établissent, la main-d'œuvre qui, dans tant de régions, s'en éloigne de plus en plus et dont la disparition a provoqué ce manque de bras qui, en aggravant la situation des propriétaires, les a poussés à ces ventes néfastes dont nous avons parlé.

Elles assurent enfin à l'ouvrier et au petit cultivateur un salaire rémunérateur pendant les mois d'hiver où la culture n'a pas besoin de leurs bras.

Les usines de carbonisation de bois et la défense nationale.

Au point de vue de la défense nationale, le développement des usines de carbonisation est d'une nécessité absolue, tant pour la fabrication des poudres de guerre que pour la fabrication des désinfectants.

Poudres. — L'administration de la Guerre emploie aujourd'hui, pour la préparation des poudres et des explosifs, l'alcool amylique et l'éther, alors que la plupart des pays étrangers, et en particulier l'Angleterre, utilisent l'acétone, mais il est probable que bientôt elle sera amenée à compter ce produit au nombre de ses matières premières.

Même s'il n'en était pas ainsi, il est de toute évidence qu'en cas de guerre elle serait forcée, par suite de la consommation effroyable de projectiles, d'utiliser toutes les méthodes de fabrication actuellement existantes. Comme, en outre, l'importation de l'alcool amylique en France (de grandes quantités de ce produit sont de provenance autrichienne) viendrait, dès la déclaration de guerre, à faire défaut, les poudreries devraient faire appel aux usines de carbonisation de bois pour l'acétone ainsi que pour le charbon de bois qui sert à la préparation des poudres noires, dont l'adjuvant ne serait certainement pas à dédaigner.

Tous les pays cherchent d'ailleurs à ne pas être tributaires de l'étranger pour les matières premières nécessaires à leur armement et l'on a vu récemment le gouvernement anglais, qui reçoit l'acétone dont il a besoin de France, d'Allemagne, d'Autriche et des Etats-Unis, et qui conserve toujours en stock dans ses arsenaux 500.000 kilogrammes de ce produit, se préoccuper de développer les rares usines de pyroligneux qui ont pu survivre en Angleterre à l'importation américaine.

A côté de l'acétone et du charbon de bois, il est encore un produit des usines de carbonisation dont l'emploi, en poudrerie, est assez important, c'est l'acide acétique qui sert à la préparation de l'éther acétique (acétate d'éthyle).

Cela fait donc déjà trois corps, parmi les plus importants de nos usines, qui sont indispensables à la défense nationale, pour la fabrication des poudres.

Désinfectants. — La guerre russo-japonaise a montré le rôle de l'antisepsie dans la guerre moderne. L'intendance japonaise, acquise aux idées nouvelles en matière de propagation des épidémies, a su éviter à l'armée nippone une mortalité élevée qui, en revanche, s'est manifestée dans les troupes russes.

Elle a organisé un service de désinfection par le formaldéhyde des effets de guerre des soldats, blessés ou non, rappelés dans leurs foyers et les résultats obtenus ont été remarquables.

Elle a remis, en outre, à chaque soldat une boîte de pilules de créosote de bois, dont l'usage a éloigné de l'armée japonaise les affections du tube digestif qui, dans toutes les guerres, ont toujours fait de grands ravages.

Rappelons enfin l'emploi de plus en plus répandu de l'iodoforme et du chloroforme que l'on prépare maintenant en partant de l'acétone.

L'on constate finalement que les principaux produits de la carbonisation des bois en vases clos : l'acide acétique, le méthylène, le formaldéhyde, l'acétone, le charbon de bois, la créosote, sont indispensables à la vie nationale, tant au point de vue de la défense du territoire contre une invasion étrangère qu'à celui des mesures prophylactiques à prendre contre les épidémies.

Conclusions et vœux.

Nous croyons avoir démontré, dans ce qui précède, l'utilité de l'industrie de la carbonisation des bois en vases clos au double point de vue de la conservation de la forêt et de la défense nationale.

Serait-il possible de développer cette industrie et d'y trouver un écoulement croissant des menus bois?

Le problème est intimement lié à la consommation des produits de la distillation des ligneux. Cette consommation a augmenté ces dernières années et si l'emploi des acétates de cellulose prend le développement qu'on peut espérer, les produits acétiques trouveront dans notre pays un écoulement considérable.

Il n'en resterait pas moins la double nécessité de :

1° Assurer la vente du charbon de bois ;

2° Maintenir la consommation du méthylène régie.

Charbon de bois. — La prise de vente de ce corps a subi, ces derniers mois, un fléchissement imputable, en grande partie, à la diminution de consommation dans les grandes villes et en particulier dans Paris, par suite de l'emploi du gaz.

Il y a, en effet, en France, peu d'emplois industriels du charbon de bois et son écoulement est intimement lié à la consommation domestique.

Or, dans la plupart des grandes villes, le charbon de bois paie des taxes d'octroi élevées qui sont sans rapport avec celles appliquées aux combustibles minéraux et qui en entravent la vente.

Méthylène régie. — La France importe environ 30 à 40 % des quantités de méthylène qui lui sont nécessaires et il semble en résulter à première vue que les usines de carbonisation de bois ont un vaste champ d'écoulement pour leurs produits méthyliques.

Il n'en est rien réellemeut, car le marché des méthylènes est entre les mains des Etats-Unis et des distillateurs allemands de méthylène brut américain. Grâce, en effet, à une législation douanière répondant à la situation économique de leur pays, grâce aussi à une consommation considérable d'alcool méthylique pur, ces derniers peuvent vendre le méthylène acétoné près de 40 % meilleur marché que leurs concurrents français.

Le seul moyen de rétablir l'équilibre rompu au détriment des carbonisateurs de France, serait d'augmenter les droits d'entrée ou d'accroître la consommation française par une augmentation d'écoulement de l'alcool industriel que le méthylène sert à dénaturer.

Le Congrès,

Considérant que les taxes d'octroi sur les charbons de bois sont beaucoup plus élevées que celles frappant les combustibles minéraux ;

Considérant que, de ce fait, est entravée la vente des charbons de bois et, partant, l'écoulement d'une partie des produits des coupes de bois ;

Considérant que ces taxes d'octroi, qui frappent un produit destiné à la consommation ouvrière, élèvent d'une façon exagérée le prix de vente d'une matière de première nécessité ;

Considérant, d'autre part, que l'extension de l'industrie de la carbonisation des bois en vases clos rendrait un réel service à la forêt française ;

Considérant enfin que cette extension ne sera possible que le jour où les carbonisateurs pourront être assurés d'écouler leur méthylène à un prix rémunérateur ;

ÉMET LE VŒU :

I. *Que les grandes villes et, en particulier, la ville de Paris, réduisent les droits d'octroi sur les charbons de bois au taux des droits sur les combustibles minéraux ;*

II. *Que le Parlement étudie l'élévation des droits de douane, en vue de protéger la production française de méthylène;*

III. *Que le Parlement prenne les mesures propres à étendre la consommation de l'alcool industriel que le méthylène sert à dénaturer.*

En ce qui concerne la carbonisation proprement dite, je suis heureux de pouvoir prendre la parole dans ce Congrès, parce qu'on a dit au Touring-Club que nous étions souvent les auteurs du déboisement. Loin d'en être la cause, la carbonisation du bois en vases clos, est une cause de maintien de la forêt.

La carbonisation est peut être aujourd'hui la seule industrie qui consomme d'une façon à peu près régulière les produits des coupes, c'est-à-dire la charbonnette et le bois de chauffage.

D'un autre côté, la nature même de l'industrie de la carbonisation, l'obligation pour ses usines de s'assurer des matières premières d'une façon régulière, a eu pour conséquence de faire établir les coupes de révolution plus ou moins longues dans les environs des usines proprement dites. Loin d'être une cause de déboisement, l'établissement de ces coupes est une cause de maintien de la forêt.

M. DE LARNAGE. — M. Duchemin a dit que la production de la gomme était localisée dans trois départements. Ceci est inexact. C'était vrai avant 1905. A partir de cette date — où j'ai eu pour la première fois, l'honneur de pratiquer dans le centre de la France, le gemmage de différentes espèces de pins — la tache d'huile s'est agrandie de proche en proche assez pour pouvoir atteindre maintenant 14 nouveaux départements français.

Pour cette production, nous nous sommes limités au sylvestre, au pin noir d'Autriche et à l'Alep.

Les propriétaires ne cherchent qu'une chose : la main-d'œuvre. Ils demandent qu'on les aide, comme dans tous les autres domaines, à en trouver. Or, comment trouverons-nous la main-d'œuvre pour le gemmage dans les régions nouvelles? En demandant au gouvernement d'introduire par l'école dans toutes les régions où se trouve ce genre de culture, un enseignement sylvicole approprié comme celui qui est donné dans les écoles de la Gironde et des Landes, par de petites brochures spéciales montrant aux enfants les avantages de cette profession. Cette main-d'œuvre permettra aux ouvriers d'augmenter leurs revenus. Voilà ce que demandent les propriétaires.

C'est une œuvre d'ordre social qui correspond à la crise de l'apprentissage dont nous avons à nous plaindre pour toutes les branches de l'industrie française et de l'industrie agricole, peut-être plus que dans toute autre en ce moment. (*Applaudissements.*)

M. H. Barbier. — Je désire au nom du commerce français, au nom de l'exploitation forestière française, m'associer au vœu de M. Duchemin. Son rapport et les explications dont il l'a accompagné sont parfaitement exacts et des plus intéressants. On ne saurait trop protéger l'industrie de la carbonisation.

M. le Président. — Je donne lecture des vœux qui terminent le rapport de M. Duchemin :

1° *Que les grandes villes, et, en particulier, la ville de Paris, réduisent les droits d'octroi sur les charbons de bois au taux des droits sur les combustibles minéraux ;*

Adopté.

2° *Que le Parlement étudie l'élévation des droits de douane, en vue de protéger la production française de méthylène ;*

Adopté.

3° *Que le Parlement prenne les mesures propres à étendre la consommation de l'alcool industriel que le méthylène sert à dénaturer.*

Adopté.

M. le Président. — L'ordre du jour appelle la lecture d'une communication de M. Cuif sur le gemmage du pin noir d'Autriche et du pin sylvestre en Meurthe-et-Moselle.

M. Cuif. — J'ai poursuivi depuis 1907 des études comparées sur le gemmage du pin sylvestre et sur celui du pin noir aux environs de Nancy.

Les gemmages opérés de 1909 à 1912 ont donné 350 grammes en moyenne de gemme pour les pins noirs, et 308 grammes pour le pin sylvestre. (Dans les Landes, la production annuelle du pin maritime oscille de 1 à 2 litres).

Le rendement en essence de térébenthine a varié entre 13 et 17 pour cent pour le pin noir, et 12 et 18 pour le pin sylvestre. Les colophanes obtenues furent de belle qualité.

Le gemmage n'a eu d'influence appréciable que sur la production ligneuse des arbres, — on peut l'estimer réduite de 15 pour cent pour les arbres gemmés à vie et de 30 pour cent pour les arbres gemmés à mort.

Le montant du revenu en produits résineux serait — au cours actuel des résines — compris entre le tiers et le quart du montant du revenu en bois.

Je conclus, avec calculs à l'appui, qu'à moins de voir réapparaître d'une façon durable les prix atteints pour les produits résineux pendant la guerre de

Sécession, on peut penser que le gemmage de ces deux essences ne sera jamais industriellement rémunérateur en Lorraine.

Je vous propose, toutefois, Messieurs, d'émettre le vœu suivant :

« *Que des expériences soient entreprises dans chaque région naturelle peuplée de pins, en vue de déterminer si le gemmage industriel y pourrait être avantageusement pratiqué le cas échéant* ».

Je suis à l'entière disposition des propriétaires qui, désireux de faire dans leur région des expériences semblables à celle que j'ai poursuivie durant ces dernières années, voudraient me consulter.

M. DE LARNAGE et M. GRAND appuient le vœu de M. Cuif qui est mis aux voix et adopté.

M. LE PRÉSIDENT. — Nous avons maintenant à l'ordre du jour une communication de M. Larroquette relative à la FRAUDE DE L'ESSENCE DE TÉRÉBENTHINE.

Un secrétaire donne lecture du résumé suivant de la communication de M. Larroquette :

L'industrie résinière constitue un des plus importants éléments de prospérité pour la région sud-ouest de la France.

Le prix élevé de la térébenthine a déterminé des fraudes de plus en plus nombreuses de ce produit, fraudes consistant à mélanger à l'essence des adultérants les plus variés, soit normaux, c'est-à-dire pouvant se trouver parmi les produits de distillation des résines, soit anormaux. Le plus répandu de tous est le pétrole blanc ou *white spirit.*

Ces fraudes pèsent lourdement sur les cours des essences et tendent à déconsidérer les produits résineux français, jusqu'ici universellement prisés.

M. Larroquette expose le rôle du Syndicat des ouvriers gemmeurs, du Syndicat de défense des produits résineux, de la Société des Agriculteurs de France, du Syndicat des Fabricants d'essences dans cette lutte contre la fraude ; il espère que les Pouvoirs publics feront ce qui dépend d'eux pour l'enrayer.

Il conclut :

1° A la nécessité de l'extension, à bref délai, à l'essence de térébenthine des dispositions de la loi sur les fraudes (1er août 1905) ;

2° A l'allocation d'encouragements aux chercheurs qui découvriront un procédé simple et pratique de mettre en évidence les fraudes de l'essence. Il signale à ce sujet les efforts très méritoires du laboratoire de chimie de Bordeaux (dirigé par M. Vège).

Un projet destiné à définir l'essence de térébenthine et à faciliter la poursuite des fraudes, est actuellement soumis au Conseil d'Etat.

M. LARROQUETTE. — Messieurs, je vous demande la permission d'ajouter à ceci quelques courtes observations qui s'étendent à tous les départements qui produisent les mêmes matières que ceux des Landes, de la Gironde, du Lot, de la Garonne et de la Charente.

Cette question de la fraude est de la plus grande gravité pour nos populations. Le grand danger est dans l'emploi du pétrole rectifié qui, par son bon marché, permet à la fabrication de l'essence de térébenthine tout d'abord d'avoir un cours considérable, mais a le grand inconvénient d'avilir les prix, et de déprécier à l'étranger notre fabrication qui, jusqu'ici, était estimée.

La situation est fâcheuse et a soulevé de nombreuses protestations, aussi bien des ouvriers que des propriétaires de forêts. Les conseils généraux des Landes et de la Gironde ont émis à différentes reprises des vœux énergiques en vue de la répression de la fraude.

Ces doléances ont été exposées au Parlement par nos représentants. Pour mettre fin à l'état de choses, ils ont proposé d'appliquer en France la législation américaine. Les États-Unis sont nos grands concurrents en matière de production d'essence de térébenthine. A côté des 25.000 tonnes que nous produisons, les États-Unis en fournissent 110 à 120.000. La législation américaine n'autorise la vente, sous le nom d'essence de térébenthine, que du produit résultant de la distillation de l'arbre pin. Les pénalités appliquées aux fraudeurs sont très rigoureuses.

Les Pouvoirs publics français ont répondu que la question méritait d'être prise en sérieuse considération et à différentes reprises, le Ministre de l'Agriculture a promis qu'un règlement d'administration publique serait publié pour remédier à cette situation intolérable, à définir exactement, scientifiquement et officiellement l'essence de térébenthine — ce qui n'a pas lieu actuellement et permet justement l'écoulement des produits fraudés.

Un droit de circulation analogue à celui qui frappe tous les alcools serait établi.

Il faudrait également que, sur les récipients et les emballages, l'étiquette « Térébenthine pure » fut appliquée afin que le consommateur fut certain du produit qui lui est vendu.

Jusqu'à présent, on n'a pas abouti à un grand résultat. La fraude existe, et on ne peut pas l'imputer à nos procédés d'industrie particulière.

Ce règlement d'administration publique qui mettra fin aux abus, nous l'attendons.

Aussi je vous propose, Messieurs, d'émettre le vœu conforme aux desiderata des Conseils Généraux et de nos représentants au Parlement et aux revendications des intéressés. Il pourrait être ainsi conçu :

LE CONGRÈS :

« *Considérant que la fraude sur l'essence de térébenthine est de nature à porter le plus grand préjudice à la propriété et à l'industrie de la région landaise...* »

On pourrait mettre ici « *de toutes les régions productrices...* »

M. DE LARNAGE. — Parfaitement !

M. LARROQUETTE. — ... *et à l'industrie de toutes les régions productrices de France.*

ÉMET LE VŒU :

« *Que la loi du* 1er *août* 1905 *sur la répression des fraudes, soit rigoureusement appliquée sur toute l'étendue du territoire français, et qu'un règlement d'administration publique soit publié sans retard définissant officiellement l'essence de térébenthine et interdisant la vente de tout article qui n'est pas le produit de la distillation de la résine de pin* ».

M. GRAND. — Loin de combattre votre vœu je veux l'appuyer.

Si les cours tombaient d'une manière définitive, il y aurait dans ce pays, où on fait de la monoculture d'une manière à peu près absolue, une espèce de petite révolution, car cette population se trouverait sans moyens d'existence du jour au lendemain.

M. LARROQUETTE. — C'est très juste.

M. GRAND. — Le mal ne vient pas de la concurrence américaine, car, là-bas, les produits de la distillation du bois ne sortent pas du pays. Ceux que nous consommons nous viennent de Russie, de Finlande et de Suède. On distille les souches, on obtient ainsi un produit qui est du goudron de mauvaise qualité ; on le redistille et on a un produit qui, tout en étant limpide, n'est cependant pas de l'essence et en est si éloigné que des études faites par des savants de ces pays ont démontré qu'il pouvait être néfaste pour la santé publique, que ses vapeurs sont nocives, et que des chiens qui les avaient respirées en étaient morts. Il serait très regrettable de laisser s'établir une confusion alors que la térébenthine, vous le savez, intervient couramment en thérapeutique.

C'est dans ces conditions que je suis heureux de préciser le débat sur la question. La loi de 1905, prévoit des décrets définissant tous les produits. Beaucoup de produits ont été définis et réglementés par ces décrets, sauf l'essence...

M. DE LARNAGE. — Ils n'ont pas tous été définis, mais une grande partie le sont.

M. GRAND. — Depuis deux ans, nous réclamons ce décret. Nous avons passé par bien des difficultés et au dernier moment, alors que le décret allait paraître, et que rien ne pouvait justifier un nouveau retard, de nouvelles difficultés ont surgi.

Nous avons combattu cette essence provenant de la distillation du bois. Nous avons obtenu, en octobre dernier, un jugement du tribunal de la Seine, portant condamnation et disant que le mot *essence de térébenthine* était réservé à la distillation de la gemme, de la résine, du suc oléo-résineux, comme il est dit dans les définitions officielles. Nous avons cru qu'il n'y aurait plus de difficultés sur ce point ; mais au dernier moment, à la suite d'interventions dont nous n'avons pas très bien démêlé l'origine, on prétendit introduire dans le décret qui va paraître, à la suite des mots « *L'essence de térébenthine est le produit exclusif des sucs oléagineux* », les mots « *et des bois qui les contiennent* », ce qui permettrait de vendre sous le nom d'essence de térébenthine, non plus le produit exclusif de la distillation de la résine, mais le produit de la distillation du bois.

Ceci est inadmissible parce que c'est illégal. Nous connaissons tous la loi sur la répression des fraudes qui a donné au Conseil d'État le droit de préparer des décrets, et au Président de la République, le pouvoir de les signer, réglementant, non pas d'une façon arbitraire, mais d'une façon prévue par la loi, ce qu'il y aurait à en dire, c'est-à-dire de définir des produits déjà existants. Or, le produit de la distillation du bois en France n'existe pas, et on nous faisait remarquer tout à l'heure que c'est un procédé nouveau. Je ne crois pas qu'il ait été mis sérieusement en application en France et n'a, par suite, pas donné lieu à un courant d'échanges commerciaux sérieux dans notre pays.

Il me semble difficile, en droit, que le Conseil d'État puisse définir selon les usages commerciaux un produit qui n'a pas encore été dans le commerce et n'y est pas encore actuellement.

En outre, il paraît inadmissible de se servir d'un mot qui désigne un produit bien défini, existant, pour l'appliquer à une production qui n'est pas du tout la même.

C'est pour cela, Messieurs, que je suis très heureux de demander au Congrès de voter le vœu qui vient d'être proposé, mais de le modifier un peu, car notre collègue ne connaissait pas la genèse du décret portant règlement d'administration publique que nous réclamons. On nous a dit, il y a quelques jours, que nous aurions ce décret, mais avec les mots : « *distillation de la résine ou du bois* ». Nous n'en avons pas voulu. Nous avons fait pour cette raison une demande d'audience au Conseil d'État pour être entendus sur la question. Nous conférerons demain matin sur la question au Conseil d'État. Ce serait une bonne fortune pour nous si nous pouvions nous présenter avec un vœu du Congrès.

Ce vœu pourrait être ainsi conçu :

« *Que le décret portant réglement d'administration publique destiné à définir l'essence de térébenthine en vertu de l'article* 11 *de la Loi du* 1er *août* 1905, *prévoie uniquement sous ce nom le produit exclusif de la distillation des sucs oléo-résineux tirés par le gemmage d'arbres résineux, à l'exclusion de la distillation, même aqueuse, des bois qui les contiennent.* »

Ce texte nous donnerait complète satisfaction.

Notre collègue, M. Larroquette, disait tout à l'heure qu'il demandait l'application rigoureuse de la Loi de 1905. Je crois que ce n'est pas nécessaire. La Loi de 1905 s'applique à l'essence de térébenthine, à tel point que nous avons obtenu des condamnations en vertu de cette loi. Ce qu'il faut dire, c'est qu'en matière de fraudes, les Parquets sont souvent très mous. Comme l'analyse est difficile, beaucoup de fraudes constatées finissent par passer par les mailles et ne sont pas poursuivies d'une manière définitive. Ce n'est pas la faute de la loi. Il y aurait lieu tout simplement de demander que les prélèvements faits par le service des fraudes sur l'essence de térébenthine soient plus nombreux et plus abondants. En réalité, ils ne le sont pas. Les agents du service des fraudes doivent justifier auprès de leur service des prélèvements qu'ils ont faits. Il est certain qu'ils préfèrent opérer de petits prélèvements qui ne sont pas embarrassants. Pour l'essence de térébenthine, ils doivent prélever quatre échantillons d'un demi-litre chacun, de sorte qu'ils n'aiment pas à faire ces prélèvements. Nous ne pouvons pas nous arrêter à des raisons de cet ordre, et c'est pour cela qu'il serait bon de préciser dans un vœu notre désir, non pas de voir la loi plus rigoureusement appliquée, mais plutôt de voir prélever des échantillons plus copieux et en plus grand nombre par le service des fraudes.

M. DUCHEMIN. — Je me demande s'il ne faudrait pas préciser votre vœu, au point de vue de la désignation de la qualité de l'essence. Si demain, par un procédé quelconque, on arrive à extraire par distillation, la térébenthine ayant absolument la même composition que l'essence provenant de la distillation des gemmes — cela peut très bien se produire — la concurrence pourrait vous retomber sur le nez, passez-moi l'expression.

Ne faudrait-il pas demander que la désignation faite par le service des répressions de la fraude, s'applique bien à l'essence de térébenthine telle qu'elle est obtenue par la distillation des gemmes? Sans parler aujourd'hui de la distillation d'autres choses.

M. GRAND. — Il y aurait danger à le faire, parce qu'il y a un contre-projet qui porte justement ces mots : « *la distillation des sucs oléo-résineux ou des bois qui les contiennent* » mots que nous voulons faire rejeter.

M. DUCHEMIN. — Je crains qu'on vous dise, dans les services techniques des fraudes, qu'il n'est pas impossible d'extraire de l'essence de térébenthine, ayant la même composition, d'autres produits. Cela peut très bien se produire. Ne craindriez-vous pas une confusion?

M. GRAND . — Je crois, Messieurs, qu'il serait abusif que le Conseil d'État entrât dans ces détails. Il doit s'en tenir aux produits existants.

M. DUCHEMIN. — Il faut demander quelque chose qui ne vienne pas à l'encontre d'une jurisprudence acquise.

M. DE LARNAGE. — En ajoutant un mot, on mettrait tout le monde d'accord. Je voudrais bien, M. le Président, que nos collègues sachent que ce ne sont pas nos intérêts industriels qui nous font agir.

M. LE PRÉSIDENT. — Ou aurait pu ajouter tout simplement : « *Et interdisant la vente de tout article qui ne serait pas le produit exclusif de la distillation du bois.* »

M. DE LARNAGE. — Lorsqu'il y a baisse de l'essence de térébenthine, il y a afflux de poteaux de mine, c'est-à-dire des débris de la forêt sur les trois ports d'embarquement de Bayonne, du Boucau et de Bordeaux. S'il y avait diminution considérable des ressources de la gemme, il y aurait forcément déforestation de ces régions qu'on a mis si longtemps à planter et que nous avons tous intérêt, tant comme forestiers que comme membres du Touring-Club, à maintenir pour la plus grande utilité des échanges.

M. LE PRÉSIDENT. — Nous pouvons unir les deux vœux.

Nous prendrons la première partie du vœu de M. Larroquette et nous y joindrons les deux autres parties qui ont fait l'objet de la discussion, c'est-à-dire celle qui est relative à la définition de l'essence de térébenthine et celle qui concerne les prélèvements.

Le Congrès,

Considérant que la fraude sur l'essence de térébenthine est de nature à porter le plus grand préjudice à la propriété et à l'industrie des régions productrices,

Émet le vœu :

« *Que le décret portant règlement d'administration publique, destiné à définir l'essence de térébenthine en vertu de l'article* 11 *de la Loi du* 1er *août* 1905, *prévoie uniquement sous ce nom le produit exclusif de la distillation des sucs oléo-résineux tirés par le gemmage d'arbres résineux à l'exclusion de la distillation, même aqueuse, des bois qui les contiennent.*

« *Que le nombre des prélèvements faits par le service des fraudes sur l'essence de térébenthine soit augmenté dans de larges proportions.*

Ce vœu, mis aux voix, est adopté.

M. LE PRÉSIDENT. — J'ai à vous donner connaissance d'une communication de M. Chancerel, relative à l'extraction de la résine des tissus des pins dans la fabrication des pâtes à papier.

M. Chancerel signale l'intérêt qu'il y aurait, au point de vue de la prospérité économique des régions où les forêts résineuses sont abondantes, à trouver un moyen pratique et économique d'utiliser les bois des pins, en les débarrassant de leur résine, pour la fabrication de la pâte à papier.

Deux méthodes principales se présentent : l'une consiste à dissoudre la résine, l'autre à la neutraliser.

Comme dissolvants, M. Chancerel après avoir éliminé, pour des motifs de prix ou des difficultés de manipulation, l'alcool ordinaire, CS2, et CCL4, retient l'alcool dénaturé.

Pour la neutralisation, après avoir entraîné l'essence de térébenthine par la vapeur d'eau, on neutralise par une lessive de soude.

Il s'agit là d'une simple communication qui ne demande aucune sanction de notre part.

Nous avons à entendre maintenant la lecture d'une communication d'un de nos collègues japonais ici présent, M. Shozaburo Mimura, délégué japonais.

Un Congressiste. — Je demande à M. le Président de vouloir bien donner lui-même lecture de cette communication.

M. le Président. — Très volontiers. Voici :

Au sujet de mes expériences sur des produits accessoires importants, des forêts du Japon :

Messieurs,

Permettez-moi de vous dire ma grande satisfaction d'avoir l'honneur de parler devant vous.

Je pourrais parler beaucoup de la science forestière japonaise ; mais je manque de temps. Pour cette raison, je ne vous parlerai que des travaux dont je me suis occupé pendant dix-sept années à l'Institut forestier.

Dans la production accessoire forestière au Japon, le charbon de bois donne le plus grand revenu.

En 1909, on produisit au Japon à peu près un milliard cent millions de kilogrammes de charbon pour environ quatre cent cinquante millions de francs.

La méthode de production du charbon de bois est chez nous tout à fait différente de la méthode européenne.

Le fourneau de charbon japonais est stable. Quand on change cette méthode, on peut fabriquer une plus grande quantité de charbon de bois avec peu de matériaux.

Après l'achèvement de mes études à l'Université, il y a dix-sept ans, je commençai l'amendement des fourneaux de charbon. Après plusieurs essais, je réussis, il y a deux ans, à fabriquer un fourneau pratique.

Ce fourneau produit à peu près 10 % de plus que le fourneau ordinaire. C'est une épargne de plus de un milliard sept cent millions de kilogrammes de bois par année, au Japon.

La distillation sèche du bois est pratiquée en petite mesure, chez nous.

Il y a longtemps que j'ai fait des expériences pour obtenir de l'acide pyroligneux du fourneau de charbon japonais et il y a dix ans que mes expériences donnèrent un bon résultat.

Maintenant ils sont réalisés pratiquement. En 1910, dix-huit millions de kilogrammes d'acétate de chaux (*calcium acetat*) furent produits.

Si un quart de tous les fourneaux de charbon de bois japonais employait cette méthode, on gagnerait à peu près vingt millions de kilogrammes d'acétate de chaux par an.

Le champignon Shutaké (*Cortinellus Shutaké* P. Henn) le plus important champignon comestible du Japon est, non seulement employé au Japon, mais il est aussi exporté en Chine.

Il y a déjà mille ans que les Japonais cultivaient ce champignon important, mais jusqu'en 1904, ils ne connaissaient pas la méthode de l'ensemencement des spores. J'examinai à cette date la qualité des spores et des mycelium; puis j'employai la méthode de l'ensemencement et obtins un bon résultat, que j'ai publié dans le numéro d'avril du journal périodique *La science forestière japonaise.*

Dès lors, ma méthode fut employée en beaucoup de provinces; partout, elle avait toujours un bon résultat. Cela veut dire que, dans les contrées où le champignon Shutaké était cultivé depuis longtemps, et où l'on avait employé ma méthode réformée, on augmentait le profit de 30 %.

Dans d'autres contrées où on ne pouvait pas du tout cultiver le Shutaké, on a introduit ma méthode, et l'on a eu de très bons résultats. On peut cultiver ce champignon comestible toute l'année. Pour cette raison, dans notre pays, nous pouvons toujours manger des champignons frais. Je crois qu'en Europe on peut aussi cultiver le Shutaké sur des branches d'arbres divers.

Feu le professeur Meyer, de l'Université de Munich, a essayé la culture du Shutaké et il a publié ses résultats en 1909.

Le champignon Matsudaké (*Cortinellus edodes* P. Henn), est, après le Shutaké du Japon, le champignon le plus important du Japon. Ce champignon croît sur le sol de la forêt de pins rouges.

Avant moi, on avait essayé la culture du Matsudaké au Japon, mais sans succès. Après avoir achevé la culture du Shutaké, je m'occupai de cultiver le Matsudaké. Je constatai que le Matsudaké est une espèce qui produit le Mycorhiza octotrophique.. Pour cette raison, je semai les spores du Matsudaké sur les radicelles des pins. J'avais toujours un bon résultat. J'ai fait un rapport de mes travaux dans l'annuaire de l'Institut de la Science forestière, cahier n° 7.

Dans les contrées stériles et pierreuses, la racine de pin aime à croître à la surface du sol. Pour cela, de telles contrées sont propices à la culture du Matsudaké. On peut dire que la culture du Matsudaké est favorable à la restauration des montagnes.

Malheureusement, je n'ai pas encore vu la forêt française. Je ne sais donc si elle a les qualités nécessaires pour la culture du Matsudaké. Pendant mon séjour à Berlin, je visitais souvent les forêts de pins, et je constatais que le Matsudaké peut y être cultivé facilement. La culture du Matsudaké a l'avantage d'améliorer le sol et d'augmenter le revenu de la forêt de pins.

Le champignon Tremella fuciformis Berk qui est appelé en Chine le « champignon d'argent » est aussi bon que la truffe.

Les Chinois aiment le manger ; mais en Chine, on ne connaît pas la culture de ce champignon. En 1910, je fis envoyer le champignon de Chine au Japon. Après des expériences de deux années, je réussis à le cultiver facilement. Il aime à croître sur le bois feuillu mort, spécialement sur des espèces de chênes, et il croît deux fois par an. C'est aussi un précieux produit accessoire de la science forestière.

Il y a trois sortes de camphriers. La première produit beaucoup de camphre et moins d'huile de camphre. La deuxième produit du camphre et de l'huile en égales parties et la troisième seulement de l'huile. Cette huile n'á que la moitié de la valeur du camphre.

On ne pouvait réaliser que de très petits bénéfice par l'exploitation de cette dernière sorte. Aussi cherchai-je le moyen de fabriquer le camphre en utilisant l'huile. En 1910, je réussissais et faisais patenter ma méthode au Japon.

Je fais actuellement des expériences en grand à Formose. Si le résultat en est bon, ce sera très favorable pour Formose, car la moitié des camphriers de cette île appartiennent à la troisième sorte.

J'ai encore essayé une méthode d'extermination des insectes du bambou, puis une méthode d'imprégnation du bois, entre autres, j'ai examiné le tanin des arbres japonais.

Les résultats en sont notés dans les cahiers de l'Annuaire de l'Institut de la Science forestière.

Vous trouverez dans cet annuaire les explications exactes de tous les travaux dont j'ai parlé ici.

M. DE LARNAGE. — Les méthodes de dissémination des spores ont fait des progrès énormes. Un inventeur en a fait l'application. J'arrive moi-même à produire des morilles à volonté. Vous savez que ce champignon est très apprécié, très goûté sur nos marchés, surtout en Angleterre, où il atteint des prix fabuleux.

On a fait des semis de morilles par dissémination des spores sur un substratum préparé en terrain convenable qui donne un rendement de 18 kilogrammes au mètre carré, soit 180.000 kilogrammes à l'hectare.

M. LE PRÉSIDENT. — Messieurs, les travaux de notre Section sont terminés. Il ne me reste qu'à vous remercier de votre présence, de votre participation à nos travaux et de la patience que vous avez apportée dans nos discussions.

La séance est levée à 4 heures.

QUATRIÈME SECTION

GRANDS TRAVAUX FORESTIERS

BUREAU

Président :	M. Émile Pluchet, ancien président de la *Société nationale d'Agriculture*, président de la *Société des Agriculteurs de France*.
Vice-présidents :	MM. E. Cardot, conservateur des Eaux et Forêts, secrétaire général de la *Société forestière française des Amis des Arbres*.
	Leddet, conservateur des Eaux et Forêts, chef de bureau à la Direction générale.
Secrétaires :	MM. d'Auber de Peyrelongue, inspecteur-adjoint des Eaux et Forêts.
	Jagerschmidt, inspecteur-adjoint des Eaux et Forêts.
	Martin, inspecteur-adjoint des Eaux et Forêts.
Rapporteurs :	MM. E. Cardot, conservateur des Eaux et Forêts, secrétaire général de la *Société forestière française des Amis des Arbres*.
	Mougin, inspecteur des Eaux et Forêts, chef de Section à la Direction générale.

RAPPORTEURS : MM. BERNARD, inspecteur des Eaux et Forêts, professeur de mathématiques appliquées à l'École Nationale des Eaux et Forêts.

Ph. GUINIER, inspecteur des Eaux et Forêts, chargé du cours de Botanique à l'École Nationale des Eaux et Forêts.

PARDÉ, inspecteur des Eaux et Forêts.

P. BUFFAULT, inspecteur des Eaux et Forêts.

D'AUBER DE PEYRELONGUE, inspecteur-adjoint des Eaux et Forêts.

SÉANCE DU 16 JUIN 1913

(MATIN)

Présidence de M. PLUCHET, président de Section

La séance est ouverte à 11 h. 5.

M. LE PRÉSIDENT. — Messieurs, je suis très touché de l'honneur qui m'a été fait par le Touring-Club de France et par M. Defert, en me demandant de présider cette section. Je leur en suis personnellement très reconnaissant. Je dois d'ailleurs en reporter tout l'honneur à la Société des Agriculteurs de France que je représente, et qui est particulièrement soucieuse des intérêts forestiers.

Je vous souhaite à tous, Messieurs, très cordialement, la bienvenue et je vous invite à vous mettre immédiatement au travail (*Applaudissements*).

La parole est à M. Cardot pour la lecture de son rapport sur les AMÉLIORATIONS PASTORALES.

Considérations générales.

M. CARDOT. — *La pâture sauvage.* — La pâture sauvage, c'est le sol couvert de sa végétation spontanée et livré aux troupeaux sans que l'homme intervienne pour en améliorer ou même pour en sauvegarder la production.

C'est le mode d'exploitation presque exclusivement en usage chez les peuples primitifs, à l'origine des civilisations. Il suffit à l'alimentation humaine, dans les espaces immenses qui ne sont encore occupés que par de petites tribus, par une population peu nombreuse.

Mais au fur et à mesure que celle-ci se développe, les troupeaux se multiplient et cette végétation spontanée du sol ne tarde pas à s'appauvrir sous l'influence d'un parcours trop intensif ou trop fréquemment renouvelé.

Alors la pelouse gazonnante se troue, se clairière, des dénudations se produisent, le sol se dessèche, la stérilisation s'étend peu à peu.

Et ce n'est pas seulement l'accroissement excessif des troupeaux qui stérilise le pâturage. Celui-ci se transforme peu à peu.

La couche de terre végétale qui couvre sa surface s'enrichit en principes humiques acides produits par la décomposition incomplète des matières herbacées, mais s'appauvrit en matières minérales (chaux, potasse, acide phosphorique, etc.). Les actions nitrifiantes qui entretiennent la fertilité du sol se ralentissent ; d'autre part, la flore tend à se modifier par une sorte de sélection à rebours qui résulte de l'action du bétail.

Les bonnes espèces végétales incessamment broutées par le troupeau disparaissent pour faire place aux plantes qu'il dédaigne ou qui ne conviennent pas à son alimentation. Le pâturage se couvre de graminées aux chaumes durs, de plantes subligneuses, ligneuses, parfois épineuses.

Le pâturage redevient une steppe infertile ou un maquis improductif.

La pâture nomade. — De la stérilisation progressive des pâturages est née la pâture nomade.

Quand son champ d'action est épuisé, la population pastorale émigre et va chercher sur d'autres territoires les ressources fourragères qui lui font défaut. Les guerres, les grandes invasions des peuples pasteurs n'ont pas d'autre origine que la nécessité pour eux d'étendre toujours plus loin la zone de leurs parcours.

La transhumance. — Des circonstances climatériques spéciales contribuent beaucoup aussi à rendre ce mode d'exploitation du sol aléatoire et intermittent.

Dans les régions froides, sur les montagnes et plateaux élevés, la neige vient recouvrir le sol une partie de l'année ; dans les régions chaudes, dans les plaines ensoleillées, la végétation se dessèche pendant l'été; d'où une nouvelle forme de la pâture nomade : *la transhumance.* Le troupeau est obligé de se déplacer. Il poursuit l'herbe de la montagne à la plaine, de la plaine à la montagne.

Les résultats de la pâture sauvage. — Sous toutes ses formes, la pâture sauvage aboutit fatalement à la *ruine du sol.*

Toute production naturelle que l'on se borne à récolter sans en assurer le renouvellement s'épuise. Adieu les riches moissons du champ cultivé, si par l'assolement agricole, les labours, les engrais, on ne maintient la fécondité de la terre. Adieu les doux produits du verger, si l'on n'entretient ses arbres par des soins répétés. Adieu la forêt où l'on n'entend que la hache du bûcheron et le bêlement des troupeaux!

Comment de pauvres herbages livrés à toutes les déprédations pastorales et sans aucune protection contre les actions naturelles concurrentes ou nuisibles pourraient-ils maintenir leur production ?

Importance de la question pastorale.

Et pourtant, le maintien en bon état de production, la conservation de ces terrains pastoraux ont une importance sociale que l'on ne soupçonne guère.

Si l'on voulait bien se rendre compte au moins approximativement de la répartition des différentes formes de culture à la surface du globe, on arriverait à cette conclusion, que les terrains livrés à la pâture sauvage occupent encore aujourd'hui plus de 60 % de la superficie du sol terrestre.

Cette étendue se réduit sans doute un peu chaque année par le développement des cultures; mais d'autre part, elle s'accroît par la destruction des forêts.

Celles-ci sont les premières victimes de la stérilisation des terrains pastoraux et l'on peut dire que dans la plupart des régions du globe, le pâtre et son bétail ont plus fait que le bûcheron pour la destruction de la végétation forestière. Quand le bûcheron est passé, le jeune semis se lève pour remplacer l'arbre disparu, mais le troupeau dévore le semis, et le pâtre incendie la brousse qui prépare la résurrection de la forêt.

N'y eût-il que cette seule considération, la question pastorale mériterait déjà la place importante qui lui a été assignée dans le Congrès forestier.

Mais il y a plus : la pâture sauvage s'étend particulièrement dans les régions montagneuses et aussi dans les régions de plaines ou de plateaux qui, par la sécheresse de leur climat ou l'aridité de leur sol, sont peu favorables aux cultures.

Or, dans les montagnes, sur les pentes rapides, l'exercice continu du pâturage provoque rapidement la dénudation, le ravinement du sol et l'on peut dire encore que le pâtre et ses troupeaux ont plus fait que le bûcheron pour la ruine des montagnes et le développement du fléau torrentiel.

Dans les plateaux et les régions de plaines, la pâture sauvage produit fréquemment le désert : ici le désert pierreux où l'eau s'infiltre comme en un crible entraînant avec elle les dernières parcelles de la terre végétale qui couvrait le sol, là le désert de sable dont les éléments mobiles mis en liberté et incessamment remués par les vents n'offrent plus aucune assise à la végétation.

Et ces dénudations, ces formations désertiques ne cessent de s'étendre, non seulement en raison de l'action pastorale toujours agissante, mais encore sous l'influence des modifications climatériques produites par la disparition de la végétation sur de grandes étendues.

L'histoire du passé, l'histoire des peuples pasteurs, dans le grand continent asiatique notamment, l'étude des régions où ils ont étendu leur domination, donnè une leçon saisissante sur les résultats de l'exploitation pastorale, dans sa forme primitive : des montagnes sans ombrages, sans verdure, échancrées par les ravins ; des rivières au lit pierreux, tantôt desséché, tantôt rempli d'une eau boueuse ; des steppes où les troupeaux sont obligés de parcourir des espaces immenses pour trouver leur alimentation ; des plaines devenues des déserts, des villes autrefois riches et prospères ensevelies sous les sables et de loin en loin des oasis verdoyantes, des jardins délicieux produits par des courants d'eau amenés à grands frais, formant contraste avec ces régions désolées, et opposant les bienfaits du travail humain à l'œuvre de destruction accomplie par les pasteurs.

Et, résultat plus funeste encore : la mentalité humaine se trouve profondément altérée dans ces pays où la lutte contre la nature, par le travail fécond est remplacé par la lutte contre l'homme, et où un fatalisme inconscient, en se substituant à la *Prévoyance*, continue à préparer avec la ruine du sol, avec la destruction de toute richesse végétale, la misère et la décadence des peuples.

Dans notre grande colonie africaine, l'Algérie et dans les deux pays limitrophes placés sous notre protectorat la Tunisie et le Maroc, le régime de la *pâture sauvage* appliqué à une très grande partie de leur territoire a produit les mêmes effets désastreux et compromet les efforts faits pour leur rendre la prospérité d'autrefois. Il serait temps de songer à préserver les richesses forestières, les richesses végétales qui y subsistent encore.

Ainsi que je le faisais remarquer dans une publication précédente (1) il y va de l'avenir et même de la sécurité de nos grandes colonies africaines.

(1) Mémoire de la Société Nationale d'Agriculture de France ; sur la restauration des pâturages communaux, Tome CXLII.-1909.

L'aménagement pastoral.

Mais auparavant, il convient de voir si une nouvelle forme d'exploitation pastorale ne devrait pas être étudiée dans nos pays européens où, en raison de la surface réduite abandonnée aux troupeaux et du développement des idées de progrès, le problème est plus facile à résoudre.

En France, si l'on tient compte des terrains classés comme terrains cultivés ou comme bois et qui actuellement désertés par la culture ou par les exploitations forestières ne sont guère que des terrains pastoraux, c'est à plus de 8 millions d'hectares, soit à environ 15 % de notre territoire (52.857.199 h.) que l'on peut évaluer la surface livrée à la pâture sauvage. Les terrains communaux sont compris dans cette surface pour environ 3 millions d'hectares.

La question de la mise en valeur et de l'exploitation rationnelle de ces terrains a donc une réelle importance. Elle emprunte un intérêt particulier à ce fait bien établi aujourd'hui que le régime exclusif de la stabulation est nuisible à la santé du bétail, et que des pâturages à l'air libre sont indispensables, surtout pour l'élevage des jeunes animaux.

C'est surtout sur les pâturages exploités collectivement soit principalement sur les pâturages possédés par les communes ou sections de communes qu'il convient de porter son attention.

Le problème de la restauration et de l'entretien de ces pâturages offre beaucoup d'analogie avec celui de la restauration et de l'entretien des forêts appartenant à des collectivités. Pour les uns comme pour les autres, il peut être résolu par l'*aménagement.*

1° *Plan général d'organisation. — L'aménagement pastoral* comprend essentiellement un *plan général d'organisation du pâturage* basé sur le classement des parcelles en différentes catégories suivant le mode d'utilisation qui peut leur être appliqué.

On pourra le plus souvent répartir les parcelles entre les 3 catégories suivantes :

a) Parcelles susceptibles d'être parcourues par des travaux d'améliorations pastorales.

b) Parcelles non susceptibles de travaux, mais qu'il y a lieu de soumettre au parcours réglementé, ou à la mise en défens.

c) Parcelles à reboiser.

2° *Plan d'exploitation et de réglementation.* — Un *plan d'exploitation du pâturage*, indiquant pour chaque groupe de parcelles ou canton : le nombre et la nature des bestiaux qui seront admis à y pâturer.

La possibilité pastorale. — Le nombre sera fixé en se basant sur cette notion de la *possibilité* bien connue des aménagistes forestiers, c'est-à-dire sur les ressources fourragères que chaque canton peut fournir. Cette possibilité s'exprime par le nombre moyen de têtes de bétail qui peut être tenu par chaque hectare pour tout ou partie de la saison pastorale.

De la possibilité ainsi établie, on déduira la répartition entre les usagers des droits de jouissance.

Cette répartition peut être établie suivant les droits acquis ou les coutumes locales — soit en se basant sur la surface des domaines ruraux que le pâturage est appelé à desservir — soit par feu, soit par tête d'habitant.

L'affouage pastoral. — Ici encore on retrouve une notion bien connue en matière forestière : la notion *d'affouage.* L'affouage *pastoral* a la même origine et repose sur les mêmes principes que l'affouage *forestier.*

Dans le principe, les habitants des anciennes communautés rurales de la France avaient sur les terres vagues qui entouraient leurs domaines et qui était la propriété souvent contestée, il est vrai, des seigneurs féodaux, des droits de jouissance ou de possession plus ou moins définis en rapport avec l'importance de leurs cultures.

On peut considérer que ces droits étaient des droits *réels* appartenant à la propriété plutôt qu'à la personne.

Aujourd'hui, depuis que le droit de propriété des communes ou des sections de communes sur ces terrains a été consacré par la législation, on a été amené à envisager le droit d'usage comme un droit personnel appartenant à tous les habitants, et par suite, à considérer que la jouissance de ces terrains devait se répartir par feu ou famille, voire même par tête. Il semble à tous égards que la répartition par feu est celle qui s'harmonise le mieux soit avec les anciennes traditions, soit avec l'organisation rurale.

Mais contrairement à ce qui s'est passé pour les forêts, aucune loi n'a jusqu'ici déterminé le mode de répartition à appliquer à la jouissance des terrains pastoraux.

Il en résulte que cette jouissance est le plus souvent accaparée par un petit nombre de propriétaires, ou par des spéculateurs de bestiaux au détriment de tous les autres habitants, et c'est là certainement l'une des principales causes de la ruine des pâturages.

La réglementation. — Le plan d'exploitation devra nécessairement déterminer aussi toutes les conditions à imposer aux usagers pour l'exercice de leur droit de jouissance : la désignation des chemins à suivre par les bestiaux, l'obligation de confier leur bétail à un pâtre commun désigné ou agréé par l'autorité municipale, les règles à suivre pour assurer l'hygiène ou la sécurité du troupeau, la fixation des périodes de parcours.

Les taxes pastorales. — Il devra également fixer les taxes à percevoir pour chaque nature de bestiaux. Ces taxes ne sont pas seulement nécessaires pour assurer le remboursement à la commune des charges et impositions dont ses pâturages sont grevés ; mais contrairement à ce qui se passe presque toujours, elles doivent pourvoir à toutes les dépenses que nécessitent les travaux d'entretien et d'amélioration dont il va être question.

3° *Plan de travaux.* — 1re classe : *Travaux concernant la protection du pâturage contre les causes naturelles de dégradation.* — On croit souvent qu'une bonne réglementation pourrait suffire à restaurer et maintenir en bon état un pâturage. C'est une profonde erreur. La surcharge de bétail n'est que l'une des causes de détérioration contre lesquelles il convient de se prémunir. Une foule d'actions naturelles viennent en effet s'ajouter à l'action du bétail pour le dégrader ou le stériliser. Dans les régions de montagne, le pâturage est exposé aux avalanches, aux coulées de pierres, aux ravinements et érosions provenant du ruissellement des eaux ; aux éboulements que provoquent les infiltrations souterraines, etc. D'où une première classe de travaux concernant la protection du pâturage contre les causes naturelles de dégradation : *murs de retenue*, *barrages rustiques*, *clayonnages et embroussaillements dans les ravins*, *drainages de consolidation*, *rideaux* ou *bandes boisées* établis de façon à s'opposer au ruissellement superficiel des eaux ou à leur concentration, à retenir ou briser les avalanches, à diminuer l'importance des nappes d'infiltration, etc.

2e classe : *Travaux concernant l'organisation et l'outillage de la pâture.* — D'autre part, une pâture ne saurait donner grands profits ni s'entretenir en bon état si elle n'a pas une organisation et un outillage bien adaptés à sa destination. Des *chemins* ou *sentiers d'accès* et de *circulation* sont nécessaires pour permettre au bétail d'arriver facilement et sans fatigue à la pâture, pour y transporter les approvisionnements nécessaires aux bergers, le sel pour les animaux, les outils et engrais complémentaires qui peuvent être jugés utiles.

Des *abreuvoirs* peu éloignés les uns des autres et capables de fournir au bétail de l'eau propre, saine, à une température convenable, doivent être établis.

Il faut également pour les pâtres des *baraques-abris* au lieu et place de ces gîtes primitifs, véritables tanières où, couchés sur une paille infecte, ils sont obligés de s'abriter pendant la nuit. C'est là certainement l'une des mesures essentielles à prendre pour relever la condition des pasteurs et par suite obtenir d'eux de meilleurs services.

Dans les montagnes pastorales situées à de hautes altitudes, des *étables-abris* sont également indispensables pour protéger le bétail contre les nuits fraîches, les mauvais temps, les chutes de grêle ou de neige et aussi pour assurer aux bêtes malades les soins nécessaires.

Lorsque le pâturage peut être exploité par des vaches et qu'il est trop éloigné des villages, à l'étable abri doit s'annexer une *fruitière* munie de tous les appareils nécessaires à la fabrication du fromage et du beurre.

On sait l'influence que peuvent avoir ces installations, tant au point de vue de la conservation et de l'amélioration des pâturages qu'à celui du progrès économique dans les régions montagneuses. Elles ont pour résultat de provoquer la substitution dans l'exploitation des montagnes du bétail bovin au troupeau de moutons beaucoup plus destructeurs, et en permettant aux montagnards de tirer bon parti de ses laitages; elles l'incitent à soigner et son troupeau et ses pâturages.

Sous l'inspiration de ces idées préconisées il y a quarante ans par M. Calvet, notre administration forestière a provoqué ou secondé la création d'un assez grand nombre de fruitières dans les Alpes et les Pyrénées. Le succès de cette œuvre est maintenant assuré. Il reste à lui donner un développement large et rapide. Dans la région pyrénéenne notamment, le développement de l'industrie fromagère peut en un petit nombre d'années provoquer une transformation économique aussi heureuse et aussi importante que celle obtenue dans la Charente et le Poitou par l'introduction de l'industrie beurrière.

A l'organisation générale de la pâture se rattachent les travaux d'ensemble d'*irrigation* et de *drainage* qui peuvent être exécutés en vue d'une bonne utilisation de ses eaux et aussi la création d'*abris-boisés* ou de *bouquets de bois* établis, non plus en vue d'assurer la consolidation du pâturage, mais dans le but d'abriter le bétail contre le vent ou le soleil, de protéger le sol contre le dessèchement et de l'enrichir par ses formations d'humus.

J'ai eu bien souvent l'occasion de développer cette idée que le *pré-bois* ou le *pâturage-boisé* serait le salut et la fortune pour la plupart de nos régions montagneuses. C'est la forme idéale qu'il faut étendre et généraliser partout où la pâture nue s'appauvrit et se dégrade.

3e classe : *Travaux de culture pastorale.* — A ces deux classes de travaux, il faut ajouter ceux que l'on peut appeler : les travaux de culture pastorale et qui ont pour objet de donner aux pelouses les soins d'entretien qu'elles réclament, de les maintenir en bon état de production. Ici je ne ferai qu'une énumération ; les travaux de l'espèce étant, sauf modalités d'exécution, ceux que l'on applique aux *pâturages cultivés*.

Le nivellement grossier du sol, l'*épierrement*, l'*émottage*, l'*étaupinage*, l'*extraction des végétaux nuisibles*, les *fumures animales*, *végétales* ou *minérales*, le *semis de graines fourragères*, enfin la *mise en défens temporaire ou l'exploitation temporaire en prairie fauchée* afin de remédier à l'appauvrissement des gazons et au tassement du sol.

Il est presque superflu de dire que ces travaux doivent s'appliquer exclusivement aux terrains qui, dans le plan général d'organisation du pâturage, ont été classés dans la première catégorie (*a*) ; il convient d'ajouter que ces travaux doivent être exécutés en conformité d'un plan établi d'avance et déterminant non seulement leur nature, mais encore l'étendue à parcourir chaque année et assurant le retour des travaux sur chaque parcelle dans une période déterminée qui peut varier entre 5 et 15 ans. Les terrains en question seront utilement dans ce but divisés en coupons fixés sur le terrain par des bornes ou des limites naturelles.

Il y aura également intérêt à entourer d'une clôture volante le coupon en restauration. Une mise en défens complète pendant au moins une année est en effet nécessaire pour assurer la régénération de la pelouse.

Ces travaux de culture pastorale poursuivis d'année en année pourraient avoir pour résultat de créer dans beaucoup de communes rurales de véritables parcs de pâturage où les habitants trouveraient pendant toute la saison d'été une alimentation abondante et presque gratuite pour leurs bestiaux. Appliqués seulement aux meilleures parties de leurs communaux, ils leur procureraient des ressources fourragères très supérieures à celles obtenues jusqu'ici sur les immenses étendues soumises à la pâture sauvage.

Quant aux parcelles de la catégorie (*b*) où en raison de la nature du sol, de la déclivité des pentes, les travaux de culture pastorale seraient trop coûteux ou insuffisamment rémunérateurs, leur amélioration ne saurait résulter que de l'application de bons règlements de parcours. Ici encore, une subdivision en divers cantons serait utile pour déterminer les rotations à suivre par les troupeaux et éviter que l'un ou l'autre de ces cantons ne soit surchargé ou trop longtemps parcouru.

Cette subdivision permettrait également la mise en réserve d'un ou plusieurs cantons pendant une période déterminée à l'expiration de laquelle les autres cantons seraient à leur tour et successivement mis en défens. Cette mesure si simple, assurant pour chaque canton le retour périodique d'une mise en défens destinée à régénérer les gazons, pourrait avoir un résultat considérable pour la restauration, la conservation en bon état de production de ces immenses étendues pastorales qu'appauvrissent fatalement un pâturage ininterrompu.

Enfin les terrains de la troisième catégorie envisagés (catégorie *c*) seraient mis en valeur par le reboisement. Dans les pâturages communaux, il existe presque toujours des cantons importants qui, soit en raison de leur situation (éloignement des villages, difficultés d'accès), soit en raison de leur état superficiel (sol rocheux couvert de buissons ou mauvaises plantes) n'offrent pour ainsi dire aucune ressource au bétail et ne sont d'ailleurs susceptibles d'aucune amélioration pastorale.

C'est le cas notamment de ces maquis, garrigues qui, dans les régions méridionales et même un peu partout dans nos régions de montagnes et de collines accusent la négligence de leurs habitants. Car si l'on reconstituait peu à peu sur ces terrains improductifs les futaies résineuses ou feuillus qui y existaient autrefois, les communes y trouveraient bien souvent une source de revenus considérable en même temps que leur territoire s'embellirait, devenant plus frais, plus riant et plus recherché des touristes.

Résumé et conclusions.

En résumé, si dans le passé la pâture sauvage a provoqué sur d'immenses étendues la dégradation et la ruine du sol, si au point de vue social, elle a bien souvent déterminé ces exodes guerriers des peuples pasteurs qui, ne trouvant plus dans leurs territoires l'alimentation de leurs troupeaux, se ruaient sur les terres fertiles des plaines et les riches cités et y détruisaient les civilisations les plus florissantes, dans le temps actuel, ce mode d'exploitation primitif ne cesse pas, même dans nos régions européennes, d'exercer une action néfaste. Il contribue à la dégradation des montagnes et des forêts, au développement du fléau des inondations, à la destruction des éléments de richesse et de beauté qui attachent les habitants à leur pays et y attirent les étrangers. On doit donc s'attacher à le refouler peu à peu et finalement à le faire disparaître.

On peut y arriver en appliquant aux pâturages exploités collectivement ce principe de l'*aménagement* qui a eu d'aussi heureux résultats pour la conservation de nos richesses forestières, en organisant ces pâturages pour une exploitation rationnelle, en les soumettant à des règles de gestion et à des travaux qui les protègent contre toutes les causes naturelles ou humaines de dégradation et en même temps leur assurent un rendement avantageux et soutenu.

Pour cela il est nécessaire que les pouvoirs publics s'intéressent à cette question dont je crois avoir fait ressortir toute l'importance. Une législation pastorale est nécessaire. Le ministre qui en assurera la promulgation et qui prendra en même temps pour son application toutes mesures administratives et financières utiles, méritera l'éternelle reconnaissance de nos populations pastorales et du pays tout entier.

Vœu :

Le Congrès émet le vœu qu'une législation pastorale soit édictée et que des mesures administratives et financières soient prises ou complétées (1) *en vue d'assurer aux pâturages communaux ou exploités collectivement le bienfait d'un aménagement rationnel et les travaux nécessaires pour arrêter la dégradation de ces terrains, les remettre en valeur, les entretenir en bon état de production et ainsi rendre aux régions montagneuses les éléments de richesse, de beauté, de prospérité enfin, qui tendent de plus en plus à leur faire défaut et en provoquent la dépopulation.*

M. le Président. — Messieurs, vous venez d'entendre le rapport si complet, si précis, si net de M. Cardot.

Avant de mettre aux voix le vœu qui le termine, je demande si l'un de vous a des observations à faire sur ce rapport.

(1) En France, un décret en date du 30 décembre 1897 rendu sur la proposition de M. J. Méline, Président du Conseil, Ministre de l'Agriculture a créé à la Direction Générale des Eaux et Forêts un service des améliorations pastorales. Ce service est doté actuellement d'un crédit de 145.000 francs.

M. Lallemand. — J'applaudis de tout cœur aux conclusions de M. le rapporteur. Mais je suis président du Syndicat des propriétaires forestiers en Algérie. Cette question nous intéresse d'une façon particulière, un peu différente de celle qu'a envisagée notre rapporteur.

Chez nous, la question des pâturages est vitale. Nos forêts nous ont été vendues grevées de droits d'usage. Il faudrait que ces droits fussent réglementés. Le nombre des bestiaux augmente avec la population. De plus, certains usagers deviennent commerçants, prennent des bestiaux de la ville la plus voisine et les font pâturer chez eux. Le nombre augmente donc dans des proportions effroyables en bœufs et en moutons. Il en résulte qu'il n'y a plus de régénération pour ainsi dire. Les plus beaux massifs sont absolument perdus. Il y a des vieux arbres, qui donnent un mauvais produit. Mais, dans les plus belles parties que nous avions autrefois, il n'y a plus de jeunes sujets. J'ai essayé de mettre en défense certaines régions pendant cinq ou six ans ; la forêt était tellement épuisée que rien ne repousse.

Il y a en Algérie une plaie bien plus grande : c'est la chèvre. Le Code Forestier défend partout le pâturage de la chèvre. Nous aurions le droit de l'interdire : mais nous aurions le feu immédiatement. Par conséquent, nous sommes pris dans ce dilemme : supporter la chèvre, et c'est la destruction de nos forêts dans un temps difficile à déterminer, peut-être cent ans, ou deux cents ans, ou trois cents ans ; ou interdire la chèvre : et c'est la destruction immédiate par le feu. Alors, entre deux maux nous choisissons le moindre.

Je crois qu'il serait bon, en dehors du vœu proposé par M. le rapporteur, que nous en formions un autre tendant à ce que la question des pâturages fût réglée par une loi. Cela n'existe pas ; je l'ai demandé partout au service forestier en Algérie. Il faudrait aussi que ce fût l'État qui interdît le pâturage de la chèvre. Si c'était l'État, les indigènes se soumettraient.

M. Cardot. — La législation forestière en Algérie renferme déjà, si je ne me trompe, quelques articles concernant les abus pastoraux.

M. Lallemand. — Au point de vue de la chèvre seulement : elle est interdite, c'est tout.

M. Cardot. — Je crois qu'il serait nécessaire de compléter ces mesures par une législation pastorale réglementant le nombre des animaux et permettant également, dans certains cas, d'opérer des mises en défens au moins temporaires.

M. le Président. — Vous voudriez un vœu spécial pour l'Algérie.

M. Lallemand. — Parfaitement.

M. Leçoq. — Le mal dont souffre l'Algérie ne lui est pas exclusif. Je suis administrateur d'une société qui exploite des forêts en Espagne.

Nous avons les mêmes difficultés avec les servitudes de pacage et de pâturage Également l'interdiction des chèvres existe ; mais, comme vous le dites très bien, si on l'applique, c'est le feu.

Nous avons essayé de nous arranger avec les usagers ; il n'y a rien à faire. Au point de vue de la régénération des forêts, une législation serait indispensable ; des cantonnements réservés devraient être spécifiés, pendant un laps de temps déterminé.

Je citerai le fait suivant. Nous avons 2.500 hectares. Dernièrement, nous avons fait une petite construction de 80 mètres carrés. On nous l'a fait démolir, sous prétexte que cela nuisait aux droits d'usage.

Nous avons demandé de pouvoir réserver certains cantons de un ou deux hectares ; cela nous a été défendu ; nous nuirions à l'élevage du mouton (*Exclamations*).

M. le baron DE BELINAY. — J'ai entendu dire qu'une forêt voisine du camp de la Courtine était grevée de droits d'usage dont l'exercice aurait rapidement amené sa destruction. Les propriétaires de la forêt ont obtenu de faire limiter ces droits à une certaine surface. Il y a eu un procès engagé. Le jugement a été basé sur ce principe inscrit dans la loi, que nul n'est tenu de rester dans l'indivision. On a estimé ces droits d'usage et on a accordé un certain cantonnement à chacune des communes qui y participaient. Ce serait la meilleure solution.

M. LALLEMAND. — C'est absolument impossible en Algérie. Le cantonnement y est matériellement impraticable pour les indigènes. Nos forêts ne ressemblent pas à celles de France ; elles sont habitées. Sur une forêt de 22.000 hectares, il y a 17 ou 18.000 habitants, qui sont rassemblés par petits groupes disséminés dans toute la forêt. Si vous voulez dire à un groupe d'un douar quelconque qu'il faut faire pâturer ses troupeaux à deux ou trois kilomètres, c'est absolument impossible ; s'ils les emmenaient à deux ou trois kilomètres, les bestiaux pâtureraient sur tout le parcours.

UN CONGRESSISTE. — Il s'agit de savoir si les droits d'usage ont été concédés originairement à toute la population, ou simplement aux habitants qui se trouvaient là au moment de l'occupation française.

M. LALLEMAND. — Mon voisin me dit qu'il est propriétaire forestier aux Indes Britanniques. Les forêts y sont grevées de droits d'usage ; mais quand on les a vendues, on a désigné les noms des usagers et le nombre des bestiaux auxquels ils avaient droit.

M. LE PRÉSIDENT. — Mais en Algérie, vous êtes en présence d'un état de fait sur lequel il n'y a peut-être pas moyen de revenir.

M. LALLEMAND. — Non sans doute, mais si on peut établir combien il y avait de bestiaux alors, — car l'impôt arabe établi sur les bestiaux permettrait de le retrouver, — on pourrait voir du moins combien de bestiaux on peut admettre dans une forêt donnée.

M. Maitre. — Le vœu présenté par M. Cardot n'est pas une nouveauté, car M. Cardot est un précurseur en la matière ; voilà bien vingt ans qu'il demande l'organisation du régime pastoral.

Il y a quinze ou seize ans, à la Société forestière de Franche-Comté, à Vesoul, nous en avions parlé, en envisageant notamment un des abus les plus graves, intéressant le plus fortement le tourisme dans les Alpes ; ce sont les troupeaux transhumants. Il serait facile de trouver une solution qui, en lésant peu les communes, grèverait de peu l'Etat, le nombre de ces troupeaux transhumants n'étant pas élevé.

Malheureusement, je crois que ce régime recule au lieu d'avancer. Dans l'exposé très intéressant que M. le Ministre, tout à l'heure, a fait des réformes qu'il compte proposer au Parlement, nous avons vu apparaître l'impôt forestier, les travaux d'améliorations artistiques ; mais il n'a pas été question du régime pastoral. Si on ne veut pas nous donner le régime pastoral complet, nous devrions au moins demander que certains principes soient posés, qui aideraient à l'établir ultérieurement.

M. Cardot nous dit que la surcharge des pâturages n'est pas la seule cause des dégradations. C'est évident ; mais elle en est cependant une des principales et la mise en défens y peut beaucoup. En Dauphiné, dans le vallon de la Celle, il y a un vallon loué par l'Association Dauphinoise des pâturages, depuis cinq ans, et mis en réserve. L'arrêt produit a été des plus heureux, et c'est cet exemple qui a engagé l'Association dauphinoise à persévérer dans cette voie. Je ne suis pas forestier, je parle comme alpiniste. Lorsque je vois la Bérarde, après avoir vu la Suisse, j'en ai mal au cœur. Ce pays pourrait être plus intéressant que la Suisse, parce qu'il y a un plus grand nombre de vallées rayonnantes. Nulle part le touriste ne pourrait faire des journées d'excursions aussi intéressantes en rayonnant toujours autour d'un même centre. Malheureusement, il y a là un cercle vicieux. Il est impossible que quelqu'un qui ne passe pas sa journée au-dessus de la limite des neiges, non seulement s'y amuse, mais ne s'y ennuie pas ; il n'y a pas un arbre, pas d'eau dans les torrents, pas un lac, rien de ce qui peut plaire à des touristes. Il serait du rôle de l'Administration de dire aux communes : « Vous allez louer tel pâturage pour deux mille francs, trois mille francs ; les moutons feront pour cinq mille francs de dégâts. Voilà les trois mille francs. » Il faudrait que les offres soient soumises d'abord à l'Administration forestière qui aurait le droit, non pas d'enchérir, mais de prendre à égalité des sommes relativement peu considérables ; on pourrait mettre en défens de grandes surfaces. Il ne s'agirait point d'une mise en défens totale, parce que ce procédé (c'est un des vices de la Loi de 1882), ruine les gens du pays. Il y a des pauvres qui n'ont que les terrains communaux pour faire pâturer leurs deux ou trois moutons, leurs deux ou trois chèvres. Le bétail qui reste dans les pays de montagne pendant les six mois d'hiver, n'est jamais bien nombreux à cause de la nécessité de loger dans les écuries. Il faut donc que les pâturages communaux soient interdits à tout bétail qui n'hiverne pas dans la commune. De cette manière, il n'y aura pas d'opposition de la part des habitants du pays. Aujourd'hui, ce sont des levées de boucliers : maire, conseiller général, député, pour la levée de la mise en défens. L'Administration forestière est considérée comme un gendarme, ou plutôt comme un malfaiteur qui vient enlever aux habitants leur pâturage ; et on n'aboutit à rien.

Adoptez une solution intermédiaire, dites : « Vous êtes obligés de nourrir votre bétail. Je vais louer les pâturages uniquement pour vous les laisser. Et en échange de ce beau cadeau que je vous fais, permettez-moi de les laisser un peu reposer ; je vous les rendrai aussitôt après. » Jugez de la force que donnerait ce raisonnement à l'Administration forestière auprès des communes, et pour obtenir, au point de vue pâturages printaniers, des petits coins à reboiser. Ce serait le commerce : donnant donnant. Aujourd'hui, quand vous voulez tout prendre, expulser ces moutons, ces chèvres qui font vivre ces malheureux, vous vous mettez tout le monde à dos.

M. Martin. — Malheureusement, je ne crois pas ; car, dans mes dix ans de services forestiers, j'ai pu constater que les pâturages de printemps sont ceux qui se dégradent le plus.

A 1.000 ou 1.200 mètres d'altitude, la neige fond, même en janvier ou février, et le bétail dégrade d'une façon épouvantable.

M. Cardot. — La question est posée depuis quinze ou vingt ans. Un projet de loi qui est maintenant entre les mains de M. le Ministre de l'Agriculture a été élaboré. Il demande justement d'assurer, tantôt dans une forme facultative, tantôt dans une forme obligatoire, l'organisation, l'aménagement des pâturages communaux.

M. Martin. — Comme l'a dit M. Maître, il faut une monnaie d'échange.

M. Dole. — Au point de vue des transhumants, il y a déjà dans les Hautes-Alpes certains endroits où l'administration paye aux communes une redevance annuelle pour qu'elles ne laissent pas venir les transhumants. Le cas existe à Guillestre.

M. Cardot. — Non seulement à Guillestre, mais à Saint-Christophe-en-Oisans et à Revel. La généralisation de cette opération serait un peu coûteuse.

M. Maitre. — Ce n'est rien, à côté de ce qu'on dépense en maçonnerie, en barrages.

M. le Président. — Messieurs, vous venez d'entendre une communication très intéressante concernant plutôt la conservation que l'amélioration pastorale.

M. Maitre. — J'estime que la législation à intervenir devra tenir compte de la distinction entre bétail hivernant et bétail non hivernant.

M. Cardot. — C'est un détail de la loi. Il faudrait limiter, comme cela d'ailleurs existait autrefois dans les traditions locales.

Un congressiste. — Mais si nous nous bornions à garder dans nos châlets uniquement le bétail hivernant dans la commune, nous ne pourrions plus exploiter.

M. le Président. — Nous n'avons pas en ce moment à entrer dans le détail de la législation. Nous pouvons, il me semble, nous borner à voter le vœu présenté par M. le rapporteur, en tenant compte des observations qui ont été échangées.

M. Cardot. — Il faudrait ajouter simplement le vœu qu'une législation spéciale soit étudiée pour l'Algérie. Cela donnerait satisfaction aux observations présentées par M. Lallemand.

M. Albert Picard. — Pour les autres questions, c'est l'affaire de la deuxième section.

M. le Président. — Il n'y a pas d'autre observation?

Par conséquent la quatrième section adopte le vœu présenté par M. Cardot, plus une addition en ce qui concerne l'Algérie. Vous voudrez bien faire confiance à votre bureau pour la rédaction de cette addition. (*Assentiment.*)

La séance est levée à midi.

SÉANCE DU 16 JUIN 1913

(APRÈS-MIDI)

Présidence de M. PLUCHET, président de Section

La séance est ouverte à 2 h. 25.

M. le Président. — S'il y a des délégués étrangers dans la salle, je les prierai de vouloir bien venir prendre place au bureau. Ils nous ont fait l'honneur d'assister au Congrès, nous serons très heureux de les voir à côté de nous.

M. Dubois prend place au bureau.

M. Bareel. — Monsieur le Président, je suis délégué étranger, mais j'ai une communication à faire.

Elle ne figure pas en tête de l'ordre du jour ; mais si aucun des auteurs de communications n'est présent, je vous serai reconnaissant de me donner la parole.

Ma communication se rapporte à la question des défrichements.

M. de Peyrelongue, *secrétaire*. — Si j'ai bien compris votre pensée, le mot « défrichements » est ici synonyme de « mise en valeur ».

M. Bareel. — C'est précisément le sens que je donne au mot défrichement.

J'ai pensé que cette question pouvait également intéresser, non seulement mon petit pays, la Belgique, mais également la France, et même la plupart des pays où l'on s'occupe du reboisement et de la mise en valeur des landes et bruyères.

M. le Président. — Le Bureau du Congrès est en possession de votre brochure : Une nécessité économique : Les défrichements, publication du *Bœrenbond Belge*, Imprimerie Anneessens-Ninove ; nous serons très heureux d'enregistrer toutes les observations supplémentaires que vous aurez à donner à l'appui.

M. Bareel. — Cette question du défrichement a une importance très considérable, surtout pour les pays assez peuplés. Dans ces pays, la consommation ne fait que s'accroître et on arrive difficilement à augmenter, dans une proportion égale, la production, principalement des produits de la terre.

Il est certain que la mise en valeur des terrains incultes, aussi bien que la culture intensive, pourront nous amener à parer à cette crise et à ce malaise économique. Mais il y a des motifs d'un ordre plus positif qui doivent nous amener à accroître notre fortune publique.

Bien que dans la Campine, il ne s'agisse que de 40 à 50.000 hectares de terres incultes qui pourraient être mises en valeur, on peut accroître simplement la valeur du domaine.

M. Dubois. — Il y en a également dans le Luxembourg, dans le Limbourg et dans le Nord du Brabant.

M. Bareel. — Nous évaluons ces terres à 200 ou 300 francs par hectare. Or, nous pouvons leur faire donner un rendement presque immédiat de 20, 30 et même 90 francs par hectare. Il y a des pâtures qui, après deux ou trois ans de mise en culture, rapportent chaque année jusqu'à 90 francs par hectare; ce qui fait, à une capitalisation de 3 %, un accroissement de valeur de 1.500 à 3.000 francs par hectare. Rien que dans la Campine, ce serait donc un accroissement de valeur de plus de cent millions. Je ne vous donne pas ce chiffre comme parole d'Évangile, je vous demande simplement de retenir ce principe, que, en tout cas, l'accroissement de la richesse nationale serait considérable.

Au point de vue social, les résultats sont aussi frappants. On arrive à régulariser le taux des salaires, à diminuer les risques de chômage, à enrayer l'exode de la population agricole vers les grands centres et à la rendre beaucoup plus apte à s'assimiler certaines notions d'agriculture plus modernes.

Le coût des travaux est énorme et ce que nous étudions en ce moment-ci, c'est précisément la possibilité d'arriver à l'exécution de ces travaux à des conditions moins onéreuses.

La Hollande nous a montré la voie. Nos voisins sont arrivés à des résultats extraordinaires; nous avons voulu les imiter et une société de défrichements, c'est-à-dire de mise en valeur, a été constituée en Hollande.

Mais il faut également l'intervention de l'Etat. Cette intervention peut se produire le plus rapidement et le plus facilement quand il s'agit de travaux exécutés par les communes. Je dois signaler, à cet égard, la bonne volonté témoignée par le département de l'Agriculture, en Belgique.

Les communes, jusqu'ici, se sont toujours montrées assez réfractaires à la mise en valeur par le boisement et surtout pour l'amélioration agricole. Bien que les communes reçoivent un subside, ce n'est que contraintes et forcées qu'elles se sont mises à l'œuvre.

Des dispositions nouvelles ont été prises, tout récemment, par le Ministère de l'Agriculture tendant à accorder aux communes l'avance de fonds nécessaire. L'Etat se fera, en quelque sorte, le banquier des communes qui n'auront plus à contracter d'emprunts. On arrivera, de cette façon, à obtenir que les communes boisent là où les terrains s'y prêtent et aussi qu'elles fassent ailleurs les améliorations agricoles.

M. Cardot. — Quel serait le taux d'intérêt pour les avances consenties par l'État?

M. Bareel. — Il avance des fonds à raison de 4 % par an. C'est un peu moins que le taux auquel les communes devraient emprunter.

Le remboursement se fera au gré des communes dans un délai de vingt ans, mais les communes auraient toute latitude pour rembourser au fur et à mesure que les revenus leur rentreraient et qu'elles feraient des ventes, dans des conditions d'ailleurs très réduites, parce qu'en Belgique, on n'admet plus l'accaparement des terres par les gros propriétaires. La loi de 1847 a donné des résultats désastreux; les communes se sont dessaisies de leur domaine au grand détriment des finances communales.

Voici nos conclusions. Il nous paraît utile, à un point de vue international, d'instituer immédiatement une commission spéciale pour l'étude de la mise en valeur forestière et agricole des terrains incultes. Nous demandons ensuite la constitution d'un organisme spécial dans le genre de ceux qui ont rendu d'immenses services dans tous les pays où ils ont été constitués et ayant pour objet tout ce qui concerne directement ou indirectement la mise en valeur, l'exécution méthodique et économique de travaux de ce genre.

Nous demandons l'intervention pécuniaire et fiscale des Pouvoirs publics par voie de subsides, exonération d'impôts, etc... Il a été également question, dans certains milieux, d'une taxe spéciale à imposer sur les terrains incultes. On a fait valoir que, dans certains pays, ce sont généralement les grands propriétaires qui possèdent ainsi de vastes domaines qu'ils maintiennent à l'état inculte, soit par luxe pour avoir de grands territoires de chasse, soit par une espèce de spéculation essentiellement parasitaire. Ces propriétaires conservent ces terrains sans y faire aucune dépense en profitant cependant de la plus-value des terres environnantes mises en valeur par de petits cultivateurs, ou par les communes qui tracent des routes, ou par l'Etat qui fait des dépenses pour améliorer les voies de communication, etc., et ainsi, sans aucun travail, ces propriétaires arrivent à donner à leur domaine une plus-value considérable. Il serait assez juste, puisqu'on a cherché déjà à poursuivre les revenus de pur luxe, de frapper ces terrains incultes d'une taxe assez forte.

Nous demandons également une intervention technique par la spécialisation du rôle des agronomes de l'État dans le sens de la mise en valeur des terres : conférences, expériences, directions immédiates et complètes de ces agents pour les travaux, bénéfices des subsides et exonérations fiscales, organisation et extension des services s'occupant de l'assainissement des terres marécageuses.

Nous demandons également une intervention diplomatique par des conférences internationales entre pays limitrophes pour la solution des nombreux conflits relatifs à l'entretien et à l'amélioration des cours d'eau.

Nous demandons la multiplication des voies de communication, des encouragements aux communes par l'ouverture de chemins agricoles dans les zones à mettre en valeur et l'adoption d'une jurisprudence plus libérale en matière de subsides pour création de routes en dehors des agglomérations et des trafics existants.

Je crois que ces conclusions intéressent la plupart des pays où des défrichements peuvent être exécutés. En tout cas, nous avons déjà, dans notre petite région de la Campine, des espérances qui, je crois, se réaliseront assez tôt, grâce surtout à l'intervention des Pouvoirs publics.

La combinaison imaginée par le département de l'Agriculture donne déjà lieu à certains projets qui paraissent intéressants. Les améliorations se feront en bloc, d'après un plan d'ensemble qui sera tracé par les services de l'Etat. Nous avons également un service de l'hydraulique agricole extrêmement intéressant.

Enfin, avant même de procéder à l'exécution des travaux, les communes arriveront, par suite de l'intervention de certains groupements, à être certaines de pouvoir louer leurs terres à un prix qui sera des plus rémunérateurs et qui dépassera le taux de l'intérêt que la commune devra payer, et ces locations se feront, d'après les combinaisons qui seront projetées, de telle façon que les locataires soient assurés, d'emblée, de pouvoir faire des frais considérables sans inconvénient. Ils loueront ces terres à très long terme, pour vingt-cinq ou trente ans, et les projets de baux élaborés jusqu'ici donnent à ces petits cultivateurs qui auront loué ces terrains pendant un délai déterminé, le droit d'acheter les terrains qu'ils auront mis en valeur. Ce sera, en quelque sorte, une option d'achat accordée au locataire.

De cette façon, les communes peuvent immédiatement se mettre à l'œuvre ; elles sont assurées d'avoir de quoi faire face au service de l'espèce d'emprunt qu'elles contracteront envers l'Etat, elles ont le droit, après un certain temps, de vendre leurs terres, ce qui leur permettra de rembourser le capital qu'elles auront emprunté, et ces domaines communaux seront ainsi très rapidement mis en valeur, alors qu'il fallait parfois, jusqu'ici, aller jusqu'à l'obligation pour arriver à faire boiser par ci par là des domaines appartenant aux communes. (*Applaudissements.*)

M. le Président. — Je suis certain, Messieurs, d'être votre interprète en remerciant M. Bareel de la communication si intéressante qu'il vient de faire et où nous pourrons puiser des indications très précieuses. (*Applaudissements.*)

M. MAITRE. — Il serait intéressant de savoir quels seraient les frais de cette mise en valeur. C'est le nœud de la question.

M. LE PRÉSIDENT. — Il faudrait évidemment une approximation.

M. DE PEYRELONGUE. — L'initiative communale et privée ne se déroberait-elle pas, une fois que la voie aurait été ainsi tracée?

M. BAREEL. — Jusqu'ici ces travaux ont coûté terriblement cher aux particuliers et même aux communes, ce qui a souvent contribué à décourager ces dernières. Par exemple, pour les défoncements de nos bruyères, nous devons payer jusqu'à 250 et 300 francs l'hectare.

Jusqu'à présent, ce travail se fait par petites parcelles, tout se fait à la pelle. Au contraire, si on met des fonds à la disposition des communes, on arrivera à faire un travail d'ensemble parfaitement étudié et organisé méthodiquement qui pourra se faire à la machine. On pourra tracer les voies de communication qui seront nécessaires, faire les écoulements indispensables, arriver à une économie considérable sur les frais de mise en valeur.

M. MAITRE. — 300 francs par hectare pour un revenu de 30 francs, c'est encore un revenu de 10 %.

M. BAREEL. — Je dois ajouter que le prix des bruyères augmente dans des proportions considérables depuis qu'on parle de mise en valeur. Il y a aussi l'emprise des terrains par l'industrie, notamment dans la Campine, par suite des découvertes de charbonnages. En tout cas, les chiffres auxquels on arrive par la mise en valeur des bruyères sont réduits considérablement, si le travail est fait méthodiquement, et on arrive à un rendement beaucoup plus rapide.

M. CARDOT. — A quelle profondeur faut-il défoncer?

M. BAREEL. — Cela dépend des terrains. Tout ce travail doit se faire après des sondages. L'irrégularité des couches est extraordinaire dans la Campine. Il y a des parcelles où, pour avoir un résultat quelconque, il faut défoncer jusqu'à 80 centimètres ; ce sont des parties où il est inutile d'essayer de travailler avec un bénéfice quelconque, elles resteront incultes jusqu'au dernier moment ; ce sera le déchet auquel on ne s'attaquera sans doute que lorsque tout le reste sera fait.

M. MAITRE. — On pourrait les mettre en bois.

M. BAREEL. — Lorsque la couche n'a pas été percée, le bois arrive à dépérir, le sapin pousse en pommier.

M. DUBOIS. — Je dois dire que l'industrie charbonnière s'est précisément installée dans ce plateau campinien et qu'il y arrivera également que ces terrains, qui sembleraient destinés par la nature au reboisement d'une grande étendue, seront transformés en cultures et ce ne seront pas des cultures tout à fait splendides. Il y aura du seigle, de la spergule, du sarrazin, de la pomme de terre ; on n'arrivera jamais au revenu que pourraient donner des forêts, mais cette production agricole est rendue indispensable par la création des cités ouvrières que les charbonnages construisent.

J'ajoute que nous avons constaté par expérience, en Campine, qu'il est assez dangereux, quand on pratique des défoncements, de ramener le fond à la superficie. Il y a eu beaucoup d'échecs en Campine qu'on attribue, sans en avoir la preuve immédiate d'ailleurs, à ce fait que, croyant avoir un sous-sol d'une richesse plus grande que la superficie, on a ramené à la surface les terrains qui étaient dans la profondeur. D'après plusieurs forestiers éminents, notamment M. Maas, de Westerloo, beaucoup d'échecs, en Campine, seraient dus à cette pratique qui a ramené l'infertilité au-dessus.

M. Maitre. — Il arrive parfois que, lorsqu'on a ramené les couches profondes à la surface et que le sol paraît infertile, au bout de deux ou trois ans, cette couche, après être restée à l'air, devient très bonne.

M. Bareel. — Cependant le défoncement normal consiste à laisser la couche inférieure au fond et la couche supérieure en superficie.

M. Dubois. — On revient, en effet, à cette idée de laisser le terrain tel qu'il est.

M. Bareel. — En tout cas, un sondage préalable est indispensable.

M. Dubois. — La Commission de la Campine qui a fonctionné par ordre gouvernemental est plutôt d'avis que le défoncement est une opération qu'il ne faut faire que quand on y est forcé et que, souvent, on pourrait s'en passer et le remplacer par un labour à 25 ou 30 centimètres de profondeur.

M. le baron de Belinay. — La couche d'alioos est-elle très épaisse?

M. Dubois. — L'alioos est extrêmement rare ; c'est un tuf humide qu'on a confondu souvent avec l'alioos.

M. Maitre. — Ce qui est imperméable, c'est le tuf humide.

M. le Président. — M. Dubois vient de nous donner des explications très intéressantes.

M. Dubois. — Il s'agit surtout de la tactique.

M. le Président. — Ce sont des renseignements sur la tactique fournis par l'expérience. M. Dubois est d'accord avec M. Bareel sur l'opportunité de la mise en valeur de tous ces terrains ; le mode de procéder peut varier suivant l'expérience de chacun, mais il me semble qu'il y a accord complet sur l'opportunité de cette mise en valeur.

M. Dubois. — L'avenir dira ce qu'il adviendra de la Campine.

M. Garrigou-Lagrange. — Je tiens d'abord à m'associer aux intéressantes observations de MM. Bareel et Dubois. Mais je tiens à signaler qu'il y a, pour certains terrains incultes de France, une manière de procéder plus simple et moins coûteuse. J'appelle votre attention tout spécialement sur un vaste plateau, qu'on appelle le plateau de Millevaches, qui a une assez bonne presse depuis quelque temps et qui en profite dans une certaine mesure.

Après sept ou huit ans de travaux effectués dans nos congrès de l'Arbre et de l'Eau, nous avons pu élaborer un projet très complet. M. le Ministre de l'Agriculture a institué au plateau de Millevaches une sorte de service de reboisement, qui commence à fonctionner. Vous savez comment est constitué ce plateau : c'est une suite d'ondulations chauves, où se trouvent les sources d'un grand nombre de cours d'eau du bassin de la Loire et de la Garonne. Ces terrains sont incultes ; ils peuvent être très facilement aménagés. C'est là, je crois, que M. Cardot a fait une partie de ses intéressantes études. Ces terrains ont peu de valeur ; ils bénéficient actuellement d'une plus-value, à raison du bruit fait autour de cette question. On les vendait autrefois à la huchée c'est-à-dire aussi loin que la voix pouvait s'étendre. Ils valaient à peine 50 francs l'hectare ; ils valent aujourd'hui de 100 à 200 francs. Ils sont même montés dernièrement à 400 francs par suite de l'engouement qui s'est produit. En les estimant à 100 francs l'hectare, on est dans la vérité. Nous faisons un travail d'aménagement simple et économique. La plupart des communaux de la Creuse, de la Corrèze et de la Haute-Vienne sont partagés. Les propriétaires qui ont repris leur part se trouvent embarrassés pour l'utiliser. Ils ne demanderaient pas mieux que de se syndiquer. Nous avons organisé de petites associations, sur le modèle de la loi de 1901, associations qui, en principe, ne paraissaient pas très légales, mais qui, d'après la loi nouvelle, peuvent très bien se constituer. La loi Audiffred permet maintenant ces groupements. Je puis indiquer que l'an dernier, avec la somme de 500 francs, nous sommes parvenus à reboiser 30 hectares.

Pour l'amélioration pastorale, ce serait encore plus simple ; il suffirait d'arriver à faire périr la bruyère. Je crois que le meilleur moyen dans notre pays serait l'irrigation.

M. Maitre. — Vous avez de l'eau?

M. Garrigou-Lagrange. — Nous avons de l'eau, en effet. C'est un terrain siliceux, granitique, surmonté par une couche d'arène plus ou moins épaisse. Dans tous les vallons, il se produit un suintement ; et, comme il y a de la pente — nous sommes dans un pays mamelonné — on peut, à l'aide de rigoles de niveau irriguer de grandes surfaces. Le service de reboisement qui a été institué fait merveille. Malheureusement, on ne peut pas donner en argent de subventions assez importantes. Nous donnons tous les ans ce que nous pouvons en médailles ; nous distribuons même un peu d'argent. Seulement, c'est facultatif. Si l'on pouvait au contraire assurer aux propriétaires, au bout de quatre ou cinq ans, une prime, par exemple, de 50 francs par hectare, nous en trouverions autant que nous voudrions. Ne serait-il pas possible d'émettre un vœu pour l'institution de cette prime ?

M. Cardot. — Le département du Finistère a pris l'initiative d'instituer une prime, une fois donnée, de 25 francs par hectare, aux propriétaires qui reboisent.

M. Garrigou-Lagrange. — Il y aurait avantage à donner la prime en l'échelonnant sur plusieurs années, par exemple 25 francs au bout de la deuxième ou de la troisième année, et le reste au bout de dix ans, suivant l'état de conservation du bois.

M. Maitre. — Il y a déjà l'exemption d'impôt accordée par l'État.

M. Garrigou-Lagrange. — C'est peu de chose.

M. Maitre. — Cela dépend. Il y a des terrains qui, d'après l'ancien cadastre, avaient une valeur appréciable et qui paient un impôt relativement lourd.

M. Bareel. — Pour quel délai ces terrains sont-ils exemptés ?

M. Garrigou-Lagrange. — Pour trente ans. Cette exemption ne s'applique qu'au reboisement. On a parlé d'améliorations agricoles proprement dites. Je crois que nous n'avons pas à nous en préoccuper ici. Certains propriétaires ont l'intention d'essayer de faire de la culture industrielle en grand, pommes de terre et topinambours. Pour nous, ce qui nous préoccupe, c'est d'alimenter le bétail ovin sur une surface moindre et de réserver une partie du terrain pour le reboisement.

M. Bareel. — C'est également notre but. Nous nous occupons surtout de la mise en valeur forestière. Seulement, comme il y a des terrains trop bas pour le reboisement, nous les destinons à la culture et à la pâture du gros bétail, qui réussit admirablement.

M. Maitre. — Que comptez-vous mettre dans vos terrains, Monsieur Garrigou-Lagrange.

M. Garrigou-Lagrange. — Des moutons. Nous avons une race très rustique, tout à fait adaptée au climat, que nous voudrions conserver. Mais nous voudrions aussi arriver, comme M. Cardot le disait dernièrement, à favoriser l'extension de la race bovine et à créer des laiteries coopératives.

M. Cardot remplace M. Pluchet au fauteuil de la présidence.

M. Cardot, *président.* — L'industrie laitière pourrait certainement se développer sur le plateau de Millevaches, qui est très humide, et où on pourrait avoir de très belles prairies.

M. Garrigou-Lagrange. — Il est extraordinaire, en effet, de constater combien, sur ce plateau, les parties avoisinant les villages sont verdoyantes et fertiles, tandis que le reste est stérile. Ce sont des oasis dans un désert.

M. le baron de Belinay. — Il n'y a pas de population.

M. Garrigou-Lagrange. — La prospérité la retiendrait ou la ferait même venir.

Un congressiste. — Combien y a-t-il d'hectares?

M. Garrigou-Lagrange. — 100.000.

M. Cardot, *président.* — Bien plus. En comptant la Corrèze, la Creuse, la Haute-Vienne, le Puy-de-Dôme et le Cantal, cela fait plus de 250.000 hectares.

M. Garrigou-Lagrange. — Il y en a déjà d'aménagés.

M. Raoul de Clermont. — Dans quelles proportions les communaux ont-ils été partagés?

M. Garrigou-Lagrange. — Il n'en reste certainement pas un dixième qui n'ait été partagé.

M. Raoul de Clermont. — C'est fâcheux.

M. le Président. — La restauration communale eût été plus facile. On est obligé maintenant de constituer de petites sociétés syndicales pour arriver à un résultat.

M. Maitre. — Un syndicat de petits propriétaires fera plus qu'une commune.

M. Garrigou-Lagrange. — La propriété communale était tombée à un état lamentable. Certaines parcelles ont quintuplé de valeur entre les mains des particuliers.

M. le baron de Belinay. — On ne peut arriver à rien que par le partage et par les syndicats et les groupements de syndicats de propriétaires.

M. le Président. — Cela rentre dans les mesures administratives et financières. Le Congrès a déjà émis un vœu de principe : qu'une législation pastorale soit édictée et que des mesures administratives et financières soient prises ou complétées.

M. Maitre. — Une législation ne pourrait pas s'appliquer à une région déterminée de la France ; il faudrait qu'elle fût généralisée, et cela engagerait les finances publiques dans des proportions que nous ne pouvons pas calculer.

M. Raoul de Clermont. — N'y aurait-il pas lieu d'émettre un vœu général, concernant tous les départements de France et tendant à ce que le partage des communaux soit définitivement enrayé.

M. Maitre. — Il y a le pour et le contre. Dans la montagne, par exemple, ce sont de beaucoup les grands communaux qui sont le plus maltraités.

M. le Président. — Quand j'ai visité pour la première fois le plateau de Millevaches, j'ai été frappé de l'avantage qu'il y avait eu à partager certains communaux qui étaient dans les environs immédiats du village de La Courtine. Il y avait de véritables prairies très belles, entourées d'une haie forestière. J'en ai conclu que dans les environs immédiats des villages, où on peut apporter des engrais, où on peut irriguer, il y a tout intérêt à partager les communaux. Mais s'il s'agit, au contraire, des parties éloignées des villages, où il n'y a pas d'eau, où les transports d'engrais sont difficiles, je crois qu'il vaudrait mieux que ces terrains demeurassent communaux et qu'on les mît en valeur par des travaux collectifs, avec subvention de l'État. On constituerait ainsi au profit de la commune des propriétés pastorales ou forestières d'une grande valeur, comme il en existe dans le Jura ou en Franche-Comté.

M. le baron de Belinay. — J'ai habité pendant cinquante ans la Corrèze, et je suis d'avis que, sans le partage, nous ne serions arrivés à rien.

Dans certaines sections, le partage a donné jusqu'à 20 hectares par feu, c'est-à-dire 20 hectares pour 10 à 15 brebis. Vous voyez qu'il y a largement de quoi reboiser. Je suis d'avis, contrairement à ce que dit M. Cardot, de garder le caractère banal à ces parties mouillées auxquelles les populations tiennent pour nourrir les vaches pendant l'été ; mais quant aux sommets dénudés, qui couvrent des milliers d'hectares, c'est un anachronisme, dans ce siècle de travail agricole, de les laisser improductifs. Voici des chiffres : les terres de nos domaines groupées ensemble, prés, pâturages, bois, etc., peuvent être estimées 800 francs l'hectare, et donnent un revenu de un franc par hectare et par an. Les terrains à reboiser, qui valent de 2 à 300 francs l'hectare, donneraient, s'ils étaient plantés en bois, par exemple, un revenu de 50 francs ; voilà la différence. Et c'est un calcul qui s'applique à 200.000 hectares. C'est la réserve de papier pour l'avenir.

M. MAITRE. — M. le président estime qu'on arriverait plus facilement à améliorer les terrains, s'ils restaient communaux. Il y faudrait une condition préalable : c'est qu'il y ait un régime pastoral. Tant que l'administration n'aura pas les moyens légaux de contraindre les communes à améliorer, celles-ci ne feront rien.

M. BUFFAULT. — Un article de la loi de finances du 18 avril 1893, réserve un crédit de 100.000 francs pour encourager les communes au reboisement. Ce crédit n'est pas entièrement employé chaque année. Ne pourrait-on pas trouver sur ce crédit de quoi distribuer des primes aux particuliers pour le reboisement?

M. Raoul DE CLERMONT. — Dans une région que M. le président connaît très bien pour l'avoir administrée pendant quelque temps, dans les montagnes du Doubs, il y a des communes dont les communaux ont été si bien aménagés et administrés, que grâce aux revenus forestiers communaux, non seulement les habitants ne paient pas d'impôts, mais ils sont assurés contre la mortalité du bétail, et ils vont chez le percepteur pour toucher de l'argent au lieu d'en donner.

Il serait très désirable de voir cet exemple suivi dans le reste de la France, dans la mesure du possible. Pour cela, il faudrait enrayer pour l'avenir le partage des communaux, et ensuite soumettre tous les terrains communaux à un aménagement sylvo-pastoral régulier.

M. le baron DE BELINAY. — Je sais qu'il y a des communaux qui rapportent beaucoup, parce qu'ils sont déjà boisés ; mais je m'oppose à un vœu général qui s'appliquerait à toutes les régions de la France. Je maintiens, d'après l'expérience de ma vie entière de reboiseur, qu'on ne peut tirer parti des communaux qu'en les partageant d'abord et en décidant les propriétaires à reboiser.

M. MAITRE. — On ne peut pas, en effet, comparer l'amélioration de ces régions, où tout est stérile, où tout est à faire, avec l'amélioration des communaux de la région du Doubs, où les forêts rapportent énormément. Les communes n'ont pas d'argent, et il est impossible de les décider à consacrer de fortes sommes à améliorer les terrains incultes. Les conseils municipaux, qui sont en exercice pour trois ou quatre ans, ne se soucient que de boucler le budget sans mettre de centimes additionnels.

M. DUBOIS. — Je me permets de confirmer les renseignements qui ont été fournis sur le revenu que peuvent donner les terrains communaux. Je connais une commune où le bourgmestre a reboisé 450 hectares par simple semis, qui revenait à 35 francs par hectare, le sol étant constitué par du bon sable jaune, sans tuf, c'est-à-dire un terrain splendide pour le pin sylvestre. C'est M. Peters qui a commencé à couper les bois qu'il avait semés comme bourgmestre, 40 ans avant ; et cette commune, par suite d'un aménagement autorisé par arrêté préfectoral, peut couper tous les ans pour environ 20.000 francs, et cela indéfiniment, à condition de reboiser. L'aménagement prévoit des coupes de 10 hectares ; à 2.000 francs l'hectare, cela fait 20.000 francs. Il y avait plus de 250 hectares du même âge.

M. Bareel. — Cela prouve que les communes auraient tort de se dessaisir de leurs domaines. Il ne faudrait pas se laisser aller à cette déplorable tentation de permettre aux communes de s'en dessaisir.

M. Dubois. — L'industrie peut créer des besoins nouveaux, et on ne sait pas quelle peut devenir la plus-value de ces terrains.

M. Maitre. — Mais il faut arriver pour cela à faire un régime pastoral.

M. Garrigou-Lagrange. — Qu'il s'agisse de communes ou de particuliers, j'estime qu'il y a lieu d'aider par des primes ceux qui voudront reboiser.

M. le Président. — Nous nous entendons sur la nécessité d'un régime pastoral. Ne conviendrait-il pas de nous en tenir au vœu adopté ce matin, sans entrer dans des détails d'application.

Les observations qui ont été présentées ici figureront au procès-verbal ; je pense que cela suffira.

M. le baron de Belinay. — J'ai là tout un dossier du Cantal et de la Corrèze. J'ai des demandes de plusieurs conseils municipaux, notamment d'Aurillac. M. Maisonneuve, que vous connaissez de nom certainement, et qui s'occupe beaucoup de reboisement dans le Cantal, ne pouvant pas venir ici, m'a chargé de vous faire tenir les demandes du Cantal. La Corrèze, la Haute-Vienne sont d'accord avec le Cantal, et je crois que la Creuse partage également leur avis. Les représentants de cette région demandent, contrairement au désir exprimé par M. le Président, que le Congrès favorise le partage des communaux dans ces départements. Il ne s'agit pas d'une mesure générale. Je parle seulement des départements du centre. C'est une mesure qui leur est particulière ; ils demandent spécialement le partage des parties sèches ; on désire généralement, en effet, que les parties mouillées restent bien communal.

M. Raoul de Clermont. — Je tiens à protester de toute mon énergie contre le partage des communaux.

Un Congressiste. — C'est un danger formidable.

M. Raoul de Clermont. — C'est un danger national, que nous avons combattu dans tous les congrès jusqu'à présent.

M. Garrigou-Lagrange. — Il ne faudrait exagérer ni de part, ni d'autre. C'est une question d'espèce.

M. le baron de Belinay. — D'ailleurs, vous venez de dire que les neuf-dixièmes des communaux sont partagés. Vous ne pouvez pas rendre aux communes ce qui est partagé.

M. le Président. — Ce que je considère comme un mal est fait ; il n'y a pas à y revenir. Si vous demandez un vote de principe, je le mettrai aux voix. Toutefois, je tiens à dire que, pour mon compte personnel, je demanderais plutôt qu'on s'oppose au partage des communaux, dont les résultats ont généralement été déplorables.

M. Raoul de Clermont. — On nous parle de la Corrèze, de la Creuse, de la Haute-Vienne. Je pourrais vous citer dans la Haute-Vienne des communaux qui ont donné des résultats merveilleux, par exemple à La Jonchère, que nous avons visitée ensemble. Vous vous rappelez cette plantation de pins faite au-dessus de la propriété de M. Gérardon.

Dans les Pyrénées, je vous citerai une vallée où les propriétés particulières sont arrivées au prix de 6.000 francs l'hectare, grâce aux communaux. Dans le Doubs, dans les Vosges, il y a des populations extrêmement riches également, grâce à leurs communaux.

M. Maitre. — Ce que nous cherchons ici, c'est la meilleure manière de mettre en valeur. Il s'agit de savoir si les communes, dans l'état actuel de la mentalité communale et des mesures administratives, peuvent facilement mettre en valeur.

M. le Président. — Il y a encore un argument contre le partage des communaux, c'est que les communaux, une fois reboisés avec subvention de l'État, d'après notre législation française, sont soumis au régime forestier, ce qui fait que la propriété forestière se maintiendra, ce qui n'est pas le cas de la propriété forestière particulière.

M. Raoul de Clermont. — Ne pourrait-on pas donner satisfaction à tout le monde en rédigeant un vœu tendant à enrayer le partage des communaux et à soumettre toutes les propriétés communales à un aménagement sylvo-pastoral, sous la surveillance de l'administration des Eaux et Forêts ?

M. Maitre. — Nous pourrions dire aussi que ce qui importe, c'est d'établir un régime pastoral ; que, faute d'un régime pastoral, on serait obligé, pour la mise en valeur, de partager les communaux, ce qui serait très fâcheux.

M. le baron de Belinay. — Nos paysans ne veulent pas du régime forestier ; ils refusent d'être sous la coupe de l'Administration des Forêts, ils ne veulent pas de procès-verbaux.

M. Raoul de Clermont. — Comme le propose M. Maître, nous pourrions conclure par un vœu tendant à enrayer le partage des communaux par l'adoption d'un régime d'aménagement sylvo-pastoral.

M. le Président. — Pourquoi ne pas s'en tenir tout simplement au vœu qui prévoit justement l'aménagement pastoral?

M. le Président. — Je suis saisi du projet de vœu suivant :

« *Le Congrès émet le vœu que le partage des communaux est, en principe, une mesure regrettable qui doit être enrayée, et que toutes les propriétés communales soient soumises à un aménagement sylvo-pastoral obligatoire.* »

M. le baron de Belinay. — J'estime qu'avec ce vœu, vous sacrifiez 250.000 hectares qui pourraient être reboisés. J'ajoute que nos populations n'en tiendront pas compte et que le partage continuera.

M. Jagerschmidt. — Elles n'ont pas tenu compte, pendant trente ans, du régime forestier.

M. Raoul de Clermont. — Je demanderai une rédaction plus catégorique encore. Je propose au Congrès de demander *que le partage des communaux soit enrayé et que les communes soient obligées à un aménagement sylvo-pastoral.*

M. le baron de Belinay. — Allez-vous demander que les communaux partagés reviennent aux communes?

M. le Président. — Évidemment non ; on ne peut pas revenir sur le passé.

M. Joly. — Il faudrait d'abord proscrire le partage de tous les communaux déjà boisés. J'ai vu dans la Loire des exemples caractéristiques. Il s'agit de petits bois créés à la suite de la première loi de reboisement de 1860, qui ont été partagés parce qu'ils appartenaient à de petites sections composées de sept ou huit intéressés. Ces copropriétaires *ut universi* avaient un grand intérêt à se faire reconnaître *ut singuli*, parce qu'on leur offrait une somme déterminée de leurs bois. Un propriétaire voisin leur disait : « Vous êtes cinq ou six ; je vous offre 30.000 francs, à la condition que vous me fassiez reconnaître propriétaire *ut singuli*. Le tribunal de Roanne leur a donné raison ; chacun d'eux touchait ainsi 5 à 6.000 francs. Cela s'est passé ainsi dans trois communes ; c'est très regrettable, parce que ces bois de pins sylvestres avaient été créés de toutes pièces par l'Etat dans l'intérêt général.

Il faut absolument proscrire le partage de tous les communaux boisés et de tous les communaux susceptibles de reboisement ; il vaut mieux que les propriétés boisées appartiennent à des sections de communes qu'à des propriétaires particuliers.

M. le Président. — On me propose la formule suivante :

« *Le Congrès émet le vœu que les terrains communaux suscep-*

tibles de reboisement soient reboisés avec encouragement de l'Etat, mais ne soient pas partagés. »

M. le baron DE BELINAY. — Je propose une autre formule :

« *Le Congrès ne conseille le partage des communaux que dans les départements où ce partage sera demandé par les conseils généraux.* »

(Non, non ! sur de nombreux bancs).

Pourquoi, Messieurs? Ils sont l'interprète de la volonté de tous les électeurs.

PLUSIEURS VOIX. — Ce n'est pas l'intérêt général.

M. MAITRE. — Il y en a beaucoup qui voudraient qu'on supprime le régime forestier.

M. LE PRÉSIDENT. — Je vais mettre aux voix le vœu qui a été exprimé par MM. de Clermont et Joly :

« *Le Congrès exprime le vœu que les terrains communaux susceptibles de reboisement et d'amélioration pastorale ne soient pas partagés.* »

PLUSIEURS VOIX. — Ni aliénés.

M. MAITRE. — Il faudrait, pour donner satisfaction à M. Joly, ajouter le mot « *boisés* ».

M. LE PRÉSIDENT. — Le texte serait ainsi rédigé :

« *Le Congrès émet le vœu que les terrains communaux boisés ou susceptibles de reboisement ou d'aménagement pastoral, ne soient pas partagés, et soient reboisés ou aménagés, avec encouragement de l'Etat.* »

Ce vœu est adopté à l'unanimité moins une voix.

La séance est levée.

SÉANCE DU 17 JUIN 1913

(MATIN)

Présidence de M. PLUCHET, président de Section

La séance est ouverte à 9 h. 10.

M. LE PRÉSIDENT. — Messieurs, M. Dr. Comm. Alberto Geisser, délégué du Touring-Club Italien, a bien voulu déposer sur le bureau, un certain nombre de publications de cette société.

Je prie M. Geisser de transmettre au Touring-Club Italien les remerciements sincères du Congrès, et je lui répète que nous sommes heureux qu'il ait bien voulu le déléguer pour prendre part à nos travaux (*Applaudissements*).

S'il y a dans la salle des délégués étrangers, je les prie de venir prendre place au bureau pour suivre de très près les discussions qui vont s'ouvrir. Nous sommes ici réunis en un congrès international et nous serons heureux d'être éclairés par ces messieurs sur ce qui se passe dans leur pays et d'en tirer des enseignements pour la France.

M. Jules ROTH, inspecteur des Eaux et Forêts, adjoint à la station centrale de recherches forestières à Selmeczbanya (Hongrie), prend place au bureau.

M. LE PRÉSIDENT. — L'ordre du jour appelle la lecture de la discussion du rapport de M. Mougin sur les GRANDS TRAVAUX : Barrages. — Dérivations. — Canalisations. — Tunnels. — Restauration des montagnes. — Lutte contre les torrents et les avalanches.

M. MOUGIN. — Depuis quelques années, les travaux de correction des torrents ont eu le don d'exciter, en France surtout, d'âpres et souvent d'injustes critiques qui ont abouti à un véritable réquisitoire soumis à la fin de 1912 à la Chambre des Députés. (Rapport sur le budget de 1913, Ministère de l'Agriculture par M. Albert Métin).

Les assertions erronées ou hasardées, avancées à ce sujet, ont fait l'objet de restrictions sévères de la part des forestiers étrangers (*Journal forestier Suisse*, 1909) aussi bien que de rectifications méritées, tant dans les journaux spéciaux (*Revue des Eaux et Forêts* 1906, p. 75. Professeur Thierry) qu'à la tribune du Parlement (Séance de la Chambre du 19 novembre 1912, matin). La campagne entreprise ne tendait pas à moins qu'à affirmer l'inutilité, bien mieux, la nocuité des travaux de correction.

En France, la loi du 4 avril 1882 en restreignant les travaux de restauration à la plaie et à la lèvre même du torrent, en empêchant dans les bassins de réception l'établissement de massifs forestiers capables d'atténuer le ruissellement, a fatalement amené parfois à employer contre les brusques afflux d'eaux et les érosions qui en sont la conséquence, de plus nombreux ouvrages de correction qu'il n'eût été nécessaire dans des conditions normales.

Aucune polémique n'aurait dû naître à ce sujet : il suffit de rappeler comment procède l'action torrentielle pour faire apparaître l'opportunité et souvent même la nécessité de ces ouvrages.

Tout filet liquide ayant une vitesse de plus de 3 mètres à la seconde affouille les roches les plus dures comme les granites. Lorsque ce filet roule des sables siliceux, l'action érodante de l'eau s'en trouve singulièrement augmentée ; il est clair aussi que la morsure du courant est d'autant plus énergique que la roche est plus tendre, plus soluble, plus friable.

C'est également une banalité de dire que la vitesse d'écoulement est fonction de la pente du lit et du volume des eaux, que le tapis végétal forestier ou herbacé sert de cuirasse au sol, ralentit le ruissellement et absorbe une notable partie des eaux atmosphériques.

Or, le torrent est un cours d'eau à fortes pentes, lancé sur un versant dénudé, souvent constitué par des boues glaciaires, des marnes liasiques, etc., qu'il ronge sans cesse, amenant à chaque crue de nouveaux éboulements des berges, de plus énergiques approfondissements du thalweg. Tous ces matériaux arrachés à la montagne viennent s'étaler dans la vallée en énormes cônes de déjections, envahissant villages et cultures, interrompant les communications et provoquant souvent dans les rivières interceptées de désastreuses débâcles. Parfois même on a à déplorer des pertes de vies humaines.

Pour prévenir ces dégâts, il faudrait diminuer l'importance des crues, supprimer ou réduire le ruissellement, fixer la terre sur les versants : c'est le grand rôle de la forêt dans le drame qui éclate lors de chaque orage en montagne. Mais suivant l'altitude, l'exposition, le sol, il faut 15 ans, 20 ans et plus encore parfois, pour constituer le fourré protecteur. En attendant ce moment, n'y aura-t-il plus de « sac d'eau » capable d'élargir la plaie béante des rives et d'emporter en une lave les berges et les plantations qui les recouvrent? Est-il donc si rare de voir les neiges hivernales amoncelées dans les cirques supérieurs, fondre brusquement sous le souffle brûlant du vent du Sud, du foehn, qu'accompagnent presque toujours de tièdes et diluviennes ondées ?

Alors que de vieilles futaies ont été impuissantes à retenir un sol étreint par le réseau de leurs monstrueuses racines, comment de jeunes pins, épicéas ou mélèzes, au maigre chevelu, arriveraient-ils à ravir à la puissance des eaux les pierrailles ou les boues qui les supportent?

Si l'on veut permettre à la végétation de s'installer sur des versants instables, il faut de toute nécessité combattre l'érosion. Il peut suffire d'installer en travers du lit, à son niveau, en divers endroits, une chaîne de pierres qui arrête le surcreusement. Ces « seuils » assurent aux berges qui ont pris leur talus la fixité qui leur faisait défaut, c'est là une correction simple et peu dispendieuse qui peut suffire en beaucoup de cas.

S'agit-il, au contraire, d'un torrent violent qui s'enfonce à chaque crue très profondément, sapant le pied des berges presque verticales dont l'effondrement peut avoir dans le versant ainsi privé de base les plus fâcheuses répercussions.

Il convient alors d'édifier un mur en pierre sèche, ou en maçonnerie de mortier, ou mixte avec le corps de l'ouvrage en pierre sèche et le couronnement en maçonnerie de mortier, faisant saillie au-dessus du lit. L'atterrissement qui se forme en amont va élever la ligne du thalweg, étayer les berges croulantes et constituer une plage à pente réduite où les eaux s'étaleront, perdront de leur vitesse, de leur force de propulsion. La cuvette ménagée au milieu du couronnement du « barrage » éloignera le courant du pied des rives qui prendront peu à peu leur pente naturelle.

On conçoit d'ailleurs qu'il puisse être établi une série de barrages rapprochés, en gradins, lorsqu'il s'agira de déterminer un atterrissement important et de racheter une forte différence de niveau pour soutenir de puissantes berges menacées.

Ou bien chaque ouvrage se trouve établi à l'extrémité même de l'atterrissement du barrage immédiatement en aval ou à une distance plus considérable encore.

C'est la suppression de l'affouillement par suite de la diminution de la vitesse, due tant à la réduction de la pente qu'à l'augmentation du périmètre mouillé.

Dans cette dernière hypothèse, suivant la pente du lit, la nature du terrain, il peut être ou non nécessaire de fixer le thalweg par la construction de seuils intermédiaires.

Mais il arrive parfois que la pente est trop forte pour qu'on puisse utilement établir des barrages ou des seuils, ou bien que le terrain est tellement peu consistant (éboulis, sable, gypse) que le moindre filet d'eau y produit des érosions. C'est alors que l'on recourt aux canaux perreyés : on assure au torrent un lit fixe, résistant, imperméable dans toute la région dangereuse. Pourrait-on concevoir autre chose, aussi bien pour protéger le sol que pour prévenir des infiltrations dont les effets, parfois lents à se manifester, sont souvent des plus redoutables?

Tous les moyens qui précèdent s'appliquent lorsque l'affouillement est le seul ennemi à combattre. Le problème devient infiniment plus ardu lorsqu'à l'érosion vient s'ajouter l'instabilité des versants provoquée par des causes autres que le surcreusement du lit. C'est toujours l'eau en excès qui est l'agent du glissement d'une couche superficielle filtrante (souvent un placage glaciaire) sur un substratum argileux ou rocheux imperméable, d'un relief souvent différent de celui de la superficie et plus ou moins incliné.

Le moutonnement de la surface, des déchirures vives, de petites mares sont caractéristiques des glissements qui peuvent atteindre jusqu'à mille hectares et plus encore. Qu'un ruisseau coule dans le thalweg vers lequel se précipitent les terres, il se transformera en un dangereux torrent et plus il emportera de matériaux, plus la vitesse de descente du versant ira en augmentant.

Il sera toujours utile d'assécher les mares du bassin de réception, de drainer les parties mouilleuses, de faciliter, en un mot, la rapide évacuation des eaux atmosphériques ou de fonte de neiges, de manière à créer une croûte superficielle solide, formant une cuirasse capable de maintenir les masses humides sous-jacentes. En certains cas, de tels travaux constitueront à eux seuls toute la correction.

Mais ordinairement il conviendra de les associer à des ouvrages d'autres genres.

Tantôt une digue longitudinale, formant mur de soutènement, le long du cours d'eau de base dont on évitera l'affouillement, suffira à étayer le terrain.

Tantôt cette digue devra être combinée avec des seuils ou des barrages.

On peut aussi, en relevant fortement le lit du torrent au moyen de barrages qui constituent autant d'étais, provoquer de puissants atterrissements servant de cale à la berge mouvante.

Mais tous ces procédés demeurent inefficaces lorsque le torrent, d'un grand débit, est sujet à des crues violentes, soudaines et considérables, que la hauteur et la pente des versants instables sont fortes et que leur mouvement est rapide. Qu'on éloigne alors, si l'on peut, le cours d'eau de la rive dangereuse par une dérivation à ciel ouvert ou en souterrain dans la rive opposée. D'un seul coup, on aura supprimé ou réduit énormément le charriage du torrent, on aura donné à la montagne croulante une place où entasser ses débris et l'appui dont elle a besoin pour retrouver son équilibre et sa stabilité.

Cette solution radicale, qui peut être économique, assure au mieux la sécurité des régions inférieures, des voies de communication, des cultures et des agglomérations dont les populations, quoi qu'on en ait dit, ne se désintéressent pas de la correction des torrents qui les menacent.

Moins chargées de matériaux et, par suite, plus affouillantes, les eaux auront une tendance à remanier leur lit à l'aval de la dérivation : de là l'obligation, pour éviter des surcreusements, de fixer ce lit au moyen d'une série de seuils qui réduiront la pente et partant la vitesse des filets liquides.

Il peut arriver aussi que le torrent dérivé soit jeté dans le lit d'un ruisseau voisin : ici encore, il faudra prendre garde que ce lit d'emprunt ne soit pas érodé par suite de la surchage qu'on va lui imposer. Des ouvrages de protection, de défense de rives seront sans doute nécessaires.

Sur les cônes de déjections enfin, qui portent les plus riches cultures, les vergers, les vignes, aussi bien que les villages, il n'est pas moins important de prévenir la divagation des eaux torrentielles. Autrefois, alors que l'on ne cherchait pas à combattre le mal à son origine, dans ses causes d'ailleurs ignorées, on se bornait à des travaux de protection locaux, le plus souvent des digues, ou des curages de lit. A la première lave, on voyait les digues enlisées, le chenal ouvert à grands frais entièrement comblé, bien heureux encore quand les coulées boueuses ne s'étaient pas frayé un chemin au travers des maisons et des champs.

Ce qu'on ne pouvait tenter alors avec succès se réalise aujourd'hui après l'achèvement des travaux de correction dont le résultat est la suppression du charriage.

D'ordinaire, on fixe un lit aussi rectiligne que possible, en tenant compte des points de sujétion (ponts, hameaux etc.). Pour empêcher le torrent de sortir, on l'enserre entre deux perrés latéraux parallèles réunis par une cuvette maçonnée continue, ou par des seuils plus ou moins distants, afin d'éviter le creusement du plafond du chenal. Le premier de ces procédés a toutefois l'inconvénient d'amener une usure du pavage de fond d'autant plus rapide que la pente du cône de déjections qu'il épouse est plus considérable.

Grâce à de telles régularisations de lit, on peut rendre à la culture des surfaces parfois fort importantes qui n'étaient occupées que par des graviers ou de la lande ; en outre, on garantit contre les crues dont seul le reboisement du bassin de réception du torrent atténuera peu à peu la violence, les propriétés, les routes et les chemins de fer situés dans la vallée principale.

Une autre question se pose, qui a été soulevée récemment en France : faut-il commencer les travaux de correction par la partie inférieure du torrent et aller en remontant ou bien adopter la méthode inverse.

Voici ce qu'enseignait M. le professeur Thierry à l'Ecole Nationale des Eaux et Forêts (1).

« Il y a lieu de se demander s'il faut construire les barrages en commençant par le bas ou par le haut du torrent. Chacun de ces systèmes peut se soutenir. On peut commencer par le bas quand on est seulement préoccupé de garantir immédiatement les propriétés inférieures ; on ne construit alors un nouveau barrage que lorsque le précédent est complètement atterri, et de cette manière, on retient dans la montagne la totalité ou, au moins, la plus grande partie des gros matériaux.

« Certains reboiseurs pensent, au contraire, qu'il faut d'abord attaquer le torrent à sa source et construire les premiers barrages dans les parties supérieures des gorges. En opérant ainsi, on arrête immédiatement les dévastations dans les parties où les pentes sont les plus fortes ; on régularise dans une certaine mesure l'écoulement des eaux et les perturbations inférieures deviennent moins considérables. Il est probable, pour toutes ces raisons, que ce système est plus économique que le précédent, mais il présente sur ce dernier le désavantage de ne pas mettre promptement à l'abri les cultures, les habitations, les routes, les voies ferrées qui sont menacées par le torrent.

« Il existe un troisième procédé qui sert d'intermédiaire entre les deux autres et qui consiste à diviser le torrent en un certain nombre de tronçons séparés par des bandes de terrain inaffouillables (affleurements de roches, veines plus résistantes, portions de lit devenues permanentes, etc.). Ces premiers travaux apporteront une amélioration considérable dans le régime du torrent. Les propriétés inférieures seront garanties promptement, comme dans le premier cas ; et si, pendant la construction de ces ouvrages, on a soin de pousser activement les travaux de reboisement on pourra peut-être, comme dans le deuxième cas, faire une économie sérieuse sur le restant des travaux de consolidation à exécuter. »

Ces considérations pratiques, la liberté du choix, ne trouvent pas grâce devant les partisans de la correction par le bas qui condamnent les autres systèmes au nom du principe de l'érosion régressive des cours d'eau à partir d'un niveau de base et citent, à l'appui de leurs dires, géologues et géographes.

Il ne s'agit pas de nier cette théorie qui s'appuie sur des remarques incontestables mais bien de voir si elle s'applique bien dans la lutte contre l'érosion torrentielle et la formation des laves. En de telles matières, le fait prime tout et s'il est contraire à une théorie, c'est que la théorie ne peut s'étendre au cas observé.

L'érosion torrentielle est provoquée par l'écoulement d'une masse liquide considérable, d'un « sac d'eau » tombé brusquement dans le

(1) Restauration des montagnes, Correction des torrents. Reboisement (Paris, librairie polytechnique, Baudry et Cie éditeurs, Chapitre X, p. 145).

bassin de réception. On voit aussi en quelques moments tomber 50, 60 litres d'eau par mètre carré et souvent plus encore. Cette masse s'écoule sur des pentes excessives, sa vitesse s'accroît (g Sin α) uniformément et, quand elle a atteint une valeur suffisante pour attaquer le lit, l'érosion commence. Il ne faut pas oublier que les roches les plus dures sont affouillées dès que l'eau atteint une vitesse de 3 mètres par seconde. Les filets liquides arrachent des matériaux au thalweg, les poussent et bientôt l'abondance des particules solides est telle que ce n'est plus de l'eau, mais un magma où la proportion du liquide est des plus faibles (1/5, 1/10) et qui avance par bonds successifs. Viendra-t-on soutenir que les lois de l'hydraulique régissent encore l'écoulement de la lave?

Alors que la lave emprunte tous ses matériaux aux régions supérieures, peut-on valablement prétendre qu'elle est due à l'érosion régressive du cours d'eau?

Ecoutez ce que dit Surell (1) à ce sujet :

« Quand une grande masse d'eau se concentre subitement dans le goulot d'un bassin de réception, lancée sur une pente très rapide et resserrée dans une gorge profonde, cette masse ne s'écoule plus suivant les règles ordinaires de l'hydraulique. Elle monte de suite jusqu'à une très grande hauteur, roule sur elle-même et descend ainsi la gorge avec une vitesse excessive, bien supérieure à celle du torrent d'eau régulier qui s'écoule devant elle vers l'aval. Elle doit donc atteindre successivement tous les points de ce courant ; elle l'assimile à sa propre masse ; elle le balaye et, lorsqu'elle débouche dans la vallée, elle arrive chargée de tout le volume d'eau répandu dans le lit du torrent, depuis sa naissance, jusqu'à sa sortie de la gorge. »

Qu'ajouter à une telle citation ?

Mais où l'érosion régressive se fait d'une façon nette, c'est après l'arrêt de la lave. Les matériaux se sont déposés formant une courbe convexe vers le ciel; lorsque les eaux plus claires qui succèdent au phénomène arrivent au contact de cet amas mou, sans cohésion, on les voit se creuser un chenal de plus en plus profond et donner au profil en travers du dépôt la forme d'un M.

C'est à ces faits bien connus de tous ceux qui ont pratiqué les Alpes, qu'on veut opposer la théorie du creusement par des eaux claires courantes ! Alors pourquoi ne pas dire que les lois de l'écoulement des liquides s'appliqueront aux laves.

Où donc est la faute de technique que commettent ceux qui, dans les parties supérieures du torrent, veulent diminuer la vitesse des eaux, augmenter la résistance du lit afin de prévenir l'érosion au point où elle se manifeste?

Surell, auquel il faut encore revenir, disait déjà à ce sujet (2) :

« Il reste à parler de l'ordre dans lequel il conviendra de pousser les travaux. Cet ordre, loin d'être arbitraire, est une des conditions principales du succès.

« J'ai déjà si souvent fait ressortir dans le cours de ce travail la nécessité d'attaquer les torrents dans leurs sources mêmes, qu'il est inutile d'y revenir encore. Ainsi c'est dans les parties les plus élevées que les travaux seraient d'abord entrepris : ils avanceraient de là vers les parties basses. »

Il faut, enfin, ne pas perdre de vue le but que l'on se propose en entreprenant la correction d'un torrent qui est la reconstitution de la forêt

(1) Surell, Etudes sur les torrents des Hautes-Alpes, Chapitre IX, p. 46.
(2) Surell, *loc. cit.* Chap. XXXII, p. 206.

et le maintien du sol sur les pentes. Tout ce qui pourra hâter la réalisation de cet objectif ne saurait être négligé.

De là l'obligation de reboiser toutes les parties stables du bassin de réception afin d'atténuer le ruissellement, celle d'entreprendre des ouvrages de correction dans les régions supérieures pour fixer le lit, les berges, empêcher que celles-ci ne s'éboulent et n'entrainent peu à peu vers les thalwegs les parties les plus voisines.

Dès qu'ils seront stabilisés au moyen de travaux appropriés, les terrains crevassés, ébranlés, qui glissaient, seront plantés. Au fur et à mesure que se développera la végétation ligneuse, le régime du cours d'eau se régularisera et les berges des régions inférieures étant moins menacées, la construction de barrages y sera plus facile et moins onéreuse.

L'érosion régressive est assez lente, c'est une usure du lit ; l'érosion torrentielle est soudaine, brutale, puissante : celle-ci agit comme une gouge sur le bois, l'autre, comme du papier de verre. Contre laquelle faut-il lutter d'abord? La réponse ne saurait être douteuse ; il faut aller au plus pressé, mais de là à conclure qu'il faille négliger l'érosion régressive, il y a un abîme.

Est-ce à dire encore qu'on ne doive jamais commencer une correction par le bas? Ce serait aussi exagéré que de vouloir l'imposer dans tous les cas. Chaque torrent a ses caractères spécifiques de climat, de sol, de pente, d'exposition, d'altitude, de dénudation. Les travaux à exécuter doivent être décidés en tenant compte de tous ces éléments. Ici encore, il faut redouter les conceptions purement théoriques dans la recherche de la solution : c'est l'observation directe des faits qui doit servir de guide et voici les conclusions auxquelles était arrivé Demontzey (1)

« Quant à la marche à suivre dans les travaux, l'expérience à démontré :

« 1° Qu'il importe, avant tout, de corriger tous les ravins supérieurs tributaires d'un torrent donné ;

« 2° Que, dans le lit principal, on doit procéder de l'amont vers l'aval, en ce qui concerne les différentes sections à traiter ;

« 3° Qu'au contraire, dans les combes, les travaux de l'amont devant s'appuyer sur ceux d'aval, il y a lieu de procéder généralement du bas vers le haut, à l'exception des combes sèches où l'on doit exclusivement reprendre les travaux par le haut ;

« 4° Que dans le cas de glissement sur les versants du torrent, chaque section doit être traitée comme une combe ;

« 5° Que dans chaque section, les travaux secondaires seront toujours menés de l'aval vers l'amont entre deux barrages consécutifs. »

Les résultats donnés par cette méthode éclectique n'ont pas été tels qu'il faille y renoncer. Beaucoup de corrections de torrents ont été réussies, qui ont été commencées par le haut. Mais il ne faut pas, une fois les travaux entrepris, les entrecouper, comme cela est malheureusement arrivé, par des intervalles d'inaction qui donnent à l'érosion régressive le temps d'intervenir. Ce sont ces intermittences, non moins que l'étriquement des périmètres, qui ont causé des mécomptes.

Les corrections *per descensum* se terminent d'ordinaire par l'établissement d'un solide ouvrage de base qui sert alors de couronnement à l'édifice au lieu d'en être le point de départ comme dans la méthode *per*

(1) L'extinction des torrents en France par le reboisement (Paris, Imprimerie Nationale 1894, p. 87.

ascensum. Dans les deux cas, cet ouvrage de base est l'obstacle posé par l'homme à l'action de l'érosion régressive.

En résumé, c'est au technicien à décider de l'opportunité de commencer les travaux de correction d'un torrent par le haut ou par le bas d'après l'examen des circonstances locales et non d'après une formule théorique qui, on vient de le voir, n'envisage qu'une des données du problème.

Les corrections d'avalanches.

Dans les régions montagneuses, en dehors des érosions et des ravages torrentiels, il est d'autres phénomènes qui, chaque année, font des victimes, arrêtent la circulation et endommagent les propriétés de tous genres : ce sont les avalanches.

Tombées sur les versants dénudés ou non boisés des montagnes, les neiges sont sollicitées sans cesse par l'action de la pesanteur et, bien souvent, avant qu'elles aient pu fondre, elles se précipitent en nappes ou en tourbillons vers la profondeur des vallons. Leurs dégâts sont loin d'être négligeables.

Ainsi de 1900 à 1912, dans les seuls départements de la Savoie, elles ont dévasté 1310 hectares de forêts, renversant, brisant 21.056 mètres cubes de bois ; elles ont détruit ou endommagé 134 bâtiments divers, enseveli 128 personnes (dont 27 ont péri) et 203 animaux domestiques de toutes espèces ; elles ont barré 569 fois des cours d'eau et 522 fois des voies de communication de terre ou de fer.

Dans la seule commune de Chamonix, par exemple, les avalanches ont créé dans la zone forestière des couloirs qui n'occupent pas moins de 300 hectares ainsi frappés d'une stérilité presque totale, elles empêchent en hiver la circulation des trains en amont de cette importante localité et menacent de ruine de nombreux hameaux.

Ce n'est pas seulement par la destruction des forêts que les avalanches favorisent le développement et les ravages des torrents ; en roulant sur les pentes, elles arrachent des rochers, labourent les portions terreuses nues et elles accumulent dans les thalwegs d'énormes quantités de matériaux. Les brusques fontes des neiges ou les « sacs d'eau » de l'été remanient ces dépôts meubles qui augmentent le volume et l'importance des laves torrentielles. D'après les observations faites en Savoie depuis quelques années, on a noté que certaines avalanches de fond ou de glacier pouvaient entraîner jusqu'à 8.000 mètres cubes de blocs, de gravier et de terre !

De tels apports sont donc loin d'être négligeables !

Souvent aussi les avalanches constituent le plus sérieux obstacle au reboisement.

De même que pour les torrents, les montagnards avaient depuis longtemps cherché à se garantir de leur choc par des travaux édifiés à proximité même des points à protéger (tournes, éperons). Ils n'avaient pas été sans remarquer que ces phénomènes ne prenaient pas naissance dans les parties boisées : aussi les cantons situés au-dessus des villages et des hameaux menacés par les neiges avaient-ils, de bonne heure, été placés hors des exploitations pour former des forêts de protection, des bois de ban ou bois bannis.

Naturellement aussi on en vint à conclure que pour arrêter, prévenir les avalanches, il fallait reconstituer les massifs imprudemment détruits ; mais bien vite on s'aperçut que la reforestation n'était possible qu'à la condition de retenir les neiges sur les pentes jusqu'à ce que les plantations fussent assez fortes pour jouer leur rôle.

Ici encore les travaux de correction doivent précéder les travaux forestiers ; parfois même, lorsque le bassin de formation de l'avalanche se trouve à une altitude supérieure à la limite de la végétation forestière, sont-ils les seuls à entreprendre.

C'est en Suisse que les corrections d'avalanches sont les plus nombreuses et les plus importantes ; la France et l'Autriche en offrent aussi divers exemples.

Le principe de tous les ouvrages de correction est de fixer les neiges sur les pentes.

On y arrive :

1° En ménageant sur les versants des plates-formes horizontales plus ou moins longues, larges de 1 m. 50 au moins, disposées en chicane à des niveaux différents dans la région d'où partent les neiges : ce sont les banquettes. Elles sont, tantôt entièrement en déblai, tantôt partie en déblai partie en remblai ; elles permettent de donner de l'assiette aux nappes neigeuses.

2° En édifiant sur les pentes des obstacles artificiels munis d'une berme large d'environ 1 mètre, à l'amont, dont la hauteur au-dessus du sol est fonction de l'importance des précipitations neigeuses à l'endroit considéré.

Le choix du procédé se base sur des observations locales : abondance ou rareté de pierres de bonne qualité, présence ou absence de massifs forestiers à proximité, etc. Ces divers moyens peuvent être employés, tantôt séparément, tantôt concurremment. Le type initial peut être modifié suivant les circonstances : à la banquette, on assimile la passerelle à neige faite d'une forte perche placée horizontalement, supportant des rondins ou des branches dont l'autre extrémité repose sur le sol (Schneebrücke).

Le rateau est une sorte de passerelle où les rondins placés presque perpendiculairement au sol et assez distants retiennent de grandes quantités de neige.

Des grillages à larges mailles sont aussi de précieux moyens de rétention.

Au simple mur sec, on peut substituer de fortes levées de terre, couvertes de gazon, parfois couronnées d'une rangée de pilots, de manière à accroître le relief de l'ouvrage.

Des murs de soutènement établis à l'amont et à l'aval permettent, sans remuer un trop grand cube de terre, d'édifier de véritables remparts.

Il peut arriver que l'avalanche se détache de parties inaccessibles ou d'un cirque trop étendu : dans ce cas, au moyen de véritables digues ou épis, on se borne à en diriger le cours vers un gouffre, un ravin, où elle ne saurait causer de dommages.

Parfois aussi on en barre la route au moyen de muraillements assez puissants pour en arrêter la marche.

Mais qu'il s'agisse de la correction d'un torrent ou de celle d'une avalanche, il semble logique de proportionner l'effort au résultat à obtenir. Ce n'est pas un des côtés les moins difficiles de la question. Si l'on peut estimer avec suffisamment de précision la valeur des propriétés à garantir, celle des surfaces à remettre ensuite en production, comment évaluer les interruptions de la circulation ?

S'il s'agit de voies ferrées servant au commerce international, l'arrêt du trafic, les détournements des voyageurs et des marchandises peuvent entraîner des pertes énormes.

Il faut aussi envisager l'intérêt général : comment calculer le préjudice causé au pays par la suspension des communications au moment d'un conflit? d'une guerre? Dans quelle mesure des laves torrentielles, des avalanches peuvent-elles agir sur le régime des rivières et des fleuves?

Enfin, lorsque la vie humaine est en jeu, et ce cas n'est malheureusement que trop fréquent, ne devra-t-elle donc compter pour rien?

On a vu plus haut la nécessité d'exécuter des travaux de correction. Il n'y a pas plus de raison de les repousser que d'interdire à un malade une opération chirurgicale.

Que de tels ouvrages soient coûteux, nul ne le nie; que des écoles aient été faites, des fautes commises, il n'en pouvait être autrement en un art si récent où tout était à créer et surtout dans les cas où, sous la pression du public, de ses représentants, l'Administration a eu à intervenir sans délai.

Mais dès que l'on a reconnu l'utilité de traiter un torrent, il faut, sans luxe, exécuter tous les travaux indispensables. A ne faire les choses qu'à demi, on risque de tout voir disparaître dans un retour offensif du torrent ou au moins d'être obligé de revenir exécuter des ouvrages complémentaires et de n'avoir en définitive qu'une correction moins homogène et plus dispendieuse que celle qu'il eût fallu prévoir!

Ce que l'on peut demander raisonnablement, c'est que l'on n'entreprenne la correction d'un torrent qu'après une enquête approfondie sur la nécessité de l'opération et une étude complète des moyens à appliquer pour atteindre le but. Il ne manque heureusement pas de torrents où les corrections ont donné tout ce qu'on en attendait, où devant les résultats acquis, les populations, jadis les adversaires du Service forestier, en sont devenues les plus précieux auxiliaires et où les faits donnent le plus éclatant démenti aux affirmations erronées et au pessimisme tendancieux de ceux qui nient, de parti pris, l'efficacité et jusqu'à l'utilité même de la consolidation et de la restauration des terrains en montagnes.

En conséquence, les vœux ci-après semblent pouvoir être accueillis par le Congrès forestier international.

A. *Le Congrès forestier international.* — Considérant que l'œuvre de la restauration des terrains en montagnes a pour but de prévenir les érosions désastreuses et de rendre au sol la cuirasse végétale qui lui est indispensable ;

Considérant qu'on ne saurait obtenir ce résultat sans avoir au préalable empêché l'érosion et l'écroulement des berges ainsi que les glissement du versant ;

Considérant que seuls des ouvrages appropriés, imposés par les circonstances locales (barrages, seuils, dérivations, épis, drainages) peuvent donner aux terrains instables la fixité nécessaire pour permettre à la végétation de s'installer ;

Considérant enfin que l'exécution de ces ouvrages entraîne toujours des dépenses assez élevées ;

ÉMET LE VŒU :

Qu'il n'y a pas lieu de renoncer aux travaux de correction de torrents, mais qu'en raison de leur prix élevé, il convient de n'y recourir qu'après une étude sérieuse basée sur des considérations purement techniques et afin d'éviter dans la mesure du possible leur emploi toujours onéreux, qu'il importe de favoriser la création et le développement de massifs forestiers dans les bassins de réception dans la limite où la lutte contre le ruissellement et le décapage des versants le rendront nécessaire.

B. *Le Congrès forestier international.* — Considérant que les avalanches de neige contituent un danger pour les populations et pour la sécurité des communications en montagne ;

Considérant, d'autre part, que ces phénomènes contribuent à la dégradation des versants en érodant les couloirs, en détruisant les massifs boisés, soit par choc direct, soit par la violence des courants d'air qu'ils provoquent, et qu'ainsi ils contribuent à l'irrégularité du régime des eaux et fournissent aux torrents des matériaux de charriage ;

ÉMET LE VŒU :

Que les avalanches soient assimilées aux torrents et que leur correction puisse être également déclarée d'utilité publique et dans les mêmes formes.

M. LE PRÉSIDENT. — Vous venez d'entendre, Messieurs, le remarquable rapport présenté par M. Mougin.

Ses conclusions aboutissent à deux vœux, l'un relatif à la correction des torrents et au reboisement, l'autre à la correction des avalanches. Avant que je mette ces vœux aux voix, M. Roth ne pourrait-il nous dire si des travaux de cette nature, des travaux de correction ont été faits en Autriche.

M. ROTH. — Nous avons déjà pris, en Hongrie, un certain nombre de dispositions, mais en ce qui concerne les avalanches seulement, car nous n'avons pas de torrents; aussi n'avons-nous pas besoin de faire d'autres travaux que ceux qui concernent le reboisement : pour ces reboisements, nous utilisons surtout le *Pinus sylvestris* et le *Pinus austriaca* en même temps que l'acacia et le *Juniperus virginia.*

M. le PRÉSIDENT. — C'est là une indication utile pour nous, car l'acacia a une végétation rapide et vigoureuse.

M. ROTH. — Et il pousse très bien dans les sols légers et secs.

M. LE PRÉSIDENT. — Personne ne demande plus la parole?...

Je mets aux voix le premier vœu que je relis :

« *Qu'il n'y a pas lieu de renoncer aux travaux de correction de torrents, mais qu'en raison de leur prix élevé, il convient de n'y recourir qu'après une étude sérieuse basée sur des considérations purement techniques et afin d'éviter dans la mesure du possible leur emploi toujours onéreux, qu'il importe de favoriser la création et le développement de massifs forestiers dans les bassins de réception dans la limite où la lutte contre le ruissellement et le décapage des versants le rendront nécessaires.*

Ce vœu, mis aux voix, est adopté.

M. le Président. — Je donne lecture du second vœu :

« *Que les avalanches soient assimilées aux torrents et que leur correction puisse être également déclarée d'utilité publique et dans les mêmes formes.* »

Ce vœu, mis aux voix, est adopté.

M. Mougin. — Je vous demande la permission, Monsieur le président, d'ajouter quelques mots en dehors de la question qui vient d'être traitée.

Messieurs, depuis quelques années, on a pu lire, sous la plume de nombreux forestiers ou de parlementaires, des assertions du genre de celle-ci : Le reboisement, tel qu'il est pratiqué en France, contribue à la dépopulation des Alpes, parce que les surfaces qu'on reboise sont enlevées aux pâturages et privent ainsi les populations de leurs moyens d'existence. Ce sont là de pures affirmations de la part d'orateurs ou d'écrivains et jamais la démonstration du fait qu'ils avançaient n'a été faite ni même tentée par eux.

L'an dernier, par exemple, me trouvant en tournée dans les Basses-Alpes et dans les Hautes-Alpes, voici l'argument que j'entendais développer : Voilà des terrains que l'on a reboisés ; ils sont en très bon état ; ils auraient pu donner de l'herbe et permettre l'élevage de troupeaux. Renseignements pris près des services locaux, les terrains dont on parlait n'étaient pas du tout des terrains qui avaient été expropriés par l'État ; ils n'appartenaient même pas à des habitants de la localité; leurs propriétaires habitent, qui Lyon, qui Arles. Ils avaient loué ces terrains à des particuliers et ceux-ci en avaient tellement abusé et les avaient tellement ruinés, que leurs troupeaux ne trouvaient plus rien à manger. Leurs propriétaires, dans ces conditions, ne trouvaient plus à les louer. Ne sachant que faire de terres qui ne rapportaient même pas de quoi payer l'impôt, ces propriétaires s'étaient adressés à l'Administration et avaient offert leurs terrains pour qu'on les reboisât.

Il n'y a donc pas eu, dans la circonstance, un acte nuisible de la part de l'Administration; celle-ci n'a pas entravé l'élevage des troupeaux,

On dit encore que la reconstitution de périmètres favorise l'émigration.

J'ai été assez heureux pour trouver des documents caractéristiques qui démontreront d'une façon indéniable que l'émigration est bien antérieure à la constitution des périmètres de reboisement en France.

Le département des Hautes-Alpes comptait, en 1906, 118.000 habitants et, en 1846, 133.000 habitants. En 1866, il n'y en avait déjà plus que 122.000 et en 1913, seulement 105.000. L'émigration a donc commencé après 1846 ; or, les premiers périmètres de correction et de restauration ont été créés dans ce département après 1860.

En ce qui concerne les Basses-Alpes, je n'ai pas les chiffres du début du XIXe siècle ; en 1846, la population était de 156.675 habitants : c'est exactement à la même époque que l'on constate le commencement de l'exode de la population, à telles enseignes qu'en 1852, après le recensement de 1851, le préfet signale au Conseil général que, pour la première fois, on voit le chiffre de la population diminuer.

Voici ce que dit un rapport de préfet, que j'ai entre les mains :

« Il est certain que le sol productif des Alpes diminue chaque jour avec une effroyable rapidité, emporté qu'il est par le flot sans cesse croissant des torrents. Toutes les montagnes sont aujourd'hui dénudées en totalité ou en grande partie ; leur sol est brûlé par le soleil et piétiné par les moutons qui, ne trouvant plus à la surface l'herbe nécessaire à leur subsistance, grattent la terre pour rechercher les racines qui les nourrissent. Ce sol est périodiquement lavé et entraîné par la fonte des neiges et par les orages. Pas de montagne qui ne possède au moins un torrent : chaque jour il s'en forme de nouveaux ; la quantité de sol arable diminue tous les jours... J'en trouve la preuve dans la diminution de la population du pays. En 1852, j'ai dû signaler que la population du département des Basses-Alpes avait diminué de 5.000 habitants. Les maires auxquels j'ai demandé la cause de cette diminution ont été unanimes pour reconnaître qu'elle provenait de l'émigration des familles de cultivateurs qui ne trouvent plus de moyens d'existence là où leurs pères avaient autrefois l'aisance ».

Ceci dit pour les parties les plus dégradées des Alpes françaises, passons aux deux départements les mieux conservés, ceux de la Savoie.

On ne saurait pourtant tirer argument des reboisements effectués en Savoie, puisque les premiers périmètres de restauration n'y furent constitués qu'en 1894.

Au début du Premier Empire, l'ensemble des deux départements actuels de Savoie — je les ai groupés parce que les divisions administratives n'étaient pas les mêmes qu'aujourd'hui et que, sous la Restauration, la division des provinces sardes ne concordait pas avec les arrondissements actuels — avait une population de 426.000 habitants ; en 1824, 501.165 ; en 1848, 564.137 ; au moment de l'annexion, 537.099 ; en 1907, 515.000 ; en 1913, 503.000.

Par conséquent, vous pouvez voir d'après ces chiffres, que le phénomène d'exode est général, aussi bien dans les populations qui étaient alors sardes que dans les pays qui étaient français, et il ne faut pas voir dans le reboisement la cause de l'émigration. C'est tout ce que je voulais signaler (*Applaudissements*).

M. Pierre BUFFAULT. — Je demande la permission d'appuyer ce qu'a dit mon excellent collègue Mougin en citant l'exemple du Briançonnais.

Le Briançonnais se compose de deux parties : la haute vallée de la Durance et du Guil. La dépopulation est très considérable dans la vallée du Guil, dans la région du Queyras. Or, avant la loi concernant les périmètres de reboisement, il n'y avait aucun reboisement dans le Queyras et le Briançonnais. Là encore l'observation montre qu'il n'y a aucune relation entre la décroissance de la population et le reboisement. En réalité cette dépopulation tient à des causes générales, morales : c'est la recherche du mieux être, les difficultés de la vie dans les montagnes.

De même, dans les Basses-Pyrénées, la région d'Oloron, dont je peux parler parce que je la connais; il n'y a pas de périmètres de reboisement; cependant la dépopulation y sévit d'une façon considérable.

M. le Président. — Je vous remercie, Messieurs. Cet échange d'observations est de nature à nous éclairer ; mais il n'entraîne pas de vœu comme conclusion?

L'ordre du jour appelle la discussion du rapport de MM. Bernard et Guinier sur les Petits travaux.

M. le président, obligé de se retirer, cède la présidence à M. Leddet, vice-président de Section.

M. le Président. — La parole est à M. Bernard.

M. Bernard. — J'ai songé à demander à mon camarade et ami, M. Guinier, de vouloir bien collaborer avec moi, pour montrer qu'il doit y avoir entre reboiseurs et botanistes un lien intime.

État actuel de la question de la restauration des montagnes

Depuis plus de cinquante ans l'œuvre de la restauration des montagnes est entreprise en France. De nombreux forestiers y ont consacré tous leurs efforts. En présence d'un problème nouveau dont la solution avait été indiquée dans ses grandes lignes par Surrell, ils se sont trouvés aux prises avec de multiples difficultés; ils sont arrivés à les résoudre pour la plupart. Le résultat est acquis : la restauration des montagnes est un art dont les pratiques sont connues, ont été formulées dans des ouvrages ou se transmettent par tradition. Il semble qu'il ne reste guère de progrès à faire, ni de connaissances nouvelles à acquérir. Il y a pourtant encore matière à de nouvelles recherches.

Tout d'abord, il faut remarquer qu'il existe dans la pratique de la restauration une part de tradition. D'une région à l'autre, d'un service au service voisin, il y a des différences dans les procédés employés, il y a des sortes d'usages locaux, résultats de l'expérience d'un forestier transmise à ses successeurs. Il serait désirable que ces pratiques fussent publiées, de manière à se diffuser, de telle sorte que l'expérience des uns pût profiter aux autres. On établirait ainsi l'état actuel des méthodes. On peut regretter à ce sujet que les forestiers ne publient pas plus souvent les faits constatés par eux et ne fassent pas connaître les résultats des travaux qu'ils ont exécutés. Cette critique est particulièrement applicable à tout ce qui concerne la divulgation des procédés relatifs aux petits travaux de correction, aux travaux de reboisement et d'enherbement, lesquels sont précisément l'objet de ce rapport.

De plus, notamment en matière de reboisement et d'enherbement, on peut légitimement espérer perfectionner les méthodes déjà utilisées et leur donner une base plus sûre. La restauration des montagnes est intimement liée à des questions dont l'étude ressort des sciences naturelles, géologie, géographie physique, botanique. Les progrès réalisés dans une science ont leur répercussion sur les arts qui en sont l'application. Les sciences naturelles sont en voie de progrès constant: des faits nouveaux sont établis, des notions nouvelles se font jour, des idées directrices s'imposent. L'art de la restauration des montagnes doit bénéficier de ces acquisitions des sciences naturelles. Partant de là, on peut envisager la découverte de méthodes plus sûres et plus générales, l'établissement d'un corps de doctrines reposant sur des bases scientifiques. C'est dans cette voie qu'il est désirable de voir les reboiseurs s'engager.

Correction et réinstallation de la végétation.

Tout « reboiseur » doit avoir constamment présents à l'esprit les principes directeurs suivants :

1° Lorsqu'une surface à très forte pente (plus de 100 % pour fixer les idées) gazonnée ou boisée vient à être subitement privée de toute armature végétale, les organismes végétaux ne peuvent, dans les conditions actuelles de la vie dans les régions qui nous intéressent, s'en emparer à brève échéance, par leurs propres moyens. A la dénudation succède une phase d'érosion.

2° Dans la même hypothèse, il n'est possible aux organismes végétaux de lutter victorieusement contre les forces naturelles de dégradation que lorsque la pente du sol a pris une valeur plus faible que celle qu'elle avait tout d'abord.

3° Un sol de constitution physique et de pente données pourra être envahi par la végétation sous un climat défini, alors que cet envahissement aurait déjà eu lieu ou serait encore impossible dans d'autres conditions de climat.

4° A toute combinaison donnée de nature physique du sol et de climat correspond une pente superficielle au delà de laquelle toute restauration naturelle du sol est impossible. Cette sorte de pente limite peut être désignée sous le nom de *pente de restauration*.

Surrell attribuant, à juste titre, aux végétaux ligneux la prépondérance dans le rôle de l'armature végétale, a formulé avec netteté le premier de ces principes en disant que « la destruction d'une forêt livre le sol en proie aux torrents ».

Le deuxième principe n'a pas été exprimé sous la forme ci-dessus. Cependant il est contenu implicitement dans tous les travaux publiés sur la restauration des montagnes. Les forestiers l'expriment généralement en affirmant qu'un sol dénudé et dont la pente dépasse une certaine valeur ne peut être reboisé ou gazonné qu'après l'exécution de certains travaux ayant pour but de donner au sol la stabilité qui lui fait défaut. C'est de ce principe qu'ils ont déduit la nécessité d'effectuer la plupart des travaux dits de correction (barrages, clayonnages, fascinages, garnissages, drainages) avant d'entreprendre les travaux dits forestiers (enherbement, reboisement par semis et plantation).

Les deux autres principes paraissent résulter de l'observation des faits. Mais leur exactitude peut être contestée. C'est pour cela qu'il peut être utile d'appeler l'attention du Congrès sur cette manière d'envisager les liens qui unissent la correction à la réinstallation de la végétation. On est ainsi amené à examiner séparément les petits travaux de correction d'une part et les travaux de reboisement et d'enherbement d'autre part.

Petits travaux de correction.

Les petits travaux de correction dont il s'agit ici se répartissent en deux groupes : d'abord les petits travaux de correction proprement dits (façonnage de lit, enrochements, drainages), ensuite les travaux mixtes, c'est à dire ceux qui participent en même temps de la correction et du reboisement (clayonnages, fascinages, garnissages).

Façonnage de lit. Enrochements. — Les matériaux qui, lors des fortes crues avec ou sans lave, s'arrêtent sur les atterrissements des ouvrages construits en travers du lit (grands barrages, barrages rustiques, clayonnages), forment des dépôts convexes vers le ciel, sortes de petits cônes de déjection qui presque toujours détournent les eaux moyennes et les basses eaux et les rejettent contre les berges. Par suite des variations de la force d'entraînement des eaux au cours d'une même crue, ces matériaux sont de dimensions variables. Les plus petits, repris par les eaux moyennes, sont souvent entraînés, mais presque toujours les plus gros demeurent. Certains de ces gros blocs finissent par s'enfoncer dans le lit et par former une sorte de pavage, les autres en saillie peuvent détourner les eaux de l'axe du lit lors des crues ultérieures. Il convient donc de les enlever et de les placer contre les berges. Telle est l'opération du façonnage de lit. Dans cette opération, il faut donc se borner à enlever les gros matériaux, au fur et à mesure qu'ils sont dégagés par l'affouillement provoqué par les eaux claires qui succèdent aux eaux des crues.

Le meilleur emploi que l'on puisse faire de ces gros blocs est de les utiliser à la construction de sortes d'enrochements longitudinaux établis à une certaine distance des berges, de chaque côté du lit, dans l'alignement des bords extérieurs des cuvettes des ouvrages successifs. Ces enrochements longitudinaux en arrière desquels la *pente de restauration* pourra plus facilement s'établir grâce à l'accumulation des matériaux provenant du décapage ou de l'érosion des berges, doivent avoir des fondations suffisamment profondes pour qu'en aucun cas ils ne puissent être affouillés et détruits.

Les enrochements et les blocages à établir au pied des barrages pour les protéger contre tout danger d'affouillement ne paraissent pas devoir rentrer dans le cadre de ce rapport.

Drainages. — Mettant à part les grands travaux de consolidation par exhaussement du lit et par dérivation, la stabilisation des glissements a presque toujours été obtenue uniquement à l'aide de fossés d'assainissement plus ou moins profonds et étroits, à fond pavé, remplis de pierres dont certaines, celles du bas, sont disposées de manière à former un canal à section triangulaire, rectangulaire ou demi-circulaire. A ces fossés on donne généralement le nom de drains.

Les drains ont le plus souvent donné des résultats excellents, mais ils présentent néanmoins certains inconvénients :

1° D'ordinaire les terrains drainés ne sont pas stabilisés instantanément. Ils continuent à se mouvoir, avec une vitesse ralentie, pendant de nombreuses années. Il en résulte que les drains se rompent et cessent de fonctionner normalement. Rien ne décèle l'existence d'une avarie au moment où elle se produit : on ne peut donc la réparer immédiatement.

2° Lorsque les drains captent des eaux très calcaires, des concrétions peuvent se former qui les obstruent.

3° Les drains nécessitent de grandes quantités de pierres. Ils sont coûteux à établir et à entretenir.

Aussi pourra-t-il être avantageux, dans certains cas, de donner la préférence à l'assainissement par rigoles superficielles,

Ces rigoles ne peuvent, en raison de leur peu de profondeur, exercer une action appréciable d'assèchement direct du sol par drainage latéral des eaux d'infiltration. Mais elles permettent de capter avant leur infiltration une grande partie des eaux de pluie et surtout de fonte des neiges, ces dernières étant de beaucoup les plus dangereuses.

Les rigoles superficielles sont d'une surveillance facile ; elles ne peuvent être obstruées par les eaux formant des dépôts tuffeux, enfin elles sont d'un établissement peu coûteux.

A dépense égale, le système des rigoles superficielles donnera en général de meilleurs résultats que le système des fossés de drainage.

Il ne paraît pas nécessaire d'appeler d'une manière particulière l'attention du Congrès sur les travaux d'assainissement profond. Ces travaux sont très coûteux et ne peuvent s'appliquer judicieusement qu'à la stabilisation de terrain en mouvement sur un plan de glissement, cas tout à fait exceptionnel.

Clayonnages. Fascinages. — L'expérience semble avoir démontré que la construction de clayonnages et de fascinages transversaux (barrages vivants) sur les atterrissements des grands barrages, dans le but de compléter la correction, au fur et à mesure de la diminution des apports et par suite de l'adoucissement de la pente du lit, ne peut donner que de médiocres résultats. Ces travaux souffrent beaucoup au moment des crues et deviennent difficilement de bons foyers de reboisement. Les clayonnages et fascinages transversaux doivent être réservés pour la correction des petits ravins. Il est prudent toutefois, même dans ce cas, de ne pas leur donner plus de 0 m 60 à 1 mètre de hauteur. Les clayonnages et fascinages trop élevés au-dessus du niveau du lit sont facilement détériorés par la poussée des terres qu'ils retiennent, car les matériaux qui entrent dans leur constitution ne réussissent pas tous, malheureusement, à s'enraciner. Beaucoup de branches entrelacées ou disposées en fascines pourrissent et, par suite, perdent leur résistance au bout de peu de temps.

Les clayonnages et fascinages donnent d'excellents résultats dans la consolidation superficielle des berges nues. Ils sont alors disposés longitudinalement et étagés de manière à constituer dans leur ensemble une série d'escaliers dont les marches prennent facilement la *pente de restauration*. L'ouvrage de base doit être disposé de manière à être soustrait à tout affouillement latéral. On parviendra à ce résultat en les protégeant à l'aide d'enrochements longitudinaux obtenus en employant les matériaux provenant, comme il a été dit ci-dessus, du façonnage du lit.

La hauteur visible de ces ouvrages ne doit pas, autant que possible, dépasser 0 m. 40 ou 0 m. 60.

Qu'il s'agisse de clayonnages ou fascinages longitudinaux ou transversaux, on devra choisir avec soin les matériaux à employer à leur construction. Les saules devront appartenir aux espèces à croissance rapide et se bouturant facilement (voir ci-après VI). Ils ne devront être mis en œuvre qu'à l'état de branches ou de boutures âgées de 3 ou 4 ans au plus et coupées au fur et à mesure des besoins (2 à 5 jours au maximum suivant les circonstances atmosphériques du moment).

Garnissages. — On distingue ordinairement les garnissages de lit et les garnissages de berges.

Les premiers sont employés pour obtenir l'élargissement de la section des petits ravins à profils en travers étroits et profonds. Leur base doit être appuyée contre un obstacle solide (seuil ou clayonnage transversal), et les matériaux qui les constituent (branchages de toutes natures) doivent être enchevêtrés les uns dans les autres. Les garnissages mal construits peuvent être entraînés par les crues ; celles-ci deviennent alors souvent désastreuses à cause des embâcles qui peuvent se former dans les gorges sinueuses et très étroites. Ne devront d'ailleurs être traités par cette méthode que les petits ravins dont on pourra espérer garnir complètement le lit, de la base au sommet, dans un très court espace de temps. Les garnissages de lit ne doivent d'ailleurs jamais masquer complètement les berges dénudées. Il faut que celles-ci puissent encore fournir des matériaux en quantité suffisante pour combler les vides existants entre les branchages et constituer avec eux un milieu favorable à l'installation naturelle ou artificielle de la végétation. On emploie avec succès dans certaines régions des Basses-Alpes des garnissages tressés qui sont très solides. Il y aurait intérêt à généraliser l'application de ce procédé.

Les berges formées par des dépôts meubles (boues glaciaires, éboulis) sont souvent composées au point de vue topographique par une série de petits bassins fort peu creusés, sortes de petites combes juxtaposées, séparées par des crêtes à peine apparentes. On arrive facilement à fixer le sol en le revêtant de branches de saules enfouies dans le terrain à 15 ou 20 centimètres de profondeur et dont les extrémités seules émergent à la surface, donnant ainsi naissance à une série de boutures solidaires les unes des autres. La partie superficielle du sol nu est ainsi munie d'une armature rigide non apparente et inerte, mais qui se transforme rapidement en une cuirasse vivante et solide. Lorsque l'érosion a donné au relief des formes plus accusées, on peut traiter chaque petite combe comme on le ferait pour un ravin étroit. Les garnissages formés de branchages quelconques, pouvant provenir en particulier d'éclaircies effectuées dans les peuplements créés au voisinage, ne doivent jamais couvrir entièrement le sol. Les régions supérieures des flancs des petits bassins doivent être laissées nues : l'érosion s'exerçant sur ces surfaces fournira les matériaux qui combleront les vides du garnissage. Celui-ci pourra ensuite être consolidé facilement à l'aide de boutures et de plants. Les garnissages de berges comme les garnissages de lits doivent avoir une base solide et, par conséquent, soustraite à l'affouillement par les eaux courantes. On les appuiera donc contre des barrages rustiques, des clayonnages longitudinaux ou des clayonnages transversaux. Les clayonnages pourront être remplacés par des fascinages.

Principes de la réinstallation de la végétation.

Reboisement et regazonnement. — *Restaurer la montagne*, c'est rétablir l'état primitif troublé par des actions extérieures et surtout par celle de l'homme. Cela exige nécessairement la connaissance préalable de cet état primitif et le choix des moyens les plus efficaces pour le ramener.

Si nous laissons de côté les modifications d'ordre topographique et la lutte contre les phénomènes géologiques qui les déterminent, la partie essentielle du problème consiste à déterminer l'état antérieur de la végétation et la marche à suivre pour revenir à cet état. C'est cette seconde partie de la question qui, pratiquement, a été seule résolue, le plus souvent par tâtonnements; on a installé des végétaux, arbres ou plantes herbacées, qui, d'après ce que l'on pouvait savoir de leurs exigences, paraissaient susceptibles de se développer d'une manière satisfaisante et de couvrir le sol, de constituer une forêt. Bien des essais ont été faits ; progressivement on a renoncé à certaines pratiques, les procédés ont gagné en sûreté, mais bien des insuccès ont été enregistrés et, dans des cas difficiles, on se trouve encore pris au dépourvu. La pratique, si précieuse soit-elle, ne suffit, en cette matière, pas plus qu'ailleurs.

Le problème du reboisement et du regazonnement des montagnes, tel que nous l'avons défini, est un problème de botanique appliquée. Les botanistes qui pendant longtemps se sont bornés à étudier les caractères des plantes, à les cataloguer, à noter leur présence dans une localité ont modifié depuis un certain temps leur manière de faire. Ils étudient les végétaux, non plus en eux-mêmes, mais dans leurs relations avec le milieu qui les entoure : ils cherchent à se rendre compte des raisons de leur existence dans un endroit donné, ils cherchent à comprendre pourquoi ils se groupent en *associations*, pourquoi ces associations diffèrent d'une région à l'autre, comment elles se transforment, évoluent. Une section nouvelle de la botanique, la *géographie botanique* ou *phytogéographie* est née, qui s'occupe de la répartition des végétaux sur le globe ; une branche de cette science, l'*écologie*, a spécialement pour objet les relations des plantes avec le milieu extérieur. La géographie botanique a pris un rapide essor et elle est maintenant en état de fournir une base solide pour établir définitivement l'art du reboisement.

Le mérite d'avoir montré aux forestiers le parti qu'ils peuvent tirer des données acquises par les botanistes, le mérite de leur avoir ouvert une voie nouvelle revient à M. Flahault. Phytogéographe de haute compétence, il s'est initié à toutes les difficultés du problème du reboisement ; il a été le trait d'union entre le monde botanique et le monde forestier qui s'ignoraient, entre la science et l'art qui doit en être l'application. Dans diverses publications, il a exposé les principes directeurs qui doivent guider le reboiseur dans son travail, il a montré comment on peut arriver à résoudre logiquement et sûrement le problème posé.

La détermination de l'état primitif d'une région et des méthodes à employer pour le ramener, repose sur une étude botanique, ou plutôt phytogéographique. Dans une région, les plantes qui constituent la population végétale se répartissent le terrain et se groupent en *associations* suivant leurs exigences. Ces associations qui caractérisent ainsi les diverses *stations* définies par des conditions de sol, de climat, sont formées d'un nombre plus ou moins grand d'espèces, parmi lesquelles il en est une ou deux qui sont *dominantes*, qui impriment à l'association sa physionomie, qui la caractérisent et servent à la dénommer. Le plus souvent, en montagne, ce sont des espèces ligneuses et les associations que l'on rencontre sont essentiellement des forêts caractérisées par une ou deux essences dominantes. On peut arriver par une étude sur le terrain à délimiter ces associations, à faire la description botanique de la région, à en dresser la carte botanique marquant les emplacements des diverses associations. Dans une région montagneuse, par exemple, on séparera ainsi et on indiquera sur la carte les limites des *associations du pin sylvestre, du chêne rouvre, de l'épicéa.* Dès lors si, en un point, l'association s'est trouvée détruite, on pourra sans hésiter savoir quelles sont les essences qui ont le maximum de chances de succès et qui pourront reconstituer l'association. Une pareille étude sera une base solide pour le travail de restauration et il est désirable de voir cette étude précéder tout travail de cette nature : pour chaque *périmètre de reboisement* devrait exister une carte botanique comme il existe un plan topographique. Un vœu dans ce sens a, du reste, été formulé par la section de sylviculture du Congrès international d'Agriculture de 1903.

Mais cette étude botanique aboutissant à la détermination des associations de végétaux ligneux, des forêts qui occupent ou doivent occuper le sol n'est facile qu'à la condition que l'état primitif ait été peu modifié, qu'il n'existe que des lacunes peu importantes dues à l'établissement de cultures ou de pâturages par exemple ; on pourra facilement alors raisonner par analogie et conclure qu'à égalité de conditions la même association doit se développer. La difficulté commence quand les modifications sont plus profondes et que toute trace de la végétation primitive a presque disparu ; il existe des versants, des vallées entières, dans lesquelles les forêts ont disparu et ont fait place à des broussailles ou à des pâturages, où rien ne rappelle en apparence l'aspect primitif de la végétation. C'est là le cas pratiquement intéressant ; c'est là que le forestier se trouve embarrassé pour le choix des essences et qu'il a le plus besoin d'un guide. La reconstitution de l'état primitif de la végétation est, même alors, possible par une observation de plus en plus minutieuse, et une méthode rigoureuse. M. Flahault en a donné un bel exemple de la plus grande importance pratique en montrant comment on peut tracer dans un pays dénudé la limite primitive des forêts et établir par conséquent jusqu'à quelle hauteur le boisement est possible.

Le rétablissement de la végétation primitive n'est pas toujours possible directement et immédiatement. L'association disparaissant, les conditions de milieu se modifient, le sol s'appauvrit en humus, se dessèche, se ravine, le climat local change. En plantant directement l'essence qui constituait la forêt en ce point et qui doit la rétablir, on s'exposerait à des insuccès puisque l'essence ne trouverait plus le milieu qui lui convient. Par une étude botanique soigneuse, on pourra établir le cycle évolutif des associations, déterminer par quelle marche la station modifiée reprend progressivement sa végétation en même temps que les conditions y changent. On pourra alors choisir parmi les espèces qui s'installent successivement celles à introduire de manière à hâter le plus possible l'évolution naturelle. C'est une méthode depuis longtemps connue des forestiers qui emploient couramment les *essences transitoires.* La question peut être généralisée et les méthodes à suivre en chaque cas peuvent gagner en sûreté.

Le rétablissement de la végétation primitive doit toujours être considéré comme le moyen le plus sûr, donnant le maximum de chances de réussite. Mais on ne doit pas oublier que l'établissement des associations végétales n'est pas seulement la conséquence des conditions de milieu. Pour qu'une espèce puisse s'installer dans une station, il ne suffit pas que ses exigences y soient satisfaites ; il faut aussi qu'elle ait pu y parvenir. Les végétaux ont leurs migrations régies par des circonstances d'ordre topographique et par les variations de climat au cours des périodes géologiques antérieures. C'est la cause des différences existant entre la flore de deux vallées voisines, de deux régions analogues comme sol et climat. Une espèce introduite dans une région où elle n'est pas spontanée peut y trouver des conditions favorables, s'y développer vigoureusement. Cette considération permet d'étendre le cercle des végétaux parmi lesquels le reboiseur fera son choix : il pourra, après une étude comparative soigneuse des conditions de milieu, faire appel à des végétaux de régions voisines. L'emploi et la réussite du cèdre dans les montagnes méditerranéennes, du pin laricio d'Autriche dans la région montagneuse calcaire, de l'épicéa dans les Pyrénées, sont des exemples probants à cet égard; il y a lieu d'étendre la méthode aux arbustes et aux plantes employés pour le gazonnement. Toutefois le succès ne pourra être proclamé définitif qu'après un laps de temps assez grand : il suffit d'une année exceptionnelle pour faire disparaître une essence non spontanée et rétablir l'ordre naturel que l'on essaie de modifier.

Essences de reboisement.

Il y a un point sur lequel l'attention des reboiseurs n'a pas encore été attirée et dont l'importance a été récemment mise en lumière : c'est la question de l'*origine des graines* à employer. On considère volontiers qu'une espèce botanique est homogène, que tous les individus qui la composent sont identiques comme caractères et exigences, et l'on sème des graines de pin sylvestre, d'épicéa, etc., sans se préoccuper de la localité où ces graines ont été récoltées. Depuis quelques années des recherches faites, surtout en Autriche, en Suisse, en Allemagne et qui sont la suite d'expériences bien plus anciennes, dues à L. de Vilmorin, ont montré qu'il existe pour une même essence des races plus ou moins différentes par les caractères extérieurs, mais différant aussi par des propriétés physiologiques et manifestant des exigences diverses vis-à-vis des conditions de milieu. La question préoccupe actuellement les sylviculteurs qui cherchent à créer des massifs productifs ; elle est d'une grande importance pour les reboiseurs dont le but est, avant tout, de constituer des peuplements solides, composés d'arbres aussi bien adaptés que possible au milieu. Il ne suffit pas de choisir judicieusement une essence, il faut choisir une *race* déterminée, et la recherche de la race qui convient le mieux est un problème nouveau.

En s'aidant des recherches faites et en s'inspirant des principes qui doivent guider le reboiseur, on peut dire que, d'une façon générale, ce sont les races de la région, vivant dans les mêmes conditions de sol, d'altitude, ou les races de régions analogues qui donneront les meilleurs résultats. On évitera ainsi des insuccès. On a établi que l'épicéa présente des races adaptées à des altitudes différentes; bien souvent on a vu des plantations d'épicéa en haute montagne dévastées par la neige, parce que les plants mis en terre provenaient de graines récoltées en basse montagne, avaient une croissance rapide, mais manquaient de résistance. M. Fabre a signalé le mauvais état de reboisements faits dans les Cévennes en sol siliceux, à l'aide de plants de pin sylvestre issus de graines récoltées dans les Causses, en sol calcaire sec. M. d'Alverny a fait ressortir la faute commise en introduisant dans le Massif central le pin sylvestre d'Haguenau, au milieu de peuplements de pin sylvestre d'Auvergne, qui se montre supérieur à ce dernier. On a commis des erreurs dommageables en confondant sous le même nom de *pin de montagne* des formes aussi différentes que le *pin à crochets* des Pyrénées et des Alpes et le *pin rampant* des Alpes centrales, et en semant, au milieu de massifs naturels de pins à crochets, des graines de provenance autrichienne qui ont donné des arbres branchus et couchés sur le sol. Actuellement, on achète dans le commerce des graines de provenance quelconque ; l'Administration même fait récolter des graines et les distribue au hasard de l'abondance des récoltes, sans tenir compte du lieu de production et du lieu d'emploi. Il importe de renoncer à ces usages ; il faut en tout cas connaître l'origine des graines employées et si on veut être sûr du succès, les semer dans des stations où les conditions se rapprochent de celles de la station des arbres semenciers.

Végétaux à utiliser pour l'enherbement et l'embroussaillement.

La réinstallation directe de la végétation forestière dans une station n'étant pas toujours possible, directement, il faut avoir recours d'abord à des végétaux qui occupent le sol et modifient par leur présence les conditions jusqu'à ce que la forêt puisse se reconstituer. De plus il y a des stations particulièrement intéressantes pour le reboiseur, telles que les éboulis, les terrains en glissement, les atterrissements des torrents, dans lesquels la végétation forestière ne pourra le plus souvent jamais s'installer. C'est aussi le cas de toutes les surfaces situées au-dessus d'une certaine altitude et comprises dans l'étage alpin, défini par l'absence primitive de toute végétation forestière. Pour garnir le sol, il faut alors avoir recours à des plantes spécialement adaptées. De là le rôle important des végétaux herbacés et des arbrisseaux et la nécessité de travaux d'enherbement et d'embroussaillement.

Jusqu'à présent on s'est borné à utiliser pour l'enherbement un nombre assez restreint d'espèces et l'emploi en est souvent très local. Bien souvent, pour plus de facilités, on emploie des espèces fourragères du commerce : on sème du sainfoin, des graminées fourragères (*fenasse*). Les résultats sont souvent médiocres ; ces espèces se développent mal et dépérissent rapidement. L'usage des espèces arbustives est aussi trop restreint et demande à être étendu.

C'est encore par l'étude soigneusement faite de la végétation naturelle que l'on arrivera à trouver quelles sont les espèces à utiliser. Dans chaque région, suivant l'altitude et le sol, il existe des plantes qui peuvent rendre des services : chacune d'elles a son mode de vie spécial qu'il faut étudier, afin de la placer exactement dans les conditions qu'elle demande et de mettre à profit ses aptitudes. Les unes occupent les sols dénudés et mobiles, berges en glissements, éboulis, graviers récemment apportés ; ce sont des colonisatrices de places vides qui, grâce à leur enracinement puissant, à leurs tiges souterraines abondamment ramifiées, peuvent s'ancrer solidement dans ces terrains mouvants, y forment des touffes ou des buissons qui vont en s'étalant et garnissent progressivement le sol. Tels sont l'*Argousier* (*Hippophaæ rhamnoïdes* L.), la *Corroyère* (*Coriaria myrtifolia* L.) parmi les arbrisseaux; la *Bauche* (*Lasiagrostis Calamagrostis* Lk), parmi les graminées. D'autres ne peuvent s'installer que sur un sol plus stable, déjà garni de quelques végétaux; ils relaient en quelque sorte les premiers et caractérisent un nouveau stade de la végétation, tels sont divers arbrisseaux : *Épine vinette* (*Berberis vulgaris* L.), *Aubépine* (*Crataegus Monogyna* Jacq.), le *Bromus erectus* parmi les graminées, le *Dompte-venin* (*Vincetoxicum officinale* L.). Ces végétaux recherchent tous des stations assez ensoleillées et chaudes. Dans les stations plus fraîches, sur des versants exposés au nord, à de plus fortes altitudes, les éboulis peuvent être garnis de *Rumex scutatus* L., plus haut d'*Avena versicolor* Vill. Une catégorie particulièrement intéressante est constituée par ces plantes qui peuvent se développer dans les *marnes noires*, de propriétés physiques et chimiques si spéciales et dont le gazonnement importe tant pour la restauration de vallées entières : on peut citer la *Bugrane* (*Ononis fruticosa* L., le *Laserpitium gallicum* Scop., etc.

Mais pour que ces espèces que l'on observera ainsi puissent être utilisées pratiquement, il est essentiel que leur propagation soit facile, soit par plants, soit par graines. L'étude de la plante sur place donnera des indications et des essais permettront de conclure. Pour beaucoup de ces espèces qui sont drageonnantes, on aura recours à la plantation d'éclats (*Argousier*, *Corroyère*, *Bauche*). Pour d'autres, il faudra recourir au semis et il sera alors commode d'établir des sortes de pépinières où on pourra récolter facilement une quantité de graines.

Enfin il y a lieu de remarquer qu'on peut utiliser certaines des espèces d'enherbement et d'embroussaillement, en dehors des vallées où elles sont localisées pour des raisons autres que les circonstances de milieu. Cette remarque s'applique notamment à la *Corroyère* et à la *Bugrane* dont les aires sont restreintes et l'emploi jusqu'à présent localisé.

Parmi les espèces arbustives auxiliaires du reboisement qu'il y a lieu d'étudier davantage, il faut signaler spécialement les *Saules*. Grâce à leur propriété de croître dans les sols frais et de se multiplier par boutures, on utilise avec succès et avantage les saules pour garnir les fonds de ravins, les atterrissements ; on les utilise beaucoup pour la confection des clayonnages. Trop souvent on a tendance à les utiliser sans discernement en plantant pêle-mêle les diverses espèces que l'on trouve aux environs, sur les délaissés des rivières ou les cônes de déjection, par exemple. Or, les saules ont, suivant les espèces, des exigences différentes et des particularités dans le mode de vie dont il faut tenir compte. Certaines espèces, comme le *Saule daphné* (*Salix daphnoïdes* Vill.) supportent des altitudes élevées ; d'autres ne peuvent croître que dans des régions plus basses, tel le *Saule drapé* (*S. incana* Schr.); il en est qui s'enracinent facilement, d'autres reprennent mal de bouture (*Saule marsault*, *Saule à grandes feuilles*) ; les uns donnent des rejets vigoureux d'assez fort diamètre, les autres, comme le *Saule pourpre* (*S. purpurea* L.), sont moins avantageux à employer à cause de leurs pousses grêles et de faible longueur. Il est désirable que les divers saules soient étudiés comparativement et que l'on précise les conditions d'emploi de chaque espèce.

Pépinières.

La question de l'origine des graines a été traitée plus haut, mais il est un certain nombre d'autres points sur lesquels il paraît nécessaire d'appeler l'attention du Congrès :

1° Faut-il donner la préférence aux pépinières centrales ou aux pépinières volantes?

2° Dans quelle mesure peut-on substituer les engrais chimiques aux engrais naturels?

3° Quels sont les meilleurs procédés à employer pour réussir les semis de certaines espèces de reboisement ou d'embroussaillement : pin cembro, aune blanc, sorbier des oiseleurs, hippophaæ, aune vert, etc ?

4° Comment préserver certaines graines dont la germination est lente, comme celle du pin cembro, contre les attaques des oiseaux et des rongeurs ?

5° Faut-il repiquer les plants ?

Semis directs et plantations.

Les questions sur lesquelles l'attention des congressistes mériterait d'être appelée peuvent être groupées comme suit :

1° Essences pouvant être installées par semis direct.

2° Essences devant être installées de préférence par voie de plantation.

3° Saisons à choisir pour l'exécution des semis et des plantations.

4° Différentes méthodes applicables aux semis directs et aux plantations.

5° Dans quelle mesure peut-on favoriser l'essor des jeunes sujets par l'emploi des engrais chimiques.

6° Soins à donner aux jeunes plants. Espacement initial. Eclaircies. Nettoiements.

7° Etablissement de tranchées garde-feu, etc.

LE CONGRÈS ÉMET LE VŒU :

Que les forestiers reboiseurs soient encouragés à faire connaître les moyens pratiques qui leur ont le mieux réussi dans l'exécution des divers travaux de correction et de réinstallation de la végétation.

Que l'attention des reboiseurs soit attirée sur la nécessité d'étudier la végétation naturelle des bassins à reboiser et des régions attenantes, et sur l'intérêt qu'il y aurait à dresser une carte botanique pour servir de base aux travaux de reboisement entrepris.

Que l'on tienne compte des résultats acquis dans la question de l'origine des graines, en semant en tous cas des graines d'origine connue et choisies logiquement.

Que l'on étudie d'une façon rationnelle les végétaux herbacés et les arbrisseaux utilisables pour l'enherbement et l'embroussaillement, et que par des essais on détermine les conditions de leur emploi et de leur multiplication.

Qu'une étude analogue soit faite pour les diverses espèces de saules utilisés pour les travaux de garnissage et de clayonnage.

Permettez-moi, Messieurs, d'ajouter quelques mots :

On ne saurait douter qu'à l'époque où l'homme vint prendre possession des différentes vallées des Alpes, un certain ordre régnait dans la nature.

Sans doute cet ordre, cette harmonie n'étaient pas la manifestation d'un équilibre atteint définitivement, car il n'y a pas à proprement parler dans la nature d'équilibre définitif, mais bien plutôt, si nous nous en rapportons à ce que nous pouvons observer aujourd'hui, le résultat d'une lutte incessante, dont les phases se sont succédé dans un ordre déterminé, entre divers facteurs antagonistes obéissant à des lois générales et immuables.

Ces facteurs antagonistes sont :

D'une part, les agents de la géodynamique externe, dont l'action a son origine à la fois dans l'énergie solaire et dans la gravité, et qui travaillent les uns à la désagrégation de l'écorce terrestre en éléments plus ou moins volumineux, les autres au transport de ces éléments. Par le jeu combiné de ces divers agents, les particules solides du globe se rapprochent d'une situation d'équilibre stable, en même temps que la surface terrestre tend à acquérir une forme qui la protège mieux contre toute action ultérieure.

D'autre part, l'armature végétale qui maintient la partie superficielle du sol en l'enserrant dans le réseau de ses organes souterrains, s'oppose ainsi au transport des éléments qui la constituent; en outre, grâce aux organes aériens, elle protège cette partie superficielle du sol contre l'action des agents atmosphériques.

En réalité, les organismes végétaux contribuent dans une certaine mesure, nous l'avons vu, et les forestiers le savent, à l'altération et à la désagrégation des roches. Mais si l'on considère que cette action est combinée avec la propriété que les végétaux ont de laisser à la surface ou dans les profondeurs du sol, au moment de la mort de leurs organes aériens ou souterrains, les matières nutritives puisées dans ce sol ou dans l'atmosphère, on constate qu'en somme l'action des organismes végétaux a pour effet de faciliter leur développement immédiat ou de favoriser par la suite l'installation de ceux qui sont appelés à leur succéder dans les phases successives de l'évolution du tapis végétal. En sorte que tout se passe comme si les organismes végétaux altéraient, désagrégeaient, et même décomposaient le sol pour mieux le retenir.

L'étude des phénomènes dont la surface du globe est actuellement le théâtre nous permet de connaître vers quel but final tendent ces facteurs antagonistes. C'est la substitution au relief primitif d'une pénéplaine, surface telle que toutes les lignes de plus grande pente sont des courbes analogues aux profils d'équilibre des cours d'eau.

L'évolution du relief dans le sens que nous venons d'indiquer est un phénomène de longue haleine. Si les agents de la dynamique interne ne venaient plus jamais modifier les positions relatives des divers éléments de la croûte terrestre, on pourrait presque esquisser à grands traits les caractères essentiels de la pénéplaine qui, dans cette hypothèse, se substituerait peu à peu aux formes actuelles de nos Alpes, bien que cependant le soulèvement de celles-ci soit relativement récent et que, toutes choses égales d'ailleurs, le travail de l'érosion y soit encore peu avancé.

Mais si l'on ne peut indiquer l'état géographique final vers lequel tend le relief actuel, on peut affirmer, en tout cas, qu'il est loin d'être définitif et que son évolution serait beaucoup plus rapide si toute végétation en était absente. Celle-ci exerce un rôle retardateur très puissant, que personne ne méconnaît aujourd'hui, et sur lequel est basée l'œuvre que l'on a entreprise en faveur de la restauration des montagnes.

Pour le moment, bornons-nous à constater que si l'ordre de choses actuel est encore harmonique, comme n'étant pas le résultat du pur hasard, puisqu'il est, je le répète, le produit du combat des facteurs antagonistes, obéissant tous à des lois définies et immuables, il n'en est pas moins incompatible avec le développement ascensionnel, c'est-à-dire dans la voie du progrès tel que nous le concevons, de la civilisation actuelle.

Comment se rétablit aujourd'hui l'équilibre détruit?

Dans les régions que l'homme et son industrie ont dû abandonner totalement, c'est-à-dire en quelque sorte partout où se trouvent de grandes surfaces complètement dépourvues d'armature végétale, on assiste à l'évolution rapide des formes du sol vers un terme bien différent de l'état qui existait au moment de son entrée en scène.

A cet égard, le fait le plus saillant peut-être est le suivant, que l'observation la plus superficielle met quotidiennement en évidence dans les pays de montagne en particulier. Si l'on vient à détruire le tapis végétal existant sur un sol stable dont la pente dépasse une certaine valeur (au-dessus de 100 pour 100 pour fixer les idées), on remarque que l'armature végétale protectrice du sol ne se rétablit jamais immédiatement dans l'état où elle existait auparavant, état qui est encore celui des terrains environnants. Et cependant ces terrains produisent d'innombrables germes qui se développeraient à côté s'ils y trouvaient des conditions favorables.

Les agents de la dynamique externe s'acharnent sur ce sol non abrité et tendent à lui donner une pente générale inférieure à celle qu'il avait tout d'abord. Ce n'est que lorsque cette pente a pris une valeur voisine de 100 %, plus fréquemment inférieure à ce chiffre, que l'on voit les organismes végétaux chercher à prendre possession du domaine modifié quant à la pente.

Il me semble nécessaire de donner ici quelques indications plus précises sur cette notion de la *pente de restauration* que j'ai essayé d'introduire dans le rapport.

Pour simplifier notre examen, supposons tout d'abord que nous soyions transportés dans une région où les eaux courantes — je dis les eaux courantes — n'interviennent pas comme agents du modelé. Les matériaux constituant l'écorce terrestre, soumis aux agents de la dynamique externe, se désagrègent en donnant naissance à des éléments de grosseur variable qui s'accumulent directement sur place si le relief est peu accentué, ou qui, dans le cas contraire, roulent ou glissent sous l'influence de la pesanteur, à une certaine distance du point où ils ont été mis en liberté.

Cette force de propulsion combinée avec les frottements auxquels leur contact donne lieu intervient seule dans leur classement méthodique. Dès lors, sont constituées des nappes d'éboulis dont la stabilité est immédiatement définitive et dont la pente superficielle ne dépend plus, en quelque sorte, que de la grosseur des éléments qui les composent. C'est ainsi, par exemple, que les choses se passent dans les régions désertiques.

Les choses se passent tout différemment dans les régions où les condensations atmosphériques sont assez abondantes pour donner naissance au ruissellement superficiel et pour permettre à l'action des eaux courantes — je répète courantes — d'entrer en jeu.

Évidemment, c'est encore la pesanteur qui, s'exerçant sur les éléments de tout volume provenant de la désagrégation des roches, provoquera leur collection en nappes d'éboulis à matériaux grossièrement triés. Mais l'équilibre superficiel de ces nappes se modifiera à la première pluie un peu abondante et tendra à s'établir de telle sorte qu'en chaque point, la résistance du sol soit égale à la puissance d'érosion des eaux qui passent par le point considéré. Vers le sommet de la nappe des eaux, n'ayant pas le temps de se concentrer ou n'ayant formé que de très petits filets liquides, l'équilibre s'établira sous une pente forte. Vers le bas au contraire, la concentration des eaux aura engendré de véritables torrents et l'équilibre ne pourra plus s'établir que sous une pente relativement faible.

Partout, dans les montagnes françaises et dans celles des autres pays, on constate que les éboulis de formation récente sont profondément ravinés et qu'en général, les ravins sont d'autant plus encaissés qu'on se trouve plus loin du sommet de ces nappes.

Les considérations qui précèdent font ressortir, je crois, avec évidence, que la pente du sol au-dessous de laquelle la végétation devient possible à la surface du sol, varie de valeur dans une certaine mesure, suivant la plus ou moins grande ampleur du phénomène du ruissellement. Aussi constate-t-on aisément que, toutes choses égales d'ailleurs, les formes de relief varient, évoluent dans les sens très différents suivant la plus ou moins grande ampleur du phénomène du ruissellement. La nature des précipitations joue aussi un rôle important dans ces phénomènes.

Il est bien évident que, par exemple, les chutes de grêle sont de nature à activer la marche du modelé, tandis que les chutes de neige sont favorables au maintien des formes actuelles du sol, à moins toutefois que ces masses de neige ne donnent naissance aux phénomènes glaciaires et aux phénomènes des avalanches. En effet, pendant que le sol est couvert par la neige, il est soustrait aux alternatives de gel et de dégel, ainsi qu'à l'action mécanique des chutes de pluie ou de grêle. Les eaux arrivent lentement au sol pendant que dure la fusion, et l'infiltration se trouvant dès lors facilitée, le ruissellement est singulièrement amoindri.

Plus longue sera la période pendant laquelle la neige couvre le sol, et moins rapide sera l'évolution du relief, toutes choses restant les mêmes.

De plus, les surfaces enneigées se découvrent d'ordinaire avec lenteur et d'une manière progressive. Si ces surfaces sont nues, la fusion progressive des neiges sera favorable au développement de proche en proche de la couverture végétale.

De sorte qu'en définitive, on peut, je crois, formuler le principe suivant :

Un sol de constitution physique et de pente données pourra être envahi par la végétation sous un climat défini, alors que cet envahissement aurait déjà eu lieu ou serait encore impossible dans d'autres conditions de climat.

Examinons maintenant — j'empiète un peu sur le domaine de mon camarade Guinier, mais il m'en excusera certainement — examinons maintenant comment la nature s'y prend pour établir un tapis végétal sur un sol nu et qui présente des conditions de pente favorables, relativement au climat.

Au début de cette sorte de restauration, on ne voit que des individus isolés, d'espèces peu nombreuses et bien spécialisées, réussir à s'installer. Beaucoup meurent sans avoir laissé de postérité. Mais les obstacles que certains d'entre eux, mieux armés pour la lutte, opposent aux causes de dégradations, finissent à la longue par réduire la puissance des agents atmosphériques. Ainsi se créent insensiblement de nouvelles conditions qui sont favorables à la multiplication plus abondante des espèces que je viens de signaler et à l'installation de nouvelles espèces, plus difficiles que les premières, par rapport aux conditions offertes par le milieu.

Le résultat final de cette lutte opiniâtre entre la nature vivante et la nature morte est la constitution d'une association végétale, de laquelle sont généralement exclues les espèces qui avaient pris possession du sol au début de la restauration.

Le plus souvent la composition de cette association sera absolument identique à celle de l'association qui caractérise les stations analogues de la zone naturelle de végétation à laquelle appartient le lieu considéré. Mais tel n'est pas toujours le cas. On sait en effet que « les besoins de chaque espèce prise isolément varient dans des limites plus étroites que ceux de l'association ». Or, le changement dans la forme superficielle du sol aura pu s'accompagner d'une modification importante dans sa nature minéralogique, par exemple si l'érosion a enlevé un terrain de transport qui couvrait un terrain en place et mis ce dernier à nu.

De telle sorte que, même en admettant qu'aucune modification ne se produise dans les caractères généraux et locaux du climat, on constatera parfois que certains termes de l'association, voire même son principal terme, auront disparu.

En somme, je crois avoir établi les deux autres principes suivants :

1° Lorsqu'une surface à très forte pente se trouve subitement privée de toute armature végétale, les organismes végétaux ne peuvent, dans les conditions actuelles de la vie sur le globe, s'en emparer immédiatement par leurs propres moyens. A la dénudation succède une phase d'érosion.

2° Il n'est possible aux organismes végétaux dont il s'agit de lutter victorieusement contre les forces naturelles de dégradation que lorsque la pente du sol a pris une valeur plus faible que celle qu'elle avait tout d'abord.

Ces principes ne sont apparus clairement aux yeux des observateurs qu'au cours du siècle dernier.

Surrel, que l'on cite toujours en cette matière, attribuait à juste titre aux végétaux ligneux, aux arbres en particulier, la prépondérance dans le rôle de l'armature végétale. C'est lui qui, le premier, a exprimé avec vigueur le premier de ces principes en disant que « la destruction d'une forêt laisse le sol en proie aux torrents ».

Si le deuxième principe n'a pas été formulé avec autant de netteté, il n'en est pas moins contenu implicitement dans tous les travaux publiés sur la restauration des montagnes et la correction des torrents. Les forestiers l'expriment généralement en affirmant qu'un sol dénudé et dont la pente dépasse une certaine valeur ne peut être restauré, c'est-à-dire que son armature végétale ne peut être réinstallée qu'après l'exécution de certains travaux ayant pour but de donner au sol la stabilité qui lui fait défaut. C'est ce que M. Mougin disait tout à l'heure.

C'est de ce principe que les forestiers ont déduit la nécessité d'effectuer la plupart des travaux de correction : barrages, clayonnages, fascinages, garnissages de lits et de berges, avant d'entreprendre les travaux forestiers et de reprendre les semis et plantations.

Les réflexions qui précèdent pourraient nous amener à nous poser la question suivante : comment la végétation a-t-elle pu s'emparer des surfaces à très forte pente, alors que dans les conditions actuelles, elle ne peut plus immédiatement s'y réinstaller par ses propres moyens ? C'est une question que les botanistes résoudront ; et je pense qu'ils en trouveront la solution dans l'étude du phénomène glaciaire. C'est probablement à l'époque glaciaire que la végétation s'est installée dans les pays de montagnes.

Le deuxième chapitre de notre rapport traite des petits travaux de correction.

Je n'ai pas de choses nouvelles à ajouter au rapport sur ce point, et cela ne conclut à aucun vœu. Je vous demande donc de me permettre de passer la parole à M. Guinier.

M. Guinier. — Messieurs, ainsi que M. Bernard l'a dit, il y a dans la question qui nous intéresse en ce moment une part botanique. La restauration des montagnes comporte une grande part de botanique appliquée. Et je tiens tout d'abord à vous faire remarquer que, pour le comprendre, il faut élargir la conception de la botanique qui a été pendant longtemps universellement admise, et qui demeure encore la seule connue pour beaucoup de personnes étrangères aux progrès de cette science.

Le botaniste, ce n'est pas l'homme qui en se promenant à travers la campagne ramasse des plantes, leur donne des noms, étudie leurs caractères. Ce n'est pas non plus celui qui dans son laboratoire, au moyen de coupes microscopiques, en étudie les détails de structure. Ce n'est pas davantage et seulement celui qui, dans un laboratoire un peu différent, faisant croître ces plantes dans des milieux dont il règle à sa volonté tous les détails, établit les lois physiologiques de leur développement. Non, il y a à côté de cela un botaniste plus complet, plus synthétique si vous voulez, d'ordre plus pratique aussi : c'est celui qui, parcourant la campagne, ne se borne pas à constater qu'il y a là une plante présentant tels caractères, mais se demande pourquoi elle y vit, dans quelles conditions de milieu elle s'y trouve, quelle est sa signification : en d'autres termes, celui qui se demande quelles sont les propriétés de cette plante et comment on pourrait en tirer parti pour répondre à un des besoins de l'homme.

C'est ce pas qu'il faut franchir, c'est dans cette voie qu'il faut résolument entrer.

En somme, restaurer les montagnes, c'est rétablir l'état primitif. MM. Mougin et Bernard l'ont éloquemment montré, ce rétablissement comporte une part de lutte contre des phénomènes géologiques. Mais ensuite il faut rétablir sur ce sol la végétation primitive. Il faut donc connaître quelle était cette végétation primitive. Ceci est incontestablement un problème de botanique appliquée.

Ce problème, les botanistes sont aujourd'hui à même de le résoudre. Je dis actuellement, car il y a trente ans ou même vingt ans, la chose n'était pas aussi facile. La botanique a évolué. Et je ne peux pas parler sur ce sujet sans rappeler le nom de celui qui, en France, a contribué le plus à cette évolution et surtout à ses applications pratiques : c'est M. Flahault, professeur de botanique à l'Université de Montpellier qui, le premier, a étudié à ce point de vue spécial la flore de nos montagnes méditerranéennes, des Cévennes, d'une partie des Pyrénées, de toutes les Alpes méridionales.

Nous n'entrerons pas dans les détails de ce problème de la détermination de l'état primitif de la végétation : c'est de la botanique, et je ne crois pas nécessaire de m'y appesantir. Je me bornerai à faire remarquer une chose : Certainement beaucoup d'entre vous — je parle des forestiers — me feront cette objection ; ils diront : « Mais cela exige beaucoup d'études botaniques, cela exige une grande connaissance de la flore d'une région ». C'est bien certain, mais c'est un travail à faire une fois pour toutes ; et de même, que dans certains cas, on a recours à un spécialiste, je ne vois pas pourquoi les forestiers ne recourraient pas dans ce cas particulier à un spécialiste en botanique.

Le résultat de tous ces travaux serait d'établir une carte botanique de la région à reboiser, pour chaque bassin de réception, pour chaque périmètre, pour employer le terme administratif. Cette carte indiquerait les limites altitudinales et les localisations d'après la nature du sol des différentes essences, ou plutôt des différentes associations végétales. Alors il suffirait de jeter un coup d'œil sur cette carte, d'y mettre en place la surface à reboiser, pour savoir immédiatement à quelles essences il faut avoir recours.

Voilà le principe. Je ne nie pas qu'il n'y ait des difficultés d'application. Mais notre tâche ici est d'émettre des idées générales, de poser des principes ; et c'est dans ce sens que tout à l'heure je vous proposerai un vœu.

Il y a encore quelque chose à quoi il faut faire attention. Rétablir la végétation primitive, mais est-ce toujours possible? Les forestiers savent bien que non. Instinctivement, de tout temps, quand ils ont à constituer une forêt sur un sol déterminé, ils ont eu recours à ce qu'on a appelé des essences transitoires, parce qu'ils savent parfaitement que si, par exemple, dans une sapinière complètement détruite, ils veulent planter du sapin, ils s'exposent neuf fois sur dix, et même plus souvent, à échouer. Mais ils y planteront une essence transitoire, et c'est sous cette essence, le pin sylvestre par exemple, qu'ils verront se reconstituer la forêt.

Cette méthode doit être généralisée. Nous ne devons pas parler seulement d'essences transitoires, mais, d'une façon plus générale, de végétaux transitoires, d'ordre quelconque, de toutes dimensions.

D'autre part, une autre notion à retenir est celle-ci : rétablir l'état antérieur est bien, mais il y a des cas où on peut faire mieux. Il ne faut pas oublier ce principe fondamental que, pour qu'une plante se trouve dans un endroit déterminé, il ne suffit pas qu'elle y puisse vivre : il faut aussi qu'elle ait pu y arriver. Les plantes ont leurs migrations. La population végétale du globe est actuellement le résultat de migrations très lentes. Mais les graines ainsi transportées peuvent rencontrer des obstacles. C'est ce que nous voyons tous les jours dans les régions de montagnes, lorsque nous passons d'une vallée à une vallée voisine : à égalité de climat ou presque, la végétation change complètement. Ainsi dans les Alpes méridionales, si nous comparons une vallée telle que celle du Var, qui débouche largement sur la plaine méditerranéenne, et une autre vallée, telle que celle du Verdon, qui débouche dans la vallée de la Durance, laquelle débouche à son tour, après un parcours encore plus long, dans la vallée du Rhône, nous voyons que, dans ces deux vallées de climat semblable, il y a des flores très différentes. Pourquoi? Il est facile de le comprendre. Un certain nombre de plantes ont pu, partant du rivage méditerranéen, remonter la vallée du Var, tandis que les mêmes plantes n'ont pu, partant de la plaine du Rhône — où déjà elles n'existent pas d'ailleurs — surmonter tous les obstacles échelonnés sur le parcours qui les mènerait à la vallée du Verdon.

Nous pouvons profiter de cette notion pour provoquer ces migrations de plantes, pour les effectuer nous-mêmes. On a fait cela aussi depuis longtemps : c'est le principe de l'introduction des essences exotiques. Et ce mot peut être généralisé : quand on plante du mélèze en plaine, le mélèze est tout aussi exotique dans cette station que le sapin de Douglas l'est en France.

Les reboiseurs eux-mêmes ont largement appliqué ce principe par tâtonnement. Actuellement, il y a sur pas mal de nos versants calcaires des montagnes méridionales de beaux massifs de pin laricio d'Autriche.

Le cèdre aussi a donné de bons résultats sur certains versants méditerranéens. Par conséquent, le mot d'essences exotiques ne doit pas nous effrayer. Il ne faut pas hésiter à faire franchir aux plantes les limites que les circonstances leur ont imposées.

Cela avec toute la prudence nécessaire ; car il ne faut pas oublier que si un végétal existe dans un endroit donné, c'est qu'il a pu résister à une très longue série d'années présentant des conditions météorologiques très différentes. Il suffit d'un hiver froid, d'un été excessivement sec, comme on n'en voit que tous les trente ou quarante ans, quelquefois plus, pour faire disparaître certains végétaux et anéantir le fruit d'un travail qui donnait des promesses.

Voilà le premier point sur lequel je désirais attirer votre attention, en vous montrant comment il est temps de substituer à une méthode empirique une méthode plus générale donnant plus de garanties aux reboiseurs et permettant à coup sûr la restauration des montagnes. (*Applaudissements.*)

Dans ce même domaine de la botanique appliquée, il est d'autres points sur lesquels je désire attirer également votre attention.

A propos des essences de reboisement, il n'y a, je crois, rien à ajouter à ce qui a été dit sur les conditions dans lesquelles il faut introduire chaque essence. Les expériences sont assez nombreuses à présent pour que l'on puisse formuler des règles assez complètes.

Mais il y a un point nouveau, d'une importance énorme : c'est la question de l'origine des graines.

Jusqu'à présent, les forestiers ont volontiers considéré l'espèce botanique comme un bloc immuable. Quand on veut faire un reboisement, on plante ou on sème du pin sylvestre, de l'épicéa, du pin de montagne : on considère que chacune de ces espèces représente un groupe parfaitement homogène. Naturellement, les habitudes commerciales favorisent cette confusion. Les graines achetées peuvent venir d'un point quelconque de l'Europe : cela dépend uniquement des conditions du marché.

Or, depuis un certain nombre d'années, grâce à des expériences poursuivies en Allemagne, en Autriche, en Suisse et qui s'étendent de plus en plus, on a parfaitement établi qu'il existe parmi nos arbres, comme parmi toutes les espèces végétales, une quantité énorme de races locales. Par conséquent, lorsque vous voulez introduire une essence dans un sol et sous un climat donnés, il est imprudent de s'adresser au commerce et d'acheter des graines dont on ne sait pas l'origine. On mettra de son côté le plus grand nombre possible de chances de réussite en faisant récolter les graines de l'essence dans la région même, ou à défaut, dans une région dont les conditions de sol et de climat soient assez voisines.

Voilà la conclusion formelle que l'on peut tirer à cet égard. Et les erreurs extraordinaires commises en négligeant cette précaution ne manquent pas. Tous les jours on peut en observer. Quel est celui qui, en parcourant un reboisement ou un repeuplement artificiel, n'a pas observé parfois une essence chétive, malvenante, et ne s'est pas demandé pourquoi, en cet endroit, cette essence ne réussissait pas. Bien souvent, si on laisse de côté certaines conditions toutes particulières de sol, la raison en est dans l'origine des graines.

Par exemple, on confond sous le nom de pin de montagne deux races qui, sans doute, ont en commun certains caractères : les aiguilles, les cônes sont à peu près les mêmes. Mais pour le forestier, un caractère fondamental est la forme de l'arbre. Or le pin de montagne des Pyrénées ou des Alpes a un fût rectiligne, des branches peu développées, un port tout à fait pyramidal : c'est par conséquent un arbre forestier intéressant, susceptible de produire du bois. Tandis que le pin de montagne des Alpes autrichiennes est un arbuste couché sur le sol, sans fût, avec de longues branches rampantes, formant des fourrés très denses, incapable de fournir autre chose que du menu bois de chauffage. Il est évident que ce pin rampant ne rend pas les mêmes services que le pin à crochets des Alpes et des Pyrénées ; il sera utile pour former un fourré très dense sur un sol à pente rapide ; et inversement dans ce cas, le pin à crochets ne ferait pas l'affaire.

Donc il faut se préoccuper de l'origine des graines. Cette question passionne actuellement les forestiers et ne pouvait pas les laisser indifférents, parce qu'ils désirent avant tout une forêt solide, et non pas seulement une forêt productive. (*Applaudissements.*)

A côté des essences de reboisement, il y a d'autres végétaux qui sont de précieux auxiliaires. Ce sont ceux qui servent à l'enherbement et à l'embroussaillement. L'utilisation de ces végétaux se comprend d'abord parce que, ainsi que je le faisais remarquer tout à l'heure, la réinstallation directe de la végétation primitive n'est pas toujours possible. Puis il y a mieux : il y a des terrains sur lesquels jamais, quoi qu'on fasse, on ne pourra rétablir la forêt. A certaines altitudes surtout, il y a des terrains à éboulis par exemple, qui sont dans ce cas. Et cependant, ces terrains sont très intéressants pour nous; il faut que nous y installions une végétation qui arrête autant que possible les dégradations du sol.

Là encore la question de la recherche et de l'utilisation de ces végétaux est du ressort de la botanique appliquée.

Ainsi nous observons que certains éboulis sont envahis par certains végétaux. Il s'y trouve des graminées, des arbustes. Parmi les graminées, je citerai la plus classique, celle qui a fait ses preuves et est utilisée par nombre de services de reboisement : la bauche (*Lasiagrostis Calamagrostis*). Parmi les arbustes, celui qui ne manque sur aucune de nos berges des Alpes est l'arbousier (*Hippophaae rhamnoïdes*).

Si ces végétaux ont fait leurs preuves, il y en a beaucoup d'autres sur lesquels l'attention n'a pas été attirée et qu'il faudrait étudier soigneusement pour bien voir comment ils se développent et quels services ils rendraient. Il faut les étudier à tous les points de vue ; leur enracinement, leur faculté de drageonnement, intéressante lorsqu'il s'agit de fixer le sol, leur manière de se reproduire par boutures, par graines. Ainsi nous arriverions à dresser une liste qui n'aurait pas besoin d'être bien longue, de végétaux qui pourraient devenir nos auxiliaires dans le reboisement.

Seulement la difficulté sera de se procurer en quantité suffisante des graines ou des boutures de ces végétaux. Cela mènera probablement à une nouvelle série d'études et de travaux. Il faudra créer des sortes de pépinières où on pourra les multiplier.

Parmi ces végétaux auxiliaires, il en est un qu'il faut, je crois, placer à part : c'est le saule. Tous ceux qui se sont occupés de travaux de reboisement savent combien les saules rendent de services, soit pour garnir le fond du lit des ravins, soit pour servir de matériaux vivants dans les menus travaux de clayonnage et de fascinage.

Jusqu'à présent, on a employé des saules d une façon générale, sans tenir compte qu'il n'y a pas un saule, mais plusieurs, et que, dans une même région montagneuse, on trouve réparties sur les différents points du bassin de réception, des variétés qui n'ont pas toutes les mêmes aptitudes. Les unes acceptent volontiers des stations élevées, tandis que d'autres ne peuvent pas dépasser certaines altitudes. Il en est qui produisent des rejets peu longs et très grêles, tandis que d'autres en ont de très vigoureux. Il n'est pas indifférent d'employer l'une ou l'autre de ces variétés. Actuellement comment procède-t-on?

Trop souvent on fait couper sur les atterrissements des rivières torrentielles, sur les cônes de déjection des torrents, des brassées de saules que l'on emploie pêle-mêle. Ces variétés diverses ne donnent pas une réussite égale, suivant les conditions d'altitude, de fraîcheur ou de sécheresse. Il faudra donc instituer pour les saules en particulier des études analogues à celles dont je vous parlais pour tous les végétaux d'enherbement et d'embroussaillement..

Enfin, je termine en appelant à nouveau votre attention sur le principe dont je parlais en débutant, à savoir qu'il ne faut pas seulement utiliser les végétaux existant localement, mais encore qu'il faut faire effectuer à certains autres des migrations qu'ils n'ont pas pu faire par leurs propres moyens.

Dans les Hautes-Alpes et dans les Basses-Alpes, quand l'on arrive dans un périmètre de protection, on voit employer immédiatement et avec un plein succès une papilionacée à fleurs roses, la bugrane, qui a donné là des résultats superbes. La bugrane existe à l'état spontané dans ces régions, mais elle n'existe pas dans certaines autres parties des Alpes, pas plus qu'elle n'existe dans les Pyrénées ou dans les Cévennes : pourquoi ne pas la transporter? Pourquoi ne pas utiliser ses précieuses facultés?

De même, dans les Alpes-Maritimes, il y a une plante qui a donné des résultats tout à fait favorables pour la fixation des berges, la corroyère ; elle aussi a une aire très localisée : pourquoi ne pas faire des essais? Pourquoi ne pas étendre son emploi à des régions où elle n'existe pas à l'état spontané?

Je cite ces exemples, mais il en est certainement beaucoup d'autres qui pourraient être suggérés dans l'avenir ; ce qu'il y a d'essentiel, c'est de bien poser en principe que l'utilisation des végétaux pour l'enherbement et l'embroussaillement doit faire l'objet d'études rationnelles et qu'il y a là une tâche nouvelle qui s'impose aux intéressés. Il faut dresser une liste des végétaux utilisables, avec les conditions dans lesquelles on peut les employer. Je crois que ce sera une tâche féconde, permettant de porter à l'apogée, en quelque sorte, l'œuvre de la restauration des montagnes (*Applaudissements*).

Je termine, messieurs, en vous soumettant le projet de vœu que vous avez pu lire, à la fin de notre rapport.

La première partie de ce vœu résulte de cette constatation qu'il y a des méthodes locales acquises par l'expérience d'un certain nombre de forestiers et dont il y aurait intérêt à provoquer la diffusion. Quant à la fin de ce vœu, il résume les idées que nous avons développées (*Nouveaux applaudissements*).

M. Tessier. — MM. Bernard et Guinier viennent d'exposer la nécessité, pour les travaux de gazonnement des terrains dégradés, d'écarter les graines fourragères du commerce qui, en montagne, donnent des résultats médiocres et dépérissent rapidement. Il y aurait donc la plus grande utilité, comme ils le disent dans leur rapport, à créer des pépinières pour produire des graines fourragères adaptées, sélectionnées, de manière à donner les meilleures races possibles pour la consolidation des terrains de montagne.

La même observation doit être faite pour les graines fourragères que demandent les améliorations pastorales. Les forestiers des Pyrénées-Centrales se préoccupent de cette question et ils ont mis à l'étude, à 1.100 et à 1.600 mètres d'altitude, dans le périmètre de reboisement du Laou d'Esbas, qui protège la belle station thermale de Luchon, la reine incontestée des Pyrénées, la création d'une pépinière destinée à la production de graines d'espèces fourragères vivaces, prises dans la région même et, par suite, parfaitement adaptées.

Dans l'état actuel de la science agricole, il ne paraît pas douteux que si, en montagne, les sujets provenant de graines fourragères du commerce disparaissent le plus souvent au bout d'un petit nombre d'années sans laisser de descendance, il n'en serait pas ainsi avec les graines judicieusement sélectionnées et adaptées. Je citerai, par exemple, la houque laineuse qui avait été semée en grande abondance dans les pâturages du Vercors ; un an après mon arrivée à Valence, j'ai vainement cherché cette houque : il n'y en avait plus. On avait dépensé en pure perte des sommes importantes pour acheter des graines chez les marchands de Paris et du Nord.

Notre projet de laboratoire du périmètre de Laou d'Esbas répond donc par avance aux paragraphes 3 et 4 du vœu si intéressant qui vous est soumis, et j'ai pensé qu'il n'était pas hors de propos d'exposer au Congrès la méthode que nous allons employer.

Il s'agit, je le répète, de produire en abondance et sur place, aux diverses altitudes, les graines des espèces fourragères les plus aptes en même temps à consolider le sol et à constituer un bon pâturage. Il ne peut donc être question que d'espèces vivaces.

Deux procédés s'offrent à nous pour obtenir un résultat : la sélection directe, ou bien l'obtention de races pures en partant d'une plante unique.

Je prends d'abord la sélection directe, le procédé le plus simple et qui donnera le plus rapidement des résultats pratiques.

Pour chaque espèce ou variété choisie, nous irons extraire dans la montagne même les pieds les plus vigoureux ou en récolter les graines. Nous grouperons les pieds de chaque espèce ainsi obtenus dans un carré de pépinière afin de pouvoir facilement les observer et en recueillir chaque année les graines. Dans ces cultures, on s'appliquera incessamment à éliminer tous les sujets médiocres et à les remplacer par les meilleurs que l'on pourra trouver dans la montagne. Au bout de deux ans, cette méthode commencera à produire des quantités appréciables de graines sélectionnées.

Ce procédé de sélection, diront les agriculteurs, est fort élémentaire : c'est possible ; mais il faut courir au plus pressé et il a l'avantage de donner immédiatement des résultats pratiques.

D'ailleurs, cela ne nous empêchera pas d'utiliser une seconde méthode qui est la suivante : l'obtention de races pures en partant d'une plante unique. Cette méthode est plus parfaite, plus scientifique, mais elle donne des résultats moins immédiats ; c'est celle qui est employée par le suédois Nillson au laboratoire de Svalöf et elle fera de notre pépinière un organisme d'un grade plus élevé auquel nous pourrons donner le nom de laboratoire.

Pour chaque espèce ou variété soumise à la sélection directe, nous choisirons le pied présentant les qualités les plus désirables et, sur ce pied unique, l'on récoltera les graines les mieux conformées. Il faudra donc un examen minutieux et approfondi pour choisir avec discernement ce qui sera la souche future de notre race.

Les cultures ainsi obtenues seront l'objet d'observations attentives ; on y supprimera tous les individus chétifs ; d'autre part, tous ceux qui présenteront des variations aberrantes et ne reproduiront pas les caractères du pied-mère seront mis à part. Il est entendu que nous aurons conservé en herbier un échantillon de la plante initiale pour que nos successeurs aient des documents leur permettant de suivre l'évolution de la race et ses transformations.

Dès la quatrième année, nous aurons déjà des quantités importantes de graines d'une grande valeur pratique pour la consolidation du sol et l'amélioration des herbages.

Quant aux individus mis à part comme présentant des variations aberrantes, nous ne les perdrons pas de vue ; nous n'oublierons pas que, dès 1890, les recherches de Braun de Noegard ont déjà établi la constance des caractères dans la descendance de certains types aberrants, même avec changement de milieu, et que le savant directeur du laboratoire de Svalöf, M. Nillson, prenant les observations de Braun de Noegard comme base de ses travaux, s'applique à propager les individus aberrants offrant des variations intéressantes et réussit ainsi à créer de véritables races remarquables par leur fixité.

Sous le bénéfice de ces observations, je demanderai que le congrès émit le vœu :

« *Que le Touring-Club de France veuille bien subventionner la création en montagne de laboratoires et pépinières analogues au célèbre laboratoire de Svalöf en Suède, laboratoires et pépinières dans lesquels on sélectionnerait méthodiquement les espèces fourragères vivaces les plus aptes à consolider le sol tout en fournissant de bons herbages* » (Applaudissements).

M. Roth. — Je m'associe entièrement à la très intéressante communication de MM. Bernard et Guinier, concernant l'origine des graines. Il ne suffit pas, en effet, comme le disait M. Guinier, de connaître les plantes, on doit encore chercher et connaître toutes les autres circonstances ; notamment, en ce qui concerne le reboisement des terres nues, il est très nécessaire de regarder la couverture vivace des plantes herbacées pour juger quelles espèces d'arbres nous pouvons planter avec succès. En Hongrie, grâce à cette méthode, nous avons obtenu des résultats excellents sur notre désert de sable.

D'autre part, nous semons, par exemple, au désert sablonneux, avant le reboisement, la *Festuca vaginata*, l'*Echinops*, et nous obtenons de réels succès grâce à une méthode spéciale. La migration des plantes a été très rapide et c'est là un résultat très désirable pour nos déserts de sable ; car, après le reboisement, apparaît une végétation qui ne se trouve pas dans les sables, mais seulement dans les forêts (*Applaudissements*).

M. le baron de Belinay. — La science et la compétence de M. Guinier m'encouragent à lui signaler un phénomène qui se passe constamment chez moi : je ne sais pas s'il est général.

J'ai coupé récemment une petite futaie de hêtres : immédiatement après, le sol s'est couvert d'arbrisseaux qui sont inconnus sur le plateau, le sureau à grappe, le framboisier et, en plus, l'épilobe. Comment expliquer cela ?

M. Guinier. — Le fait que vous signalez est d'ordre absolument général. Toutes les fois que, dans une forêt, on modifie l'état du peuplement — et la modification la plus profonde est bien la suppression de ce peuplement par la coupe — la végétation change ; un certain nombre d'espèces qui préexistaient sous le couvert, mais d'une façon chétive, se développent immédiatement. Après les graminées qui arrivent au sol deux ans après la coupe, on voit apparaître d'autres plantes, et en particulier, celles dont parle M. le baron de Belinay. Dans toutes nos régions de montagne, on voit apparaître, parmi les arbustes, le sureau à grappes, et parmi les plantes herbacées, l'épilobe. Ces plantes exigent, pour se développer, un sol très riche en humus et de la lumière ; elles ne trouvent ces conditions réunies que dans les coupes et elles ne peuvent vivre que là.

N'oubliez pas, d'ailleurs, que les plantes dont on a parlé ont des graines très facilement disséminables : le sureau à grappes, le framboisier ont des fruits charnus ; absorbées par les oiseaux, les graines peuvent être rejetées à de grandes distances de la plante-mère ; d'autre part, l'épilobe est le type le plus parfait de la plante à graine ailée : les graines, très petites et très légères, sont surmontées d'un panache de poils qui permet le transport à des distances considérables.

Ce sont des migrations rapides qui se produisent sous nos yeux.

M. le baron de BELINAY. — Nos paysans ont une autre théorie ; ils disent que la terre est un bon grenier.

M. GUINIER. — Ce n'est pas absolument faux. On a constaté que, dans les coupes, réapparaissent périodiquement certaines espèces dont les graines se conservent dans le sol pendant vingt, trente ans et même davantage.

UN CONGRESSISTE. — Le fait est particulièrement remarquable en Extrême-Orient pour le bambou.

M. GUINIER. — Chez nous, le genêt à balais en est aussi un exemple frappant.

M. CARDOT. — Il en est de même pour le fraisier qui couvre le sol des coupes.

M. GUINIER. — N'oubliez pas que le fraisier a une multiplication végétative très rapide.

M. LEMAITRE. — Et le muguet...

M. GUINIER. — Le muguet se retrouve, mais à un autre stade. Au contraire, pour le genêt à balais, le fait est absolument démontré, les graines se conservent à terre pendant tout le temps qui sépare une coupe de la suivante.

M. LEMAITRE. — Quand on met des scories dans un pré où il n'y a jamais eu de légumineuses, trois mois après, c'est un champ de minette et de trèfle.

M. GUINIER. — La végétation se compose en quelque sorte de trois éléments : les éléments préexistants, puis d'autres éléments introduits, soit du voisinage ou issus de graines conservées dans le sol.

M. le baron DE BELINAY. — Je trouve géniale votre idée d'employer les plantes pour fixer les terrains de montagne. Une plante a permis à Brémontier de fixer les dunes ; il est évident qu'on peut fixer la terre des montagnes de la même façon.

M. GUINIER. — Brémontier n'a fait qu'appliquer les méthodes que nous demandons d'utiliser en montagne.

M. LE PRÉSIDENT. — Je donne lecture du projet de vœu présenté par MM. Bernard et Guinier :

« *Que les forestiers reboiseurs soient encouragés à faire connaître les moyens pratiques qui leur ont le mieux réussi dans l'exécution des divers travaux de correction et de réinstallation de la végétation.*

« *Que l'attention des reboiseurs soit attirée sur la nécessité d'étudier la végétation naturelle des bassins à reboiser et des régions attenantes, et sur l'intérêt qu'il y aurait à dresser une carte botanique pour servir de base aux travaux de reboisement entrepris.*

« *Que l'on tienne compte des résultats acquis dans la question de l'origine des graines, en semant, en tout cas, des graines d'origine connue et choisies logiquement.*

« *Que l'on étudie d'une façon rationnelle les végétaux herbacés et les arbrisseaux utilisables pour l'enherbement et l'embroussaillement, et que par des essais on détermine les conditions de leur emploi et de leur multiplication.*

« *Qu'une étude analogue soit faite pour les diverses espèces de saules utilisés pour les travaux de garnissage et de clayonnage.* »

Les divers paragraphes de ce vœu sont successivement mis aux voix et adoptés à l'unanimité.

M. LE PRÉSIDENT. — Quant au vœu déposé par M. Tessier, je propose de le formuler ainsi :

« *Que soit encouragée la création en montagne de laboratoires et pépinières analogues au célèbre laboratoire de Svalöf en Suède, laboratoires et pépinières dans lesquels on sélectionnerait méthodiquement les espèces fourragères vivaces les plus aptes à consolider le sol tout en produisant de bons herbages.* »

Ce vœu, mis aux voix, est adopté.

La séance est levée à midi moins un quart.

SÉANCE DU 17 JUIN 1913

(APRÈS-MIDI)

Présidence de M. CARDOT, vice-président de Section

La séance est ouverte à 2 h. 15.

M. LE PRÉSIDENT. — Je prie M. Roth, inspecteur des Eaux et Forêts de Hongrie, de vouloir bien se joindre à moi pour la présidence de cette séance.

M. Roth prend place au bureau.

M. LE PRÉSIDENT. — Je donne la parole à M. Larue, pour sa communication sur LES FACULTÉS DE REBOISEMENT DES DIVERS FACIES GÉOLOGIQUES.

M. LARUE. — Une tendance actuelle est de toujours accuser l'incurie humaine pour expliquer le déboisement, ou même la lenteur du reboisement. Mais la tâche de l'homme est particulièrement difficile dans certains sols et sous certains climats.

Nous nous contenterons, dans la présente note, d'appeler l'attention sur les différences que présentent en vue du reboisement les faciès français des affleurements des différents étages géologiques.

Deux remarques importantes doivent être faites pour échapper en partie à l'objection de n'envisager qu'un côté de la question, et permettre d'abréger dans la suite :

1° Un reboisement a d'autant plus de chances de réussir qu'il s'appuie sur un massif forestier ;

2° La plupart des terres fertiles rendant plus de bénéfices en culture qu'en bois, il n'y a pas lieu de les reboiser, bien que les arbres y poussent très bien.

L'ordre le plus logique consiste à suivre par ordre chronologique les différents affleurements de notre territoire. Des noyaux granitiques, nous passerons à l'auréole des terrains secondaires qui entourent nos grands bassins, pour achever par les vallées d'alluvions.

Roches cristallines.

Le *granit* détermine des pentes allant jusqu'à un pour un et où la culture est difficile. De plus, les arènes qu'il donne sont pauvres. Fort heureusement, les terrains granitiques occupent ordinairement chez nous des stations élevées (Vosges, Morvan, Massif Central, Pyrénées, Corse) ou des climats humides (Bretagne). Seul fait exception le massif des Maures et de l'Estérel. Le reboisement des granits est une opération fréquemment entreprise, plus rémunératrice que la culture proprement dite, et d'autant plus facile qu'on s'appuie le plus souvent sur un massif existant.

La *granulite*, plus riche en silice, donne parfois des terrains tellement pauvres que le reboisement en est aléatoire, surtout aux altitudes élevées ; les arènes profondes qu'elle détermine sont exposées aux intempéries ou aux sécheresses de l'automne. Tel est le plateau de Millevache (Corrèze), *stricto sensu*. Cependant, quand la forêt est installée, elle y donne de beaux produits, par exemple dans les Vosges, où les sapins enfoncent leurs racines dans les profondeurs de l'arène.

Par la disposition de ses éléments, le *gneiss* conduit à des terres plus compactes et plus fertiles. C'est la raison principale pour laquelle il est moins reboisé. Mais il a l'avantage de pouvoir porter des essences plus précieuses que le granit. Ainsi dans le Morvan, le gneiss est le domaine du chêne, le granit restant celui du hêtre.

Terrains primaires.

Les *schistes* primaires donnent des terrains fort variables. Sur le dos de leurs plaquettes redressées, la terre est peu profonde et le reboisement difficile. Dans les Alpes et les Pyrénées, on leur réserve les essences à racines traçantes, telles que l'épicéa.

Terrains secondaires.

Les grès du *trias* et du rhétien se prêtent également bien au reboisement, d'autant qu'ils se trouvent à des altitudes moyennes dans la Lorraine et la Montagne Noire ; mais les gypses et dolomies du Keuper constituent des fonds chimiquement nocifs.

Le grès vosgien est à reboiser, non pas à cause de ses aptitudes propres, mais parce que sa pauvreté même l'a fait abandonner de tout temps par l'agriculture et qu'il est plus facile d'agrandir une forêt que de la créer. Le pin sylvestre y réussit particulièrement bien et prépare le terrain au sapin et au hêtre. Le chêne y vient généralement mal et y est sujet à la gélivure.

Les *Marnes* du lias resteront le domaine de l'herbe.

Les calcaires ferrugineux du *bajocien*, les bancs puissants de la grande oolithe du *bathonien* et les facies *coralliens* des étages moyens du *jurassique* sont d'un reboisement moins difficile que ne paraît le comporter le peu de profondeur du sol. Malgré les grosses pierres qui gênent les cultures superficielles, l'arbre finit toujours par atteindre des poches de terre fine particulièrement riche et où l'humidité se trouve maintenue par la protection même de la roche. Malheureusement, les arbres d'avenir s'y trouvent clairsemés.

Ces conditions peuvent se trouver moins favorables lorsque les sédiments sont redressés, dans les plissements alpins par exemple, ou bien la roche fendillée verticalement comme sur certains plateaux du Jura.

Dans les combes des vallées calcaires, la gelée diminue souvent l'avenir de la plantation, bien que le sol y soit plus profond que sur les pentes.

Lorsque ces étages jurassiques présentent des faciès marneux, deux cas peuvent se présenter :

a) Les marnes sont riches en gypses, en sulfures ou en magnésie et situées sous un climat sec à pluies torrentielles. Alors elles s'opposent au reboisement par l'affouillement et l'inaptitude chimique. C'est pourquoi les reboisements des Alpes de Provence sont les plus difficiles.

b) Si on a affaire à des marnes calcaires sous le climat tempéré du centre de la France, comme dans les étages oxfordien, et kimméridgien surtout, la forêt pousse vigoureusement, mais les céréales et la vigne également, ce qui a entraîné le morcellement de la propriété.

Dans ces conditions, même depuis la crise viticole, le reboisement est difficile, car on ne peut s'appuyer à un massif boisé. Une parcelle isolée est exposée à des aléas de toute nature.

Les plus mauvais terrains des étages jurassiques sont constitués par les calcaires en plaquettes fréquentes dans les étages bathonien, séquanien et portlandien. La sécheresse de l'automne y amène souvent la mort des jeunes plantations. C'est surtout dans ces terrains que l'on conseille de planter au Nord. L'arbre âgé peut pousser ses racines à une profondeur suffisante.

Il n'en est pas de même si la plaquette est dure, comme sur le premier plateau du Jura et les Causses truffiers. La forêt n'y peut donner que des produits de gros œuvre. Le taillis de chêne s'y transforme difficilement en futaie. Si le climat s'y prête, on peut y tenter la futaie de hêtre (Jura et Lorraine).

Les marnes du *crétacé* inférieur du bassin de la Durance se comportent comme celles du jurassique voisin.

Par leur nature et leur situation topographique, les *sables et argiles du crétacé inférieur* de la Champagne humide constituent les terres de prédilection pour les forêts feuillues et en particulier le chêne. La bande forestière, Cosne, Auxerre, Troyes, Vassy, Sainte-Menehould, Vouziers, s'est longtemps enrichie en fournissant le merrain, le cercle et l'échalas aux vignobles voisins. Depuis la réduction de ceux-ci, on laisse vieillir les coupes et l'on y obtient de beaux chênes.

Les terres argileuses ou siliceuses, pauvres en calcaire, qui constituaient des clairières de l'antique sylve continue, retournent facilement à leur état primitif. On y prépare le chêne en plantant du bouleau, ou même du peuplier en bordure du massif subsistant. Les cours actuels du blé, du lait, et de la viande enrayent un peu ce mouvement en favorisant l'extension des cultures et des pâtures sur les parties drainées.

Les *craies marneuses ou glauconieuses* sont beaucoup trop fertiles pour être boisées. Les parties trop accidentées ou trop humides pour être labourées donnent de beaux bois d'industrie : orme, frêne, etc.

Les récifs *urgoniens* de Provence et des Charentes se comportent comme le corallien, c'est-à-dire donnent des terres riches, mais remplies de blocs relativement favorables à l'arbre, mais non à la forêt, c'est-à-dire pouvant porter de beaux arbres dans un massif clairiéré.

La *craie* de Champagne voit croître lentement ses savarts de pin noir d'Autriche. Le boisement y devient d'autant plus facile qu'on est mieux fixé sur l'essence à choisir et que l'on possède aujourd'hui des points d'appui. On sait aussi que l'on ne peut en attendre que des résultats modestes.

Terrains tertiaires.

Fort heureusement, la craie est souvent recouverte du manteau de terrains tertiaires argilo-siliceux, depuis longtemps boisés, à cause de leur pauvreté chimique. Il est facile d'agrandir la forêt où le besoin s'en fait sentir.

Quant aux terrains tertiaires récents, ils présentent dans le détail une telle variété que nous ne pouvons les suivre dans nos grands bassins fluviaux.

Ordinairement ils sont situés à de basses altitudes et cultivés.

Seuls les facies arèneux s'offrent au reboisement et sont effectivement de plus en plus garnis, tels les sables de Sologne et des Landes. Ils portent également nos plus belles futaies feuillues.

Les molasses calcaires sont ordinairement trop fertiles pour qu'on les recouvre de forêts, mais on y cultive avec succès les arbres fruitiers dans l'Agenais, le Dauphiné et la Savoie.

Terrains volcaniques.

Les laves et basaltes n'occupent en France une surface importante que dans le Puy-de-Dôme et le Cantal. Ordinairement fertiles pour l'herbe, ces terrains n'attirent pas le reboiseur. Seules les *cheires*, (coulées volcaniques) le seraient utilement, mais difficilement à cause de leur extrême perméabilité.

Alluvions.

Quant aux alluvions quaternaires, elles sont occupées presque partout par l'industrie humaine. Souvent parcourues souterrainement par un courant aquatique, elles constituent la région de prédilection des essences tendres, en particulier du peuplier. Celui-ci pousse dans les graviers les moins fertiles, pourvu qu'il trouve de l'eau *courante* à quelques pieds de profondeur.

Ce n'est pas l'humidité du sol, mais celle du sous-sol et plutôt encore le débit de la nappe, qui détermine la zone favorable au peuplier. C'est commettre une erreur que d'en planter dans les sables argileux si abondants dans le tertiaire, le crétacé inférieur et le trias. Il y pousse admirablement en pépinière, mais croît ensuite beaucoup plus lentement que dans les graviers, car si l'eau abonde en surface à cause de l'imperméabilité du sol, elle est par cela même rare dans le sous-sol et absente à l'automne.

C'est pour la même raison que les peupliers réussissent mal dans les tourbières. La tourbe comme l'argile dispute l'eau à la plante.

Si les alluvions ont une grande épaisseur, tels les cailloutis du bassin du Rhône, ils forment des plateaux secs où les reboisements ont peu de chances d'être rémunérateurs. Ils ne peuvent donner que du bois de chauffage et servir d'abris : Crau, Confluent de l'Ain.

Les moraines et les cônes torrentiels sont d'autant plus difficiles à reboiser que la sécheresse du cailloutis s'aggrave de l'instabilité de la masse qui coule sur les pentes lorsque l'eau l'imprègne. En plaine, ils sont ordinairement fertiles et cultivés.

En résumé, le reboiseur ne trouve en face de lui que des sols infertiles abandonnés par la charrue. Il ne peut guère réaliser une œuvre rémunératrice que sur les faciès siliceux en climat humide ou moyen, lorsqu'il s'appuie sur des massifs anciens.

Ailleurs l'opération est aléatoire, mais si elle n'est pas « rentable » pour lui, elle l'est pour la collectivité. Cela explique l'intervention incessante et nécessaire de l'État dans le domaine qui nous occupe.

Cela explique surtout l'intérêt que tous les groupements économiques et intellectuels doivent apporter aux « œuvres » d'aménagement qui font intervenir la nature et la patience où le capital et la main-d'œuvre ne sauraient trouver utile emploi. Les reboisements sont, en effet, souvent des œuvres sociales et non des affaires.

M. le Président. — Mon expérience de forestier me permet de dire que je suis absolument d'accord sur presque tous les points avec le conférencier. Je relèverai toutefois un peu d'exagération dans sa conclusion, en ce sens que, bien souvent, même dans les sols les plus ingrats, on trouve une rémunération dans le reboisement.

M. Larue. — Je voulais surtout consoler les reboiseurs des insuccès qu'ils ont pu rencontrer. En 1911, les *epiceas* ont été désséchés dans presque toutes les forêts des basses altitudes.

M. Caquet. — J'appuie ces observations en ce qui concerne l'*épicea*. Dans le Morvan, dans le Bourbonnais, dans le Cher, la Nièvre, tous les plants sans exception ont péri. Le sapin argenté à résisté assez bien en général ; mais l'épicea a complètement disparu de toutes les plantations.

Depuis 120 ans, c'était la première fois que l'épicea se trouvait soumis à une pareille épreuve.

M. Bernard. — Ce n'est pas là une question géologique. L'épicea et le sapin sont deux essences de montagne qui vivent dans des conditions de sol et de climat tout à fait spéciales. En utilisant sous un climat déterminé une essence qui n'est pas adaptée aux conditions du milieu, on s'expose toujours à un insuccès. Cet insuccès se fera attendre 2 ans, 3 ans, 50 ans ; mais inévitablement on aura un insuccès.

M. Maitre. — Je ferai remarquer à monsieur l'inspecteur Bernard, qu'à la fin de cette même année 1911, au bord du lac de Lucerne, j'ai constaté, à ma grande surprise, que sur toutes les parties sèches des pentes du lac de Lucerne, celles de Bürgenstock, du Righi, du Pilate, l'épicea avait été grillé comme en hiver.

M. Bernard. — C'est que là aussi l'epicea n'était pas chez lui. Il fait partie de ce que MM. Flahault et Guinier appellent la zone alpine Ce n'est qu'au-dessus de 1.300, 1.400, 1.500 mètres qu'il est vraiment dans sa patrie. Au-dessus de cette zone, il y a d'autres essences, comme le mélèze, le pin à crochet, qui sont dans leur patrie, et puis enfin l'admirable pin cembro. N'essayez pas de l'introduire dans nos parcs, vous courreriez aussi à des insuccès. L'épicea, en Savoie, a une tendance manifeste à envahir les forêts de basse montagne, étant donné les conditions de climatologie actuelles. Mais survienne un accident, comme la sécheresse de 1911, il y a bien des chances pour qu'il disparaisse à son tour des sols qu'il a indûment conquis. Les autres essences, le pin sylvestre, les chênes, finiront par l'emporter sur lui.

M. Larue. — J'ai traité la question à un point de vue spécialement géologique. Ce n'était pas mon rôle d'indiquer les essences qui convenaient, et qu'on connaît d'ailleurs.

M. le Président. — La section est bien d'accord pour demander que le travail si intéressant de M. Larue soit imprimé *in extenso*? (*Assentiment unanime*).

M. le Président. — La parole est donnée à M. Descombes, pour la lecture de la communication de M. le comte de Roquette-Buisson, sur La Question sylvo-pastorale.

M. Descombes. — Dans les siècles passés, tant que l'harmonie entre les diverses parties de la montagne n'avait pas été rompue, on n'avait eu aucune raison de se préoccuper du rôle de la forêt.

Le rôle de la forêt.

Les bois étaient insuffisants, tant au point de vue de leur utilisation immédiate, construction, entretien des bâtiments, chauffage, fabrication des outils, abri pour les animaux pendant les grandes intempéries, nourriture des bestiaux avec leurs feuilles et leurs brindilles, dans les saisons trop rigoureuses — qu'à celui de la protection contre les avalanches, de leur action bienfaisante pour le bon entretien des pâturages.

Pour chercher à se rendre compte d'un organisme qui fonctionnait normalement, répondant aux besoins auxquels il devait pourvoir, il eût fallu un esprit de curiosité presque inquiète, prévoyant l'avenir. Esprit étranger au tempérament montagnard, dont la caractéristique est un mélange d'énergie calme et de nonchalance contemplative.

Ce fut seulement vers le milieu du XVIIe siècle que l'on commença à se préoccuper de la nécessité de conserver les forêts ; on s'en préoccupa uniquement, à ce moment, au point de vue de la marine, puis vers le milieu du XVIIIe siècle pour assurer le chauffage des habitants, l'entretien des forges (1).

Un peu plus tard, vers 1778, les habitants des plaines songèrent aux forêts de la montagne pour empêcher les inondations, les ensablements des rivières, des cours d'eau.

(1) Comte de Roquette-Buisson, *Le déboisement des Pyrénées.*

On trouve dans le mémoire de Poyedevant en 1778 sur l'action utile des bois, une page qu'aurait pu signer l'ingénieur Surrel, dont pas un forestier de nos jours ne saurait contester l'exactitude absolue (1).

Après avoir proposé les moyens les plus propres, d'après lui, pour arrêter les défrichements, il continue en ces termes :

En adoptant le parti proposé, il y aurait lieu de se flatter que les débordements des rivières qu'on ne saurait empêcher, seront moins préjudiciables qu'ils ne le sont depuis quelques années. Les endroits élevés, les coteaux, les penchants de montagnes dans lesquels la culture serait interdite, se couvriraient bientôt de bois, d'arbustes ou de gazons qui en lieraient et soutiendraient les terres, de manière à prévenir les débordements ; les eaux seraient d'ailleurs retenues par les obstacles que les arbustes et les herbages mettraient à leur prompt écoulement, et les neiges se trouvant moins exposées à l'action directe du soleil, elles se fondraient avec plus de lenteur ; nos rivières recevraient d'ailleurs beaucoup moins de matières par les ravins et les torrents qui y affluent ; en sorte que tout concourrait à rendre les inondations moins fortes et à diminuer les atterrissements et à empêcher dans les campagnes les irruptions qui les dévastent.

Malgré ces avertissements, que Poyedevant ne fut pas seul à donner, mais qu'il a rédigés avec plus de précision, de netteté que les autres, rien ne put arrêter la dévastation commencée ; les édits, les règlements ne produisirent aucun résultat. N'en est-on pas au même point aujourd'hui, et malgré les cruelles leçons de l'expérience, ne s'enlize-t-on pas dans les errements semblables, en se bornant à faire des lois inefficaces ?

Peut-être cela tient-il à ce que les idées des Poyedevant, des Surrel, des Demontzey, en ce qui concerne l'utilité des forêts, sont encore trop peu connues du grand public.

L'idée de cette utilité, pour tout ce qui touche au régime des eaux, n'est pas nouvelle, et en 1751, d'Étigny émettait au sujet de la nécessité de conserver les forêts de Bagnères-de-Bigorre, dans l'intérêt des sources thermales (2), une opinion pleinement justifiée aujourd'hui par la science.

Incohérence de la politique forestière.

On peut dire qu'en France, il n'y a jamais eu de politique forestière ; Colbert, nous l'avons vu, l'avait créée ; après lui, elle n'a plus existé. L'État semble avoir oublié complètement la nécessité de sauvegarder les forêts. Jusqu'à la Révolution il les a, malgré l'ordonnance de 1669, laissées dans les Pyrénées à la merci de tout le monde (3).

Après la Révolution, l'Administration forestière s'occupa des biens domaniaux ; mais après avoir exercé ses revendications légitimes vis-à-vis des communes, elle s'aliéna, à plusieurs reprises, des forêts nationales. Plusieurs même ne durent d'être conservées que faute d'acquéreurs. On a soumis en bloc au régime forestier, en 1827, les bois communaux, mais de nombreuses distractions en ont été et sont faites chaque jour. La plus importante a été celle qui, de 1851 à 1854, a enlevé dans la montagne environ 40.000 hectares à ce régime protecteur.

Depuis, on a fait des lois dont l'effet eût été utile, si, presque immédiatement après, des décrets n'étaient venus entraver tout le bien qu'on pouvait en attendre.

On a décidé la création de périmètres de reboisement, dont beaucoup n'existent que sur le papier, et en même temps on a négligé les occasions les plus favorables d'acquérir des forêts de la plus grande utilité pour le régime des

---

(1) POYEDEVANT, *Mémoires* (Op. cit., tome II). Je cite ce passage particulièrement intéressant parce que Poyedevant, né à Pau en 1750, d'origine basque, avant de devenir premier secrétaire de l'intendant du Roussillon Lebon, avait été commis de l'intendant à Pau, et était, par suite, très au courant des choses des Pyrénées.

(2) Comte DE ROQUETTE-BUISSON, *Le déboisement des Pyrénées*, p. 37.

(3) DRALET, *Description des Pyrénées*, 3e partie, chapitres IV et V.

eaux, d'éviter des désastres qu'on est ensuite obligé de réparer à très chers deniers.

Il me paraît intéressant de donner à ce sujet les détails des péripéties de la vente de la forêt de Gazost, située dans les Hautes-Pyrénées (1). Témoin des faits qui se sont passés, j'en puis certifier l'absolue exactitude.

La forêt de Gazost, d'une contenance de 400 hectares, fait partie d'un domaine de 1.137 hectares qui, en plus de la forêt, est composé de 737 hectares de pacages. Située sur le versant nord du Mont-Aigu, elle est bornée au Sud par une crête de laquelle se détachent plusieurs sommets, entre autres ceux du Mont Aigu et du Pic d'Elhères de 1.800 à 2.000 mètres.

En étudiant le plan de ce domaine, on est tout d'abord frappé de voir que tout ce qui est porté comme bons pâturages est attenant aux parties boisées.

On constate en outre que les principaux ruisseaux, l'Hountage, le Pla de la Penne, et tous ceux moins importants qui y aboutissent, sont abondants, sortent les uns comme les autres des régions boisées. On peut regarder cette propriété comme le modèle type de la propriété en montagne : mélange dans les proportions les plus heureuses des forêts et des pâturages, 1/3 bois, 2/3 pacages ; elle pourrait, bien soignée, constituer la meilleure des leçons de choses pour la manière d'aménager les montagnes des Pyrénées.

Acheté au Crédit Foncier par M. Imbert pour 80.000 francs, le domaine fut, en 1905, offert à l'État pour 50.000 francs. L'exploitation de M. Imbert avait été intensive ; mais les forêts étaient en bon état.

Sur le refus de l'État, qui ne voulut pas dépasser le prix de 34.000 francs, la propriété fut alors acquise par M. Ricard pour 40.000 francs.

Après avoir, en exploitant tous les sapins qu'il pouvait atteindre, en coupant à blanc étoc les massifs de hêtres, réalisé de sérieux bénéfices, il a dû cesser toute exploitation de la forêt. Si elle est protégée, elle se repeuplera rapidement.

En achetant ce domaine, qu'il eût payé à raison de *trente-cinq francs dix-huit centimes l'hectare*, l'État eût fait une excellente opération financière ; il serait, en moins de quarante ans, non seulement rentré dans tous ses débours, mais aurait eu des revenus, et surtout il eût presque sans frais, on peut le dire, conservé une forêt des plus utiles pour le régime des eaux de cette région.

Mais il eût fallu pour cela une politique forestière sérieusement suivie, et l'État n'en a pas. Il n'a pu même jusqu'ici en avoir, trop d'intérêts privés très mal compris en lutte, sur ces questions, avec l'intérêt général, venant paralyser sa bonne volonté.

On comprend qu'en présence du rôle encore discuté de la forêt, les législateurs aient hésité sur les mesures à prendre. Il leur eût fallu une conviction profonde, et une énergie très grande pour risquer de compromettre leur popularité en imposant à des populations pastorales, devenues inconsciemment hostiles à la forêt, des mesures dont elles ne comprenaient plus la nécessité.

La forêt et les pâturages

Dès l'origine, toute la vie montagnarde a dépendu des pâturages. Hauts pacages d'été, pacages d'automne et de printemps, prairies cultivées pour récolter le fourrage nécessaire à la nourriture des animaux, ont été la constante préoccupation des habitants des vallées pyrénéennes.

Bornages, arbitrages, procès sur les droits respectifs dans les montagnes, sont les documents les plus nombreux des archives pyrénéennes, en ce qui concerne la vie économique.

L'importance accordée dans les coutumes des communautés, dans leurs règlements, dans les chartes seigneuriales, à cette question des pâturages, témoigne hautement combien elle leur tenait à cœur.

Il ne pouvait en être autrement ; de toute antiquité, à travers les milliers de siècles écoulés, comme de nos jours encore, l'industrie pastorale a été la seule ressource, l'unique richesse des populations des montagnes.

Je suis absolument convaincu que si les Pyrénées se sont jusqu'ici conser-

(1) Gazost, village du canton de Lourdes.

vées en meilleur état que les Alpes, si les ravinements dans les pentes, la dénudation des rochers y sont bien moins grands, elles le doivent à leur heureuse situation géographique, mais plus encore à la sagesse, à la prévoyance des vieux usages, des vieux règlements. C'est depuis qu'ils sont, pour les raisons nombreuses exposées dans le cours de cette étude, tombés peu à peu en désuétude, que la montagne a connu des désastres de plus en plus nombreux, que les rochers se sont dénudés. Il n'y a pas encore cinquante ans, le sommet de la montagne de Poueyaspe, qui domine le village de Sasos dans la vallée de Barèges, était couvert de bois ; aujourd'hui, il est entièrement dépouillé de toute terre végétale et ne montre plus que la roche lisse. La conséquence immédiate a été la diminution de la fertilité des pacages. Tant que la forêt a existé, son influence combinée avec l'exposition du midi des pâturages, permettait aux habitants de pouvoir, près d'un mois avant les autres villages de la vallée, vendre, grâce au parfait état des pâturages du printemps, les élèves de leurs troupeaux. Aujourd'hui, ils ne peuvent plus réaliser ce bénéfice ; leur pacage est comme les autres. Ils ont, en même temps qu'ils laissaient détruire la forêt, abandonné les prescriptions du vieux règlement communal défendant, comme dans la coutume du Baigorry, de garder pendant l'été aucun animal dans les pacages, et obligeant à les envoyer dans les hautes montagnes de Gavarnie. Cet exemple justifie d'une manière frappante l'opinion que je viens d'émettre.

Cette relation étroite entre la forêt et les pacages ne semble pas avoir été remarquée ; les deux choses paraissent incompatibles, comme l'avaient dit les États du Béarn en 1775.

Nul ne songeait à l'heureuse harmonie des proportions qui, durant tant de siècles, avait assuré la prospérité des montagnes comme celle des plaines. Avant d'arriver à envisager la question à ce point de vue, les idées les plus extraordinaires avaient été émises, même celle d'exproprier en masse les populations pastorales pour reboiser à tout prix les montagnes et sauver les plaines. Ce n'est que depuis quelques années que la question a été nettement posée par les travaux de MM. Demontzey, Briot et Cardot. De leurs remarquables études est sortie l'éclatante vérité de la dépendance étroite de la forêt et du bon entretien des pacages.

M. Paul Descombes, président de l'Association centrale de l'Aménagement des montagnes, est venu, après eux, confirmer par ses leçons de choses sur le terrain, la parfaite justesse de leurs observations. Amené par la lecture de ces ouvrages, le récit de ces travaux, à étudier l'application de leurs idées dans la chaîne des Pyrénées, j'ai pu constater combien elles étaient vraies et la statistique de la propriété communale dans la zone montagneuse des Pyrénées m'a conduit à formuler le résultat de mes recherches dans les termes suivants :

Plus une région est boisée, plus elle nourrit d'animaux.

La lecture du tableau qui suit montrera l'exactitude de cette loi. Pour arriver à l'établir d'une manière sérieuse, j'ai dû longtemps chercher l'explication d'anomalies qui, brusquement, venaient interrompre la progression régulière entre le taux de boisement et le nombre d'animaux.

Mais peu à peu la question s'est éclaircie ; ce qui, au début, paraissait être anomalie, est devenu justification de la loi, répondant aux justes objections qui m'avaient été faites.

C'est ainsi que j'ai été conduit à diviser les vallées pyrénéennes en vallées supérieures et vallées inférieures, les premières étant celles dans l'altitude moyenne, c'est-à-dire la plus grande partie des pâturages étant supérieure à 1.000 mètres — les secondes étant celles où ils sont au-dessous de 1.000 mètres.

L'objection tirée de la supériorité des pacages situés dans les terrains plus fertiles les uns que les autres, se trouvait ainsi résolue, les proportions dans les deux catégories de vallées reprenaient leur régularité.

Cette première classification faite, des irrégularités dans la progression régulière de la proportion subsistaient encore. Elles étaient moins nombreuses, et se sont expliquées par la différence entre les climats océanien et méditerranéen.

La possibilité des pâturages suit une marche absolument égale à la transition qui se fait presque insensiblement entre les deux climats, de son maximum dans le Béarn et la Bigorre, elle arrive à son minimum dans le Roussillon.

Le Lez, le Sarlat, l'Ariège sont la preuve indiscutable de cette progression.

Une autre difficulté, en apparence la plus malaisée à résoudre, apparaissait brusquement dans toutes les régions, déroutant tous les calculs. Dès qu'on arrivait à une proportion boisée dépassant 30 %, aucune règle ne pouvait plus être établie.

Après de longues recherches pour découvrir la raison de cette anomalie, j'en suis arrivé à conclure qu'au delà de ce taux de boisement de 30 %, la diminution du sol restant libre pour le pacage n'était plus compensée par l'action bienfaisante de la forêt, et que l'harmonie entre les forêts et les pâturages était rompue au détriment de ces derniers.

Vous omettez, me disait-on encore, dans vos calculs, de tenir compte du nombre des animaux étrangers introduits dans les divers bassins, ce qui forcément peut augmenter la possibilité, puisque vos calculs reposent sur la statistique du Ministère de l'Agriculture, ne comprenant que des animaux vivant toute l'année dans les communes.

Cette objection n'avait pour moi aucune portée, l'enquête très minutieuse à laquelle je me suis livré pour établir mes statistiques de la propriété communale dans la zone montagneuse m'ayant pleinement démontré que, eu égard à la superficie des territoires de chaque bassin, le nombre d'animaux étrangers qui y étaient annuellement introduits était partout très sensiblement le même, et prouvé en même temps que dans les montagnes, depuis quelques années, ce nombre tend partout constamment à décroître.

Après ces explications, il me reste deux observations importantes à faire pour que la lecture du tableau soit facile et claire.

A taux de boisement égal, la possibilité entre bassins des mêmes régions, est parfois différente. En parcourant l'état des forêts, on se rendra compte que cette différence provient toujours de la proportion des bois soumis. Plus celle-ci, eu égard à la superficie des bois non soumis est élevée, plus la possibilité est grande. Le bon état des forêts non soumises y exerce quelquefois une légère influence ; mais la faible étendue des parcelles de bois particuliers permet de la regarder généralement comme absolument négligeable.

Les bassins d'Ossau, et des Neste, d'Aure et du Louron, sont notamment un exemple de ce fait.

Enfin, j'ai pu parfois grouper ensemble certains bassins contigus. Cela s'est produit six fois. En voici les raisons :

Le Bastant et le Gave supérieur de Pau parcourent la vallée de Barèges, dont 33.611 hectares formant les 3/4 de la superficie totale appartiennent collectivement aux seize communes réparties dans toute la vallée.

Les communes des bassins de l'Ouzom, des gaves d'Arrens, Bun, Cauterets, sont tellement enchevêtrées entre ces divers bassins, grevées les unes au profit des autres de tels droits d'usage, de pacage, d'indivision, qu'il est absolument impossible de faire la classification par bassins isolés.

Il en est de même pour les bassins des Neste, d'Aure et du Louron ; des gaves d'Aspe, et du Vert des nives d'Arneguy, de Behobie, de Lauribar ; du gave de Pau inférieur et de l'Echez.

Chacune de ces régions ainsi composées forme des massifs montagneux aux limites communales chevauchant sur les divers versants, aux droits de pacage, d'usage, d'indivision à peu près inextricables. Au point de vue de l'industrie pastorale, chacune constitue dans son ensemble une région nettement déterminée.

Enfin, me conformant à la vieille et immémoriale tradition de toute la chaîne des Pyrénées, j'ai pris pour base de tous mes calculs la *baccade*, qui a toujours été l'unité des troupeaux de montagne, assimilant pour les droits, pour toutes les redevances, *une vache à dix moutons ;* j'ai traduit la possibilité des pâturages par le nombre d'ares nécessaires à la nourriture d'un mouton.

RELATION ENTRE LE TAUX DE BOISEMENT ET LE NOMBRE D'ANIMAUX

TAUX de boisement pour cent de la superficie totale des bassins	NOMBRE d'ares nécessaires pour la nourriture d'un mouton	NOMS DES BASSINS		
		Pyrénées Occidentales	Pyrénées Centrales	Pyrénées Orientales
		Vallées supérieures		
5	68	Le Bastan, Gave de Pau supérieur.		
19	59	L'Ouzom, Gaves d'Arrens, Bun, Cauterets.		
19	83	....	....	La Têt.
22	47	Gave d'Ossau.		
22	46	....	Nestes d'Aure et du Louron.	
25	45	Gave d'Aspe et le Vert.		
25	79	....	....	La Sègre.
27	22	L'Adour.		
29	21	Le Saison.		
		Vallées inférieures		
111	64	....	Vicdessos.	
19	30	Nives d'Arneguy, de Béobie, Lauribar.		
20	29	Gave de Pau partie infér., l'Échez.		
22	70	....	....	Le Tech.
23	24	L'Arros.		
25	31	....	Le Lez.	
26	33	....	Le Salat.	
26	46	....	L'Ariège.	
		Vallées dont le taux de boisemement dépasse 31 0/0		
31	75	....	....	L'Aude.
34	31	....	La Neste.	
34	49	....	La Pique.	
35	39	....	Lourse.	
38	48	....	....	Le Rebenty.
41	31	....	Le Gers.	
43	39	....	La Garonne, jusqu'à Montréjeau	
46	31	....	Le Nistos.	

Je suis persuadé qu'après avoir attentivement lu ce tableau, tout le monde sera d'accord pour reconnaître que *la forêt est la protectrice nécessaire, indispensable à l'industrie pastorale, l'aide sans laquelle cette industrie est appelée à dépérir rapidement et à disparaître même complètement.*

M. LE PRÉSIDENT. — Je serai certainement, messieurs, votre interprète à tous, en remerciant M. le comte de Roquette-Buisson, auteur du mémoire dont notre collègue vient de donner lecture. Notre collègue est bien connu de tous ceux qui ont parcouru la région pyrénéenne ; il a fait des publications très intéressantes sur les questions pastorales et forestières. Nous prions M. Descombes de remercier M. de Roquette-Buisson, au nom de la section.

M. DESCOMBES. — Je serai très heureux d'être votre interprète auprès de M. Roquette-Buisson.

M. Descombes dit ensuite quelques mots de l'*Association pour l'Aménagement des Montagnes* et des *Associations scolaires forestières* créées par ses soins.

M. LE PRÉSIDENT. — Je remercie en votre nom, M. Descombes de sa communication et donne la parole à M. Maître, qui a une communication intéressante à nous faire sur la question de la transhumance.

M. MAITRE. — Tout le monde est d'accord pour la création d'un code pastoral impatiemment attendu, et tout le monde est d'accord aussi qu'il se heurte à des difficultés, par suite d'intérêts contradictoires qui sont en présence. C'est pourquoi j'ai pensé que la meilleure manière de faire aboutir le code pastoral serait de le réaliser en détail, c'est-à-dire de faire aboutir d'abord les parties qui paraissent les plus urgentes et les plus efficaces. Une fois qu'on aurait construit quelques piliers isolés, pour ainsi dire, du code pastoral, il serait relativement facile de les relier, de les codifier, comme on a fait, par exemple, pour les lois concernant le travail.

Le point sur lequel l'accord semble être fait, parce que c'est celui pour lequel les abus sont le plus grands, c'est l'abus du pâturage dans les communaux. D'autre part, c'est sur les pâturages communaux qu'on a le plus d'action, puisque l'État est le tuteur naturel des communes. Je demande donc au Congrès d'émettre le vœu qu'on commence immédiatement, sans attendre l'établissement d'un code pastoral, par s'attaquer à ce défaut de réglementation des pâturages communaux et qu'on mette entre les mains de l'Administration forestière, si dévouée, si à même d'en user, une arme sérieuse, lui permettant d'effectuer de réelles améliorations à cet égard, et permettant également à l'État de ne pas travailler pour le roi de Prusse et de tirer profit de ce qui aura été réalisé.

De là un embryon de code que je veux soumettre à l'appréciation du Congrès. Voici les articles que je proposerais :

« *Qu'il soit procédé au plus tôt à l'organisation d'un régime pastoral général, assurant la conservation et l'amélioration des pâturages de montagne, comme le régime forestier le fait pour les bois communaux ;*

« *Qu'en attendant, et dès maintenant, dans les communes recevant actuellement des moutons transhumants ou étrangers, l'État prenne à sa charge le prix moyen de location de ces pâturages affectés au petit bétail, par application de l'article 5 de la loi de 1882 et par prélèvement sur les crédits mis à la disposition des services de reboisement.*

« *Cette subvention serait continuée aux communes pendant un nombre d'années à fixer, et, en outre, les pâturages leur seraient restitués après un court temps de repos, sous la double condition :*

« 1° *D'interdire absolument l'admission de moutons ou de chèvres non hivernées dans la commune ;*

« 2° *De limiter à un nombre déterminé de têtes, 5 ou 6, par exemple, par famille, l'effectif du petit bétail qui pourra dorénavant être introduit gratuitement ou à bas prix dans les terrains communaux, aussi bien sur ces pâturages remis à la disposition des habitants que sur les pentes inférieures servant de pâturages printaniers.*

« *Liberté complète étant, d'ailleurs, laissée actuellement au pâturage du gros bétail.* »

En somme, au moment où les communes vont mettre en location 1.000, 2.000 hectares, je demande que l'État leur tienne ce langage : « Voici un terrain que vous louez 1.000 francs par exemple. Je me réserve de le prendre pour cette somme de 1.000 francs, avec cet avantage pour vous, que je vous le rendrai amélioré, et que d'ailleurs, même pendant le temps où j'en userai, après un certain repos toutefois, je laisserai le pâturage au bétail hivernant dans la commune. Seulement, je veux être rémunéré des sacrifices que je ferai sur ce terrain : je vous laisse à vous tous les bénéfices, jusqu'à concurrence du double de la valeur initiale, et je ne prendrai pour moi que ce qui dépasse le double de cette valeur. Quant à cette plus-value, je l'affecterai à des améliorations pastorales ou sylvicoles dans la commune.

Évidemment, cette mesure serait encore peu de chose dans l'ensemble du code pastoral ; mais elle aurait l'avantage d'être efficace et immédiatement applicable, et d'ailleurs, dans cette matière plus qu'en tout autre, ce sont les petits ruisselets qui font les ruisseaux et les rivières. Ce texte ne soulèverait aucune objection de la part des habitants des communes, puisqu'il réserve toujours le pâturage du gros et du petit bétail appartenant aux habitants de la commune, jusqu'à concurrence du nombre de bêtes hivernées. J'ajoute qu'il faudrait absolument qu'un état des lieux soit fait au début du contrat, de manière que les améliorations introduites par l'État puissent être nettement constatées. Lorsque nous aurions réalisé quinze ou vingt petites lois comme celle-là, nous pourrions alors commencer à les codifier, et réaliser ce code pastoral que nous attendons depuis si longtemps (*Applaudissements*).

M. LE PRÉSIDENT. — Je remercie en votre nom M. Maître de sa communication. Il me semble qu'elle implique une conclusion. Il y aurait lieu, pour donner satisfaction aux idées si justes qu'il a émises, d'émettre un vœu. Il faudrait notamment que les locations faites par les communes à des troupeaux étrangers, et particulièrement à des troupeaux transhumants, soient contrôlées par le pouvoir administratif ; en vertu de la loi de 1884, les communes actuellement ont le droit de louer, toutes les fois que le bail ne dépasse pas 18 ans ; il n'y a aucune espèce de contrôle sur la location. Pour empêcher l'abus du parcours, il serait extrêmement intéressant qu'une disposition législative permît aux pouvoirs publics de contrôler les locations faites par les communes. D'autre part, il serait très avantageux que l'État pût participer à ces locations.

Pour donner satisfaction à ce double desideratum, il y aurait peut-être lieu pour la section, d'émettre un vœu qui pourrait être ainsi conçu :

« *Le Congrès émet le vœu qu'en attendant qu'une législation pastorale soit promulguée, on adopte tout d'abord des dispositions législatives en vue d'assurer le contrôle des locations faites par les communes et de faciliter à l'État la location de ces mêmes terrains.* »

M. Larue. — Nous pourrions dire : *En assurant à l'Etat la clause du fermier améliorateur.* »

M. le Président. — Le vœu pourrait être ainsi conçu :

« *Le Congrès émet le vœu qu'en attendant qu'une législation pastorale soit promulguée, on adopte d'abord des dispositions législatives en vue d'assurer un contrôle des locations faites par les communes, et de permettre à l'Etat d'exercer un droit d'option sur ces locations, avec faculté d'insérer dans le bail la clause du fermier améliorateur.* »

Cette rédaction, mise aux voix, est adoptée.

M. le baron de Belinay. — Je tiens à déclarer que je n'ai pu voter ce texte. Je ne suis pas partisan, en effet, de l'intervention de l'État dans les affaires des communes.

M. le Président. — La parole est à M. Roth, pour une communication sur un nouveau foret pour la plantation en motte.

M. Roth. — Il y a quelque temps, un mouvement partait de la France, lequel avait comme devise : « Retournons à la Nature ! » et qui tentait de s'opposer aux raffinements exagérés et à leurs conséquences pernicieuses qui faisaient des progrès de plus en plus grands dans le domaine de l'agriculture et de la sylviculture ; ce mouvement tendait à s'appuyer, de plus en plus, dans les exploitations, sur les moyens naturels.

Rien ne prouve mieux l'importance et la nécessité de ce mouvement, que son développement rapide qui se fait remarquer partout, notamment aussi dans l'exploitation des forêts. La sylviculture devait, en effet, participer la première à ce mouvement, puisque c'était justement dans son domaine qu'on avait commis des fautes graves contre la nature.

Il est inutile de mentionner que l'exploitation par coupe unique et la régénération artificielle ne correspondent pas du tout aux lois de la nature et que les jeunes forêts, créées ainsi, doivent végéter dans des conditions tout autres que celles qui proviennent de la régénération naturelle. Il suffira de nous en rapporter à notre littérature technique qui exige avec énergie le retour à l'installation naturelle de nos forêts et à leur éducation conforme à la nature, et de nous rappeler que la pratique revient de plus en plus à cette forme primitive de la régénération.

Avec la régénération naturelle, la plantation en motte acquiert une plus grande importance, puisque c'est uniquement la plantation en motte qui place les jeunes plants en terre, sans heurt et dans la même position qu'ils avaient avant.

Je n'ai pas l'intention de répéter inutilement ici les grands avantages de la plantation en motte, connus de tout homme du métier. Tout le monde sait que cette plantation — jugée au point de vue de la sylviculture — est la meilleure et la seule qui soit conforme à la nature. C'est surtout dans la régénération naturelle qu'elle peut être utilisée avec le plus grand succès parce que son seul désavantage — le transport compliqué et coûteux — est réduit à son minimum.

Dans la régénération naturelle, il s'agit de regarnir des trouées manquées ;

pour cela nous prenons les plants situés à proximité dans les groupes trop serrés. Ces plants conviennent le mieux puisqu'ils ont poussé dans les mêmes conditions que les voisins. Mais ce matériel qui convient le mieux, ne peut être utilisé que par la plantation en motte.

La plus ancienne forme de forêt n'a pu se propager, bien qu'elle ait été adoptée chez nous, en Hongrie, dans les emblèmes allégoriques forestiers. Cela tient sans doute à ce que ce foret convenait très bien pour enlever les plants, mais qu il était très difficile de sortir la motte du foret ; il fallait pousser la motte avec la main ; ce travail était sale et difficile. Il causait souvent des blessures aux mains. De plus, la motte s'émiettait.

On a fait un grand progrès en employant des forets avec cylindre divisé au moyen duquel la motte peut être levée rapidement et facilement. Mais cet avantage amenait de nouveau un grand inconvénient : la construction était compliquée et la solidité très affaiblie par suite de la division du cylindre. Les forets de ce système fonctionnent encore assez bien dans un sol meuble et léger, mais ils ne peuvent servir dans un sol dur, notamment lorsqu'il est pierreux ou traversé par des racines.

Pour remédier à ces inconvénients, j'ai construit un foret qui réunit les avantages des deux systèmes sans avoir leurs inconvénients.

Je suis revenu au cylindre fermé, c est-à-dire se composant d'une seule pièce, parce que cette forme garantit la plus grande solidité. A ce cylindre sont attachées deux tiges de fer ; pour réunir la légèreté et la force de résistance, je me suis servi de fers en T qui sont joints entre eux, solidement, à trois endroits (voir la figure 1, *a* et *b*). La tige supérieure de jonction entre dans le manche massif en bois.

L'arrangement pour sortir des mottes est tout à fait nouveau, de construction originale, en même temps que d'une simplicité étonnante.

Entre les deux tiges, il se meut un rail qui porte, attaché à deux tiges de fer, un anneau plat, lequel peut monter et descendre librement, avec le rail, entre de certaines limites. En posant le cylindre sur la plante et en l'enfonçant dans la terre — on fait alors agir sur le foret tout le poids du corps — l'anneau se lève. Vu la solidité de l'instrument, on peut employer une grande force en enfonçant le foret ; puisque le cylindre est tout à fait lisse à l'intérieur et à l'extérieur, on peut le tourner facilement autour de son axe longitudinal, ce qui, avec son bord tranchant ondulé, facilite beaucoup son entrée dans la terre. Ceci est un grand avantage vis-à-vis de tous les autres systèmes, qui sont divisés et possèdent à l'intérieur du cylindre des couteaux ou des saillants qui empêchent le mouvement tournant ; en même temps, la motte est bien formée et bien lissée par suite de ce mouvement tournant.

Nous nous servons des jambes pour sortir la motte, sachant que les jambes peuvent développer une force beaucoup plus grande que les bras. Lorsque le foret est enfoncé assez profondément dans la terre, nous l'inclinons un peu pour détacher la motte par le bas. Après l'avoir sortie de terre, nous mettons le pied sur la traverse de l'anneau ; une pression (en tenant le manche avec les deux mains) fait sortir du foret la motte, avec une forme irréprochable.

Ce forêt a un autre avantage qu'aucun des systèmes actuels ne possède ; c'est que la plante peut être transportée dans le foret même (sans sortir la motte) jusqu'à l'endroit de la plantation, et plantée directement du foret en terre, ce qui simplifie beaucoup le travail, lorsqu'il s'agit de petites distances. Surtout avec un sol meuble et une terre sèche où les mottes s'émiettent facilement, en anéantissant ainsi l'avantage principal de la plantation en motte, ceci est un avantage essentiel. Le foret, avec la motte et la plante, est placé dans le trou qu'on avait creusé auparavant. Puis le foret est sorti, l'anneau sur lequel on presse avec le pied maintenant la motte dans le trou de plantation.

En résumé, ce nouvel appareil pour la plantation en motte peut être utilisé avec le meilleur succès partout où l'on peut travailler avec des plants en motte.

Avantages. — La plus grande solidité avec une construction simple.

Durée illimitée ; les réparations qui pourraient être nécessaires peuvent être exécutées par chaque serrurier ou forgeron de village, vu la simplicité de la construction.

Le cylindre est tout à fait lisse à l'intérieur et à l'extérieur ; il est massif et construit d'une seule pièce si bien que le foret peut être enfoncé — au moyen d'un mouvement tournant — dans un sol compact, traversé par des racines, même contenant des pierres. Le mouvement tournant facilite l'entrée dans le sol : il forme et lisse la motte.

La motte peut facilement et intégralement être sortie du fer.

La levée de la motte et sa sortie du fer se font automatiquement, par une pression du pied, sans que la mottte soit touchée par la main.

On peut aussi transporter la motte directement vers le trou de plantation et la planter sans la sortir du foret.

Le travail est rapide sans être fatigant, puisqu'il est réparti sur les bras et sur les jambes (*Applaudissements*).

M. le Président. — Je remercie M. Roth de son intéressante communication qui sera insérée dans le compte-rendu du Congrès, (*Assentiment*).

La séance est levée à 4 h. 10.

SÉANCE DU 18 JUIN 1913

(MATIN)

Présidence de M. LEDDET, vice-président de Section

La séance est ouverte à 9 h. 1/4.

Sur l'invitation de M. le Président, M. Joaquim Ferreira Borges, chef du Bureau des Forêts aux Travaux publics à Lisbonne, prend place au bureau.

M. le Président. — La parole est à M. Pardé pour la lecture de son rapport sur les Tourbières et Marécages.

M. Pardé. — Les tourbières et marécages occupent sur la terre des surfaces importantes.

Ces surfaces, dans les différents pays, sont, le plus souvent, assez mal connues, faute de statistiques sérieuses à ce sujet. Tel est le cas, notamment, pour la France où on estime, d'une façon très approximative, que les tourbières et marécages couvrent environ 300.000 hectares.

Tous ces terrains marécageux et tourbeux sont, en grande partie, improductifs.

Il semble possible de les utiliser.

Sans doute, un certain nombre de tourbières, celles qui ne sont pas trop éloignées des habitations, peuvent être mises en valeur par la culture agricole et, surtout, par la culture pastorale qui peut y prospérer et, lorsqu'elles se trouvent à proximité des villes, par la culture maraîchère qui, généralement, y réussit.

Pour toutes les autres, c'est certainement le reboisement qui permettrait d'en tirer le meilleur parti.

Et, au moment où tout le monde s'accorde pour réclamer une élévation du taux de boisement, tant pour suppléer à l'insuffisance de plus en plus grande de la production ligneuse, que pour régulariser le régime des eaux, améliorer le climat et augmenter la salubrité, il devient de plus en plus utile, nécessaire même, d'étudier sérieusement cette importante question de la mise en valeur, par la culture forestière, des terrains marécageux et tourbeux.

L'opération est-elle possible? Quels sont les meilleurs moyens à employer pour y procéder ? Tel est l'objet de ce rapport.

Tout d'abord, il y a lieu de considérer que les tourbières ne sont pas toutes de même nature.

On distingue les tourbières supraaquatiques, appelées *tourbières hautes*, tourbières de montagne, tourbières moussues — en allemand « hochmoor » — qui doivent leur origine aux eaux de pluie et sont caractérisées surtout par la présence de mousses appartenant au genre sphagnum, de linaigrettes, de myrtilles, de bruyères ; — et les tourbières infraaquatiques, nommées encore *tourbières basses*, tourbières de vallée, tourbières vertes — en allemand « flachmoor », « niedermoor » — qui sont dues aux eaux des rivières ou des lacs et sont caractérisées par la présence de roseaux, de carex, de joncs, de graminées et de mousses du genre hypnum. Entre ces deux types, existent les *tourbières intermédiaires* ou de transition — en allemand « ebergangsmoor » — à la formation desquelles participent à la fois les eaux météoriques et les eaux telluriques et où l'on rencontre également des espèces végétales caractéristiques des tourbières hautes et des tourbières basses.

Cette distinction est, pratiquement, très importante. D'une façon générale, les tourbières hautes, dues à des eaux météoriques très pauvres, sont beaucoup moins riches en principes nutritifs que les tourbières basses qui doivent leur origine à des eaux telluriques plus ou moins chargées de matières minérales et qui reçoivent fréquemment, au moment des crues, des apports de substances fertilisantes.

Notamment, pour ce qui concerne la mise en valeur par la culture forestière, le reboisement est, en général, une opération beaucoup plus difficile dans les tourbières hautes que dans les tourbières basses.

Il est donc nécessaire, avant d'entreprendre tout travail dans une tourbière, de déterminer bien exactement la nature de cette tourbière.

Qu'il s'agisse de tourbières hautes ou de tourbières basses, les procédés à employer pour installer la végétation forestière sont les mêmes.

Tout d'abord, il y a lieu de faire une étude générale complète de la tourbière, d'en lever le plan, avec nivellement, de se renseigner le plus exactement possible sur la composition chimique du sol, sur l'épaisseur de la couche de tourbe, enfin sur le niveau de l'eau en de nombreux endroits, aux différentes saisons de l'année.

Dans tous les cas, il y a lieu de prévoir deux catégories de travaux : les travaux de préparation du terrain et les travaux de boisement proprement dits.

En premier lieu, toute tourbière que l'on se propose de reboiser doit être préalablement *asséchée, assainie.* Les végétaux ligneux ont généralement des racines qui s'enfoncent plus ou moins profondément dans le sol ; il est nécessaire que ces racines, qui ne pourraient vivre dans une terre non aérée, constamment baignée par des eaux plus ou moins stagnantes, trouvent toujours, pour se développer, une épaisseur suffisante de tourbe assainie, au-dessus du plan d'eau.

Abaisser le plan d'eau à un niveau convenable est donc la première opération à faire. Et cette opération — tous les auteurs sont entièrement d'accord sur ce point — est absolument indispensable.

Jusqu'à quelle profondeur faut-il abaisser le plan d'eau ? M. le professeur *Tacke* (1), de Brême, déclare que la hauteur d'un peuplement forestier est en rapport direct avec l'épaisseur du sol de la tourbière utilisable par

(1) Tacke. — *Die Bewirthschaftung der im Wald gelegenen Grünlands-und Hochmoore.* — *Zeitschrift für Forst-und Jagdwesen*, 1900, page 38.

les racines. Et il admet que le bon développement des végétaux ligneux sera certainement obtenu, lorsque cette épaisseur dépassera 1 mètre.

On doit donc chercher à abaisser le plan d'eau à 1 mètre, et même davantage, si on le peut, au-dessous de la surface du sol. Mais, cela est souvent difficile à obtenir, quelquefois même impossible, par exemple, dans les tourbières basses, quand le niveau de l'eau dans la rivière ou le lac voisin est à une distance de la surface du sol inférieure à celle que l'on désire obtenir, pour le plan d'eau, dans la tourbière.

Certains auteurs conseillent d'obtenir cet abaissement du plan d'eau progressivement, au fur et à mesure que les racines des arbres se développent. Il convient en effet de faire observer que le sol de la tourbière assainie et reboisée se tasse et s'affaisse peu à peu.

Comment obtenir l'abaissement du plan d'eau? Des drains courraient le risque d'être plus ou moins endommagés ou même détruits par les racines des arbres ou, simplement, par suite de l'affaissement du sol. Il est donc préférable d'obtenir l'assainissement de la tourbière au moyen de fossés à ciel ouvert, dont les terres, rejetées sur le sol, viennent en augmenter l'épaisseur.

Ces fossés peuvent être entretenus facilement.

Ils présentent, en outre, l'avantage de pouvoir, au moyen de barrages de retenue construits à cet effet, permettre d'irriguer la tourbière, ce qui peut être très utile durant les périodes de sécheresse.

Suivant les conditions, les fossés d'assainissement sont espacés de 3 à 6 mètres et même davantage ; ils peuvent mesurer de 0 m. 60 à 1 m. 20 de largeur à la gueule, de 0 m. 30 à 0 m. 50 de largeur au fond et de 0 m. 20 à 0. m. 50 de profondeur, et même plus, suivant que la tourbière est plus ou moins humide et qu'il s'agit de fossés bordiers, de fossés principaux ou de fossés secondaires.

Le sol de la tourbière une fois assaini, il est ordinairement utile, et même souvent nécessaire, de l'enrichir au moyen d'apport d'*engrais.*

En aucun cas, écrit M. le professeur comte *de Leiningen* (1), de Vienne, on ne peut se dispenser d'apporter des engrais, car, au moins pendant la première révolution du peuplement forestier installé sur la tourbière, le sol n'est pas assez riche pour nourrir les arbres.

D'après ce qu'a été dit plus haut, cet apport d'engrais est surtout nécessaire, lorsqu'il s'agit d'une tourbière haute.

Les substances qu'il y a lieu d'apporter sont, en général, l'acide phosphorique, la potasse, et, exceptionnellement, l'azote. Une application de chaux est également très utile, au moins dans les tourbières hautes, et surtout si cette application est faite avant les plantations, car la chaux provoque une décomposition plus rapide de la tourbière (2).

Les engrais doivent être apportés sous des formes et en des proportions convenables. Ordinairement, on apporte l'acide phosphorique à l'état de superphosphates ou de scories de déphosphoration ; la potasse, sous la forme de chlorure de potassium, de sulfate de potasse ou de kainite; l'azote, à l'état de nitrate de soude ou de sulfate d'ammoniaque; la chaux, sous la forme de marne, de chaux ou d'écumes de défécation.

(1) Wilh. de Leiningen. — *Die Waldvegetation prealpiner bayerischer Moore*, page 67. — Munich, 1907.

(2) Wilh. de Leiningen. — *Même ouvrage*, page 66.

Les scories de déphosphoration et les phosphates Thomas, qui apportent en même temps de l'acide phosphorique et de la chaux, sont, généralement, les engrais à appliquer de préférence.

M. le professeur baron *von Tubeuf* (1), de Munich, a étudié scientifiquement l'action des divers engrais sur les pins, dans les tourbières hautes. Il résulte de ses expériences que l'acide phosphorique, appliqué seul ou en mélange, donne toujours de bon résultats, tandis que les autres engrais, qu'ils soient donnés seuls ou en mélange, sont presque sans effet, si on ne leur adjoint pas l'acide phosphorique. En outre, l'acide phosphorique serait assimilé plus facilement et plus rapidement à l'état de biphosphate de soude que sous la forme de scories Thomas. Mais, le biphosphate de soude coûte très cher et il n'est pas facile de se le procurer dans le commerce.

M. l'inspecteur *Schnyder* à Neuveville, un des forestiers suisses qui connaissent le mieux la question du reboisement des tourbières, a employé avec succès les scories de déphosphoration et la kainite. Et son collègue, M. *Liechti*, inspecteur à Morat, recommande l'apport de scories contenant 18 % d'acide phosphorique et de kainite renfermant 12 % de potasse.

D'après MM. *Gully* et *Baumann*, les débris de démolition des maisons, qui renferment en moyenne 0,50 % d'acide phosphorique, 0,50 % d'azote et 0,75 % de potasse, peuvent être avantageusement utilisés, lorsque les frais de transport ne sont pas trop élevés. Mais, il n'est pas douteux que ces matériaux agissent davantage par leurs propriétés physiques et par leur teneur en chaux, que par les faibles quantités d'acide phosphorique, d'azote et de potasse qu'ils contiennent.

M. le professeur comte *de Leiningen* (2) signale aussi l'emploi des terres des routes qui renferment de l'acide phosphorique, de l'azote, de la chaux et un peu de potasse.

Graebner conseille éventuellement la culture du lupin, comme engrais vert, dans les tourbières, — dans les tourbières hautes, sans doute.

A quelle époque doivent être appliqués les engrais? A l'automne qui précède les travaux de boisement proprement dits, répond M. l'inspecteur *Liechti*.

Une autre opération qui pourrait être utilement faite, avant les plantations, consisterait à détruire, aussi complètement que possible, les végétaux herbacés qui absorbent une partie des substances nutritives contenues dans le sol et sont susceptibles d'entraver le développement des jeunes plants forestiers.

Mais cette opération, pour être pratiquée avec succès, nécessite des labours convenablement exécutés et, par suite, difficiles et coûteux; et elle doit avoir, pour complément, l'engazonnement du sol.

Peut-être,serait-il possible d'y procéder plus facilement et plus économiquement, en employant des solutions chimiques judicieusement choisies et appliquées.

Le terrain de la tourbière étant ainsi préparé, quels sont les *travaux de boisement* proprement dits et comment y procéder?

---

(1) Von Tubeuf. — *Düngungsversuch zu Kiefern anf Hoochmoor.* — Naturwissenschaftigen Zeitschrift für Forst-und Landwirtschaft, 1908, page 404.

(2) de Leiningen, op. citat., page 67.

Tout d'abord, il convient de ne commencer les semis ou plantations que un ou deux ans — on attend deux ans dans l'Hertogenwald belge — après la fin des travaux indispensables d'assainissement ; il est en effet nécessaire de laisser le sol de la tourbière s'assècher et se tasser convenablement.

Doit-on procéder au boisement par *semis* ou par *plantation*?

Sauf dans certains cas particuliers, le *semis* n'est pas à conseiller dans les tourbières, à cause des froids et des gelées qui y sévissent souvent, de la sécheresse des couches superficielles pendant l'été, des herbes qui menacent d'étouffer les jeunes plants les végétaux ligneux résistent d'autant mieux aux gelées de l'automne et du printemps, comme aussi à l'envahissement des herbes, qu'ils sont de taille plus élevée.

Donc, très généralement, la *plantation* est préférable et, en fait, c'est le mode de boisement le plus employé, de beaucoup, dans les terrains marécageux et tourbeux.

Il convient d'employer de forts plants, repiqués, car ils résistent mieux au froid et à la sécheresse et peuvent mieux lutter contre la végétation herbacée.

A quelle *époque* faut-il planter de préférence? Sans vouloir formuler de principe absolu à ce sujet, on peut dire que le printemps est, en général, la saison la plus favorable pour installer des plants forestiers dans les tourbières qui sont ordinairement des « trous à gelée ». Tel est aussi l'avis de M. l'inspecteur *Liechti*.

Comment procéder aux *travaux de plantation?*

Le plus souvent, la plantation s'effectue par trous qu'il convient d'ouvrir dans l'automne qui précède la mise à demeure, afin que la terre puisse se déliter et s'aérer.

Les trous sont disposés en quinconce, à des intervalles plus ou moins éloignés, sur des lignes plus ou moins espacées et avec des dimensions en largeur et en profondeur plus ou moins grandes, suivant la nature et la taille des plants.

On augmente avantageusement l'épaisseur de la couche de terre assainie, en rejetant la terre des fossés sur les bandes à cultiver et, lorsque cela est possible, sans frais trop élevés, en apportant sur ces bandes de la bonne terre provenant du sous-sol ou d'ailleurs.

Lorsque le terrain est très humide ou que le plan d'eau est à une faible profondeur, on peut, dans le même but, comme cela a lieu dans l'Hertogenwald belge et comme l'a fait M. *Liechti* sur certains points, installer les plants sur des buttes ou, encore, sur des mottes engazonnées qui, souvent, peuvent être fournies par l'ouverture des fossés.

Dans les parties bien assainies, M. *Liechti* a eu de bons résultats en plantant sur les ados obtenus, l'année précédente, par le labour à la charrue de deux sillons contigus.

Enfin, toutes les fois que cela est possible sans augmenter par trop la dépense, il est excellent d'apporter, au pied des plants, des pierres ou, à défaut, du sable ; cet apport entretient un peu de fraîcheur, empêche le déchaussement et maintient la terre au contact des racines.

Quelles sont maintenant les *essences* qu'il convient de planter de préférence dans les terrains tourbeux?

D'une façon générale, les tourbières étant ordinairement très exposées aux gelées, il faut choisir des arbres particulièrement résistants à ce point de vue.

Dans les tourbières basses, les essences qui réussissent ordinairement le mieux, abstraction faite des peupliers, des saules osiers et des arbres fruitiers, sont, parmi les espèces feuillues : l'Aune glutineux (*Alnus glutinosa* Gaerter) qui convient parfaitement, si on ne tient pas à avoir des bois de fortes dimensions (1) ; l'Aune blanc (*Alnus incana* Willd), qui, d'après M. *Liechti*, a, sur le précédent, l'avantage de drageonner, ce qui rend les plantations complémentaires moins nombreuses, et d'être moins attaqué par le charançon de l'aune (*Cryptorhynchus Lapathi* L.); les Bouleaux bubescent (*Betula pubescens* Ehrh.) et verruqueux (*B. verrucosa* Ehrh.) qui fournissent de bons rendements en bois de feu; le Frêne commun (*Fraxinus excelsior* L.) qui s'accommode bien de parties assez humides et donne un bois supérieur en dimensions et en qualités à ceux des espèces précédentes — et, accessoirement, les érables, les chênes, les tilleuls ; parmi les espèces résineuses : le Pin sylvestre (*Pinus sylvestris* L.) et l'Epicéa élevé (*Picea excelsa* Link).

Les peupliers peuvent également réussir dans les tourbières basses et y donner alors de beaux revenus.

Les saules, cultivés pour la production des osiers, sont également susceptibles de fournir de bons rendements dans les tourbières. Pour cette culture, M. *Wilhelm Bersch* (2) conseille de bien assainir le terrain, de détruire la végétation spontanée, de retourner le sol, en évitant de le labourer au delà de 0 m. 20 à 0 m. 25 de profondeur, et d'introduire les saules, de préférence au printemps, au moyen de boutures espacées de 0 m. 10 à 0 m. 15, sur des lignes distantes de 0 m. 50 à 0 m. 75. D'après M. *Reppin*, les boutures ne doivent pas avoir plus de 0 m. 20 à 0 m. 25 de longueur, et elles doivent être complètement enfoncées dans la tourbe, sauf lorsqu'on a fait un apport de sable, auquel cas elles sont plantées dans la couche de sable sur une longueur de 0 m. 10 et dans le sol de la tourbière pour le surplus. Les meilleures espèces de saule pour la production des osiers sont : *Salix purpurea* L., *S. triandra* L., *S. alba L. var. vitellina*, *S. fragilis* L., *S. viminalis* L. M. *Wein* déclare que le rendement peut être augmenté considérablement par l'emploi des fumures artificielles.

Les arbres fruitiers, notamment les pommiers à cidre, paraissent aussi devoir réussir dans les tourbières basses.

Dans les tourbières hautes, on peut introduire, parmi les espèces feuillues : les bouleaux qui s'accommodent des parties les plus sèches, et, parmi les espèces résineuses : l'Epicea élevé (*Picea excelsa* Link) qui, d'après M. *Liechti*, peut se maintenir jusqu'à l'âge où cette essence fournit des poteaux de télégraphe, et qui, dans certaines régions, est avantageuse à cultiver, d'après M. *Bersch*, pour la production d'arbres de Noël ; le Pin de montagne (*Pinus montana* Mill.), « la meilleure espèce pour le reboisement des tourbières hautes », déclare M. le professeur comte *de Leiningen* (3) ; le Pin sylvestre qui, dit M. *Liechti*, est susceptible de bien venir, mais qui, le plus souvent, prend une forme très étalée et ne présente qu'un fût très court. D'après M. *Liechti*, le Sapin pectiné (*Abies pectinata* D. C.) pourrait être introduit après les premiers boise-

(1) de Leiningen, op. cit., page 75.
(2) Wilhelm Bersch. — *Handbuch der Moorkultur*. Chapitre VI. 2e édition. — Vienne et Leipzig. 1912.
(3) de Leiningen, op, cit., page 75.

ments. Enfin, le Pin Cembro (*Pinus Cembra* L.) a réussi dans quelques tourbières de montagne.

Les essences exotiques peuvent-elles rendre des services pour le boisement des terrains tourbeux? Bien que certaines, parmi elles, aient été déjà expérimentées assez anciennement — *W. Bühler* (1), en 1831, parle d'expériences de ce genre, qu'il qualifie de jeu — il n'est pas encore possible de se prononcer nettement sur ce point.

En tout cas, il serait certainement exagéré de formuler dès maintenant une réponse négative.

Déjà, le Pin Weymouth (*Pinus Strobus* L.) a donné de bons résultats en plusieurs endroits et M. l'inspecteur forestier *Womacka* signale sa belle venue, jusqu'à présent, dans les essais qu'il poursuit, depuis l'année 1900, dans une tourbière de transition, située en Bohême.

De même, l'Epicea de Menziès (*Picea sitkaensis* Carr.) a réussi sur certains points, notamment dans l'Hertogenwald belge.

En revanche, l'Epicea piquant (*Picea pungens* Engelm.) a échoué dans les quelques essais dont il a été l'objet jusqu'à ce jour.

En définitive, certaines espèces, déjà expérimentées, ne l'ont pas encore été suffisamment, et d'autres, qui paraissent intéressantes, n'ont pas été essayées jusqu'à présent.

Dans ces conditions, il n'est pas possible, actuellement, de prendre une conclusion, en ce qui concerne l'opportunité d'introduire des essences exotiques dans les terrains tourbeux.

La question reste à étudier. Et, dans cette étude, il conviendra de ne pas oublier que les résultats peuvent varier suivant la nature de la tourbière, la composition chimique du sol, l'épaisseur de la couche de tourbe et le niveau du plan d'eau. Les essais devront être faits dans tous les cas différents.

Lorsque la végétation forestière aura été installée sur une tourbière, il sera nécessaire, au moins au début, de prendre certains soins pour la maintenir.

Tout d'abord, il est indispensable d'entretenir en bon état les fossés d'assainissement, et cela aussi souvent qu'il devient utile de le faire. Cet entretien s'impose d'autant plus que le sol de la tourbière assainie et reboisée tend à se tasser progressivement, à s'affaisser.

Les jeunes plants peuvent être exposés au déchaussement ; on y remédie par l'apport de pierres ou de sable et, au besoin, en tassant la terre, à leur pied, au moyen d'un pilon.

Cette dernière opération peut être également utile, durant les périodes de sécheresse, pour ramener, au contact des racines, la terre devenue sans consistance.

Jusqu'à ce que les plants soient assez forts pour se défendre contre les végétaux herbacés, il est nécessaire de les protéger contre ces derniers ; pour cela, il convient, durant l'été, de couper les herbes qui sont dans le voisinage des plants, puis, à l'automne, de procéder à un fauchage général de la végétation spontanée.

Enfin, lorsque cela est possible, il est excellent, pendant les périodes de sécheresse, d'utiliser les fossés d'assainissement pour irriguer la tourbière.

---

(1) W. Bühler. — *Die Versumpfung der Wälder mit und ohne Torfbildung und die Wiederbestockung derselben mit besonderer Hinsicht auf den Schwarzwald.* Tübingen. 1831.

On voit, d'après ce qui précède, que le reboisement d'une tourbière, surtout lorsqu'il s'agit d'une tourbière haute, est une opération le plus souvent difficile, presque toujours très coûteuse et qui, faute de données encore bien certaines sur les moyens d'y procéder, comporte ordinairement beaucoup d'aléas.

Aussi, est-ce aux collectivités qui disposent des fonds nécessaires et peuvent attendre les résultats, notamment à l'État, aux départements, aux communes — et aussi, aux sociétés — qu'il appartient surtout d'entreprendre ces travaux.

Si l'opération est difficile, il ne semble pas qu'elle soit impossible.

On peut citer des cas assez nombreux de réussite.

En *Belgique*, les forestiers sont parvenus à reboiser avec succès les hautes fagnes de la région de Spa (1). Dans cette région, l'assainissement est obtenu par l'ouverture de fossés distants de 3 à 6 mètres, d'axe en axe, suivant le degré d'humidité du terrain. Les plantations ont lieu deux ans plus tard. Elles sont faites en buttes, et, dans les parties les plus humides, sur des mottes de gazon provenant en partie des fossés. Comme essence, on emploie surtout des epiceas âgés de 4 ans, dont 2 ans de repiquage, que l'on plante en quinconce, à 1 m. 50 d'intervalle, sur des ignes espacées de 2 ou 3 mètres ; soit un total de 2.200 ou 3.300 sujets à l'hectare. Chaque plant reçoit environ 25 grammes de phosphate basique que l'on mélange intimement à la terre du trou représentant en moyenne 1 décimètre cube.

En *Suisse*, M. *Liechti*, inspecteur forestier à Morat, a reboisé avec succès une partie des tourbières basses étendues qui avoisinent le lac de Neufchâtel (2). Par suite des travaux d'assainissement, le plan d'eau s'est trouvé abaissé à 1 m. 50-2 mètres, au-dessous de la surface du sol, du moins au début, car depuis, la tourbière s'est tassée et affaissée. Les plantations, qui eurent lieu 1 ou 2 ans après l'assèchement, ont été effectuées sur les ados obtenus par le labour de deux sillons contigus ou, dans les parties insuffisamment assainies, sur des buttes de terre. Les essences employées ont été, parmi les espèces feuillues : le bouleau, l'aune, le frêne, et, parmi les espèces résineuses : l'epicea et le pin Weymouth ; le pin sylvestre a médiocrement réussi. On a planté aussi des peupliers et des saules.

Les travaux, commencés en 1879, ont donné de très bons résultats, tant au point de vue forestier qu'au point de vue de l'amélioration du climat. Les parties peuplées de feuillus, traitées en taillis sous futaie, ont été déjà exploitées trois fois. La quantité et la qualité des produits réalisés ont été satisfaisantes. Mais, chaque exploitation doit être suivie de plantations complémentaires, car un certain nombre de souches ne repoussent pas.

En *Allemagne*, les travaux de reboisement de tourbières ont été assez nombreux et quelques-uns sont déjà assez anciens.

M. le professeur comte *de Leiningen* cite, d'après *Sendtner*, ceux qui

(1) *Bulletin de la Société centrale forestière de Belgique*, années 1896 et 1900. — E. Nélis. *Les hautes fagnes de l'Hertogenwald. Bulletin de la Société centrale forestière de Belgique, janvier et février* 1908. — Programme du VIe Congrès de l'Union internationale des stations de recherches forestières. Bruxelles, 1900.

(2) Liechti, *Beobachtungen auf dem Gebiete der Moosaufforstungen.* — Schweizerische Zeitschrift für Forstwesen, mai 1906.

ont été effectuées par le forestier *de Larosée* dans les tourbières hautes situées près de Rosenheim, en Bavière, où 650 arpents furent mis en valeur, par la culture forestière, de 1822 à 1850 (1). Les fossés d'assainissement furent ouverts dans des conditions particulièrement favorables. Les essences employées furent le bouleau de l'épicéa.

M. *de Leiningen* signale encore, d'après un rapport du forestier *K. L. Pfob*, les reboisements exécutés dans la tourbière de la vallée de Joachim (2). L'assainissement fut opéré vers le milieu du siècle dernier. Les plantations furent faites en buttes, à 2 mètres d'intervalle. L'essence utilisée a été l'epicea. Malgré les gelées tardives, très fréquentes en cet endroit, les jeunes sujets ligneux se sont bien développés.

En ce qui concerne l'Allemagne du Nord, on trouve, dans les compte-rendus des travaux de la Commission centrale des tourbières, années 1876-1879, page 33, un rapport sur les cultures forestières, commencées en 1855, dans les tourbières hautes du haut Venn, où 5.000 arpents, sur 30.000, furent plantés avec succès en épicéas.

M. *Liechti* cite aussi les reboisements en epiceas, effectués dans les environs de Brême.

En *Autriche*, M. *W. Bersch* signale les beaux résultats obtenus avec *Pinus montana rotundata* dans le domaine du prince de Schwartzenberg, en Bohême (3).

Des travaux de reboisement importants ont aussi été entrepris dans les terrains marécageux et tourbeux qui avoisinent le lac de Chiem, en Bavière. Mais, les plantations anciennes occupent des surfaces trop restreintes et les dernières exécutées sont trop récentes, pour qu'on puisse tirer des conclusions définitives.

En *France*, il faut l'avouer, on s'est fort peu préoccupé, jusqu'à présent, du reboisement des tourbières et il a très peu été écrit sur le sujet.

Sans doute, il existe cà et là, dans des vallées à sol plus ou moins tourbeux, de belles plantations de peuplier. Et les essais que poursuit à *Andryes*, dans le département de l'Yonne, M. *Schribaux*, professeur à l'Institut national agronomique, semblent démontrer que l'on peut obtenir de très bons résultats, en employant des peupliers de 3 ans, plantés au printemps, dans des trous ouverts, à l'automne précédent, sur 0 m. 80 en tous sens, et en mélangeant intimement, à la terre provenant de chaque trou, 2 kilogrammes de scories de déphosphoration et 1 kilogramme de chlorure de potassium.

Sans doute, on rencontre aussi, dans quelques fonds tourbeux, des cultures rémunératrices de saules osiers.

Mais, de boisements forestiers proprement dits, effectués sur des tourbières, il n'en existe pas d'anciens, à ma connaissance du moins. Et les essais entrepris dans ces derniers temps sont encore bien peu nombreux.

Je ne puis signaler que ceux qui ont été exécutés dans les tourbières de Frasne (Doubs) et ceux qui ont lieu actuellement dans les marais de Bresles (Oise).

En 1901, la commune de *Frasne* entreprit de reboiser une partie des

(1) de Leiningen, op. cit., page 68.
(2) de Leiningen, op. cit., page 71.
(3) W. Bersch. — *Handbuch der Moorkultur*. Chapitre VI. 2e édition — Vienne et Leipzig, 1912.

importantes tourbières hautes qu'elle possède dans l'arrondissement de Pontarlier (1). Le terrain dont il s'agit est traversé par une sorte de canal où l'eau s'écoule assez mal, faute d'une pente suffisante. Il ne fut pas ouvert d'autres fossés d'assainissement. Aucun engrais ne fut apporté,

Au printemps de 1901, des sujets des essences suivantes furent plantés : *Alnus cortada* Desf. (500), *Betula papyracea* Ait. (500 qui furent remplacés à l'automne suivant), *Betula lenta* L. (500 qui durent être remplacés à l'automne), *Alnus incana* Willd. (200 dont 25 furent remplacés à l'automne), *Fraxinus americana* L. (100 dont 10 furent remplacés à l'automne), *Liquidambar styraciflua* L. (200 dont 180 furent remplacés à l'automne), *Liriodendron tulipifera* L. (100), *Chamaecyparis Lawsoniana* Parl. (500, dont 100 furent remplacés à l'automne), *Chamaecyparis nutkaensis* Spach. (500 dont 300 furent remplacés à l'automne), *Thuya gigantea* Nutt.) (500 dont 350 furent remplacés à l'automne), *Pinus sylvestris* L., *var. rigensis* (500 dont 100 furent remplacés à l'automne), *Pinus Banksiana* Lamb.) (500 dont 40 furent remplacés à l'automne); *Pinus ponderosa* Dougl. (500 dont 40 furent remplacés à l'automne), *Pinus Strobus* L. (200), Pins divers (80), Epicéa de Norvège (500), *Larix sibirica* Ledeb. (500 qui furent remplacés à l'automne), *Larix leptolepis* Murr. (500 qui furent remplacés à l'automne), *Picea sitkaensis* Carr. (500 dont 135 furent remplacés à l'automne), Sapin de Russie (500 dont 130 furent remplacés à l'automne); en outre, il fut planté, à l'automne de la même année 1901 : 100 *Prunus serotina* Ehrh., 100 *Taxodium distichum* Rich. et 100 *Abies grandis* Lindl.

De toutes ces plantations, il ne restait plus guère, à l'automne de 1903, que quelques pins sylvestres de Riga et quelques pins de Banks.

Le terrain fut alors clôturé et divisé en 14 carrés.

Aux printemps des années 1904, 1905 et 1907, on y planta : 800 *Alnus glutinosa* Gaertner, 3.200 *Alnus incana* Willd., 270 *Betula papyracea* Ait., 200 *Betula lenta* L., 300 *Betula lutea* L., 100 *Juglans nigra* L., 200 *Tsuga Mertensiana* Carr., 50 *Abies grandis* Lindl. qui furent remplacés, 250 *Picea alba* Link, 600 *Picea pungens* Engelm, dont 400 furent remplacés, 310 *Picea sitkaensis* Carr., 500 *Pinus sylvestris* L., 600 *Pinus Laricio* Poir., *var. austriaca*, 570 *Pinus Banksiana* Lamb., 610 *Pinus rigida* Mill. dont 270 furent remplacés, 200 *Pinus Strobus* L., qui furent remplacés, 300 *Pinus Cembra* L., 100 *Taxodium distichum* Rich. et 300 *Thuya occidentalis* L. dont 220 furent remplacés.

Toutes ces plantations furent effectuées en potets, à l'exception de 170 *Pinus Banksiana* qui furent plantés sur buttes légères, au printemps de 1907.

En juillet 1912, il ne restait plus, de toutes les plantations exécutées, que quelques pins sylvestres et quelques pins de Banks.

D'après ce qui a été dit plus haut, cet insuccès ne doit pas surprendre, étant donné qu'il s'agit d'une tourbière haute, qu'il n'a pas été fait de travaux d'assainissement et qu'il n'a été apporté aucun engrais. Il semble aussi qu'on ait employé un trop grand nombre de plants d'essences exotiques non encore suffisamment expérimentées, surtout dans ces conditions très spéciales, et qu'on n'ait pas fait une place assez impor-

(1) Renseignements donnés par M. *Cuif*, Inspecteur des Eaux et Forêts, attaché à la station des recherches forestières de Nancy.

tante aux espèces indigènes mieux connues, notamment à l'epicea élevé qui paraît l'arbre le plus indiqué dans ces stations.

Il serait certainement très intéressant de reprendre ces expériences, en tenant compte de ces observations et, en particulier, après assainissement du terrain et avec apport d'engrais.

Malheureusement, la commune de Frasne, découragée par cet insuccès — on pourrait l'être à moins, — semble actuellement peu disposée à entreprendre de nouveaux travaux.

A *Bresles* (Oise), M. *Schribaux* et moi procédons depuis 1908, avec des crédits mis à notre disposition par la *Commission des Etudes scientifiques*, à des essais méthodiques de boisement, dans un champ d'expériences concédé gracieusement par la commune dans les marais tourbeux qui lui appartiennent.

Le champ d'expériences forestières de Bresles, d'une surface de 1 hectare 25 ares, est situé en terrain presque complètement plat, à l'altitude de 60 mètres environ ; il est limité à l'Ouest par le ruisseau de *Trye*, affluent de la rivière *Thérain* ; au Nord et à l'Est, par une fausse rivière qui aboutit à la *Trye*, dans l'angle Nord-Ouest du terrain.

La tourbière de Bresles est une tourbière basse.

La couche de tourbe, dont la partie utilisable a été exploitée, a une épaisseur moyenne de 2 mètres ; elle repose sur un sable profond.

Les travaux de préparation du terrain ont été les suivants : ouverture, en 1908, d'un fossé bordier de 1 m. 50 de largeur et 0 m. 60 de profondeur, pour limiter le champ d'expériences au Sud, et creusement, sur 2 m. 80 de largeur et 0 m. 80 de profondeur, d'une partie de la fausse rivière située à l'Est ; ouverture, la même année, sur toute la surface — à l'exception de deux bandes de terrain, l'une de 15 mètres de largeur à l'Est et l'autre de 12 mètres de largeur au Sud, laissées intentionnellement pour servir de témoins — avec une pente de 25 millimètres par mètre, de fossés d'assainissement distants de 5 mètres, d'axe en axe, et mesurant 0 m. 40 de largeur à la base, 0 m. 80 au sommet et 0 m. 70 de profondeur ; ouverture, également en 1908, des trous destinés à recevoir les plants, savoir 430 grands trous de 1 mètre carré de surface et 0 m. 70 de profondeur, placés à des intervalles de 6 mètres, pour les peupliers et les pommiers, et 1548 petits trous de 0 m. 50 de superficie et 0 m. 35 de profondeur, éloignés de 3 mètres, pour les saules osiers et les plants forestiers ; enfin, construction, en 1908-1909, sur le ruisseau de *Trye*, en aval du champ d'expériences, d'un barrage à aiguilles pouvant permettre, avec les fossés, d'irriguer le terrain pendant les périodes de sécheresse et de relever ainsi le plan d'eau suivant les besoins.

D'après les constatations faites dans les trous préparés pour recevoir les plants et dans ceux qui ont été ouverts spécialement dans ce but, la distance du plan d'eau à la surface du sol varierait actuellement, suivant les endroits, de 0 m. 30 à 0 m. 70 pendant l'hiver et de 0 m. 55 à 0 m. 95 durant l'été. Et il semble difficile d'obtenir davantage, à cause du niveau des eaux dans la rivière qui borde le champ d'expériences. La couche de tourbe assainie atteint donc bien rarement, à Bresles, l'épaisseur de 1 mètre, que *Tacke* indique comme le desideratum à réaliser.

Les plantations ont été effectuées, à l'automne de 1909, sur les bandes délimitées par les fossés dont les terres ont été rejetées sur ces bandes. Chaque bande, d'une largeur de 4 m. 20, renferme trois lignes de plants ;

la ligne du milieu a été reservée aux peupliers et aux pommiers qui ont été plantés dans les grands trous, ouverts à 6 mètres d'intervalle ; les deux lignes latérales, situées à 1 m. 50 de la ligne du milieu et à 0 m. 60 du bord des fossés, ont été destinées aux saules osiers et aux arbres forestiers qui ont été plantés dans les petits trous, ouverts à l'espacement de 3 mètres.

Les essences suivantes ont été introduites :

a) Des pommiers à cidre de six variétés, savoir : Belle-Cauchoise, Reine-des-Pommes, Pomme-du-Temple, Peau-de-Vache-nouvelle, Grise-Dieppoise et Pomme-Hauchecorne, chacune de ces 6 variétés étant représentée par 5 sujets.

b) Des peupliers de 10 espèces ou variétés, savoir : peuplier demi-blanc du pays, peuplier blanc du pays, peuplier d'Eugène (*Populus Eugenei* Simon-Louis), peuplier suisse blanc eucalyptus (Sarcé), peuplier robuste (*Populus robusta* Simon-Louis), peuplier suisse régénéré (Barbier), peuplier de la Caroline (*Populus angulata* Aiton), peuplier blanc type, Ypréau ou blanc de Hollande (*Populus alba* L.), peuplier du Canada (*Populus canadensis* Mœnch) et peuplier de Virginie (*Populus monilifera* Aiton), chacune de ces 10 espèces ou variétés étant représentée par 40 individus, dont 20 plants enracinés, 8 sujets enracinés dont les racines furent coupées au moment de la plantation et 12 boutures ou plançons.

A l'automne de 1912, 20 peupliers d'Eugène et 15 peupliers de la Caroline, morts ou très dépérissants, ont été remplacés par 35 peupliers blancs.

c) Des saules osiers de trois espèces ou variétés, savoir : saule pourpre (*Salix purpurea* L.), saule blanc var. vitelline (*Salix alba* L. *var. vitellina*) et saule viminal (*Salix viminalis* L.), représentés, les deux premiers par 9 sujets chacun et le troisième par 18 individus.

A l'automne de 1912, 9 saules pourpres et 2 saules blancs nouveaux ont été plantés dans les intervalles des précédents.

d) Des essences forestières de 29 espèces, dont 6 européennes, considérées comme essences principales ou essences de reboisement proprement dites, savoir, parmi les espèces feuillues : le bouleau commun (*Betula alba* L.), représenté par 311 sujets, le frêne commun (*Fraxinus excelsior* L.), représenté par 120 plants, l'aune glutineux (*Alnus glutinosa* Gaertner), représenté par 72 individus et le tilleul d'Europe (*Tilia europea* L.), représenté par 48 sujets ; parmi les espèces résineuses : le pin sylvestre (*Pinus sylvestris* L.), représenté par 341 plants et l'épicéa élevé (*Picea excelsa* Link), représenté par 200 individus, et 23 espèces indigènes ou exotiques, considérées comme essences secondaires, essences de remplissage ou essences d'essai, savoir, parmi les espèces feuillues : le charme commun (*Carpinus Betûlus* L.), le prunier tardif (*Prunus serotina* Ehrh.), l'aune cordiforme (*Alnus cordata* Desf.), le bouleau à papier (*Betula papyracea* Aiton), le robinier faux-acacia (*Robinia pseudo-acacia* L.), le chêne rouge d'Amérique (*Quercus rubra* L.), le chêne pédonculé (*Quercus pedunculata* Ehrh.), le chêne des marais (*Quercus palustris* Duroi), le frêne blanc d'Amérique (*Fraxinus americana* L.), le copalme d'Amérique (*Liquidambar styraciflua* L.), représentées chacune par 20 sujets repartis également sur 4 bandes consécutives, et le catalpa Chavanon (*Catalpa speciosa* Warder) dont il n'a été planté que 5 individus, sur une seule ligne ; parmi les espèces résineuses : le sapin concolore (*Albies concolor* Lind. et Gord.), le mélèze du Japon (*Larix leptolepis* Murr.), le sapin de

Douglas (*Pseudotsuga Douglasii* Carr.), le thuya géant (*Thuya gigantea* Nutt.), le genévrier de Virginie (*Juniperus virginiana* L.), le tsuga du Canada (*Tsuga canadensis* Carr.), le pin à feuilles rigides (*Pinus rigida* Mill.), l'épicéa de Menziès (*Picea sitkaensis* Carr.), le pin Weymouth (*Pinus Strobus* L.), l'épicéa piquant (*Picea pungens* Engelm.), représentées chacune par 20 individus également répartis sur 4 bandes consécutives, le cyprès de Lawson (*Chamaecyparis Lawsoniana* Parl.) dont il a été planté 10 sujets sur 2 lignes, et le cyprès chauve (*Taxodium distichum* Rich.), dont il n'a été introduit, en 1909, que 5 exemplaires, sur une seule ligne.

A l'automne de 1910, parmi les plants morts ou très dépérissants, 22 bouleaux furent remplacés par 19 aunes glutineux et 3 frênes communs; 60 pins sylvestres, par 2 aunes glutineux et 58 frênes communs; 9 epiceas élevés, par 9 aunes glutineux.

En outre, à l'automne de 1912, on a introduit 15 ormes champêtres (*Ulmus campestris* L.), en remplacement de 15 aunes cordiformes morts ou très dépérissants et 14 pins de Banks (*Pinus Banksiana* Lamb.), à la place de 14 pins à feuilles rigides disparus. Et, 7 nouveaux exemplaires du *Taxodium distichum* ont été intercalés entre les pommiers de la ligne du milieu de la première bande.

L'azote et la chaux ayant été reconnus exister en quantités suffisantes, les essais d'engrais ont porté uniquement sur l'acide phosphorique et la potasse.

On a employé, comme engrais phosphaté, les scories de déphosphoration (*Phosphates Thomas* « Etoile »), à raison de 1 kg 500 par grand trou et 0 kg 750 par petit trou, et comme engrais potassique, le chlorure de potassium, puis, en 1910 seulement, le sulfate de potasse, à raison de 0 kg 300 par grand trou et de 0 kg 500 par petits trous.

A l'exception des 30 pommiers, des 47 saules osiers, des 12 cyprès chauves, des 10 cyprès de Lawson et des 5 catalpa Chavanon, qui, occupant les trois premières bandes situées au nord du champ d'expériences, ont reçu, de même que tous les sujets des essences principales plantés dans ces trois bandes, l'engrais complet, tous les autres végétaux ligneux introduits ont été répartis en 10 groupes, comprenant chacun 4 bandes consécutives, dont la première a reçu l'engrais complet; la seconde, l'engrais phosphaté seul; la troisième, l'engrais potassique seul; la quatrième bande de chacun des 10 groupes restant sans engrais, pour servir de témoin.

Chaque année, depuis 1909, il a été procédé aux travaux d'entretien suivants : tassement du sol au pied des jeunes plants pour empêcher leur déchaussement et, pendant les périodes de sécheresse, pour ramener la terre, devenue sans consistance, au contact des racines; enlèvement, durant l'été, dans le voisinage immédiat des plants, des végétaux herbacés qui menacent de gêner les jeunes sujets ligneux dans leur croissance, toutes les autres herbes étant conservées jusqu'à l'automne, pour protéger les plants contre les coups de soleil et leur procurer un peu d'humidité par les condensations de rosée qu'elles provoquent; fauchage général de la végétation spontanée, à l'automne; enfin, remplacement de tous les plants morts ou dépérissants, chaque sujet nouveau étant, à part les quelques exceptions signalées plus haut, de même essence que celui remplacé, et traité, au point de vue de l'application des engrais, absolument comme l'avait été ce dernier.

Les essais sont encore de date trop récente pour qu'on puisse tirer des conclusions certaines des résultats obtenus jusqu'à ce jour.

Ces résultats, actuellement, sont les suivants (1) :

En ce qui concerne les différentes *essences* introduites :

Les pommiers à cidre des six variétés expérimentées ont tous très bien repris et, bien que la plupart aient eu leur écorce plus ou moins rongée, au pied, par les rats d'eau, ils sont en très bon état de végétation ; ils ont commencé à donner des fruits.

Les saules osiers des trois variétés essayées subsistent tous ; ils ont été recépés en 1912 ; les sujets se sont produits très vigoureux ; le saule pourpre paraît devoir donner les meilleurs résultats.

Parmi les peupliers, ceux qui ont été introduits au moyen de sujets déjà un peu âgés et suffisamment forts, comme les peupliers demi-blancs et blancs du pays, ont généralement beaucoup mieux réussi que ceux qui, comme les peupliers d'Eugène, de la Caroline, du Canada et de la Virginie, ont été plantés en exemplaires jeunes et de petites dimensions, ce qui tient sans doute à ce que ces derniers ont davantage souffert des gelées. Toutefois, le peuplier blanc type, Ypréau ou blanc de Hollande, a très bien résisté, quoiqu'il ait été introduit au moyen de sujets de petite taille.

Il est, dès maintenant, impossible de distinguer les individus qui ont été plantés avec leurs racines de ceux dont les racines ont été coupées, au moment de la mise à demeure, et de ceux qui sont issus de boutures ou plançons. Il y a lieu de retenir seulement que, parmi les sujets morts ou dépérissants qui ont dû être remplacés, la proportion la plus forte a été fournie par les peupliers nés de boutures, et la plus faible, par ceux dont les racines ont été enlevées lors de la plantation.

De toutes les essences forestières principales, le frêne commun est celle qui, jusqu'à présent, a donné les meilleurs résultats ; l'aune glutineux et le tilleul d'Europe ont aussi une végétation assez satisfaisante ; au contraire, un assez grand nombre de bouleaux sont morts et ceux qui subsistent ne sont pas aussi bien venants que nous l'avions espéré ; des deux espèces résineuses, le pin sylvestre et l'epicea, beaucoup de plants ont disparu, mais ceux qui restent sont en assez bon état de végétation.

Parmi les essences secondaires, le frêne blanc d'Amérique, le chêne rouge d'Amérique et le catalpa Chavanon, parmi les espèces feuillues, le genévrier de Virginie, le cyprès de Lawson et le sapin concolore, parmi les espèces résineuses, sont celles qui, jusqu'à ce jour, donnent les meilleures espérances ; le charme commun, le chêne pédonculé et le mélèze du Japon ont une assez bonne végétation ; le chêne des marais, qui s'était très bien comporté durant les trois premières années, a souffert en 1912 ; le bouleau à papier, le prunier tardif et le robinier faux-acacia, très vigoureux au début, présentent actuellement un ralentissement dans leur croissance ; l'aune cordiforme a été très endommagé par les gelées ; le copalme d'Amérique, le tsuga du Canada, l'epicea de Menziès, l'epicea piquant, le cyprès chauve et le pin Weymouth — ce dernier planté sans doute, comme également les autres espèces, en sujets trop jeunes —

(1) Voir *Pardé* — Rapports annuels manuscrits sur les travaux effectués et les résultats obtenus dans le champ d'expériences forestières de Bresles — Années 1908 à 1912.

poussent médiocrement ; le sapin de Douglas, le pin à feuilles rigides et le thuya géant viennent mal.

En ce qui concerne les applications d'*engrais* (1), il y a tout d'abord lieu de retenir que la proportion des plants morts ou dépérissants qui ont dû être remplacés, au cours des trois dernières années, a été à peu près la même dans les bandes qui ont reçu l'engrais phosphaté que dans celles laissées sans engrais, et qu'elle a été, au contraire, très sensiblement plus élevée dans celles qui ont reçu l'engrais potassique, seul ou en mélange avec les scories.

Au point de vue de la croissance et de l'état de végétation, les plants qui ont reçu seulement l'engrais phosphaté sont visiblement plus forts et mieux venants que ceux qui ont été laissés sans engrais ; il en est à peu près de même pour ceux auxquels l'engrais complet a été appliqué ; au contraire, ceux qui ont reçu seulement l'engrais potassique sont moins forts et moins bien venants que les sujets auxquels aucun engrais n'a été administré.

Les conclusions à tirer des résultats obtenus jusqu'à présent, relativement aux essais sur les engrais, seraient donc les suivantes : l'engrais phosphaté, qu'il ait été appliqué seul ou en mélange avec l'engrais potassique, a eu une action nettement satisfaisante ; au contraire, l'engrais potassique, lorsqu'il a été administré seul, ne semble pas avoir eu d'effet utile. Mais, il est peut-être encore trop tôt pour pouvoir admettre ces conclusions comme définitives.

Les essais entrepris dans le champ d'expériences forestières de Bresles vont être continuées.

M. *Schribaux* et moi avons l'intention de les compléter comme suit :

De nouvelles essences seront expérimentées. Déjà, comme il a été dit plus haut, l'orme champêtre et le pin de Banks ont été introduits en 1912.

Un engrais purement phosphaté et un engrais calcique seront appliqués séparément, afin de pouvoir se rendre compte de l'action respective de chacun d'eux.

On recherchera s'il ne serait pas possible d'obtenir économiquement, au moyen de solutions chimiques judicieusement choisies et administrées, la destruction de la végétation spontanée.

Les plantations ayant été faites, jusqu'à présent, à l'automne, à cause de la facilité plus grande d'avoir des ouvriers à cette époque de l'année, on expérimentera les plantations de printemps, qui, dans cet endroit très exposé aux gelées, paraissent devoir donner de meilleurs résultats que celles d'automne.

On expérimentera également les plantations faites sur buttes et les plantations faites sur mottes engazonnées, qui ont, les unes et les autres, l'avantage d'augmenter la couche de terre située au-dessus du plan d'eau.

Enfin, on apportera des pierres ou du sable au pied des jeunes plants, ce dépôt devant avoir pour effet d'empêcher le déchaussement, de maintenir la terre au contact des racines et d'entretenir un peu de fraîcheur.

Nous espérons que, bons ou mauvais, les résultats, soigneusement contrôlés, des essais entrepris ou restant à entreprendre dans le champ

(1) Voir *Pardé* — Rapports annuels manuscrits sur les travaux effectués et les résultats obtenus dans le champ d'expériences forestières de Bresles. — Années 1908 à 1912.

d'expériences forestières de Bresles fourniront des renseignements qui contribueront à résoudre, au moins dans les tourbières basses, analogues à celle de Bresles, l'importante question de la mise en valeur, par la culture forestière, des terrains marécageux et tourbeux.

En *résumé*, au moins dans certains états, en France notamment, il n'a pas été dressé une statistique sérieuse des tourbières.

Et, jusqu'à présent, les essais de boisement dans les terrains marécageux et tourbeux sont à peine commencés dans quelques pays, en France, par exemple, et encore incomplets ou insuffisants dans d'autres. En particulier, certaines essences, qui paraissent susceptibles de réussir, n'ont pas encore été expérimentées ou ne l'ont pas été suffisamment, et l'action des divers engrais n'a pas encore été très nettement établie.

En conséquence, nous proposons les vœux suivants :

I. *Qu'il soit dressé, dans les divers États. une statistique très complète et très sérieuse des tourbières de différentes natures qui y existent.*

II. *Qu'il soit créé, dans les tourbières des diverses catégories, en plaine et en montagne, des champs d'expériences où seront étudiés très méthodiquement les procédés d'assainissement, les modes de boisement, les époques les plus favorables pour les plantations, les différentes essences indigènes et exotiques, l'action des divers engrais, les soins à donner aux plants.*

III. *Et que les résultats, bons ou mauvais, de toutes ces expériences soient portés à la connaissance du public.*

M. PARDÉ ajoute : En résumé, au moins dans certains Etats, en France notamment, il n'a pas été dressé une statistique sérieuse des tourbières. Jusqu'à présent, les essais de boisement dans les terrains marécageux et tourbeux sont à peine commencés aussi bien en France que dans les autres pays.

Certaines essences qui paraissent susceptibles de réussir, n'ont pas encore été expérimentées, ou ne l'ont pas été suffisamment, et l'action des divers engrais n'a pas encore été nettement établie.

M. HATT. — Je pourrai vous citer une expérience faite aux environs d'Epinal, il y a environ cinquante ans, sur des espaces disséminés dans la montagne, à une altitude variant entre 300 et 500 mètres. Les agents forestiers qui, à ce moment-là, opéraient aux environs d'Epinal, ont relevé soigneusement toutes les parties qui étaient marécageuses, humides, et on trouve encore sur les plans actuels, en pointillé, la limite de ces parties tourbeuses ou marécageuses, qui sont sur le grès vosgien ou le grès bigarré. Le sol est généralement tout à fait spongieux, couvert de mousses et de stagnum. Je demanderai, entre parenthèses, si le nom de *faigne*, employé dans les Vosges, ne pourrait pas être rapproché du mot latin *stagnum*.

M. PARDÉ. — De même que les « hautes fagnes » de la région de Spa.

M. Hatt. — Ces fagnes ont été reboisées méthodiquement. En même temps que le pin weymouth, on a introduit d'autres essences. On était à ce moment-là au même point que vous êtes maintenant, en ce qui concerne les tourbières de Frasnes. On y a introduit de l'épicea, du pin weymouth. Il semble qu'on l'ait introduit dans l'espoir de réussite complète. Il y a vingt ans, dans une description de ces parcelles que les aménagistes de l'époque avaient faite, ces parcelles étaient appelées « des taillis de bouleaux, entremêlés de perchis, d'épicéas et de pins weymouth ». Le weymouth est une essence à ramure extêmement légère ; c'est un arbre de parc très apprécié dans la région. Il était encore à l'état de peuplement naissant. Ce n'est que depuis vingt ans qu'il a pris l'importance que nous lui voyons aujourd'hui. Dans ces parcelles, nous avons, depuis ces vingt dernières années, un accroissement moyen vraiment étonnant. A ma connaissance, il n'existe pas d'accroissement semblable dans aucune autre essence connue, du moins de celles qui peuplent les Vosges : Nous avons trouvé, à l'âge de 45 ans, des weymouth qui avaient 60 centimètres de diamètre, et ce n'était pas l'exception. La moyenne était de 40 à 45 centimètres de diamètre. Je vous laisse à penser qu'il n'y a pas à chercher d'autres essences que celle qui, en 45 ans, donne un accroissement moyen annuel de plus d'un centimètre de diamètre. Cela paraît digne d'être noté. C'est donc une expérience qui remonte à très loin, et dont les résultats ont dépassé toutes les espérances.

Je compléterai ces renseignements en vous disant que ces reboisements ont été faits, comme le disait M. Pardé, après l'assainissement du sol, et qu'on trouve encore aujourd'hui trace des fossés d'assainissement qui ont été creusés à environ 50 ou 60 centimètres et qui aujourd'hui sont obstrués.

La question se pose actuellement de savoir ce que nous ferons de ces peuplements de weymouth. Ils sont mûrs, en ce sens que, s'étant accrus très rapidement, il semble que leur âge d'exploitabilité ne puisse pas être considéré comme celui du sapin, par exemple. Ce sont des peuplements qui donnent des signes de maturité ; en particulier, ils sont attaqués, partiellement au moins, par un champignon, le *peridermium pini*, exactement le *peridermium strobi*, puisque c'est la variété qui pousse sur le weymouth, et nous avons dû envisager leur réalisation. J'avoue que j'ai eu beaucoup de mal à imposer une méthode qui me paraissait tout indiquée ; cette méthode, je l'ai empruntée aux forestiers allemands. C'est la première fois que dans les Vosges nous avons fait une coupe rase. Nous avons délimité sur ces parcelles les parties qui étaient destinées à être coupées à blanc, et nous avons divisé les peuplements en bancs alternés, les uns devant rester debout pour produire les semences, les autres devant être abattus. Ces exploitations ont eu lieu l'année dernière. Avant-hier encore j'étais là-bas, et je me promenais dans la parcelle exploitée : J'ai pu me rendre compte que les semis de weymouth étaient déjà suffisamment abondants pour qu'on puisse considérer la régénération comme réussie dès maintenant.

Il suffira, à mon avis, de curer les fossés, qui ne l'ont pas été depuis très longtemps, depuis le moment où on a fait la plantation, c'est-à-dire il y a cinquante ans. Ils sont encore apparents ; mais les eaux ne s'écoulent pas convenablement. L'assèchement était fait par les racines de weymouth, qui pompent l'eau avec une abondance extrême. Si nous curons les fossés, le peuplement pourra renaître, et reproduire un volume semblable, c'est-à-dire de 250 à 300 mètres cubes, en l'espace de quarante-cinq ans.

Je dois ajouter que le mètre cube de pin weymouth se vend à raison de 18 francs, sur pied, dans le pays. C'est une essence appréciée des marchands de bois. D'après un calcul que j'ai fait, et qui a été reproduit dans la *Revue Forestière*, il y a quelques mois, en tenant compte d'une production de 250 à 300 mètres cubes à l'hectare, à raison de 18 francs le mètre cube, en comptant comme frais d'établissement les frais de plantation, de curage des fossés, d'acquisition de terrain, on peut évaluer le taux de ce placement à 7 %. A côté de ces parcelles, et voyant que l'Administration forestière avait si bien réussi, des propriétaires ont fait des plantations de weymouth ; mais ils n'ont pas songé à draîner le terrain, et cela n'a rien donné. Il suffit de faire de l'assainissement, sans ajouter d'engrais. J'estime que dans ces régions, le sol est tellement fertile, par suite de l'accumulation des détritus qui sont venus s'entasser dans le fond des vallées, qu'il n'est pas nécessaire d'y ajouter de l'engrais. Je dirai même que c'est une illusion qu'on se fait lorsqu'on ajoute de l'engrais à de pareils terrains pour les améliorer. Ces terrains, en effet, sont extrêmement riches, et parfois presque trop riches. (*Applaudissements.*)

M. Flahault. — La communication que vient de faire M. Hatt est des plus intéressantes, et je me rappelle avoir lu avec un intérêt tout particulier l'article dû à la plume de notre collègue et paru il y a quelques mois dans *La Revue forestière.*

Certes, il est intéressant que, dans les vastes tourbières des Vosges, situées entre 300 et 500 mètres d'altitude, le pin Weymouth réussisse, mais j'estime qu'il faut considérer cela comme un fait particulier ; en matière d'utilisation de tourbières et surtout de reboisement, l'on devrait toujours mettre en première ligne la question de climat.

Pour moi, cette question a été placée hier sur son véritable terrain par M. Guinier, et il n'y a pas à sortir de là ; ce sont avant tout des questions de géographie botanique. Je citerai à l'appui de cette opinion un fait que M. Pardé connaît ; il a pu voir, dans les hautes Cévennes des peuplements de pin Weymouth plantés en application de la loi de 1860, déjà anciens, par conséquent, et qui n'ont donné aucun résultat sérieux : les fûts ont atteint quarante centimètres de diamètre, mais les cîmes étaient constamment endommagées par la neige. On avait bien du repeuplement, mais, en réalité, c'étaient là des forêts sans avenir dans nos climats du midi, même en haute montagne.

En ce qui concerne la richesse du sol, je ne doute point que, dans les tourbières de l'Est, comme dans la plupart des tourbières, les engrais proprement dits soient le plus souvent inutiles ; cependant j'estime que l'amendement par la chaux est toujours nécessaire et il y a tout avantage à reporter les économies faites du côté des phosphates et de la potasse vers la chaux qui permet une meilleure utilisation des richesses du sol.

Arrivant à un autre point, je demanderai à mon ami M. Pardé de vouloir bien introduire dans le texte définitif de son rapport trois lignes pour indiquer que l'assainissement des tourbières n'est pas toujours une opération qui s'impose. En effet, si cet assainissement des tourbières était indiqué comme une mesure nécessaire, il pourrait arriver que des agents fussent conduits, par des décisions impératives de l'administration centrale, à assainir des tourbières dans des conditions où cette opération serait désastreuse.

Nous avons, dans les hautes Cévennes, de vastes étendues de tourbières qui sont des éponges, au même titre que les tourbières de Russie : si, en application de la loi de 1860, on les assainit au moyen de tranchées profondes, on aura bien abaissé le plan d'eau, mais on aura alimenté d'autant et d'une manière d'autant plus irrégulière les torrents qui en naissent. Il y a donc lieu de faire des réserves au sujet de l'assainissement des tourbières qui, en certains points des Pyrénées et des Alpes, peuvent être des sources permanentes.

Vous vous rappelez, Monsieur Pardé, avoir vu ces quelques centaines d'hectares de tourbières de montagne : il serait évidemment fâcheux, aujourd'hui, que l'administration, conduite par une idée excellente en soi, voulût transformer ces tourbières où nous essayons de retenir les eaux en réservoirs de torrents (*Applaudissements*).

M. Pardé. — Le cas que vous signalez n'est pas isolé. A Spa, par exemple, l'administration des eaux a protesté contre un assainissement qui tarirait ses sources.

En qualité de rapporteur, je me rallie complètement aux observations que M. Flahault vient de présenter (*Applaudissements*).

M. Flahault. — Vous voyez mon intention, c'est d'attirer l'attention sur un côté de la question qui échappe généralement à la première observation. M. Hatt, par exemple, serait nommé aujourd hui, ce que je lui souhaite très vivement, inspecteur général des hautes Cévennes, qu'il arriverait avec l'intention d'assainir toutes nos tourbières...

M. Hatt. — Je demande la permission de vous contredire un peu. Nous avons, dans les Vosges, des forêts à une altitude relativement élevée : par principe, les tourbières n'ont pas été reboisées parce qu'elles constituent des sources utiles pour l'alimentation des nombreuses usines installées dans les vallées.

M. FLAHAULT. — Chez nous, il s'agit plus modestement de torrents à modérer.

M. DUBOIS. — Je demande la permission d'apporter au Congrès l'opinion des forestiers ardennais belges, au point de vue de la valeur du Weymouth ; c'est une opinion qui n'a pas été publiée, mais elle a cours chez les agents des forêts.

Dans les Ardennes belges, on utilise le pin sylvestre jusqu'à 400 mètres, et l'epicea au-dessus, parce qu'au delà de 400 mètres, le pin sylvestre se déjette, n'a pas de fût et prend des formes tortueuses.

Les bons résultats obtenus avec l'epicea dans les terrains de fagnes ont incité les particuliers et les communes à adopter cette essence qui a été plantée dans des terrains ardennais, schisteux, et dans certaines parties peut-être un peu spéciales, elle donne un revenu qui atteint jusqu'à 100 francs à l'hectare.

Nos forestiers avaient aussi pensé au pin Weymouth : Eh bien, il y a une opinion courante chez eux, c'est que le pin Weymouth est tellement attaqué par la rouille, qu'il y a une tendance générale à y renoncer. Il attrape la rouille d'une façon scandaleuse (*Rires*). En sorte qu'après avoir voulu l'utiliser, non pour faire concurrence à l'epicea, mais comme adjuvant à cette essence, il y a maintenant une tendance assez forte à y renoncer (*Applaudissements*).

M. FLAHAULT. — Etant presque belge moi-même, j'ai un grand respect pour les forêts des Ardennes et je les connais fort bien. Là comme ailleurs, la question de géographie botanique s'impose et elle a attiré, nous venons de le voir, l'attention de nos voisins. Il n'est pas douteux que le pin Weymouth, dans la chaîne des Ardennes, ne doive donner des résultats plus médiocres que l'epicea et que le pin sylvestre. Il se déjette, il ne se développe pas au-dessus d'une certaine altitude : en réalité, vous vous placez dans les mêmes conditions où se placent les Suédois et les Norvégiens dans leurs efforts de peuplement de leurs forêts septentrionales : les forêts des Ardennes ressemblent d'une manière remarquable aux forêts du nord de la Suède que je connais bien.

J'en reviens encore à mon idée. On peut faire des expériences très intéressantes, on trouvera peut-être des espèces ayant un intérêt majeur pour un pays donné ; mais, toujours, nous sommes bien d'accord sur ce point, les expériences doivent se faire pour un pays donné.

J'expérimente, en ce moment, dans les hautes Cévennes l'*epicea pungens* : il semble donner de bons résultats à de hautes altitudes. M. Hatt l'a-t-il essayé dans les Vosges?

M. HATT. — Non ; mais je sais que M. Dubois, en Belgique, paraît avoir des résultats meilleurs avec l'*epicea sitka.*

M. FLAHAULT. — Par contre, les expériences faites par d'autres forestiers avec l'*epicea pungens* dans d'autres régions n'ont pas réussi.

En fait, il faut toujours en revenir à cette question de géographie botanique. Le sitka ne m'a pas donné de résultats appréciables dans les hautes Cévennes, tandis que le pungens donne des résultats analogues à ceux que l'on trouve en Suisse où il atteint 1.845 mètres dans les forêts qui environnent le lac de Saint-Moritz ; l'epicea pousse si bien dans ce pays que toutes les communes de l'Engadine accordent une large place dans leurs pépinières à cette essence.

L'epicea pungens paraît donc favorable pour le peuplement des marais en haute montagne, et le sitka, au contraire, paraît inférieur.

M. Dubois. — Il faut toujours parler du pays et ne pas généraliser.

M. Flahault. — Il faut tenir compte du climat, des conditions spéciales de température, d'humidité atmosphérique, etc...

M. Breton-Bonnard. — Messieurs, je ne me placerai pas au point de vue mondial auquel se sont placés les précédents orateurs, mais je vous parlerai de la Somme où j'ai opéré, depuis quarante ans, beaucoup de reboisements.

On a parlé tout à l'heure des engrais potassiques, phosphoriques. De tous les engrais que j'ai employés, la craie seule m'a donné de bons résultats. Dans une plantation, les arbres que nous garnissons de craie à la base dépassent de beaucoup les autres.

Dans nos tourbières, nous avons essayé aussi le pin weymouth et l'épicea ; mais je voudrais attirer votre attention sur la disparition de l'aulne. Nous avions des aulnes admirables autrefois, vous pouvez m'en croire, car j'ai été marchand de bois pendant trente-cinq ans : aujourd'hui, on a beau reboiser, on n'arrive à rien : l'aulne ne pousse plus. Pour quelles raisons? Nous l'ignorons.

Ce qui chez nous donne un gros revenu, c'est le peuplier, qui produit toujours et, au moins au nord de Paris, le peuplier doit toujours être choisi de préférence au pin weymouth qui ne pousse pas.

Un autre fait intéressant est le suivant. On dit que le mélèze est un arbre de montagne : un propriétaire en a planté une cinquantaine dans son parc et ils ont donné des résultats phénoménaux...

M. Mougin. — Ils mourront !

M. Breton-Bonnard. — C'est certain, mais enfin, ils sont dans leur vingt-cinquième année, et je serais curieux de savoir quel bois ils donneront.

M. Auguste Barbey. — M. Pardé, dans son remarquable rapport, a parlé de la Suisse ; permettez-moi de vous présenter quelques remarques que me suggèrent les travaux faits aux environs du lac de Neuchatel.

Dans les tourbières situées entre ce lac et le lac de Bienne, on a planté au commencement des résineux, en mélange intime, épicea, sapin blanc, pin sylvestre et weymouth. Ces plantations ne datent que de 35 à 40 ans, mais le weymouth jusqu'ici donne de très bons résultats.

J'ai fait des plantations dans les marais de l'Orb, dans les mêmes conditions qu'à Neuchatel, dans un marais bas, qui reçoit les alluvions d'une rivière, et mes constatations sont celles-ci.

Nous faisons une faute quand nous plantons en automne, parce que les jeunes plants sont déchaussés par la gelée tardive de printemps ; notre règle, c'est la plantation au printemps. Plus nous nous éloignons de la rivière, source de limon, plus nous sommes dans la tourbe pure, plus nos plantations ont peine à reprendre. A cette altitude de 480 mètres, malgré ce qu'en disent les auteurs allemands, le stika nous a donné de bons résultats ; encore faut-il réunir certaines conditions et surtout lui procurer un abri latéral.

M. Dubois. — Nous essayons le sitka surtout dans la plaine.

M. Auguste Barbey. — Une essence à recommander est le frêne d'Amérique qui supporte mieux la gelée tardive que le frêne ordinaire et donne un bois de qualité supérieure.

Le grand ennemi contre lequel nous avons à lutter dans les plantations de marais en Suisse, c'est l'incendie : dans nos marais du Seeland, on en a tellement peur que dans les peuplements d'épiceas, à partir de l'état de perchis, on scie toutes les branches à deux mètres de hauteur. Et ceci m'amène à prendre les mesures suivantes : c'est que dans les marais bas, il faut arriver le plus tôt possible à tuer la végétation herbacée, et pour cela, une essence de transition, comme un mélange intime d'aulne et de frêne donnera les meilleurs résultats : là-dessus nous pourrons installer dans la suite les résineux. (*Applaudissements.*)

M. Herrgott. — J'ai pensé que je pourrais profiter de la discussion du rapport de notre collègue M. Pardé, pour vous dire les essais que j'ai faits en Lorraine et plus particulièrement dans l'arrondissement de Toul en faveur du reboisement en général et plus particulièrement du reboisement des friches communales.

M. le Président. — Je vous demande la permission d'en finir d'abord avec les travaux de reboisement des tourbières.

M. Herrgott. — Très volontiers.

M. le Président. — Messieurs, je donne lecture des projets de vœux :

« 1° *Qu'il soit dressé, dans les divers Etats, une statistique très complète et très sérieuse des tourbières de différentes natures qui y existent.* »

« 2° *Qu'il soit créé, dans les tourbières des diverses catégories, en plaine et en montagne, des champs d'expériences où seront étudiés très méthodiquement les procédés d'assainissement, les modes de boisement, les époques les plus favorables pour les plantations, les différentes essences indigènes et exotiques, l'action des divers engrais, les soins à donner aux plants.* »

« 3° *Et que les résultats, bons ou mauvais, de toutes ces expériences soient portés à la connaissance du public.* »

Ces trois vœux sont mis successivement aux voix et adoptés.

M. le Président. — Il me reste à soumettre à votre approbation un quatrième vœu, présenté par M. Bauchery, sylviculteur à Crouy (Loir-et-Cher).

« 4° *Les membres de la quatrième Section, considérant la grande documentation et les précieux renseignements renfermés dans l'étude ci-dessus, émettent le vœu que ce rapport soit adressé gratuitement, par les soins du Ministère de l'Agriculture, aux Sociétés forestières proprement dites ainsi qu'aux groupements scolaires forestiers.* »

Ce vœu, Messieurs, est très bien dans son esprit, mais il ne faut pas oublier que nous sommes dans un Congrès international où le Ministère de l'Agriculture de France n'a rien à voir.

Je vous propose donc, en conséquence, de modifier comme suit le vœu de M. Bauchery :

« *Que, eu égard aux précieux renseignements pratiques contenus dans le rapport ci-dessus, ce document soit adressé gratuitement aux collectivités ainsi qu'aux sociétés et groupements forestiers que la question peut intéresser.* »

Ce vœu, mis aux voix, est adopté.

M. Herrgott. — J'ai eu l'idée d'envoyer, en 1909, un questionnaire aux 119 communes de l'arrondissement de Toul pour leur demander :

1° Si depuis 1900 la commune avait reboisé pour son compte, et combien d'hectares ;

2° Si depuis la même époque, des particuliers avaient également reboisé, et le nombre approximatif d'hectares ;

3° Quelles étaient les essences les plus généralement employées ;

4° S'il y avait encore des terrains susceptibles d'être reboisés ;

5° Enfin si des déboisements ou des exploitations intensives, réalisant tout le matériel arbre de la forêt, avaient eu lieu.

Des chiffres obtenus et contrôlés de diverses matières, il résultait que si, depuis 1900, un millier d'hectares avaient été reboisés, il en restait bien 2.400 environ qui pourraient l'être utilement et pratiquement.

Après avoir examiné très attentivement les résultats de cette enquête, j'écrivis officiellement aux maires des communes où se trouvaient des terrains susceptibles d'être reboisés ; j'invitais les Conseils municipaux à délibérer et je leur disais que l'Administration forestière serait à leur disposition pour leur donner, le cas échéant, toutes indications utiles notamment M. l'inspecteur des Forêts Boppe et M. le garde général des Forêts Coulaux, à Noviant.

Voici, à la date du 1er mai 1913, les résultats de la campagne menée en faveur du reboisement dans l'arrondissement de Toul :

51 communes ont répondu à l'appel qui leur avait été fait et les crédits qu'elles ont votés s'élèvent à une somme globale de près de 30.000 francs; c'est ainsi que la très grande majorité des terrains incultes appartenant aux commerces ont été reboisés. Je n'ai pu encore savoir le nombre exact ou approximatif d'hectares, mais j'espère le savoir dans quelque temps

Il m'est donc particulièrement agréable de rendre hommage, une fois de plus, aux maires de ces communes et aussi aux instituteurs qui nous ont secondé et surtout à ceux qui dirigent et ont créé des sociétés scolaires forestières.

De 8 qu'elles étaient en 1906, elles sont, en 1913, au nombre de 16.

Toutes ont fait d'intéressants travaux, quelques-unes notamment, en créant des pépinières familiales. Ils sont résumés dans une brochure que j'ai fait paraître et qui a été honorée d'une souscription du Ministère de l'Instruction publique.

J'ai l'honneur de déposer cette brochure sur le bureau. C'est une relation des résultats obtenus dans l'œuvre que j'ai entreprise depuis plus de six ans, en vue de favoriser et de propager le reboisement.

Dans un but d'enseignement véritable pour tous, j'y ai groupé les comptes-rendus des travaux de reboisement déjà exécutés par les sociétés scolaires forestières de l'arrondissement et par les principaux reboiseurs du Toulois.

Ces comptes-rendus traitent des différentes espèces de plants à employer selon la nature du terrain, des diverses manières de reboiser et sont ainsi autant de leçons de choses devant servir de guide indispensable aux reboiseurs qui veulent éviter les mécomptes d'une plantation mal conditionnée.

J'y indique aussi les grands avantages des peupliers ; je reproduis un très intéressant cours de sylviculture fait par un instituteur de l'arrondissement à l'usage de ses jeunes élèves ; puis, parlant du grave problème de la dépopulation des campagnes, je démontre avec des documents officiels à l'appui que si l'on se remet à reboiser dans les communes rurales, on atténuera par une remise en valeur des terrains, les effets de leur abandon.

Ai-je besoin d'ajouter, en terminant, que les maires des communes rurales, dont les revenus diminuent chaque année, alors que les dépenses augmentent, seront heureux de trouver un jour des ressources nouvelles qui leur permettront d'équilibrer leur budget communal et de faire de nouvelles améliorations dans leurs communes ?

Ayant reboisé leurs terrains incultes ou friches communales, ils auront fait de bonne administration et avec raison on pourra leur dire : « Reboiser c'est prévoir ; reboiser c'est aussi avoir la richesse. » (*Applaudissements.*)

M. le Président. — Je remercie M. Herrgott de sa très intéressante communication.

M. le Président. — La parole est à M. Pardé pour donner lecture de la communication de M. Vallet sur la Culture de l'osier.

En voici les principaux passages :

La culture de l'osier semble indiquée pour tous les terrains humides, et, appliquée d'une façon rationnelle, elle donne de fort beaux rapports.

Les différents modes de plantation les plus propices à ce genre de terrains sont : 1° par boutures assez élevées au-dessus du sol pour se défendre contre les mauvaises herbes ; 2° par la greffe d'osier sur peuplier, qui aura une très grande durée et une végétation bien supérieure aux osiers les plus vivaces. Étudions donc les deux procédés :

1° la plantation se faisant par boutures, diviser les terrains en plates-bandes de 1 m. 50 à 2 mètres, séparées par des fossés dits d'assainissement, se déversant dans un fossé principal. Assainir le terrain et rehausser la terre végétale.

Sur ces plates-bandes ainsi préparées, planter les boutures de 0 m. 50 de longueur, les enfoncer verticalement de 0 m. 30, de façon à former la souche en dehors des mauvaises herbes ; cette même plantation, en terrain moins humide, peut se faire avec les boutures de 0 m. 30 de longueur ; les enfoncer verticalement et au ras du sol, aux intervalles de 0 m. 50 à 1 mètre de distance, suivant la qualité du terrain.

2° Plantation par l'osier greffé sur peuplier. Ce genre de plantation est le plus pratique et celui qui donne le plus de revenu, tout en supprimant bien des frais.

M. Vallet a greffé du *Salix viminalis* sur le peuplier blanc de Hollande (*Populus alba*). Il nous a fait voir deux greffages faits au printemps qui ont parfaitement réussi ; nous avons d'autre part constaté, près de la gare de Cormeilles-en-Parisis, un greffage semblable datant de 1910. Les pousses de l'année présentaient une superbe végétation.

D'autres greffages identiques ont été tentés avec succès par M. Vallet.

Cet osiériculteur a employé la greffe en fente ordinaire ; le greffage s'est fait ou au niveau du sol, ou à 5 ou 6 centimètres du sol.

De ces constatations, il résulte clairement que le greffage de l'osier sur le peuplier est absolument pratique.

Ces premières expériences faites par M. Vallet peuvent avoir une très grande importance au point de vue osiéricole.

1° Le choix du sujet porte-greffe. Il y aurait lieu alors de faire des recherches avec les variétés suivantes : *Populus alba* ou Blanc de Hollande, *Populus italica* ou peuplier d'Italie, *Populus nivea* ou peuplier neige, *Populus virginiana* ou peuplier suisse régénéré ;

2° L'adaptation du greffon au sujet : sur du Blanc de Hollande va-t-on greffer, par exemple, du *Salix viminalis* ou du *Salix Purpurea* ou du *Rubra*, etc.;

3° L'adaptation à la fois du sujet et du greffon à la composition chimique du sol, d'une part, à l'altitude et à la latitude d'autre part ;

4° Le mode de greffage à employer : le greffage en couronne sur des peupliers plus âgés donnera peut-être de meilleurs résultats que le greffage en fente.

Quoiqu'il en soit, ce greffage étant pratique, peut transformer avantageusement la culture de l'osier de la manière suivante :

a) Dans certains terrains trop humides, comme les champs d'épandage de la ville de Paris, ou dans les terrains où l'eau est plus ou moins stagnante, terrains dans lesquels le peuplier réussit très bien et l'osier très mal, on pourra se livrer à la culture des osiers en greffant ceux-ci sur peupliers. Nous avons vu, à Achères, à Méry-sur-Oise, à Saint-Germain, à Pontoise, etc.,des peupliers superbes dans des sols presque incultes ; le greffage des osiers semble là tout indiqué.

Combien n'y a-t-il pas en France, de terrains semblables?

b) Le greffage des osiers à 1 mètre ou à 1 m. 50 du sol, pourrait permettre de se livrer à une culture rationnelle, en têtards, culture qui, jusqu'à présent, constitue une très rare exception.

La culture en têtards, sur une souche solide formée par le peuplier, supprimerait ou diminuerait dans une très grande proportion les frais de binage et de sarclage ; or, chacun sait que ces frais sont ceux qui grèvent le plus la culture de l'osier.

Nous ne pensons pas que la culture en têtards donnera en général des produits aussi abondants que la culture actuelle, mais elle est appelée à rendre les plus grands services dans une foule de cas, en mettant en valeur de mauvais sols.

De plus, par ce genre de greffage de l'osier, il est une question très importante concernant les osiers de vannerie fine qui, jusqu'à ce jour, ont eu beaucoup de difficultés à se développer, la nature du terrain empêchant en grande partie le développement et détournant le propriétaire de plantations susceptibles de lui assurer du succès. L'osier constitue la matière première servant à fabriquer la *vannerie de ménage*, indispensable à tous, la *vannerie d'emballage*, pour laquelle on ne saurait le remplacer, étant donné sa légèreté qui diminue les frais de transport pour le produit réel, la *vannerie fine ou de fantaisie* qui se fabrique généralement dans le nord et dans l'est de la France.

Ce genre de greffage est également désigné pour reproduire avec grande facilité toute la collection d'osiers exotiques ou d'ornement qui ont disparu pour la plupart, faute de végétation sous notre climat. Par le greffage de l'osier sur peuplier, le rapport est plus important que celui de la plantation d'osier ordinaire et d'une grande durée.

De plus, la plantation d'osiers fournit un couvert à gibier apprécié de toutes les personnes s'occupant de chasse ; on a en outre la faculté par la taille de chaque année, de former le couvert à la hauteur désirée et à l'emplacement voulu, ce qui est très avantageux.

On s'en sert également pour la fabrication de la pâte à papier.

Comme on le voit, l'osier est une des matières premières textiles qui s'utilisent dans toutes les régions de la France.

L'établissement d'une plantation d'osiers ne peut dépasser 4 à 500 francs l'hectare pour le labour, les boutures et binage dans les deux premières années.

La récolte de première année est inutilisable. A partir de la deuxième année, l'hectare d'osier peut rapporter en moyenne 200 francs, et cela en augmentant, jusqu'à dix ans, où il peut arriver à produire de 5 à 600 francs. La durée de plantation est d'environ 15 à 20 ans, selon les terrains et selon les variétés appropriées à chaque genre de culture.

La plantation se fait de novembre à avril ; il est préférable de ne pas dépasser le 15 mars. L'osier est très hâtif. Un autre genre de plantation se fait aussi par semis de 1 ou 2 ans. Ce dernier donne moins de rapport et demande beaucoup plus d'années à former une plantation convenable en terre plus humide et plus maigre, mais toujours par plates-bandes.

La culture de l'osier est donc très rémunératrice. Par les différents genres de plantation, elle donne du rapport, ou couvert à gibier appréciable. Elle assure en même temps le reboisement, l'assainissement du terrain principalement en bordure des cours d'eau où elle arrête la perte de terrain qui se fait journellement par le déversement des eaux sur la propriété.

Il y a donc lieu de recommander, de développer par tous les moyens, la culture de l'osier qui, mieux comprise, peut et doit devenir une richesse nationale, en utilisant quantité de non-valeurs.

« *Dans une exploitation agricole bien comprise, a dit La Blanchère, il ne doit pas y avoir un pouce de terrain perdu.* »

M. LE PRÉSIDENT. — L'ordre du jour appelle la discussion du rapport de M. Pierre Buffault sur : LES DUNES. — LEUR FIXATION. LEUR REBOISEMENT. DÉFENSE CONTRE LA MER. — MOYENS D'ACTION DONNÉS PAR LA LÉGISLATION ACTUELLE. MESURES LÉGISLATIVES A PRENDRE.

Technique des travaux.

M. Pierre BUFFAULT. — I. Les dunes sont des amoncellements de sable d'origine éolienne, soit littoraux, soit continentaux.

Les dunes françaises sont littorales, sauf quelques exceptions négligeables. Les plus importantes sont celles de Gascogne, puis celles de Saintonge, de Vendée et des îles voisines, enfin celles du Pas-de-Calais, de Bretagne et du Languedoc.

A l'étranger, en Europe et hors d'Europe, il y a des dunes considérables, littorales et continentales.

II. En France, toutes les dunes, un peu importantes et dangereuses par leur mobilité sont depuis longtemps fixées et boisées. On n'a plus à y faire que des regarnis et petits travaux partiels.

La fixation et le boisement des sables ont été obtenus par des semis de graines de pin maritime, d'ajonc et de genêt (30 à 20 kilos par hectare), faits à la volée sous ou sur une couverture de branchages (1.000 fagots de 15 à 20 kilogs par hectare) ; quelquefois, ces branchages étant rares, on a remplacé la couverture protectrice par des aigrettes (rameaux piqués verticalement dans le sable), ou des cordons de fascines se recoupant. Ces deux procédés ne valent pas celui de la couverture. (Dans le Nord, le pin maritime a été employé avec le pin sylvestre et même en proportion prédominante).

Sur les sables trop près de la mer pour que le pin y végète, on a obtenu et on entretient encore leur fixation par des plantations de touffes plus ou moins espacées de gourbet ou oyat (*psamma arenaria*).

Le boisement s'obtient donc concurremment avec la fixation ; et, dans les vieux peuplements exploités, l'ensemencement naturel suffit aujourd'hui d'ordinaire à assurer la régénération, sauf les cas de pâturage ou de mauvaise exploitation.

Hors de France les procédés de fixation sont à peu de chose près les mêmes qu'en France, soit que la fixation des dunes y ait été commencée en même temps (Danemark, Hollande, Prusse), soit qu'on se soit inspiré des procédés français.

III. En France, pour protéger les surfaces qu'on ensemençait ou allait ensemencer dès l'arrivée de nouveaux sables, soit que l'on fût au milieu de dunes mouvantes, soit que l'on fût au bord de la mer, on établissait une palissade de planches ou un clayonnage, renforcé d'une plantation de gourbets du côté de l'arrivée des sables mobiles, et qu'on exhaussait au fur et à mesure que les sables le couronnaient. On édifiait ainsi, par l'effet du vent, une sorte de parapet ou de digue, qui empêchait l'ensablement des semis et donnait à ceux-ci le temps de grandir et de se développer jusqu'à ce que les sables mobiles de l'Ouest fussent eux-mêmes fixés ou maîtrisés.

Généralisée et uniformisée tout le long de la côte maritime, cette digue artificielle est devenue la « dune littorale » des forestiers. Son but est, non d'arrêter les sables venant de la mer, mais :

1° de diminuer la violence du vent de mer et de favoriser ainsi la végétation herbacée, arbustive, puis arborescente de la zone littorale située derrière ; 2° de diminuer la quantité des sables que le vent prend à son pied parmi ceux laissés par le flux et de modérer leur transport éolien dans la zone littorale pour que l'exhaussement du sol y soit lent et ne dépasse pas l'exhaussement parallèle de la végétation.

La régularité de la dune littorale et l'uniformité de son profil en long et de son profil en travers (trapézoïdal) sont nécessaires pour offrir moins de prise aux attaques des vents et des hautes mers et réduire les travaux d'entretien. (En moyenne : hauteur 10 mètres, pente Ouest, 20 %, plateforme de 5 mètres).

IV. La dune littorale ne peut rien contre l'érosion marine. Lorsque les forestiers ont à lutter contre celle-ci, ils ont recours d'abord à des ouvrages offrant aux lames une résistance flexible ou relative, plutôt qu'absolue, et favorisant l'amoncellement du sable : fascinages, clayonnages, groupes de pieux (à espacements variables, en tenailles, etc.). Ce n'est qu'exceptionnellement et dans des cas spéciaux (courant de

Mimizan) que l'on recourt à des ouvrages comportant plus ou moins de maçonnerie dont la résistance cherche à être absolue (digues, brise-lames, épis, etc.).

Il a été essayé, ces années dernières, à Soulac (Gironde), divers systèmes de revêtement protecteur sur le talus ouest de dunes littorales érodées : le système Decauville, nappe souple de briques en ciment juxtaposées et soutenues par des fils métalliques suspendus à des piquets fichés dans le haut de la dune; le système Delpech, nappe de briques creuses rendue rigide par des joints en ciments; le système de Muralt, formé de poutres et de panneaux en ciment armé d'un seul tenant. De tous ces systèmes, dont le troisième est le plus résistant, mais aussi le plus coûteux (100 francs le mètre carré), et d'autres analogues (travaux de défense de Soulac de 1912) on peut dire qu'ils n'ont de valeur qu'à condition de comporter des fondations ou des digues de base empêchant l'affouillement par les lames et surtout assez étanches pour que l'eau ne vienne pas en-dessous délayer le sable et le faire foirer.

V. *Conclusion.* Il nous paraît n'y avoir aucune innovation à apporter dans la technique des travaux de fixation des dunes et de défense contre la mer.

Moyens d'action actuels et mesures à prendre.

I. *a*). Quant aux moyens d'action donnés par la législation actuelle en vue de la fixation des dunes, il faut distinguer.

S'il s'agit de dunes soumises au régime forestier (à l'Etat, aux communes et aux établissements publics), les moyens d'action sont suffisants. L'Etat est libre dans son domaine privé ; il peut très largement subventionner les travaux de reboisement sur terrains communaux soumis (ou à soumettre), d'après la loi de finances du 18 avril 1893.

S'il s'agit de terrains non soumis au régime forestier (particuliers et communes), c'est le cas intéressant ici — les moyens d'action sont à peu près nuls actuellement. Dans les départements maritimes autres que la Gironde et les Landes, le décret du 14 décembre 1810 donne bien à l'Etat, notamment par son article 5, le pouvoir de suppléer au propriétaire défaillant. Mais un récent avis du Conseil d'Etat (3 mai 1911), s'opposant à l'application des dispositions de ce décret comme « trop anciennes et peu conformes aux tendances actuelles de l'Administration », tend à rendre cette législation désuète et à paralyser complètement les pouvoirs publics. Dans la Gironde et les Landes, le décret de 1810, non fait pour ces deux départements, est inapplicable et l'on n'y a même pas les ressources de principe qu'il pourrait offrir.

En fait, maintenant, l'Administration ne peut plus guère intervenir nulle part pour la fixation des dunes non soumises au régime forestier.

A l'égard des propriétaires de dunes actuellement boisées et non soumises (particuliers et communes), les pouvoirs publics sont également désarmés dans le cas où des exploitations abusives seraient faites et pourraient compromettre soit la fixité des sables, soit le rôle protecteur des rideaux boisés du littoral. Ce n'est qu'au cas très rare d'un défrichement caractérisé (direct ou indirect) que l'Administration pourrait intervenir en faveur de l'intérêt général menacé.

Les forêts communales des dunes ne peuvent être soumises au régime forestier que sous les réserves inscrites à l'article 90 du Code forestier. Aussi plusieurs échappent-elles à la tutelle bienfaisante de l'Etat.

b.) En ce qui regarde les travaux de défense à la mer, dans toute la France, l'Etat ne peut rien non plus, légalement, en dehors des forêts domaniales du littoral.

L'Administration des Ponts et Chaussées (service maritime) ne travaille que dans l'intérêt public, pour les ports (ainsi les travaux de la Pointe de Grave sont faits uniquement dans l'intérêt du port de Bordeaux). Elle ne s'occupe nullement de la protection des intérêts privés. Les agents le font parfois, mais c'est à titre d'ingénieurs ou d'architectes privés, moyennant honoraires et les dépenses étant intégralement payées par les particuliers ou les collectivités qui ont recours à eux. Les propriétaires particuliers sont donc livrés à eux-mêmes, à leur fantaisie ou à leur impuissance, sans autre lien ni aide possible que leur association en syndicats, ce qui n'est pas toujours réalisable.

Cependant rien ne s'oppose, ce semble, dans l'état de la législation actuelle, à ce que, en dehors des terrains soumis au régime forestier, les particuliers (individuellement ou associés), qui ont à se défendre des attaques de la mer, fassent appel au service des améliorations agricoles, comme le font déjà ceux qui, à l'intérieur, ont à se défendre des incursions des fleuves et cours d'eau.

Et cela paraît suffisant. Toutefois, il faudrait que l'Etat puisse imposer l'exécution de travaux de défense nécessaires lorsque le ou les propriétaires du littoral s'y refuseraient, et puisse contrôler ceux que ces propriéaires exécutent d'eux-mêmes.

II. Nous conclurons donc d'après les considérations qui précèdent, en proposant le vœu suivant :

Qu'une législation nouvelle, applicable à tous les départements maritimes, relative à la fixation des dunes et aux travaux de défense contre la mer et destinée notamment à remplacer le décret du 14 *décembre* 1810, *soit mise à l'étude et promulguée dans le plus bref délai possible.*

M. Pierre Buffault. — Au sujet des revêtements protecteurs des dunes, je dirai qu'il est arrivé à Soulac que la ville a demandé aux Ponts et Chaussées de faire des travaux très coûteux qui, cependant, se sont effondrés au bout de trois ou quatre mois, à cause de l'affouillement par les lames. Ce fait paraît provenir de ce que la mer a érodé la plage qui s'est abaissée de beaucoup au-dessous de son niveau primitif. L'eau venant par-dessous a évidé le revêtement de ciment, qui n'a plus eu de base et s'est effondré sous l'action des lames.

M. le Président. — Vous avez parlé des terrains communaux soumis ou à soumettre au régime forestier. Ils peuvent y être soumis en effet, du fait que les communes reçoivent des subventions de l'Etat.

M. Pierre Buffault. — Il est arrivé cependant que l'Etat a subventionné un terrain communal sans le soumettre au régime forestier. C'est arrivé à Soulac en 1895 ou 1896.

C'est pour cela que j'ai distingué entre les terrains soumis ou à soumettre et les terrains non soumis au régime forestier.

Au sujet des exploitations abusives des dunes boisées, je citerai cet exemple. Il y a deux ou trois ans, les forêts particulières qui couvrent les dunes du Verdon, sur une étendue assez grande, ont été vendues par le propriétaire. On a fait une coupe rase. Les communes voisines du Verdon et de Soulac, protégées du vent d'Ouest par cette étendue boisée, ont demandé à l'administration d'interdire ces coupes. L'autorité préfectorale s'est émue et a écrit au Conservateur. L'Administration s'est trouvée désarmée. Il pourrait être utile de donner à l'Administration le moyen d'empêcher de pareilles coupes d'être trop absolues.

Dans la partie domaniale de cette forêt du Verdon et de Soulac qui touche à la mer, l'Administration a demandé aux communes de modifier l'aménagement et de supprimer l'exploitation dans une bande formant un rideau protecteur. Il serait bon de pouvoir appliquer la même précaution aux bois particuliers.

J'ai parlé des travaux de défense à exécuter par l'Etat lorsque les propriétaires du littoral s'y refuseraient. Voici ce qui m'amène à proposer cela.

Dans un ouvrage publié pour l'Exposition de 1900 sur les travaux de défense à la mer, MM. Lafon et Guilbaut citent le cas de la rivière de l'Auzance qu'il s'agissait de protéger. Le propriétaire s'opposait à ce que l'Administration travaillât sur son terrain.

On ne peut trouver de solution actuellement que par des échanges de terrains. C'est une solution assez longue et pas toujours facile. Il serait bon, si l'on a besoin de faire des travaux de défense dans l'intérêt général, que les propriétaires puissent être obligés de les supporter moyennant indemnité.

M. le Président. — Je remercie de sa très intéressante communication M. Buffault, dont on connaît la compétence particulière en matière de dunes.

M. Flahault. — Je suis trop heureux de féliciter notre confrère de son très intéressant rapport. Mais je voudrais seulement faire observer qu'il y aurait lieu de donner au vœu un caractère un peu plus formel, en disant :

« *Les forêts des dunes peuvent être considérées comme forêts protectrices et traitées comme telles.* »

Il est évident que tous les pays d'Europe aujourd'hui tendent à suivre l'admirable exemple de la démocratie suisse qui a sacrifié ses intérêts particuliers à l'intérêt général en décrétant que toute forêt protectrice ne peut être exploitée sans un avis favorable du service forestier.

M. le Président. — Je crois devoir faire remarquer que cette question des forêts protectrices est traitée à la deuxième Commission.

Ici il s'agit spécialement de la fixation de la dune et non de l'exploitation des forêts déjà constituées.

M. Jagerschmitt. — Voici le texte que je propose :

« 1° *Que dans tous les pays où le besoin s'en fait sentir, une législation relative à la fixation des dunes et aux travaux de défense contre la mer soit mise à l'étude et promulguée dans le plus bref délai possible.* »

« 2° *Que les forêts des dunes soient classées comme forêts de protection.* »

Le vœu, ainsi amendé, est adopté à l'unanimité.

M. de Peyrelongue donne lecture des communications de M. Lippens, *ingénieur, membre du Conseil supérieur des Forêts en Belgique.*

Les dunes du littoral belge ont été longtemps considérées comme constituant des terrains improductifs. C'est seulement vers 1880 que quelques propriétaires pensèrent à les mettre en valeur par le boisement.

L'essence la plus appropriée, nous dit l'auteur du rapport, est le pin maritime. Il convient, non pas de le semer sur place, mais de le transplanter après repiquage dans les pépinières.

Le terrain à planter est divisé en bandes de 0 m. 50 de largeur, séparées par un intervalle de terrain inculte égal à la longueur des bandes. Les arbustes et les herbes qui croissent ainsi tout autour, abritent les jeunes sujets contre les vents violents du large.

Dans les bas-fonds, on laisse se développer des taillis de saules, de peupliers et de bouleaux.

Le boisement de ces dunes a été entrepris, il y a trente ans, par M. le sénateur Auguste Lippens, et continué par ses fils, MM. Philippe-Auguste Lippens, membre du Conseil supérieur de l'Agriculture, et Hippolyte Lippens, sénateur.

M. le Président. — Nous passons, Messieurs, à la suite de l'ordre du jour.

La parole est à M. Jagerschmitt au sujet d'une communication de M. Ricardo Codorniu.

M. Jagerschmitt. — M. Ricardo Codorniu présente une étude fort intéressante sur le service hydrologico-forestier de l'Etat en Espagne Fixation et reboisement des dunes ; Correction des torrents et restauration des montagnes.

L'auteur du mémoire est entré dans ce service à sa création, dès 1887. Successivement ingénieur de section, chef de division et enfin inspecteur général, il était particulièrement qualifié pour exposer au Congrès les résultats obtenus grâce aux travaux exécutés par l'État depuis vingt-cinq ans dans les dunes et les montagnes espagnoles.

Les difficultés à vaincre étaient d'autant plus grandes que, sur le versant méditerranéen de la péninsule, où ont été exécutés la plupart de ces travaux, les pluies sont particulièrement rares.

Les travaux de fixation de dunes ont été exécutés dans le golfe de Rosas, à Guaradamar et à Elche, sur la côte de la Méditerranée, à Vejer, à Santa Maria et Rota et à la pointe Caïman, sur la côte de l'Océan. 1.632 hectares sont actuellement fixés. Sur ce total, 817 hectares sont boisés.

Les travaux de restauration des montagnes ont été exécutés dans les bassins des affluents de l'Ebre, du Jucar, du Guadalentin, du Guadalquivir et du Tage.

Les projets de correction ont porté sur près de 300.000 hectares. 18.278 hectares ont été reboisés dans les périmètres. Plus de 45.000 hectares ont été mis en défense.

La longue expérience de M. Ricardo Codorniu lui a permis, en terminant son étude, de soumettre au Congrès quelques conclusions pratiques qui peuvent se résumer ainsi :

1° Les résultats obtenus sont satisfaisants et plus complets que ne l'espéraient les forestiers eux-mêmes.

2° Les travaux de fixation des dunes et de restauration des montagnes sont coûteux et ne doivent être entrepris que lorsqu'on peut disposer des moyens indispensables à leur prompte exécution.

3° L'État doit acquérir les terrains où il travaille.

4° Des crédits suffisants doivent être consacrés à ces travaux pour qu'on puisse les pousser avec activité, sans quoi, les prix d'unités augmentent dans une large mesure.

5° Il convient de n'entreprendre les travaux de correction proprement dits que dans les endroits où ils sont indispensables et urgents.

6° Les travaux doivent être compris dans un plan d'ensemble bien étudié.

7° La sécheresse qui sévit sur la plus grande partie de l'Espagne, n'est pas un obstacle insurmontable.

8° On doit s'efforcer, quand les conditions sont défavorables, de couvrir le sol avec des essences peu exigeantes, auxquelles on pourra substituer plus tard des espèces ayant plus de valeur.

9° Dans les terrains secs et stériles, le reboisement est facilité par la création de lignes ou de bouquets d'arbres lorsque le reboisement en massif est impossible.

10° Il est inutile de chercher à obtenir un repeuplement artificiel complet de la surface à reboiser. La nature se chargera de compléter l'œuvre entreprise.

11° L'économie dans l'ensemble des travaux est particulièrement recommandée. Mais il ne faut lésiner, ni pour la profondeur du labour, ni pour les dimensions des potets, la quantité des semences, les abris des jeunes plants, les engrais ou les arrosages. Car c'est encore l'insuccès qui coûte le plus cher.

12° En ce qui concerne les voies de communication, il ne faut créer que les sentiers absolument nécessaires à la surveillance et à l'exécution des travaux.

M. le Président. — Messieurs, l'ordre du jour est épuisé. Nous ne siégeons donc pas cet après-midi.

La séance est levée à 11 h. 1/4.

SÉANCE DU 19 JUIN 1913

(MATIN)

Présidence de M. PLUCHET, président de Section

La séance est ouverte à 9 h. 20.

La parole est donnée à M. d'Auber de Peyrelongue pour la lecture de son rapport : ALLIANCE DE L'ARBRE ET DE L'EAU. — LUTTE CONTRE LES INONDATIONS. »

L'influence de la forêt sur les inondations.

M. DE PEYRELONGUE. — « *L'eau c'est l'arbre ; l'arbre c'est l'eau* », dit M. Onésime Reclus, dans son *Manuel de l'Eau*. « *Un pacte indissoluble lie l'éternellement fuyante à l'éternellement immobile* » et il est probable que cette alliance, contractée dès les premières heures de l'existence du globe, a été conclue pour toujours.

Quel est son effet sur le régime des cours d'eau?

Dans quelle mesure pouvons-nous l'utiliser pour lutter contre les inondations et, si son action est insuffisante, comment devons-nous y suppléer? Autant de questions auxquelles nous allons essayer de répondre.

La forêt influe : 1° sur la quantité d'eau pluviale qui parvient au sol ; 2° sur la proportion de cette eau qui arrive dans les thalwegs par le ruissellement.

Par là, elle doit agir sur l'alimentation et le débit des cours d'eau.

L'eau que reçoit le sol boisé provient : de la pluie, de la condensation, à la surface des feuilles et des tiges, d'une partie de la vapeur d'eau atmosphérique et de la condensation d'une autre partie de cette vapeur au contact de la couverture.

La quantité d'eau provenant de la condensation est insignifiante, comparée à celle que fournit la pluie.

Celle-ci a fait l'objet des expériences classiques de Mathieu qui ont démontré que, même en tenant compte de la retenue non négligeable des cimes, le sol boisé est plus abondamment arrosé que le sol agricole. Le fait, ajoute M. Hüffel (1), est certain pour les forêts feuillues, sans doute aussi pour les pineraies et les mélézaies, probable pour les pessières malgré le couvert très épais de l'épicéa.

Les forêts tendraient ainsi à envoyer aux rivières, surtout en hiver, plus d'eau que les terrains agricoles, ce qui leur assignerait un rôle plutôt nuisible qu'utile au point de vue des inondations.

(1) *Economie forestière*, Hüffel.

Mais cette eau s'évapore, en partie, sur place ; en partie, imbibe la couverture morte, pénètre dans le sol, soit pour être absorbée par les racines des arbres, soit pour alimenter les nappes souterraines.

Une fraction seulement du volume total ruisselle à la surface ; c'est elle qui, en temps de crue, profite immédiatement aux cours d'eau.

Il suffit donc de savoir comment la forêt agit sur le ruissellement pour pouvoir dire comment elle influe sur les crues. A cet effet, on choisit deux bassins qui, toutes les autres conditions étant identiques, diffèrent par le taux du boisement.

On mesure pour chacun d'eux : la quantité de pluie tombée en un temps donné, sur les versants ; et la fraction de ce volume qui arrive au thalweg.

La comparaison des deux séries d'observations indique l'influence de l'état boisé.

Supposons en effet, pour fixer les idées, que nous ayons trouvé les nombres suivants, correspondant, pour les deux bassins, au même intervalle de temps :

	Hauteur de pluie moyenne en millimètres	Accroissement du volume d'eau du cours d'eau en mètres cubes
	—	—
Bassin boisé	32	1 m. 28
Bassin non boisé	29	1 m. 74

Le calcul nous montre que 1 millimètre de pluie envoie dans le cours d'eau :

Pour le bassin boisé	0 mc 04
Pour le bassin non boisé	0 mc 06

Les quantités d'eau de ruissellement sont donc dans le rapport de de 4 à 6 ou de 2 à 3. Nous en conclurons que la présence du massif boisé sur les versants considérés, diminue, toutes choses étant égales d'ailleurs, l'intensité du ruissellement du tiers de sa valeur.

Tout revient, en définitive à déterminer, pour chaque bassin :

1° La hauteur d'eau pluviale.

2° La portion de cette eau qui arrive au thalweg.

La première est déduite des mensurations pluviométriques et nous n'y insisterons pas.

Quant à la deuxième, elle est exprimée, suivant les stations de recherches, de deux manières différentes : soit en fonction de la surélévation du niveau des eaux dans le cours d'eau, soit en fonction du débit.

De là deux méthodes d'opération distinctes basées, l'une, sur la mesure de la hauteur des eaux, l'autre sur celle du débit.

Voyons à quels résultats a conduit leur application :

MÉTHODE BASÉE SUR LA MESURE DE LA HAUTEUR DES EAUX (*Observations de M. Willis L. Morre* (1). (*Bassin de l'Ohio*). — M. Willis Moore, chef du U. S. Weather Bureau, a mesuré la hauteur des précipitations atmosphériques dans le bassin de l'Ohio, à North Lewisburg, Portsmouth, Confluence et Franklin, et les hauteurs d'eau fluviale qui leur correspondaient, sur l'Ohio lui-même à Cincinnati : ses expériences

(1) A report on the influence of forests on climate and on floods. By Willis L. Moore LL. D. S. c. D. Cheef of U. S. Weather Bureau Washington 1910. House of representatives.

ont duré de 1871 à 1908, soit 37 ans, et lui ont donné les résultats suivants :

PÉRIODES	HAUTEUR DE LA TRANCHE D'EAU ANNUELLE (en pouces)				
	North-Lewisburg	Portsmouth	Confluence	Franklin	Pour tout le bassin
1871-1889	39.8	41.1	41.5	42.7	41.3
1890-1908	38.1	40.9	46.0	42.3	41.8
	NIVEAU MOYEN DE L'OHIO A CINCINNATI (en pieds)				
1871-1889	17.3				
1890-1908	17.6				

Il en résulte que, durant la période totale de 1871 à 1908, ni la hauteur des précipitations, ni celle de l'eau pluviale n'ont changé. Comme, dit M. Willis Moore, la déforestation doit avoir été aussi considérable dans le bassin de l'Ohio que partout ailleurs, il y a lieu de conclure que les forêts n'ont qu'une influence des plus minimes sur les précipitations et sur le régime des cours d'eau.

Mais M. Willis Moore reconnaît que les précipitations n'ont pas été mesurées d'une façon bien précise.

« La précipitation moyenne pour le bassin n'est pas aussi facilement obtenue (que la hauteur des eaux). »

« C'est seulement dans des cas exceptionnels que des mensurations continues de précipitations, sont susceptibles de servir à des études comparatives. Les chiffres officiels, dans les grands centres, sont fournis par des repères dont l'entourage immédiat a fréquemment changé dans le cours d'une longue série d'années, et c'est pour cela que les repérages des pluies de Cincinnati et Pittsburg n'ont pas été connus. Les points choisis sont les meilleurs et les seuls où des observations aient pu être utilement effectuées pendant une longue période. »

Acceptons cependant, sans les discuter, les chiffres de M. Willis et admettons qu'en effet, ni les précipitations, ni l'écoulement fluvial n'aient changé depuis 1871. Encore nous faudrait-il, pour pouvoir en conclure que les forêts n'ont exercé aucune influence, démontrer que le taux de boisement du bassin a varié. Or, précisément, M. Willis l'ignore.

« Je ne sais pas, dit-il, quelle étendue a été déboisée dans la vallée, durant les 38 années considérées ; mais, quelle qu'elle soit, il semble évident qu'un tel changement dans le rapport de la surface boisée à la surface cultivée n'a pas eu d'effet appréciable sur le régime de l'Ohio. »

Et plus loin, comme conclusion :

« Je crois que le lecteur reconnaîtra que j'ai démontré, dans les paragraphes précédents, que l'écoulement de l'Ohio, où *je présume* que la déforestation a été aussi grande que dans n'importe quelle autre partie du pays, dans les temps récents, n'a, pendant une période de 38 ans, subi d'autres changements que ceux qu'ont apportés les précipitations. »

Il paraît donc y avoir, dans les expériences de M. Willis, une lacune qui fait perdre à ses conclusions une grande partie de leur valeur.

Observations du Col. Burr (Bassin du Merrimac). — Le rapport dans lequel le Col. Burr, du corps des Ingénieurs, relate ses observations, se trouve dans le *U. S. Senate-Document n° 9 of the 62 d. Congress.*

Il est résumé et commenté dans la revue *Engineering News* (n° du 27 juillet 1911), sous le titre : *The influence of forests on Stream flow in the Merrimac river basin, New Hampshire and Massachussets.*

La Nature (n° du 23 novembre 1912) en reproduit les conclusions :

« Depuis les premiers settlements jusque vers 1860-1870, le déboisement du bassin du fleuve Merrimac a été constamment en augmentant. Puis, à partir de cette époque, la surface boisée s'est accrue, dans tout le bassin, de plus de 25 %.

« Il n'a été observé ni diminution dans la hauteur d'eau tombée sur le bassin par suite des déboisements, ni augmentation à la suite des reboisements de plus de 25 % de la surface de ce même bassin.

. . . .

. . . .

« La durée des crues et leur débit ne sont aucunement influencés par le reboisement ou le déboisement. »

Il serait trop long d'entrer dans le détail des observations du Col. Burr, basées, comme celles de M. Willis Moore, sur la comparaison de la hauteur des eaux fluviales avec celle des précipitations atmosphériques.

Nous nous contenterons de faire observer que ces observations — très intéressantes d'ailleurs — ne nous paraissent pas concluantes pour les raisons qui suivent :

1° Les terrains que le Col. Burr considère comme boisés ont tout l'air d'être seulement couverts de quelques bouquets de vieux arbres disséminés, dans des peuplements d'âges très divers, mais pour la plupart très jeunes et dont l'effet sur le ruissellement ne saurait être bien considérable.

« Le New-Hampshire, dit l'auteur (1), renferme en quelques rares endroits des arbres de plus de 80 ans et, ailleurs, des sujets plus jeunes, de tous les âges.

« Près des anciens settlements, particulièrement au sud-est de l'État, la plupart des bois ont été coupés deux ou trois fois et les jeunes peuplements y sont plus nombreux qu'ailleurs. »

M. Edgecomb, à propos du New-Hampshire, fait observer que la surface boisée s'est beaucoup étendue par le fait que des terres agricoles ont été délaissées. Depuis 1880, 800.000 acres de terrains se trouvent dans ces conditions et « une grande partie (de cette surface) n'est pas encore bien couverte d'arbres ».

Même remarque pour l'état des Massachussets qui, d'après M. Edgecomb, renferme « des bois de plus de 30 ans, des bois de moins de 30 ans, de la broussaille et ailleurs des forêts parcourues par des incendies mais dont la destruction a été rarement totale ».

2° La série des observations relatives aux précipitations atmosphériques renferme des lacunes.

Dans la partie du bassin du Merrimac qui appartient aux Massachussets, des mensurations ont été faites partout, mais « elles sont relativement peu nombreuses dans le New-Hampshire (2) et aucune n'a été faite

(1) Cf. « Engineering News », 27 July 1911.
(2) Engineering News, *loc. cit.*

dans la partie du bassin — mesurant 900 miles carrés — qui est située au-dessus de Plymouth ni dans la large zone qui s'étend, sur les pentes ouest du bassin, entre Peterboro et Graften ».

L'auteur ajoute, il est vrai, que d'autres observations « de courte durée » ont été faites et qu'on a pu ainsi arriver à obtenir des indications générales satisfaisantes. Mais ces observations n'ont pas le même poids que celles qui s'étendent sur une longue série d'années et par suite ne nous semblent pas combler suffisamment la lacune, pour permettre au Col. Burr de conclure sans restrictions.

Observations de M. Lokhtine (Bassin du Volga). — M. Lokhtine les a relatées dans le rapport qu'il a présenté en 1905 au Congrès international de navigation de Milan (1). Elles ont duré 22 années (de 1878 à 1900), pendant lesquelles on a mesuré la hauteur des eaux de la Soura, de la Bielcia et du Volga.

« Un déboisement considérable » effectué dans le bassin de la Soura en 1882, a provoqué un abaissement du niveau d'étiage dans la période comprise entre les années 1889 et 1900.

Les mensurations effectuées, pour la Bielcia, à la station d'Oufa (située dans une partie déboisée) et à celle de Gouzdevka (située dans une partie moins dénudée), ont accusé une baisse plus accentuée au premier poste qu'au second.

Observations de M. Ponti (Bassin de l'Adda). — Elles font l'objet du rapport de M. Ponti, au Congrès de Milan en 1905 (2). De 1821 à 1900, on a relevé le nombre des crues de l'Adda et, pour chaque crue, la hauteur des eaux sur le signal de garde — limite marquée sur les hydromètres à partir de laquelle les ingénieurs surveillent la crue d'une façon toute spéciale — la durée du séjour de l'eau au-dessus du signal, l'accroissement horaire en centimètres et la durée de cet accroissement ; on a constaté que de 1831 à 1890, l'accroissement horaire a augmenté et sa durée a diminué.

De 1890 à 1900, l'accroissement horaire a diminué et la hauteur des crues a été moindre.

Donc, dans la première période, le régime du fleuve a perdu de sa régularité et dans la deuxième, il s'est régularisé. Or, de 1855 à 1868, d'importants déboisements ont été pratiqués dans le bassin et à partir de 1883, on a procédé à des reboisements.

L'influence des uns et des autres est manifeste.

Observations de MM. Hall et Wash (3) (Cours d'eau des Appalaches.) MM. Hall et Wash, ont étudié les variations, dans un intervalle de 20 ou 30 années, du régime des cours d'eau qui descendent des montagnes des Appalaches. Ils en ont conclu à une augmentation sensible du nombre et de la durée des inondations.

Deux d'entre ces cours d'eau sont particulièrement intéressants : Le Cumberland et le Red River.

Dans le bassin du Cumberland, d'importants déboisements ont été effectués. Ils avaient atteint, en 1890, les 21/100 de la superficie totale et s'étendaient, en 1908, sur les 32/100.

Le bassin du Red River, au contraire, a été reboisé.

---

(1) Influence de la destruction des forêts et du dessèchement des marais sur le régime et le débit des rivières (Rapport de M. Lokhtine).

(2) Influence de la destruction des forêts et du dessèchement des marais sur le régime et le débit des rivières (Rapport de M. Ponti).

(3) Surface Conditions and Stream flow ; by Hall and Wash (Forest Circular 176).

Son taux de boisement qui était de 14 % en 1900, s'élevait à 40 % en 1908.

On a relevé en même temps dans les deux bassins, les hauteurs de pluie et dans les deux cours d'eau la hauteur des eaux et l'on a obtenu les chiffres suivants :

NOM du cours d'eau	ETENDUE du bassin	PÉRIODES	CRUES		BASSES EAUX		PRÉCIPITATIONS	
			Nombre de crues	Nombre de jours de crues	Nombre de basses eaux	Nombre de jours de basses eaux	Nombre de stations	Moyenne de précipitations (en pouces)
	mètres carrés							
Cumberland	3.739	1890-1898	32	89	61	61	3	7
		1899-1907	43	102	65	1.576	3	41,42
Red River..	40.200	1892-1899	19	87	49	826	5	31,80
		1900-1907	16	60	8	208	5	29,86

Ce qui démontre que :

Dans le Cumberland, il y a eu 13 jours de crues et 315 jours de basses eaux de plus dans la deuxième période que dans la première. Quant aux précipitations atmosphériques, elles ont diminué de 4,85 pouces en moyenne.

Dans le Red River, il y a eu 27 jours de crues et 618 jours de basses eaux de moins dans la deuxième période que dans la première. Les précipitations atmosphériques n'ont diminué que de 1,94 pouces.

En d'autres termes, le régime du premier bassin est devenu moins régulier ; le second s'est, au contraire, régularisé.

Observations de M. Leighton (1). (Bassin de l'Ohio.). — Elles ont permis de constater une augmentation du nombre et de la hauteur des crues, en particulier, dans les bassins de l'Ohio, de l'Allegheny, du Monogahela et de l'Youghiogheny. Or, depuis 30 ans, ces bassins subissent d'importants déboisements qui, entrepris d'abord dans celui de l'Allegheny, se sont poursuivis dans ceux du Monogahela et de l'Youghiogheny.

Méthode basée sur la mesure du débit. — Cette méthode nous semble plus parfaite que la précédente, la quantité d'eau qui s'écoule dans une rivière étant exprimée, non pas par la hauteur de son niveau, mais par le débit (produit de la vitesse moyenne par la section mouillée). Elle a été appliquée en France par Belgrand, puis par trois gardes généraux des Eaux et Forêts : Jeandel, Cantegril et Belland.

Mais leurs observations, trop connues pour que nous nous y arrêtions présentaient le grave défaut de porter sur des bassins d'étendues très différentes et d'amener par suite à des résultats peu comparables. Parmi les nouvelles recherches dirigées dans ce sens, nous citerons celles que M. Lauda, directeur du bureau central d'hydrographie de Vienne, a relatées dans son remarquable rapport au Congrès international de navigation à Milan, en 1905.

(1) Report of the National Conservation Commission (Leighton, Washington 60 th. Congress 2e session).

Observations de M. Lauda (1) (Bassin de la Beczwa). — Elles ont été faites sur la Bistritzka et la Seniza, affluents de la Beczwa.

La superficie et l'altitude des deux bassins sont les suivantes :

Bistritzka, altitude 912 m., superficie 63,80 Kmq.

Seniza, altitude 923 m., superficie 74,80 Kmq.

La vallée de la Bistritzka est orientée est-ouest, celle de la Seniza, Nord-sud.

La hauteur annuelle de pluie est sensiblement la même pour les deux ; la constitution géologique semble peu différente de l'une à l'autre, mais le taux de boisement est près de deux fois plus élevé pour le bassin de la Bistritzka que pour celui de la Seniza.

En 1903 et 1904, on a mesuré à diverses reprises :

1° La hauteur des précipitations atmosphériques.

2° Le débit correspondant des deux cours d'eau par la méthode du déversoir.

3° La rétention — c'est-à-dire la quantité d'eau retenue par les versants — différence entre la quantité de pluie tombée et la quantité de cette eau débitée par la rivière. On en a déduit le coefficient d'écoulement pour chacun des deux bassins, c'est-à-dire le rapport entre le volume de l'eau parvenu au thalweg et le volume des précipitations.

M. Lauda est ainsi arrivé aux conclusions suivantes :

« La forêt exerce une influence sur l'écoulement des eaux.

« La rétention des eaux de précipitation est, dans une certaine mesure, plus importante dans le bassin le plus boisé que dans le bassin le moins riche en forêts.

« Pour des averses dont l'importance dépasse certaines limites — ainsi, par exemple, en temps de crues — la rétention devient moins intense dans le bassin le plus boisé que dans le bassin le moins riche en terrains forestiers.

« Après une période de sécheresse, l'influence des averses se manifeste plus rapidement et d'une façon plus progressive dans le bassin le moins riche en forêts, tandis que l'inverse se produit dans le bassin à plus grande étendue forestière. »

Il s'ensuivrait donc que les forêts cessent de jouer un rôle utile sur le ruissellement, dès que les pluies acquièrent une certaine persistance et dépassent un certain degré d'intensité. Résultat surprenant, à coup sûr. Dans l'article « Le Problème de la Forêt sur les inondations au Congrès de Milan » paru en 1908, dans la *Revue des Eaux et Forêts*, M. Tessier expose les raisons pour lesquelles il ne nous est pas possible de suivre M. Lauda jusqu'au bout de ses conclusions. Nous nous bornerons à la remarque personnelle suivante : les observations de M. Lauda ont été faites dans les mois de juin à novembre ; durant cette cette période, il tombe en moyenne, d'après les chiffres mêmes relevés dans le rapport, près de 4 millions de mètres cubes d'eau pluviale de moins dans le bassin de la Seniza que dans celui de la Bistritzka. En outre, le taux de boisement de ce bassin étant près de 2 fois moindre (exactement 1,8 fois) que celui de la Bistritzka, le sol évapore beaucoup plus, surtout en été.

Pour cette double raison, il n'est pas étonnant que les expériences aient pu laisser croire à un pouvoir rétentionnel plus grand, pour le bassin de la Seniza, déboisé, que pour celui de la Bistritzka, couvert de forêts.

(1) Influence de la destruction des forêts et de l'assèchement des marais sur le régime des rivières (Rapport de M. Lauda).

En résumé, des observations que nous avons relatées, quelques-unes n'autorisent pas à conclure d'une façon absolue, faute de données suffisamment précises; la plupart témoignent de l'influence bienfaisante de de la forêt sur le ruissellement.

La forêt agit encore d'une autre manière sur le régime des cours d'eau. Grâce au manteau protecteur dont elle couvre le sol, celui-ci échappe, dans une large mesure à l'action des agents atmosphériques, et par suite, est moins sujet à l'affouillement. Par là, elle exerce une influence des plus certaines sur le charriage et diminue ainsi l'importance des crues torrentielles.

Nous avons donc un double motif de maintenir ou de créer l'état boisé partout où nous avons à lutter contre les dangers de l'érosion et les envahissements des fleuves, des rivières ou des torrents.

L'œuvre de la forêt complétée par des travaux de régularisation.

Mais quelque indispensable que soit la forêt, surtout dans les parties hautes des bassins, sa présence ne suffit pas pour supprimer les inondations. Il faut lui adjoindre des ouvrages de régularisation ayant pour objet, les uns de remédier aux effets des crues (ce sont les redressements de lit, les travaux de défense des rives, les endiguements), les autres, de restreindre leur cause, c'est-à-dire l'afflux brusque des eaux dans les thalwegs ; ce sont les puits absorbants et les barrages-réservoirs.

Voyons quels sont ceux auxquels nous pourrons le plus utilement avoir recours et dans quelle mesure nous devrons en faire usage.

Redressements de lit. — Ils ont pour but de faciliter l'écoulement des eaux en remplaçant par des lignes aussi droites que possible les sinuosités du lit.

Remarquons cependant que le trajet sinusoïdal des cours d'eau naturels, à fond mobile et présentant une succession de mouilles et de maigres, est une courbe d'équilibre résultant de l'équivalence entre la puissance d'affouillement des eaux et la résistance du lit. Vers cette forme, que lui ont imposée les circonstances extérieures et la nature du terrain sur lequel il coule, le cours d'eau tendra toujours et si on lui fait violence pour l'en écarter, on suscitera, dans son régime, des désordres dont l'intensité peut être considérable.

En admettant que les ouvrages résistent, leurs effets restent incertains. Quelquefois même, on en obtiendra des résultats opposés à ceux que l'on cherchait. Le redressement sera suivi d'un exhaussement du lit avec diminution de la vitesse du courant au lieu de provoquer un approfondissement du chenal avec écoulement plus rapide.

On voit donc qu'il faut agir avec circonspection ; ne rectifier le lit que par places bien choisies et éviter l'abus de la ligne droite. Encore se pourra-t-il que les dangers, conjurés au point primitivement menacé, soient transportés en aval et rendus plus redoutables.

Travaux de défense des rives. — Le trajet sinueux qui suit le cours d'eau naturel comprend une série d'anses concaves et de parties convexes. Or, il est bien connu que celles-ci sont formées aux dépens de celles-là. Les eaux suivent les bords concaves qu'elles affouillent et s'écartent des bords convexes contre lesquels elles déposent. Le courant est rejeté d'une rive à l'autre en même temps que, tantôt à droite, tantôt à gauche, s'effectuent les dépôts.

On conçoit donc que, si l'on arrive, au moyen d'ouvrages spéciaux, à fixer l'anse concave, on diminue le dépôt sur le bord convexe et on régularise, dans une certaine mesure, le lit du cours d'eau. Mais dans une certaine mesure seulement, car il est certain que l'affouillement ne devient jamais nul et par suite la forme d'équilibre jamais stable.

Les ouvrages de défense des rives consistent en blocages, enrochements, perrés, fascinages qui assurent au lit mineur une certaine fixité. Mais ils doivent être exécutés avec mesure, sans avoir pour objet d'obtenir, au moyen de redressements trop brusques, une augmentation du mouillage que l'on risquerait d'acheter au prix d'inconvénients d'une extrême gravité.

Endiguements. — L'endiguement diminue, en la resserrant, la section libre du cours d'eau. Mais il serait faux de croire qu'il doit en résulter partout et toujours un approfondissement du lit et un plus fort débit et que, dès lors, ce moyen suffit pour mettre les terres riveraines à l'abri des inondations.

En amont de l'endiguement, la vitesse de l'eau est augmentée du fait du resserrement de la section : d'où, affouillement et par suite approfondissement du lit. En aval, au contraire, la section s'élargissant, la vitesse diminue et un dépôt se forme qui relève le fond. L'approfondissement en amont et le relèvement en aval diminuent la pente moyenne de la partie endiguée et ont pour conséquence l'exhaussement du lit.

C'est ainsi que l'Isère, endiguée sur une grande partie de son cours, entre Albertville et Montmélian coule maintenant à un niveau supérieur à celui de la plaine, et des infiltrations se produisent sur les terrains avoisinants. Quant à l'affouillement d'amont, s'il n'est pas aussi prononcé qu'il pourrait l'être, c'est que l'Arly qui se jette, près d'Albertville, dans l'Isère, apporte à celle-ci une partie de ses graviers.

La Garonne est resserrée entre la limite du département de la Gironde et Langoiran « par des rives artificielles auxquelles on a généralement donné un écartement à peu près uniforme, moindre que la largeur naturelle (1) ». Entre la limite du département et Portets, nous dit M. Fargue, l'étiage s'est abaissé, en moins de 40 ans, de 1 m. 30 en moyenne. A Barie et à Caudrot, les eaux d'étiage ont été, en 1870, à 1 m. 85 en contrebas du niveau auquel elles coulaient en 1832. En aval, au contraire, et jusqu'à Bordeaux, le fond s'est exhaussé.

Cet effet de l'endiguement se fait plus ou moins sentir suivant que les digues sont plus ou moins rapprochées ; suivant, surtout, qu'elles sont ou non insubmersibles.

Le resserrement du cours d'eau entre des digues insubmersibles, amène un exhaussement du fond du lit, qui, en général, ne va qu'en s'accentuant, de sorte que les digues deviennent insuffisantes et dangereuses. Insuffisantes, parce qu'il faut les surélever toujours davantage si l'on veut maintenir le cours d'eau dans le lit qu'on lui a tracé. Nous savons, par Comoy, que « dans les temps anciens, on avait réglé la hauteur des digues de la Loire, à 15 pieds au-dessus des basses eaux (2). » Après la crue de 1906, les eaux s'étant élevées en certains points à 18 pieds, la hauteur des digues fut portée à 21. On 1846, on a surélevé ces digues qui ont encore été insuffisantes.

On les surmonta alors d'une banquette de 1 mètre de hauteur. La crue

(1) Etude sur la largeur moyenne de la Garonne (Fargue, in Flamant, *loc. cit.*).
(2) Mémoire sur les ouvrages de défense contre les inondations (Comoy).

de 1865, ajoute Comoy, est venue démontrer que cette surélévation était encore insuffisante.

Le Pô, qu'il a fallu endiguer pour protéger les nombreuses villes disséminées dans la plaine qu'il arrose, exhausse constamment son lit.

Graëff cite l'exemple de l'Aar, en Suisse « littéralement suspendue sur les terrains environnants ».

Les dangers d'une pareille situation sont évidents.

Les remous qui se produisent dans la partie endiguée peuvent surmonter les digues ou les rompre et occasionner alors des dégâts dont l'étendue est impossible à prévoir.

Est-ce à dire qu'on doive proscrire, d'une façon absolue, l'emploi des digues insubmersibles. Non certes. Il est au contraire tout indiqué en certains points et dans certains cas. En plaine, par exemple, quand il s'agit de mettre à l'abri des crues des agglomérations, les digues insubmersibles produiront d'excellents effets pourvu que l'on combatte, par des dragages, l'exhaussement du lit. Leur emploi sera surtout indiqué dans la région des grands bassins voisins de la mer. Le niveau des eaux, même en temps d'inondation, y varie peu, la grosseur des matériaux charriés y est faible ; il est donc possible, au moyen de digues peu élevées et assez espacées pour ne pas occasionner au lit de rétrécissement nuisible, de procurer aux terres avoisinantes un abri protecteur.

M. Flamant ajoute même que telles digues insubmersibles constituent pour ces terrains « la défense la plus naturelle et la plus efficace (1) ».

Quant aux digues submersibles, placées à une distance telle de l'axe du cours d'eau qu'elles en fixent, sans trop de contrainte, le lit mineur, elles peuvent rendre de précieux services, en permettant d'abriter, des crues ordinaires, les cultures les plus délicates et en laissant en arrière en cas de forte crue, un champ d'inondation assez vaste pour que s'effectue sans remous — surtout si l'on appuie sur leurs bords des chaussées transversales — le dépôt des limons.

Tous les travaux précités combattent les effets des inondations et n'exercent qu'une action locale.

Il en est d'autres qui s'attaquent à la cause principale des crues, c'est-à-dire à l'afflux subit des eaux, et dont l'influence peut se faire sentir sur toute l'étendue du cours d'eau. Nous voulons parler des puits absorbants et des barrages-réservoirs.

Puits absorbants. — Leur but est d'emmagasiner les eaux de ruissellement dans le sol, comme le ferait un réservoir d'où elles s'écouleraient ensuite d'elles-mêmes sans causer de dégâts. Théoriquement il suffit de forer des puits d'une profondeur et d'une section telles qu'ils ne s'emplissent jamais.

En fait, la question est beaucoup moins simple.

Le puits est alimenté surtout par les eaux d'infiltration Or, quelque perméable que soit le sol, son pouvoir absorbant n'est pas illimité et la quantité d'eau maximum dont l'emmagasinement est possible, est presque toujours bien inférieure à celle qu'il faudrait enlever au cours d'eau pour agir d'une façon sensible sur les crues.

On peut, il est vrai, quelquefois, choisir un endroit d'où l'on atteigne une nappe d'eau profonde où iront se perdre les eaux de surface.

Mais il y a de fortes chances que cette nappe soit alimentée par les

(1) Hydraulique, 1909 (Flamant).

eaux du même bassin fluvial et quand les pluies des régions supérieures seront assez abondantes, elles surélèveront le niveau de la nappe et refouleront celle-ci dans le puits. Il se peut même que le refoulement ait assez de puissance pour transformer le puits absorbant en un puits jaillissant.

M. Bergeron, dans le rapport qu'il a présenté en 1910 à la Commission des Inondations (1), cite deux exemples de cette inversion.

« Dans la vallée de la Loire, existent de nombreuses mardelles ou puits naturels ; l'une d'elles, dite de Montauban, dans le val d'Orléans, est en communication avec la Loire en amont de cette ville.

« En période d'étiage, c'est un véritable puits absorbant, mais en temps de crue, les eaux s'y élèvent à une cote supérieure à celle de la berge de la Loire, et alors elles débordent en inondant la région de Saint-Hilaire-Saint-Mesmin...

« Le second exemple est fourni par certains égouts de la ville de Paris ; antérieurement et même pendant une partie de la période d'inondation, les bouches d'égout ont fonctionné, conformément au rôle qui leur est normalement attribué, comme de véritables puits absorbants ; mais du jour où les égouts ont été en communication directe avec la Seine, dont la cote est supérieure à celle des bouches, celles-ci se sont transformées en véritables puits jaillissants. »

Le forage de puits absorbants peut encore présenter des dangers d'un autre ordre.

Bien qu'il soit très difficile de prévoir le point de résurgence des eaux ainsi emmagasinées, étant donné que l'hydrographie souterraine est indépendante du relief superficiel, on peut dire que ces eaux auront tendance à suivre les conduits souterrains déjà existants ; par suite, elles pourront augmenter brusquement le débit de certaines sources et provoquer des inondations en des points où celles-ci seront d'autant plus dangereuses qu'elles auront été moins prévues et qu'aucun ouvrage n'aura été établi pour s'en garantir.

De plus, les eaux recueillies dans un bassin ressortiront le plus souvent en un point aval du même bassin, mais avec un certain retard. Ce retard peut-être tel qu'il amène l'afflux de ces eaux à coïncider avec une crue secondaire du cours d'eau, d'où accroissement du danger comme le fait s'est produit en janvier 1910, où une crue secondaire de l'Yonne a coïncidé avec la crue de la Marne (2).

Enfin, les eaux absorbées peuvent fort bien, dans certains cas, contaminer une nappe d'eau d'alimentation, ce qui rend alors le remède certainement pire que le mal.

L'emploi des puits absorbants ne semble donc pas indiqué en France.

Notons cependant que, dans certains pays, où les conditions ne sont plus les mêmes, il en a été fait parfois un usage fort judicieux.

Barrages-réservoirs. — Le barrage-réservoir a pour objet de retenir une plus ou moins grande proportion des eaux de ruissellement de manière à diminuer la hauteur de la crue ; et une fois celle-ci passée, de laisser le surplus s'écouler peu à peu.

Il va sans dire que le barrage-réservoir doit être établi sur terrain imperméable et en un point tel, qu'avec des dimensions admissibles, il retienne un volume d'eau assez considérable pour produire un effet utile.

(1) Les puits absorbants (Bergeron, président de la Société des Ingénieurs civils de France).
(2) Cf. Bergeron, *loc. cit.*

C'est dans les parties hautes du bassin que ces conditions seront le plus souvent réalisées. Car, c'est là qu'il y a le plus de chances de trouver un sol imperméable et résistant, comme de rencontrer un étranglement rocheux où l'on puisse épauler le barrage et en arrière duquel l'écartement des berges augmente, à dimensions égales, la retenue du réservoir.

Là, enfin, les terres ayant en général peu de valeur, la crue occasionnée par le barrage, en arrière, devient relativement peu dommageable.

Mais un barrage ne retient que les eaux venant de l'amont, et son effet, très sensible sur la région voisine d'aval, s'amoindrit au fur et à mesure qu'on s'en éloigne pour devenir à peu près nul à une certaine distance. Cela, à vrai dire, n'aurait pas lieu de nous préoccuper beaucoup, puisque le niveau de la crue va lui-même en diminuant de l'amont vers l'aval, à la condition, bien entendu, de ne pas rencontrer d'affluent.

Or, en général, tout cours d'eau reçoit un plus ou moins grand nombre d'affluents.

Il est alors nécessaire, pour régulariser l'ensemble du bassin, de construire des barrages, non seulement sur le cours d'eau principal, mais encore sur ses principaux tributaires. Cette multiplicité d'ouvrages complique beaucoup la question.

L'effet d'un barrage unique est certain sur la région voisine en aval et peut être presque mathématiquement calculé. Il demeure encore certain, dans le cas de plusieurs barrages placés sur le même cours d'eau. Mais son évaluation est d'autant plus difficile que le nombre des barrages est plus grand. Elle devient incertaine quand les ouvrages sont situés sur des cours d'eau différents. La crue d'un affluent quelconque arrive, en général, au confluent avant ou après celle du cours d'eau principal. Le retard occasionné par les barrages, peut amener ces deux crues à coïncider. Il convient cependant de remarquer qu'il devient de plus en plus facile de parer à de telles éventualités.

Comme le fait très judicieusement observer M. Lévy Salvador (1) :

« ... Il existe, au moins en principe, pour chacun de nos principaux bassins un service d'annonce des crues, chargé de faire connaître aux riverains des grands cours d'eau le niveau que l'eau d'une crue paraît devoir atteindre dans un délai rapproché. Supposons que, dans l'un de ces bassins, il ait été établi une série de réservoirs disséminés dans la partie supérieure du fleuve et de ses affluents, on pourrait mettre en communication les barragistes avec le bureau de l'ingénieur en chef du service d'annonce des crues au moyen de postes de télégraphie sans fil, par exemple : l'ingénieur en chef, prévenu d'une baisse des eaux dans la partie moyenne d'une rivière commandée par un de ces barrages, expédierait l'ordre de vider la retenue correspondante. Ce chef de service aurait pour ainsi dire, sous la main, une sorte de table d'enclanchements dont chaque levier correspondrait à une retenue, et il lui serait loisible de combiner, sous sa responsabilité, la vidange successive ou simultanée des retenues pour en tirer le meilleur parti possible. »

Quant à l'objection basée sur la dépense que nécessiterait l'établissement de ces barrages-réservoirs, elle a beaucoup perdu de sa valeur, maintenant qu'il est démontré que ces ouvrages peuvent, non seulement servir à la régularisation des rivières, mais encore, au moyen d'un aménagement spécial, retenir assez d'eau pour subvenir aux besoins de l'agriculture et de l'industrie.

(1) La Régularisation du régime des cours d'eau (P. Lévy-Salvador, ingénieur des constructions civiles, 1911).

Nous sommes donc amenés à conclure :

1° Que la forêt exerce, à n'en pas douter, une influence regulatrice sur l'alimentation et le débit des cours d'eau, en diminuant le ruissellement et en n'envoyant dans les thalwegs que des eaux claires.

Mais il serait utile de savoir exactement dans quelle mesure s'exerce cette influence, les expériences faites à ce jour, pour intéressantes qu'elles soient, ne nous ayant pas donné, à ce sujet, de réponse précise.

2° Qu'un grand bassin hydrographique constitue un tout dont le cours d'eau principal est l'expression. Pour donner à celle-ci plus de régularité, de simples retouches ne suffisent pas. Il faut un traitement d'ensemble comportant :

a) Des travaux forestiers et, en premier lieu, le reboisement des parties déclives du bassin ; jusqu'à présent, il était laissé à l'initiative des propriétaires tant que leurs terrains n'étaient pas menacés de dangers « nés et actuels », mais l'Etat sera en mesure d'y pourvoir lui-même dès que sera voté le projet de loi de M. Fernand David, tendant à modifier la loi du 4 avril 1882, sur la restauration et la conservation des terrains en montagne (1).

b) Des ouvrages de régularisation, les uns d'utilité générale, tels, par exemple, que les barrages réservoirs dans les régions élevées du lit ; les autres de défense locale, tels que redressements de lit, élévations de digues, etc., dans les régions basses.

Les travaux, dont l'ensemble constitue notre programme, ressortissent : en partie au Ministère de l'Agriculture, en partie à celui des Travaux publics.

Il est nécessaire, pour donner aux efforts plus de cohésion et de suite, que les projets en soient élaborés en commun, par des fonctionnaires appartenant à l'une et à l'autre de ces administrations.

En conséquence, le Congrès Forestier international émet le vœu :

1° *Qu'il soit procédé, en France, comme il l'est à l'étranger, à des observations suivies et méthodiques, ayant pour but de déterminer l'influence de la forêt sur le régime et le débit des cours d'eau.*

2° *Que la loi dont le projet a été présenté par M. Fernand David, et qui a pour objet la modification de la loi du 4 avril 1882 sur la Restauration et la Conservation des terrains en montagne, soit votée dès que possible* (1).

3° *Que les travaux de régularisation des cours d'eau soient l'objet, par bassins hydrographiques, d'études d'ensemble, concertées entre les divers services appelés à en assurer l'exécution.*

M. DE PEYRELONGUE. — Messieurs, l'alliance de l'Arbre et de l'Eau est un des faits les plus anciennement et les plus universellement reconnus. Cette association du bois et de la source, de ce qui reste et de ce qui s'en va, de l'éternellement fuyante avec l'éternellement immobile, n'a pas manqué de frapper les esprits de tous les temps et d'inspirer les mythes, les allégories et les légendes, comme de notre temps le pinceau de nos peintres et la plume de nos poètes. Gloire à l'eau comme à l'arbre. L'eau c'est l'arbre, l'arbre, c'est l'eau. L'eau veuve de l'arbre

(1) Cette loi a été votée depuis et promulguée à la date du 16 août 1913.

meurt; l'arbre sevré de l'eau se refuse à vivre... Litanies que vous reconnaissez, n'est-ce pas? C'est en brodant sur ce thème pendant quelques centaines de pages, avec la richesse de forme, la beauté de style, de bonheur d'expression dont il a le secret, que M. Onésime Reclus nous a donné cet ouvrage original qui s'appelle *Le Manuel de l'Eau* et qui complète si heureusement le *Manuel de l'Arbre*, livre qui nous est très cher, à nous les forestiers, et qui, en quelques images peintes dans un style sobre et pur, illustre une de ces vérités dont la démonstration n'est plus à faire, mais qu'il est bon de dire et de répéter sans cesse, parce qu'il est essentiel à un pays qui ne veut pas aller à la ruine, de ne l'oublier jamais (*Très bien ! Très bien ! Applaudissements*).

Comment cette vérité se manifeste-t-elle à nous? Comment la création, le maintien ou le développement de l'état boisé d'une région ou au contraire son déboisement influent-ils sur son système hydrographique. Ou, si vous le préférez, comment deux cours d'eau appartenant à deux régions identiques sous tous les rapports, sauf sous celui de leur taux de boisement, se différencieront-ils au point de vue de leur profil, de leur régime et de leur débit? Telle est la question que le Touring-Club de France a tenu à mettre à l'ordre du jour du Congrès Forestier international.

M. LE PRÉSIDENT. — Messieurs, avant de mettre aux voix les vœux qui sont la conclusion du rapport de M. de Peyrelongue, je vous prie de bien vouloir présenter vos observations.

M. DE LARNAGE. — Je voudrais, sans entrer dans de plus amples détails, que nous ajoutions aux conclusions de M. le rapporteur une considération qui ne lésera en rien le tourisme et ne méritera pas d'alarmer la Commission des Sites. Nous n'oublions pas que nous sommes au Touring-Club qui a tant et si justement fait pour l'accroissement et le progrès du tourisme. Je demande qu'on insère cette phrase, qui n'a l'air de rien, et qui pourrait exercer une grande influence sur la discussion ultérieure qui va se poursuivre devant le Sénat :

> « *Que le décret du* 1er *août* 1905 *soit complété de manière à ne pas entraver les dérivations de cours d'eau non navigables ni flottables, en faisant juges de la protection des sites, M. le Ministre de l'Agriculture et celui des Beaux-Arts, sans exiger un décret rendu en Conseil d'Etat.* »

M. LE PRÉSIDENT. — Afin de procéder par ordre, nous devrions, je crois, mettre aux voix d'abord les vœux proposés par M. de Peyrelongue, et ensuite votre proposition qui constitue une addition.

M. MOUGIN. — Il conviendrait de modifier la forme des vœux pour ne pas leur laisser un caractère particulariste et national : étant donné que nous sommes dans un congrès international, il faut que les vœux puissent s'appliquer à toutes les nations représentées.

M. LE PRÉSIDENT. — Il faudrait modifier le texte ainsi :

« 1° *Qu'il soit procédé*, en France comme à l'étranger, *à des observations suivies et méthodiques, ayant pour but de déterminer l'influence de la forêt sur le régime et le débit des cours d'eau.* »

M. LE RAPPORTEUR. — J'accepte la modification.

M. LE PRÉSIDENT. — Je mets aux voix le premier vœu ainsi rédigé.

Le premier vœu est adopté à l'unanimité.

« 2° *Que la loi dont le projet a été présenté par M. Fernand David, et qui a pour objet la modification de la loi du 4 avril 1882 sur la restauration et la conservation des terrains en montagne, soit votée dès que possible.* »

C'est encore un vœu national.

M. DE LARNAGE. — Je demande à nos collègues s'ils ne trouvent pas plus régulier d'adjoindre mon observation à ce même paragraphe.

M. CARDOT. — Mais cela n'a guère de rapport avec la loi Fernand David. C'est un vœu d'ordre différent.

M. DE LARNAGE. — Non, parce que nous craignons qu'on apporte une entrave aux grands travaux.

M. DE PEYRELONGUE. — Il semble que tout le secret de la réglementation réside dans le reboisement des bassins supérieurs et dans les barrages.

M. DE LARNAGE. — Le projet Fernand David est distinct, c'est entendu; mais son application se trouvera gênée par les dispositions de la loi de finances.

M. CARDOT. — Vous pourriez en faire un vœu distinct.

M. DE LARNAGE. — J'en ferais plutôt un corollaire du vœu proposé par M. le rapporteur :

« *Que le décret du 1er août 1905 soit complété de manière à ne pas entraver les dérivations des cours d'eau non navigables ni flottables, en faisant juges de la protection des sites le Ministre de l'Agriculture et celui des Beaux-Arts, sans exiger un décret rendu en Conseil d'Etat.* »

M. MURET. — C'est le commentaire que je voudrais voir supprimer. Les conclusions, j'y souscris bien volontiers ; mais il me semble qu'il y a une critique de la protection des paysages, par le fait que ces entraves sont mises dans l'intérêt des sites.

M. DE LARNAGE. — Au contraire, en faisant juges de la protection des sites les ministres compétents, qui sont leurs protecteurs naturels, je montre que je ne désire pas porter atteinte aux intérêts du tourisme.

M. MURET. — Je crains que l'on ne voie une critique dans la forme ; car, à l'heure actuelle, le danger n'est pas douteux : c'est celui de l'industrialisation à outrance.

M. DE LARNAGE. — Je ne peux pas admettre ce mot. En particulier, dans le Dauphiné, l'industrie a été absolument respectueuse des beautés naturelles.

Vous avez vu que, en dehors du *Guil* et de Château-Queyras...

M. CARDOT. — C'est cela qui a motivé les protestations.

M. DE LARNAGE. — Ce projet de créer au *Guil* un réservoir naturel — je ne juge pas le projet en lui-même — pouvait très bien être défendu et être exécuté de façon à ne pas nuire à la beauté du paysage.

M. CARDOT. — Mais on s'est ému surtout de l'épuisement de la rivière sur une certaine longueur.

M. MOUGIN. — C'est un cours d'eau qui n'est pas fourni par des glaciers ; il a un étiage en été. C'est pendant cette période que tout *le Guil* serait passé dans les tubes.

M. CARDOT. — Et cette gorge magnifique aurait un torrent à sec. Le paysage serait gâté par ce lit pierreux.

M. DE LARNAGE. — Il n'y a pas de société industrielle, à ma connaissance, qui ait demandé un travail d'art de ce genre.

M. MURET. — Vous venez de voler *la Creuse !*

M. DE LARNAGE. — Le Loiret en sait quelque chose, on vous apporte des 35.000 volts.

Je le répète, je demande le respect des garanties actuellement exigées, mais qu'on n'en ajoute pas de nouvelles qui seraient prohibitives.

M. LE PRÉSIDENT. — Il n'y a pas d'autre observation ?...

Je mets aux voix le deuxième vœu, avec la disposition additionnelle proposée par M. de Larnage.

Le vœu ainsi complété est adopté.

« 3° *Que les travaux de régularisation des cours d'eau soient l'objet, par bassins hydrographiques, d'études d'ensemble, concertées entre les divers services appelés à en assurer l'exécution.* »

M. DE LARNAGE. — Je tiens comme riverain de la Loire, habitant d'une région intéressée, à donner mon plein assentiment aux considérations que vous avez présentées.

Le troisième vœu mis aux voix est adopté à l'unanimité.

M. LE PRÉSIDENT. — Nous avions encore à notre ordre du jour deux communications, l'une de M. de Rouvray, l'autre de M. Grand-d'Esnon. Ces messieurs sont absents.

M. CARDOT. — J'ai là un résumé fait par notre secrétaire de leurs communications.

LES PLANTATIONS DE PINS SYLVESTRES DANS LA CHAMPAGNE POUILLEUSE

(Communication de M. Grand-d'Esnon).

M. Grand-d'Esnon appelle l'attention du Congrès sur l'avenir des plantations de pin sylvestre dans la Champagne Pouilleuse.

Ces plantations dévastées de 1892 à 1895 par la chenille du *Lasiocampa pini*, ont éprouvé de tels dommages que les propriétaires se sont hâtés de couper et de vendre tous leurs bois de pins sylvestres non encore détruits et ont abandonné le sol à lui-même, comptant sur les semis naturels pour le recouvrir de bois.

Or, actuellement, ces terrains portent des fourrés de pins trop serrés pour produire du bois marchand. D'autre part, il n'est pas possible de les éclaircir sans dépenser beaucoup, les fagots produits par les éclaircies ne trouvant pas d'acquéreur. La situation est donc critique et il serait utile de trouver un moyen d'y remédier.

ALLIANCE DE L'ARBRE ET DE L'EAU. LUTTE CONTRE LES INONDATIONS

(Communication de M. de Rouvray).

M. de Rouvray, estimant qu'il est utile de protéger l'arbre aussi bien en plaine qu'en montagne, propose d'émettre le vœu suivant :

« *Les nouveaux articles* 671, 672 *et* 673 *du code Civil, depuis leur modification par la loi du* 20 *août* 1881, *contribuant dans une importante mesure à la déforestation générale, ainsi qu'à la diminution dans la production de certaines espèces de bois en ce qu'ils ne respectent plus les anciens usages et ne permettent, par suite, plus le remplacement des nombreux arbres qui existaient tout en bordure des prairies et des champs,*

Le Congrès émet le vœu :

Que ces articles subissent une nouvelle modification en vue de permettre, comme autrefois, avant 1881, le remplacement des arbres de bordure suivant les usages constants et reconnus.

Après cette lecture, la séance est levée à 11 h. 1/4.

CINQUIÈME SECTION

DE LA FORÊT DANS LE DÉVELOPPEMENT DU TOURISME ET L'ÉDUCATION ESTHÉTIQUE DES PEUPLES

BUREAU

Président :	M. Ed. Chaix, président de la Commission de Tourisme de l'*Automobile-Club de France*.
Vice-Président :	M. L. Auscher, président du *Comité du Tourisme en montagne* du Touring-Club.
Secrétaires :	MM. Gouilly, garde général des Eaux et Forêts. Volmerange, garde-général des Eaux et Forêts. Dumesnil, notaire honoraire, membre de la *Commission des Pelouses et Forêts* du Touring-Club.
RAPPORTEURS :	MM. G. Géneau, conservateur des Eaux et Forêts. Anselme Changeur, secrétaire général de la *Société pour la protection des paysages de France*. Flahault, directeur de l'*Institut botanique* de l'Université de Montpellier. Sinturel, inspecteur-adjoint des Eaux et Forêts.

RAPPORTEURS : MM. Beauquier, président de la *Société pour la protection des paysages de France.*
Dupuich, docteur en droit, avocat à la Cour d'appel de Paris, membre du Comité de Contentieux du Touring-Club.
Thiollier, inspecteur des Eaux et Forêts.
Gouilly, garde-général des Eaux et Forêts.
A. Mathey, conservateur des Eaux et Forêts.

SÉANCE DU 16 JUIN 1913

(MATIN)

Présidence de M. AUSCHER, vice-président de section

La séance est ouverte à onze heures. M. AUSCHER, *vice-président*, en l'absence de M. Chaix, président de la section, empêché, prononce l'allocution suivante :

Messieurs, notre cinquième section, est celle qui s'occupe de la forêt et de son influence dans le développement du tourisme, celle dont les liens sont les plus étroits avec la besogne journalière que nous accomplissons, mes collègues du comité de tourisme en montagne et moi, au Touring-Club.

Il est évident que l'un des objets principaux, je dirai peut-être la tâche la plus belle d'un congrès comme celui-ci, consiste dans l'union des efforts faits pour agrandir le domaine forestier, d'un côté, pour le maintenir et le conserver, de l'autre. C'est l'union de ces efforts qui doit rendre la forêt plus belle, et favoriser le succès de l'aménagement de notre domaine forestier.

Dans notre pays de France, la forêt présente malheureusement cet inconvénient d'être un peu considérée comme « un mur derrière lequel il se passe quelque chose » : On la voit, on l'admire de loin, on en fait le tour, mais on n'y pénètre pas !

Et pourquoi ? Parce que vous avez pu vous-mêmes le constater à maintes reprises, à part certaines régions privilégiées comme quelques coins des Vosges, des Alpes ou du Massif central, il y a très peu de forêts aménagées en pays de montagne, au point de vue des facilités d'accès et de circulation.

C'est l'étude de ces travaux d'aménagement qui retiendra une partie de l'activité de nos séances ; elle présente un très grand intérêt et elle a fait l'objet de plusieurs rapports, très documentés dont, au nom du président de cette section, je remercie très vivement les auteurs. J'espère qu'ils voudront bien nous aider de leur précieuse collaboration dans la discussion des textes que nous avons à adopter et je vous prie, Messieurs, en déclarant cette première séance ouverte, de bien vouloir excuser celui qui la préside de la présider si imparfaitement. (*Applaudissements.*)

Notre ordre du jour appelle l'étude et la discussion du rapport de M. Géneau, conservateur des Eaux et Forêts.

M. Géneau donne lecture de son rapport sur l'Éducation Forestière du Public :

M. Géneau. — En France, le public ignore à peu près tout des choses forestières, et cette ignorance ne s'atténue pas, tant s'en faut, à mesure qu'on s'élève dans l'échelle sociale. Les hommes les plus instruits, les esprits les plus cultivés, se font du traitement des forêts et du rôle de l'Administration, une idée qui stupéfie les hommes du métier. Magistrats, professeurs, industriels, publicistes, tous, on peut le dire, sont logés à la même enseigne et un simple bûcheron en sait plus long qu'un législateur. Cette ignorance a passé inaperçue aussi longtemps que le public s'est désintéressé des questions de cet ordre et s'en est remis du soin de les résoudre au service public qui en a la charge. Mais depuis quelques années la situation n'est plus la même ; de nombreuses publications ont fait naître un mouvement d'opinion marqué en faveur du reboisement et éveillé la sympathie du public pour tout ce qui touche aux forêts. Cette sympathie est précieuse à beaucoup d'égards, elle témoigne d'un progrès considérable, mais elle ne peut produire d'effets vraiment utiles qu'à la condition d'être éclairée. L'homme qu'on a intéressé sans l'instruire a, en effet, une tendance inévitable à critiquer et à contrarier l'action du professionnel dont la raison lui échappe. Il y a là un danger qu'il importe d'éviter. C'est un métier d'être forestier, métier qu'il faut apprendre comme les autres et qu'on ne peut confier à tout le monde. Si toutes les bonnes volontés qui s'empressent n'avaient pour guide que leur seule inspiration, la condition de nos forêts, loin de s'améliorer, irait sans cesse en périclitant ; des lois mal faites, des règlements inefficaces, des mesures prises de travers, tel serait le résultat le plus clair d'un zèle qui ne connaîtrait pas de règle.

Il faut donc instruire le public et, tout d'abord, lui montrer ses erreurs qui sont énormes. On peut ramener à deux propositions essentielles les idées généralement reçues en matière d'économie forestière.

La première, c'est que « le bois pousse tout seul ». La forêt est un genre de propriété à part qui n'exige aucun travail cultural ; la nature se charge de tout et l'homme n'a qu'à laisser faire. Rien n'est plus faux. La production forestière obéit exactement aux mêmes lois que tout autre production industrielle ou agricole. Dans aucune branche de son activité matérielle, l'homme ne produit rien par lui-même ; c'est toujours la nature qui produit, mais elle ne produit utilement que si l'homme intervient pour diriger les forces par lesquelles elle se manifeste. C'est l'orientation donnée par l'homme aux agents naturels, chaleur, pesanteur, électricité, actions chimiques ou biologiques, qui détermine la valeur économique de la production. Si les forces physiques qui concourent à la végétation des arbres restaient entièrement livrées à elles-mêmes, on aurait bien une production forestière, mais cette production répondrait fort mal aux besoins de la société, car elle ne fournirait à la consommation que des produits imparfaits ou vicieux, en quantité insuffisante ; elle aurait à peu près la valeur qu'a, dans l'alimentation, la cueillette des plantes et des fruits sauvages. Ce qui trompe le public, ce qui le porte à méconnaître la nécessité de l'intervention de l'homme, lorsqu'il s'agit de la forêt, c'est qu'il n'aperçoit pas les effets de cette intervention. La vie des arbres est si longue que, seul, le forestier peut saisir la trace des influences qui l'ont affectée. En agriculture, le labourage, les semailles et la moisson se renouvellent chaque année; ce tableau parle à tous les yeux et rend manifeste l'action du cultivateur dans la production. Mais le chêne de nos forêts ne peut dire au passant le nom des hommes qui, depuis deux cents ans, l'ont aidé à édifier sa magnificence.

Il est des gens que la vue d'un arbre abattu transporte d'indignation comme une sorte de sacrilège. Pour eux, toute exploitation est condamnable, « toute coupe d'arbres est un déboisement », et c'est là la deuxième maxime de la sagesse des foules.

On pourrait citer de nombreux exemples de cette manière de voir.

Au cours de la discussion du dernier budget, on a entendu un député, des mieux intentionnés d'ailleurs, se plaindre que le « Ministre de l'Agriculture saccage les forêts de l'Etat »: « Il s'est laissé dire que, dans le courant de 1912 notamment, on a coupé pour des millions et des millions de francs de gros arbres, d'arbres en pleine prospérité, appartenant aux forêts domaniales. Il ne sait jusqu'à quel point le fait est exact et il serait heureux qu'on donnât à la Chambre des chiffres précis un jour prochain ».

La presse, loin de combattre ces erreurs, croit servir l'intérêt général en les propageant. A tous moments, les forestiers sont accusés dans les journaux de détruire les forêts, de faire œuvre de vandales.

Ici encore ce qu'on voit fait illusion sur ce qu'on ne voit pas. Ce qu'on voit, c'est le fait brutal de l'abatage d'un arbre, fait à la vérité pénible et qui retentit douloureusement en chacun de nous. Ce qu'on ne voit pas, c'est que la suppression de cet arbre procède d'une cause utile, d'une idée raisonnable. Une coupe de bois, faite à son heure et comme il convient, n'est pas autre chose qu'une récolte, acte en soi des plus légitimes. Et presque toujours la coupe est quelque chose de plus : c'est l'opération culturale par excellence, celle par laquelle l'homme du métier entre en collaboration avec la nature, soit pour régénérer la forêt et assurer sa perpétuité, soit pour améliorer ses conditions de végétation. Dans ce dernier cas, la récolte n'est même qu'un accessoire, et elle est souvent onéreuse. Ainsi un acte qui, de prime abord, apparaît comme le symbole du massacre et de la destruction devient, pour un homme averti, une mesure de conservation au premier chef. Mais tout cela exige une démonstration que personne ne fait.

Si le public savait réfléchir, il se rendrait compte que la suppression des coupes dans les forêts ferait disparaître toutes les industries du bois et priverait la société d'une matière indispensable. On est positivement accablé lorsqu'on lit dans le *Journal officiel* des phrases comme celle-ci : « Les mauvaises langues affirment que c'est là au fond (il s'agit de la vente des coupes) une façon détournée par l'Etat de faire de l'argent... Il serait, en effet, extraordinaire de constater que l'on réclame aux domaines de l'Etat une somme représentant une grande partie des 56 millions du budget de l'Agriculture ». Ce qui est plutôt extraordinaire, c'est qu'un législateur puisse, en toute bonne foi, dénoncer l'exploitation des forêts domaniales comme une sorte d'attentat contre la chose publique et qu'il ne se trouve personne pour lui répondre.

Le principe de non-intervention, qui est un véritable non sens économique n'est pas moins faux, si l'on envisage la forêt au point de vue esthétique. C'est même dans cet ordre d'idées qu'il est le plus dangereux, car il revêt les allures d'une doctrine d'art qu'on proclame incompatible avec la technique des forestiers. Les partisans de cette doctrine professent que toute exploitation tend à détruire la beauté de la forêt, qu'il faut laisser la nature agir seule, qu'en un mot, l'idéal c'est la forêt vierge.

Assurément la forêt vierge a son genre de beauté ; son existence peut se justifier, voire être désirable, dans certaines circonstances particulières. La science y trouvera des éléments de comparaison précieux et le touriste un attrait de curiosité peu banal. Il ne faut donc pas la condamner d'une façon absolue. Mais poser en axiome que la forêt vierge sera en tous lieux la plus belle, qu'il faut amener à cet état toutes nos grandes forêts de promenade, c'est véritablement tomber dans l'absurde et tourner le dos à la beauté aussi bien qu'à la nature. La beauté ne va guère sans la santé et la forêt abandonnée à elle-même est une forêt qui souffre et qui dépérit ; c'est une société qui regorge d'éclopés et d'infirmes, une cité sans règle où l'élite est opprimée par le vulgaire, où les vivants sont étouffés par les morts. *Ubi solitudinem faciunt, ibi naturam appellant*, pourrait-on dire de ceux qui prônent la beauté désertique. Mais la nature n'a pas voulu partout des déserts ; on oublie qu'elle a placé l'homme à côté de la forêt et qu'elle les a destinés à vivre et à prospérer ensemble. Qu'on se garde de détruire une telle association ; c'est de l'harmonie de la forêt avec tout son milieu que naîtra la véritable beauté.

Comment répandre ces notions générales? Il ne semble pas qu'on doive attendre de grands résultats d'un enseignement didactique. A première vue, il peut paraître séduisant d'instituer des cours, d'ouvrir des chaires dans les facultés ou dans les établissements d'instruction secondaire. On pourrait être tenté de suivre l'exemple de la Belgique où il existe des cours « volants » de sylviculture professés par des agents forestiers et comportant une vingtaine ou une trentaine de leçons avec des examens et la délivrance d'un diplôme en fin d'études. Ces cours sont sans doute excellents, mais ils s'adressent à des personnes pour lesquelles la forêt représente un intérêt direct et personnel, élèves-gardes, régisseurs, propriétaires désireux de mettre en valeur des terres incultes par le boisement. Un enseignement de cet ordre manquera toujours du rayonnement nécessaire pour atteindre le public que nous visons ici, public qui n'est, à aucun degré, professionnel, qui n'a ni le goût, ni le loisir de revenir à l'école et qui, pourtant, fait l'opinion. On n'agira sur ce public qu'à la condition de lui offrir une science aimable et facile au-devant de laquelle il aille de lui-même par délassement et par curiosité.

Cette instruction familière, nous pourrons la donner à la manière des Grecs, en nous promenant sous les embrages. La « conférence-promenade » en forêt remplacera l'amphithéâtre.

Dans les grands massifs forestiers fréquentés par les touristes, tels que les forêts de Fontainebleau ou de Compiègne, l'Estérel, la Coubre, pour ne citer que quelques exemples, les agents des Eaux et Forêts organiseraient des excursions analogues aux tournées d'herborisation ou de minéralogie que dirigent les professeurs de l'Université. Des avis dans la presse locale, au besoin quelques affiches, annonceraient au public que tel jour, à partir de telle heure, M. X..., inspecteur, ou M. Y..., garde-général, fera une conférence-promenade dans la forêt de..., en suivant tel ou tel itinéraire. Tous ceux qui se présenteraient seraient les bienvenus.

Au cours de la promenade, l'agent forestier ferait halte aux points les plus intéressants et donnerait aux personnes qui l'accompagnent quelques explications sur le coin de forêt qu'elles ont sous les yeux ; les essences, leur adaptation au sol et au climat, le mélange de ces essences entre elles, l'âge des arbres les plus remarquables, le régime adopté et le but poursuivi par l'aménagement. Si l'on traversait une coupe de taillis sous futaie, le conférencier apprendrait à distinguer un taillis d'une futaie, il montrerait ce qu'on entend par baliveau, moderne ou ancien, comment on choisit ces arbres, comment on débite les bois abattus, à quels emplois on les destine, etc. Quelques aperçus sur la géologie, la flore ou la faune de la forêt ; quelques détails historiques, toujours très goûtés des amateurs, compléteraient au besoin ces renseignements dépourvus de tout pédantisme. L'agent forestier ferait, en somme, à ses auditeurs les honneurs de sa forêt : tel un grand propriétaire qui fait visiter son domaine, ou un ingénieur qui explique le fonctionnement de son usine à des étrangers. Le promeneur de bonne volonté, qui aurait fait le petit effort d'écouter, trouverait bientôt dans les excursions en forêt un élément d'intérêt entièrement nouveau pour lui. Actuellement la forêt représente pour le touriste un monde inconnu, un mystère qu'il ne peut pénétrer ; il en perçoit sans doute la beauté, mais cette beauté demeure pour lui inexpressive et muette. Il l'aimerait plus encore le jour où il saurait la comprendre et discerner sous les aspects changeants des feuillages le jeu divers des forces de la nature.

Le Touring-Club paraît tout désigné pour assurer le succès de ces conférences-promenades, en leur prêtant l'appui de sa large publicité, en collaborant à leur organisation, et en entraînant ses nombreux adhérents sur les pas des conférenciers.

Un second moyen d'instruire le public nous est offert par la presse. Nombre de grands journaux publient périodiquement sous des titres divers : *Chronique agricole*, *la Vie rustique*, des articles de vulgarisation d'une lecture agréable dont les sujets sont empruntés à l'agriculture, à la chasse ou à la pêche. Quelques spécialistes sont passés maîtres en ce genre de littérature. Rien de semblable pour les choses forestières ; on trouvera dans nos grands quotidiens de faciles lamentations sur le déboisement, des appels retentissants pour sauver des forêts qui n'ont jamais couru aucun risque, mais aucun d'eux n'a jamais offert à ses lecteurs une causerie écrite par un homme connaissant la forêt et sachant dire ce qui s'y fait. Il y a là une lacune évidente. Encore une fois, il ne s'agit pas d'ouvrir les colonnes des journaux à des articles techniques ; la clientèle du *Matin* ou du *Figaro* n'est pas celle de la *Revue des Eaux et Forêts*. Ce qu'il faut donner au public, ce sont des chroniques légères, égayées d'un brin de fantaisie, et qui fassent passer la leçon avec la peinture des choses. Pour brosser ces simples pochades de la vie forestière, qu'on fasse appel aux hommes du métier. Les bonnes plumes ne manquent pas dans l'Administration des Eaux et Forêts et il est à croire que la presse n'aurait pas à regretter leur collaboration. Quant à l'Administration, elle ne peut que gagner à encourager son personnel dans cette voie et à prendre de plus en plus contact avec le public. C'est l'insuffisance de ce contact, il faut bien le reconnaître, qui a perpétué l'état d'ignorance dont nous souffrons aujourd'hui.

Le Touring-Club pourrait s'associer à ce mode d'enseignement en insérant dans sa *Revue* des articles de tourisme consacrés à des régions boisées, et dans lesquels les auteurs insisteraient sur les particularités forestières les plus intéressantes.

Enfin, le Touring-Club pourrait publier sur les régions forestières les plus fréquentées des monographies sous forme de notices, qui seraient comme le résumé des explications données au cours des conférences-promenades. Ces notices, accompagnées autant que possible d'un plan, feraient connaître tout ce qui peut intéresser le tourisme : la géographie physique et administrative de la forêt, les grandes lignes de l'aménagement, les voies de communication, les sites et les peuplements les plus remarquables, les travaux dignes d'attention, etc. Ces notices seraient en quelque sorte le Baedeker ou le guide Joanne de la forêt.

En résumé, nous avons l'honneur de proposer au Congrès l'adoption des vœux suivants :

I. *Que l'administration des Eaux et Forêts organise, avec le concours du Touring-Club, dans les régions forestières fréquentées par les touristes, des conférences-promenades accessibles à tous, en vue de donner au public des notions exactes sur la constitution des forêts et les diverses opérations de la sylviculture.*

II. *Que la Presse sollicite et que l'Administration encourage la collaboration des agents des Eaux et Forêts pour instruire le public au moyen d'articles de vulgarisation.*

III. *Que le Touring-Club contribue à la diffusion de cet enseignement écrit par des articles insérés dans sa* Revue *et des notices monographiques rédigées, sous ses auspices, par des agents des Eaux et Forêts.*

La lecture du rapport de M. Géneau est accueillie par de vifs applaudissements.

M. le Président. — Les applaudissements qui viennent d'accueillir le très intéressant rapport de M. Géneau prouvent combien il a touché juste et su envisager, sous ses angles les plus curieux, la question qu'il étudie.

M. Beauquier propose d'ajouter les professeurs de botanique des Facultés aux personnes chargées de faire les conférences-promenades.

M. Flahault, directeur de l'Institut botanique de l'Université de Montpellier, appuie l'observation de M. Beauquier et demande que le vœu de M. Géneau soit légèrement étendu et qu'au lieu d'indiquer simplement les agents forestiers, on ajoute : « ou toutes autres personnes compétentes ».

M. le Président. — Je crois que vous serez tous d'accord avec M. Flahault, Messieurs, pour admettre cette légère addition au texte du vœu de M. Géneau.

Je mets aux voix les vœux du rapport de M. Géneau.

Le premier de ces vœux, avec l'addition qu'on a proposée, est ainsi conçu :

« *Que l'administration des Eaux et Forêts organise, avec le concours du Touring-Club, des professeurs de botanique ou toutes autres personnes compétentes, dans les régions forestières fréquentées par les touristes, des conférences promenades accessibles à tous, en vue de donner au public des notions exactes sur la constitution des forêts et les diverses opérations de la sylviculture* ».

Ce vœu, mis aux voix, est adopté.

M. LE PRÉSIDENT. — Voici le vœu n° 2 du rapport de M. Géneau :

« *Que la Presse sollicite et que l'Administration encourage la collaboration des agents des Eaux et Forêts pour instruire le public au moyen d'articles de vulgarisation* ».

M. D'ALMEIDA expose qu'un moyen très pratique de vulgarisation employé au Portugal consiste, dans tous les parcs nationaux, à faire étiqueter les arbres avec une notice très courte résumant la nature, l'espèce, la production.

M. FLAHAULT souligne que son ami M. Henriquez a emprunté ce procédé au Jardin botanique de Montpellier pour l'appliquer au Portugal, mais insiste à son tour sur le succès d'un tel moyen d'éducation.

M. LE PRÉSIDENT fait remarquer que les observations de MM. d'Almeida et Flahault se rapportent plutôt à la question des arboretums, jardins alpins et parcs nationaux qui sera discutée ultérieurement et met aux voix le vœu de M. Géneau.

Ce vœu est adopté.

M. LE PRÉSIDENT. — Voici le dernier vœu du rapport de M. Géneau :

« *Que le Touring-Club contribue à la diffusion de cet enseignement écrit par des articles insérés dans sa Revue et des notices monographiques rédigées, sous ses auspices, par des agents des Eaux et Forêts* ».

Ce vœu, mis aux voix, est adopté.

M. DIERCKX indique encore comme procédé de vulgarisation la création de Sociétés des amis de la forêt, telle celle de Soignes, en Belgique, qui auraient pour mission d'organiser, plusieurs fois par an, des conférences-promenades.

M. LE PRÉSIDENT. — Nous pourrions relier les observations qui viennent d'être présentées avec les conclusions principales de la communication de M. DELVILLE. (*Assentiment.*)

La parole est à M. DELVILLE pour une communication relative à « LA FORÊT DANS LE DÉVELOPPEMENT DU TOURISME ET L'ÉDUCATION ESTHÉTIQUE DES PEUPLES ».

M. Delville. — Le monde intellectuel semble s'enthousiasmer de plus en plus pour la forêt et les beautés naturelles.

Déjà au Congrès international d'agriculture tenu à Vienne en 1907, la protection des paysages et la conservation des sites a fait l'objet de plusieurs rapports et donné lieu à des discussions fort intéressantes ainsi qu'à l'adoption de vœux dont un certain nombre ont reçu une exécution pratique.

Le Touring-Club de France qui, avec d'autres organisations similaires, poursuit une active propagande en faveur des idées de protection et d'embellissement des forêts, en mettant au programme de la cinquième section « La forêt dans le développement du Tourisme et l'Éducation esthétique des peuples » a mérité la reconnaissance de tous ceux qui, devant la splendeur, l'immensité, la sauvagerie ou simplement le pittoresque d'un paysage, éprouvent autant d'émotions fortes et douces que devant les plus grands tableaux des maîtres.

Nous devons le proclamer bien haut, la forêt n'a pas uniquement pour but la production du bois. Elle est un laboratoire merveilleux, dans lequel il est exécuté des travaux qu'aucune puissance humaine ne saurait entreprendre ou imiter, elle remplit des fonctions climatériques et hygiéniques extrêmement importantes et elle contribue grandement aux agréments de la vie.

Elle embellit la contrée et y exerce une influence bienfaisante par sa beauté, son charme et la satisfaction qu'elle procure ainsi que par les œuvres qu'elle inspire. Les contrées où il n'y a pas de végétation arborescente paraissent désertes et monotones. Les champs chargés des plus plantureuses récoltes, ne peuvent remplacer la forêt dans l'aspect du paysage et, lorsque l'hiver la neige a recouvert de son blanc et iuniforme linceul la contrée dépourvue d'arbustes et d'arbres, l'effet en est désespérant et force à la mélancolie.

A celui qui est amant de la belle nature, elle offre à tout instant une nouvelle jouissance, une pensée grandiose et un doux plaisir (1).

La forêt parle aux yeux, à l'esprit, à l'imagination et au cœur...

Elle laisse découvrir à chaque pas de nouvelles beautés, de nouveaux agréments, elle porte aux nobles sentiments et ses mille bruits composent une harmonie plus poétique que les sons diffus de la civilisation.

Un philosophe païen, Sénèque, voyait dans la forêt, la preuve de l'existence d'un Être suprême.

Saint Bernard de Clairvaux a avoué qu'il n'avait le plus souvent pas eu d'autres maîtres que les hêtres et les chênes, tandis que l'admirable auteur de l'*Imitation* a inscrit sous son portrait : « Je cherchais la tranquillité et je ne la trouvais que dans les bois et les livres ».

Dans les temps plus rapprochés, le célèbre ornithologiste américain Wilson a dit « qu'il avait pénétré des milliers de fois avec une extase approchant de l'adoration dans les forêts, ces grandes volières de la nature. »

Que de musiciens, Weber, Mendelssohn, Mozart, Haydn, ont reçu dans les forêts, l'inspiration de mélodies aujourd'hui célèbres.

La peinture du paysage doit également sa renaissance à l'étude approfondie des forêts. L'artiste, en effet, épure son goût et l'idéalise dans la contemplation des arbres.

Enfin, n'est-ce pas la futaie de hêtres, avec la colonnade de ses troncs élancés, les arêtes formées par ses branches et sa voûte de feuillage qui a été le type de l'art gothique, qui règne avec tant de majesté dans les temples chrétiens.

Voyons là une fois de plus que la nature est maîtresse en toute chose chaque fois qu'elle n'a pas été contrariée par la main des hommes.

Dans tous les pays, on a protégé les animaux sauvages par des lois et règlements sur la pêche, la chasse et la tenderie. Dans certaines régions, on a pris la défense des plantes (l'édelweiss en Autriche et en Suisse, la flore des montagnes en France, en Bavière, en Italie, en Espagne, en Écosse, en Danemark et en Norvège). Partout on garde jalousement les monuments de l'art et de

(1) Koltz. *Un peu de tout à propos de forêt.*

l'histoire, mais il nous manque souvent des moyens de conserver les sites, les paysages, les forêts, ces monuments naturels remarquables.

Ainsi que nous le disions dans un rapport adressé au Congrès de Vienne, nous pensons que la loi doit intervenir, mais non comme un instrument de coërcition pouvant amener des révoltes individuelles, notamment dans les pays où le droit de propriété ne supporte que de rares atteintes et seulement dans des cas exceptionnels.

C'est par l'éducation esthétique des masses que l'on résoudra, avec le moins de secousses, la question qui doit préoccuper toutes les nations : la conservation des beautés naturelles.

Cette éducation doit être commencée à l'école primaire (1). C'est l'école qui doit préparer à la vie, et vivre, a dit un philosophe, c'est à la fois sentir et connaître, penser et agir. L'art doit faire partie intégrante de tout système complet d'éducation, mais il doit être enseigné en respectant les individualités, en atteignant l'intelligence par les sens, afin de ne pas donner un jour à la société des hommes qui ne soient que la servile copie d'autrui.

L'instituteur, qui recevra dans ce but une culture spéciale et une préparation sérieuse dans les écoles normales, profitera des excursions scolaires pour attirer l'attention des élèves sur la splendeur des spectacles de la nature et l'imposante majesté des monuments naturels. Il évitera de leur présenter l'appréciation du maître, mais leur laissera le rôle actif. Eux-mêmes, doivent voir, regarder, observer, explorer, analyser, comparer, guidés discrètement par le professeur, qui aura l'air de discuter, d'étudier le sujet comme ses disciples, mais qui mettra toute son âme d'artiste et tout son talent d'éducateur à en faire jaillir tour à tour toutes les parcelles de beauté, de telle sorte que chacun, les ayant vues et senties sans qu'on les lui ait annoncées, croira les avoir découvertes.

Ce qu'il faut à l'école primaire, c'est *éveiller* le sentiment latent du beau, c'est rendre les enfants *conscients* de leurs préférences, de leurs jugements, de leurs goûts, en matière d'esthétique champêtre.

Dans cet ordre d'idées, l'enseignement forestier primaire, c'est-à-dire celui qui tend à inculquer les premières notions forestières sans portée scientifique mais dans un but pratique et éducatif, mérite d'être encouragé.

Pour répandre dans les masses les premières notions de sylviculture, dont la connaissance offre tant d'intérêt dans les pays forestiers, on a songé, en France, à l'instituteur public. C'est à lui, le premier éducateur de l'enfance, que revient le soin d'enseigner dans son école primaire, surtout par des leçons de choses, les principes élémentaires sur lesquels repose la gestion forestière. On a créé, dans ce but, des cours de sylviculture dans les écoles normales des principales régions boisées. Ces cours sont professés par des agents des eaux et forêts désignés de commun accord par les administrations intéressées.

Ces instituteurs, pénétrés de l'utilité des forêts et de leur rôle dans la vie, s'appliquent à l'école primaire, par quelques notions et quelques leçons données sur le terrain, à faire aimer les arbres et les forêts par les enfants dont l'éducation leur est confiée. Ils deviennent ainsi des collaborateurs utiles pour la protection et l'administration des forêts et pour la mise en valeur des terrains incultes, par le boisement.

L'enseignement forestier primaire est poursuivi par l'institution de sociétés scolaires forestières, reposant sur la collaboration volontaire du personnel des eaux et forêts, avec les membres de l'enseignement primaire.

Le *Manuel de l'Arbre*, publié en 1907, grâce à l'initiative du Touring-Club de France et complété ensuite par un *tableau mural*, fut pour les instituteurs un premier guide précieux, leur fournissant le moyen d'éveiller de bonne heure l'attention de l'enfant sur les bienfaits de la forêt, de lui inspirer l'amour

(1) Un député belge, M. Ségers, a prié M. le Ministre des Sciences et des Arts d'insister auprès des maîtres de nos écoles pour qu'ils s'emploient davantage à inculquer ces principes à leurs élèves.

de l'arbre et de faire ressortir l'utilité et le rôle essentiel que les sociétés végétales jouent dans la nature.

Le *Manuel de l'Eau* est venu mettre aux mains des professeurs une nouvelle arme de salut public.

Nous soulignons avec plaisir la réaction qui se manifeste en France contre le déboisement intense qui sévit et expose ce beau pays aux conséquences désastreuses résultant de ce que, d'un mot typique, on appelle la « déforestation ».

En présence de l'esprit mercantile qui fait sacrifier l'avenir au présent égoïste, c'est sur la jeunesse, c'est sur la nouvelle génération éduquée dans ce sens, que l'on doit compter aujourd'hui, pour maintenir le taux de boisement dont la réduction ne peut être envisagée sans crainte.

D'ailleurs l'amour des forêts s'allie à l'amour du sol natal.

Au plus profond des bois, la Patrie a son cœur,
Un peuple sans forêts est un peuple qui meurt.

. . . .

Le vrai patriote, dit Koltz, est heureux et fier d'avoir vu le jour dans un pays où les beautés naturelles sont relevées par l'architecture grandiose des plantes ligneuses. Tous ses souvenirs sont liés à l'existence des massifs forestiers.

Si vous parvenez à respecter les fleurs et les arbres, ajouterons-nous avec Emile Verhaeren, vous finirez par aimer la terre qui les porte, la lumière qui les baigne, l'eau qui les nourrit ; vous aimerez le site entier qui les encadre ; en un mot, vous aimerez le coin du sol où vous êtes né ; vous aimerez votre pays.

Le Congrès d'art public a tenu, en 1910, une de ses séances au milieu des merveilleux cadre de la forêt de Soignes, aux portes de Bruxelles et, au pied d'un grand hêtre, tour à tour, M. Buls, président des « Amis des Arbres », M. Bourgeois, sénateur et ancien président de la Chambre française, M. Cavens et d'autres, redirent avec émotion que nous devons aimer la forêt pour elle-même, pour son histoire, pour le repos et la consolation qu'elle nous procure, pour son intense poésie, pour l'inspiration qu'elle fait naître chez l'artiste, pour les enseignements variés qu'elle nous donne, etc.

C'est très bien. Mais quel résultat fécond faut-il attendre de cette éloquence si l'on se borne à « prêcher des convertis » ?

Ne serait-il pas rationnel de commencer par semer les germes de l'intelligence esthétique dans l'âme et le cœur de l'enfant, de cultiver l'amour du Beau, encore maladroit et imparfait chez lui, en faisant en même temps connaître et aimer la forêt?

En Allemagne, la plupart des grandes villes possèdent des *Waldschulen*, des écoles dans les bois.

La ville de Charlottenbourg a même organisé officiellement l'école buissonnière ; les enfants vont au bois avec leurs maîtres et ceux-ci entre deux parties de jeux, leur apprennent à lire dans le livre de la nature, éveillent la saine curiosité latente et font apprécier et respecter la forêt, source de vie et de jouissances innombrables.

La question de l'éducation esthétique à l'école primaire sera donc fort utilement exposée dans les écoles normales et dans les cours de vacances qui sont organisés à l'intention des inspecteurs cantonaux et nous signalons ici la collaboration précieuse que peuvent apporter les forestiers dans la réalisation de l'œuvre de l'éducation esthétique des enfants.

Dans plusieurs pays des fêtes de l'arbre sont organisées avec le concours des élèves des écoles qui se livrent à des travaux de piochage, semis, plantation, élagage, etc. Ces fêtes, dit M. Changeur, créent un lien entre l'enfant et l'arbuste et font qu'une fraternité se développe entre le sang et la sève, qui tirent leur force d'un même sol.

Dans certaines régions, on conserve le caractère primitif des forêts et on érige des parcs nationaux (Bohmerwald, Yellowstone, Josemité, Suisse).

Tout en évitant de tomber dans l'exagération et de conclure, avec certains esprits exaltés, qu'il faut aimer d'abord les arbres, puis les bêtes, puis les hommes, nous pensons que ces idées méritent de retenir l'attention des pouvoirs publics.

Non pas, à l'encontre de certains philosophes, qu'il puisse entrer dans notre esprit de substituer une vague religion de l'art et de la nature à la religion traditionnelle. Elle ne saurait satisfaire aux aspirations de l'individu vers l'infini et brûler quelques grains d'encens à la beauté ne suffirait pas à combler le vide des cœurs.

Mais là où la forêt parle dans toute sa splendide majesté à l'imagination et au cœur de l'homme, elle ne peut manquer d'exercer une influence puissante sur le développement progressif de l'esprit et du caractère. Car la forêt laisse une impression profonde à toute époque de l'existence. La jeunesse y séjourne avec bonheur, l'âge mur y trouve une distraction ainsi que l'oubli des soucis et des peines, tandis que la vieillesse s'y retrempe dans le souvenir du temps passé.

Quels sont les résultats que procurent les excursions scolaires, faites sous la direction du maître?

D'abord, une promenade hygiénique, amusante, intéressante et instructive. Les enfants sont tout étonnés de constater que l'on peut parcourir les bois d'une façon très récréative, sans se faire dénicheur ou dévastateur, et leur mentalité change à mesure que l'horizon de leurs connaissances s'élargit. Ils apprennent à respecter les jeunes plants, le brin de chêne, les essences à feuillage ornemental, l'oiseau et, lorsqu'ils respectent les biens de la collectivité, ils sont bien près de considérer comme sacrée la propriété individuelle.

Ensuite, elles montrent aux enfants que la forêt est toujours belle, qu'elle à sur la mer et sur la montagne, ces deux autres grandes sublimités de la Nature, l'avantage d'être plus humaine, plus accessible en toute saison.

En outre, et nous insistons sur ce point, une excursion forestière, la visite d'un arboretum, d'une pépinière, tout en constituant une promenade instructive et récréative, est l'occasion d'une narration, d'un devoir de style, d'une leçon de géographie, d'histoire naturelle, d'un exercice de mathématiques, etc.

Enfin les promenades en forêt ouvrent l'esprit aux impressions du beau, et par là même disposent au bien, suivant le mot de Schiller. De plus, l'esprit d'observation des élèves se développe et ce point est de la plus grande importance, car il n'est presque pas de profession où il ne soit utile de bien voir.

On donne aussi de la délicatesse au goût par la contemplation des vastes paysages et l'examen minutieux des petits coins de la nature. Les élèves contractent l'heureuse habitude de parler de ce qui les entoure, de ce qu'ils ont vu et ainsi se relève le niveau de leurs conversations.

Et c'est une bien noble tâche que la culture de cet instinct qui attire l'enfant vers le beau, afin de l'arracher à l'indifférence, de le garder du scepticisme stérile, malheureusement si fréquent, et de le doter d'une âme vibrante pour laquelle la nature, la forêt, soient plus tard la consolation des heures moroses, la source intarissable de fines et vives jouissances.

En Belgique, les pouvoirs publics se sont aussi préoccupés de maintenir, dans leur grandeur sauvage et leur âpre beauté, les régions forestières et d'ouvrir les âmes enfantines aux saines émotions du Beau.

Il existe en Belgique une section des sites annexés à la *Commission royale des Monuments*, qui poursuit sa tâche avec une activité et une conscience louables.

Elle est vaillamment secondée par la *Société centrale forestière* et par son « Bulletin » qui défend avec tant de tact et d'esprit pratique la cause des arbres, des massifs et des paysages.

La société centrale forestière avait constitué dans son sein, un *Comité des Amis des Arbres* et, à l'intervention de celui-ci, la protection des plantations a été inscrite au programme de l'enseignement théorique et pratique des notions d'agriculture donné par l'instituteur. Personne ne contestera que les arbres sont un élément important du paysage et comptent parmi les plus belles choses de la nature. L'imposante majesté des arbres impressionnait déjà nos ancêtres gaulois et les colosses de nos forêts étaient l'objet de leur vénération.

D'autres associations, telles le *Touring-Club de Belgique* et la *Société namuroise pour la protection des sites*, aident puissamment à l'éducation esthétique du public.

La section des Sites, d'accord avec le Musée des Arts décoratifs et le Touring-Club, a fait relever par des artistes photographes, en un inventaire qui sera précieux, les paysages les plus caractéristiques des neuf provinces belges.

De son côté, l'Administration forestière, prépondérante dans les régions pittoresques, a déployé les plus intelligents efforts — on s'est plu à le reconnaître — pour empêcher la profanation des sites boisés intéressants.

Elle a fait procéder au recensement des arbres remarquables au point de vue de la légende, de l'histoire, ou simplement de leur situation ou de leurs dimensions.

Elle convertit certains bois ou boqueteaux bien placés en bois d'agréments et les approprie comme tels, créant ainsi de véritables parcs forestiers toujours accessibles aux promeneurs.

Elle encourage, par l'allocation de subsides, le reboisement des carrières épuisées ou abandonnées, des tranchées et remblais dénudés.

Elle manifesta également toute sa sollicitude pour la création de massifs de verdure sur les places publiques, les excédents de chemins, les abords des gares, etc.

Des écrivains de mérite à l'âme éprise de poésie champêtre, ont fondé la *Ligue des Amis des Arbres*, comptant de nombreux adhérents, et ont imaginé les fêtes des arbres, qui rappellent la vieille coutume nationale du « Meyboom ».

D'autre part, le gouvernement achète, pour les incorporer au domaine national, des forêts menacées de destruction.

Mais ce n'est pas tout.

La voix de nos puissants poètes s'est faite douce pour parler aux enfants et leur dire que les arbres sont beaux ; qu'ils sont indispensables à la vie de notre planète ; qu'ils donnent à l'humanité des leçons de la plus haute sagesse ; qu'il faut les aimer, les respecter et les protéger (1).

Un exemple précieux a été donné au pays lorsque Léopold II fit don à la Nation des domaines qu'il a créés ou agrandis, à Laeken, à Tervueren, à Ostende, à Ciergnon, à Ardenne. Il stipula comme condition que ces bois, qui constituent une merveilleuse réserve de beautés pittoresques, ne pourraient jamais être aliénés ni transformés et que, sous aucun prétexte, on ne pourra en diminuer la valeur esthétique.

Une loi, votée en 1911, impose aujourd'hui à tout exploitant l'obligation de réparer le dommage causé à la beauté du paysage, notamment en faisant les plantations nécessaires ; en couvrant d'un manteau de verdure les excavations, déblais ou remblais, destinés à subsister d'une manière permanente.

Un projet de loi sur les expropriations, déposé en 1903 par le Ministre des finances et des Travaux publics met expressément le principe d'expropriation au service de l'intérêt esthétique et, d'autre part, le *Conseil supérieur des forêts* a mis à l'étude la question de la conservation, dans leur état naturel, de certains cantons boisés ou incultes pour assurer le maintien d'une flore ou d'une faune intéressante.

Signalons aussi l'heureuse initiative qu'a eue le comité de l'exposition de Gand en créant un jardin genre « alpestre » qui est d'une incontestable beauté en tant qu'imitation de sites naturels, ainsi que la constitution à Bruxelles

(1) *Aimons les arbres*. Pages choisies par Louis Piérard.

d'une société nouvelle sous le titre « Le nouveau jardin pittoresque ». Les fondateurs ont pour but de populariser en Belgique le type du « jardin naturel », ce que les Anglais appellent le « Wald Garden », avec, en plus, une note d'art apportée par l'aménagement de scènes pittoresques.

Enfin, il s'est formé en Belgique comme en France, en Allemagne et en Suisse des comités régionaux composés de personnes pouvant, par leur prestige, leur talent, leur autorité ou leur popularité, exercer une influence bienfaisante sur les masses et ainsi répandre dans toutes les classes de la société, le respect des beautés naturelles.

Nous en connaissons qui, par des conférences avec projections lumineuses, ont assumé la tâche de populariser le sentiment du beau et du pittoresque.

Et M. Delville cite l'exemple du Comité des Sites et Promenades de Bouillon (Belgique) dont le programme se résume en deux mots : CONSERVER-AMÉLIORER.

Conserver tout le pittoresque naturel des sites ; améliorer l'accès des points culminants, des endroits sauvages et agrestes, des calmes retraites, de fraîche verdure où, sans être dérangé, le promeneur peut, suivant l'expression du poète, « jouir du chant des oiseaux, du bruissement des feuilles, du souffle de la brise et des parfums de la forêt ».

De telles initiatives méritent d'être vivement encouragées.

A la protection des forêts et aux vertus éducatives que l'on doit reconnaître à l'œuvre que nous défendons, se lie dans notre esprit, d'une façon intime, la protection des êtres ailés qui les peuplent, les animent et les égaient et nous croyons devoir signaler ici le mouvement qui s'accentue en faveur de l'oiseau.

L'administration forestière et les administrations communales de plusieurs grandes villes font placer des nids artificiels dans les arbres qui entourent les maisons des gardes et dans les parcs publics. A Bruxelles, des pâtées et des graines sont distribuées en hiver. A Stavelot, les petits oiseaux sont recueillis et soignés pendant la saison des frimas et lâchés aux premiers jours du printemps. Ailleurs, on organise des concours de nichoirs entre les élèves des écoles.

En Amérique, pays des innovations et des excentricités, on ordonne aux instituteurs de faire prêter, à la rentrée des classes, ce serment à tous les écoliers : « Je jure de ne détruire ni les arbres, ni les fleurs ; de protéger les petits oiseaux ; de respecter la propriété d'autrui, afin qu'on respecte la mienne, etc. »

Et ainsi, lentement, mais sûrement, l'on prépare la génération de demain à apprécier toute l'importance des œuvres de la natuure et les saines et innombrables jouissances que celle-ci procure à ceux qui savent la comprendre et l'aimer.

Les nations sont les dépositaires, et non les propriétaires, des œuvres et des richesses naturelles et il importe, non seulement à l'État, mais à tous les habitants, de veiller à la protection de la nature et spécialement des forêts, dont l'existence est une nécessité matérielle et morale pour les peuples.

A ce point de vue, la génération actuelle porte vis-à-vis des générations futures une responsabilité qu'il importe de mettre en évidence.

Partant du principe que la conservation, le développement et l'embellissement des forêts doivent faire l'objet d'une collaboration des pouvoirs publics et des particuliers, nous émettons les conclusions et vœux suivants :

1° *Dresser dans tous les pays un inventaire des régions boisées ou non présentant un intérêt spécial aux points de vue de la flore, de la faune ou simplement du pittoresque, qu'il conviendrait de conserver avec leur caractère naturel et faire connaître ces « réserves » au public.*

2° *Voir les gouvernements développer et vulgariser l'enseignement sylvicole sous la forme la plus simple, répandant par tous les moyens possibles les notions forestières élémentaires et en organisant des excursions scolaires.*

3° *Faire l'éducation esthétique du public :*

a) *En inculquant à l'enfance et à l'adolescence dans les écoles, collèges, athénées, lycées, le sentiment et le respect du Beau.*

b) *En propageant par la photographie et les conférences avec projections lumineuses le culte, c'est-à-dire l'admiration des beautés naturelles et notamment des arbres.*

c) *En multipliant les fêtes de l'arbre.*

d) *En formant des comités régionaux qui ont pour but de veiller à la conservation des sites les plus intéressants, de les faire connaître au public par des livrets-guides et des plans d'un prix minime et de faciliter l'accès ou la contemplation des endroits sauvages et agrestes encore peu connus des promeneurs.*

e) *En intervenant judicieusement par la voie de la Presse.*

4° *Inviter les gouvernements à acquérir, principalement dans les régions industrielles, les propriétés forestières dont la conservation est d'intérêt général aux points de vue de l'hygiène et du pittoresque et à les aménager en tenant largement compte des considérations esthétiques.*

5° *Intervenir par voie de conseils auprès des administrations publiques et des particuliers à l'occasion des travaux qui peuvent porter atteinte aux paysages.*

6° *Placer entre les mains des gouvernements, une arme légale adoptée aux mœurs du pays et au tempérament national.*

Messieurs, je le déclare pour terminer, je suis venu au Congrès moins pour donner des avis et des conseils que pour prendre des leçons et je me résume en ces quelques mots : Unir nos efforts pour faire connaître les forêts et les autres beautés naturelles ; car les connaître c'est les aimer, et les aimer, c'est les conserver et les respecter. (*Applaudissements.*)

M. le Président. — Quelqu'un a-t-il des observations à présenter au sujet de ces vœux ?

M. Géneau. — Le premier vœu touche à la question des parcs nationaux

M. le Président. — La dernière phrase lui donne, en effet, un caractère un peu spécial, et je serais d'avis de la supprimer ; mais le commencement est excellent.

M. Delville. — Il s'agit de dresser le cadastre du Beau. Si vous voulez supprimer les mots : « *faire connaître ces réserves au public* » je ne ferai pas d'objection ; je parle naturellement des réserves de beauté en général.

M. le Président. — Je vous propose donc, Messieurs, d'adopter le premier vœu ainsi rédigé :

« 1° *Dresser dans tous les pays un inventaire des régions boisées ou non présentant un intérêt spécial au point de vue de la flore, de la faune ou simplement du pittoresque, qu'il conviendrait de conserver avec leur caractère naturel* ».

Ce vœu, mis aux voix, est adopté.

M. LE PRÉSIDENT. — Voici les vœux suivants :

« 2° *Voir les gouvernements développer et vulgariser l'enseignement sylvicole sous la forme la plus simple en répandant par tous les moyens possibles les notions forestières élémentaires et en organisant des excursions scolaires* ».

Adopté.

« 3° *Faire l'éducation esthétique du public* :

a) *En inculquant à l'enfance et à l'adolescence dans les écoles, collèges, athénées, lycées, le sentiment et le respect du Beau.*

b) *En propageant par la photographie et les conférences avec projections lumineuses le culte, c est-à-dire l'admiration des beautés naturelles et notamment des arbres.*

c) *En multipliant les fêtes de l'arbre.*

d) *En formant des Comités régionaux qui ont pour but de veiller à la conservation des sites les plus intéressants, de les faire connaître au public par des livrets-guides et des plans d'un prix minime et de faciliter l'accès ou la contemplation des endroits sauvages et agrestes encore peu connus des promeneurs.*

e) *En intervenant judicieusement par la voie de la presse* ».

Adopté.

« 4° *Inviter les gouvernements à acquérir principalement dans les régions industrielles, les propriétés forestières dont la conservation est d'intérêt général aux points de vue de l'hygiène et du pittoresque et à les aménager en tenant largement compte des considérations esthétiques* ».

Adopté.

5° *Intervenir par voie de conseils auprès des administrations publiques et des particuliers à l'occasion des travaux qui peuvent porter atteinte aux paysages* ».

Adopté.

« 6° *Placer entre les mains des gouvernements une arme légale adaptée aux mœurs du pays et au tempérament national* ».

Adopté.

M. DIERCKX. — On n'a pas statué sur le vœu relatif aux encouragements à donner aux Sociétés des amis des arbres.

M. LE PRÉSIDENT. — Si votre vœu n'est pas rédigé, nous ne pouvons l'adopter. Nous n'y sommes pas opposés en principe ; mais il y a à arrêter une question de rédaction. Voulez-vous donc en rédiger les termes et avoir l'obligeance de nous le présenter au début de la séance de cet après-midi.

M. Anselme Changeur. — Je vous demanderai la permission, Monsieur le président, avant de lever la séance, de lire mon rapport. Il ne soulève aucune observation particulière.

M. le Président. — Pas d'opposition? La parole est à M. Changeur.

M. Changeur donne lecture de son rapport sur la « Beauté du pays par la forêt ».

Il semble que la Nature ait voulu, en quelque sorte, parer de beauté sa puissance, associer la grâce ou la majesté au jeu des organes par quoi s'exercent ses fonctions vitales : sources, fleuves, mers, bois, forêts.

Car la forêt n'est point inférieure en splendeur à l'élément immense, l'Océan. Elle évoque des sensations égales de puissance et de grandeur. Les voix de la forêt ont un registre aussi étendu que celles de la mer, et le grand souffle dont elle s'anime sous les caresses de la brise ou les morsures de la tempête l'apparente aux flots tantôt chantants, tantôt hurlants. Et l'on conçoit sans peine que la forêt fût le premier temple des hommes et qu'ils aient attribué un caractère sacré aux géants sylvestres, vivants emblèmes de force et de durée.

Comme la mer, elle est toujours en beauté. Chaque saison tient à honneur de la parer. L'hiver même, le dur hiver qui la dépouille, ne l'avilit ni ne l'enlaidit : ce n'est pas un attrait moindre, c'est un attrait *autre* qu'il lui donne. Alors le peuple noir des arbres, éclairé par places du fût marmoréen des bouleaux blancs, développe sans voiles sa musculature puissante, veloutée de mousse, festonnée de lierre ou ponctuée des touffes vives du gui. La solennelle beauté des bois silencieux s'affirme aussi émouvante qu'aux époques où des frissements d'ailes et des trilles d'oiseaux vibrent sous les frondaisons épaisses. Et l'été n'offre pas de spectacle plus magnifique que le ciel rouge des crépuscules d'hiver flamboyant en lueurs de vitraux sertis de l'étain des ramures dénudées.

Mais la forêt n'est point que beauté, elle est aussi force. Réservoir d'énergies, dispensatrice de vie, vivante elle-même, c'est d'elle que le fleuve tient le cours large et régulier qui, né en torrent ou en ruisseau, s'enfle en avançant, s'accroît des rubans d'argent de mille affluents et traverse les plaines en répandant la fécondité dans les campagnes, la prospérité dans les villes. La forêt a su capter, puis retenir la force qui voguait aux flancs des nuages; puis, la défendant des ardeurs du soleil ou des rigueurs de la gelée, la distribuer avec mesure. Aussi un pays ne saurait-il être beau et fort — les deux termes sont ici synonymes — s'il ne possède cet élément essentiel : la forêt.

La vigne aux longs enlacements sert de parure aux arbres, la grappe rubiconde aux vignes, le taureau mugissant au troupeau, la moisson blonde aux campagnes, a dit le poète des *Bucoliques*, et la forêt aux nations, peut-on ajouter.

Un pays est incomplet, pour ainsi dire, si en ses plaines ne s'étale l'épais tapis aux senteurs vivifiantes de la forêt, si l'épaule de ses collines ou de ses monts ne se drape du large manteau, aux nuances changeantes au gré des saisons, de la forêt profonde.

La douce terre de France joint ce prestige à beaucoup d'autres. Son sol aimé des dieux, son sol hospitalier aux arbres comme aux hommes, présente les plus riches spécimens de toutes les essences depuis l'orme, l'arbre national au point de porter en maint endroit le nom du plus populaire des ministres français, Sully, jusqu'au cèdre dont les larges rameaux horizontaux étendent autour d'eux une bénédiction de patriarche venu des régions bibliques.

Les Vosges, les Ardennes, l'Esterel, les forêts du Jura, de l'Auvergne, du Morvan, des Landes, des Pyrénées, pour ne citer que les plus notables, sont autant de joyaux dont elle peut s'enorgueillir. Chaque province possède un fleuron du diadème national, berceau de races fières, symbole des vertus locales, car une sorte de fraternité unit l'arbre et l'homme, les marque presque d'un sceau commun.

C'est là une incomparable beauté, c'est là une richesse qu'il importe de défendre jalousement, de conserver et d'augmenter sans cesse.

Il faut ajouter que la forêt ne peut être élément de beauté que si elle est belle elle-même. Et la première condition pour qu'elle soit belle est qu'aucune exploitation abusive ou irraisonnée n'en altère le caractère originel, nous dirions même volontiers « aucune exploitation » tout court, si nous ne craignions de heurter des convictions profondes, mais inspirées de principes plutôt utilitaires qu'esthétiques.

Il faut, en un mot, que la plus large liberté soit laissée à l'œuvre de la nature, que l'homme y mette le moins possible la main — sinon le pied — et que, sauf les routes et les sentiers indispensables à la traversée de la forêt, nulle note « humaine » n'en diminue le charme intégral.

Il est assez délicat de fixer avec précision quelles régions seraient, plus que d'autres, susceptibles de recevoir cet élément de beauté. D'une manière générale, la forêt semble s'adapter plus spécialement aux endroits d'une certaine altitude, collines ou montagnes, tant au point de vue esthétique qu'au point de vue utile, étant admis la relation étroite de la forêt avec l'atmosphère et son rôle d'agent de transmission et de diffusion de l'humidité aérienne. Elle constitue le couronnement naturel des cimes.

Mais ce qu'il est nécessaire de répéter, en conclusion de ces observations, c'est que la forêt, où qu'elle se trouve, apporte une contribution *essentielle, indispensable* à la beauté du pays, et que nul pays n'est absolument beau qui ne la possède.

En conséquence, nous avons l'honneur de proposer les vœux suivants au Congrès Forestier :

I. *Qu'aucun moyen ne soit épargné d'abord pour conserver les forêts existantes, ensuite pour en accroître l'étendue et le nombre, soit par les soins de l'État, soit par des encouragements aux initiatives privées.*

II. *Que dans l'exploitation des forêts actuelles et futures il soit tenu compte dans la plus large mesure possible de l'intérêt esthétique que ces forêts peuvent présenter.*

M. le Président. — Je crois que ces vœux sont de ceux qui doivent réunir l'unanimité.

Je les mets aux voix.

Ces vœux sont adoptés.

La séance est levée à midi.

SÉANCE DU 16 JUIN 1913

(APRÈS-MIDI)

Présidence de M. CHAIX, président de Section

La séance est ouverte à deux heures.

M. LE PRÉSIDENT. — M. Flahault a la parole pour la lecture de son rapport et l'exposé de ses idées sur les JARDINS ALPINS et les ARBORETUMS.

L'attention a été appelée dès longtemps sur l'opportunité de créer en montagne des jardins comme centres d'étude des problèmes intéressant la biologie des végétaux propres aux zones élevées et l'économie des montagnes. Les efforts tentés en Autriche et en Suisse par de savants économistes, de 1835 à 1875, n'eurent pourtant qu'un succès éphémère, en dépit de l'autorité des hommes qui en avaient pris l'initiative.

Jardins alpins.

Les jardins dits alpins sont assez nombreux aujourd'hui dans les pays d'Europe entre lesquels se partagent les Alpes. Tous les établissements de ce genre ne sont pourtant pas aux Alpes. Il en existe au moins un dans les Pyrénées centrales françaises ; quelques-uns sont situés dans les basses montagnes de l'Europe occidentale et centrale. Le Danemark en possède un au Groënland.

Un certain nombre de jardins ont été créés, puis ont disparu. Pendant quelques années, le but à atteindre ne paraissait pas assez précis. Certains furent établis sans que leurs créateurs eussent les ressources nécessaires pour en assurer l'entretien; l'inexpérience et l'imprévoyance ont compromis des tentatives louables. L'histoire de ces essais a été écrite et publiée (1).

Arboretums.

Il existe aussi quelques arboretums, collections d'arbres étrangers au pays où elles sont établies. Ces arboretums ont été créés surtout dans le but de discerner des espèces présentant des avantages forestiers. Certains d'entre eux sont devenus des centres importants pour l'étude des problèmes forestiers (Suisse, Autriche, Bavière). En outre, les services forestiers ont multiplié en certains pays les *places d'essais* qui rendent de grands services, notamment en Autriche et en Suisse. Ces places d'essais

(1) J. Ivolas, *Les Jardins alpins* : broch. in-8°, 100 p. P. Klincksieck, Paris, 1908.

sont au nombre de 500 environ sur le seul territoire de la monarchie austro-hongroise ; on y poursuit des expériences sur tous les problèmes de la culture forestière.

Deux Congrès spéciaux ont réuni en Suisse (1904 et 1907) un certain nombre de personnes s'intéressant aux questions de botanique et d'économie alpestres. On y a précisé les problèmes à résoudre et tracé un programme de recherches. Un troisième Congrès paraissait désirable ; diverses circonstances majeures en ont empêché la réunion.

En attendant, on travaille. Plusieurs des jardins actuels sont devenus des centres actifs de recherches ; le moment semble venu de formuler de légitimes désirs relativement au rôle des jardins de montagne, arboretums, places d'essais dans les études relatives à l'économie des montagnes sous les latitudes moyennes.

Enoncés de principes. — 1. Le climat détermine les possibilités de l'économie biologique et du peuplement des montagnes ; or, *la végétation est le miroir fidèle du climat;* elle en traduit les moindres nuances de la façon la plus précise. La connaissance de la végétation est, par suite, la condition fondamentale, la base de toute étude sur l'économie biologique et sur l'exploitation biologique intensive des montagnes.

2. C'est *la végétation* qui *nourrit* et qui *peuple.* La plante domine tous les autres facteurs de la production agricole ; la géographie des plantes joue donc un rôle prépondérant dans l'économie biologique rationnelle du sol. Le botaniste a donc le devoir d'étudier la végétation dans ses rapports avec l'économie biologique du sol, d'où dépend le peuplement rumain.

3. La plupart des montagnes de l'Europe ne sont pas aussi peuplées qu'elles pourraient, qu'elles devraient l'être, si l'on tient compte des possibilités naturelles. Les montagnes de France sont, à cet égard, en mauvaise situation. Nous trouvons des modèles à imiter, particulièrement en Suisse.

4. *Ménager*, *produire* et *utiliser au maximum la végétation* la plus conforme aux possibilités d'un lieu déterminé, *c'est préparer la place à un nombre maximum de vies humaines* ; c'est tendre vers la densité maximum de peuplement pour ce lieu. Etendre cette œuvre à tout espace habitable avec la même préoccupation, c'est favoriser l'expansion de l'humanité. La culture du sol ne saurait avoir de but plus élevé.

5. *Données scientifiques et économiques. Programme d'études.* — Le cultivateur ne modifie pas le climat ; il le subit. Le climat détermine, par l'intermédiaire de la végétation, les possibilités du peuplement et le mode de vie des hommes.

En conséquence, il y a lieu, à la faveur des centres d'étude créés en montagne d'*établir la climatologie locale*, en ce qu'elle a de plus essentiel pour la vie végétale : températures de l'air et du sol, gelées ; précipitations atmosphériques, enseignement, nébulosité, luminosité ; il faut noter les températures maxima et minima de chaque jour et ne pas se contenter de moyennes journalières.

6. Dans les pays tempérés, le climat impose une distinction fondamentale du territoire en trois catégories économiques primordiales, déterminant les rapports essentiels de l'homme avec les produits vivants du sol. On reconnaît, en effet, des terres de *vocation* agricole, de vocation forestière, de vocation pastorale. Ces distinctions sont ordinairement faciles dans les régions montagneuses sous les latitudes moyennes ; elles

se révèlent avant tout par l'étude détaillée de la végétation spontanée aux différents étages des montagnes.

En conséquence, la connaissance des associations végétales naturelles devant être la base des travaux d'économie rationnelle du sol, il y a lieu : 1° de faire la *statistique* aussi *complète* que possible du *domaine* occupé par les jardins, arboretums, etc. ; 2° de *décrire* exactement les *associations* végétales *spontanées* dans leurs rapports avec les stations qui les portent On se préoccupera en particulier des champignons et des parasites contribuant à limiter l'extension des végétaux cultivés et des espèces ligneuses ; 3° de faire des *observations phénologiques* de la base au sommet des montagnes, au moins sur les espèces dominantes et les plus répandues. Les observations porteront principalement sur les premières manifestations de la vie au printemps, la feuillaison et la défeuillaison des espèces ligneuses les plus répandues, la floraison des espèces printanières, la limite à laquelle diverses espèces mûrissent leurs fruits et leurs graines, les floraisons tardives, l'arrêt automnal manifeste de la végétation aérienne, les phénomènes biologiques déterminés par des accidents climatiques exceptionnels.

7. La culture assure aux terres de vocation agricole le rendement maximum qu'on en puisse attendre ; elle y permet la densité de peuplement la plus grande qu'on en puisse espérer. Il faut donc la développer, l'encourager et la perfectionner. Ces terres de vocation agricole pénètrent bien avant dans les vallées, s'effilent dans les vallons, s'y égrènent. Il faut en respecter la vocation, y maintenir l'homme, protéger ces poussières d'humanité.

En conséquence, il y a lieu de *rechercher* avec d'autant plus de soin qu'il s'agit de sites plus élevés, *les terres de vocation forestière*, vocation déterminée éventuellement par le climat local, l'exposition, la situation géographique. Il y a lieu de *compléter cette étude par l'analyse des sols*, par *la détermination des possibilités d'irrigation*, le sol et l'eau pouvant accroître ou diminuer les possibilités agricoles dépendant du climat.

La main-d'œuvre ayant une importance majeure en montagne, il convient d'étudier aussi tout ce qui contribue à la maintenir et à la développer, conditions du travail, forme des contrats de travail, etc., questions liées aux possibilités de l'agriculture en montagne.

8. C'est par l'exploitation des forêts que les territoires de vocation forestière atteignent leur rendement maximum. Il faut donc y développer autant que possible l'exploitation du bois. Les limites normales des terres de vocation forestière sont le plus souvent indécises ; les travaux de reboisement ne tiennent pas toujours assez compte des limites rationnelles dans lesquelles il faut les effectuer.

En conséquence, il y a lieu : 1° de *recueillir des notes* précises sur *la biologie des espèces ligneuses*, au moins les plus répandues, considérées surtout au voisinage de leurs limites ; établir leurs limites extrêmes et les causes diverses, climatiques ou autres qui les déterminent ; 2° de *dresser des cartes* détaillées *de la répartition spontanée des végétaux ligneux* dans les vallées de montagne et les massifs montagneux, cartes appelées à fournir une base solide à tous les travaux de restauration et d'exploitation économique des montagnes. Des travaux de ce genre, poursuivis en Suisse depuis 1900, ont donné déjà des résultats de première importance et fourni des règles aux forestiers reboiseurs.

9. Les territoires de vocation pastorale fournissent, par l'exploitation

des plantes herbacées en vue de l'élevage du bétail, le rendement maximum qu'on en puisse espérer. Dans les limites où aucun autre mode d'exploitation n'est plus favorable, il convient de développer l'exploitation pastorale et de lui assurer le caractère le plus extensif.

En conséquence, il y a lieu de *reconnaître les territoires où l'exploitation pastorale est seule possible*, de rechercher tous les moyens de la rendre aussi intensive que possible, de *déterminer les améliorations pastorales* de toute sorte, capables d'accroître le rendement par unité de surface, de permettre l'augmentation du cheptel en montagne et l'accroissement corrélatif du peuplement humain. La Suisse nous offre encore des modèles à cet égard.

10. Indépendamment de la vocation imposée à la terre par le climat, des convenances multiples peuvent déterminer des habitants avisés à utiliser de diverses manières le sol des montagnes. Des circonstances particulières, souvent locales (débouchés, etc.) déterminent ces convenances; elles n'infirment pas la valeur de la distinction primordiale établie par le climat.

Cette considération conduit à l'*étude des moyens de suppléer à l'insuffisance des ressources principales* par des ressources annexes.

L'Agriculture insuffisante trouve des compléments nécessaires dans l'exploitation forestière ou pastorale, dans les industries dérivées, dans les petites industries familiales, dans l'utilisation des petits produits du sol, voire même dans les industries minières, dans l'industrie hôtelière. Le but suprême de l'économiste, en ce qui concerne la montagne, étant de la voir peuplée et productrice au maximum, aucune de ces questions n'est indigne de ses préoccupations. Pourquoi des habitations sont-elles délaissées ? Cet abandon est-il rationnel, nécessaire, imposé par le climat ou la pauvreté du sol ? S'il n'est pas nécessaire, il est infiniment regrettable. Il y a donc lieu d'étudier ce côté de la question par l'étude très attentive des fourrages et des moyens de les améliorer, par l'étude de la possibilité des cultures maraîchères et des améliorations de l'hygiène alimentaire. La montagne ne peut être prospère qu'à la condition d'être habitée par une population en rapport avec les possibilités naturelles sagement mises en valeur.

S'il s'agit de places ou de stations d'essais, dépourvues de personnel scientifiquement préparé, on se contentera d'un programme restreint ; des études spéciales y seront entreprises d'après la situation, les nécessités locales ou momentanées, par exemple, sur les meilleures races des espèces forestières indigènes, sur l'importance des engrais dans les pépinières forestières, sur la valeur des graines de différentes provenances, sur les adaptations des essences forestières à des sols différents, sur les maladies qui menacent les essences forestières dans le pays.

Le programme pourra s'élargir d'autant plus que le personnel sera scientifiquement mieux préparé, qu'il aura une plus grande expérience du pays et de plus grandes ressources matérielles. Les arboretums rendront d'autant plus de services qu'ils seront confiés à des techniciens ou à des savants plus expérimentés. Les jardins botaniques de montagne, sous la direction d'hommes préparés de longue main, seront pourvus de laboratoires où l'on puisse séjourner, où tous les problèmes spéciaux à l'économie des montagnes puissent être abordés par des spécialistes.

Quels que soient les objets soumis à l'étude, on n'oubliera pas que s'il s'agit de la solution de graves problèmes techniques, il s'agit aussi du rôle social de la montagne, étroitement lié à son exploitation économique la plus rationnelle et la plus prévoyante.

Le Congrès émet le vœu :

Que les jardins de montagne, arboretums, stations ou places d'essais soient établis comme centres d'études non seulement pour les questions de sylviculture, mais pour tous les objets intéressant l'économie des montagnes comme foyers de vie humaine.

Messieurs. — Il y a un instant, j'entendais un de nos confrères jeter ces mots en passant devant la porte : « Ici, c'est l'esthétique ».

Permettez-moi de vous dire qu'à mes yeux, ici ce n'est pas l'esthétique. J'ai accepté très volontiers de faire ce rapport sur les Jardins alpins et sur les Arboretums et je déclare que ce n'est pas du tout, à mes yeux, une question d'esthétique. Comme l'a dit ce matin M. le Ministre, c'est la question de la vie humaine, c'est la question de la vie sociale qui est en jeu.

Je crois en effet que la préoccupation essentielle des sylviculteurs professionnels comme des hommes de science s'intéressant aux sciences biologiques, doit être de mettre chaque chose à sa place dans la nature, et que la restauration, — pour employer cette expression au sens archéologique du mot, — la restauration de notre monde ne peut venir que de la mise de chaque chose à sa place. Voilà pourquoi, à mon sens, il faut qu'il y ait des arboretums, des jardins alpins.

Il y a des principes qui permettent d'établir immédiatement le bien-fondé de cette affirmation. D'abord, la végétation est le miroir du climat. La végétation exprime le climat avec une netteté et une précision infiniment plus grandes que tous les observatoires météorologiques. Eût-on vingt observatoires météorologiques dans un même massif montagneux, la végétation exprime le climat avec plus de netteté que ces vingt observatoires. Sur le versant d'une montagne, il y a des différences de niveau de quelques mètres qui suffisent souvent à introduire des différences dans la végétation. On ne s'est pas assez préoccupé de ces choses qui ont une importance capitale.

En second lieu, je ne saurai jamais assez le répéter, c'est la végétation qui nourrit et qui peuple. Il y a quelques semaines, j'étais au désert du sud tunisien : là où on crée des oasis, on crée la vie. Dans la montagne, là où on crée la forêt, on crée la vie : il n'y a pas un point du monde où on peut nourrir un enfant si on n'a pas de bois pour faire du feu. Partout où on a déboisé, comme dans les Pyrénées, à plus de 1.000 mètres, il est impossible de nourrir un enfant à cette altitude. Si on réussit à créer la forêt, comme la Suisse l'a créée, jusqu'à 1.800 mètres, on porte les possibilités de la vie humaine à cette même altitude.

Voilà les principes fondamentaux sur lesquels nous, biologistes et forestiers, nous devons nous appuyer. Si nous faisons le calcul des terrains vacants et des landes sans rapport qui se trouvent actuellement dans les six départements méditerranéens des Pyrénées-Orientales, de l'Aude, de l'Hérault, du Gard, des Bouches-du-Rhône et des Alpes-Maritimes ; nous devons considérer qu'il y a de ce fait un déficit de 585.000 vies humaines, 585.000 vies humaines exclues du pays par le fait du désordre introduit dans la nature par l'existence de ces landes improductives. Je dis que ce manque de vies humaines pèse comme une responsabilité majeure sur notre pays et qu'il est du devoir, non pas seulement des forestiers, mais de tout citoyen, d'y remédier par un effort constant. Or, aménager, produire et utiliser au maximum la végétation la plus conforme aux possibilités d'un lieu déterminé, c'est préparer la place à un nombre maximum de vies humaines.

Vous voyez que nous dépassons de beaucoup la portée d'une section considérée comme s'occupant d'esthétique. C'est, en réalité, de la population de notre pays que nous nous occupons, c'est de cette France qui s'appauvrit en hommes que nous nous occupons. Puisque le cultivateur ne modifie pas le climat et qu'il le subit, nous devons, nous, hommes instruits, instruire les gens du peuple.

Je connais des hameaux où on ne sait pas qu'il existe des écoles où on peut apprendre l'agriculture et la sylviculture.

Dans les pays tempérés que nous habitons, le climat à lui seul, indépendamment de toute autre condition, impose une division du sol en trois catégories : terres de vocation agricole, terres de vocation forestière, terres de vocation pastorale. Et lorsque nos camarades forestiers déterminent des périmètres de reboisement, ils doivent déterminer des périmètres basés exclusivement sur la vocation des terres.

J'évoque ici le souvenir d'un nom que je respecte entre tous, celui de mon ami et maître Georges Fabre. Si Georges Fabre reste, — et il restera, — le premier sylviculteur de France, c'est parce qu'il a reconnu, en botaniste qu'il était, cette question des vocations et que jamais il n'a consenti à faire entrer dans un périmètre, un champ qui pût produire davantage par l'agriculture que par la forêt.

C'est donc avant tout une question de géographie botanique, de géographie biologique. Nous devons pousser la forêt aussi loin qu'elle peut être poussée, mais il est inutile, il est nuisible, de vouloir la pousser au delà de ses limites naturelles : on n'y ferait que des sottises.

Nous entendons parfois, — j'en ai entendu, je vous le dis un peu bas, — de jeunes forestiers de 23 ou 24 ans nous dire : « Dans les Alpes, je plante jusqu'à 2.600 mètres. » Il m'arrive de leur répondre : « Permettez-moi de vous dire qu'il vaudrait peut-être mieux que l'Etat conservât son budget. Aucun arbre ne peut vivre chez nous à 2.600 mètres. » A 2.600 mètres, en effet, on a dépassé les limites des possibilités. Il y a donc une question scientifique, une question pour laquelle nous avons besoin de bases scientifiquement très précises. Ces bases scientifiquement très précises, c'est dans les arboretums et les jardins alpins qu'on peut les trouver. Permettez-moi de vous rappeler ce que j'ai dit au commencement de mon rapport : Il y a, sur le territoire de la monarchie austro-hongroise, cinq cents places d'essais ou arboretums ou jardins botaniques. Que ceux d'entre vous qui sont au courant de cette question veuillent bien se demander combien il y en a en France. Je ne réponds pas moi-même.

Il serait intéressant qu'il y eût en France des places d'essais, des arboretums ou jardins botaniques, dans les différents massifs et dans les diverses conditions naturelles qu'offre notre pays, — et aussi que les surfaces consacrées à l'expérience soient observées pour le massif en vue duquel elles seraient établies, car, ainsi que je le disais tout à l'heure, il y a des nuances qui ne se marquent que par des différences de quelques mètres d'altitude, de telles sorte que les données ne peuvent servir que pour un groupe déterminé.

Je puis donner des conseils autorisés sur quelques points du massif central, je ne me permets pas, sans y aller voir, de donner des avis sur d'autres parties, car je ne m'appuie précisément que sur des connaissances précises, absolument nécessaires.

La main-d'œuvre a une importance majeure en montagne et il faut absolument l'y retenir, ou l'y amener. Pour cela, il faut que les jardins, arboretums, places d'essais soient des centres d'études et d'observations aussi précises que possible sur toutes les possibilités économiques du territoire où l'on est établi. Il faut qu'on s'y occupe, non seulement de sylviculture, mais d'amélioration pastorale, qu'on y cultive des légumes, qu'on montre aux habitants du pays que l'on peut y obtenir une alimentation variée, qu'on leur fasse voir qu'il est possible à l'occasion d'y avoir des fruits, qu'on leur montre aussi qu'ils peuvent mettre un peu d'agrément autour de leur maison.

Ces places d'essais, ces arboretums ou jardins alpins doivent donc être des centres d'étude de géographie biologique appliquée à toutes les questions biologiques.

Nous avons en même temps un autre devoir : C'est celui d'essayer de combiner les multiples ressources sylvicoles, agricoles et pastorales de manière que les peuples montagnards en tirent le plus grand profit. J'arrive maintenant à la conclusion :

Le programme pourra s'élargir d'autant plus que le personnel sera scientifiquement mieux préparé, qu'il aura une plus grande expérience du pays et de plus grandes ressources matérielles.

Les arboretums rendront d'autant plus de services qu'ils seront confiés à des techniciens ou à des savants plus expérimentés.

Les jardins botaniques de montagne, sous la direction d'hommes préparés de longue main, seront pourvus de laboratoires où l'on pourra séjourner, où tous les problèmes spéciaux à l'économie des montagnes pourront être abordés.

Il faut que nous fassions appel à toutes les bonnes volontés. Les forestiers sont les premiers désignés pour s'occuper de cette question, mais il y a aujourd'hui, — et c'est là précisément le grand mérite du Touring-Club, — à côté de l'administration, des bonnes volontés collectives qui ont fait naître des bonnes volontés individuelles. Si M. X... ou M. Y... possédant quelques hectares de terrain au coin d'une vallée ou à l'orée d'un vallon offre un bout de vallon comme champ d'expériences, acceptons-le : plus ils seront multipliés, mieux cela vaudra.

Voici, Messieurs, le vœu que j'ai pris la liberté de formuler sur cette question :

« *Que les jardins de montagne, arboretums, stations ou places d'essais soient établis comme centres d'études non seulement pour les questions de sylviculture, mais pour tous les objets intéressant l'économie des montagnes comme foyers de vies humaines* ». (*Applaudissements.*)

M. le Président. — Vous venez d'entendre la communication véritablement remarquable et exceptionnelle que M. Flahault vient de nous faire. Il y expose le rôle de l'arboretum et celui du jardin alpin dans les questions économiques touchant au développement de la race humaine et au repeuplement de nos montagnes. Cette dernière question est particulièrement intéressante, maintenant où nous voyons nos montagnes envahies par l'industrie qui, certainement, n'est pas toujours l'amie des plantes.

Je vais ouvrir la discussion sur le rapport de M. Flahault et sur les idées qu'il vient d'émettre.

M. le commandant Audebrand s'attache à démontrer que l'industrie de la houille blanche retient au contraire l'ouvrier à la montagne.

Je voudrais, dit-il, arriver à détruire l'arrière-pensée d'une influence nocive de l'industrie hydro-électrique sur la beauté de la montagne.

J'ai des amis très chers avec lesquels je suis en perpétuelle contradiction à ce sujet. Ce sont de très braves gens, mais quand ils voient un tuyau qui amène de l'eau quelque part, ils sont navrés et déclarent : « Ces abominables ingénieurs ont abimé complètement notre montagne ». Je voudrais qu'on arrive à comprendre que si quelquefois des inconséquences ont pu se produire par le fait de certains employés maladroits ou de certains ingénieurs inattentifs, ce ne sont jamais que des exceptions malheureuses, choquantes, je le reconnais, mais ce ne sont que des exceptions. Et comme dans les questions qui nous intéressent : industrie, agriculture, sylviculture, emploi pastoral de la montagne, il n'y a pas antagonisme, il doit y avoir moyen de trouver un commun terrain sur lequel nous puissions nous sentir les coudes.

M. le Président. — J'ai la conviction qu'on peut trouver ce terrain.

M. le commandant Audebrand. — Il suffit que nous y mettions les uns et les autres de la bonne volonté. Nous nous efforçons de ne pas froisser vos sentiments esthétiques, quoique cela ne soit pas toujours aisé, mais il faut que vous arriviez à considérer les ingénieurs comme étant des gens qui travaillent avec vous. La petite société que j'ai l'honneur de présider et la Chambre syndicale des forces hydrauliques favorisent par tous les moyens possibles la protection du pré et du bois dans les vallées qui sont au-dessus des vallées industrielles. Il y a donc là un terrain commun sur lequel nous pouvons collaborer. Je tenais à vous demander d'avoir pour ces misérables ingénieurs un peu de commisération.

M. Flahault. — Je vis dans la montagne et je vois par conséquent l'industrie hydraulique aux prises avec les conditions du pays. Il est bien certain que l'industrie hydraulique est un moyen d'empêcher l'émigration. D'autre part, il faut bien reconnaître aussi que la montagne est comme la forêt et que nous ne pourrions pas adopter cette formule un peu naïve d'un membre du parlement qu'on nous signalait ce matin et qui ne voulait pas qu'on coupât un arbre de la forêt. La forêt est faite pour être exploitée et notre pays doit produire ; c'est à cette condition seule que nous arriverons à produire des hommes. Nous sommes donc d'accord : l'industrie hydraulique établie dans la montagne y retient des populations, mais justement nous devons compter sur la bienveillance, sur le goût, sur les préoccupations sociales de nos confrères les ingénieurs de la montagne pour mettre le plus de bien-être possible dans la maison de leurs agents et assurer à ces agents, — je reviens maintenant à l'esthétique, — l'esthétique de leur demeure, de façon à ce que, en attendant que les lois permettent de mettre la France à l'abri de l'alcoolisme, nous arrivions tout au moins, en mettant de l'agrément dans la maison familiale, à lutter contre l'alcoolisme et le cabaret. (*Vifs applaudissements.*)

M. le Président. — Je vois que les divers éléments sont tout à fait d'accord. Je voudrais dire un mot du rôle du Touring-Club sur cette question qui est éminemment délicate, puisque deux éléments se trouvent en face l'un de l'autre. Nous avons pu, dans le dernier numéro de la Revue du Touring-Club, indiquer de la manière la plus nette la position que nous désirions prendre. Nous estimons en effet avec M. le commandant Lebrun, qu'il faut trouver un terrain de conciliation. Il faut que nous cherchions à sauver le pittoresque de nos montagnes, et d'autre part, il serait inadmissible que nous puissions empêcher le développement industriel de la France. Ce terrain d'entente, nous sommes sûrs qu'on peut le trouver.

M. le Commandant Audebrand. — Quand on voudra !

M. le Président. — Ce que je disais tout à l'heure au sujet du tort que certaines industries, — je ne dis pas exclusivement la houille blanche, — pouvaient causer à la végétation, était inspiré par des exemples que j'ai constatés à plusieurs reprises dans des tournées alpestres. Certaines industries émettent des vapeurs, des fumées qui produisent des effets terribles sur la végétation. Nous avons pu voir, dans le courant d'air de la vallée dans laquelle ces fumées sont entraînées, qu'il n'y a plus une seule feuille aux arbres dans un rayon de quatre kilomètres. Il en est ainsi dans la Romanche, à Moutiers, à Notre-Dame de Briançon, dans la Haute-Maurienne. Il y a là un problème très intéressant à étudier au point de vue forestier. La production industrielle peut avoir, par certaines émanations, certaines vapeurs, un effet déplorable sur la végétation ; c'est une question locale à étudier, je crois qu'il y a des moyens d'enrayer le mal par des dispositions de bâtiments industriels qui permettraient d'empêcher le développement de ces fumées et de ces vapeurs, et par conséquent qui protégeraient la végétation dans les environs de l'usine.

M. le Commandant Audebrand. — Je crois qu'il faut dans toutes ces questions ne point se leurrer d'espoirs irréalisables ; je crains bien que vous n'ayez jamais la pureté d'air que vous réclamez et que, pour mon compte, je désirerais également. Permettez-moi une remarque. Il y a deux espèces d'industries électriques qui peuvent se rencontrer dans la montagne : l'une ne nous gêne nullement, elle ne gêne que le coup d'œil quelquefois, c'est le transport de force : on produit à un certain endroit, dans la vallée, une certaine énergie et on la transporte à 250, 300, 400 et même 500 kilomètres. Pour celle-là, on pourrait s'entendre assez facilement, car on peut arriver à dissimuler le réseau de conducteurs et à le placer de façon que ce ne soit pas inesthétique. Les réseaux pourraient même parfois servir à l'ornemnt de la montagne (*rires*) ; j'ai l'air de faire un paradoxe, mais je pourrais vous en montrer des exemples.

Il y a, par contre, d'autres industries extrêmement intéressantes, mais qui ne peuvent se produire qu'au pied de la chute : ce sont les industries de l'électro-chimie et de l'électro-métallurgie. C'est là je crois, qu'il est nécessaire que vous, Touring-Club, avec votre haute autorité, disiez aux partisans de l'air pur, des belles perspectives et de l'agrément de la montagne, qu'il y a une petite concession à faire. Je ne crois pas, en effet, qu'on puisse arriver à faire des réactions chimiques qui n'envoient pas dans l'atmosphère des fumées désagréables.

M. le Président. — On peut capter ces fumées, prendre certaines dispositions de bâtiments qui empêchent le dégagement excessif de ces fumées.

M. le commandant Audebrand. — Il est nécessaire qu'on s'ingénie à le faire. Mais il faudrait que Messieurs les amants de la nature fassent de petites concessions. C'est celà que je demande.

M. de Clermont parle de l'intérêt qu'il y aurait à créer des jardins alpins, au-dessus de la région des forêts, afin d'étudier si ces graminées de la plaine, telles que la houlque laineuse, pourraient être acclimatées dans la montagne.

M. Flahault. — Je prends la liberté de dire à notre confrère qui vient de parler des plantes pastorales de haute altitude que, d'une manière générale, nous ne réussissons pas à modifier les plantes des plaines lorsque nous les cultivons en haut. Mais, comme je le disais il y a un instant, les places d'essais aboutissent, — et c'est là un point de vue extrêmement intéressant, — lorsqu'elles sont établies dans les hauteurs, à la sélection des plantes de hauteur et à l'amélioration pastorale de ces plantes. Les places d'essais, jardins botaniques alpins, arboretums, etc., etc. ne peuvent être établis que dans des circonstances données et ces circonstances, on ne peut pas, dans tel ou tel massif, les réunir pour des raisons souvent matérielles, parce que la montagne manque d'altitude, par exemple, mais, dans tous les cas, c'est par des études faites sur place qu'on peut connaître les améliorations réalisables. C'est ainsi par exemple, — je ne sais pas si j'ai l'honneur d'être entendu ici par quelques confrères suisses, — c'est ainsi que mes amis MM. Stedler et Schroeder ont établi il y a longtemps, dans les Grisons, au Furstenalp, un champ d'expériences que j'ai visité. Ce champ d'expériences pastorales est établi à 1.845 mètres environ, et on y fait, sur les plantes qui vivent à ce niveau, des efforts de sélection qui aboutissent. J'ai fait moi-même des expériences de cette sorte à 1.550 mètres d'altitude, — je ne puis aller plus haut, dans les hautes Cévennes, faute de montagnes. Ce sont là des préoccupations que plusieurs botanistes ont aujourd'hui et que plusieurs forestiers ont également.

Il y a là beaucoup à faire. Il faut avant tout que ces places soient nombreuses et qu'elles s'occupent de toutes les possibilités réalisables dans le massif où le champ d'expériences est établi.

M. Henry Maige. — Plusieurs de mes collègues ont dit que les émanations industrielles étaient néfastes au point de vue de la forêt. C'est si vrai que, dans beaucoup de régions des Alpes, les industriels paient des indemnités considérables aux riverains. Il y a des procès énormes qui sont encore en cours.

M. le Président. — Je vais proposer à votre adoption le vœu qui termine le rapport de M. Flahault.

Ce vœu est ainsi conçu :

« *Que les jardins de montagne, arboretums, stations ou places d'essais soient établis comme centres d'études, non seulement pour les questions de sylviculture, mais pour tous les objets intéressant l'économie des montagnes comme foyers de vie humaine* ».

Le vœu est adopté à l'unanimité.

M. le Président. — Ce matin M. Dierkx, délégué belge, a exposé l'intérêt qu'il peut y avoir à créer des Sociétés des amis de la forêt et il a proposé un vœu sur ce point. L'assemblée a demandé à M. Dierkx de vouloir bien rédiger son vœu. Le voici :

« *Que le Touring-Club s'occupe de créer des Ligues locales des amis des arbres ou de la forêt dans toutes les villes ou localités importantes.*

Un Congressiste. — Cela existe déjà.

M. le Président. — Oui, mais on demande de généraliser la méthode, de développer les associations déjà existantes. Il ne peut y avoir là rien que de très intéressant.

Le vœu de M. Dierkx, mis aux voix, est adopté.

M. le Président. — La parole est à M. Sinturel pour la lecture de son rapport sur la Beauté des Routes.

Plantations le long des routes.

M. Sinturel. — Au même titre que les massifs forestiers les plantations en bordure de routes ajoutent à la richesse esthétique d'un pays. La monotonie d'un sol dépouillé de sites disparaît devant l'ornement et le pittoresque de longs cortèges d'arbres piqués dans la plaine. Le sentiment, inné d'ailleurs, qui nous porte en quête de la beauté, dirige toujours de préférence le touriste, le promeneur, vers ces larges avenues riches d'un cadre de verdure et où l'agrément sourd plus du spectacle offert que de l'abri ménagé. Nul ne saurait rester indifférent au charme d'une route qui glisse sous une ogive de feuillage et que de faibles rais de lumière, filtrant parmi les feuilles qui tremblent, éclairent timidement pour ne point en troubler le mystère et le calme. Dans le désordre des branches qui s'entrecroisent ou se frôlent, la nature du reste se pique de coquetterie à ménager à chaque pas les hasards charmants d'un art tout fait des expressions de mille physionomies diverses.

Chaque arbre, en effet, a sa physionomie, celle d'une forme vivante qu'animent les caprices de *l'heure*, des *saisons* et des *âges*.

Le matin, il se dore sous les feux du soleil; la lumière du jour le montre avec toute sa puissance ou toutes les tristesses de sa végétation. Au soir, il frissonne et pendant la nuit, la bise qui arrivait muette, court dans sa ramure, s'éparpille dans les cimes voisines, agite les feuilles et reste une note de vie obstinée dans le silence toujours lugubre des campagnes endormies.

Avec chaque saison, la route ombragée retrouve encore un attrait toujours nouveau. Le printemps y charrie des parfums de fleur et des odeurs de sève. L'été, épanouissant les frondaisons, tamise la clarté d'une lumière trop crue qui tue les paysages. Aux jours d'automne, rien n'y égale le charme d'une flânerie alors que les feuilles se teintent de blond, de jaune rouille et de pourpre et tourbillonnent follement dans l'air vif qui passe. L'hiver paillette les branches de ses cristaux de givre, les enveloppe d'une toison de neige et révèle les plus délicates harmonies.

Il n'est pas jusqu'aux âges divers des plantations de routes qui n'éveillent également toute une gamme d'impressions. Les végétations qui se succèdent se distinguent à la manière d'êtres qui naissent, se développent et meurent. Chaque étape de croissance accuse leur vigueur, leurs souffrances, modifie leur parure. Et l'enfant qui les vit à leur premier effort retrouve, très tard dans sa vie à considérer ses fidèles amis vieillis à garder la route de son village, un peu des souvenirs de son passé, car « la configuration d'une chose n'est pas seulement l'image de sa nature, c'est le mot de sa destinée et de son histoire ». Regarder ces témoins d'un premier âge c'est évoquer toute la vie qu'ils abritèrent, toute la distance parcourue, s'attarder aux enseignements de toute une époque. Et ainsi à une harmonie naturelle, les pensées ajoutent une harmonie morale.

Une bordure d'arbres vaut encore par tout le pittoresque vivant qu'elle apporte. C'est autour de toutes les cîmes des tourbillons d'ailes menues, une vie grouillante de bestioles, des sautillements d'oiseaux, des bruits de mille chantres qui arrivent avec leurs ballades, leurs refrains, préparer leurs nids ou chercher un refuge dans les jours de tempête. Et le voyageur qui va, palpite avec ces chants, se réjouit avec cette symphonie.

Ces considérations toutes subjectives ne sont pas pour faire oublier le rôle utilitaire des plantations en bordure de route. Longtemps on a cru que ces plantations entraînaient une humidité trop considérable, nuisible à l'entretien des chaussées. Il est reconnu aujourd'hui que la présence d'arbres aide souvent, au contraire, à la viabilité des routes, notamment dans les terrains secs, en y maintenant la dose d'humidité qui permet la cohésion des matériaux. D'ailleurs, même dans les sols compacts, sous un climat humide, quelques essences donnant peu d'ombre et suffisamment espacées peuvent encore rendre d'appréciables services. Seules les parties abritées, traversées de forêts par exemple, dispensent de plantations.

D'un autre côté, des rideaux d'arbres jalonnant les routes, lors des neiges abondantes ou de brouillards intenses, servent d'abri contre les pluies et le vent, diminuent les chances d'accident dans les sites escarpés, protègent contre le soleil et la poussière.

Et par les produits qu'ils procurent ils valent encore un revenu appréciable au propriétaire. Si nous supposons, en effet, les seules routes nationales de France, soit un réseau de 38.192 kilomètres, toutes bordées d'arbres espacés de 10 mètres les uns les autres, nous obtenons une somme de 7.638.400 tiges correspondant, à raison de 400 pieds à l'hectare, à un peuplement normal d'une étendue de 19.096 hectares de forêt, soit près de 1/50 de la superficie totale des forêts domaniales. Et ce revenu nouveau demeure d'autant plus appréciable qu'il dérive d'un sol appelé par sa première destination à ne donner aucune rente.

Indépendamment de ces avantages se rapportant à la route elle-même, les plantations entraînent d'autres profits pour les riverains.

L'abri donné aux champs voisins contre le vent, la sécheresse, compense largement tous les inconvénients à résulter d'un envahissement par les racines, ou d'une ombre trop loin portée. Toutes les familles d'oiseaux qu'il retient aident à préserver les cultures contre les insectes, et le plus souvent prétendre à une dépréciation d'un fond parcouru par des lignes d'arbres reste une raison sans valeur, le mauvais calcul d'une routine ignorante.

Le prix du champ, la valeur de l'héritage furent d'ailleurs établis après acceptation de toutes servitudes, et nul ne saurait se prévaloir pour supprimer une bordure d'arbres d'un mauvais prétexte de pertes imprévues (1).

Choix des essences.

Sans insister davantage sur l'intérêt à créer des bordures boisées,

(1) A. Umbdenstock : *Les arbres, parure utile des routes.*

nous résumons les règles à observer pour le choix des essences et les conditions de plantations.

1° Les arbres ne doivent pas gêner la circulation ; ils seront donc à cimes élevées, à fûts non branchus. Les résineux, qui à l'état isolé développent des branches jusqu'à la base, seront écartés ; d'ailleurs leur trop sombre feuillage laisse trop de mystère et de mélancolie.

2° Les frondaisons seront abondantes à l'effet de fournir un ombrage suffisant.

3° Les essences devront donner du bois de bonne qualité marchande.

4° Elles seront à croissance rapide et très résistante aux intempéries, aux attaques d'insectes, aux blessures diverses, toutes qualités qui supposent d'ailleurs une adaptation parfaite aux conditions de sol, de climat, et d'exposition.

5° De tous les abords des agglomérations, seront enfin bannies les essences, tels que les peupliers ou les platanes dont les fruits valent certains jours une pluie de duvet ou flocons fort désagréable, même dangereuse.

D'autre part, la circulaire du Ministère des Travaux publics du 20 avril 1897 nous renseigne sur les dispositions générales à suivre dans la technique des plantations. Ainsi, à l'exception des routes trop sèches ou se développant en pays de montagne, il convient de ne planter en bordure que celles dont la largeur de la voie est d'au moins 10 mètres. Si les routes ont plus de 16 mètres de large, deux lignes d'arbres formant contre-allée trouveront place sur un même accotement, mais l'intervalle entre ces deux rangées sera au moins de 3 mètres et les arbres devront être disposés en carré et non en quinconce pour ne pas entraver l'accès des propriétés riveraines. Les rangées d'arbres seront parallèles à l'axe de la route. On évitera de les établir sur l'arête des fossés ou des talus ou trop près de cette arête, à l'effet de leur donner une assiette plus solide et d'empêcher les racines de se répandre dans ces fossés et sur ces talus. « La distance d'un arbre à l'autre variera suivant le développement probable des sujets, le degré de siccité de la route et la nature des cultures des champs traversés ». Dans une plantation trop serrée, les branches et les racines s'atteignent trop vite, les arbres se gênent, luttent pour la vie, et les plus faibles succombent.

Une même ligne ne comprendra que des espèces de nature et de végétation semblables. On ne saurait intercaler des espèces à végétation lente, tels les chênes, les ormes, entre des espèces à végétation rapide (peupliers par exemple) sans placer les premières dans les plus mauvaises conditions de bonne venue. Un palliatif reste cependant à cette situation celui de disposer les espèces à végétation lente à des distances plus grandes que la normale et de leur ménager ainsi suffisamment de sol et de lumière.

Quant aux essences à employer, ce seront sous les climats non atteints par des extrêmes de température et dans tous les sols, à l'exception des sols tourbeux ou légers et trop secs, des ormes (ormes champêtres, ormes de montagne et plus spécialement la variété à larges feuilles dite de Hollande, ormes diffus) ; dans les sols argileux ou de consistance moyenne, des chênes (chênes pédonculés, chênes rouvres, chênes chevelus, chênes rouges) ; dans les sols argilo-calcaires, argilo-siliceux ou légers et humides, des érables (érables sycomores, érables planes), des platanes (platanes d'Orient et d'Occident, magnifiques espèces d'une longévité remarquable et d'une croissance extrêmement rapide), des tilleuls (à grandes et à petites feuilles : tilleuls de Hollande, tilleuls argentés), des marronniers, des vernis du Japon, des robiniers faux-acacia, des peupliers (peuplier blanc de Hollande, peuplier grisaille, peuplier noir pyramidal ou d'Italie, peuplier du Canada).

Dans les terrains meubles et frais, le frêne commun croîtra et résistera à la violence des plus grands vents.

Le châtaignier végétera dans les terrains siliceux.

Dans les sols humides ou tourbeux, on pourra employer des aulnes (aulnes glutineux et cordiformes).

Sous les climats de montagne, les bouleaux pubescents et le sorbier des oiseleurs ne souffriront pas des plus grands froids.

Dans les régions méridionales, enfin, on plantera des mûriers, des acacias, des eucalyptus, des dattiers, des chênes tauzins, des micocouliers, des pins maritimes, des pins d'Alep.

Les plantations d'arbres fruitiers entreprises sur plusieurs points ne semblent pas encore avoir produit des résultats tellement intéressants que l'on soit porté à trop les recommander. La plantation routière d'Offenbach-sur-Mein, célèbre en Allemagne, et donnée comme modèle de culture d'espèces fruitières, reste jusqu'à ce jour une exception... (Il peut paraître cruel de disputer aux chemineaux une récolte du chemin).

Nous ne disons rien des travaux de premier établissement et d'entretien des plantations, question d'ordre cultural d'un intérêt trop restreint dans l'étude que nous poursuivons ; nous n'argumentons pas sur les suites fâcheuses l'élagages inconsidérés et sur l'horreur des « chicots », mais dans un souci d'esthétique, nous nous arrêtons à considérer l'exploitation des arbres d'alignements.

Par une circulaire récente, M. le Ministre des Travaux Publics insiste d'ailleurs sur les conditions de cette exploitation :

« Les plantations ne seront jamais sacrifiées sur la réclamation des riverains qui se plaignent des dommages causés aux champs voisins ». L'intérêt général prime les intérêts privés.

Seuls devront être réalisés les arbres morts ou ceux qui, commençant à dépérir, pourraient devenir une cause de dangers sérieux pour la circulation. On évitera de proposer l'abatage de toute une file d'arbres de même essence et de même âge, les sujets plantés à une même date n'arrivant pas à la même heure au même état de dépérissement. « On ne saurait assimiler les plantations des routes à des exploitations forestières où l'arbre est élevé pour sa valeur marchande et abattu au moment précis où il doit être du meilleur rapport ».

Par l'observation de ces règles, un paysage pittoresque de toutes ces longues routes courant sous des masses de verdure ne risquera plus de s'enlaidir brutalement au lendemain d'une exploitation déréglée. La hache glissera prudemment, presque honteuse. De nouveaux venus remplaceront sans retard les disparus. Et ainsi le voyageur continuera à errer dans l'intimité de mille familles d'arbres et ne souffrira pas du spectacle d'une nature diminuée.

La conclusion de ce rapport nous porte à émettre le vœu :

Que chaque Etat poursuive et encourage l'établissement de plantations en bordure des routes et veille, pour des raisons d'ordre esthétique et utilitaire, à en réglementer sévèrement l'exploitation.

M. Gabiat. — Que pensez-vous du sorbier commun?

M. Sinturel. — Le sorbier commun est indiqué pour la montagne. On l'a essayé notamment dans le centre, près du plateau de Gergovie...

M. le Président. — La côte sauvage de Roanne à Tarare est plantée de sorbiers.

M. Sinturel. — Ces essais n'ont pas donné de mauvais résultats. Cependant il y a lieu de les limiter à la montagne.

M. Flahault. — Je vous demande pardon, Messieurs, de reprendre encore la parole au risque de vous impatienter. Je voudrais simplement dire à M. Sinturel, ainsi qu'à vous tous, que c'est encore là une question de géographie botanique.

M. le Président. — Parfaitement.

M. Flahault. — Je me rappelle avoir vu, lorsque j'allai au fond de la Baltique, les boulevards des villes de la Baltique bordés de sorbiers des oiseleurs. Actuellement, à 1.300 mètres, je plante des avenues de sorbiers des oiseleurs. Mais si je les plantais à 100 mètres plus bas, ils ne pousseraient pas, alors que nous aurions de belles avenues de châtaigniers et, plus bas encore, de belles avenues de peupliers. Je le répète, c'est une question de géographie botanique. Je demande en conséquence qu'on ne laisse pas aux agents-voyers, pas même aux ingénieurs des ponts et chaussées, la liberté de choisir eux-mêmes les essences, mais qu'on fasse appel pour cela à des gens compétents. (*Approbation dans l'assemblée.*) Chaque chose doit être à sa place.

Je vis en plein massif forestier. Le long d'une route qui est dans le périmètre de reboisement, je vois planter des acacias, des robinia, pseudo acacias, à une altitude où le garde général des forêts qui opère là — et qui a permis à l'agent-voyer de faire des plantations — sait très bien que cela ne poussera pas. C'est pour cette raison que je suis d'avis que l'on confie ces plantations à des hommes compétents. Une différence de 50 mètres d'altitude est extrêmement importante et il n'y a pas un point de la France, même dans nos montagnes du midi où on puisse utilement planter des acacias à plus de 1.000 mètres d'altitude, et il n'y a pas, dans nos montagnes du midi, un point où on puisse planter des sorbiers à une altitude inférieure à 1.000 mètres.

Tout cela demande à être étudié de très près.

M. Maige. — J'appelle votre attention, Messieurs, sur l'utilisation, en bordure des routes, d'arbres à rendement, comme les arbres fruitiers. Ils nous donnent leur ombrage et leurs fruits. Prenons par exemple la vallée du Grésivaudan, sur la rive droite, en allant à Grenoble et jusqu'à cette ville, la route est bordée de vergers qui fleurissent. C'est une chose exquise que d'aller au printemps dans ces régions.

M. SINTUREL. — Le moment critique pour les plantations fruitières est celui où l'on va cueillir les fruits. Les passants cassent des branches ; au bout de peu d'années l'arbre est mort.

M. DE VILLEMEREUIL. — Je connais la route dont parle M. Maige, celle du Grésivaudan. Il me semble me souvenir que les arbres ne sont pas sur la route elle-même ? L'inconvénient des arbres fruitiers comme arbres de route, c'est d'être trop bas.

M. MAIGE. — Je pourrais vous citer plusieurs routes plantées d'arbres fruitiers — sur certaines on trouve de fort beaux pommiers — qui n'ont pas souffert du tout des mauvais traitements des passants.

M. DE VILLEMEREUIL. — En Allemagne où le public est plus discipliné, la chose serait plus facile.

UN CONGRESSISTE. — M. Sinturel a condamné dans son rapport tous les résineux, il en est cependant qui pourraient très bien convenir.

M. FLAHAULT. — L'*abies concolor* vient très bien en montagne. J'en ai planté de très beaux exemplaires qui sont bien venus à 1.400 mètres. C'est un arbre qui dépasse 250 ans dans les montagnes rocheuses et qui, étant donné sa hauteur qui peut atteindre 60 mètres, a très peu de branches basses. Cet arbre atteint l'âge adulte à 150 ans. Il produit un fut très long avant de fournir des branches. En tous cas, je crois qu'il ne faut pas exclure les résineux. Dans le midi, par exemple, le pin d'Alep rend de très grands services.

UN CONGRESSISTE. — Pas sur les routes.

M. FLAHAULT. — Mais si. Le pin d'Alep vient dans les endroits les plus stériles, là où on ne pourrait pas planter autre chose. On pourrait consulter avec intérêt les techniciens du pays.

J'ajoute qu'il n'y a pas d'inconvénient à ce qu'on plante des arbres fruitiers. Dans le Midi ou l'indiscipline est assez grande, nous avons des routes nationales bordées d'amandiers qui donnent en janvier et en février un charme énorme à nos routes, et au moment où les fruits mûrissent, personne ne songe à les cueillir. Dans le Midi, des routes sont plantées d'arbres fruitiers depuis Napoléon III.

Ce sont des plantations complètes, sans lacunes. Ce qui prouve que si des enfants ont arraché de temps en temps une branche pour prendre les fruits, l'arbre n'a pas péri pour cela.

UN CONGRESSISTE. — On a dû abandonner les plantations fruitières parce que les arbres fruitiers s'étalent trop.

M. LE PRÉSIDENT. — Je voulais précisément attirer votre attention sur ce point. L'arbre fruitier n'atteint jamais une grande hauteur et reste relativement bas. C'est un arbre dont les branches s'étalent beaucoup. Je crois qu'il est plutôt intéressant d'avoir sur les routes un arbre assez élevé d'abord, parce qu'il projette son ombre sur le milieu de la route, et puis parce que l'air circule mieux entre le sol et les premières branches. L'ombre maintenue sur les routes est destructrice. Nous en avons, M. Flahault, dans le Midi, un exemple frappant dans les plantations de platanes dont les branches se réunissent au-dessus de la route et sont relativement peu élevées. Le sol, constamment à l'ombre et à l'humidité subit des modifications. Il faut de l'ombre sur la route, mais il y faut aussi une circulation d'air afin que le sol puisse sécher.

M. Hermans. — J'ai lu dans le rapport de M. Sinturel qu'il préconise les plantations d'ormes. En Belgique, l'Administration des Ponts et Chaussées proscrit absolument ces essences.

On proscrit aussi le peuplier. Ce qu il faut chercher dans une plantation routière, ce n'est pas simplement le rapport, mais, à côté de cela, la décoration, l'ornementation de la route. Au point de vue de l'esthétique, le peuplier ne me paraît pas à conseiller.

Il y a un autre inconvénient. D'après l'expérience que j'en ai faite dans les Ponts et Chaussées, le peuplier isolé lorsqu'il atteint l'âge de 40 à 50 ans, — le cas n'est pas le même dans les plantations serrées — a une tendance à se pencher et cela est dû à son enracinement peu profond, superficiel et non pivotant. Je suppose que c'est là la cause de cette tendance à s'infléchir. Il n'y a rien de plus laid, le long d'une route, que ces arbres penchés, qui paraissent toujours prêts à tomber.

Quant aux ormes, nous devons aussi les proscrire à cause de leur voracité qui provoque les plaintes des riverains ; leurs racines tracent en effet, beaucoup et causent un réel tort aux cultures voisines. L'Administration des Ponts et Chaussées belge a été saisie de tant de réclamations de riverains que force a été de proscrire cette essence des plantations routières.

Un Congressiste. — Une enquête a été faite à un moment donné dans les Vosges afin de savoir quelles essences il fallait planter le long des routes. On avait adopté, me semble-t-il, le cerisier.

M. le Président. — C'est une question de géographie botanique, comme nous l'a fort bien expliqué M. Flahault.

Un autre Congressiste. — Parmi les résineux, il y a le mélèze. Dans les pays du Nord, dans les contrées montagneuses, le mélèze peut donner au point de vue esthétique de beaux résultats, surtout en automne, avec ses feuilles jaunes et dorées. C'est très beau.

On doit employer de préférence au mélèze européen le mélèze de Sibérie parce que sa tige est droite, alors que celle du premier est torse. La première essence est employée en Russie.

M. Flahault. — Je reviens sur ce point que tous les détails qu'on veut bien nous donner confirment ce que j'ai dit tout à l'heure, à savoir que tout cela se résume en une question de géographie botanique.

Un de nos confrères, qui est des Vosges, nous parle du cerisier comme d'une essence très propre au reboisement dans sa région. Notre autre confrère qui vient de prendre la parole et qui est Russe sans doute, nous a parlé du mélèze de Sibérie, comme étant propre aux plantations routières en Russie. Qu'il me permette de faire des réserves en ce qui concerne le même mélèze dans nos montagnes de France. Le mélèze de Sibérie reste, chez nous, un petit arbre ; mais je recommande d'une manière toute particulière le mélèze du Japon qui a plus de souplesse que celui de Sibérie et celui des Alpes, par exemple.

En tout cas, je crois qu il y a un point de vue auquel nous devons nous en tenir. Il s'agit d'une question de géographie pour laquelle il est essentiel que les ingénieurs des Ponts et Chaussées et les agents-voyers consultent les gens compétents.

Je suis né à 50 mètres de la frontière belge. Je connais le pays et ses peupliers. Je suis d'accord avec vous pour dire que l'enracinement du peulier est trop faible ; mais d'un autre côté, au bout de 40 ans, un peuplier doit être réalisé et remplacé par un autre.

Considérons la route comme devant être esthétique, mais aussi comme devant produire. Quand vous plantez des chênes rouges d'Amérique le long de vos routes nationales — vous voyez que je connais le sujet — vous poursuivez un but esthétique, mais vous ne négligez pas, je l'espère, la haute valeur de l'arbre. Quand vous les exploiterez, l'heure venue, vous éviterez les dommages causés aux riverains et vous donnerez satisfaction à tout le monde en assurant à l'administration et aux communes un revenu résultant de cette exploitation.

M. Hermans. — Il ne faut pas les remplacer trop souvent. Un chêne donne de l'ornementation pendant 50 et même 100 ans.

M. Flahault. — Il n'atteint sa pleine maturité qu'à l'âge de 150 années.

M. Hermans. — Un peuplier ornemente pendant quinze ans. Il ne faut pas négliger la différence au point de vue du rapport.

M. Flahault. — Un peuplier en France rapporte un franc par an. Au bout de 30 ans cela fait 30 francs. Mais cette essence ne peut être employée en pays humide, ainsi que dans le midi. On ne peut l'utiliser le long des canaux, car il a l'inconvénient, un jour de grande tourmente, de se déraciner parfois avec son bloc de racines et de terre, et de faire une fissure dans la berge du canal.

On peut remédier à cet inconvénient en plantant des peupliers mélangés avec d'autres essences, un peuplier sur quatre autres arbres. Tout cela est une question de doigté et d'application au pays. Quand je vois en Belgique associer le peuplier noir au chêne rouge d'Amérique, je me réjouis parce que je me dis : voilà des peupliers réalisés dans 30 ans et des chênes qui seront alors très beaux et qui vont donner immédiatement de belles tiges.

M. HERMANS. — Ils souffrent de la présence du peuplier qui prend le dessus. Nous sommes revenus de ce système !

M. FLAHAULT. — Oui, mais enfin ce n'est là qu'une question de doigté, de combinaison.

UN CONGRESSISTE. — On ne remplace pas les peupliers tous ensemble ; il y a un roulement à établir.

M. LE PRÉSIDENT. — Nous tenons à ne pas attendre l'ombre trop longtemps ; le peuplier pousse vite...

M. HERMANS. — Le tilleul vous donnerait plus vite de l'ombre que le peuplier.

M. LE PRÉSIDENT. — Ce n'est pas sûr ; peut-être en Belgique, mais pas en France ; nous en revenons toujours à une question de géographie botanique.

M. FLAHAULT. — A Paris, au Luxembourg, les tilleuls perdent en général leurs feuilles à fin juin parce que l'atmosphère est trop sèche. Dans notre Midi les tilleuls perdent leurs feuilles dès le 15 ou le 20 juin.

M. LE PRÉSIDENT. — Il y a d'abord une question de principe sur laquelle nous devons nous prononcer, celle de l'intérêt que présente la plantation des routes. Nous nous occuperons ensuite du choix des essences ; en nous arrêtant plus particulièrement sur l'emploi des arbres fruitiers qui a été l'objet d'une discussion approfondie. Enfin la proposition faite par M. Flahault relative à la nécessité pour les services chargés de la plantation des routes de consulter des spécialistes pour le choix des essences devra être examinée.

Une dernière question est celle de l'exploitation, sur laquelle je serais heureux d'avoir votre avis, car notre service des routes m'a prié de vous en parler.

Nous avons justement parmi nous le représentant de l'Office national du tourisme, M. Lorieux, qui est en communication constante avec notre ministère des travaux publics et plus spécialement avec notre direction des routes.

Il arrive souvent, Messieurs, que lorsque certains arbres d'une route commencent à dépérir, l'ingénieur qui est chargé de l'entretien de la route, décrète la coupe totale, au lieu de la restreindre aux seuls sujets atteints. Si on replantait, il n'y aurait que demi-mal, mais ce qu'il y a de déplorable, c'est qu'après une coupe totale, on oublie presque toujours de replanter. Le coupe totale coûte moins cher parce qu'on fait tout en une opération.

Il serait donc intéressant que nous demandions que des coupes rases ne soient jamais faites dans les plantations bordant les routes, et que les sujets soient enlevés seulement au fur et à mesure de leur dépérissement.

Nous sommes saisis de cette question par M. le Directeur des routes nationales au Ministère des Travaux Publics. Il est assailli de demandes d'ingénieurs des ponts et chaussées à qui les municipalités et les membres du Parlement, pour des raisons d'intérêt local, réclament la suppression des plantations routières.

M. Lorieux. — Je ne puis qu'appuyer votre proposition et vous dire que vous avez raison de dire que les ingénieurs sont assaillis de demandes tendant à la suppression des arbres des routes.

J'ai fait vingt ans de service dans les routes nationales. J'ai dû défendre bien des plantations contre les plaintes dont elles étaient l'objet, surtout de la part des cultivateurs en rase campagne.

En général, aux abords des villes, lorsque les arbres ne sont pas trop rapprochés des maisons, on en accepte très bien l'ombrage et même on désire qu'on les maintienne le plus possible.

Je ne partage pas entièrement votre manière de voir au sujet des agissements des ingénieurs qui suppriment tous les arbres aussitôt qu'un ou deux commencent à dépérir. La plupart des ingénieurs sont, au contraire, des amis des arbres et défendent les plantations.

J'aborde le point le plus délicat de la question. Du moment qu'on a enlevé une plantation, il faut la remplacer. Je suis le premier à reconnaître que cela ne se fait pas souvent. Au fond, voici le secret de l'histoire.

Il y a malheureusement dans notre administration deux caisses : la caisse des Domaines et la caisse des Travaux publics. La caisse des Domaines encaisse le produit de l'adjudication des arbres et c'est la caisse des Travaux publics qui paye les plantations neuves. Nous nous trouvons donc en présence d'une caisse qui est obérée par les soins que nécessite l'entretien des chaussées ; nous ne pouvons pas, dans ces conditions critiquer l'ingénieur et le conducteur qui, ayant besoin de cailloux pour réparer la route défoncée, préfèrent en acheter que d'acheter des arbres.

J'irai plus loin. Le peu de goût que témoignent certains conducteurs pour les plantations, résulte de ce fait qu'ils n'ont pas dans leur service un intérêt immédiat au développement de ces plantations.

Si on trouvait le moyen d'affecter au budget des routes le produit des plantations, on intéresserait énormément le personnel. On récupérerait d'un côté une somme certainement plus forte que celle qui serait nécessaire au renouvellement de la plantation.

M. le Président. — L'État devrait gérer son bien en bon père de famille. Il supprime son capital ; il devrait bien le remplacer par quelque chose et prendre sur l'argent qu'il touche la somme nécessaire pour remplacer les plantations supprimées. Son devoir est aussi d'intéresser les agents chargés de la surveillance des routes au bon développement des plantations.

Malheureusement il n'est pas possible de porter actuellement remède au mal signalé par M. Lorieux; car il faudrait procéder pour y remédier à une transformation profonde de l'administration et de la comptabilité publiques. Je ne crois pas qu'on y puisse toucher pour le moment.

Je crois que le vœu de M. Sinturel répond assez à l'idée exprimée, quand il dit :

Que chaque État poursuive et encourage l'établissement de plantations en bordure des routes et veille, pour des raisons d'ordre esthétique et utilitaire, à en réglementer sévèrement l'exploitation,

Je crois, en effet, qu'une réglementation sévère empêchera la coupe totale et nous permettra de garder les sujets encore pleins de vie.

M. Flahault. — Pourquoi n'y aurait-il pas, comme en matière forestière, la contrepartie d'une exploitation? Pourquoi à la suite d'une coupe n'affecterait-on pas une partie du revenu réalisé au remplacement, au renouvellement des sujets enlevés ?

M. Le Président. — L'idée est juste.

Un Congressiste. — C'est entendu, mais on nous a dit que ce n'était pas la même caisse qui encaissait les revenus et payait les remplacements des arbres.

Un autre congressiste. — Qu'on impose alors une charge sur les coupes. Vous vendez une coupe à condition qu'on verse une somme déterminée pour le remplacement...

M. le Président. — Est-ce possible en matière d'exploitation de routes ? il y a des règles établies contre lesquelles il est difficile de s'élever. Le service des forêts a admis le système qu'on nous propose, mais celui des routes l'admettra-t-il? C'est là la question délicate.

M. Lorieux. — Il faut établir une différence entre les routes : les routes forestières dépendant d'une administration, et les routes ordinaires dépendant d'une autre. Les routes nationales dépendent du Ministère des Travaux publics, et leur exploitation dépend du Ministère des Finances.

M. Hermans. — La situation dépeinte par M. Lorieux est la même en Belgique en ce qui concerne le comblement des vides, ou plutôt elle a été la même il y a dix ans, mais depuis cette époque, une circulaire ministérielle oblige les services intéressés à combler les vides immédiatement. Aussi n'y en a-t-il pas en Belgique dans les plantations.

Une circulaire ministérielle proscrit aussi tout abatage d'arbre ; on n'abat que dans des cas tout à fait exceptionnels.

Un Congressiste. — Pourquoi ne pas obliger l'adjudicataire de la coupe à remplacer les arbres sous la direction de l'Administration?

Un autre Congressiste. — Cela existe dans l'administration forestière.

M. le Président. — Je crois que nous pouvons dès maintenant adopter le vœu présenté par M. Sinturel et qui embrasse dans son ensemble les idées émises aujourd'hui. Demain je vous soumettrai une rédaction touchant le choix des essences et le mode d'exploitation. C'est en s'adressant à l'Administration des Eaux et Forêts que les ingénieurs trouveront les compétences qui les dirigeront. L'Administration pourrait établir un petit tableau indiquant les essences à employer suivant la région, le climat, les conditions atmosphériques habituelles, et nous pourrions à ce sujet mettre utilement à contribution la science géographique botanique de M. Flahault.

M. Flahault. — Je propose qu'on ajoute une ligne au vœu dans le sens que vous indiquez. Si le Touring-Club me charge de faire un rapport sur les possibilités de plantations dans telle ou telle région, je m'efforcerai de faire valoir ce que j'ai appris depuis quarante années de la Baltique au Sahara ; mon travail comprendra toutes les régions de la France.

M. le Président. — Je vous remercie et nous sommes tous assurés qu'avec votre érudition vous nous donnerez des renseignements de tout premier ordre.

M. de Villemereuil. — Je voudrais ajouter une idée à celles déjà émises dans le but de compléter le vœu, qui me paraît indispensable, et je regrette que le Commandant Lebrun ne soit pas là pour la discuter. Je veux faire allusion à la pose des conducteurs d'électricité de toute nature le long des routes et spécialement des faisceaux de fils de transport de force. Messieurs les ingénieurs établissent souvent ces lignes sans se préoccuper des conditions de l'esthétique. Ceux qui feront l'excursion des Alpes en auront la preuve. Dans la vallée de l'Oisans où les transports de force sont extrêmement nombreux, il y a de véritables toiles d'araignée. Dans les communes de Livet et de Gavet, vous pourriez voir des arbres saccagés ; des sycomores ont été coupés en deux pour faire passer la ligne...

M. le Président. — Ces arbres sont la propriété de l'État. Qu'a dit l'ingénieur le jour où il a constaté les dégâts?

M. de Villemereuil. — A l'entrée du village de Livet on a coupé la tête des arbres pour faire passer la ligne de transport de force. Ces abus sont intolérables. Je demande qu'on ajoute au vœu quelques mots pour demander que des mesures soient prises contre ces agissements.

M. le Président. — Votre observation sera consignée au procès-verbal et nous saisirons l'Administration des ponts et chaussées.

M. Delahaye. — Ne serait-il pas possible de faire pour les plantations routières ce qu'on fait pour les forêts? C'est-à-dire d'établir une alternance de deux âges dans les plantations faites en bordure de routes?

Un Congressiste. — N'y aurait-il pas lieu d'examiner l'influence du goudronnage des routes sur la conservation des plantations ?

M. le Président. — Le goudronnage des routes se fait, dans l'ensemble, sur une petite échelle, sur des parcours très limités.

L'administration des Ponts et Chaussées se préoccupe de la façon la plus sérieuse de la transformation du sol de nos routes. M. Lorieux vous dira, puisqu'il est spécialement chargé de ce service, qu'on réalise maintenant des sols de routes suffisamment durs pour qu'on n'ait pas besoin de goudronner par dessus. Ce traitement d'épiderme, si je puis dire, ne sauve pas la route et il a des inconvénients.

Votre observation, mon Cher Collègue, sera inscrite au procès-verbal et il en sera tenu compte.

M. Flahault. — Il faut que les forêts vivent, que les arbres vivent, mais il faut aussi que la vie continue à évoluer. Nous sommes obligés de faire la part de l'industrie, comme aussi du goudronnage et de la viabilité des routes. Il y a des ennemis avec lesquels il faut vivre. On crée des ennemis surtout par l'intensité de la vie, et si nous n'admettons pas cette intensité, nous revenons aux temps barbares...

M. de Villemereuil. — Vous pourrez voir dans l'excursion de l'Oisans, sur la route n° 91, de Grenoble à Briançon, que le mal causé par les conducteurs de force était évitable et que ces conducteurs auraient parfaitement pu être posés à côté, dans des terrains vagues.

Un Congressiste. — On pourrait peut-être demander à l'Administration des Ponts et Chaussées de ne pas goudronner les routes aux endroits où se trouvent de vieux arbres vénérables dignes d'être conservés.

M. le Président. — C'est un point sur lequel nous pourrons attirer l'attention de l'Administration.

M. Flahault. — Les diverses observations qui ont été présentées trouvent, je crois, leur réponse, dans la formule même proposée par M. Sinturel. Si on demande à l'Administration d'être sévère dans l'exploitation, on répond à toutes les objections.

M. LE PRÉSIDENT. — Je partage votre manière de voir.

J'ai cru comprendre, Messieurs, qu'une opinion ne s'était pas formée sur la question des plantations d'arbres fruitiers. Certains d'entre vous ont exprimé le vœu que ces plantations se multiplient ; d'autres au contraire, ont estimé que ces plantations ne valaient pas celles d'arbres forestiers. Il est nécessaire que la section se prononce sur cette question.

Je crois qu'un rapport a été présenté à la troisième Section sur la question des plantations d'arbres fruitiers ; ce rapport conclut, je ne dis pas d'une manière défavorable, mais fait certaines restrictions sur l'emploi des arbres fruitiers sur les routes. Il serait nécessaire que nous connaissions les conclusions adoptées par cette Section pour que les vœux émis de part et d'autre ne soient pas en opposition.

M. MAIGE. — Je n'ai pas voulu parler tout à l'heure de l'emploi exclusif des arbres fruitiers comme plantations routières. La question est tout à fait subordonnée à des conditions de terrain, de climat, d'altitude.

M. le baron DE SEGONZAC. — Messieurs, au Conseil général de l'Oise nous avons étudié cela très soigneusement. Chaque pays a sa manière. Dans des terrains très riches, les plantations des routes ont beaucoup d'importance pour les cultivateurs. Si on y place des arbres de haute futaie, c'est autant de terrain de perdu.

M. LE PRÉSIDENT. — Nous sommes au milieu de la route et non pas de l'autre côté. (*Rires.*)

M. le baron DE SEGONZAC. — Avec des arbres de haute futaie, la route est toujours remplie d'eau et est d'un entretien difficile. Avec les arbres fruitiers, la route est toujours sèche et on a de l'ombre. C'est un avantage considérable.

Dans ma région, toutes les routes, sans exception, sont plantées de pruniers et de poiriers. Et cela rapporte trois ou quatre fois plus qu'avant.

M. LE PRÉSIDENT. — Je vous rappelle, Messieurs, le titre du rapport de M. Sinturel : La Beauté de la Route...

M. le baron DE SEGONZAC. — C'est bien, mais ce n'est pas tout.

M. LE PRÉSIDENT. — Là doit se borner notre discussion. L'arbre fruitier a sa beauté, surtout lorsqu'il est en fleurs. Quand il est chargé de fruits et qu'il n'a pas été abîmé, il a son utilité. Vous parliez de l'ombre du piéton, mais celui qui est au milieu, le charretier, par exemple et son attelage?

M. le baron DE SEGONZAC. — Tous les gens qui travaillent à la campagne ne travaillent pas à l'ombre...

M. LE PRÉSIDENT. — C'est entendu, mais quand ils peuvent avoir de l'ombre, ils la prennent.

M. FLAHAULT. — On pourrait modifier légèrement le vœu de M. Sinturel en y indiquant qu'il est bon d'employer des essences diverses, notamment des arbres fruitiers, si les conditions voulues sont réunies.

M. LE PRÉSIDENT. — C'est entendu.

UN CONGRESSISTE. — J'appelle votre attention sur ce fait qu'il y a parfois intérêt à ne planter des arbres que sur un côté de la route.

M. LE PRÉSIDENT. — Votre observation sera signalée et étudiée.

Messieurs, je ne soumets pas aujourd'hui à votre approbation le vœu de M. Sinturel. Nous l'adopterons demain avec les adjonctions que nous venons de décider.

La séance est levée à 4 h. 1/4.

SÉANCE DU 17 JUIN 1913

(MATIN)

Présidence de M. CHAIX, président de Section

La séance est ouverte à dix heures.

M. LE PRÉSIDENT. — Messieurs, avant d'entamer la discussion du rapport de M. Beauquier sur la Beauté des Paysages, je donne la parole à M. le docteur Alberto Geisser, qui l'a demandée pour nous faire une communication au nom du Touring-Club italien.

M. LE DOCTEUR ALBERTO GEISSER, délégué du Touring-Club italien.

Messieurs, au nom du Touring-Club d'Italie, j'ai l'honneur de vous soumettre une très brève communication. Permettez-moi, tout d'abord, de faire une remarque d'ordre général : la France et l'Italie sont des pays que la nature et l'homme ont, au cours de l'histoire, le plus largement dotées de beautés ; la France et l'Italie sont, à mon sens du moins, les pays où de tout temps, les hommes ont le plus cherché à propager au-delà des frontières de leur pays les idées de force et de lumière.

L'Italie a été le théâtre d'une civilisation trois fois millénaire ; mais la France est le sol d'où sont jaillies toutes les idées généreuses que ses fils ont répandues par toute la terre ; aussi tout ce que la France entreprend pour la défense de son patrimoine artistique, pour la protection de ses monuments, de ses paysages, intéresse-t-il tout particulièrement les Italiens. C'est donc avec un très vif plaisir que nous avons pris connaissance des rapports présentés à la cinquième section de votre Congrès international, et notamment du rapport de M. Beauquier où l'on trouve une indication, de ce qui a été fait dans l'ordre d'idées qui forme le thème d'études de votre section.

Peut-être serez-vous, Messieurs, heureux d'avoir à ce sujet des détails complémentaires : le Touring-Club italien, qui compte 110.000 sociétaires, a suivi de quelques années le Touring-Club de France et, suivant les traces de son aîné, il a fait tout son possible pour faire mieux connaître et par conséquent mieux aimer les beautés de notre pays. Toutefois le Touring-Club italien a cru devoir insister particulièrement sur le problème forestier, parce qu'il touche spécialement à l'intérêt industriel du pays, par l'aménagement des montagnes, bois, etc., en harmonie avec ce qu'un homme d'État a appelé la « conscience forestière », c'est-à-dire la conviction raisonnée que ce problème forestier présente pour le pays un intérêt de premier ordre. Dans cet ordre d'idées, le Touring-Club italien a rassemblé tous les moyens qui permettent de trouver une solution du problème dans une série de publications analogues à celles que le Touring-Club de France a répandues, telles que le *Manuel de l'Arbre* et le *Manuel de l'Eau.*

Mais, tandis que ces deux publications du Touring-Club français, qui sont très appréciées chez nous, s'adressent plus particulièrement à la jeunesse des écoles, les publications du Touring-Club italien s'adressent à tout le monde en général. Ces publications ont été tirées à cent mille exemplaires et je tiens à en faire l'hommage d'un certain nombre aux membres de la cinquième section.

Je me hâte maintenant de vous donner quelques indications sur la défense des monuments et des paysages en Italie. Tout d'abord on s'est préoccupé des monuments. Cela n'a pas été sans difficulté, parce que notre pays a dû tout d'abord refaire son outillage économique et ce n'est qu'après de longues discussions que le Parlement a sanctionné, il y a quatre ans, une loi pour la protection des monuments historiques. On n'a pas inclus la protection des paysages dans cette loi; mais comme il y a aussi en Italie des défenseurs très convaincus de nos sites, je dois signaler que, dès 1905, le Ministre de l'Instruction publique avait obtenu du Parlement une loi spéciale pour défendre contre toute destruction la vaste forêt de Ravenne qui a jadis inspiré au Dante son magnifique poème du *Paradis*. Puis, en 1910 a été voté une loi que M. Beauquier mentionne dans son rapport, assurant la protection et la conservation des villas et jardins. Vous n'êtes pas, Messieurs, sans savoir que les villes historiques constituent un des ornements principaux dans toutes les régions d'Italie. Malheureusement, il s'est présenté en pratique des cas qui démontrent l'insuffisance de cette loi : ainsi, à Rome, la villa Bonaparte, qui aurait dû être visée par cette loi, n'est pas protégée et risque de disparaître pour laisser la place à des terrains à bâtir. Aussi, le Touring-Club italien a-t-il réuni, il y a trois mois, un congrès à Milan, où sont intervenus les représentants des Ministères et du Parlement, à côté d'associations privées, telles que le « Club-Alpin » ; ce congrès a été illustré par un discours de l'ancien Ministre de l'Instruction publique de 1905 dont je vous parlais tout à l'heure, M. Ravera; on y a élaboré tout un programme, très complexe pour la défense des paysages et des monuments historiques ; je ne vous en entretiendrai pas ici, car il se trouve imprimé en annexe à la publication que je vous ai fait remettre. Permettez-moi seulement de terminer par un vœu sincère et ardent : Le président du Touring-Club de France, dans la séance d'inauguration du Congrès, a exprimé hier l'espoir qu'il sortirait de ce Congrès quelque chose de durable, et il a affirmé l'union nécessaire de toutes les nations dans l'étude de la défense des intérêts de la forêt. Mon vœu personnel serait qu'un Comité central international fut créé pour la défense des paysages ; ce comité pourrait avoir son siège à Paris ; nous avons créé des comités centraux pour la protection de la propriété littéraire et artistique, pour la protection des brevets d'invention et pour bien d'autres objets ; presque tous ces comités ont actuellement leur siège à Berne. Nous pourrions organiser un bureau international analogue en cette matière : je n'ai pas à insister sur les avantages qu'il offrirait et sur l'essor qu'il pourrait donner en vue de mesures ultérieures pour la protection des paysages. (*Vifs applaudissements*).

M. le Président. — Je vous remercie vivement de votre intéressante communication et je ne vous cache pas qu'il m'est personnellement agréable de voir que le Touring-Club italien se montre le frère ardent et zélé du Touring-Club de France (*Très bien ! très bien !*)

M. Raoul de Clermont. — Je vous demanderai, messieurs, de voter des félicitations particulières à l'Italie qui, en 1902, a donné un bel exemple : en effet, à cette date, les enfants des écoles de Rome ont planté quinze mille arbres le jour d'une fête présidée par le roi d'Italie.

M. le Président. — Nous ne pouvons, en effet, que nous associer au vœu formulé par M. de Clermont ; tous ici, nous sommes d'accord avec lui. (*Approbation unanime*).

En ce qui concerne la création d'un office international, je répondrai à M. Alberto Geisser que nous avons l'intention de constituer, immédiatement après notre Congrès et comme conclusion à ses travaux, un comité central international, à l'image de celui qui a été créé après le Congrès de la route.

Nous avons encore à discuter, avant d'aborder l'étude du rapport de M. Beauquier, qui fait l'objet principal de notre séance de ce matin, le vœu émis par M. Sinturel, relatif aux plantations le long des routes et au choix des essences.

La troisième section discute sur cette même question un rapport de M. Artus, ce matin même, rapport qui est absolument défavorable à la plantation d'arbres fruitiers le long des routes ; il convient de bien nous mettre d'accord pour ne pas émettre ici un vœu contraire à celui qui aurait été adopté dans une autre section. Le vœu de M. Artus exclut les arbres fruitiers.

J'ai demandé aux membres de la section de M. Artus pourquoi on avait prononcé cette exclusion d'une manière aussi formelle. On m'a répondu que l'emploi des arbres fruitiers pouvait, sans doute, présenter un certain intérêt, mais qu'il est une question qui doit prédominer : c'est celle du bois d'œuvre qui, petit à petit, se raréfie. Cette disparition du bois d'œuvre est tout à fait inquiétante et, puisque l'État possède un territoire considérable, celui des routes, il conviendrait que ce territoire fût, de préférence, employé à la plantation de bois d'œuvre plutôt qu'à celle d'arbres fruitiers qui ne présentent pas le même intérêt général. Telles sont les raisons pour lesquelles le rapport de M. Arthus conclut à l'exclusion des arbres fruitiers.

M. Beauquier. — On pourrait ajouter encore une raison pour justifier cette exclusion : c'est que généralement les arbres fruitiers sont mutilés par les passants et principalement par les enfants, bien que leur production soit insignifiante, tandis qu'il ne vient à l'idée de personne de casser des branches ou de mutiler des arbres non fruitiers.

Dans le département du Doubs on a complètement renoncé à la plantation des arbres fruitiers.

M. le Président. — Notre section n'a pas émis un vœu formel ; nous avons dit que la plantation des arbres fruitiers devait être considérée comme étant du domaine de la géographie botanique ; il y a donc intérêt, nous sommes bien d'accord sur ce point, à s'inspirer de considérations qui peuvent varier suivant telle ou telle région.

M. Flahault. — Je demande à ajouter un mot encore sur cette question. M. Artus conclut que le peuplier est un arbre national ; il ne saurait convenir cependant dans toute la région méditerranéenne, où le climat est trop sec ; ne posons donc point de règle générale : si nous avons un terrain siliceux, plantons des châtaigniers ; si nous sommes dans le Midi, multiplions les mûriers ; si nous sommes en Normandie ou en Picardie, plantons des pommiers ; si ailleurs nous pouvons planter des arbres de futaie, eh bien ! plantons-les !

M. le Président. — Je crois, Messieurs, qu'après ces observations nous pouvons procéder au vote sur le vœu de M. Sinturel. Je vous en donne lecture :

« *Que chaque État poursuive et encourage l'établissement de plantations en bordure des routes, et veille, pour des raisons d'ordre esthétique et utilitaire, à en réglementer sévèrement la protection et l'exploitation* ».

Nous avons ajouté les mots : « *la protection* » à la suite de la discussion qui s'est produite hier :

« *Que pour chaque plantation, l'administration compétente soit consultée sur le choix des essences, choix qui est surtout du domaine de la géographie botanique.*

Que chaque exploitation soit suivie, aussitôt que possible, d'une nouvelle plantation ».

Je crois que ce vœu résume exactement en ses trois parties toutes les idées qui ont été émises hier. Je vous propose donc de l'adopter.

Ce vœu, mis aux voix, est adopté.

M. le Président. — La parole est à M. Beauquier pour la lecture de son rapport sur la Beauté des Paysages.

M. Beauquier. — Les arbres isolés ou réunis en massifs plus ou moins étendus constituent un des éléments essentiels de la beauté des paysages. C'est pourquoi, indépendamment de leur utilité au point de vue de l'hygiène, de l'assainissement de l'atmosphère, indépendamment de leur action régulatrice sur l'écoulement des eaux, les forêts réclament impérieusement la protection des lois.

Mesures prises pour la protection des paysages.

C'est depuis quelques années seulement qu'on s'est préoccupé de sauvegarder les beautés de la nature. Il est vrai qu'autrefois elles n'étaient pas menacées aussi souvent qu'elles le sont aujourd'hui : le développement extraordinaire de l'industrie en quête de forces nouvelles, la multiplicité des routes, des voies ferrées, sont la cause principale de la destruction continue de nos sites les plus pittoresques.

Les Français, admirateurs des beaux paysages, n'ont pas été les premiers à réclamer leur conservation. Dès la fin du siècle dernier, l'*Allemagne* instituait un office ou bureau central, chargé d'étudier les mesures à prendre pour sauver les beautés naturelles menacées par le vandalisme industriel. Le professeur Conwentz était nommé président de ce bureau, et à l'heure actuelle, une douzaine de comités provinciaux et de districts ainsi que des comités locaux ont la mission de veiller à la sauvegarde des monuments de la nature (Naturdenkmäler). C'est le bureau central qui est chargé de mettre en mouvement l'action gouvernementale et celle des grandes administrations lorsqu'il s'agit de prendre des mesures de protection.

De nombreuses associations poursuivent le même but. Telle est par exemple l'association fondée en Saxe en 1908, sous le nom de Sachsisten Heimatschuz.

Une loi saxonne de 1909 protège les paysages urbains et ruraux : elle interdit notamment les affiches de nature à enlaidir les rues, les squares, etc.

Le grand duché de Hesse, dès 1902, a promulgué une loi sur la protection des paysages et sur la limitation du droit d'afficher.

Tout dernièrement, la Chambre des députés de Prusse, le Landtag (11 décembre 1912), a discuté un projet de résolution ainsi conçu : « Le Gouvernement royal est invité à présenter un projet en vue de la protection des monuments naturels situés sur l'étendue de la monarchie prussienne ».

Nous ajouterons qu'en Allemagne, comme en d'autres pays, on discute avec passion la création de parcs nationaux à l'imitation de ceux des Etats-Unis.

En résumé, nous constaterons un mouvement d'opinion public très prononcé en Allemagne en faveur de la protection de la nature.

L'*Angleterre*, au point de vue qui nous occupe, est demeurée fort en arrière. Cependant au cours de ces dernières années, il convient de signaler des ordonnances réglementant l'affichage et attribuant un pouvoir discrétionnaire aux autorités locales en cette matière. Notons également certains articles de la loi de 1909 sur les habitations ouvrières, articles relatifs aux plans d'extension des villes, et où se font remarquer de louables préoccupations esthétiques.

La *Belgique*, où l'on peut signaler un fort courant d'opinion en faveur de la protection des beautés naturelles, n'est encore entrée dans la voie des réalisations qu'en un point. Nous voulons parler de la loi récente du 12 août 1911 qui oblige tous les exploitants de mines ou de carrières, leurs travaux terminés, à rétablir autant que possible l'aspect du sol au moyen du reboisement.

Il convient de mentionner, également en Belgique, des circulaires ministérielles en vue de sauvegarder les vieux arbres des forêts domaniales.

En *Autriche*, la ville de Vienne a voté l'acquisition d'un vaste territoire de prairies et de forêts formant une ceinture esthétique et hygiénique à la capitale. Cinquante-cinq millions de francs seront consacrés à cette acquisition.

En *Italie*, un mouvement assez prononcé pour la protection des paysages commence à se manifester. En 1905 et 1909, diverses propositions et projets de résolution, dans ce sens, ont été discutés à la Chambre des députés et ont abouti en 1910 au vote d'une loi assurant « la protection et la conservation des villas, jardins et autres propriétés foncières qui se rattachent à l'histoire ou à la littérature ou qui offrent un intérêt public à raison de leur beauté naturelle particulière ».

Il semblerait que la *Suisse*, cet incomparable musée de chefs-d'œuvre de la Nature, dût figurer en tête de toutes les nations qui ont eu souci de protéger les beaux paysages.

Il n'en a rien été. Ce pays des torrents, des lacs, des cimes neigeuses en est encore à désirer une législation protectrice. On n'y a guère jusqu'à présent légiféré que sur les excès d'affichage (canton de Vaud) et sur la destruction de l'édelweiss et autres plantes alpestres menacées de disparaître. En revanche et il convient d'applaudir à cette idée, il est question de créer en diverses régions des parcs nationaux. Déjà certaines vallées sauvages de l'Engadine et la montagne du Boudry, entre le lac de Neuchâtel et le val Travers, ont reçu cette affectation qui les garantit contre le vandalisme industriel ou commercial.

En *Norvège*, à part quelques réserves boisées établies par la loi sous le nom de forêts de défense, nous ne sachions pas qu'aucun texte légal s'oppose à l'exploitation dévastatrice de la houille blanche. Cette exploitation est si intense que ce pays, un des plus pittoresques du monde, ne sera bientôt plus visité que par des marchands de bois.

La *Suède*, la *Russie*, l'*Espagne*, le *Portugal*, en Europe, ne paraissent pas encore s'être préoccupés de la sauvegarde de leur patrimoine national de beautés naturelles.

Pour terminer cette revue forcément écourtée, des pays qui ont le souci de conserver les beaux aspects de la Nature, nous citerons à l'étranger : les *Etats-Unis* dont les fameux parcs nationaux sont connus dans le monde entier; le *Canada* qui a promulgué des lois contre le déboisement; le *Japon* qui possède toute une législation protectrice des forêts; la *Nouvelle-Zélande* qui a classé et mis à l'abri des mutilations 27.000 hectares boisés à raison de leur beauté pittoresque...

Si nous considérons maintenant notre pays, la *France*, nous constatons avec satisfaction que nous sommes entrés depuis quelque temps dans une voie qui, selon toute apparence, nous conduira à une protection efficace de nos plus beaux sites.

Mesures à prendre pour la protection des paysages.

Nous devons toutefois reconnaître que la loi que nous avons fait voter par le Parlement en 1906 et qui permet aux départements et aux communes de poursuivre l'expropriation des beaux sites, des sites classés, n'a pas donné les résultats qu'on en espérait. Les départements et les communes n'étant pas en mesure d'indemniser les propriétaires expropriés, la loi est demeurée lettre morte. Pour remédier à cette situation nous avons déposé dernièrement sur le bureau de la Chambre une nouvelle proposition de loi complétant la première et frappant d'une servitude tous les sites classés par la Commission départementale qu'a instituée la loi de 1906.

Comme conséquence de l'exposé que nous venons de faire de la législation étrangère en matière de protection des paysages, le Congrès, estimant que la France ne doit pas rester en arrière d'autres pays, émet les vœux suivants :

I. *Que la législation sur les occupations temporaires soit modifiée dans le sens d'une proposition de loi déjà déposée en 1909, loi d'après laquelle aucune occupation temporaire ne pourra être autorisée aux environs des sites et paysages classés, dans un périmètre qui sera fixé dans chaque département par la commission des sites.*

II. *Que tout exploitant qui modifiera l'aspect visible du sol sera tenu, aussitôt ses travaux achevés, et si possible à mesure de leur achèvement, de réparer le dommage causé à la beauté du site, notamment en faisant les plantations nécessaires pour couvrir d'un manteau de verdure les excavations, déblais ou remblais résultant des travaux.*

III. *Que tant au point de vue de la beauté que de l'hygiène, dans un rayon de 80 kilomètres autour de Paris, dans les forêts de l'Etat, de nombreuses réserves artistiques soient établies auxquelles sera imposé un régime d'aménagement spécial; les commissions des sites détermineront l'emplacement de ces réserves.*

IV. *Que les commissions départementales des sites (loi de 1906) soient toujours consultées sur tout projet de déboisement ou de travaux publics, routes, chemins de fer, canaux, etc.*

V. *Que la Caisse pour l'achat des paysages forestiers et autres, votée par la Chambre dans sa dernière session, soit largement dotée par l'Etat.*

VI. *Que les plus beaux paysages de France soient déclarés réserves nationales et mis ainsi à l'abri de toute mutilation.*

VII. *Qu'une législation uniforme sur les cours d'eau du domaine public et privé ne permette aucune emprise sur les eaux, sans l'autorisation expresse du Gouvernement et après avis de la Commission des sites des départements intéressés.*

M. le commandant AUDEBRAND s'élève contre la mention faite dans ce rapport d'une proposition de Loi qui frapperait d'une servitude tous les sites classés par la Commission départementale instituée par la Loi de 1906.

M. COLMET-DAAGE proteste à son tour contre pareille atteinte à la propriété privée.

Il ne faut pas parler, dit-il, de servitude et d'obligation de conserver à des gens qui sont propriétaires chez eux. Nous sommes les premiers navrés quand nous sommes obligés de couper des arbres ; je représente des propriétaires forestiers qui payent cent pour cent d'impôts ; j'ai moi-même payé en dix ans 9.200 francs alors qu'il n'est pas tombé dans ma poche plus de 2.400 francs nets. Je n'admets pas qu'on emploie le mot de servitude et qu'on empêche les propriétaires d'être maîtres chez eux. (*Applaudissements.*)

M. LE PRÉSIDENT. — Je répondrai qu'aucun vœu ne vous est soumis sur la question soulevée. M. Beauquier vous dira lui-même que dans le rapport qu'il avait présenté en première ligne, il n'avait pas hésité à émettre un vœu sur ce point ; mais nous avons estimé qu'un tel vœu dépassait la limite de ce que le Touring-Club devait soumettre au Congrès, parce que nous considérions, comme M. le commandant Audebrand, qu'il y avait danger, au point de vue du droit de propriété que nous entendons respecter, à entrer dans la voie préconisée par notre rapporteur. C'est alors que, d'accord avec nous, M. Beauquier a modifié la rédaction des vœux qu'il vous présente, tout en maintenant les termes de son exposé. Par conséquent, le vœu que vous voterez, en lui-même, ne touche en rien au droit de propriété.

M. Flahault. — Je prends la liberté de demander à M. le Rapporteur une petite explication au sujet de trois lignes seulement de son rapport : « Il semblerait, dit-il, que la Suisse, cet incomparable musée de chefs-d'œuvre de la Nature, dût figurer en tête de toutes les nations qui ont eu souci de protéger les beaux paysages. Il n'en a rien été... »

M. Beauquier. — Je ne sache pas que, dans la législation suisse, il y ait une loi qui protège les paysages.

M. Flahault. — Il n'y a pas de lois fédérales, mais il existe des lois cantonales.

M. Beauquier. — Je ne dis pas que la Suisse se refuse à protéger les paysages, je dis qu'étant donné sa richesse, elle n'a pas fait ce qu'elle aurait dû faire.

M. Flahault. — Je suis un des membres les plus actifs de la « *Société suisse de protection de la nature* » et nous sommes arrivés à soustraire deux mille kilomètres carrés à toute exploitation ; c'est quelque chose dans un petit pays comme la Suisse que d'arracher à toute espèce de ravages une telle étendue de terrains, — y compris les ravages de la chasse, — et ce, avec le seul appui de lois cantonales ; car la Suisse est une fédération de petites républiques, la Confédération n'a pas à intervenir par une loi. C'est ce qui m'a été dit, voici deux ans, dans une réunion où je fus admis, — réunion à laquelle assistaient 40 forestiers autrichiens. Mais si la Confédération ne saurait intervenir, les cantons, au contraire, ne méconnaissent pas leur devoir, et quand on voit un canton de montagnards, un canton démocratique comme celui des Grisons abandonner les bénéfices de ses pâturages pendant une durée de cent ans, avec promesse de vente définitive au bout de ces cents années, quand on voit un canton tout entier intervenir par des lois pour protéger des vallées entières, on ne saurait dire que la Suisse n'a rien fait. Une telle initiative, au contraire, mérite d'être placée en toute première ligne.

M. Beauquier. — Je suis très heureux de vos explications et je reconnais très volontiers que j'avais été mal renseigné.

M. Flahault. — Je serais reconnaissant au Congrès, si le rapport de M. Beauquier était réimprimé, de vouloir bien signaler les efforts de la « *Société suisse de protection de la nature* » ainsi que ceux de la « *Société helvétique des sciences naturelles* ». La Suisse est un pays qui a la bonne fortune de ne pas posséder d'académies (*rires*), pardonnez-moi cette sortie.

Cette « *Société helvétique des sciences naturelles* », dès la première année de son existence, a su trouver cent mille francs pour réaliser ses vues et nous avons acheté, — non pas définitivement, mais pour cent ans, — des propriétés sur ce capital qui nous a été ainsi attribué.

M. LE PRÉSIDENT. — Je crois, Messieurs, que nous pouvons clore la discussion générale (*Assentiment.*)

Nous allons maintenant prendre les vœux un à un et ouvrir la discussion sur chacun.

M. BRUAND demande l'adoption d'un vœu supplémentaire ayant pour objet de modifier la Loi du 19 juillet 1906 relative à l'abaissement des pénalités en matière forestière.

M. LE PRÉSIDENT. — Avez-vous formulé votre vœu?

M. BRUAND. — Je l'ai ainsi rédigé :

« *Que les modifications apportées par la loi du* 19 *juillet* 1906, *en ce qui concerne les pénalités édictées par le Code forestier, soient rapportées* ».

Le vœu de M. Bruand, mis aux voix, est adopté.

M. LE PRÉSIDENT. — Nous abordons le premier des vœux présentés par M. Beauquier.

J'en donne lecture :

« *Que la législation sur les occupations temporaires soit modifiée dans le sens d'une proposition de Loi déjà déposée en* 1909, *loi d'après laquelle aucune occupation temporaire ne pourra être autorisée aux environs des sites et paysages classés, dans un périmètre qui sera fixé dans chaque département par la Commission des sites* ».

M. COLMET-DAAGE. — Qu'entend-on par occupation temporaire?

M. BEAUQUIER. — C'est le droit conféré à tout entrepreneur de travaux de s'installer dans une propriété privée pour extraire les matériaux qui lui sont nécessaires : ainsi un entrepreneur pourra s'installer dans une forêt, si cela lui convient ; il pourra couper les arbres, faire des trous pour extraire la pierre, puis s'en aller en laissant ces trous énormes et horribles.

M. LORIEUX. — Je suis d'accord avec vous, mais il y a des intérêts qui sont en jeu et qu'il convient de ménager. Sous cette forme un peu impérieuse, le vœu me paraît dangereux. Il faut des matériaux pour faire nos travaux ; l'intérêt public est en jeu. Je comprendrai qu'on consultât une Commission compétente sur l'occupation temporaire, mais de là à dire qu'aucune occupation temporaire ne pourra être autorisée dans un périmètre fixé par la Commission des sites, il y a une marge.

M. LE PRÉSIDENT. — Ce n'est pas la Commission qui donne l'autorisation ; elle fournit un avis au préfet.

M. LORIEUX. — Une Commission des sites sera toujours disposée à classer tout son territoire.

M. LE PRÉSIDENT. — On pourrait peut-être rédiger ainsi le vœu : « *dans un périmètre qui sera proposé à l'approbation du Préfet par la Commission des sites.* »

M. LORIEUX. — Parfaitement.

M. BEAUQUIER. — La même observation pourrait alors être faite à propos du classement : le public croit que lorsque la Commission des sites a classé un paysage, celui-ci est définitivement classé; c'est une erreur; elle se borne simplement à proposer le classement : c'est toujours l'Administration qui classe.

M. BERR DE TURIQUE. — C'est le Ministère des Beaux-Arts qui classe.

M. LE PRÉSIDENT. — Il faudra que la proposition de la Commission temporaire s'applique à un terrain qui sera aux environs de sites classés : voilà qui restreint déjà l'influence de la Commission, parce que des sites, des paysages classés, il n'y en a pas partout, et étant donné les difficultés de ces classements, je ne crois pas qu'ils puissent s'étendre rapidement ; il y a donc là une première restriction à l'ingérence de la Commission de classement. De plus, si nous disons que le périmètre sera proposé par la Commission des sites à l'Administration, nous plaçons cette Commission dans son véritable rôle qui est celui d'un Comité consultatif, et l'Administration verra si elle doit admettre la proposition.

M. le commandant AUDEBRAND. — Ne craignez-vous pas que, lorsque quelqu'un se sera vu une première fois refuser une autorisation, cela ne crée un précédent fâcheux et qu'un autre entrepreneur ne se voie systématiquement refuser toute demande d'occupation temporaire?

M. LE PRÉSIDENT. — Nous sommes un Congrès de protection des paysages pour défendre la nature contre toute exploitation outrancière. L'Administration qui aura l'avis de la Commission des sites pourra apprécier si cet avis est sérieux.

M. le commandant AUDEBRAND. — C'est entendu pour une première demande; mais cela ne va-t-il pas, *ipso facto*, créer un précédent pour une demande ultérieure?

M. LE PRÉSIDENT. — Non, car l'avis s'applique pour un cas d'espèce.

M. le commandant AUDEBRAND. — Nous sommes d'accord.

M. le Président. — S'il n'y a pas d'autre observation, je vous propose, Messieurs, d'adopter ce vœu.

Le vœu, mis aux voix, est adopté.

M. le Président. — Je passe au vœu n° 2 :

« *Que tout exploitant qui modifiera l'aspect visible du sol sera tenu, aussitôt ses travaux achevés, et si possible, à mesure de leur achèvement, de réparer le dommage causé à la beauté du site, notamment en faisant les plantations nécessaires pour couvrir d'un manteau de verdure les excavations, déblais ou remblais résultant des travaux* ».

M. Beauquier. — Ce vœu implique l'obligation pour n'importe quel exploitant, pour n'importe quelle occupation temporaire — et que le site soit classé ou non, qu'il se trouve ou non dans un périmètre de site classé, — il implique, dis-je, l'obligation pour n'importe quel entrepreneur qui aura modifié l'aspect du sol d'une façon désagréable au point de vue du paysage, de réparer le dommage fait à sa beauté, comme on répare un accroc fait à une robe.

Je parle là de l'accroc fait à la robe verte de la nature : gazon ou forêt !

Vous vous êtes rendu compte, au cours de vos voyages, de l'aspect désagréable de ces plaies, de ces taches, de ces accrocs au flanc des montagnes...

M. Gabiat. — De ces éventrements !

M. Beauquier. — Le carrier qui vient de faire un trou pour l'exploitation du sable s'en va et laisse à la nature le soin de réparer le désastre. Cela peut durer longtemps, alors qu'en jetant quelques graines ou en faisant des plantations, il pourrait souvent hâter la réparation.

Dans un récent article, paru dans le journal *la Nature*, M. Martel s'occupe de cette question et formule des observations très intéressantes. Je me permettrai de vous lire quelques lignes seulement de son article, parce qu'elles viennent précisément à l'appui du vœu que je soumets en ce moment à votre approbation.

Voici ce qu'écrit M. Martel :

« En dépit de tous règlements et circulaires administratifs, les travaux sont presque toujours commencés avant l'achèvement des enquêtes, et quand celles-ci sont défavorables, on se trouve en présence du fait accompli, du barrage édifié, du viaduc construit, du remblai achevé, de la montagne éventrée, du cours d'eau asséché !

« Il est trop tard ! le forfait est perpétré !

« Aux entrepreneurs surtout on laisse trop d'initiative et d'indépendance, principalement quand il s'agit de se procurer des matériaux à l'usage des remblais et soutènements ; alors ils n'ont nul souci d'enlaidir un paysage par l'ouverture, à portée commode pour eux, d'une carrière ou d'une tranchée qui pourrait, avec plus de discernement, être exécutée à une autre place ».

M. Colmet-Daage et M. le commandant Audebrand consentent bien à accepter le vœu de M. Beauquier, mais sous condition qu'il soit complété par une formule réservant le droit de propriété.

Le vœu ainsi complété, mis aux voix, est adopté :

« *Que tout exploitant qui modifiera l'aspect visible du sol sera tenu, aussitôt ses travaux achevés, et si possible à mesure de leur achèvement, de réparer le dommage causé à la beauté du site, sans qu'il soit porté atteinte à son droit de propriété, notamment en faisant les plantations nécessaires pour couvrir d'un manteau de verdure les excavations, déblais ou remblais résultant des travaux* ».

M. le Président. — M. Beauquier s'oppose à l'addition qui a été votée avec le vœu ; nous ne pouvons, naturellement, qu'enregistrer sa protestation.

Nous arrivons au vœu n° 3 dont voici le texte :

« *Que tant au point de vue de la beauté que de l'hygiène, dans un rayon de* 80 *kilomètres autour de Paris, dans les forêts de l'Etat, de nombreuses réserves artistiques soient établies auxquelles sera imposé un régime d'aménagement spécial ; les Commissions des sites détermineront l'emplacement de ces réserves* ».

La parole est à M. Bruand.

M. Bruand. — Je trouve le rayon de 80 kilomètres beaucoup trop court, surtout avec la facilité actuelle des moyens de communication ; la population parisienne, de nos jours, n'hésite pas à s'éloigner de la capitale et à excursionner dans un rayon de 90 et 100 kilomètres : il me suffira de citer la forêt de Compiègne qui est distante de Paris de 84 kilomètres, où les Parisiens font cependant de fréquentes excursions.

On pourrait donc, sans inconvénient, augmenter le rayon et le porter, par exemple à 100 kilomètres.

J'ai une seconde proposition à présenter : je voudrais qu'on ajoutât, à la suite du vœu, les mots :

« *et qu'à l'avenir, toutes propositions quels qu'en soient les auteurs, tendant à restreindre l'étendue de ces forêts soient absolument écartées* ».

Dans ma pratique forestière j'ai été témoin de choses extraordinaires : c'est en vain que les pouvoirs publics proclament la nécessité de maintenir intégralement notre admirable domaine forestier; toujours au lendemain d'une semblable déclaration, un accroc formidable au principe est donné. En voulez-vous un exemple? Prenez la forêt de Saint-Germain ; je l'ai vue successivement sillonnée par deux voies de chemins de fer, deux lignes pour le camp, encombrée d'un champ de tir, d'un champ de courses, et par-dessus tout, réduite de 400 hectares, à Achères, pour l'installation d'un champ d'épandage dont on a fait un centre pestilentiel ! Les forestiers ont eu beau lutter, ils ont été abandonnés par leurs chefs. Et le plus souvent le déboisement s'est produit pour satisfaire des intérêts tout à fait mesquins : c'est ainsi que l'ancienne Compagnie de l'Ouest a fait sa ligne de chemin de fer uniquement pour faire concurrence aux voituriers de Maisons-Laffitte et profiter du trafic.

Au champ de tir de cette dernière localité, une cause de perte énorme réside dans ce fait que nombre de balles qui manquent les cibles vont occasionner des dégâts considérables en forêt ; quand on fait des coupes à cet endroit, à tout instant on trouve des arbres mutilés par les balles.

Le champ d'épandage dont je parlais tout à l'heure est, dans cet ordre d'idées, un exemple vraiment homérique : là, les ingénieurs ont évidemment induit en erreur les populations. Il conviendrait que les grands corps de l'Etat ne perdissent jamais de vue l'intérêt général en semblable matière.

M. le Président. — Le Ministre a parlé hier de cette question et il crée en ce moment-ci une Commission pour indiquer les emplacements de toutes les réserves artistiques.

M. Bruand. — J'ai entendu bien des paroles de ministres dans ma carrière et j'ai toujours constaté qu'à la suite des beaux discours que j'avais applaudis, une influence quelconque était venue faire apporter une dérogation au principe affirmé la veille.

M. le Président. — Quand le Ministre peut se retrancher derrière une Commission officielle, il est beaucoup plus fort.

M. Bruand. — Vous connaissez peut-être le fait qui s'est produit, il y a quelques années, à Embrun : un enfant de cette localité, qui avait fait fortune à Marseille, léguait ses biens à sa ville natale...

M. le Président. — C'est l'histoire de la forêt de Cadarache.

M. Bruand. — Vous la connaissez ! alors, je n'insiste pas.

M. le Président. — Nous avons suivi, au Touring-Club, cette question de très près et nous sommes intervenus, très heureusement et avec succès. Nous connaissons par conséquent toute l'histoire de cette forêt qui ne pouvait entrer dans le domaine national d'Embrun qu'à la condition d'en sortir.

M. Bruand. — Eh bien ! je suis très heureux que le Touring-Club ait réussi dans son intervention, car c'est moi qui avais attaché le grelot.

M. le Président. — Vous voyez que le résultat a été très beau.

M. de Clermont. — Je voudrais vous proposer comme conclusion à notre discussion, l'adoption d'un vœu qui a déjà été adopté par le

« *Congrès de l'Alliance d'hygiène sociale* », qui s'est tenu à Roubaix en octobre 1911, vœu qui concerne cette même question. Il est ainsi rédigé :

« *Le Congrès invite M. Charles Beauquier à ajouter à sa proposition de loi tendant à créer des réserves nationales boisées en vue de l'hygiène et de la conservation de la beauté des sites un article étendant le bénéfice de l'aménagement forestier spécial hygiénique et esthétique à tous les départements.*

« *Il invite le Parlement à voter d'urgence cette proposition ainsi modifiée* ».

M. le Président. — C'est dans l'esprit du Ministre actuel : il veut créer dans l'ensemble de la France une série de réserves artistiques qui seront soumises à un régime spécial d'exploitation. C'est le but de la Commission dont le Ministre a parlé hier.

Je crois que nous serons d'accord avec M. Beauquier ; il ne demande qu'une chose : c'est qu'on multiplie les réserves artistiques et la meilleure preuve, c'est que son vœu n° 6 dit ceci :

« *Que les plus beaux paysages de France soient déclarés réserves nationales et mis ainsi à l'abri de toute mutilation* ».

Pour revenir à la proposition de M. Bruand sur laquelle nous n'avons pas encore statué, je vous demanderai de supprimer purement et simplement la phrase : « *dans un rayon de* 80 *kilomètres autour de Paris* ».

M. Hickel. — Je voudrais demander à M. Beauquier ce que dans sa pensée, signifient les mots « *aménagement spécial* ».

M. le Président. — C'est un aménagement pour les réserves artistiques.

M. Hickel. — M. Flahault vous expliquerait avec beaucoup plus de talent que moi que les coupes sont une succession d'états différents dans la vie de la forêt. Prenez le train de Paris à Versailles, vous rencontrerez, après des portions de bois à l'aspect morne et triste, du fait de l'épais tapis de feuilles mortes qu'on foule aux pieds, de véritables champs de digitales que les promeneurs sont heureux de rapporter à pleines brassées.

Je crois donc que toute modification à l'aménagement actuel de ces forêts irait à l'encontre de l'esthétique et des désirs, probablement inconscients des promeneurs. Je n'ai jamais occupé l'inspection de Versailles, mais je puis vous dire cependant qu'avant même que l'Administration prescrivît la réserve des arbres remarquables, les inspecteurs ont toujours bien rempli leur devoir.

M. Flahault. — Je répondrai à M. Hickel qu'il s'occupe trop, qu'il s'inquiète trop surtout de la valeur de ces mots « *aménagement spé-*

cial » et en lui disant cela, je pense à Fontainebleau. Quand il aura vécu aussi longtemps que moi, il comprendra qu'en quarante ans de vie de naturaliste on peut voir le sens d'un substantif et d'un adjectif se modifier profondément. Heureusement pour nous, M. l'inspecteur Bruand ou M. l'inspecteur X... ou Y... n'interprèteront peut-être pas l'aménagement de la même manière, de sorte qu'ils aideront la nature à recouvrer ses droits et par là même, feront ce que nous souhaitons.

M. de Clermont. — En ce qui concerne les environs de Paris, j'estime qu'il n'y a qu'à maintenir le *statu quo*, parce que personne, mieux que l'Administration des forêts et la Conservation de Paris, ne saurait apporter plus de soins à l'esthétique des forêts.

M. Beauquier. — La « *Société pour la protection des paysages* » comprend un grand nombre de forestiers, notamment le Directeur général des Eaux et Forêts, qui marche toujours d'accord avec nous. Nous sommes heureux de lui rendre hommage.

M. le Président. — De toutes les observations qui précèdent, il ressort que nous sommes tous d'accord ; par conséquent je n'ai plus qu'à vous proposer l'adoption du vœu dont je vais vous donner une nouvelle lecture, en le complétant par l'addition proposée par M. Bruand, en supprimant d'autre part la phrase relative au rayon de 80 kilomètres autour de Paris ainsi que la partie finale relative aux Commissions des sites, puisque, comme je vous le disais tout à l'heure, ce sera la Commission instituée par le Ministre qui aura à déterminer l'emplacement des réserves.

Voici ce vœu :

« *Que tant au point de vue de la beauté que de l'hygiène, dans les forêts de l'Etat, de nombreuses réserves artistiques soient établies auxquelles sera imposé un régime d'aménagement spécial, et qu'à l'avenir toutes propositions quels qu'en soient les auteurs, tendant à restreindre l'étendue de ces forêts soient absolument écartées* ».

Ce vœu, mis aux voix, est adopté.

M. le Président. — Je donne lecture du vœu n° 4 :

« *Que les Commissions départementales des sites (Loi du 21 avril 1906) soient toujours consultées sur tout projet de déboisement ou de travaux publics, routes, chemins de fer, canaux, etc.* ».

M. Colmet-Daage. — Il faudrait mettre : « *en matière de travaux publics* » et non pas « *ou de travaux publics* ». C'est absolument différent.

M. de Clermont. — Je demanderai qu'on ajoute après les mots : « *les Commissions des sites* » ceux-ci « *réunies à la Commission départementale d'hygiène* ». Ces deux Commissions s'éclaireront l'une l'autre.

M. LE PRÉSIDENT. — Je ne verrai pas, quant à moi, d'inconvénient à cette addition.

M. DE SEGONZAC. — La question est assez sérieuse. On nous dit : « en France, il ne faut pas déboiser ». Celà est vrai ; mais c'est là une charge nouvelle qu'on impose aux propriétaires, charge très lourde et dans ces conditions nous, les propriétaires fonciers, nous estimons que si on veut nous obliger à garder les forêts, il faut nous indemniser.

M. LE PRÉSIDENT. — Le principe de l'indemnité a été discuté dans une autre section.

M. BEAUQUIER. — D'ailleurs, on ne demande qu'un avis.

M. LE PRÉSIDENT. — Vous en tiendrez compte ou non.

M. BEAUQUIER. — On n'entrave en rien votre liberté : on fera simplement appel à vos sentiments artistiques, le cas échéant.

M. LE PRÉSIDENT. — La Commission émettra un avis qui n'aura qu'une valeur purement morale.

Il est arrivé que, sur des observations présentées, soit par le préfet au nom de la Commission, soit par certains organismes d'Etat, on a pu enrayer certains défrichements fâcheux.

M. BEAUQUIER. — Très souvent, quand la Commission écrit à un propriétaire qui veut déboiser et fait appel à ses sentiments artistiques, celui-ci consent à ne pas couper ses bois. Laissez-nous donc cette ressource d'agir moralement.

M. LE PRÉSIDENT. — Si ce vœu portait un préjudice quelconque au droit de propriété nous ne vous l'aurions pas présenté.

M. DE SEGONZAC. — Je ne le vois pas comme vous. J'estime que si vous laissez passer le petit doigt dans l'engrenage, la tête et tout le corps y passeront ensuite.

UN CONGRESSISTE. — Je suis d'avis qu'il convient d'éviter autant que possible l'intervention de l'Etat. (*Marques nombreuses d'approbation.*) Il n'a absolument rien à voir, ni dans les sites, ni dans les paysages.

M. BEAUQUIER. — Il ne s'agit pas de l'Etat, mais d'une Commission départementale élue.

M. FLAHAULT. — Il me semble que nous mettrions le vœu en harmonie avec l'opinion qui paraît dominer chez un certain nombre de congressistes qui partagent l'avis de M. de Segonzac, en mettant tout simplement, comme le propose M. Colmet-Daâge « *en matière de travaux publics* ». En réalité, la propriété privée est protégée par d'autres articles de lois ; il s'agit ici d'un cas spécial.

M. VAN DE POLL. Je représente ici le Touring-Club de Hollande. Permettez-moi de vous dire que nous avons, dans notre pays, organisé des Sociétés qui se sont donné pour mission d'acheter des sites pour les préserver des dangers qui peuvent les menacer. Nous avions tout d'abord songé à faire intervenir l'Etat, mais celui-ci n'a rien fait. Heureusement le Touring-Club s'est adonné à cette tâche et il a réussi à faire racheter des sites intéressants. Nous avons depuis longtemps des Sociétés pour la préservation des monuments de la nature, analogues aux « *Naturdenkmäler* » qui existent en Allemagne. L'une de ces Sociétés pour la préservation des monuments de la nature a racheté un lac, ou plutôt une espèce de marais aux environs d'Amsterdam, qu'on avait voulu combler pour y mettre les déblais de la ville. Ce marais présente un intérêt esthétique par sa forme curieuse; nous l'avons donc acheté ainsi qu'un bois immense, — le bois de Haguenau, pour un million de florins. C'est un bois qui se trouve entre le diluvium et l'alluvium.

Je terminerai par cette remarque que chez nous on pratique la politique de la porte ouverte en ce sens que tout le monde peut voir les belles propriétés, alors que celles-ci en France sont, la plupart du temps, entourées de clôtures qui ne permettent pas d'en contempler la beauté.

Ne croiriez-vous pas qu'il y aurait pour vous un intérêt à constituer des Sociétés analogues à celles dont je viens de vous parler et qui, en Hollande, emploient l'argent qu'elles recueillent sans donner d'intérêt.

M. LE PRÉSIDENT. — C'est très difficile à réaliser ; on peut cependant trouver de ce côté des concours précieux.

UN CONGRESSISTE. — Ces bois rapportent ; si vous les faites aménager par un forestier qui connaisse son métier, vous pouvez en tirer, pour la Société tout au moins, la rente qui l'aidera en partie dans la tâche qu'elle a entreprise.

M. LE PRÉSIDENT. — Nous avons en France des Sociétés comme celle des « *Amis de l'Arbre* » qui ont fait beaucoup de bien.

LE MÊME CONGRESSISTE. — Ce que je voudrais simplement, c'est qu'au lieu de faire intervenir l'Etat, on s'adressât à ces Sociétés.

M. LE PRÉSIDENT. — On peut avoir les efforts réunis des particuliers et de l'Etat et à ce point de vue, le Touring-Club a tracé la voie ; il a exercé son action sur les pouvoirs publics en même temps que sur les particuliers. Nous serions très heureux de voir des Sociétés spéciales se créer dans les différentes régions.

M. DE CLERMONT. — Au sujet des observations présentées par M. le délégué du Touring-Club de Hollande, je dois signaler qu'un nouvel article du code bernois et un autre du code zurichois commissionnent des Sociétés particulières pour la protection des sites et pour la protection des forêts, lorsqu'elles offrent des garanties suffisantes.

M. LE PRÉSIDENT. — Je mets aux voix, car je crois que personne n'a plus d'observations à présenter sur cette question, le vœu n° 4 modifié dans le sens qui a été indiqué tout à l'heure par M. Colmet-Daâge et M. Flahault.

Voici la rédaction que nous vous proposons :

« *Que les Commissions départementales des sites, — Loi de 1906 — soient toujours consultées en matière de travaux publics, sur tout projet de déboisement, de travaux, routes, chemins de fer, canaux, etc.* ».

Ce vœu est adopté.

M. LE PRÉSIDENT. — Vœu n° 5.

« *Que la Caisse pour l'achat des paysages forestiers et autres, votée par la Chambre dans sa dernière session, soit largement dotée par l'Etat* ».

Ce vœu, mis aux voix, est adopté.

M. LE PRÉSIDENT. — Vœu n° 6.

« *Que les plus beaux paysages de France soient déclarés réserves nationales et mis ainsi à l'abri de toute mutilation* ».

Nous sommes tous d'accord sur cette question. Le jour où l'on classera, il faudra bien indemniser; on ne peut classer que moyennant indemnité.

Ce vœu, mis aux voix, est adopté.

M. LE PRÉSIDENT. — Voici notre dernier vœu :

« *Qu'une législation uniforme sur les cours d'eau du domaine public et privé ne permette aucune emprise sur les eaux sans l'autorisation expresse du gouvernement et après avis de la Commission des sites des départements intéressés* ».

La parole est à M. Beauquier.

M. BEAUQUIER. — Ce vœu soulève, Messieurs, une très grosse question. Il s'agit de l'utilisation des cours d'eau non navigables ni flottables.

Il y a déjà, sur ce point, une Loi de 1898 qui décide qu'en matière d'utilisation des cours d'eau, l'autorisation de l'Etat est nécessaire. Il y a quatre ou cinq ans une grande Commission a été nommée pour étudier le régime des eaux ; elle comprenait des ingénieurs en grande quantité et toutes les sommités de l'Administration.

J'avais demandé à en faire partie, malgré mon incompétence, pour présenter un article relatif à la protection des paysages. A l'unanimité, mon article a été adopté : l'autorisation du gouvernement devenait nécessaire en cas d'utilisation des eaux, soit au point de vue de l'irrigation, soit au point de vue de l'alimentation, soit au point de vue de la protection des paysages. Cette Commission, après avoir tenu de longues séances, n'a pas abouti.

Le Ministre en a reconstitué une nouvelle où il m'a appelé à collaborer. Naturellement je me propose de faire prévaloir mes idées pour introduire dans la Loi la protection des paysages. Je suis sûr, étant donné les sentiments dont le Ministre est animé et qu'il a manifestés hier, que ma proposition passera puisqu'elle a passé déjà au sein d'une Commission composée en majorité d'ingénieurs.

Nous pourrions émettre sur cette question le vœu que je vous présente ; certainement son adoption aurait une grande valeur.

M. LE PRÉSIDENT. — Vous avez demandé que la question fût soumise au Congrès puisque vous en avez fait l'objet d'un vœu de votre rapport. Il est naturel que la section qui en est saisie discute ce vœu et émette une opinion pour pouvoir dire si elle admet ce vœu ou si elle le repousse.

La discussion est donc ouverte.

M. le commandant AUDEBRAND. — Cette question est extrêmement grave et, comme la plupart des questions qui ont été soulevées aujourd'hui, elle s'étend beaucoup plus loin que la protection des paysages Elle touche à une richesse nouvelle en France : l'industrie de la houille blanche. Si vous voulez bien me le permettre, je reprendrai la question *ab ovo*.

Une loi de 1898 a réglé un certain nombre de points litigieux au sujet des cours d'eau qui ne sont ni navigables ni flottables.

Il y a, au point de vue légal, deux catégories de cours d'eau : ceux qui ne sont ni navigables ni flottables et où l'eau est *res nullius*, et les cours d'eau navigables et flottables.

Sur les premiers on peut statuer par voie d'autorisation administrative, suivant une procédure compliquée; sur les seconds, on peut avoir des concessions toujours révocables *ad nutum*.

L'Etat octroie la permission d'installer une usine à grands frais ; sans donner aucune compensation, il peut vous obliger à partir.

Si j'ai bien compris votre idée, il serait question, à l'heure actuelle, d'étendre ce régime des cours d'eau navigables à la généralité des cours d'eau et vous légitimeriez cette mainmise générale sur nos rivières par des considérations d'esthétique.

Prenez garde ! Réfléchissez bien ! c'est là une mesure très grave : c'est une dépossession presque complète et la rupture de contrats en cours à l'heure actuelle ; c'est une expropriation générale de notre richesse. A l'heure actuelle, nous sommes obligés d'importer tous les ans environ un tiers de la houille qui est nécessaire à notre industrie, car nous n'extrayons pas de notre sol la totalité de combustible dont nous avons besoin ; nous sommes donc, dans la lutte économique, à ce point de vue, dans un état d'infériorité; mais il se trouve que, grâce au cours d'eau, nous pouvons lutter économiquement avec les autres nations ; ce n'est donc pas le moment de nous déposséder de tout ce que nous avons. La raison esthétique que vous invoquez est certainement très respectable ; mais il est très difficile aussi de définir les limites de l'esthétique en pareille matière.

M. Beauquier. — L'Etat, la collectivité sera juge de l'autorisation à donner ou à refuser. Evidemment, il réservera son autorisation pour les beaux sites. Par exemple, voici la source de la Loue dont l'expropriation est poursuivie devant le Sénat après avoir été admise à la Chambre : nous avons demandé que l'Etat achète la source de la Loue pour empêcher une emprise sur ce site admirable ; il est évident que si la loi autorisant l'Etat à empêcher l'usinier de s'établir à cet endroit avait été votée, il n'aurait pas donné cette autorisation.

Nous demandons que, dans un beau site, un industriel ne puisse avoir le droit de changer complètement l'aspect du paysage sans l'autorisation du gouvernement. Qu'il place son usine ailleurs !

M. le commandant Audebrand. — Il ne le peut pas.

M. Beauquier. — Eh bien ! je prétends qu'il y a dans la conservation de ce beau site un intérêt général supérieur à l'intérêt de cet industriel.

M. le commandant Audebrand. — Très bien pour la source de la Loue ! Là, l'Etat est dans son droit, mais je vais vous dire comme M. de Segonzac tout à l'heure : quand on met le petit doigt dans l'engrenage, tout le corps passe. Demain une autre personne trouvera une chute d'eau aussi esthétique que la Loue et alors, nouvelle interdiction? Où s'arrêtera-t-on alors dans cette voie?

M. Beauquier. — Mais tant mieux ! si ces cours d'eau sont intéressants à ce point ! c'est ce que nous demandons.

M. Flahault. — J'insiste avec M. le commandant Audebrand sur les raisons qu'il a fait valoir pour défendre les cours d'eau non navigables.

Cette question touche de très près à celles qui ont été posées tout à l'heure par M. de Segonzac ; elle touche aux intérêts sacrés de la propriété que je ne place pas au-dessus de l'intérêt général, mais qui peuvent s'exercer *in minimis*, sans attendre les décisions de l'Etat.

M. Beauquier. — Il ne s'agit que des beaux paysages.

M. Tribot-Laspière. — Il ne faut pas confondre les deux questions : domaine public et domaine privé. Dans le domaine privé, au point de vue esthétique, l'Etat n'a rien à faire ; autant il a le droit de légiférer pour le domaine public, autant il doit s'abstenir pour le domaine privé. Sous prétexte d'esthétique, ce sera une intervention permanente.

M. DE SEGONZAC. — J'ai le regret, à mon tour, de ne pas être d'accord avec M. Beauquier. Evidemment, il est animé, je le sais, des meilleures intentions, et si nous n'avions affaire qu'à lui, cela irait tout seul. Mais il s'agit de demandes qui peuvent se multiplier sur tout le territoire et dans toute la France surgiront mille petites tracasseries continuelles.

Si, à chaque prise d'eau, il faut s'inquiéter de savoir si le site est plus ou moins esthétique, nous n'en finirons pas ; cela durera deux ans, trois ans, quatre ans. Je suis bien convaincu, je le répète, qu'avec M. Beauquier, cela irait tout seul, mais il ne se rend pas compte de l'ennui considérable qu'il nous occasionnerait avec sa proposition.

UN CONGRESSISTE. — D'autant plus qu'il est extrêmement difficile de donner un critérium de l'esthétique d'un site.

M. LE PRÉSIDENT. — Il n'y a qu'un moyen ! c'est le classement !

M. TRIBOT-LASPIÈRE. — Je vous demande la permission d'élever un peu le débat et de vous indiquer pourquoi à mon sens, il convient de repousser ce vœu : c'est que le premier devoir d'un gouvernement est de favoriser l'aménagement des chutes d'eau, parce que toute la puissance que nous pouvons en tirer se traduira par des économies pour l'industrie : il ne faut pas oublier, en effet, qu'à l'heure actuelle, nous importons pour 470 millions de francs de houille ; ce n'est donc pas le moment de compliquer les formalités pour l'achat d'un cours d'eau quelconque.

M. LE PRÉSIDENT. — Il faut tirer le maximum de rendement de la houille blanche.

M. TRIBOT-LASPIÈRE. — Il faut se pénétrer de cette idée que tous ces cours d'eau représentent de l'argent et qu'il serait très dangereux d'augmenter les formalités, si nombreuses déjà, qui détourneraient l'industrie de leur utilisation.

M. DE SEGONZAC. — Il vaudrait mieux certainement que M. Beauquier retirât son vœu.

M. MAIGE. — Ce n'est pas mon avis. Je ne crois pas qu'il faille retirer le vœu ; sans doute les cours d'eau sont pour l'industrie une grande source de richesse ; mais la beauté des sites est également une cause de profits pour toute une région. Nous devons défendre les montagnes et empêcher l'installation d'usines dans tel ou tel endroit dont la beauté attire une foule de touristes et d'étrangers. M. le rapporteur a donc été très bien inspiré en tenant compte de cet élément principal : « l'esthétique » que certains industriels affectent de par trop négliger. Cet élément est une source de richesse à côté de l'élément économique.

M. Tribot-Laspière. — Mais cela rapporte-t-il les 500 millions que nous coûte l'utilisation incomplète de nos cours d'eau?

M. Maige. — Je vous citerai le cas d'un petit village, où rien ne se serait fait, où les gens étaient dans la misère et y seraient restés toute leur existence si le « Club-Alpin » et le « *Syndicat d'initiative de Savoie* » n'en avaient révélé les beautés naturelles. Dès lors, les touristes sont arrivés et tous ces malheureux ont pu se donner un peu de bien-être ; ils ont vu petit à petit s'accroître leurs ressources ; eh bien ! jamais un industriel ne serait venu là.

Nous ne devons donc pas repousser le vœu de M. Beauquier, car il tient compte de l'intérêt général de la France et c'est ce qui nous guide quand nous demandons que soit conservée la beauté d'un paysage.

M. Flahault. — Je ne m'opposerai pas à ce que le vœu soit adopté en tant que vœu ; mais il me semble qu'il y aurait lieu, si M. Beauquier y consentait, de supprimer ces deux mots : « *et privé* » de façon à ne laisser subsister le vœu que pour les cours d'eau du domaine public. Ainsi disparaîtraient toutes les difficultés, toutes les tracasseries auxquelles on a fait allusion.

M. le Président. — Si vous supprimez les mots « *et privé* » vous retombez dans la situation actuelle. Avec la législation présente, vous êtes toujours obligé de demander une autorisation en ce qui concerne les eaux du domaine public ; et comme le disait très bien M. le commandant Audebrand, cette autorisation est révocable « *ad nutum* ». Le vœu ne fait que consacrer la situation actuelle si nous supprimons ces deux mots « *et privé* » et par conséquent il n'offre plus d'intérêt.

M. Lorieux. — Il y a un mot qui, peut-être, effraye les membres de cette section : c'est l'expression « *législation uniforme* ». Il me parait difficile, en effet, d'associer dans une même législation des cours d'eau si différents : il est évident que le petit torrent des Alpes ne saurait jouer le même rôle que tel autre cours d'eau, au débit calme et lent. Il conviendrait donc de trouver une formule qui ne consacre pas cette injustice. Voilà un premier point. Il en est un autre : j'ai entendu dire tout à l'heure que les cours d'eau non navigables n'étaient pas sous la tutelle du gouvernement. Il y a là une erreur : on ne peut rien faire sur un cours d'eau sans l'intervention du gouvernement, qui se manifeste, non pas par l'action ministérielle, du moins par celle de la préfecture. C'est déjà une garantie considérable : on ne peut, par exemple, établir de barrage sans autorisation ; il y a là pour le public une garantie sérieuse.

Maintenant, la généralité de ce vœu est-elle ce qu'il y a de plus inquiétant? Comme l'a dit M. Beauquier — et il a mille fois raison. — il faut défendre les beaux sites ; par conséquent, si le vœu de M. Beauquier vous semble un peu large, il convient de rechercher une formule qui concilie les opinions qui se sont fait jour ; cela ne paraît pas impossible.

M. LE PRÉSIDENT. — M. Lorieux vous invite à trouver une formule qui donnerait satisfaction à la fois au désir de M. Beauquier de conserver les sites si particulièrement beaux de nos montagnes et le désir des industriels qui veulent jouir d'une liberté suffisante pour pouvoir exploiter. Cette idée est dans l'esprit de tout le monde. Il nous faut donc chercher une rédaction moins large que celle de M. Beauquier qui affirme une espèce d'emprise du gouvernement sur tous les cours d'eau de France. Nous ne pouvons pas improviser un texte ; il est nécessaire de rédiger une formule qui serait soumise au vote de la section. Quelqu'un a-t-il un texte à présenter?

M. DE CLERMONT. — Nous pourrions nous mettre d'accord et restreindre la généralité du vœu en l'appliquant uniquement aux sites qui ont été proposés pour le classement par la Commission instituée par la Loi de 1906.

M. LE PRÉSIDENT. — Nous sommes, après cette longue discussion, plus éclairés sur les idées respectives qui ont toutes été nettement émises. Etes-vous d'avis de clore la discussion et de mettre aux voix le texte de M. Beauquier, étant entendu que, s'il est repoussé, nous nous réservons de vous proposer un texte transactionnel? (*Adhésion.*)

Sous la réserve que je viens d'indiquer, je mets donc aux voix le texte du vœu de M. Beauquier tel qu'il vous en a été donné lecture.

Ce texte n'est pas adopté.

M. LE PRÉSIDENT. — Il convient maintenant de trouver un texte transactionnel.

M. GABIAT. — Voici la rédaction que je proposerai : au terme « *législation uniforme* » substituer les mots « *législation appropriée* » et terminer le vœu après les mots « *emprise sur les eaux* » par ceux-ci : « *dans les sites proposés pour le classement* ».

M. TRIBOT-LASPIÈRE. — Et si les sites ne sont pas proposés dans un délai acceptable? Quand une Commission est en jeu, sa décision peut se faire attendre plusieurs années. Pendant ce temps, l'industrie attend.

M. LE PRÉSIDENT. — S'ils ne le sont pas, vous avez votre liberté.

M. TRIBOT-LASPIÈRE. — Comment seront limités les sites à protéger? C'est un nouvel élément d'incertitude.

M. GABIAT. — Ce sera une question d'espèce et de fait.

M. LE PRÉSIDENT. — Cette rédaction nous permet de ménager, je crois, les intérêts en présence : je comprends très bien que vous défendiez avec énergie des intérêts personnels qui sont aussi des intérêts nationaux, cela est indiscutable, mais vous comprendrez aussi que le Touring-Club défende les intérêts du tourisme et s'efforce d'aménager et de protéger la montagne.

J'estime que la proposition nouvelle qui nous est faite peut ménager tous ces intérêts. Par conséquent, je vous demande, Messieurs, de vouloir bien voter la proposition transactionnelle de M. Gabiat, dont je vais vous donner lecture :

« *Qu'une législation appropriée sur les cours d'eau du domaine public et privé ne permette aucune emprise sur les eaux dans les sites proposés pour le classement* ».

Ce vœu, mis aux voix, est adopté.

La séance est levée à 12 h. 1/4.

SÉANCE DU 18 JUIN 1913

(MATIN)

Présidence de M. CHAIX, président de Section

La séance est ouverte à 9 h. 1/4.

M. LE PRÉSIDENT. — Messieurs, avant d'aborder la discussion des trois rapports inscrits ce matin à notre ordre du jour, je vais vous donner lecture d'une communication qui m'a été transmise par M. Hœrter, représentant de la Commission départementale des sites et monuments naturels de caractère artistique des Basses-Pyrénées. Cette communication traite de l'AFFICHAGE DANS LES FORÊTS. — MESURES A PRENDRE.

A l'occasion de la mise en application de la loi du 12 juillet 1912, relative à la publicité par panneaux réclame, les commissions départementales des Sites et Monuments naturels de caractère artistique, ont été consultées sur diverses questions. Leur examen et la discussion ont amené l'une d'elles à émettre un vœu qui a été transmis à M. le sous-secrétaire d'État des Beaux-Arts et à M. le Ministre de l'Agriculture.

La commission avait été frappée du silence du Code forestier relativement à la publicité en général, silence qui favorise les abus de la réclame, alors que celle-ci pourrait être facilement interdite dans le plus grand nombre de nos sites pittoresques, soumis pour la plupart au régime forestier.

Avisée, au cours de la même séance de la réunion du Congrès, la Commission en y souscrivant, a compté sur l'un de ses membres pour reprendre ce vœu, le présenter et proposer au Congrès forestier international, d'en soutenir le principe, dans la forme qui paraîtra préférable.

Le Congrès, examinant les mesures à prendre pour la protection des paysages au point de vue de l'affichage, observe que le Code forestier est muet relativement à la publicité dans les forêts soumises à son régime. Il émet le vœu que les pouvoirs compétents étudient et poursuivent l'insertion dans le Code forestier d'un article additionnel réglementant l'affichage et la publicité dans toute l'étendue des régions soumises au régime forestier.

M. THIOLLIER. — Il me paraît inutile d'émettre un vœu dans ce sens, étant donné que nous sommes maîtres d'écarter toute publicité de nos forêts. Si des abus se produisaient, nous pourrions demander à l'administration l'établissement d'un règlement.

M. LE PRÉSIDENT. — On nous propose l'insertion d'une clause spéciale dans le Code forestier, ce qui empêcherait, en effet, les abus ; mais c'est au Parlement seul qu'il appartient de compléter le Code forestier.

M. Dupuich. — Nos codes ont pour utilité de poser de grands principes. Si vous y insériez des dispositions de détail, peut-être les résultats excéderaient-ils vos désirs !

M. le Président. — Nous demanderons que le Ministre veuille bien rappeler aux chefs de service, par circulaire, qu'on ne doit tolérer aucun affichage abusif dans l'étendue du domaine forestier.

Si vous acceptez l'idée émise, nous présenterons votre demande au Ministre et nous la considérerons comme un vœu.

De même, au point de vue international, le Congrès peut émettre dans ce sens un vœu qui sera transmis par chacun des représentants des pays étrangers à son administration forestière nationale.

M. Van de Poll. — En Hollande, nous n'en avons pas ; mais nous sommes tout disposés à nous associer à toutes les mesures destinées à empêcher l'affichage dans les forêts.

M. le Président. — Nous pourrions modifier le texte de la façon suivante :

« Le Congrès,

« *Examinant les mesures à prendre pour la protection des paysages, au point de vue de l'affichage,*

« Émet le vœu *que les pouvoirs compétents étudient et poursuivent l'application de dispositions interdisant l'affichage et la publicité dans toute l'étendue des régions soumises au régime forestier.* »

Le vœu, mis au voix, est adopté.

M. le Président. — La parole est à M. Dupuich, pour la lecture de son rapport sur la Beauté des Cours d'eau.

M. Dupuich. — *L'arbre sur la montagne, c'est l'eau dans la rivière.* — Tout ce qu'un rideau de sveltes peupliers ou de saules trapus ajoute à la rivière de grâce et de beauté, il n'est pas besoin de le dire ; cela se voit, cela se sent. Ce qu'on sait moins ou ce qu'on oublie, c'est que l'existence des bois est pour les cours d'eau plus qu'un charme, une primordiale nécessité. Non pas seulement parce que l'arbre proche consolide les berges et combat l'évaporation de la nappe liquide, mais parce que la forêt, si lointaine qu'elle soit, travaille, depuis la source du fleuve, à en alimenter et à en régulariser le cours.

Quand, en 1827, on jugea nécessaire de doter la France d'un Code forestier, le gouvernement, par la plume de M. de Martignac, écrivait en tête de son exposé des motifs : « Ce n'est pas seulement par les richesses qu'offre l'exploitation des forêts qu'il faut juger de leur utilité ; leur existence même est un bienfait inappréciable pour les pays qui les possèdent, soit qu'elles protègent et alimentent les sources et les rivières, soit qu'elles soutiennent et raffermissent le sol des montagnes ». On ne peut mieux marquer l'intime lien qui fait des « eaux et forêts » un tout harmonieux. « L'eau vient de l'arbre, dit Onésime Reclus, et l'arbre vient de l'eau. »

L'eau vient de l'arbre.

La rivière, dit-on, naît de la source. Mais qu'est-ce que la source ? Rien qu'un relai dans le cycle ininterrompu que la goutte d'eau parcourt éternellement. Par la source, la terre rend l'eau qu'elle a reçue du ciel. La source, c'est l'épargne de la pluie, de la pluie qui serait du bien perdu si la terre n'en avait fait provision et réserve. Qu'un orage, soudain et violent, éclate au-dessus d'un sol dénudé : il se forme cent petits torrents fous qui s'égarent et se dispersent et qui sèchent en peu d'instants. Mais si la pluie tombée longuement, doucement, trouve pour la recueillir cette éponge d'humus que l'arbre entretient par les débris de ses feuilles mortes, voilà les gouttes de pluie qui s'infiltrent dans ce sol perméable ; à travers mille canaux souterrains, elles se glissent dans les sables, s'effondrent dans les failles, et s'en vont former, au hasard du sous-sol, un réservoir caché qui, à son affleurement, devient source.

Or, qu'est-ce qui fait l'ondée longue et douce, au lieu de l'averse brusque et brutale ? C'est la forêt, dont l'influence régulatrice est décisive sur le régime des pluies. « Les principaux effets du déboisement, disait M. Legrand, ancien Directeur général de l'Administration des Eaux et Forêts sont une violence plus grande et plus instantanée des pluies et des vents et le tarissement des sources ». Donc, si l'on veut ménager des sources, il faut préserver les forêts.

Éparpillée par les branches et les feuilles, l'ondée s'égoutte lentement ; le bois pleure encore longtemps après qu'il ne pleut plus. Humée par les racines pour gagner les ramures, une part de l'eau tombée retourne à l'atmosphère et l'imprègne d'une humidité que le premier fraîchissement va condenser et résoudre en une ondée nouvelle. Humée par les gazons et s'instillant en terre, le trop plein des gouttes s'en va reconstituer les réserves souterraines.

L'arbre a fait la pluie ; la pluie a fait la source ; la source a fait le ruisseau, et la rivière fille du ruisseau, et le fleuve fils de la rivière. Tous les fleuves, toutes les rivières, comptent parmi leurs sources toutes les fontaines dont ils boivent les eaux ; un fleuve n'a pas une source, il en a des milliers (O. Reclus), et les milliers de sources, ce sont les millions d'arbres, qui les font.

Si l'eau vient de l'arbre, elle ne vient pas que de l'arbre. Tel fleuve, comme la Seine, a des sources pluviales ; tel autre, comme le Rhône, a des sources glaciaires. Au soleil de l'été, la fonte des glaciers et la fonte des neiges déversent d'énormes masses d'eau dans les vallées alpines. Rivières bienfaisantes ou torrents redoutables ? Richesse ou fléau ? C'est de l'arbre que cela dépend pour beaucoup. Il y a plus d'un demi-siècle que Surrel en a fait l'éclatante démonstration. Ingénieur chargé de dompter dans les Alpes les torrents et les avalanches, c'est l'art du forestier qu'il a appelé à son secours, en proclamant ce principe devenu axiome : « La végétation est le meilleur moyen de défense contre les torrents ».

Aussi haut que l'arbre puisse vivre, établir des barrages pour entraver les éboulements ; reboiser ce sol encore meuble et inconsistant, mais qui, d'année en année, prendra plus d'assiette, car c'est un fait d'expérience que l'arbre consolide les versants les plus escarpés ; par ce fourré forestier, étreindre les torrenticules avant qu'ils aient pu se grouper en torrents ; canaliser l'eau folle en ruisselets d'eau sage, pour l'empêcher de se ruer en avalanche liquide ; voilà la manœuvre au bout de laquelle est la victoire, et dont l'arbre est le pivot.

En attendre la disparition complète et définitive de tous les méfaits des torrents, on n'y saurait songer car il faut toujours compter avec les colères de la nature ; mais c'est raison que d'appeler la nature à l'aide contre elle-même, pour discipliner ses furies, provoquées trop souvent par les imprudents déboisements de l'homme. « Sans doute, la neige continuera chaque année de charger les sommets ; sans doute, elle fondra en été, mais sa masse rompue ne ferait pas de torrents si l'antique forêt qui était là eût été respectée, si la hache avait craint de détruire la barrière vivante qu'ont si longtemps honorée nos aïeux » (Michelet).

Or, en assagissant ainsi les sources neigeuses et glaciaires, on ne protège pas seulement les flancs de la montagne, c'est la vallée et ensuite la plaine qui vont trouver là le salut, car ce sont les torrents, rongeurs des hautes terres, qui font, dans le plat pays, les fleuves torrentiels, les fleuves ensablés, les fleuves inondants. Privé de la consolidation forestière, le sol montagneux s'effrite en détritus qui, lentement mais sans répit, glissent jusqu'au lit des cours d'eau et l'obstruent. Et alors, pour peu que survienne un excès de pluviosité, l'afflux liquide ne trouve plus entre les rives du fleuve un canal suffisant pour le contenir et le guider à la mer ; c'est le débordement, l'inondation et la dévastation pour la campagne. On ne saurait dire combien, en entretenant ses forêts, le montagnard des Cévennes épargnerait de désastres, cent cinquante lieues plus loin, aux riverains de la Loire angevine.

Ainsi, de quelque point de vue qu'on la regarde, là réservoir, ici barrage, la forêt apparaît toujours indispensable à la rivière. C'est encore Onésime Reclus qui l'a dit, dans sa prose de poète : « L'eau et l'arbre sont deux époux, dont le divorce est la calamité suprême ».

Le Congrès émet le vœu :

Que les pouvoirs publics votent des crédits suffisants pour permettre à l'Administration forestière de pousser plus activement ses travaux de reboisement.

Que, partout où cela sera reconnu nécessaire et possible, l'Administration forestière, en dehors des périmètres de reboisement, encourage les propriétaires de terrains en montagne, communes, collectivités ou simples particuliers à faire des plantations sur ces terrains en vue d'éviter l'envasement des rivières et d'assurer la limpidité de leurs eaux.

M. le Président. — Le rapport de M. Dupuich est remarquable. Vous avez pu constater avec quelle élégance et quel charme ce travail a été établi. Le fond est aussi intéressant que la forme, et je ne doute pas que vous acceptiez les propositions de notre collègue à qui vous serez d'avis, je pense, d'adresser nos plus sincères félicitations (*Très bien ! Très bien !*)

M. Dupuich. — Je remercie Monsieur le président de son excellente appréciation; mais j'ai essayé de suppléer par la forme à ce qui devait manquer au fond.

Vous avez pu voir, par le titre de mon rapport, « Beauté des Cours d'eau » L'arbre sur la montagne, c'est l'eau dans la rivière » qu'en somme, ce travail se rapportait très directement à une question technique, celle du reboisement, qui est étudiée dans le plus grand détail à la quatrième section, sur le programme de laquelle nous n'avons pas à empiéter.

Le Comité a pensé qu'il y avait utilité à ce que cette question fût discutée aussi à la cinquième section. Si le torrent est quelque chose de dévasteur, c'est aussi quelque chose de terriblement laid, au point de vue absolu; et nous qui nous préoccupons du côté touristique, nous sommes tout naturellement portés à émettre des vœux tendant à la suppression de tout ce qui peut augmenter la laideur du paysage et au développement de tout ce qui peut en développer la beauté.

Il nous a paru que ce que nous pouvions faire surtout, c'était de seconder, en temps que touristes, les désirs des techniciens, en émettant le vœu que leurs efforts en vue du reboisement des montagnes, fussent couronnés de succès et appuyés par le Gouvernement.

Tel est le vœu qu'en conséquence je vous propose d'adopter :

« *Que les pouvoirs publics votent des crédits suffisants pour permettre à l'Administration forestière de pousser plus activement ses travaux de reboisement.*

« *Que partout où cela sera reconnu nécessaire et possible, l'administration forestière, en dehors des périmètres de reboisement, encourage les propriétaires de terrains en montagnes, communes, collectivités ou simples particuliers à faire des plantations sur ces terrains en vue d'éviter l'envasement des rivières et d'assurer la limpidité de leurs eaux* ».

Vous voyez qu'il y a deux points dans le vœu : d'abord que l'Administration fasse, dans la mesure de ses ressources, le nécessaire pour reboiser, et que, d'autre part, elle encourage le plus possible ceux qui ne sont pas de l'Administration à suivre son exemple.

Le vœu se termine par quelques mots rappelant qu'il s'agit d'éviter l'envasement des rivières et la limpidité de leurs eaux. Il se rattache ainsi à la question générale du régime des eaux.

M. le Président. — Nous sommes tout à fait d'accord avec M. Dupuich sur la dernière phrase du texte qu'il nous propose. Si nous évitons l'envasement des rivières, nous aurons paré au ravinement de la montagne, puisque c'est par la protection du haut que nous assurerons la liberté du bas. Dès lors, les eaux n'étant plus chargées de matières qui les rendent opaques et épaisses, l'envasement ne se produira plus.

Je relis la première partie du vœu.

« Que les pouvoirs publics votent des crédits suffisants pour permettre à l'Administration forestière de pousser plus activement ses travaux de reboisement.

« Que, partout où cela sera reconnu nécessaire et possible, l'Administration forestière, en dehors des périmètres de reboisement, encourage les propriétaires de terrains en montagne, communes, collectivités ou simples particuliers à faire des plantations sur ces terrains, en vue d'éviter l'envasement des rivières et d'assurer la limpidité de leurs eaux. »

M. le comte CLARY. — Ce vœu a un caractère uniquement national. La question est de savoir si, en notre qualité de Congrès international, nous devons le généraliser.

M. DUPUICH. — C'est l'esprit même du Congrès. Tous les vœux, sauf clause contraire, doivent être interprétés dans un sens international.

M. LE PRÉSIDENT. — Il est évident que toutes les opinions qui sont émises ici prennent toujours un peu le caractère national, étant donné les connaissances particulières des personnes qui les exposent, en ce sens qu'on parle de ce qu'on connaît le mieux, des exemples qu'on a eus sous les yeux et parfois de l'œuvre qu'on a accomplie personnellement ; mais il est bien entendu que nous attribuons à l'ensemble de nos propositions un caractère international. Il ne s'agit pas ici de faire du particularisme.

Le vœu, mis aux voix, est adopté.

La parole est à M. THIOLLIER pour la lecture de son rapport sur l'AMÉNAGEMENT DE FORÊTS EN VUE DU TOURISME.

M. THIOLLIER. — Ce n'est point à un Congrès comme celui-ci qu'il est nécessaire de démontrer l'importance du rôle esthétique de la forêt. Aucun parmi nous ne l'ignore et nous avons tous, à maintes reprises, étudié les moyens de concilier les exigences du propriétaire de la forêt considérée comme « usine à bois » et les désirs du promeneur ou de l'artiste.

On ne peut nier que les agents des Eaux et Forêts tiennent le plus souvent compte de ce point de vue dans la gestion du domaine qui leur est confié ; plusieurs sont même passés maîtres dans cet art, mais il reste beaucoup à faire et il n'est pas inutile de préciser les desiderata des touristes en forêt.

Viabilité. — Pour qu'un massif boisé rende les services esthétiques et hygiéniques que l'on attend de lui, il faut d'abord qu'il soit accessible et percé de bonnes routes. Le trafic sur les routes forestières est très irrégulier à cause de la mobilité des exploitations, mais il atteint aux environs des coupes une intensité très grande et les chaussées ont à supporter parfois des poids extrêmement forts. Seul le cylindrage mécanique peut leur donner la résistance suffisante.

Sur les plateaux du Jura où la pierre est mauvaise, l'eau rare, et où les énormes sapins sont extraits sans tronçonnage, donnant parfois par essieu des charges de 10 tonnes, des routes empierrées au rouleau à vapeur ont vu, malgré ces conditions déplorables, leur viabilité devenir presque parfaite.

On peut donc, *sans hésiter*, demander que le cylindrage mécanique soit appliqué partout aux principales voies de vidange des forêts.

La dépense est un peu plus élevée que par les procédés anciens, mais elle est largement compensée par la plus-value des bois et il suffit d'augmenter légèrement les sommes mises en charge sur les coupes en les portant, par exemple, à 5 % de la valeur des produits ligneux.

Sentiers. — La viabilité des grandes voies assurée, il faut faciliter au touriste l'accès des points de vue, sources, arbres ou groupes d'arbres remarquables.

Toutes ces curiosités sont connues du personnel forestier, mais il en garde parfois trop jalousement la jouissance pour lui-même et on ne saurait trop lui recommander d'ouvrir, s'il y a lieu, des sentiers pour les touristes et de les jalonner par de plaques indicatrices.

Le tracé de ces sentiers est une opération très délicate mais fort intéressante pour qui a quelque sentiment artistique; en plaine, on devra étudier soigneusement les parcelles à traverser et faire passer le sentier auprès de toutes les curiosités que l'on rencontrera ; en recherchant les groupes de beaux arbres et même les arbres isolés de forme artistique, les rochers, etc., ou donnera au sentier un intérêt bien plus grand.

En montagne, la question est encore bien plus compliquée, mais un chemin bien tracé avec des pentes convenables est une œuvre dont l'intérêt ne devrait jamais être perdu de vue par les administrateurs du domaine forestier.

Conservation des arbres remarquables. — Il faut enfin que l'Administration non seulement autorise les forestiers à créer ou conserver des arbres ou groupes d'arbres remarquables, mais même le *leur prescrive*.

Il n'est, en effet, pas possible de créer des séries artistiques dans toutes les futaies qui offrent des vieux massifs de belle allure, mais la conservation d'un arbre remarquable, ou mieux d'un groupe d'arbres, ne diminue pas la production ligneuse d'une façon sensible et constitue pour les touristes et les artistes un attrait réel.

De même, pourquoi ne pas transformer, dans l'insipide taillis sous futaie, les sommières et les lignes en allées et sentiers ombragés par une ligne ininterrompue de réserves.

Les carrefours, eux aussi, devraient être à ce point de vue particulièrement soignés : on doit les entourer d'un cercle de beaux arbres, mais le diamètre de ce cercle doit être assez grand pour que les véhicules modernes puissent voir à temps les croisements des routes.

Facilités de parcours. — L'État réduit au minimum les entraves apportées à la circulation des promeneurs en forêt, il ne peut cependant toujours sacrifier les gros revenus que lui procure la location des chasses et on ne peut que demander que les intérêts des promeneurs soient lésés le moins possible.

Quant aux forêts particulières elles, sont parfois l'objet de prohibitions injustifiées et il faut que les associations de touristes agissent par leurs délégués, auprès des propriétaires des massifs pour qu'ils se montrent aussi tolérants que possible.

Le Congrès émet les vœux suivants :

Les agents forestiers, et autant que possible les particuliers, ne perdront pas de vue l'aménagement des forêts au point de vue esthétique.

Les grandes voies seront empierrées mécaniquement.

Les curiosités forestières, les sources remarquables, les ruines, les rochers et les points de vue situés en forêt, etc., seront rendus accessibles par des sentiers munis de plaques indicatrices.

L'Etat et les particuliers entraveront le moins possible la circulation des promeneurs en forêt.

Il sera conservé lors des exploitations tous les arbres ou groupes d'arbres remarquables et même des bouquets de vieilles futaies lors de la réalisation des vieux peuplements.

Les sommières, lignes et sentiers seront transformés en allées ombreuses par la réserve, lors des exploitations, des arbres qui les bordent.

Les carrefours seront encerclés d'arbres de futaie, mais à une distance assez grande du croisement des routes.

M. le Président. — Je demande à M. Thiollier de vouloir bien expliquer les motifs pour lesquels il a présenté les vœux qui terminent son rapport.

M. Thiollier explique que l'accès des curiosités forestières, sources, ruines, etc., a besoin d'être facilité par des routes, des sentiers, munis de plaques indicatrices.

Le premier paragraphe :

> « *Les agents forestiers, et autant que possible les particuliers, ne perdront pas de vue l'aménagement des forêts, au point de vue esthétique.* »

mis aux voix est adopté.

M. le Président. — Nous passons au deuxième paragraphe.

> « *Les grandes voies seront empierrées mécaniquement.* »

M. Coulon fait ressortir l'insuffisance des crédits d'entretien des routes forestières, en raison de la circulation intense des automobiles, si préjudiciable à la bonne conservation et demande que ces routes conservent un peu plus leur première destination, car l'Administration forestière a avant tout son service à assurer.

M. le Président. — Je vous demande pardon. Ici, nous ne sommes plus du tout dans l'esprit du rapport.

Nous nous plaçons au point de vue touristique, puisque le rapport a pour titre « Aménagement de forêts en vue du tourisme ». On demande que les grandes voies soient empierrées pour qu'on y puisse circuler facilement en voiture. Mais ce que nous cherchons surtout, c'est rendre les forêts accessibles (facilement) à la masse du public, et ce que nous voulons, avec le Parlement et l'Administration, c'est favoriser, sur les routes forestières, la circulation du tourisme. La meilleure preuve, c'est que nous étudions en ce moment, à l'*Office National du Tourisme*, un projet de loi que nous allons présenter prochainement au Parlement dans le but d'établir un certain nombre d'itinéraires de routes de tourisme. Nous allons classer dans une catégorie spéciale et sous un régime spécial un certain nombre de routes qui recevront des affectations particulières pour leur entretien.

L'idée est donc tout à fait au développement de la circulation avec des voies de tourisme sur l'ensemble du réseau routier français. Nous avons l'intention de favoriser les routes forestières, parce que nous savons très bien que l'Administration considère ses chemins uniquement comme instruments de travail, et non pas comme instruments d'agrément. Ce que nous voulons, c'est permettre à ces instruments de travail d'être à la fois meilleurs au point de vue de l'Administration forestière, et possibles au point de vue de la circulation de tourisme. Ce que nous voulons, c'est poser la question de principe.

Si le Congrès vote la proposition de M. Thiollier, voyez quel argument nous aurons lorsque nous proposerons au Parlement un projet de loi pour l'entretien des routes de tourisme, et que nous demanderons des crédits spéciaux, si nous pouvons dire : « Le Congrès a demandé que les grandes voies forestières et celles dont la circulation intéresse le tourisme soient empierrées. » C'est un argument de plus pour venir au secours de l'Administration des forêts, qui a besoin de crédits pour entretenir ces voies.

Mais comme ce Congrès s'intéresse à la fois à la conservation des forêts et à leur mise à la disposition du grand public et du tourisme, comme instrument d'agrément national et même international, nous pouvons admettre difficilement que l'Administration déclare : « Mes routes sont à moi, je m'en sers pour mes besoins, le reste ne m'intéresse pas. » Ce que nous devons rechercher, c'est le groupement des deux intérêts ; vous savez d'ailleurs que l'Administration forestière envisage ce groupement des deux intérêts de la manière la plus bienveillante. Je vais vous en donner un exemple extrêmement typique : c'est la route du Désert de la Grande-Chartreuse, qui est vicinale entre Saint-Laurent-du-Pont et Fourvoirie, et route forestière après Fourvoirie. Il est indispensable que tous ces éléments soient joints dans les mêmes crédits d'entretien, et qu'il y ait coïncidence entre les charges qui vont incomber à la vicinalité pour l'entretien de son tronçon, et à l'Administration forestière pour l'entretien du sien. Autrement, il y aurait dans ces jonctions des parties très mauvaises et d'autres très bonnes ; la circulation serait, sinon interrompue, du moins rendue difficile.

L'Administration entre tellement dans cet ordre d'idées que, sur cette partie de la route du Désert, nous avons obtenu du département que le tronçon qui était vicinal et qui n'avait pas suffisamment de crédits d'entretien, fût incorporé dans le réseau départemental ; l'Administration forestière y a fait cette année des réparations considérables, qui se chiffrent par une cinquantaine de mille francs ; mais l'effort s'est porté en même temps sur la partie forestière et la partie départementale de la route.

Par conséquent, un vœu qui demande l'empierrement des grandes voies, c'est-à-dire des voies qui servent à la circulation touristique, me semble rentrer absolument dans l'objet de notre Congrès et aussi dans nos idées.

M. Coulon. — Il faut alors ajouter que des crédits spéciaux seront affectés à l'entretien de ces routes.

M. le Président. — Cela va de soi.

Que fait aujourd'hui l'Administration forestière pour les voies qui lui servent exclusivement? On peut dire qu'elle ne les entretient pas ou à peu près pas. Pourquoi? parce qu'elle n'a pas de crédits. Il en est ainsi dans la forêt de Lente. Eh bien, nous demanderons, pour les voies de tourisme, une affectation spéciale de crédits, et si l'Administration, sur ses crédits personnels, veut forcer un peu les sommes affectées à tel tronçon de route aux dépens de tel autre moins intéressant, je ne vois pas ce qui pourrait l'en empêcher.

M. Henry Maige. — On ne peut pas dire que les forestiers ne font rien pour leur route, quand M. Thiollier vient de nous dire qu'il avait obtenu dans le Jura d'excellents résultats avec des moyens relativement restreints.

M. le Président. — Ce sont des cas d'espèce, particuliers à certaines régions et à certaines exploitations.

En tout cas, sur la question de savoir si les grandes routes de tourisme doivent être empierrées, je crois que la discussion est close.

Si personne ne demande la parole, je vais mettre aux voix le deuxième vœu, ainsi conçu :

« *Les grandes voies seront empierrées mécaniquement* ».

Ce vœu est mis aux voix et adopté.

M. le Président. — Nous passons au troisième paragraphe :

« *Les curiosités forestières, les sources remarquables, les ruines, les rochers et les points de vue situés en forêt, etc., seront rendus accessibles par des sentiers munis de plaques indicatrices* ».

M. J. Cochon. — Je demande qu'on ajoute à l'énumération du texte les cascades naturelles, du moins les plus importantes. Il se produit parfois des accidents ; il faut rendre leur accès facile et sûr.

M. Dupuich. — Il se peut qu'il y ait des dérivations, et les cascades finissent par ne plus être naturelles.

M. le Président. — Si elles sont jolies à voir ! (*Très bien ! très bien !*)

M. d'Orlye. — Nous ne demandons pas qu'on les détruise, nous demandons qu'on nous permette de les aller voir.

M. le Président. — Nous ajoutons à l'énumération du vœu les « *cascades* ».

La parole est à M. van de Poll.

M. van de Poll. — Je veux vous mentionner une autre manière de favoriser la circulation des promeneurs en forêt. C'est le sentier de piétons ou cyclable, très économique à construire et qui permet d'accéder facilement à de grands bois, à d'immenses bruyères, à de belles forêts, auxquels, jusque-là, on ne pouvait arriver.

Evidemment cette solution ne peut intervenir que quand le sol s'y prête. Il serait infiniment coûteux d'établir des sentiers cyclables dans le roc, et d'une façon générale en montagne. Il est vrai que chez nous l'intérêt de ces accès est général, car, le pays étant plat, tout le monde fait de la bicyclette. Je ne sais si, en France, on y trouverait le même intérêt.

M. le Président. — Au contraire ; nous faisons beaucoup de tourisme à bicyclette en montagne.

M. Gabiat. — M. Ballif fait étudier spécialement cette question.

M. le Président. — La communication est d'autant plus intéressante que venant d'un Délégué du Touring-Club hollandais, elle est adressée au Touring-Club de France qui s'occupe activement de la circulation cycliste.

L'observation sera inscrite au procès-verbal. Nous pouvons même faire une addition au texte ; nous y insérerions, après le mot *sentiers*, les mots *piétons ou cyclables* (*Très bien ! Très bien!*)

Le vœu serait donc ainsi rédigé :

« *Les curiosités forestières, les sources remarquables, les ruines, les rochers, les points de vue et les cascades situés en forêt, etc., seront rendus accessibles par des sentiers de piétons ou cyclables, munis de plaques indicatrices.* »

La rédaction, ainsi modifiée, est mise aux voix et adoptée.

M. le Président. — Nous arrivons au quatrième paragraphe :

« *L'Etat et les particuliers entraveront le moins possible la circulation des promeneurs en forêt.* »

Le vœu, mis aux voix, est adopté.

M. LE PRÉSIDENT. — Restent encore trois vœux, qui sans doute seront adoptés sans discussion. Les voici :

« *Il sera conservé, lors des exploitations, tous les arbres ou groupes d'arbres remarquables, et même des bouquets de vieilles futaies, lors de la réalisation des vieux peuplements.*

« *Les sommières, lignes et sentiers seront transformés en allées ombreuses par la réserve, lors des exploitations, des arbres qui les bordent.*

« *Les carrefours seront encerclés d'arbres de futaie, mais à une distance assez grande du croisement des routes.* »

Les trois derniers vœux sont mis aux voix et adoptés.

M. LE PRÉSIDENT. — Messieurs, si vous êtes d'accord sur le détail de ces sept vœux, vous le serez aussi sur l'ensemble.

L'ensemble est mis aux voix et adopté.

M. LE PRÉSIDENT. — La parole est à M. Gouilly, pour la lecture de son rapport sur l'AMÉNAGEMENT DES FORÊTS EN VUE DU TOURISME.

M. GOUILLY. — Aménager une forêt au sens spécial du mot que nous lui attribuons, c'est l'adapter aux exigences du tourisme.

C'est, d'une part, en rendre l'accès et la visite faciles, c'est aussi en faire valoir les beautés naturelles. C'est la rendre hospitalière et attrayante. N'est-ce pas par voie de conséquence le moyen de la faire aimer?

Une forêt aménagée pour le tourisme devra donc posséder, en premier lieu, un réseau de routes complet et en bon état (cette question a été traitée dans un précédent rapport) et différents dispositifs à l'usage exclusif du touriste qui font l'objet de la présente étude.

Chacun sait combien il est souvent malaisé de s'orienter sous bois. L'histoire militaire elle-même ne nous en fournit-elle pas de nombreux et saisissants exemples?

Aussi les excursions en forêt sont-elles presque toujours limitées aux abords même des massifs dont les beautés les plus parfaites restent souvent ignorées.

Pour engager le touriste à pénétrer au cœur de la forêt, il est indispensable de lui fournir les moyens pratiques de se diriger vers les points les plus intéressants par les voies les plus directes, les plus faciles d'accès ou les plus pittoresques.

Or, en dehors de quelques forêts privilégiées dont le Touring-Club s'est occupé, ces indications font totalement défaut dans la plupart des bois soumis au régime forestier, qui sont les seuls réellement ouverts au tourisme.

Est-ce à dire qu'aucun point de repère n'existe dans ces forêts? Assurément non. Mais les seules indications qui s'offrent aux yeux sont d'ordre administratif pur. Numéros de coupes ou de séries, lettres de parcelles, noms de maisons forestières. Si ces renseignements sont suffisants pour la gestion du domaine, il ne saurait en être de même pour le voyageur qui ne connaît pas la forêt ou qui ne possède pas une des cartes dressées par le service forestier et qui reproduisent le parcellaire.

Il faut donner au touriste des moyens de repère plus pratiques spécialement adaptés à son usage.

C'est le rôle des *plaques*, *poteaux* et *signes indicateurs*.

Plaques et poteaux.

L'idée n'est pas nouvelle. C'est pour les besoins de la chasse à courre que furent placés jadis aux étoiles les anciens poteaux de bois que l'on rencontre encore dans les forêts qui dépendaient du domaine de la Couronne, poteaux de chêne équarris à plusieurs pans suivant le nombre de rayons de l'étoile.

On divise en général les signaux de la route en deux groupes : les *indicateurs* et les *avertisseurs*.

Les indicateurs se subdivisent eux-mêmes en : *poteaux de direction* et en *poteaux d'intérêt exclusivement touristique*.

Les uns et les autres auront leur place en forêt.

Les poteaux de direction, sur toutes les routes qui sillonnent la forêt, à l'origine de ces routes, aux carrefours et aux ronds-points. Ils porteront comme indications, d'une part, le nom de la route, et d'autre part, le nom des maisons forestières ou des localités les plus voisines de la forêt qu'ils desservent.

C'est le canevas général.

Les poteaux d'intérêt touristique, plus spécialement signaleront les curiosités naturelles de la forêt (sites, points de vue, arbres remarquables). Ils mentionneront aussi des renseignements d'une réelle utilité pour le voyageur (postes de secours, abris, gares, etc.)

A côté de ces poteaux nous mentionnerons les *signes indicateurs*.

C'est le Club Alpin, le premier, qui prit l'initiative de faire placer en pays de montagne des tracés d'itinéraires, en couleur. Ce procédé demanderait à être généralisé en forêt, car il est à la fois simple, pratique et peu onéreux.

Signaux avertisseurs.

Les *signaux avertisseurs* auront également un rôle important à jouer en forêt, car les routes forestières, dont le tracé n'a été étudié qu'en vue de la vidange des coupes, présentent souvent des pentes rapides ou des virages brusques. On aura recours, le cas échéant, au système de signaux conventionnels adopté dans la Conférence internationale du 1er décembre 1908 pour désigner les obstacles usuels (cassis, virages, passages à niveau, croisements).

A côté des poteaux avertisseurs des dangers de la route, il faut ranger les avertisseurs des dangers que le touriste peut faire courir à la forêt par imprudence, à savoir l'incendie.

Une recommandation d'un autre ordre d'idées à faire au visiteur : engager à respecter la forêt en ne mutilant pas les arbres par des inscriptions, ou en ne la déshonorant pas par l'abandon de papiers ou de reliefs de déjeuners champêtres.

Signalons en passant que les plaques adoptées par le T C. F. sont en tôle galvanisée peinte et vernie au four et que les poteaux sont en fer à T ou à double T. Les plaques reviennent à 8 francs, le poteau à une plaque à 2 fr. 55 et le poteau à deux plaques à 3 fr. 10.

Nous déconseillons la pose de plaques directement sur les arbres à raison des blessures que peuvent causer les clous et de la dépréciation qui peut en résulter.

Bancs. — Abris.

Pour rendre la forêt hospitalière, on placera, d'une part, des *bancs*, et il sera édifié, d'autre part, des *abris* contre les intempéries.

Les uns et les autres devront être construits de façon à résister aux attaques du temps et aussi, il faut le dire, de l'homme. Mais on doit concilier cette condition essentielle de solidité avec l'obligation de ne pas commettre de faute contre le goût en rompant l'harmonie du cadre environnant. Suivant une heureuse expression, bancs et abris devront être construits par les moyens « du bord ».

Après un concours ouvert entre les préposés forestiers des environs de Paris en 1911, le Touring-Club a adopté un type de banc dit « forestier » qui répond à ces différents desiderata. Son prix de revient est de 15 francs. Les bancs seront disséminés en forêt, placés de préférence aux endroits qui offrent un intérêt particulier.

Au contraire, ce ne sera qu'en des points isolés, éloignés de toute habitation que seront édifiés des refuges momentanés contre l'orage ou l'ondée.

Par contre, les bancs auront une place toute indiquée aux abords des sites remarquables ou des points de vue.

Points de vue.

La création des *points de vue* est essentiellement du domaine de l'aménagiste, qui, en tant qu'architecte paysagiste, doit mettre en valeur les beautés naturelles.

L'aménagement d'un point de vue comprend, d'une part, la création d'un champ visuel étendu en exploitant les bois qui masquent la vue à la manière des tirés, et, d'autre part, l'établissement d'une terrasse limitée par une balustrade rustique.

Signalons l'utilité pratique de ces points de vue pour la surveillance des incendies.

Tables d'orientation.

L'idée des points de vue est inséparable de celle des *tables d'orientation*.

Jusqu'à présent, ces tables d'orientation n'ont été placées qu'aux abords des sites remarquables, en pays de montagne principalement. 56 tables ont été posées par le Touring-Club.

A mesure que des points de vue seront créés dans les massifs forestiers importants, de nouvelles tables devront être installées. Les tables du T. C. F. sont en lave de Volvic émaillée. Comme pour tout autre dispositif d'intérêt touristique, les socles de support seront mis en harmonie avec le cadre environnant.

Ces différents aménagements terminés, ou d'autres d'une utilité moins immédiate, tels que tourne-brides, captage de sources, etc., l'œuvre de l'aménagiste n'est pas terminée.

Cartes. - Livrets-guides.

Le moment est venu de dresser *une carte* à grande échelle (au 1/10.000 par exemple) où figureront par des signes conventionnels appropriés les curiosités naturelles et toutes choses créées à l'usage du touriste.

Ces cartes s'inspireront nécessairement des plans du Service forestier sur lesquels seules sont indiquées les routes forestières d'exploitation qui sillonnent la forêt. Mais il sera inutile, pour en faciliter la lecture, de reproduire le parcellaire.

Nous ferons une seule réserve à ce sujet. Il serait désirable, dans la zone frontière, de ne pas livrer à la publicité les renseignements que donnent les cartes du service forestier, dans l'intérêt de la défense nationale.

Nous voudrions voir annexer à cette carte, à la manière de certains guides de tourisme, un livret de quelques feuillets qui compléterait les indications portées sur la carte et qui donnerait également quelques notions sommaires sur l'histoire de la forêt, sa description, son traitement et sa production, de façon à initier le profane aux choses de la forêt et partant de faire des prosélytes pour la cause de la défense forestière.

L'Administration des Eaux et Forêts a d'ailleurs compris tout le parti qu'on pouvait tirer du touriste en lui faisant aimer la forêt.

Catalogue des arbres remarquables.

L'intérêt qu'elle attache à la conservation des *arbres remarquables*, « témoins d'un lointain passé auxquels se rattachent souvent des souvenirs historiques ou légendaires ou qui imposent l'admiration par la majesté de leur port ou leurs dimensions remarquables », n'en est-elle pas une preuve frappante ?

Un inventaire détaillé de ces arbres a été dressé et ils ne peuvent être exploités que par décision spéciale.

Le Touring-Club qui a été le premier à s'occuper de l'aménagement touristique des forêts a d'ailleurs rencontré auprès de l'Administration un bienveillant accueil dès l'origine. Son premier soin fut de donner au touriste le moyen pratique de se diriger sous bois.

Aménagements exécutés par le T. C. F. — Des poteaux indicateurs d'intérêt touristique furent placés à cet effet dans les forêts de Fontainebleau, de Marly, de Compiègne, de Roumare, de Lente, du Vercors, de l'Estérel, et dans celles dépendant des conservations de Gap, de Mâcon, de Valence, de Vesoul, etc. De ce fait, au moment du Congrès International de la Route, le T. C. F. avait engagé une dépense de 18.000 francs (en 1908).

Mais ce ne fut qu'en 1911 qu'il entreprit l'aménagement touristique complet d'une forêt.

La forêt de Meudon fut choisie comme champ d'expériences.

Cet essai, auquel nous avons collaboré, a été couronné d'un plein succès. On peut dire que la forêt de Meudon réalise le type le plus parfait de la forêt ouverte au touriste.

Des sentiers pour piétons et des pistes cyclables ont été ouvertes ; des ponts rustiques ont été jetés sur les fossés d'assainissement, des routes forestières ont été améliorées ; 250 bancs ont été placés. Des tournebrides ont été installés à certains carrefours. Un point de vue a été créé et un kiosque-abri édifié.

De nombreux poteaux de direction et avertisseurs de toute sorte sillonnent la forêt.

Après la forêt de Meudon, ce fut la forêt de Marly que le Touring-Club aménagea dans les mêmes conditions. Puis viendra le tour de la forêt de Rambouillet.

D'autres associations ont suivi la voie que le Touring-Club leur avait tracée. Signalons ici le Syndicat d'Initiative de Versailles qui aménagea les forêts de Satory et de Fausses-Reposes.

D'autres initiatives continueront l'œuvre commencée, telle l'Association centrale pour l'aménagement des Montagnes qui s'attache à faciliter le tourisme dans la région où elle organise des leçons de choses sur ses territoires affermés, en publiant à cet effet des plans de ses territoires et en munissant ces derniers de poteaux indicateurs.

Ces initiatives contribueront ainsi à l'organisation générale de la défense forestière, cet élément indispensable de la beauté, de la richesse et de la sécurité du pays.

LE CONGRÈS ÉMET LE VŒU :

Que l'accès et la visite des forêts de promenade soient facilités par l'amélioration des chemins, la création de sentiers, la pose de plaques indicatrices ayant un caractère rustique, l'établissement de bancs ou d'abris pour les promeneurs, le dégagement des points de vue ;

Que, sur les cartes déjà publiées et sur celles affichées dans les postes forestiers, les arbres, les peuplements ou les sites remarquables, les points de vue et les curiosités naturelles existant dans chaque forêt soient repérés.

M. Gouilly. — Dans le vœu qui termine mon rapport, j'ai visé surtout les forêts de promenade ; il y a aussi d'autres forêts qui ne se trouvent pas aux environs des grandes villes et dans lesquelles le touriste peut être amené.

Je vous propose donc, avant de discuter ce vœu, de demander :

Que les indications d'ordre administratif qui existent ou sont susceptibles d'exister en forêt et qui peuvent être d'un intérêt quelconque pour le tourisme, soient placées d'une façon apparente.

(*Vive approbation.*)

M. Henry Maige. — J'entends dire près de moi que, dans certaines forêts où de telles indications existent, elles sont très sommaires : un chiffre sur un arbre, ou même sur une pierre. Pourquoi ne pas chercher à obtenir l'établissement d'une carte forestière ?

M. le Président. — Nous allons étudier ce qu'il est possible de faire pour la proposition de M. Maige au sujet des cartes forestières. Jusqu'à présent, l'Administration n'est pas entrée dans cette voie qui consiste à mettre à la disposition du public des documents de ce genre et il est assez difficile, dans certains cas, de se les procurer. Quand nous avons poursuivi le but que le Touring-Club entend réaliser le plus tôt possible, c'est-à-dire de mettre à la disposition du public des cartes permettant de circuler facilement, nous avons cherché à établir des cartes à grande échelle pour les environs de Paris, contenant l'indication de tous les sentiers et de toutes les directions, pour que le touriste puisse se promener en forêt sans crainte de se perdre...

M. J. Cochon. — Ceci existe pour certaines forêts, comme celle d'Aix-les-Bains, par exemple.

M. le Président. — Nous avons voulu établir ces cartes d'après des documents officiels de l'Administration des forêts. Cette administration s'est mise à notre disposition avec beaucoup de grâce, et nous a fourni les documents que nous lui demandions, mais elle ne consent pas à les mettre à la disposition du public. Nous examinerons s'il n'est pas possible d'arriver à faire bénéficier le public de ces documents, — je ne dis pas avec l'autorisation de l'Administration des forêts, — mais au moyen d'une entente avec un éditeur. Le mode d'exécution est à étudier, mais le principe est intéressant.

Nous pourrions demander à l'Administration des forêts de permettre au public, par les moyens qu'elle aura choisis elle-même, de profiter de ces documents, de même que l'Administration de la guerre met à la disposition de tout le monde ses cartes aux diverses échelles, 50, 60 et 200 millièmes. Je ne pense pas qu'on fasse de difficultés pour cela.

M. THIOLLIER. — Non, cela ne soulèvera aucune difficulté.

M. LORIEUX. — Je voudrais faire une proposition qui m'a été suggérée par une aventure arrivée à notre excellent ami et président, M. Rauschet, qui, vous le savez, aime beaucoup le tourisme et les forêts.

Lorsqu'on consulte une carte quelconque, on remarque bien des teintes vertes qui indiquent les forêts, mais on ne sait jamais si ces forêts sont accessibles au public ou si elles ne le sont pas. On peut donc organiser une promenade dans n'importe quelle région de la France et tomber sur un parc plus ou moins en clôture, sur un bien particulier et se voir interdire l'entrée de ce parc ou même s'en voir exclure, comme cela est arrivé à M. Bauschet. Il serait utile de demander aux éditeurs de cartes, d'étudier le moyen d'indiquer par une teinte spéciale les forêts appartenant à l'État, aux communes ou à des collectivités, celles qui sont accessibles au public. Ce n'est pas une question administrative, c'est une question d'édition. Il y a là des renseignements utiles à connaître et qu'il est facile de se procurer.

M. le comte CLARY. — Le Touring-Club semble tout indiqué, dans une certaine mesure au moins, pour prendre l'initiative d'un mouvement au point de vue de la confection d'une carte. Ne pourrait-il pas, par exemple, se mettre en rapport avec les Syndicats d'initiative départementaux qui ont déjà fait beaucoup pour le tourisme, dans nombre de départements et qui entreraient peut-être dans cette voie, en prenant à leur charge une partie des frais de confection des cartes. Il y aurait là une double initiative qui pourrait rendre de très grands services.

M. LE PRÉSIDENT. — Le Touring-Club envisage tous les aspects de son rôle avec le plus grand intérêt. Il est cependant nécessaire de faire certaines restrictions sur le rôle qu'il peut jouer sur des entreprises qui peuvent devenir une sorte d'exploitation commerciale. Nous ne pouvons pas — et nous ne voulons pas, c'est un principe que nous avons établi de la manière la plus formelle — faire concurrence à une branche quelconque du commerce. Nous voulons laisser les coudées franches aux éditeurs de cartes et de livres, et à toutes les industries. Il ne faut pas qu'on puisse dire qu'avec les moyens que nous avons à notre disposition, nous faisons concurrence à telle ou telle partie du commerce ou de l'industrie. Mais nous pouvons très bien faciliter aux éditeurs la recherche de documents pour l'établissement de leurs cartes. Voilà où notre rôle va s'affirmer d'une manière particulière.

M. D'ORLYE. — Dans les départements où l'on a senti la nécessité et l'utilité de favoriser le tourisme, on fait aujourd'hui de petits opuscules dans lesquels sont indiqués la situation de toutes les forêts, et les tracés de tous les sentiers. Le *Syndicat d'initiative du Club alpin* et la *Société des Amis des Arbres* se sont entendus pour l'établissement d'opuscules de ce genre, où les chemins sont très exactement tracés. Les touristes n'ont qu'à demander ces opuscules au *Syndicat d'initiative*, qui les leur remettra gratuitement et avec beaucoup de bonne grâce.

Si le Touring-Club voulait faire quelque chose dans cet ordre d'idées, je lui demanderai d'aider les *Syndicats d'initiative* qui, généralement, ne sont pas très riches.

M. LE PRÉSIDENT. — C'est entrer dans des détails qui nous mèneraient trop loin. Je crois que nous pourrions émettre un vœu ainsi conçu :

Que, dans tous les pays, les administrations et les sociétés compétentes veuillent bien faciliter l'établissement et la mise à la disposition du public de cartes forestières.

M. GABIAT. — Il serait à désirer que ces cartes fussent établies sur un type unique.

M. LE PRÉSIDENT. — Il appartiendra à la Commission de réalisation des vœux d'étudier l'échelle qui sera la plus favorable pour l'établissement de ces cartes. Cette commission émettra un avis que chaque État adoptera ou n'adoptera pas, car il faut laisser à chacun toute sa liberté.

M. LORIEUX. — Je vous demande de vouloir bien insérer dans le vœu la motion que j'ai déposée demandant que les forêts accessibles au public soient indiquées d'une manière très claire.

M. LE PRÉSIDENT. — On pourrait en effet ajouter dans le vœu que, sur ces cartes, les voies mises à la disposition du public soient indiquées par une teinte ou un signe spécial.

M. DUPUICH. — L'idée est certainement intéressante, parce qu'on aura plus de renseignements qu'on n'en a à l'heure actuelle, mais il y a quelque chose qui est plus fâcheux encore que l'absence de renseignements, c'est le renseignement inexact. Or, je crains qu'on n'arrive pas facilement à avoir des renseignements certains sur les points en question. Quand il s'agit de connaître un renseignement administratif, comme par exemple le caractère domanial, communal ou autre d'une forêt, c'est une chose ferme, facile à déterminer, mais lorsqu'il s'agit de savoir si l'accès de telle ou telle forêt est permis au public, c'est un renseignement qui peut être très variable.

M. LE PRÉSIDENT. — Quand les bois appartiennent au Domaine national, l'accès en est toujours autorisé pour le public, mais, comme nous émettons un vœu international, nous pouvons ajouter dans ce vœu les mots *dans la mesure du possible.* Nous savons que l'Administration française possède ces documents, mais il se peut que d'autres administrations ne les possèdent pas.

M. Van de Poll. — Il serait évidemment difficile de prévoir tous les cas qui peuvent se produire. Ainsi, en Hollande, où j'ai été garde général, il existe des routes qui ne sont ouvertes au public que temporairement. Il en est ainsi notamment dans une forêt qui appartient à la Reine. Il y a aussi des routes qui ne sont pas accessibles aux automobiles : il faut, pour y circuler, une autorisation spéciale. Il n'est pas possible d'entrer dans tous ces détails dans un vœu qui doit être général.

M. Dumesnil. — Pour éviter toute confusion, il serait bon de convenir qu'il n'y aurait que deux teintes différentes ou deux signes conventionnels différents, l'un pour les bois particuliers, l'autre pour les forêts nationales ou communales. Il n'est pas besoin de deux signes différents pour ces deux dernières.

M. le Président. — Il s'agit en effet de distinguer simplement les bois particuliers des autres. Ce n'est pas un droit que nous signalons sur les cartes, c'est simplement l'indication qu'on peut habituellement se promener dans telle ou telle forêt.

Voici la rédaction que nous vous proposons :

« *Que les Administrations et les Sociétés compétentes veuillent bien faciliter l'établissement et la mise à la disposition du public de cartes forestières.*

« *Que sur les cartes touristiques à établir, les bois habituellement ouverts au public soient indiqués d'une façon précise* ».

M. Lorieux. — Pourquoi parler des « cartes touristiques » seulement. La distinction s'impose pour toutes les cartes d'une manière générale.

M. le Président. — Il s'agit d'un renseignement d'ordre général, je ne vois pas pourquoi nous ne demanderions pas que ce renseignement figure sur toutes les cartes. Pour mettre tout le monde d'accord, nous pourrions rédiger le vœu de la façon suivante :

« *Que les Administrations et les Sociétés compétentes veuillent bien faciliter l'établissement et la mise à la disposition du public de cartes forestières ;*

« *Que, sur les cartes, les bois habituellement ouverts à la circulation touristique soient indiqués d'une manière précise* ».

Le vœu, mis aux voix, est adopté.

M. Dumesnil. — Vous avez dit tout à l'heure qu'il était désirable que toutes les cartes soient uniformes. Cette uniformité ne peut exister que par pays ; car il ne faut pas oublier que nous sommes un Congrès international.

M. LE PRÉSIDENT. — Nous avons dit qu'il serait intéressant que, dans l'ensemble des cartes qui seront publiées dans tous les pays, une échelle uniforme soit adoptée, mais nous ne pouvons pas en faire l'objet d'un vœu. Chacun est libre d'agir selon ses facilités et son bon plaisir. La Commission qui va poursuivre la réalisation des vœux établira un projet qui sera soumis aux différents gouvernements en leur disant : « Nous serions heureux de voir ce vœu exécuté de telle ou telle manière.

Nous allons maintenant soumettre à votre approbation le vœu présenté par M. Gouilly comme conclusion de son rapport.

M. GOUILLY. — Ce vœu est le suivant :

« *Que l'accès et la visite de forêts de promenade soient facilités par l'amélioration des chemins, la création de sentiers, la pose de plaques indicatrices ayant un caractère rustique, l'établissement de bancs ou d'abris pour les promeneurs, le dégagement des points de vue ;*

« *Que, sur les cartes déjà publiées et sur celles affichées dans les postes forestiers, les arbres, les peuplements ou les sites remarquables, les points de vue et les curiosités naturelles existant dans chaque forêt soient repérés* ».

M. J. COCHON. — Je vous propose d'ajouter également les fontaines dans cette énumération.

UN CONGRESSISTE. — Et les sources.

M. LE PRÉSIDENT. — Les fontaines sont une chose toujours très intéressante en forêt. Nous pourrions rédiger le vœu ainsi : « *ou les sites remarquables, les sources, les fontaines, les points de vue, etc.* ».

M. le comte CLARY. — Pour renforcer le vœu que nous avons émis tout à l'heure lors de la discussion du rapport de M. Thiollier nous pourrions également, dans le vœu actuel, puisqu'il y est question de la création de sentiers, indiquer « *sentiers de piétons ou cyclables* ».

M. LE PRÉSIDENT. — Nous dirions donc : « *l'amélioration des chemins, la création de sentiers de piétons ou cyclables, la pose, etc.* ».

Je mets aux voix le vœu de M. Gouilly, modifié par les deux adjonctions qui viennent d'être proposées.

Le vœu est adopté.

M. LE PRÉSIDENT. — La seconde partie du vœu de M. Gouilly a trait aux cartes. Si vous le voulez bien, nous y ajouterons le vœu que nous avons émis déjà pour l'établissement et la mise à la disposition du public de cartes forestières.

Adopté.

M. LE PRÉSIDENT. — Il nous reste enfin à statuer sur le vœu que M. Gouilly a proposé au début de la discussion de son rapport et qui est ainsi conçu :

« *Que les indications d'ordre administratif qui existent ou qui sont susceptibles d'exister en forêt et qui peuvent être d'un intérêt quelconque pour le tourisme soient placées d'une façon très apparente et toujours entretenues en bon état* ».

Le vœu est adopté.

M. COULON se plaint que l'Administration forestière se trouve complètement désarmée pour poursuivre les entrepreneurs qui déchargent des graviers ou conduisent des détritus en forêt.

Et la section adopte le vœu présenté par M. le comte CLARY :

« *Le Congrès émet le vœu que certaines sanctions rendues nécessaires pour la protection des sites, la création de parcs nationaux, etc., dans les forêts soumises au régime forestier, soient prévues et ajoutées au Code forestier* ».

La séance est levée à 11 heures.

SÉANCE DU 19 JUIN 1913

(MATIN)

Présidence de M. CHAIX, président de Section

La séance est ouverte à 9 h. 20.

M. LE PRÉSIDENT. — L'ordre du jour appelle la discussion du rapport de M. Mathey sur les parcs nationaux. La question des parcs nationaux est une question vitale pour tout ce qui nous intéresse et nous aurions été très heureux de voir notre éminent collègue venir défendre avec l'énergie qui lui est coutumière les idées qu'il a émises dans son rapport. Cependant, comme il n'est pas possible de remettre ce débat, nous allons ouvrir, malgré l'absence de M. MATHEY, la discussion.

Lecture est donnée du rapport de M. MATHEY sur les PARCS NATIONAUX :

RAPPORT DE M. A. MATHEY. — L'industrialisme poussé jusqu'à ses dernières limites, la cupidité humaine ne respectant plus rien, pas même les impressionnantes beautés naturelles, le viol permanent des sites les plus vantés érigé à la hauteur d'une institution d'État, l'appauvrissement incessant de la flore spontanée, la disparition de nombreuses et inoffensives espèces animales ont fini par provoquer chez tous les peuples un réveil de la conscience nationale. De là, est née l'idée de la constitution de *parcs nationaux*, c'est-à-dire de la mise à ban de vastes territoires à tout jamais soustraits à l'entreprise des hommes et dans lesquels animaux et plantes revivront en paix les premiers âges de l'humanité, donnant ainsi l'attrayant et instructif spectacle d'un monde qui évolue librement vers des destins inconnus.

Et, tout d'abord, je dois faire remarquer que, si l'appellation est relativement nouvelle, en revanche l'idée est fort ancienne et, comme toujours, d'origine française. Vers 1830, toute une élite de jeunes gens aux longs longs cheveux et aux barbes de fleuve vint s'installer à Barbizon, au sud de la forêt de Fontainebleau, séduite par la sauvagerie relative de ses vieilles futaies et de ses pittoresques empilements de grès. Les artistes aiment le bruit. La colonie de Barbizon ne tarda pas à faire parler d'elle. La forêt étant son atelier, elle se demanda quelle farce elle pourrait bien jouer aux philistins qui s'arrogeaient des droits sur un terrain qu'elle avait décrété sien. Elle trouva le motif de cette farce dans les exploitations forestières. Eh quoi ! on osait toucher à des arbres qui inspiraient de si Origines.

belles œuvres ! N'était-ce pas là le comble de l'iconoclasme ! En vain les barbares voulurent tenir tête à l'orage ; en vain prétextèrent-ils que le bien de la forêt exigeait l'enlèvement des arbres morts et mourants, les petits rapins têtus et bien servis par leur sens artistique ne voulurent rien savoir; ils rugirent : Vous ne toucherez rien ; l'art s'inspire aussi bien des œuvres de mort que des œuvres de vie. Passez votre chemin, ô féroces contempteurs de la nature librement épanouie, nous voulons pouvoir peindre la jeunesse et l'amour, le printemps et l'hiver, la vieillesse et son long cortège de misères et de deuils ; nous voulons montrer à l'humanité que la vie est un perpétuel combat et que rien n'est éternel en dehors des œuvres de génie ».

Et ils firent tant, les petits rapins têtus, ils agitèrent si fort leurs longs cheveux, ils promenèrent si bien leurs barbes de fleuve dans les bureaux de rédaction des grands quotidiens, qu'ils obtinrent satisfaction. En 1861, on finit par ériger en séries artistiques, où la hache ne devait plus pénétrer, certaines parties de la forêt de Fontainebleau. Telle est la genèse des parcs nationaux. Est-il besoin d'ajouter que la constitution des séries artistiques eût les plus heureuses conséquences pour les bourgades entourant la forêt de Fontainebleau. Barbizon et Marlotte, en particulier, durent à cette institution leur célébrité, leur vogue et leur embellissement. Tant il est vrai que les beautés naturelles sont une source prolongée de richesse pour ceux qui savent les conserver! Il faut reconnaître qu'en dehors de sa proximité de Paris et de ses beaux massifs forestiers, la forêt de Fontainebleau n'était rien moins qu'indiquée pour la constitution de séries artistiques. C'est, en effet, une forêt sèche et silencieuse par excellence. De fréquents et calamiteux incendies en altèrent périodiquement la physionomie. Aucun oiseau n'y gazouille, aucun ruisseau n'y murmure, et ses mares, illustrées par le pinceau de peintres fameux, et légèrement creusées dans la table de grès, ne renferment que quelques gouttes d'eau, à peine suffisantes pour étancher la soif des chevreuils, des cerfs et des sangliers qui hantent ses fourrés.

Aux séries artistiques de Fontainebleau, j'aurais voulu ajouter celle du Couvent de la Grande-Chartreuse. Longtemps soustraite aux exploitations, la végétation forestière y avait acquis une force incomparable et une majesté impressionnante. Des coupes récentes ont malheureusement jeté bas les beaux épicéas de Casalibus et fait, de ce site merveilleux, un type banal de forêt éventrée. N'est-ce pas le cas de répéter avec le poète : *Sunt lacrymæ rerum* ! Il est question de rendre cette partie de la forêt domaniale de la Chartreuse à sa destination primitive. Ce sera sage ; mais de tels peuplements demandent un siècle pour retrouver leur splendeur détruite.

Les parcs nationaux chez les différents peuples.

Nous venons de voir que nous devons à une pensée esthétique la constitution des premières réserves artistiques forestières. Nous allons maintenant suivre cette institution chez les différents peuples et montrer comment l'idée a grandi, évoluant d'abord dans une direction scientifique, puis poussant enfin ses racines jusqu'au plus profond de l'âme populaire.

En 1805, un trappeur américain du nom de Coulter s'engagea, avec Lewis et Clarke dans les terres inconnues de l'Arkansas et revint ébloui des merveilles qui s'étaient offertes à ses yeux. Ses récits, s'ajoutant aux légendes indiennes, firent longtemps l'objet de l'incrédulité générale. Ce qu'on appelait « l'enfer de Coulter » passa pour une légende et l'on fût de longues années encore à ignorer « ce pays de la glace et du feu, de l'eau et de la poix bouillante, de la fumée tonnante, pays dont n'osaient approcher les Peaux-Rouges qui le croyaient hanté par le mauvais esprit ».

Plus tard, en 1869, les inspecteurs Cook et Folson visitèrent le Yellowstone et remontèrent jusqu'au lac. Enfin le géologue Hayden en fit l'exploration détaillée en 1871 et publia un rapport sur ses merveilles. Le Yellowstone fut alors déclaré parc national par une loi du Congrès, promulguée le 1er mars 1872, sur la proposition d'Hayden. Voici le texte de la loi organique :

« Ce territoire est érigé en parc public ou jardin d'agrément pour l'avan-
« tage et la jouissance de la nation ; quiconque s'y établira ou en occupera
« une partie, sauf dans les cas prévus par les règlements, sera considéré
« comme contrevenant et immédiatement expulsé. Les règlements ont
« pour but de préserver de tous dommages et spoliation et de conserver
« dans leur état naturel les forêts, les dépôts minéraux, les curiosités
« naturelles et les merveilles que renferme le Parc ».

Le Parc national du Yellowstone forme un quadrilatère d'environ 80 à 100 kilomètres de côté ; son étendue est donc de 800.000 hectares. C'est avant tout une contrée volcanique, où l'on trouve tous les accidents plutoniques possibles, et, en particulier, c'est le pays des Geysers. Les 49 sources chaudes de l'Arkansas y sont englobées avec leur débit quotidien de 45.000 mètres cubes d'eaux thermales. Sous le rapport des phénomènes geysériens, dit Leclercq, l'Islande elle-même n'est qu'une pâle réduction du Yellowstone.

Si l'on se reporte au texte de la loi organique, on voit que c'est bien une pensée scientifique qui a dicté les actes du Congrès de Washington. D'une part, les Américains ont voulu conserver leurs richesses minéralogiques ; d'autre part, ils ont compris qu'il ne fallait point toucher au cadre forestier qui ajoutait sa splendeur à la magnificence des phénomènes dont est le théâtre cette terre privilégiée. A ces préoccupations d'ordre scientifique et esthétique se mêlèrent également le souci de l'éducation des masses, pour lesquelles le respect des arbres était comme un évangile nouveau, et le désir très légitime de créer, par le tourisme, une nouvelle source de richesse pour les États-Unis. Le Parc national du Yellowstone devint la « Great attraction » de l'Ouest américain. A peine décrété, on s'évertua à le faire connaître et à l'aménager. Tout d'abord, on chercha à reconstituer, sur cet immense territoire interdit aux chasseurs, la faune de l'Amérique du Nord. On y introduisit les espèces en voie de déclin ou de disparition. Et ce n'est pas un des moindres étonnements que de voir jeter en pâture à la curiosité des visiteurs, à côté des ours bruns apprivoisés et venant, sur les tas d'ordures, manger les restes des hôtels, les derniers représentants de la race autochtone, de cette race qui préféra s'ensevelir vivante dans son cercueil plutôt que de se plier aux lois de ses vainqueurs.

J'ajoute, pour être complet, que les Américains ont aussi érigé en parc national un espace plus petit de terrain dans le Mariposa, où croissent des sequoias géants.

Cet exemple des États-Unis ne tarda pas à être imité par presque tous les États de la vieille Europe. En 1904, sur l'initiative de l'illustre explorateur Nordenskjold, le Parlement suédois mit en dehors de toute exploitation un territoire de 18.000 hectares autour des lacs de Laponie, dans le but de protéger toute vie animale et végétale et de voir comment se comportait la forêt à l'état vierge. Plus tard furent créés d'autres parcs de la nature tendant toujours à la protection des sites, de la faune et de la flore.

En 1905, furent décrétés les premières réserves norvégiennes et le premier parc national autrichien englobant 1.748 hectares de forêt vierge en Bosnie. A la même époque et grâce à l'ardente campagne menée par le professeur Couwentes, l'Allemagne protégeait contre toute ingérence humaine de nombreux cantons forestiers situés dans les plaines du Nord et dans les basses montagnes.

L'Angleterre possède la réserve royale de chasse du New-Forest, en Hampshire, créée par Guillaume de Normandie au XIe siècle ; elle montre en outre avec un légitime orgueil un grand nombre de parcs appartenant à d'anciennes familles qui les gardent depuis plusieurs siècles à l'état de nature. Ces parcs, dont l'étendue dépasse souvent 1.000 hectares, sont peuplés d'arbres superbes et très vieux ; ils sont de plus soigneusement clos, de façon à pouvoir conserver des cerfs, des daims et le bétail blanc indigène qui n'existe pas en d'autres pays et qui fait la gloire d'Albion.

Malgré toutes ces richesses, le Royaume-Uni n'a pas voulu rester en dehors du mouvement qui pousse tous les peuples à communier dans l'amour de la nature. Et la société « National trust for places of historic interest or natural beauty » a acheté, entre autres et vers 1906, le Bradlehow-Park, dans le Cumberland, pour le prix de 150.000 francs. C'est une forêt vierge de 50 hectares, qui est conservée à titre de propriété nationale. La somme requise a été récoltée par souscription, en *cinq mois.*

A ce propos, je ne puis m'empêcher de gémir sur la disparition de plus en plus grande des parcs privés de France. Les derniers auront bientôt vécu. Et la fiscalité qui s'acharne après eux tend tout simplement à appauvrir le patrimoine esthétique de notre pays. D'une part, on édicte des lois pour la protection des sites et, d'autre part, par des menaces d'impôts exagérés, on décrète la mort sans phrase de véritables monuments naturels, car ce sont bien des monuments que ces vieilles futaies et que ces vieux arbres, témoins de nos gloires séculaires, de nos victoires et de nos défaites, de nos luttes et de nos passions, dont ils gardent le souvenir gravé sur leurs écorces. Comprenne qui pourra ! J'arrive maintenant au dernier acte de ce long historique. C'est au plus petit Etat d'Europe, à la Suisse, qu'il appartenait de grouper en un faisceau compact tout ce que l'art, la science, l'amour de la patrie ont accumulé de motifs en faveur de la protection des œuvres de la nature. Une véritable croisade a été entreprise pour sauver du vandalisme les derniers vestiges du passé. Et cette ligue a recruté des adhérents nombreux dans toutes les classes de la société. A la tête des croisés, nous sommes heureux de trouver la Société des Forestiers suisses, à laquelle revient le très grand honneur d'avoir, la première, mis à l'étude l'établissement de réserves forestières. Voici du reste le texte exact de la motion présentée par MM. H. Badoux et R. Glutz à la réunion annuelle de 1906 du Congrès forestier, motion qui a été votée d'enthousiasme.

Considérant :

1° Qu'il est du plus haut intérêt pour la sylviculture, la botanique et la géographie botanique de conserver en permanence quelques mas de forêts à l'état vierge;

2° Que l'institution de pareilles réserves deviendra toujours plus difficile eu égard au rapide développement de la culture forestière.
3° Que dans d'autres pays, on a, dès longtemps, décrété le maintien de réserves forestières.

Les soussignés déposent le vœu suivant :

Est-il désirable et possible de choisir en Suisse quelques mas de forêts (d'environ 20 à 100 hectares), lesquels seraient soustraits à toute action de l'homme, abandonnés ainsi à la nature et conservés pour toujours à l'état vierge ?

Cette motion eut le don de réveiller toutes les énergies qui sommeillaient. La Ligue pour la Conservation de la Suisse pittoresque, la Ligue nationale pour la Protection de la nature virent tout le parti qu'elles pouvaient tirer de ce mouvement d'opinion, et elles offrirent immédiatement leur puissant concours aux forestiers suisses. Enfin, les sections scientifiques d'histoire naturelle, alarmées par le préjudice considérable causé à la faune et à la flore par l'extension des cultures, l'industrialisation des forces naturelles et... le tourisme, se mirent en campagne à leur tour. Elles instituèrent des commissions pour la protection des monuments naturels, leur donnant pour mission de préserver dans la mesure du possible ce qui serait encore de la faune et de la flore, ce qui demeure toujours des blocs erratiques et des documents préhistoriques, qui ont été légués à travers les âges aux générations actuelles et qui font partie du *patrimoine esthétique et intellectuel* de tous ceux qui aiment leur pays.

De ce concours puissant de bonnes volontés sont nées des ordonnances cantonales pour la protection de la flore, ordonnances qui ont été consacrées par un vote quasi-unanime des populations consultées. J'ajoute que depuis longtemps la faune est largement protégée en Suisse, car il existe, dans presque tous les cantons, de nombreux districts — qualifiés de *refuges* — entièrement fermés à la chasse.

Ces refuges ont été institués par l'article 15 des lois du 17 septembre 1875 et du 24 juin 1904 sur la chasse et la protection des oiseaux. En voici le texte : « Il sera réservé un district où la chasse du gibier de montagne « sera prohibée dans chacun des cantons d'Appenzell, de Saint-Gall, de « Glaris, d'Uri, de Schwyz, d'Unterwald, de Lucerne, de Fribourg et de « Vaud ; deux districts dans chacun des cantons de Berne et du Tessin, « et trois dans ceux du Valais et des Grisons. Ces districts devront « être d'une étendue suffisante ; ils sont placés sous la haute surveil- « lance de la Confédération. Un règlement spécial du Conseil fédéral « fixera les limites exactes de ces districts (sans avoir égard aux fron- « tières cantonales et ordonnera une surveillance sévère sur le gibier ; ce « règlement contiendra les dispositions nécessaires pour la protection « et la conservation du gibier de montagne, suivant les circonstances et « la situation des lieux.

« La délimitation de ces districts francs sera modifiée autant que pos- « sible tous les cinq ans.

« La Confédération cherchera à acclimater des bouquetins dans ces « districts ».

A l'heure actuelle, ces districts fermés couvrent une étendue de 171.200 hectares, représentant les 4/100 du territoire de la Suisse. On évalue la population animale de ces refuges à 6.000 chamois et 700 chevreuils.

Quand on pénètre plus avant dans les détails de la législation suisse sur la chasse, toute d'humanité et de protection, et qu'on la compare avec la nôtre, toute de sauvagerie et de destruction, on constate avec honte que nous avons reculé d'un siècle dans la voie du progrès. Le gibier de l'Ouganda est mieux protégé que celui de France contre la cupidité barbare et aveugle des chasseurs-destructeurs. N'est-il pas temps de réveiller la pitié des masses pour tant de gentes bêtes qui disparaissent de notre doux pays et qui emportent avec elles ce renom d'hommes au cœur généreux et tendre sous lequel furent connus nos ancêtres ? N'est-il pas temps aussi de fonder une ligue pour la protection de la faune française ? Protéger les sites, c'est assurément très bien ; mais protéger la vie de créatures inoffensives et belles, qui attestent la variété et la puissance de la nature, n'est-ce pas mieux encore ? Allons donc hardiment de l'avant, imitons la Suisse ; nous aurons avec nous toutes les femmes de France, heureuses de jeter dans la balance, en faveur de pauvres victimes, leurs cœurs de mère, d'épouse ou de fille !

La fondation de cette Ligue pour le beau et pour le bien est d'autant plus nécessaire qu'il est promptement apparu aux forestiers et aux naturalistes suisses que les mesures restrictives, prises par les gouvernements cantonaux, ne pouvaient protéger d'une manière absolue ni la faune ni la flore. En France, ce serait pis. Il suffit que l'autorité commande pour que le peuple se révolte. Quand on lui dit : « Protège », il tue ou il détruit ; quand on lui ordonne de détruire, il passe indifférent ou même il s'amuse à protéger, pour « embêter » l'autorité et le voisin. Certes, vous vous êtes arrêtés bien des fois devant de grandes affiches blanches ordonnant le hannetonnage, l'échenillage, l'échardonnage, la destruction du houblon sauvage, de l'épine-vinette, que sais-je encore ? Mais je ne crois pas que vous ayiez jamais vu dresser une seule contravention aux contrevenants à ces arrêtés, qui sont légion, qui sont messieurs « Tout le monde ». A peine a-t-il quitté son biberon que le Français apprend à se moquer des règlements et des lois. Il est vrai que les règlements et les lois ne sont pas toujours d'une application commode. Et je me suis toujours demandé comment je pourrai bien arriver à détruire les hannetons sur une profondeur de 50 mètres au long de mes forêts. Toute une brigade réunie au pied d'un chêne centenaire ne parviendrait pas, quels que soient ses efforts, à imprimer à la cime l'oscillation nécessaire pour faire tomber à terre le ou les hannetons qui dévorent son feuillage. Ce que je dis des forestiers s'applique aussi bien aux cantonniers.

L'impossibilité d'obtenir, même en Suisse, des résultats positifs par la voie des circulaires et des affiches étant bien et dûment constatée, nos voisins en revinrent à la conception des enceintes fermées, dans lesquelles plantes et bêtes jouiraient d'une entière liberté à l'abri des interventions humaines. Ils furent ainsi conduits à créer des asiles intangibles dans des régions soigneusement choisies, asiles où les végétaux et les animaux pourraient se développer suivant les lois naturelles, évoluer avec le milieu, former enfin dans le cours des ans des sociétés semblables à celles qui existaient avant l'occupation de l'homme.

Toutes les volontés agissantes de la Suisse se fondirent alors en une société unique, dite « de protection pour la nature », dont est membre toute personne versant une cotisation annuelle de 1 franc ou un versement définitif de 20 francs.

A sa naissance, cette société comptait 5.000 membres disposant d'un fonds social de 20.000 francs. C'était en 1909. Depuis, le nombre des membres a plus que doublé. A Pâques 1911, M. le docteur Schröter, l'infatigable apôtre de la Ligue, m'écrivait que cette dernière ralliait 10.000 adhérents, que ses revenus annuels étaient de 15.000 francs et que son capital inaliénable atteignait 30.000 francs. Un subside annuel de 30.000 francs est accordé par le Conseil fédéral à la société.

Celle-ci n'est pas restée inactive. Nantie de ces ressources, elle a immédiatement créé dans la Basse-Engadine, sur le territoire de la commune de Zernez, au sud du coude formé par l'Inn, le premier *Parc national suisse*. Les débuts ont été modestes. Le noyau central formé par le Val Cluoza ne renfermait de prime abord que 2.560 hectares ; mais, autour de ce noyau, sont déjà venus cristalliser de nombreux cantons qui ont élevé à 5.000 hectares la superficie du Parc. Ce n'est pas tout. Chaque année voit grandir cette contenance qui sera bientôt de 21.000 hectares. Telle est, en effet, la puissance de l'attraction moléculaire, que toutes les communes avoisinant le Val Cluoza veulent ajouter un nouveau fleuron à la couronne tressée au front des Alpes par les amis de la nature. Et si l'on songe que le projet a été soumis à la votation populaire du canton des Grisons, qui l'a adopté à la presque unanimité, on peut dire que le Parc national suisse est dû à une magnifique et touchante explosion d'amour pour le pays natal.

Quelles sont les raisons qui ont fait choisir le Val Cluoza pour l'emplacement du Parc national ? Le docteur Jaccard va nous les dire : « Grâce « à son accès difficile, le Val Cluoza a conservé un cachet de sauvagerie « et de virginité qu'on ne rencontre guère ailleurs en Suisse au même « degré. Le domaine forestier de l'Ofeu, auquel il se rattache, présente un « intérêt exceptionnel, spécialement à cause de ses remarquables forêts « de pins de montagne, qui sont les plus grandes de la Suisse, auxquelles « s'ajoutent de belles forêts à peu près pures d'aroles, de magnifiques « peuplements mélangés d'épicéas et de mélèzes, et où se rencontrent « diverses formes particulières de torche-pins et de pins sylvestres (*Pinus* « *sylvestris, d. var. engadineusis Heer; Pinus montann var. mughus*), ayant « un réel caractère botanique. Grâce à la grande diversité orographique et « pétrographique de ce territoire, la flore ainsi que la faune d'ailleurs y « sont d'une grande richesse ; de nombreuses espèces orientales et méri- « dionales s'y rencontrent qui n'existent nulle part ailleurs en Suisse. « Le territoire de l'Ofeu est enfin le dernier refuge de l'ours en Suisse, et, « s'il n'y a aucune raison sérieuse pour propager d'une façon générale « cet intéressant plantigrade, lequel est parfaitement inoffensif pour « l'homme, il est, par contre, des plus désirable d'empêcher sa dispari- « tion complète, de même que celle du bouquetin qui, jadis, peuplait « nos Alpes méridionales ».

Non contents d'avoir créé leur Parc national, les forestiers suisses ont énergiquement poursuivi leur idée première, qui était la conservation de forêts à l'état vierge. Un auteur forestier de grand mérite, M. Dimitz, après avoir visité la forêt vierge de la Bosnie, s'écrie enthousiasmé : « Elle est la preuve vivante que la nature est le meilleur architecte de la forêt ; si nous voulons l'imiter, nous ne pouvons que copier son œuvre ». Mais, comme le fait si justement remarquer notre collègue M. H. Badoux, où peut-on étudier et imiter l'exemple de la nature, puisque toute forêt vierge a disparu ? Et cependant, c'est bien dans la seule forêt vierge qu'on peut apprécier avec sûreté les exigences de nos essences quant à la station ; après une lutte plusieurs fois séculaire pour l'existence, elle ont pu faire leur choix ; cette lutte, tout au moins entre les individus adultes, est arrivée à son terme (Dr Mayr).

D'une part, les aménagements et les exploitations, les caprices et les fantaisies, ont brisé partout le cycle de l'évolution naturelle des massifs au point que nous ignorons absolument si le recul ou l'avancement de certaines essences est le fait du climat ou de l'homme. C'est ce que me mandait dernièrement M. Charles Rabot. A peine encore sommes-nous renseignés sur les *zones contestées*, c'est-à-dire sur les points où les différentes essences entrent en contact, ce qui est cependant un des chapitres les plus instructifs et les plus curieux de l'histoire du monde végétal. Et ces associations ligneuses et herbacées, que nous nous plaisons souvent à donner comme une réaction du sol et du climat, ne sont trop souvent qu'un *moment* éphémère et fugace de la vie des peuplements. C'est ainsi que l'on décrit à chaque instant l'association du chêne rouvre, alors que ce chêne n'est parfois qu'un échelon très bas d'une association beaucoup plus élevée, dont nous avons brisé l'évolution. D'autre part, nous n'avons, pour ainsi dire, aucune donnée sur les transformations économiques de nos peuplements. Les forestiers eux-mêmes ne sont pas d'accord sur ce que l'on peut demander aux différents sols. Ici on vous dit sans rire : « Les taillis de chêne meurent à 25 ans » ; ailleurs, on proclame que « les taillis de hêtre ne prospèrent plus à partir de 40 ans ». Ces erreurs se propagent vite et s'enracinent dans l'âme populaire. Comment les combattre d'une façon péremptoire, si ce n'est en montrant que *la forêt est éternelle* ?

Oui, elle est éternelle la forêt que l'homme n'a point torturée, n'a point modelée au gré de ses changeants caprices, n'a point déflorée, en un mot, et ceux qui manifestent des craintes pusillanimes sur le danger que feraient courir aux peuplements abandonnés à eux-mêmes les insectes et les champignons, peuvent se rassurer. Tous ceux de nos camarades qui ont visité des forêts vierges peuvent attester qu'elles présentent une végétation exubérante et une vitalité tout à fait remarquable. A ceux qui savent voir, il apparaît nettement que ce sont surtout les apports étrangers et la culture qui développent les maladies et les dommages causés par les insectes. Dans nos bois des alluvions, la vigne sauvage se rit du phylloxéra : elle est sucée à mort dans les cultures. Dans les vieilles forêts d'épicéa, le *Trametes radiciperda* existe simplement à l'état sporadique : il décime, par contre, les peuplements créés de main d'homme. Et, pour se préserver des insectes et des champignons, le dernier mot de la science est de laisser le mélange des essences s'opérer au gré de la nature.

Les réserves forestières, qui se concilient si bien avec la protection des sites et de la flore, sollicitent donc, au même titre que les parcs nationaux, dont ils sont une image affaiblie, toute l'attention des amis de la nature, des savants et des pouvoirs publics. Celui qui, sans elles, voudrait écrire l'histoire de la terre ressemblerait à cet historiographe qui s'efforcerait d'évoquer le passé d'un pays sans palimpsestes, sans manuscrits, sans monuments. N'est-ce pas un devoir pour l'État que de laisser à ses penseurs, à ses chercheurs, quelques coins de nature vierge où puissent s'exercer leurs facultés d'observation ? C'est en interrogeant ce qui vit qu'on reconstituera l'historique de ce qui a vécu. La France est assez grande et assez riche pour conserver, de ci de là, les coins agrestes de son territoire, qui donneront à chaque région son cachet original et vrai. Chênaie, hêtraie, aulnaie, sapinière, pessière, pineraie, tout cela mérite de se développer librement sur quelques places privilégiées, aussi bien que la lande et le guéret, la garrigue et le maquis, la buxeraie et la tourbière. Du libre jeu de ces associations jaillira un enseignement fécond, destiné à expliquer le passé et à éclairer l'avenir. Pour trouver la nature recueillie et vierge, point ne sera besoin d'aller en Bosnie, en Allemagne, en Norvège, en Suisse ; la France, qui synthétise tous les climats de l'Europe, pourra offrir à ses enfants un champ d'études pour ainsi dire illimité.

Et maintenant que je viens d'esquisser à grands traits le magnifique courant d'opinion qui se dessine chez les peuples voisins et qui les pousse irrésistiblement à reconstituer le berceau de l'humanité, tout en respectant les œuvres grandioses de la nature, il me reste à indiquer ce qui a été fait en France, ou plutôt ce que l'on projette de faire et comment il faut le faire.

Les séries artistiques, que nous avons vu éclore en 1861 dans la forêt de Fontainebleau et qui existaient de tout temps en Chartreuse, ont cédé devant l'esprit de fiscalité outrée qui a soufflé en tempête sur la France à la suite de nos désastres. Jusqu'à ces dernières années, on peut dire que les particuliers, comme l'Etat, avaient honte de leurs richesses. Et, du passé d'épargne, des fastes de notre histoire, des monuments qui rappellent notre splendeur et notre richesse, chaque jour en emporte un lambeau.

Après avoir sorti du tombeau de l'oubli la grande figure de Surell, je me suis adressé à ceux qui m'avaient suivi dans cette entreprise. Et, de même que c'est à Grenoble que l'œuvre de Surell a été magnifiée, c'est à Grenoble encore que la « Société forestière de Franche-Comté et Belfort » a voté une motion, la première, en faveur de la création des Parcs nationaux en France. J'avais, en effet, insisté pour qu'on traitât en assemblée générale cette question, dont j'avais précédemment exposé les premiers linéaments dans une causerie au Bio-Club.

L'annonce était à peine faite que je reçus une lettre charmante de mon excellent maître et ami, M. le docteur Flahault, me demandant de lui passer la parole. Avec un tel concours, l'issue ne pouvait être douteuse. La motion fut votée d'enthousiasme.

Mais il y a souvent loin de la coupe aux lèvres, et il ne suffit pas de voter des motions pour en voir s'effectuer la réalisation. Le problème était posé. Allait-on pouvoir le résoudre ? Après avoir rappelé les résultats obtenus dans les autres pays, M. Flahault s'écriait : « Voilà bien des exemples à suivre. La France le peut-elle ? Des pessimistes diront que non ! Les difficultés sont grandes et je ne m'illusionne pas à ce sujet ».

Oui, les difficultés étaient grandes, mais avec la foi nous les avons vaincues.

Tout d'abord, il s'agissait de trouver l'emplacement du parc national. Chacun avait son idée là-dessus. Les uns le voulaient dans l'Estérel, les autres en Chartreuse ; d'aucuns le plaçaient dans le Queyras et d'autres dans Belledonne. Et cette diversité d'opinions tenait à ce que l'on n'était point du tout familiarisé avec la conception du parc national, impliquant l'abandon de la nature à elle-même. L'Estérel ne convenait en rien parce que, d'une part, il appartient à une région maritime et chaude, parce que, d'autre part, ses peuplements ont été profondément modifiés par l'homme et que de désastreux incendies s'y observent tous les ans. La Chartreuse n'avait pas de glaciers, et l'on ne pouvait vraiment, pour des motifs économiques impérieux, suspendre les exploitations dans ce massif. C'était vouer les populations de la région à une véritable ruine. Il y a mieux à faire en Chartreuse, et nous y travaillons : c'est de réunir en une seule masse forestière tous les pâturages des hospices. Le jour où cette acquisition sera réalisée, la Chartreuse sera un incomparable asile pour la faune et pour la flore des Préalpes. Nous y réintroduirons, le 20 juin prochain, le cerf, le chevreuil et le grand tétras. Le Queyras était loin, difficilement abordable. Enfin Belledonne était déjà défloré par l'industrie ; des robinets avaient été mis à ses lacs ; ses glaciers étaient petits, et l'on me demandait des sommes fabuleuses pour la région voisine du Glandon.

De prime abord, j'avais songé à Saint-Christophe-en-Oisans et plus spécialement à la Bérarde. La pauvreté du pays, la faible densité de la population, un abord relativement facile, une nature impressionnante par sa sauvage grandeur, des cimes admirables, des glaciers éblouissants, une vallée étroite, fermée, facile à verrouiller, la présence d'une faune alpine encore riche, tout me portait à persévérer dans mes desseins. Les critiques ne manquèrent cependant pas. On objecta tout d'abord qu'il aurait fallu prendre un massif homogène, entier, et ne point se borner à quelques versants, à quelques fonds de vallées. L'objection était mesquine, car l'emplacement choisi permet justement l'extension presqu'indéfinie du Parc sur le territoire de communes ainsi pauvres, aussi étendues, aussi déshéritées et aussi intéressantes que Saint-Christophe. Dans un avenir très peu éloigné, le Pelvoux constituera le plus beau parc du monde entier. Et il est tout entier français, français dans son noyau, français dans son pourtour, ce qui n'est le cas ni de la Vanoise, ni du Mont Blanc, les deux seules régions de nos Alpes qui offrent un déploiement de glaciers et de hautes cimes égal ou supérieur.

On fit ensuite valoir que le Parc national ne comprendrait pas de forêt et que sa flore était particulièrement pauvre et monotone. En ce qui concerne les forêts, il est vrai qu'elles ne sont pas très bien représentées. Il existe cependant au-dessus du Plan du Carrelet un massif important de pins de montagne, jadis mélangé de cembros, et merveilleusement situé et agencé pour servir de refuge à la faune du pays et à celle qu'on se propose de réinstaller.

Cette relique a un intérêt considérable, car, de son extension ou de son rétrécissement, on pourra tirer argument définitif pour ou contre la dégradation du climat alpin. Les derniers arbres sont actuellement situés vers 2.450 mètres d'altitude. On aura à repérer soigneusement cette limite supérieure, comme on le fait d'ailleurs pour le front changeant des glaciers.

Il est incontestable que ce lambeau de forêt est le débris d'un massif beaucoup plus étendu, qui couvrait jadis tout l'espace dévolu actuellement aux pâturages. Et il n'est pas rare de trouver au milieu de ceux-ci des souches de pin attestant le recul de la végétation forestière qui s'est élevée jusqu'à 2.700 mètres environ. Les cembros du sommet ont disparu sous la dent des troupeaux, comme les mélèzes du bas sous la hache des cultivateurs. Un seul exemplaire d'arole existe encore dans le fond du cirque de la Bérarde, non loin du glacier de la Pilate, et le dernier mélèze, qui marquait l'emplacement du pont jeté sur le Vénéon, a été coupé il y a quelque dix ans. Par derrière les cimes de l'Oisans, sur les versants de la Vallouise, qui tôt ou tard seront réunis au Parc national, la forêt a conservé plus d'empire, et nombreux sont les massifs de mélèzes et de cembros qui pourraient ceindre d'une verte couronne le front blanc du Pelvoux. Ce ne sont donc pas les arbres qui manqueront à notre Parc national.

Au surplus, si nous nous interdisons de construire des hôtels, de travailler la terre et de planter dans les limites du territoire réservé, nous nous ménageons la possibilité de reconstituer la flore locale, en confiant au sein fécond de la nature les semences d'espèces qui, comme je viens de le montrer, ont paré à une époque relativement récente les flancs de ces montagnes. Je dis à une époque relativement récente, car les archives communales de l'Oisans permettent de déchirer facilement le voile du passé et de reconstituer, sur des bases solides et précieuses, l'historique forestier de la région. S'il est un pays déboisé, c'est bien celui qui s'étend autour du massif des Rousses, et les pauvres chalets égrenés au milieu des pâturages en sont réduits, pour se chauffer, à brûler la bouse de vache séchée contre les murailles des habitations ou contre les rochers qui émergent de la verdure. Or, les premiers déboisements, effectués sur le territoire de la commune de Beye, remontent à 1340, et c'est seulement pendant la nuit du 15 août 1540 que le feu fut mis à l'immense forêt de Mélèze qui, de l'entonnoir de la Salsse, s'étendait vraisemblablement sur tout le plateau d'Emparès. Et, dans les ruines de ce qui furent de gras et riches pâturages, on retrouve encore quelques souches épargnées par le temps. Or, il y a de fortes raisons de penser que la nature est capable à elle seule de guérir les plaies ainsi creusées en son flanc par les hommes. Elle y mettra sans doute le temps ; elle passera sûrement par bien des transformations, par bien des étapes; mais chacune de ces transformations, chacune de ces étapes constitueront un précieux et inimitable enseignement.

Le cirque de la Bérarde se composant d'un noyau de protogyne massive, sur lequel s'appuie de tous côtés une épaisse écorce de gneiss déchirés et fracturés, il est certain que la flore, essentiellement silicicole, n'offrira pas la richesse des terrains calcaires et liasiques. A ce point de vue spécial, nous sommes un peu moins bien partagés que la Suisse. Cependant, des lambeaux de terrains secondaires paraissent subsister dans les replis du gneiss (Ch. Lory), et l'inventaire floristique de cette vaste région doit ménager bien des surprises à ceux qui auront le devoir et la mission de le dresser. Le glacier du Chardon, exploré par l'abbé Ravaud, renferme une flore variée et qui est loin d'être sans intérêt. Ce qui doit au surplus attirer les savants, c'est moins encore l'étude de quelques types peu communs que les rapports inconnus qui s'établissent entre les végétaux et les animaux abandonnés à l'état de nature. Les biologistes trouveront là une mine d'observations inépuisable.

Dans une goutte d'infusion de foin, on voit se succéder, rapidement et dans un ordre déterminé, tout un monde d'infiniment petits. Une prairie est de même dans une perpétuelle rénovation, mais l'évolution se poursuit si lentement qu'on la soupçonne à peine. Reconstituer les phases de cette lutte, montrer comment se forment, s'enchaînent et se détruisent les associations du monde végétal, tel est un des problèmes qui retiendra longtemps encore l'attention des observateurs et qui offre beaucoup d'intérêt, même au point de vue pratique. Chacun sait que la composition floristique d'un pâturage brouté diffère profondément de celle d'un alpage fauché, et la composition du foin sauvage n'est pas celle du foin récolté sur des prairies que visite la faulx. Même entre deux alpages dont l'un est fauché tous les ans et dont l'autre ne l'est qu'à des intervalles plus ou moins éloignés, la dissemblance est profonde. Mais la lutte ne se confinera pas toujours entre les herbes qui composent le tapis végétal. Tout un monde de végétaux plus puissants, arbrisseaux, arbustes, arbres, entreront en lice à leur tour, suivant leur affinité, leur tempérament et leurs exigences, et viendront donner un nouvel intérêt à ces combats dont l'histoire est encore si mal connue. C'est toute une moisson de faits à récolter.

En plaçant le noyau du Parc national à la Bérarde, c'était aussi se réserver la possibilité d'étendre l'aire de ce parc, en y englobant toutes les régions désertes du Pelvoux. Par là, on réalisera l'union de deux climats, de deux cieux, de deux Alpes : la verte et la sèche; par là encore, on aura la diversité des terrains et, par suite, aussi de la flore. Abords sauvages, cimes majestueuses, glaciers étincelants, nature mourante, mais seulement de ses blessures, et qui cache encore en son sein des trésors de force et de vigueur, susceptibles de la faire revivre dans un cadre de superbe verdure, rien ne manquera au Parc national français pour en faire un site enchanteur pour le touriste, l'artiste et le savant.

D'autres raisons encore militaient puissamment en faveur du choix de la Bérarde. La commune de Saint-Christophe ayant loué ses pâturages à l'État et à un groupe de sociétés, parmi lesquelles je citerai le Syndicat des forces hydrauliques des Alpes, le Club Alpin, la Société des Touristes du Dauphiné, l'Association dauphinoise pour l'aménagement des montagnes, il était évident que la constitution d'un territoire réservé dans ces parages ne pouvait gêner beaucoup la population. L'étendue considérable de la commune (26.000 hectares) se prêtait également bien à un démembrement en faveur de l'intérêt particulier et général du pays. Enfin, l'accès de la Bérarde est facile, même pour les petites bourses.

Ce n'est pas tout. Cette région du Pelvoux est, par ses glaciers, une mine très riche de houille blanche. Or, les glaciers, malgré les oscillations dont ils sont le théâtre, reculent singulièrement vite dans leur ensemble, et cela d'autant plus que l'on descend davantage vers le sud. On explique ce recul par la sécheresse de plus en plus accentuée du climat. Mais cette sécheresse n'est-elle pas due, pour une forte part, au déboisement ? Il est scientifiquement établi que les forêts favorisent les précipitations. L'homme n'a donc qu'un moyen et un seul d'entretenir cette source de richesse, et ce moyen consiste à entourer les bassins de houille blanche d'une couronne épaisse de forêts. Soustraites aux entreprises humaines, ces forêts finiront par replacer la nature dans son cadre primitif et ménageront à nos descendants de puissantes sources d'énergie.

Si les glaciers sont une source d'énergie, ils constituent aussi des agents singulièrement actifs d'érosion, d'accumulation et de transport des matériaux arrachés aux flancs de la montagne. Ces amas de matériaux sont particulièrement abondants dans la vallée dénudée et déboisée du Vénéon. Il y a longtemps qu'un ingénieur extrêmement distingué des Ponts et Chaussées, digne émule de Surell, M. Philippe Breton, a dénoncé le péril que font courir à la plaine du Bourg-d'Oisans les formidables apports du Vénéon. Ces apports finiront par combler le canal de la Romanche et par rendre illusoire la protection des digues. La plage de Buclet, longue de 3 kilomètres, occupe une superficie de 263 hectares. Sur ces 263 hectares, 195 sont couverts par les déjections du Vénéon. On a calculé que cette plage s'exhaussait de 24 millimètres par an. C'est donc environ 45.000 mètres cubes de matériaux détritiques que vomit annuellement le cirque de la Bérarde. On voit par là de quelle importance est la stabilisation des 12 à 15.000 hectares qui forment le haut bassin du Vénéon. Or, j'ai la conviction profonde que cette stabilisation peut être obtenue simplement, sans frais, sous les seules forces de la nature, par le reboisement et le gazonnement. La preuve matérielle en est fournie par une mise en défends de 5 années seulement, qui a suffi pour faire reverdir les montagnes de Saint-Christophe. Le changement apporté par cette mesure frappe les esprits les moins prévenus. Et, si l'on met en regard des faibles sommes qui ont été versées à la commune pour la location de ses pâturages, les dépenses formidables et jamais arrêtées qu'entraîne la correction de nos torrents alpins (500.000 francs pour Chantelarde, 418.000 francs pour Entraigues, 315.000 francs pour le Périer, 205.000 fr. pour le Roissard, 200.000 pour Valjouffrey, 153.000 pour Tréminis, 143.000 pour Pellafol, 137.000 francs pour l'achat de Saint-Maurice-en-Trièves, 130.000 francs pour la Roize-de-Voreppe, 126.000 francs au Manival, 113.500 francs à Biviers, 113.500 francs aux Gorgettes, 70.000 fr. sur le minuscule torrent du Malhyver sur Claix, etc.), on reconnaîtra que le Parc national est vraiment digne d'intérêt pour les résultats qu'il permet d'entrevoir, pour les enseignements qu'il ne manquera pas de procurer.

Mais ce n'était pas tout que de trouver l'emplacement du Parc national, il fallait encore faire partager ma foi d'apôtre aux populations intéressées, il fallait les amener au sacrifice temporaire dont la conséquence immédiate sera la richesse du pays. Coûte que coûte, en effet, il importe de retenir dans l'Oisans la population robuste et saine, qui cherche à s'en évader. Et il n'existe guère de moyen plus rapide et plus sûr que celui de créer, en cette région, un centre d'attraction artistique, touristique et scientifique. L'exemple de Chamonix et de Zermatt est là pour en témoigner.

La tâche était d'autant plus dure qu'il fallait aller vite et donner à l'œuvre d'inébranlables fondations. L'achat par l'État de ce qui doit constituer le noyau du Parc national s'imposait donc. Après bien des pourparlers, après bien des heures angoissantes d'espoir et de découragement, la municipalité de Saint-Christophe consentit enfin à vendre à l'État, pour un principal de 100.000 francs, 4.248 hectares formant le fond du cirque de la Bérarde et compris entre le glacier du Chardon et le ravin de Bonne-Pierre. Elle fit mieux encore ; elle loua à nouveau le parcours sur 8.714 hectares, en y ajoutant le droit de chasse. A l'heure actuelle, on peut donc dire que le Parc national de Saint-Christophe renferme une étendue de 12.962 hectares, ce qui le classe parmi les plus grands et les plus beaux de l'Europe. Honneur donc à la bonne et vaillante municipalité de Saint-Christophe ! Honneur aux habitants de la Bérarde ! Et à ce propos qu'il me soit permis de rapporter ce mot du jeune et intelligent maire de Saint-Christophe, M. Casimir Gaspard, disant au moment de signer la délibération qui consacrait l'acquisition des terrains : « Les Lorrains d'Arracourt viennent de faire leur devoir envers la patrie en se rendant d'un cœur joyeux à l'appel de la mobilisation ; à nous maintenant d'accomplir vis-à-vis de la France notre devoir de bons Dauphinois. » Je voudrais que ces mots fussent gravés dans la pierre à l'entrée du Parc national et qu'ils aient un écho, un long écho, dans tout le Dauphiné et dans toute la France. Les cœurs généreux sauront reconnaître, j'en suis sûr, le beau geste du maire et du conseil municipal de Saint-Christophe.

Et maintenant que voilà l'œuvre lancée, il faut la compléter en étendant nos conquêtes, en aménageant le Parc, c'est-à-dire en y construisant les sentiers et les huttes nécessaires, en y réintroduisant les espèces animales et végétales qui ont disparu. Il nous faut de l'argent pour payer des gardiens, pour acheter bouquins, grands tétras et graines à confier à l'*alma mater*. Allons-nous nous en remettre à l'État-Providence du soin de tout cela? Pas du tout, et c'est ici qu'apparaît le rôle des grandes sociétés touristiques, comme le Touring-Club de France, le rôle des sociétés alpines et scientifiques. L'État nous a fait un cadeau princier, qui donne à l'entreprise son caractère national. Nous ne lui demanderons pour l'instant que de louer pour 1 franc par an, à la *Société des Parcs nationaux de France*, que nous allons immédiatement fonder, si vous le voulez bien, l'acquisition qu'il va faire à la Bérarde. Et, pour donner à cette « Ligue » le caractère patriotique et populaire, qui doit en faire la force et la grandeur, nous ne demanderons aux adhérents qu'une cotisation annuelle de 1 franc ou, une fois payée, de 5 francs. Bien entendu, nous ne refuserons pas les dons généreux des favorisés de la fortune qui voudront bien s'associer de façon plus complète à cette œuvre si française, qui est à la fois une œuvre scientifique, une œuvre économique et une œuvre de haute éducation sociale. Comment fonctionnera cette Ligue? Oh! le plus simplement du monde. A sa tête, un comité central qui comprendra des représentants de toutes les sociétés scientifiques et alpines parisiennes, de façon à coordonner les efforts de la province; puis des comités régionaux, formés des mêmes éléments et qui, eux, feront vivre les parcs nationaux. Pour que ces créations puissent, en effet, vivre et se développer, il faut qu'elles aient leurs racines dans le pays même, fier de son œuvre, conscient de ses devoirs, intéressé à maintenir l'épanouissement du beau et du bien. Et je demande que, dans ces comités une place d'honneur soit réservée à l'Administration des Eaux et Forêts et à la Société forestière de Franche-Comté et Belfort qui ont été les véritables promoteurs de l'entreprise et qui en ont rendu l'application immédiatement possible dans les Alpes. C'est nécessaire, car je ne vois que les forestiers qui puissent assurer l'exécution des décisions prises par les comités central et régionaux.

La création du Parc national en Dauphiné est d'ailleurs indépendante de celle de réserves forestières et autres, qui m'apparaissent comme des œuvres essentiellement locales, pouvant et devant être réalisées par des groupements régionaux, à défaut de l'intiative de l'État. Évidemment, la Ligue coordonnera tous les efforts, subventionnera au fur et à mesure du développement de ses ressources toutes les initiatives ayant pour but de protéger la faune, la flore et les documents préhistoriques du pays. Mais ce sera aux comités locaux de dresser l'inventaire de ces richesses naturelles, d'en préparer l'acquisition dans de bonnes conditions. Ici, nous créerons un parc à gibier pour nous affranchir du lourd tribu payé aux nations voisines ; là, nous acquerrons un bloc erratique, débris infime mais singulièrement suggestif d'une époque disparue ; plus loin, nous nous approprierons une caverne, sur les murs de laquelle nos primitifs ancêtres ont tracé d'une main gauche et hésitante les premières ébauches de l'art ; ailleurs, nous achèterons un coin de rochers, une tourbière, derniers asiles de plantes méridionales ou septentrionales, qui évoquent des climats plus doux ou plus âpres, des mondes et des civilisations disparus.

Et quand l'homme des champs, allant accomplir son dur labeur, verra ressusciter sous ses yeux l'histoire de la terre, il comprendra qu'il y avait ici-bas quelque chose avant lui et qu'il doit laisser quelque chose après lui. Peut-être alors son cœur s'ouvrira-t-il à la pitié pour les bêtes qui embellissent et adoucissent son existence, et son âme percevra-t-elle la plainte de la nature qui expire sous ses coups ?

Ah ! certes, l'œuvre à accomplir est aussi grande que noble ; mais il faut se hâter. Demain, il sera trop tard ; demain, le poulpe aux mille bras qui s'appelle la cupidité humaine aura, pour un peu d'or, défloré toutes nos montagnes, anéanti tous les souvenirs qui nous rattachent au passé et qui font de la Patrie la terre à jamais bénie, à jamais aimée et pour laquelle sont doux tous les sacrifices !

M. LE PRÉSIDENT. — Je vais, si vous voulez me le permettre, commenter en quelques mots, les grandes lignes de ce rapport.

Il vise trois points principaux : le premier est la définition de ce qu'est un parc national ; le second est l'exposé historique du développement de la question dans les divers pays ; le troisième est l'exposé de l'initiative personnelle accomplie par M. Mathey pour la constitution d'un parc national en France.

Je crois que, dans un Congrès international comme le nôtre, il peut être intéressant d'indiquer les efforts particuliers qui ont été accomplis, mais, cependant, je suis d'avis qu'il faut laisser ces efforts au second plan et envisager surtout le problème au point de vue général et international.

M. Flahault m'a dit qu'il serait heureux de résumer le rapport de M. Mathey et de nous exposer en même temps ses idées personnelles sur la question. M. Flahault est une lumière en ces matières et il est placé mieux que quiconque pour nous intéresser. Je lui donne donc la parole.

M. FLAHAULT. — Je n'ai pas besoin, messieurs, de vous redire combien il est regrettable de ne pas pouvoir entendre M. Mathey qui a toujours été un défenseur extrêmement ardent et éloquent des idées qu'il préconise.

Je laisserai de côté ce qui concerne l'historique pour m'occuper des derniers évènements qui se sont produits en Europe sur le point qui nous intéresse. Je passe donc l'histoire du parc de Yellowstone qui a été notre point de départ et nous a servi d'exemple, mais je prends cependant la permission de vous rappeler les efforts réalisés depuis quelques années par les Suisses.

Les Suisses sont des naturalistes excessivement affinés et des amateurs de la nature sous toutes ses formes. Or, ils ont été extrêmement frappés des dégradations subies par la nature du fait de l'homme. Les chemins de fer n'ont pas en effet besoin d'être à crémaillère pour introduire dans la vie les perturbations les plus profondes. La bouteille lancée par un voyageur contribue à modifier la flore de la prairie dans laquelle elle tombe. De plus une, foule d'animaux disparaissent d'un pays par le seul fait du sifflet des locomotives. Il y a six semaines, je me trouvais dans le golfe de Tunis : dans cette région on ne voit plus guère de flamants depuis le jour où le sifflet du chemin de fer est venu les effrayer !

Ainsi donc le geste du malotru qui jette une bouteille par la portière et le sifflet pourtant passager des locomotives suffisent à troubler la faune et la flore d'un pays. Cela vous montre quelle est l'action consciente et inconsciente de l'homme lorsqu'il cherche à tirer un profit immédiat de la nature autour de lui. Nous ne voyons ordinairement dans nos exploitations — je fais exception pour les forestiers — que le bénéfice; quand nous semons du blé, nous demandons que ce blé se transforme en argent le plus tôt possible. Evidemment nous obtenons souvent de la terre un rendement supérieur, mais il n'en est pas moins certain que nous portons, en agissant ainsi, une atteinte constante à l'ordre de la nature et c'est ce trouble qui, de fil en aiguille, arrive à altérer les conditions générales posées par la nature : il les altère en modifiant les climats, en modifiant le sol et en modifiant la couverture vivante du même sol. Une quantité considérable de plantes ont disparu. M. Mathey, dans son rapport, nous en cite un exemple très intéressant : il s'agit de l'association du chêne. Or, ce chêne n'est qu'un élément très lointain ne répondant plus du tout à l'état primitif de l'association qui, en réalité, était tout à fait différente.

Aujourd'hui les géologues commencent avec un intérêt extrême à saisir dans le passé les modifications des groupes biologiques d'espèces; ils commencent à retrouver au-delà des temps glaciaires, jusque dans la période tertiaire, les groupements des êtres entre eux et l'harmonie de ces groupements. C'est cette harmonie que nous voulons voir respecter par l'homme. L'homme fait partie des associations vivantes ; il en est un élément si essentiel et si puissant que, tout naturellement, il s'est imaginé être le maître de la nature. Or, il n'en est pas ainsi. Lorsqu'il a commis des actions imprudentes sous cette impulsion du bénéfice immédiat que je signalais à l'instant, il a déclanché certaines forces ; en coupant des forêts, il a mis en branle des torrents et formé ces cônes de déjection dont nous connaissons le caractère anti-esthétique. Il en est de même par ailleurs. Je suis convaincu que M. Sainte-Claire Deville est d'accord avec moi et ne me contredira pas lorsque je dirai qu'il suffit de pénétrer dans une forêt pour pouvoir déclarer que cette forêt n'a pas subi d'atteinte depuis le XVIe siècle. De même, nous sommes capables de dire que telle autre forêt a été maladroitement administrée, qu'elle a perdu son caractère et qu'elle n'est plus dans l'ordre de la nature.

Les stations naturelles, qu'il s'agisse de montagnes, de landes, de dunes, de falaises, où la vie présente à nos yeux un caractère tout à fait normal et ordonné, sont excessivement rares. A part le fond de la Hongrie et aussi quelques forêts du Nordland suédois que j'ai eu le plaisir de parcourir bien souvent, on peut dire qu'il n'y a plus en Europe de forêts qui soient dans leur ordre normal, et cela, même au Caucase. Aussi nous venons demander, au nom de la science future, que notre jeune vingtième siècle adopte l'idée du respect des monuments de la nature, comme il a adopté celle du respect des monuments de l'histoire ou de la pré-histoire. Les stations primitives où la vie est encore dans son équilibre normal, valent autant que Notre-Dame ou les Pyramides d'Egypte ! Nous demandons donc qu'elles soient considérées comme sacrées. Chaque pays doit porter tous ses efforts à la conservation des monuments et permettre l'évolution de la nature dans toute sa régularité et sa simplicité, lui laissant ainsi son libre jeu en certains points. Nos successeurs ne pourront point ainsi nous accuser d'avoir fait de notre planète une terre inhabitable.

Il ne faut pas oublier qu'aujourd'hui la destruction des espèces se poursuit avec un acharnement extraordinaire. Les autruches ont disparu de la Tunisie et cependant dans mon dernier voyage, j'ai trouvé dans le désert, des traces certaines de leur présence antérieure dans cette contrée. Vous savez ce que deviennent les derniers ours de nos Pyrénées : on les voit traînés par des tziganes et dansant au son du tambour de basque dans nos villages pour faire tomber des sous dans le chapeau crasseux des Romanichels ! Il est pourtant infiniment intéressant qu'il y ait encore des ours vivants, et qu'un jour nous puissions comparer nos ours quaternaires à ceux que nous pourrons voir autour de nous. Il faut que nos descendants puissent se rencontrer avec les ours dans les bois et que pour eux cet animal ne soit pas un mythe ! Il est également essentiel que les castors, qui sont un des souvenirs les plus intéressants de notre histoire humaine primitive, soient protégés, non pas seulement par un arrêté départemental du préfet du Gard, mais encore par la société, non pas pour la France, mais pour le monde. Il en est encore de même pour le flamant rose de notre Camargue.

J'en dirai encore autant de l'aigle. Lorsque la Suisse a décidé de faire un parc national dans l'Engadine au Val Cluosa, nous avons déclaré que la société trouverait sur son capital les fonds nécessaires pour rémunérer, à la suite d'expertises, les personnes qui auraient à se plaindre des dégâts. C'est un sacrifice qu'il fallait faire, parce que quand l'aigle royal aura disparu, il y aura lieu de le regretter. En dépit du mouton qu'il emporte quelquefois, nous avons intérêt à le défendre, car nous ne savons pas dans quelle limite il est bon ou mauvais, nous ne savons pas quelle est sa place dans le jeu de la nature.

Je passe, depuis longtemps, tout mon temps disponible dans les Cévennes. Dans cette région, il y a quelques années, nous étions infestés de vipères. Or, mes deux jeunes enfants ne rencontrent plus jamais aujourd'hui de ces reptiles. Il n'en est pas moins certain pourtant que nous sommes impuissants à empêcher la reproduction de ces animaux. Savez-vous à quoi nous attribuons la disparition des vipères ? A la multiplicité des sangliers. Les sangliers sont d'actifs chasseurs de vipères. Voilà donc deux animaux considérés tous les deux comme nuisibles qui établissent, l'un au regard de l'autre, un équilibre que nous ne sommes pas maîtres de modifier.

M. Sainte-Claire Deville pousse plus loin la même constatation et déclare qu'il y a une quantité d'insectes qui ont leur place dans la nature et qui demandent à être protégés. Les êtres vivants demandent cette protection les uns contre les autres, si nous voulons connaître l'ordre de la nature.

L'idée maîtresse que nous défendons en Suisse et en France avec M. Mathey, c'est celle de la conservation des espèces dans leurs rapports relatifs. Notre but est de faire cesser le travail de destruction méthodique qui résulte de la recherche d'un gain immédiat, afin de permettre à tous les êtres de retrouver leur équilibre, et de nous éclairer sur une quantité de points fondamentaux, comme la question de l'altération des climats au sujet de laquelle nous avons tous des convictions faites, mais sans avoir aucune preuve scientifique.

Les climats s'altèrent. Ils ont été altérés, nous en sommes certains, par les excès du déboisement en montagne, mais nous n'avons pas la preuve absolument scientifique de la chose. Le jour où à Val Cluoza ou au Pelvoux, on aura pu constater le retour naturel de la forêt vers les sommets, nous avons tout lieu de croire que la preuve se fera évidente de ce qui est la conviction de tous les hommes qui se préoccupent de l'avenir de notre planète, à savoir que l'homme, dans sa gestion de la terre, doit, avant tout, respecter les lois de la nature.

Voilà pourquoi nous demandons qu'il y ait quelque part des réserves intangibles à tous, intangblies à l'amateur de chasse, comme au cultivateur, comme au braconnier et que, dans ces réserves, la vie se développe dans le but de fournir à la science des données positives sur le jeu libre de la nature. Ce que l'Amérique a fait dans le Yellowstone, nous demandons qu'on le fasse chez nous. C'est un fait accompli au Pelvoux. Nous le demandons également pour une quantité de choses d'importance topographique ou géographique beaucoup moindre, pour de très petits coins, exactement comme les archéologues déclarent intangibles un dolmen, un menhir, ou un rocher sur lequel les préhistoires ont gravé quelques animaux qui n'existent plus dans nos pays. De même qu'on l'a fait pour un bloc erratique, perdu très loin de son lieu d'origine, nous demandons qu'on le fasse pour un coin de forêt où vivent quelques insectes, comme le cirque de Gavarnie par exemple.

Voilà ce que M. Mathey aurait voulu vous dire en concluant. Il vous l'aurait fait avec plus d'éloquence que moi, mais il ne l'aurait pas dit avec plus de conviction.

Voulez-vous me permettre encore de vous demander que nous nous engagions moralement ici, à être tous des membres fondateurs de la *Société des Parcs nationaux de France*. Nous donnerons ainsi l'exemple d'un groupe s'intéressant à la fois à l'esthétique de notre pays et à ces choses plus profondes auxquelles se ramènent toutes les discussions, c'est-à-dire la recherche des grandes lois de la nature. Il s'agit ici d'une œuvre mondiale qui est l'honneur de l'humanité puisqu'elle lui apporte l'espoir. Ne faut-il pas d'ailleurs que l'humanité ne sache pas faire que détruire et qu'elle sache montrer également qu'elle sait protéger ce que la nature a créé.

M. le Président. — Je ne saurais dire combien nous sommes touchés de la manière si éloquente et si convaincue dont M. Flahault vient de nous exposer et ses idées et le rapport de M. Mathey sur la fondation des parcs nationaux. Avec son érudition profonde, il a envisagé aussi bien le rôle du parc national au point de vue de la protection des espèces qu'au point de vue de l'action que celles-ci peuvent avoir sur la conservation de notre terre et l'évolution de l'humanité. Nous voyons ainsi que le parc national est une des choses les plus essentielles et que, par conséquent, l'objet de notre délibération d'aujourd'hui a une portée considérable. Je remercie M. Flahault de la communication qu'il vient de nous faire et qui s'ajoute à toutes celles que vous avez entendues depuis le commencement de nos délibérations. Nous avons trouvé en lui un collaborateur remarquable et, puisque dès demain il va reprendre la route du midi, permettez-moi, au nom de la section, de le remercier de tout ce qu'il a fait pour elle.

M. Flahault vous a signalé la demande faite par M. Mathey de constituer la *Société des parcs nationaux de France*. Au Comité exécutif, nous avons envisagé cette idée de la manière la plus favorable. Nous sommes disposés à la pousser le plus possible pour lui donner son maximum de développement. Notre président, M. Defert, lors de la conférence de M. Thays que je suis heureux de saluer parmi nous, a l'intention de faire une communication relative à la création de cette société et de demander une participation au Congrès. Il me serait particulièrement heureux, lorsque cette annonce sera faite, de pouvoir dire que notre section est déjà inscrite. Aussi, je vous demande à l'issue de notre séance, de vouloir bien vous inscrire sur une liste que je remettrai à notre Président.

Je vais continuer la discussion du rapport de M. Mathey.

A mon avis, il est regrettable que M. Mathey n'ait pas cru devoir conclure son rapport par un vœu nettement formulé. Les questions que nous agitons sont tellement importantes qu'il est nécessaire d'émettre un vœu. M. Mathey s'est contenté de demander la constitution d'une Société en France. Or, ce n'est pas là notre but unique; nous poursuivons quelque chose de beaucoup plus général. Aussi, après la discussion, je vous proposerai le vote d'un vœu. J'ai reçu une proposition en ce sens de M. le comte Clary ; j'en ai formulé une moi-même, car j'avais senti la nécessité d'arriver à une formule concrète. Nous assemblerons ces diverses rédactions de manière à en faire un tout.

M. Maige. — Le mieux n'est-il pas de conclure, ainsi que l'a fait M. Mathey, par une réalité, au lieu d'un vœu?

M. le Président. — M. Mathey ne conclut qu'au point de vue français, au point de vue de l'œuvre à accomplir sur notre territoire. Or, dans un Congrès international, nous devons émettre un désir qui puisse s'étendre à tous les pays. Nous ne devons donc préconiser que des idées susceptibles d'être mises en pratique partout.

M. le comte CLARY. — Dans l'exposé très lumineux de M. Flahault, il y a un programme très vaste de ce qu'on pourrait appeler la gestion de la nature par l'homme. Pour le point précis qui nous intéresse aujourd'hui, je vois deux choses absolument distinctes. L'une concerne le programme des réserves artistiques et touristiques, l'autre les réserves naturelles. Il y a là deux choses entièrement distinctes.

M. LE PRÉSIDENT. — A ce point de vue, je vous demande la permission de vous éclairer sur les travaux de notre section. Nous avons déjà émis un vœu sur les réserves artistiques. Nous estimons que ce n'est pas la même chose que la question du parc national.

M. le comte CLARY. — M. Flahault disait qu'il fallait classer des portions de notre territoire, si minuscules fussent-elles. Il y a là quelque chose de différent de l'idée d'un parc national. Aux États-Unis, il y a une quinzaine de parcs nationaux qui comprennent 3 ou 4 millions d'hectares réservés. Les parcs du Yellowstone et de l'Arizona sont, non seulement des réserves au point de vue des animaux, mais encore des centres touristiques, puisque les gens peuvent y aller passer 8 ou 15 jours pour y faire, soit une cure, soit un séjour d'agrément, soit une étude scientifique. En France, nous nous trouvons actuellement vis-à-vis d'un parc qui répond à ce double but. C'est indiqué dans le rapport de M. Mathey. Ne dit-il pas en effet, qu'il faut créer une réserve, un centre d'attraction artistique, touristique et scientifique. Par conséquent, le parc national de Saint-Christophe qui va être organisé, répond à ce double programme. Ce n'est pas exactement le parc national tel que nous le concevions, tel qu'il a été constitué en Suisse, en Suède ou en Argentine. Je crois malgré tout que c'est un commencement et, dans le vœu que nous allons adopter, nous pourrions peut-être indiquer que le Congrès désire voir se constituer des parcs nationaux un peu différents de celui en organisation actuellement. Celui-ci ne serait qu'un premier jalon.

M. FLAHAULT. — La distinction ne me paraît pas aussi nécessaire que cela. Il n'y a actuellement aucune distinction entre le parc national considéré au point de vue de la protection de la vie et au point de vue de l'art. Lorsque les Suisses ont, pour la première fois, retenu un bloc erratique, ils l'ont fait au point de vue scientifique et également au point de vue artistique. Ce bloc qui est aux environs de Bâle, supportait deux ou trois plantes glaciaires qu'on continue à voir sur ce rocher. Mais ce rocher vaut à la fois au point de vue artistique comme au point de vue scientifique. Je ne vois pas qu'il y ait lieu de distinguer. Le parc du Val Cluoza prend toute sa valeur esthétique de la vie qu'il protège.

MM. le comte Clary et Flahault insistent sur la nécessité de limiter la circulation dans les parcs nationaux et de n'en permettre l'accès qu'aux amateurs scientifiques.

M. Van de Poll. — Je voudrais vous dire ce que nous avons fait en Hollande. Il est bien certain qu'on ne pourrait pas tolérer l'invasion du public faisant du bruit.

Nous avons un grand marais qui est très intéressant au point de vue de la conservation de certains oiseaux rares, comme les spatules. Il y a une grande Société qui a été fondée. Les personnes, membres de cette Société, ont le droit de visiter le marais. Mais à l'époque où les spatules font leur nid, on ne donne qu'un nombre très restreint de permissions et l'on n'accorde pas le droit d'aller voir les oiseaux si l'on n'est pas muni d'une carte signée du secrétaire. Le règlement est très sévère.

M. Sainte-Claire Deville. — Je voudrais vous signaler une autre solution qui serait de s'en remettre aux établissements scientifiques pour la gestion de ces réserves. A Fontainebleau, il y a une station de biologie végétale qui est ouverte toute l'année et où des savants peuvent venir s'installer. Des établissements de cette nature pourraient, là où ils existent, être employés à la surveillance des réserves. Il y aura d'ailleurs autant de modes de gestion que de cas particuliers.

M. le Président. — Ce serait parfait si ces Sociétés voulaient bien prêter leur concours pour la garde. Mais il nous faut choisir un mode d'application.

M. Thays. — Je désirerais faire connaître ce qui se fait en Argentine. Le gouvernement argentin a projeté, il y a dix ans, la formation de deux parcs, l'un dans le nord et l'autre dans le sud. Le premier est taillé dans une forêt complètement vierge de cent mille hectares. Il sera lui-même limité à 25.000 hectares. Jusqu'ici les difficultés d'expropriation ont empêché la réalisation de ce parc, mais elles vont s'aplanir.

Au sud, il y a un lac immense entouré de montagnes qui appartiennent presque toutes à l'Etat. Il y a dix ans, lors de l'établissement de la ligne frontière entre le Chili et l'Argentine, le gouvernement donna 10.000 hectares à M. Moreno qui avait été expert dans l'affaire. M. Moreno a immédiatement offert au gouvernement ces 10.000 hectares qui servent de noyau à la formation du parc national.

M. Pardé. — M. Sainte-Claire Deville demandait que les parties de forêts réservées fussent confiées au contrôle d'un service scientifique. Mais je crois que les établissements scientifiques peuvent avoir toute confiance dans l'Administration des forêts pour assurer ce rôle. Ceci est tellement vrai, qu'actuellement les Beaux-Arts demandent la remise à l'Administration de certaines parties de forêts détachées dans un but artistique.

M. DE CLERMONT. — Il serait nécessaire de rattacher toutes les séries artistiques à l'Administration des forêts.

M. FLAHAULT. — M. Sainte-Claire Deville est parfaitement d'accord avec nous sur ce point lorsque je dis que les serviteurs des services scientifiques ne sont pas des agents assermentés. Ils ont des services intérieurs qui leur interdisent toute chose extérieure. Dans tous les cas, la situation des gardes forestiers est telle qu'ils peuvent remplir ces fonctions.

M. SAINTE-CLAIRE DEVILLE. — Je m'associe à l'observation qui vient d'être présentée.

M. LE PRÉSIDENT. — Si on veut faire des zones protégées, il faut les faire surveiller.

M. VAN DE POLL. — Le mouvement pour la préservation des parcs nationaux en Hollande est assez récent. L'Etat n'a encore fait que très peu de chose à cet égard. Il s'est formé une grande Société pour cet objet. Elle a dressé un catalogue de tous les monuments intéressants à cet égard, puis elle a pris en main leur aménagement. Elle a essayé, pour parvenir à son but, d'acquérir tous ces monuments : c'est le point primordial, car lorsqu'on est propriétaire, on est maître, et l'on peut faire tout ce que l'on veut.

M. LE PRÉSIDENT. — C'est un très bel exemple au point de vue du désintéressement.

M. VAN DE POLL. — Le Touring-Club des Pays-Bas a pris sa part dans cette charge, et cela d'une façon importante. C'est un exemple que le Touring-Club de France suivra sans doute.

M. LE PRÉSIDENT. — Le Touring-Club de France n'a jamais hésité en pareille matière.

M. VAN DE POLL. — J'ai apporté quelques photographies du marais d'Oisterwijk très intéressant au point de vue ornithologique. Il produit en outre beaucoup de roseaux ; or ces roseaux servent à la couverture destoits. Cela lui permet de rapporter quelque argent.

M. LE PRÉSIDENT. — Nous vous remercions de votre communication qui est fort intéressante.

M. le comte CLARY. — Dans le rapport de M. Mathey, on ne parle pas de la protection nécessaire des parcs nationaux.

M. LE PRÉSIDENT. — J'ai eu la même idée que vous et le vœu que vous présentez correspond à celui que j'ai rédigé de mon côté.

M. Julien MOREL. — En tant que Suisse, je voudrais intervenir dans le débat très brièvement, et vous faire part de notre expérience.

Lorsque la Société pour la protection de la nature s'est créée, on a applaudi surtout ce qui concernait l'organisation d'un parc national. Elle a loué des territoires assez considérables. Tout allait pour le mieux ; l'argent affluait ; les cantons, puis la Confédération s'y sont intéressés et la Confédération désire maintenant prendre la chose en main. Malheureusement la Société pour la protection de la nature a cru devoir intervenir dans une multitude de questions secondaires. Elle s'est opposée à la construction d'un chemin de fer à tel endroit sous prétexte que cette construction était un acte de vandalisme ; ailleurs, elle a empêché la construction d'un hôtel. Aussi maintenant on entend dire un peu partout que la Société est excellente lorsqu'elle s'occupe du parc national, mais qu'il est regrettable qu'elle intervienne continuellement pour parler de la protection de la nature. Il faudrait donc distinguer soigneusement les deux choses : d'une part, le parc national exclusivement, d'autre part tout le reste ! Il ne faut pas énerver, ou agacer les populations.

M. LE PRÉSIDENT. — C'est l'esprit du rapport de M. Mathey. Sa conclusion est de constituer une *Société des parcs nationaux de France*. Nous avons des associations de tourisme, des sociétés d'amis des arbres, des comités locaux qui s'occupent de la protection générale des richesses touristiques et artistiques. La société dont il est question dans le rapport de M. Mathey est une société uniquement fondée pour la création d'un parc national : son but en est donc strictement limité.

M. Julien MOREL. — C'est ainsi qu'il faut faire, car il ne faut pas se laisser déborder.

M. DE CLERMONT. — A côté des parcs nationaux, qui sont de grandes réserves, il y aurait lieu de constituer des réserves spéciales. Cela serait intéressant au point de vue zoologique pour le développement de certaines espèces d'animaux en voie de disparition. Par exemple, il y a en France deux endroits où l'on peut constater la présence, malheureusement rare, du bouquetin. Il serait intéressant de pouvoir assurer à cet animal son développement et le défendre contre les braconniers. On pourrait peut-être ne pas aller dans ce cas jusqu'à la création d'un parc national, mais on pourrait créer une réserve semblable à celle qui existe en Amérique pour la conservation du pélican. M. le comte Clary connaît certainement cette réserve, qui ne comprend que deux hectares. Elle a permis de sauver le pélican en voie de disparition. Il y a également d'autres points stratégiques pour les oiseaux migrateurs : ils occupent une très petite surface, sur laquelle ces oiseaux viennent se poser. Ces points peuvent être réservés sans de lourds sacrifices.

M. le Président. — Vous demandez, de même qu'on a créé des séries artistiques, qu'on préconise l'établissement de séries scientifiques qui permettraient de conserver le développement de certains insectes et oiseaux. La question ne rentre pas absolument dans celle du parc national. C'est là une question d'espèce qui se rattache à celle de la réserve artistique.

M. Maige. — Je crois que ce sera le rôle des parcs nationaux d'interdire la chasse aux bouquetins et aux autres animaux rares.

M. le Président. — Dans la définition du parc, nous avons parlé de la flore et de la faune. Mais M. de Clermont demande qu'on réserve certains endroits pour la protection de certains oiseaux rares ou migrateurs. Il ne s'agit plus là d'un parc national. Ce dont il s'agit en ce moment, c'est la mise en liberté de la nature à tous les points de vue.

M. de Clermont. — Nous devons nous occuper également de la faune.

M. le Président. — Votre observation sera mentionnée au procès-verbal et nous en tiendrons compte.

M. le comte Clary. — Il y a deux choses à distinguer, le programme des réserves artistiques et celui des parcs nationaux. Quand on veut protéger un site ou un paysage, on classe ce site ou ce paysage comme un monument historique auquel on ne peut plus toucher que sous certaines conditions. Au point de vue du parc national, la condition sera la même. On créé une sorte de musée de la vie.

Mais le jour où ce musée de la nature sera organisé, il faudra mettre sur pied une législation spéciale qui sera protectrice d'une façon absolue. Il est nécessaire en effet que ces musées soient la propriété de l'État et soient protégés par lui. Il y aura lieu d'examiner s'il ne faudra pas ajouter des articles au Code forestier et établir des sanctions particulières. Je suis persuadé en effet qu'il faut toute une législation spéciale pour assurer la vie à ces parcs nationaux.

M. de Clermont parlait de réserves pour le bouquetin. La première chose à faire serait d'instituer en parc national certaines forêts ; il serait nécessaire de classer plusieurs massifs de montagnes. On veut acclimater le bouquetin dans l'Oisans. Cet animal vient de la grande réserve du roi d'Italie : il traverse la frontière et entre en France. S'il existait un massif spécial où il soit cantonné, on pourrait demander à l'État de vouloir bien l'ériger en réserve. S'il n'est pas possible de le faire dans l'état actuel des choses, on pourrait peut-être y arriver au moyen d'une législation spéciale. C'est ainsi qu'on pourrait édicter l'interdiction de tirer le bouquetin en France.

M. Pardé. — En attendant qu'une législation nouvelle soit édictée pour la protection des parcs nationaux, on pourrait sans doute obtenir une certaine protection en les faisant classer comme monuments.

M. le Président. — Le classement est une chose particulièrement difficile en ce sens qu'il est nécessaire d'avoir le consentement du propriétaire. C'est pour cela que nous voulons aller plus loin et créer des parcs nationaux.

M. de Clermont. — Je vais vous citer à titre de curiosité une loi qui va très certainement un peu loin. C'est l'article 75 du Code civil de Berne ; il est ainsi conçu :

« Il autorise le conseil exécutif a prendre par voie d'ordonnance les mesures nécessaires, a édicter des peines pour la protection des monuments naturels, des plantes rares, pour protéger contre toute altération des sites, l'aspect des localités et les points de vue ; si le conseil exécutif déclare ne pas vouloir faire usage de cette autorisation, la commune pourra exercer le droit qui en est l'objet ; l'État et les communes peuvent procéder par voie d'expropriation et par l'établissement de servitudes publiques aux endroits ou se trouvent ces monuments naturels, sites, aspects et points de vue ; il leur est loisible de déléguer ce droit a des associations et fondations d'utilité publique. »

C'est l'article qui va le plus loin parmi tous ceux que je connais.

M. le Président. — Vous vous contentez de le signaler?

M. de Clermont. — Parfaitement.

Un Congressiste. — Il y aurait lieu de distinguer entre le parc national et les zones de protection. Le parc national suppose une propriété acquise qui sera ensuite réservée et gardée, ce qui entraînera des dépenses considérables. Trouvera-t-on facilement des fonds? L'État nous donnera-t-il des sommes suffisantes? Il faudra de nombreuses années pour parvenir à la réalisation complète d'une telle entreprise. En attendant, ne pourrait-on pas instituer, pour la protection de telle ou telle chose, plante ou animal, des zones de protection? Cela permettrait de mettre à l'abri la flore et la faune, et ce serait un acheminement vers la réalisation des parcs nationaux.

M. le Président. — Il y a là une question des plus intéressantes dans cette idée de la zone de protection en vue de préparer l'œuvre du parc national. Il faut effectuer d'une manière pratique la protection. Il faut donc qu'un règlement soit fait pour établir cette zone de protection. Toute la charge consiste dans la garde et la défense de la zone. Or, dans l'établissement d'un parc national, la plupart du temps les terrains sont abandonnés à des prix extrêmement bas par les communes. Je crains donc que si nous commençons par établir le régime des zones, cela ne retarde un peu l'effort énergique fait en vue de l'établissement du parc national. Vous redoutez un laps de temps trop long. C'est possible ! Mais remarquez cependant que M. Mathey est parvenu à obtenir un résultat très rapidement dans le massif de l'Oisans.

De plus, lorsque l'on aura établi des zones de protection englobant des terrains privés. il y aura superposition du garde forestier chargé de la surveillance de la zone et du garde particulier : ne craignez-vous pas qu'il puisse s'élever des difficultés entre ces deux gardes ? Je ne dis pas que votre idée ne soit pas bonne, mais je dis que l'application en sera peut-être difficile.

M. DE CLERMONT désirerait voir appliquer le bénéfice du classement comme curiosités naturelles aux animaux en voie de disparition.

M. LE PRÉSIDENT. — Nous pouvons demander que chaque pays protège les espèces rares et intéressantes dans la mesure où il le jugerait nécessaire. Nous ne pouvons pas aller plus loin.

Il nous faut maintenir notre programme dans ses limites. Revenons donc au parc national qui, dans son enceinte, protégera la flore et la faune. Je vais vous donner lecture du projet de vœu qui m'a été remis par M. le comte Clary au nom de la principauté de Monaco :

« Considérant que les parcs nationaux constituent d'immenses réserves destinées à empêcher la disparition de la faune indigène, à protéger les espèces sédentaires, permettre les tentatives d'acclimatation d'espèces nouvelles et à favoriser le repeuplement en leur permettant de vivre et de se reproduire en toute sécurité ;

« Considérant que les parcs nationaux constituent en même temps d'admirables réserves forestières ;

Le Congrès émet le vœu :

« *Que, dans les pays où il n'en existe pas encore, les gouvernements érigent en parcs nationaux certaines forêts domaniales, que particulièrement dans les régions de montagnes certains massifs soient classés comme grandes réserves nationales et que, dans ces sanctuaires de la nature, une législation spéciale suffisamment sévère y assure la protection de la faune indigène.* »

Je vais vous donner maintenant lecture du projet que j'ai rédigé de mon côté :

« *Le Congrès estime qu'il y a lieu de constituer des réserves de grande étendue dans lesquelles la nature rendue à elle-même et mise à l'abri de toute intervention humaine puisse laisser évoluer librement sa flore et sa faune, préconise dans ce but la création ou l'installation dans chaque pays de parcs nationaux, déclare qu'une stricte surveillance et de très sévères sanctions devront être prévues pour leur défense et protection, que leur emplacement devra être choisi de préférence dans les parties les plus pittoresques du territoires.* »

Voilà les deux projets qui vous sont soumis. Nous allons pouvoir prendre dans chacun ce qui vous paraîtra le mieux convenir.

M. le comte CLARY. — Je me rallierai entièrement au vœu de M. le président qui est le même que le mien, sauf pour le dernier paragraphe où j'aurais préféré ne pas parler de réserve pittoresque. J'aurais préféré laisser cela à la série artistique et touristique. Je demande en outre que ce soient de grandes forêts domaniales qui soient érigées en parcs nationaux ainsi que certains massifs de montagnes, parce que ce sont les deux choses qui ont le plus besoin d'être protégées.

M. FLAHAULT. — Je suis d'accord pour cette question du pittoresque avec M. le comte Clary. Il peut se faire en effet qu'on soit amené dans tel ou tel pays à considérer comme parc national une steppe plate : il pourra en être ainsi en Russie au point de vue de la faune. Or, une steppe plate n'a rien de pittoresque. Je crois donc que cette notion peut être éliminée ici. Bien qu'elle soit presque toujours incluse dans l'idée même de parc national, elle doit pouvoir en être séparée.

M. LE PRÉSIDENT. — La notion du pittoresque entrait dans le programme du Touring organisateur de ce Congrès. C'est pourquoi j'avais pensé qu'il était intéressant de la noter. Il est utile que les parcs nationaux soient des endroits spécialement choisis pour leur beauté et pour l'impression qu'ils peuvent produire sur l'esprit des visiteurs. J'ai d'ailleurs mis dans ma rédaction ces mots : « *Devront être choisis de préférence...* » Certes, si au point de vue de la conservation de la flore ou de la faune, il est utile qu'on organise en parc national une steppe, qui n'est pas pittoresque, on n'hésitera pas à le faire. Mais si l'on peut allier à la fois les mesures de protection et la beauté, il me semble qu'on devrait le faire. Telle est la raison pour laquelle j'ai indiqué que l'endroit devrait être choisi de préférence dans un site pittoresque. J'avais d'ailleurs mis en tête une sorte de définition du parc national.

« *Estime qu'il y a lieu de constituer des réserves de grande étendue où la nature rendue à elle-même, mise à l'abri de toute intervention humaine, puisse laisser évoluer librement sa flore et sa faune.* »

Je crois que c'est bien l'idée qui a été développée par M. Flahault.

M. FLAHAULT. — Il me semble que le vœu exprimé sous cette forme est parfaitement clair et répond à tous les desiderata qui ont été discutés ce matin. Je pense donc que M. le Président pourrait le mettre aux voix.

M. le comte CLARY. — Je vous demande d'insérer dans ce vœu le mot de forêt, parce que j'aurais été heureux que certaines forêts qui ne sont pas actuellement louées pour la chasse, soient immédiatement transformées en parcs nationaux. Ces forêts ont un revenu insignifiant. Il en est ainsi de la forêt de l'Aigoual.

M. FLAHAULT. — J'ai loué cette forêt et je l'habite !

M. LE PRÉSIDENT. — La constitution d'un parc national nécessite l'acquisition des terrains. Je sais bien que lorsqu'il s'agit d'une forêt de l'Etat, celui-ci en est déjà le propriétaire, mais le parc national prévoit la liberté de la nature et par conséquence, l'absence de toute exploitation. Lorsque nous demanderons à l'Etat de diminuer son revenu forestier, il nous fera grise mine !

M. le comte CLARY. — Le ministre avait fait cette réserve à propos du classement.

M. LE PRÉSIDENT. — Nous sommes d'accord sur les réserves artistiques.

M. le comte CLARY. — D'un côté, il y a l'esthétique et de l'autre, le Trésor.

M. LE PRÉSIDENT. — Le jour où nous viendrons devant l'Etat, j'ai peur que nous ne trouvions le Trésor en première ligne !

Nous allons nous heurter à des difficultés de réalisation et sortir de l'idée du parc national. Ce que nous voulons faire surtout, ce sont de grandes réserves. La forêt rentre dans le domaine artistique. Or il faut laisser à notre vœu le caractère très étendu de protection génerale. Je crains qu'en parlant de forêt, nous n'arrivions à restreindre ce que nous cherchons.

M. SAINTE-CLAIRE DEVILLE. — Je suis absolument d'accord avec vous sur la question de la forêt domaniale. On n'admettra pas facilement la transformation d'une forêt domaniale en parc national.

En dehors de la réserve artistique, la réserve scientifique a une importance considérable qui pourrait peut-être faire l'objet d'un vœu annexe. Il y aurait lieu de se réserver la possibilité de demander à l'Administration un sacrifice moins considérable, à savoir la mise en réserve d'une petite parcelle pour un but spécialement défini, soit entomologique, soit biologique.

M. DE CLERMONT. — On pourrait mettre les mots : « *la série artistique et scientifique* ».

M. FLAHAULT. — Il y a lieu de distinguer les deux choses. Nous reviendrons d'ailleurs dans un instant sur la question des réserves artistiques et scientifiques. Nous pouvons d'abord voter sur le vœu de M. le Président.

M. LE PRÉSIDENT. — Je vous donne une nouvelle lecture du premier paragraphe :

« *Le Congrès estime qu'il y a lieu de constituer des réserves de grande étendue dans lesquelles la nature rendue à elle-même et mise à l'abri de toute intervention humaine puisse laisser évoluer librement sa flore et sa faune* ».

Je le mets aux voix.

Le premier paragraphe est adopté.

M. le Président. — Voici le second paragraphe :

« ... *préconise, dans ce but, la création ou l'installation dans chaque pays de parcs nationaux* ».

Je mets aux voix ce second paragraphe.
Le second paragraphe est adopté.

M. le Président. — Voici maintenant la rédaction de M. le comte Clary :

« ... *Dans ces sanctuaires de la nature, une législation spéciale suffisamment sévère y assure la protection de la faune indigène...* »

Nous y ajouterons la flore. Voici ensuite ma propre rédaction :

« ... *Une stricte surveillance et de très sévères sanctions devront être prévues pour leur défense et protection* ».

Ces deux rédactions disent donc la même chose.

M. de Clermont. — Est-ce qu'on ne pourrait pas introduire le mot de réglementation ?

Un Congressiste. — Vous avez raison.

M. de Clermont. — Nous pourrions mettre l'expression de « *législation et réglementation* ».

Le Congressiste. — Ne faites pas intervenir le pouvoir législatif.

M. le Président. — Le mot de réglementation comprend tout. De plus la législation peut être indispensable en France et ne pas l'être à l'étranger. Le terme de réglementation s'applique donc à tout.

Un autre Congressiste. — On peut aussi bien procéder par un décret que par une loi.

M. van de Poll. — En Hollande, on a voté une loi pour la protection des oiseaux.

M. le comte Clary. — J'estime qu'en France, s'il n'y a pas de loi spéciale pour les parcs nationaux, il est utile d'en créer. La loi de 1844 est totalement insuffisante pour assuser en effet leur protection. C'est pour cela que j'avais mis dans mon vœu les mots « *législation suffisamment sévère* ».

M. LE PRÉSIDENT. — Dans la rédaction du vœu, cette question ne peut pas intervenir parce que nous devons nous placer uniquement au point de vue international. Chaque pays fera intervenir le pouvoir législatif s'il le juge nécessaire. Votre idée est sans doute très bonne, mais c'est à notre Commission de réalisation des vœux qu'il appartiendra de l'examiner. Votre observation sera d'ailleurs notée au procès-verbal et nous en tiendrons compte à la Commission; nous agirons auprès des pouvoirs publics en ce sens. Chacun agira de son côté auprès de l'autorité compétente pour établir la réglementation qui lui semblera indispensable. Le mot de réglementation suffit donc, quitte à examiner ensuite dans quelles conditions cette réglementation aura lieu. Mais il nous faudrait ajouter un qualificatif à ce mot de réglementation.

M. BERR DE TURIQUE. — On pourrait mettre *réglementation appropriée.*

M. LE PRÉSIDENT. — On aurait donc le texte suivant :

« ... *Une réglementation appropriée et de très sévères sanctions devront être prévues pour leur défense et leur protection* ».

Je le mets aux voix.

Le texte est adopté.

M. LE PRÉSIDENT. — Il reste le quatrième paragraphe qui concerne la question de la situation pittoresque. Je vous ai montré qu'il pouvait être intéressant d'allier l'intérêt artistique et l'intérêt de la protection. Je vous propose le texte suivant :

« *Déclare que les emplacements devront être choisis de préférence dans les parties les plus pittoresques du territoire* ».

Je le mets aux voix.

Le paragraphe est adopté.

M. FLAHAULT. — Je prends la liberté de ramener la discussion sur un point de détail, c'est-à-dire sur la notion des réserves scientifiques introduites par M. Sainte-Claire Deville qui va avoir la bonté de nous dire quelques mots à cet égard.

M. SAINTE-CLAIRE DEVILLE. — Le vœu annexe qui va vous être soumis était destiné à servir de conclusion à un rapport qui n'a pas été imprimé en temps utile et dont la lecture est inutile, car tout ce qu'il contenait de bon a été exposé par M. Flahault.

Je dois dire cependant quelques mots pour montrer dans quelles conditions j'ai été amené à le proposer. Le texte même du vœu a été rédigé par un inspecteur des forêts, M. Paul de Peyerimhoff, président de la « *Société d'histoire naturelle de l'Afrique du Nord* ». Il a été adressé au Gouverneur de l'Algérie il y a 15 mois pour être applicable par décret dans nos colonies.

L'intérêt de ce vœu est exclusivement scientifique. Nous savons très bien que nous ne pouvons pas créer partout des parcs nationaux pour conserver nombre d'espèces qui sont en train de reculer devant la civilisation, et qui auront bientôt complètement disparu. Il est donc urgent de prendre des mesures tout au moins modestes, à savoir la création de petites réserves qui arriveraient au but désiré.

M. LE PRÉSIDENT. — Vous venez d'entendre la proposition de notre collègue. Nous allons pouvoir la joindre à celle que l'un de nous a faite tout à l'heure dans le même sens. On vous demandait d'établir des zones de protection, comme mesure transitoire ; la proposition de M. Sainte-Claire Deville est, elle, permanente. Voici le texte que je vous propose :

« *Que chaque gouvernement poursuive l'établissement de réserves scientifiques destinées à protéger ou à conserver certaines espèces et qu'en attendant la création des parcs nationaux, il procède à l'établissement de zones de protection de la faune et de la flore* ».

Le vœu est adopté.

M. LE PRÉSIDENT. — Personne ne demande plus la parole.

M. le comte CLARY. — Je regrette que vous n'ayez pas cru devoir indiquer que l'affectation d'un domaine forestier aux parcs nationaux eut été souhaitable. Au point de vue forestier, il eut été naturel qu'un domaine national servît de parc national. Vous allez alors créer un parc là où il n'y a rien. Mais alors comment conserver les animaux? Comment protéger la faune? Vous n'aurez pas de parc comparable à ceux de la Suisse, de l'Autriche, des Etats-Unis ou de l'Argentine. Dans ces pays, on a pris des massifs forestiers déjà existants, ce qui a permis d'obtenir immédiatement de beaux parcs nationaux. Il serait très facile de faire classer comme parcs certaines forêts. On dépense bien assez d'argent par ailleurs pour pouvoir renoncer à un revenu nettement déterminé tous les ans. S'il n'en est pas ainsi, votre vœu restera platonique et ce ne sera que dans bien des années qu'on pourra constituer de véritables parcs nationaux. En Angleterre on a choisi comme parc un endroit où se trouvent des arbres déjà séculaires. C'est pour cela que dans mon vœu j'avais demandé qu'on classât certaines forêts domaniales. Je crois qu'on pourrait l'obtenir. Le jour où vous aurez acheté le grand massif de l'Oisans, combien vous faudra-t-il de millions pour reboiser? Or, si l'Etat accepte cette donation, il sera bien obligé d'y consacrer l'argent nécessaire à l'entretien. Ce qu'il donnera d'un côté, il aurait pu facilement le mettre de l'autre. Il eut été plus simple dans ces conditions d'employer et d'utiliser ce qui existait déjà, à savoir une forêt.

M. le Président. — Votre observation est extrêmement intéressante. Mais je me permets de vous faire remarquer que, dans le vœu qui vient d'être adopté, rien n'empêche l'Etat de constituer une forêt en parc national si tel est son bon plaisir. Nous avons demandé que des parcs de grande étendue fussent constitués où la flore et la faune fussent protégées : cela ne met aucune barrière à votre désir.

M. le comte Clary. — Il eut été du rôle du Congrès d'émettre ce vœu.

M. le Président. — Il vaut mieux à mon avis adopter des conclusions extrêmement générales qui permettent toutes les applications sans spécifier de solutions particulières. De la sorte, nous pouvons réaliser le programme du Congrès dans les limites les plus larges. Nous avons toute liberté pour agir en vue de l'affectation de la forêt de Fontainebleau ou d'une autre en parc national.

M. Julien Morel. — On a raison de ne pas parler de forêts domaniales, car il y a des états qui n'en possèdent pas.

M. le Président. — Comme le fait remarquer notre collègue suisse, il y a des États qui n'ont pas de forêts : notre vœu doit être rédigé en vue de son application internationale.

Messieurs, nous voici arrivés à la fin des travaux de notre section. Permettez-moi, au nom du Touring-Club de France, de vous remercier de la collaboration si active et si constante que vous lui avez apportée dans l'accomplissement de son œuvre. J'adresserai tous nos remerciements aux délégués étrangers qui, avec leur connaissance si parfaite de la langue française, ont bien voulu nous donner des renseignements très intéressants sur ce qui se passe dans leurs différents pays.

M. le Président informe les Congressistes que M. Thays, directeur des Promenades publiques et du Jardin Botanique de Buenos-Aires, délégué au Congrès par la Société forestière argentine, fera dans l'après-midi une conférence sur les Projets de Parcs Nationaux et les Forêts Naturelles de la République Argentine. Il les invite à y venir nombreux.

La séance est levée à 11 h. 25.

LES FORÊTS NATURELLES DE LA RÉPUBLIQUE ARGENTINE

PROJETS DE PARCS NATIONAUX

Sous ce titre, M. Charles Thays, directeur des Promenades publiques et du Jardin botanique de Buenos-Aires, vice-président de la *Société Forestière Argentine*, a fait aux membres du Congrès une conférence extrêmement intéressante, accompagnée de deux cents clichés caractéristiques de l'importance et de la beauté des forêts argentines.

M. Henry Defert a remercié en ces termes le conférencier :

Mesdames, Messieurs,

Je ne veux pas lever la séance sans remercier M. Charles Thays de la très intéressante et très agréable conférence qu'il vient de nous faire. Il a fait passer sous nos yeux une série de tableaux aussi artistiques qu'instructifs, dont nous autres, Français, pourrons tirer le plus grand profit. Le Gouvernement argentin nous montre la voie que nous devons suivre pour la création en France de Parcs nationaux et nous pourrons utilement nous inspirer des exemples que nous donne la République amie.

Si notre flore et notre faune ne nous permettent pas de rivaliser avec elle, nous pourrons du moins l'imiter de loin et constituer, à notre tour, ces réserves territoriales, ces grands parcs de la Nature, aussi intéressants pour les savants qu'attrayants pour les touristes.

Au nom du Touring-Club, j'exprime à notre compatriote notre sincère reconnaissance pour la très suggestive leçon de choses qu'il a bien voulu nous donner.

SÉANCE DE CLÔTURE

DU VENDREDI 20 JUIN 1913

Présidence de M. DABAT, Directeur général des Eaux et Forêts

La séance est ouverte à 2 h. 35.

M. le Président. — La parole est à M. Ballif, Président du Touring-Club.

M. Ballif. — Messieurs, appelé par un devoir auquel je ne saurais me soustraire et qui m'oblige à partir dans quelques instants, je me vois contraint de vous adresser dès l'ouverture de cette séance quelques paroles qui, peut-être, auraient trouvé mieux leur place à la fin. Je vous prie de m'en excuser.

En qualité de président du Touring-Club de France, organisateur de ce Congrès, j'ai l'agréable mission de vous remercier du précieux service que vous venez de rendre à la cause forestière, de vous féliciter en même temps de l'empressement avec lequel vous avez suivi les travaux de ce Congrès, de l'ardeur même — le mot n'est pas trop fort — avec laquelle vous avez pris part aux discussions.

De l'avis unanime, peu de congrès ont été aussi laborieux, aussi vivants que celui-ci.

Cet empressement, cette ardeur sont significatifs; ils montrent combien cette manifestation répondait à un besoin, combien elle est arrivée à son heure, quels heureux résultats on est autorisé à en attendre.

Dois-je dire « attendre », et n'avons-nous pas déjà des résultats?

Dans la séance inaugurale, M. le Ministre ne nous en a-t-il pas apporté déjà, et des plus précieux?

Au nom du Congrès, j'adresse à M. le Ministre l'expression de notre profonde gratitude pour les paroles qu'il nous a dites, les encouragements qu'il nous a donnés, les promesses qu'il nous a faites, les résultats qu'il nous a apportés ; la forêt compte en lui un défenseur et un ami. (*Applaudissements.*)

Au nom du Touring-Club en particulier, je le remercie également de la haute distinction qu'il a bien voulu annoncer en faveur de nos collaborateurs : le président de ce Congrès, M. Henry Defert, et le secrétaire général, M. Chaplain.

Tous deux ont été l'âme et le bras de cette manifestation ; c'est à leur zèle et à leur dévouement inlassables qu'est dû son succès. (*Applaudissements.*)

Je prie M. Dabat, notre éminent collaborateur, de vouloir bien présenter à M. le Ministre l'expression de ces remerciements, et je lui demande en votre nom, Messieurs, de vouloir bien en prendre pour lui-même une bonne part. (*Applaudissements.*)

M. LE PRÉSIDENT. — C'est une mission très agréable que vous me donnez, mon cher Président, et je ne manquerai pas de m'en acquitter auprès du Ministre; je lui ferai part de vos éloges et de vos remerciements.

Je vous remercie dès maintenant des félicitations que vous avez bien voulu m'adresser, à moi et à toute mon administration qui a tenu à donner son concours le plus complet à cette belle manifestation du Congrès Forestier organisé par le Touring-Club de France. (*Applaudissements.*)

Je vais maintenant donner la parole à chacun des présidents de section, pour qu'ils présentent les vœux de leurs sections.

La parole est à M. Cyprien Girerd, président de la première section.

M. Cyprien GIRERD donne lecture des vœux de la première section :

VŒUX PRINCIPAUX :

« Que les éléments de l'enseignement forestier, spécialisé selon les besoins de la région où il est donné, soient inscrits dans les programmes des écoles primaires.

« Qu'une entente s'établisse entre le Ministère de l'Agriculture et celui de l'Instruction publique, afin que les inspecteurs d'Académie et les agents de l'Administration des Eaux et Forêts soient invités à aider, de toutes manières, la constitution de sociétés scolaires forestières, à en favoriser le plus possible le développement, à en assurer le bon fonctionnement et la pérennité, et propagent la Fête de l'Arbre.

« *Que, dans les concours nationaux ou généraux, le Ministre de l'Agriculture fasse à la sylviculture une place correspondant à son importance :*

« *Par l'attribution de primes d'honneur aux meilleurs aménagements, à ceux qui auront le mieux tenu compte du climat, du sol, des essences, des besoins locaux ;*

« *Par la distribution de subventions, de récompenses, de prix aux meilleurs procédés d'exploitation des bois, à l'utilisation de leurs produits et sous-produits et à l'introduction d'essences nouvelles, de même qu'aux plantations dans les landes et autres terres incultes ;*

« *Par l'organisation de concours destinés à stimuler toutes les initiatives entre savants, industriels et producteurs pour la recherche de nouveaux produits et la construction des appareils propres à les extraire ;*

« *Par l'attribution de récompenses au personnel à gages qui se sera signalé par les travaux forestiers ci-dessus et aura coopéré avec zèle à des travaux de reboisement ou d'améliorations pastorales.*

« *Que l'introduction d'essences exotiques dans les plantations et les reboisements forestiers soit encouragée :*

« *Par des subventions en nature et en argent ;*

« *Par des récompenses et des primes distribuées dans les concours régionaux.*

« *Que les résineux soient introduits, dans la plus large mesure, dans les taillis médiocres pour élever leur rendement, et que l'introduction en soit favorisée sur tous les points où les feuillus ne sont pas susceptibles de fournir en quantité importante du bois d'œuvre de bonne qualité.*

« *Que les propriétaires soient engagés par tous les moyens, soit à prolonger l'âge d'exploitation, soit à entreprendre immédiatement la conversion de leurs taillis ou taillis sous-futaie en futaie pleine, par bouquets, assurés de compenser ainsi les sacrifices momentanés résultant de l'opération par une augmentation de revenus certaine et durable dans l'avenir.*

« *Qu'à cet effet les gouvernements intéressés organisent des conférences faites par les forestiers de l'Etat dans les régions forestières importantes, d'où les propriétaires particuliers puissent tirer toutes les explications nécessaires et intéressantes à l'opération proposée.*

« *Qu'il soit établi des primes à la replantation et, plus tard, aux châtaigneraies donnant les produits les meilleurs.*

« *Qu'il soit établi des primes à la replantation des noyers.*

« *Que la station des recherches de Nancy concentre les résultats obtenus pratiquement, soit à l'étranger, soit par l'Administration fores-*

tière, soit par les sociétés d'agriculture régionales et locales, et les publie dans les bulletins dont elle dispose.

« Qu'il soit créé au Ministère des Colonies un bureau spécial chargé :

« Du contrôle supérieur du domaine forestier colonial ;

« De l'élaboration d'un programme d'action uniforme pour toutes les colonies, en ce qui concerne l'aménagement progressif des forêts dans chaque colonie et la constitution de réserves forestières.

« Que, dans le plus bref délai possible, soit déterminé dans quelle mesure le service forestier et le service de la météorologie agricole doivent collaborer en vue de l'intérêt général.

VŒUX SECONDAIRES :

« Que le diplôme d'ingénieur forestier soit décerné aux élèves de l'Ecole nationale des Eaux et Forêts de Nancy qui en seront jugés dignes.

« Que la mention « sylviculture » soit portée sur les diplômes d'ingénieur agronome et d'ingénieur agricole, délivrés aux élèves de l'Institut national agronomique et des écoles nationales d'agriculture qui se seront particulièrement distingués dans cette branche.

« Que des notions les plus indispensables de sylviculture et d'aménagements sylvo-pastoraux soient données dans les écoles pratiques d'agriculture et dans les fermes-écoles.

« Que l'enseignement théorique et pratique de la sylviculture soit donné dans les écoles normales d'instituteurs par un agent des Eaux et Forêts ou par tout ingénieur agronome ou agricole ayant sur son diplôme la mention « sylviculture ».

« Que la mention « sylviculture » soit portée sur le certificat de fin d'études normales des maîtres qui en seront jugés dignes.

« Qu'en général, l'enseignement à tous les degrés comprenne l'étude sommaire et méthodique des notions les plus indispensables d'économie forestière et sylvo-pastorale.

« Que les agents de l'Administration des Eaux et Forêts, les professeurs d'agriculture, les ingénieurs agronomes ou agricoles pourvus du diplôme avec mention « sylviculture », les membres des syndicats forestiers et des sociétés sylvicoles soient délégués, suivant un programme fixé annuellement, pour faire des conférences forestières et sylvo-pastorales de vulgarisation dans les écoles et partout où cette propagande pourrait être utile.

« Que les Associations touristiques, les Automobile-Clubs, les Syndicats d'Initiative, les Sociétés d'Agriculture encouragent l'enseignement forestier et sylvo-pastoral et concourent à l'organisation de fêtes de l'Arbre.

« *Que l'attention des botanistes et forestiers soit attirée sur l'étude des végétaux ligneux de la flore française en particulier, au point de vue de leur répartition géographique et de leurs relations avec les conditions de milieu.*

« *Que les faits observés dans chaque région, quelle que soit leur importance, soient publiés sous forme de notes ou de mémoires; qu'il soit dressé, le plus possible, des cartes régionales indiquant la répartition des essences ou de préférence la répartition des associations qu'elles caractérisent, en s'inspirant des principes posés par M. Flahault.*

« *Que des études d'ensemble soient organisées par la station de recherches de l'Ecole nationale des Eaux et Forêts avec le concours de tous les agents des Eaux et Forêts.*

« *Que les parcs forestiers dans lesquels auront été faites des plantations de végétaux exotiques, pouvant servir d'étude à l'emploi de ces essences dans les grands reboisements forestiers, soient exonérés pendant 10 ou 20 ans de tout impôt foncier, à la condition qu'ils soient ouverts aux professeurs d'agriculture, aux agents forestiers ou aux autres personnes officiellement accréditées, en vue d'études dendrologiques, botaniques et forestières.*

« *Que l'Etat entre dans la voie des essais de culture des essences exotiques.*

« *Qu'on favorise, par tous les moyens, l'élaboration d'études ayant pour but de faire connaître aux propriétaires, en citant des exemples judicieusement choisis, les espèces les mieux appropriées aux facteurs de la production et aux conditions économiques locales.*

« *Que dans les coupes de taillis, soumises au régime forestier, les résineux soient réservés, en principe; que, seuls, soient exploités les sujets surannés, dépérissants ou surabondants, martelés en délivrance par les agents forestiers.*

« *Que les propriétaires soient invités à profiter des avantages et lois existantes ou projetées pour soumettre leurs forêts à la gestion des services publics, en vue de réaliser plus sûrement et plus rapidement l'amélioration de leurs forêts dans le sens indiqué.*

« *Qu'en raison de l'intérêt général de la conservation et de l'amélioration des forêts, des primes, comme pour d'autres cultures, à titre d'encouragement et de compensation de la perte de revenus momentanée subie par les propriétaires intéressés, soient instituées par l'Etat en faveur des forêts améliorées, soit par l'allongement indispensable de leurs révolutions successives, soit par leur conversion directe en futaie pleine par bouquets.*

« *Que l'Administration centrale des Eaux et Forêts fasse immédiatement l'application, à titre d'essai, dans les forêts domaniales traitées en taillis sous futaie, de la méthode préconisée et à l'étude par l'Ecole de Nancy, sous le nom de futaie pleine par bouquets. Ces essais seraient tentés dans les forêts propices et dans diverses régions ; les résultats du traitement seraient produits au prochain Congrès.*

« Qu'il soit constitué des taillis et des futaies d'acacias comme mode économique de boisement, particulièrement sur les terrains propices à basses altitudes.

« Que les terrains improductifs, dont le sol, la région et le climat sont propres au châtaignier, soient remis en valeur par la reconstitution de nouvelles châtaigneraies.

« Que les châtaigneraies soient exploitées sans enlèvement de feuilles qui constituent la couverture morte; qu'elles soient entretenues par un jardinage judicieux et par des repeuplements en sujets greffés et soigneusement sélectionnés.

« Qu'il soit créé des pépinières destinées à fournir des porte-greffes ou des plants greffés dont la délivrance pourrait se faire ou gratuitement ou à prix d'argent.

« Que la loi dégrevant de tout impôt foncier pendant trente ans les terrains remis en nature de bois soit étendue aux châtaigneraies nouvelles lorsqu'elles sont nécessaires au maintien des terrains instables.

« Que la loi sur le défrichement des bois particuliers soit étendue aux châtaigneraies, partout où les châtaigniers occupent des versants susceptibles de se dégrader, ou des régions dans lesquelles ils contribuent à régulariser le régime des eaux.

« Que des conférences destinées à instruire nos cultivateurs soient organisées.

« Que des pépinières destinées à fournir gratuitement, ou moyennant une redevance très faible, des plants de noyers greffés et soigneusement sélectionnés à tous ceux qui veulent effectuer des replantations soient créées sous la direction des professeurs d'agriculture.

« Que M. le Ministre de la Guerre fasse procéder, dès à présent, à des expériences en vue de trouver un succédané du noyer pour la fabrication des crosses de fusils.

« Que les bulletins officiels et de renseignements agricoles des diverses nations sollicitent des expériences de la part des sylviculteurs ; qu'ils recueillent et publient les observations communiquées et les résultats obtenus, afin que la presse générale et spéciale puisse s'en inspirer pour la vulgarisation des procédés employés.

« Que le bureau spécial du Ministère des Colonies soit chargé également de centraliser les questions générales d'intérêt forestier concernant toutes les colonies.

« Que le recrutement des agents forestiers à destination des pays de protectorat et des colonies ait lieu, partiellement au moins, dans le cadre des agents de la métropole, et soit réglementé par décrets pris d'accord entre les ministères intéressés (Agriculture, Affaires étrangères, Colonies).

« Que les Administrations forestières de France et de l'étranger soient invitées à provoquer tous les renseignements des sylviculteurs mondiaux sur la croissance des arbres forestiers ; que les bulletins

officiels et de renseignements agricoles des diverses nations soient invités à les centraliser et à les publier, afin d'éclairer définitivement l'opinion publique égarée par les écrits d'auteurs qui, au lieu de prendre pour base des données scientifiques ou expérimentales, se sont laissés guider par des tendances personnelles ou par une imagination trop facile.

« Que ces mêmes renseignements soient communiqués à la presse, afin qu'elle puisse s'en servir pour la vulgarisation de cette question, au plus grand profit de l'enseignement public.

« Que la météorologie forestière prenne un nouvel essor et s'attache notamment à déterminer les conditions climatériques et la zone naturelle des principales essences.

« Que les auteurs responsables des incendies dus à la malveillance soient recherchés activement, et que les pouvoirs publics leur appliquent, dans toute leur rigueur, les sanctions prévues par la loi.

« Que l'attention des Pouvoirs publics soit appelée sur la nécessité d'interdire dans les fêtes publiques ou privées le lancement des montgolfières, en raison des dangers qu'elles présentent au point de vue des incendies de forêts.

« Que, dans l'enseignement sylvicole, des leçons soient faites sur le rôle réciproque de la forêt et de l'oiseau, l'un envers l'autre : l'oiseau protégeant la forêt contre l'insecte, la forêt offrant le refuge à l'oiseau.

« Que, dans les réserves forestières et les parcs nationaux, des mesures soient prises pour la multiplication des oiseaux utiles ou des espèces rares en voie de disparition.

« Qu'une classification, basée sur les travaux de la Commission instituée par M. le Ministre de l'Agriculture, soit établie le plus tôt possible pour déterminer les oiseaux utiles ou nuisibles.

« Que l'Administration fasse rechercher s'il ne serait pas possible d'employer la feuille ou l'écorce des branches du mûrier pour fabriquer de la pâte à papier concurremment avec la fibre de bois et les chiffons. »

Tous ces vœux sont adoptés sans observations.

M. le Président. — La parole est à M. Vivier, président de la deuxième section.

M. Vivier donne lecture des vœux de la deuxième section :

Vœux principaux

Le Congrès, considérant que la conservation des forêts existant dans les régions élevées et dans les dunes nécessite des mesures exceptionnelles et que la législation répressive au défrichement ne suffit pas pour assurer le maintien de ces forêts,

Est d'avis qu'une législation spéciale des forêts de protection dans les régions élevées et dans les dunes est seule capable de prévenir les dangers qui résultent de leur disparition, législation préventive qui doit tenir compte de la situation économique et de l'organisation administrative des divers pays, étant entendu toutefois que les servitudes qui en résultent pour les propriétaires forestiers doivent être compensées par des avantages équivalents, tels que exemptions d'impôt, subventions et, au besoin, faculté pour les propriétaires intéressés de requérir l'expropriation.

Le Congrès, considérant que les droits de jouissance et de disposition des propriétaires forestiers sont aussi respectables que ceux des propriétaires de tous autres immeubles ; que ces propriétaires doivent avoir la liberté de jouir de leurs forêts comme ils l'entendent, sans être soumis à une intervention administrative ; qu'une telle intervention ne peut se justifier qu'en cas de danger public et non sous le simple prétexte d'utilité publique.

Est d'avis que, sous réserve des mesures de conservation qui peuvent être prises contre le défrichement et pour la protection des terrains en montagne et des dunes, les particuliers soient libres d'asseoir dans leurs forêts telles coupes qu'ils jugent convenables, de réaliser quand ils l'estiment opportun le matériel sur pied résultant de leurs économies, sans être astreints à aucune déclaration ni autorisation préalable ;

Mais attendu que, dans la crise économique intense que subit en ce moment la propriété forestière privée, l'État a le devoir de venir en aide aux particuliers détenteurs de forêts, qui sont pour la plupart de petits propriétaires, suivant les principes de l'égalité et de la solidarité sociale;

Le Congrès est d'avis :

« 1° *Que la sollicitude de l'État peut se manifester très efficacement, sans aucune mesure coercitive, notamment par une répression plus efficace des délits, par des modérations d'impôts, par la faculté donnée aux particuliers d'utiliser le personnel de l'Administration des Eaux et Forêts qu'il convient d'orienter en vue des services commerciaux qu'il peut rendre, au moins autant que dans le sens des applications techniques; par des mesures à prendre pour arrêter la dépréciation de certains produits ligneux (bois de chauffage, charbons de bois, écorces); par des institutions de crédit facilitant aux particuliers la création ou la reconstitution de leurs forêts ;*

« 2° *Qu'en France, la loi Audiffred soit appliquée dans un esprit de bienveillante collaboration entre l'Administration forestière et les propriétaires particuliers.*

« *Que, dans tout système fiscal, la base d'évaluation du revenu forestier soit le produit net de la coupe normale correspondant au plan d'exploitation adopté : usuellement dans la région si l'impôt est réel; par le propriétaire, si l'impôt est personnel.*

« *Que le revenu total annuel des forêts soit évalué comme l'annuité reproduisant la valeur de la coupe normale dans le nombre d'années compris entre deux coupes successives, les coupes étant supposées régulièrement réparties sur la durée de la révolution.*

« *Que, excepté au cas d'un impôt unique sur le revenu, l'évaluation du revenu imposable des bois et forêts soit faite d'après les principes suivants* :

« *Le revenu des bois et forêts est formé de deux éléments* : 1° *le revenu du sol;* 2° *le revenu de l'épargne accumulée dans les arbres de futaie et les coupes en croissance;*

« *Le revenu du sol est égal à l'annuité reproduisant la valeur de la coupe d'un peuplement (taillis, semis ou plantation) exploité à l'âge minimum auquel il peut fournir des produits de valeur marchande dans la région;*

« *Le revenu de l'épargne est la différence entre le revenu total et le revenu du sol.*

« *Que le revenu de l'épargne ne supporte en aucun cas l'impôt foncier, ni les impôts ou taxes assimilés.*

« *Que, dans l'impôt sur la plus-value ou l'enrichissement, ne soient pas considérés comme un accroissement de valeur des forêts à coupes non annuelles les revenus dont la perception est différée et qui restent accumulés dans les coupes en croissance en attendant l'époque de leur réalisation.*

« *Qu'en France le dégrèvement de la propriété non bâtie soit voté le plus tôt possible par le Parlement, mais, qu'en attendant, les propriétaires particuliers soient admis légalement à bénéficier immédiatement des dispositions de l'Ordonnance du* 3 *octobre* 1821.

« *Que, pour l'impôt sur les successions, l'évaluation des forêts en capital soit basée non sur le rendement moyen des dernières exploitations, mais sur le revenu total annuel que peut donner la forêt dans l'état où elle se trouve à l'ouverture de la succession.*

« *Que, dans les ventes de forêts en fonds et superficie, les jardins et parcs exceptés, la valeur du fonds soit seule imposée aux droits sur les ventes immobilières, la valeur de la superficie étant imposée aux droits de transmission des valeurs mobilières ou au plus aux droits sur les ventes mobilières.*

« *Que le règlement d'administration publique concernant l'exécution de la loi Audiffred soit établi et publié dans le plus bref délai.*

« *Qu'à l'avenir un crédit soit inscrit chaque année au budget des Eaux et Forêts pour acquisition sur l'ensemble du territoire de forêts payables par annuités.*

« *Que le Gouvernement de la République française prenne l'initiative de la création à Paris d'un office forestier international auto-*

nome, dont l'emplacement serait fourni par la France, et dont le budget serait alimenté par les contributions de tous les Etats intéressés.

« Que les tarifs des chemins de fer soient révisés d'urgence dans un sens favorable à la production et au commerce des bois français et des colonies françaises.

Vœux secondaires.

« Qu'il soit accordé des dégrèvements temporaires pour les bois ruinés par des incendies, des invasions d'insectes ou des maladies cryptogamiques, dont la reconstitution par semis ou plantations aura été reconnue indispensable au maintien de l'état boisé.

« Que des procédés rationnels et équitables, basés sur les principes et les méthodes admis d'une façon générale en matière de sylviculture et d'aménagement, soient adoptés pour l'assurance des forêts et des plantations contre l'incendie.

« Qu'en ce qui concerne spécialement les forêts françaises, ces principes et ces méthodes, ainsi que des modèles d'assurance et de règlement de sinistre, soient transmis aux compagnies d'assurances ou aux unions de ces compagnies par les syndicats de propriétaires forestiers ou par les fédérations de ces syndicats en vue d'établir une entente sur de telles bases, sans préjudice, partout où les circonstances le permettront, du développement des assurances mutuelles bénéficiant de tous les avantages que l'État accorde ou accordera aux mutualités.

« Que des cantons ou parcelles bien choisis des forêts de l'Etat, dans le voisinage des grandes villes, en des points pittoresques et facilement accessibles, soient distraits du cadre des aménagements ordinaires, traités spécialement au point de vue de l'ornement et disposés pour l'agrément des promeneurs et des touristes, partout où les circonstances économiques ne s'y opposeront pas.

« Que la taxe de main-morte sur les bois et forêts acquis par les établissements publics ou d'utilité publique ne soit pas supérieure à celle frappant les biens des communes et des établissements publics de bienfaisance ou d'assistance.

« Que les terrains reboisés ou nouvellement boisés par semis ou plantations soient exonérés de tout impôt :

« Pendant trente ans pour ceux situés sur les sommets et les versants des montagnes, sur les dunes, dans les landes et les terrains marécageux ;

« Pendant vingt ans pour tous les autres terrains.

« Le Congrès, rendant justice aux efforts faits par les syndicalistes de tous les pays, les engage à continuer de développer leur action syndicale,

« Préconise la formation de coopératives de propriétés, complètes, à circonscription restreinte et unies par des fédérations,

« Souhaite que les associations agricoles aident de leur expérience et de leur pouvoir à la formation de coopératives forestières et de caisses de crédit forestier,

Et émet le vœu :

« Que les législations des différents pays soient adaptées à la formation de syndicats et de coopératives forestières et que les États favorisent ces associations par des subventions, par des exemptions d'impôts graduées par l'aide de leurs agents forestiers, et par l'organisation du crédit forestier.

« Que le Sénat mette le plus tôt possible en discussion le projet de loi Fernand David portant modification de la Loi du 5 avril 1882.

« Qu'à l'égard des massifs d'une valeur trop grande pour être achetés à l'aide du crédit ci-dessus mentionné, les Ministres de l'Agriculture et des Finances soient autorisés à conclure des contrats d'acquisition sous la condition suspensive de la ratification parlementaire, et qu'en cas d'insuffisance des disponibilités budgétaires le paiement en soit assuré par un emprunt amortissable, ou par une avance de fonds de la Caisse des dépôts et consignations.

« Subsidiairement, qu'au cas où des raisons financières ne permettraient pas un de ces deux modes de réalisation des achats de grands massifs, les Ministères de l'Agriculture et des Finances aient le droit de saisir des projets la Caisse des dépôts et consignations chargée de la gestion de la Caisse nationale de retraites en vue de l'application de l'article 15 § 4 de la loi du 5 avril 1910.

« Que les droits de mutation à titre onéreux soient réduits en cas d'acquisition de forêts par des communes ou établissements publics et même, s'il est possible, par les associations reconnues d'utilité publique : caisses d'épargne, caisses de retraites et sociétés de secours mutuels approuvées, ainsi que par les sociétés constituées en vue du reboisement et de l'acquisition des forêts.

« Que les décrets autorisant les communes ou établissements publics à accepter des legs de propriétés forestières n'imposent l'obligation de vendre ces immeubles qu'en cas de volonté formelle du testateur.

« Que M. le Ministre de l'Intérieur invite les préfets à favoriser les opérations qui consisteraient pour les communes et établissements publics à transformer dans des conditions avantageuses en placements forestiers leurs valeurs mobilières et leurs domaines agricoles.

« Que le paragraphe 4 de l'article 15 de la loi du 5 avril 1910 soit modifié par l'élévation à 1/100 de la portion de l'avoir que les caisses de retraites pourront employer en achats de bois et de terrains à boiser.

« Que dans tous les pays, et spécialement en France, l'amélioration des stations de recherches forestières fasse l'objet de la sollicitude particulière de l'Administration forestière.

« Que l'Office forestier international dont la création a été prévue par un vœu précédent intervienne pour publier les statistiques résumées faisant connaître dans chaque pays l'étendue des forêts exploitables, leurs richesses, leur capacité de production et d'une façon générale

les ressources qu'elles sont susceptibles de fournir au commerce du monde entier.

Tous ces vœux sont adoptés sans observations.

« *Que lors de la prochaine révision des tarifs douaniers, il ne soit apporté aucune modification aux droits actuellement en vigueur sur les bois.*

M. le Président. — Permettez-moi de vous arrêter. Sur ce vœu nous avons été saisis d'une lettre de M. de Nicolay, président du Syndicat des propriétaires forestiers de la Sarthe, demandant que ce vœu ne soit pas adopté.

M. de Nicolay. — Parfaitement.

M. le Président. — En Assemblée générale, nous ne pouvons pas discuter une question au fond, nous devons accepter ou rejeter le vœu proposé. Si vous le rejetez, il sera repris par la Commission permanente et pourra être représenté à un prochain Congrès, mais il faut qu'un vœu, pour être présenté en Assemblée générale, ait été discuté dans une section.

Vous avez donc à vous prononcer en l'acceptant ou le rejetant.

Le vœu est repoussé.

M. le Président. — Le vœu étant rejeté, la question sera renvoyée à l'étude du prochain Congrès.

M. Vivier (continuant la lecture des vœux) :

« *Que la proposition de loi déposée par M. Pasqual, député du Nord, tendant à augmenter les droits de douane sur les bois contreplaqués, soit adoptée le plus tôt possible.*

« *Qu'il soit établi un droit sur l'entrée du bois de quabracho en France.*

« *Que les propriétaires forestiers et les négociants appartenant au commerce des bois et produits accessoires soient largement représentés, savoir :*

a) *Au Comité consultatif des Arts et Manufactures.*
b) *A la Commission permanente des Valeurs en douane.*

« *Que les propriétaires forestiers et les négociants appartenant au commerce des bois et produits accessoires soient représentés largement à la section permanente du Comité consultatif des chemins de fer.*

M. le Dr Vidal. — Je ne sais si je me trompe, mais je n'ai pas entendu parler d'un vœu sur les voies de communication et chemins forestiers dans la région des Maures, adopté par la deuxième section.

M. Vivier. — Parce que la section et le Congrès ont pensé que c'était un appel à l'attention de l'Administration, mais que ce n'était pas à proprement parler un vœu.

M. le Dr Vidal. — Je demande que dans votre rapport, qui est si bien fait, vous vouliez bien attirer l'attention de l'Administration sur cette question.

M. Vivier. — Ce sera le rôle de la Commission permanente du Congrès. La Commission attirera l'attention des Pouvoirs publics sur ce point. Celle de l'Administration des forêts a déjà été appelée, puisqu'il y a au Sénat une proposition de loi sur la question que vous indiquez. Vous aurez donc toute satisfaction.

M. Voelckel. — Il n'y a qu'à l'inscrire comme vœu. (*Approbation générale.*)

M. le Président. — Si tel est l'avis de l'Assemblée générale?... Personne ne fait d'objection?

Eh bien, le vœu que vient d'indiquer M. Vidal, et qui avait été accepté par la section, sera considéré comme adopté.

Il est ainsi conçu :

« *Le Congrès, considérant que dans la région des Maures les voies de communication sont notoirement insuffisantes.*

Émet le vœu :

« *Qu'il soit mis, à bref délai, un terme à cette situation dont on ne trouve pas un autre exemple sur tout le territoire français.*

M. le Dr Vidal. — Je vous remercie, au nom de ces malheureux propriétaires qui voient brûler leurs héritages depuis 300 à 400 ans et ne peuvent pas exploiter leurs bois. (*Applaudissements.*)

M. le Président. — La parole est à M. Poupinel, président de la troisième section.

M. Poupinel (lisant) :

Vœux principaux

« *Que l'État incite les particuliers et les communes à constituer des massifs de futaies partout où la qualité du sol le permet ; pour ce faire, non seulement ces massifs seraient, comme les plantations et les semis, exonérés d'impôts pendant trente ans, mais encore des primes pourraient leur être attribuées.*

« *Que la Ville de Paris abaisse sensiblement les droits d'octroi qu'elle perçoit actuellement sur le charbon de bois, et qu'elle mette ces droits en harmonie avec ceux auxquels sont taxés les autres combustibles.* (Bravo !)

« *Que l'État fasse faire à la station forestière spéciale de Nancy et dans tous les établissements scientifiques dont il dispose des recherches scientifiques sur la meilleure utilisation chimique et mécanique des taillis et des menus bois.*

« *Qu'il accorde de larges subventions à toutes les initiatives privées : syndicats, sociétés et savants qui se livreront à des travaux sérieux sur cette question.*

« *Qu'il fonde un prix d'une importante valeur pour récompenser les savants ou les inventeurs qui auront trouvé une ou plusieurs solutions économiquement pratiques de cet important problème de l'utilisation chimique et mécanique des taillis et des menus bois.* (Applaudissements.)

« *Que l'État, les départements et les communes plantent indistinctement toutes les routes de France en essences appropriées à la nature du sol, à l'exclusion des arbres fruitiers.*

« *Que les exploitations forestières soient supprimées de la nomenclature portée à l'article 14 de la loi du 21 mai 1836 et à l'article 11 de la loi du 20 août 1880, des industries susceptibles de fournir des subventions pour les chemins vicinaux, de grande communication et les chemins ruraux.* (Très bien !)

« *Que toutes les administrations publiques achetant des produits en cuir et peau inscrivent dans leur cahier des charges une clause à l'effet de n'accepter que des cuirs et peaux tannés à l'écorce de chêne pur, à l'exclusion de tout autre ingrédient tannifère, et prennent des dispositions strictes et sévères pour surveiller directement l'application de cette clause.* (Applaudissements.)

« *Que les Pouvoirs publics, pour réprimer toute fraude et pour protéger le public consommateur, instituent une marque légale qui sera apposée sur tous les cuirs et peaux tannés à l'écorce de chêne pur.* (Applaudissements.)

« *Que certains canaux soient améliorés, notamment que les travaux commencés depuis de nombreuses années sur le canal du Nivernais, qui dessert une région essentiellement forestière, soient poussés activement, de façon à permettre le passage des bateaux de 38 mètres, ce qui diminuerait notablement les frais de transport.*

Vœux secondaires

« *Que les Compagnies de chemins de fer consentent l'application de tarifs de faveur très bas pour le transport des écorces à tan et prennent toutes dispositions en vue d'assurer le transport dans les meilleures conditions.*

M. Garrigou-Lagrange. — Je rappelle simplement l'amendement que j'ai proposé. Je fais des réserves.

M. Poupinel (lisant) :

« *Que l'impôt foncier que les forêts particulières ont à acquitter soit diminué par la réforme de la Loi du 3 frimaire an VII, ou par l'application du nouveau régime de la propriété non bâtie.*

« *Que, dans le domaine du gros outillage, il soit établi une machine à abattre le taillis, d'une utilisation réellement pratique.*

« *Que les transformations du petit outillage de manutention et d'abatage se produisent en s'inspirant des progrès déjà réalisés, autant en France qu'à l'étranger, et en tenant compte des améliorations obtenues par le perfectionnement du matériel servant aux grandes exploitations.*

« *Que l'emploi des transports automobiles soit favorisé de toutes manières, notamment par l'amélioration des chemins forestiers au point de vue de leur solidité.*

« *Que l'État soit invité à faire le plus de réserves possibles, de façon à produire, dans un avenir encore lointain, plus de futaies et moins de taillis.*

« *Qu'on encourage les particuliers à faire les mêmes réserves, en les indemnisant de leurs sacrifices, au moyen de la suppression totale ou partielle des impôts qui grèvent la propriété forestière.* (Applaudissements.)

« *Que l'État, sans s'occuper des nécessités budgétaires, augmente la durée de ses aménagements et encourage les particuliers et les communes à suivre son exemple.*

« *Que la législation facilite l'accession à la propriété forestière de propriétaires dits « impérissables » qui, seuls, ont intérêt à l'aménagement de coupes de longue durée.*

« *Que de très sérieux encouragements soient accordés aux chercheurs pour les amener à trouver l'utilisation industrielle du petit bois.*

« *Que l'industrie boulangère soit incitée à utiliser le bois pour la cuisson du pain.*

« *Que le Service des ports, si économique pour le commerce des bois, soit maintenu dans son intégralité, et étendu, autant que faire se pourra, aux gares situées dans les limites des cantonnements des gardes-ports.*

« *Que, d'une manière générale, les marchands de bois exploitants fassent fendre toutes les bûches de charme dont la grosseur atteint ou dépasse 14 centimètres de diamètre.*

« *Que les propriétaires forestiers soient invités à augmenter la durée des aménagements des coupes, de façon à les porter, chaque fois que la qualité du sol le permettra, à 35 ou 40 ans.*

« *Que les bois destinés à la carbonisation aient au moins* 0 m. 025 *de diamètre au petit bout.*

« *Que les distillateurs de bois en vase clos soient invités à n'utiliser que la charbonnette exclusivement.*

« *Que le décret portant règlement d'administration publique destiné à définir l'essence de térébenthine, en vertu de l'article 11 de la Loi du 1er août 1905, prévoie uniquement sous ce nom le produit exclusif de la distillation des sucs oléo-résineux tirés par le gemmage d'arbres résineux, à l'exclusion de la distillation même aqueuse des bois qui les contiennent.*

« *Que le nombre des prélèvements faits par le Service des fraudes sur l'essence de térébenthine soit augmenté dans de larges proportions.*

« *Que de très réels encouragements soient accordés aux chercheurs, soit par voie de concours, soit par tout autre moyen, pour les amener à trouver des procédés scientifiques permettant l'emploi industriel du charbon de bois.*

« *Que des tarifs spéciaux soient accordés au transport du charbon de bois destiné à l'exportation.*

« *Que les bois de mines destinés à l'exportation jouissent d'un régime de faveur particulièrement pour les transports à longue distance.*

« *Que les Compagnies de chemin de fer soient invitées à ne faire aucune distinction pour le coût et le transport des bois de mines entre ceux ayant moins de* 5 *m.* 40 *qui voyagent à la série E et ceux de plus de* 5 *m.* 40 *qui voyagent à la* 6e *série.*

« *Que l'État français améliore la qualité et diminue le prix de ses allumettes; que pour arriver utilement et pratiquement à ce but, il accepte la concurrence privée, sous réserve de l'exercice.* (Applaudissements.)

« *Que les terrains incultes les plus susceptibles de reboisement soient plantés, avec exonération d'impôt pour les propriétaires, au delà même des trente ans prévus par la loi.*

« *Que des produits antiseptiques ayant fait leurs preuves soient utilisés à l'effet d'augmenter le coefficient de résistance et de durée des bois soumis à leur traitement.*

« *Qu'une impulsion vigoureuse et pratique à tous égards soit donnée à l'importation de nos essences coloniales qui peuvent, en matière de poteaux télégraphiques comme en bien d'autres, parer au déficit menaçant de la production nationale.*

« *Que les recherches sur les procédés artificiels de conservation des bois et les découvertes dans cet ordre d'idées soient dotées de primes.*

« *Que l'État, partout où il le peut, pour tous les édifices publics et pour certaines constructions privées, exige l'emploi de bois ignifugés.*

« *Que toutes les régions qui le permettent soient reboisées.*

« *Que l'importation des bois à œuvrer qui nous font défaut, ou dont la rareté nous entraîne à des coupes prématurées, soit dans une certaine mesure facilitée, notamment en taxant les transports des bois exotiques communs de nos colonies, non comme bois précieux, comme cela a lieu actuellement, mais au même prix que les bois français de même valeur et de même emploi.*

« *Que la connaissance de toutes les essences utilisables de nos immenses réserves coloniales soit vulgarisée par tous les moyens, tant pour la mise en valeur de ces réserves que pour conjurer l'appauvrissement des forêts de France.*

« *Que les formalités douanières soient simplifiées en prenant pour base le poids indiqué sur le connaissement, avec tolérance de 10 % en plus ou en moins.*

« *Que pour la fabrication de la pâte, on fasse emploi en plus grande quantité, non seulement de chiffons, mais encore de l'alfa, des fibres de chanvre, de maïs, de lin, de jute, de phormium, de bambou, puis de toutes les essences tendres de nos colonies de l'Afrique occidentale française et du Congo.*

« *Que nos dunes du Nord, moins propices à la croissance des pins, soient plantées de graminées à racines étendues, comme l'orgeat ; celles de Normandie et de Bretagne, de pins, etc.*

« *Que nos montagnes soient plantées de hêtres et de mélèzes et autres arbres.*

« *Que, sur les lignes de transport, les tarifs soient proportionnés à la valeur de la matière première.*

« *Que l'emploi du peuplier soit généralisé et qu'il soit procédé à des replantations incessantes de cette essence et plus particulièrement le long des rivières et canaux.*

« *Que l'on ait recours aux bois de densité légère qui se trouvent dans nos colonies.*

« *Que les droits de douane soient élevés d'une manière raisonnable et opportune sur les bois étrangers contre-plaqués.*

« *Que plus de précautions soient prises pour préserver les arbres en bordure de nos routes, lavoirs et cours d'eau, des clous et déprédations quelconques ayant le caractère, non pas de malveillance au sens propre du mot, mais d'impardonnable ignorance.*

« *Que les stands ou champs de tir soient suffisamment éloignés des parties boisées pour éviter que des balles perdues ne viennent compromettre l'existence de nos plus beaux arbres.*

« *Que des appareils de protection véritablement pratiques soient créés pour la conduite, sans danger, des machines-outils.*

« *Que, conformément à la jurisprudence, les aspirateurs de pous-*

sières ne soient plus imposés dans les ateliers de sciage mécanique du bois.

« *Que les fabricants de futailles français se préoccupent, dès maintenant, de prendre des merrains dans les forêts françaises, et de former des ouvriers capables et habiles à fendre les merrains de grosses et petites dimensions, suivant les exigences des consommateurs ; ils créeront ainsi un débouché précieux pour un produit essentiellement national et, en même temps, ils s'assureront une partie de leurs matières premières sans avoir besoin de la chercher au loin, avec toutes les difficultés d'un transport de plus en plus onéreux.*

« *Que les grandes villes, et en particulier la ville de Paris, réduisent les droits d'octroi sur le charbon de bois au taux des droits sur les combustibles minéraux.* »

« *Que le Parlement étudie l'élévation des droits de douane en vue de protéger la production française de méthylène.*

« *Que le Parlement prenne les mesures propres à étendre la consommation de l'alcool industriel que le méthylène sert à dénaturer.* » (Applaudissements.)

Tous ces vœux sont adoptés.

M. le Président. — Le président de la 4e section, M. Pluchet, n'ayant pu venir, je demande à M. Cardot de nous donner lecture des vœux.

M. Cardot (lisant).

Vœux principaux

« *Que dans les différents pays une législation pastorale soit édictée et que des mesures administratives et financières soient prises ou complétées, en vue d'assurer aux pâturages communaux ou exploités collectivement le bienfait d'un aménagement rationnel et les travaux nécessaires pour arrêter la dégradation de ces terrains, les remettre en valeur, les entretenir en bon état de production et ainsi rendre aux régions montagneuses les éléments de richesse, de beauté, de prospérité enfin, qui tendent, de plus en plus, à leur faire défaut et à en provoquer la dépopulation.*

« *Que des mesures législatives soient prises en vue de réglementer l'exercice des droits de pâturage en Algérie.*

« *Qu'il n'y a pas lieu de renoncer aux travaux de correction de torrents, mais qu'en raison de leur prix élevé, il convient de n'y recourir qu'après une étude sérieuse basée sur des considérations purement techniques et, afin d'éviter, dans la mesure du possible, leur emploi toujours onéreux, qu'il importe de favoriser la création et le développement de massifs forestiers dans les bassins de réception, dans la limite où la lutte contre le ruissellement et le décapage des versants le rendront nécessaires.*

« *Que les avalanches soient assimilées aux torrents et que leur correction puisse être également déclarée d'utilité publique et dans les mêmes formes.*

« *Qu'il soit dressé, dans les divers états, une statistique très complète et très sérieuse des tourbières de différentes natures qui y existent.*

« *Qu'il soit créé, dans les tourbières des diverses catégories, en plaine et en montagne, des champs d'expériences où seront étudiés très méthodiquement les procédés d'assainissement, les modes de boisement, les époques les plus favorables pour les plantations, les différentes essences indigènes et exotiques, l'action des divers engrais, les soins à donner aux plants;*

« *Et que les résultats, bons ou mauvais, de toutes ces expériences soient portés à la connaissance du public.*

« *Que, dans tous les pays où le besoin s'en fait sentir, une législation relative à la fixation des dunes et aux travaux de défense contre la mer soit mise à l'étude et promulguée dans le plus bref délai possible.*

« *Que les forêts des dunes soient classées comme forêts de protection.*

« *Qu'il soit procédé, en France comme à l'étranger, à des observations diverses et méthodiques, ayant pour but de déterminer l'influence de la forêt sur le régime et le débit des cours d'eau.*

« *Qu'en France, la loi dont le projet a été présenté par M. Fernand David, et qui a pour objet la modification de la Loi du 4 avril* 1882 *sur la restauration et la conservation des terrains en montagne, soit votée dès que possible.* (1)

« *Que les travaux de régularisation des cours d'eau soient l'objet, par bassins hydrographiques, d'études d'ensemble, concertées entre les divers services appelés à en assurer l'exécution.*

« *Qu'il soit institué des primes au reboisement.*

« *Que les terrains communaux boisés ou susceptibles de boisement ou d'améliorations pastorales ne soient ni partagés ni aliénés.* »

M. DE BELINAY. — Je demande la parole.

La question des communaux n'a pas été traitée avec l'ampleur qu'elle comporte.

Nous avons 250.000 hectares de bruyères au Plateau central qui ne peuvent produire que par le reboisement. L'Administration nous pousse à reboiser; à notre syndicat, nous avons commencé, grâce au partage des communaux, à pousser au reboisement ; si vous arrêtez le partage, vous arrêtez le reboisement.

Je sais que la question n'est pas la même dans toute la France, mais

(1) Cette loi a été votée depuis et promulguée à la date du 16 août 1913.

pourquoi ne pas ajouter à ce vœu que le partage sera autorisé quand les intérêts du département le demanderont?

M. le Président. — Nous ne pouvons pas modifier le vœu, mais vos observations seront consignées au procès-verbal.

M. Cardot. — Ce vœu a été voté à l'unanimité par la section, moins une voix, celle de M. de Belinay.

Vœux secondaires

« *Que les forestiers reboiseurs soient encouragés à faire connaître les moyens pratiques qui ont le mieux réussi dans les divers travaux de correction et de réinstallation de la végétation.*

« *Que l'attention des reboiseurs soit attirée sur la nécessité d'étudier la végétation naturelle des bassins à reboiser et des régions attenantes, et sur l'intérêt qu'il y aurait à dresser une carte botanique pour servir de base aux travaux de reboisement entrepris.*

« *Que l'on tienne compte des résultats acquis dans la question de l'origine des graines, en semant, en tous cas, des graines d'origine connue et choisies logiquement.*

« *Que l'on étudie, d'une façon rationnelle, les végétaux herbacés et les arbrisseaux utilisables pour l'enherbement et l'embroussaillement, et que, par des essais, on détermine les conditions de leur emploi et de leur multiplication.*

« *Qu'une étude analogue soit faite pour les diverses espèces de saules utilisés pour les travaux de garnissage et de clayonnage.*

« *Que soit encouragée la création de laboratoires et pépinières analogues à ceux de Svalof, en Suède, laboratoires et pépinières dans lesquels on sélectionnera méthodiquement les espèces fourragères vivaces les plus aptes à consolider le sol et à fournir de bons herbages.*

« *Qu'eu égard aux précieux renseignements pratiques contenus dans le rapport de M. Pardé, ce document soit adressé gratuitement aux collectivités, ainsi qu'aux sociétés et groupements forestiers que la question peut intéresser.*

« *Qu'en attendant la promulgation d'une législation pastorale, on adopte tout d'abord des dispositions législatives en vue d'assurer le contrôle des locations faites par les communes et de permettre à l'Etat d'exercer un droit d'option sur ces locations avec faculté d'insérer dans le bail la clause du fermier améliorateur.*

« *Que le décret du* 1er *août* 1905 *soit complété de manière à ne pas entraver les dérivations des cours d'eau non navigables ni flottables, en faisant juges de la protection des sites le Ministère de l'Agriculture et celui des Beaux-Arts, sans exiger un décret rendu en Conseil d'Etat.* »

M. LE PRÉSIDENT. — Y a-t-il des observations sur l'ensemble de ces vœux ?

Ils sont adoptés.

La parole est à M. Chaix, président de la 5e section.

M. CHAIX (lisant).

VŒUX PRINCIPAUX

« *Le Congrès, considérant qu'il y a lieu de constituer des réserves de grande étendue, dans lesquelles la nature rendue à elle-même et mise à l'abri de toute intervention humaine, puisse laisser évoluer librement la flore et la faune,*

« *Préconise, dans ce but, la création ou l'extension, dans chaque pays, des parcs nationaux;*

« *Émet le vœu qu'une réglementation appropriée, une stricte surveillance et de très sévères sanctions soient prévues pour leur défenes et leur protection ;*

« *Que leur emplacement soit choisi de préférence dans les parties les plus pittoresques du territoire.*

« *Que les jardins de montagne, arboretums, stations ou places d'essais, soient établis comme centre d'études, non seulement pour les questions de sylviculture, mais pour tous les objets intéressant l'économie des montagnes comme foyers de vie humaine.*

« *Que les modifications apportées par la Loi de 1906 aux pénalités édictées par le Code forestier soient rapportées.*

« *Que la législation sur les occupations temporaires soit modifiée dans le sens d'une proposition de loi déjà déposée en 1909, loi d'après laquelle aucune occupation temporaire ne pourra être autorisée aux environs des sites et paysages classés dans un périmètre qui sera proposé à l'Administration dans chaque département par la Commission des sites.*

« *Que tout exploitant qui modifiera l'aspect visible du sol sera tenu, aussitôt les travaux achevés, et si possible à mesure de leur achèvement, de réparer le dommage causé à la beauté du site et sans qu'il soit porté atteinte aux droits de propriété, notamment en faisant les plantations nécessaires pour couvrir d'un manteau de verdure les excavations, déblais et remblais résultant des travaux.*

« *Que, tant au point de vue de la beauté que de l'hygiène, dans les forêts de l'État, de nombreuses réserves artistiques soient établies, auxquelles sera imposé un régime d'aménagement spécial, et qu'à l'avenir toute demande (quels qu'en soient les auteurs) tendant à restreindre l'étendue de ces forêts soit absolument écartée.*

« Que la Caisse pour l'achat des paysages forestiers et autres, votée par la Chambre dans sa dernière session, soit largement dotée par l'État.

« Qu'aucun moyen ne soit épargné, d'abord pour conserver les forêts existantes, ensuite pour en accroître l'étendue et le nombre, soit par les soins de l'État, soit par des encouragements aux initiatives privées.

« Que chaque État poursuive et encourage l'établissement de plantations en bordure des routes et veille, pour des raisons d'ordre esthétique et utilitaire, à en réglementer sévèrement la plantation et l'exploitation et à en assurer d'une façon efficace la protection.

« Que, pour chaque plantation, l'administration compétente soit consultée sur le choix des essences, choix qui est surtout du domaine de la géographie botanique.

« Que chaque exploitation soit suivie, aussitôt que possible, d'une nouvelle plantation ».

Un Congressiste. — Je voudrais faire observer que la troisième section a émis un vœu où on proscrivait la plantation d'arbres fruitiers ; au contraire, ce vœu fait ressortir qu'on doit tenir compte de la géographie botanique...

M. Chaix. — Il n'y a pas contradiction entre les deux vœux. La troisième section a demandé l'exclusion des arbres fruitiers, estimant qu'au point de vue du rendement il est plus intéressant d'avoir du bois d'œuvre que du bois d'arbres fruitiers, mais les deux vœux présentés ne se contredisent pas ; je crois qu'on peut les adopter l'un et l'autre. (*Marques d'approbation.*)

Vœux secondaires

« Que chaque gouvernement poursuive et étende l'établissement de réserves scientifiques destinées à protéger certaines espèces menacées de disparaître et, qu'en attendant la création de parcs nationaux, il établisse des zones de protection de la faune et de la flore.

« Que le Touring-Club s'occupe de créer des ligues locales des « Amis des Arbres » ou « de la Forêt » dans toutes les villes ou localités importantes.

« Que les Commissions départementales des sites (loi de 1906) soient toujours consultées en matière de travaux publics sur tout projet de déboisement ou de travaux, routes, chemins de fer, canaux, etc.

« Que les plus beaux paysages de France soient déclarés réserves nationales et mis ainsi à l'abri de toute mutilation.

« *Qu'une législation appropriée sur les cours d'eau du domaine public et privé ne permette aucune emprise sur les eaux dans les sites proposés pour le classement.*

« *Que certaines sanctions rendues nécessaires par la protection des sites, la création des parcs nationaux, etc., dans les forêts soumises au régime forestier, soient prévues et ajoutées au Code forestier.*

« *Que dans l'exploitation des forêts actuelles et futures, il soit tenu compte, dans la plus large mesure possible, de l'intérêt esthétique que ces forêts peuvent présenter.*

« *Que l'Administration des Eaux et Forêts organise, avec le concours du Touring-Club, des professeurs de botanique ou de toute autre personne compétente, dans les régions forestières fréquentées par les touristes, des conférences-promenades, accessibles à tous, en vue de donner au public des notions exactes sur la constitution des forêts et les diverses opérations de la sylviculture.*

« *Que la presse sollicite et que l'Administration encourage la collaboration des agents des Eaux et Forêts pour instruire le public au moyen d'articles de vulgarisation.*

« *Que le Touring-Club contribue à la diffusion de cet enseignement écrit par des articles insérés dans sa* Revue, *et des notices monographiques rédigées, sous ses auspices, par des agents des Eaux et Forêts.*

« *Que les pouvoirs publics votent des crédits suffisants pour permettre à l'Administration forestière de pousser plus activement ses travaux de reboisement.*

« *Que, partout où cela sera reconnu nécessaire et possible, l'Administration forestière, en dehors des périmètres de reboisement, encourage les propriétaires de terrains en montagne, communes, collectivités ou simples particuliers, à faire des plantations sur ces terrains en vue d'éviter l'envasement des rivières et d'assurer la limpidité de leurs eaux.*

« *Que les indications d'ordre administratif qui existent ou qui sont susceptibles d'exister en forêt, et qui peuvent être d'un intérêt quelconque pour le touriste, soient placées d'une façon très apparente et toujours entretenues en bon état.*

« *Que l'accès et la visite des forêts de promenade soient facilités par l'amélioration des chemins, la création de sentiers de piétons et de cyclistes, la pose de plaques indicatrices ayant un caractère rustique, l'établissement de bancs ou d'abris pour les promeneurs, le dégagement des points de vue.*

« *Que, sur les cartes déjà publiées ou sur celles affichées dans les postes forestiers, les arbres, les peuplements ou les sites remarquables, les sources et fontaines, les points de vue, les curiosités naturelles existant dans chaque forêt soient repérés.*

« *Que les administrations et les sociétés compétentes veuillent bien faciliter l'établissement et la mise à la disposition du public de cartes forestières ; que, sur ces cartes, les voies habituellement ouvertes au public soient indiquées de façon précise.*

« *Que les agents forestiers, et autant que possible les particuliers, ne perdent pas de vue l'aménagement des forêts au point de vue esthétique.*

« *Que les grandes voies soient empierrées mécaniquement.*

« *Que les curiosités forestières, les sources remarquables, les ruines, les rochers et les points de vue situés en forêt, etc., soient rendus accessibles par des sentiers munis de plaques indicatrices.*

« *Que l'Etat et les particuliers entravent le moins possible la circulation des promeneurs en forêt.*

« *Qu'il soit conservé, lors des exploitations, tous les arbres ou groupes d'arbres remarquables et même des bouquets de vieilles futaies, lors de la réalisation des vieux peuplements.*

« *Que les sommières, lignes et sentiers soient transformés en allées ombreuses par la réserve, lors des exploitations, des arbres qui les bordent.*

« *Que les carrefours soient encerclés d'arbres de futaie, mais à une distance assez grande du croisement des routes* ».

Tous ces vœux sont adoptés.

M. LE PRÉSIDENT. — L'ensemble de tous les vœux a été adopté. Je vais donner la parole à M. Defert, pour vous fournir des renseignements sur l'organisation de la Commission permanente, dont il vous a entretenus à la première séance.

M. DEFERT. — La proposition relative à la constitution de la Commission permanente internationale a rencontré auprès de vous un accueil des plus favorables.

M. Anton Holub, président de l'Union forestière tchèque de Prague, a déposé entre mes mains la proposition suivante :

« *Le soussigné Anton Holub, président de l'Union forestière « Jednota ceskych lesnilau zemi koruny Cèské », à Prague, émet le vœu que le Congrès décide la constitution d'un* OFFICE FORESTIER INTERNATIONAL *représenté par une Commission permanente siégeant à Paris, dans laquelle les diverses sociétés forestières étrangères seraient représentées par des délégués. Cet office international, qui pourrait s'appeler Ligue forestière, aurait pour mission d'organiser des congrès dans les divers pays et de traiter de toutes les questions forestières ou s'en rapprochant au point de vue forestier proprement dit, comme au point de vue social.* »

Messieurs, au nom du Comité exécutif du Congrès, je vous propose de constituer la Commission permanente internationale sur les bases suivantes :

A la différence des commissions analogues, instituées dans d'autres Congrès, comme le Congrès de la Route, le Congrès de la Chasse, cette Commission permanente ne demanderait à ses membres aucune cotisation. Le Touring-Club de France lui offre l'hospitalité de son hôtel de l'avenue de la Grande-Armée. (*Applaudissements*).

Il se chargera des dépenses, des convocations, de la correspondance, etc.

J'ai, ce qui est plus important, à vous faire connaître et la mission de cette commission et sa composition.

La Commission permanente internationale aurait pour mission de suivre la réalisation des vœux du Congrès forestier international tenu à Paris en juin 1913, et de provoquer, au besoin, l'organisation de Congrès forestiers internationaux, lorsque des questions nouvelles, intéressant la forêt, lui en feront apparaître l'opportunité. (***Marques d'approbation***)

Voici maintenant la composition que nous vous proposons :

Comme membres de cette Commission : tous les délégués des Etats étrangers représentés au Congrès de 1913 (*Applaudissements*), à raison de un délégué par Etat, sous réserve, bien entendu, de la ratification de leur désignation par le gouvernement de chaque pays qui l'estimerait nécessaire.

A ces délégués étrangers, nous adjoignons tous les membres du Comité exécutif du Congrès de 1913, dont vous avez la liste sur les imprimés du Congrès, et les présidents des cinq sections du Congrès, plus qualifiés que personne pour suivre l'œuvre du Congrès qu'ils ont présidé dans chacune de leur section respective.

Je vous propose de leur adjoindre :

M. de Nicolay, en qualité de président du *Comité des forêts ;*

Et M. Barbier, en qualité de président de la *Fédération des syndicats du commerce des bois de France.* (*Applaudissements.*)

A la tête de cette Commission permanente ainsi composée, il y aurait un Comité exécutif, comme pour le Congrès actuel, lequel serait constitué par le Directeur général des Eaux et Forêts de France... Je ne dis pas M. Dabat, je dis : le Directeur général, président. (*Approbation.*)

Je suis obligé de me nommer : M. Henry Defert, président du Comité d'organisation du Congrès de 1913, vice-président du Touring-Club de France, comme vice-président... (*Applaudissements.*)

M. Chaplain, comme secrétaire général. (*Applaudissements.*)

Si vous adoptez ces propositions, le Comité exécutif fera le nécessaire auprès des États étrangers pour régulariser les désignations de leurs délégués.

M. DE SÉBILLE. — Si je me lève, c'est pour féliciter le Comité exécutif de notre Congrès de l'initiative qu'il vient de prendre.

Appelé à l'honneur de présider, à Gand, la cinquième section du Congrès international d'agriculture, où nous étions un peu comme la Cendrillon de la maison — la plus grande partie des personnes ignoraient qu'il y avait un Congrès de sylviculture, — j'ai compris qu'il ne fallait pas toujours demeurer modestement en arrière; je tiens donc à vous exprimer le désir que nous avons, en Belgique, de voir fonder un Comité organisateur des Congrès dans l'avenir, tel que vient de le définir l'honorable vice-président du Touring-Club de France.

Je saisis cette occasion pour remercier le Comité exécutif de la façon aimable dont il a reçu nos délégués, et pour lui exprimer toute notre reconnaissance. (*Applaudissements.*)

M. DE SEGONZAC. — Je crois être l'interprète de toutes les personnes qui ont assisté à ce Congrès pour remercier particulièrement les présidents de sections qui ont bien voulu nous écouter, surtout que beaucoup d'entre nous — et je suis du nombre — ont quelque peu abusé de la parole. (*Rires.*)

M. MARCHAL. — Je suis de ceux qui se félicitent de la tenue du Congrès, et des sections, et des vœux.

Je demande simplement à faire une observation pour prier la Commission future éventuelle, déjà décidée en principe, de ne pas commettre l'omission qui me paraît avoir été faite au sein du Congrès. Il y a un élément considérable dont on a à peine parlé, l'élément Nord-Africain. La forêt du nord de l'Afrique — Algérie et Tunisie — comporte des millions d'hectares supérieurs au nombre d'hectares que l'Etat français possède sur son territoire continental.

Je demande que cet élément ne soit pas oublié désormais.

M. LE PRÉSIDENT. — L'observation figurera au procès-verbal et la Commission permanente en tiendra compte.

M. LE COMTE CLARY. — Puisqu'on constitue une Commission permanente internationale, je demande s'il n'y aurait pas lieu de penser à la périodicité des congrès. On a parlé de constituer une Commission qui comprendrait un certain nombre d'étrangers. Si cette Commission est à Paris, il ne faudrait pas empêcher les gouvernements étrangers d'organiser des congrès internationaux. Il faudrait que la Commission internationale permanente française, composée de représentants étrangers, puisse faire, pour ces congrès étrangers, ce que font les autres commissions internationales permanentes, c'est-à-dire qu'elle puisse passer la main en soumettant un programme et en indiquant les parties qui pourraient être traitées dans les congrès futurs.

M. DEFERT. — La réponse est dans la définition de la mission de la Commission :

« ...*provoquer au besoin l'organisation de congrès forestiers inter-*
« *nationaux lorsque des questions nouvelles intéressant la forêt lui en*
« *feront apparaître l'opportunité.* »

Cela répond à tout. Il n'est pas besoin de poser le principe de la périodicité. Un congrès international qui aurait lieu périodiquement, tous les deux ans par exemple, pourrait être sans intérêt, sans objet ; il vaut mieux s'inspirer des circonstances et laisser à la Commission permanente le soin de choisir le moment opportun. Peut-être sera-t-elle provoquée elle-même par des propositions qui lui seront faites et qu'elle retiendra. Mais je crois inutile de poser, dès maintenant, le principe de la périodicité des Congrès forestiers.

M. Hickel. — J'ai assisté au Congrès de Gand, et je tiens à rendre hommage à M. de Sébille pour la courtoisie avec laquelle il a présidé nos débats.

Je voudrais vous parler des congrès de sylviculture. Je ne remonterai pas au delà du Congrès de 1900. M. de Sébille vous a dit qu'à Gand nous avions constaté que le Congrès forestier était des plus réduits. Depuis 1900, j'ai assisté à tous les congrès d'agriculture internationaux, c'est-à-dire : Rome, Vienne, Madrid, Gand. Dans tous ces congrès — à l'exception de Vienne, où les forestiers étaient venus en nombre d'Allemagne et d'Autriche, — on a fait la constatation faite à Gand, c'est-à-dire que les forestiers étaient en très petit nombre, la France en comptait 30 ou 40 au maximum.

Dans ces conditions, je soumets cette idée à vos réflexions : N'y a-t-il pas lieu d'aller un peu plus loin que le projet qui nous est soumis, et de reprendre la liberté entière qu'avaient les congrès forestiers jusqu'en 1900? D'où scission d'avec les congrès internationaux d'agriculture. Comme l'a fort bien dit M. de Sébille tout à l'heure, nous sommes les Cendrillons de ces congrès.

M. le Président. — Nous avons des congrès d'agriculture qui ont des sections de sylviculture ; nous pouvons leur permettre de continuer à vivre. Ces sections seront peut-être moins importantes maintenant ; mais ce ne serait pas bien de notre part, parce que nous voyons que nous sommes en nombre, d'aller dire à ces congrès d'agriculture, qui ont cru bien faire et qui ont bien fait en ouvrant une section de sylviculture : séparons-nous. Laissons-les continuer leur section de sylviculture ; si elle ne prend pas de développement, elle mourra de sa belle mort.

Je remercie M. Hickel de sa bonne intention ; mais je crois qu'il vaut mieux ne pas y donner suite.

Il n'y a pas d'autres observations ?

Alors la Commission, telle que l'a indiquée M. Defert, est adoptée.

Je donne à nouveau la parole à M. Defert.

M. Defert. — Messieurs, vous venez de voter la création de parcs nationaux. Le Touring-Club voudrait, en ce qui concerne la France, faire passer immédiatement ce vœu dans le domaine des faits. Avec l'aide de l'Administration des forêts, nous avons d'ores et déjà le moyen de le faire aboutir, et dans ce but, nous nous proposons de fonder une association pour laquelle nous faisons appel à votre concours.

Cette association — je ne fais qu'en indiquer les grandes lignes — aura pour objets la création et l'entretien, sous la dénomination commune de Parcs nationaux de France,

Soit des réserves territoriales de grande étendue, choisies parmi les régions les plus pittoresques, à l'effet d'y laisser évoluer librement la flore et la faune en les défendant contre toutes les atteintes, individuelles ou collectives, de l'homme, et de constituer ainsi, en même temps que des laboratoires d'études, des centres de régénération naturelle,

Soit des parcs proprement dits pour la protection de la faune et de la flore qui s'y trouvent et la sauvegarde des beautés naturelles qu'on y rencontre.

L'association comprendra des membres fondateurs à deux cents francs, donateurs à vingt francs, titulaires à dix francs, souscripteurs à cinq francs et adhérents à un franc.

Il faut qu'une œuvre que nous considérons comme d'intérêt général et de salut public sorte d'un mouvement populaire ; c'est pour elle une garantie de succès, et nous entendons la mettre à la portée de toutes les bourses. (*Applaudissements.*)

M. le Président. — Les travaux du Congrès forestier international sont terminés. Les 700 membres de cette réunion ont, sans relâche pendant quatre jours, donné l'exemple de l'activité la plus féconde. Les discussions, empreintes de la plus grande courtoisie et de la plus aimable cordialité, ont mis en relief le savoir et la compétence de ceux qui y ont pris part. Aucune question n'a été laissée dans l'ombre. Libre cours a été donné à l'expression des opinions les plus diverses, sur les abondantes matières qui ont été soumises à vos délibérations.

C'est du choc des idées que naît la lumière ; celle que vous avez fait jaillir éclairera désormais la voie que suivent les forestiers et les sylviculteurs. Ainsi l'œuvre du Congrès se continuera, même après que ses membres auront été dispersés ; leur collaboration n'aura pas seulement la durée des quelques heures trop courtes qu'il nous a été donné de vivre avec vous ; votre action sera de tous les jours, puisque maintenant les matériaux amenés par vous à pied d'œuvre vont pouvoir être utilisés.

Et quels importants matériaux ! Les rapports si documentés, si fournis de substance, si complets, si divers, si élégants souvent dans leur forme, qui ont été produits, les communications nombreuses et spontanées qui ont été envoyées au Congrès ont été mis en valeur grâce à l'heureuse distribution du programme. La division en cinq sections, dont chacune avait sa caractéristique, a permis le groupement des matières de même ordre et leur ensemble a formé une synthèse des plus harmonieuses.

Les discours et les discussions que nous conserve la sténographie composeront un volume qui ne manquera pas — en France comme à l'étranger — d'être souvent et fructueusement consulté. Historiquement il fera date, car il marquera pour l'avenir, de façon très nette, quelle est, au commencement du XXe siècle, la conception que les esprits éclairés se font du rôle de la forêt, de son utilité, et des méthodes à employer pour l'amener à rendre tout ce qu'elle est capable de produire. (*Applaudissements.*)

A ce titre, les vœux que vous venez d'émettre à l'instant constituent une manifestation des plus significatives.

Pour ceux de ces vœux qui s'adressent aux pouvoirs publics, je vous donne la ferme assurance qu'ils seront étudiés avec le vif désir de les faire entrer dans le domaine de la réalisation. (*Applaudissements.*) Ils pèseront d'un grand poids dans les déterminations à prendre. Ceux qui concernent mon Administration recevront d'elle, vous n'en doutez pas, un accueil d'autant plus favorable qu'ils sont l'émanation des conceptions et des travaux de l'élite forestière de ce pays. (*Vifs applaudissements.*)

Il me reste à remplir un devoir très agréable en remerciant, au nom du Ministre de l'Agriculture, tous ceux qui ont contribué à l'éclat sans précédent de ce grand Congrès. Sa réussite a dépassé les espérances mêmes de ceux qui l'ont organisé. Je tiens à les en féliciter.

Ces remerciements, je les dois d'abord au Touring-Club de France dont le concours est toujours acquis aux entreprises d'intérêt général et qui, dans la circonstance, a pris l'initiative de ce grand mouvement de la façon la plus désintéressée et même la plus généreuse. (*Applaudissements.*) Il n'est pas d'œuvre à laquelle il a participé qui n'ait été couronnée de succès : il a rendu ainsi au pays des services considérables. Défenseur des beautés de notre France, il a pensé qu'il lui appartenait de s'attacher particulièrement à la protection de nos forêts, ce manteau splendide, cette parure naturelle de notre sol national. (*Applaudissements.*) Et ainsi il a acquis un droit de plus à la gratitude de nos compatriotes.

Le nom de son éminent président, M. Ballif, est trop populaire dans toutes nos provinces auxquelles son incessante action a donné une vie nouvelle, il est trop souvent prononcé sur toutes les routes de France, autrefois attristées et désertes, aujourd'hui animées par le développement de plus en plus accru du tourisme, pour que les félicitations que je lui apporte ajoutent quoi que ce soit à sa réputation. (*Applaudissements.*) Mais c'est pour moi une satisfaction de joindre ma voix à toutes celles qui le célèbrent et l'acclament.

Nous lui restons particulièrement reconnaissants d'avoir couvert de son autorité la propagande faite dans la ***Revue du Touring-Club*** en faveur du Congrès. Toutes les forces de cette belle Association — et elles sont considérables — ont été mises à la disposition de cette œuvre si utile et si intéressante. (*Applaudissements.*)

Il m'en voudrait de ne pas associer immédiatement à son nom celui de M. Defert (*Applaudissements*) qui dirige depuis tant d'années le Comité des Pelouses et Forêts du Touring-Club. C'est à lui que nous sommes en grande partie redevables de ce que l'opinion s'est tournée avec faveur vers les problèmes forestiers. Quel plus magnifique couronnement pouvait-il rêver, aux études poursuivies par le Comité qu'il préside, que ce Congrès à l'organisation duquel il a consacré son activité et aussi son brillant talent de parole. (*Applaudissements.*) Il aura été, on peut le dire, le Pierre l'Ermite de cette pacifique croisade. (*Applaudissements.*) Qu'il en soit ici remercié et qu'il me permette d'applaudir des deux mains à la haute distinction que M. Clémentel lui a annoncée dans la séance d'ouverture. (*Applaudissements.*)

Il a été secondé dans son effort par M. Antoni, sous-directeur des Eaux et Forêts, vice-président du Comité exécutif (*Applaudissements*), par des lieutenants qui égalaient leur chef en ardeur, MM. Auscher et Famechon qui méritent tous les compliments pour la manière dont ils ont préparé les séances du Congrès et les excursions qui vont les suivre. (*Applaudissements.*)

M. Chaplain faisait ses débuts comme secrétaire général du Congrès. Il a pleinement réussi et s'est dévoilé un parfait organisateur ; il s'est montré à la hauteur des maîtres que je viens de citer. (*Applaudissements.*)

La composition même des bureaux des sections dans lesquels figurent tous les hommes les mieux qualifiés pour la tâche qui leur était confiée valait tout un programme. Dans la première section, nous avons salué avec respect, son président M. Girerd. Il nous apportait, après une carrière déjà longue, toute l'ardeur et toute la jeunesse dont était animé le sous-secrétaire d'Etat de 1877, celui-là même qui eut le premier à conduire l'Administration forestière dans une nouvelle voie, après qu'elle eut été séparée du Ministère des Finances. (*Applaudissements.*)

Je tiens à le remercier tout particulièrement.

La seconde section était présidée par un de nos plus brillants conservateurs, M. Vivier. (*Vifs applaudissements.*) Tous ont admiré l'autorité, la distinction et le tact avec lesquels il a conduit les discussions souvent ardentes, même parfois passionnées. (*Applaudissements.*) Il a su faire profiter sa section, dans une très large mesure, de ses capacités de juriste qui le font tant apprécier par moi à l'Administration centrale où nous avons le bonheur de le posséder. (*Applaudissements.*)

M. Poupinel, en présidant la troisième section, a valu au Congrès le concours du commerce des bois dont il est l'une des personnalités les plus hautes et les plus estimées. (*Applaudissements.*) Sa prudence, sa compétence ont été largement appréciées de tous les congressistes.

La présence de M. Pluchet à la tête de la 4e section honorait le

Congrès, puisque notre agriculture le compte parmi ses notabilités les plus en vue. (*Applaudissements.*) Il a présidé la Société Nationale d'Agriculture, il préside les Agriculteurs de France. Ses conseils et sa direction étaient donc d'une plus grande importance pour une section appelée à se prononcer sur les questions de reboisement et d'améliorations pastorales qui ont de si étroits rapports avec l'agriculture. (*Applaudissements.*)

Puisque la 5e section avait pour objet de faire envisager au public l'intérêt qui s'attache au développement du tourisme forestier, nul n'était mieux à même que M. Chaix de conduire ses délibérations. Il était utile que fût rappelé le rôle considérable que doit jouer la forêt, pour la beauté des sites, attrait des touristes. Le président du Comité du tourisme de l'Automobile-Club de France, qui tient une place si importante à l'Office national du tourisme, avait là une mission digne de sa haute valeur. (*Applaudissements.*)

Aux félicitations que j'adresse aux présidents des cinq sections du Congrès, s'en ajoutent d'autres pour leurs vice-présidents dont plusieurs appartiennent à mon Administration.

La plus grande part des remerciements doit aller aux rapporteurs. Ce sont leurs travaux qui ont servi de base aux discussions ; ce sont eux qui ont apporté la charpente qui a servi à bâtir les édifices. Les rapports sont au nombre de plus de 50; ils représentent un effort considérable et une somme de travail importante. Tous ont une valeur réelle et, malgré leur concision obligatoire (d'après le mot d'ordre donné par le bureau du Congrès), ils contiennent une documentation des plus remarquables. Je crois être votre interprète en leur adressant nos plus vifs compliments. (*Applaudissements.*)

Je tiens à adresser des remerciements tout particuliers à la presse parisienne qui nous a prêté son concours le plus efficace et, avant comme pendant le Congrès, a si largement contribué à renseigner l'opinion publique et à la rendre favorable à cette grande manifestation. (*Applaudissements.*)

Je dois aussi des remerciements aux différents ministères qui se sont fait représenter ici ; aux sociétés forestières et des Amis des Arbres ; aux associations agricoles qui sont représentées au Congrès ; aux propriétaires, aux forestiers qui ont apporté chacun leur expérience comme autant de pierres destinées à construire l'édifice commun.

Je les dois enfin, ces remerciements, aux délégués des pays étrangers dont la présence ajoute un lustre de plus à ces grandes assises forestières, comme elle nous est un témoignage de l'estime réciproque qui existe entre tous ceux dont la vie s'écoule à l'ombre des grands bois.

M. Defert vient de vous annoncer la création d'un Comité permanent : il aura pour but de suivre les vœux qui viennent d'être votés et d'établir un lien entre le Congrès actuel et les congrès futurs. Nous ne pouvons qu'applaudir à cette organisation où l'Administration des

Eaux et Forêts se trouve représentée, et je dois dire qu'elle a reçue l'approbation de M. le Ministre de l'Agriculture. (*Bravo !*)

Et maintenant, Messieurs, je ne prends pas définitivement congé de vous. Après le travail des commissions et des sections, vous allez visiter ces forêts dont il a été tant question dans cette enceinte et nous resterons encore en contact pendant quelques jours.

J'ai donc la satisfaction de ne prononcer aucune parole de séparation définitive en déclarant clos le Congrès forestier international de 1913. (*Vifs applaudissements.*)

La séance est levée à 4 h. 25.

ANNEXE A

LA CAMPINE BELGE

SA TRANSFORMATION EN RÉGION INDUSTRIELLE — CONSÉQUENCES AU POINT DE VUE FORESTIER

PAR

M. DUBOIS

Sous-Inspecteur des Eaux et Forêts de l'État belge

La campine belge est une vaste plaine sablonneuse de 500.000 hectares, d'une altitude de 10 à 100 mètres, située dans les provinces d'Anvers, de Limbourg et de Brabant, avec la rivière du Démer comme limite méridionale.

« Elle est caractérisée (1) par la pauvreté de son sol, ses grandes étendues de pineraies « en général malvenantes et de landes couvertes de bruyères et de marécages.

« Mais la campine n'offre plus partout l'image d'une terre deshéritée. On y trouve « de magnifiques propriétés, soit qu'il s'agisse de sols de meilleure qualité, soit que les « terrains aient été méliorés, au cours des siècles, souvent par des travaux divers et « l'apport de matières fertilisantes. Les villages sont entourés de productives campagnes et « de belles prairies bordées, les unes et les autres de larges haies d'essences forestières « et d'arbres feuillus, donnant parfois l'impression d'une contrée riche en matériel « ligneux.

« Dans ces derniers temps surtout, les progrès réalisés dans le domaine de la science « agricole ont rendu possibles des transformations tellement rapides et surprenantes « qu'il est enfin permis d'espérer que, si les moyens dont nous disposons ne viennent « pas à nous manquer un jour, la lande sera vaincue. »

Depuis ce rapport de 1904, le sylviculteur possède un guide fidèle qui lui permet d'analyser chaque cas en particulier et de lui appliquer le mode de mise en valeur rémunérateur et économique qu'il comporte.

Les anciens procédés routiniers y sont caractérisés de façon convenable et sont en général abandonnés partout.

L'assainissement n'est pratiqué que pour l'enlèvement et l'écoulement vers les émissaires naturels des eaux nuisibles et surabondantes. Il n'y a aucune utilité à rigoler les sables secs et cette opération est souvent indifférente et parfois franchement nuisible. Lorsqu'un degré d'assainissement suffisant ne peut pas être obtenu par le sys-

(1) Rapport de la Commission chargée de l'étude de la campine au point de vue forestier (31 décembre 1904), auquel nous faisons également d'autres emprunts dans la suite du présent.

tème de fossés habituellement en usage, il faut aviser et étudier si le terrain ne peut recevoir une autre destination. La création d'étangs, l'installation de sociétés de « wateringues ». combinées avec le curage rationnel des cours d'eau publics rendent aussi parfois de réels services, surtout si le service d'hydraulique agricole fonctionnait en campine comme il fonctionne en ardenne.

Le défoncement est une opération coûteuse qu'il ne faut pratiquer qu'à bon escient, en tant qu'il s'agit du travail profond du sol ; il existe en campine un abus du défoncement, contre lequel il y a lieu de réagir, d'autant plus que dans la plupart des cas il peut être avantageusement remplacé par un travail superficiel, toujours utile et recommandable, après extraction des souches à la machine dans les parcelles exploitées ou après arrachage complet des pins livrés à l'exploitation.

« C'est au labour complet (1), à une profondeur de 0 m. 20, 0 m. 25, qu'il faut donner « la préférence. Par ce travail, on assure l'aération du sol et la pénétration de l'eau, « et l'on favorise l'action des microbes. En enterrant à une profondeur de 0 m. 20 « environ la couche tourbeuse superficielle munie de sa garniture de courte bruyère, non « seulement on fait disparaître une plante qui prélève sa part de nourriture et d'eau, et l'on « diminue donc la perte de celle-ci par transpiration, mais on provoque la décomposition « des matières organiques et les divers phénomènes qui ont pour effet de rendre les « substances nutritives assimilables par la végétation.

« Nous avons déjà dit ailleurs (1) que nombre de sylviculteurs campinois avaient « espéré rencontrer dans la profondeur du sous-sol une force de production qu'ils avaient « vainement réclamée au sol même de leurs terrains, surtout lorsque ce sol avait été « épuisé par une première production. Presque toujours ils ont été tout à fait désillu- « sionnés. Nous ne reviendrions pas sur ce point si nous n'avions à constater ici que « l'enfouissement profond des matières organiques de la surface, ayant pour effet de les « mettre à l'abri de l'action de l'air, rend leur décomposition impossible et que, long- « temps après, on les retrouve à peu de chose près dans le même état. Il est même arrivé « qu'un défoncement opéré dans ces conditions, en culbutant dans le fond de la tran- « chée de gros blocs de la surface garnis de bruyère, avait eu pour résultat de rendre le « terrain trop poreux, trop perméable et à peu près stérile. Pour procéder d'une façon « rationnelle, il faut donc bien se garder de rejeter dans le fond du sillon la couche « superficielle plus ou moins tourbeuse et pourvue de sa végétation de bruyère. Il faut « se borner à la recouvrir d'une légère couche de terre sous laquelle elle se décomposera « le mieux, ou bien, après un labour ordinaire, la laisser s'effriter et s'ameublir sous « l'action des agents atmosphériques, avant d'en entreprendre le défoncement.

« Le tuf, le tuf ferrugineux surtout, devra être ramené à la surface. Il s'y délitera « et certains de ses éléments serviront à la nourriture des plantes, tandis que, laissé dans « le sol, il resterait inerte et pourrait se reconstituer à l'état de couche dure imperméable, « sous l'influence persistante des causes auxquelles cette couche doit sa formation.

« Il est mauvais de ramener à la surface le sable boulant ou driftzand, parce qu'alors « les plantes se déchaussent, par l'effet de la gelée surtout.

« De même, lorsqu'il y a de l'argile dans le sous-sol, il ne faut pas la ramener à la surface, mais la mélanger au sol dans une mesure raisonnable, quand c'est possible. »

Tous les terrains de la campine sont pauvres surtout en acide phosphorique et en chaux, il est indispensable de les fertiliser avant de les boiser et surtout de les reboiser.

On y arrive par divers procédés :

1° La culture agricole pendant une certaine période, dans les situations où les terrains trouvent preneurs à de bonnes conditions. Cette méthode, lorsqu'elle peut être pratiquée économiquement, est la meilleure de toutes, celle qui fournit partout et toujours de beaux pins, le sol recevant à la fois des préparations répétées et une fumure suffisante pour les besoins de la culture forestière.

2° L'épandage direct d'engrais phosphatés et potassiques sur labour superficiel, méthode peu coûteuse et produisant de fort bons résultats dans les bruyères vierges ayant conservé une certaine fertilité naturelle.

3° L'emploi des boues de ville aux environs des canaux et des grandes voies de communication, du moment que leur prise de revient ne dépasse pas trop sensiblement la valeur de l'engrais minéral qu'elles contiennent ; la valeur des matières organiques ne doit pas entrer en ligne de compte, d'autres moyens plus économiques existant pour donner au sol les matières organiques faisant défaut.

4° On puise l'azote et les matières organiques à l'aide du lupin jaune, on ajoute des engrais minéraux et on rentre dans une grande partie des avances faites par la culture unique ou répétée du seigle et de l'avoine. Ce cas ne s'emploie que pour des sables peu fertiles ou lorsqu'il s'agit de restaurer les fonds épuisés par une ou deux productions ligneuses et pour les abus du soutrage.

(1) Rapport précité.

Système appliqué et recommandé par le M. Dr Nuets, président de la Commission de la campine ;

1re année. — Sur sol travaillé l'année précédente et ayant reçu à l'automne 1.000 kilogrammes de phosphate basique, qu'on recouvre par un coup de herse (et 200, 300 kilogrammes de kaïnite, si on le juge à propos), semaille au printemps, en avril-mai, de 80 à 100 kilogrammes de graine de lupin par hectare. Enfouissement de la récolte vers la fin de la floraison.

2e année. — Nouvelle culture de lupin, sans engrais ; enfouissement, semaille de seigle avec 1.000 kilogrammes de phosphate basique.

3e année. — Récolte du seigle. Labour du terrain.

4e année. — Troisième culture de lupin, sans engrais ; enfouissement en septembre-octobre. Ensuite, seigle avec 1.000 kilogrammes de phosphate basique, 500 kilogrammes de kaïnite et, au printemps, 150 kilogrammes de nitrate de soude.

5e année. — Semaille de lupin dans le seigle. Enfouissement du lupin.

Le terrain est alors suffisamment préparé. Il peut recevoir au printemps suivant une plantation forestière ou être affecté à la production agricole régulière.

Si l'on fait abstraction du coût du défoncement éventuel, dans certaines situations, ce coût est même couvert par la vente des souches, les frais occasionnés par la fertilisation sont compensés par le produit des récoltes de seigle.

Lorsque les terres sont assez fraîches, on peut aussi recourir à la culture de l'avoine. La pomme de terre peut également entrer dans l'assolement.

Nous ne nous étendrons pas plus longtemps sur ce sujet ; les assolements sont évidemment fort variables et dépendent des conditions dans lesquelles on opère, mais les principes fondamentaux en sont les mêmes.

Le terrain, ainsi travaillé et amendé, est planté en pin sylvestre, auquel on associe un quart ou un cinquième de pin laricio de Corse. La venue de cet arbre est belle en général, sa tige droite et verticale, ses faibles branches latérales en font un arbre précieux, surtout sur les bords des peuplements. On peut espérer qu'il sera rustique, malgré son origine méridionale, par suite de l'abri que lui procure le mélange et surtout si l'on emploie de préférence la graine des sujets âgés, qui existent chez nous et dont plusieurs sont centenaires. Culture d'essai toujours, mais qu'on peut espérer voir réussir en majeure partie dans l'avenir.

Dans quelques endroits spéciaux on introduit le mélèze du Japon, l'épicéa de Sitka, le pin Weymouth, le sapin de Douglas ; parfois aussi les pins de Bank et rigide, auxquels cependant on paraît avoir renoncé depuis quelques années, mais ce ne sont là que des essais de petite envergure et il ne s'agit pas d'essences de boisement proprement dites. La commune de Genck et autres se trouvent fort bien de regarnir les plantations de pin sylvestre, en sol de nature médiocre, quoique amélioré avant le boisement, à l'aide d'un semis de pin maritime, excellente essence, qu'on a eu le tort de condamner d'une façon complète après les désastres occasionnés par les gelées hivernales de 1879-1880, 1891-1892 et autres. Il n'est pas rare de rencontrer, à l'heure actuelle, dans les peuplements de 35 à 40 ans des pieds isolés de cette essence, toujours de meilleure végétation que le pin sylvestre, et il existe actuellement encore des pins maritimes qui ont dépassé la centaine. Le semis en mélange pour le pin maritime et la plantation ou le semis en mélange pour le pin laricio de Corse paraissent être les facteurs primordiaux et essentiels de leur réussite dans les sables campiniens ; si la première n'est jamais destinée qu'à rester une espèce de deuxième ordre en matière de boisement, à appliquer surtout dans les terrains de moindre qualité, la seconde paraît être appelée, en cas de succès des essais entrepris, à être classée comme essence principale et à augmenter dans une assez forte proportion les revenus en matière et en argent de nos peuplements.

La densité des plantations varie avec la nature du sol, les conditions économiques et la valeur des sous-produits ; cette méthode est très rationnelle. « On peut admettre (1) que, pour satisfaire aux diverses exigences de la nature du sol et de l'essence envi-« sagée, le nombre des plants pourra varier de 10.000 à 20.000 par hectare au grand « maximum. »

Suivant les conditions économiques et la valeur des sous-produits, on dépasse souvent ces chiffres en pratique, « au point de vue forestier (1), nous ne pouvons que con-« damner la méthode des plantations trop serrées, car elle a été la cause de bien des « désastres, en campine surtout, où les dégagements trop négligés ont compromis la « végétation des massifs et favorisé ainsi la multiplication exagérée des insectes rava-« geurs.

« En réalité, dans la pratique, il y a plutôt une question de routine et, dans la majo-« rité des cas, le nombre de 20.000 sujets doit déjà être considéré comme excessif, « même en tenant compte des circonstances économiques. »

(1) Rapport précité.

Les écartements les plus fréquents sont pour les pins :

1 m. × 1 m. (1,25 × 1,25 pour le weymouth);
1 m. × 0,80 ou 1 m. × 0,70 ou 1 m. × 0,60
0,80 × 0,80 ou 0,80 × 0,70

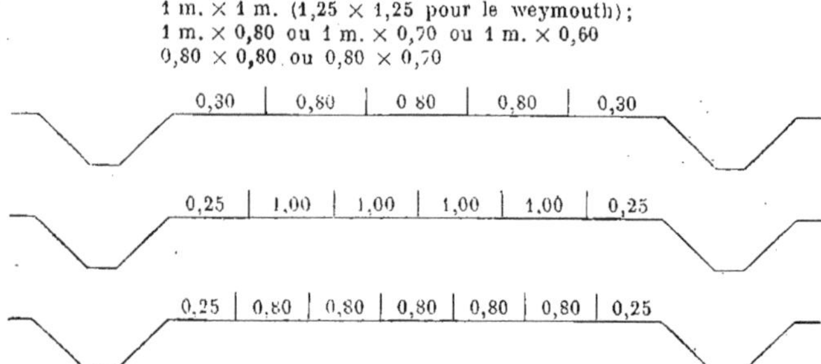

En terrain non rigolé, on réserve tous les 4-5 mètres une bande de 1 à 1 m. 20 de largeur, soit pour y établir plus tard une rigole, soit pour y trouver la terre nécessaire au recouvrement des aiguilles, avec ou sans épandage d'engrais ; cela facilite l'exécution des premiers nettoiements et l'enlèvement des produits.

Bien que la nature du terrain des bruyères campiniennes se prête mieux à la culture des esssences résineuses, on ne néglige pas, lorsque la chose est possible, d'établir des cordons feuillus et même des peuplements mélangés d'essences feuillues. Comme à l'heure actuelle l'industrie, la culture herbagère et agricole, la spéculation se ruent d'une façon ardente et systématique à la conquête des bruyères encore existantes, la sylviculture de l'avenir aura à sa disposition encore beaucoup moins de bons terrains que par le passé, ce qui fait perdre encore de l'importance aux peuplements feuillus mélangés. Relativement à ces deux points, je m'en réfère tout simplement au rapport de la Commission forestière de la campine.

Le boisement des dunes terrestres est aussi soumis à des règles précises : travail par bandes du sol, avec engrais et fixation des parties mouvantes à l'aide de bruyères fauchées et fixées par une motte de terre. Plantation du pin sylvestre, du pin laricio de Corse, semis du pin maritime. Ce système donne de bons résultats.

La campine est une région calme, pacifique, agreste, d'une sauvagerie naturelle très appréciée ; la lande fait encore des taches trop étendues sur la carte, mais le paysan est tenace, tient à ses aises et à ses habitudes, il n'a pas toujours l'aisance nécessaire pour renoncer à son système irraisonné de culture et apporter les modifications nécessaires à la construction de ses étables. La situation n'est pas bonne cependant au point de vue de la conservation des litières et la culture du pin en campine revêt le caractère d'une culture réellement spoliatrice, au point qu'on voit les produits diminuer et décroître après chaque génération et qu'on se voit forcé de faire la restauration complète et à replanter.

La question de l'enlèvement des souches dans les pineraies exploitées ne préoccupe pas trop le sylviculteur ; dans beaucoup de stations, ces produits acquièrent une valeur fort appréciable et ailleurs les souchures à bras de la région parviennent à les faire disparaître sans trop de frais.

Tout ira en s'améliorant et en tenant compte des divers intérêts en présence ; il faut d'ailleurs que l'amélioration soit progressive et suive une marche adéquate avec l'augmentation de la population et la création de nouveaux débouchés. Le domaine inculte communal doit être ainsi progressivement transformé suivant des règles fixes et une ligne de conduite bien arrêtée.

L'Etat achètera et boisera les bruyères dont les communes ne sont pas à même d'entreprendre la conversion (domaines d'Exel, de Raevels, de Heiwich (op. grimby) ; les communes de leur côté, encouragées par les subsides de l'Etat et éventuellement de la Providence, boisent d'une façon normale et régulière. Des aliénations sont consenties pour l'agrandissement rationnel des cultures et l'arrondissement du patrimoine familial chez les petits cultivateurs. La population est essentiellement agricole et l'on espère que ses idées concernant l'utilité des litières dans les bois se modifieront avantageusement, au point que la pineraie campinienne finira par jouer le grand rôle d'amélioration du sol, qu'on lui reconnaît dans les pays limitrophes.

Les amateurs de la nature agreste et primitive pourront venir longtemps encore fixer sur la toile les endroits les plus captivants et les plus pittoresques de Genck et des environs. Tous ceux qui aiment la vie champêtre et l'air vif, pur, embaumé par l'odeur de la résine, pourront venir longtemps encore se reposer et retrouver leurs forces perdues.

Tout est pour le mieux dans la meilleure des campines, la voie est tracée, les moyens sont connus.

Dès fin 1908 et commencement 1909, plusieurs sociétés anonymes de charbonnages furent autorisées à acheter de gré à gré des blocs assez importants de bruyères et de bois communaux, pour être affectés : 1° aux installations requises par l'exploitation des mines de houille dont la société a obtenu la concession et par les opérations que le combustible extrait peut être appelé à subir en vue d'en assurer ou d'en faciliter l'écoulement ; 2° à l'érection d'habitations pour le personnel de l'exploitation.

A l'heure actuelle, la vaste plaine de la campine est en pleine fièvre, les sièges des exploitations charbonnières dressent dans l'air, leurs hautes cheminées, leurs bâtiments et s'apprêtent à construire de grandes cités ouvrières. On ouvre de nouveaux chemins de fer, de nouvelles routes, de nouveaux canaux. La main-d'œuvre est rare et augmente de prix dans des proportions fabuleuses.

Des idées nouvelles surgissent : une Commission des sites tâche de conserver l'existence de plusieurs curiosités naturelles.

Une Commission gouvernementale fonctionne et étudie l'orientation nouvelle à donner à la mise en valeur des terres incultes. La forêt risque fort de se voir considérer comme une spéculation trop lente et devoir se contenter des terrains dédaignés par l'industrie, la bâtisse et la culture agricole ou herbagère ; on pourrait cependant réserver à l'industrie tous les terrains les moins fertiles, point sans importance pour elle. La cause du maintien et de l'existence des massifs forestiers se pose donc et il est à espérer que si les bois viennent à diminuer dans la région charbonnière proprement dite, il pourra y avoir compensation par la création de nouveaux massifs dans le restant de la campine. Il ne faut pas perdre de vue, en effet, la grande consommation de produits forestiers nécessitée par l'extraction de la houille. Une situation nouvelle est donc créée dans cette campine, toujours si pauvre et qui est appelée à un essort économique si grave !

Le forestier, d'autre part, a dû étudier d'une façon toute spéciale la question d'organiser son outillage économique et de diminuer la prise de revient des opérations forestières.

Un premier progrès avait déjà été réalisé par le labourage des terrains à l'aide de tracteurs à vapeur et la firme Smeets et fils, d'Exel, s'est acquise une spécialité en cette matière. Elle livre un travail fort bon à un prix de revient rémunérateur ; de 50 à 60 francs l'hectare pour un labour de 0 m. 20 à 0 m. 25 de profondeur, 125 francs et plus pour les défoncements proprements dits.

Ces tracteurs risquent fort d'avoir une concurrence fort sérieuse, dans l'avenir, de la part des moto-charrues dont une, la moto-charrue « Stock » — usines de la Köpenicker strasse, 49, à Berlin, et de Niederschœneweide — a déjà labouré une dizaine d'hectares à Eysden (Limbourg belge), pour la Société des charbonnages des Limbourg-Meuse et est occupée à labourer 40 hectares de bruyères, que la commune de Mechelen-sur-Meuse (Limbourg belge) est autorisée à boiser.

Il n'est pas possible à l'heure actuelle de prendre parti pour l'un des systèmes en présence. Nous n'en retiendrons que l'idée maîtresse, cherchant un système de labourage aussi rapide, aussi économique que possible, avec suppression presque absolue de main-d'œuvre. La maison « Stock » ne possède pas seulement des moto-charrues pour le labourage superficiel, mais est outillée également pour le défoncement des bruyères aux profondeurs et suivant le système adopté par la pratique.

Dans le même ordre d'idées, il a été institué en 1912, à Lanaeken (Limbourg), un concours entre les dessoucheuses et les déracineuses par la Société centrale forestière de Belgique ; un concours des mêmes appareils dans des blancs étocs et peuplements de bois résineux en sols argileux sera organisé en 1913. Il convient que le forestier ait à sa disposition non seulement un appareil pratique propre à arracher les souches des pins, mais aussi une machine arrachant les arbres des blancs étocs. On est déjà arrivé à des résultats très satisfaisants au concours de Lanaeken, les dessoucheuses Dehez, à Grand-Halleux et Hubrechts, de Grintrode, fournissant un travail économique et fort bien exécuté pour les souches et pour les arbres. Nul doute que le concours de 1913 ne marque un nouveau progrès dans la construction de ces appareils si intéressants.

Si le forestier campinien a à sa disposition une bonne dessoucheuse, une bonne déracineuse, une moto-charrue pratique, il lui sera toujours possible, même dans une région industrialisée à l'excès, de créer rationnellement et économiquement des bois, pour le plus grand profit de notre prospérité nationale.

Il faut aussi signaler, en terminant, qu'un organisme nouveau, une société coopérative vient de se fonder le 22 mars 1913 à Louvain, sous le nom de « Société des bruyères de

Belgique », ressemblant à plus d'un titre à la Société néerlandaise du même nom, et dont le but avéré est de hâter dans une forte proportion la mise en valeur du domaine inculte de la campine.

On voit donc que la campine belge est en pleine effervescence et que de tous côtés on se rue vers sa conquête, chacun poursuivant des buts plus ou moins contradictoires :

a) Etablissements charbonniers et industriels ;
b) Cités ouvrières, bâtisses et agglomérations nouvelles ;
c) Voies de communication : chemins, voies ferrées, canaux ;
d) Cultures et prairies ;
e) Bois.

Il est à espérer que tous ces buts divers pourront recevoir satisfaction et que la cause des bois, si nécessaires à l'extraction de la houille, ne sera pas négligée.

ANNEXE B

SUR LA PRODUCTION FORESTIÈRE DE L'AMERIQUE CENTRALE

PAR

M. Désiré PECTOR

Délégué officiel du Honduras

Je crois que pour ce qui a trait à la superficie boisée des divers Etats et de ceux d'Amérique ne figurent pas, par suite sans doute d'une omission involontaire, les cinq Etats de l'Amérique Centrale. Or ceux-ci, sur le compte desquels mon ouvrage *les Richesses de l'Amérique Centrale* a donné des précisions détaillées, ont, d'après les renseignements en mon pouvoir, le chiffre respectable de 47.300.000 hectares boisés.

Je décomposerai ce chiffre, d'après l'ordre géographique du nord au sud ;

Le *Guatemala*, qui a une superficie totale d'environ 11.500.000 hectares, peut avoir une superficie boisée d'environ 7.000.000 hectares, surtout à la côte de l'Océan Atlantique et dans la région du Peten.

Le *Salvador* qui a environ une superficie totale de 3.400.000 hectares, n'a qu'environ 1.000.000 d'hectares boisés. Cette particularité provient de la grande culture agricole de ce pays, qui est à la fois le plus petit et le plus peuplé des Etats d'Amérique.

Le *Honduras* a un minimum de 13.000.000 hectares totaux, sur lesquels on peut compter 9.500.000 hectares boisés, surtout à la côte de l'Atlantique, dans la région de Caratasca, les départements de Cortes, d'Atlanticla, d'Olancho, et aussi dans les départements de Santa-Rosa, Gracias, Choluteca, etc.

Le *Nicaragua*. Ce pays compte environ 14.000.000 de superficie totale, dont environ 8.000.000 boisés, surtout à la côte Atlantique et dans les départements de Matagalpa, Chontales, Carazo, etc.

Le *Costa-Rica*. Ce pays a une superficie totale de 5.400.000 hectares dont environ 3.000.000 boisés, surtout à la côte Atlantique, la Talamanca, etc.

Ces richesses forestières consistent en tous bois exotiques de teinture, ébénisterie et d'usages à pharmacopée, et surtout en acajou, chêne, palissandre, pitchpin, etc. Il est à regretter que les capitaux français ne se portent que très peu vers l'exploitation forestière si rémunératrice de ces riches contrées et en laissent tous les bénéfices aux négociants des Etats-Unis, plus avisés.

J'ajouterai que le Honduras a, depuis des années, institué la *Fête des Arbres* qui lui permet de propager dans les écoles du pays les éléments primordiaux de l'exploitation rationnelle forestière.

ANNEXE C

LES RESSOURCES FORESTIÈRES DE L'AUSTRALIE OUEST

PAR

Lieut.-Col. the Honorable Sir **Newton MOORE K. C. M. C.**

Agent général de l'Australie-Ouest

Quoique la superficie de l'Australie ouest soit d'environ 253 millions d'hectares, la partie boisée n'en occupe guère que 44 millions. Cette estimation fut faite par moi-même en 1894 et la carte ci-annexée donne une idée très exacte des parties où dominent les essences principales. Il est bien entendu que dans chaque localité il n'y a pas d'essence dominante, mais les teintes de repère montrent les emplacements où celles-ci se rencontrent en plus grand nombre. Sur la carte ont été reportée plus spécialement les bois de valeur marchande et les limites de zones peuvent être considérées exactes.

La surface correspondant aux essences marchandes peut se résumer comme suit :

Le Jarrah	ou	*Eucalyptus marginata.*	3.237.369 hectares.
Le Blackbutt	—	*patens.*	
Le Red Gum	—	*calophylla.*	
Le Karri	—	*diversuolor.*	485.605 —
Le Tuart	—	*gumphocephala.*	80.934 —
Le Wandoo	—	*redunca.*	2.832.697 —
Le York Gum	—	*locophleba.*	1.618.684 —
Le Yate	—	*cornuta.*	
Le Bois de Santal	ou	*Santalum cygnorum.*	
Acacia	ou	*Acacia acuminata.*	
			8.255.289 hectares.

Sur tout le restant de la superficie boisée (à part toutefois quelques exceptions) les essences sont en général de classe inférieure et à peine utilisables, ailleurs que sur place ou alors dans des régions peu accessibles, tout au moins pour le moment.

Répartition

La zone réellement forestière de l'Australie est plutôt maritime, c'est-à-dire que le portions les plus touffues occupent les sommets montagneux, lesquels, en général, contournent la côte à petite distance, également les plateaux et pentes. Toutefois lorsque les chaînes deviennent très côtières, telles que celles de Darling (Australie ouest), la ceinture forestière gagne en profondeur et la démarcation se fait sentir par une plus grande abondance de pluie et par un climat plus tempéré. Ainsi dans l'Australie ouest, la grande ceinture de bois de Jarrah, qui a 560 kilomètres de longueur et qui, partant des chaînes Darling, pour se diriger vers l'est, comprend une étroite bande de bois de Tuart entre elle et la mer.

A l'intérieur de cette ceinture de Jarrah et vers le sud-ouest se trouve celle où le bois Karri domine, allant du cap Hamelin à Torbay et située entre les 115 et 118 degrés longtude est ; 34 et 35 latitude sud. Ces régions où dominent le Jarrah, le Karri, le Tuart, le Blackbutt et le Gommier rouge, ont une pluviosité annuelle de 88 centimètres à 1 mètre. Dans la proportion relativement plus sèche, qui s'étend à l'est de la ceinture de Jarrah, existe une bande assez large de Gommier blanc englobant une autre bande plus étroite de gommier York, laquelle par ses extrémités nord et sud constitue pour ainsi dire une continuation de la région du Jarrah. Vers l'est où la pluviosité annuelle est de 35 centimètres au plus, la forêt s'éclaircit et l'on n'y trouve plus que du Gommier blanc et, dans les régions aurifères, du Gommier vrille ou saumon, ainsi que quelques ceintures de pins.

Entretien des Forêts

Dans tous les pays où la question forestière a été étudiée aevc soin, plusieurs systèmes ont été élaborés offrant les uns ou les autres certains avantages suivant leur application, laquelle peut varier en raison de circonstances locales ; toutefois la méthode généralement employée ici est celle usitée en France des coupes divisées ; c'est-à-dire en opérant l'abatage des grands arbres isolément, conservant ceux qui n'ont pas atteint leur pleine croissance. Cette méthode est également suivie en Amérique où ne sont abattus que les arbres au-delà d'une certaine dimension.

Il résulte de ce système que la forêt a toujours un aspect assez divers au point de vue de la croissance, les arbres adultes étant abattus et enlevés, permettant ainsi à la nature de reprendre ses droits par reproduction des espèces suivant l'ensemençage naturel.

De la sorte la zone forestière s'entretient d'elle-même, ainsi que cela se produit dans les forêts vierges où le feu, les orages et la pourriture, en dégageant naturellement des étendues de terrains, permettent avec le temps de reconstituer les espèces disparues et de porter remède aux dégâts.

Les dimensions-types auxquelles est soumis l'abatage des espèces ci-dessous sont, mesuré à 90 centimètres au-dessus du sol et écorce comprise :

Pour le	Jarrah	2 m. 28	de circonférence
—	Karri	2 m. 73	—
—	Tuart	1 m. 82	—
—	Blackbutt	2 m. 28	—
—	Wandoo	1 m. 22	—
—	Marrell	1 m. 22	—
—	Gommier Yate	0 m. 93	—
—	Bois de Santal	0 m. 38	—

D'après ce qui précède, l'on voit que les chiffres sont plutôt élevés et que par conséquent un pourcentage important reste en valeur pour les coupes suivantes.

Reconstitution des plants

Le système européen de reconstitution naturelle par semailles directes des arbres adultes est le seul pratique pour le moment en Australie.

Le repiquage ou bouture a été reconnu impraticable en raison de son prix élevé.

Avec ce système, la reconstitution s'opère normalement dans toute l'étendue forestière par suite de l'abatage des arbres adultes de dimension convenable, de ceux avariés ou de pousse défectueuse, de l'enlèvement des sauvageons ou de ceux qui, par un défaut de croissance, risquent de ne donner qu'un résultat négatif d'utilisation.

Ce moyen n'est que copié des forêts vierges où lorsqu'un arbre meurt de vieillesse ou toute autre cause, une éclaircie se produit dans la frondaison et les graines provenant des arbres aînés peuvent germer et les jeunes pousses se développer à l'abri des anciens. Ainsi la forêt vierge se reconstitue d'elle-même avec le temps. Ce procédé est naturellement un peu lent, attendu que les jeunes pousses ne peuvent grandir que si l'air et la lumière leur parviennent en quantité suffisante et cela par suite de la mort ou de la chute des vieux arbres. Aussi en sylviculture aide-t-on artificiellement par l'abatage des arbres de dimension marchande.

Il est bon toutefois d'ajouter que, vu les dépenses énormes nécessitées par les grandes étendues à parcourir, ce système n'est pour le moment utilisé que sur une échelle relativement restreinte.

Les bois indigènes de l'Australie ouest ont une puissance de reproduction formidable ; la constatation a pu se faire souvent lorsque l'on s'est trouvé en présence de coupes de forêt exagérées, par exemple, ou lorsqu'un emplacement, jadis habité, avait été abandonné (ancien scierie, dépôt de troncs, chantiers d'équarissage).

En fait, peu de forêts au monde, avec l'aide de la nature, sont à même de se reconstituer aussi rapidement que les nôtres et je crois devoir dire que si le système préconisé pouvait s'étendre, toutes les forêts de l'Australie pourraient être conservées et donner un meilleur rendement comme qualité et quantité ; un gros pourcentage des pertes actuelles provenant de ce que le bois est plus que mûr et aurait dû être abattu depuis longtemps.

En même temps que l'exploitation commerciale forestière était encouragée, la question de reconstitution n'a pas été oubliée. Toutes nos essences de bois dur sont susceptibles de reconstitution naturelle et, avec un peu d'aide, l'on peut dire que nos ressources sont inépuisables. Toutefois le gouvernement a considéré comme indispensable de créer des réserves perpétuelles, et de vastes espaces ont été conservés dans ce but.

L'industrie forestière est aujourd'hui une des principales du gouvernement, constituant un emploi pour plus de 6.000 individus, et représente comme salaire une somme annuelle de 18 millions. La valeur totale du bois dur exporté pendant l'année expirant au 30 juin 1910 était de 22.346.000 francs dont seulement 7.587.000 francs pour les pays orientaux.

Le tableau ci-dessous donnant le chiffre des exportations indique bien la valeur universellement reconnue des essences australiennes :

PAYS D'EXPORTATION	QUANTITÉS Mètres carrés	VALEUR Fr.
Grande-Bretagne	113.417	1.350.025
Ceylan	36.603	66.375
Indes anglaises	2.599.229	2.126.600
Nouvelle-Zélande	873.996	1.493.800
Égypte	1.668.343	2.990.150
Ile Maurice	214.620	38.525
Natal	719.588	1.222.075
Italie	2.627	4.875
Uruguay	319.043	572.375
Iles Philippines	260.892	468.050
Belgique	304.417	546.475
Allemagne	1.524	20.700
République Argentine	69.888	125.375
Chine	32.704	57.400
Colonies portugaises d'Afrique	439.656	748.925
Singapour	1.637	2.950
États-Unis d'Amérique	34	75
Hong-Kong	2.230	4.050
Colonie du Cap	457.554	804.900
	2.185	3.925
Bois en grume		
Grande-Bretagne	273	400
Indes Anglaises	42.879	70.175
Nouvelle-Zélande	3.449	6.175
République Argentine	1.221	1.200
Colonies portugaises d'Afrique	17.970	32.250
Total	8.185.979	12.758.425

Alors que l'Australie ouest a été favorisée par la nature avec une telle richesse en forêts, il est bon de noter que beaucoup d'essences exotiques peuvent y pousser, le terrain et le climat de la portion sud-ouest de la province se prêtent merveilleusement à la venue de ces bois. Quoique la généralité des essences soient de bois durs, les bois tendres s'y rencontrent quoique rarement, et l'on n'y trouve aucune essence pouvant remplacer les bois très tendres du commerce.

Actuellement l'on cherche le moyen d'utiliser les bois de rebut, lesquels sont généralement brûlés. Les diverses compagnies forestières se rendent parfaitement compte de l'utilité de diminuer le déchet ; malheureusement, comme jusqu'à ce jour cette valeur marchande est presque nulle, il semble difficile de l'éviter.

Description générale des essences

Jarrah (*Eucalyptus Marginata*). — Il n'est pas rare de trouver des groupes d'arbres ayant de 27 à 37 mètres de hauteur, s'élevant parfaitement droits, et de 0 m. 90 à 1m. 50 de diamètre, les premières branches à 15 à 18 mètres du sol. Toutefois comme moyenne, l'on peut considérer qu'un arbre de 27 à 30 mètres, avec 0 m. 75 à 1 m. 05 de diamètre à la base, est bon pour l'abatage. Certains spécimens ont été rencontrés ayant des dimensions supérieures à celles données. Le jarrah a une densité d'enivron 1.12 frais et 0.96 sec, le bois d'une couleur rougeâtre, très dur et très serré, généralement très droit comme fibres et peu d'aubier. L'acajou rouge de la Nouvelle-Galles du Sud a souvent été confondu, par erreur, avec le jarrah.

Karri (*Eucalyptus diversicolor*). — Cet arbre est l'un des plus beaux et des plus gracieux d'Australie. A l'état adulte et lorsque de grandes dimensions, son aspect est imposant. La hauteur moyenne est de 46 mètres, son diamètre de près de 1 m. 80 à 1 m. 90, à 1 m. 20 du sol et ses basses branches à 30 à 35 mètres de hauteur. Dans la région de la Warren River, il n'est pas rare de rencontrer des spécimens de 90 mètres de hauteur, les basses branches étant à 55 mètres du sol et ayant de 6 à 9 mètres de circonférence à la base. Son bois a une densité de 1.00 à l'état sec ; de couleur rouge, lourd, rude et serré, assez élastique, ressemble beaucoup au jarrah.

Tuart (*Eucalyptus gomphocephala*). — Atteint une hauteur de 46 mètres, avec 6 m. 70 de circonférence, son diamètre moyen est d'environ 0 m. 90. En général, il est très branchu, avec un tronc de 12 mètres aux premières. Le bois est de couleur crème, très dur, à grain croisé et, pour cette raison, généralement considéré comme le plus fort et le plus résistant du continent. Il est également l'un des plus lourds, ayant 1.12 de densité à sec. Est très demandé pour les constructions spéciales où la résistance est de première nécessité ; malheureusement son débit restreint n'en permet pas un usage courant.

Blackbutt (*Eucalyptus patens*). — Ce bois ne se trouve pas en groupes compacts, mais se rencontre parmi le jarrah et le karri. Il peut atteindre une hauteur de 36 mètres avec un diamètre de 1 m. 80. Sa couleur est claire, il est dur et serré et tellement résistant que l'éclatement ne se produit jamais. Très usité pour emplois souterrains.

Wandos (*Eucalyptus redunca*). — Cette espèce, plutôt connue sous le nom de gommier blanc, est très répandue. Les arbres atteignent de 18 à 24 mètres de hauteur, avec un diamètre de 0 m. 60 à 0 m. 90 ; croît en général sur les terrains découverts. Le bois est brun-rouge, très dur et très serré. Sa densité, même bien sec, ne descend pas au-dessous de 1.15.

York Gum (*Eucalyptus loxophleba*. — Ne dépasse pas comme hauteur 25 mètres, avec un diamètre de 0 m. 90, le tronc en général assez rugueux. Le bois est rougeâtre, très dur et très serré. Densité, environ 1.08, même très sec.

Red Gum (*Eucalyptus colophylla*). — Très répandu et de belle apparence, atteint une hauteur de 30 mètres, avec un diamètre de 0 m. 90. Le bois est jaune-rouge, plus léger que les autres variétés d'eucalyptus quoique assez serré et dur ; éclate facilement. Étant assez résineux, ne convient pas à tous les genres de constructions. Sa résine a une grande valeur médicinale et sert également au tannage.

Exportation

Le commerce d'exportation a pris, ces dernières années, une extension considérable surtout pour les essences de jarrah et karri employées principalement comme traverses ou pour le pavage. Ces bois ont également été fort demandés pour pilotis ou pour le bâtiment.

La valeur totale des bois exportés de 1895 à fin 1912 est de près de 262.500.000 francs hors de l'Australie.

Emplois économiques des bois australiens.

L'emploi économique des bois peut se résumer comme suit ;

Jarrah. — Pour les chemins de fer comme traverses, dans les chantiers de constructions, les usines, le bâtiment et convient particulièrement aux usages souterrains ou lorsqu'il doit être au contact de l'air et de l'eau.

Comme durée, ce bois est certainement celui qui remplit le mieux le but proposé de toutes les essences, aussi est-il presque exclusivement employé dans les chemins de fer pour les traverses, pilotis ou longrines de ponts, aussi bien pour les travaux aériens que pour ceux souterrains.

Parmi ces emplois, l'on peut citer la construction des wagons pour les chemins de fer anglais et les compagnies australiennes avec un résultat satisfaisant pour le pavage ; le Lloyd lui accorde la première place pour la construction maritime et seulement comparable au bois de fer parmi les bois durs australiens, très recherché également pour les poteaux télégraphiques et téléphoniques.

Karri. — Ce bois est très employé par le gouvernement ainsi que par les compagnies privées des chemins de fer, pour longrines et supports de wagons, les ponts, parquetages, bras mobiles de signaux, charronnage et caisses à primeurs. Il jouit d'une réputation méritée pour le pavage, étant même considéré comme supérieur au jarrah. Toutefois il ne convient nullement aux travaux de mines ou exposé à l'humidité.

Tuart. — S'emploie pour les cadres de wagons, tampons, bâtis de machines, barreautage, bordés de ponts, arbres et objets de charronnage, principalement pour les roues des chèvres de transport où il a la préférence sur le fer. Il est surtout préconisé lorsque la force et la dureté sont qualités indispensables, et Laslett affirme qu'il a l'avantage sur tous les bois comme résistance transversale ou longitudinale.

Blackbutt. — Surtout employé sur place dans les usages fermiers ; haies de séparations, entourages, roues, etc., peut convenir également comme traverses et pavés ainsi que pour pilotis. Pour la construction des wagons, de grandes quantités ont été demandées par des compagnies de chemins de fer à l'étranger.

Wandoo. — Comme traverses, il est considéré l'égal du jarrah ; est également employé comme pilotis. Pour les travaux de charronnage, sa dureté, surtout lorsqu'il est bien sec, lui donne la première place.

Généralités. — Le bois de jarrah comme usage dans le bâtiment n'a pas son égal. La surface parfaitement homogène et résistante en font un auxiliaire précieux pour le bois de plancher, surtout lorsque celui-ci est soumis à un trafic important, comme dans les magasins, entrepôts ou stations de chemin de fer ; pour le parquetage soigné, tel que pour maisons particulières ou salles de danses, etc. son grain uni susceptible d'un très beau poli lui donne une place prépondérante.

La plupart des bois australiens conviennent également à la menuiserie et l'ameublement par suite de leur diversité de couleur variant du jaune au rouge-brun, passant même jusqu'au noir ; plusieurs ont un grain moucheté ou moiré ; certains même possèdent un léger parfum.

Séchage

Toutes les catégories de bois gagnent par le séchage. La pratique suivie est, en général, de les garder en grume douze mois avant de les débiter. Celle qui consiste à débiter de suite les traverses et longrines pour les laisser sécher ensuite est considérée comme très préjudiciable à la durée du bois et si la première solution représente une dépense plus élevée, celle-ci est largement compensée par la longévité.

Non-inflammabilité

En Angleterre, le comité de surveillance des incendies a fait, il y a quelques années, des expériences en vue de se rendre compte de la force de résistance à la propagation du feu des bois de jarrah et de karri, et celles-ci ont donné des résultats surprenants, surtout avec les poutres et planchers.

Les traverses employées dans le chemin de fer métropolitain de Londres sont entièrement faites au jarrah.

En ce qui concerne l'usage dans la construction mécanique, il est indispensable de connaître les caractéristiques des essences employées et, quoique le jarrah australien soit parmi les bois recommandés, l'on manquait de données à son égard.

Il y a quelques années, agissant comme ministre des forêts, j'ai eu l'occasion de demander qu'une enquête très sérieuse fût faite à ce sujet. Celle-ci, conduite par M. G. A. Julius, B. Sc. M. E., s'est portée sur une série d'essais, dont les résultats sont condensés dans un rapport que j'ai le plaisir de vous transmettre (ci-annexé) avec l'espoir que ces renseignements aideront au développement de l'industrie forestière du gouvernement.

En terminant ce bref exposé des ressources australiennes, j'exprime le très grand plaisir que j'éprouve à prendre part à une conférence touchant une des questions les plus importantes du monde civilisé. C'est un immense privilège de pouvoir discuter un tel problème économique en présence d'hommes aussi éminents et dont les noms sont un garant certain de la valeur de la réunion.

Je regrette que mon manque de connaissance de votre langue ne me permette pas de prendre une part plus active aux délibérations, aussi ai-je pris la liberté de vous transmettre par ce rapport l'ensemble des renseignements sur les ressources forestières de l'État dont j'ai l'honneur d'être le représentant en Grande-Bretagne.

ANNEXE D

LES RESSOURCES FORESTIÈRES DE L'ÉTAT DE VICTORIA

PAR

M. Peter Mc BRIDE

Agent général de Victoria-Australie

L'Etat de Victoria, qui est situé entre la rivière Murray et l'Océan du Sud, forme la partie sud-est de l'Australie. Sa surface comprend 56 millions 1/4 d'arpents, et de cette surface 12 millions environ d'arpents sont couverts de forêts, dont 7 millions sont de vraies forêts de charpente ; on y trouve de grands eucalyptus et autres arbres utiles.

Il y a plus de vingt espèces principales, et de la famille de l'eucalyptus il y a dix espèces qui fournissent le bois le plus précieux.

Voici une courte description démontrant leurs qualités et leur emploi :

1° et 2° L'écorce de fer rouge et le buis gris, que l'on peut classer ensemble, sont d'un excellent usage, mis en contact avec la terre. Les traverses faites avec ces bois durent de 25 à 30 ans, et les pilotis de ponts ou de jetées durent encore plus longtemps. Ils sont durs, pesants, épais, avec des fibres très serrées. On les emploie aussi beaucoup à faire des poutres, des traverses pour rails et des poteaux télégraphiques.

3° Le gommier rouge, que l'on trouve en abondance sur les bords de nos fleuves et rivières, est un grand arbre aux branches étendues, ayant de 50 jusqu'à 60 pieds de hauteur et le tronc une circonférence de 12 à 19 pieds. Quelques-uns des plus grands arbres fournissent de 8.000 à 10.000 pieds de bois de charpente, qui est fort estimé dans les régions où le sol est en général marécageux. Le bois de ces arbres est d'une couleur rouge-foncé et dure longtemps en contact avec la terre. On l'emploie souvent à faire des traverses, des pilotis, des ponts, de petites poutres, et pour la construction de fosses et de canaux, ainsi que pour les bordures en bois des jetées, les fondations et les encadrements des maisons. Les traverses faites avec ce bois durent de 20 à 25 ans et les pilotis de ponts de 30 à 40 ans.

4° Le gommier bleu est un arbre qui atteint une hauteur de 150 à 200 pieds. Le bois est d'une couleur jaune-paille et d'une grande dureté. On l'emploie à faire les poutres de ponts, des pilotis, des planches et planchers de navires, pour la construction de voitures et aussi pour la fabrication des manches d'outils. Quoiqu'il soit un peu plus lourd que le chêne le frêne et le noyer blanc, sa force spécifique est beaucoup plus grande.

5° Le commensal (*Messmatte*). — Bois d'une couleur brun-clair et d'une grande valeur. Il est employé pour la construction des maisons, y compris les encadrements, les plats-bords, les parquets et les intérieurs.

6° Frêne de la montagne ou frêne blanc. — Bois d'une couleur gris-clair, d'une force et d'une légèreté considérable. On l'emploie pour la construction des maisons et depuis quelque temps pour la fabrication des meubles. Celui-ci est le géant des forêts australiennes. On trouve dans le Victoria du sud et de l'est des arbres de cette espèce qui ont une hauteur de 350 à 380 pieds, tandis qu'il y en a d'autres qui ont à leur base une circonférence moyenne, mais d'une hauteur remarquable, donnent quelquefois de 8.000 à 10.000 palissades, longues de 6 pieds, évaluées à 115 livres sterling. Des zones couvertes de frênes propres à l'alimentation des scieries donnent de la charpente d'une valeur de 100 à 200 livres sterling par arpent.

7° Frêne rouge. — Bois léger, dur, à grain long, de couleurs nuancées de gris-blanc à rose-clair. On l'emploie pour la construction des maisons (y compris les parquets et les panneaux), la carrosserie et l'ébénisterie en général. Les meubles fabriqués de ce bois, qu'ils soient polis d'un vernis de cire légère ou traités de la même manière que le chêne fumé, sont toujours d'un beau fini ; il est employé de plus en plus dans l'Etat de Victoria pour la fabrication de chambres à coucher et salles à manger complètes.

8° L'écorce jaune fibreuse (*Yellow Stringybark*). — Bois très fort et très durable, fort estimé pour la construction des pilotis, poutres et traverses. Il est d'une couleur brun-clair tirant sur le jaune et les bâtiments et palissades construits avec ce bois, au début de la formation de l'Etat, sont en parfaite condition depuis plus de 60 ans.

9° L'écorce blanche fibreuse. — Bois durable servant aux mêmes usages que le précédent, ainsi que pour la construction des maisons. Dans la partie orientale de l'Etat, il y a une immense région couverte de ces arbres — région dont l'étendue est estimée à plus d'un million d'arpents.

10° L'écorce de fer à faîte d'argent. — Bois d'un brun-clair, fort estimé pour la construction des maisons et la fabrication des parquets, voitures, brancards et les timons des « boggies ». Très dur et élastique, ce bois se trouve en abondance dans le Victoria de l'est.

Bois noir. — Le bois de cet arbre, de la famille des acacias, est léger, fort et dur, d'une couleur brun-foncé, ayant un beau grain onduleux ou nuageux, d'un ton brun-doré (on appelle ce grain-là *dos de violon* et *œil d'oiseau*). On l'emploie surtout à la fabrication des meubles de style de toutes sortes et des pianos, aussi bien que pour les panneaux, les lambrissages, les voitures (y compris les rayons et les jantes), les meubles de bureaux, les crosses de fusil, etc. Ce bois d'un beau grain est d'une excellente qualité, est évalué maintenant dans l'Etat à 6 d. par pied superficiel ou même davantage.

Il y a d'autres arbres d'un grain fin dans le centre des forêts ; citons, par exemple, le hêtre toujours vert, le myrte, le musc, le sassafra, le buis de satin, le bois de crayon, etc., qui sont utilisés à la fabrication de panneaux et de feuilles pour placage, étant d'une couleur et d'un grain très beaux, d'aspect tout à fait agréable après le polissage.

L'Etat de Victoria n'a dans ses forêts naturelles qu'un arbre de valeur, le pin de Cypre, qui porte des cônes. Cet arbre se trouve seulement dans les plaines de pierre calcaire ou dans la région sablonneuse et onduleuse de l'arrondissement du nord-est, qui s'appelle le « Mallée ». Cet arbre, qui appartient à la même famille que le sandarac et le callitris de l'Algérie, donne une charpente très durable, bien adaptée à la construction des maisons et à la fabrication des palissades et des poteaux télégraphiques. C'est un bois auquel ne s'attaquent ni les termites ni les fourmis blanches.

CONSERVATION ET ADMINISTRATION

Pendant les cinq dernières années, beaucoup de progrès ont été faits dans l'administration des forêts qui a donné comme résultat un contrôle et une surveillance plus stricte sur l'abatage et l'enlèvement des arbres dans les forêts. Dans les régions de hautes forêts, le travail des scieries est soigneusement réglé, et on a réussi à réduire de beaucoup le gaspillage d'une partie des arbres. Les forêts sont divisées en quartiers et compartiments, qui sont distribués en lots, et le propriétaire d'un lot doit enlever tous les arbres qui sont propres à être employés avant de commencer le travail sur un autre lot. La reproduction naturelle des semences dormantes dans de telles régions est bien grande. Dans les zones des jeunes forêts, près des villes où il y a des mines, se trouvent des taillis réglés sous un système modèle. On abat les arbres de qualité inférieure à ras de terre et on les emploie à faire des supports pour les mines et aussi pour la combustion, tandis que tous les arbres droits et sains sont laissés debout comme étalons pour une rotation plus longue. Dans tous les taillis et les régions de hautes forêts, où les pilotis et les poteaux télégraphiques sont nécessaires, les arbres avant d'être abattus sont tous marqués par un forestier officiel ; cette marque donne la permission de les abattre. Le revenu annuel donné par la forêt de l'Etat est maintenant d'environ 50.000 livres sterling. Environ 42 % de cette somme sont dépensés pour l'administration et l'élevage des jeunes arbres dans les pépinières de l'Etat. La différence (environ 27.000 livres) est utilisée, avec l'approbation du Parlement, à l'amélioration des jeunes forêts naturelles et à la plantation et l'extension de forêts de pins et de sapins. De cette façon, on améliore chaque année de 12.000 à 15.000 arpents de jeunes eucalyptus et on plante environ 3.000 arpents d'arbres exotiques de bois dur. C'est ce dernier travail que je vais expliquer maintenant plus au long.

PLANTATIONS

Il y a, dans l'Etat de Victoria de grandes aires qui s'étendent le long du littoral et qui consistent principalement en vallées de pierre calcaire et de zone de composition sablonneuse où les pluies sont abondantes : ces régions de leur nature propre, bien adaptées à la production d'arbres portant des cônes. Sur les versants de la chaîne de montagnes centrales divisant en deux l'Etat il y a aussi des régions dépouillées près des vieux placers, où croissent ces arbres. Il y a environ 25 ans que l'on fit de petits enclos s'étendant sur quelques centaines d'arpents pour la culture des pins et dans quelques-uns de ces enclos les arbres (ayant une circonférence de 2 pieds) sont maintenant prêts à être convertis en bois de charpente. Le département des forêts, après avoir un complet abatage des arbres, a gagné environ 90 livres sterling par arpent sur la vente de la charpente.

Le rendement annuel des trois pépinières dépasse actuellement 6 millions d'arbres, et quand on pourra pleinement utiliser la capacité des pépinières, le rendement total sera de plus de 10 millions de pieds d'arbres par an. A l'heure actuelle, la plus grande difficulté rencontrée par les administrateurs du département des forêts est de recruter pendant l'hiver un nombre suffisant d'ouvriers experts pour entreprendre la plantation des jeunes arbres. La superficie totale de toutes les plantations variées est d'environ 20.000 arpents. Les arbres à cônes, qui croissent rapidement et promettent de donner comme charpente le meilleur rapport pécuniaire sont : le pin Monterey, le pin de Corse, le sapin Douglas, le pin des Iles Canaries, le pin rouge Japonais, le pin Bœuf ou Jaune, le pin de Sucre des Etats-Unis, le sapin Manzies ou Sitka, le bois rouge de Californie et l'arbre Mammouth.

Le pin Monterey donne dans la région de Victoria une grande quantité de bois de charpente de deuxième classe ; le bois de cet arbre étant dur, fort et léger. On l'emploie de plus en plus pour les parquets, les maisons, les intérieurs et les planches ainsi que pour les boîtes et caisses. Les bûches de ce bois, d'une largeur de 6 pouces ou davantage sont de vente facile.

On a soigneusement éprouvé cette charpente à Melbourne, Adelaïde et Sydney et on l'a trouvé propre à la fabrication des parquets, des lambris, de panneaux de plafonds et d'encadrement. Les rapports financiers de ce pin par arpent, d'une croissance si rapide, varient de 80 à 150 livres sterling pour les arbres de 25 à 30 ans.

PRÉPARATION DU BOIS DUR

Afin d'éprouver à fond nos bois durs naturels, nous avons bâti à Melbourne des usines d'assaisonnement d'Etat où les frênes blancs et rouges sont chauffés au feu au moyen d'un procédé à la vapeur. Le travail est limité à présent à la charpente destinée à la fabrication des parquets et de l'ébénisterie. Ce procédé a eu un grand succès de sorte que d'autres charpentes, y compris le bois noir, destinées à la fabrication de l'ébénisterie seront traités bientôt de la même façon.

ECOLE FORESTIÈRE

On a établi à Creswick, ville située sur le penchant de la chaîne de montagnes centrale à environ 85 milles au nord-est de Melbourne, une école forestière de théorie et de pratique. On n'y admet que des élèves ayant réussi à passer l'examen de compétence d'entrée. Les sujets traités sont les suivants : l'anglais, les mathématiques, la botanique, la géologie, la chimie, la physique, l'inspection forestière et théorique. On emploie tous les moyens pour assurer la complète instruction pratique dans les pépinières et dans les plantations, afin qu'elle soit aussi étendue que possible.

Le cours de l'instruction comprend une période de trois ans, et les élèves réussissant à passer l'examen indispensable à la fin des cours sont enrôlés comme cadets dans le service des Forêts de l'Etat.

J'ai joint à cet article un appendice traitant les plantations démontrant dans une forme synoptique la croissance des arbres à cônes en Grande-Bretagne et à Victoria respectivement. Dans cette table, on verra que par suite, du climat plus doux de Victoria, la croissance de presque tous les arbres mentionnés est plus rapide que dans les Iles Britanniques. Il est évident que cela doit avoir pour résultat un retour pécuniaire aussi plus rapide de la vente des pins et des sapins de l'Australie du Sud.

CROISSANCE DES ARBRES PORTANT DES CÔNES EN GRANDE-BRETAGNE ET EN VICTORIA.

NOM ORDINAIRE	NOM BOTANIQUE	ENDROIT	HAUTEUR	CIRCONF.	AGE	SOL
			pieds pouces	pieds pouces		
Pin de Corse....	*Pinus laricio*.....	Boconnoc, E.....	79.0	5. 9	40	Glaise; s.-s. spath, glaise.
		Hopetown, S.....	71.0	7. 3	70	Glaise, sablonneux; s.s. «tilly».
		Fota, I..........	70.0	» »	»	Glaise légère; s. s. marne.
		Macedon, V......	43.0	4. 9	14	Argile schisteuse mauvaise.
		Creswick, V......	53.0	3. 2	17	Argile schisteuse mauvaise.
Pin de Monterey.	*P. radiata, vel insignis*.........	Linton Park, E..	62.0	10. 0	45	Glaise raide; s. s. fragment de Kent.
		Dropmore, E.....	90.0	11. 0	52	Glaise légère; s. s. gravier.
		»	79.0	12. 0	52	
		Powerscourt, I...	82.0	10. 0	32	Glaise, tourbe, s.s. gravier, sable.
		Macedon, V......	108.0	10. 6	26	Argile schisteuse mauvaise.
		Creswick, V......	110.0	12. 0	34	Argile alluvia.
		»	115.0	10. 7	34	» »
		»	80.0	5. 0	18	» »
		»	53.0	3. 0	17	Argile schisteuse mauvaise.
Pin de Jeffrey...	*P. Jeffreyi*.......	Fordell, S........	50.0	3. 6	35	Glaise; s. s. «tilly» ouvert.
		Revesby, E......	48.0	6. 8	36	Glaise.
		Macedon, V......	58.0	6. 8	30	Argile schisteuse mauvaise.
Pin de sucre....	*P. Lambertiania*..	Poltalloch, S.....	45.0	9. 0	»	Glaise et tourbe; s.s. rochers, graviers.
		Revesby, E......	50.0	6. 8	43	Glaise.
		Macedon, V......	51.0	4. 7	30	
Pin de goudron de Coulter....	*P. Coulteri*.......	Linton Park, E..	44.0	4. 6	25	Glaise raide; s. s. fragment de Kent.
		Macedon, V......	63.0	7. 3	30	
Pin de bœuf....	*P. Ponderosa*.....	Linton Park, E..	63.0	9. 2	»	Glaise raide; s. s. fragment de Kent.
		Orton-Longueville, E........	63.0	» »	»	Glaise fertile.
		Wittinghame, S..	50.0	4. 6	45	Glaise rouge; s. s. gravier sablonneux.
		Macedon, V......	77.0	9. 6	30	
Pin blanc.......	*P. Strobus*.......	Scone Estates, S..	90.0	7. 6	»	Glaise; s. s. «tilly».
		Murthly, S.......	50.0	7. 8	55	Glaise, tourbe; s.s. gravier, argile.
		Macedon, V......	48.0	4. 1	24	
Pin Torrey.....	*P. Torreyana*....	»	54.0	5. 9	30	
Pin Digger......	*P. Sabiniana*.....	»	65.0	7. 6	34	
Sapin Douglas..	*Pseudotsuga douglasii*..........	Dropmore, E.....	120.0	11. 0	61	Glaise; s. s. gravier.
		Lyndoch, S......	91.9	12. 0	57	Glaise; s. s. «tilly».
		»	72.2	11. 2	57	

NOM ORDINAIRE	NOM BOTANIQUE	ENDROIT	HAUTEUR	CIRCONF.	AGE	SOL
			pieds pouces	pieds pouces		
Sapin Douglas..	*Pseudotgusa douglasii*.........	Dunkeld, S......	94.0	12. 0	57	Glaise légère; s. s. gravier.
		Macedon, V......	81.8	6. 2	34	
Sapin Menzies...	*Picea sitchensis (Abies Menziezii)*...........	»	72.0	6.10	34	
Sapin des Himalayas.........	*Picea Morinda (Abies Smithiana)*.........	Hopetown, S.....	76.0	8. 0	70	Glaise, sablonneux; s. s. «tilly».
		Linton Park, E...	71.0	8. 0	45	Glaise raide; s. s. fragment de Kent.
		Macedon, V......	50.0	4. 0	30	
Sapin blanc.....	*Picea Alba*.......	»	52.0	4. 6	34	
Arbre mammouth.......	*Sequoia Gigantea*..	Linton Park, E...	72.0	10. 6	30	
		Studley Royal, E.	72.0	8. 0	28	Glaise; s. s. pierre calcaire.
		Macedon, V......	71.9	10. 9	34	Glaise; s. s. argile raide et gravier.
Bois rouge de Californie.....	*Sequoia sempervirens*...........	Boconnoc, E.....	75.0	13. 0	40	Glaise; s. s. spath, glaise.
		Fota, I..........	75.0	7. 6	»	Glaise légère; s. s. marne.
		Macedon, V......	66.0	6. 9	34	
Cèdre des Himalayas.........	*Cedrus Deodara*...	Studley Royal, E.	70.0	7. 6	60	Glaise; s. s. pierre calcaire.
		Rossie Priory, S..	70.0	5. 9	»	Glaise; s. s. gravier.
		Fota, I..........	65.0	6. 0	»	Glaise légère; s. s. marne.
		Macedon, V......	63.6	6.11½	34	
Cèdre du Liban..	*Cedrus Lebani*....	Hewell Grange, E.	50.0	16. 0	100	Glaise légère; s. s. rochers.
		Macedon, V......	50.0	4. 6	34	

ABRÉVIATIONS : E. — England (Angleterre).
S. — Scotland (Écosse).
I. — Ireland (Irlande).
V. — Victoria.
s. s. — Sous-sol.

ANNEXE E

TRANSPORT DES PRODUITS FORESTIERS

COMMUNICATION DE M. P. LETURQUE

Membre de la Chambre de Commerce d'Orléans et du Loiret

Le Congrès forestier international, en se donnant la tâche de rechercher « les améliorations à apporter dans l'utilisation des produits forestiers, les réformes législatives « ou administratives de nature à assurer la conservation et l'amélioration des forêts « domaniales et particulières », met, par là même, dans son programme, l'étude des conditions de transport des produits forestiers.

Une grande partie de ces produits, bois de tous usages, charbons de bois, écorces à tan, ne peuvent, aujourd'hui, être utilisés sur place et doivent être transportés, souvent, à des distances considérables, la plupart du temps, par voie ferrée.

Or, en France, le rail, qui est notre grand transporteur, — en attendant que les voies navigables puissent lui aider, — impose aux produits forestiers des tarifs écrasants, et hors de proportion avec la valeur du bois.

Cette injuste rétribution du transporteur entre, pour une grosse part, dans l'amoindrissement du revenu du propriétaire forestier, qui, bien plus qu'autrefois, doit se servir du rail pour écouler ses produits.

Quelques exemples :

Expéditions du charbon de bois d'un grand centre de production, la Nièvre, par exemple, en Beauce : d'Imphy à Étampes, 245 kilomètres = 19 fr. 90 de la tonne, soit 8 centimes 1/2 de la tonne kilomètre. C'est-à-dire 1 fr. 20 du sac de charbon qui rapporte à peine 1 franc au propriétaire du bois.

Voici un stère de bois de sapin destiné au chauffage des fours de boulangers. Il part de Sologne pour arriver à Paris. On l'a payé 2 fr. 50 sur pied au propriétaire du bois. Après l'abatage et les divers travaux d'exploitation, il est, en gare de départ, transformé en cotrets.

Or, son coût de transport sur rail jusqu'à Paris est de 2 fr. 50.

Pour les écorces à tan, soit sur 100 kilomètres, de Châtillon-sur-Loire à Meung-sur-Loire, on paye 8 fr. 90 de la tonne, soit près de 0 fr. 09 de la tonne-kilomètre. Or, l'écorce à tan ne rapporte presque rien au propriétaire forestier.

A ce propos, je désire appeler l'attention du Congrès sur une des clauses du Cahier des charges du Ministère de la Guerre imposant à ses fournisseurs des cuirs tannés de l'écorce.

Les écorces à tan doivent donc être particulièrement protégées, et favorisées, — en ce qui concerne leur transport, — d'un tarif très réduit ; à cela une double raison : elles sont un produit de notre sol forestier ; de plus, elles font partie des matières premières *destinées à assurer la défense nationale.*

Tous les chiffres que nous venons de citer sont éloquents par eux-mêmes : ils seront encore plus frappants si nous opposons aux tarifs français de transport des produits forestiers, les tarifs étrangers.

L'étude que nous avons faite des prix de transport des bois en Belgique, Italie, Autriche et Allemagne, nous autorise à affirmer qu'ils sont très inférieurs aux prix de transport exigés par nos chemins de fer français.

Dans les pays que je viens de citer, le prix de la tonne-kilomètre s'établit, pour les bois, charbons de bois, écorces à tan, etc., entre 2 centimes 1/2 et 4 centimes 1/2 avec des tarifs décroissants selon les distances.

Donc, en écartant quelques tarifs spéciaux exceptionnels, on peut affirmer que les tarifs généraux de nos chemins de fer français grèvent les produits forestiers nationaux d'un prix de transport au moins double de celui de nos voisins.

Ce fait, à lui seul, place notre propriété forestière en état d'infériorité grave vis-à-vis de la propriété forestière étrangère, gêne nos transactions intérieures et cause un préjudice grave au commerce des bois et aux industries qui utilisent ses produits.

Il y aurait donc urgence, pour favoriser la création et la conservation de la forêt, d'apporter aux produits forestiers nationaux cette efficace protection d'une réduction importante des tarifs de transport, au moins égale à ce qui se pratique chez nos voisins les plus favorisés à cet égard.

Cette réduction devrait être d'au moins 40 % pour les expéditions par wagons isolés, et 60 % pour les rames de 40 tonnes, dont l'usage est à encourager afin de favoriser le groupement des marchandises.

Nous terminons par deux petits tableaux où nous avons voulu présenter de façon plus saisissante les exagérations des tarifs de chemins de fer français.

Monographie d'un sac de charbon de bois :

Le sac de charbon de bois, parti, sur wagon complet, d'Imphy pour Étampes (245 kilomètres).

Aura payé :

DE LA COUPE A LA GARE D'ARRIVÉE

	Fr.	
Au propriétaire forestier	1	»
Au bûcheron	0	80
Au charbonnier	0	80
Au voiturier	0	40
A l'exploitant (toile, frais généraux)	0	70
Au rail	1	20
Total	4	90

Produits forestiers transportés sur rail :

POUR CENT FRANCS

Les compagnies de chemins de fer français transportent :

A 100 kilomètres .... 11.000 kil.

Les compagnies de chemins de fer étrangers transportent :

A 100 kilomètres .... 24.000 kil.

Votre Commission des transports vous propose de renouveler vos vœux antérieurs en prenant la délibération suivante :

La Chambre de commerce d'Orléans et du Loiret,

Considérant, d'une part, la crise actuelle du commerce des bois provenant de la dépréciation des produits forestiers, bois de chauffage, charbons de bois, écorce à tan, etc. ;

D'autre part, le prix de transport élevé que les tarifs actuels imposent à ces produits ;

Estimant qu'il est indispensable de remédier à cet état de choses, autant pour favoriser le commerce et l'industrie que pour empêcher la propriété forestière de subir une absolue dépréciation ;

Emet le vœu de MM. les ministres de l'Agriculture, du Commerce et des Travaux publics se concertent pour obtenir des compagnies de chemin de fer une réduction des tarifs actuels applicables aux produits forestiers, réduction qui, pour être efficace, devrait être au moins de 40 % pour les wagons isolés et de 60 % pour des rames de 40 tonnes ;

Insiste particulièrement pour que cette mesure soit adoptée d'urgence et appliquée le plus tôt possible.

Ce rapport, mis aux voix, est adopté à l'unanimité.

La Chambre donne mission à son RAPPORTEUR M. PAUL LETURQUE, d'en soutenir les conclusions devant le *Congrès forestier international* auquel il prendra part comme délégué de notre Compagnie. Elle prie également notre collègue M. H. MADRE, qui doit suivre le Congrès en sa qualité de président du Syndicat du commerce des bois du Loiret, de joindre ses efforts à ceux de M. LETURQUE.

F

ANNEXES AU RAPPORT

DE M. **VILLAME**

SUR LES DROITS DE DOUANE

TABLEAU DES IMPORTATIONS ET DES EXPORTATIONS DE MERRAINS

	IMPORTATIONS EN FRANCE		EXPORTATIONS DE FRANCE	
	tonnes	francs	tonnes	francs
1900	160.838	»	5.866	»
1901	188.996	»	»	»
1902	159.866	»	»	»
1903	141.747	»	8.925	»
1904	139.007	»	8.762	»
1905	146.993	»	7.625	»
1906	134.924	»	8.190	»
1907	143.137	»	10.384	»
1908	143.500	»	10.012	»
1909	150.770	32.000.000	7.672	1.550.000
1910	176.850	15.000.000	7.612	1.481.000
1911	180.000	17.000.000	6.378	1.315.000

Tableau des importations et exportations des bois communs dans les quatre dernières années (*Valeur en francs*)

Désignation des marchandises	Importations en France 1909	1910	1911	1912	Exportations de France 1909	1910	1911	1912
BOIS COMMUNS A CONSTRUIRE :								
Chêne.	Francs	Francs	Francs	Francs	Francs	Francs	Francs	Francs
Bois ronds bruts	169.950	244.200	155.000	158.000	2.270.070	2.380.290	2.809.000	2.369.000
Traverses de chemins de fer	150.160	111.920	79.000	44.000	1.609.200	2.095.200	1.587.000	2.742.000
Bois éq. ou sciés à plus de 80 m/m	1.431.360	1.587.360	880.000	2.323.090	599.840	609.600	775.000	451.000
Bois sciés de 80 à 35 m/m	2.448.180	2.298.625	2.441.000	2.938.000	670.860	680.800	821.000	768.000
Bois sciés 35 m/m et au-dessous	4.297.420	4.052.490	4.056.000	3.982.000	406.350	406.980	563.000	437.000
Noyer.								
Bois ronds bruts	238.700	412.720	442.000	420.000	1.043.750	1.110.250	681.000	1.015.000
Bois éq. ou sciés à plus de 80 m/m	160.200	110.475	222.000	124.000	7.480	18.700	92.000	58.000
Bois sciés de 80 à 35 m/m	151.845	142.290	146.000	159.000	84.040	73.500	71.800	123.000
Bois sciés de 35 m/m et au-des.	750.735	823.340	838.000	895.000	604.000	728.000	626.000	1.225.008
Essences autres (1)								
Bois ronds bruts	4.800.400	4.136.130	4.873.000	5.341.000	10.793.880	11.817.900	14.120.000	12.631.000
Traverses de chemins de fer	2.067.800	2.347.730	2.505.000	2.073.000	1.296.330	909.720	1.083.000	847.000
Bois éq. ou sciés à plus de 80 m/m	11.978.740	8.424.790	10.045.000	8.800.000	640.080	847.350	625.000	1.081.000
Bois sciés de 80 à 35 m/m	65.582.900	71.757.490	73.243.000	76.797.000	812.360	1.302.835	1.304.000	1.453.000
Bois sciés de 35 m/m et au-dessous	37.950.790	39.630.295	39.851.000	43.066.000	3.795.575	3.753.255	4.078.000	4.456.000
BOIS DIVERS :								
Bois de mines	6.043.260	4.100.320	3.608.000	3.796.000	20.310.332	20.357.820	21.318.000	22.171.000
Feuillards, échalas fabriqués	260.000	264.250	184.000	280.000	2.465.000	2.813.250	3.356.000	3.139.000
Merrains de chêne	31.166.730	14.105.280	16.130.000	15.489.000	1.411.740	1.287.220	1.029.000	1.282.000
Merrains autres que de chêne	1.249.490	1.065.130	987.000	797.000	138.050	193.710	188.000	191.000
Pavés en bois	—	3.960	(Néant)	(Néant)	26.700	20.340	31.000	42.000
Bois d'ess. résin. en rondins	4.169.220	3.377.572	3.428.000	3.116.000	6.588	3.240	3.000	13.000
Bois en éclisses	880.000	958.750	969.000	755.000	187.250	258.250	356.000	311.000
Bois à brûler	402.556	419.468	449.000	334.000	626.700	560.964	791.000	656.000
Charbons de bois	300.580	322.490	273.000	303.000	773.700	1.191.240	1.237.000	1.428.000
Liège brut	6.379.000	4.913.500	4.873.000	5.889.000	4.331.500	5.874.500	4.881.000	4.568.000
Paille ou laine de bois	160.950	138.200	156.000	283.000	40.350	29.550	21.000	25.000
Autres bois communs	25.050	8.250	20.000	6.000	32.850	65.250	17.000	94.000
Totaux	183.218.636	165.931.935	170.872.000	178.113.090	55.984.575	59.299.714	62.460.000	63.546.000

(1) Cette catégorie constitue ensemble la plus grande partie de nos importations ; elle comprend presque totalement les essences résineuses, principalement les sapins blancs et rouges, le pitchpin, etc. Elles nous viennent surtout de Russie, de Finlande, de Suède, de Norvège, des États-Unis, etc.

TABLEAU DES EXPORTATIONS ET DES IMPORTATIONS DE TRAVERSES EN BOIS PENDANT LES DERNIÈRES ANNÉES (*tonnes et francs*)

ANNÉES	IMPORTATIONS EN FRANCE				EXPORTATIONS DE FRANCE			
	Traverses chêne — Quantités (1)	Traverses autres — Quantités (1)	Ensemble — Quantités (1)	Valeur totale (2)	Traverses chêne — Quantités (1)	Traverses autres — Quantités (1)	Ensemble — Quantités (1)	Valeur totale (2)
	tonnes	tonnes	tonnes	1 000 fr.	tonnes	tonnes	tonnes	1.000 fr.
1897	61	2.444	2.505	151	20.348	22.791	43.139	3.008
1898	578	—	578	46	15.069	14.014	27.083	2.041
1899	121	7	128	10	8.494	10.426	18.920	1.388
1900	686	23	709	63	10.781	6.853	17.634	1.538
1901	2.511	—	2.511	251	7.837	24.870	32.707	2.610
1902	2.705	2.189	4.894	435	8.967	29.699	38.666	3.079
1903	729	6.118	6.847	531	13.798	17.962	31.760	2.658
1904	15	2.097	2.112	160	20.071	23.876	43.947	3.698
1905	45	2.312	2.307	178	25.329	24.660	49.989	4.257
1906	884	3.109	3.883	320	28.914	17.437	46.351	4.055
1907	1.492	6.409	7.901	»	21.105	19.607	40.712	»
1908	2.836	43.561	46.397	»	18.847	21.586	40.333	»
1909	1.877	29.540	31.417	2.218	20.115	18.519	38.634	2.905
1910	1.399	33.539	34.938	2.460	25.065	12.996	38.061	2.915
1911	988	5.785	36.773	2.584	19.832	15.465	35.297	2.670
1912	545	29.613	30.158	2.117	33.894	12.105	45.999	3.559

(1) Tonnes de 1.000 kilogrammes.
(2) Valeur en 1.000 francs.

TABLEAU DES IMPORTATIONS ET DES EXPORTATIONS DES BOIS DE CONSTRUCTION CHÊNE PENDANT LES DERNIÈRES ANNÉES (*tonnes de 1.000 kilogrammes*)

	IMPORTATIONS EN FRANCE			EXPORTATIONS DE FRANCE		
	1909	1910	1911	1909	1910	1911
	tonnes	tonnes	tonnes	tonnes	tonnes	tonnes
Bois ronds bruts........	1.545	2.220	1.407	20.637	21.639	28.535
Traverses.............	1.877	1.399	988	20.115	25.065	19.832
Autres bois équarris....	8.946	9.921	5.177	3.749	3.810	4.560
Bois équarris de 80 à 35 m/m	13.601	12.425	12.329	3.727	3.680	4.145
Bois sciés 35 m/m et au-des.	22.618	20.782	19.502	1.935	1.938	2.512
Totaux (1).......	48.587	46.747	39.403	50.163	56.132	56.584

(1) Les merrains de chêne et les bois de chauffage chêne ne sont pas compris dans ce tableau.

RÉCEPTION A L'HÔTEL DE VILLE DE PARIS

LE VENDREDI 20 JUIN 1913

A l'issue de la séance de clôture, le Conseil Municipal de la Ville de Paris a reçu, à l'Hôtel de Ville, les membres du Congrès Forestier International de 1913.

A cette réception, les discours suivants ont été prononcés :

Discours de M. Chassaigne-Goyon, président du Conseil municipal

Monsieur le Président,
Mesdames,
Messieurs,

Nous devions au Touring-Club de mieux connaître les paysages charmants, les sites grandioses de notre France et voici qu'il nous a conviés à un Congrès de véritable défense nationale.

Nulle institution n'était plus qualifiée pour prendre l'initiative de cette patriotique croisade pour le salut de la Forêt française, l'un des plus beaux fleurons de notre couronne champêtre, et la mener à bien.

Jusqu'à ces dernières années, l'importance de la question forestière n'avait pas été comprise et le législateur l'avait négligée. Il est vrai, qu'aux temps lointains où les futaies séculaires couvraient le sol, le fait de les défricher était considéré comme un service rendu à la collectivité.

Le droit ancien, le droit romain, n'ont pas songé à les protéger et les quelques textes d'Ulpien que l'on pourrait citer défendent les droits du propriétaire et non ses arbres.

L'ordonnance d'août 1669 et l'arrêté du Directoire exécutif du 28 floréal an IV, ne visaient guère que les arbres en bordure des routes. Le code forestier ne s'applique, d'une manière générale, qu'aux forêts appartenant à des collectivités et les lois des 28 juillet 1860 et 8 juin 1864, relatives, la première au reboisement, et la seconde au gazonnement des montagnes, tendent bien à la conservation et à la restauration des forêts, mais n'ont aucunement paré aux dangers du défrichement.

Je ne veux pas vous entraîner, Messieurs, dans l'exposé complet d'une réglementation plutôt touffue, si j'ose m'exprimer ainsi. Je me bornerai à vous rappeler que les premiers germes d'une législation répressive de l'abus du défrichement se rencontrent dans le decret de l'Assemblée nationale du 11 décembre 1789 « concernant la répression des délits qui se commettent dans les forêts et bois ». Seule des texte postérieurs, la Loi du 4 avril 1882 a établi un régime de protection des plus énergiques pour la restauration et la conservation des terrains boisés en montagne, régime qui vient d'être fort heureusement complété par l'adoption toute récente de la proposition de l'honorable M. Audiffred, qui permettra d'étendre à nombre de forêts les règles de la sylviculture.

Nous possédons d'admirables futaies qu'il nous faut défendre contre le terrible déboisement de ces quarantes dernières années. Sans vouloir passer une revue complète des mesures proposées pour arriver à ce résultat et examiner ici toutes les questions qui ont été magistralement traitées dans des rapports remarquables et très pratiquement discutées et résolues au cours des séances de votre Congrès, je ne signalerai que les plus importants des vœux adoptés par vous.

Vous êtes unanimes à demander la diminution des impôts, des charges pesant sur la forêt, qui encouragerait ses propriétaires à la conserver et à l'agrandir. Elle deviendrait alors une source de revenus certains et rémunérateurs. Les landes incultes n'ont-elles pas dû la richesse à leurs pins résineux ?

M. Defert, le très distingué président du Comité de ce Congrès, préconise judicieusement un système de réserves forestières, indivises, assurées de perpétuité, et dont le stock permanent servirait de régulateurs au marché national. Les communes, les grandes associations reconnues d'utilité publique, toutes les collectivités jouissant de la personnalité civile paraissent désignées pour procéder à la reconstitution de ces réserves forestières.

L'État, de son côté, doterait largement la caisse destinée aux achats des paysages forestiers, comme M. le Ministre de l'Agriculture a bien voulu nous le faire espérer dans son remarquable discours d'ouverture du Congrès, et les Commissions des sites détermineraient les beautés naturelles qui méritent d'être conservées.

Il faut à tout prix sauver nos arbres, sentinelles avancées contre les eaux montantes, ils opposent aux torrents et aux avalanches la meilleure des digues. Le fléau de l'inondation, nouveau Macbeth, sera vaincu par la forêt.

Je vous parlais tout à l'heure, Messieurs, de défense nationale et ma pensée ne s'arrêtait pas seulement à l'inondation menaçante.

Déraciner nos arbres séculaires, c'est arracher les pages de notre histoire. Nos chênes géants ont abrité le berceau de la Gaule ; le gui de leurs vieux troncs était la fleur symbolique de la Patrie, la parure de nos aïeules, déjà coquettes et adulées, quand il était tombé sous la faucille d'or. Nos ancêtres, Mesdames, avaient le respect, le culte de la femme et lui donnaient, près de leurs druides, une place d'honneur, sans même lui demander d'être vestale.

Quand, plus tard, l'âme française éprise de mysticisme, de grâce et de beauté, commença à se dégager de la brume médiévale, c'est à la Forêt qu'un peu naïvement nos artistes demandèrent leur inspiration pour élever ces prestigieuses cathédrales qui, de Rouen à Strasbourg, émerveillent encore le monde.

C'est dans les futaies des Arvernes que s'organisa la défense nationale au temps de Vercingétorix et, dans notre histoire contemporaine, la forêt d'Orléans n'a-t-elle pas, de ses troncs enlacés, retardé en 1870 l'invasion triomphante ?

Conservons jalousement les témoins de notre passé et plantons — même à notre âge — de jeunes et vigoureux rameaux. Que toujours le voyageur retrouve sur notre terre cette collection unique d'essences variées ; depuis le saule charmant qui a vu fuir les nymphes, jusqu'à l'olivier d'argent, parure de la mer bleue. Conservons nos sapins, à la verdure éternelle, nos frênes, nos bouleaux, nos charmes, aussi beaux dans leur parure printanière qu'en leur automne doré, nos châtaigneraies, sous lesquelles se joue la lumière, et nos trembles frissonnants.

Conservons la Forêt, cette réserve de santé et de joie. Elle offre aux pauvres souffrants ses trésors inépuisables d'oxygène, aux regards fatigués le vert reposant de ses frondaisons, aux découragés, l'asile de ses futaies, aux poètes amoureux, ses charmilles ombreuses.

La Forêt ! Mais n'est-elle pas le temple de notre vieille gaîté nationale ? Jamais faunes et nymphes, que je sache, ne furent jamais neurasthéniques !

Laissons à la gravité de l'hidalgo, au fatalisme de l'Arabe, leurs sierras désolées et leurs déserts brûlants. Sous la feuillée doit retentir le rire gaulois.

Joyeusement, je lève mon verre en l'honneur des représentants éminents des nations étrangères qui ont bien voulu prendre part au Congrès international forestier, et je leur souhaite, au nom de la Ville de Paris, la plus chaleureuse, la plus cordiale bienvenue dans notre Hôtel de Ville. Je bois au Touring-Club de France dont l'importance et la renommée ne cessent de croître, à son très distingué président, M. Ballif, à l'actif et dévoué président du Congrès, M. Defert, à tous ses membres enfin.

Je vous remercie, Mesdames, d'avoir bien voulu animer et embellir de votre charme et de votre grâce cette réception qui, sans vous, eût été un peu austère et je vous demande la permission de porter respectueusement votre santé. (*Applaudissements*).

Discours de M. Aubanel, Secrétaire général de la Préfecture de la Seine

Messieurs,

L'Administration parisienne que j'ai l'honneur de représenter est heureuse de se joindre à M. le Président du Conseil municipal et à M. le Président du Conseil général de la Seine, pour vous présenter ses souhaits de bienvenue.

Elle a été vivement intéressée par les questions inscrites à l'ordre du jour de vos séances, et dont certaines font l'objet de ses propres préoccupations, et c'est avec la certitude d'en retirer d'utiles enseignements qu'elle a prêté à vos travaux une scrupuleuse attention.

Interprète fidèle de M. le Préfet de la Seine, qui n'a pu, à son vif regret, venir vous recevoir personnellement, mes compliments s'adressent tout d'abord à la grande et populaire Association qui a pris l'initiative de votre réunion. Le Touring-Club de France est depuis de nombreuses années pour les Pouvoirs publics un auxiliaire précieux dans la sauvegarde des beautés et des richesses naturelles de notre pays, dans l'amélioration de ses routes et la fréquentation de ses sites. A son école, nos jeunes générations ont pris le goût du tourisme et des exercices de plein air également favorables au développement des forces physiques et de la santé morale.

Aujourd'hui, c'est un titre nouveau à la reconnaissance publique qu'il s'est créé en proposant à vos délibérations l'étude des questions intimement liées à la salubrité, à la sécurité et à la prospérité économique de nos provinces.

L'importance et l'attrait de ce programme ne sauraient être mieux attestés que par le nombre et la qualité des adhésions qui ont répondu à son appel.

Le Touring-Club de France peut à bon droit se féliciter d'avoir groupé pour la défense de la Forêt plus de 700 congressistes appartenant à 25 nationalités différentes.

Vos rapports, que j'ai eu plaisir à parcourir, ont traité avec un égal succès de sujets très variés ; il nous a été particulièrement agréable de relever au bas d'une notable partie d'entre eux, la signature de fonctionnaires de l'Administration forestière qui forment dans nos grands services publics une administration d'élite, et ont, en cette circonstance, justifié une fois de plus leur réputation de compétence et de savoir. (*Applaudissements*).

Mais auprès de nos nationaux, nous avons hâte d'adresser un déférent hommage aux congressistes de nationalité étrangère, qui ont bien voulu nous apporter le précieux appoint de leurs connaissances.

Dans cette maison commune où se formulent les vœux de la Cité, je les prie d'agréer l'expression de la sympathie de nos concitoyens qui, avec nous, leur sont reconnaissants de leur collaboration à une œuvre d'intérêt international et s'estimeront heureux s'il a pu s'en dégager, en même temps qu'un avantage matériel ,un sentiment de concorde et de solidarité humaine. (*Applaudissements*).

Discours de M. Laurent, Secrétaire général de la Préfecture de Police, représentant M. le Préfet de Police

Mesdames,
Messieurs,

M. le Préfet de police éprouve le vif regret de ne pouvoir venir vous complimenter personnellement, en raison de l'obligation où il se trouve de se consacrer, pendant tout cet après-midi, aux débats d'une question qui est du plus pressant intérêt pour son administration.

Il m'a donné l'agréable délégation de vous saluer en son nom et de vous assurer de l'attention avec laquelle il a suivi les travaux de votre congrès international, aussi bien que de ses souhaits de voir aboutir les avertissements et les enseignements qui se dégagent de vos délibérations, et les projets de résolutions que vous recommandez à la sanction des gouvernements.

Nous avons accueilli avec une grande satisfaction l'initiative du Touring-Club de France qui a été le grand patron de votre réunion. Nous lui devons, en quelques années d'existence, beaucoup de bienfaits. Il a aidé puissamment à faire la route mieux entretenue et plus belle, l'hôtellerie plus coquette et plus saine, à répandre le goût du voyage, à nous guider vers des sites que nous ne visitions pas assez, parce qu'ils étaient peut-être tout près de nous, et à donner à notre pays, pour le plaisir des yeux et par l'entraînement des forces physiques de ses enfants, la connaissance de lui-même, avec un sentiment raisonné de confiance.

De tous les points du globe, vous vous êtes groupés pour étudier en commun une question qui est d'un intérêt vital pour la terre.

L'arbre qui, selon les heureuses expressions de M. le Ministre de l'Agriculture, enrichit, assainit et embellit, ne créé pas seulement le charme des paysages ; il est, dans le groupement du domaine forestier, la meilleure digue contre les torrents, les avalanches et les inondations.

Vous vous êtes justement préoccupés de sa conservation et, par des vœux qui doivent avoir pour conséquence des mesures législatives d'un urgent intérêt, vous avez mis en garde les gouvernements et les administrations contre des défrichements mal combinés ou des destructions coupables.

Vos leçons seront retenues dans une nation dont le tiers à peine du domaine forestier est possédé, comme l'on dit, par des « propriétaires impérissables ». Le Gouvernement vous a prouvé qu'il ne laissait échapper aucune occasion de faire œuvre d'intervention utile pour la préservation des forêts.

La même pensée a trouvé le même écho dans toutes vos nations. Paris qui aime les arbres et qui en a fait sa parure, ne peut que s'y associer sans réserve.

Nous irons encore longtemps « au bois », et, si des lauriers y sont coupés, ce ne sera que pour fêter le succès de votre propagande, et en célébrer les mérites.

Je porte, Messieurs, très cordialement, le toast de M. le préfet de police à la santé de chacun des membres du Congrès international forestier, et des dames qui ont donné à vos travaux l'intérêt et l'attrait de leur encouragement (*Applaudissements*).

Discours de M. Billard, Vice-président du Conseil Général

Mesdames,
Messieurs,

Après le discours si complet et si plein de poésie de notre excellent président, M. Chassaigne-Goyon, après les deux discours que vous venez d'entendre, de la part de M. le représentant du Préfet de la Seine et de M. le représentant du Préfet de police, j'aurais à la vérité, mauvaise grâce à abuser longtemps de votre bienveillante attention.

Permettez-moi simplement de vous apporter le très vif regret du président du Conseil général, mon excellent ami, Maurice Quentin, qui, retenu par des occupations impérieuses, n'a pas vu venir au milieu de vous.

Je sais ce que vous avez fait par ce que j'en ai entendu dire. J'ai été délégué un peu à la dernière heure pour vous parler et, comme je ne veux pas retenir une attention qui serait beaucoup trop bienveillante, je vous demande purement et simplement, en me résumant, la permission de boire à l'heureux résultat de votre Congrès et de porter votre santé (*Applaudissements*).

Discours de M. Defert, Président du Congrès

Monsieur le Président du Conseil municipal,
Messieurs les Secrétaires généraux, des Préfectures de la Seine et de Police,
Monsieur le Vice-président du Conseil général.
Mesdames,
Messieurs,

J'ai le très grand honneur de vous présenter les compliments du Congrès forestier international qui vient de terminer ses travaux et de faire, je crois, de la bonne besogne.

La question forestière est devenue, vous le savez, Messieurs, une question mondiale. A ceux qui pourraient en douter, il suffira de citer les sept cents congressistes accourus à l'appel du Touring-Club de France, et les vingt-cinq États étrangers qui se sont fait officiellement représenter dans ces grandes assises des amis des arbres et du reboisement.

Jamais Congrès forestier n'a réuni, en aucun pays du monde, un pareil nombre d'adhérents. C'est, en même temps qu'un succès considérable pour la cause forestière, un honneur pour la ville de Paris, d'en avoir été le siège et de voir une fois de plus son nom attaché à une de ces grandes manifestations de solidarité humaine dont elle est coutumière. (*Applaudissements.*)

Dans les vœux émis par ce grand Congrès, et dont tous les intéressés pouront faire leur profit, dans tous les pays du monde, il en est deux qui intéressent particulièrement la Ville de Paris, ce sont ceux relatifs au reboisement en montagne et à l'aménagement des bois et forêts de promenade autour des grandes cités.

Paris est, entre beaucoup d'autres capitales, exposé aux inondations, et cette menace, trop souvent réalisée, tient pour une grande partie à l'insuffisance des boisements existant dans les parties élevées du bassin de la Seine. On a beau dire et répéter que ce bassin est un des plus boisés qui soit en France, son taux de boisement n'atteint que 24 %, alors qu'il devrait être de 33 au moins. Et puis, il est loin d'être boisé comme il devrait l'être. Les masses forestières du bassin de la Seine sont presque exclusivement constituées par des feuillus et, dans cette masse même, il existe de nombreux vides. Il y a longtemps qu'un des ingénieurs les plus éminents, M. Belgrand, a signalé la nécessité d'y boiser 30 à 40.000 hectares en résineux, avec indication des emplacements à donner à ces plantations. Un moment, on a pu espérer que les terribles inondations de 1910 feraient faire un pas vers une solution, mais l'étude des moyens d'empêcher le retour du fléau a pris bientôt une orientation différente et les choses en sont toujours au même point. L'élévation du taux de boisement serait cependant bien utile ; elle viendrait heureusement compléter le système de défense constitué par les puits absorbants actuellement à l'essai, car si la méthode absorbante constitue un moyen efficace, les grands massifs forestiers sont eux aussi des absorbants des eaux pluviales, avec cet avantage en plus qu'ils évaporent et que, par leur évaporation, ils entretiennent dans les hautes régions de l'air, un état hygrométrique qui constitue, lui encore, une protection contre ces chutes d'eau anormales, que nous voyons dégénérer en cataclysmes. C'est le propre, en effet, des régions dénudées ou insuffisamment boisées, d'aspirer les gros nuages du large, de les faire accumuler sur certains points et de les faire s'abattre en cyclones et cataractes désastreuses, comme celles qui viennent, ces jours derniers, de ravager plusieurs contrées de la Champagne et de l'Ile-de-France, et votre concours nous sera précieux pour hâter l'heure des reboisements indispensables à la défense de votre ville.

L'autre vœu que je signale à votre attention évoque des idées plus souriantes, mais non moins intéressante. Le Congrès a proclamé la nécessité d'aménager autour des grandes agglomérations, des bois et des forêts pour la promenade, le délassement et la récréation physique et morale des populations laborieuses. L'agglomération parisienne a, plus qu'aucune autre, besoin de cette couronne de verdure, d'ombrage et de beauté, à une époque où les espaces libres dans l'intérieur de la ville vont diminuant sans cesse, puisqu'ils se réduisent à 4 1/2 % à Paris, contre 15 % à Londres, et 10 % à Berlin. A une époque où les jardins disparaissent avec leurs arbres, pour faire place au moellon, et où les bois de Boulogne et de Vincennes sont devenus vraiment trop étroits pour tous les assoiffés de fraîcheur et d'air pur, le Touring-Club de France a déjà, dans cet ordre d'idées, devancé le but du Congrès en aménageant les bois de Meudon, de Verrières, de Fausses-Reposes et la forêt de Marly. Son initiative se trouve encouragée et vous ne doutez pas qu'il poursuivra de plus belle l'œuvre si bien commencée.

Je m'arrête, Messieurs, pour remercier au nom du Congrès, la Ville de Paris et ses représentants, de leur aimable réception. La visite du Palais municipal, que vous voulez bien offrir aux Congressistes français et étrangers, leur donnera une idée de nos beautés artistiques. Ce sera pour eux la préface des beautés naturelles que nous allons leur faire admirer dans leurs excursions à travers la forêt domaniale de Lyons, et nos Alpes Dauphinoises.

Au seuil de cette visite, permettez-moi, M. le Président, de lever à mon tour mon verre à la prospérité de la Ville de Paris, préservée du fléau des inondations et parée de la couronne forestière qui sied au front d'une grande cité.

Discours de M. de Sébille, Représentant de Belgique

Messieurs,

Il est toujours agréable à un Belge d'exprimer à ses voisins, les Français, ses sentiments de gratitude pour l'accueil si affectueux, si cordial qu'ils lui réservent en toutes circonstances et tout particulièrement aux édiles de la grande et belle capitale qui nous reçoivent aujourd'hui.

Nous n'oublierons jamais que c'est grâce au concours des armées françaises que notre Indépendance a été assurée. Nous devons aussi à la France notre première reine qui a laissé parmi nous d'impérissables souvenirs de beauté et de générosité.

Nos deux grands fleuves, l'Escaut et la Meuse prennent leur source en France, de sorte que nos eaux couleront éternellement chez nous de l'Ouest au Nord et du Sud à l'Est. De même la poussée française, quoiqu'on puisse faire, aura une éternelle influence sur la mentalité belge.

Les liens de la reconnaissance qui nous font aimer et estimer votre pays et souhaiter que nos relations soient de plus en plus cordiales vous assurent de la sincérité des vœux que je forme pour la France et en particulier pour la Ville de Paris, qui nous fait le grand honneur de nous recevoir à l'occasion de ce Congrès.

Je lève mon verre à la prospérité de la Ville de Paris et à la gloire de la France.

Une visite de l'Hôtel-de-Ville a été ensuite effectuée sous la conduite du Président du Conseil Municipal.

EXCURSION

DANS LA FORÊT DOMANIALE DE LYONS

le Samedi 21 Juin 1913

Le samedi, 21 juin, le Congrès a fait une visite aux somptueuses futaies de hêtre de Lyons-la-Forêt, en Normandie, sous la direction de M. Pintiau, inspecteur des Eaux et Forêts, délégué du Touring-Club de France à Lyons-la-Forêt et Gouilly, garde général des Eaux et Forêts à Rouen.

La forêt de Lyons se compose d'une série de massifs séparés les uns des autres par de verdoyants pâturages et des vergers chargés de fruits : véritable damier dont la masse sombre des bois figure les cases noires et les prairies, les blanches.

Le hêtre en est l'essence dominante. Il s'est taillé là un royaume, et quel royaume ! peuplé de sujets magnifiques dont quelques-uns, hors de pair, ont fait l'admiration de tous les congressites. Leur enthousiasme ne connut plus de bornes quand, après avoir traversé de superbes hêtraies, la caravane arriva aux antiques futaies du *Catelier*, que l'administration forestière a récemment constituées en réserve ornementale et qui forment un trésor désormais intangible.

Un sentier a été aménagé à travers ce monde de géants plusieurs fois centenaires et bientôt, sous la voûte majestueuse de leur feuillage, grâce au Touring-Club, s'élèvera, à l'intention des promeneurs, un kiosque rustique qui sera comme un reposoir érigé par la pitié des fidèles au culte des beaux arbres.

Dirai-je le déjeuner champêtre, au cœur de la forêt, à l'un de ses plus beaux carrefours, avec accompagnement de fanfares de cors de chasse dans le lointain des bois et de toasts enflammés à la Gloire de la Forêt, du T. C. F. et du Congrès? Cela n'est intéressant que pour ceux qui ont pris part à ces agapes forestières, et pas n'est besoin pour ceux-là d'en évoquer le souvenir. Mais ce que je tiens à dire et ce qu'il faut dire, pour rendre hommage à la vérité autant que par reconnaissance, c'est que Lyons n'est pas seulement le pays des grands bois ; c'est aussi celui de la bonne chère, le tout agrémenté de l'hospitalité la plus avenante dans ce frais village normand si joliment tapi dans l'écrin vert de ses forêts où les excursionnistes ont été l'objet d'une réception triomphale.

Ont pris part à l'excursion : M., Mme et Mlle Defert, MM. Boullenger, Chaplain, Umbdenstock, Bacon de la Vergne, Badu, Baquedano, Barbet, Barbier Etienne, Barbier Honoré, Barbier de la Serre, de Bazelaire de Lesseux, de la Benodière, Bertrand, Blondeau, Blondel, M. et Mme Bommer, MM. Bonnet, Bouisset, Boulanger, Bouvet, Boppe, M. et Mme Broussais, MM. Paul Camus, Carbonnier, Cardot, Carraz, Caubert, Chancerel, Chaudey, Dr Cost, Delaye, Delville, Deroye, Dole, Dubois, Ducamp, Duparc, Dupont Paulin, Duras Chastellus, Baron d'Encausse, Eymieu, Gazin, Geisser, Giraud, Gouget, Gouilly, M. et Mme Goureau, MM. Graffin, Comte de Grancey, Gréa, Guillemin, Guillot, Guillou, Guyot, Henriquet, Hermans, John Hill, Hubault, Imbart de La Tour, Jobez, Jolain, Jousset, Kern, Krarup, Ladam, Lahaussois, Laval, M. et Mme Jules Lecoq, MM. Lefébure, Le Mire, Leroy-Moulin, Lescouzères, Capitaine Lombard, Maire, Marciguey, Margaine, Martin André, Martin Paul, Mendes d'Almeida, Menget, Mimura, Nouguier, d'Orlye, Otin, Pardé, Pascal, Pierronne, Pintiau, Poisson, Polako, M. et Mme Poussard, Rœser, Rousselet, Roux, Roy, de Sailly, Schæffer, de Sébille, Mme Simon, MM. Sinturel, Sutherland, Tanassesco, Thays, Thil, Thiollier, Thivel, Thomas, Tortel, Touchalaume, Tourtel, de Toytot (Albert), de Toytot (Auguste), Tripier, Trutat, Van de Poll, de Villemereuil, Wahl, Welsch, Woolsey.

BANQUET DU DIMANCHE 22 JUIN 1913

Le dimanche 22 juin, les congressistes se sont réunis dans un banquet servi dans les salons du Palais d'Orsay.

M. L. Dabat, Directeur général des Eaux et Forêts, présidait. A ses côtés avaient pris place : MM. Abel Ballif, président du Touring-Club de France ; Henry Defert, président du Comité d'organisation ; Antony, vice-président du Comité d'organisation ; Chaplain, secrétaire général du Comité d'organisation ; Feret du Longbois, directeur du Contrôle au Ministère des Finances ; Julien Berr de Turique, inspecteur général des Monuments historiques ; Guillaume Capus, délégué de l'Indo-Chine à l'Office colonial ; Ducamp, directeur du Service forestier de l'Indo-Chine ; Dr Marcel Briant, membre du Conseil du Touring-Club de France ; Jacques Ballif, secrétaire général du Touring-Club de France ; De Lagorsse, secrétaire général de la Société d'Encouragement ; J. Berthelot, trésorier du Comité d'organisation ; A. Umbdenstock, secrétaire administratif du Comité d'organisation ; Désiré Pector, consul général de Honduras ; Pedro E. Valdez, consul de l'Équateur ; Enrique Dorn, y de Alsua, chargé d'affaires de l'Équateur ; Dr A. Nemours, ministre d'Haïti ; Julio Llanos, Miguel F. Cazares, délégués de la République Argentine ; Baron de Hennet, délégué d'Autriche-Hongrie ; Peter Mac Bride, délégué de Victoria (Australie) ; Mme et Mlle Bride ; MM. Ed. Hermans, délégué de l'Administration des Ponts et Chaussées de Belgique ; De Sébille, Blondeau, Dubois, délégués du royaume de Belgique ; Krarup, délégué du Danemarck ; Woolsey, délégué des États-Unis ; Forbes, Augustin Henry, délégués d'Irlande ; Shozaburo Mimura, délégué du Japon ; Badu, délégué du Grand Duché de Luxembourg ; Tony Wenger, délégué de la ville de Luxembourg ; Michel Tanassesco, délégué de la Roumanie ; Kern, délégué de Russie ; Comte Clary, délégué de la Principauté de Monaco, etc. ; Honoré Audiffred, sénateur ; Challamel, député, président du Groupe forestier de la Chambre des Députés ; E. Cardot, Édouard Vivier, Pierre Leddet, Pierre Mougin, Baron de Belinay, Hirsch, Jules Gal, B. de Laflotte, Comte de Vogué, Pierre Masse, Paul Léon, C. Mongenot, Herbert Welsh, G. Gouget, Ch. Gariel, R. Volmerange, Édouard Martin, Charles Delahaye, G. Geneau, André Schæffer, Maurice Bouvet, Pierre Lièvre, René Duchemin, Jules Marcel,

A. Arnould, Paul Gouilly, J. Demorlaine, Paul Dupuich, Paul Coulet, Émery, J. de Peyrelongue, Maurice Mangin, Joseph Thiollier, Gustave de Veyssière, Cyprien Girerd, Ch. Guyot, J. Madelin, Fernand Deroye, André Jousset, Michel, Léon Pardé, H. Barbier, Brally, Eugène Poisson, Sauvage, de Sébille, Caquet, capitaine Lombard, Van de Pool, de Larnage, de Nicolay, Anselme Changeur, Rivé, Maître Jean, comte Imbart de La Tour, Margaine, de Monchy, Vivier, Deroye, Sinturel, Carbonnier, etc., etc...,

Les principaux journaux étaient représentés.

La musique du 104e régiment d'infanterie, sous la direction de M. H. Vivet, s'est fait entendre pendant la durée du banquet.

Au dessert, les discours suivants ont été prononcés :

Discours de M. Ballif, président du Touring-Club de France

Messieurs,

J'ai l'honneur de vous proposer la santé de M. le Président de la République française, ainsi que des Chefs des États qui ont pris part à ce Congrès. (*Applaudissements.*)

Monsieur le Directeur général,
Messieurs,

Au cours de ce magnifique Congrès de la forêt, il a été dit beaucoup de choses et de bonnes choses, et cela m'a inspiré une certaine réflexion, dont je vous demande la permission de vous faire part. On a beaucoup parlé des intérêts économiques en jeu, du rendement de la forêt, des meilleurs modes d'exploitation, des charges sous lesquelles elle succombe. On a parlé de tout cela et j'y applaudis des deux mains, mais c'est l'idée d'utilité, et c'est à peine si l'idée de beauté a trouvé quelques défenseurs.

Et cependant, Messieurs, n'est-ce pas le plus important? Je dirais volontiers que cela seul est important (*Bravo!*). Rien sur la terre n'existe que par la beauté. C'est la beauté répandue dans toute la nature qui est pour nous la source des joies les plus élevées ee les plus pures. (*Applaudissements.*)

Elle nous est aussi nécessaire que l'air que nous respirons, que les aliments qui nous restaurent. J'en veux prendre un exemple ici même. Je vous le demande, Messieurs qu'est-ce qui a constitué le charme de ce repas? Sans vouloir médire en aucune sortt de la cuisine, n'est-ce pas plutôt le décor, la lumière, les fleurs, la musique, tout ce qui en un mot, est la beauté.

La beauté, de tout temps, a régné sur l'univers. En France, plus que partout ailleurs, on ne saurait l'oublier, et pour ma part, je saluerais avec joie la création d'un ministère de la Beauté publique. (*Applaudissements.*) Et je lui donnerais le pas sur tous les autres. (*Applaudissements.*) Je pense bien que cela ne sera pas offert à un autre qu'au Sous-secrétariat des Beaux-Arts, qui, du coup, se verrait passer le premier des ministères.

Or, la forêt — et c'est à cela que je veux venir — la forêt est la beauté de la terre. C'est elle sa belle parure. Bravo pour ceux qui veulent en tirer toute l'utilité possible et désirable, c'est tout à fait légitime, mais hourra cent fois pour ceux qui veulent la voir toujours belle, toujours parée de son bel habit vert. C'est à ceux-ci, c'est-à-dire à vous tous, qui êtes ses amis et ses admirateurs, que je lève mon verre, ainsi qu'à la forêt, beauté de la terre, à la forêt toujours belle ! (*Applaudissements.*)

Discours de M. Defert

Monsieur le Directeur général,
Messieurs,

Si le Touring-Club a, dans le cours de ses diverses entreprises, rencontré quelque succès, je ne crois pas qu'il en ait jamais obtenu de supérieur à celui de ce Congrès. L'idée était dans l'air. Certains même avaient songé à l'organiser, mais ils se sont loyalement ralliés sous le drapeau du Touring, et c'est par la quantité, par le nombre comme par la qualité, que le Congrès forestier international de 1913 aura droit à une place d'honneur dans les Annales forestières pour les résultats pratiques qu'il est permis d'en attendre.

Ces résultats, Messieurs, je voudrais les résumer en quelques mots qui vous retraceront les grandes lignes du Congrès et qui en dégageront l'essentiel. Ces résultats sont au nombre de quatre.

C'est d'abord la condamnation sans appel de l'impôt forestier, tel qu'il grève actuellement la propriété forestière. (*Hourras.*) A cet égard, il y a eu unanimité. C'est la première réforme à faire si l'on veut sauver la propriété forestière privée et les six millions d'hectares qu'elle représente, c'est-à-dire les deux tiers de la superficie boisée de la France, et c'est une réforme qui ne peut plus attendre. (*Très bien!*).

Le Congrès aura eu ce résultat de rallier toutes les troupes, et il n'y a plus maintenant qu'à monter à l'assaut d'une législation inique — ce n'est pas moi qui l'ai dit, c'est le Ministre de l'Agriculture — pour substituer à cet impôt spoliateur, qui grève la forêt d'aujourd'hui, l'impôt raisonnable, l'impôt modéré, l'impôt adapté à la sylviculture privée, et qui, dans tous les pays du monde, — le Congrès en a jeté les bases — assurera l'avenir de la propriété forestière. (*Applaudissements.*)

A ce premier résultat, un autre s'ajoute, qui est de grande importance, et j'insiste sur ce point parce que j'en vois les conséquences non seulement lointaines mais presque immédiates, c'est l'union scellée, définitivement scellée entre tous les intéressés de la forêt, entre ceux qui en vivent, ceux qui la possèdent, ceux qui l'exploitent, ceux qui en transforment les produits et ceux aussi pour qui elle est une source de joie, d'air pur et de beauté. (*Applaudissements.*)

Le Congrès a eu ce mérite de rapprocher tous les intéressés de la forêt les uns des autres. Des discussions ouvertes dans les sections, des conversations qui ont suivi, des propos même échangés à table est déjà né, et s'affirmera encore avec le temps, un désir de collaboration à l'œuvre commune. C'est une excellente préparation à l'application prochaine de la loi Audiffred, qui permet aux propriétaires de faire appel au concours de l'Administration forestière pour la gestion et la surveillance de leurs bois.

Ainsi tomberont bien des préjugés, bien des préventions, si bien qu'entre gens également animés d'un esprit nouveau les uns vis-à-vis des autres, esprit d'entente cordiale et de mutuel appui, il n'existera plus de barrières, mais seulement une union durable et féconde qui sera le meilleur ouvrier de la conservation et du développement de nos richesses forestières. (*Applaudissements.*)

Si ce dernier résultat touche plus spécialement notre pays, il en est deux autres qui intéressent tous les peuples. Je veux parler de la constitution d'importantes réserves forestières et de la défense des sites et paysages qui a occupé une large place dans les délibérations du Congrès. (*Applaudissements.*)

La superbe promenade qu'ont faite avec moi les excursionnistes d'hier dans les magnifiques futaies domaniales de la forêt de Lyons, donne bien l'impression que la formation de pareilles réserves, qui est l'œuvre des siècles, ne peut être assurée que par ce qui dure et que, tout en encourageant les propriétaires à augmenter leurs réserves pour leurs arrière-petits-enfants, c'est sur des personnes impérissables, État, communes, départements, établissements publics, qu'il faut surtout et avant tout compter pour en assurer la pérennité. D'autres nations sont entrées dans cette voie. Il est temps que nous nous y engagions nous-mêmes. Le million annuel qui va être inscrit au budget de l'agriculture pour l'acquisition, de compte à demi avec les communes et les départements, de forêts ruinées, va déclancher le mouvement, et l'on est en droit d'espérer que ce grand réservoir de capitaux qui s'appelle la Caisse des Dépôts et Consignations, nos Caisses d'Épargne, nos sociétés de Secours mutuels, nos Caisses de retraites pour la vieillesse, nos Caisses de retraites ouvrières, sans parler de tous les établissements reconnus d'utilité publique, viendront peu à peu au placement forestier à long terme qui est une avance non remboursable, mais que seuls ils sont capables de faire, des générations présentes à celles de l'avenir. (*Applaudissements.*)

J'ai gardé pour la fin le dernier résultat du Congrès, bien qu'il intéresse plus spécialement le Touring-Club de France, et qu'à ce titre il nous soit particulièrement cher. C'est la protection des sites et paysages, l'aménagement de quelques belles parties de forêts judicieusement choisies en séries artistiques ou en promenades. Cette protection ira s'organisant et se fortifiant de plus en plus dans tous les pays du monde, parce qu'elle est la condition même de l'industrie du voyage, de son développement et de sa prospérité, dont nous commençons seulement en France à ressentir les heureux effets. Au surplus, l'intérêt du tourisme n'est pas un intérêt égoïste, pas plus que celui des amis des beaux arbres, artistes ou poètes, ou celui des promeneurs.

Cet intérêt ne se confond-il pas avec l'intérêt même de la forêt proprement dite? Que cherchent en effet le touriste, le rêveur, le poète, le promeneur? Le bon La Fontaine l'a dit depuis longtemps dans un langage d'une poésie imagée qui touche au lyrisme. Ce que veut le touriste, le promeneur, le flâneur qu'il était, mais

..... C'est la douceur des bois,
Le tapis vert des prés, et l'argent des fontaines.

Ces trois hémistiches contiennent tout le programme forestier ;
Pâturages, que parcourent d'énormes troupeaux,
Grands bois solitaires, où va rêver le poète,
Rivières aux eaux claires et limpides, qui sont à la fois une force et une source de beauté. (*Très bien !*)

Pour donner à cet ensemble de résultats toute l'ampleur qu'il comporte, nous avons deux forces à notre disposition. Nous avons d'abord la Commission internationale permanente, que vous avez eu la sagesse de constituer ; mais elle n'est pas encore formée, il nous faut faire appel aux gouvernements étrangers. Dès qu'elle sera constituée, son action, n'en doutez pas, se fera utilement sentir. En attendant, nous avons la Presse, et c'est à la Presse que j'adresse ce dernier appel.

Elle nous fut précieuse pour la préparation de ce Congrès, et nous la remercions une fois de plus du concours et de la collaboration dévouée que tous les journaux de Paris et de Province ont bien voulu nous apporter dans cette circonstance. Mais la Presse a aujourd'hui un rôle bien plus considérable et bien plus utile à jouer.

Après sa campagne commencée depuis huit ans, le Touring-Club de France a préparé l'opinion publique et c'est cette préparation qui a fait le succès même du Congrès. Il a mis cette opinion pour ainsi dire en état de réceptivité.

Eh bien, semez la bonne parole, jetez dans cette opinion les germes qui doivent produire les résultats que nous attendons ; vous ferez ainsi de la bonne besogne et de la besogne patriotique. Il y a longtemps qu'un grand poète l'a dit :

« Au plus profond des bois la Patrie a son cœur ! » (*Applaudissements.*)

Travaillez, Messieurs, travaillez avec nous à cette grande œuvre, faites-vous les auxiliaires du Touring-Club de France, servez de véhicule à sa pensée et faites qu'elle pénètre jusque dans les coins les plus reculés du pays pour qu'un jour on puisse dire — et ce sera la meilleure récompense de ses efforts : — le Touring a frappé du pied la terre et il en est sorti des forêts. (*Applaudissements.*)

Je m'arrête, Messieurs, et sans rouvrir ici un palmarès de remerciements, de félicitations et d'éloges, embrassant tous nos collaborateurs dans une formule commune, je lève mon verre à nos Congressistes d'hier, à nos collaborateurs de demain. (*Applaudissements.*)

Discours de M. Berr de Turique, inspecteur général des Monuments historiques, représentant M. le Sous-Secrétaire d'État des Beaux-Arts

Monsieur le Directeur général,
Messieurs,

M. le Sous-secrétaire d'État des Beaux-Arts, appelé à l'improviste dans son département, s'est vu obligé de renoncer au très vif plaisir qu'il se promettait de venir présider votre banquet.

Il eût aimé à venir et il vous eût dit, avec l'autorité qui s'attache à sa personne et avec la tournure d'expression qui lui est propre, combien il porte d'intérêt aux choses qui vous sont chères.

Aussi, en me déléguant pour le représenter parmi vous, m'a-t-il non seulement chargé de vous faire agréer ses sincères regrets, mais encore de vous donner la formelle assurance de toute sa sympathie agissante.

Comment, d'ailleurs, pourriez-vous douter de la pleine adhésion du Ministre des Beaux-Arts, alors que la loi de 1887 l'a institué gardien suprême de nos richesses monumentales, et celle de 1906, gardien suprême de nos richesses pittoresques, des parures essentielles dont s'orne avec une égale fierté notre sol national ! (*Applaudissements.*)

Messieurs,

La sollicitude de M. Léon Bérard pour ce qui touche à la défense des paysages ne date pas d'aujourd'hui. Déjà, l'année dernière, il déléguait un fonctionnaire de son administration au Congrès international de Stuttgart pour établir le contact entre la législation française et la législation étrangère en ce qui concerne la protection des sites.

En désignant ce même fonctionnaire pour suivre vos discussions, il a tenu surtout à montrer sa ferme intention de réunir en un seul faisceau ces divers éléments d'études afin d'être mieux à même d'en tirer parti et pouvoir, le cas échéant, traduire vos vœux en langage administratif ou législatif, seule manière pour eux de recevoir la vie.

Messieurs,

J'ai déjà dit à M. le Sous-Secrétaire d'État tout l'intérêt qui s'attache à vos travaux, notamment à ceux de la cinquième section, qui regarde plus spécialement l'Administration des Beaux-Atrs.

Je dois avouer, cependant, qu'en venant y prendre part, je n'étais pas sans une certaine appréhension. Les individualités, les collectivités surtout, dans leur ardeur à marcher à la conquête des progrès qu'elles réclament, vont souvent droit devant elles sans trop s'inquiéter des barrières rencontrées sur leur chemin. Or, en matière de protection des sites, ces barrières sont parfois celles de la propriété privée, et les pouvoirs publics sont obligés d'en tenir compte. Me faudrait-il donc, presque à chaque pas, vous arrêter dans votre élan et vous montrer l'obstacle? Mais, contrairement à mes craintes, grâce à votre sens profond des réalités, grâce à la science juridique de l'éminent président de votre Congrès, grâce au tact et à l'autorité du Président de la cinquième section, je n'ai pas eu pour ainsi dire à intervenir. A peine l'objection se présentait-elle à mon esprit que l'un de vous la formulait en termes excellents, et vous l'acceptiez d'autant plus volontiers qu'elle émanait d'un des vôtres, d'un des congressistes et non pas d'une personne un peu suspecte, de M. le Bureau. (*Rires.*)

Aussi votre Congrès n'a-t-il pas été seulement une grande assemblée dans laquelle de hautes et bienfaisantes paroles furent prononcées, mais encore une sorte de laboratoire dont sont sorties des formules pratiques.

Au nom de M. le Sous-Secrétaire d'État des Beaux-Arts, je vous convie à lever nos verres en l'honneur de M. Ballif, Président du Touring-Club de France ; de M. Defert, président du Congrès ; de M. Chaix, président de la cinquième section, de tous les hôtes étrangers, et à boire à l'intangibilité des plus beaux paysages du monde. (*Applaudissements.*)

Discours de M. le docteur Auguste Nemours
Ministre de la République de Haïti

Messieurs,

Au nom du gouvernement d'Haïti, qui m'a fait l'honneur de le représenter ici, à ce Congrès, j'adresse mes remerciements les plus sincères à M. le Président du Touring-Club de France et à messieurs les organisateurs de ce Congrès.

Je les remercie du bon accueil qu'ils ont fait, non seulement à moi-même, mais à tous les représentants étrangers, de la bienveillance et de la cordialité qu'ils ont montrées toutes les fois que nous avons eu besoin de renseignements, renseignements que je me suis donné le plaisir de demander, jusqu'à la fin de ce banquet.

Mais, messieurs, ma gratitude va encore plus loin, car ce ne sont pas seulement des renseignements que j'ai pri ici. Ces renseignements vous ont suffi, à vous qui êtes au courant de ces graves et nombreuses questions, mais j'y ai puisé autre chose : c'est un enseignement complet.

Je crois que je ne dirai rien qui choque personne dans cette Assemblée, en affirmant que les choses de la forêt sont un peu spéciales et que tout le monde n'est pas au courant des intéressantes questions que vous avez développées.

Je suis du nombre de ceux dont l'ignorance est presque complète sur cette matière, mais je me plais à dire que, non seulement j'ai appris beaucoup dans votre compagnie et en lisant les rapports si importants qui nous ont été distribués, mais que j'ai pris un tel plaisir à entendre ce qui a été dit, à lire ce qui a été écrit, que j'ai été pris comme vous, d'une grande passion pour les choses de la forêt.

Je ne puis mieux terminer ce que j'ai l'honneur de dire devant vous, qu'en déclarant que j'apporterai ces enseignements à mon Gouvernement, que je tâcherai d'obtenir de lui, au moins un commencement, un embryon d'organisation d'administration forestière, de manière à ce qu'il marche un jour dans la voie que vous lui avez si brillamment tracée. (*Applaudissements prolongés. Un ban est battu.*)

Je ne puis que vous remercier à nouveau de cette nouvelle marque de gratitude.

Discours de M. Chalamel, député, président du Groupe forestier de la Chambre

Monsieur le Directeur général,
Messieurs,

Je ne veux pas retarder par un long discours, celui que vous attendez tous, celui du distingué directeur général des Eaux et Forêts, M. Dabat, qui nous a déjà donné des marques si nombreuses de gratitude et de sympathie, je veux simplement remercier le Touring-Club de France, en la personne de son distingué président, M. Ballif, en la personne du Président du Comité d'organisation du Congrès, M. Defert, d'avoir bien voulu m'inviter à ce banquet. Je veux aussi les féliciter de l'imposante manifestation forestière de cette semaine, manifestation qui a été si excellemment organisée par mon ami Chaplain, que je suis heureux d'avoir aujourd'hui à mon côté, et qui a donné à cette œuvre toute son activité et tout son cœur (*Applaudissements.*)

Je suis certain que, dans cette invitation, vous avez mis la pensée de demander la collaboration du groupe parlementaire des forêts, que j'ai le très grand honneur de présider, pour que vos vœux puissent devenir le plus rapidement possible des réalités légales (*Très bien !*)

Permettez-moi de vous dire que vous avez eu raison, que vous n'aurez pas frappé inutilement à notre porte et que notre concours vous est pleinement acquis. (*Applaudissements.*)

Mais, messieurs, votre Congrès n'aura pas seulement des effets matériels, il aura aussi un effet moral, que je considère pour ma part comme extrêmement utile. Il met d'abord l'idée forestière à la place de choix qui lui convient ; il montre que nous ne nous occupons pas seulement ici de questions d'ordre secondaire, mais qu'il s'agit véritablement d'une question d'intérêt national.

D'autres pourront chercher à accroître les forces vives de ce pays par le développement du commerce, de l'industrie ; nous, nous nous contenterons, et ce sera une noble tâche, croyez-le bien, de servir la Patrie, en exploitant l'idée forestière. Nous montrerons à nos laborieuses et intéressantes populations des montagnes, que pour elles aussi, peut s'ouvrir une ère insoupçonnée de richesse et de prospérité. Nous montrerons aux populations de la plaine qu'elles sont solidaires de celles de la montagne et que la prospérité de la montagne domine nécessairement la prospérité de la plaine.

Là où ne régnait que la tristesse et que le deuil, là où n'existait que la lande morne et désolée, nous saurons faire surgir de nouvelles richesses, nous saurons faire surgir la gaîté et la joie des pâturages, l'argent des clairs ruisseaux, comme vous disiez tout à l'heure, M. Defert, nous saurons faire surgir l'ombre protectrice, l'ombre bienfaisante de la forêt et nous montrerons enfin que, dans toutes les montagnes françaises, nous pouvons faire disparaître l'ère des torrents.

C'est à cette œuvre de prospérité nationale et de rénovation sociale que je lève mon verre, en y associant les noms de M. Ballif, de M. Defert et le nom aimé et vénéré de notre très distingué Directeur général des Eaux et Forêts, M. Dabat. (*Applaudissements.*)

Discours de M. le baron de Hennet, délégué permanent du Ministère autrichien de l'Agriculture

Monsieur le Directeur général,
Messieurs,

Je vous prie de bien vouloir excuser mon petit discours. Je sais qu'en France, on est très indulgent pour les étrangers.

Comme délégué du Ministère de l'Agriculture d'Autriche, et aussi comme propriétaire forestier, je dois tout d'abord remercier le Touring-Club de France de l'heureuse initiative qu'il a prise d'organiser ce Congrès et le féliciter du succès qu'il a remporté — nous sommes tous d'accord sur ce point — succès qui a été peut-être plus grand encore que ses organisateurs eux-mêmes pouvaient le penser.

Mes remerciements respectueux s'adressent encore au Gouvernement de la République, qui a bien voulu transmettre à mon gouvernement l'invitation à Congrès.

Je félicite la France du concours que les Forestiers ont trouvé dans l'Administration de l'Agriculture.

Messieurs,

Les poètes affirment que les fleurs ont leur langage et que ceux qui les aiment et qui veulent les comprendre les comprennent.

Je crois que nos arbres, les grands arbres, les pins, les sapins, les chênes, les hêtres ont aussi leur langage. (*Applaudissements*) et, quand nous sommes seuls dans nos forêts, soit qu'un vent léger remue les branches, soit qu'une tempête fasse gémir les vieux troncs, et même dans le silence, nous nous entendons avec nos arbres comme avec quelqu'un avec lequel il n'est pas besoin d'échanger des paroles pour se comprendre. (*Applaudissements.*)

Si ces arbres pouvaient parler, s'ils pouvaient nous raconter l'histoire de leurs ancêtres, l'histoire de leurs espèces, je crois qu'ils nous diraient que, parmi les hommes, ils ont toujours trouvé plus d'ennemis que d'amis. (*Applaudissements.*)

Tout d'abord l'homme a défriché les forêts afin de se créer des champs pour vivre. C'était nécessaire, c'était excusable. Puis, il a commencé à dévaster ; il a dévasté pour avoir du bois de chauffage, pour construire des bateaux et, pendant logtemps, pendant des siècles, il n'a pas pensé à replanter.

Il cultive ses champs chaque année, parce qu'il sait que l'année suivante il aura une récolte, mais il a cru que la nature se chargerait seule de la forêt. C'était une grave erreur, et nous en souffrons tous.

Il n'y a pas longtemps que la sylviculture s'est développée. Elle est la sœur de l'Agriculture, sa sœur cadette, mais je dirai qu'elle est l'expression d'une plus haute civilisation. En effet, nous voyons des peuples sauvages cultiver leurs champs, parfois d'une manière primitive, mais jamais nous n'avons vu un peuple sauvage faire de la sylviculture. (*Applaudissements.*)

L'homme — il en est malheureusement presque toujours ainsi — n'apprécie que ce qu'il est sur le point de perdre et il connaît la valeur que des objets qui lui échappent. C'est pour cette raison que, dans ces derniers temps, le développement des idées forestières a pris un si grand essor, et cela a été le mérite du Touring-Club de France, de réunir tous les efforts et de rassembler tous les Amis de la Forêt, dans quelque pays qu'ils se trouvent. Je crois que l'Autriche n'est pas indigne de prendre place parmi eux, puisque, parmi les pays de l'Europe centrale, de l'Europe de l'Ouest et de l'Europe du Sud, elle est presque seule — je dis, presque — à avoir plus que ce qui lui est nécessaire et à pouvoir encore exporter.

Notre Congrès — je peux dire aussi ; notre — a pu mettre en lumière certaines idées, il a pu nous réunir pour établir des bases que nous avons fixées dans un accord presque complet. On a dit que les forêts constituaient une richesse nationale, économique et financière. Elle est plus que cela, et vous l'avez entendu dire par des personnes plus compétentes que moi ; c'est une richesse dont prennent leur part toutes les classes de la population, qui retrouvent, après le travail dans les villes et dans les usines, non pas la nature flétrie et dévastée, mais la nature soignée et dirigée par l'homme.

Aussi, quand nous rentrerons dans nos forêts, nous pourrons raconter aux arbres qu'ici, à Paris, qui, comme l'a dit Victor Hugo « donne un manteau de lumière aux idées » se sont réunis des amis des arbres.

Je félicite encore le Touring-Club de France de l'initiative qu'il a prise, en nous donnant encore l'occasion de nous retrouver, ce qui nous permettra de ne pas voir se clore, après un seul effort, tous les travaux que nous avons accomplis ces jours derniers.

Je lève mon verre en l'honneur de la culture forestière de la France, dont je salue ici l'élite des représentants dévoués et vaillants.

Mes hommages vont à leur patrie, à la France, à laquelle ils rendent les plus grands services, services qui seront peut-être appréciés plus tard à leur juste valeur, mais qui sont de la plus grande utilité, non seulement pour la France, mais pour l'Europe et pour l'humanité. (*Applaudissements.*)

Discours de M. Bouvet, président de la Société forestière de Franche-Comté et Belfort

Monsieur le Directeur général,
Messieurs,

Ma qualité de Président de la *Société Forestière de Franche-Comté et Belfort* m'impose le devoir de prendre ici la parole pour traduire la joie profonde, le sentiment de légitime fierté qui remplit aujourd'hui le cœur de nos 1.500 sociétaires.

Parmi ces sociétaires, nous sommes heureux de compter des Suisses, des Belges, des Anglais, des Italiens, des Canadiens, des Américains, des Roumains, des Bulgares.

Comment n'aurions-nous pas un peu de satisfaction si nous portons nos regards en arrière. Que de chemin parcouru, en effet, depuis le jour où, en 1891, sous l'égide de mon regretté prédécesseur, M. Armand Veillard, député de Belfort, nous jetions à Besançon les bases de la première société forestière mixte qui soit née sous le ciel de France.

Les premiers, nous élargissions le cercle et nous appelions à nous tous les hommes ayant la Forêt et ses produits comme point de contact, pour les faire bénéficier des avantages d'une association libre.

Notre but était de faire apprécier et aimer la forêt qui est la principale richesse du pays. Ce but qui n'était que régional, nous avons la satisfaction de voir qu'il est devenu national et international.

Nous n'étions que cent au début, mais déjà notre vaillante phalange étudiait avec soin le tarif des droits de douane sur les bois, et grâce à l'appui de notre compatriote M. Viette, alors député du Doubs et ministre de l'Agriculture, elle réussissait à faire établir des droits compensateurs qui, après vingt ans d'application, réunissent encore l'unanimité des suffrages.

Notre nombre augmentait rapidement. Dans le Jura naissait la première société scolaire forestière et sous notre impulsion, ces utiles sociétés se propageaient en Franche-Comté et sur d'autres points.

Des sociétés sœurs de la nôtre se fondaient à Aix, à Nice, au Mans, à Limoges, ailleurs ; la Société des Amis des Arbres s'organisait à Paris et sur divers points du territoire. Le Touring-Club à son tour s'intéressait aux arbres et aux forêts, et il faisait connaître à tous les dangers du déboisement, en provoquant l'apparition du bel ouvrage de mon ami Cardot, le *Manuel de l'Arbre*, et en l'adressant à toutes les écoles publiques. (*Applaudissements.*)

Un grand mouvement d'opinion était créé en faveur des forêts, et il ne s'arrêtera plus.

Entre temps, notre Société croissait toujours, redoublait d'ardeur au travail. Son bulletin trimestriel, ses congrès annuels posaient et résolvaient les questions forestières les plus graves : l'assurance des bois, la protection des forêts, l'impôt forestier faisaient l'objet de rapports et d'études de la plus haute valeur, qui ont servi de base à plusieurs des vœux que vous avez votés.

Quel ne doit pas être le mérite et l'orgueil légitime des hommes qui, pendant près d'un quart de siècle, ont fait preuve d'une initiative aussi féconde et ont fourni un labeur aussi opiniâtre ! Ils ont aujourd'hui l'immense satisfaction de voir aboutir — ou près d'aboutir — les grandes améliorations qu'ils ont rêvées, étudiées, préparées, pour le plus grand bien de la France et de la forêt française. Et cette satisfaction, à qui la doivent-ils?

A la grande et puissante *Société du Touring-Club de France*, aux hommes éminents qui la dirigent et qui savent faire aboutir tout ce à quoi ils s'intéressent. (*Applaudissements.*)

Aussi, la *Société forestière de Franche-Comté et Belfort* ne leur a-t-elle pas marchandé son concours et a-t-elle été heureuse de s'associer à ses travaux en venant assister au Congrès forestier.

Au nom de nos 1.500 sociétaires, je remercie M. Ballif, M. Defert et leurs collaborateurs d'avoir provoqué ces grands jours forestiers. Je les félicite de l'organisation parfaite qui en a assuré l'incomparable succès. Grâce à eux s'ouvre une ère nouvelle qui verra le Parlement défendre énergiquement les intérêts forestiers. Grâce à eux, nous pouvons espérer une diminution des charges qui écrasent les forêts françaises, car celles-ci, contrairement à ce que beaucoup croient, n'appartiennent pas exclusivement à quelques grands propriétaires, mais surtout à des milliers de petits propriétaires.

Grâce au Touring-Club, mes anciens camarades des Forêts verront revenir à eux la faveur publique et il faut espérer que le Parlement saura, par de larges crédits, reconnaître la valeur et l'utilité d'une administration d'élite qui sauvegarde et augmente la richesse du pays et fait honneur au nom français. (*Applaudissements.*)

Je lève mon verre en l'honneur de M. Ballif, de M. Defert et de M. Dabat.

Qu'ils vivent longuement !

Discours de M. de Sebille, membre du Conseil supérieur des Forêts du royaume de Belgique

Monsieur le Directeur général,
Messieurs,

Obligé de rentrer en Belgique, je ne puis partir sans vous exprimer ma gratitude pour les attentions et les prévenances que vous nous avez témoignées, et vous féliciter chaleureusement pour la parfaite organisation du Congrès.

Avant tout, Messieurs les membres du Comité organisateur, vous avez rivalisé de zèle et de dévouement pour mener à bien la tâche que vous aviez assumée. Vous avez la satisfaction du devoir accompli et le succès a couronné vos efforts.

Je conserve l'inoubliable vision de l'admirable forêt que nous avons parcourue hier. Jamais je n'ai vu un pareil matériel aussi dense et aussi bien aménagé ; on n'y trouve ni clairière inculte, ni arbre dominé. Cela fait le plus grand honneur à l'Administration des Eaux et Forêts de France, qui, à juste titre, a une réputation mondiale.

Je conserverai l'inaltérable souvenir des quelques jours passés au milieu de vous, et c'est de tout cœur que je vous adresse à tous un cordial merci. (*Applaudissements.*)

Discours de M. de Nicolay, président du Syndicat des propriétaires forestiers de la Sarthe

Monsieur le Directeur général,
Messieurs,

Je ne saurais laisser se clore les brillantes manifestations organisées et dirigées par le Touring-Club de France, sans proclamer quelles espérances il va naître dans les cœurs de tous les intéressés, les propriétaires forestiers.

Par l'initiative qu'il a prise, par la charge qu'il a assumée, le Touring-Club a ajouté un titre de plus à tous ceux qui lui donnent droit déjà à la reconnaissance du public. (*Applaudissements.*)

M. le Président du Touring-Club disait tout à l'heure que sa principale préoccupation, que la nôtre devrait être de recouvrir le sol français d'un large manteau de verdure. Hélas ! Préoccupés trop souvent par des réalités, nous sommes obligés de penser que la forêt est une source de richesse et que, comme telle, elle est sujette aux lois économiques qui régissent les échanges. Aussi pensons-nous que c'est par l'amélioration de la production, par la régularisation que nous pouvons le plus facilement et le plus utilement travailler pour sa propagation et pour sa conservation. (*Applaudissements.*)

C'est, Messieurs, la tâche que s'est donnée le Comité des Forêts, que j'ai l'honneur de présider. Il doit se féliciter d'avoir trouvé dans l'organisation du Touring-Club l'occasion exceptionnelle de sentir quel appui il peut trouver, tant parmi ce personnel de l'Administration des Eaux et Forêts qui doit être pour les propriétaires un guide et un soutien (*Applaudissements*) qu'auprès de cette association superbe du Touring-Club de France, qui, par la large influence dont elle jouit, qui, par les nombreuses branches qu'elle a su déjà donner à son activité, exerce dans ce pays une action bienfaisante. (*Applaudissements.*)

C'est à cette Association, Messieurs, c'est à son Président dévoué, que je vous demande de lever avec moi votre verre. (*Applaudissements.*)

Discours de M. de Larnage, président du Syndicat forestier de Sologne

Messieurs,

Après le Président du Comité des Forêts, qui est mon Président et dont je ne suis que l'humble collaborateur, je devrais me taire. Il m'excusera si je parle après lui. La difficulté n'en sera que plus grande, mais j'ai le devoir de parler au nom des propriétaires, de tous les propriétaires de France, qu'ils soient syndiqués ou non, qu'ils aient ou non pris part à ce Congrès, soit par eux-mêmes, soit par la représentation de leurs associations. de ces propriétaires qui ne peuvent manquer d'applaudir à l'effort énorme qui s'est produit, et aux résultats considérables que l'on peut attendre de cette initiative qui est due — nul de vous ne l'ignore, on l'a déjà dit, vous ne vous lasserez pas de m'entendre le dire — qui est due à cette organisation si judicieuse, si accueillante, si merveilleuse en un mot, faite par le *Touring-Club de France*, du premier *Congrès forestier international.*

Messieurs,

De ce Congrès ressort pour nous, propriétaires, une donnée qui domine toutes les autres : C'est la première fois que nous avons pris, nous propriétaires de la forêt, contact avec tous ceux qui en sont les auxiliaires indispensables, que ces auxiliaires appartiennent à la technique ou à l'exploitation forestière, toutes associations similaires dont les efforts doivent être convergents et dont les intérêts sont les siens. Ce serait banal que de répéter ce que nous pouvons attendre de fructueux de cette force et de cette association. Je me bornerai donc à dire également merci au Touring-Club de France pour la consécration définitive de nos efforts, car il a voulu rendre permanents nos résultats en instituant cet office forestier international qui nous permettra, d'un pays à l'autre, de mieux nous connaître, de sonder nos besoins, de partager et de faire converger, nous aussi, nos efforts.

Nous avons en présence de nous des nations si nombreuses et si bien représentées, tant par la parole que par les travaux, que nous devons nous féliciter de cette collaboration qui a fait régner, pendant jours trop courts, au milieu de nous, une atmosphère de paix et de fraternité dont la continuation se fera par l'*Office forestier international.* (*Applaudissements.*)

Nous ne devons pas oublier de rappeler ceux qui nous ont devancés. Nous devons être reconnaissants des efforts de ceux qui, dans notre pays, se sont faits les pionniers de l'œuvre d'association, et je ne veux vous en citer qu'un exemple, en la personne de M. Roulleau, secrétaire général du *Comité des Forêts de France.* M. Roulleau est un homme de cœur et d'action. C'était œuvre de justice de l'en remercier.

En terminant, je n'ai plus à ajouter à mes remerciements au Touring-Club que l'expression de notre profonde gratitude pour la Ville qui a abrité ce premier Congrès, pour la Ville de Paris. (*Applaudissements.*)

Parler de Paris, c'est parler de la France, puisque quand on évoque son nom, on sent battre le cœur de la France, ce cœur généreux, ouvert à tous ceux qui, de tous les coins du monde, viennent faire cause commune avec elle quand il s'agit des intérêts de l'humanité. (*Applaudissements.*)

C'est un intérêt essentiellement humanitaire que celui de la Forêt, car elle est non seulement cette source de richesse dont on a tant parlé dans notre Congrès, mais en même temps, le domaine mondial, la propriété mondiale de la beauté souveraine.

J'aurais voulu dire l'autre jour, à la Ville de Paris, en quelques mots rappelant l'arbre et l'eau, ce que nous pensons de Paris :

A LA VILLE DE PARIS

LA FORÊT

Que ta nef, ô Paris ! toute entière tressaille
Aux pas venus vers toi, de la forêt profonde
Où s'amassent en paix, en réserve féconde,
L'arbre et l'eau. Quels trésors ! Est-il rien qui les vaille !

N'as-tu pas fait venir des quatre vents du monde
Les bois de ta membrure, et ceux de ta muraille,
Abri sûr, quel que soit l'ouragan qui l'assaille :
Notre chêne ne craint rien du vent ni de l'onde !

Le pin venu du Nord, pour tes mâts élancés,
Arbore fièrement les trois couleurs de France
Aux tissus d'Orient, par le vent balancés.

Tu tires ta beauté, le luxe et l'élégance,
De ces bois précieux par le Sud amassés
Et par toi « la Forêt » vers le progrès s'avance.

(*Applaudissements.*)

Au Touring-Club de France !
A la Ville de Paris ! (*Applaudissements.*)

Discours de M. Changeur, secrétaire général de la Société pour la protection des paysages de France

Monsieur le Président,
Messieurs,

Quelques mots.

Je n'aurais pas la hardiesse de prendre la parole, si ce n'était au nom de M. Charles Beauquier, Président de la Société pour la protection des Paysages de France, auteur de la Loi, qui me prie d'exprimer son très vif regret de ne pas être des vôtres aujourd'hui.

J'ai de plus le devoir d'exprimer les félicitations de la Société pour la Protection des paysages de France aux organisateurs de l'importante manifestation qui vient de prendre fin, et ses remerciements aux autorités qui ont, une fois de plus, témoigné du précieux intérêt qu'elles portent au reboisement du sol français.

Je n'ai pas à revenir sur la valeur esthétique de la Forêt. Les forestiers qui m'entourent sont des artistes par destination et ils savent mieux que moi que la Forêt constitue le décor le plus grandiose du paysage et qu'elle y apporte l'élément le plus majestueux. Il n'est pas, avec la mer, de source plus féconde d'inspiration, non seulement pour l'art en tous ses domaines, mais en général, pour la pensée humaine, et c'est fort justement qu'on a nommé la Forêt le Musée de la Nature.

Aussi, la question forestière est-elle intimement unie à celle de la protection du paysage, et beaucoup de personnalités présentes se souviennent de la place qu'occupa cette question au premier Congrès international pour la protection des paysages, qui eut lieu en octobre 1900.

Faut-il en outre rappeler que depuis juillet 1908 la Chambre des Députés est saisie d'un projet de Loi déposé par M. Potié, tendant à créer une réserve nationale en vue de l'hygiène et de la conservation de la beauté du sol?

La Loi Audiffred vient de consacrer un article de ce projet. Nul doute que le Congrès forestier n'aide puissamment, par les vœux autorisés qu'il vient d'émettre, à l'adoption définitive des mesures réclamées par tous ceux qui ont souci à divers titres de conserver et d'accroître les trésors forestiers de la France. C'est dire quelle gratitude l'on doit au Touring-Club de France, qui, de façon si éclatante, a pris en main cette noble cause.

A nos remerciements, je voudrais joindre une proposition. Peut-être eût-elle dû être émise au cours d'une séance de travail. Je ne déplore pas trop ce retard, convaincu qu'un état de digestion heureuse ne saura nuire à son adoption.

Ce Congrès a donné une confirmation à deux adages fameux :

L'union fait la force.

De la discussion jaillit la lumière.

Les échanges de vues, si féconds, ne devraient-ils pas être moins rares? Ils devraient, à mon avis, être non pas occasionnels, mais permanents en quelque sorte, et c'est là que je veux en venir. Nous souhaiterions qu'un Office international forestier fût institué, qui centraliserait jour par jour tous les renseignements, tous les documents capables de servir une cause universellement reconnue comme belle et utile.

Si le Touring-Club voulait bien apporter à la réalisation de cette idée la puissance de son organisation, ce serait là un sûr garant de son succès.

Je termine sur cette prière, en levant mon verre à vous tous, Messieurs, pèlerins passionnés de la Forêt. (*Applaudissements.*)

Discours de M. Tanassesco, délégué de la Roumanie

Messieurs,

Jamais un Congrès forestier, même international, n'a été si grand, si important, soit par le nombre immense de ses adhérents, soit par les questions de si grand intérêt qui ont été mises à l'ordre du jour des délibérations des congressistes.

Souhaitons que la mise en application des vœux adoptés par le Congrès, et qui sont d'une si grande importance pour la protection de la forêt si nécessaire à la vie de l'homme, et pour les propriétaires de forêts, se fasse aussi vite que possible.

Comme délégué d'un petit pays latin situé aux bouches du Danube, loin, très loin de la France, comme délégué de la Roumanie, je prends l'engagement d'exposer la question des forêts au gouvernement de mon pays avec l'ardeur que j'apporte dans l'accomplissement de mon métier de forestier.

Nous qui sommes toujours en contact avec la forêt, nous l'aimons plus que les autres et nous la comprenons mieux qu'eux.

Je lève mon verre en l'honneur des organisateurs grands et petits, de ce Congrès forestier international, en l'honneur de l'École forestière de Nancy, mère intellectuelle de plusieurs écoles forestières étrangères (*applaudissements*) comme celle de la Roumanie, et de tant de forestiers éminents qu'elle a donnés à la France. (*Applaudissements.*)

Discours de M. Krarup, délégué du Danemark

En ma qualité de représentant du Danemark, je désire, monsieur le Président, et messieurs les membres du Comité du Congrès forestier international, vous remercier d'avoir fourni à mon gouvernement l'occasion de se faire représenter. J'adresse en outre à tous les forestiers français les salutations de leurs confrères danois.

Les relations entre forestiers français et danois ont été rares, mais cela tient, je crois, à ce que nous avons eu pendant plus d'un siècle un quart, une école forestière supérieure et que nous n'avons pas eu besoin d'aller à l'étranger pour étudier la sylviculture.

Je crois pouvoir dire que c'est un de vos plus grands forestiers, l'illustre Duhamel du Monceau, qui a inspiré le plus grand de nos forestiers danois, le comte Reventlow, ministre d'État, grand propriétaire de forêts, qui a étudié dans sa jeunesse, en France, en Allemagne, en Angleterre et dans d'autres pays.

C'est le comte Reventlow qui nous a donné les enseignements, que nous avons utilisés chez nous, de n'avoir que de hautes futaies, des ensemencements et des plantations intensives.

Je désire, mes chers confrères français, porter mon toast en l'honneur des successeurs et des héritiers de Duhamel du Monceau, et je pense que vous pouvez accepter mon toast. J'espère qu'il y aura toujours en France des héritiers de Duhamel du Monceau, qui, comme mon compatriote, a dit :

« Il faut toujours travailler dans la vraie science forestière ! » (*Applaudissements.*)

Discours ds M. Dabat, Directeur général des Eaux et Forêts

Messieurs,

Je vous remercie de m'avoir prié de présider votre banquet. Je regrette pour vous que ce ne soit pas M. Bérard, le Sous-Secrétaire d'État des Beaux-Arts, comme vous l'aviez espéré, parce que je ne puis égaler son talent, et que je suis d'ailleurs beaucoup moins qualifié que lui pour vous entretenir, comme il l'aurait fait, des ressources de beauté que recèle la forêt. Je crains surtout, vous ayant parlé vendredi, de tomber dans les redites.

Mais n'est-il pas des circonstances où ce n'est pas se répéter que de dire deux fois la même chose ? Ce ne sera donc pas me répéter que de vous féliciter et de vous remercier d'avoir mené à bien, d'avoir réalisé au delà de toute espérance, le lourd programme que vous vous étiez tracé.

Le forestier, le propriétaire ont toujours cultivé leur forêt avec amour ; ils s'y sont attachés, comme à un être cher, parce qu'elle parle à leur intelligence et souvent, par tout ce qu'elle leur rappelle, à leurs souvenirs et à leur cœur. Elle leur représente l'émanation du sol natal ; ils la contemplent depuis longtemps, tel le clocher du village prochain. Mais, quel que soit leur attachement, les hommes de labeur et de bonne volonté, poursuivant un travail obscur et sans gloire, éprouvent le besoin de sentir que leurs efforts ne sont pas stériles, qu'ils ne sont pas des incompris, que leur activité est encouragée.

Cet encouragement, ce réconfort, vous les leur avez apportés. Vous leur avez dit : Vous êtes les artisans d'une œuvre considérable. Vous n'êtes pas seulement les gestionnaires d'un domaine important, cherchant à faire rendre au sol des produits rémunérateurs ; vous ne travaillez pas exclusivement pour le présent. Vous faites plus et mieux. Ces bois, qui lentement sortent de terre, et dont ceux qui les voient naître ne verront pas la fin, vous les préparez pour l'avenir. Vos vues s'étendent bien au delà de la vie humaine ; les générations de demain, les enfants de vos enfants, vous devront et ces ombrages pleins de sérénité et de majesté, et la perpétuité de ces forêts que nous voulons de plus en plus denses, parce qu'elles répondent à un besoin d'utilité générale, qu'elles sont comme l'un des contreforts du pays, contreforts dont la destruction et la ruine entraîneraient destruction et ruine pour le pays lui-même. (*Applaudissements*).

Oui, il faut de la forêt, pour que les matériaux de la montagne ne descendent pas dans la plaine, semant désastres et inondations. Il faut de la forêt, pour que le torrent soit dompté et assagi, pour que la mer s'arrête docile au pied du rivage et que le sable reste immobile sur la dune. Il faut de la forêt pour que les cours d'eau ne soient pas desséchés, que les fontaines ne soient pas taries, pour que la source continue à sourdre toujours égale à elle-même, assurant la fraîcheur de nos pâturages. La forêt fait l'air salubre et purifié. Elle est la beauté de nos paysages, la coquetterie de nos sites, la splendeur de nos monts, la grâce de nos collines, la fertilité de nos plaines, le charme des promeneurs, l'agrément des touristes. Elle donne asile à l'oiseau, si utile à notre agriculture. Elle sert aussi à la stratégie, à la guerre ; elle est l'obstacle à l'envahissement. Il faut de la forêt encore pour les œuvres de paix, pour que l'ouvrier des campagnes ait du travail dans le rude hiver, pour qu'il ne déserte pas le village et ne s'achemine pas vers les villes. (*Applaudissements.*)

Un de nos plus charmants poètes contemporains a dit justement ;

Au plus profond des bois la patrie a son cœur.
Un peuple sans forêt est un peuple qui meurt.

Les forêts ne sont-elles pas, en effet, comme les poumons de notre sol? Tels les poumons, elles aspirent l'air et l'expirent afin de lui rendre son ardeur et sa pureté. Grâce à cette épuration, les artères de notre vie physique, les fleuves, les rivières, les ruisseaux, fécondent et transforment la terre, la belle terre de notre pays qui est un peu comme sa chair vivante.

Vivante, elle l'est vraiment, et d'une éternelle jeunesse, puisqu'elle a ses amoureux et ses poètes ; elle a été chantée par toutes les lyres et dans tous les siècles. Elle a été la grande inspiratrice, non pas seulement des artistes, mais aussi des héros qui, en tombant pour qu'elle reste intangible, ont écrit avec leur sang le plus beau de ces poèmes. (*Applaudissements*).

C'est vers cette terre de France, dont lui-même est épris, que le Touring-Club cherche, depuis bientôt un quart de siècle, à attirer les regards ; elle ne doit pas être la princesse lointaine dont les citadins ont entendu parler, mais qu ils ne visitent jamais ; elle a droit à ce que ses enfants viennent lui rendre hommage. Elle n'est pas isolée dans je ne sais quelle inaccessible tour d'ivoire ; elle est au contraire partout où nous pouvons contempler les splendeurs de sa belle nature et plus particulièrement dans ces forêts où nos pères dressaient des autels à la divinité.

Beauté de notre sol et de nos bois, richesse de notre production forestière, protection de nos arbres contre l'exploitation mal comprise et la destruction irraisonnée, amélioration dans les procédés de culture, accroissement du champ d'action sylvicole par le reboisement et aussi par la création de parcs nationaux où la nature pourra prendre la plus libre expansion et la forêt croître dans le calme et le repos.

Tels sont, messieurs, les objets que votre Congrès a mis en relief.

Encore une fois, je vous en remercie, et je lève mon verre bien haut à la prospérité de la grande Association qui nous a valu ces belles fêtes, à l'avenir de la forêt française, à tous ceux qui, travaillant d'un même cœur à la rendre plus magnifique, collaborent ainsi à la grandeur de la patrie. (*Applaudissements.*)

EXCURSION

A GRENOBLE ET AUX ALPES DAUPHINOISES

du 22 au 29 Juin 1913

Le Dimanche 22 Juin, le Congrès s'est agréablement clôturé par le départ pour une excursion à Grenoble et aux Alpes Dauphinoises.

Partis de Paris par train spécial, les congressistes, sous la direction de MM. Auscher, Famechon membres du Comité exécutif; Mathey, conservateur des Eaux et Forêts, président du Comité local d'organisation ont visité la Bérarde et le Massif de la Chartreuse.

Cette grande semaine d'excursions aux Alpes dauphinoises fut très réussie et féconde en heureuses impressions.

Sous la direction toujours bien inspirée de M. Mathey, conservateur des Eaux et Forêts à Grenoble, cinquante congressistes, dont une dizaine de forestiers étrangers, Belges, Norvégiens, Suédois, Portugais, Hongrois, Irlandais, Japonais, ont, sept jours durant, vécu en contact avec les les beautés naturelles les plus justement renommées de nos Alpes, et aussi les plus disparates, le Lautaret avec sa ceinture de neiges et de glaciers, l'Oisans avec la nappe verdoyante de sa plaine fertile, la Bérarde avec sa robe de pierres et de rochers stériles, semée çà et là de quelques oasis de verdure, derniers vestiges d'une végétation disparue ; le massif de la Chartreuse enfin avec son odorant manteau de forêts résineuses.

Après une randonnée pittoresque en cars alpins, en carrioles, à dos de mulets ou à pied dans la haute vallée du Vénéon, le long du lit de ce torrent que grossissent par endroits d'admirables cascades, la caravane atteint, à la tombée du jour, le hameau de la Bérarde, but de la première excursion.

La Bérarde ! C'est, dans le cercle de plus en plus resserré des montagnes qui nous entourent, un nouvel horizon qui s'ouvre devant nous; car nous voici au seuil de ce qui doit être, de ce qui est le premier « Parc national français ».

C'est là en effet, parmi ces monts ruinés, ces vallées aux versants dénudés, ces gorges désertiques, dans le domaine de la désolation et de la mort, que le Parc national va ramener la vie et préparer pour l'avenir de la richesse et de la beauté. Dans deux ans, ceux qui viendront à la Bérarde y arriveront, s'ils le veulent, en automobile, par une bonne route tracée dans le plus magnifique décor qu'on puisse rêver... Dans dix ans, l'arbre et les arbrisseaux monteront à l'assaut des pentes aujourd'hui dépouillées de verdure... Dans vingt ans, la végétation revenue dans ce paysage macabre y aura déjà fait aux neiges et aux glaciers qui couvrent les sommets, un superbe piédestal de pâturages et de forêts, où jamais plus la hache, ni la faux, ni la dent du bétail domestique ne viendront exercer leurs ravages, — où la flore et la faune se perpétueront selon leurs propres lois, — où l'homme enfin ne pénétrera plus pour détruire, mais pour apprendre, pour admirer et pour aimer !

L'œuvre de régénération conçue par M. Mathey, adoptée par le Touring-Club, est en en voie de réalisation, et son avenir sera assuré par la Société des Parcs nationaux de France, dont le Congrès forestier a posé les bases et qui compte déjà de nombreux adhérents. Saluons bien bas cette première création qui inaugure une ère nouvelle pour la défense de nos montagnes et le développement des beautés naturelles de notre pays.

Le massif de la Chartreuse ! Changement de tableau. Après la disette d'arbres et de verdure, c'est une orgie de forêts, de prés-bois, de verdoyantes pelouses émaillées de fleurs multicolore dont les botanistes de l'excursion ont fait d'amples cueillettes. Et c'est encore, après la visite du monastère — pauvre grand corps sans âme — une excursion à travers bois sous de magnifiques sapins, au col de la Charmette avec retour par le sentier des Sangles ; c'est enfin l'ascension du grand Som avec inauguration d'une table d'orientation par notre collègue, M. Léon Auscher, président du Comité de Tourisme en Montagne.

La fête fut exquise et fort bien ordonnée.

Elle se déroula à 2.033 mètres d'altitude au milieu d'un grand concours de populations accourues de tous les points de la région, et ce ne fut pas un spectacle banal que celui de cette foule d'alpinistes de tous âges et de tous sexes où tous les groupements locaux se trouvaient représentés, Syndicat d'initiative de Grenoble et du Dauphiné, Société des Touristes du Dauphiné, Section dauphinoise du Club alpin, Syndicats d'initiative de Saint-Pierre de Chartreuse et des villages environnants, acclamant à l'envi le Touring-Club, communiant avec lui dans l'amour des grands horizons qui élève l'âme et la pensée, et finalement fraternisant, sous son pavillon ami, autour de la table dressée par les foretiers, au col du Bovinant, — un petit chef-d'œuvre de décoration forestière, cette table improvisée ! — pour sceller une fois de plus, le verre en main, l'union de tous les défenseurs de la Montagne et de la Forêt.

C'est dans cet esprit qu'après le banquet de clôture à Saint-Pierre, la caravane se disloqua, chacun emportant, avec le souvenir d'agréables journées passées en bonne compagnie, la conviction profonde que, quand les intéressés se seront donné la peine de mettre en valeur les beautés naturelles de leur région si variées, et qu'ils ont trop longtemps laissé ignorer, la France sera pour le tourisme un pays sans pareil.

Ont pris part à l'excursion : MM. Dabat, Henry Defert, Auscher, Famechon,

INTERNATIONAL 1913

Chaplain, Mmes Altmann, Auscher, MM. Berthelot, Blondeau. M. et Mme Bommer, MM. Paul Bory, F. Bouisset, Carbonnier, Chabrand, G. Combéléran, Dannin, Mme et Mlle Defert. M. Defert fils, MM. Constant Delville, Francis Doé, Dubois, Ch. Dupont, Comte Gazeau, Henry Jauffret, André Kalker. Fréderik Krarup, Dr Le Bec, M. et Mme Lescouzères, MM. Lombard, Mathey, Mimura, P. Roëser, Tanassesco, Umbdenstock, Vielhomme, Baron de Villemereuil.

BIBLIOGRAPHIE

PREMIÈRE SECTION

ENSEIGNEMENT

La bibliographie sylvo-pastorale comprend des publications de tout premier ordre, dues à des auteurs d'une compétence incontestable et d'une autorité reconnue, parmi lesquels nous citerons Surell, Cézanne, Demontzey, Broilliard, A. Mathieu ; MM. Boppe, Jolyet, Briot, D. Cannon, Ch. Guyot, Hüffel, Mathey. Nous n'indiquons ici que les ouvrages susceptibles de s'adapter à l'enseignement primaire.

TOURING-CLUB DE FRANCE : *Manuel de l'Arbre*, par E. CARDOT, conservateur des Eaux et Forêts.

Manuel de l'Eau, par Onésime RECLUS.

Le déboisement, la restauration et la mise en valeur des terrains en montagne, texte de conférence de propagande accompagné de 39 clichés de projection, par P. MOUGIN, conservateur de Eaux et Forêts.

SOCIÉTÉ FORESTIÈRE DE FRANCHE-COMTÉ ET BELFORT : *Aide-mémoire du forestier :*
1er fascicule : *Sciences naturelles*, par L. PARDÉ, inspecteur des Eaux et Forêts ;
2e — *Sciences mathématiques*, par A. A..., inspecteur des Eaux et Forêts ;
3e — *Sciences juridiques*, par F. DEROYE, conservateur des Eaux et Forêts.

LIGUE DU REBOISEMENT DE L'ALGÉRIE : *Manuel du planteur d'arbres en Algérie.*

ASSOCIATION CENTRALE POUR L'AMÉNAGEMENT DES MONTAGNES : *Le petit ami des arbres et des pelouses*, par William GAS, recueil de dictées.

Les arbres de la mutualité et leurs ancêtres, par Théophile JANVRAIS. — Librairie de la Mutualité, Bordeaux.

Forêts, pâturages et prés-bois, par A. FRON, inspecteur des Eaux et Forêts, professeur à l'Ecole forestière des Barres (Encyclopédie agricole pratique). — Librairie Hachette et Cie, 79, boulevard Saint-Germain.

— *Quelques notions forestières à l'usage des écoles*, par C. RABUTTE, inspecteur des Eaux et Forêts. — Librairie Livoir-Hennuy, Vouziers.

— *Manuel de sylviculture et améliorations pastorales à l'usage des instituteurs*, par F. CARDOT, inspecteur des Eaux et Forêts, et C. DUMAS, inspecteur primaire. — Félix Alcan, éditeur, 108, boulevard Saint-Germain, Paris.

— *Petit manuel sur les forêts et les améliorations pastorales, à l'usage des écoles primaires du département du Var*, par J. SALVADOR, inspecteur des Eaux et Forêts. — Paul Tissot, éditeur à Toulon.

— *Petit manuel sur les forêts et les améliorations pastorales, à l'usage des instituteurs du département des Alpes-Maritimes*, par J. DINNER, M. VIEIL et J. SALVADOR, inspecteurs des Eaux et Forêts. — Imprimerie J. Ventre, à Nice.

— *Petit manuel à l'usage des sociétés scolaires pastorales forestières de Franche-Comté*, par E. CARDOT, conservateur des Eaux et Forêts. — Imprimerie P. Jacquin, Besançon.

— *Les essences forestières* (essences feuillues, essences résineuses), deux volumes, par Henri LOUBIÉ, secrétaire de la Bibliothèque et des Archives de la Société des Agriculteurs de France (Encyclopédie scientifique des aide-mémoire). — Masson et Cie, éditeurs, 120, boulevard Saint-Germain ; Gauthier-Villars et fils, imprimeurs-éditeurs 55, quai des Grands-Augustins.

— *Enseignement sylvo-pastoral* (précis d'histoire forestière — utilité des forêts — botanique — notions élémentaires de sylviculture — pépinières — pâturages et prés-bois — précis de législation forestière), par A. UMBDENSTOCK, secrétaire de la Commission des Pelouses et Forêts du Touring-Club. — Journal des Instituteurs, 1, rue Dante.

— *Terres incultes, mise en valeur par les améliorations pastorales et par le reboisement*, instructions à l'usage des maires, des instituteurs et des particuliers, par A. JACQUOT, inspecteur des Eaux et Forêts. — Imprimerie Cavaniol, à Chaumont.

— *Sylviculture*, manuel pratique à l'usage des propriétaires fonciers, des régisseurs de domaines forestiers, des reboiseurs et des élèves des écoles d'agriculture, par A. JACQUOT, inspecteur des Eaux et Forêts. — Berger-Levrault, éditeur, 5, rue des Beaux-Arts, Paris.

— *Le reboisement dans l'arrondissement de Toul*, par P. HERRGOTT, sous-préfet. — Librairie Mac Imhaus et Cie, 40, rue de Seine, Paris.

RÉPARTITION DES VÉGÉTAUX LIGNEUX EN FRANCE

1° OUVRAGES RENFERMANT DES INDICATIONS GÉNÉRALES SUR LA RÉPARTITION DES ESSENCES EN FRANCE

MATHIEU. — *Flore forestière*, 4e édition, revue par Fliche (1897).

BOPPE. — *Traité de sylviculture* (1889).

BOPPE et JOLYET. — *Les forêts* (1900).

FRON. — *Sylviculture*.

DEMONTZEY. — *Traité pratique du reboisement et du gazonnement des montagnes* (1882).

DESCOMBES. — *La défense forestière et pastorale*.

Statistique forestière. Administration des forêts (1878), ch. VIII, p. 65-102.

2° QUELQUES TRAVAUX RÉCENTS RENFERMANT DES DONNÉES NOUVELLES SUR LA RÉPARTITION DES ESSENCES ET LA MÉTHODE A EMPLOYER POUR L'ÉTUDIER

FLAHAULT. — *Projet de carte botanique forestière et agricole de la France* (« Bulletin de la Société botanique de France », tome XLI (1894).

FLAHAULT. — *Essai d'une carte botanique et forestière de la France* (« Annales de Géographie », 6e année (1897).

TESSIER. — *La forêt communale de Mâcot (Tarentaise)* (« Revue des Eaux et Forêts », tome XLIV (1905).

SALVADOR. — *Introduction à une étude sur la distribution des principales essences forestières dans les Alpes-Maritimes* (« Revue des Eaux et Forêts », tome XLIX (1910).

SALVADOR. — *Observations sur le climat, le sol et les essences forestières de la zone méditerranéenne des Alpes-Maritimes* (« Revue des Eaux et Forêts », tome LI (1912).

3° TRAVAUX ÉTRANGERS SUR LA RÉPARTITION DES ESSENCES

DENGLER. — *Untersuchungen über die naturlichen und künstlichen Verbreitungsgebiete einiger forstlich und pflanzengeographisch wichtigen Holzartencin Nord-und Mittel-deutschland.*

I. Die Horizontalverbreitung der Kiefer (*Pinus Silvestris L.*) (1904).
II. Die Horizontalverbreitung der Fichte (*Picea excelsa Lk.*) (1912).
III. Die Horizontalverbreitung der Weiistanne (*Abies pectinata DC.*) (1912).

COAZ et SCHROTER. — *Anweisung zur Erforschung der Verbreitung de wildwachsenden Holzarten in der Schweiz* (1902). — *Recherches sur la répartition des plantes ligneuses croissant spontanément en Suisse*, élaborées et publiées par ordre du département fédéral de l'Intérieur. Livraison 1re. Territoire du canton de Genève.

RICKLI. — *Die Arve in der Schweiz* (1909).

ALLONGEMENT DES RÉVOLUTIONS DES TAILLIS ET TAILLIS SOUS FUTAIE

BAUDRILLART. — *Dictionnaire des Eaux et Forêts.* Aménagement.

HUFFEL. — *Economie forestière*, tome III. Paris, Laveur (1907).

Revue des Eaux et Forêts	Année 1895, Novembre, page 510.	
	Année 1896, Mai, page 218.	
	Année 1898, Février, page 101.	
Bulletin de la Société forestière de Franche-Comté et Belfort	Année 1905	N° 1, page 38.
		N° 2, page 129.
	Année 1908,	N° 7, page 632.
	Année 1912	N° 7, page 461.
		N° 8, page 614.

Die Forsten und Holzungen im deutschen Reich, nach der Erhebung des Jahres 1900, bearbeitet in kaiserlichen statischen Amt. — Berlin, Verlag. von Püttkamer und Mühlbrecht, 1903.

La Production et la Consommation des bois d'œuvre en Suisse, publiée, au nom de l'Inspection fédérale des Forêts, par M. DECOPPET, professeur de l'Ecole Polytechnique de Zurich (1912).

AMÉLIORATION DES TAILLIS A FAIBLE RENDEMENT

REVUE DES EAUX ET FORÊTS

Années	Pages	
1864	88	Reboisement des bruyères de l'Ardenne (LANIER et MÉLARD). Extension à donner à la culture du sapin pectiné :

1894	241	D'ARBOIS DE JUBAINVILLE.
	295	BROILLIARD.
1897	40	Conversion d'un taillis en sapinière (BROILLIARD).
1902	609	Même sujet (BROILLIARD).

BULLETIN DE LA SOCIÉTÉ FORESTIÈRE DE FRANCHE-COMTÉ ET BELFORT

1896	428	Conférence de M. CARDOT.
1899	155	Conférence de M. RUNACHER.
	17	Mémoire de M. MAIRE.
1901-1902	83	Utilité de l'introduction du sapin et de l'épicéa dans les taillis médiocres de la région jurassienne (M. BOUVET).
	372	Introduction des résineux dans les taillis (M. GAZIN).
	569	Mémoire RUNACHER.
1903-1904	192	La propagation des sapins dans les feuillus (M. GERDIL).
1905-1906	565	Conférence de M. GRENIER.
1907-1908	653	Conférence de M. ALGAN.
1909-1910	12	Taillis de montagne (BROILLIARD).
1910	703	Conférence de M. CHAUDEY.
	713	Conférence de M. THIOLLIER.
	775	Analyse du mémoire de M. VAULOT, par M. SCHAEFFER.

DIVERS

Règlement général des Commissaires du roi députés par lettres patentes du 14 novembre 1724 pour la réformation des Eaux et Forêts de la province du Dauphiné.

Traitement des bois en France à l'usage des particuliers (BROILLIARD).

Compte-rendu du Congrès international de Sylviculture de 1900 (Rapport de M. BOUVET, p. 78), (Rapport de M. RUNACHER, p. 207).

TAILLIS D'ACACIA

CH. BALTET. — *De l'Action du froid sur les végétaux pendant l'hiver* 1879-1880 (extrait du tome XXVII des Mémoires de la Société Nationale d'Agriculture de France).

BEISSNER. — *Handbuch der Nadelholz Kunde*, 2e édition (Berlin, 1909 ; imp. P. Parey).

CH. BOMMER. — *L'Arboretum de Tervueren* (Bruxelles, 1905 ; imp. F. et L. Ternen).

CH. BROILLIARD. — *Le Traitement des bois en France* (Paris et Nancy, 1894 ; édit. Berger-Levrault et Cie).

PIERRE BUFFAULT. — *Etude sur la côte et les dunes du Médoc* (Souvigny, 1897 ; imp. Jehl.)

F. CAQUET .— *Les Reboisements par l'acacia* (1887), journal *La France Forestière*, de 1883 à 1887 (Mémoire présenté à la Société des Agriculteurs de France en 1910).

A. FRON. — *Sylviculture* (Paris, 1903 ; édit. J.-B. Baillière et fils).

Dr K. GAYER. — *Der Waldbau*, 4e édition (Berlin, 1898 ; imp. P. Parey).

Dr J. HANN. — *Atlas der Meteorologie* (Gotha, 1887 ; édit. J. Perthes).

HARTIG. — *Traité des maladies des arbres*, traduction par J. Gerschel et E. Henry (Paris et Nancy, 1891 ; édit. Berger-Levrault et Cie).

MATHEY. — *Traité d'exploitation commerciale des bois* (Paris, 1906 ; édit. L. Laveur).

A. MATHIEU. — *Flore forestière*, 4e édition revue par P. Fliche (Paris, 1897 ; édit. J.-B. Baillière et fils).

P. Mouillefert. — *Traité de sylviculture* (Paris, 1904 ; édit. Félix Alcan).

Ch. S. Sargent. — *Sixteen maps accompanying report on forest trees of North America*, carte 15 (édit. Department of the Interior, Census Office).

Ch. S. Sargent. — *The Silva of North America*, volume XII, page 90 (Boston et New-York, 1998 ; édit. Houghton, Mifflin et Cie).

Seurre. — *Etude sur le robinier*, publiée par la Société forestière de Franche-Comté et Belfort (*Bulletin* du 1er mars 1911, tome XI, n° 1).

Thélu. — *Notice sur les étais de mines en France* (Paris, 1878 ; Imprimerie Nationale).

E. Vadas. — *L'Importance du robinier dans la foresterie hongroise*, traduction par E. Henry (*Annales de la Science agronomique française et étrangère*, 1911, page 92).

Vaulot. — *Le Robinier faux-acacia*, histoire, emplois, végétation, traitement (Paris, Laveur, édit.)

Comte A. Visart et Ch. Bommer. — *Rapport sur l'introduction des essences exotiques en Belgique* (Bruxelles, 1909 ; imp. Ch. Bulens).

DEUXIÈME SECTION

ASSURANCES CONTRE L'INCENDIE

E. CARDOT. — *Assurance d'un bois taillis* (« Bulletin trimestriel de la Société forestière française des Amis des Arbres », n° 74, 1911).

F. DAVID. — *Les Incendies de forêts* (Journal « Le Bois », du 18 mai 1911).

F. DEROYE. — *Assurance des forêts contre l'incendie*, avec commentaires, par R. Roulleau (26 p.) (Le Mans, Benderitter, 1911).

F. DEROYE. — *Assurance des plantations résineuses contre l'incendie*, 12 p. (Besançon, Jacques et Demontrond, 1912).

P. DESCOMBES. — *La Défense forestière et pastorale*, tome XV, 140 p. (Paris, Gauthier-Villars, 1911).

P. DESCOMBES. — *Relèvement de la sylviculture privée*, 15 p. (Bordeaux, Gounouilhou, 1913).

A. JACQUOT. — *Assurance des forêts contre l'incendie* (« Bulletin trimestriel de l'Office forestier du Centre et de l'Ouest », novembre 1909 (Le Mans, R. Roulleau, édit.).

H. LÉCAILLE. — *Assurance des bois sur pied* (« Bulletin trimestriel de la Société forestière française des Amis des Arbres », nos 77 et 78, 1912).

F. MARRE. — *L'Assurance contre les incendies de forêts* (Journal l'« Eclair » du 16 juillet 1912).

N... — *Assurance contre l'incendie des forêts en Allemagne* (Journal « Le Bois » du 23 mai 1912).

M. PERROT. — *L'Assurance forestière officielle* (« Revue forestière de France », 1911, p. 11).

IMPOT FORESTIER

FRANCE

ARNOULD. — *L'Evolution du revenu imposable des forêts*, 1908 (Paris, Laveur).

GOUGET. — *Les charges qui pèsent sur la propriété forestière* (Grenoble, Édouard Vallier).

PETIOT. — *Projet d'impôt global et progressif sur le revenu*, p. 75 et suiv. (Paris, Dorbon aîné).

ROULLEAU et ARNOULD. — *Revision de l'impôt forestier* (Guide pratique pour les propriétaires de bois, Paris, Laveur, 1910).

REVUE D'ÉCONOMIE POLITIQUE

Année	Pages	
1910	517 et suiv., 581 et suiv.	DUGARÇON. — *Le Fisc et les Forêts.*

REVUE DES EAUX ET FORÊTS

1882	265	PUTON. — *Le Revenu foncier des forêts.*
1895	241	ARNOULD. — *Les Forêts et l'impôt.*
1896	70	— *La réforme de l'impôt foncier.*
	481	— *Le revenu cadastral des forêts.*
1899	225	BROILLIARD. — *Le revenu foncier des forêts.*
1908	1	ARNOULD. — *L'impôt sur le revenu et les forêts.*
	385	CHAUDEY. — *Encore l'impôt forestier.*
1909	294	ARNOULD. — *La méthode fiscale inapplicable.*
	385	ROTHÉA. — *L'impôt des forêts.*
	489	ARNOULD. — *Peupliers et forêts.*
	641	— *Revenu escompté et revenu réel.*
	673	— *Les arguments du fisc contre la méthode forestière d'évaluation.*
1910	328	— *L'impôt forestier en Allemagne.*
	604	GOUGET. — *Les droits de succession et la propriété forestière.*
1911	65	— *Une forêt dans le Morvan.*
	193	VIOLETTE. — *Le revenu imposable des forêts.*
	343	DE LIGNIÈRES. — *Le revenu imposable des forêts.*

REVUE POLITIQUE ET PARLEMENTAIRE

Années	Mois	
1909	décembre	D. ZOLLA. — *Chronique des questions agricoles.*
1911	mai	DUGARÇON. — *La loi française et les questions forestières.*

BULLETIN DE L'OFFICE FORESTIER DU CENTRE ET DE L'OUEST

Années	Pages	
1908	85	ROULLEAU. — *L'impôt forestier.*
1909	283	BROILLIARD. — *La feuille ou revenu foncier.*
	337	ARNOULD. — *L'évaluation du revenu forestier.*
	378	— *Revenu forestier dû à l'aménagement.*
	403	ROULLEAU. — *Revision de l'impôt forestier.*
	441	— *L'instruction des Finances du 31 décembre 1908.*
	482	ROULLEAU ET ARNOULD. — *Tableau des divers revenus et impôts suivant les divers procédés d'évaluation.*
	612	ARNOULD. — *L'avis officiel de l'Administration des Contributions directes.*
	627	ROULLEAU. — *Un coup de Jarnac du fisc à propos de l'impôt forestier.*
1910	1	BROILLIARD. — *Nouvelle évaluation du revenu des forêts.*
	19	*La circulaire des Finances du 17 septembre 1909.*
	172	ROULLEAU. — *Distinction du revenu forestier en deux parties : foncier, capital-bois.*
	186	ARNOULD. — *Capital-bois et matériel d'exploitation forestière.*
	432	ROULLEAU. — *Les droits de succession sur les forêts.*
1911	541	— *L'impôt forestier.*
	649	— *L'impôt forestier.*

BULLETIN DE LA SOCIÉTÉ DES AGRICULTEURS DE FRANCE

1903	»	Assemblée générale, p. 392. — ARNOULD : *Exagération de l'impôt grevant la propriété forestière.*
1907	»	Assemblée générale, p. 432. — GOUGET : *Charges que supporte la propriété forestière.*

Années	Pages	
1908	»	Assemblée générale, pp. 161 et 511. — ARNOULD : *Vœu sur l'évaluation du revenu forestier.*
	710-717	*Documents sur les charges de la propriété forestière.*
1910	»	Assemblée générale, p. 113. — ARNOULD : *Distinction des deux revenus forestiers ; le revenu foncier et le revenu du capital-bois.*
	175	ARNOULD : *Réponse aux arguments du fisc.*
	184	HIRSCH : *L'instruction sur l'évaluation des propriétés non bâties.*
1911	»	Assemblée générale, p. 602. — *Communications relatives à la nouvelle évaluation de la propriété non bâtie pour les terrains classés comme bois.*
	440	GOUGET : *Droits de mutation par décès sur les forêts.*

BULLETIN DE LA SOCIÉTÉ NATIONALE D'AGRICULTURE

1909	906	D'ARBOIS DE JUBAINVILLE. — *Evaluation des revenus de la propriété boisée.*
1910	280-352	*Le Revenu imposable des forêts.*
1913	110	IMBART DE LA TOUR. — *La surcharge de l'impôt forestier.*

BULLETIN DE LA SOCIÉTÉ FRANÇAISE DES AMIS DES ARBRES

Années		
1910	n° 72	E. CARDOT. — *L'impôt forestier.*
1911	n° 73	— *Encore l'impôt forestier.*
1912	n° 79	E. CHATELAIN. — *Les Bois du Morvan et l'impôt forestier.*

REVUE DU TOURING-CLUB

Années	Mois	
1910	octobre	H. DEFERT. — *Ceci tuera cela.*

BULLETIN DE LA SOCIÉTÉ FORESTIÈRE DE FRANCHE-COMTÉ ET BELFORT

Années	Pages	
1899	109	BROILLIARD. — *Le revenu foncier des forêts.*
1903	118	ARNOULD. — *Exagération de l'impôt frappant la propriété forestière.*
	105	COULOMB. — *Etude sur l'impôt de la propriété boisée.*
1907	345	DE LIOCOURT. — *L'impôt forestier.*
1908	suppl.	ROULLEAU. — *Note sur la détermination du revenu des forêts.*
	—	ARNOULD. — *Evaluation du revenu de la propriété forestière.*
	—	— *L'impôt sur la coupe.*
	—	DEROYE. — *Revenu imposable des forêts.*
	662	SCHAEFFER. — *L'impôt foncier appliqué aux forêts.*
	712	BROILLIARD. — *La feuille ou revenu foncier.*
1910	510	— *Nouvelle évaluation du revenu foncier des forêts.*
	857	MAITRE. — *Evaluation du revenu imposable des taillis sous futaie.*
1911	48	BOUVET. — *Evaluation énoncée et exagérée des revenus forestiers.*
	158	GOUGET. — *Droits de succession en matière forestière.*
1912	403	LIOUVILLE. — *Mesures fiscales favorables à la propriété forestière.*
	493	GOUGET. — *Droits de succession en matière forestière.*
	499	ARNOULD. — *Droits de mutation sur les forêts.*

PRESSE QUOTIDIENNE

Les Débats : 20 novembre 1909. — *Les forêts et le fisc.*
20 décembre 1909, 5 février 1910, 7 février 1911. — *Les forêts et le fisc.*
Le Matin : 11 décembre 1909. — *Le fisc tue nos forêts.*
Paris-Centre : 8 septembre 1910. — *Droits de succession en matière forestière.*
Le Temps : 5 janvier 1910. — *La déformation et l'impôt foncier de la propriété boisée.*
Journal du Loiret : 28 février, 5 avril 1910.

JOURNAL « LE BOIS »

Nombreux articles, voir notamment : 31 août 1907, 4 janvier 1908, 22 février 1908, 31 mars 1910.

JOURNAL OFFICIEL

1907 Chambre, doc. parl. S. E., nº 1352, p. 416. *Proposition de loi de M. Fernand David* (exposé des motifs).
1908 Chambre, débats S. O., p. 613. — *M. Renard, M. Caillaux.*
— doc. parl. S. O., nº 1385, p. 618. — *Rapport de M. Vigouroux.*
1909 — débats S. O., p. 437. — *M. Perroche, M. Caillaux.*
— — S. E., p. 2998. — *M. Bonneval.*
Sénat, doc. parl. S. O., nº 185, p. 445. — *Rapport de M. Audiffred.*
1910 Sénat, débats S. O., p. 287. — *M. Audiffred.*
Sénat, débats S. O., p. 409. — *M. Ruau.*
1911 Chambre, débats S. O., p. 1843. — *M. Maurice Dutreil.*

L'OPINION

30 octobre 1909. — *Le fisc et le bûcheron.*

ALLEMAGNE

Endres. — *Handbuch der Forstpolitik* (1905, Berlin, chez Springer).
Wéber. — *Die Besteuerung des Waldes* (1909, Francfort, chez Sauerländer).

BERICHT UBER DIE V. HAUPTVERSAMMLUNG DES DEUTSCHEN FORSTVEREINS ZU EISENACH 1904 (CONGRÈS FORESTIER D'EISENACH)

Endres, p. 105. — Graner, p. 129. — Wimmenauer, p. 136.

ALLGEMEINE FORST- UND JAGDZEITUNG

1895 219 Wimmenauer.
1898 38 Erdmann. — *Die Besteuerung der Forsten.*
1900 208 Wimmenauer.
1906 184 Frey. — *Zur Frage der Waldbesteuerung.*

DEUTSCHE FORSTZEITUNG

1902 901 Fricke; p. 982, Godbesser.

HALBMONATSSCHRIFT FUR POLITISCHE BILDUNG

1911 nºs 15-16 Weber. — *Das Problem der Waldbesteuerung.*

MONATSSCHRIFT FUR DAS FORST- UND JAGDWESEN

1874 » Baur. — *Grundsätze und Ergebnisse der Waldbesteuerung im Grossherzogtum Hessen.*

SILVA

1911 5 Trebeljahr. — *Zur Waldsteuerfrage.*
nº 10 Gartner. — *Zur Waldbesteuerungfrage.*

THARANDTER FORSTLICHES JAHRBUCH

Vol. 27 p. 71 Judeich. — *Die Besteuerung der Waldwirtschaft.*
Vol. 38 p. 95 Judeich. — *Die Anwendung der Einkommensteuer auf die Waldwirtschaft.*

FORSTWIRTCHAFTLICHES ZENTRALBLATT

1898 498 Endres. — *Die Besteuerung der Waldes.*
1900 539 Urich. — *Die Besteuerung der Waldungen.*

Années	Pages	
1901	539	ENDRES. — *Die Besteuerung des Waldes.*
1901	»	WEBER. — *Uber die Besteuerung des Waldes.*
1901	559	WIMMENAUER. — *Zur Waldbesteuerung.*
1906	9	HAUSRATH.

AUTRICHE

ZENTRALBLATT FUR DAS GESAMTE FORSTWESEN

1895	195	RIEBEL. — *Uber die Besteuerung der Wälder.*
	293	HUFNAGEL. — *Zur Frage der Besteuerung der Wälder.*
1909	49	BAUER. — *Steuerfragen der Forstwirchaft..*

QUATRIÈME SECTION

PETITS TRAVAUX

FLAHAULT. — *Projet de carte botanique, forestière et agricole de la France* (« Bulletin de la Société botanique de France », tome XLI, 1894.)

FLAHAULT. — *Rapport sur les herborisations de la Société botanique de France dans la vallée de l'Ubaye* (*Ibid.* tome XLIV, 1897).

FLAHAULT. — *Les limites de la végétation forestière et les prairies pseudo-alpines en France* (« Revue des Eaux et Forêts », tome XL, 1901).

TOURBIÈRES — MARÉCAGES

W. BÜHLER. — *Die Versumpfung der Wälder mit und ohne Torfbildung und die Wiederbestockung derselben mit besonderer Hinsicht auf den Schwarzwald* (Tübingen, 1831).

LESQUEREUX. — *Quelques recherches sur les marais tourbeux en général* (Neufchâtel, 1844).

LORENZ. — *Untersuchung von Mooren in präalpinen Hügellande* (Salzburgs, 1858).

SENDTNER. — *Die Vegetationsverhältnisse des bayrichen Waldes* (1860).

BOURGEAT. — *Les Tourbières du Jura* (Poligny, 1885).

BECK, GUNTHER, RITTER VON MANNAGETTA. — *Zur Kenntnis der Torf bewohnenden Föhren Niederösterreichs* (Vienne, 1888).

A. BUHLER. — Article « Waldbau » dans *Furrers Volkswirtschaftslexikon Schweiz* (Berne, 1890).

QUAET. — *Empfiehlt sich der Forstkultur auf Hochmooren* (Mitteilungen, 1891).

BIÉLAWSKI. — *Auvergne et Plateau central : Les Tourbières et la Tourbe* (Clermont-Ferrand, 1892).

VON FISCHER. — *Die Moore der Provinz Schlesswig-Holstein* (Naturwissenschafticher Verein, Hambourg, 1891).

BAUMANN. — *Die Moore und die Moorkultur in Bayern* (Forstl. naturw. Zeitschrift, 1894-1898).

Forêt domaniale de Hertogenwald. Projet d'aménagement (Bruxelles, 1895).

RAMANN. — *Wald und Moor in den russichen Ostseeprovinzen* (Forst- und Jagdwesen, (Berlin, 1895).

MANNEL. — *Die Moore des Erzgebirges* (Forstl. naturw. Zeitschrift, Munich, 1896).

Bulletin de la Société centrale forestière de Belgique (1896 et 1900).

REPPIN. — *Ueber die Kultur der Korbweide auf Moorboden* (Mitteilungen, 1900).

TACKE. — *Die Bewirthschaftung der im Wald gelegenen Grünlands- und Hochmoore* (Zeitschrift für Forst- und Jagdwesen, 1900).

KRAHMER. — Mitteilungen (1902 et 1908).

WOMACKA. — *Zeitschrift für Moorkultur und Torfverwertung* (1903).

QULLY. — *Moorflora und chemische Zuzammensetzung der Böden* (1904).

FRUH et SCHROTER. — *Die Moore der Schweiz* (1) (Berne, 1904).

PFOB. — *Zur Aufforstung der Hochmoorflächen* (Zeitschrift für Moorkultur und Torfverwertung, 1904).

QULLY et PAUL. — *Botanische und chemische Beschafenheit verschiedener Moorflächen* (1905).

MULLER. — *Beitrag zur Bodenkunde im Chiemgau* (1906).

LIECHTI. — *Beobachtungen auf dem Gebiete der Moosaufforstungen* (Schweizerische Zeitschrift für Forstwesen, mai 1906).

PAUL. — *Die Schwartzerlen Bestände des südlichen Chiemseemoores* (Naturw. Zeitschrift für Land- und Forstwirtschaft, 1906).

ZU LEININGEN. — *Die Waldvegetation präalpiner bayerischer Moore, insbesondere der südlicken Chiemseemoore* (Munich, 1907).

PONINSKI. — *Erfahrungen auf dem Gebiete der Korbweidenzucht* (Berlin, 1907).

VON TUBEUF. — *Düngungsversuch zu Kiefern auf Hochmoor* (Naturw. Zeitschrift für Forst. und Landwirtschaft, 1908).

NÉLIS. — *Les Hautes Fagnes de l'Hertogenwald* (Bulletin de la Société centrale forestière de Belgique, janvier et février 1908).

PFOB. — *Ueber die Kultur der Korbweide auf Moorboden* (Mitteilungen, 1909).

CHANCEREL. — *Action des engrais sur les végétaux ligneux* (Paris, 1909).

Programme du VIe Congrès de l'Union internationale des stations de recherches forestières (Bruxelles, 1910).

BERSCH. — *Handbuch der Moorkultur*, chap. VI (Vienne et Leipzig, 1912).

SCHRIBAUX. — *Cours d'Agriculture générale professé à l'Institut national agronomique*, (1912).

PARDÉ. — *Rapports annuels sur les travaux exécutés et les résultats obtenus dans le champ d'expériences forestières de Breslcs* (1908 à 1912)

DUNES

I. DUNES DE FRANCE. — GÉOLOGIE ET GÉNÉRALITÉS

HENRI ARTIGUE. — *De l'envahissement par la mer des côtes de France entre Bayonne et Royan* (Actes Soc. linnéenne de Bordeaux, t. XXIX).

BAUDRIMONT. — *Etude des différents sols du département de la Gironde* (Bordeaux, Gounouilhou, 1874).

(1) Cet ouvrage contient un index bibliographique très complet concernant les tourbières.

BAUDRIMONT et DELBOS. — *Examen comparatif de la composition chimique du sable des dunes et de celle des cendres des végétaux qui croissent à leur surface* (Congrès de l'Association française pour l'avancement des sciences, 1872).

CH. BÉNARD. — *Variations de la Conbre* (« La Géographie », 1905).

BRÉMONTIER. — *Mémoire sur les dunes et particulièrement sur celles qui se trouvent entre Bayonne et la Pointe de Grave* (Paris, thermidor an V (1797) ; *Mémoire* (4e) *relatif aux dunes de la Manche et de la Mer du Nord* (20 pluviôse an XII (1803).

PIERRE BUFFAULT. — *Etude sur la côte et les dunes du Médoc* (Souvigny, Jehl, 1897) ; *Les Grands étangs littoraux de Gascogne* (Bulletin de Géographie historique et descriptive, 1906) ; *Le Littoral de Gascogne* (Congrès des Sociétés françaises de Géographie, Bordeaux, 1907) ; *Dunes intérieures de Gascogne* (Revue de Géographie commerciale, Bordeaux, 1912).

H. CAUDÉRAN. — *Note sur une formation d'eau douce au Vieux-Soulac* (Actes Soc. linnéenne de Bordeaux, t. XXV).

CHARLEVOIX DE VILLERS. — *Mémoires* (5e) *sur l'établissement d'un port à Arcachon*, 1778-1781, Mss (Bibliothèque municipale de Bordeaux et Archives, 29e Conservation des Eaux et Forêts).

DE CHOLNOKY. — *Lois du transport des sables mouvants* (analyse par Schirmer dans la « Géographie » du 15 avril 1903).

R. CHUDEAU. — *Remarques sur les dunes* (« La Géographie », 1911).

ET. CLOUZOT. — *Variations de la Conbre* (« La Géographie », 1907).

DALIGNON-DESGRANGES. — *Emersion sur le littoral de Gascogne* (Actes Soc. linnéenne de Bordeaux, t. XXXI) ; *Les dunes de Gascogne, le bassin d'Arcachon et le baron de Villers*, 1890).

E. DELFORTRIE. — *Emersion des fonds de la mer sur les côtes de Gascogne* (Actes Soc. linnéenne de Bordeaux, t. XXVII) ; *Empiètement de la mer sur la plage d'Arcachon* (Ibidem, t. XXIX, 1874) ; *Notes supplémentaires sur l'affaissement des côtes de Gascogne* (Ibidem) ; *Nouveaux documents sur l'affaissement des côtes de Gascogne* (Ibidem, t. XXXI) ; *Les dunes littorales du Golfe de Gascogne* (Ibidem, 1879).

DUFFART. — *Le bassin d'Arcachon* (Congrès des Sociétés françaises de Géographie, Bordeaux, 1895) ; *Les anciennes baies de la côte de Gascogne, de la Gironde à l'Adour* (Bulletin de la Société de Géographie, Bordeaux, 1896) ; *Les embouchures et les lits de l'Adour avant le* XVIe *siècle* (Ibidem, 1897) ; *Distribution géographique des dunes continentales de Gascogne* (Ibidem, 1898) ; *Carte de Masse* (Ibidem, 1898) ; *Réponse à M. Saint-Jours sur l'âge des dunes et des étangs* (Ibidem, 1901) ; *Lacs d'Hourtinet de Lacanau* (Ibidem, 1901) ; *La carte de Claude Masse* (Bulletin de Géographie historique et descriptive, 1903) ; *Les formations éoliennes du plateau landais* (Ibidem, 1899 et 1905) ; *Variations du cap Ferret et de la passe d'Arcachon* (Ibidem, 1908); *Origine marine des lacs littoraux gascons* (Ibidem, 1910); *Les dunes continentales de Moret-sur-Loing* (Ibidem).

DUFFOUR-BAZIN. — *Monographie agricole du département des Landes* (Bulletin du Ministère de l'Agriculture, 1899).

DUFOURCET. — *Formation du sol du département des Landes* (Bulletin de la Société de Borda, Dax, 1897 et 1898).

DURÈGNE. — *Les anciennes forêts du littoral et la spontanéité du pin maritime dans les dunes de Gascogne* (Journal d'Histoire naturelle de Bordeaux et du Sud-Ouest, 1888) ; *Dunes anciennes de Gascogne* (Actes Soc. linnéenne, tome LXVII (1890), tomes LXXVI, XLVI et LXXXVI (1895 et 1896) ; *Sur la destruction de deux âges dans la formation des dunes de Gascogne* (Comptes rendus de l'Académie des sciences, 1890) ; *Sur le mode de formation des dunes primaires de Gascogne* (Ibidem, 1897) ; *Dunes primitives et forêts antiques de la côte de Gascogne* (Bordeaux, Gounouilhou, 1897) ; *Les dunes primitives des environs d'Arcachon* (Soc. scientifique et station zoologique d'Arcachon 1896-1897).

DUTRAIT. — *De mutationibus oræ fluvialis et maritimæ in peninsula medulorum* (Thèse, Bordeaux, Vve Cadoret, 1895).

La Grande Encyclopédie. — Articles : *Gironde* et *Landes.*

L.-A. FABRE. — *Les ensablements du littoral gascon* (Comptes rendus de l'Académie des Sciences, 1900) ; *Le courant et le littoral des Landes* (Ibidem, 1902) ; *Les plateaux des Hautes-Pyrénées et les dunes de Gascogne* (Comptes rendus du Congrès international de Géologie de 1900) ; *L'Adour et le plateau landais* (Bulletin Géographique historique et descriptif, 1901) ; *La magnétite pyrénéenne et les sables gascons* (Ibidem, 1902) ; *Les Galets des plages gasconnes, la Pénéplaine landaise* (Ibidem, 1903) ; *Le sol de la Gascogne* (La Géographie, 1905).

FALLOT. — *Les régions naturelles de la Gironde* (Congrès national des Sociétés françaises de Géographie, Bordeaux, 1895) ; *Sur une carte géologique des environs de Bordeaux* (Bulletin de la Société de Géographie commerciale de Bordeaux, 1896) ; *Esquisse géologique du département de la Gironde* (« Feuille des jeunes naturalistes », 1889).

FLEURY. — *Projet d'amélioration pour une partie du Ve arrondissement de Bordeaux*, présenté au Conseil dudit arrondissement le 26 messidor de l'an VIII (1800).

PAUL GIRARDIN. — *Les Dunes de France* (Annales de Géographie, 1901).

E. HARLÉ. — *Dunes parallèles au vent sur la côte de Gascogne* (Comptes rendus sommaires de la Société géologique de France, 19 février 1912).

HAUG. — *Traité de Géologie* (Armand Colin, Paris, 1907).

HAUTREUX. — *Sables et vases de la Gironde* (Bulletin de la Société des Sciences de Bordeaux, 1886) ; *Côtes des Landes et bassin d'Arcachon* (Congrès des Sociétés françaises de Géographie, Bordeaux, 1905) ; *La carte de Masse* (Bulletin de la Société de Géographie commerciale de Bordeaux », 1896) ;

E. JACQUOT. — *De la recherche des eaux jaillissantes dans les landes de Gascogne* (Actes Soc. linnéenne de Bordeaux, tome XXIV).

E. JACQUOT et V. RAULIN. — *Statistique minéralogique, géologique et agronomique du département des Landes* (1877).

LABAT. — *Les dunes maritimes et les sables littoraux* (Bulletin de la Société géologique de France, Paris, 1899-1880) ; *Forme des dunes en Europe et spécialement en France* (Ibidem, 1890).

LAFONT. — *Empiètements de la mer sur la plage d'Arcachon*, réponse à M. Delfortrie (Actes Soc. linnéenne de Bordeaux, tome XXIX) ; *Nouvelles notes* (Ibidem).

LALANNE. — *Constitution géologique du littoral océanique du Bas-Médoc* (Bulletin de la Société de Géographie commerciale de Bordeaux, 1910).

LAVAL. — *Mémoire sur les dunes du Golfe de Gascogne* (Annales des Ponts et Chaussées, 1847).

LINDER. — *Etude sur les terrains de transport du département de la Gironde* (Actes Soc. linnéenne de Bordeaux, tome XXVI).

MÉRAUD. — *Mémoire sur les dépôts littoraux observés de Nantes à Bordeaux* (Actes Soc. linnéenne de Bordeaux, tome XXII).

DE PANIAGUA. — *Les landes de Gascogne et les deltas de la Gironde* (Bulletin de la Société de Géographie commerciale de Bordeaux, 1906).

PAWLOWSKI. — *Villes disparues et côte du pays de Médoc d'après la géologie, la cartographie et l'histoire* (Bulletin de Géographie historique et descriptive, 1903) ; *Le Pays d'Arvert et de Vaux* (Ibidem, 1904) ; *L'Ile d'Oléron à travers les âges* (Ibidem, 1905) ; *Pays de Didonne, Talmondais, Mortagnais* (Ibidem, 1906) ; *L'Ile d'Yeu à travers les âges* (Ibidem, 1910).

Ports maritimes de la France, tome VI, 2e partie (Ministère des Travaux publics, Imprimerie Nationale, 1887).

V. Raulin. — *Notes géologiques sur l'Aquitaine* (Géographie girondine, Bordeaux, Chaumas, 1859).

E. Reclus. — *Etude sur les dunes* (Revue des Deux-Mondes, novembre 1863, et Bulletin de la Société de Géographie, 1865).

Sauvage. — *Dunes de Normandie* (Bulletin de la Société géologique de France, Paris, 1880).

Sokoloff et Venutkoff. — *Sur la formation des dunes* (Comptes rendus, Académie des sciences, 1885).

J. Thoulet. — *Le bassin d'Arcachon* (Revue des Deux-Mondes, 1893).

Vassilière. — *Les dunes girondines* (Étude agricole, Bordeaux, Firet, 1889).

J. Welsch. — *Feuille de la Rochelle, Poitou* (Bulletin de la Carte géologique de France, Comptes rendus des collaborateurs, tomes XX et XXI, mai 1910, juin 1911 et mai 1912) ; *La tourbe littorale du Croisic* (Bulletin de la Société des Sciences naturelles de l'ouest de la France, Nantes).

II. DUNES DE FRANCE. — HISTOIRE ET GÉNÉRALITÉS DÉVELOPPEMENT ÉCONOMIQUE

Ardouin-Dumazet. — *Voyages en France* (29e et 30e séries).

Baurain. — *Variétés bordeloises* (Bordeaux, 1784-1786).

G. Beaurain. — *Quelques faits relatifs à la formation du littoral des landes de Gascogne* (Revue de Géographie, 1891).

J. Bert. — *Note sur les dunes de Gascogne* (Ministère de l'Agriculture, Imprimerie Nationale, Paris, 1900).

Pierre Buffault. — *Etude sur la côte et les dunes du Médoc* (déjà cité) ; *Acclimatation de divers végétaux dans les dunes du Médoc* (Revue des Eaux et Forêts, 1897) ; *Les Garde-feu et leur utilisation* (Ibidem, 1901) ; *Pour nourrir du bétail dans les dunes* (Revue agricole illustrée, Bordeaux, 1905) ; *Arbres et cultures sur les sables de Gascogne* (Bordeaux, Pech, 1908) ; *Les débuts de la fixation des dunes ; les essais de Brémontier et Peyjehan ; la Commission des dunes* (Revue philomatique de Bordeaux et du Sud-Ouest, 1904-1905) ; *La marche envahissante des dunes de Gascogne avant leur fixation* (Bulletin de Géographie historique et descriptive, 1905).

Chambrelent. — *Les landes de Gascogne* (Paris, Baudry, 1897) ; *Sur l'état actuel des dunes du golfe de Biscaye* (Comptes rendus de l'Académie des Sciences, 1892).;

De Coincy. — *La Carte générale des dunes du département des Landes* (Bulletin de Géographie historique et descriptive, 1908) ; *Note sur les Ateliers de semis des dunes de la Gironde* (Ibidem, 1909) ; *Note sur les ateliers de semis des dunes du département des Landes* (Congrès des Sociétés savantes, 1910, Sciences).

Cuzacq. — *Les grandes landes de Gascogne* (Bayonne, Lamaignière, 1893).

P.-H. Dorgan. — *Histoire politique, religieuse et littéraire des Landes depuis les temps les plus reculés jusqu'à nos jours* (Auch, Foix, 1846).

Durègne. — *La Grande montagne de la Teste-de-Buch* (Annuaire du Club-Alpin-Français, 1903).

Ch. Grandjean. — *Le Baron de Charlevoix-Villers et la fixation des dunes* (Ass. fr. A. V. Sciences, 1895) ; *Les landes et dunes de Gascogne* (Paris, Rothschild, 1897).

Baron d'Haussez. — *Etudes administratives sur les Landes* (Bordeaux, Gassiot, 1826)

Dr Hameau. — *Quelques aperçus historiques et topographiques sur la Teste-de-Buch et ses environs* (Actes de l'Académie de Bordeaux, 1841).

P. Joanne. — *Dictionnaire géographique et administratif de la France* (Tomes III et IV, 1894-1896).

LAFOND. — *Les paysages des dunes, les travaux de défense contre l'Océan, Vendée et Charente-Inférieure* (Imprimerie Nationale, 1900).

A. DE LAJONKAIRE. *Mémoires sur la mise en culture des terres vagues dans le département des Landes* (Le Havre, Lemesle, 1856).

Dr A. LALESQUE. — *Coup d'œil rétrospectif sur les dunes mobiles du golfe de Gascogne et leur immobilisation dans les temps anciens et modernes* (Bordeaux, Gounouilhou, 1884).

MAURICE MARTIN. — *La Côte d'Argent* (Bordeaux, Gounouilhou, 1907).

MASSE. — *Mémoires sur les carrés d'Aunis, Saintonge, Bas-Poitou, Bas-Médoc, etc.* (Mss., 1705-1721, Ministère de la Guerre).

MEZURET. — *Notre-Dame de Soulac* (Lesparre, 1865).

DE SAINT-AMANS. — *Voyage dans une partie des Landes* (Agen et Paris 1818).

SAINT-JOURS. — *Port d'Albret; l'Adour ancien et le littoral des Landes* (Perpignan, Lutrobe, 1900); *Etat ancien du littoral gascon* (Bordeaux, 1901); *Les Fleuves côtiers de Gascogne* (Bordeaux, 1902).

THORE. — *Promenade sur la côte du golfe de Gascogne* (1810).

THÉLU. — *Dunes du Nord* (Amiens, Jeunet, 1879).

III. DUNES DE FRANCE. — TRAVAUX

PIERRE BUFFAULT. — *Etude sur la côte et les dunes du Médoc* (déjà cité).

C. GRANJEAN. — *La dune littorale* (Revue des Eaux et Forêts, 1886).

GOURSAUD. — *Les landes et les dunes de Gascogne* (Revue des Eaux et Forêts, 1879-1880).

LAFOND. — *Les paysages des dunes et les travaux de défense contre l'Océan* (déjà cité).

DE VASSELOT DE RÉGNÉ. — *La dune littorale* (Revue des Eaux et Forêts, 1875); *Les dunes de la Coubre* (Imprimerie Nationale, 1878).

VIOLETTE. — *Entretien de la dune littorale des Landes, travaux de défense contre la mer* (Mont-de-Marsan, Dupeyron, 1899).

IV. DUNES DE FRANCE. — QUESTIONS JURIDIQUES

J. BERT. — *Note sur les dunes de Gascogne* (déjà cité).

PIERRE BUFFAULT. — *Etude historique sur la propriété des dunes de Gascogne* (Bordeaux, Gounouilhou, 1905); *Questions de propriété, les dunes du littoral atlantique* (Revue des Eaux et Forêts, 1910); *Les Dunes de Gascogne et la possession de l'Etat* (Ibidem, 1910).

CH. GUYOT. — *Cours de droit forestier* (V° *Dunes* et Revue des Eaux et Forêts, 1910).

DE LAPASSE. — *La police des dunes dans le département des Landes au début du XIXe siècle* (Revue des Eaux et Forêts, 1905).

V. DUNES HORS DE FRANCE

F. ALBERT. — *Dunes du Chili* (La Géographie, 1902).

Comte BAUDISSIN. — *Bericht über die Dünen der Insel Sylt* (Flensburg, 1865).

BECKMANN. — *Bericht über die Mittel, welche in Flandern und Holland angewendet werden, um die Dünen zu erhalten und zu verstärken* (Hannoverischer Magazin, 1712).

BERENDT. — *Geologie des Kurisches Haffes, Königsberg, Koch* (1869).

BERGHAUS. — *Das Dünengebiet längs der Ostsee im Stettiner Regierungsbezirk* (Das Ausland, 1880).

SOREN BIORN. — *Ueber die beste Art der allmähligen Versandung der Mehrung durch Dühnenbau und Bepflanzung Vorzubeugen*, *Sammlung Nützlicher aufsätze und Nachrichten die Baukunst betreffend* (Berlin, 1798) ; *Uebersicht der vortheilhaftesten Behandlung der Weidenarten* (Dantzig, 1804) ; *Ueber die vortheilhafteste Behandlungs-Methode bei Besammung und Bepflanzung der Kiefern auf sandigen Boden und Sanddünen* (Dantzig, 1807) ; *Bemerkungen über die vormahlige und gegenwärtige Lage der preussischen und Dantziger sudbältischen Ufer* (Dantzig, 1808).

BLANC. — *Note sur la formation des dunes sahariennes* (Comptes rendus de la Société de Géographie, Paris, 1890).

BLAUFORD. — *On the physical geography of the Great Indian Desert, and on the origin and mode of formation of the sand hills* (Journal R. Society of Bengal, 1876).

BLESSON. — *Bemerkungen über Land und Dünen* (Stuttgart, 1828).

PIERRE BUFFAULT. — *Les Dunes maritimes allemandes* (Revue des Eaux et Forêts, 1901, et Bulletin de la Société de Géographie commerciale de Bordeaux, 1904).

COURBIS. — *L'Humidité du sol, principale cause des amoncellements de sable dans le Sahara* (Comptes rendus de la Société de Géographie, Paris, 1890).

DEHORS. — *Voyage à Rabat (dunes du Médoc)* (Bulletin de la Société de Géographie d'Alger, 1904).

DOSS. — *Ueber Dünen der Umgegend von Riga, Korrespondenzblatt der Naturforscher-vereins* (Riga, 1896).

FORSYTH. — *On the buried cities in the shifting sands of the Great Desert of Gobi* (R. Geographical Society, London, 1876-1877).

FOSTE, W. KING U. A. — *Dunes de l'Inde* (Memoirs of the geological survey of India, 1859, 1864 et 1873).

PAUL GERHARDT. — *Uferdeckungen durch Binsen, Rohr, Schilf und Weiden, Zeitschrift für Bauwesen* (Berlin, 1897) ; *Handbuch des deutches Dünenbanes* (Berlin, Paul Parey, 1900 (riche bibliographie surtout allemande).

GUYADER. — *Lutte contre l'envahissement des sables dans divers pays* (Bulletin de la Direction de l'Agriculture et du Commerce, Tunis, 1904).

THÉOD. HARTIG. — *Ueber Bildung und Befestigung der Dünen* (Berlin, 1830).

HÜBBE. — *Der Dünenbau der Königl. Preussischen Regierung* (Berlin, Wilgandt, Hempel und Parey, 1879).

KARSTEN. — *Ueber die Warnemünder Dünenpflanzung, Neuen Annalen der Mecklenb-Landwirthschafts-Gesell* (Rostock, 1817) ; *Mein letztes Wort über die Warnemünder Dünen-Bepflünzung* (Ibidem, 1820).

KEILHACK. — *Die Wanderdünen Hinterpommerns* (Promethens, 1893).

KRAUSE. — *Der Dünenbau auf den Ostseeküsten West-Preussens* (Berlin, 1850).

KUMMER. — *Der erste Aufang einer regelrechten Dünenbefestigung an der preussischen Ostseeküste und die Sören Biörnsche Deukschrift* (Berlin, Ernst und Sohn, 1896).

LORIÉ. — *Contribution à la géologie des Pays-Bas* (V. *Les dunes intérieures*, archives du Musée Teyler) ; *Binnenduinen en bodenbewegingen* (Mémoires de la Société belge de Géologie et Hydrologie, 1893).

MAAK. — *Die Dünen an den West- und ostpreussischen Küsten, Kritischen Blättern für Forst- und Jagdwissenschaft* (1865).

MEIER. — *Beschreibung des Tidwilder Flugsanddistriktes auf Seeland, Vaterland-Waldberichten* (Altona, 1820).

MULLER. — *Beschreibung der Kurischen Nehrung, Die fünfte Versammlung des Preuss-Forstvereins* (Wehlau, 1877 ; Königsberg, 1882).

MÜSCHKETOW. — *Die Kontinental-Sanddünen oder Barchane* (Deutsche Rundschau für Geogr. und Statist., 1890).

VON PANNEWITZ. — *Anleitung zum Anbau der Sandflächen im Binnenlande und auf den Strand-Dünen* (Marienwerder, 1832).

PARRAN. — *Observations sur les dunes littorales en Algérie et en Tunisie* (Bulletin de la Société géologique de France, Paris, 1889-1890).

RAZEBURG. — *Die Sandgewächse der pommeruhen Küste* (1857).

RISTOU. — *Les dunes mouvantes d'Aïn-Sefra* (Paris, Baillière et fils, 1890).

ROLLAND. — *Sur les grandes dunes de sable du Sahara* (Bulletin de la Société géologique de France, Paris, 1881-1882) ; *Hydrographie et Orographie du Sahara algérien* (Ibidem, 1885) ; *Géologie du Sahara algérien* (Paris, 1890).

SABBAU. — *Die Dünen der südwestlichen Heide Mecklenburgs* (Rostock, 1897).

SAMSON SCRIBNER. — *Land-Binding Grasses, Yearbook of the U. S. Department of Agric.* (Washington, 1899).

SHALER. — *Rôle des dunes contre la puissance d'érosion de la mer* (Bulletin of Geological Society of America, 1894).

SIEMSSEN. — *Ueber die sicherste Befestigung und nutzbarste Bepflanzung der Dünen zu Warnemünde, Versammlung der Naturfor. Gesellschafft.* (Rostock, 1803).

SOKOLOW. — *Die Dünen* (Traduction allemande du professeur Arzruni, Berlin, Springer, 1894) ; *Bibliographie des dunes de Russie.*

SVEN HEDIN. — *Dans les sables de l'Asie* (Traduit du suédois par Ch. Rabot, Paris, F. Juven).

TELLIER. — *Notes sur la fixation des dunes et la protection des oasis dans le sud de la régence de Tunis* (Bulletin de la Direction de l'Agriculture et du Commerce, Tunis, 1904).

TITINS. — *Mémoire à la Société des sciences naturelles de Dantzig sur les moyens de fixer les dunes* (Leipzig, 1768).

VIBORG. — *Beschreibung der Sandgewächse und ihrer Anwendung auf der Küste von Jütland* (Kopenhagen, 1789).

WESSELY. — *Der Europäische Flugsand und seine Kultur* (Wien, 1873).

WILLKOMM. — *Die Dünen Jütlands, Zeitchrift für Allg.* (Erdkunde, 1863).

ZERNECKE. — *Der Dünendurchbruch bei Neufahr in der frischen Nehrung* (Kônigsberg, 1840).

X... — *Fixation de sables mouvants en Russie* (Publication du Ministère impérial russe de l'Agriculture, traduite en allemand par M. Knüpffer et analysée par G. Hüffel dans la « Revue des Eaux et Forêts », Paris, 1904).

X... — *La Escuela de Guardas* (*Fixation des dunes du Mexique*) (Revista forestal mexicana, marzo de 1910).

TABLE DES MATIÈRES

	Pages
Comité d'Honneur	3
Comité d'Organisation	5
Comité Exécutif	8
Délégués des Puissances	9
Délégués des Ministères	12
Membres du Congrès	13
Règlement	37
Programme des travaux	40
Ordre des travaux	43
Lieu des séances	44

BUREAUX ET RAPPORTEURS :

Première section : Technique forestière ou sylviculture	55
Deuxième section : Economie et législation forestières	195
Troisième section : Technologie forestière, Commerce et industrie du bois	425
Quatrième section : Grands travaux forestiers	593
Cinquième section : De la forêt dans le développement du tourisme et l'éducation esthétique des peuples	727

COMPTES RENDUS DES SÉANCES

Séance générale d'ouverture du Congrès :

Discours de M. Ballif, Président du Touring-Club de France	46
Discours de M. Clémentel, Ministre de l'Agriculture	48
Discours de M. Defert, président du Comité d'organisation du Congrès.	53
Séance de clôture	851
Discours de M. Dabat, Directeur général des Eaux et Forêts	878

TABLE ANALYTIQUE

A

Pages

Abris (voir : *Tourisme* (*Aménagement de forêts en vue du*).

Acacia (Les taillis d'). — Rapport de M. Jolyet. 121-124
Discussion : MM. Bauchery, Borgès, Caquet, Delahaye, Guillot, Hickel, Larue, de Lesseux, Mangin, Monnin, de Potteré, de Segonzac, Vadas. 124-130

Acacia dans la foresterie hongroise (Importance de l'). — Communication de M. Vadas. 119-120

Affichage dans les forêts. Mesures à prendre. — Communication de M. Hoerter. — Discussion : MM. Chaix, Dupuich, Thiollier, Van de Poll 796-797

Affouage pastoral (voir : *Améliorations pastorales*).

Alliance de l'Arbre et de l'Eau. Lutte contre les inondations. — Rapport de M. d'Auber de Peyrelongue. 709-721
Discussion : MM. d'Auber de Peyrelongue, Cardot, de Larnage, Leddet, Mougin, Murat. 721-725
Résumé d'une communication de M. de Rouvray sur le même sujet. . . 725

Allumettes (Bois utilisés dans l'industrie des) pour le débitage et la confection des boîtes. — Rapport de M. Simon 502-504
Discussion : MM. Pelletier de Martres, Poupinel, Simon 504-505

Améliorations pastorales. Création, restauration, entretien des pâturages. Aménagement et réglementation des pâturages appartenant à des communes ou collectivités. Affouage pastoral. Troupeaux transhumants. La chèvre. Le mouton. — Rapport de M. Cardot 595-602
Discussion : MM. de Bélinay, Cardot, Dôle, Lallemand, Lecoq, Maître, Martin, Picard, Pluchet 602-607

Aménagement de forêts en vue du tourisme (voir : *Tourisme*).

Amérique Centrale (Production forestière de l'). — Communication de M. Désiré Pector. Annexe B 889

Arboretums (voir : *Jardins alpins*).

Arbres remarquables (voir : *Tourisme* (*Aménagement de forêts en vue du*).

Argentine (Les forêts naturelles de la République). — Conférence de M. Charles Thays 849

Pages

Associations d'utilité publique (voir : *Etat, Utilité de l'acquisition de forêts*).

Assurances contre l'incendie. — Rapport de M. F. Deroye 197-201
Discussion : MM. Delahaye, Deroye, Descombes, de Mentque, Rouleau, Rousselet, de Sébille, Vivier 201-206

Australie-Ouest (Ressources forestières de l'). — Communication de sir Newton Moore. Annexe C. 890-894

Avalanches (voir : *Grands travaux*).

B

Bancs (voir ; *Tourisme* (*Aménagement de forêts en vue du*).

Bardeau (voir : *Bois de fente*).

Barrages (voir : *Grands travaux*).

Beauté des cours d'eau (voir : *Cours d'eau*).

Beauté des paysages (voir : *Paysages*).

Beauté du pays par la forêt. — Rapport de M. Anselme Changeur 744-745

Beauté des routes (voir : *Routes*).

Bois bruts (voir : *Utilisation des bois*).

Bois colorés artificiellement (voir : *Emplois divers du bois*).

Bois courbé (voir : *Emplois divers du bois*).

Bois équarris. Poutres, charpentes, traverses. — Rapport de M. G. Rotival... 480-484

Bois de fente. Bardeau, merrain. — Rapport de M. Hirsch.................. 542-543

Bois plaqué (voir : *Emplois divers du bois*).

Bois de sciage (voir : *Sciage*).

Bois sur pied (La connaissance des). Un nouveau dendromètre. — Communication de M. Cuif 172

Boîtes d'allumettes (voir : *Allumettes*).

C

Caisses de crédit forestier (voir : *Ligues*).

Calcium dans la végétation forestière et son action sur les jeunes plants ligneux (Le rôle du). — Communication de M. Chancerel 153-154

Camping belge (La). — Communication de M. Dubois. Annexe A............ 883-888

Canalisation (voir : *Grands travaux*).

Capitalisation forestière. — Rapport de M. Caquet......................... 180-184

Carbonisation des bois en vases clos. — Rapport de M. Duchemin 575-582
Discussion : MM. H. Barbier, de Larnage, Poupinel 582-583

Cerclage (voir : *Emplois divers du bois*).

Champagne pouilleuse (Plantations du pin sylvestre dans la). — Communication de M. Grand d'Esnon 725

Pages

Charbons (voir : *Utilisation des bois*).

Charpente (voir : *Bois équarris*).

Châtaigneraie française et sa destruction systématique (La). Mesure à adopter. — Communication de M. P. Camus 135-136

Châtaignier (Le). Sa disparition. Moyens d'y remédier. Nécessité de donner une nouvelle extension à sa culture. — Rapport de M. Mangin. — Communication de M. Marcillac 130-134
Discussion du rapport de M. Mangin et des communications relatives au châtaignier : MM. Camus, Coste, Emery, Garrigou-Lagrange, Guillot, Hickel, Hirsch, Mangin, Roy, de Segonzac 136-145

Châtaignier en Lozère (Le). — Communication de M. Pellequer 134

Chauffage (voir : *Utilisation des bois*).

Chemins forestiers (voir : *Tourisme* (*Aménagement de forêts en vue du*).

Clayonnage (voir : *Petits travaux*).

Collectivités (voir : *Etat* (*Utilité de l'acquisition de forêts par l'*).

Colonies (voir : *Forêts coloniales*).

Commission forestière permanente internationale 875-877

Communes (voir : *Etat* (*Utilité de l'acquisition de forêts par l'*).

Conservation des bois. Procédés naturels, procédés artificiels (enduits, injections, immersion, ignifugation). — Rapport de M. René Barbier 489-501
Discussion : MM. Pelletier de Martres, Poupinel, Prat 501

Cours d'eau (Beauté des). L'arbre sur la montagne, c'est l'eau dans la rivière. — Rapport de M. Dupuich 797-799
Discussion : MM. Chaix, Clary, Dupuich 799-801

D

Déboisement (Considération sur le). — Communication de M. Durand 811

Déchets du bois (voir : *Produits accessoires*).

Défrichements. — Communication de M. Barell 608-611
Discussion : MM. Barell, de Bélinay, Cardot, de Clermont, Dubois, Garrigou-Lagrange, Maitre, de Peyrelongue, Pluchet 611-622

Dendromètre (Un nouveau) (voir : *Bois sur pied*).

Dérivations (voir : *Grands travaux*).

Douane (Droits de). — Rapport de M. Villame 385-393
Discussion : MM. Bouvet, Delahaye, Grand, Guyot, Hollande, du Pré de Saint-Maur, Raisin, Sébastien, de Sébille, Siegfried, Villame Vivier, Voelckel 393-413
Annexes au rapport de M. Villame 902-904

Drainage (voir : *Petits travaux*).

Dunes (Les). Leur fixation. Leur reboisement. Défense contre la mer. Moyens d'action donnés par la législation actuelle. Mesures législatives à prendre. — Rapport de M. Pierre Buffault 702-705
Discussion : MM. Buffault, Flahault, Jagerschmidt, Leddet 705-707

Pages

Dunes (Fixation et reboisement des). Correction des torrents et restauration des montagnes, en Espagne. — Communication de M. Ricardo Codorniu.. 707-708

Dunes du littoral belge (Les). — Communication de M. Lippens........... 707

E

Ecorces, tannin, extraits tanniques, liège. — Rapport de M. Hirsch.......... 543-546
Discussion : MM. Barbier, Coste, Devèze, Duchemin, Guillot, Hirsch, Jauffret, Placide Peltereau, Roy.......................... 546-570

Education forestière du public. — Rapport de M. Géneau................. 730-734
Discussion : MM. d'Almeida, Auscher, Beauquier, Dierckx, Flahault... 734-735

Education esthétique des peuples. — Communication de M. Delville.......... 736-742
Discussion : MM. Auscher, Delville, Géneau....................... 742-743

Emplois divers du bois. Fabrication du papier, laine de bois, sabotage, cerclage, bois courbé, bois plaqué, bois coloré artificiellement. — Rapport de M. Marcel.. 505-516
Discussion : MM. H. Barbier, de Bélinay, Cannon, Hollande, Horeau, Laval, Madelin, Marcel, Mathieu, Pelletier de Martres, Poupinel, Pral, Tobal.. 516-525

Encouragements et récompenses à la sylviculture (voir : *Enseignement sylvicole et sylvo-pastoral*).

Enduits (voir : *Conservation des bois*).

Engrais chimiques en sylviculture (Les). — Rapport de M. Caquet.......... 151-153

Engrais en pépinière (Influence des). — Communication de M. Cuif......... 154-155
Discussion : MM. Caquet, Chancerel, Cyprien Girerd, Guillot, de Lesseux. 155-157
(Voir : *Calcium*).

Enherbement (voir : *Petits travaux*).

Enrochement (voir : *Petits travaux*).

Enseignement sylvicole et sylvo-pastoral. Propagande en faveur de l'arbre et de l'eau. Sociétés scolaires forestières. Fêtes de l'Arbre. Encouragements et récompenses à la sylviculture. — Rapport de M. A. Umbdenstock.. 57- 64
Discussion : MM. de Bazelaire de Lesseux, Cyprien Girerd, Ch. Guyot, Hickel, de Larnage, Lecocq, de Nicolay, Désiré Pector, Roux, de Segonzac, Umbdenstock, Watier......................... 65- 71

Espagne (voir : *Dunes* et *Fête de l'Arbre*).

Essences exotiques et naturalisées. — Rapport de M. Hickel................ 81- 87
Discussion : MM. Alberto Geisser, Cyprien Girerd, Guillot, Guinier, Hickel, de Lesseux, Pardé, Roux, Tessier...................... 87- 91

Essence de térébenthine (voir : *Fraude de l'*).

Etablissements d'utilité publique (voir ci-après : *Etat*).

Etais de mines (voir : *Utilisation des bois*).

Etat (Utilité de l'acquisition par l'), les communes et autres collectivités publiques, les établissements ou associations d'utilité publique, de forêts ou terrains à reboiser. Mesures législatives, administratives et financières à prendre pour faciliter cette acquisition. — Rapport de M. Vivier.. 327-341

Pages
Communication de M. Blondeau sur la question 344-348
Communication de M. G. Marlio sur la question 348-349
Discussion : MM. Blondeau, Bouvet, Descombes, Girerd, Tanassesco, Vivier 349-354

Etat (Rôle forestier de l') (voir : *Législation comparée et Intervention de l'Etat dans la gestion des bois particuliers*).

Exploitation des bois. — Rapport de M. Rachet 427-432

Extraits tanniques (voir : *Ecorces*).

F

Façonnage de lits de torrents (voir : *Petits travaux*).

Fascinage (voir : *Petits travaux*).

Fêtes de l'Arbre (voir : *Enseignement sylvicole et sylvo-pastoral*).

Fête de l'Arbre en Espagne (La). — Communication de M. Ricardo Codorniu.. 72- 74

Foret pour plantation en motte (Un nouveau). — Communication de M. Roth. 674-676

Forêts coloniales. — Rapport de MM. Chaplain et A. Umbdenstock.......... 158-162
Discussion : MM. Cannon, Capus, Chaplain, Ducamp, Emery, Umbdenstock 162-166

Forêts de protection (Etablissement de). — Rapport de M. Ch. Guyot........ 214-221
Discussion : MM. Arnould, Chalamel, Delahaye, Deroye, Descombes, Imbart de la Tour, Ch. Guyot, Marchal, de Nicolay, Vidal, Vivier 221-227

Fraude de l'essence de térébenthine. — Communication de M. Larroquette... 584
Discussion : MM. Duchemin, Grand, de Larnage, Larroquette, Poupinel. 584-589

G

Gemmage (voir : *Résines* (*Industrie des*).

Gemmage du pin noir d'Autriche et du pin sylvestre en Meurthe-et-Moselle. — Communication de M. Cuif 583-584

Gestion des bois particuliers (voir : *Intervention de l'Etat dans la*).

Grands travaux forestiers. Barrages. Dérivations, canalisations. Tunnels. Restauration des montagnes. Lutte contre les torrents et les avalanches. — Rapport de M. Mougin 623-633
Discussion : MM. P. Buffault, Mougin, Pluchet, Roth 633-636

I

Ignifugation
Immersion } (voir : *Conservation des bois*).

Impôt forestier. — Rapport de M. Arnould 258-272
Discussion : MM. Arnould, Banchereau, Barbier, de Barbuat, Bouvet, Chancerel, Coste, Descombes, Gazin, Gouget, Hirsch, de Larnage, Larroquette, Leroy, de Nicolay, Pelletier de Martres, Roulleau, de Sébille, Tanassesco, Vessiot, Vivier 268-303
Communication de M. Pallier sur la question 268

Pages

Incendies. Région des Maures et de l'Estérel. Nécessité de modifier la loi de 1870. — Communication de M. le Dr Vidal........................ 206-208
(Projet de dispositions légales et de police pour la conservation des bois contre les). — Communication de M. A. Rousset.............. 172
(Mesures tendant à diminuer les risques d'). — Communication de M. Massot.. 175-176
Discussion : MM. Lecoq, Marcillac, Michaud...................... 176-177
Les incendies en forêts. — Communication de M. Girard............ 177-179
(Voir : *Plantations ignifuges et Assurances contre l'incendie*).

Injections (voir : *Conservation des bois*).

Inondations (Lutte contre les) (voir : *Alliance de l'Arbre et de l'Eau*).

Intervention de l'Etat dans la gestion des bois particuliers. Législations diverses réglant cette intervention. — Rapports de MM. Ch. Guyot et Roulleau.. 228-237
Discussion : MM. Banchereau, Bouvet, Carbonnier, Challamel, Coste, Delahaye, Descombes, Grand, Guyot, Imbart de la Tour, Jauffret, Larroquette, Margaine, Moyat, de Nicolay, du Pré de Saint-Maur, de Sailly, de Sébille, Tanassesco, Vivier............... 237-257

Italie (Les problèmes forestiers en). Œuvre du Touring-Club italien. — Communication de M. Alberto Geisser............................... 772-773

J

Japon (Produits accessoires des forêts du). — Communication de M. Shozaburo Mimura.. 590-592

Jardins Alpins. Arboretums. — Rapport de M. Flahault................ 746-750
Observations complémentaires................................... 750-753
Discussions : MM. Audebrand, Auscher, de Clermont, Flahault, Maige. 753-756

L

Laine de bois (voir : *Emplois divers du bois*).

Législation forestière comparée. Le rôle forestier de l'Etat. Comparaison entre les différents pays. — Rapport de M. Huffel....................... 209-212
Discussion : MM. Banchereau, Delahaye, Descombes, Guyot, Vivier.. 212-214

Liège (voir : *Ecorces*).

Ligues, Syndicats et Caisses de crédit forestier. — Rapport de M. Margaine... 304-318
Discussion : MM. Banchereau, Descombes, Gazin, Guyot, de Larnage, Margaine, Scott Elliot, Thivel, Vivier....................... 318-327

Livrets-guides (voir : *Tourisme* (*Aménagement de forêts en vue du*).

M

Marécages (voir : *Tourbières*).

Menuiserie (voir : *Sciage* (*Bois de*).

Menus bois (voir : *Utilisation des menus bois*).

Merrain (voir : *Bois de fente*).

Pages

Météorologie agricole (La collaboration des forestiers au service de la). — Rapport de M. Rey 166-168
Discussion : MM. Caquet, Cuif, Emery, Lecoq, lieutenant-colonel Paul Renard, Rey 169-172

Météorologie comparée, agricole et forestière. — Communication de M. Cuif. 172

Mûrier (Le). Une disparition qui commence. — Communication de M. Marcillac 189

N

Noyer (Le). Sa disparition. Moyens d'y remédier. Nécessité de donner une nouvelle extension à sa culture. — Rapport de M. Mangin 146-148
Discussion : MM. Caquet, Cyprien Girerd, Hickel, Mangin, de Segonzac. 148-151

O

Office forestier international (Utilité pour les syndicats de propriétaires de créer un). Stations de recherches, d'expériences et de renseignements. — Rapport de M. de Nicolay 355-361
Discussion : MM. Cuif, Delahaye, Ch. Guyot, de Hennet, de Larnage, Margaine, Pardé, de Sébille, Vivier 361-366

Oiseau et la forêt (L'). — Communication de M. Michaud 190
Discussion : MM. Roux, de Segonzac, Villatte des Prugnes 190-193

Osier (Culture de l'). — Communication de M. Vallet 700-702

Outillage — Rapport de M. Pierre Lièvre 435-442

P

Papier (Fabrication de la pâte à). — Communication de M. Chancerel 589-590
(Voir : *Emplois divers du bois*).

Parcs nationaux. Réserves et séries artistiques. — Rapport de M. Mathey 817-831
Discussion : MM. Berr de Turique, Chaix, Clary, de Clermont, Flahault, Maige, J. Morel, Pardé, Sainte-Claire-Deville, Thays, Van de Poll 831-848

Parcs nationaux de France (Société des) 878

Pâturages (voir : *Améliorations pastorales*).

Pavé de bois (voir : *Sciage* (*Bois de*).

Paysages (Beauté des). Mesures prises dans les différents pays pour leur protection. Nouvelles mesures à prendre. — Rapport de M. Beauquier... 775-778
Discussion : MM. Audebrand, Auscher, Beauquier, Berr de Turique, Bruant, de Clermont, Colmet-d'Aage, Flahault, Gabiat, Hickel, Maige, Lorieux, de Segonzac, Tribot-Laspière, Van de Poll.... 778-795

Pépinières (voir : *Petits travaux*).

Petits travaux forestiers. Fascinage, clayonnage, façonnage de lits, enrochement, drainage, enherbement, reboisement, semis et plantations, essences à employer, graines, pépinières. — Rapport de MM. Bernard et Guinier 636-646

Pages

Observations complémentaires 646-657
Discussion : MM. de Bélinay, Cardot, Guinier, Leddet, Lemaître, Roth, Tessuer 657-661

Peuplier (voir : *Taillis*).

Pin noir d'Aurtiche (voir : *Gemmage du*).

Pin sylvestre (voir : *Gemmage* et *Champagne pouilleuse*).

Plans de forêts (voir : *Tourisme* (*Aménagement de forêts en vue du*).

Plantations ignifuges. — Communication de M. Marchal 185-187
Discussion : MM. Descombes, Emery, Marchal, de Montmorency-Morrès 187-188

Plaques (voir : *Tourisme* (*Aménagement de forêts en vue du*).

Points de vue (voir : *Tourisme* (*Aménagement de forêts en vue du*).

Poteaux (voir : *Tourisme* (*Aménagement de forêts en vue du*).

Poteaux télégraphiques. — Rapport de M. Pelletier de Martres 470-475
Discussion : MM. Artus, H. Barbier, Brion, Madelin, Pelletier de Martres, Poupinel, Pral 475-480

Poutres (voir : *Bois équarris*).

Production forestière dans les divers pays du globe. — Rapport de M. Madelin. 369-383
Discussion : MM. Ch. Guyot, Madelin, Vivier 383-385

Produits accessoires, déchets de bois, utilisation des sciures. — Rapport de M. Bocquet 533-539
Discussion : MM. Bocquet, Colin, Horeau, Juilliard, Laval, Poupinel .. 539-541

Propagande en faveur de l'Arbre et de l'Eau (voir : *Enseignement sylvicole et sylvo-pastoral*.

Q

Question sylvo-pastorale (La). — Communication de M. le comte de Roquette-Buisson 666-672

R

Reboisement (voir : *Petits travaux*).
Facultés de reboisement des divers faciès géologiques. — Communication de M. Larue 662-665
Discussion : MM. Bernard, Caquet, Cardot, Larue, Maître 665-666

Répartition des végétaux ligneux en France. — Rapport de M. Guinier 74- 80
Discussion : MM. Cyprien Girerd, Hickel, Roux 80- 81

Réserves artistiques (voir : *Parcs nationaux*).

Résines (Industrie des). — Rapport de M. Duchemin 571-574

Restauration des montagnes (voir : *Grands travaux*).

Robinier (voir : *Acacia*).

Routes (Plantations des). — Rapport de M. Gustave Artus 467-469
Discussion : MM. Gazeau, Poupinel, Pral 469-470

Routes (Beauté des). Plantations le long des routes. Leurs avantages. Choix des essences. — Rapport de M. Sinturel 757-760

Pages

Discussion : MM. Auscher, Flahault, Gabiat, Hermans, Lorieux, Maige, de Segonzac, Sinturel, de Villemereuil 761-771

Routes forestières (voir : *Tourisme* (*Aménagement de forêts en vue du*).

S

Sabotage (voir : *Emplois divers du bois*).

Sciage (Bois de). Outillage, débit, menuiserie, pavé. — Rapport de M. Puteaux. 525-532
Discussion : MM. Horeau, Poupinel, Puteaux...................... 532-533

Sciures (Utilisation des) (voir : *Produits accessoires*).

Sentiers forestiers (voir : *Tourisme* (*Aménagement de forêts en vue du*).

Séries artistiques (voir : *Parcs nationaux*).

Signes indicateurs (voir : *Tourisme* (*Aménagement de forêts en vue du*).

Sociétés scolaires forestières (voir : *Enseignement sylvicole et sylvo-pastoral*).

Stations de recherches, d'expériences et de renseignements (voir : *Office forestier international*).

Stations de recherches forestières. — Communication de M. Cuif........... 366-368
Discussion : MM. Guyot et Vivier............................... 368

Subventions industrielles. — Rapport de M. Paul Coulet.................. 484-489

Syndicats forestiers (voir : *Ligues*).

T

Tables d'orientation (voir : *Tourisme* (*Aménagement de forêts en vue du*).

Taillis à faible rendement situés en plaine ou en montagne. Amélioration par l'introduction de résineux. — Rapport de M. Schaeffer............. 92- 95
Discussion : MM. Caquet, Cuif, Schaeffer....................... 95- 96

Taillis et taillis sous futaie. Allongement des révolutions. Diminution de la proportion des bois de petite dimension. Conversion des taillis et taillis sous futaie en futaie. — Rapport de M. Demorlaine................. 97-107
Communication de M. Cuif sur la question, et discussion : MM. Caquet, Cuif, de Larnage, de Lesseux, Maître, Mangin.............. 107-116

Taillis (Introduction du peuplier dans les). — Communication de M. Raverdeau.. 116-117
Discussion : MM. Baudoux, Barbey, de Segonzac.................. 117-118

Tanin (voir : *Ecorces*).

Terres incultes (voir : *Campine belge*).

Torrents (voir : *Grands travaux*, *Dunes*, *Correction des torrents*).

Tourbières. Marécages. Leur assèchement et leur mise en valeur par leur reboisement. Essences à employer. Mode de plantation. — Rapport de M. Pardé.. 677-692
Discussion : MM. Barbey, Breton-Bonnard, Dubois, Flahault, Hatt, Herrgott, Mangin, Pardé................................ 692-700

Touring-Club italien (voir : *Italie* (*Les problèmes forestiers en*).

Pages

Tourisme (Aménagement de forêts en vue du). Création. Amélioration des routes et chemins. Sentiers forestiers. — Rapport de M. Thiollier..... 801-803
Discussion : MM. Chaix, Cochon, Coulon, Dupuich, Gabiat, d'Orlyé, Maige, Thiollier, Van de Poll..... 803-807
Plaques, poteaux, signes indicateurs, abris, bancs, points de vue, tables d'orientation, etc. Livrets-guides ou plans de forêts à l'usage des touristes. Catalogues des arbres remarquables. — Rapport de M. Gouilly. 807-811
Discussion : MM. Chaix, Clary, Cochon, Coulon, Dumesnil, Dupuich, Gabiat, Gouilly, Lorieux, Maige, d'Orlyé, Thiollier, Van de Poll. 811-816

Transhumance. — Communication de M. Maître..... 672-673
Discussion : MM. de Bélinay, Cardot, Larue..... 673-674
(Voir : *Améliorations pastorales*).

Transport des bois. — Rapport de M. Villame..... 413-422
Discussion : MM. Hollande, du Pré de Saint-Maur, Raisin, Villame, Vivier..... 422-423

Transport des produits forestiers. Annexe E. — Communication de M. P. Leturque..... 900-901

Traverses (voir : *Bois équarris*).

Tunnels (voir : *Grands travaux*).

U

Utilisation des bois. Bois bruts, chauffage, charbon, étais de mines. — Rapport de M. Edouard Rizier..... 443-452
Discussion : MM. Caquet, Duchemin, Poupinel, Tortel..... 452-457

Utilisation des menus bois par les nouveaux procédés chimiques et mécaniques. — Rapport de M. Caquet..... 457-465
Discussion : MM. Caquet, Poupinel, Raisin, Sébastien, de Segonzac... 465-466

V

Victoria (Ressources forestières de l'Etat de). Annexe D. — Communication de M. Peter Mc Bride..... 895-899

Vœux adoptés par le Congrès

Première section..... 852-857

Deuxième section..... 857-863

Troisième section..... 863-868

Quatrième section..... 868-871

Cinquième section..... 871-874

Bibliographie..... 931-948

Réception à l'Hôtel de Ville de Paris..... 905

Discours de M. Chassaigne-Goyon, Président du Conseil municipal... 905-906

Discours de M. Aubanel, Secrétaire général de la Préfecture de la Seine..... 907

Pages
Discours de M. Laurent, Secrétaire général de la Préfecture de Police. 907-908
Discours de M. Billard, Vice-président du Conseil général.......... 908
Discours de M. Defert, Président du Congrès..................... 908-909
Discours de M. de Sébille, Représentant de Belgique............. 909-910

Banquet du dimanche 22 juin 1913.................................. 913-925
Discours de M. Ballif, Président du Touring-Club de France........ 914
Discours de M. Defert, Président du Congrès..................... 914-916
Discours de M. Berr de Turique, Inspecteur général des Monuments Historiques.. 916-917
Discours de M. le Dr Auguste Nemours, Ministre de la République de Haïti.. 917
Discours de M. Chalamel, député, Président du groupe forestier de la Chambre.. 918
Discours de M. le baron de Hennet, Délégué permanent du Ministère autrichien de l'Agriculture................................ 918-919
Discours de M. Bouvet, Président de la Société forestière de Franche-Comté et Belfort.. 920
Discours de M. de Sébille, Représentant de Belgique, membre du Conseil supérieur des forêts du royaume de Belgique.......... 921
Discours de M. de Nicolay, Président du Syndicat des propriétaires forestiers de la Sarthe.. 921
Discours de M. de Larnage, Président du Syndicat forestier de Sologne.. 921-922
Discours de M. Changeur, Secrétaire général de la Société pour la protection des paysages de France......................... 923
Discours de M. Tanassesco, Délégué de la Roumanie............... 923-924
Discours de M. Krarup, Délégué du Danemark..................... 924
Discours de M. Dabat, Directeur général des Eaux et Forêts....... 924-925

Excursion dans la forêt domaniale de Lyons............................ 911-912
Excursion à Grenoble et aux Alpes Dauphinoises (du 22 au 29 juin 1913).... 927
Table des Matières.. 949

Paris. — Imp. L. Pochy, 52, rue du Château. — 1518-13

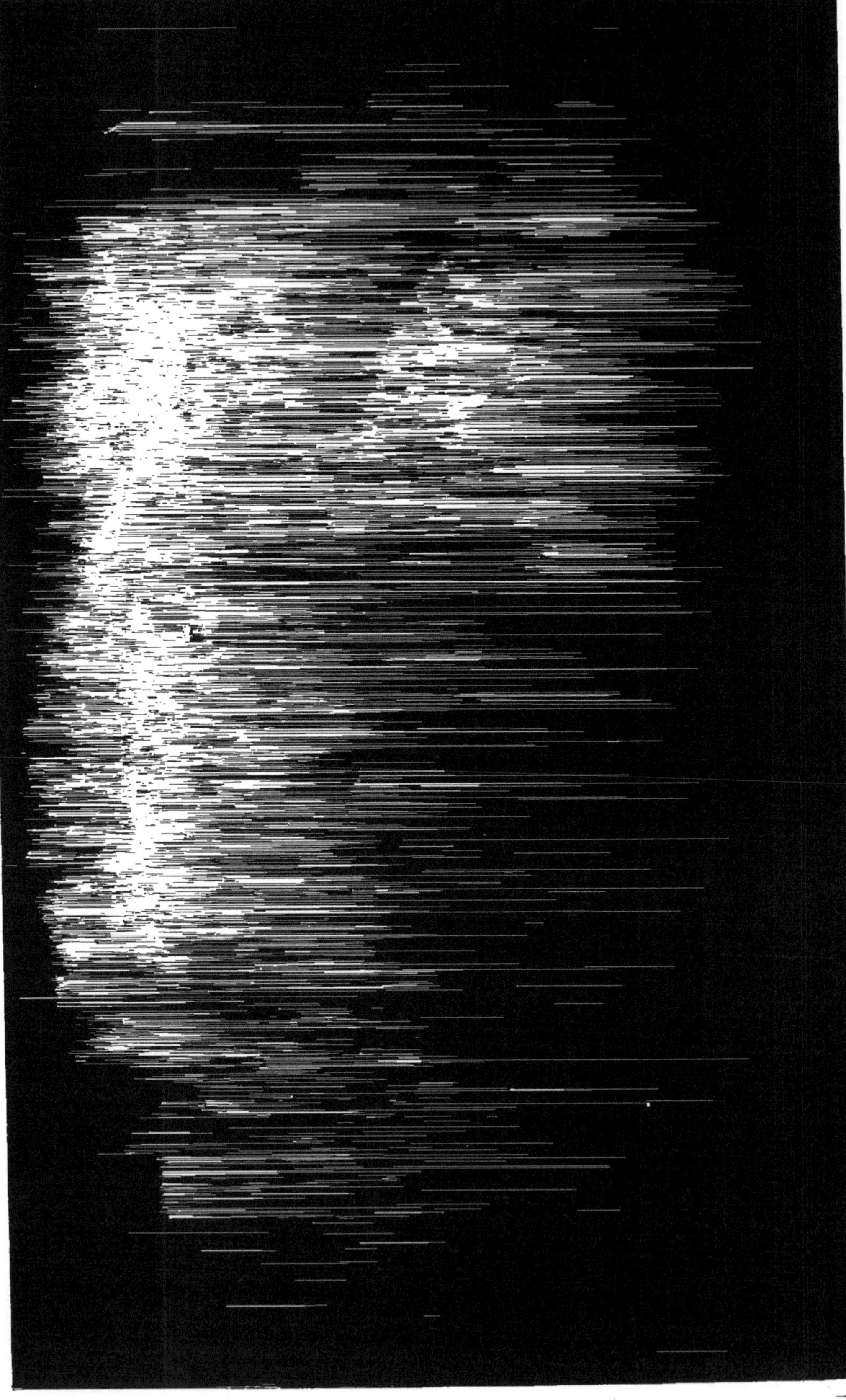

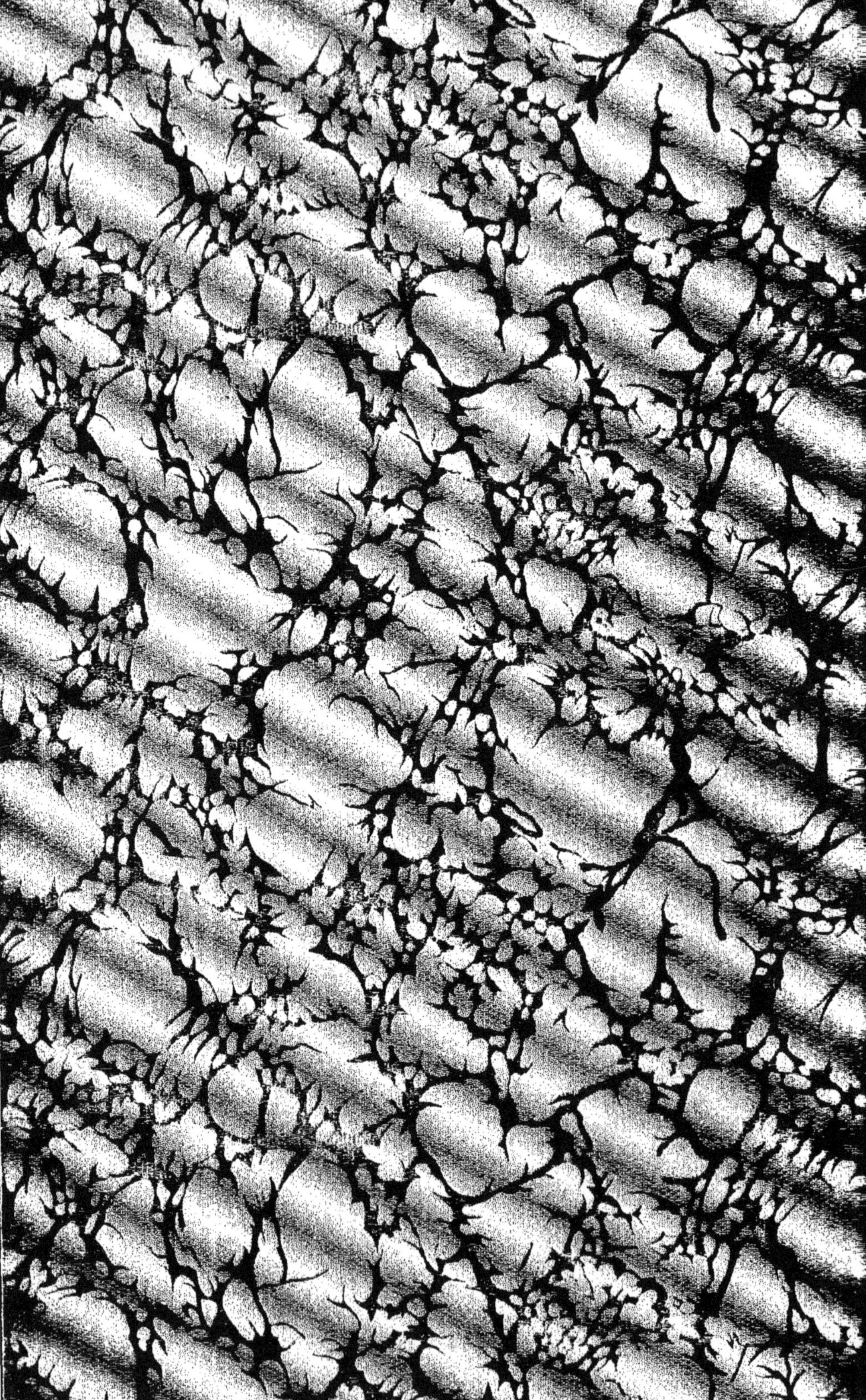

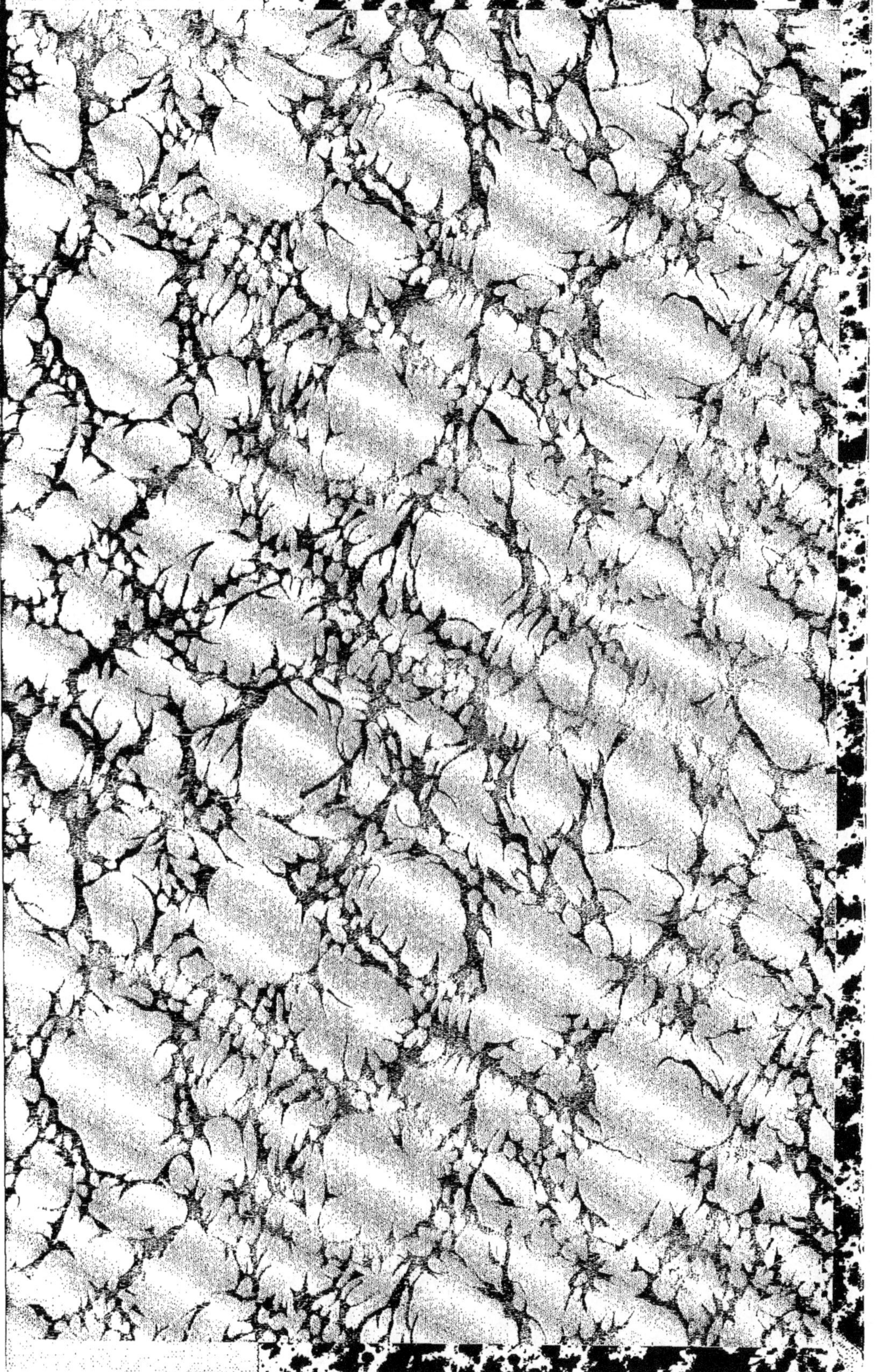

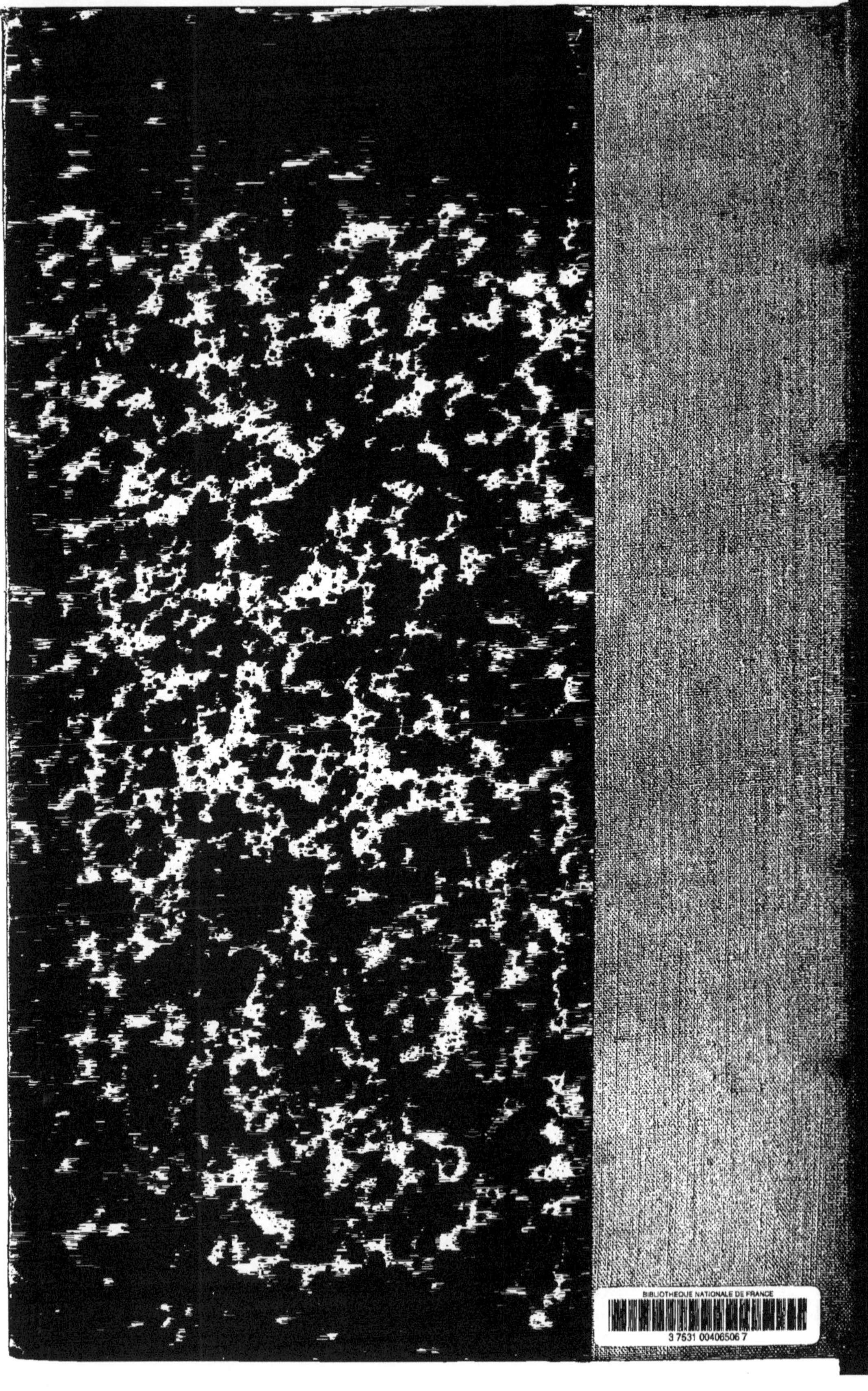

www.ingramcontent.com/pod-product-compliance
Ingram Content Group UK Ltd.
Pitfield, Milton Keynes, MK11 3LW, UK
UKHW020257200726
13857UKWH00001B/9

9 782011 956293